PROFESSIONAL-ENGINEER

상하수도기술사

정제원 · 박수이 공저

특화답안

· 본서의 특징

300여편의 기술서 및 논문 인증
400여개의 도체자료 첨부
수질관리기술사 부교제

솔과학

머리말 (Preface)

물은 생명의 근원이자 삶의 질을 좌우하는 중요한 자원입니다. 이러한 물을 어떻게 사용하고 재활용하냐는 문제는 물 산업이 석유산업에 버금가는 규모를 성장할 것이 예상되는 블루골드(Blue Gold)시대를 맞아 더욱 중요해지고 있습니다. 상하수도는 이러한 물을 다루는 분야로서 우리도 현세대의 욕구를 충족하면서 미래세대의 욕구를 저해하지 않도록 물을 잘 이용하여 지속가능한 발전을 도모해야 할 것입니다.

본 교재는 상수도와 하수도 분야에 다년간 근무한 경험을 바탕으로 기술사 시험을 준비하면서 꼭 필요한 자료들을 꾸준히 모아 수험자가 시험을 치르듯 모범답안 위주로 작성하였습니다. 또한 중요한 기출문제와 향후 출제 가능성이 높은 문제 중심으로 학교에서나 현장에서 배우고 경험한 바를 최대한 표현하려고 노력하였습니다.

특히, 상하수도기술사를 오랜 기간 동안 준비하면서 시중에 나와 있는 일반도서로서는 부족함을 경험하였고 이러한 점을 대폭 보완하여 상하수도기술사에 처음 도전하시는 분들도 다양한 접근을 할 수 있기 바라는 마음으로 작성한 교재입니다.

아무쪼록 본서가 상하수도기술사 수험자에게 많은 도움이 되기를 바라며, 본서 내용에 대하여 많은 조언과 충고를 당부 드립니다. 간혹 오류나 미비점이 있더라도 널리 양해해 주시고, 미흡한 점은 향후 수정·보완하여 보다 참신하고 알찬 기술 도서가 될 수 있도록 노력하겠습니다.

끝으로 이 책이 출간되기까지 수고를 아끼지 않으신 도서출판 솔과학 임직원 여러분과 원고 정리를 도와주신 모든 분께 깊은 감사를 드립니다.

편집자 배상

〈제목 차례〉

1장. 수질관리

수질기준 및 감시

오염도 분석

알카리도와 LI지수

부영양화

조류(맛·냄새)

비점오염원

탁수관리

유해물질처리

독성폐수처리

지하수 및 토양오염

생물농축

2장. 상수관이송

도·송수시설

배수지

배수관망 및 관로설계

수압 및 관망해석

누수방지

상수관로 정비

관종 및 관접합

3장. 하수관이송

하수관거 설계

차집관로

배수설비

오수펌프장 및 유수지

4장. 취·정수처리

취수

공정배열

응집

소독

NOM과 THM

5장. 고도정수처리

개념, 공법의 종류

6장. 대체수자원 중수도 에너지

빗물이용

해수담수화

7장. 하수처리

주요공법

하수소독 및 탈취

시운전

8장. 하수고도처리

개념, 공법의 종류

설계 및 운전

9장. 슬러지처리

개량 및 감량화

탈수

최종처분 · 처리

분뇨 축산폐수, 침출수처리

퇴비화

음식물폐기물과 디스포저

10장. 상수도계획

수도정비 기본계획

상수도 기본설계

상하수도 시설물 건설시 검토사항

물산업

광역 · 지방 · 마을상수도

11장. 하수도계획

하수도정비 기본계획

유역통합관리

하수처리장 설계, 운전

12장. 용어정리

제 1 장 수질관리

먹는물 수질기준

Ⅰ. 먹는물 수질기준

- 수도법에서는 먹는물, 샘물/먹는샘물 등의 수질기준을 따로 규제하고 있다.
- 국내 먹는물 수질기준 : 총 58개 항목 (2011년부터)

<단위 : mg/L>

구분	검사항목 및 기준
미생물 (4)	· 일반세균　: 1mL중 100CFU(Colony Forming Unit)를 넘지 아니할 것. · 총대장균군 : 100mL에서 검출되지 아니할 것. · 대장균, 분원성 대장균군 : 100mL에서 검출되지 아니할 것. 　┌ 먹는샘물 ┬ 저온세균(21℃) 100CFU/mL, 중온세균(35℃) 20CFU/mL 이하 　│ 의 경우 └ 총대장균군 기준 ND/250mL 　└ 아황산환원혐기성포자형성균, 여시니아균은 먹는샘물 및 해양심층수에 적용
소독부산물 (10)	· 유리잔류염소(4), 트리할로메탄(THMs, 0.1), 할로아세틱에시드(HAA, 0.1) · 클로로포름, 디브로모클로로메탄, 브로모디클로로메탄, 클로랄하이드레이트, 　디브로모아세토니트릴, 디클로로아세토니트릴, 트리클로로아세토니트릴
건강상 유해영향 무기물질 (11)	· NO_3-N(10), NH_4-N(0.5) · 각종 중금속 및 독성물질 　Hg(0.001), Cd(0.005), Pb, As, Se, CN(0.01), Cr(0.05) 　B(1.0), F(1.5) ⇒ 브롬산염, 스트론튬은 먹는샘물 및 해양심층수에 적용
건강상 유해영향 유기물질 (17)	⇒ 주로 휘발성 유기물질(VOC) · 할로겐화 지방족 탄화수소류 　사염화탄소, 디클로로메탄, 테트라클로로에틸렌(PCE), 트리클로로에틸렌(TCE), 　1,1-디클로로에틸렌, 1,1,1-트리클로로에탄, 1,2-디브로모-3-클로로프로판, 　1,4-다이옥산(0.05) · 방향족 : 페놀, BTEX(벤젠, 톨루엔, 에틸벤젠, 크실렌) · 농약류 : 다이아지논, 파라티온, 페니트로티온, 카바릴
심미적 영향물질 (16)	· 경도(300), 염소이온(250), 황산이온(200), KMnO$_4$소비량(10), 맛·냄새(없어야 한다.) 　세제(ABS, 0.5), pH(5.8~8.5), 탁도(1.0NTU), 색도(5도), 증발잔류물(500) · 각종 금속류 : Fe(0.3), Mn(0.05), Cu(1.0), Zn(3.0), Al(0.2)

Ⅱ. 먹는물 수질기준 대폭 강화 (2011년 1월부터)

강화되는 항목	신설되는 항목	완화되는 항목
납 0.05 → 0.01mg/L	1,4-다이옥산 0.05mg/L	붕소 0.3 → 1.0mg/L
비소 0.05 → 0.01mg/L	브로모디클로로메탄 0.03mg/L	아연 1.0 → 3.0mg/L
망간 0.3 → 0.05mg/L	디브로모클로로메탄 0.1mg/L	NTU 0.5 → 1.0 (2011.6부터)
6가크롬 → 크롬으로 변경		

미국의 음용수 규제기준의 구분

Ⅰ. MCGLs

- Maximum Contamination Level Goals, 최대오염허용목표농도
- 인간의 건강에 알려진 혹은 예상되는 유해한 영향이 없는 적절한 안전도를 고려한 농도
- 위험도 평가(risk assessment)에 의해 설정되며, 법정 구속력은 없다.

Ⅱ. MCLs

- Maximum Contamination Goals, 최대오염허용농도
- 현실적인 문제인 경제적, 기술적 요인을 고려한 농도
- 법적 구속력을 지니며, 그 물질이 분석 및 검출방법, 처리기술, 경제적 요인 등을 고려하여 MCGLs에 가까운 값으로 결정하고 있다.

수질 및 수생태계 환경기준

Ⅰ. 호소수 환경기준 (생활환경기준)

등급	pH	COD	SS	DO	T-N	T-P	대장균군수		클로로필-a
							총	분원성	
Ⅰa	6.5~8.5	2이하	1이하	7.5이상	0.2이하	0.01이하	50이하	10이하	5이하
Ⅰb	〃	3	5	5	0.3	0.02	500	50	9
Ⅱ	〃	4	〃	〃	0.4	0.03	1,000	200	14
Ⅲ	〃	5	15	〃	0.6	0.05	5,000	1,000	20
Ⅳ	6~8.5	8	〃	2	1.0	0.1			35
Ⅴ	〃	10	쓰레기 등이 떠 있지 않을 것	〃	1.5	0.15			70
Ⅵ	-	10초과		2미만	1.5초과	0.15초과			70초과

단위 : COD, SS, DO, T-N, T-P는 mg/L, 대장균군수는 군수/100mL, 클로로필-a는 mg/m³
EPA 부영양화 기준 : N 0.2~0.3, P 0.01~0.02, 조류 5,000~50,000 cell/mL

Ⅱ. 하천수 환경기준 (생활환경기준)

등급	pH	BOD	COD	SS	DO	T-P	대장균군수	
							총	분원성
Ⅰa	6.5~8.5	1 이하	2이하	25 이하	7.5 이상	0.02이하	50 이하	10 이하
Ⅰb	〃	2	4	〃	5	0.04	500	100
Ⅱ	〃	3	5	〃	〃	0.1	1,000	200
Ⅲ	〃	5	7	〃	〃	0.2	5,000	1,000
Ⅳ	6~8.5	8	9	100 이하	2	0.3		
Ⅴ	〃	10	11	쓰레기 등이 떠 있지 않을 것	〃	0.5		
Ⅵ	〃	10 초과	10초과		2 미만	0.5초과		

Ⅲ. 하천수질등급별 용수사용범위 및 처리방법

등급	용수등급	정수처리방법
Ⅰ	상수원수 1급, 자연환경보존	간단한 정수처리(여과, 살균 등)
Ⅱ	상수원수 2급	일반적인 정수처리(침전, 여과, 살균 등)
Ⅲ	상수원수 3급, 공업용수 1급	고도의 정수처리(침전, 여과, 활성탄처리, 살균 등)
Ⅳ	농업용수, 공업용수 2급	
Ⅴ	생활환경보존, 공업용수 3급	

Ⅵ. 사람의 건강보호기준(하천수·호소수) – 17개 항목

- PCB·시안·수은·유기인(불검출), Cd(0.005), As·Pb·Cr(0.05), ABS(0.5)
- 사염화탄소, 1,2-디클로로에탄, PCE, 디클로로메탄, 벤젠, 클로로포름, DEHP, 안티몬

⇒ 정부는 "물환경관리기본계획(2006)"에 의거 2015년까지 EU수준인 35종까지 확대할 계획임

국내 하천수 수질기준 체계의 문제점 및 대책

I. 하천수 수질 및 수생태계 환경기준

1. 사람의 건강보호 기준 (17개 항목)

항목	기준값(mg/L)	항목	기준값(mg/L)
유기인	불검출(검출한계 0.0005)	사염화탄소	0.004 이하
PCB	불검출(검출한계 0.0005)	1,2-디클로로에탄	0.03 이하
Hg	불검출(검출한계 0.001)	PCE	0.04 이하
CN	불검출(검출한계 0.01)	디클로로메탄	0.02 이하
Cd	0.005 이하	벤젠	0.01 이하
As	0.05 이하	클로로포름	0.08 이하
Pb	0.05 이하	DEHP	0.008 이하
Cr	0.05 이하	안티몬	0.02 이하
ABS	0.5 이하		

2. 생활환경기준 (8개 항목)

등급		기　준						대장균군(균수/100mL)	
		pH	BOD (mg/L)	COD (mg/L)	SS (mg/L)	DO (mg/L)	T-P (mg/L)	총	분원성
매우좋음	Ia	6.5 ~ 8.5	1	2	25	7.5	0.02	50	10
좋음	Ib		2	4		5.0	0.04	500	100
약간좋음	II		3	5		〃	0.1	1,000	200
보통	III		5	7		〃	0.2	5,000	1,000
약간나쁨	IV	6.0 ~ 8.5	8	9	100	2.0	0.3	-	-
나쁨	V		10	11	쓰레기 등이 떠있지 아니할 것	〃	0.5	-	-
매우나쁨	VI	-	초과	초과	-	미만	초과	-	-

II. 수질기준 체계의 문제점 및 대책

1. 현황 및 문제점

⇒ 우리나라 담수의 수질기준은 하천과 호소에 대해 사람의 건강보호기준과 생활환경기준으로 구분되고 있고, 수질기준 설정시 과거에는 일본 수질기준을 참고하였으나, 최근 WHO기준, 미국 수질기준도 많이 참고하고 있다.

1) 사람의 건강보호기준

- 사람의 건강보호기준은 하천과 호소에 공통적으로 적용되는 카드뮴, 안티몬 등 17개 항목에 대해 동일한 기준 값이 설정되고 있는데, 항목의 확대가 필요함.

⇒ 물환경관리기본계획(2006)에 의거 2015년까지 EU 수준인 35종까지 확대할 계획

- 물 사용이 건강에 미치는 악영향을 방지하기 위해 설정된 사람의 건강보호기준은 물 사용형태에 따라 달라지며, 사람이 직접 마시는 물의 수질과 사람이 수생생물을 섭식할 경우 그로부터 사람의 건강을 보호하기 위한 수생생물 서식에 적합한 수질기준은 다르다. 즉 간접 물 사용에 따른 건강보호기준이 없다.

2) 생활환경기준

- 하천의 경우 pH, 총인 등 8개 항목에 대해, 호소의 경우 9개 항목 설정하고 있음.
- 하천의 수질기준에는 T-N, 클로로필-a 기준이 없음. → 따로 규정 필요
- 하천, 호소 수질기준에 TOC 기준도 병행하고, 생태독성 수질기준 도입 강구
- 문제점으로는 수생태계 수질기준이 취약하다는 것과 생활환경기준 중 몇 개의 항목이나 오염물질이 없는 등의 모호한 수질기준으로 수생태계의 등급을 정하는 것은 무의미하다.

2. 대책

- 수생태계 수질기준이 최우선 설정되도록 수질기준 재정비
- 간접 물 사용에 대한 수질기준 확립 및 수생태계 수질기준과 통합
- 하천, 호소의 수질기준에 TOC도 병행하여 측정
- 하천의 수질기준 항목에 T-N, 클로로필-a 기준 설정 노력
- 사람의 건강보호항목 확대 및 생태독성 수질기준 도입

III. 수질기준이 외국과 다른 이유

- 국가별, 지역별 오염물질 발생특성, 위해성 평가 결과값이 다르고
- 수처리 기술력도 차이가 나므로 다르게 설정됨.

방류수 수질기준 강화

Ⅰ. 공공하수처리시설의 방류수 수질기준 (2012.1.1부터 적용)

- 시설용량별(3), 적용대상지역별(4)로 구분하여 차등적용
- BOD 10 → 5mg/L, COD 40 → 20mg/L, 총인 2 → 0.2~0.5mg/L로 한다.

  ⇒ 공공하수처리시설 및 폐수종말처리시설의 생태독성은 2011부터 시작함.

구 분		BOD	COD	SS	T-N	T-P	총대장균군수 (개/mL)	TU	비고
500㎥/일 이상	Ⅰ지역	5	20	10	20	0.2	1,000	1	
	Ⅱ지역	〃	〃	〃	〃	0.3	3,000	〃	
	Ⅲ지역	10	40	〃	〃	0.5	〃	〃	
	Ⅳ지역	〃	〃	〃	〃	2	〃	〃	
500 미만		〃	〃	〃	20 (60)	2 (8)	〃	-	
50 미만		〃	〃	〃	40 (60)	4 (8)	〃	-	

〈비고〉

1. 공공하수처리시설의 페놀류 등 오염물질의 방류수수질기준은 해당 시설에서 처리할 수 있는 오염물질항목에 한하여 「수질 및 수생태계 보전에 관한 법률 시행규칙」 별표 13 페놀류 등 수질오염물질 표 중 특례지역에 적용되는 배출허용기준 이내에서 그 처리시설의 설치사업 시행자의 요청에 따라 환경부장관이 정하여 고시한다.

2. 1일 하수처리용량 500㎥ 미만인 경우에는 겨울철(12.1~3.31까지)의 총질소와 총인의 방류수수질 기준은 60mg/L 이하와 8mg/L 이하를 각각 적용하며, 유예기간은 2014. 12. 31 까지로 한다.

3. 다음 지역에 설치된 공공하수처리시설의 방류수수질기준은 총대장균군수를 1,000개/mL 이하로 적용한다.

 1) 「수질 및 수생태계 보전에 관한 법률 시행규칙」에 따른 청정지역

 2) 「수도법」상 상수원보호구역 및 그 경계구역으로부터 상류로 유하거리 10㎞ 이내의 지역

 3) 「수도법」상 취수시설로부터 상류로 유하거리 15㎞ 이내의 지역

4. 수변구역에 설치된 공공하수처리시설에 대하여는 1일 하수처리용량 50㎥ 이상인 방류수 수질기준을 적용한다.

5. 생태독성 방류수수질기준은 물벼룩에 대한 급성독성시험을 기준으로 하되, 「수질 및 수생태계보전에 관한 법률 시행규칙」 별표 13에 따른 폐수배출시설에서 배출되는 폐수가 유입되고 1일 하수처리용량 500㎥ 이상인 공공하수처리시설에 적용한다.

Ⅰ지역	「수도법」에 따른 상수원보호구역,「환경정책기본법」에 따른 수질보전 특별대책지역 「4대강 수계법」에 따른 수변구역,「새만금 촉진을 위한 특별법」에 따른 새만금 유입하천
Ⅱ지역	「수질 및 수생태계 보전에 관한 법률」상에 고시된 중권역 중 COD 또는 T-P의 수치가 동법에 따른 목표기준을 초과하였거나 초과할 우려가 현저한 지역으로서 환경부장관이 정하여 고시하는 지역
Ⅲ지역	「수질 및 수생태계 보전에 관한 법률」상에 고시된 중권역 중 4대강 수계에 포함되는 지역으로서 환경부장관이 정하여 고시하는 지역(Ⅰ지역 및 Ⅱ지역을 제외한다)
Ⅳ지역	Ⅰ, Ⅱ, Ⅲ지역을 제외한 지역

Ⅱ. 분뇨처리시설 및 축산폐수공공처리시설 방류수수질기준

구분	BOD, SS	COD	T-N	T-P	총대장균군수 (개/mL)
분뇨처리시설	30	50	60	8	3,000
축산폐수공공처리시설	〃	〃	〃	〃	〃

Ⅲ. 폐수종말처리시설 방류수수질기준

- 단지별 차등적용

  총인의 경우 산업단지 4 → 0.2mg/L, 농공단지 8 → 0.2mg/L로 한다.

구분	BOD, SS	COD	T-N	T-P				총대장균군수 (개/mL)	생태독성 (TU)
				Ⅰ	Ⅱ	Ⅲ	Ⅵ		
2011년부터	20 (30)	40 (40)	40 (60)	4 (8)				3,000 (-)	1 이하 (1 이하)
2012년부터	20 (30)	40 (40)	40 (60)	0.2 (0.2)	0.3 (0.3)	0.5 (0.5)	4 (8)	3,000 (-)	〃
2013년부터	10 (10)	ⅠⅡ지역 20(40) ⅢⅣ지역 40(40)	20 (20)	〃	〃	〃	2 (2)	3,000 (3,000)	〃

<비고>
1. 산업단지 및 농공단지 폐수종말처리시설의 페놀류 등 수질오염물질의 방류수 수질기준은 위 표에도 불구하고 해당 처리시설에서 처리할 수 있는 수질오염물질 항목으로 한정하여 별표

13 제 2 호 나목의 표 중 특례지역에 적용되는 배출허용기준의 범위에서 해당 처리시설 설치 사업시행자의 요청에 따라 환경부장관이 정하여 고시한다.

2. 적용기간에 따른 수질기준란의 ( )는 농공단지 폐수종말처리시설의 방류수 수질기준을 말한다.

3. 생태독성 항목의 방류수 수질기준은 물벼룩에 대한 급성독성시험기준을 말한다.

Ⅳ. 배출허용기준 「수질 및 수생태계 보전에 관한 법률」

- 폐수를 공공하수처리시설에 유입하지 아니하고 공공수역으로 배출하는 사업장에 적용

구분	BOD	SS	COD	T-N	T-P
청정지역	30 (40)	30 (40)	40 (50)	30	4
가 지역	60 (80)	60 (80)	70 (90)	60	8
나 지역	80 (120)	80 (120)	90 (130)	60	8
특례지역	30 (30)	30 (30)	40 (40)	60	8

( )는 2,000 CMD 미만의 사업장에 해당되는 기준

청정지역	Ⅰa (매우 좋음)등급 정도의 수질을 보전해야 되는 지역으로서 환경부장관이 고시하는 지역
가지역	Ⅰb(좋음)~Ⅲ(보통)등급 정도의 수질을 보전해야 되는 지역으로서 환경부장관이 고시하는 지역
나지역	Ⅳ(약간 나쁨)~Ⅴ(나쁨)등급 정도의 수질을 보전해야 되는 지역으로서 환경부장관이 고시하는 지역
특례지역	공동처리구역으로 지정하는 지역 및 농공단지지역

Ⅴ. 특정수질유해물질

1. 2012년부터 인체 및 수생태계에 위해를 줄 우려가 높은 특정수질유해물질 등 7종에 대한 배출허용기준이 추가되어 항목이 총 25개로 늘어난다.

1) 기존18종 : Pb, Cr, As, CN, Se, Cd, Hg, PCB, 유기인, TCE, PCE, 사염화탄소, 디클로로메탄, 1,1-디클로로에탄, Cu, 페놀류, 벤젠, 클로로포름

2) 추가 7종 : 1,4-다이옥산, 디에틸헥실프탈레이트, 염화비닐, 아크릴로니트릴, 브로모포름, Ni, Ba

2. 환경부는 앞으로도 2006년 9월 마련된 「물환경관리기본계획」에 따라 2015년까지 EU 수준인 35종까지 확대해 나갈 계획이다.

생태독성 통합관리제도(WET)

Ⅰ. 개요

1. 산업발달로 인해 해마다 유해화학물질의 사용과 유통이 급증하고 있으나 현재의 수질기준으로는 대상폐수의 유해성평가가 부적절하다고 판단되므로 대상폐수의 전체 유해물질의 독성을 통합적으로 관리하는 방안으로 WET가 제시되었다.

2. WET란 생태독성 통합관리(WET, whole effluent toxicity)의 약자이며, 수중 미생물, 무척추·척추동물 등 생물을 이용하여 대상폐수의 독성을 수치화한 것이다.

Ⅱ. 도입배경 및 필요성 (2011.1.1부터 시행)

1. 수많은 유해화학물질의 수질기준 설정 어려움, 이화학적 분석업무 증가

- 유해화학물질을 배출하는 35개 업종 및 폐수종말처리시설에 대해 2011년부터 생태독성 배출허용기준을 적용토록 한다. 현재 10만종에 이르는 수많은 화학물질들(매년 400여종 증가)이 있으며, 이 중 40여종만이 수질기준상 유해화학물질로 분류되어 규제되고 있다. 또한 이들 물질을 일일이 이화학적인 방법으로 분석하기에는 분석업무 증가 등 제반 사회비용이 크게 증가하게 된다.

2. 유해물질 전체에 대한 독성평가로 수생태계의 안정성을 평가

- 산업폐수의 연계처리되고 있는 하수처리시설에서는 다양한 종류의 유해화학물질이 하수처리시설을 거쳐 수계로 유입될 가능성이 높다. 이 때문에 현재의 수질기준은 대상폐수의 유해성 평가에 부적절하다고 판단되므로 전체 유해물질이 독성을 종합적으로 관리하는 방안이 필요하다. "생태독성평가"는 미량 화학물질의 영향, 화학물질간의 상호작용, 생물상관성 등을 포함하는 총괄물질영향을 평가할 수 있으므로 수생태계에 대한 안전성을 평가할 수 있는 방법이다.

3. 생태독성과 화학독성과의 상관관계 파악

- 또한 기존의 연구결과 생태독성과 화학독성과의 상관관계는 거의 없으며, 생태독성은 화학분석을 통해 나타나는 독성보다 높은 결과를 나오는 것으로 나타나기 때문에 생태독성 기준적용이 필요하다.

Ⅱ. WET의 현황

1. 대상폐수의 WET 수치화가 조류(algea)나 송사리에 대한 독성영향평가에 한정되어 있어, 앞으로 만성독성영향에 대해서도 많은 연구가 필요하고, 아울러 WET를 보완해 나가야 하겠다.
2. 급성독성과 만성독성 평가 비교

구분	실험비용 및 기간	실험방법	적용
급성	저비용, 단기간	조류·물벼룩 등, 24hr 치사량 평가 등	산업폐수, 산업폐수가 유입되는 공공하수처리장
만성	고비용, 장기간	조류·송사리 등 생존능·생식능·성장능 평가	

Ⅲ. 생태독성 관리제도 운영지침

현 행	향 후	대응 전략
· 급성독성기준만 적용	· 만성독성기준 적용	· 만성독성기준 대비책 마련
· 물벼룩 생태독성만 적용	· 물벼룩外 시험생물 (박테리아, 조류, 어류)	· 생물종 확대 대비 · 독성저감설계 및 관리
· 수계 직접 방류사업장만 적용	· 관리대상 사업장까지 확대 (업종 확대, 업소 확대)	· 폐수처리시설 유입사업장 · 현황파악 및 대비책 마련
· 해양방류 사업장도 물벼룩 생태독성기준 적용	· 해양생물 생태독성기준 적용 (해양 박테리아, 조류, 어류)	· 해양방류 사업장 · 현황파악 및 대비책 마련
· 산업폐수 자체 독성만 규제	· 방류수 주변 공공수역 영향을 고려하여 규제	· 방류수 주변수역 · 영향파악 및 관리대책 수립

Ⅳ. 배출허용기준

1. 2011년부터 35개 업종의 독성폐수가 유입되는 하수처리시설(처리용량 500㎥/일 이상)에 대해 생태독성기준 TU 1 이하를 적용
2. 도금·염색·합성염료제조 시설 등 일부 독성이 높은 5개 업종에 대해서는 제도시행 초기임을 감안하여 TU 4 및 TU 8로 하되, 2016년부터 TU 2로 강화되도록 설정 (1, 2종 사업장 TU 1~2 이하, 2012년부터 3, 4, 5종 사업장으로 확대)
3. 청정지역내의 폐수배출시설과 공공처리시설인 폐수처리시설, 축산분뇨종합처리시설에 대해서는 TU 1을 설정

TU(toxic unit) 시험방법

Ⅰ. 생태독성 방류수수질기준

- 생태독성 방류수수질기준은 물벼룩에 대한 급성독성시험을 기준으로 하되, 「수질 및 수생태계보전에 관한 법률 시행규칙」 별표 13에 따른 폐수배출시설에서 배출되는 폐수가 유입되고 1일 하수처리용량 500㎥ 이상인 공공하수처리시설에 적용한다.

Ⅱ. 생태독성값 (TU, toxic unit)

1. 단위시험기간 시험생물(통상 물벼룩[다프니아마그나, Daphnia Magna]을 이용)의 50%가 유영저해를 일으키는 농도(시험수 중 시료함유율 %)인 EC_{50}을 $100/EC_{50}$으로 환산한 값을 말한다.

$$TU = \frac{100}{EC_{50}}$$

   주) EC_{50}(반수영향농도, median effective concentration) : 일정시험기간 동안 시험생물의 50%가 유영저해를 일으키는 시료농도(시험수 중 시료의 함유율 %)

2. 물벼룩은 Daphnia Magna를 적용하고, TU 2란 2배 희석한 경우 50%가 유영저해를 일으키는 농도를 의미하며, TU 3이란 3배 희석한 경우 50%가 유영저해를 일으키는 농도이다.

   주) 유영저해(Immobility) : 시험용기를 조용히 움직여 준 후, 약 15초 후에 관찰하여 일부기관(촉각, 후복부 등)은 움직이나 유영하지 않는 상태를 말함.

3. 단, 100% 시료에서 물벼룩의 0~10%에 영향이 있을 경우에는 TU 0으로 하고, 물벼룩의 10~49%에 영향이 있을 경우에는 0.02×영향받은 %로 TU를 계산한다.(예 : 100% 시료에서 물벼룩의 25%에 영향이 있는 경우 0.02×25 = 0.5TU가 된다.)

   ⇒ 50% 유영저해를 일으키면 EC_{50} = 100, 25% 유영저해를 일으키면 EC_{50} = 200이 됨.

4. 실험대상생물인 물벼룩이 50% 이상 유영저해가 없는 것을 기준으로 하여 원폐수인 경우 TU 1, 2배 희석한 경우 TU 2로 표현한다. (TU 1이면 엄격한 기준)

TLM(Medium Tolerance Limit)

Ⅰ. 정의

1. 어류에 대한 급성독물질의 유해도를 나타내는 수치표시의 한 방법
   LC_{50}(Lethal Concentration for fifty)과 같은 의미
2. 급성 독성물질이 포함되어 있는 수중에 어류를 일정시간(48hr, 96hr) 서식시켰을 때 그 시험 물고기의 50%가 살아남을 수 있는 수중농도
3. 안전농도는 TLM의 1/10로 한다.

Ⅱ. 기준

- $TLM_{96}/10$: 급성영향을 주지 않는 농도
- $TLM_{96}/100$: 만성영향을 주지 않고 생물의 번식 성장할 수 있는 농도

Ⅲ. Toxic Unit

- $Toxic\ Unit = \dfrac{독성물질농도}{TLM_{96}}$

수질원격감시체계(수질 TMS)

Ⅰ. 개요

1. 수질 TMS는 하폐수 배출시설의 최종 배출수 수질을 실시간으로 측정하여
   1) 방류수역의 수질 및 수생태계를 보호하고(우천시 무단방류 등 수질사고 방지),
   2) 사업장별 계절별·시간대별로 측정된 자료를 분석하여, 스스로 공정개선을 유도해 나갈 수 있도록 한 제도이다.
2. 측정된 자료는 환국환경공단 내 "TMS 관제센터"에 전송되어 전산 관리된다.

Ⅱ. 수질TMS 설치대상

1. 1·2종 폐수배출사업장

   ┌ 1종 사업장 : 1일 폐수배출량이 2,000㎥ 이상인 사업장
   └ 2종 사업장 : 1일 폐수배출량이 700㎥ 이상 2,000㎥ 미만인 사업장

2. 3종 폐수배출사업장 (200㎥/d 이상, 2010.10월부터 배출허용농도 초과시만 설치 의무화)
3. 하수배출량 2,000㎥/d('09년 현재) 이상인 공공하수처리시설

Ⅲ. 측정설비 및 측정방법

1. 측정설비

   ┌ pH, COD(BOD), SS, T-N, T-P 계측기기
   └ 유량계, 자동시료채취장치, 자료전송장치(data logger)

2. 측정항목 및 방법

   ┌ DO   : 유리전극법, 안티몬전극법
   ├ BOD : 산소전극 또는 산소센서에 의한 측정방식
   ├ COD : 산성 과망간산칼륨법, 알칼리성 과망간산칼륨법
   ├ SS   : 중량측정법, 광산란법
   ├ T-N : 이온전극법, 카드뮴환원법, UV분광법
   └ T-P : 이온전극법, 아스코르빈산환원법

Ⅳ. TMS 기기선정시 고려사항

1. 일반적인 고려사항

1) 관련규정상의 적합성
- 측정기기의 측정방법, 형식승인 검정의 대상 및 필요성 유무를 조사하여 관련 법규에 적합한지 여부를 검토해야 한다.

2) 목적에 대한 적합성
- 수질오염측정은 ㎎/L(ppm)레벨 이하의 미량성분을 측정하는 경우가 많으므로 측정기기의 정밀도·정확도가 충분한지 여부 등을 확인할 필요가 있다.

3) 신뢰성의 확보
- 수질자동측정기기의 측정자료의 신빙성이 저하되면 당해 조업시설의 조업 정지도 생각해야 하므로 측정기 전체에 대한 신뢰성이 요구된다.

4) 측정기술 동향 파악
- 수질연속측정기술의 발전은 매우 빠르게 진행되고 있기 때문에 항상 기술개발동향을 파악할 필요가 있다.

2. 구체적인 검토사항

- 측정기기의 성능
- 측정기기의 가격
- 설치비용
- 유지관리비용
- 시운전 및 교육
- 하자보증

Ⅴ. 문제점

1. 국제적으로 처음 시행되는 정책 : 이해당사자간의 노력이 필요하다.
2. 측정기기의 정확성 확보 : Standard method나 공정시험법상의 결과값과 일치해야 한다.
3. 측정기기의 유지관리 : 전문유지관리 인원배치가 필요하다.

Ⅵ. 결론

1. 최근 향상된 정보통신기술로 TMS 측정기기의 가격이 현실화되고 있고, 방류수역의 '수질 및 수생태계 보전'을 위한 정부와 시민사회의 인식이 변화하고 있다.
2. 수질 TMS정책은 앞으로 상하수도 시장개방에 따라 국내시장을 지키고, 해외시장 개척을 목적으로 세계 최초로 전국적으로 시행하는 것으로 시행착오를 최소로 하기 위해 이해당사자간의 지혜가 모아져야 한다.

※ 수질TMS 정책 적용 후 언론보도 (발췌)

> (1) 약 2억원 정도를 들여 장비를 설치하고 24시간 오염상태를 측정하여 자동으로 구청으로 데이터가 전송하고 있으며, 측정 가능한 항목은 COD 등 6가지 정도로서 중금속 등 나머지 20여개 항목은 측정이 불가능하고 감사원 조사에서 측정결과가 틀릴 확률이 80%에 이르는 것으로 조사되었다.
> (2) 결과적으로 성능이 입증되지도 않은 사업에 수십억원의 예산을 투입하여 문제점이 많으며, 충분한 검증을 거쳐 사업을 계속 보완하든지 여의치 않으면 사업 유보를 검토할 필요가 있다.

탁도의 종류

Ⅰ. 개요

1. 탁도를 유발하는 물질은 점토, 실트 및 유기물, 무기물과 같은 부유물질과 색을 가지는 용해성 유기물질, 조류와 수중생물 같은 미생물 등이다.
2. 탁도는 시료를 통과하는 광선의 산란 및 흡수에 의한 광학적 특성의 표현방법이다. 탁도와 부유물질의 농도에 따른 상관관계는 입자의 크기 및 형태에 따라 달라지기 때문에 정량적으로 나타내기는 어렵다.
3. Standard Method에서의 NTU는 동등한 조건에서 40 NTU인 표준액과 측정하고자 하는 시료의 빛의 산란정도를 비교하는 방법으로서, 빛의 산란정도가 높을수록 시료의 탁도가 높은 정도를 나타낸다. 표준액으로는 formazin polymer가 이용되며, 최적측정을 위한 흡광도의 범위는 400~600nm이다.

Ⅱ. 탁도 측정방법

1. 카올린탁도 (= PPM, Parts Per Million)
 1) 과거 국내 먹는물 수질기준 단위
 2) 물의 혼탁은 토사나 부유물질의 혼입, 용존성 물질의 화학적 변화에 의한 것이 원인이 되나, 탁도성분은 점토질 토양이 대부분이므로 점토인 백도토를 표준으로 한 탁도단위이다.
 3) 물의 탁한 정도를 나타내는 것으로 백도토(Kaolin) 1mg이 증류수 1L에 포함되어 있을 때의 탁도를 1도(또는 1ppm)로 한다. 즉 탁도는 빛의 통과에 대한 저항도로서 표준단위로는 $1mgSiO_2/L$ 용액이 나타내는 탁도로 한다.

2. NTU(Nephelometric Turbidity Unit)
 1) 우리나라의 음용수수질기준에 정해진 탁도단위
 2) Nephelometric 측정법은 산란광과 탁도(계량화된 량)간의 관계를 나타내기 위해 산란광의 측정은 조사광의 90°에서 이루어진다.

※ 먹는물 수질기준 1.0NTU 이하 (2011.6부터)

급속여과지 탁도관리기준 ── 공동수로여과수의 95% 이상이 0.3NTU 이하
└ 각 지별 여과수의 95% 이상이 0.15NTU 이하

3. JTU (Jackson Turbidity Unit)

1) 눈금이 있는 메스실린더에 시료를 넣어 촛불 위에 올려놓고 상부에서 보면 탁도에 따라서 불꽃이 보이는 깊이가 달라지는 원리를 이용한 육안측정법

2) 육안측정법이므로 정확성이 떨어진다. (25 units 이하는 탁도측정 불가)

3) 일반적으로 40JTU는 40NTU와 거의 같다.

4. FTU (Formazin Turbidity Unit)

1) 포마진 탁도단위로서, 적외선 광원을 채택한 Nephelometer를 사용하여 탁도를 측정

2) FTU는 산란광이 아닌 투과광으로 측정하는 단위임

Ⅲ. NTU단위 탁도의 실험방법

1. 시약의 준비

1) 증류수를 여과막(0.2μm)으로 여과하여 탁도가 0.02NTU 이하인 여과된 물을 준비하고, 이것을 표준액 조제시 사용한다.

2) 표준액의 준비

- $(NH_2)_2H_2SO_4$ 1g을 증류수로 희석하여 100mL로 만든다.
- $(CH_2)_6N_4$ 10g을 증류수로 희석하여 100mL로 만든다.
- 상기용액 각 5mL씩 100mL 병에 넣어 희석하면 이 용액의 탁도는 400NTU 이다.

3) 이 용액을 10배 희석하면 40NTU인 표준용액을 만들 수 있다.

2. 실험절차

1) calibration curve를 작성한다.

2) 40NTU 이상의 시료는 희석하여 측정한다.

$$NTU = A \times \frac{B+C}{C}$$

여기서,   A : 희석시료의 NTU

           B : 희석수 용량 mL

           C : 시료의 용량 mL

BOD 실험방법

Ⅰ. 측정원리

1. 시료를 20℃에서 5일간 저장하여 두었을 때 시료중의 호기성미생물의 증식과 호흡작용에 의하여 소비되는 용존산소(DO)의 양으로부터 측정하는 방법이다.
2. 시료중의 용존산소가 소비되는 산소의 양보다 적을 때에는 시료를 희석수로 적당히 희석하여 사용한다. 공장폐수나 혐기성 발효상태에 있는 시료는 호기성 산화에 필요한 미생물을 식종해야 한다.

Ⅱ. 시료의 전처리

1. 산성 또는 알칼리성 시료
 - pH가 6.5~8.5의 범위를 벗어나는 시료는 중화하여 pH 7로 조정
2. 잔류염소가 함유된 시료
 - 잔류염소가 함유된 시료는 BOD용 식종희석수로 희석하여 사용
3. DO가 과포화된 시료
 - 과포화시 수온을 23~25℃로 하여 15분간 통기하고 방냉하여 수온을 20℃로 조정
4. 시료는 시험하기 바로 전에 온도를 20 ± 1℃로 조정한다.

Ⅲ. 실험방법

1. 시료(또는 전처리한 시료)의 예상 BOD치로부터 단계적으로 희석배율을 정하여 3~5종의 희석검액 3개를 한조로 하여 조제한다.
 ⇒ 예상 BOD값에 대한 사전경험이 없을 때에는 다음과 같이 희석하여 검액을 조제한다. 강한 공장폐수는 0.1~1.0%, 처리하지 않은 공장폐수와 침전된 하수는 1~5%, 처리하여 방류된 공장폐수는 5~25%, 오염된 하천수는 25~100 %의 시료가 함유되도록 희석 조제한다.
 - BOD용 희석수(또는 BOD용 식종희석수)와 시료를 희석배율에 맞게(공기가 갇히지 않게) 섞고 3개의 300㎖ BOD병에 완전히 채운 다음, 1개는 15분간 방치 후에 희석 시료의 용존산소(D_1)를 측정하고, 나머지 2개는 마개를 꼭 닫아 물로 마개주위를 밀봉하여 BOD용 배양기에 넣고 20℃ 어두운 곳에서 5일간 배양한다.
 - 5일간 배양한 다음 산소의 소비량이 40~70% 범위안의 희석검액을 선택하여 처음의 용존산소량과 5일간 배양한 다음 남아 있는 용존산소량의 평균값의 차로부터 BOD를 계산한다.
 ⇒ DO측정은 윙클러-아지드화나트륨 변법 또는 격막전극법으로 한다.
2. 같은 방법으로 미리 정하여진 희석배율에 따라 몇 조의 희석검액을 조제하여 3개의 300 ㎖ BOD병에 완전히 채운 다음 위와 같이 실험한다.

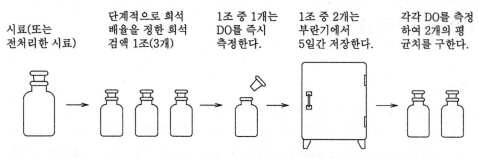

시료(또는 전처리한 시료)

단계적으로 희석 배율을 정한 희석 검액 1조(3개)

1조 중 1개는 DO를 즉시 측정한다.

1조 중 2개는 부란기에서 5일간 저장한다.

각각 DO를 측정하여 2개의 평균치를 구한다.

⟶ 5일간 저장한 다음 산소 소비량이 40~70% 범위안의 희석검액을 선택하여 처음의 용존산소량과 5일간 저장한 다음 남아있는 용존산소량의 평균치의 차로부터 BOD를 계산한다.

〈BOD 실험방법〉

Ⅳ. BOD 계산

식종하지 않은 시료의 BOD : $BOD(mg/L) = (D_1 - D_2) \times P$

식종희석수를 사용한 시료의 BOD : $BOD(mg/L) = [(D_1 - D_2) - (B_1 - B_2) \times f] \times P$

여기서, D_1 : 희석(조제)한 검액(시료)의 15분간 방치한 후의 DO(mg/L)

D_2 : 5일간 배양한 다음의 희석(조제)한 검액(시료)의 DO평균값 (mg/L)

B_1 : 식종액의 BOD를 측정할 때 희석된 식종액의 배양전의 DO(mg/L)

B_2 : 식종액의 BOD를 측정할 때 희석된 식종액의 배양후의 DO(mg/L)

P : 희석시료 중 시료의 희석배수 $\left(= \dfrac{\text{희석수} + \text{시료량}}{\text{시료량}}\right)$

f : 시료의 BOD를 측정할 때 희석시료 중의 식종액 함유율(x%)에 대한 식종액의 BOD를 측정 할 때 희석한 식종액 중의 식종액 함유율(y%)의 비 (x/y)

$\left(= \dfrac{(\text{희석수} + \text{식종액})/\text{식종액}}{P}\right)$

Ⅴ. 시료 채취 및 실험시 유의사항

1. 미생물이 존재하지 않는 특별한 조건의 시료는 BOD 실험전 토양에서 추출된 미생물을 식종하여, 생물화학적 분해가 충분히 일어나도록 한다.

2. 측정전 과폭기된 시료의 경우, 탈기과정을 통해 20℃ 기준의 산소포화농도 이하로 낮춰 주어야 한다. 만약 시료의 용존산소 농도가 $5mgO_2/L$ 이하면, 폭기를 통해 산소를 충분히 용존시킨 후 실험한다.

3. 질산화 미생물의 활동이 왕성한 시료의 경우, 질산화 억제제를 투입하여 질산화에 의한 산소의 감소를 방지하여야 한다.

4. 5일간의 산소소모량이 $3.5\sim6.5mgO_2/L$가 되도록 희석수와 식종액을 이용해 희석을 한다.

TOC(총유기탄소)

I. 개요

1. 총유기탄소량(Total Organic Carbon)을 의미함.

   유기물을 고온(950℃)에서 산화시켜 발생되는 CO_2 발생량을 CO_2분석기로 측정하여 나타낸 유기물의 양(= 고온연소방식), 최근에는 UV/산화제 산화방식, 수산기(OH⁻)산화방식으로도 많이 측정되고 있음.

2. TOC는 DOC(용존성 유기탄소)와 POC(입자성 유기탄소)로 구분되며, DOC는 BDOC와 NBDOC로 구분됨. (BDOC : Biodegradable DOC)

3. 수계 내에서 POC는 대부분 침강하여 제거되기 때문에 DOC가 중요한 환경적 의미를 갖는다.

II. TOC의 측정방식

1. 고온연소 촉매방식　　: 백금촉매 앞단에서 600~800℃로 산화하여 측정
2. UV/산화제 산화방식 : 시료를 과황산과 혼합하여 산화시킨 후 UV 광원으로 측정
3. 수산기(OH⁻)산화방식 : 고농도 오존에 높은 pH를 반응시킴으로서 OH⁻를 발생시켜 산화시켜 측정

III. TOC측정의 장단점

1. 장점

1) 측정이 5~10분으로 짧기 때문에 편리
2) 소량의 시료만으로도 정확하게 분석가능
3) TOC는 COD, BOD값과 밀접한 상관관계를 가지므로 유용하게 활용될 수 있다.

2. 단점

1) 측정된 TOC는 실제값보다 약간 작은 경향을 보인다.
2) 큰 유기입자의 존재유무는 측정값에 상당한 오차를 발생시킨다.
   ⇒ Standard methods(1998)에서 권고하는 여과지 공극크기는 0.45㎛로서 용해성과 입자성을 구분하나, TOC 실험시 TSS와 TDS를 정의하는데 이용되는 공극 크기는 2.0㎛로서 대조된다. 따라서 2㎛ 이상의 POC는 분석하기 전에 사전 제거되어야 하며, 2㎛ 이하의 POC를 균질화하기 위해 균질기(homogenizer)를 부착하는 시도가 이루어지고 있다.
3) 측정기기가 고가이다.

Ⅳ. TOC의 활용

1. 소독부산물 제어 : 소독부산물의 전구물질이 될 수 있는 TOC의 처리효율 향상이 필요하다.

2. GAC의 운영지표 : GAC 재생결정시 기준으로 이용되기도 함.

3. TOC와 UV_{254} 간에 상관성이 매우 높기 때문에 TOC를 구성하는 DOC는 수생태계 내 유기물의 기원을 규명하는 중요한 단서로 작용하며, 호소나 하천의 영양상태에 대한 정보를 제공하고 부영양화가 진행될수록 DOC농도가 높게 나타난다.(친수성 NOM이 우세)

⇒ 즉, DOC는 NOM성분으로서 소독부산물(DBPs) 생성의 전구물질이 되므로 중요 : 최근에는 ppb 범위까지 측정할 수 있는 온라인 TOC측정기가 개발되어 막여과처리수의 잔류 TOC 측정에 이용되고 있다.

Ⅴ. SUVA의 측정

$$SUVA_{254} = \frac{UV_{254}}{DOC} \times 100 \quad (단위 : \frac{m}{mg/L})$$

- SUVA 4~5 : 소수성, 방향족, 고분자량, 휴믹산 (→ 응집침전으로 잘 제거됨)
- SUVA 3 이하 : 친수성, 지방족, 저분자량, 펄빅산 (→ 응집침전으로 잘 제거 안 됨)

Ⅵ. TOC와 COD 관계

1. TOC측정값은 COD, BOD값과 상관관계가 깊다. 또한 유기물 이외에도 난분해성 물질을 평가 및 관리할 수 있다. 이러한 상관관계는 처리장을 효율적으로 계측하는데 유용하다.

2. TOC 분석값은 주입시료 속에 포함된 큰 유기입자의 존재 유무에 따라 오차가 크며, 측정된 TOC값은 실제값보다 작은 경향이 나타나므로 이론적인 COD/TOC比는 2.66이나 실측값은 3~4.5 정도이다.

⇒ 유기물질 함량을 나타내는 지표를 동일시료로 측정하여 크기가 큰 순서로 나타내면

$$ThOD > COD > BOD_u > BOD_5 > TOC$$

COD

Ⅰ. 정의

- 유기물을 화학적으로 산화분해시킬 때 소요되는 산소량을 말하며, BOD와 마찬가지로 폐수내의 유기물량을 간접적으로 측정하는 방법

Ⅱ. COD 시험

- COD 시험은 2시간으로 측정가능하며,
- BOD값을 잘 모르는 폐수에 대하여 COD시험을 흔히 채택하며,
- 폐수가 생물학적으로서 분해불가능한 물질이 많든지
- 미생물에 독성을 끼치는 물질을 포함할 때 COD실험을 행한다.

Ⅲ. CODmn/CODcr

1. CODmn(과망간산칼륨 소비량)

1) 개요

- 과망간산칼륨($KMnO_4$)은 수중에서 분해하기 쉬운 저급 탄소화합물의 유기물과 아질산염, 1가철염, 황화물 등의 환원성 물질을 산화하지만 질소계 오염물(아민류 등), 알코올류, 할로겐화 유기물, 유기산을 산화하지 못하므로 엄밀한 의미에서 유기물의 총량을 파악할 수 없다. 따라서, COD값이 현저히 낮은 경우가 발생할 수 있다.
- 그러나, 검사기간이 짧고 검사가 간단하므로 오염의 개략값을 추정할 수 있으므로 주로 사용하고 있다.

2) 특징

- 시험과정이 간단하고 시간이 적게 소요된다.
- 유기물 분해율이 약하다. (60%)
- 우리나라, 일본 등에서 사용되고 있다.

2. CODcr(중크롬산칼륨 소비량)

1) 개요

- 중크롬산칼륨($K_2Cr_2O_7$)이 과망간산칼륨($KMnO_4$)에 비해 산화력이 크고 재현성이 좋으므로 CODcr법이 더 과학적이다. 따라서 향후 비용 등 다소의 문제가 있지만 공정시험법이 CODcr법으로 바뀔 수 있다.

2) 특징

- 시험과정이 다소복잡하며 2~3시간 정도 시험시간이 소요된다.
- 유기물 분해율 크고(80~100%), 재현성이 좋다.
- 구미지역에서 사용되고 있다.

Ⅳ. COD와 VS, BOD의 상관관계

- 수중의 유기물 함량을 측정할 수 있는 측정자료로서 COD, BOD, TOC, VS의 상호간의 상관관계는 하폐수의 성질과 그 발생원에 따라 다르게 나타난다.
- 그러나, 하폐수처리장의 운전 또는 처리효율을 결정함에 있어서 BOD측정을 하는 것은 매우 긴 시간이 요구하므로 BOD, COD, TOC간의 상관관계를 정하고 COD나 TOC만을 측정하여 BOD값을 추정할 수 있다.

1. VS와 COD

- VS와 COD는 동일한 유기성 고형물에 대하여 상이한 단위로 표시한 것으로 VS는 물질 그 자체량이고 COD는 VS를 산화시키는데 소모되는 산소량이다.

$$VS = VSS + VDS \Rightarrow COD = ICOD + SCOD$$

※ 고형물(TS)

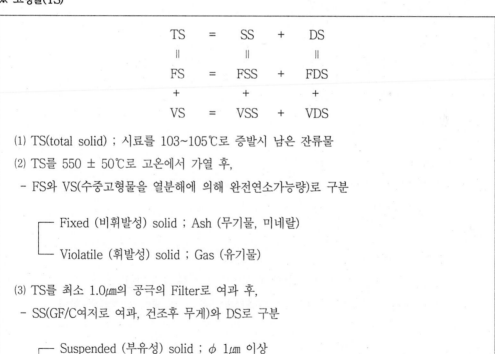

$$
\begin{array}{ccccc}
TS & = & SS & + & DS \\
\| & & \| & & \| \\
FS & = & FSS & + & FDS \\
+ & & + & & + \\
VS & = & VSS & + & VDS
\end{array}
$$

⑴ TS(total solid) ; 시료를 103~105℃로 증발시 남은 잔류물

⑵ TS를 550 ± 50℃로 고온에서 가열 후,
- FS와 VS(수중고형물을 열분해에 의해 완전연소가능량)로 구분

    ┌─ Fixed (비휘발성) solid ; Ash (무기물, 미네랄)

    └─ Violatile (휘발성) solid ; Gas (유기물)

⑶ TS를 최소 1.0㎛의 공극의 Filter로 여과 후,
- SS(GF/C여지로 여과, 건조후 무게)와 DS로 구분

    ┌─ Suspended (부유성) solid ; ϕ 1㎛ 이상

    │   ┌─ Colloidal (콜로이드성) solid ; ϕ 0.001 ~ 1㎛ ⇒ 탁도

    └─ Filterable solid ─┤

                               └─ Dissolved (용존성) solid ; ϕ 0.001 미만

2. COD와 BOD

1) COD와 BOD의 관계

- 최종 BOD를 BODu, 5일 BOD를 BOD_5로 표시하고 생물분해 가능한 COD를 BDCOD, 분해 불가능한 COD를 NBDCOD라 하면,

$$
\begin{aligned}
COD &= BDCOD + NBDCOD \\
&= BODu + NBDCOD \\
&= k \cdot BOD_5 + NBDCOD \quad \Rightarrow C\text{-}BOD
\end{aligned}
$$

- k는 상수로 $BOD_U = 1.72 \cdot BOD_5$를 의미한다.

2) NOD

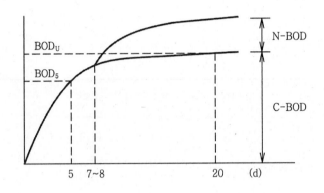

(1) C-BOD (Carbonaceous BOD)

- 주로 분해되기 쉬운 탄소화합물이 분해될 때 소모되는 산소량이다.
- C-BOD = BODu

(2) N-BOD (Nitrification oxygen demand)

- 배양기간 7~10일 이후에는 질산화가 일어나 산소를 소모한다.
- 따라서, 질산화 억제제(아지드화 나트륨[NaN3] 등)를 넣어 방지해야 한다.

3) CODcr와 BOD의 관계

$$
\begin{array}{lll}
CODcr & = & BODu \quad : \text{미생물처리 가능} \\
& > & BODu \quad : \text{NBDCOD성분 함유} \\
& \gg & BODu \quad : \text{미생물처리 불가능} \\
& < & BODu \quad : \text{BOD 측정시 질산화 발생, COD실험시 방해물질 함유}
\end{array}
$$

수질 및 수생태계 환경기준에서 COD 채택이유

Ⅰ. 호소의 유기물질 오염지표로서 BOD 대신 COD를 채택하는 이유

1. 수중(水中)의 유기물질 양을 나타내기 위하여 일반적으로 하천은 BOD, 호소는 COD를 측정한다.

2. 호소의 경우 BOD 대신 COD를 보통 측정하는데 그 이유는 생체량(biomass)인 조류(algae)를 유기물질량으로 포함시키기 위한 것이며, 호소에서는 번식하는 조류들이 광합성 및 호흡을 하면서 BOD값의 오차가 심하게 나타나기 때문이다. 즉, 호소의 플랑크톤(조류 등)은 NBD 유기물성으로 BOD분석으로 나타나지 않기 때문에 COD로 측정하게 된다.

Ⅱ. 하천의 유기물질 오염지표로서 BOD와 COD를 동시분석하는 이유

1. BOD와 COD를 동시에 분석하면 생물학적 난분해성 유기물질의 존재와 양을 추정할 수 있다. 즉, 대상 수중(水中)의 유기물 양을 판단하기 위하여 BOD 대신 COD를 많이 측정하고, 자료가 충분히 축적되면 양자간의 일정한 비율관계를 확인할 수 있다.

2. COD측정은 무기물질의 산화를 포함하고 질소계의 유기물을 포함하지 않아 엄밀한 의미에서 유기물의 총량을 파악할 수 없으나, 검사시간이 짧아 오염의 개략값을 추정하는데 널리 이용된다.

※ 최근 하천의 수질 및 수생태계 환경기준에 COD, T-P가 도입됨. (2011년부터)

등급		하천의 생활환경기준			호소의 생활환경기준	
		BOD	COD	T-P	COD	T-P
매우좋음	Ia	1	2	0.02	2	0.01
좋음	Ib	2	4	0.04	3	0.02
약간좋음	II	3	5	0.1	4	0.03
보통	III	5	7	0.2	5	0.05
약간나쁨	IV	8	9	0.3	8	0.1
나쁨	V	10	11	0.5	10	0.15
매우나쁨	VI	초과	초과	초과	초과	초과

3. 한편, 이론적으로 BOD가 COD보다 작아야 하지만 질소화합물이 많이 포함된 오폐수 유입수는 BOD가 COD보다 커질 수 있고 생물학적 처리공정을 거친 처리수는 BOD가 COD보다 현저히 작다.

ORP(산화환원전위)

Ⅰ. 정의

1. ORP(oxidation reduction potential)란 물의 산화 및 환원상태를 측정하는 단위
 ⇒ 어떤 물질이 산화되거나 환원되는 경향의 강도를 나타내며, 그 용량의 측정값이 아니라 시스템 전체의 화학적 환경에 대한 안정적 지수로서 해석된다.
2. 정수처리나 하수처리는 일종의 산화작용이며, 유기물 제거, 살균소독, BOD 제거 등이 모두 산화처리과정라 볼 수 있다.
3. ORP가 가장 큰 것은 불소이며, 그 다음이 오존, 염소이다.

Ⅱ. 산화·환원의 의미

1. 산화

─ 산소와 결합하는 것 : $C + O_2 \rightarrow CO_2$

─ 수소화합물에서 수소를 잃는 것 : $2H_2S + O_2 \rightarrow 2S + 2H_2O$

─ 전자를 잃는 것 : $Fe \rightarrow Fe^{2+} + 2e^-$

─ 산화수가 증가가 하는 것 : $2FeCl_2 + Cl_2 \rightarrow 2FeCl_3$

2. 환원 : 산화와 반대의 경향을 보이는 것

Ⅲ. ORP식

$$E = E_0 + \frac{RT}{nF} \log \frac{[Ox]}{[Red]}$$

여기서,　　　E : 산화환원전위(V)

　　　　　　E_0 : 표준상태의 전위(V)

　　　[Ox] : 산화제의 몰농도(mol/L)

　　[Red] : 환원제의 몰농도(mol/L)

　　　　n : 반응에 이용된 전자수

　　　　F : 패러데이 상수

　　　　R : 기체상수

　　　　T : 절대온도(K)

Ⅳ. 포기조에서 ORP

1. 포기조에서 ORP가 (+)와 (-)일 경우는 산화와 환원반응의 진행되고 있음을 의미한다.

2. 고도처리공법에서 질소를 산화시킬 경우 호기성조에서 ORP는 250~300mV 정도, 인(P) 방출을 목적으로 하는 혐기성조에서는 ORP가 -80mV 전후이다.

 ⇒ A/O공법의 혐기성 운전조건 지표로 ORP가 많이 사용되며 적정 ORP는 -100~-250mV 정도로 본다.

Ⅴ. 현장적용

1. 종래 물속의 유기물 오염도를 평가하는 기준으로 BOD, COD, TOC 등이 이용되고 있으나 BOD, COD는 오염정도를 신속하게 판정하기 어렵고, TOC는 측정값이 부정확하다. 그러나 ORP는 폐수나 슬러지가 호기성인지, 혐기성인지의 상태를 비교적 정확하고 신속하게 판정할 수 있다.

2. 통상 하천에 있어서는 ORP와 DO의 관계는 비례하며, H_2S와의 관계는 반비례한다. 또한 우천시 상수원수에 고탁도 유입으로 알칼리도가 떨어지면 ORP도 어느 정도 비례하여 감소하게 된다. 따라서 ORP를 적용하면 실시간으로 하폐수처리시설, 관로시설 및 하천의 오염도 측정뿐만 아니라 상수원수의 정수처리에도 이용될 수 있다.

퇴적물 산소요구량(SOD)

Ⅰ. 정의

1. 퇴적물 산소요구량(SOD, Sediment Oxygen Demand)
2. 하천 및 호소에 침강된 퇴적층(저니층, 저질)의 산소요구량을 측정
3. 단위는 $g/m^2 \cdot day$

Ⅱ. 발생원인

1. 수체와 퇴적물의 경계면 부근에서 생물학적 호흡, 화학적 반응, 저층 광합성 등에 의해 산소가 소모된다.
2. 즉 바닥과 수면사이에서 일어나는 면적과정(areal process) 현상으로서,
3. 많은 수환경에서 퇴적물산소요구량(SOD)이 전체 수층의 산소소모량의 대부분을 차지한다.

Ⅲ. SOD측정방법

- SOD실험은 하천의 하상특성과 계절에 따라 크게 다르며 실험방법에 따라 다양한 값을 나타내게 되어 정확한 정량화가 힘들다. <그림>은 일반적인 SOD실험장치를 나타낸 것이며 실험방법은 다음과 같다.

1. 채취한 시료를 5cm 높이까지 채우고 BOD용 보강 희석수를 반응조에 채운 다음 100 ~ 150mL/min의 유속으로 순환시킨다.

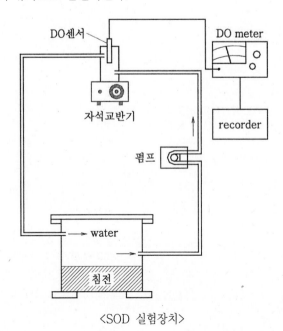

<SOD 실험장치>

2. 시간경과에 따른 용존산소 소모량을 DO meter를 이용하여 연속측정하고 용존산소 감소율올 구하여 아래식으로 산소소비속도를 산출한다.

Ⅳ. 공식

$$SOD_{(20)}(g/m^2 \cdot day) = Oc \times \frac{V}{A \cdot T}$$

여기서,　　Oc　: chamber내 산소소모량(mg/L)

　　　　　　A　: 저질층 면적(m^2)

　　　　　　V　: 저수층 용량(L)

　　　　　　T　: 시간(day)

$$SOD_{(t_1)} = SOD_{(20)} \times 1.065^{t_1 - 20} \quad \cdots \cdots (1) \quad (온도 보정)$$

여기서,　　t_1　: 현장 심수층 온도

∴ 저질에 의한 산소소비량 = (1) − 수층자체의 산소소비량 ($\frac{BOD_5}{5} \times V \cdot T$)

Ⅴ. 현장적용

1. SOD는 계절 및 하상특성 등에 따라 크게 달라지며,

2. 다음과 같이 오염 정도를 나타낼 수 있으며, 전형적인 SOD값은 다음과 같다.

```
SOD ─┬─ < 1 g/m²·day      : Low polluted
     ├─ 1-3 g/m²·day      : Moderate polluted
     └─ 3~ 10 g/m²·day    : Heavy polluted
```

<전형적인 SOD값 (θ = 1.07 ~ 1.1)>

SOD($g/m^2 \cdot day$)	범 위	평 균
도시하수 유입구	2 ~ 10	4
도시하수 하류부	1 ~ 2	1.5
섬유소질 슬러지	4 ~ 10	7
하구벨	1 ~ 2	1.5
모래하상	0.2 ~ 1	0.5
무기질하상	0.05 ~ 0.1	0.07

3. 일반적으로 팔당호는 0.3~0.9g/m^2·day, 충주호는 0.1~1.0g/m^2·day로 오염도가 낮은 편이나, 낙동강은 2~3g/m^2·day로 높은 오염정도를 나타내고 있다.

BIP(생물학적 오염도)와 BI(생물지수)

Ⅰ. BIP (Biological Index of Pollutants)

1. 개요
- 물속의 유색생물체의 존재정도를 파악
- 정성적인 수질오염도 파악

2. 공식

$$BIP = \frac{B}{A+B}$$

여기서, A : 검수 1mL 중 유색생물수(엽록체가 있는 조류 등의 생물수), 맑은 물에 많다.

B : 검수 1mL 중 무색생물수(엽록체가 없는 원생동물 등의 생물수), 오염된 물에 많다.

3. 의미
- 맑은 하천 0~2, 오염된 물 10~20, 심각 70~100
- BIP와 BI는 역관계가 성립하며, BIP는 생물의 동정(identification)이 필요 없지만 BI는 동정이 필요하다.

Ⅱ. BI (Biotic Index)

1. 개요
- 물속의 청수성 미생물과 광범위성 미생물의 정도를 파악
- 정성적인 수질오염도 파악

2. 공식

$$BI = \frac{A+2B}{A+2B+C}$$

여기서, A : 청수성 미생물

B : 광범위성 미생물

C : 오수성 미생물

3. 의미
- 약간 오염된 물 10~20, 심각 10 이하

알칼리도

I. 정 의

- 산을 중화시키는 능력의 척도로 수중의 수산화물(OH^-), 탄산염(CO_3^{2-}), 중탄산염(HCO_3^-)의 형태로 함유되어 있는 성분을 이에 대응하는 $CaCO_3$의 형태로 환산하여 mg/L로 나타낸 것.

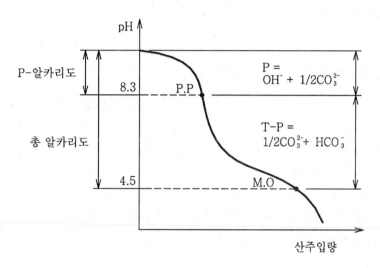

II. 형태

1. P-알칼리도 : 알칼리성 시료에 산을 주입시켜 pH 8.3까지 낮추는데 소모되는 산의 양을 $CaCO_3$로 환산한 값
2. 총 알칼리도(M-알칼리도) : 알칼리성 시료에 산을 주입시켜 pH 4.5까지 낮추는데 소모되는 산의 양을 $CaCO_3$로 환산한 값
3. 자연수중 알칼리도는 대부분이 HCO_3^- 형태를 취한다.
4. 수체내에서 pH와 알칼리도의 관계는 알칼리도의 유발물질 존재에 따라 상관관계를 가지고 있다.

III. 알칼리도 자료의 이용

1. 화학적 응집
 1) 응집제 투입시 적정 pH유지 및 응집효과 촉진
 2) 알칼리도가 높으면 pH가 높아져 응집제 과다소요

2. 물의 연수화
 - 석회, 소오다회의 소요량 계산에 고려

3. 부식제어
 - 부식제어와 관계되는 LI지수 계산

4. 완충용량계산 : 폐수와 슬러지의 완충용량 계산

5. 산업폐수의 pH와 생물학적 수처리의 순응여부 결정

6. 알칼리도가 낮은 물은 부식성이 있으며 알칼리도가 높은 물은 물의 침식성이 강하여 배출시 수중생태계를 파괴함.

Ⅳ. 하수처리와 관계

1. 대부분의 미생물은 pH 6.8~7.5 범위를 요구하며 이러한 pH는 알칼리도와 밀접한 관계가 있다.

2. 알칼리도는 질산화 과정에서 소모되고 탈질과정에서 생성
 - 질산화 미생물은 7.1g의 알칼리도 소모
 - 탈질미생물은 3.6g의 알칼리도 생성

3. 질소를 생물학적으로 제거하기 위해서는 질산화 과정이 선행되어야 하는데 이때 알칼리도가 부족하면 질산화 반응이 멈추게 되어 질소제거가 어렵다.

경도(Hardness)

Ⅰ. 정 의
- 물속에 녹아 있는 Ca^{++}, Mg^{++} 등 2가 양이온을 이에 대응하는 $CaCO_3$량으로 환산하여 mg/L로 나타낸 값으로 물의 세기 정도를 말한다.

Ⅱ. 물의 분류
- 수중의 Ca^{++}, Mg^{++}는 주로 지질에서 오는 것이나 해수, 공장폐수, 하수 등의 혼입에 의할 수도 있다. 또 수도시설의 콘크리트 구조물 혹은 물처리에서의 석탄사용에 기인하는 것도 있다. 경도의 정도에 따른 물의 분류는 다음과 같다.

$$
\begin{array}{ll}
0 \sim 75 \text{ mg/L} & : \text{연수(soft)} \\
75 \sim 150 \text{ mg/L} & : \text{적당한 경수} \\
150 \sim 300 \text{ mg/L} & : \text{경수(hard)} \\
300 \text{ mg/L 이상} & : \text{고경수}
\end{array}
$$

Ⅲ. 탄산경도와 비탄산경도
1. 경도는 일시경도와 영구경도로 구분되고 양자를 합한 것을 총경도라 한다. 만약 Ca^{++}, Mg^{++} 등이 알칼리도를 이루는 탄산염(CO_3^{2-}), 중탄산염(HCO_3^-)과 결합하여 존재하면 이를 탄산경도(Carbonate hardness)라 하고 끓임에 의하여 연화되므로 일시경도(Temporary hardness)라 한다.
2. 반면에 2가 양이온이 염소이온, 황산이온, 질산이온 등과 화합물을 이루고 있을 때 나타내는 경도는 비탄산경도(Non-Carbonate hardness)라고 하며 끓임에 의하여 제거되지 않으므로 영구경도(Permanent hardness)라 한다.

총경도 = 탄산경도 (일시경도) + 비탄산경도 (영구경도)

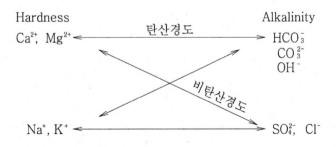

3. 경도가 높은 물은 비누의 효과가 나쁘므로 가정용수로 좋지않고 공업용수로도 좋지않다. 특히 보일러 용수는 scale의 원인이 되므로 부적당하다.

4. 총경도와 알칼리도의 관계에서 경도 종류를 다음과 같이 판별할 수 있다.

┌─ 총경도 < 알칼리도   → 총경도 = 탄산경도
└─ 총경도 > 알칼리도   → 알칼리도 = 탄산경도

경수의 연화법

⇒ 물속에 함유된 Ca^{++}, Mg^{++} 등을 제거함으로 센물을 단물로 만드는 방법은 다음과 같다.

Ⅰ. 자비법

1. 물을 끓여 일시경도를 제거하는 방법
2. 에너지소비량이 많아 소규모처리시설에서 제한적으로 사용

Ⅱ. 석회-소다법

1. 탄산가스와 탄산경도는 소석회를 사용하고, 비탄산경도는 소다회(Na_2CO_3 [탄산나트륨])나 소석회($Ca(OH)_2$ [수산화칼슘])를 사용하여,

   ⇒ $Ca^{++} \rightarrow CaCO_3 \downarrow$, $Mg^{++} \rightarrow Mg(OH)_2 \downarrow$ 로 침전제거시킨다.

   1) 탄산경도
   - $CO_2 + Ca(OH)_2 \qquad \rightarrow \quad CaCO_3 \downarrow + H_2O$
   - $Ca(HCO_3)_2 + Ca(OH)_2 \quad \rightarrow \quad 2CaCO_3 \downarrow + 2H_2O$

   2) 비탄산경도
   - $MgSO_4 + Ca(OH)_2 \qquad \rightarrow \quad Mg(OH)_2 \downarrow + CaSO_4$
   - $CaSO_4 + Na_2CO_3 \qquad \rightarrow \quad CaCO_3 \downarrow + Na_2SO_4$ ($CaSO_4$ 는 석회로 제거되지 않는다.)

2. 특징
   1) 대용량처리에 경제적이다.
   2) 처리수는 여과과정에서 여과사를 막히게 한다.
   3) 침전물이 대량생산되어 처분이 어려움
   4) 관내 Scale 형성

3. 석회·가성소다법
   - 소다회 대신에 가성소다를 이용한 방법(가성소다의 주입용이, 약품비는 높다.)

4. 그 외 칼슘 및 마그네슘 형태의 비탄산경도만 제거하는 과잉석회법, 가성소다법 등도 있음.

Ⅲ. 이온교환법

1. 수중의 Ca, Mg, Fe 이온을 이온교환수지(합성 Zeolite)의 Na 이온과 교환시켜 제거하고, 제올라이트는 식염소로 사용이 가능하다.
2. 모든 경도물질 제거가 가능하지만 초기투자비가 크다.

Ⅳ. 기타

1. 막여과법 및 흡착법
2. 이 방법들은 경도의 단독제거 목적만으로는 잘 적용하지 않음.

연수화 과정시 재탄산화(recarbonate)

Ⅰ. 개요

1. 연수화를 위해 석회·소오다법을 사용할 경우 경도를 완전히 제거할 수 없으며, 탄산칼슘 ($CaCO_3$) 40mg/L, 수산화마그네슘($Mg(OH)_2$) 10mg/L 정도가 물에 남게 된다.
2. 이들은 여과사에 침착하여 여과효율을 떨어뜨리고 관내 스케일 형성의 원인이 된다.
3. 이것을 방지하기 위해 침전수에 CO_2를 주입하여 용해성인 중탄산칼륨[$Ca(HCO_3)_2$], 중탄산마그네슘[$Mg(HCO_3)_2$]의 형태로 안정화시키는 것을 재탄산화(recarbonate)라 한다.

Ⅱ. 화학반응식

$$CaCO_3 + H_2O + CO_2 \rightarrow Ca(HCO_3)_2$$
$$Mg(OH)_2 + 2CO_2 \rightarrow Mg(HCO_3)_2$$

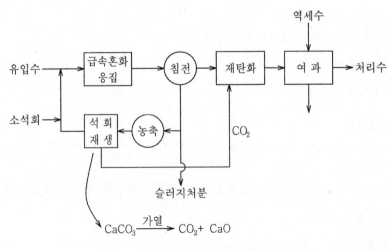

<석회소오다법 flow sheet>

LI(Langelier Index) 지수

I. 정의

- LI(Langelier Index)지수 또는 LSI(Langelier Saturation Index)지수
- 물의 부식성을 판별하는 지수
- pH 6.5~9.5에서 $CaCO_3$이 침전상태인지, 침식상태인지를 예측하기 위한 지수

II. 이론

1. 물속의 탄산칼슘($CaCO_3$)이 pH와 평형상태에 있을 때 그 물은 안정하다.

$$(침식성) \quad Ca^{2+} + HCO_3^- \leftrightarrow CaCO_3 + H^+ \quad (침전성)$$

2. 즉, LI(LSI) = pH － pHs
   (pH 실측치)   (화학적 평형상태의 pH)

$$pHs = A + B - (\log[Ca^{2+}] + \log[총알칼리도])$$

여기서,　A ： 온도 관련 지수
　　　　　B ： 총용존고형물(TDS) 관련 지수
$[Ca^{2+}]$, [총알칼리도] ： $CaCO_3$로 환산한 당량 (meq/L)

3. pHs는 온도, TDS(총용존고형물), 경도 및 알칼리도에 따라 영향을 받게 된다.

III. 해석

- LI = 0 이면 평형상태로서 침식·침전방지
- LI가 (+)이면 스케일 형성 (침전성)
- LI가 (-)이면 스케일을 형성하지 않는다. (침식성)

IV. 현장에서 상수도관 부식제어 최근추세

- LI지수를 0 이상으로 유지하여 탄산칼슘 피막을 형성하기 위해서는 pH를 9 이상(수질기준 초과)으로 조절해야 하지만 이것은 먹는물 수질기준을 초과하게 된다.

- 그러므로 알칼리제로 소석회 주입시 pH 저하를 위해 이산화탄소를 함께 주입하여 pH 7.5~8.0로 유지하고 LI지수를 약 -0.5 내외로 맞춘다. 즉, LI가 (-)이더라도 0에 가까우면 탄산칼슘 피막이 형성되어 부식을 방지할 수 있는 것으로 알려져 있다.
- 따라서 LI지수를 개선하여 금속(Fe, Zn, Cu) 용출 등에 의한 수돗물 2차오염을 방지할 수 있다.
- 이산화탄소는 pH를 감소시키고 소석회와 반응하여 탄산칼슘을 형성하는 역할을 한다.

Ⅴ. 상수관로의 부식성 개선
- 정수장이나 배·급수계통에서 적용 가능한 수돗물 부식성 개선방법으로는 부식억제제 주입, 알칼리제 주입 등이 있다.

1. 부식억제제
- 부식억제제는 인산염계(국내 적용실적 많음)와 규산염계 부식억제제가 주로 사용된다.
- 부식억제제 주입방법으로는 정수장에서 주입하거나, 배급수계통의 배수지 및 아파트 및 빌딩의 저수조 전후에 주입하기도 한다. 일반적으로 정수장에서는 소독공정 후단에 주입한다.

2. 수질조정을 통한 부식성 개선
- 수돗물 부식성 관련지수[랑게리아(포화)지수, 라이아나지수, AI(Aggressive Index)]를 계산하여 그 지수값을 개선한다.
- 랑게리아지수를 개선하게 되면, 수도시설이나 급배수관 등의 부식성 개선 외에 랑게리아지수가 음(-)이더라도 값이 0에 가까우면 관 내면에 탄산칼슘피막이 형성되어, 부식을 방지할 수 있는 것으로 알려져 있다.
- 랑게리아지수는 pH, 칼슘경도, 알칼리도를 증가시킴으로써 개선할 수 있으며, 소석회·이산화탄소병용법과 알칼리제(수산화나트륨, 소다회, 소석회)를 단독으로 주입하는 방법이 있다.

Ⅵ. 부식성 관련지수

지수명	공 식	부식 판별법
LSI	(Langelier Saturation Index) LSI = pH − pHs pHs = A+B−(Log[알칼리도]+Log[Ca^{2+}])	LI < 0 부식성 LI = 0 평형상태 LI > 0 비부식성(스케일 형성)
RSI	(Ryanar Stability Index) RI = 2pHs − pH	RSI > 7 부식성 LSI=6.5~7 평형상태 RS < 6.5 비부식성(스케일 형성)
AI	(Aggressive Index) AI = pH + Log([알칼리도][Ca^{2+}])	AI < 10 부식성 AI=10~12 평형상태 AI > 12 비부식성

유리탄산

I. 개요
1. 유리탄산이란 수중에 용해된 CO_2를 말한다.
2. 반응식 : $CO_2 + H_2O \leftrightarrow H_2CO_3 \leftrightarrow H^+ + HCO_3^-$

II. 유리탄산의 종류
1. 종속성 유리탄산(HCO_3^-)
 - 알칼리 화합물을 가용성 중탄산염으로 만드는데 필요한 유리탄산
 - 즉, 알칼리도와 반응한 유리탄산

2. 침식성 유리탄산(CO_3^{2-})
 - 종속성 유리탄산보다 많은 여분의 CO_2를 말하며, 이것은 강관 등에 대하여 부식성을 가진다.
 - 저수지 심층수 CO_2 발생 방지법 : 포기 및 알칼리제 주입

III. 알칼리제의 역할
1. 수중의 침식성 유리탄산 제거
2. 응집효율 상승
3. pH 및 알칼리도 상승
4. 물의 부식성 감소

IV. 부식성 수질제어 시스템
 - 과량의 알칼리제만 주입하면 처리수는 pH 9 이상으로 상승하므로 탄산(CO_2)을 함께 주입하여 pH 7.5~8.0로 낮추어 LI를 약 ±0.5 내외로 유지한다.

완충용액(buffer solution)

Ⅰ. 배경

1. "완충용액"이란 외부로부터 어느 정도의 산이나 염기를 가했을 때, 영향을 크게 받지 않고 pH를 일정하게 유지하는 용액을 말한다.
2. 도시하수에는 <u>탄산과 탄산염</u> 등이 용존되어 있고, 폐수에는 <u>중금속과 난분해성물질</u>이 함유되어 있어서 순수한 물에 비해 외부의 산·알칼리의 투입에 대해서 pH 변화가 적어지는 완충작용을 한다.

Ⅱ. 이론

1. 완충용액의 예로는 산인 아세트산과 그 염인 아세트산나트륨의 혼합액이 있다.

　┌　산 첨가시　：　$H^+ + CH_3COO^- \rightarrow CH_3COOH$
　└　염기 첨가시　：　$OH^- + CH_3COOH \rightarrow CH_3COO^- + H_2O$

　⇒ 산이 첨가되면 아세트산이온이 산과 반응하고, 염기가 첨가되면 아세트산이 염기와 반응하므로 결국 H^+와 OH^-가 증감되지 않으므로 pH가 일정하게 유지되는 완충용액의 역할을 한다.

2. 기타 완충용액의 예

　┌　탄산염 완충용액 ：　$H_2CO_3 + NaHCO_3$　(중탄산 + 중탄산나트륨)
　└　인산염 완충용액 ：　$KH_2PO_4 + Na_2HPO_4$ (인산칼륨 + 인산나트륨)

3. 응용 : 혈액의 완충용액(탄산염완충액 및 인산염완충액)은 혈액의 일정한 pH를 유지

알칼리 이온수

Ⅰ. 알칼리 이온수기

- 먹는물을 전기분해 등을 통해 만성설사, 소화불량, 위장 내 이상발효, 위산과다 등의 위장증상 개선에 도움을 주는 pH 8.5~10.0 범위의 알칼리 이온수를 생성하는 기구를 말한다.

Ⅱ. 원리

- 전기에 의해 분해되는 이온수는 흔히 pH 9~10의 알칼리수라 부르는 음극수와 pH 4~6의 산성수인 양극수로 나뉜다.
- 알칼리수에서는 산소가 환원되어 수소·수산화칼슘 등 물질이 생성되는 반면, 산성수에서는 산화되어 산소·염소가 생성된다.

대장균군

Ⅰ. 대장균의 분류

1. 총대장균군(E.Coli Groups, Coliforms)

- 그램음성 무아포성 간균으로서 유당을 분해하여 가스 또는 산을 발생하는 모든 호기성 또는 통성 혐기성균

2. 분원성 대장균군(Fecal Coliforms)

- 온혈동물의 배설물에서 발견되는 그램음성 무아포성 간균으로서 44.5℃에서 유당을 분해하여 가스 또는 산을 발생하는 모든 호기성 또는 통성혐기성균 (EC배지에서 44.5℃, 24시간 배양)
- 총대장균군 중 온혈동물의 소화기 계통에 서식하는 열 저항력(44.5℃)이 강한 세균이다.

3. 대장균(E. coli)

- 사람이나 동물의 장에 서식하는 통성혐기성 장내 세균종으로 분원성에 대한 특이성이 가장 높아 가장 신뢰할 수 있는 분원성 오염지표이다.(MUG형광에서 44.5℃, 24시간 배양)

Ⅱ. 대장균군 시험의 종류

1. 최적확수(MPN ; most probable number)법

- 검수 100mL 중에 확률적으로 있을 수 있는 대장균군수 측정
  환경기준에 규정된 대장균군수 측정, 오염도가 낮은 정수 등에 이용
- 완전시험까지 하면 대장균군에 속한 세균을 확인할 수 있어 정확도가 높다.

2. 막여과법

- 환경기준에 규정된 대장균군수 측정에 적용, 대장균군수가 적을 때 유효한 시험방법
- 시험기간이 MPN법의 1/4정도로 짧다.
  다량의 시료를 여과하므로 신빙성 있는 결과 도출(개/100mL 단위)

3. 평판집락법

- 배출허용기준에 규정한 대장균군수 시험, 오염도가 높은 하폐수시험에 주로 이용
- 시험방법이 간편하나 대장균군수만 계수 가능

4. 효소발색법
 - 효소의 발색여부에 따라 측정하는 매우 간단한 방법
 - 정성시험만 가능, 대장균군수가 적을 때 유효

Ⅲ. 대장균군이 수질오염의 지표로서 이용되는 이유
1. 인축(人畜)의 내장에 서식하므로 소화기계 전염병원균의 존재 추정이 가능하기 때문이다.
2. 소화기계통 병원균보다 검출이 용이하고 신속하게 할 수 있다.
3. 소화기계통 병원균보다 소독에 대한 저항력이 강하여 오래 생존한다.
4. 시험이 정밀하여 극히 적은 양도 검출 가능하다.

Ⅳ. 대장균군수에 대한 하천, 호소, 해역의 수질등급별 환경기준

(단위 : 군수/100mL)

| 수질등급 | | 하천수, 호소수 | | 해역 |
		총대장균군	분원성 대장균군	총대장균군
I	Ia	50 이하	10 이하	1,000 이하
	Ib	500 이하	100 이하	
II		1,000 이하	200 이하	1,000 이하
III		5,000 이하	1,000 이하	-

대장균 시험방법

```
┌ 총대장균군 ───┬─ 정성시험 : 추정시험 - 확정시험 - 완전시험
│              └─ 정량시험 : 최적확수법, 막여과법, 평판집락법
└ 분원성 대장균군 ─┬─ 정성시험 : 추정시험 - 확정시험
               └─ 정량시험 : 최적확수법, 막여과법
```

Ⅰ. 대장균(총대장균군 및 분원성 대장균군) 정성시험

1. 추정시험 : 35±0.5℃, 24±2시간, 유당(젖당) 또는 라우릴트립토스배지에서 분해되어 산
   과 가스가 발생하면 양성으로 판정
2. 완전시험 : 35±0.5℃, 48±3시간, BGLB배지에서 담즙산염 존재 하에 시험하여 가스가
   발생하면 양성으로 판정
3. 확정시험 : 35±0.5℃, 24±2시간, EMB 또는 엔도배지에서 완전증명을 위해 재시험

Ⅱ. 대장균군 시험방법

⇒ 공정시험법상 정량시험의 측정방법으로는 최적확수(MPN)법과 막여과법, 평판집락법이 있다.

1. 최적확수(MPN ; most probable number)법

1) 최적확수법은 시료를 배양할 때 대장균군이 증식하면서 가스를 생성하는데 이때의 양
   성 시험관수를 확률적인 수치인 최적확수로 표시하는 방법 → MPN/100mL로 표시
2) 최확수계산에 사용되는 Tomas 근사식은 전부 양성인 시료는 제외하고 계산하며 그 식
   은 다음과 같다.

$$MPN = \frac{양성관의 수}{\sqrt{(음성관의 시료총량(mL) \times 총시료량(mL)}} \times 100$$

3) 계산 예

Ex)

시료(검액)량	이식관수	양성관수	음성관수	비고
100 ㎖	5	5	0	계산에서 제외
10 ㎖	5	5	0	
1 ㎖	5	3	2	
0.1 ㎖	5	2	3	
0.01 ㎖	5	0	5	

Sol)

> 양성관수 = 3 + 2 = 5
> 음성관의 시료총량 (2×1㎖) + (3×0.1㎖) + (5×0.01㎖) = 2.35㎖
> 총시료량 (5×1㎖) + (5×0.1㎖) + (5×0.01㎖) = 5.55㎖

$$\therefore \ MPN = \frac{5}{\sqrt{2.35 \times 5.55}} \times 100 = 138(개)/100mL$$

2. 막여과법

1) 시료를 막여과(0.45㎛)하고 그 여과막을 M-endo(또는 LES endo) 배지에서 배양시킨다.
2) 이 때 붉은 색의 금속성 광택을 띠는 집락수를 계수하여 대장균군의 농도를 구한다.

3. 평판집락법

1) 시료를 유당이 함유된 한천배지에서 배양할 때 대장균이 증식하면서 산을 생성하고 하나의 집락을 형성한다.
2) 이 때 생성된 산은 지시약인 Neutral Red를 진한 적색으로 변화된 대장균군 집락수를 계수하여 농도를 구한다.
  주) TNTC(too numerous to count) : 집락수가 너무 많아서 계수가 곤란하거나 반 이상의
                                    확산집락이 형성되어 있을 때 표기하는 방법

4. 효소발색법

- 시료를 상품화된 배지(Clilert 배지)에서 35±0.5℃에서 20시간 배양하고 MUG에 의한 형광발색 유무를 관찰하여 대장균군의 존재여부를 판정한다.

Ⅲ. 분원성 대장균군, 대장균군 시험

1. 분원성 대장균군

1) 총대장균군 추정시험이 양성일 경우 수행
2) EC배지, EC-MUG배지, 44.5±0.2℃의 항온수조에서 24±2시간 배양하여
 → 가스발생이 관찰되면 양성으로 판정

2. 대장균군

- EC-MUG배지, 44.5±0.2℃의 항온수조에서 24±2시간 배양하여
 → MUG 형광에 의한 형광이 나타나면 양성으로 판정

병원균

I. 개요

1. 대표적인 병원성 미생물군은 크게 박테리아, 바이러스, 원생동물이 있다.

2. 개발도상국에서는 박테리아·바이러스에 의한 수인성전염병이 심각하며, 선진국에서는 염소소독으로 제거되지 않는 원생동물에 의해 수인성전염병이 발생하는 경우가 종종 있다.

3. 또한 우천시 하수도 월류수(CSOs, SSOs) 중에 포함된 박테리아, 바이러스, 원생동물의 인체접촉에 의해 위장염뿐만 아니라 콜레라, 이질 등도 발생되는 것으로 보고되고 있다.

II. 병원균의 종류

1. 박테리아(Bacteria)

- 크기 0.8~5㎛정도, 염소소독으로 완전 제거된다.
- 하수 및 오염된 식수, 음식물 등에서 발견된다.

   ┌─── 살모넬라(salmonella) : 장티푸스, 위장염

   ├─── 세균성 이질균(shigella) : 설사, 구토

   └─── 콜레라균(vibrio cholera) : 아시아 풍토병(쌀뜨물과 같은 설사)

2. 바이러스(Virus)

- 크기 0.01~0.1㎛ 정도, 박테리아보다 소독에 대한 내성이 강하다.
- 장관계 바이러스로서 수인성인 종류는 A형 감염 바이러스, 소아마비 바이러스 등이 있다.

3. 원생동물(Protozoa)

- 종류에 따라 다르지만 크기가 0.1mm정도이므로 MF막으로 완전 제거된다.
- 짚신벌레(Paramecium), 종벌레(Vorticella) 등이 있으며 주로 호기성 미생물이 많다.
- 지아디아 람블리아(Giardia lamblia), 크립토스포리디움(Cryptosporidium), 이질 아메바(Entamoeba histolytica)는 먹는물을 통해 전파된다.

1) 크립토스토리디움(Cryptosporidium)

- 사람 및 동물(畜生)의 소화기관이나 호흡기관 등에 기생
- 감염된 숙주의 분변을 통해 내성이 강한 Oocyst(난포낭, 3~7㎛정도)가 배출되면서 전염
- 증세는 장염과 비슷하며 설사, 복통, 구토, 열 발생
- 염소소독으로는 제거가 거의 불가능하므로 DAF, UV, O_3, MF 등으로 제거해야 한다.

⇒ 크립토스포리디움은 응집, 침전, 여과공정만으로는 충분히 제거되지 않으며, 소독공정만 고려할 경우 고농도의 오존이나 이산화염소를 사용하여야만 그 제거가 가능하다.

이것은 소독저항성이 강하기 때문인데, 만약 염소처리로 99%를 불활성화하기 위해서는 80 ㎎/L의 염소로 90분 접촉해야 한다는 보고가 있다.

또한 염소에 대한 내성이 박테리아가 1이라면 크립토스포리디움은 17만 배 정도 더 큰 것으로 알려져 있다.

2) 지아디아

- 미국의 대표적 수인성 질병 중 하나인 지아디아시스의 원인
- 내성이 강한 Cyst(포낭, 8~12㎛정도)로 존재한다.
- 염소소독에는 내성이 강하며, 세균 및 바이러스보다 크기가 크므로 모래여과에 의해 제거할 수 있다. 따라서 정수처리에서는 박테리아보다 지아디아나 바이러스 제거에 초점을 맞춘다.

3) 이질아메바

- Cyst(포낭)로 존재

<우리나라의 병원균에 대한 정수처리기준>

구분	전체	급속여과공정	소독공정	비고
바이러스	4 log	2.0 log	2.0 log	
지아디아 포낭	3 log	2.5 log	0.5 log	
크립토스포리디움난포낭 (1난포낭/1ℓ당)	2 log	1.0 log		'11. 5 수도법

Ⅲ. 병원균 오염방지대책

1. 상수원 수질보호 : 상수원수의 수질개선, 하수처리수 소독후 방류
2. 정수시설처리 운영 개선 : 정수장 정밀진단, 막여과 등 신공법 도입
3. 병원균 제거시설 설치 : 대체소독제(UV소독) 등 도입, 미생물 처리기준(CT값) 준수
4. 고가수조 및 저수조 등 주기적 청소, 수돗물 끓여먹기
5. 노후수도관 갱생 및 교체
6. TM·TC와 연계하여 배급수관 내 병원균 모니터링 실시

크립토스포리디움

Ⅰ. 크립토스포리디움이란?

1. 특징 : 사람이나 포유류, 조류, 어류 등 광범위한 동물의 소화기관과 호흡기관에 기생하는 원생동물로서, 감염된 숙주의 변을 통하여 환경에 내생이 매우 큰 난포낭(Oocyst, 3~7μm정도)을 배출하여 다른 숙주에게 전파된다.

   ⇒ 개략적인 크기 비교 : 바이러스 0.01~0.1μm, 박테리아 1~5μm, 지아디아포낭 8~12μm

2. 증세 : 장염과 비슷하며 설사, 복통, 구토, 열 발생

3. 처리법 : 특히 염소에 대한 저항성이 매우 크기 때문에 오존소독, 자외선(UV)소독, 이산화염소소독이나 용존공기부상법(DAF), 막여과(MF나 UF 등) 등의 공정에서 제거가 잘 된다고 알려져 있음.

   ⇒ 대장균의 염소소독에 대한 저항성이 1이라면 크립토스포리디움은 170,000으로 저항성이 매우 크다. 소독공정만 고려한다면 고농도의 오존이나 이산화염소, 또는 UV소독을 병행하는 것이 바람직하다.)

Ⅱ. 일반정수공정(여과지)에서 크립토스포리디움 제거방안

1. 약품응집처리   : 약품에 의한 응집처리의 필요성

2. 시동방수   : 여과 재개후 일정시간동안 여과수를 배출하는 시동방수설비 설치

3. 여과수 탁도감시 : 여과수 탁도를 상시 감시하여 항상 0.1NTU 이하를 유지한다.

   　　　　　　　　(여과지별 탁도기준 95% 이상의 자료가 0.15NTU 유지한다)

4. Slow start방식 : 여과를 재개할 때 여과속도를 단계적으로 증가시키는 방식 채택

5. 여과시간 단축   : 역세척을 자주 실시(여과지속시간을 단축)하여 탁도누출을 방지한다.

   ⇒ 소독공정만 고려한다면 고농도 오존, 이산화염소, UV소독을 병행하는 것이 바람직하다.

Ⅲ. 크립토스포리디움 난포낭의 추가제거

1. 추가제거기준 (정수처리기준)

원수의 크립토스포리디움 난포낭 농도 (난포낭/10L)	추가제거기준	
	급속여과, 완속여과, 막여과	직접여과
0.75~10	1 Log (90%)	1.5 Log (96.84%)
10 초과	2 Log (99%)	2.5 Log (99.68%)

2. 추가제거기술 (정수처리기준)

⇒ 즉, 원수의 크립토스난포낭의 농도가 1난포낭/L를 초과하면 급속여과, 완속여과 등의 일반정
수처리공정에서는 제거인정기준이 0.5~1.5Log이므로 추가제거기준 2Log를 만족시키기 위해
서 오존, 자외선, 이산화염소 등의 추가제거 처리공정이 설치되어야 한다.

공정	추가제거 인정기준
통합여과수 탁도 만족	0.5 Log
개별여과수 탁도 만족	1 Log
2차 여과	0.5 Log
막여과	최대 2 Log
오존	최대 3 Log
자외선(UV)	최대 4 Log
이산화염소	최대 3 Log

노로바이러스

Ⅰ. 개요

1. 장관계 바이러스로서 물이나 음식의 섭취로 감염되어 장염 등 식중독 유발
2. 크기 $0.03~0.04\mu m$ 정도로 토양침투가 쉽고, 저온이 유지되는 지하수에서는 장기간 생존
   가능

Ⅱ. 예방대책

1. 막(NF, RO)여과
 - Pore Size NF 1nm, RO 0.1nm
 - 내용년수(3년)가 경과한 NF막 ⇒ RO막으로 조기 교체
2. UV 소독
3. 관말잔류염소 0.1~0.8mg/L 유지
4. 저수조 및 배관 청소
5. 지하수 관정 위치 및 깊이 변경
6. 지하수 끓여 마시기

수질오염총량제

I. 정의

- 총량규제는 배수구역내 배출오염부하의 총량(수량×수질)이 수계별 목표수질을 달성할 수 있는 허용량 이하가 되도록 관리하는 제도이다.

II. 도입배경 및 경과

1. 도입배경

- 하천의 허용오염부하량을 고려하지 않는 배출허용기준 중심의 농도규제만으로는 오염부하의 양적 팽창을 통제할 수 없어 수질개선에 한계가 드러났고,
- 농도규제는 오염원이 밀집한 경우에는 과소규제 효과를, 오염원이 희소한 경우에는 과다규제를 유발하는 것으로 알려져 제도개선이 요구되며,
- 국내 하천의 중·하류에 인구·산업시설이 과대 밀집된 현실을 고려하여 배출책임 한계를 명확히 하여 수질오염책임을 오염자별로 형평성 있게 부과할 수 있도록 오염총량관리제도가 도입되었다.

2. 경과

- 정부는 수계별로 오염총량관리시행방안 연구사업을 추진하여 낙동강 수계에 대한 시행방안 도출을 시작으로 금강·영산강·섬진강 수계에 대한 목표수질 설정을 수립하였다.
- 한강수계 수질오염 총량관리 대상물질 확정('10. 11월)
- 생화학적 산소요구량(BOD) 외에 총인(T-P)을 한강수계 오염총량제 대상물질로 선정하였다.
  ⇒ 2013년 6월 시행 확정, 현재는 경기도 광주·용인·남양주 등 7개 시·군만 BOD 총량제 시행중('04~)

III. 특징

1. 장점

1) 환경용량(= 자연환경이 스스로 정화할 수 있는 능력, 허용오염부하량)이 적은 수역에서의 수질보전이 더욱 효과적이다. ⇒ 농도규제의 한계 극복
2) 수질오염에 대한 책임을 오염자별로 형평성 있게 부과가능 ⇒ 배출책임한계 명확화

2. 단점

1) 허용오염부하량의 설정을 위한 수질모델링에 변수가 많다.
- 모든 반응기작을 수식화하기가 어렵다.
- 매개변수 값의 선정이 어렵다.
2) 현재 수질오염이 현저한 수역에 있어서 유입부하량을 삭감할 경우, 하수도에서는 3차 처리가 필요해지고, 공장에서는 신규입주가 곤란해지는 등의 결과를 초래
3) 오염부하량 측정방법, 항목, 기기체제 등 현실적으로 곤란한 점이 있음.
- 순간의 채수만으로 일정기간동안 허용총량 이내로 배출하였는지 알 수 없으므로 단속에 어려움이 있다.

〈총량규제와 농도규제의 비교〉

구분	총 량 규 제	농 도 규 제
규제방식	배출오염물질의 총량을 규제	배출오염물질의 농도를 규제
환경기준의 영향	직접적 영향 · 환경기준이 달성될 수 있는 허용부하량 이내로 배출오염물질의 총량을 할당하여 규제	간접적 영향 · 폐수배출시설에만 환경기준에 따라 차등적용하고 하수처리장 등은 전국 일률적으로 기준 적용
규제효과	규제효과가 높음 · 배출오염물질의 총량이 환경용량 이하로 항상 유지됨으로써 환경기준 준수가 보장됨	규제효과가 미흡 · 폐수가 다량 배출될 때 농도기준을 준수하더라도 환경기준의 준수가 곤란하고 배출사업장은 희석배출의 우려가 높음
오염자간의 형평성	오염자간의 형평성 유지 · 오염물질 다량 배출자는 많은 부담을, 소량 배출자는 적은 부담을 안게 되어 형평성 유지	오염자간 형평성 결여 · 폐수량의 관계없이 농도기준만 적용되어 오히려 소량 배출자가 오염부하량 측면에서 많은 부담을 떠안을 수 있음
기준설정의 용이성	기준설정이 난이 · 오염물질 입력정보, 모델링기법의 선정, 허용량의 배분방법 등에 정확성 논란의 소지가 있으므로 허용총량의 설정 난이	기준설정이 용이 · 지역별로 기준농도만 정하면 되고 업소별 차등적용이 없어 기준설정의 불공평의 시비소지가 없음
집행 및 비용	집행의 어려움과 고비용 · 순간의 채수만으로 정해진 기간동안 허용총량 이내로 배출했는지 판단하기 어려워 단속에 애로	집행용이 및 저비용 · 순간의 채수에 의한 농도검사만으로 배출허용기준 준수여부를 확인할 수 있으므로 단속이 용이

Ⅳ. 총량규제의 오염부하량 산정시 문제점

1. 발생부하량(비점오염원 원단위) 산정은 총량규제의 수립 및 시행을 위한 선행조건이다.

2. 그러나, 지역에 따라서 발생부하량 및 배출부하량이 총량규제에서 규정된 UME(단위질량 평가법, Unit Mass Estimation)와 실측유량 및 유량가중평균농도(EMC)를 이용한 NI(수치적분법, Numeric Integration)법의 산정값이 현격한 차이가 난다.

3. 최근 관련자료에 의하면 NI법으로 산정한 주택단지 및 산업단지의 원단위는 COD 2,800, SS 600kg/ha/년이었으나, 어느 논문에서는 UME법으로 산정한 수치가 도시지역의 경우 COD 4,800, SS 2,400, T-N 200, T-P 50kg/ha/년으로 나타나고 있다.

4. 따라서, 원단위산정법의 시급한 표준화가 필요하다.

총량제의 주요내용

Ⅰ. 오염총량관리대상 오염물질

- 1차 총량관리계획('04~'10년)에는 생화학적 산소요구량(BOD)을 오염총량관리대상 오염물질로 정했으며, 2차 총량관리계획('11~'15년)에서는 BOD와 총인을 대상물질로 선정하였고, 기본계획수립('08년)과 시행계획수립('10년)을 완료하였다. 한강수계의 경우 2010년 10월 BOD와 총인을 대상물질로 선정, 2013년 6월 시행함이 확정되었다.

Ⅱ. 기본방침 수립 및 목표수질 설정

- ⇒ 총량관리단위유역별 오염부하량 할당 (= 목표수질 × 10년 평균 저수량의 기준유량)
- 기본방침 수립 (환경부장관)
- 목표수질 설정 (시도경계점 : 환경부장관, 시도내 : 환경부장관 및 시도지사)
- 4대강특별법에 의하여 별도 고시되는 총량관리단위유역(목표수질 설정 수계구간의 유역)과 목표수질에 따라 오염부하량이 할당되고, 2차 총량관리단위유역별 할당부하량 계산방법이 목표수질에 기준유량인 10년 평균저수량을 곱하는 것으로 정해졌다.

Ⅲ. 기본계획 수립 (시·도지사 수립 → 환경부장관 승인)

- ⇒ 소유역별 오염부하량 할당 (= 소유역별 기준배출량 × (1-안전율))

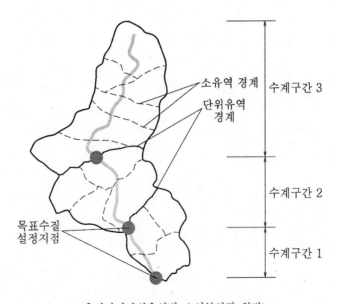

소유역 경계
단위유역 경계
수계구간 3
수계구간 2
수계구간 1
목표수질 설정지점

〈총량관리단위유역별 오염부하량 할당〉

- 시·도지사는 총량관리단위유역을 소유역으로 세분화한 수질모델링을 통해 소유역에서 배출되는 오염물질이 자정작용 등을 거쳐 목표수질 설정지점에 도달되는 때의 오염물질량인 단위유달부하량이 총량관리단위유역별 할당부하량을 만족하는 수준인 소유역별 기준배출량을 산정한다.
- 소유역별 기준배출량 산정시 시·도지사는 해당 자치단체의 의견을 들어 정해진 할당량의 소유역간 조정과 기준배출량 산정시 발생하는 수질모델링 등의 불확실성을 보정하기 위한 안전율(10%)을 고려하여 오염부하량을 할당하게 된다.

Ⅳ. 시행계획 수립 (광역시장·시장·군수 수립 → 지방환경관서의 장, 시·도지사 승인)

⇒ 오염원 그룹별 오염부하량 할당, 개별오염원별 오염부하량 할당

- 광역시장·시장·군수는 할당대상자의 의견을 들어 소유역별 할당부하량을 오염원 그룹인 생활계·산업계·축산계·양식계·토지계별로 할당하고 이를 다시 개별오염원별로 할당하며,
- 연차별 지역개발계획 및 삭감이행계획 수립 : 소유역별 할당부하량을 달성하기 위한 삭감목표량과 오염원의 자연증가와 개발계획을 함께 고려한 지역개발할당량은 정해진 산정절차를 거쳐 시행계획 기간 동안 연차별로 배분된다.
- 수계구간 주요지점별 수질 및 유량조사 등 이행모니터링계획 수립 : 정부는 동 계획의 이행을 위해 오염원조사, 수계환경조사, 오염부하량 산정, 수질모델링 등 기술적 사항을 기술지침으로 정하였다.

Ⅳ. 총량초과 또는 불이행시 조치

- 총량초과   : 총량초과부과금 제재, 시설개선·조업정지 등 조치명령
- 시행계획 불이행 : 지역개발사업 인허가 제한, 일정규모 이상 건축제한 등

※ 총량초과부과금 산정

(1) 정의
 - 할당오염부하량 또는 지정배출량을 초과하여 배출한 자에게 부과하는 부과금
   (부과주체 : 오염부하량 할당권자)
(2) 산정방안
 - 초과배출이익 × 초과율별 부과계수 × 지역별 부과계수 ×위반횟수별 부과계수 - 감액액
 - 초과배출이익 : 오염물질을 초과배출함으로써 지출하지 연도별 아니하게 된 오염불질의 처리비용
            = 초과오염배출량 × 연도별 부과단가 × 부과계수
            (연도별 부과계수는 물가상승률을 감안)
 - 감액액 : 감액대상 배출부과금 및 과징금

오염총량제의 관리지표 및 COD로 변환되어야 하는 이유

Ⅰ. 추진현황

- 1977년   : 오염농도규제 실시, 관리지표는 BOD
- 2004년 8월 : 1단계 오염총량제 실시, 3대강(낙동강, 금강, 영산강수계), 한강수계는 임
              의제로 변경되어 '05년 광주시 1개 지자체만 시행, 관리지표는 BOD
- 2011년 1월 : 2단계 오염총량제 실시, 관리지표는 BOD, T-P(한강수계는 2013년 시행)

Ⅱ. 관리지표가 BOD에서 COD로 변경되어야 하는 이유

- 기존에는 BOD를 대상으로 하여 생활계, 산업계, 축산계, 비점오염원(토지계)에 적용
- BOD로는 자동측정이 어려움 : COD 등으로 자동측정장치를 통해 모니터링이 가능한 항
  목을 이용하여 BOD를 유추하되 이상징후시 BOD를 직접 측정하는 방안이 유력
- BOD로는 측정시간이 길다.
- 농도측면에서 볼 때 BOD로는 하천에 유입되는 난분해성물질에 대해 측정이 어렵다.
 ⇒ 생태독성실험과 연계하여 관리하는 것이 바람직하다.

수질오염총량관리 기본방침 (2010.11)

제1장 총칙

1. 오염총량관리 목표 및 관리대상 오염물질

⇒ 기본방침 수립, 총량관리단위유역별 목표수질 설정 → 환경부장관

- (목표) 총량관리단위유역 및 지방자치단체별 배출부하량 준수
- (관리대상) 한강 및 3대강수계는 생물화학적산소요구량(BOD)과 총인(T-P)을 적용하고 기타수계는 BOD만 적용

2. 기준유량 적용기준

- BOD : 과거 10년간 평균 저수량
- T-P : 과거 10년간 평균 저수량 또는 평균 평수량으로 적용

3. 안전율 적용

- 총량관리단위유역별 기준배출부하량의 10% 적용

제2장 기본계획 수립내용 및 방법 등

1. 기본계획 수립 및 승인

- 수립 : 광역시장·도지사
- 승인 : 환경부장관

2. 오염원조사

- 과거 5년간 오염원(인구 등)의 자연증감 변화추이를 반영하되, 급격한 인구변화가 있는 지역의 경우 3년간 추이로 변화예측
- 지자체 오염원 조사결과 자료에 대한 확인검증 실시

제3장 시행계획 수립내용 및 방법 등

1. 시행계획 수립 및 승인 : 광역시장·시장·군수(수립), 지방환경관서의 장, 시·도지사(승인)
2. 총량관리단위유역 내 관할지역의 오염원그룹별 부하량 할당 (생활계, 산업계, 토지계, 축산계, 양식계)
   - 연차별 지역개발계획 및 삭감이행계획 수립 등
3. 수계구간 주요지점별 수질 및 유량조사 등 이행 모니터링 계획 수립

제4장 지역개발사업 관리

1. 지역개발사업 관리대상

- 「국토계획 및 이용에 관한 법률」에 따른 관계기관 협의사업 및 주택법에 따른 사업계획 승인대상 공동주택(20세대 이상) 등
- 주택 외의 시설과 20세대 이상 주택을 동일 건축물로 건축하는 사업
- 팔당호 특별대책지역 Ⅰ권역내 400㎡ 이상 음식·숙박시설 및 800㎡ 이상 일반건축물을 건축하는 사업

2. 지역개발사업 부하량 할당

- 시장·군수는 계획기간의 지역개발부하량의 60% 범위 내에서 계획기간 종료 후 개발사업에 대하여 할당할 수 있으나, 이 경우 기존오염원에 대한 삭감계획 마련후 지방환경관서와 협의
- 특별대책지역의 경우 사업장별 오염부하량 범위 내에서 할당관리

3. 지역개발사업 사후관리

- 지역개발사업 오염저감을 위한 추가삭감계획 이행여부를 매년 확인하여 이행실태평가보고서 작성 제출

2단계 총량계획상 주요 변동사항

Ⅰ. 개요

1. 환경부는 낙동강, 금강, 영산강·섬진강 등 3대강 수계에 속해 있는 11개 광역시·도에서 수립한 제2단계(2011~2015) 수질오염총량관리 기본계획을 2010년 12월 승인했다.

2. 이번 2단계부터는 1단계 총량관리 대상물질인 유기물질(BOD)에 부영양상태를 유발하는 T-P가 추가됐다.

⇒ 3대강 T-P 총량부과금 1kg당 25,000원으로 책정함(추가로 화학처리를 하는데 필요한 비용을 기준)

3. 이에 따라 광역시·도는 허용된 오염총량의 범위 내에서만 개발사업을 추진할 수 있으며, 이를 지키지 않을 경우, 도시개발·산업단지·관광지 등 각종 지역개발사업의 추진에 제한을 받게 된다.

⇒ 한강수계의 경우 오염총량제 의무제로 전환되는 한강수계법이 2010년(5.31) 개정·공포됨에 따라 총량제가 본격 시행되는 2013년 6월부터 적용된다(2011.6월 서울, 인천, 경기 경계지점별 BOD와 총인 목표수질을 확정). 또 강원, 충북권은 2020년을 넘지 않는 범위 내에서 서울, 인천, 경기도의 총량제 시행 5년간 성과를 평가한 후 별도로 정한다는 방침이다.

Ⅱ. 주요내용

1. **금강수계** (단위유역 32개) 대청호 상류
   - 목표수질은 오염물질 삭감률 등을 고려하여 대청호의 수질을 총인 0.018mg/L로 설정

2. **영산강·섬진강수계** (단위유역 23개)
   - 목표수질은 수계 하류에서 총인 0.02mg/L 이하로 설정하고 3단계로 구분하여 단계별 달성목표를 제시

3. **낙동강수계** (단위유역 41개)
   - 목표수질은 수계 하류에서 총인 0.02mg/L 이하로 설정하고 3단계로 구분하여 단계별 달성목표를 제시

4. **한강수계** (2011.6.14 설정)
   1) **1단계목표**(2020년)
     - 총인 : 팔당호 0.033, 잠실수중보 0.042, 한강하류 0.236mg/L
     - BOD : 팔당호 1.1,　잠실수중보 1.7,　한강하류 4.1mg/L
   2) **최종목표**
     - 총인 : 팔당호 0.02(Ⅰa), 잠실수중보 0.03(Ⅰb), 한강하류 0.10mg/L(Ⅱ)
     - BOD : 팔당호 1.0(Ⅰa), 잠실수중보 1.5(Ⅰb), 한강하류 3.01mg/L(Ⅱ)
     ⇒ 최종목표는 물환경관리기본계획에서 정하고 있는 중권역 목표를 기준으로 설정

총량제의 수질조사·예측 및 오염부하량 산정

Ⅰ. 수질현황 조사
- 기존 수질자료를 근간으로 2~3개의 취수예정지점을 선정하여 수질현황 조사를 실시

Ⅱ. 오염부하량 산정
1. 대상배수구역을 행정구역 등을 고려하여 구분

2. 배수구역별 오염원 현황조사 (5개의 오염원 그룹별 조사)

```
┌── 생활하수          → 생활계
├── 공장폐수          → 산업계
├── 비점오염원(토지이용현황)  → 토지계
├── 축산폐수          → 축산계
└── 기타            → 양식계
```

3. 원단위 산정
1) 오염원별(생활하수 등) 실측값 및 문헌 등을 비교하여 산정
2) 항목은 BOD, SS, T-N, T-P

4. 부하량 산정

구분	산정방법
발생부하량	발생부하량 = 오염원발생량 × 원단위 ⇒ 오염원별 BOD, SS, T-N, T-P에 대하여 발생(오염)부하량 산정
배출부하량	배출부하량 = 발생부하량 − 삭감량
유달부하량	유달부하량 = 배출부하량 × 유달율 ⇒ 유달율 = 유입부하량/배출부하량 · 유입지천별 해당 주거·산업단지의 총배출부하량에 대한 유입지천에서 유입부하량의 비율

Ⅲ. 장래수질예측
- 수계별 오염원자료 및 수계환경자료를 근거로 하천은 QUAL2E로, 호소는 WASP로 장래 수질을 모의한다.

하천의 수질 및 수생태계 보전대책

I. 수질오염이 하천·호소에 미치는 영향

1. 수생태계 파괴
2. 상수원수로서의 가치손실, 정수처리비용의 막대한 증가
3. 관광, 레크리에이션 등 저해

II. 수질오염 방지절차

1. 1단계 : 초기대책
  1) 모니터링(TMS, 수질측정망)에 의한 조기예측
  2) 초동대책(상황보고, 재해확산방지), 원인조사/오염물추적
2. 2단계 : 오염물 유입감소
  1) 방어막 설치, 취수장 방제(취수중단, 취수구이동)
  2) 정수장 내 방제 (분말활성탄 주입, 약품사용량 증가, 역세척주기 단축 등)
3. 3단계 : 오염물 처리
  1) 정화용수 도입, CSOs, SSOs, 초기우수 처리
  2) 오염물 제거(접촉산화/인공습지/모래여과상/침투트렌치, 하상준설/굴착)

III. 하천의 수질 및 수생태계 보전대책

1. 행정적 대책
  1) 하천종합관리계획 수립·시행, 유역통합관리
    - 하천유역 조사, 유역통합관리, 총량규제 등
  2) 수질환경기준 강화
    - 수질 및 수생태계 환경기준 강화, 환경기준 항목 확대, 총량규제 등
  3) 배출시설 관리기준 강화
    - 배출수 방류수수질기준 강화, TMS제도, 생태독성제도 적용

2. 기술적 대책

1) 사전예방 ⇨ 점오염원 및 비점오염원 관리
- 하천내로의 유출부하량 최소화 : 하수관거 개·보수, 관거, 우수받이 및 도로변 청소
- 초기우수처리시설 설치 : 자연형(저류형, 침투형, 식생형), 장치형 등
- 하천취수량 최소화 : 빗물 이용, 하수처리수 재이용, 중수도, 해수담수화 등
- 비오톱(biotope) 적용 : 인공습지, 하천변 완충녹지, 호수내 인공식물섬, 생태하천
- 토지이용 제한, 공공홍보 등

2) 사후복구
- 하도정리 … 준설, 굴착, 확폭
- 유황개선 … 수중보 설치, 댐 건설, 희석용수 도입
- 정화시설 … 산화지, 모래여과상, 하상여과, 메디아 접촉여과, 토양트렌치
    ⇒ 소하천인 경우만 정화시설 효과가 큼

Ⅳ. 취수원(호소, 저수지) 수질보전대책

```
┌─ 상류유역 오염원 관리   … 비점오염원 차단, 점오염원 관리
├─ 약제 살포            … 황산동, 황토 등
├─ 저수의 순환          … 전층폭기, 심층폭기
├─ 바닥퇴적물 준설        … 또는 합성수지 등으로 도포
├─ 조류 등의 방류        … 상층수 또는 저층수의 적당한 방류
└─ 식물 식재           … 인공습지, 식생여과대
```

하천 수질오염과 보전대책

I. 개요 (하천 수자원의 특징)

1. 강우 양극화 및 수자원의 지역적 불균형
2. 지하수의 대수층이 깊지 않아 수자원 개발이 곤란하고 경제성이 희박
3. 댐 및 저수지 건설부지 확보 곤란
4. 갈수기시 수질오염문제 심각
5. 호소의 부영양화
6. 용수수요가 하류부에 편중

III. 수질악화에 따른 문제점

1. 수질 및 수생태계 건전성을 위협
2. 양질의 생활·공업·농업용수 확보가 어렵고 용수처리비 상승
3. 위락공간 결여 및 건강장해 등

IV. 하천수질 및 수생태계 보전대책

- 현재 치수(治水)위주로 개발된 하천을 자연형 생태하천으로 정비해 나가기 위해서는 다음과 같이 대책이 필요하다.

1. **하천종합관리계획 수립**(총량규제 등)
  1) 유역통합관리체계 마련
  2) 하천유역조사, 수질 및 수생태계 환경기준 강화, 기준항목 확대
  3) 수질오염 총량규제
    - 수질관리망을 설치하여 감시시스템 구축
    - 목표수질을 설정하고, 정기적으로 수질측정

2. **배출시설 관리기준 강화**(규제강화 대책)
  1) 하폐수처리시설 배출수·방류수 허용기준 강화
  2) 하폐수처리시설 방류수 수질원격감시체계(수질TMS) 정책 실시
  3) 폐수배출시설 유해화학물질 허용농도규제에서 생태독성통합관리(WET) 규제로 보강
  4) 인근 오염물질 배출업소 점검 및 예방적 지도

3. 하천오염 사전예방대책

1) 하천취수량 최소화 : 물수요관리를 통한 누수방지, 빗물 이용, 하수처리수 재이용, 해수 담수화, 인공강우법, 증발억제법, 지하수 개발, 상수도광역계획 및 유역통합관리 등

2) 하천에 유출오염부하량 최소화 : 하수관거 개보수, 관로내 준설, 우수받이 및 도로청소

3) 저류형·침투식·식생형 하수도시설 : 침투트랜치, 침투조, 식생수로, 식생여과대

4) Biotope 적용 : 인공습지, 하천변 완충녹지, 호소 내 인공식물섬 조성

4. 하천오염 사후복구대책

1) 하상저질부 준설 : 혐기화 방지 악취제거

2) 하도 정리   : 정체구역 제거

3) 하천유황 개선   : 유역 내 저수지나 댐 건설로 유지용수 증대, 수중보 설치

4) 하천내 오염물질 정화시설 설치

① 산화지

- 산화지는 생물학적으로 하수를 처리할 수 있는 지로서 조류에 의한 광합성이나, 자연 포기에 의해 수중으로 용해된 산소를 이용하여 호기성 세균이 수중의 유기물을 분해 시기큰 방법, 가장간단, 유지관리 용이.

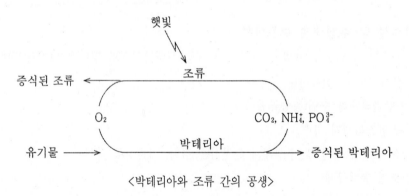

〈박테리아와 조류 간의 공생〉

② 메디아 접촉여과

- 하천자체 오염물질 정화작용에 착안하여 인공적으로 이런 기능을 촉진시키기 위해서 조약돌이나 플라스틱 충진재로서 하상의 비표면적으로 증대시키는 방법

③ 토양트렌치

- 피복 토양의 호기성 조건을 유지하도록 하며 지표면 30cm아래 직경 10cm의 도관을 수평으로 매설하여 오폐수를 주입하고 배수관 이음부를 통하여 흘러나온 오폐수가 토양의 공극사이를 침투하는 과정에서 토양에 의한 여과 흡착 미생물분해에 의해 처리되는 공법, 관리가 용이하고 운영비가 들지 않아 소규모하수처리시설로 이용

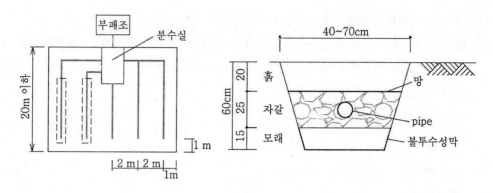

<토양트렌치의 구조>

④ 관계전
 - 오염된 하천수를 1차 침전시킨 뒤 모래여과하여 다시 하천으로 유입시키는 방법

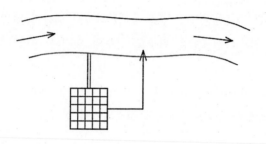

⑤ 하안여과
 - 복류수를 인위적으로 끌어올려 지하침투 속도를 빠르게 함으로써 침투정도에 따른 정화를 기대하는 방법, 완속여과법과 거의 흡사

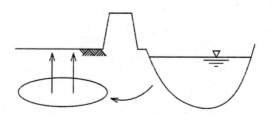

5. 유역통합관리
 - 수질관리에 필요한 환경정보는 다양한 오염원의 속성, 위치 및 시간으로 구성되는 방대한 양의 관련정보를 동시에 관리해야 하므로, 기존의 문자정보 처리방식으로는 관리에 어려움이 있다.

1) 하수도 관리체계를 행정구역단위에서 유역단위로 전환

2) GIS 기반의 통합유역관리시스템을 도입하여 웹기반의 DB를 구축하고, 하천으로의 유출과정을 GIS와 연계하여 관리함으로서 수질사고를 조기예방하고, 향후 상하수도 계획 수립시 활용할 수 있도록 해야 한다.

3) DB화해야 하는 정보

  ┌─ 모니터링 정보 ⋯ 수질, 유량 등
  ├─ 오염원 정보 ⋯ 점오염원, 비점오염원
  └─ 측정망 및 기초시설 정보

V. 결론

1. 하천이 한 번 오염된 후 (하천정비 등을 통해) 회복될 때까지 많은 시간과 비용이 소요 되므로 사후복구보다도 사전예방을 위주로 정부의 의지와 시민사회의 노력이 모아져야 한다.

2. 선진외국에서 하천의 수량관리, 수질 및 수생태계 보존을 위해 시행되고 있는 GIS 기반 의 통합유역관리시스템이 우리나라에서도 정착되어야 한다.

갈수기 하천 수질오염 대응방안

I. 개요

1. 갈수기시 유량부족으로 먹는물의 급수량 부족과 농작물 피해가 계속 증가하고 있다.

   ⇒ 특히 이상기후현상으로 남부지역, 강원도 등에 갈수기시에는 강수량이 적어 가뭄현상이
   점차 증가)

2. 갈수기시 하천은 기저유출량과 하수처리수가 主를 이루므로 수량부족에 의해 하천수질
   이 악화되어 1,4-다이옥산 등의 미량유해화학물질의 농도가 높게 나타나고 있다.

3. 특히 갈수기에 수량이 부족한 낙동강 수계 및 영산강 수계의 경우 갈수기시 수질오염사
   고가 우려되므로 이에 대한 대책이 필요하다.

II. 유해물질로 인한 수질오염사고

1. 91년 페놀오염사태

2. 05년 8월 한강, 낙동강, 영산강 등 주요 하천에서 PPCPs 검출

   ⇒ 기타 미량 유해화학물질로는 환경호르몬 및 의약품계열 물질(PPCPs) 등의 신종 유해물
   질을 포함하고 있어서 이에 대한 연구가 필요하다.

3. 09년 1월 낙동강 수계 1,4-다이옥산 고농도 검출 등

III. 갈수기 수질오염 대응방안

1. 유지용수 공급확대

1) 주요하천별 중소규모 댐을 만드는 등 저수용량 증대사업

2) 물수요 관리 : 유수율 제고, 대체수자원 개발, 수도요금 현실화, 범국민적 물절약운동 등

3) 분산형 빗물관리, 하수처리수를 하천유지용수로 활용

2. 취·정수장 대책

1) 수질오염에 대비하여 취수원 다변화·다양화·상류화

   - 복류취수원(강변여과수 등) 개발

2) 고도정수처리를 중소규모 정수장까지 확대

3. 하천 수질 및 수생태계 보호

1) 점오염원 및 비점오염원 관리강화

   - 폐수배출업소 등 주요오염원 특별점검 실시 등

2) Bioremediation(원위치 생물정화)

   - 하천습지 보전, 복원을 통해 수질정화 및 물 저장기능을 강화

3) 하천생태계 복원사업을 지속적으로 실시하여 생물 다양성을 살리는 생태계 회복노력

물고기 폐사 원인별 특성

Ⅰ. 폐사원인

1. 용존산소 부족(2mg/L 이하)
2. 하폐수 합병처리시 독극물을 미처리 상태로 방류(독성물질의 유입)
3. 기상이변에 의한 수온 변화
4. 물 환경 변화 등 환경적 스트레스

Ⅱ. 폐사원인 추정

1. 폐사지속시간

- 단시간 내에 갑작스럽게 죽었다면 맹독성 물질
- 천천히 시작되어 5일 ~ 7일이 지나면서 급격히 증가하였다면 산소고갈 또는 맹독성을 갖는 전염성 생물체가 원인

2. 물고기 종류 및 크기

- 유독물질에 의한 폐사인 경우, 동일종에서도 소형어류가 대형어류보다 먼저 죽는 경우가 많음
- 산소고갈의 경우는 대형어류가 소형어류보다 먼저 죽는 경우가 많음

Ⅲ. 폐사원인별 어류의 특징

1. 독성물질에 의한 폐사

- 소형어류 먼저 죽음, 용존산소 정상, 폐사발생 시간 불규칙

2. 자연적 요인에 의한 어류폐사

- 자연환경의 변화는 물고기에게 스트레스를 줄 수 있음
- 자연적 요인의 변화에 의해 발생하는 어류 폐사는 산소고갈, 기체 과포화, 유독가스, 자연독성물질 등에 의한 것임

3. 감염에 의한 폐사

- 봄에 수온이 급격히 높아지면 병원균은 어류의 면역체계보다 빨리 반응하여 출혈성 패혈증 등이 발생할 수 있음
- 자연수에서 보통 기생충은 어류 폐사의 주원인이 아니다. 기생충 감염은 스트레스 요인으로 작용하여 어류를 2차오염에 취약하게 만들고 환경변화에 대한 적응력을 약화시킴.

Ⅵ. 물고기 외관상태로 본 폐사 원인

구 분	DO부족에 의한 질식사	독성물질에 의한 중독사
아가미 색깔	정 상	색깔을 나타낼 수 있음.
지느러미 형태	정 상	방향냄새를 나타낼 수 있음.

Ⅴ. 폐사 현장조사시 확인사항

1. 전염병이나 기생충에 의한 감염이 있는지
2. 공장 등에서의 유출수라고 추정될 경우, 유출지점 상·하류에서 시료를 채수
3. 운송 사고의 경우, 어떤 약품이 운송 중이었는지 차주를 통해 신속히 확인

비도시지역(농촌) 수질오염대책

I. 개요

- 복류수(伏流水)를 취수하는 비도시지역의 농촌마을의 경우 생활하수와 축산분뇨 등으로 오염되어 상수원수로 사용할 수 없는 곳이 점점 늘어나고 있다.

II. 오염 원인

1. 단독정화조 정화능력 부족
 - 수세식 화장실 오수만 처리 : 수세식 화장실 오수의 오염부하량은 가정하수 중 BOD 기준 35%, T-P 기준 60%를 차지
 - 환경부의 '수질총량관리지침'에 의하면 단독정화조의 처리효율 BOD가 50%, 총인(T-P)이 10%로 규정
2. 영세축산시설에서 발생하는 가축분뇨
 - 영세축산시설은 신고대상시설로서 가축분뇨를 처리하지 않고 무단투기
3. 생활쓰레기 무단투기
 - 주민들의 비협조와 분리 배출시설이 제대로 되어 있지 않아 지하수 및 토양오염 등 환경문제 야기
4. 소양호 유역 고랭지 밭 농업으로 인한 탁수 유입
5. 무분별한 농약살포

III. 대책

1. 수세식 화장실 오수를 포함한 가정하수 전부를 처리할 수 있고 일정 수준의 처리효율을 가진 유지관리하기 쉬운 무동력식의 '단독정화조'의 개발
2. 영세축산시설은 집단화한 후 공공처리 유도
3. 생활쓰레기 무단투기 감시 및 쓰레기 분리수거
4. 고랭지 밭 농법 개선

※ 정화조 분류

┌─ 부패탱크식 : BOD 제거효율 50%
├─ 폭기식 : BOD 제거효율 65%, 악취제거효과
└─ 합병정화조 : 현재 삭제된 용어, 오수처리시설과 같은 의미

4대강 사업시행 후 하천수질

Ⅰ. 개요
- 사업시행 후 상황에 따라 좋아질 수도 있고 나빠질 수도 있다.

Ⅱ. 좋아질 수 있는 이유
1. 보 건설 등으로 증가된 수량은 수질개선에 기여한다.
- 수질오염은 갈수기에 더욱 문제가 되는데, 보를 만들어 물그릇을 키우면 가물어도 일정한 유량을 확보할 수 있어 하천의 정화작용과 오염물질 희석을 통해 수질오염을 막을 수 있다. 특히 수문을 열고 닫을 수 있는 가동보가 설치되어 풍수기에는 수문을 완전히 열어 홍수피해를 막고, 평상시는 물을 가둬두었다가 가뭄 때에 상류의 맑고 풍부한 물을 하류로 흘려보내 강에는 사시사철 깨끗하고 풍부한 물이 흐르게 되어 수질 개선에 도움이 된다.

2. 오염물질을 차단하여 수질이 개선된다.
- 수질은 수량이 많을수록 오염물질이 적을수록 좋아진다. 4대강 살리기 사업은 하천으로 들어온 오염물질을 획기적으로 줄이는 정책들을 시행하여 만약 수량이 그대로 일지라도 수질은 좋아지게 한다. 이를 위해 하수처리장 등 환경기초시설이 대폭 확충된다. 강의 부영양화 조류원인물질을 저감하는 화학적 총인처리시설(265개소)을 설치하고, 하수처리장(709개소)과 산업폐수종말처리시설(38개소), 가축분뇨 공공처리시설(21개소) 등이 설치된다. 또한 COD, T-P 등의 새로운 하천기준마련, 환경기초시설 방류수 수질기준 강화, 보 상류 비점오염원관리지역 지정 등을 통해 수질관리를 강화한다. 아울러 하천수질에 직접적으로 악영향을 주는 농경지를 정리해 생태공원으로 조성함으로써 농약비료 등의 하천유입을 최소화시키면 수질이 개선될 것이다.

Ⅲ. 나빠질 수 있는 이유
- 물은 끊임없이 흘러야 수질의 정화능력을 발휘한다.
1. 보 등에 의해 물의 흐름이 정체된다면 정체수역이 생기고 정체수역에는 조류 등 각종 생물이 과다하게 증식할 수 있으며, 이들의 증식과 사멸에 의한 퇴적물 영향으로 인해 악취 등의 발생 우려가 있음.

2. 구조물에 의한 물의 자정작용 방해

각종 인공적인 구조물로 인한 자연의 고유능력인 자정작용을 방해함 등

Ⅳ. 결언

- 4대강 살리기 사업의 성공여부는 오염물질의 하천유입 사전차단에 승패에 달렸다고 해도 과언이 아니다. 따라서 샛강살리기, 하천의 총인 배출기준 강화 등을 통해 오염물질 차단만 된다면 오히려 예전보다 더 수질이 개선될 수 있다. 단, 사업완료 후 하천 고유의 자정작용도 최대한 살릴 수 있는 방안들이 적극적으로 마련되어야 할 것이다.

수계 · 수질보호를 위한 유역관리기법(8가지)

1. 소유역계획
 - 개발의 영향을 재조정하고 민감한 지역의 보존이나 장래 불투수면을 줄일 수 있도록 계획
   ⇒ 유역별 통합관리

2. 공간배치계획 (최적지구단위계획)
 - 불투수층의 양을 줄이고 보존할 수 있는 자연상태의 지역을 증가시키는 것을 목적으로 함

3. 토지이용계획
 - 수계의 수생태계 보존을 위해 유역내 역사적, 문화적으로 가치가 있는 지역을 보존하는 계획
   ⇒ 토지사용 제한, 고랭지 밭 관리

4. 수변녹지
 - 하천, 호소, 습지(= 자연적/인공적이거나, 영구적/일시적이거나, 민물/짠물이거나 관계없
   이 늪과 못이 많은 습한 땅), 수로를 장래의 장해난 침식으로부터 보호
   ⇒ biotope 적용 (인공습지, 완충녹지, 인공식물섬, 생태하천, 생태공원)

5. 침식/퇴적물관리
 - 새로운 개발이나 재개발 부지내 침식, 퇴적화를 최소화
   ⇒ 하도정리 (준설, 굴착, 확폭)

6. 비점오염원 관리를 위한 최적관리기술 도입
 - 수계내 비점오염원 위치를 파악하고 정량화, 조절화하여 도시배수체계 내 오염원을 관
   리하기 위한 기법
   예) 발생원 억제, 오염원 유출예방, 토지이용제한, 공공홍보, 관거시스템 개선, 우수유출
      저감시설 설치, 비점오염물질 직접 처리

7. 점오염원 관리
 - 우수유출로 인한 수계의 영향을 최소화하기 위해 구조적인 관리방법을 고려함.
   ⇒ 환경기초시설 신·증설, TMS제도, 생태독성제도 도입

8. 교육 및 홍보
 - 유역에 대한 대중의 이해와 인식을 증가시키기 위한 교육프로그램

도심하천 생태복원사업(3단계) 착수

I. 개요

1. 도심하천 생태복원사업은 생태계 훼손, 건천화, 수질악화 등 하천의 기능을 상실한 도심의 건천·복개하천을 생태적으로 건강한 하천으로 복원하는 사업

2. 70~80년대 도시개발로 복개되었거나 건천화 등으로 수질오염이 심각한 도심하천들이 청계천과 같이 열린 물길로 되살아나 생태·문화·역사가 어우러진 녹색생활공간으로 재창조하기 위함.

3. 환경부는 과거 도심하천 생태복원사업(구 청계천 + 20개소) 1, 2단계사업 착수에 이어 3단계사업 10개 하천을 선정하고 2011년부터 본격 추진하기로 함.

II. 주요 사업

1. 복개 시설물 철거 및 과거의 물길 복원
2. 수질개선을 이한 퇴적토 준설, 여과시설의 설치, 비점오염 저감시설의 설치
3. 생태계 복원을 위한 수생식물 식재, 생물서식처 복원, 여울·소의 조성, 생물이동통로 조성
4. 생태 유지유량 확보를 위해 하상여과시설, 소류지 등 설치, 타 수계 수량의 도수 이용, 장기적 방안으로 유역 투수율 제고 등 검토

III. 기대효과

1. 오염되고 훼손된 도심하천을 되살리면, 수질개선 및 생태계 복원은 물론 시민에게 녹색생활 휴식공간 제공, 도시온도 저감, 주변지역 교통량 감소로 인한 대기 및 소음피해 저감 등의 효과가 발생하고,

2. 사업시행시 일자리 창출, 구도심을 활력 있는 장소로 재창출하는 등 주변지역 경제 활성화에 기여할 것으로 기대된다.

자연형 하천복원사업

Ⅰ. 문제점

1. 지난 수년간 시행된 자연형 하천복원사업은 조경사업 수준에 그치고 있다.
2. 즉, 콘크리트 제방을 소위 생태형 블록으로 바꾸고, 둔치에 산책로를 조성하고, 하류의 물을 역펌핑하는 등 천편일률적으로 하천정비사업을 시행해 왔기 때문에 실제로 오염물질을 적극적으로 감소시키거나 수질을 개선시킨 예는 찾기 어렵다.
3. 퇴적토 굴착이나 자연형 하천조성들의 사업이 포함돼 있기는 하나, 일부 증상처리에는 도움이 될수 있으나 막상 오염의 원인제어와는 거리가 먼 이야기이다.

Ⅱ. 실패사례

- 하천복원사업의 대표적인 실패사례로 양재천과 청계천, 광주천 등이 있다.
1. 양재천의 경우 T-P농도는 0.4mg/L에서 0.8mg/L로 상승, T-N은 10mg/L로 수질기준상 '매우 나쁨' 등급에 해당한다.
2. 청계천의 경우 정수처리수를 10 여 km 거리의 관로를 통해 하루 평균 12만톤씩 역펌핑 하고 있다.

Ⅲ. 대안

1. 하수처리장의 고도처리
2. 하수처리시설의 분산화, 소형화
3. 물순환 건전성 회복을 위한 조치 등

용존산소 부족곡선 (DO sag curve)

Ⅰ. 개요

1. DO sag curve란 시간에 따라 포화산소량과 실제산소량이 차이의 변화를 도시한 곡선을 말한다.
  - 즉, 물의 흐름(또는 유하시간)에 따른 DO 부족량의 단면도를 나타낸 것
2. 스푼모양의 처진 곡선형태를 보이기 때문에 "sag(휨, 처짐) curve"라 부름.
  DO 부족곡선을 통하여 하천 등 수계의 오염정도와 회복상태(자정작용)를 한 눈에 알 수 있다.
3. 산소부족량이란 주어진 수온에서 포화산소량과 실제 용존산소량의 차이를 말하며, 하천의 재포기계수(k_2)는 용존산소부족량을 보충해 주는 역할을 하는 상수이다.

Ⅱ. 하천의 수질변화 (Wipple의 자정작용 4단계)

- 용존산소부족에 따른 하천의 수질변화곡선은 Wipple의 자정작용 4단계로 설명할 수 있다.

단계	수질 변화
분해지대	· 유기물 분해에 의해 DO 소비, CO_2 증가 · 낮은 DO 및 낮은 pH에서 우점하는 곰팡이(fungi)가 성장
활발한 분해지대	· 저질층에서 H_2S, CO_2 증가 · DO가 2mg/L 이하로 떨어지면서 fungi는 감소, 혐기성미생물은 성장 · DO가 0에 가까울수록 회복속도가 느려진다.
회복지대	· 유기물이 무기물화(영양염류화) 되면서 광분해 종속영양미생물(algae 등)이 성장 · 장거리에 걸쳐 나타나고, · DO 상승으로 다시 호기성미생물이 성장하여 조류(algae)와 공생관계 유지
정수지대	· 이전상태로 회복, DO 포화, 윤충류(Rotifer) 등이 성장 · 하천의 자정능력 이상으로 유기물 유입시 회복 불가, 녹조 발생, 심한 경우 늪(swamp)화 될 수 있다.

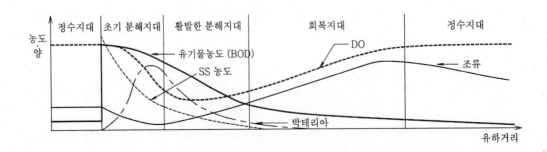

Ⅲ. 자정작용의 수학적 해석법

1. 식의 유도

1) 탈산소량(BOD 감소속도)

- 시간에 따른 유기물 농도 저하를 1차반응으로 표시 : $L_t = L_0 \cdot 10^{-k_1 t}$

2) 재포기량

- 시간에 따른 산소부족량 증가를 1차반응으로 표시 : $D_t = D_0 \cdot 10^{k_2 t}$

3) DO Sag Curve 공식

$$D_t = \frac{k_1 \cdot L_0}{k_2 - k_1}(10^{-k_1 t} - 10^{-k_2 t}) + D_0 \cdot 10^{-k_2 t}$$

여기서, D_t : t 일 후의 DO부족량

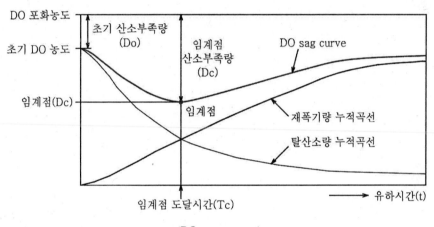

<DO sag curve>

4) 임계점의 좌표계산

$$D_c = \frac{L_0}{k_2/k_1}10^{-k_1 t}$$

5) 자정계수 f

$$f(자정계수) = \frac{k_2}{k_1} = \frac{재포기계수}{탈산소계수}$$

⇒ k_1은 0.1/day, k_2는 주로 수심의 함수이고 수온, 유속, 하천의 교란상태 등에 의하여 영향을 받으며 20도에서 유속이 빠른 하천의 경우 0.5까지, 유속이 낮은 큰 하천의 경우 0.15~0.2 정도, 흐름이 없는 호소에서는 0.5정도이다.

Ⅳ. DO부족곡선의 이용

- 산소부족량 계산식을 이용하면 하천의 오염물질이 유입될 경우 하천의 하류지점에서의 수온, 상류지점에서의 DO(D_0), BOD(L_0), 하천의 탈산소계수(k_1), 재폭기계수(k_2) 값을 알면, t일 후의 산소부족량 또는 DO농도(D_t)를 예측할 수 있다.

Ⅴ. DO부족곡선 해석의 한계

- 이 모델은 대기중에서 유입되는 산소만이 유일한 산소원이며, 산소의 소모는 <u>유입된 유기물질의 분해시만 소모되는 것으로 가정</u>하였다. 그러나 산소농도는 수중에서 서식하고 있는 식물의 광합성작용에 의해서도 증가되고, 생물의 호흡작용이나 강의 바닥에 침전된 유기물질 분해시에도 소모되어 감소한다. 따라서 이러한 영향도 고려하여 계산하여야 한다.

하천의 수질예측 모델링

Ⅰ. 개요

1. 하천의 수질은 각종 폐수의 유입이나 수용수체의 유량, 유속, 기하학적 구조, 기상조건 등에 따라 계속 변화하는데, 물속에서 일어나는 이러한 물리적, 화학적, 생물학적 기작 (메커니즘)을 수식화하여 수질을 예측 평가하는 것을 "수질모델링"이라 한다.

2. 수질모델링을 위해서는 수체의 수리학적 특성, 오염부하량, 수질현황 등에 대한 조사가 선행되어야 한다. 특히 수질환경영향평가를 할 때 수질예측모델을 이용하면 개발사업이 가져올 수 있는 수질의 영향을 미리 파악할 수 있을 뿐만 아니라 저감방안의 대안 마련에 적극 활용할 수 있다.

Ⅱ. 수질모델의 종류와 특징

1. QUAL2E

1) 하천 적용

2) 모의되는 수질항목 : DO, BOD, Chl-a, N-Series, P-Series, 비보존성 물질, 보존성 물질 항목에 대해 예측 가능한 1차원 모델

2. WASP5

1) 주로 호소 적용

2) 모의되는 수질항목 : DO, BOD, Chl-a, 수온, N-Series, P-Series, 독성유기화합물, 중금속, 대장균, 조류농도에 대해 예측 가능한 2차원 또는 3차원 모델

Ⅲ. 모델링의 주요과정

1. 개념적 정의 과정

- 하천을 본류와 지류로 구분하고 수리학적으로 동일하다고 판단되는 구간으로 나눈 다음 모든 물리·화학·생물학적 기능을 각각 계산한다.

2. 함수화 과정

- BOD, DO, 조류와 영양염류의 관계 등의 반응기구를 수식화하는 단계

3. 전산화 과정

- 함수화과정에서 수식으로 표현된 인자들을 다양한 수치해석기법을 동원하여 그 해(解)를 구하는 과정

Ⅳ. 모델링 입력자료

구분	입력자료
1. 수체 특성자료	· 하폭, 수심, 하천경사 및 조도, 유량, 유속, DO, pH, 수생식물, 기타 수질 또는 오염부하량 등
2. 수질 반응계수	· 반응속도계수, 재포기계수, 물질전달계수, 자정계수 등
3. 수리학적 입력계수	· 유역면적, 하천경사 및 유황, 유입수량, 복류수량, 취수량 등
4. 유입지천에 대한 자료	· 유입지천의 유량, 유속, 수질 또는 오염부하량 등

Ⅴ. 모델링 단계

1. 모델 선정	· 모델링의 목적 및 사업특성, 환경에 가장 적합한 모델 선정
2. 모델 구성	· 대상 수계의 구획화와 모델에 적합한 입력자료를 작성
3. 보정(Calibration) 및 검증(Verification)	· 예측값과 실측값의 차가 최소화 되도록 각종 매개변수 값을 조정하여 보정하고 검증한다.
4. 감응도(Sensitivity) 분석	· 수리학적 입력계수, 수질관련 반응계수, 유입지천의 유량과 수질 등의 입력자료의 변화정도가 수질항목 농도에 미치는 영향을 분석하는 것이다.
5. 수질예측 및 평가	· 모델이 완성되면 미래에 예상되는 오염물질 관련자료를 입력하여 예측을 실시한다.

QUAL2E 모델의 적용순서

Ⅰ. 수체의 모식화(Simulation)

1. 수리학적 특성이 유사한 구간을 Reach로 나눈다.

2. Reach를 다시 적당한 길이로 나누어 구체적인 계산이 수행되는 Element를 설정한다.

3. 모식도상에 오염원의 유입지점, 지류 유입, 댐 등의 하천구조물 및 용수취수 등의 상황을 표시한다. (Element의 각각의 길이는 동일하여야 함)

Ⅱ. 자료 입력 file의 작성(입력순서)

1. 각 구간에 대한 계산요소의 유형

 - 표준 계산요소 S, 합류점 요소 J, 점오염원 요소 P, 상류수원 요소 H, 취수, 댐 등

2. 기상, 수온, BOD와 DO의 반응계수, 인 및 조류에 관련 반응계수 입력

3. 수리자료 입력 : 유역면적, 하천경사, 유입수량, 취수량 등

4. 15개 수질항목의 초기상태를 입력한다.

Ⅲ. 수리 및 수질계수의 결정

1. 수리는 HEC-RAS 모델 적용 ⇒ WASP ; 평수기 4~5月, 9~10月

2. 수질계수는 BOD와 COD의 관계, 조류와 영양염류와의 관계를 결정하는 계수 적용

 - 직접 실측하든가 기존에 제시된 범위에서 가정하여 적용

Ⅳ. 모델의 보정 및 검증

 - 결과값과 실측값이 일치하지 않으면 수질계수를 재조정하여 예측값과 실측값을 일치시키는 보정작업을 수행한다.

부영양화

Ⅰ. 개요
1. 정체되어 있는 수역 즉 호소, 저수지, 정체된 해역(바다에서는 적조라 한다) 등에서 나타나는 자연스러운 현상이다.
2. 발생원인으로는 정체수역 내로의 과도한 영양염 유입으로 인하여 조류의 과다성장으로 맛과 냄새를 유발하고 호수바닥에서 혐기성 현상을 일으켜 오염된 수자원으로 만들어버리는 현상이다.
3. 방지대책으로는 방류수 고도처리, 화학적 살조제 투입, 영양염 침전 제거, 침전된 퇴적층 제거 등이 있다.

   ※ 호소의 일생

   > Oligotrophic(빈영양) → Mesotrophic(중영양) → Eutrophic(부영양) →
   > Swamp(습지) → Dry land(건조토양)의 과정을 거치면서 마감하게 된다.

Ⅱ. 부영양화 발생원인
1. 도시화 및 산업화에 의한 점오염부하량 증가
2. 소홀한 비점오염원 관리
3. 치수위주의 수자원 정책
4. 강우양극화(여름철 집중호우에 의한 다량의 오염부하 유입, 겨울철 가뭄에 의한 수질오염도 증가)

Ⅲ. 조류성장 제한인자 (=조류 발생조건)
1. 정체수역
2. 유기물, 영양염류
3. 수온, 일조량
4. 호소의 깊이, 바람
5. 조류, 바닥조류, 수초

Ⅳ. 부영양화 지수(TSI, Trophic State Index)
1. 부영양화 평가인자
   1) 투명도, 전도율, T-N, T-P, Chl-a 등이 있으며 1~100까지 TSI로 나타낸다.
   2) 단일 parameter 혹은 복수 parameter로 평가한다.

2. 단일 parameter에 의한 평가

<US EPA 부영양화 평가기준>

구 분	투명도 (m)	Chl-a (mg/m³)	T-N (mg/L)
빈영양	〉3.7	〈 4	〈 10
중영양	2~3.7	4~10	10~20
부영양	〈 2	〉10	〉20~25

3. 복수 parameter에 의한 평가

1) 공식(Calson지수)

- 부영양화 발생여부 및 진행정도를 0~100의 단일한 연속적인 수치로 표현한 지수로서, 투명도, 클로로필-a, 총인 등 3가지 지수가 있다.
- Calson은 이들 수질항목 간에 높은 상관관계가 존재한다는 시실에 착안하여 1개의 수질항목만을 측정해도 여러 수질항목을 측정한 것과 같이 종합적으로 부영양화를 평가할 수 있다는 전제 하에 부영양화지수를 산정하였다.

$$TSI(SD) = 10 \times (6 - \frac{\ln(SD)}{\ln 2})$$

$$TSI(chl-a) = 10 \times (6 - \frac{2.04 - 0.68\ln(chl-a)}{\ln 2})$$

$$TSI(TP) = 10 \times (6 - \frac{\ln(48/TP)}{\ln 2})$$

2) 평가범위

- 극빈영양(20이하), 빈영양(40이하) 중영양(50이하), 부영양(60이하) 과영양(70이상)
- 통상 50 이상이면 부영양화 상태로 봄

3) TSI의 분석방법

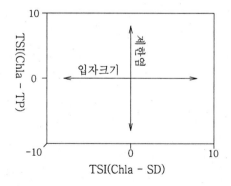

① $TSI(chl-a) > TSI(SD)$

　- 입자의 크기가 크다.

　- 즉 동물성 플랑크톤이 많고, 조류는 군체성을 나타낸다.

② $TSI(chl-a) > TSI(TP)$

　- 조류의 성장을 T-P가 제한한다.

4) T-N/T-P비 분석방법 (리비히의 최소량의 법칙)

① 14 이상이면 인이 제한인자

② 7 미만이면 질소가 제한인자

호소의 부영양화 방지대책

Ⅰ. 부영영화 사전예방대책

1. 행정적 대책
- 수질오염 총량규제, 물이용부담금 부과, 환경기초시설 확충, 하수도보급률 향상, 수변구역 설정, 통합유역관리

2. 점오염원 대책
- 하수의 고도처리, 수질TMS, 생태독성관리제도, 배출업소 지도점검 강화

3. 비점오염원 대책
- 비도시지역 : 수변지역 완충녹지(수생식물 식재), 고랭지 밭 관리 및 농약·비료사용 규제
- 도시지역 : 수변지역 인공습지 등을 설치하고, 전반적인 물순환 불균형해소

4. 유로변경
- 하수처리수 방류수 유출지역을 하류로 변경

Ⅱ. 부영양화 사후복구대책

⇒ 인위적 정화방식, 표면피복방식, 준설 및 굴착 등이 있다.

1. 인위적 정화

1) 심층수 배수
- 심층수의 영양염류농도가 높으므로 이 물을 수문 혹은 펌프를 이용하여 방출하나 하류측 오염을 유발할 우려가 있다.
- 수심이 깊은 호소에서 효과적이다.

2) 외부수류 도입
- 오염도가 낮은 지하수, 관개수 등을 끌어들여 희석
- 엄청난 양의 물이 필요하므로 소규모 호소에 적용

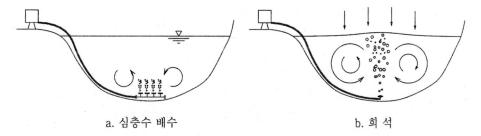

a. 심층수 배수　　　　　　　　　b. 희 석

3) 심층포기 및 강제순환
- 수온 약층 아래에 있는 심층부에 공기를 불어넣는 방법이다. 산소가 많아지면, 저질토로부터 인이 녹아 나오는 양이 줄어들고 철과 망간과 같은 환원물질의 양도 줄어든다.

- 이 기술은 수중 폭기가 중단되면 다시 원상으로 돌아가는 등 문제점 때문에 대규모로 시행하기에는 적절하지 않다.

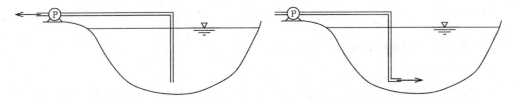

a. 하절기 저층 산소공급(심층폭기)   b. 동절기 강제순환(전층폭기)

4) 차광막으로 태양광 차단 : 조류 증식 억제, 소규모 호소에 적용 가능
5) 호소 유입 전에 알루미늄염(alum 등)을 주입하여 오염물질 응집·침전

2. 수초·조류 제거

1) 생물처리 : 수초제거를 위해 초어 이용, 조류제거를 위해 동물성플랑크톤 이용
2) 화학처리 : 수초제거를 위해 제초제 살포, 조류제거를 위해 황산동, 황토 등 살포
3) 수초수확 : 수초는 영양염류를 많이 흡수하므로 일부러 키워서 주기적으로 수확
　　　　　　예) 팔당호의 수초제거선 이용

3. 준설 및 굴착

- 준 설 : 효과가 크다. 그러나 호소수심 증가, 저서 생태계 변화, 고비용

4. 표면피복 및 반응벽체

1) 저질토를 도포(capping)하여 혐기화에 의한 오염물 용출방지

- 퇴적토에서 중금속 및 인 등의 용출을 방지하기 위하여 모래, $Ca(OH)_2$, 영가철(Fe^0), 블랙세일(black shale)등으로 도포(capping)
- 영가철(Fe^0)은 산화되어 Fe^{+2}, Fe^{+3}이 되면서 오염물에 전자를 주는 역할을 한다.

2) 지하에 반응벽체(permeable reactive barrier)를 설치

- 지하에 반응벽체(영가철, 제올라이트 등의 물질)를 설치하여 토양·지하수 환경에서 이동하는 오염물을 흡착하여 오염물을 제거하는 기술

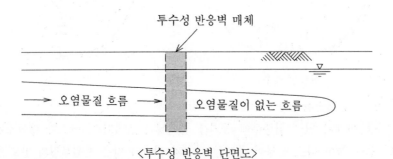

투수성 반응벽 매체

오염물질 흐름　　　　오염물질이 없는 흐름

〈투수성 반응벽 단면도〉

호소 성층화

Ⅰ. 성층현상(stratification)   ⇨ 주로 여름, 겨울에 발생

1. 수온에 의한 연직방향 밀도차에 의해 수괴가 층상으로 구분되는 현상으로 1개월 이하의 체류시간을 갖는 하천수가 유입되는 저수지를 제외한 수심 5m 이상의 호소와 저수지에서 많이 발생한다. (7m 이하의 호소는 항상 순환됨)

2. 성층현상이 발생시 표층과 수온약층의 깊이는 7m 이내이며, 봄·가을에는 전도현상에 의해 수온약층이 사라지는 성층파괴현상(destratification)이 나타난다.

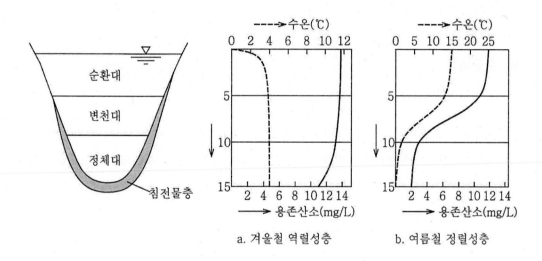

a. 겨울철 역렬성층   b. 여름철 정렬성층

┌ 역렬(逆列)성층 : 저온수가 고온수의 상층에 위치하는 상태를 말한다.
└ 정렬(正列)성층 : 가벼운 물(고온수)이 무거운 물(저온수) 위에 위치하는 상태를 말한다.

Ⅱ. 성층현상시 각 층의 특징

┌ 표층 (Epilimnion)   : 수온이 대기온도에 따라 변함. DO 높음. 조류의 광합성
├ 수온약층 (Thermocline) : 수온이 수심에 따라 급변함.   DO, CO_2 농도 변화가 발생
└ 심층 (hypolimnion)   : 수온이 수심에 따라 안정적.   DO 낮음. 혐기성 상태. 철·망간 용출

Ⅲ. 성층파괴(destratification) 방법

1. 호소수를 강제 순환시킨다. (차가운 심층수를 수표면으로 pumping하여 상층으로 순환)
2. 심층수를 폭기하거나
3. 심층수를 방류시킨다. (하류의 수질오염 주의)

Ⅳ. 전도현상(turn over) ⇨ 주로 봄, 가을에 발생

1. 수온에 의한 연직방향의 밀도차에 의해 순환밀도류가 발생하거나 강한 수면풍의 작용으로 수괴의 연직한 안정도가 불안정하게 되어 물의 수직운동이 일어나는 현상
2. 전도현상은 물이 4℃에서 밀도가 가장 높아 4℃ 근처의 표층수 아래로 이동하려는 특성 때문에 발생

Ⅴ. 취수대책

1. 호소의 수질을 종합적으로 조사한 후 취수 계획을 수립한다.
   (성층현상, 전도현상, 부영양화 현상 파악)
2. 봄·가을은 전도현상으로 수질악화가 예상되므로 정수처리공정을 강화해야 할 것이며,
3. 여름·겨울은 성층현상으로 심수층의 중금속 용출이 예상되므로 수온약층 취수가 바람직

적조현상

Ⅰ. 개요

- 적조현상은 산업폐수나 도시하수의 유입으로 내만과 같은 폐쇄성 해역에 부영양화가 일어나 해수 중에 부유생활을 하고 있는 미소한 생물(주로 식물성 프랑크톤)이 단시간에 급격히 증식한 결과 해수가 적색 또는 갈색을 띄는 현상이다.
- 적조발생은 편모조류, 규조류, 남조류, 녹조류, 원생동물 등이 있으나, 편모조류가 우점종일 경우가 많다.
- 국내에서도 종종 적조 발생이 나타나고 있으며 이로 인한 수중 생태계에 미치는 영향이 크다.

Ⅱ. 발생요인

1. 바다의 수온이 안정화되어 물의 수직적 성층이 이루어 질 때
2. 충분한 영양염류의 공급이 이루어 질 때
  - 적조 유발농도는 질산염 0.1mg/L, 인산염 0.015mg/L이상으로 알려져 있는데, 규산염은 규조류 증식에 질산염과 인산염은 편모조류 증식에 제한인자로 적용하고 있다.
3. 퇴적층의 부영양화 원인물질 용출시
  - 해역에서 상승류(up welling) 현상으로 저부의 PO_4^{3-} 가 상부로 이동하여 영양공급이 이루어진다.
4. 해수의 정체구역
5. 염도가 낮을 때

Ⅱ. 적조의 피해

- 적조조류가 대량증식 후 사멸하면 이의 분해를 위해 DO가 급감하면서 여패류가 질식사한다.

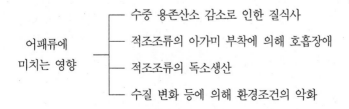

어패류에
미치는 영향
- 수중 용존산소 감소로 인한 질식사
- 적조조류의 아가미 부착에 의해 호흡장애
- 적조조류의 독소생산
- 수질 변화 등에 의해 환경조건의 악화

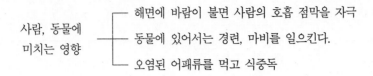

사람, 동물에
미치는 영향
— 해면에 바람이 불면 사람의 호흡 점막을 자극
— 동물에 있어서는 경련, 마비를 일으킨다.
— 오염된 어패류를 먹고 식중독

Ⅳ. 적조의 방지대책

- 적조 발생을 근본적으로 억제시키는 방법은 부영양화 현상을 방지하는 것으로서 육지의 도시생활 하수, 산업폐수와 농축수산 폐수의 유입을 차단하는 것이다.

1. 사전예방대책

- T-N·T-P의 부하규제 및 유입억제로 부영양화 방지

1) 하수처리장 정비(증설 및 고도처리)

2) 축산·공장 등의 오염물질 배출업소의 감시 및 관리

3) 적조발생예보와 조기경보체계 구축

4) 발생기구 및 피해기구의 해명과 차단기법의 개발

5) 해양투기 규제

2. 사후복구대책

1) 준설 등에 의한 연안수역의 저질정화

2) 적조미생물의 회수 및 제거 (황산동[Cu_2SO_4] 0.1~0.5mg/L 주입, 황토살포 등)

하천의 부영양화 위해요인과 대책

I. 부영양화 위해요인

1. 물리적 서식처의 변형
- 제방 건설, 하폭 감소, 하상 굴착, 보의 설치로 담수생물 감소로 수생태계 건전성 위협

2. 토사
1) 탁수에 의한 DO 감소 (물고기, 가재 등 어폐류 폐사),
2) 토사내 중금속, 인 용출로 부영양화 가속

3. 부영양화로 인한 건강장해 및 위락공간 결여
1) 하수처리장 방류구에서 하류로 수 km 아래까지 부착조류가 심하게 붙어 있다.
2) 우리나라의 총인 방류수 수질기준은 하수처리장의 용량과 지역에 따라 0.2~2mg/L까지 차등을 두어 관리하고 있다.

II. 대책

1. 하천 종합관리계획 수립 및 시행
- 유역종합관리, 수질오염 총량규제 등

2. 수질기준 및 배출기준 강화
- 환경기준 강화 및 항목 확대, 수질 TMS, 생태독성제도 등

3. 하천오염 사전예방대책
- 하천 취수량 최소화, 유출부하량 최소화, 침투형·식생형 하수도시설 도입, Biotope 적용

4. 하천오염 사후복구대책
- 준설, 하도정리, 하천유황 개선, 하천내 정화시설 설치 등

유역에서의 인(P)의 발생원인과 유출기작

I. 개요

- 호소 및 정체된 하천 등에서 수질악화의 원인은 조류의 생장제한인자인 인이 대표적이다. 따라서 취수원 호소에 조류피해 예방조치로서 총인 규제의 재검토가 요구되고 있다.

II. 유역에서의 인(P)의 발생원인

1. 겨울철 식생고사로 인한 퇴적층의 혐기화
- 동절기 낮은 수온으로 식생이 고사하고, 4월경 수온이 상승하면서 식물체 분해 시작, 혐기성 상태에서 인 용출
- 이때 식물체 분해로 인한 탈질균에 유기탄소원 제공으로 T-N 제거율은 상승
2. 우천시 유기인은 비료, 농약과 살충제 사용으로 유입된다.
3. 호소 내 무기인은 박테리아의 유기물 분해 등으로 발생하여, $H_2PO_4^-$ 나 HPO_3^{2-} 형태의 음이온인 인산염 형태로 존재한다.

III. 대책

1. 저질토 Capping

- 부영양화 단계에 접어든 호소의 퇴적토에서 중금속 및 인 등의 용출을 방지하기 위하여 저질층을 Capping하는 방법이 있다.
- Capping 재료로서는 모래 및 $Ca(OH)_2$, 영가철(Fe^0), 블랙세일(black shale ; 검은 색의 세립질 암석) 등을 사용할 수 있다.
  주) 영가철 : Fe^0은 산화되어 Fe^{+2}, Fe^{+3}이 되면서 오염물에 전자를 주게 된다. 전자를 받은 오염물은 분해되거나 독성이 제거되며, 그 사용기간은 수개월에서 길게는 수년 동안 사용할 수 있다.

2. 반응벽체 설치

- 선진국에서는 지하에 반응벽체(permeable reactive barrier)를 설치하여 토양·지하수 환경에서 이동하는 오염물질을 흡착하여 오염물을 분해하고 독성을 제거하는 기술을 적용하고 있다.
- 벽체에 사용되는 물질로는 영가금속, 유기점토, 제올라이트 등 여러 가지가 있다.

조류 증가시 생성되는 물질 및 정수처리시 문제점/대책

Ⅰ. 조류의 정의 ⇨ 탁도 유발인자

- 보통 엽록소를 포함하는 단세포 또는 다세포의 광합성을 하는 미생물로 이산화탄소, 암모니아 및 인산염을 이용하여 새로운 세포를 생산하며, 국내의 경우 봄철에는 규조류 (diatom)가 번성하고, 여름철 갈수기에 수질이 더욱 악화되면 녹조류(green), 남조류 (blue-green algae)가 우점종으로 바뀐다.
- 성장인자 : 온도, 태양광도, 영양물질(N, P, 유기탄소)

Ⅱ. 조류발생시 생성되는 물질

1. 맛과 냄새 유발물질 ⇨ 지오스민, 2-MIB 등

a. geosmin($C_{12}H_{22}O$)   b. 2-MIB($C_{11}H_{20}O$)   c. Phenyl ethanol

〈곰팡이취 원인물질의 화학구조〉

2. 남조류 등에 의한 독성물질

1) 간장독 유발 : 마이크로시스티스(Microcystis), 오스실라토리아(Oscillatoria)

⇒ Microcystis가 생산하는 Microcystin은 대표적인 간장독(척추동물의 간에 독작용)이다.

2) 신경계통 장애 유발 : 아나베나(Anabaena), 아파니조메논(Aphanizomenon)

⇒ Anabaena, Aphanizomenon에 의한 Anatoxin, Saxitoxin (신경독)

Ⅲ 정수처리시 문제점

1. 맛·냄새물질 발생 및 독성물질 생성

- 조류사체의 분해가 원인이며 Fungi, 박테리아에 의한 분해작용으로 냄새 발생. 특히 Microcystis, Anabaena, Osillatoria 등 남조류는 인체에 해로운 독성물질을 발생시킴.

2. pH 상승 및 알칼리도 변화

- 조류가 과다발생하면 탄소동화작용의 결과로 pH가 상승(9~10)하여 응집제로 효과적인 수산화알루미늄 생성량이 크게 감소되며 입자의 (-)전위가 커져 응집을 방해한다. 또한 알칼리도 형태를 탄산수소염에서 탄산염으로, 그리고 탄산염을 수산화물 알칼리도로 변화시킨다. 따라서 황산 등 pH 조정제 투입이 필요하며 약품비(응집제량)를 증가시킴.

3. 응집침전의 저해 및 응집제소요량 증가

- 남조류는 기포를 형성하여 플록(floc)의 침강속도를 느리게 한다.
- 조류의 세포는 외부유기물(EOM : VOC, 효소 등)로 둘러싸여 있으며, 응집과정에서 이것을 외부로 배출하여 고분자응집제처럼 응집을 향상하기도 하지만 규조류의 EOM는 입자의 안정화를 초래하여 응집제 소요량을 증가시킴.

4. 여과지 폐색 및 역세척 영향

- 모래입자 사이의 공극은 물속의 콜로이드와 고형물질에 의해 채워지는데 수중의 조류도 여과지에 걸려 여과지가 폐색된다. 따라서 역세척을 자주 해야 하며, 역세척수 소요량이 증가하게 된다.

5. 소독공정의 THM 발생증가

- 소독공정에서 NOM 증가에 따른 THM 발생 증가

Ⅳ. 조류증가시 대책(제어방안)

1. 수원에서의 조류증식 억제

1) 유입 영양염을 통제하는 방법(부영양화 방지, 비점오염원 저감, CSOs 저감)
 - 하수의 고도처리(N, P 제거), 하수의 유입지점 우회 변경, 양식장의 적정사료 투여
 - 농경지 배수로 설치, 희석과 세척, 인의 불활성화, 저니층의 산화, 준설 등
2) 조류의 성장을 통제하는 방법
 - 살조제 살포(황산동), 심층수 폭기, 수위 감소, 생물 제어, 저니층 격리
 - 수초 및 저서생물 제거, 차광막 설치

2. 정수장으로 조류유입 억제

1) 취수구 수위조절에 의한 유입억제
2) 약품(염소 또는 황산구리) 살포 : 착수정, 취수구, 도수관로 등에 주입, 염소종류 : 액화염소, 차아염소산나트륨, 차아염소산칼륨

3) Microstrainer(마이크로스트레이너) : 침전공정의 전단계로서 일반적으로 전염소 투입
지점보다 상류측에 설치

3. 정수처리과정에서 조류 제거

1) 2단응집

- 침전처리수에 다시 응집제를 저농도로 주입

2) 다층여과(안트라사이트+모래)

- 응집침전으로 제거하기 어려운 종류(Synedra, Melosira, Microcystis 등)가 많아 응집
침전만으로 불충분한 경우에 유용

3) 전처리여과, 전염소처리(맛과 냄새 제거)

4) 응집제 주입량 증가, 부상식여과(DAF) 사용, 복층여과, 고도정수처리(막공법) 도입

5) 역세척 방법의 개선, 표면세척시간의 연장, 배출수처리시 역세척수 회수 금지

조류예보제

Ⅰ. 개요

- 녹조류 발생을 쉽게 판별할 수 있는 엽록소(Chl-a)의 농도와 독성을 함유하는 것으로 알려진 남조류의 세포수를 기준으로 발생정도에 따라 주의보, 경보, 대발생, 해제 등 4단계로 구분해 발령한 후 단계적인 대응조치를 하는 제도이다.

  ※ 법적 기준 ⇦ 「수질 수생태계 보전에 관한 법률」제 21조

  > - 환경부장관 또는 시·도지사는 수질오염으로 하천·호소수의 이용에 중대한 피해를 가져올 우려가 있거나 주민의 건강, 재산이나 동식물의 생육에 중대한 위해를 가져올 우려가 있다고 인정되는 때에는 당해 하천·호소에 대하여 수질오염경보(조류경보와 수질오염감시경보)를 발령할 수 있다.

Ⅱ. 조류예보제

1. 대상 수질오염물질 : 클로로필-a, 남조류 개체수
2. 발령대상 : 환경부장관 또는 시·도지사가 조사측정하는 호소
3. 발령기관 : 환경부장관 또는 시·도지사

경보단계	발령 및 해제기준
조류주의보	· 2회 연속채취시 클로로필-a 15㎎/㎠ 이상 & 남조류 세포수 500cells/mL 이상
조류경보	· 2회 연속채취시 클로로필-a 25㎎/㎠ 이상 & 남조류 세포수 5,000cells/mL 이상
조류대발생 경보	· 2회 연속채취시 클로로필-a 100㎎/㎠ 이상 & 남조류 세포수 100만cells/mL 이상 & 스컴이 발생할 경우
해제	· 클로로필-a 15㎎/㎠ 미만 & 남조류 세포수 500cells/mL 미만

Ⅲ. 조류예보제 발령시 조치사항

⇒ 조류 발생 조건 : 정체수역, 영양염류, 유기물, 일조량 및 수온, 수심, 바람 등

1. 조류주의보 대책

　1) 주 1회 이상 시료채취 및 분석

　2) 발령기관에 시험분석결과를 신속히 통보

　3) 조류 펜스 설치

　4) 정수처리 강화 (활성탄처리, 오존처리)

　5) 주변 오염원에 대한 철저 단속

2. 조류경보시 추가대책

　1) 주 2회 이상 시료채취 및 분석, 정수의 독소분석 실시

　2) 대중매체를 통한 홍보

　3) 조류증식 수심 이하로 취수구 이동, 조류 방어막 설치

　4) 수영, 낚시, 취사 등 활동자제 권고

　5) 어패류 어획, 식용, 가축방목 자제 권고

3. 조류대발생경보 추가대책

　1) 황토 등 흡착제 살포

　2) 조류제거선으로 조류제거 실시

　3) 수영, 낚시, 취사 등 활동금지

　4) 어패류 어획, 식용, 가축방목 금지

수질오염감시경보제

Ⅰ. 수질오염경보

1. 수질오염경보에는 조류경보와 수질오염감시경보가 있다.

2. 수질오염경보의 종류별 발령대상, 발령주체, 대상 수질오염물질 (별표 2)

경보종류	대상 수질오염물질	발령대상	발령주체
조류경보	클로로필-a, 남조류 세포수	법 제30조에 따라 환경부장관 또는 시·도지사가 조사측정하는 호소	환경부장관 시·도지사
수질오염 감시경보	pH, DO, T-N, T-P, 전기전도도, TOC, VOC, 페놀, 중금속(Cu, Pb, Zn, Cd 등), 클로로필-a, 생물감시	법 제9조에 따른 측정망 중 실시간으로 수질오염도가 측정되는 하천·호소	환경부장관

Ⅱ. 수질오염감시경보제 경보단계 : 관심, 주의, 경계, 심각, 해제

경보단계	발령 및 해제기준
관심	· 일반항목 2개 이상 기준 초과시 · 생물감시 30분 이상 기준 초과시
주의	· 일반항목 2개 이상 기준 2배 초과시 · 생물감시 30분 이상 기준 초과 & 일반항목 1개 이상 기준 초과시
경계	· 생물감시 30분 이상 기준 초과 & 일반항목 1개 이상 기준 3배 초과시
심각	· 경계경보 발령 후 수질오염 전개속도가 매우 빠르고 심각할 때
해제	· 측정항목별 측정값이 관심단계 이하로 낮아진 경우

맛·냄새 물질의 제거대책

Ⅰ. 개요

1. 자연적인 물에 맛·냄새가 있을 경우에는 완속여과법으로 보통 제거할 수 있지만, 급속여 과법으로는 일반적으로 제거하기 어려우므로 적절한 처리법을 채택하는 것이 좋다.

2. 맛·냄새의 제거방법으로는 폭기, 염소처리, 분말 또는 입상활성탄처리, 오존처리, 오존·입 상활성탄처리, 막여과(NF, RO) 등이 있다.

Ⅱ. 맛·냄새의 원인규명

1. 맛 : 철·망간(쓴맛), Cl(짠맛), 조류(비린 맛) 등

2. 냄새 : 철·망간(적색·흑색, 흑갈색), 황화수소(악취), 염소소독냄새, 조류냄새(지오스민, 2-MIB)

Ⅲ. 맛·냄새의 원인물질

1. 생물학적 발생원

- 조류, 방선균, 황산염환원균, 철산화박테리아(철산화균)

2. 산업활동 및 강우유출과 관련된 발생원

- 각종 화학물질, 휴믹물질, 불법투기에 의한 것

3. 정수공정과 관련된 발생원

- 염소소독, 오존산화공정 등

4. 급수관망과 관련된 발생원

- 미생물 재성장, 관망의 잔류소독제, 관내부 코팅제, 합성수지파이프

Ⅳ. 맛·냄새 제거방법

1. 사전예방

- 원수의 수질오염방지, 취수방법의 변경(표층취수 금지), 강변여과·하상여과, 수원폭기, 조 류제거(황산동, 황토 살포 등)

2. 사후제거

- 폭기, 분말활성탄처리, 입상활성탄 처리, 오존처리, 오존·활성탄처리, 막여과, AOP 등

1) 폭기

- 황화수소 냄새의 탈취에 효과가 있고, 철에 기인한 냄새제거도 가능하다.
- 그러나 다른 냄새 제거는 곤란하다.

2) 염소처리

- 염소처리는 방향냄새, 풀냄새, 비린내, 황화수소냄새, 부패한 냄새의 제거에 효과가 있지만, 곰팡이냄새 제거에는 효과가 없다.
- 페놀류는 염소로 분해할 수 있지만, 2-클로로페놀 등 페놀화합물을 생성하여 냄새를 강하게 발생시키므로 주의할 필요가 있다.
- 염소처리는 결합염소의 산화력이 약하기 때문에 보통은 유리염소로 처리해야 한다. 따라서 염소를 사용한 맛·냄새 제거방법은 불연속점(파과점) 염소처리를 전제로 한다.

3) 분말활성탄처리

- 분말활성탄은 방향냄새, 풀냄새, 비린내, 곰팡이냄새, 흙냄새, 약품냄새(페놀류, 아민류) 등을 활성탄의 흡착작용으로 제거하며, 원수에 직접 주입하고 20~60분간 정도 접촉한 다음 응집과 급속여과를 한다.
- 냄새제거를 위한 활성탄주입률은 10~30㎎/L(건조환산) 이상이 필요하지만, 실제로는 맛·냄새 원인물질 이외의 것도 흡착되므로 jar-test를 통하여 결정한다.
- 염소는 활성탄의 흡착능력을 저해하므로 염소와 동시에 주입하는 것은 피하도록 한다.

4) 입상활성탄처리

- 입상활성탄은 분말활성탄과 같이 맛·냄새 제거에 적용범위가 넓은 방법이며, 모래여과지와 함께 설치되는 활성탄여과지(활성탄 F/A) 방식과 급속모래여과 후단에 설치되는 활성탄흡착지 방식이 있다.
- 활성탄 두께는 일반적으로 고정층에서 1.5~3.0m, 유동층에서 1.0~2.0m 정도이지만, 경제성도 고려하여 두께를 결정할 필요가 있다.

5) 오존처리 또는 고급산화법(AOP)

- 오존처리법은 풀냄새, 비린내, 곰팡이냄새, 흙냄새, 페놀류 등의 냄새에 효과가 있지만, 오존은 과일냄새와 같은 냄새물질(=방향냄새)을 생성할 수도 있다(대책 : 후단에 gac 설치). 오존주입률은 처리대상수의 수질, 맛·냄새물질의 종류와 농도에 따라 다르기 때문에 실험을 통하여 최적주입률을 결정한다. 통상의 경우 주입률은 0.5~2.0㎎/L, 접촉시간 10~15분, 접촉조의 수심은 4m 이상으로 하는 것이 바람직하다.
- 고급산화법(AOP)은 오존에 과산화수소 등의 촉매를 첨가시켜 OH라디칼 생성을 촉진시켜 산화력을 한층 증가시킨 방법이다.

6) 오존·입상활성탄처리

- 오존을 병용한 입상활성탄 처리는 곰팡이냄새가 장기간 심하게 발생할 때 좋은 처리효과를 나타내며 그밖에 다양한 맛과 냄새 제거에도 효과가 있다.
- 오존처리로 생성된 과일냄새의 맛과 냄새물질도 제거할 수 있다. 비교적 높은 농도의 곰팡이 냄새물질을 5년 이상 제거하였다는 보고도 있다.
- 입상활성탄은 흡착기능 외에 미생물의 생물학적인 분해작용을 이용할 경우 흙냄새, 곰팡이냄새 제거에 더욱 효과가 있다.

7) 막여과처리

- 나노여과막(NF막), 역삼투막(RO막)은 맛·냄새 제거능력이 있다.

비점오염물질 저감방안

I. 개요

1. "비점오염원"이란 도시, 도로, 산지, 공사장 등의 불특정 장소에서 불특정하게 배출하는 배출원(「수질 및 수생태계 보전에 관한 법률」)을 말하며, 점오염원 이외의 오염원은 전부 해당된다.

2. 비점오염원은 비정형적으로 유출원이 넓게 분포되어 있어서 전량처리는 현실적으로 불가능하므로, 오염물 발생빈도, 유출형태 등의 특성을 감안하여 대책을 수립해야 한다.

3. 비점오염물질은 농지에 살포된 비료 및 농약, 대기오염물질 강하물, 지표상 퇴적오염물질, 합류식하수도 월류수(CSOs)내 오염물 등 있다.

4. 비점오염원의 관리소홀, 도시화·산업화 및 치수위주 하천관리로 인해 가중되는 하천오염을 방지하고 자연형 생태하천으로 정비해 나가기 위해서 오염배출부하량을 하천의 자정능력 이하로 줄여나가야 한다.

II. 비점오염원의 발생원

- 비점오염원의 종류로는 토사, 영양물질, 박테리아와 바이러스, 기름과 그리스, 금속, 유해물질, 살충제, 협잡물 등이 있으며 다음과 같다.

  - 자연적 비점오염원 : 암석과 토양이 물과 접촉하여 발생되는 오염물질의 용출
  - 인위적 비점오염원 : 농경지 비료와 농약, 도로의 누적먼지와 오물, 토양침식

III. 비점오염원의 특징

- 오염원은 점오염원과 비점오염원으로 구분되며, 비점오염원은 전체 오염량의 약 20~40% 정도 차지한다. 점오염원은 주로 갈수시에 하천수의 수질악화에 영향을 주지만, 비점오염원은 홍수시 하천수에 영향을 주고 비점오염원은 발생량의 예측과 정량화가 어렵고 일간·계절간 배출량 변화가 크므로 관리가 어렵기 때문에 BMPs(최적관리기술)이란 측면에서 발생원을 관리할 필요가 있다.

1. 유출의 간헐성 → 일간·계절간 배출량의 변화가 크다.
2. 배출지점의 확산
3. 오염원종류 및 부하의 다양성
4. 발생량 예측과 정량화가 어렵다.

Ⅳ. 강우발생부하량(비점오염원 또는 CSOs) 저감방법

- 비점오염원은 최적관리기술(BMPs : best management practices)이란 측면에서 접근이 필요하며, 특히 우천시 초기 고농도로 유출되는 비점오염물질의 관리가 매우 중요(=초기 우수처리시설 설치)하다.

1. 비구조적 대책 (유지관리기법, 발생 예방)

1) 발생원 억제 : 노면 청소, 빗물받이 청소, 관거 청소
2) 오염원 유출예방 : 가정쓰레기 투기관리, 유지류 유출관리, 공장폐수 유입관리
3) 토지관리 : 토지이용 제한, 고랭지 밭 관리, 수변구역 경작금지(시비법 개선, 농약사용 억제, 친환경농법 도입)
4) 공공 홍보 : 광고·공청회 등을 활용, 물 절약 홍보

2. 구조적 대책 (사후처리방법, 발생후 저감)

1) 관거시스템 개선
   - 관거 분류식화, 관거 퇴적물 제어, 협잡물 제어
   - 우수토실 개선, 차집관거 용량증대
   - 실시간제어방법 적용
2) 유수유출저감시설 활용
   - 우수체수지 활용, 지역내 저류와 지역외 저류
   - 분산형 빗물관리, 침투식 하수도 도입, 완충저류시설 등
3) 처리기술
   - 추가처리방식 : 화학적 응집침전여과, 스크린, 스월조정조 등 초기우수 및 CSOs·SSOs 처리시설 설치
   - 우천시 하수처리방식 : 현장저류 후 처리, 고효율 프로세스 개발

Ⅴ. 비점오염저감시설의 선정시 고려사항

- 비점오염원을 관리하기 위해서는 유역별로 오염원의 현황, 수질현황, 수질목표 등 해당유역에 대한 종합적인 판단을 통해 관리계획을 추진하여야 한다.

1. 토지이용특성 : 도로, 농촌 및 도심지역, 유해물질 배출지역 등의 오염부하량 배출특성 검토
2. 경제성   : 모래여과는 고가, 저류지 및 식생수로는 저가
3. 유지관리의 용이성 : 유지관리 빈도, 장기적인 유지관리 문제 등을 고려하여 평가
4. 유역요소   : 하천, 호소, 대수층 두께, 하구 등의 수체특성 검토
5. 오염물질 제거능 : TSS, T-N, T-P, BOD, 중금속 제거능 검토
6. 지역사회의 수인가능성 : 쾌적성, 미관, 민원발생 등 고려
7. 기타 요소   : 수질개선 이외에 지하수 함양, 홍수 예방 등 고려

Ⅵ. 향후과제 및 추진방향

1. 비점오염물질 저감을 위해서는 먼저 비용이 많이 드는 구조물이나 설비 등을 설치하는 방안보다 비점오염원 관리방법의 개선을 통한 대책이 이루어져야 할 것이다.

2. 또한 비점오염원에 대한 최적관리기술(BMPs)의 측면보다 앞으로는 LID(저영향개발)의 분산형 관리기술(IMP)에 의한 접근방법이 바람직할 것이다.

3. 이러한 비점오염원에 대한 대책은 복잡하고 많은 시간과 비용을 요구하는 것들이지만 물순환 회복의 일환으로서, 비용보다 효과를 우선하는 쪽으로 과감한 전환이 필요하다.

4. 비점오염원의 원단위 산정은 총량규제의 수립 및 시행을 위한 선행조건이다. 그러나 총량규제에서 규정한 UME산정법과 실측 유량 및 유량가중농도(EMC)를 이용한 수치적분(NI)법의 산정값이 현저한 차이가 나는 경우가 종종 있으므로 이에 대한 표준화가 필요하다.

합류식과 분류식에서의 비점오염물질 저감방안

Ⅰ. 저감목표

1. 합류식하수도 우천시 방류부하량(CSOs) 저감목표

- 처리구역(혹은 배수구역)에 배출되는 연간 오염방류부하량이 인근 수계에 영향을 미치지 않을 수준 이하로 삭감하거나 분류식하수도로 전환하였을 경우 연간 BOD방류 부하량과 같은 정도 또는 그 이하로 한다.

2. 분류식하수도 초기우수처리(비점오염물질 저감시설)계획 수립시 고려사항

1. 부하량 저감목표 : 수계별 총량관리 계획에 의거한 할당부하량을 기준으로 산정
2. 수계별 총량관리 계획에 의거한 할당부하량을 기준으로, 소유역별 비점오염원 할당부하량을 산정하고, 다시 오염원별로 발생부하량과 배출부하량을 산정한다.

※ 우천시 합류식 하수관과 분류식 우수관내 평균수질 (미국 25개 도시평균값)

구분	합류식 하수관	분류식 우수관
BOD	100	30
SS	350	600
대장균 (MPN/100mℓ)	6×10^6	3×10^6
TP	3.0	0.5

⇒ 합류식 하수관의 경우 BOD, SS, 영양염류가 분류식 우수관의 경우 SS를 처리해야만 효과적으로 수질을 보전할 수 있다.

Ⅱ. 저감방법

1. 합류식하수도 ⇒ CSOs 저감

- 합류식하수도 방류부하량을 저감하는 대책은 실효적 효과, 경제성, 유지관리성 등을 종합적으로 평가하여 결정한다. 대상 합류식하수도 유역의 특성을 감안한 단기, 중장기 단계별 저감목표에 부합하는 다양한 저감대책을 시행하고 그에 따른 효과검증 및 생애주기평가(LCC)를 반영하여 종합적으로 대책을 수립한다.
- 월류수에 의한 방류수역의 수질오염을 방지하기 위해, 저류형 및 장치형 등의 하수도 도입 및 차집유량 제어장치가 설치된 우수토실 개선 등의 처리방식을 다각적으로 도입해야 한다. 즉 비점오염원에 대한 최적관리기술(BMPs)이란 측면에서 계획해야 한다.

1) 유지관리기법(사전예방)
  - 발생원 억제, 오염원 유출예방, 토지관리, 공공홍보
2) 처리방법(사후저감)
  - 관거시스템 개선, 저류시설 활용, 처리기술(추가처리, 우천시 하수처리)
  ① 차집관로의 용량 증대
      차집관거의 용량 = 청천시 계획시간최대오수량 + 차집우수량(통상 2mm/hr)
  ② 차집관로와 합류식관로의 접속개선
    - 기존의 우수토실은 여러개소에서 월류수가 발생하였는데, 이를 (b)와 같이 통폐합하여
      유지관리하는 방향으로 개선시킬 수 있다.

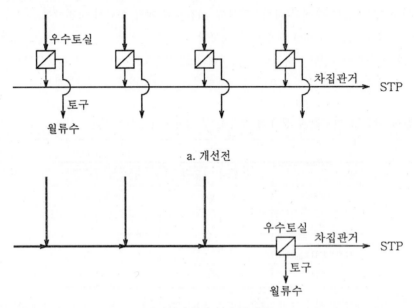

a. 개선전

b. 개선안(우수토실 통폐합)

  ③ 우수체수지(우수저류지)
  ④ 우수조정지(유수지) : 침수방지시설이지만 우수유출량의 첨두 유량을 제어함으로써 우
                        수토실의 월류 유량을 감소시킬 수 있음.
  ⑤ 우수토실, 중계펌프장의 방류시설에 스크린 설치

2. 분류식하수도　⇨ SSO_S 저감 및 초기우수처리
- 설치비용이 많이 드는 만큼 비교적 비점오염원을 관리하기가 용이하다.
- 그러나, 오수는 전량 처리장으로 유입되지만, 비점오염물을 포함하는 우수가 방류수역으
  로 유출될 수 있으므로, 유역 내 하수관망 유출부와 방류수로 사이에 우천시 유출부하
  량 저감시설(초기우수 처리시설)을 설치하고, 기타 토지이용 규제, 도시청소 등 다각적
  인 대책을 수립해야 한다.

비점오염원 관리를 위한 비구조적 방법

Ⅰ. 비구조적 방법
1. 유지관리 향상
1) 관거 분류화 및 환경오염저감시설 등 비용이 많이 드는 구조물이나 설비 등을 설치하는 방안보다 유지관리기술 향상을 통한 방법이 우선 고려되어야 하겠다.
2) 유역내 우수토실에 전동수문을 설치하고 TM·TC와 연계하여 한곳에서 통제하고 수질측정장치를 설치하여 초기강우는 차집하고 청정우수는 방류하도록 유도

2. GIS 기반의 통합유역관리시스템을 도입
1) 위성영상, 항공사진, 지적도 등의 자료와 기타 행정자료를 이용해 우천시 강우유출수 오염물질과 관련한 제반 여건을 분석하고, 오염원 발생위치, 발생량, 경사도 등으로 웹기반의 토사유출 DB를 구축하여,
2) 하천·호소수로 유출과정을 GIS와 연계하여 관리함으로서 수질사고를 조기예방하고, 향후 계획수립시 활용할 수 있도록 한다.

3. 비구조적 방법의 세부대책
1) 발생원 억제
 - 도로, 관거, 배수설비(빗물받이 등) 청소
2) 오염원 유출예방
 - 가정쓰레기 투기관리, 유지류 유출관리, 공장폐수 유입관리
 - 살충제, 비료사용 규제, 무린세제 사용
3) 토지이용관리
 - 토지이용 제한, 고랭지 밭 관리, 수변구역 경작금지(시비법 개선, 농약사용 억제, 친환경농법 도입)
4) 공공 홍보
 - 광고·공청회 등을 활용, 물 절약 홍보

Ⅱ. 구조적 방법
1. 관거시스템 개선 : 관거 분류화, 우수토실 개선, 관거퇴적물 제거, 협잡물 제거, 차집관거 용량 증대
2. 저류시설 활용　　: 저류형, 장치형 등 초기우수저감시설 활용, 우수체수지 활용
3. 처리기술　　　　: 추가처리, 우천시 하수처리

도시지역과 농촌지역의 비점오염원 특성

Ⅰ. 도시지역에서의 비점오염원의 특성

1. 발생특성

1) 발생부하량은 점오염물질의 70% 정도로서 이중 45%가 장마기간에 발생하며,

2) 도시지역 비점오염원의 문제는 초기유출수(first flush)의 영향이 매우 크다.

 - 초기유출수는 건기하수에 비해 평균 10배, 첨두값은 수백 배 높은 오염도를 나타낸다.

 - BOD, COD, SS, T-N, T-P의 경우 초기유출효과가 나타나지만,
   중금속(Zn, Cd, Pb, Cu)의 경우는 초기유출효과와 관련성이 적다.

 - 일반적으로 COD, SS, 중금속은 자동차도로에서, T-N은 상업지역에서 가장 높게 나타난다.

2. 방지대책

 - 최적관리기술(BMPs) 방식으로 빗물의 양을 관리하고, 빗물과 함께 유출되는 오염물질을 줄이는데 중점을 둔다.

1) 도로포장율 증대, 저지대 침수 등에 대한 대책마련 : 저류형, 침투형, 식생형 비점오염 저감시설 설치

2) 공장배수지역에 완충저류시설의 설치 검토

3) 빗물저류시설, 분산형 빗물관리

4) 침투식 하수도 도입

5) 기존 정화조를 침투식 정화조로 활용

6) 공장지역의 경우 장치형 시설 설치가 바람직

Ⅱ. 농촌지역 및 축산지역 비점오염원의 특성

1. 농촌지역

1) 도시지역의 오염발생부하량의 약 15% 정도, 이 중 70%가 7~8월에 발생한다.

2) 농약비료 사용 및 고랭지 밭 채소 재배 등에 의한 것이며, 토지이용 규제를 통한 오염 발생의 원천적 관리가 필요하다.

3) 비점오염물질 원단위는 COD 175kg/ha/y, SS 50kg/ha/y 정도이다.

2. 축산지역

1) 영양염류 발생량이 높다.

2) 비점오염물질 원단위는 COD 4,200kg/ha/y, SS 660kg/ha/y 정도이다.

3. 방지대책

1) 주로 보전경작, 수로 때 입히기, 강변완충지대 설정, 농업화학물질 관리계획 등에 중점을 둔다.

2) 소규모 공공하수처리시설 설치(N, P 제거)

3) 시비법 개선, 농약사용 억제, 친환경농법 도입

4) 토지이용 제한

5) 상수댐 상류지역의 하수정비사업 조기 착공

비점오염 저감시설의 용량결정

Ⅰ. 개요

1. 홍수조절시설의 규모 결정은 목표연도 내 강우최대치를 기반으로 결정하지만,

2. 강우유출수 오염부하량 저감을 위한 시설의 용량은 우리나라의 경우, 전체 강우사상의 80% 이상이 20㎜ 이하이므로 약 20㎜ 정도의 강우를 기준할 때가 경제성과 효율성이 좋다. 아울러 지역에 따른 강우량, 지형 등을 고려하여 적정 시설규모를 결정하여야 할 것이다.

※ 외국의 비점오염저감시설 용량결정 방법

> ┌ 표준강우   : 10년치 전체강우사상의 강우량 및 강우지속시간의 평균값을 적용하는 방법
> └ 1인치 강우 : 미국의 여러 도시에서 90% 강우사상인 약 25㎜ 강우량을 임의적으로 적용

Ⅱ. 환경오염 저감시설 용량 결정방법

1. SWMM 등은 부등류·부정류(거리에 따라 흐름상태가 변하면 부등류, 시간에 따라 변하면 부정류)를 해석하는 수리·수질계산 프로그램으로, 저류지와 같은 초기우수저감시설 등의 유입유량 및 수질을 시계열로 계산하여 유량곡선(hydrograph)과 오염곡선(pollutegraph)을 작성함으로써 유입수문곡선과 수질변화를 해석할 수 있다.

2. 용량 산정은 허용방류부하량이 결정되면 유출수문곡선을 작성하여 산정할 수 있다.

Ⅲ. 비점오염원 저감시설 (초기우수처리시설) 용량 결정시 고려사항

1. 저류형·침투형·식생형

- 처리해야 할 강우유출수 양 (water quality volume ; WQV)을 기준으로 결정

$$WQ_V = P_1 \times A$$

여기서, WQ_V : 수질처리용량(㎥)
   P_1 : 누적유출고로 환산한 설계강우량(㎜)
   A : 배수면적(ha)
   L : 집수암거 길이(m)

⇒ 처리대상면적은 주요 비점오염물질이 배출되는 토지이용면적 등을 대상으로 한다. 다만, 비점오염저감계획에 비점오염저감시설 외의 비점오염저감대책이 포함되어 있는 경우 그에 상응하는 용량은 제외할 수 있다.

1) 초기우수는 2㎜/hr정도이다.(EPA 5~10㎜)

2) 우리나라의 경우 전체강우의 80% 이상이 20㎜ 이하이다.

3) 강우유출수 중 초기 30%에서 전체 오염부하의 80%가 유출된다.

2. 장치형

- 별도의 규정이 없는 경우 합리식과 환경부 제정 "유출계수"를 이용하여 강우유출수량을 측정할 수 있으며, 별도의 설치규정이 없는 경우 해당지역의 80% 확률의 강우강도를 설계강우강도로 설정한다.

$$Q = \frac{1}{360} C I A$$

여기서,　Q ： 계획우수유출량(㎥/s)

C ： 유출계수

I ： 80% 확률 강우강도(㎜/hr)

A ： 배수면적(ha)

- 장치형 용량(V)은 시설별 적정 체류시간(t)을 고려하여 $V = Q \cdot t$로 구한다

비점오염 저감시설의 종류

자연형	저류형	· 저류지(지역내저류와 지역외저류), 인공습지, 이중목적저류지, 습지연못
	침투형	· 침투조, 침투도랑, (침투측구), 건조정, 유공포장
	식생형	· 식생여과대, 식생수로
장치형		· 여과조, Swirl concentration, Ballasted sedimentation, 유수분리기, Stormceptor, Stormfilter, Stormsys, Stormgate, RCS, 에코탱크

기타	하수 처리형	· 응집침전처리(물리·화학적 처리) 예) 고속응집침전법
		· 생물학적 처리 예) 접촉안정법, 라군, 살수여상법, 회전원판법
		· 급속여과(물리적 처리)
		  예) 모래여과방식 : 주행 하향류식 모래여과, 상향류식 모래여과
		     디스크여과방식 : 마이크로디스크필터(MDF), 섬유여재 디스크필터(CMDF)
		     섬유사여과방식 : 압력식 섬유사 여과기(3FM), 압축여재 심층여과기(MCF)

	복합형	· 역간접촉산화수로, 끈상접촉산화수로, 담체충진/폭기시설

Ⅰ. 저류형 ⇨ 이중목적저류지, 습지연못, 인공습지

1. 개요

1) 통상 우천시 홍수방지 및 비점오염물질 제거, 청천시 도시공원시설로서 기능

2) 기존 유수지(건식연못)를 개량하여 사용하므로 투자대비 효과가 크다.

3) 넓은 부지 필요, 용존물질 제거효율이 낮다. 준설비용이 비교적 크다.

2. 종류 및 특징

1) 이중목적 저류지 : 홍수 조절 및 중력에 의한 오염물질 침전 제거

2) 습지연못 : 중력에 의한 오염물질 침전 및 습지식물을 식재하는 경우 용존물질까지 제거, 투수율이 낮은 토양에 적용

3) 인공습지

 - 침전, 여과, 미생물분해, 식생식물에 의한 정화 등 자연상태의 습지가 보유하고 있는 정화능력을 인위적으로 향상시켜 비점오염물질을 줄이는 시설

    ┌ 도시지역   : 자유흐름형, 지하흐름형, 부유식물형 시스템으로 구분
    └ 비도시지역 : 식생대형, 식생수로형, 자연습지형 인공습지로 구분

Ⅱ. 침투형   ⇨ 침투조, 침투도랑, 건조정, 유공포장

1. 개요

1) 강우유출수를 토양 속에 침투시켜 투공성 미생물 접촉여재에 의해 여과한다.

2) 지하수 함양효과가 있지만 지하수가 오염될 우려가 크다.

2. 종류 및 특징

1) 침투조   : 방류구가 없다는 것을 제외하고는 유수지(건식연못)와 유사하다.

2) 침투도랑 : 지하수위가 낮은 지역에서 유공관에 의해 우수침투

3) 건조정   : 지붕위의 깨끗한 강우유출수 침투

4) 유공포장 : 도로 및 주차장에 투수성 아스팔트 등 사용

Ⅲ. 식생형   ⇨ 식생수로, 식생여과대

1. 개요

1) 표토에는 습지식물 등을 식재하고, 땅속에는 투공성 미생물 접촉여재를 설치해 정화한다.

2) 식생수로는 신도시, 식생여과대는 비도시지역에 주로 적용

3) 강우로부터 토양침식을 방지한다.

2. 종류 및 특징

1) 식생수로 : 수로의 경사를 5% 이하로 최대한 낮게 한 후 수로에 식생을 유도

2) 식생여과대 : 넓은 평지에 떼를 입힌 형태, 잔디밭, 화단을 낮게 설치하는 자연배수로
시스템(NDS) 형태를 유지

Ⅵ. 복합접촉산화시설   ⇨ 역간접촉, 끈상접촉, 담체충진 및 폭기방식

1. 개요

1) 하천변이나 하천 내에 설치하여 강우유출수나 하천내의 오염물질을 처리하는 시설

2) 여재사이에서 수중의 오염물질이 접촉하여 침전, 흡착, 산화, 분해과정을 거쳐 유기물
및 영양물질을 제거한다.

2. 종류 및 특징

1) 역간(礫間)접촉 : 자갈, 쇄석 등의 여재층에 강우유출수를 유입시켜 오염물질을 제거
⇒ BOD농도 20mg/L 이하시

2) 담체충진 및 폭기 : 비표면적이 큰 담체 내에 미생물을 증식시켜 오염물질을 제거
⇒ BOD농도 20~50mg/L

3) 끈상접촉 : 하천수로 내의 유하단면 전체에 끈상미생물 접촉재를 철근봉 등을 이용하여 설치

3. 복합접촉산화시설의 제거원리

1) 중력에 의한 침전

2) 하상(河床)의 모래·자갈에 의한 여과

3) 표층 및 하상에 서식하는 조류 및 미생물에 의한 산화분해

4) 식물에 의한 오염물질의 흡수

5) 폭기 및 산소용해 : 하천수의 여울, 낙차보(하천)

6) 소류작용 : 홍수시 하상의 침전고형물을 하류로 이송(하천)

Ⅴ. 장치형   ⇨ 추가처리방식, 우천시 하수 완전처리방식

1. 개요

1) 비점오염물질을 직접 처리하는 인위적인 처리장치를 설치하여 제거

2) 투자대비 효과가 비교적 낮다.

3) 국내외 많은 제조사가 경쟁적으로 일부 설계항목만을 바꾸어 무분별하게 진출해 있어서 앞으로 부품조달문제 및 향후 유지보수 등에 문제점이 발생할 우려가 높다.

2. 종류 및 특징

1) 벨라스트 침전(Ballasted sedimentation) : 미세스크린 + 응집제 + 침전 + 미세모래

2) Lamella separation : 응집제 + 침전

3) 스월조정조(Swirl/vortex separators) : 소용돌이 분리

- 청소가 쉽고 청소비용이 적게 드나 처리수행성이 침전조보다 불리하고 고형물 저장에 제한적이다.

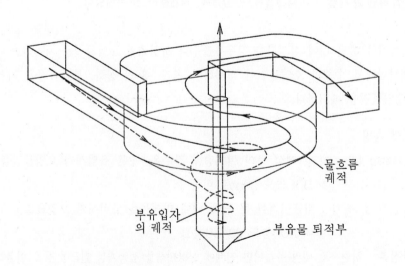

4) CMF(compressed media filters)

 - 여과판 조절에 의한 여과

5) Stormceptor

 - 도로, 주차장, 공항, 터미널, 주택단지 등에서 강우유출수의 오염물질을 처리하는 장치
   로 inlet형과 관거형(submerged)이 있다.

6) Stormgate

 - 오리피스나 위어를 조정하여 초기강우유출수를 후속처리시설(여과시설, 유수분리기 등)
   로 보내는 장치이다.

7) CDS-Stormwater(continuous deflective separation) : 스크린 + 소용돌이 분리

 - 볼텍스 작용과 스크린을 이용한 연속고액분리 장치

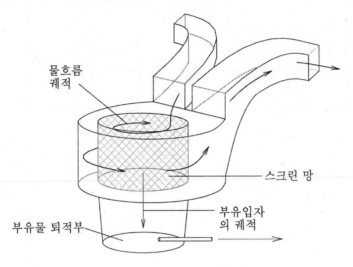

8) Storm-Sys : 소용돌이＋모래분리, 침전, 여과, 흡착 식생대를 이용한 자연정화방식

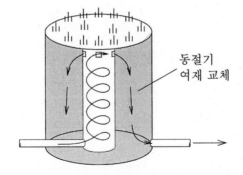

9) Storm-Filter : 저류조 침전 및 여재충진(카드리지)을 이용한 처리시설

10) 생물학적 처리 : 고도로 양호한 처리효율을 가지지만 공정에 필요한 토지소요면적이 크고 유지관리비가 높다.

　　　　　　예) 접촉안정법, 라군, 살수여상법, 회전원판법

11) 급속여과 : 여과에 의해 오염물질을 분리시키는 방법, 필요에 따라 응집제를 주입할 수도 있다.

　　　　　　예) 상향류식 모래여과, MDF(Microdisk filter) 등

12) 그 외, Stormscreen, RCS, Ecotank 등

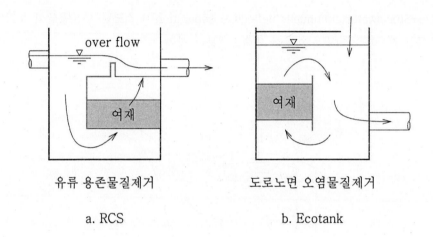

유류 용존물질제거　　　　　　도로노면 오염물질제거

　　　a. RCS　　　　　　　　　b. Ecotank

비점오염원 관리지역 지정

Ⅰ. 비점오염원 관리지역 지정기준

1. 하천 및 호소의 수질 및 수생태계에 관한 환경기준에 미달하는 유역으로 유달부하량 중 비점오염기여율이 50% 이상인 지역
2. 비점오염물질로 인해 자연생태계에 중대한 위해가 초래되거나 초래될 것으로 예상되는 지역
3. 인구 100만명 이상인 도시로서 비점오염원 관리가 필요한 지역
4. 국가산업단지, 일반산업단지로 지정된 지역으로 비점오염원 관리가 필요한 지역
5. 지질이나 지층구조가 특이하여 특별한 관리가 필요하다고 인정되는 지역
6. 그밖에 환경부령으로 정하는 지역

Ⅱ. 비점오염원 관리지역 관리대책에 포함된 주요 내용

- 지정목적, 근거법령, 지정사유, 관리대상물질, 관리목표를 제시함으로써 향후 해당지자체의 비점오염자검사업의 추진방향을 제시

Ⅲ. 2007년 지정된 4개 지역

지정지역	지정사유	관리대상 물질	관리목표
소양호 유역	· 탁수현상이 지역적 현안으로 고랭지 밭 관리정책을 중심으로, 수해복구공사 및 하천공사시 흙탕물 발생방지 등을 추진	탁수 유발물질	소양호 말단지점의 탁도 50NTU 이하로 유지
도암호 유역	· 상류지역의 고랭지 밭 및 대규모 개발공사장에서의 흙탕물을 중점관리	탁수 유발물질	도암호 말단지점의 SS 5mg/L 이하로 유지
임하호 유역	· 지질 및 지형적 특성을 고려하여 고랭지 밭뿐만 아니라 논 배수관리 등의 경작지 관리 및 하천공사관리 등을 강화	탁수 유발물질	임하호 말단지점의 탁도 50NTU 이하로 유지
광주 광역시	· 광주천의 오염도(BOD 기준 14.7mg/L, 2006년)가 다른 지천에 비해 높아 이를 중점관리	BOD	광주광역시 말단지점의 BOD 5mg/L 이하로 유지

비점오염원에 대한 정부입장에서의 저감대책

Ⅰ. 4대강 비점오염원관리 종합대책 수립

1. 제도개선

 1) 비점오염원에 대한 관리책무 부여

 2) 관련 법규에 비점오염원 관리규정 반영

2. 저감대책수립

 1) 토양침식 방지대책 : 유황이나 유속을 감소시켜 토양의 유실을 방지

 2) 도로정비점검 지침 마련

 3) 비점오염원 관리지역 지정

 4) 표준화된 최적관리기법 수립 및 보급 홍보 : 업종별 관리요령, 생활주변 관리요령

3. 저감사업수행

 1) 비점오염물질 저감사업 : 기존시설의 개선, 우수유출량 억제, 발생원 관리, 하수처리장
    연계처리, 식생형·장치형시설, 완충저류시설, 빗물이용시설

 2) 비점오염원에 대한 기초조사, 오염부하량 추정

※ 저감사업 수행시 농촌과 도시지역 특성에 맞게 적용

 ┌ 농촌지역 : 축산농가의 집단화, 시비법 개선, 자연정화, 식생형 비점오염저감시설 설치 등
 └ 도시지역 : 투수성 포장, 분산형 빗물관리, 침투식 하수도, 저류형·침투형·장치형 시설설치

Ⅱ. 다각적인 비점오염원 저감대책 강구

 - 초기우수처리대책, 도시침수대책과 연관하여 비점오염원 저감대책 강구

생물관리기술(Biomanipulation)

Ⅰ. 정의
- 자연상태에서 수생식물의 조절에 의한 수질개선 방법
- 자연정화의 기능을 인위적으로 극대화하는 일련의 방법들을 총칭한 것

Ⅱ. 생물관리기술의 분류
1. 하향 조절
- 먹이사슬의 상위 영양단계에 있는 생물의 군집을 관리하는 방법 (제어가 비교적 어렵다).
- 섭식어류(초식어)를 이용한 생산자 관리, 동물성 플랑크톤 섭식어류의 제거, 육식어류 (베스 등)의 투입

2. 상향 조절
- 영양물질이나 물리적 성장요인을 생물학적으로 조절하는 방법 (제어가 비교적 쉽다)
- 수생 관속식물 및 부착조류의 영영염류 제거기능을 이용한 방법
  (자연형 하천, 인공습지, 인공식물섬 등) ← Phytoremediation, Biotope

Ⅲ. 주요 생물관리기술의 예
1. 자연형 하천
- 하천의 기능을 유지하면서, 하천의 자정능력을 높이도록 수역, 호안, 고수부지 등에 완충녹지 및 습지 조성, 자연하천정화시설 설치 등으로 수질 및 수생태계 보호
- 하천의 형태는 직선을 피하고, 여울이나 沼를 최대한 이용
- 자연재료를 이용하여 제방이나 호안 제작

2. 인공습지
- 자연상태의 습지가 가지는 정화능력을 인위적으로 향상시켜 오염물질을 제거
- 오염물질 여과, 홍수 방지, 토사유실 방지, 산소 생산, 영양염류 순환, 지하수 함양 등의 효과

3. 인공식물섬
- 호소 내 수생식물을 인공부유틀에 재배
- 어류와 동·식물, 플랑크톤 등 서식공간(biotope) 제공
- 먹이사슬에 의한 조류(algae) 억제 등으로 수질개선

Ⅳ. 생물관리기술의 장단점

1. 장점

- 고비용의 전통적인 영양염류 관리에 비해 유지관리비용이 저렴
- 2차오염이 발생하지 않는다.
- 물리화학적 처리 및 생물학적 처리의 제한성을 보완

2. 단점

- 생태계 내의 구조적 복잡성과 시기적 변동으로 적용이 제한적
- 부지의 확보가 어렵다.
- 고농도 하폐수의 경우 유입원수에 대한 전처리 필요
- 제거물의 처리문제

Phytoremediation

Ⅰ. 개요

- 식물 및 미생물을 이용해 오염된 환경을 복원하는 방법(Phytoremediation)이다.

Ⅱ. 수질정화 원리

- 표토에는 습지식물 등을 식재하고 땅속에는 투공성 미생물 접촉여재를 설치해 정화한다.
  ⇒ 정화능력은 접하는 하상의 면적에 비례하므로 접촉면적 증대방안 강구
- macrophyte(습지식물)와 microphyte(조류, 박테리아)로 나눌 수 있다.

1. 중력에 의한 침전
- 습지의 식생에 의한 유속감소로 토사침전 유도

2. 하상의 모래·자갈에 의한 여과

3. 표층 및 하상에 서식하는 조류 및 미생물에 의한 산화분해

4. 식물에 의한 오염물질의 흡수 및 섭취

인공습지

Ⅰ. 개요

1. 자연상태의 습지가 보유하고 있는 정화능력을 인위적으로 향상시켜 비점오염물질을 줄이는 시설은 말함. (저류형 비점오염저감시설의 일종)
2. 수질정화 원리는 침전, 여과, 미생물 분해, 식생식물에 의한 정화 등에 의한다.
3. 동·식물의 인위적 서식지(biotope) 제공
4. 인공습지 설치위치는 유역 배수구역의 말단 출구점과 방류수로 사이에 설치한다.
5. 최근 조사에 따르면 최적화된 인공습지에서의 오염물질 제거율은 BOD·T-N 80~95%, T-P 40%, 세균·바이러스 99.9% 수준에 이르고 있다.

Ⅱ. 수질정화 원리

1. 중력에 의한 침전 : 습지 식생에 의해 유속이 감소되어 토사침전 유도
2. 하상의 모래·자갈에 의한 여과
3. 표층 및 하상에 서식하는 조류 및 미생물에 의한 산화분해
4. 식물에 의한 오염물질의 섭취(흡수)

⇒ 식물 및 미생물을 이용해 오염된 환경을 복원하는 방법(Phytoremediation)에는 Macrophyte(습지식물)에 의한 것과 Microphyte(조류, 박테리아)에 의한 것으로 나눌 수 있다.

Ⅲ. 설치기준

1. 설계인자

- 수리학적 부하량, BOD, T-N, T-P 등 유입부하량, 체류시간, 수온 등

2. 구조 및 형태

1) 설치장소 : 일정한 지하수위가 유지되고 토양의 투수율이 낮은 곳에 시설
2) 형상
 - 둑의 높이 : 수면 위 30㎝ 이상
 - 바닥경사 : 횡방향 수평, 종방향 0.5~1.0% 이하
 - 깊이 : 다양한 생태환경을 조성하기 위하여 전체면적 중 50%는 얕은 습지(0~0.3m), 30%는 깊은 습지(0.3~1.0m), 20%는 깊은 못(1~2m)으로 구성
 - 길이 : 하수처리시 길이 대 폭의 비율은 통상 3~4 : 1
 - 면적 : 유입부와 유출부 거리가 짧을 경우 단회로가 발생하므로 넓은 부지가 필요

3) 주요 구조물
- 습지 전체에 물이 균등하게 흐르도록 유입분배시설 및 유출파이프를 전 구간에 걸쳐 설치
- 강우유출수에는 많은 부유물질 및 토사가 유입되므로 습지 전단에 침강저류지 배치
- 수위조절 구조물 : 잡초를 제어하고 의도하는 식물종 조성 유도 및 유지관리

3. 식재
- 5~7종의 습지식물을 식재, 식재간격은 통상 0.5~1.5m

Ⅳ. 인공습지의 효율적인 관리 · 운영방안
1. 식생의 유도 및 식생식물
1) 식생의 유도
- 자연적인 습지식생 유도 (생태적 안정화시간은 약 3년 소요)
- 내한성 식물의 식생 고려 (매년 죽은 식물을 제거하는 번거로움을 생략하기 위한 것)
- 체류시간 및 DO농도 적정 유지 (생물학적 분해효율을 향상시키기 위한 것)
- 야생동물의 서식처(biotope) 제공

2) 식생식물 관리 → 동절기(11월~3월) 인공습지에 말라죽은 식생을 제거·처리해야 한다.
- 식물의 제거 : 피압식물이나 피해를 주는 귀화식물 등을 뿌리 채 뽑아주는 것
  (갈대, 애기부들, 달뿌리풀, 일년생인 삼환덩굴)
- 식물의 깎기 : 종자로 번식하기 전에 깎아주는 방법(갈대, 사초류 등)
- 지하경 성장의 방지 : 뿌리로 성장하는 것을 제어하는 방법(갈대, 애기부들)

2. 청소, 준설 등에 의한 퇴적물 관리
- 식물 사체 등의 퇴적물로 인해 관로의 막힘, 수위 저하 등을 일으켜 식생유지에 지장을 주므로 주기적인 청소 또는 준설이 필요

3. 수문조절 등에 의한 수위관리
- 식생유도 후 식물의 생존과 가장 밀접한 관련성을 가지는 수위를 항상 적절하게 조절할 필요가 있다.
- 잡초를 제어하고 의도하는 식물종 조성 유도 및 유지관리

4. 위생곤충 방재 및 악취관리
- 모기 발생, 혐기성 상태에 의한 악취 발생 등을 방지하기 위해 유기물 부하량을 줄이거나 유입수 폭기 등의 전처리 방안 강구

5. 초기강우 대책 마련

- 유입수의 초기강우를 분리 유입할 시설을 설치하거나 하수처리장 방류수와 연계하는 것을 적극 고려
- 강우유출수에 많은 부유물질 및 토사가 유입되므로 습지전단에 침강저류지 배치

Ⅴ. 인공습지의 종류 및 특징

1. 도시지역

1) 자유흐름시스템 : 수심 0.2~0.6m, 정수식물 등 식재 (갈대, 애기부들 등)
2) 지하흐름시스템 : 땅속의 자갈이나 투수성 미생물 접촉여재, 표토에 습지식물 식재
3) 부유식물시스템 : 부유식물 이용 (부레옥잠, 물옥잠, 개구리밥 등)

2. 비도시지역

1) 식생수로형 인공습지 : 수로의 경사를 최대한 낮게 한 후, 떼를 입힌 형태
2) 식생대형　인공습지 : 넓은 평지에 떼를 입힌 형태
3) 자연습지형 인공습지 : 자연적으로 생성된 식생수로

※ 생태공학적 기술에 따른 분류

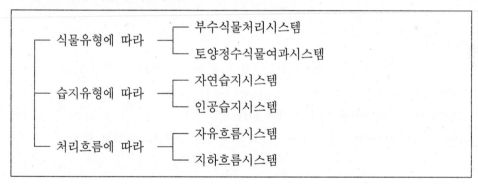

```
┌─ 식물유형에 따라 ─┬─ 부수식물처리시스템
│                  └─ 토양정수식물여과시스템
│
├─ 습지유형에 따라 ─┬─ 자연습지시스템
│                  └─ 인공습지시스템
│
└─ 처리흐름에 따라 ─┬─ 자유흐름시스템
                   └─ 지하흐름시스템
```

식재식물

I. 수생식물의 종류

1. 정수식물

- 뿌리는 물 바닥 밑으로 고정되어 있고 줄기, 잎은 물위로 뻗어 있는 식물
- 줄, 갈대, 부들, 애기부들, 연꽃, 큰고랭이, 창포, 물질경이, 삼환덩굴 등

2. 부유식물

- 뿌리가 물속에 뻗어있으며 물 바닥에 닿지 않는 식물
- 부레옥잠, 물옥잠, 개구리밥, 좀개구리밥, 생이가래, 자라풀 등

3. 부엽식물

- 뿌리는 토양에 고착하고 잎은 물위로 뜨는 식물
- 가시연꽃, 수련, 노랑어리연꽃, 마름, 가래 등

4. 침수식물

- 식물체 전체가 물속에 잠겨있는 식물
- 물수세미, 검정말, 나자스말, 말즘, 새우말 등

II. Harvesting

1. 동절기(11월~3월) 인공습지에서 말라 죽은 식생(植生)을 제거·처리하여야 한다.
2. 수변지역에 서식하던 줄, 갈대, 부들, 부레옥잠, 개구리밥, 물수세미, 검정말 등이 죽으면 COD와 질소·인의 농도를 더욱 높이게 된다.
3. 이를 위해 선진국에서는 잡초를 매년 2회씩 제거해 수질관리를 하고 있다.

비오톱(Biotope)

Ⅰ. 개요

- bio(생명)+topos(장소), 생물서식 단위체(= 다양한 생물의 공동서식장소)

Ⅱ. 하수처리의 비오톱

1. 종류 : 인공수초지, 인공습지, 인공식물섬, 늪지
2. 하수 내 오염물은 생물서식지(다공성 하천, 갈대숲 형성)에서 제거
3. 슬러지는 퇴비화, 연료화, 재활용
4. 최적화된 인공습지에서의 오염물질 제거효율은 BOD·T-N 80~95%, T-P 40%, 세균·바이러스 99.9% 수준에 이르고 있다.

Ⅲ. 닫힌 계(Closed system)로서의 비오톱

1. 현재 생활환경의 유기물 순환계통은 외부에서 독립적으로 유입되고 하수는 하수처리장에서, 상수는 정수장에서, 쓰레기나 슬러지는 매립장·소각장 등에서 처리·처분되는 열린 계(open system)이다.
2. 이에 반해 biotope에서는 발생폐기물의 자체처리(퇴비화 또는 연료화), 발생된 하수는 biotope에서 자체정화되도록 계획한다. 즉, 유기물 순환고리를 닫힌 계(closed system)로 만들어 지역외부로부터의 유입과 유출을 가급적 억제하는 것을 목표로 한다.

환경친화적인 하수처리(ecological sanitation)

I. 개요

1. 하천 등을 통해 여러 가지 영양유기물질과 함께 버려지던 각종 오폐수와 분뇨를 발생현장에서 바로 처리하여 자원으로 재활용하는 시스템

2. biotope 개념과 유사

II. Ecological sanitation

1. 기존의 하수처리시스템은 오염도가 높은 오폐수·분뇨 등을 인간의 활동공간에서 신속하게 배출하는 기능을 하였으나,

2. 이러한 오염물질을 발생현장에서 처리하여 자원으로 재활용하고, 아울러 오염물질의 확산 매개체였던 빗물은 모아서 새로운 용수원으로 활용한다.

3. Ecological sanitation의 최적목표는 물과 영양물질을 최대한 모으고, 재활용하여 자립형 생활 하수시스템을 구축하는 것이다.

정수처리시 탁도관리의 중요성

Ⅰ. 탁도관리가 중요한 이유

- 탁도는 빛의 통과에 대한 저항도로서, 표준단위로는 1mg/L SiO2용액이 나타내는 탁도로 정수처리공정에서 병원성미생물인 원생동물(크립토스포리디움, 지아디아)이 염소소독에 대한 저항성이 있어 전단계인 응집, 침전, 여과에서의 탁도관리 기준이 중요하게 됨
  1. 염소저항성의 병원성미생물(지아디아, 크립토스포리디움) 및 이들이 포낭·난포낭 제거
  2. 소독효율 증대, 소독제 투입량 절감, 소독부산물 생성억제
  3. 소독후 발생하는 미생물재성장(after growth) 방지

Ⅱ. 탁도 유발인자

  1. 미세한 무기물질
  2. 천연유기물(NOM)
  3. 박테리아(bacteria), 조류(algae) 등 미생물
  ⇒ 이들 탁도 유발인자들은 정수처리 소독공정에서 문제가 됨

Ⅲ. 국내 탁도 수질기준

  1. 국내 먹는물 수질기준
  - 수돗물일 경우 0.5NTU를 넘지 아니할 것 ('10. 06월 1NTU로 변경)
  2. 정수처리기준 통합여과수 탁도관리기준 (급속여과·직접여과의 경우)
   1) 시료의 95% 이상이 0.3NTU 이하, 최고탁도 1NTU 초과해서는 안 됨. (완속여과의 경우 0.5NTU 이하)
   2) 한국수자원공사, 서울시 등 탁도관리기준 0.1NTU 이하

Ⅳ. 탁도가 정수처리에 미치는 영향

  1. 응집침전공정 : 응집제 주입량 증가, 슬러지발생량 증가, 응집침전효율 저하
  2. 여과공정 : 여과지 손실수두 증가, 여과지속시간 단축, 잦은 역세척, 여과효율 저하
  3. 염소소독공정 : 소독력 저하, 염소주입량 증가, 소독부산물 생성, 수인성병원균 발생
  4. 슬러지처리공정 : 약품비용 과다

Ⅴ. 정수처리공정에서의 탁도관리 강화방안

1. 초기대책

1) 정수장에 유입되는 탁도 측정값이 30NTU 초과시 고탁도 유입으로 판단하고 정수장내 신속한 대응조치 실시
2) 탁도급변시 연산식 또는 약품주입조견표로 주입률을 결정한 후, Jar test를 통해 적정 주입률로 보정한다.
3) 응집침전공정의 앞부분에 침사지 또는 전처리여과 설치를 검토한다.

2. 응집침전공정

1) pH 조정 : pH가 적정응집범위를 벗어날 경우 pH조정제(산제, 알칼리제)로 조정후 응집제 주입
2) 침전지 슬러지 인발강화 : 침전지 슬러지량 증가로 침전효율 저하가 우려되므로 침전지 슬러지 인발농도를 평소보다 2~3배 강화
3) 응집제 변경 : 응집공정에서 고분자응집제(PAC, PACS 등)로 변경하거나 alum + 응집 보조제 방법을 사용,
4) 응집보조제 사용 : 침전수 이후에 응집보조제(폴리아민) 사용
5) 고속응집침전지 또는 용존공기부상법(DAF) 적용 (고도정수처리공법 고려 – 막공법)

3. 여과공정

1) 여과지 세정방법의 개선
 - 자동제어에 의한 역세척속도 점감방식과 여과속도 점증방식(slow start)의 조합
 - 여과지속시간 단축으로 탁도누출 방지
 - 여과속도 상승 상한선 설정 : 분당 3% 이하
 - 여과속도 운영 하한선 설정 : 설정여과속도의 70% 이상
2) 여과지 세정배수 등의 처리
 - 세정배수 등의 반송과 반송율의 평준화, 고도정수처리시설로의 반송
 - 세정배수처리의 필요성과 처리수준별 처리방법 검토
3) 정밀탁도계에 의한 여과수 탁도의 감시강화
 - 자료의 95% 이상이 0.3NTU(통합여과수), 0.15NTU(지별 여과수)를 넘지 않도록 할 것

4. 여과후

 - 대체소독제(오존, UV) 사용하여 소독력 증가, 소독부산물 저감, 미생물재성장 (after growth) 예방

고랭지 밭 흙탕물 저감시설

Ⅰ. 개요

1. 우천시 고랭지 밭 토사유출을 효과적으로 차단하기 위해서는 경작지 내와 외의 흙탕물 저감방안이 병행 추진돼야 한다.

2. 경작지외 저감방안은 전체의 20~60%의 토사유출 저감효과가 나타나는 것으로 보고되고 있다.

3. 밭두렁 되살리기 운동(경작지內 저감방안)은 주민의 자발적인 참여를 유도해 농민 스스로 훼손된 밭두렁을 복원하고 경작지 토사유실을 저감시켜 하류하천의 생태환경을 복원하기 위한 것이다.

Ⅱ. 저감시설 종류 및 기능

1. 경작지 외 저감시설

1) 빗물우회수로

2) 완충저류시설(식생여과대, 식생수로, 저류조)

3) 침사지, 고속응집침전시설, 배수로 하단에 저류지 설치

2. 경작지 내 저감시설

1) 식생 밭두렁 (밭두렁 되살리기)

  - 밭두렁의 설치는 최소 폭 90cm, 높이 30cm 이상으로 설치

  - 도랑(구거) 및 도로변 경작지에 설치하여 토사가 하천으로 직접 유입되는 것을 차단

2) 작물 변경 : 계단식 경작방법으로 전환, 고랭지 과수원으로 전환 등

호소(댐) 탁수 원인 및 대책

Ⅰ. 탁수원인

1. 수해로 발생한 산사태 및 하천범람 등에 의한 토사유실

   ⇒ 하천제방의 토사저감능력 부족

2. 집중우천시 지표면 토양특성, 농경지 재배작물 특성, 댐 설계빈도를 초과하는 강우

3. 도시화 및 농업생산성 증대를 위한 토지이용 변경 및 훼손

4. 탁수원인인 점오염물질, 비점오염물질 증가

Ⅱ. 탁수대책

1. 사전예방

 – 토지이용 제한, 산지전용 허가요건 강화, 전략환경평가·환경영향평가 철저

2. 환경친화적 관리

 – 계단식 경작방법으로 전환, 고랭지 과수원으로 전환, 재배작물은 1년생에서 다년생으로
   전환, 휴경보조금 지급 및 시설 설치 지원, 농약 및 비료의 적정 시비기준 마련

3. 비점오염저감시설

 – 고속응집침전시설, 완충저류조, 식생수로, 초생대(식생여과대), 빗물우회수로, 식생밭두
   렁, 배수로 하단에 저류지 설치 등

4. 교육 및 홍보

 – 조사연구 및 농민 등에 대한 교육과 홍보

Ⅳ. 탁수 유입시 취수장·정수장의 대응요령

1. 취수장

 – 오탁방지막 설치로 탁수유입 최소화 : 수도사업자별로 취수구 인근에 설치 (사업시행자
   는 준설지점)

2. 정수장

 1) 정수장에 유입되는 탁도측정값이 30NTU 초과시 고탁도 유입으로 판단하고 정수장에
    서 신속한 대응조치 강구

 2) 탁도 급변시 연산식 또는 약품주입조견표로 주입률을 결정한 후 Jar Test를 통해 적정
    주입률을 보정

3) Alum을 사용하는 정수장은 무기고분자응집제(PAC, PACS 등)로 변경

4) 응집보조제 준비 및 주입

 - 응집침전공정 최적화에도 불구하고 침전수 탁도가 2NTU, 여과수 탁도가 0.3NTU를 초과하는 경우 응집보조제로 폴리아민 주입

 - 폴리아민 주입률은 10mg/L 이하로 사용하며, 주입위치는 침전지 후단(또는 여과지 유입) 또는 혼화지 후단의 충분한 혼합이 이루어지는 지점으로 선정

5) pH 8.0 이상 또는 6.0 이하일 경우 산제 또는 알칼리제를 주입하여 적정 pH 유지

6) 고탁도·고알칼리도(20mg/L 이상) 수질에는 응집제를 과량주입하여 처리하나, 고탁도·저알칼리도(20mg/L 이하) 수질에는 소석회, 가성소다 등 알칼리제를 병행주입하여 처리한다.

7) 침전지 슬러지량 증가로 침전효율 저하가 우려되므로 침전지 슬러지인발농도를 평소보다 2~3배 강화

8) 여과속도 상승 상한선 설정 : 분당 3% 이하

9) 여과속도 운영 하한선 설정 : 설계여과속도의 70% 이상

북한강수계 탁수발생 실태 및 대책

Ⅰ. 발생 실태

1. 소양강 상류지역인 강원도 인제·양구군에 산재한 고랭지 채소밭은 대략 18,000ha으로 집중호우시 이 지역 고랭지 밭에서 유출되는 토사가 소양호로 유입, 탁수현상을 일으키고 있다.(소양호의 경우 평상시 탁도가 30NTU 이하 이었으나, 06년 집중호우(태풍 에니아)시 300NTU를 넘는 상수원 수질사고가 발생하였다.)

2. 따라서 북한강수계(소양강댐 이외 파로·춘천·의암·청평호가 계단식으로 이어져 있다)에서 문제가 되는 오염물질은 BOD가 아닌 유역의 비점오염원에서 발생한 흙탕물이 되고 있다.

3. 흙탕물의 발생은 발생원부터 한강 하류까지 수환경 및 하천의 이수 및 홍수관리에도 심각한 영향을 준다. 토지의 무분별한 개발이 진행되면서 일어나는 흙탕물은 과거와는 달리 매우 심각한 상태이다.

⇒ 정부합동으로 '07년 3월 "소양강댐 탁수 저감대책"상, 탁도 개선 목표 30~50NTU를 위해 고랭지 밭 기반정비, 비점오염 저감시설 설치 등을 집중 추진하였다.

Ⅱ. 탁수발생대책

1. GIS 기반의 통합유역관리시스템을 도입
 - 위성영상, 항공사진, 지적도 등의 자료와 기타 행정자료를 이용해 우천시 토사유출과 관련한 제반 여건을 분석하고,
 - 토사발생 위치, 발생량, 경사도 등으로 웹기반의 토사유출 DB를 구축하여, 하천·호소수로 유출과정을 GIS와 연계하여 관리함으로써 수질사고를 조기예방하고, 향후 계획수립시 활용할 수 있도록 한다.

2. 다년생의 대체작물로의 전환
 - 단기성 채소 경작으로 재배기간을 제외한 기간에는 나지상태가 되어 탁수유발의 원인이 되므로 1년생 재배작물을 다년생으로 전환

3. 고랭지 농업지역의 토지매입 후 산림녹지로 조성
 - 4대강수계관리기금을 활용

4. 고랭지 밭의 과학적 관리
 - 계단식 경작방법으로 전환, 고랭지 과수원으로 전환,
 - 고속응집침전시설, 완충저류조, (자연)식생수로, 초생대(식생여과대), 빗물우회수로, 식생 밭두렁 조성, 야자매트 등을 이용한 경사면 보호 등

5. 농민의 교육과 홍보

개정범용토양유실공식(RUSLE)

I. 개요

1. 강우자료를 이용하여 그 지역의 최근 강우량을 계산하고, 유출계수는 토양의 종류, 지형의 경사도 등으로 산정하여 토양유실량을 구하는 공식이다.

2. 토양유실량 산정기법은 대부분 토양침식량(유실량)을 추정하는 경험적 공식으로서, USLE(universal soil loss equation, 범용토양유실공식) 계열의 공식이나 비유사량 또는 원단위 공식이 있으나, 원단위에 의한 공식은 토사유실량이 과소평가된 결과가 나오므로 재해영향평가를 할 때 보고서의 90% 이상이 USLE 또는 RUSLE 공식을 이용하고 있다.

II. 공식

- 강우자료를 이용하여 그 지역의 최근 강우량을 계산하고, 유출계수는 토양의 종류, 지형의 경사도 등으로 산정하여 토양유실량을 구하는 공식

$$A = R \times K \times LS \times C \times P$$

A : 단위면적당 토양침식량(ton/ha)

R : 강우인자(강우강도, 강우사상),   Rainfall energy factor

K : 토양침식성인자(투수율),   soil erodibility factor

LS : 무차원지형인자(유역경사도),   slop Length and Steepness factor

C : 토양피복인자(토양피복도),   Cover and management factor

P : 토양보전대책인자,   supporting conservation Practice factor

인 자	내 용
강우인자(R)	· 빗방울의 운동에너지와 30분 최대강우강도의 곱
토양침식성인자(K)	· 토양이 침식되기 쉬운 정도
무차원지형인자(LS)	· 경사길이 22.1m, 경사도 9%에 대한 상대값
토양피복인자(C)	· 지면피복도 및 영농관리형태에 영향을 받음
토양보전대책인자(P)	· 등고선 재배·멀칭 등 토양보전방법에 좌우됨

Ⅲ. RUSLE 공식의 의의

- 우천시 토사유출량을 측정하기 위한 동 모형은 고랭지 밭 비점오염원 관리대상 변수들이 무엇인지를 설명해 주는 모형으로도 그 의의가 크다.
- 즉, 강수량 및 강우강도(R), 객토 등에 따른 토양침식(K)의 민감성을 고려하여, 경사도와 경작지 길이(LS)에 따른 토양보전농법(P)을 실시하고, 연중 피복도(C)를 제고하면 토사 유출 및 토사에 흡착되어 유출되는 수질오염물질을 저감할 수 있다는 것을 설명해 주는 것이다.

하상준설이 수생태계에 미치는 영향 및 처리방안

Ⅰ. 개요

1. 우천시는 일시적으로 탁수가 발생하지만, 하상을 긁어내는 수해복구공사(하상 굴착), 준설, 확폭 등은 오랜 기간 동안 탁수를 발생시켜 하상을 교란시키므로 저서생물의 서식과 번식을 방해하고, 어류의 먹이를 감소시킨다.

2. 미국에서는 탁수 기준을 20~40NTU로 기준을 정하고, 이 기준을 초과할 경우 유역의 토양교란행위를 규제한다.

Ⅱ. 하상준설이 수생태계에 미치는 영향

1. 입자가 큰 모래는 자갈 사이를 메워 이들 저서생물의 서식과 번식을 방해한다.

2. 저서생물의 감소는 이를 먹고사는 어류의 먹이를 감소시킨다.

3. 어폐류의 아가미, 호흡기 등에 부착되어 질식사를 유발시킨다.

4. 정수장에서 정수처리를 위한 응집제 소비량을 증가시킨다.

5. 관광지의 관광자원으로서의 가치를 하락시킨다.

Ⅲ. 낙동강수계 비소(As) 미국 퇴적물 기준 초과검출

1. 4대강 낙동강 준설구간 저질토 1차 분석결과 Pb등 7개 중금속이 모두 검출되었다.

2. 따라서 낙동강에는 43개의 취수시설이 존재하므로 오염된 퇴적토를 준설할 경우 식수원이 심각한 문제가 생기고, 준설한 저질토를 농경지 등에 적치할 경우 토양오염을 유발할 수 있다.

3. 오염퇴적물 복원에는 자연정화방식, 표면피복방식, 준설 및 굴착 등이 있는데, 준설을 한다고 강바닥을 함부로 팠다가는 오염물질이 심각하게 노출될 수 있다.

Ⅳ. 하상준설시 흙탕물 처리방안

1. 개요

 1) 기존 흙탕물 처리를 위한 침사지, 오탁 방지막, 체크 댐 등의 기술은 흙탕물 유발 미립자 성분에 대한 근본적인 처리가 어려워 처리수질의 개선효과가 낮았다.

 2) 따라서, 건설현장에서 발생하는 흙탕물은 수생태계 오염, 양식장의 물고기 폐사 등의 문제를 유발했으며 이에 따른 민원이 발생할 경우 손해배상 및 공사기간 연장 등의 경제적 손실도 발생했다.

2. 방안

1) 이동식 응집·여과시설 : 조립식 침전조를 포함하는 고속응집·침전시설을 이용해 흙탕물을 1차 처리함으로써 흙탕물처리 및 미세입자까지 처리가 가능해 하천의 수질오염을 최소화 할 수 있다.

2) 가물막이 댐 설치 후 작업

정수처리과정에서 최근 문제시되는 미량유해물질

Ⅰ. 제거물질 변천사
- 과거에는 지표미생물, 심미적 물질, 중금속 등 제거 중심에서,
- 현재에는 농약, 유기화학물질, 소독부산물 등 미량유해물질 제거 중심으로 이동.
- 최근에는 내분비계장애물질, 방사능, 1-4 다이옥산, 퍼클로레이트, 개인위생용품, 항생제 등의 처리에 많은 관심을 보임.

Ⅱ. 시대별 정수처리공정 변화
- 초기　미생물오염에 따른 간단한 소독만 실시
- 17C　응집제, 완속여과방법
- 19C　급속여과와 오존처리법
- 20C　염소소독
- 21C　고도처리(막분리공정, 고도산화법, 오존·입상활성탄법 등), 해수담수화공정 기술발전

Ⅲ. 미량유해물질
- 현재 4만여 종의 화학물질이 유통, 매년 300여종 신규화학물질 보급, 국내 유통량 증가
- 처리방법 : 오존·입상활성탄처리, 고도산화법(AOP), 막여과(NF, RO), UV처리, 이온교환 등

1. 의약품(항생제) 및 개인위생용품(PPCP)
- 오존·활성탄 처리공정으로 제거가 효과적이나 일부 항생제는 제거가 어렵다.
- 염소산화, 오존산화는 항생제 제거에 효과적이나 실제 공정 적용은 검증받아야 함
- 자외선(UV)처리는 제거율이 높으나 램프종류에 따라 효율이 각기 다름.

2. 1,4-다이옥산
- 내분비계 교란물질(환경호르몬), 발암물질, 생식 및 성장장애 유발
- 활성탄 흡착은 약한 흡착력으로 인한 탈착이 됨.
- 오존 또는 오존+과산화수소(H_2O_2) 주입하는 AOP공정에서 잘 제거
  ⇒ 낙동강 원수에 대한 실험결과 오존 2~6㎎/L 주입시 40~60% 정도까지 저감되었고, 과산화수소를 추가하는 AOP 공정에서 20% 더 제거된 보고서가 있음.

3. 퍼클로레이트(과염소산염)

 - 분말형 탄약성분에 많이 포함되어 있는 화학물질(로켓 액체연료 성분)
 - 갑상선 암을 유발시킨다는 연구결과가 있음
 - 이온교환이 가장 효과적이며, 막여과(RO, NF)로도 제거 가능

4. 바이러스나 크립토스포리디움

 - 각종 수인성 전염병 유발
 - 초기단계 대응방법 : 약품응집처리, 시동방수, slow start기법, 여과수 탁도 상시감시,
   여과시간 단축 등
 - 막여과(NF, RO) 또는 강력한 소독(UV, 오존, 이산화염소 등)으로 제거

5. NDMA(니트로소아민)

 - 매우 강력한 발암물질 (로켓 액체연료 성분으로 많이 사용)
 - 자외선(UV) 처리가 효과적이나 재생이 가능하다는 점에서 문제가 심각하다.
 - 활성탄 흡착 및 고도산화(AOP) 조합공정으로도 어느 정도 제거효과를 발휘함

6. 성호르몬 및 피임약 성분

 - 최근 원수에서 이들 성분들도 검출되고 있음.

7. 방사능 물질

 - 자연적 생성(우라늄, 라돈), 인공적 생성(세슘, 요오드 등)
 - 일반정수처리 공정 강화
   (여과수 탁도 0.08NTU 이하, 여과시간 및 역세척주기 조정)
 - 분말활성탄 투입, 응집제 과량주입 또는 응집보조제 주입
 - 공법변경 : 고도정수처리공정 도입, 이온교환, 역삼투압 등 이용 고려

1,4-다이옥산(dioxane)

I. 개요
- 1,4-다이옥산(diethylene oxide[$C_4H_8O_2$])은 전 산업체의 산업용매 또는 안정제로 광범위하게 사용되는 무색의 액체(또는 증기)로 가연성이 강하며 물과 유기용매에 잘 녹는 에테르(R'-O-R)의 고리결합을 하고 있기 때문에 전통적인 정수처리방법으로는 제거하기가 매우 어렵다.
- 낙동강 수계에서 문제가 된 1,4-다이옥산은 섬유제조공정에서 사용된 에틸렌글리콜(EG)과 TPA(telephthalic acid)의 중축합반응에서 생성된 화학반응의 부산물이다.

1,4-다이옥산의 분자구조

III. 1,4-다이옥산의 특징
- 환경호르몬 : 호르몬은 아니지만 체내에서 천연호르몬과 유사한 작용을 하여 생식 및 성장 이상 등을 일으키는 내분비계 교란 화학물질이다.
- 미국 EPA에서는 발암가능성물질(B2 그룹)로 분류
- 국내 먹는물 수질기준 50μg/L 이하, WHO에서도 50μg/L 이하를 권고하고 있다.

III. 낙동강 지역의 유해물질로 인한 오염사고
- '91년 페놀오염사태
- '04년 6월 정수장 수돗물에서 1,4-dioxane 검출
- '05년 8월 한강, 낙동강, 영산강 등 주요하천에서 PPCPs(항생제 등 개인위생용품) 검출
 ⇒ 신종오염물질이 발견되는 것은 측정기술의 발달에 따른 것으로 인체독성 자료는 아직 불충분하다. 앞으로 약물사용량이 늘어나면서 PPCPs 농도도 증가할 것이다.
- '09년 1월 낙동강 수계 1,4-Dioxane 고농도 검출 등

VI. 정수장 유입시 처리방안
- 낙동강 원수를 대상으로 실험한 결과,
- 오존 3~9㎎/L 주입으로 33~79% 정도까지 처리가 가능하였으며, 오존-과산화수소(O_3/H_2O_2)의 고도산화공정(AOP)으로 운영시 오존 단독공정에 비하여 약 20~30% 상승이 가능하였다.

- 활성탄의 경우 1,4-다이옥산에 대하여 약한 흡착력을 기지고 있으므로 일시적으로 흡착 효과가 나타나지만, 지속적으로 탈착현상이 일어나므로 활성탄공정으로 유입되는 1,4-다이옥산의 농도를 최소화할 필요가 있다.

POPs(잔류성 유기오염물질)

Ⅰ. 개요
- 잔류성 유기오염물질(POPs, Persistent Organic Pollutants)
- 대부분 환경호르몬이며 독성 및 잔류성이 커서 스톡홀름협약('01년 5월)에서 다이옥신(75종), 퓨란(135종), PCBs(209종), DDTs, 엔드린, 알드린, 다이엘드린, 헵타클로로, 마이렉스, 클로르단, 톡사펜, 헥사클로로벤젠(HCB) 등 12항목의 생산 및 사용을 금지하였다.

Ⅱ. POP의 특징
- 독성이 매우 강하고
- 안정되어 있고 잔류성이 강하며,
- 기화된 후 공기나 물을 통해 멀리까지 이동하며,
- 무엇보다 해로운 것은 인간과 야생동물의 지방조직, 특히 유방과 모유에 축적된다는 사실이다.

Ⅲ. 피해현상
- 자연환경에서 분해되지 않고 먹이사슬을 통해 동식물 체내에 축적되어 면역체계 교란·중추신경계 손상 등을 초래한다.

Ⅳ. 주요 발생원
- 대부분 산업생산 공정과 폐기물 저온 소각과정에서 발생한다.
- 하수슬러지는 POPs 성분 중 DDTs가 55~60%, 폐수슬러지는 HCB가 40~70%로 가장 높은 분포를 보인다는 보고가 있다.

정수시설 방사능물질 유입시 대처방안

Ⅰ. 방사능이란?

- 방사성물질의 원자핵이 단위시간당 붕괴하는 수를 의미하며, 방사성물질의 위험정도(유해성)를 말한다.

  ⇒ 위험정도(유해성) : 고농도 또는 장기간 노출시 암, 백혈병, 생식세포 장애 등

Ⅱ. 방사성물질의 종류

- 방사성 물질이란 자연계에 존재하는 원자번호가 큰 우라늄, 라듐 등 40여 종의 원소로 원자핵이 붕괴하면서 방사선(radiation)을 방출하는 원소를 말하며, 자연적, 인공적 생성물질로 구분할 수 있다.

  ┌ 자연적 생성물질 : 우라늄, 라돈 등
  └ 인공적 생성물질 : 세슘, 요오드 등

방사능	특징 및 인체 영향	음식물섭취 제한기준
세슘 (Cs-137)	· 자연상태에서는 존재하지 않고, 우라늄의 핵분열과정에서 발생. · 수용성이며, 반감기는 30년 정도로 길다. · 적은 양으로 치명적 (골수암, 폐암, 백혈병 등 유발)	200Bq/L
요오드 (I-131)	· 핵분열에 의해 생성 · 불용성(물에 잘 녹지 않지만, 물이 알칼리성이면 용해될 수 있음)이며, 반감기 8일 정도로 짧다. · 세슘보다는 덜 치명적(갑상선암 유발)	100Bq/L

　　주) 베크렐(Bq) : 방사능 물질이 방사선을 방출하는 능력을 측정하기 위한 국제단위
　　　　　　　　1kg의 시료내부에서 1초당 1개의 원자핵이 붕괴되어 방사선을 일
　　　　　　　　으키는 방사능의 양 [예전에는 큐리(Ci)단위를 사용]

Ⅲ. 정수시설에서 방사능 유입시 대처방안

1. 상수원, 정수장에 대한 주기적인 방사성물질 분석 (수돗물 상시 모니터링)
2. 정수처리공정 관리 강화 (강화응집, 분말활성탄 투입 등)
3. 필요 정수처리약품 최대보유량 확보 (응집제, 분말활성탄 등)

4. 비상식수원 사전확보 및 공급
 - 대체식수원 사전확보 (지하관정, 생수, 병입수돗물 등)
 - 배수지 수위를 최고수위로 유지하여 비상급수 확보 → 방사능 자연감소효과 기대
5. 주민 공지 (비상사태 대비 음용수돗물 저장권고, "심각"의 경우 수돗물 음용제한 또는 전면금지)
6. 방사성 물질을 함유한 정수슬러지의 적정처리방안 수립

Ⅳ. 방사성물질 처리를 위한 정수처리 운영관리 강화방안

1. 응집 강화
 1) 일반응집제 사용시 50~60ppm 정도 과량 주입(= Sweep coagulation)
 2) 필요시 응집효율이 우수한 고염기도 응집제 사용 (Hib-PAHCS, A-PAC, PACS-2호 등)

2. 응집보조제 주입
 1) 폴리아민 주입(주입율 10mg/L 이하로 할 것), 주입위치는 침전지 후단(여과지 유입) 또는 혼화지 후단
 2) 폴리아민 주입시 정수 중의 에피클로로히드린 농도를 월 1회 이상 측정(근거 : 수처리제 기준과 규격 및 표시기준, 환경부)

3. 원수pH 조정
 - pH 8.0 이상 또는 6.0 이하일 경우 이산화탄소 또는 액상 소석회를 주입하여 혼화·응집 효율을 향상시킨다.

4. 분말활성탄 주입
 - 분말활성탄 투입으로 방사성물질 추가제거 (요오드 60~70% 제거된 예가 있음)
   ⇒ 일본은 표준정수처리와 함께 분말활성탄을 투입하여 방사성물질 제거효율과 응집효율 향상시키고 있음

5. 정수처리공정 운영관리최적화
 1) 취수량 변동 최소화로 수처리 효율 안정적 유지
 2) 여과지 여과속도 변동 최소화
 - 여과속도 상승 상한선 설정 : 분당 3% 이하, 여과속도 운영 하한선 설정 : 설계여과속도의 70% 이상
 3) 여과수 탁도 관리 및 역세척 주기 조정
 - 여과수 탁도 0.08NTU 이하, 활성탄 역세척주기 3일 → 2일로 단축

⇒ 최근 보고서에 의하면, 표준정수처리로 제거가능한 방사성 물질 수는 제한적이며, 세슘 최대 56%, 요오드 최대 17% 제거되는 것으로 보고(그 외 우라늄 85~95%, 플루토늄 95% 이상 제거), 요오드는 이온화로 인해 표준정수처리로 충분한 제거는 곤란 (질산성 질소, 염소이온 등 이온물질과 유사한 특성)

6. 기타

1) 배수지 수위를 최고수위로 유지하여 비상급수 확보 → 방사능 자연감소효과 기대
2) 상수원에서 다량의 세슘, 요오드 검출시 이온교환, 역삼투압 등 이용
   (제거율 RO 90% 이상, 이온교환 90% 이상)

V. 정수처리 효율

- 세슘(134, 137)은 요오드(131) 보다 위험성이 크나 일반정수처리로 57% 제거 가능
- 요오드(131)는 휘발성이 강한 기체상으로 존재하여 상수원수에서 검출 가능성 희박하며, 활성탄 투입시 60~70% 제거 가능
- 정수처리시 수돗물에 유입될 수 있는 방사능물질은 세슘, 요오도 등이 있으며, 이들은 대부분 제거되므로 "음식물 섭취 제한기준"인 세슘 200Bq(베크렐)/L 및 요오드 100Bq/L를 초과할 가능성은 없다. (환경부 자료)

취·정수장 유류 및 중금속오염물질 유입시 대응요령

Ⅰ. 취수장

1. 휘발성유기화합물 또는 오일을 측정하는 자동측정기 설치
2. 준설선박의 전복 및 부주의에 의한 유류 유출사고시 사전모니터링으로 하류 취·정수장 사전대응
3. 오염물질 농도별 계측기(오일 : 보통 1mg/L 이상 육안감지농도)에서 경보 발령
4. 취수지점에 오일펜스(흡착롤 및 흡착포 포함) 강화 설치
   - 특히 유류가 많은 취수지점은 오일펜스 등을 2~3중으로 설치
5. 오일펜스 앞에 모인 기름두께가 두꺼운 경우 용기 등으로 기름을 퍼낸 후 흡착포, 흡착롤을 이용하여 제거

Ⅱ. 정수장

1. 착수정 유입부에 기름흔적 발견 및 기름냄새 발생시 유흡착제 살포
2. 착수정 유입부에 기름흔적 발견 및 냄새발생시 분말활성탄 투입
   - 접촉시간을 20분 이상 확보(15분 이내일 경우 취수물량 조정)
   - 최소 20mg/L 정도 투입하고, 여과지 누출에 의한 탁도상승 및 흑수발생에 대비하여 실시간 여과수 입자분석을 병행실시함
3. 혼화응집효율을 증가시키기 위해 최적주입율보다 1.3~1.5배 높게 주입
4. 필요시 원수 pH 8.0 이상 유지토록 소석회, 수산화나트륨 주입

하폐수처리시설에서의 난분해성물질 처리

Ⅰ. 난분해성 유기물질

1. 재래식 생물학적 처리공정이나 자연환경에서 미생물에 의한 분해가 잘 되지 않는 물질로서 BOD/CODCr 비가 낮은 물질일수록 난분해성이라 할 수 있다.

2. 이들 물질은 자연계에서도 분해속도가 느리거나 전혀 분해되지 않는 상태로 잔류하여 생태계에 크게 영향을 끼치거나 지하수 오염의 원인물질로 작용할 수 있다.

방향족 VOCs (벤젠고리 화합물 등)	· BTEX (벤젠, 톨루엔, 에틸벤젠, 크실렌), 클로로벤젠, 니트로벤젠, 크레졸, 테트라히드로나프탈렌, 퓨란, 페놀, 에틸페놀, 피리딘 등
지방족 VOCs (할로겐 화합물 등)	· TCE, PCE, 펜타클로로페놀, 사염화탄소(CCl_4), 디클로로메탄, 1,1-디클로로에틸렌, 1,1,1-트리클로로에탄, 1,4-다이옥산 등
생물농축 원인물질	· Hg, Pb, Cd 등의 중금속류, DDT, PCB, HBC 등 POPs(잔류성 유기오염물질)

Ⅱ. 난분해성물질 처리

1. 화학적 처리와 생물학적 처리

 1) 화학적 처리방법
  - 오존산화법, 활성탄흡착법
  - 고급산화법[펜톤산화, 광촉매산화(UV+ TiO_2), UV radiation 등]
   ⇒ 최근 고급산화법(AOP) 공정이 많이 도입되고 있음.

 2) 생물학적 처리방법
  - 고활성미생물 균주를 이용한 생물학적 처리, 2단 폭기방식, 회분식 활성슬러지법, 혐기성여상 등
   ⇒ 생물학적 처리 : 시설투자비가 높지 않고 운전비가 저렴하여 가장 일반적으로 산업폐수 및 오수하수처리에 적용되고 있다. 단, 생물학적 난분해성 유기물질이나 독성 하폐수인 경우 적용이 불가능

2. 농도수준에 따른 처리방법

 1) 저농도
  - 생물학적 폐수처리를 위한 생물반응기(bioreactor) 기술들(회분식활성슬러지법(SBR), 생물막법, 혐기성소화법 등
  - 오존산화법
  - 활성탄흡착법

  2) 중농도
  - 고급산화법(AOP) - O₃/metallic oxides(펜톤산화)

  - 고급산화법(AOP) - O_3/metallic oxides(펜톤산화)
  - 광촉매산화법
  - 자외선(UV)자체에 의한 에너지 및 촉매인 이산화티타늄에 의한 산화
  3) 고농도
  - 습식산화공정(wet air oxidation) : 고온·고압하에 산화하는 방식
  - 초임계수산화공정 : 습식산화공정 조건보다 온도·압력을 더 높여 초임계상태로 운전
  - 분리막공법
  - 전기화학적 방법

Ⅲ. 난분해성물질 처리현황

1. 휘발성 유기화합물질(VOC)의 처리

 - VOCs는 휘발성(volatile)이므로 하수관거내 와류 및 난류 발생으로 어느 정도 제거된다.
   일반적으로 48시간 방치, 100℃ 5분간 가열, 포기 등으로 제거할 수 있으며, 대기로 배
   출되는 VOCs 제거는 생물막(biofilter) 등을 고려해야 한다.
 - 저농도 VOCs를 제거하는 가장 경제적인 방법으로는 생물막법(biofilter)이 있으며, VOCs
   및 질소, 황화합물을 동시 제거할 수 있다. 고농도 방향족 VOCs(페놀, BTEX 등)는 생물
   학적 처리방법으로 제거가 가능하지만, 고농도 지방족 VOCs(사염화탄소, 클로로포름,
   TCE, PCE 등)는 화학적 처리방법과 병용하여 처리해야 한다.

2. 독성물질의 처리

 - 폐수처리장에 독성물질 및 중금속 등이 유입되면 활성미생물이 불활성화될 수 있다.
   통상 활성슬러지 중 가장 중요한 미생물인 Vorticella의 증식을 저해하는 독성물질로는
   CN, Cu, Cd, Cr, 황화물 등이 있다.
 - 배출원에서 전처리하는 특정유해물질로는 Pb, Cr, As, CN, Cd, Hg, 유기인, 페놀, TCE,
   PCE, Cu, PCB 등이 있으며, 순도가 높은 단일성분의 폐수의 경우는 주로 이온교환법으
   로, 순도가 낮거나 복합성분의 폐수의 경우는 응집침전법, 활성탄흡착법 등으로 처리한다.

3. 중금속 등 미량유해물질 제거

 - 페놀, HCHO, 알콜 등 유기물질은 포기조내 미생물이 충분히 적응되면(=분해시키는 미
   생물의 충분한 증식 이후) 매우 높은농도에서도 처리가 가능하나, 중금속, CN 등은 미
   생물의 적응력이 약하므로 물리·화학적 방법에 의한 전처리가 필요하다.

폐수처리장 독성물질 유입시 대처방안

I. 개요

1. 폐수처리장에 독성물질 및 중금속 등이 유입되면 활성미생물이 불활성화될 수 있다.
   - 통상 활성슬러지 중 가장 중요한 미생물인 Vorticella의 증식을 저해하는 독성물질로는 CN, Cu, Cd, Cr, 황화물 등이 있다.
2. 배출원에서 전처리하는 특정유해물질로는 Pb, Cr, As, CN, Cd, Hg, 유기인, 페놀, TCE, PCE, Cu, PCB가 있으며,
   - 순도가 높은 단일성분의 폐수의 경우는 주로 이온교환법으로,
   - 순도가 낮거나 복합성분의 폐수의 경우는 응집침전, 기타 활성탄 등으로 처리한다.

II. 활성슬러지에 대한 유해물질의 한계농도

<활성슬러지에 대한 한계농도>

유해물질의 종류	활성슬러지 $LC_{50}^{1)}$(mg/L)	Vorticella에 대한 $LC_{50}^{2)}$(mg/L)	Vorticella에 대한 $LM^{3)}$(mg/L)
산	pH 5	-	-
알칼리	pH 9 ~ 9.5	-	-
황화물(S)	5 ~ 25	11	-
염화물(Cl^-)	5,000 ~ 6,000	8,500	-
철(Fe)	100	-	4.7
동(Cu)	1	6	0.25
니켈(Ni)	1 ~ 6	10	-
아연(Zn)	5 ~ 13	18	0.9
크롬(Cr)	2 ~ 10	68	0.53
카드뮴(Cd)	1 ~ 5	8	0.19
시안화합물(CN)	1 ~ 1.6	3	-
포름알데히드	800	-	-
페놀	250	26	-
ABS	20	17	-
황산알킬	50	28	-
알루미늄(Al)	-	-	0.52
납(Pb)	-	15	-

비고   1) 처리수에 영향이 나타나는 농도
     2) 20~25℃에서 활성슬러지에 유해물질을 첨가하여 활성슬러지 중의 Vorticella가 4시간후 50%로 저하하는 농도
     3) 순수배양한 Vorticella의 비증식속도가 50%로 저하하는 농도

- 상기 3가지 농도는 각각 상당한 차이가 있지만 안정성을 고려한다면 <u>활성슬러지 중에서 가장 중요한 원생동물인 Vorticella의 증식을 저해하는 농도로서 한계농도를 평가하는 것이 타당하다.</u> 왜냐하면 일반적으로 세균과 비교하여 원생동물은 이들 유해물질에 대한 감수성이 현저히 높기 때문에 그 개체수가 저하하면 처리수질도 악화되기 때문이다.

Ⅲ. 대처방안

1. 화학적 처리후 생물학적 처리

- 중금속이나 독성물질은 물리·화학적인 방법으로 전처리를 한 후 활성슬러지법 등의 생물학적 2차처리를 하여야 하며, 대상물질의 종류 및 존재형태등에 따라 처리방법이 달라진다.
 1) 유해물을 무기화시키는 것 : CN, 유기인 등
 2) 수용성을 불용성인 것으로 한 후 고형물로 분리시키는 것 : Cr^{+6}, Pb, As, Cd, Hg 등
⇒ 대표적인 화학처리의 예는 다음과 같다.

2. 수산화물 침전법 : Pb, Cd, Cr^{+6}, Fe, Mn, Cu, Zn 적용

- pH를 석회석 분말, 수산화나트륨(가성소다) 등의 알칼리제로 조절 후
- Alum·철염 또는 고분자응집제를 첨가하여 플록을 형성시켜 수산화물($M(OH)_2$)로 빠르게 침강 제거한다.

3. 황화물 침전법

- 황화나트륨(Na_2S) 또는 황화수소(H_2S)를 사용하여 황화물로서 분리 제거하는 방법이다.
- HgS ↓, CdS ↓, PbS ↓로 침전제거

4. 이온교환수지법

- 순도가 높은 단일성분의 폐수에 적용 (Cr, Pb, Hg 등)
 ⇒ 비교적 순도가 높은 중금속이나 독성물질은 이온교환수지, 전기분해 등으로 처리 회수시킬 수 있으나 순도가 낮으며 기타 오염물질과 혼합된 경우에는 별도의 처리방법이 강구되어야 한다.

5. 폭기조의 완전혼합조(CFSTR)로 설계

- 완전혼합 방식은 충격부하나 부하변동에 강하다.

6. 기타 유해물질처리

Ⅳ. 기타 유해물질처리

1. CN 처리

1) 배출원 : 도금공장, 광산정련소, 도시가스 공장

2) 처리방법

① 알칼리염소법

- 1단계로 pH 10 이상에서 염소를 주입시켜 시안산화물로 변환

$$NaCN + NaClO \rightarrow NaCNO + NaCl$$

- 2단계로 pH 8에서 염소를 재주입시켜 N_2 및 CO_2로 분해

$$2NaCNO + 3NaClO + H_2O \rightarrow 2CO_2 + N_2 + 2NaOH + 3NaCl$$

⇒ 염소와 유기물의 반응으로 클로로포름 다량 발생 문제

② 오존산화법

- pH 11~12의 강알칼리성 영역에서 N_2로 분해

- 반응과정 :
$$CN^- + O_3 \rightarrow CNO^- + O_2$$
$$2CNO^- + 3O_3 + H_2O \rightarrow 2HCO_3^- + N_2 + 3O_2$$

- 오존에 의해 산화되지 않는 것은 암모니아류, 염화물, 불화물, 염류 등이 있다.

③ 충격법

- pH 3 이하의 강산성에서 폭기함으로써 HCN(청산)가스 누설 우려

$$2NaCN + H_2SO_4 \leftrightarrow Na_2SO_4 + 2HCN \uparrow$$

④ 전해산화법

- 반응과정 :
$$CN^- + 2OH^- \rightarrow CNO^- + H_2O + 2e^-$$
$$2CNO^- + 4OH^- \rightarrow 2CO_2 + N_2 + 2H_2O + 6e^-$$
$$CNO + 2H_2O \rightarrow NH_4^+ + CO_3^{2-}$$

- 농후한 폐액에 적용(1,000ppm 이하에서는 효율이 낮음)

⑤ 감청(착염)법

- 철, 니켈,금 등의 CN착제는 안정하며 차아염소산소다로 산화분해할 수 없으므로 감청의 침전을 생성시켜서 분리시키는 방법이다.

$$6KCN + FeSO_4 \rightarrow K_4Fe(CN)_6 + K_2SO_4$$

⑥ 생물학적 처리에서 180mg/L까지 처리가능

2. Cr^{+6} 처리

1) 배출원 : 도금공장, 피혁공장, paint 공장

2) 처리방법

① 환원침전법 : 아황산나트륨(Na_2SO_3) 등의 환원제를 첨가하여 Cr^{+3}한 후, 알칼리를 가하여 $Cr(OH)_3$로 침전 처리한다.

$$Cr^{+6} \xrightarrow[SO_2]{pH\ 2\sim3} Cr^{+3} \xrightarrow{pH\ 9} Cr(OH)_3\downarrow$$

② 이온교환수지법

③ 흡착법 : E/Q → 혼합 → 응집 → 침전 → 중화 → 여과
$$\uparrow$$
$$SO_2+Ca(OH)_2$$

3. 유기인(Org-P)

1) 배출원 : 농약공장(구충제로 사용)

2) 처리방법 : 응집침전, 조류동화법, 활성탄 흡착

4. 비소(As)

1) 배출원 : 살충제, 의약품, 광산폐수

2) 처리방법

- 응집침전 : $FeSO_4·7H_2O+$ CaO 이용
- 이온교환법
- 활성탄 흡착법

5. 불소(F)

1) 배출원 : 지질

2) 처리방법 : ① 응집침전법, ② 활성알루미나법, ③ 골탄여과법, ④ $CaCO_3$전해법

6. 수은(Hg)

1) 배출원 : 공장폐수

2) 처리방법

① 유화물 응집침전 : 수은을 유황과 결합시킨 후 응집침전

② 이온교환수지법

VOCs의 발생원과 처리방법

Ⅰ. 휘발성 유기물질(VOC)의 종류

- 할로겐화 지방족 유기화합물(탄화수소류) : 사염화탄소, 클로로포름, TCE, PCE
- 방향족 : 페놀, BTEX(벤젠, 톨루엔, 에틸벤젠, 크실렌)
- 유기인제 살충제 : 다이아지논

Ⅱ. 발생원

- 주로 폐수의 부적절한 처분, 유출 등에 기인하는 것으로 생각된다.
1. 사염화탄소 및 다이아지논 : 농약 살포
2. 페놀 : 석유화학분야 (정유공장 등)
3. 벤젠 : 자동차배기가스
4. TEX : 페인트, 휘발유 등, 송유관 파손시
5. 클로로포름 : 알칼리염소법(시안 제거) 적용시 다량 발생, 의복 세탁시 등

Ⅲ. VOCs 처리방법

- 휘발성(Volatile)이므로 하수관거 내 와류 및 난류발생으로 어느 정도 제거되며, 일반적으로 48시간 방치, 100℃ 5분간 가열, 포기로 제거할 수 있으며, 대기로 배출되는 VOCs 제거를 위해 Biofilter 등의 적용도 고려해야 한다.
- 저농도 VOCs를 제거하는 가장 경제적인 방법으로는 생물막법(Biofilter)이 있으며, VOCs 및 질소, 황화합물을 동시 제거할 수 있다.
- 고농도 방향족 VOCs(페놀, BTEX 등)는 생물학적 처리방법으로 제거가 가능하지만, 고농도 지방족 VOCs(사염화탄소, 클로로포름, TCE, PCE 등)는 화학적 처리방법과 병용하여 처리해야 한다.
  ⇒ 화학적 처리방법 : 활성탄처리법, 오존처리법, 산알칼리 세정법, 연소법, 촉매산화법 등

폐수처리공정의 색도 제거

Ⅰ. 개요

1. 색도유발 성분은 주로 난분해성 유기물질로 구성되어 있어서 생물처리만으로는 제거가 불가능하다.
2. 활성탄, 이온교환수지 등의 흡착제나 염소, 과산화수소 등 산화제, 오존 및 고분자 막에 의한 처리기술도 개발되었으나, 이러한 공법들은 비경제적·비효율적이므로 적용하기 곤란하다.

Ⅱ. 색도유발 폐수

1. 염색폐수

1) 중금속, 소독약, 유기용제 등의 독성물질과 염료, 유기염소화합물 등의 난분해성 물질이 다량 함유되어 있으며, 염색폐수는 유행 및 계절에 따라 장·단기적으로 성분 및 조성이 변화하므로 색도를 효과적으로 처리하는 방안을 제시하기가 어렵다.
2) 국내에서는 염색단지 발생폐수처리를 위해 주로 생물처리-화학처리(펜톤처리)를 적용하고 있다.

2. 매립장 침출수 : 생물처리-RO(수도권 제2매립지), 생물처리-펜톤처리(수도권 제1매립지)

3. 축산폐수 : 생물처리를 적용하고 있다.

Ⅲ. 제거방법

1. O₃에 의한 산화분해

- 난분해성 유기물질내 주로 원자간 공유결합에 산소원자를 첨가하여 생분해성 구조로 바꾸어 색도성분을 제거하는 방식이다.

2. UV에 의한 광분해

- 자외선 254㎚의 강력한 단파장으로 유기물내 원자간 공유결합을 끊는 방식으로 난분해성을 생분해성으로 바꾸어 색도성분을 제거한다.

3. 펜톤처리(OH라디칼에 의한 산화분해)

- OH라디칼이란 최외곽 전자수가 맞지 않아서 산화력이 크게 나타나는 물질로서,
- 산화력이 ORP 기준 3.08㎷으로 O_3(2.07㎷)에 비하여 1.5배 크며, 반응속도는 O_3보다 2,000배, UV에 비해 180배가 크다.
- 분획분자량 기준 500dalton 이하의 색도성분을 72% 가량 제거할 수 있다고 하며, 제거율은 그리 높지 않다.

4. 응집침전

- 무기응집제와 고분자응집제를 첨가하여 응집·침전처리하기도 한다.

산성광산배수(AMD)

I. 개요
1. AMD(acid mine drainage)란 광업활동으로 발생된 지하공동에 빗물이나 지하수가 유입된 뒤 배출되는 폐수를 말하며, pH 2~4의 강산성이며, Fe, Al 등의 중금속이온을 다량 함유하고 있다.
2. 산성 폐수나 중금속 함유 폐수는 가능한 한 현장에서 처리하는 것이 바람직하다.

II. 처리방식
1. 산성폐수 처리
1) 처리방식에는 가성소다($NaOH$), 석회석($CaCO_3$) 등이 주로 사용되고 있다.

   ┌ 3단계 구조 : 원수유입조, 중화반응조, 침전조
   └ 처리효율은 가성소다가 높고, 처리비용은 석회석 사용이 유리하다.

2) 최근에는 제강슬래그, 폐콘크리트 재생골재(CaO 성분) 등이 폐기물 재활용 측면에서 사용 가능성이 대두되고 있다.

2. 중금속 처리
- alum, 철염 등 고분자응집제를 첨가하는 수산화물침전법을 많이 사용한다.

3. 식생 조성
- 휴·폐업된 광산지역은 오염된 표피를 깨끗한 흙으로 바꾸고 표면에 때를 입히는 등의 조치가 필요하다.

지하수 오염방지대책

I. 개요
1. 지하수 자원은 한 번 오염되면 원상회복에 많은 시간과 노력이 필요하므로 사후대책보다는 사전대책에 중점을 두어야 한다.
2. 최근에는 노로바이러스, 구제역 매몰지 침출수가 문제시되고 있다.

II. 지하수 오염원인
1. 농업적 이용 : 비료·살충제 사용, 비료성분 중 Nitrate($NO_3 - N$)는 지하수 흐름에 따라 빠르게 이동한다.
2. 액상폐기물의 심정호(피압면 대수층) 주입 : 지하 700m 이하에 액상의 유해폐기물 처리
3. 쓰레기 매립 : 우리나라는 쓰레기의 95%를 매립하며, 우천시 침출수 문제가 발생한다.
4. 슬러지 등의 토양처분 : 발병한 가축매몰, 슬러지의 초지나 산지 처분, 관거 파손에 의한 하수 누수 등
5. 방사선폐기물의 토양처분
6. 송유관 파손, 해수침입, 폐공, 광산활동 등

III. 사전대책
1. 지하수에 대한 전국적인 실태조사
2. 지하수 오염방지기술 개발
3. 용수목적별 지하수 수질기준 제정
4. 지하수관측망 구축 : 지하수 수질변화 감시, 지하수 수질측정망 강화, 폐공 관리
5. 개발사업으로 인한 환경영향평가시 지하수영향평가 포함
6. 「지하수관리법」 제정

IV. 사후대책
1. 양수처리
   - 오염지하수 양수처리법
   - 오염지하수의 이동을 파악하여 양수처리한 후 지하수로 함양한다.
2. 굴착제거
   - 유해물질이 집중적으로 소량 존재하면 굴착하여 제거한다.
3. 차수벽 설치
   - 차수벽을 설치하여 오염물질을 고립화한다.

4. 공기추출 또는 토양가스추출

- 토양이 VOCs로 오염된 경우 공기추출(air stripping) 또는 토양가스추출법(soil vapor extraction)로 처리한다.

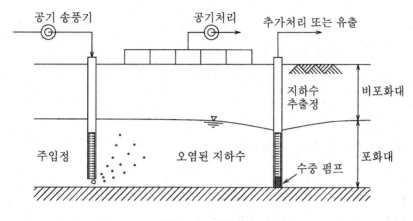

<공기추출 시스템의 개요도>

5. 원위치 생물정화(Bioremediation)

- 토양미생물 이용처리법(Bioremediation) : 생물접촉여재 등으로 미생물 활성도를 높여 빠르고 저렴하게 처리할 수 있다.

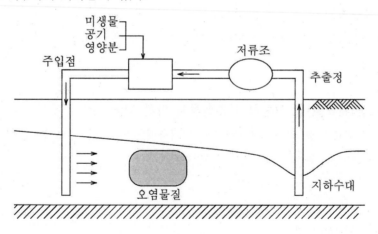

<원위치 생물정화>

6. 유리화(isolation)

- 유리화(isolation)에 의한 유해폐기물처리법
- 오염된 토양을 유리성분과 함께 열처리하여 유리결정산물로 전환한다.

구제역 침출수 관리방안

Ⅰ. 개요
1. 매몰지 침출수 유입에 대비하여 원·정수에 대한 수질모니터링 강화
2. 사전대책으로는 방수용 천막 설치, 악취방지, 소각, 렌더링(rendering) 등의 조치가 필요
3. 사후대책으로는 오염된 지하수 처리를 위해 양수처리법 등을 적용한다.

Ⅱ. 취·정수시설 모니터링 강화계획
1. 조사지역
 1) 지하수　　　　　: 구제역 매몰지 및 매몰지역 반경 1km 이내
 2) 하천 및 호소수 : 하류 10km 이내
2. 조사대상 및 조사항목
 1) 취수장 원수 및 정수장 정수
 2) 염소이온, 질산성질소, 암모니아성질소, 살모넬라, 쉬겔라, 분원성 대장균군

Ⅲ. 침출수 유출방지
 - 방수용 천막을 씌워서 빗물이 스며드는 것을 막아 매몰지 붕괴나 침출수 유출로 인한 지하수와 토양오염 등 예방

Ⅳ. 바실러스균(枯草菌)을 이용한 가축매몰지 악취 제거
1. 바실러스 알카로필러스균은 pH 12 내외인 가축매몰지 내에서 활발한 단백질 분해활동으로 악취 제거 및 환경오염을 줄일 수 있다.
2. 바실러스 알카로필러스균의 특징
 1) 강알칼리 상태인 pH 11이 최적
 2) pH 7.0 이하에서 사멸

Ⅴ. 매몰외 처리방안
1. 국가별 살처분 가축처리방법 우선순위를 보면 우리나라는 매몰-소각-렌더링 순이며, 일본은 소각-매몰-렌더링, 영국은 소각-렌더링-매몰 순으로 살처분 가축을 처리하고 있다.
2. 렌더링(rendering)은 섭씨 135℃의 열처리를 통해 가축의 지방 등을 용출·정제시켜 공업용 유지 및 비료 등으로 재활용하는 것을 말한다.

BTEX에 의한 지하수 오염

Ⅰ. 토양환경보전법상

1. 토양오염물질은 토양 중에 미분해되어 잔류하는 물질로서 농작물 생육저해, 지하수 오염을 유발한다.

2. 토양오염물질로는 Pb, Cr, As, CN, Cd, Hg, 유기인, 페놀, 유기용제(TCE, PCE), Cu, PCB, F, Ni, Zn, 유류(BTEX 등)가 있다.

※ 오염토양의 In-situ 처리와 Ex-situ 처리의 차이점

┌─ 현장 내(In-situ) 처리　　: 오염된 토양을 수거하지 않고 원위치에서 처리
└─ 현장 외(Ex-situ) 처리　　: 오염토양을 굴착 등으로 수거하여 처리

Ⅱ. BTEX란

1. BTEX의 정의

　– 벤젠, 톨루엔, 에틸벤젠, 크실렌 등 3개의 자이렌의 이성질체를 말하며

　– 휘발유의 20~55%를 차지하며, 독성이 강하고 물에 대한 용해도가 높다.

　⇒ 대부분 중독성이 강해 뇌와 신경에 해를 끼치는 독성물질임.

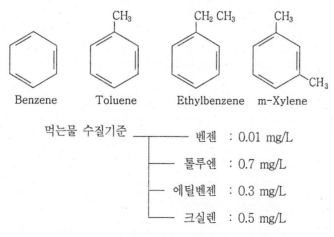

　　　　먹는물 수질기준 ─┬─ 벤젠　　: 0.01 mg/L
　　　　　　　　　　　　　├─ 톨루엔　: 0.7 mg/L
　　　　　　　　　　　　　├─ 에틸벤젠 : 0.3 mg/L
　　　　　　　　　　　　　└─ 크실렌　: 0.5 mg/L

〈BTEX의 4가지 구조 및 먹는물 수질기준〉

2. 주요 오염원 : 유류저장소, 폐광산, 매립지 침출수, 아스팔트 등

Ⅲ. 지하수 복원기술

1. Bioremediation (원위치 생물환경정화)
 - 토양미생물 이용처리 + 오염지하수 양수처리 병용
 - 토양에 산소, 영양분 및 미생물 주입
 - 할로겐(취소계, 염소계) 유기화합물은 혐기상태가 유효
 - 비할로겐 유기화합물은 호기상태가 유효

2. 토양가스추출법 (SVE, Soil Vapor Extraction)
 - 가솔린 등 휘발성 유류성분 제거에는 토양가스추출법(SVE)과 같은 공법이 유류성분 제거에 적합하다.

3. 열처리법
 - 디젤 및 윤활유와 같은 저휘발성 유류성분 제거를 위해서 SVE 적용시 고온공기 혹은 스팀을 주입하거나 토양을 가열하는 방법을 적용하여 인위적으로 저휘발성분의 증기압을 높여주어야 오염물 제거가 가능하다.

4. 토양세척법

비수용성액체(NAPL)와 지하수 이동특성

Ⅰ. 개요

1. 소수성 액체(NAPL, Non-aqueous phase liquid)란 물에 잘 녹지 않는 액체라는 뜻이다.

2. 경소수성 액체(LNAPL)란 물보다 가벼운 액체로서 휘발유가 대표적이며, 중소수성 액체 (DNAPL)란 물보다 무거운 액체로서 PCB, TCE, 클로로페놀 등이 있다.

3. 지하수학에서는 지하저장탱크 또는 기름유출사고 등으로 인하여 지하수를 오염시키는 유기오염물질을 가리킨다.

Ⅱ. 토양 내의 거동특성

1. 경소수성 액체(LNAPL)는 물보다 가볍기 때문에 지하수면 위에 머무르게 되고 따라서 일반적으로 토양가스추출법(SVE)으로 처리할 수 있다.

2. 중소수성 액체(DNAPL)는 물보다 무겁기 때문에 불투수층에 쉽게 도달하며, 불투수층 기울기에 따라 이동하게 되므로 그 제거가 어렵다. (열처리기술 등을 적용)

 ⇒ 인위적으로 저휘발성 성분의 증기압을 높여주어야 함 (고온공기 또는 스팀주입, 토양을 가열)

Ⅲ. 지하수의 오염물질 이동

1. Darcy 법칙

 1) 지하수의 이동속도에 관한 공식을 타나낸 것으로서, 지하수 흐름에서 전기전도도가 일 정할 때 흐름속도(이동속도)는 투수계수(K)와 동수구배(I)에 비례한다는 법칙이다.

 2) 대수층을 흐르는 지하수량은 다음 식과 같이 나타낼 수 있다.

$$\begin{cases} Q = A \times V \\ Q = A K I = A K \dfrac{\Delta h}{\Delta L} = K A \dfrac{h_2 - h_1}{L_2 - L_1} \end{cases}$$

여기서,   K : 투수계수

         I : 동수구배

<토양형태에 따른 투수계수(K)>

자갈층	2.8 cm/s
모래층	0.016 cm/s
점토층	3×10^{-6} cm/s

2. 지하수 오염물질의 이동

1) 이류(advection) : 오염체(지하수와 오염물질의 혼합체)가 지하수의 유동방향과 동일한 방향으로 움직이는 현상

2) 지체(retardation) : 오염체가 지하수의 이동속도보다 느리게 이동하는 현상

⇒ advection(이류, 이송)이란 지하수 내의 용존고형물 또는 염이 지하수와 같은 속도로 수송되는 것을 말한다. 지하수의 이동현상을 설명할 때 convection(대류)보다는 오히려 advection이란 용어를 사용하는데 엄밀히 말하면 대류는 온도 차이에 의해서 야기되는 유체의 운동을 말한다.

3. 오염물질의 지체를 유발하는 요소

- 분해(degradation) : 생물학적 분해, 화학적 분해, 방사선 붕괴 등
- 흡착(adsorption) : 물리적 흡착(용질과 흡착제사이의 인력)과 화학적 흡착(화학반응에 의한 흡착)
- 분산(dispersion) : 물리적인 원인에 의한 물질이동 예) Mixing

토양오염 복원기술

Ⅰ. 안정화 및 고형화

┌ 안정화(stabilization)란 용해성 물질을 불용해성 물질로 만드는 것을 말하며,

└ 고형화(solidification)란 액상물질을 고상물질로 만드는 것을 의미한다.

1. 시멘트화에 의한 안정화/고형화 처리법
 - 무기접합제 : 포틀랜드시멘트, 석회, fly ash 등
 - 유기접합제 : 에폭시, 아스팔트, PE 등으로 고가이며, 핵폐기물 등의 처리에 국한
2. 유리화(isolation)에 의한 유해폐기물 안정화처리법
 - 핵폐기물 등 오염된 토양을 유리성분과 함께 열처리하여 유리결정산물로 전환한다.

Ⅱ. Bioremediation(원위치 생물환경정화)

1. 토양미생물 이용처리 + 오염지하수 양수처리 병용
 - 토양에 산소, 영양분 및 미생물 주입
2. 종류
 - 할로겐 유기화합물(취소계, 염소계)은 혐기상태가 유효
 - 비할로겐 유기화합물은 호기상태가 유효

Ⅲ. 토양가스추출법(SVE, soil vapor extraction)

1. VOCs로 오염된 경우의 공기추출(air stripping)법
2. 가솔린 등 휘발성 유류성분 제거에는 토양가스추출법(SVE)과 같은 공법이 유류성분 제거에 적합하다.

Ⅳ. 열처리기술 (소각법, 열분해법)

1. 디젤 및 윤활유와 같은 저휘발성 유류성분을 제거하기 위해서는 SVE 적용시 고온 공기 혹은 스팀을 주입하거나, 토양을 가열하는 방법을 적용하여 인위적으로 저휘발성분의 증기압을 높여주어야 오염물 처리가 가능하다.
2. 종류
 - 소각법 : 산소공급 하에서 800~1,000℃의 고온으로 유기물을 소각·분해시키는 직접연소법
 - 열분해법 : 무산소 상태에서 400~800℃로 열을 가해 유기물을 분해시키는 간접연소법

Ⅴ. 토양세척법(Soil Washing)

1. 오염토양을 굴착하여 토양입자 표면에 부착된 유·무기성 오염물질을 세척액으로 분리시켜 재래식 폐수처리 방법 등으로 처리한다.
2. 세척액으로는 <u>EDTA, 계면활성제</u> 등이 사용되고 있다.
   ⇒ EDTA(에틸렌 다이아민 테트라아세트산)는 킬레이트제로서 중금속 등을 포획하는 아미노산이다.

이류와 분산의 관계 및 차이점

Ⅰ. 분산(dispersion)

- 물리적인 원인에 의한 물질이동
- 통과하는 재질의 마찰효과(friction effect)의 차이나 세공크기(pore size)의 차이로 인해, 부분적으로 생긴 유체의 흐름으로 인해 물질이 이동되는 현상
- 가장 흔한 경우는 그냥 휘휘 젓는 식의 Mixing이 있다.

Ⅱ. 확산(diffusion)

- 화학적인 농도 차이로 인한 물질이동
- Dispersion과 Diffusion은 대부분 동시에 일어난다.

Ⅲ. 이류(advection, 이송)

- 난용성물질(예 : 지하수의 용존고형물)이 유체의 움직임에 의해 수송(물질전달)되는 운동
- 지하수에서 대수층의 경우 이류(advection)와 대류(convection)가 동시에 일어난다.

Ⅳ. 대류(convection, 전달)

- 열을 매개로 일어난다. 즉, 온도 차이에 의해서 야기되는 유체의 운동
- 모든 유체는 열을 받으면 분자의 운동량이 늘어나서 비중이 감소한다. 비중이 감소하면 위로 올라가고, 식어서 비중이 다시 증가하면 다시 아래로 내려온다.
- 이러한 운동에 편승하여 물질이 이동하는 현상을 convection이라고 한다.
  주) 분산과 확산 : 퍼져나감.
  　　이송과 대류 : 이동해감.

기름유출 사고와 유처리제

Ⅰ. 정의

1. "유처리제"란 섞이지 않는 두 액체를 잘 섞이게 하는 물질로서, 기름을 미립자로 하여 유화분산시켜 해수와 섞이기 쉬운 형태로 만듦으로서 자정작용을 촉진시킨다.
2. 자정작용의 기작은 중 박테리아에 의한 미생물 분해, 일조에 의한 증발, 산화작용 등

Ⅱ. 특징

1. 유화제는 기름을 원천적으로 제거하는 것이 아니라, 장력을 약화시켜 물속에 잘 용해되도록 분해시키는 것이다. 따라서 기름이 해양생물에 미치는 악영향에 대해서는 전혀 개선의 효과가 없다.
2. 유화제는 오일펜스, 기름 떠내기 등 물리적 작업이 이루어진 이후, 물리적 제거의 규모보다 적은 양이 남았을 때 거의 마지막 용도로 사용하는 것이다. 물리적 제거보다 우위에 두는 경우 환경오염을 더욱 심화시킬 수 있다.
3. 미생물 등을 통해 자연정화 되는 과정에서 부영양화, 적조 및 생물농축을 유발할 수 있다.

Ⅲ. 유처리제의 일반적인 성분

1. 유기용제　: 40~70%, 파라핀계가 주종
　　　　　　　　 계면활성제의 유동성을 높이고 저온시 응고방지 역할
2. 계면활성제 : 30~60%, 솔비탄, 지방산 등, 분산 및 유화작용
3. 기타첨가제 : 미량
　⇒ 기름유출처리방법 : 오일펜스, 흡착포

생물농축

Ⅰ. 정의
"생물농축"이란 생태계에 방출된 중금속이나 독성 유기화합물이 먹이연쇄를 따라 점차 농축되는 과정을 말한다.

Ⅱ. 종류

┌ 수은(미나마타병), 카드뮴(이따이이따이병) 등 중금속 물질
└ 다이옥신, DDT, PCB(가네미병) 등 유기염소계 화학물질

※ 다이옥신[Dioxin]

(1) 벤젠고리 2개의 사이에 산소를 다리로 해 연결돼 있는 형태로서 이 때 연결해 주는 산소가 2개면 다이옥신, 1개면 퓨란이라고 한다.

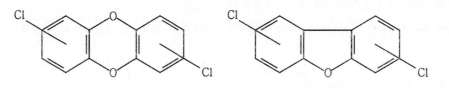

polychlorinated
dibenzo-p-dioxin(PCDD)

polychlorinated
dibenzofurana(PCDF)

(2) 소각장에서 염소가 들어있는 화합물 등을 태울 때 발생하며, 화학적으로 안정돼 있어 분해되거나 다른 물질과 결합되지 않으며, 채소, 풀 등의 섭취로 인해 생물 농축된다.

(3) WHO는 하루 최대 허용 섭취량을 몸무게 kg당 1~4pg(피코그램·1pg은 1조분의 1g), 우리나라는 4pg으로 규정하고 있다.

Ⅲ. 피해사례
- 동물과 인체 내의 지방조직에 친화성을 가지고 있으므로 일단 섭취하게 되면 생체조직에 침착·축적되어 배설이 잘 되지 않는다.
- 생물농축의 경로는 오염물질을 직접 섭취하는 직접농축과 먹이사슬을 통하여 농축되는 간접농축이 있으며, 먹이사슬 상위단계로 갈수록 농축량이 증가하므로 문제가 더욱 커진다.

제2장 상수관이송

도수관로 설계 결정과정 및 검토사항

Ⅰ. 개요
1. 도수시설은 취수시설에서 취수된 원수를 정수시설까지 끌어올리는 시설로서, 도수관 또는 도수거, 펌프설비 등으로 구성된다.
2. 도수관로를 설계할 때에는 먼저 몇 개의 노선에 대해 도상 및 현지 답사해야 하고 개수로식과 관수로식, 자연유하식과 압송식의 특성을 비교 후 적정한 방식을 선정해야 한다.

Ⅱ. 도수관로 설계시 결정과정
1. 계획도수량 결정
 - 계획취수량을 기준으로 한다.
 - 계획취수량은 계획1일최대급수량(1일평균급수량 + 10% 여유분)을 적용한다.

2. 도수방식 선택
 - 자연유하식, 펌프가압식, 병용식
 - 개수로식과 관수로식

※ 자연유하식 도수방식의 특징

> ┬ 유지관리비가 저렴하고 유지관리가 쉽다.
> ├ 도수가 확실하고 안전하다.
> ├ 지형에 따라 개수로 및 관수로 병용설치를 고려해야 하며, 노선을 짧게 할 수 있다.
> └ 오염물질의 유입 우려가 있으므로 유의한다.

3. 도수노선 선정
 - 노선의 대안 검토 : 몇 개의 노선에 대하여 건설비, 유지관리의 난이도 등을 비교·검토하여 종합적으로 판단한다.
 - 급격한 굴곡은 피하고 동수경사선 이하가 되도록 한다
 - 가능한 한 공공도로 또는 수도용지로 한다.
 - 도수노선의 복선화 및 상호연결을 계획한다.
 - 가급적 단거리이여야 하고 공사비가 절약할 수 있는 위치이어야 한다.

4. 도수관 및 도수거결정

1) 관경
- 자연유하식 : 적정유속(0.3~3.0m/s) 범위내에서 가능한 한 유속은 크게, 관경은 적게 하면 경제적이다.
- 펌프가압식 : 도·송수관경, 펌프의 전양정 등 상관관계를 조합하여 경제적인 유속에서의 경제적 관경으로 결정

2) 관종
- 수질오염 및 내압·외압에 대한 안전성, 매설조건, 시공성 등을 고려하여 설정
- 주로 대구경이므로 DCIP, 강관 등을 사용, PE, PVC도 사용가능

3) 관두께
- 처리규모, 입지조건, 현장상황을 종합적으로 고려하여 내압, 외압, 충격압, 지진하중, 제작오차 등을 고려한 관두께 중 제일 큰 값을 선택하고 여기에 여유율(10~20%)을 주고 경제적인 관두께를 결정

4) 관기초
- 지반상태와 지층을 사전조사하여 지진, 홍수 등 비상시에도 관로의 기초에 영향이 최소화할 수 있는 최적의 공법을 채택한다.

5) 매설위치 및 매설깊이
- 공공도로에 관을 매설할 경우 도로법 및 관계법령에 따라야 하며 도로관리기관과 협의해야 한다.
- 관로의 매설깊이는 관종 등에 따라 다르지만 일반적으로 관경 900㎜ 이하는 120㎝ 이상, 관경 1,000㎜ 이상은 150㎝ 이상으로 하고, 도로하중을 고려할 필요가 없을 경우에는 그렇게 하지 않아도 된다. 도로하중을 고려해야 할 위치에 대구경을 관을 부설할 경우에는 매설깊이를 관경보다 크게 해야 한다.

6) 불안정한 지반의 관매설
- 비탈면은 충분한 법면보호공을 설치하여 법면침식이나 붕괴를 보호하고 표면수와 침수치 및 지하수의 배제를 고려한다.
- 급경사 도로나 경사면에 연하는 관매설시 관체의 흘러내림과 되메우기 흙의 유실방지를 위하여 지수벽을 설치한다.
- 연약지반에 관매설시 부등침하를 고려한 관종·접합방법을 선정하고, 관침하를 억제하기 위하여 필요에 따라 미래 지반개량 등의 조치를 취한다.
- 액상화 우려가 있는 지반은 적절한 관종·접합방법의 선정외에 필요에 따라 지반을 개량한다.

7) 접합정
- 자연유하식 관로에서 수압이 낮을 때 동수경사선을 상승시켜 수압조절을 하는 것으로 관로의 도중에 설치한다.
- 통상 계획도수량의 1.5분 이상으로 하며 수심은 3~5m를 표준

8) 밸브류

 - 차단용 밸브와 제어용 밸브, 공기밸브 등

9) 배수설비 (= 이토밸브)

 - 관 매설시 관 바닥에 남은 토사 등 협잡물을 배출하고 관내에 발생한 탁질수의 배제, 공사 및 사고 등 비상시나 평소의 유지관리상 관내 청소와 정체수 베제 등의 목적으로 설치한다.

10) 맨홀점검구

 - 관경 800㎜ 이상의 관로에 대해서는 관로의 시공과 유지관리시 내부 누수공의 확인이나 검사와 보수를 위하여 필요한 장소에 맨홀을 설치하고, 800㎜ 미만의 관로에는 점검구를 둘 수 있다.

11) 기타 부속설비

 - 수격방지설비, 신축이음관, 이형관 보호, 관로의 표지, 전식·부식방지, 수압시험, 하상횡단/하저횡단, 철도 및 간선도로 횡단, 추진공법/쉴드공법, 펌프설비 등

5. 도수거

 - 적정유속(0.3~3.0m/s), 접합정, 도수터널, 수로교, 월류설비, 순찰도로 등 검토

6. 설계도면 및 내역서 작성

 - 수리(수리계산, 구조계산)를 검토하여 도면작성 (설계도면, 시방서 등)
 - 수량, 단위 등 선정 후 단가 및 내역서 결정

Ⅲ. 기타 고려사항

1. 물의 최소저항(최소 마찰손실수두)으로 수송되도록 하며, 유량손실이 적어야 한다.
2. 수질오염사고시 또는 긴급시 등의 비상급수용으로 수량을 확보하기 위한 원수조정지를 검토한다.
3. 합리적인 유지관리를 위해 계측제어설비를 설치하고 장래에 교체하는 경우를 감안하여 검토

도·송수관로의 관경 결정

Ⅰ. 개요

1. 도·송수관로는 어떠한 경우라도 계획수량이 유하할 수 있어야 하므로 관경은 동수경사선에 대하여 선정해야 한다.

2. 자연유하식과 펌프가압식, 병용식이 있다.

   ┌─ 자연유하식 : 시점의 저수위, 종점의 고수위를 기준으로 동수경사를 산정하여 관경 결정

   └─ 펌프가압식 : 펌프흡수정의 저수위와 착수정과의 낙차, 관로의 손실수두로부터 펌프의 전양정을 산정하여 관경 결정

Ⅱ. 관경 결정시 고려사항

1. 신설인 경우

- PC, PVC, 흄관 : 통수능력의 감소가 없는 것으로 하며, 유속계수 C값 130 적용
- DCIP, 강관 : 내용연수 경과에 따라 통수능력의 저하가 생기므로 15~20년 후의 관내면 상태를 고려하여 관경을 결정한다. (C값 초기 130 → 15~20년 후 100 적용)

  (단, 시멘트모르타르, 액상에폭시수지도료 등으로 도장시공한 경우는 통수능력이 감소가 없는 것으로 함.)

2. 확장 및 개량인 경우

- 조도를 실측하여 조도계수를 적용하여 계산한다.

Ⅲ. 관수로 유량공식

- 자연유하식 : Manning식 적용
- 펌프가압식 : Hazen-Willams식 적용

Ⅳ. 경제적 관경 결정

1. 자연유하식 관로

- 시점과 종점의 낙차를 최대한 이용
- 유속을 가급적 크게 하고, 관경은 최소, 관부설비도 최소가 되도록 하여 경제적 관경을 결정한다.

2. 펌프가압식 관로

- 도·송수관경, 펌프 양정 등 상관관계를 조합하여 결정
- 관경을 크게 하면 관부설비, 관 재료비가 증가하게 되며, 관경을 작게 하면 통수저항이 크게 되어 동수경사가 급하고 손실수두가 크고 펌프양정이 커지며 펌프설비비, 전력비가 많이 든다.

3. 경제적 관경 영향요소

- 관부설비, 관재료비, 펌프설비비
- 인건비, 유지보수비, 전력비
- 건설자금 이자율, 감가상각비 등

4. 최종 결정

- 경제적 유속, 경제적 유량, 경제적 동수경사일 때 경제적 관경이 된다.
  또한 LCC, $LCCO_2$ 등도 고려하여 최종 결정한다.
- 도수관의 최소유속한도 0.3m/s(모래침적 방지), 최대유속한도 3.0m/s

접합정

Ⅰ. 개요

1. 접합정이란 주로 자연유하식 관로에 설치하는 시설로서

2. 관로의 일부가 동수경사선보다 높은 경우 관의 상부 내압이 대기압보다 감소하여 수중의 용해공기가 분리되어 관 최상부에 모임으로 통수방해를 일으키거나 우·오수가 침입하므로 설계시 관로가 동수경사선 이하가 되도록 설계해야 하며 부득이 최소동수경사선보다 관로가 상승할 경우 상류측 관경을 크게해서 동수경사선을 상승시키거나 접합정을 설치한다.

3. 일반적으로 접합정을 생략하는 것이 경제적이고 유지관리가 용이하다.

Ⅱ. 설치목적

1. 동수경사선 상승

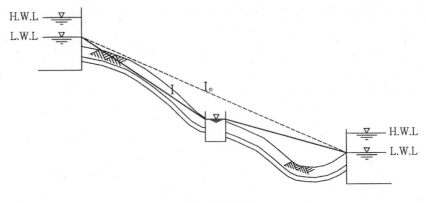

〈동수구배 상승법〉

2. 관로 수압경감

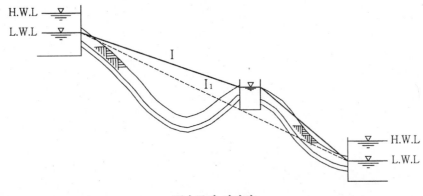

〈동수구배 하강법〉

3. 도수로의 접합

- 둘 이상의 수로에서 온 물을 모아 한 수로로 도수할 때 그 접합부에 설치하는 시설이다.

※ 관로를 동수구배보다 낮추는 방법

(1) 접합정 설치

- 관로의 일부가 동수경사선보다 높을 경우 접합정을 설치하여 관로를 동사경사선보다 낮게 한다.

(2) 관경 변화

(3) 따라서 혐기소화방식을 늘려나가는 것이 바람직하다.

- 접합정 설치 없이 관경을 변화시켜 관로를 동수경사선보다 낮게 하는 방법도 있다.
- 즉 상류의 배관관경을 더 크게 하여 마찰손실을 저하시키는 방법인데, 이 경우 접합정 설치보다 더 합리적인 방법이다.

Ⅲ. 설치위치

1. 관로에 작용하는 정수압이 관종의 최대사용정수두 이하가 되도록하고
2. 배수가 용이한 장소

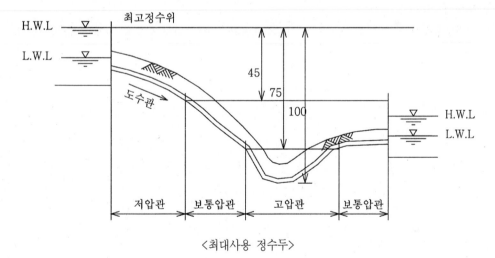

<최대사용 정수두>

Ⅳ. 구조

1. 원형, 각형의 콘크리트구조로서 수밀성 및 내구성을 갖춘다.
2. 유입속도가 큰 경우에는 접합정 내에 월류벽 등을 설치하여 유속을 줄이고 난류발생 방지
3. 유출관은 저수위 보다 관경의 2배이상 낮게 설치하고 유출구와 이토관에는 제수밸브, 제수문 설치

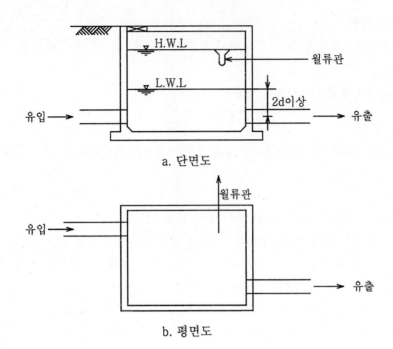

a. 단면도

b. 평면도

Ⅴ. 용량

1. 계획도수량의 1.5분이상

2. 수심 3~5m

3. 계획도수량이 적은 경우 접합정과 최소수표면적이 $10m^2$이상 되도록 설계 (난류발생방지)

상수도 조정지

Ⅰ. 조정지

- "조정지"란 수도사업자가 정수를 저장하고 송수를 조정하기 위하여 또는 비상시를 대비하여 송수시설의 도중 또는 말단에 설치하는 일종의 배수지를 말한다.
- 광역상수도와 같이 여러 수도사업자에게 정수를 공급하는 광역수도사업자는 물을 받는 수도사업자측 배수지 등 시설상황 및 장래계획을 고려하여 적절한 용량의 조정지를 설치할 수 있다.
- 조정지의 유효용량은 실적으로서는 계획수량의 1~10시간분이지만,
  송수량의 시간변동이나 비상시의 수운용방법 등과 물을 받는 쪽의 배수지 용량 및 앞으로의 정비계획을 고려하여 여유수량을 갖도록 결정한다.
- 정수공급사업자와 물을 받는 수도사업자간의 협약서 등에 포함되어야 할 항목은 다음과 같다.
  ① 급수지점
  ② 급수량 및 그 계산방법, 인정기준
  ③ 급수량 조정의 일시·방법, 연간·월간 수수량의 신청방법
  ④ 공급하는 수돗물의 수질
  ⑤ 수질감시를 위한 검사항목, 빈도
  ⑥ 평상시 및 비상시의 상호연락처
  ⑦ 배관, 계측제어설비 등의 관리경계점(도면을 첨부)
  ⑧ 수질관리 경계점
  ⑨ 수량을 계측하는 유량계의 종류
  ⑩ 기타 필요한 사항

Ⅱ. 원수조정지

1. 목적
- 원수를 저장하여 갈수기 취수제한, 수질사고시, 취수시설 개량·갱신을 위해 취수를 중지해야 할 때 단수나 감수의 영향을 완화시키기 위해 도수시설의 일부로서 설치한다.

2. 위치
- 취수시설과 정수시설 사이에 설치

3. 용량

 - 수요수량이 수리권 수량보다 적은 경우 저류해서 비상시 사용

 1) 1일 계획보급량, 보급계속일수를 근거로 산정

 2) 용지확보의 제약 등을 고려

 3) 취수제한의 규모 및 수질사고 발생시 취수 정지기간 등을 고려

 4) 수원, 정수장이 2개이상, 수원사이가 연결관, 정수장 사이가 송수관으로 연결되어 있는
    경우, 수원전체로서 안정성 검토후 용량결정

4. 설비

 - 펌프, 밸브, 월류설비 등

5. 오염방지시설

 - 외부오염방지 울타리 설치 등도 고려

배수지 계획

Ⅰ. 기능
- 배수지는 생산량과 급수량의 조절하기 위해 필요한 시설로서,
- 상류측 사고발생시 등에도 일정기간 단수가 없도록 완충역할을 한다.
- 송·배수관로에서 균등수압 유지로 누수방지와 유수율 향상을 도모하고
- 소화용수의 역할도 겸한다.

Ⅱ. 배수지 용량 결정
1. 배수지의 유효용량
- 배수지 유효용량은 시간변동조정량, 비상시 대처용량, 그 외의 증량을 종합하여 계획1일 최대급수량의 12시간분 이상을 기본용량으로 하고, 상수도시설의 안정성 및 지역특성 등을 감안하여 알맞은 목표용량을 설정한다. 여기에 소화용수량도 고려한다.

  ※ **배수지 용량 = 최소 6시간분 이상 + 소화용수량 + (기타 비상시 대처용량)**

  ┌─ 시간변동조정용량 … 면적법, 누가곡선법 등을 통해 결정(6~12시간분 정도)
  ├─ 비상시 대처용량 … 갈수·수질사고·시설사고, 재해시 응급급수, 지진 등 대비
  └─ 그 외 증량   … 개량·갱신시 용량 확보, 유지관리를 위한 작업수량 등

2. 배수지 용량과 소화용수 산정
1) 계획급수 5만명 이하의 소도시 배수지
"배수지 용량에 가산할" 인구별 소화용수량을 가산한다.
(다만, 상수도 이외의 소화용수공급이 가능하면 예외로 한다.)

인구(만 명)	소화용수량(㎥)
0.5 미만	50
1 〃	100
3 〃	300
5 〃	400

2) 담당급수인구 10만명 이하인 배수관
"계획1일최대급수량에 가산할" 인구별 소화용수량을 가산하여 관경을 결정한다.
(다만, 상수도 이외의 소화용수 공급이 가능하면 예외로 한다.)
⇒ 인구 10만 이상의 도시지역에는 평상시 배수량이 화재시보다 더 크기 때문에 소화용수량을 고려하지 않는다.

3) 소화전 1개의 방수량 1㎥/min 이상

- 동시개방 소화전의 수는 "소규모수도에서 사용하는 소화전 및 사용수량"을 기준으로 정한다.

3. 시간변동조정용량 산정방법

1) 야간에 저류, 주간에 유출시켜 수급조절
2) 배수지 시간변동조정용량은 일최대급수량을 초과하는 사용급수량을 합계한 누계수량으로 경험상 6~12시간분에 이른다.
3) 유효용량 산정방법 : 면적법과 누가곡선법으로 급수량의 시간적 변화에 따른 유효용량 산정한다.

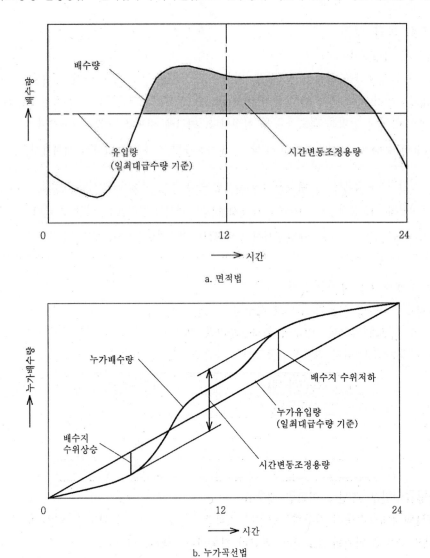

a. 면적법

b. 누가곡선법

Ⅲ. 배수지의 위치 및 높이

1. 배수지의 위치는 이론적인 선정조건보다 급수구역 내의 지형적 조건에 좌우되며,
2. 배수지의 수위는 급수구역내 수용가의 분포상태를 파악하여 수위를 결정하되 시간최대 급수시에 잔류수압이 150kPa 이상이 유지되도록 하여야 한다.
3. 배수지 위치선정시 고려사항
 1) 급수지역의 중앙에 위치하여 용수공급이 원활할 것
 2) 배수관망 계획에 따른 배수지의 적정표고 확보가 가능할 것
  - 높이는 급수구역에 인접한 표고 30~50m 이상에 설치가 이상적이다.
  - 배수지 높이가 높을수록 배수관경을 작게 할 수 있다.
  - 적당한 표고높이가 없는 경우 평지배수지(펌프가압식 배수지) 강구
 4) 송배수시 수리적인 안정성 확보가 가능할 것
 5) 배수관로의 연장 및 공사비 면에서 유리할 것
 6) 부지매입이 용이하고 민원발생의 우려가 적을 것
 7) 배수지 건설시 토공 이동량이 적을 것
 8) 가능한 한 지장물이 없는 위치로 선정할 것

Ⅳ. 설계시 고려사항

1. 측벽구조는 수심이 낮으면 옹벽식, 깊으면 부벽식 또는 라멘식으로 축조한다.
 - 구조상 안전성은 측벽과 슬래브 등이 일체인 라멘식이 가장 좋다.

 부벽식 : 옹벽의 벽체에 또 다른 벽이 있는 옹벽형식
 라멘식 : 2개의 기둥과 그것들을 잇는 아래위의 보로써 만들어지는 사변형 구조로서 압축력(콘트리트)와 인장력(철근)의 2가지 힘에 동시에 강한 통구조

2. 한랭지·혹서지에서는 수온 유지를 위해 상치토 60㎝를 설치한다.
3. 배수지 유효수심 3~6m : 수심이 깊으면 누수 우려
4. 상부 슬래브 경사 1/100 ~ 1/300
5. 배수지 수는 2지 이상
6. 철근콘크리트구조물은 20~30m 간격으로 신축이음
7. 유출관은 나팔관으로 설치, 제수밸브는 유입·유출측에 설치, 환기구, 월류관 등 설치

Ⅴ. 배수지 상부이용

1. 공원, 식물원, 스포츠센터 등으로 이용
2. 배수지 상부 복토 및 시설물의 하중에 안전해야 한다.
3. 정수를 오염시키지 않도록 환기구멍, 차폐 등 조치

배수방식의 비교

I. 자연유하식, 펌프가압식, 병용식 비교

1. 자연유하식 (고지배수지)

- 급수구역 내 적당한 고지가 있는 경우 배수지를 고지에 설치하여 자연유하로 급수

1) 장점

- 수량의 안정성 확보
- 정전시 단수위험 없음
- 관리인원 및 동력 불필요

2) 단점

- 배수지 위치선정시 제약을 받음
- 수압조절이 어려우므로 감압밸브 및 펌프 설치
- 관 부설비가 비싸진다.

2. 펌프가압식 (평지배수지)

- 급수구역 내 적당한 고지가 없을 경우 배수지를 평지에 설치하여 펌프로 수압 유지

1) 장점

- 배수펌프의 조절에 의한 배수량과 배수압 조절이 용이하다.
- 배수지의 위치가 지세에 지배받는 일이 없고 적당한 위치를 쉽게 선정할 수 있다.
- 배수관로의 손상이나 파열시 단수, 감압, 배수량의 조절 등 응급조치가 쉽다.
- 화재발생시 배수압의 저하가 발생할 경우 소화용수 펌프의 가동으로 적정배수압을 유지할 수 있다.

2) 단점

- 정전이 발생하는 즉시 단수된다. → 2회선 수전방식 및 자가발전 등의 대책 필요
- 자연유하식에 비해 유지관리 인원이 많이 소요
- 동력비, 유지관리비가 많다.
- 배수관이 길이가 길어져 수격작용이 발생할 우려가 높다.

3. 적용

1) 배수지의 수량의 안정성 확보 및 유지관리의 경제적 측면에서 고지배수지가 바람직하다.

2) 그러나 소규모 수도시설의 경우 고지배수지가 관 부설비 및 유지관리비 등 경제성 측면에서 불리할 수도 있으므로 지역 여건을 감안하여 계획하는 것이 바람직하다.

II. 직접배수방식과 간접배수방식

1. 직접배수방식

- 정수장에서 직접 배수구역으로 일최대생산량을 공급하고, 부족분은 배수지에 저류된 물로 공급하는 방식 (배수지의 전체용량의 충분한 활용이 어렵다.)
- 단순한 배수계통(소수의 수원, 급수범위가 좁고 급수구역의 지반고 차이가 심하지 않는 곳) 적은 용량의 소도시에 적합

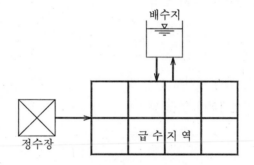

2. 간접배수방식

- 정수장에서 모두 배수지로 보내고 배수지에서 급수구역으로 공급하는 방식
  (배수지의 전체 용량의 활용이 가능하다.)
- 복잡한 배수계통(다수의 수원, 급수범위가 넓고 지반고 차이가 심한 곳) 등 장래 확장시 운영이 용이하다.

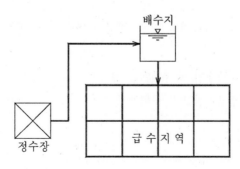

터널배수지

I. 개요
- 지상부의 시공이나 용지취득이 곤란한 경우 또는 주위의 환경을 보호해야 하는 경우 터널식 적용을 고려할 수 있다.

II. 기능
1. 터널배수지는 배수지 기능 외에 송수관의 기능을 겸한 경제적인 시설물
2. 터널배수지는 개수로 형식으로 하고, 지역간 송수관로를 겸한다
3. 배수지 부지 확보가 불필요, 우회 불필요

III. 위치
- 가능한 한 오염원에서 멀리 떨어져 있을 것
- 터널배수지 상부에 시설계획이 없을 것

IV. 구조 및 용량
1. 구조는 터널구조에 준하며 배수계통은 배수지 구조에 준한다.
   - 콘크리트라이닝 등으로 방수조치 (2~10m 직경의 터널을 판다.)
   - 단수 및 청소대비 by-pass관 설치 혹은 2지 이상 설치
2. 용량은 일반배수지 용량에 준하지 않고, 지역여건, 시공최소단면 및 시공성, 경제성 등을 고려하여 결정한다.
   - 사례 : 서울의 북악터널 배수지의 경우, 직경 4.4m, 길이 4.8km, 2개의 원형관
3. 부대장치
   - 유입관, 유출관, 긴급차단장치, 유량제어용 밸브
   - 월류관, 환기장치, 맨홀 및 점검구, 수위계 등

터널배수지 설계시 고려사항

I. 개론

- 터널배수지란 기왕의 송수관로 계획 Line이 터널로 계획되어 있거나 배수지의 설치를 위한 부지확보가 어려운 경우, 터널을 설치하여 배수지 기능 및 송수관로의 기능을 갖도록 한 것을 말하며 청소 및 점검, 보수 등에 대비하여 2열로 설치한다.

II. 터널배수지의 용량결정

1. 터널배수지는 송수관로보다 직경을 크게하고, 자유수면을 갖으며, 중력에 의한 흐름 즉 개수로가 되도록 하여야 하며, 용량은 계획송수량과 배수지 용량을 감안하여 계획하여야 한다.

2. 터널배수지는 한번 시공하면 변경이 어려우며, 운영상 Unknown factor를 감안할 때, 계산에 의한 단면에 여유를 갖도록 계획되어져야 한다.

2. 관경 및 관거경사의 수리계산은 Uniform flow에 의한 계산방식이 아니라 Gradually Vaned flow를 적용하여 계산하여야 한다.

III. 터널배수지의 수위결정

1. 일반적으로 배수지의 수위는 급수구역내의 적정수압을 유지하여 균등급수가 되도록 하기위한 경제적인 수위로 계획하는 것이 바람직하다.

2. 송수관로 겸용의 터널배수지에서는 전체적인 관망해석을 통하여 계획수위를 결정해야 한다.

IV. 터널배수지의 구조

1. 유입부

   1) 수세를 감소시켜 수위의 동요를 안정시켜서 터널배수지에 유입할 수 있도록 송수관 정면에 특수 정류벽을 설치하여 수세의 안정 및 사수지역을 최소화하도록 하여야 한다.

   2) 터널유입부는 수리적 안전과 손실수두의 최소화 및 수면안정 등을 위하여 유입부를 확대하는 것이 바람직하다.

   3) 1열의 보수·점검에 대비하여 By-pass관을 설치한다.

2. 유출부

1) 터널배수지가 저수위이하로 내려갈 때 공기가 유출관에 유입될 수 있으므로 연결관로 의 관저고를 가능한 낮추고, 또한 터널배수지가 일정한 수위이상이 유지되도록 수위와 유출밸브를 연계시켜 제어하는 등의 방안을 검토하여야 한다.

2) 유출부의 연결관로 선단에 나팔관을 설치하여 손실수두를 최소화하도록 하여야 한다.

3. 기타

1) 유출입부에 월류설비 및 Drain설비를 설치하여야 하며, 월류설비는 상단에 수위 조정판 을 설치하여 운영관리시 수위를 조정하여야 한다.

2) 유출입부의 주관로에서 터널로 갈리는 지관의 관경은 1열 특별한 사정이나 사고시를 대비하여 주관과 동일한 관경을 갖는 것이 바람직하다.

Ⅴ. 유지관리를 위한 시설

- 터널배수지를 유지관리하는데 필요한 시설은 다음과 같다.

1. 터널 배수지 유지관리시설

2. 송배수량 조절을 위한 제어시설

3. 터널환기를 위한 시설

4. 수질관리를 위한 시설

배수탑 및 고가수조

I. 개요

- 급수지역내 또는 부근에 배수지를 설치할 고지대가 없는 경우 배수량 조정 또는 배수펌프의 수압 조정을 목적으로 급수지역내 평지에 설치하는 배수시설

II. 특징

1. 급수구역 내 배수량 조정 및 수압조정 용이
2. 건설비가 고가이므로 소규모에 사용됨
3. 경우에 따라 관 부설비 절감
4. 비상용 급수시설로 설치
5. 수량의 안정적인 공급측면에서는 불리하다.

III. 용량

1. 원칙적으로 배수지 용량에 준함
2. 통상 1일최대급수량의 1~3시간 분량, 부족분은 인근 배수지에서 조달

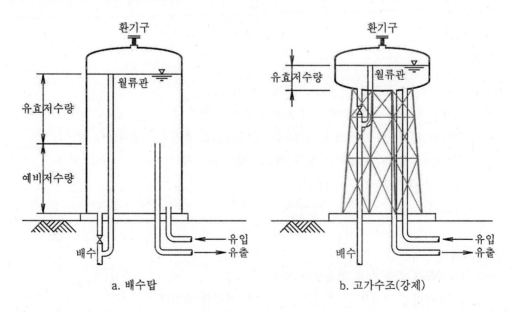

a. 배수탑   b. 고가수조(강제)

배수관망

Ⅰ. 개요

- 배수관망은 평면적으로 넓은 급수지역내의 각 수요점에 배수지에 저류되어 있는 정수를 적절히 분하는 것을 목적으로 하는 시설이며, 원거리 대량수송과 근거리 분배수송 기능을 갖도록 수송·분배기능을 원활히 하고 등압성, 응급성, 개량의 편의를 도모하도록 계획해야 한다. 관망형태는 수지상식, 격자식(망목식), 종합형식이 있다.

Ⅱ. 관망형태

1. 수지상식

- 관이 서로 연결되지 않고 수지상으로 나뉜 형태
- 소규모 수도시설 및 인구밀도가 낮은 지역이 해당한다.

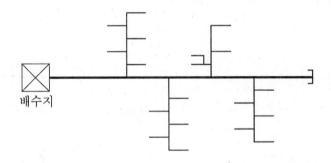

- 특징

  ── 수압을 서로 보완할 수 없고 수압저하가 뚜렷하다.
  ── 배수관 일부가 단수될 때는 그 부분 이후는 단수
  ── 관말단 정체부에 박테리아 번식우려 및 잔류염소 유지가 어렵다.
  ── 관말단에 수질악화 방지를 위해 소화전 등 배수설비 설치
  ── 배수 본·지관의 구별이 어렵다.
  ── 수리계산 간단, 시공간단, 공사비 저렴

2. 격자식

- 그물모양으로 관을 서로 연결하는 형태
- 블록시스템이란 격자식 중 복식과 3중식 배수관망을 말한다.

1) 특징

─ 관내 물이 정체하지 않고
─ 수압을 유지하기 쉬우며
─ 단수시 대상지역을 최소화하며
─ 배수관 사고시 융통성이 있는 운영가능
─ 계산이 복잡, 공사비 고가

2) 관망형태

(1) 단식

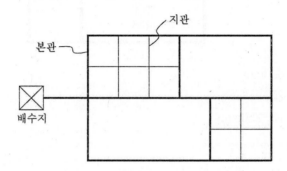

─ 배수본관   : 250~500mm
─ 지관   : 75~250mm

- 현재 배수관망의 전형적인 형태
- 하나의 관로가 송수와 배수기능을 동시에 수행

(2) 복식

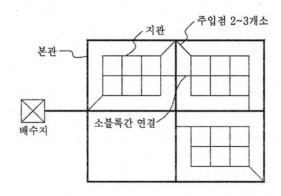

─ 배수본관   : 250~500mm
─ 지관   : 75~250mm

- 단식에 비해 유지관리 기능을 높이기 위한 형태
- 급수분기를 하지 않는 배수본관과 급수분기를 주목적으로 하는 배수지관으로 분리설치

(3) 3중식

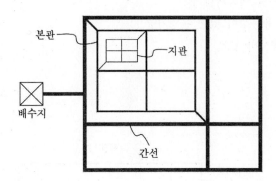

```
┌ 배수간선    : 600mm
├ 본관        : 250~500mm
└ 지관        : 75~250mm
```

- 최고정비 수준의 관망형태
- 관망의 수압 분포와 유량분배가 균등유지된다.
- 관망내 압력조절에 의한 누수방지와 누수조사가 용이해 진다.

3. 종합형태

- 공사비가 적게들고 지형적으로 허용되는 곳에서는 격자식으로 하고 그렇지 못한 지역에서는 수지상식으로 하는 방법

블록시스템(Block System)

Ⅰ. 개요
1. "블록시스템(block system)"이란 전 급수구역을 지형, 도시계획상의 용도구분, 소요급수 수량에 따른 최적의 관리구역으로 나누어 각 구역에 복식 또는 3중식의 배수관망을 설치하는 것을 말한다.
2. 블록시스템은 관망의 3대 목표인 수량의 안정적 공급, 수질의 안전성 확보, 수압의 균등 유지를 달성하는데 기초가 된다.

Ⅱ. 블록시스템의 도입목적
1. 블록간 연대성(배수블록간 연결), 단순성(관로의 규격화, 관로의 통합), 독립성(관로를 수송용 및 급수용으로 기능분리, 대·중·소로 블록 설정)을 통하여
2. 균등한 수압에 의한 급수의 확보, 재해복구의 용이성, 유지관리의 용이성 실현

Ⅲ. 블록시스템의 장점
1. 사고 및 화재시 단수구역 최소화 및 신속 복구
2. 관망 내 등압급수 확보로 관파손 방지 및 누수량 감소
3. 급수구역에 대한 수량, 수질의 안정적 조정 가능
4. 유수율 제고 계획시 기초자료로 활용
5. 갈수시 취수제한, 정수장 이상시 감압급수, 시간 제한급수 등을 할 때 용이하게 대처
6. 배수관망의 수리계산 및 수리해석이 용이하다.

Ⅳ. 블록화 추진
1. 블록화 추진단계

단 계	내 용
1) 블록 설정	· 작성된 관망도를 이용하여 지반고, 지형 및 행정구역 등을 고려하여 대·중·소블록으로 구분
2) 블록별 관망정비	· 소블록별로 관망 재구성 및 노후관, 통수능부족관, 누수관, 다발관 등 교체 및 갱생

<계속>

단 계	내 용
3) 유량계·수압계 설치	· 소블록별 배수지관 유입점에 유량계 및 수압계 설치
4) 블록별 유수율·누수율 분석	· 소블록별 유수율 산정 및 누수율 등 분석
5) 전산화 관리	· TM·TC 구축에 의한 전산화관리

주) 소블록 : 250㎜ 이상의 배수본관으로부터 2~3점의 주입점을 가지는 75~200㎜의
배수지관에 의한 복배수관망

2. 블록화시 고려사항

1) 수원의 블록화 : 대블록별(간선)로 공급되는 수원을 2개 이상으로 한다.

2) 배수지의 블록화 : 중블록별(배수본관) 배수지를 1개 이상 설치

3) 배수관로의 블록화

　── 간선 (600㎜ 이상) : 수원간 상호연결, 배수블록간 연결

　── 배수본관 (250~500㎜) : 배수본관 내 수송, 배수지관 주입점에 물 배분

　── 배수지관 (75~200㎜) : 배수지관 복배수관망 내 수송 및 급수분산

4) 정수지의 블록화 : 사고 등 급수중단시 다른 정수장의 정수를 공급받음

Ⅴ. 결 론

1. 관망의 3대 목표를 실현하기 위해서는 기본적으로 복배수관망 블록시스템이 구축되어야
   하며, 블록간 연결(광역화) 및 수원의 복수화, 배수지 용량증대, 직결급수, 펌프장 정전
   대비, 도·송수관은 2계열로 하고, 흐름은 자연유하식이 되도록 하여야 한다.

2. 여기에 TM·TC를 활용하여 유량 및 수압제어는 물론 부식성 수질제어, 병원균 모니터링,
   잔류염소 모니터링 등도 실시간으로 감시·제어할 수 있도록 해야 한다.

3. 환경부에서는 복식배수관망 블록시스템을 구축하여 블록 내 수압을 2~4kg/㎠로 유지하
   도록 권장하고 있다. 앞으로 전국 253개 기초지자체에 복식배수관망 블록시스템을 구축
   하려면 많은 시간과 막대한 비용을 투자해야 한다.

4. 복식배수관망 블록시스템 구축은 강우양극화, 수자원의 지역적 불균형 등 수자원관리가 유
   달리 어려운 우리나라의 현실에서, 앞으로 용수공급 부족 등에 대비하기 위해, 넓게는 건
   전한 물순환 회복의 일환으로서 비용이 많이 들더라도 조속히 추진해 나가야 할 것이다.

상수도 관망정비의 필요성과 주안점

Ⅰ. 관망정비의 필요성

1. 관망정비는 관망의 3대 목표인 수량의 안정적 공급, 수질의 안전성 확보, 수압의 균등 유지를 달성하기 위해 필요한 것으로서,

2. 효율적인 관망정비를 위해서는 기본적으로 복배수관망 블록시스템을 구축되어야 하며, 수도관 교체 및 갱생, 누수탐사, 기타 블록간 연결, 광역화, 수원의 복수화, 배수지 용량 증대, 직결급수 등이 필요하다.

Ⅱ. 관망정비의 주안점

1. 기존에는 상수관망정비가 관로진단 후, 관로 교체 및 갱생에 국한되어 있었다면, 2007 년부터 상수관망진단은 교체 및 개량만이 아닌 블록화, 관로탐사 등을 병행하면서 관망 을 종합적으로 개선해 나가도록 제시하고 있다.

2. 여기에 TM·TC를 활용하여 유량 및 수압제어는 물론 부식성 수질제어, 병원균 모니터링, 잔류염소 모니터링 등도 실시간으로 감시·제어할 수 있도록 해야 한다.

3. 아울러 관망의 운영관리는 기술력 등이 부족한 지자체 및 수자원공사보다는 전문운영업 체에서 위탁관리 혹은 민영화하는 방안이 적극 검토되어야 한다.

원격감시제어시스템(TM·TC)

Ⅰ. 개요

1. "TM/TC"란 송·배수구역 주요지점에 수압·잔류염소·유량측정 계기를 설치하고 중앙제어실에서 수량의 원활한 공급, 누수방지, 잔류염소의 최소화·균등화를 목적으로 감시·제어하는 시스템이다.
2. 다목적댐 및 광역상수도를 통합하여 관리하도록 계획을 수립해야 한다.

Ⅱ. 원격감시시스템(TMS)

1. 수압감시 TMS
 - 누수위치를 발견하여 누수방지 조치
 - 향후 유수율 제고, 블록화, 관망정비 자료로 활용
 - 송·배수관망 시스템의 고급화
 - 설치지점 : 지형 및 계통을 대표하는 곳, 관 말단 및 블록별 주입점, 설치가 용이한 곳
2. 잔류염소 TMS
 - 수질의 안전성 확보를 목적으로
  ① 잔류염소 균등화로 염소소비량 절감
  ② 잔류염소 최소화로 THM, HAA 등 소독부산물 발생 저감
 - 설치지점 : 주요지점 및 급수구역당 2~3개 설치
3. 유량 TMS
 - 송·배수량을 측정하여 누수방지 및 유수율 제고 자료로 활용

Ⅲ. 원격제어시스템(TC)

1. 배수관망 내 설치한 밸브, 펌프를 원격조작에 의하여 제어하는 시스템
 1) 관말단의 수압을 검지하여 자동적으로 펌프회전수 조절
 2) 감압밸브를 설치하여 timer에 의해 주·야간 감압조작
2. 방식비교

구분	간선·본관 밸브제어	지관 밸브제어
단수조치	지선은 수동조작	전 구역 단·급수 원격제어
제어장치	유지관리 간단	설치비 및 유지관리비가 비싸다.
배수관망	단식	복식 · 삼중식
유량파악	본관유량만 파악	소블록 유량파악으로 누수파악 가능
수압조정	수압의 균등성 확보 난이	수압의 균등성 확보 용이

상수도 급수량 산정방법(절차), 급수량의 적용

I. 상수도 급수량(수요량) 산정절차

1. 목표년도의 설정

- 계획수립시부터 15~20년간을 표준으로 한다.

2. 계획1일평균사용량

$$1일평균사용량 = 생활용수 + 공업용수 + 기타용수$$

- 생활용수 : 가정용, 영업·업무용, 공업용 등으로 구분

  광역상수도 … 과거 사용량 자료기록 사용

  지방상수도 … 용도별 사용량 기준, 주로 시계열모델로 추정

- 공업용수 : 부지면적당 기준, 전용공업용수(침전수)와 공업용수(정수)로 구분

- 기타용수 : 관광용수, 군부대용수, 항만용수, 공항용수 등

3. 계획1일평균급수량

$$1일평균급수량 = 1일평균사용량/목표유수율$$

- 계획1일최대급수량의 0.7~0.85 (대도시 0.7, 중소도시 0.85 정도)

4. 계획1일최대급수량

1일최대급수량 = 1일평균급수량 × 첨두부하율 (1.19~1.51 ; 한국수자원공사 보고서)

- 계획1일최대급수량은 신설의 경우 대상도시와 유사한 도시의 기존자료를 이용하고, 확장의 경우에는 실측자료를 이용한다.

- 첨두부하의 결정 : 해당 지자체의 3년 이상의 1일공급량을 분석하여 산출하며, 분석이 어려운 경우 수도정비기본계획 수립지침이나 외국자료, 관련연구자료 등을 참조

5. 계획시간최대급수량

시간최대급수량 = 1일최대급수량/24 × 시간계수 (1.5~2.5 정도를 많이 사용함)

- 시간계수는 계획시간최대배수량의 시간평균배수량에 대한 비율로서, 각 도시나 배수블록의 물사용실태나 유사한 도시의 실적을 근거로 하여 시간계수 적용 바람직

II. 급수량의 적용

1. 1일평균급수량

- 전력비, 약품비 등 유지관리비 설정,

- 수원지·저수지 유역면적의 결정, 상수도요금의 산정 등에 사용

2. 1일최대급수량

 - 취·도수, 정수, 송·배수시설 및 부대시설의 규모 및 용량 결정

3. 시간최대급수량

 - 배수지 및 배수본관의 용량결정에 사용, 아파트 저수조

Ⅲ. 시설규모의 과대설계여부

 - 예비용량을 감안한 정수시설의 가동률은 75% 내외가 적정하다. 즉, 정수장의 예비능력은 당해 정수장 계획정수량의 25% 정도(1계열에 상당하는 용량)를 표준으로 한다.

1. 1일평균급수량

 - 수원지, 저수지 유역면적　　… 1일평균급수량(A)

2. 1일최대급수량

 - 취수시설, 도수관거　　　　… A × 1.1(110%)

 - 도수펌프, 정수장, 송수펌프 … A × 1.1 + 예비(약 5%) (115%)

 - 송수관거, 배수지　　　　　… A × 예비 (105%)

3. 시간최대급수량

 - 배수관 … 시간최대급수량 (일최대급수량의 시간평균량의 1.5~2.5배 정도)

상수도 관로 설계절차

1. 관로노선의 비교안 작성
- 1/2,500~1/5,000 지도

2. 노선 답사
- 개략규모 판단

3. 노선대체안의 예비설계
- 관로형식, 시공방법, 도로·하천 경유 등 개략설계

4. 관련기관과의 사전협약
- 하수도, 가스, 통신, 전기, 도로점유 등

5. 기본노선의 설정
- 노선선정(안)이 불합격일 경우 예비설계단계로 되돌아가 다시 시행

6. 노선측량,지질·지하매설물조사
- 평면·횡단측량, 지하매설물, 지질, 부식토양 등을 조사

7. 관로노선 기본설계
- 관종, 관두께, 밸브, 주야간 시공, 단수구역 등 기본설계

8. 중심선측량, 종단측량
- 선정된 관로의 점용위치에 대하여 중심선측량과 종단측량 등을 실시

9. 다른 기업과의 최종협의
- 교통통제, 도로점용, 사유지 차용 등

10. 실시설계, 설계도서 작성
- 제도통칙에 따라 토목, 건축, 기계, 전기 및 계측제어, 조경 순 실시설계
  (시설의 골조 상세검토, 수리계산, 구조계산, 수량 및 단위산출 후 설계도 및 시방서 작성)

경제적인 관경 결정

Ⅰ. 개요

도·송·배수관의 경제적인 관경 결정은 공사비, 유지관리비 뿐만 아니라 사회적·환경적 비용을 총체적으로 비교·검토하여 결정해야 한다.

Ⅱ. 고려사항

1. 자연유하식인 경우 시점의 저수위(LWL) 및 종점의 고수위(HWL)에서 최소동수구배를 산정한 후 관경을 결정한다.

2. 펌프압송식인 경우 관경이 작을수록 포설비는 작아지나 펌프용량 및 동력비는 증가하므로 관경 및 펌프 양정 등 상관관계를 조합하여 경제적인 관경을 결정한다.

3. 관경 결정을 위한 Hazen-Williams 공식을 사용할 때 유량계수 C는 15~20년 후를 고려하여 결정한다.

   1) 관경에 상관없이 DCIP는 초기 130, 20년 경과시 DCIP 및 강관은 110이 적당하다고 보고 있으며, 설계시 기존관로의 C값을 조사하여 반영하도록 하고 있다.

   2) 시멘트모르타르로 라이닝한 DCIP는 경과년수에 의한 C값 저하가 없는 것으로 산정

   3) 초기 직선관 130, 곡관부 및 신축관은 110으로 산정한다.

Ⅲ. 경제적인 관경결정

1. 비교검토사항

  1) 공사비

  - 관로공사비 : 토공비, 구조물공사비, 관 재료비, 가시설비, 부대시설비 등

  - 펌프장공사비 : 토공비, 토건 및 기전공사비 등

  2) 유지관리비 : 동력비, 인건비, 수선비

2. 현가계산

  1) 각 관경별 공사비 및 유지관리비에 대한 현가분석을 하여야 한다.

  - 공사비는 관로 및 펌프의 내용연수(보통 토건 40년, 기전 15년)이내에 재투자를 고려하고, 잔존가치는 없는 것으로 한다.

  - 유지관리비는 매년 투자되는 것으로 한다.

  2) 현가계수 : 미래가치의 현재가치화

$$\begin{cases} \text{일시비용 현가계수(공사비)} & = \dfrac{1}{(1+r)^n} \\[2mm] \text{연간비용 현가계수(유지관리비)} & = \dfrac{(1+r)^n-1}{(1+r)^n \cdot r} \end{cases}$$

여기서,　r : 할인율(=이자율)

　　　　　n : 내용연수

3. 경제적인 관경결정

1) 각 관경별로 공사비 및 유지관리비에 대한 상기 현가계수를 곱하여 각각의 관경에 대한 펌프시설 제비용 및 관로시설 제비용을 구하고 그 합으로 총비용을 산정하여,

2) 이 총비용이 최소가 되는 관경이 경제적인 관경이다.

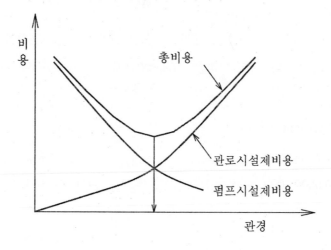

4. LCC 적용

- 경제적인 관경을 결정할 때는 시공 및 운영뿐만 아니라 기획, 설계, 입찰, 계약, 시공, 인도, 운영, 폐기 및 환경보존비에 이르는 모든 비용을 합산하여 결정하는 것이 바람직하다.

※ 수도용관(DCIP)의 경제적 수리기준 (자료 : 상수도 송·배수관로의 설계와 계산 예)

구분	경제적 동수구배(‰)	경제적 유속(m/s)	경제적 유량(ℓ/s)
100 ㎜	9.11	0.66	5.1
350 ㎜	4.52	1.00	95.1
600 ㎜	4.66	1.38	392.0
1,000 ㎜	3.41	1.62	1,269.0

Ⅳ. 현재가 및 연간경비의 예

ex)   조건 – 토목, 건축공사비   : 749,000,000   … ①
            – 기계, 전기공사비   : 988,000,000   … ②
            – 유지관리비   : 164,000,000   … ③
            – 내구연한   : 토목, 건축 – 40년   … ④
                                       : 기계, 전기 – 10년   … ⑤
            – 잔존가치   : 10%
            – 이자   : 10%

sol)

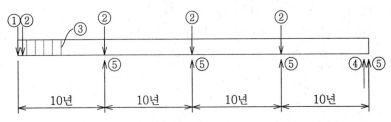

①   749,000,000   ③   164,000,000   ⑤   98,800,000
②   988,000,000   ④   74,900,000

1. 현재가(present worth)

① 749,000,000 $\times$ 1   =(+) 749×10^6

② 988,000,000 $\times$ 1   =(+) 988×10^6

② 988,000,000 $\times \dfrac{1}{1.1^{10}} (=0.386)$ ⎤

② 988,000,000 $\times \dfrac{1}{1.1^{20}} (=0.149)$ ⎬ =(+) 585×10^6

② 988,000,000 $\times \dfrac{1}{1.1^{30}} (=0.057)$ ⎦

③ 164,000,000 $\times \dfrac{1.1^{40}-1}{0.1 \times 1.1^{40}} (=9.779)$ =(+) $1,604 \times 10^6$

④ 74,900,000 $\times \dfrac{1}{1.1^{40}} (=0.022)$ =(–) 1.65×10^6

⑤ 98,800,000 $\times \dfrac{1}{1.1^{40}} (=0.022)$ ⎤

⑤ 98,800,000 $\times \dfrac{1}{1.1^{10}} (=0.386)$ ⎬ =(–) 60.7×10^6

⑤ 98,800,000 $\times \dfrac{1}{1.1^{20}} (=0.149)$ ⎥

⑤ 98,800,000 $\times \dfrac{1}{1.1^{30}} (=0.057)$ ⎦

total   = $3,863 \times 10^6$

2. 연간경비(annual cost)

$$= 3.863 \times 10^6 \times \frac{1}{9.779}$$
$$= 394 \times 10^6$$

※ 공식

┌─ 장래자본 → 현재가 $= \dfrac{1}{(1+r)^n}$

└─ 연간경비 → 현재가 $= \dfrac{(1+r)^n - 1}{(1+r)^n \cdot r}$

여기서,   r : 할인율(=이자율)

n : 내용연수

상수도관 시공후 검사법

Ⅰ. 개요
- 상수도관의 시공후 검사는 도·송·배수 공사를 마친 후 수압시험, 공기압시험, 수밀밴드시험, 비파괴검사 등을 통하여 상수도관의 수밀성을 확인하여 사전에 누수를 방지하기 위해 실시하는 검사이다.

Ⅱ. 수압시험
1. 개요
- 관경 600~800㎜ 이하의 배수관 및 급수관에 적용
- 배관공사 후 복토하기 전 관내 충수하면서 공기를 제거한 후, 하루정도 그대로 두었다가 24시간정도 관의 최대사용압력의 통상 1.5배 이상으로 누수량을 측정한다.

2. 시험순서
1) 임시되메우기
- 배관공사 후 수압시험전 수압시험 중 관이 이동하는 것을 방지하기 위하여 이음부를 제외한 관로에 임시 되메우기를 한다.

2) 충수
- 관로내 일정구간을 제수밸브나 맹플랜지 등으로 분할하여 물을 채운다. 이 때 관내 공기가 배제되도록 서서히 물을 주입하고 이음부나 관체에 누수부분이 없는지 세심하게 관찰한다. 만일 누수부분이 있으면 적절한 지수조치를 한다.

3) 잔류공기배제
- 충수 후 하루정도 잔류공기가 완전히 배체되도록 한다.

4) 수압시험실시
- 시험수압은 관의 최하단부 최대사용압력의 통상 1.5배 이상으로 한다.
- 24시간 정도 시험수압을 일정하게 유지하여 관로에 이상이 없는지 확인하고 이 동안 누수량을 측정한다.
- 누수허용량은 관종, 관경, 이음형식, 수압 및 부대설비 상황 등에 따라 다르나 고무링을 이용한 소켓접합 방식의 경우 관경 1cm, 연장 1km에 대하여 50~100L/일 (AWWA[미국수도협회]의 경우는 25L/일) 정도를 표준으로 한다.

3. 압력유지시험

- 상기와 같은 수압시험을 할 수 없는 경우에는 압력유지시험으로 대체할 수 있다.
- 압력유지시험은 관로를 300m 내외로 제수밸브나 맹플랜지(blind flange) 등으로 분할하여 수동펌프 등으로 시험수압까지 가압하고 수압의 시간적 변화를 확인하는 방법으로 대개 5kg/㎠의 수압으로 10시간 정도의 경과를 측정하는 것이 보통이다.

Ⅲ. 수압대체시험

1. 테스트밴드시험 (= 연결부시험)

1) 주로 700㎜ 이상의 중대형 메커니컬조인트관에 대해서는 테스트밴드를 이용한 수밀시험으로 수압시험을 대체할 수 있다.

2) 시험수압, 유지시간 및 허용압력 저하량에 대해서는 통상 0.5MPa(≒5kg/cm^2)의 수압을 적용하여 0.4MPa 이상의 압력을 5분간 유지하면 합격으로 한다.

2. 비파괴 검사

- 용접이음 강관의 용접부는 (관을 절단하지 않고 배관의 상태를 파악하는 방법으로) 방사선투과검사, 초음파탐상검사, 형광검사, 현미경조직검사, 내시경, 와전류(자분탐상) 등으로 수압시험을 대신할 수 있다.

  주) 자분탐상 : 대상물이 자성을 갖는 물질일 때 자화시켜서 대상물의 결함, 조직변화 등을 검사하는 방법

3. 공기압시험

- 또한 용접이음 강관의 용접부는 (12시간 표준으로) 압축공기를 가하여 공기압의 저하량을 측정하는 방식으로 주로 대구경관에 적용한다.

관로에서의 에너지 손실 및 관련공식

1. 연속방정식

$$Q = A_1 \cdot V_1 = A_2 \cdot V_2$$

2. 베르누이방정식

1) 1차원 이상의 유체흐름에서 적용되며 압력수두, 속도수두, 위치수두의 합은 마찰손실 무시, 에너지손실이 없다고 가정할 때 항상 그 값은 일정하다. 그러나 실제에는 손실수두가 작용한다.

$$Z_1 + \frac{P_1}{r} + \frac{v_1^2}{2g} = Z_2 + \frac{P_2}{r} + \frac{v_2^2}{2g} + h_L$$

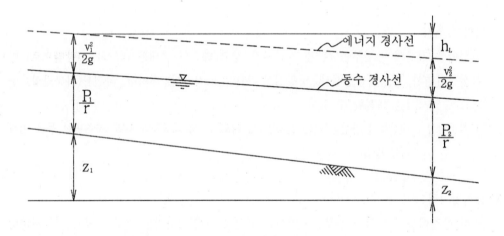

2) 수압과 유속의 관계

- 압력수두 + 위치수두 + 속도수두 $= \dfrac{p}{\gamma} + z + \dfrac{v^2}{2g}$ = 일정

- 위치가 일정하다면 위치수두 = 0 이므로

$$\frac{p}{\gamma} + \frac{v^2}{2g} = \mathrm{const.}$$

- 또한, 관로구경(즉 관로단면)이 일정하다면,

$$v = \sqrt{2gH}, \quad H = \frac{p_1 - p_2}{\gamma} \quad \text{가 되므로} \quad \therefore v \propto \sqrt{\Delta p}$$

3. 기타 관련 공식

1) Manning 공식 (개수로, 관수로에 사용)
 - 콘크리트의 원형관 및 구형거의 손실수두 산정

$$V = \frac{1}{n} R^{2/3} I^{1/2}$$

여기서,　n : 조도계수, $sec \cdot m^{1/3}$

（콘크리트관 0.011~0.015, 보통 0.013）

2) Darcy-Weisbach 공식 (손실수두 산정공식)
 - 강관, 주철관의 하수도시설 손실수두 산정과 관로가 짧은 경우의 상수도시설 손실수두 산정에 사용된다.

$$h_L = f \cdot \frac{L}{D} \cdot \frac{v^2}{2g}$$

여기서,　h_f : 손실수두(m)

L : 관 길이(m)

f : 손실계수

D : 관경(m)

v : 관내 유속(m/s)

3) Hazen-Williams 공식 (장대관로, 압송관로에서 사용)
 - 상수도의 관로가 긴 경우 배수관로는 Hazen-Williams공식을, 급수관로는 Weston공식을 사용한다.

$$Q = VA, \quad V = 0.849\, C\, R^{0.63}\, I^{0.54}$$
$$Q = 0.279\, C\, D^{2.63}\, I^{0.54}$$

여기서,　C : 유속계수 (범위 80~150, 보통 100)

주철관 130 (20년 경과시 110 적용)

강관 (20년 경과) 100

흄관 130, PVC·PE관 130, 도장된 강관 130

유리섬유강화플라스틱관 150

4) Chezy 평균유속공식

$$V = C \sqrt{(R \cdot S)}$$

여기서,   C   : Chezy의 마찰손실계수($= \sqrt{8g/f}$)

S   : 동수경사($= h_L/L =$ 손실수두/단위길이)

5) Colebrook-white 공식
 - 마찰손실계수(f)를 구하는 경험공식

$$\frac{1}{\sqrt{f}} = 1.14 - 2\log\left[\frac{k}{D} + \frac{9.35}{Re\sqrt{f}}\right]$$

6) Kutter 공식 (원형관)

$$Q = V \cdot A \qquad V = \frac{N \cdot R}{\sqrt{R} \cdot D}$$

손실수두 공식

⇒ 손실수두 = 마찰손실수두 + 미소손실수두

Ⅰ. 직관에서의 손실수두

1. 비교적 긴 관로

- 관경 75㎜ 이상에 대해서는 배수관의 관경에 사용되는 Hazen-Williams공식

$$H_L = 10.666 \cdot C^{-1.85} \cdot D^{4.87} \cdot Q^{1.85} \cdot L$$

- 관경 50㎜ 이하에 대해서는 급수관의 관경에 주로 사용되는 Weston공식

$$H_L = \left(0.0126 + \frac{0.01739 - 0.1087D}{\sqrt{v}}\right) \times \frac{L}{D} \cdot \frac{v^2}{2g}$$

여기서, H_L : 마찰 손실 수두(m)

  D : 관의 내경(m)

  v : 관내 평균유속(m/s)

  L : 급수관의 길이(m)

  g : 중력 가속도(m/s^2)

2. 짧은 관로

- 펌프장 내에서와 같이 짧은 관로에서는 달시·와이즈바하(Darcy-Weisbach)식을 적용하는 것을 원칙

원형관 : $h_f = f \cdot \dfrac{L}{D} \cdot \dfrac{v^2}{2g}$ ($f = 0.04 + \dfrac{1}{1,000D}$ 또는 $\dfrac{12.7 \times g \times n^2}{D^{1/3}}$)

구형관거 : $h_f = f \cdot \dfrac{L}{R} \cdot \dfrac{v^2}{2g}$ ($f = \dfrac{2g \times n^2}{R^{1/3}}$)

3. 기타

- Manning공식, Kutter공식(주로 원형관로). Chezy 공식, Colebrock-White 공식 등

Ⅱ. 기타 손실수두

- 유·출입 손실수두 : $h_{i,o} = (f_i + f_o)\dfrac{v^2}{2g}$

- 굴곡에 의한 손실수두 : $h_b = f_b\dfrac{v^2}{2g}$

- Orifice에 의한 손실수두 : $h_{or} = (\dfrac{v}{2.75})^2$

- Gate에 의한 손실수두 : $h_g = f_g\dfrac{v^2}{2g}$ (f_g : 장애손실수두[1.5 정도])

- 유공정류벽에 의한 손실수두 : $h_g = \dfrac{1}{K}$ (K : 유공정류벽 손실계수[0.6 정도])

- 그 외 점축, 점확, 스크린, 월류트로프, V형 위어, 전폭위어 손실수두 등이 있음.

관망해석과 Hardy Cross법

I. 개요

1. 배수관망 수리계산은 배수지의 수위(H), 노선의 배치(L), 관경(D), 절점유출량(Qe), 관내면상태(n, f)를 정한 상태에서 유량보정법 혹은 수위보정법으로 구한다.

2. 배수시스템에서 제어하는 항목은 관로유량이 아닌 격점별 수압이므로 수리계산시 통상 수위보정법을 적용한다.

II. 배수관망의 해석방법

1. 수지상식 배수관망

 - 단일관로이므로 관로말단의 최소동수두를 150kPa로 하여 각 관로의 손실수두를 고려하여 배수지의 저수위를 구한다.

2. 격자식 배수관망

 - 폐회로 내에서 Block system을 전제로 한 관망해석을 하며, 해석방법에는 수학적 해석법, Hardy cross법, 등치관법 등이 있다. 유량공식은 Hazen-Williams 공식을 사용한다.

 - 관망이 간단한 경우에는 등치관법 등에 의해 계산될 수 있지만, 관망이 대단히 복잡한 경우에는 Hardy Cross법을 많이 사용한다. 또한 최근에는 컴퓨터의 발달로 수리계산프로그램(EPAnet 등)이 도입되어 많이 사용되고 있다.

III. 유량보정법(Hardy cross법)

1. 정의

 - "Hardy cross법"이란 각 관로의 유량을 가정한 후 수리학적으로 평행이 될 때까지 수정치를 사용하여 계산을 반복하여 실유량과 손실수두를 구하는 반복근사법의 일종이다.

 - 이 방법을 사용하면 가정된 유량을 적용하여 관망에서의 유량과 손실수두를 정확히 계산할 수 있으며 보정유량도 구할 수 있는 것이 특징이다.

2. 가정

1) 각 격점에서 유입량과 유출량은 같다.($\Sigma Q = 0$)

2) 각 폐회로에서 시계방향 및 반시계방향의 손실수두의 합은 0이다.($\Sigma h = 0$)

3. 계산과정

1) Hazen-Williams공식 : $Q = KCD^{2.63}I^{0.54} = S(\dfrac{h}{L})^{0.54}$ ············ (1)

2) h에 대해 정리하면 : $h = kQ^{1.85}$ ············ (2)

3) Q(정유량)$= Q_0$(가정유량)$+ \Delta Q$(보정치) 를 (2)식에 대입

4) 폐회로이므로 $\Sigma h = 0$

  $\rightarrow \Sigma h = k(Q_0 + \Delta Q)^{1.85} = 0$

5) ΔQ로 정리하면 : $\Delta Q = -\Sigma h / 1.85\, \Sigma\dfrac{h}{Q_0}$

6) ΔQ가 허용오차범위로 감소할 때까지 반복 계산한다.

Ⅵ. 절점수위 보정법

1. 절점수위를 미지수로 하여 직접 구할 수 있고, 절점수압을 지정하기가 쉬우며, 폐회로를 구성하지 않아도 된다.

2. 따라서 관로결손, 유량부족, 다점주입, 누수 등의 문제도 해석할 수 있다.

등치관법

I. 개요

1. 동일유량에 대하여 다수관과 단일관의 수두손실이 같다고 가정하고 해석하는 방법

2. 수리계산 프로그램(EPAnet 등)이 도입되기 전에 복잡한 관망을 간단히 하기 위해 주로 사용되었다.

3. 또한 등치관법을 이용하면 미소손실계수(k)를 등가길이(L_e)로 대치할 수 있다.

$$h = k\, \frac{v^2}{2g} = f\, \frac{L_e}{D}\, \frac{v^2}{2g} \quad (L_e = k\, \frac{D}{f})$$

여기서, L_e : 등가길이
k : 미소손실계수
f : 마찰계수
D : 관 직경

II. 해석방법

1. 병렬연결

- 각 지점의 손실수두가 일정
- $Q = Q_1 + Q_2$

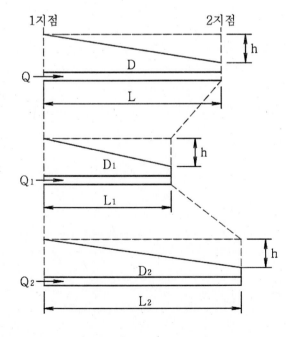

1) $h = h_1 = h_2$

2) $Q = K\, CD^{2.63} I^{0.54} = S h^{0.54}$

3) $S h^{0.54} = (S_1 + S_2)\, h^{0.54}$

$$\therefore \frac{D^{2.63}}{L^{0.54}} = \frac{D_1^{2.63}}{L_1^{0.54}} + \frac{D_2^{2.63}}{L_2^{0.54}}$$

2. 직렬연결

- 각 지점의 손실수두가 일정
- $Q = Q_1 + Q_2$

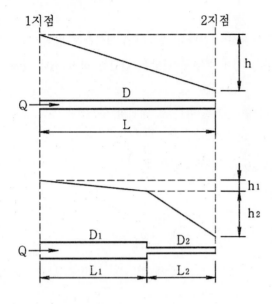

1) $h = h_1 = h_2$

2) $Q = K\,CD^{2.63}\,I^{0.54} = S\,h^{0.54}$

3) $S\,h^{0.54} = (S_1 + S_2)\,h^{0.54}$

$$\therefore \ \frac{D^{2.63}}{L^{0.54}} = \frac{D_1^{\,2.63}}{L_1^{\,0.54}} + \frac{D_2^{\,2.63}}{L_2^{\,0.54}}$$

유수율 향상방안

Ⅰ. 유수율이란?

1. 전체생산량에서 유수수량(요금수입이 되는 수량)이 차지하는 비율 (성과지표로 사용)
 - 유수수량 = 요금수량 + 분수량 + 기타 공원용수 등 요금수입이 되는 수량

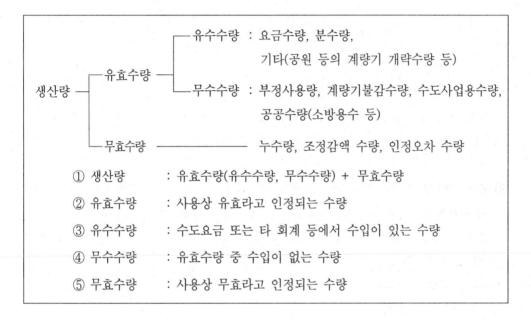

① 생산량   : 유효수량(유수수량, 무수수량) + 무효수량
② 유효수량   : 사용상 유효라고 인정되는 수량
③ 유수수량   : 수도요금 또는 타 회계 등에서 수입이 있는 수량
④ 무수수량   : 유효수량 중 수입이 없는 수량
⑤ 무효수량   : 사용상 무효라고 인정되는 수량

2. 전국평균 유수율 82.6%('09년) (서울 99%, 태백권 45%)
 - 2009년 현재 급수인구 4,600만, 1인1일급수량 332L/인·일
 - 급수보급률 93.5% (서울·제주도 100%, 울산 96.5%)

Ⅱ. 유수율 향상방안

1. 유수율 분석

 ⇒ 우선 유수율 저조현상이 부과량 미흡인지 공급량 과다인지를 파악하여 유수율 제고를
    시행

 1) 부과량 미흡대책 : 계량기 적정 구경 및 설치위치, 불량상태 등을 조사

 2) 공급량 과다대책 : 공급량이 높을 경우 옥외·옥내 누수탐사 및 절수, 공급량의 변동체크
                    를 위해 수시로 공급유량을 감시, 필요한 곳에는 수압계를 설치하여
                    수압변동사항을 수시로 감시

2. 유수율 향상방안

1) 유수율을 높인다는 것은 유효수량 중 무수수량과 무효수량을 줄이는 것으로 이중 약 20% 정도에 달하는 누수량, 부정사용량, 계량기 불감수량 등을 적극적으로 줄이는 것이 가장 효과적이며 확실한 방법이다.

- 유수율 향상방안(제고를 위한 추진방안)은 다음과 같다.

① 관망도 작성 및 전산화 도입

② 수도관의 블록시스템 구축

⇒ 구축절차 : 블록설정 → 블록별 수도관 정비 → 유량계·수압계 설치 → 유수율·누수율 분석 → 전산화 관리

③ 노후 수도관 교체 및 정비

④ 부적정 및 노후 수도계량기 교체 및 정비

⑤ 실사계측 및 보완

⑥ 정수시설 기술진단 및 배수지 추가설치, 감압밸브 설치 등

2) 또한, 유수율 향상을 위한 관망 블록화 및 노후관 교체 등의 사업에 앞서 정확한 생산량 분석체계를 구축하는 것이 필요하며, 무수수량은 정확하게 계측되어야 한다.

- 유수율 향상을 위해서 관망최적관리시스템을 구축하여 활용하는 것이 가장 효과적이며, 여기에는 다음과 같은 것들이 있다.

① 송·배·급수체계 정비 및 블록시스템 구축

② 상수도관망 종합정비

③ 상수도관망 유지관리시스템 구축

⇒ 따라서 전국의 상수도관망을 권역별로 통합하여 지역별 상수도요금의 현실화 및 적정요금의 평균화가 필요하며, 기존관거의 블록화 및 교체 등에 의한 누수량 감소 및 부정사용량의 감소, 계량기 교체에 의한 계량기 불감수량의 감소 등을 위한 상수도관망 최적관리시스템의 중요성이 부각되고 있다.

누수의 원인 및 대책 (=노후화 원인)

I. 관로 누수의 원인

누수 원인		누수방지대책
1. 수압	관내수압 급변	→ 수압의 적정화
2. 관거	본관의 노후화	→ 적절한 관종 선정, 불량관 교체·갱생
	관재질의 부적합	→ 저질 관자재 사용금지
3. 연결부	접합부, 제수밸브 등 누수	→ 관거 연결, 이음부 수밀
	소화전, 분수전 등의 누수	→ 패킹부분 등 재정비
4. 부식	관의 내면부식	→ LI지수 개선 등 (관내 수질의 화학적 부적합)
	관의 외면부식	→ 토양부식, 전기부식 등 방지

II. 누수예방 및 감소대책 (상수도관망에서의 누수관리)

1. 관로 구성

- 배수관로의 연장을 최소화함으로써 관로의 접합수를 줄이고
- Block간 분기부에 제수밸브를 설치하여 급수사고 발생시 구간 단수로 신속한 사고처리

2. 관의 재질

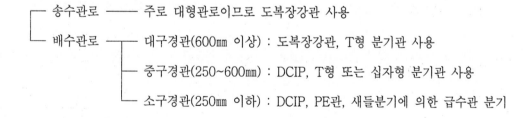

3. 배수관로의 점검

- 누수예방과 조기발견을 위하여 배수관로를 유지관리지침에 따라 순찰해서 점검한다.

4. 노후관 갱생·교체

- 관별로 통수능 시험 등 정확한 조사후 대상관의 선정과 우선순위를 결정하여 시행

5. 관부설공사의 시공품질 향상

- 관로공사시 전문용역사에 의한 감리 및 감독을 철저히 하고
- 되메우기 작업전에 수압시험을 반드시 실시하도록 한다.

6. 관 부식 방지

- 관의 내면부식은 관의 통수능력 저하, 철관에서의 적수문제 등 수질오염을 유발하며,
- 관의 외면부식(토양부식과 전기부식)은 흙과 접촉되어 누수의 직접적 원인이 된다.

7. 부정급수전에 의한 무수방지

- 부정급수전(경찰서, 소방서, 공동기관)에 의한 무수율과 계량기 고장 또는 계량기 미부착에 의한 무수율을 낮추는 방법 강구

Ⅲ. 누수조사방법 및 조사기기

1. 누수 조사방법

1) 정성시험
 - 청음봉의 파열음, 구역계량방법, 수압감시, 잔류염소, pH, 수온, 전기전도도 등
2) 정량시험
 - 직접측정법(개별조사법, 표본조사법), 간접측정법(자기기록 유량계 이용), 사용수량에 의한 추정법

2. 조사기기

- 유량계, 청음봉, 수압측정기, 잔류염소측정기, 전기전도도계, pH미터, 수온계 등

상수관로 누수판정법 및 누수량측정법

Ⅰ. 개요
- 누수율 산정시 누수량을 정확히 할 수 있는 시설구비가 필요하다.

Ⅱ. 정성시험

방법	특징
파열음	파열음을 청음봉으로 감지
구역계량방법	야간에 대상구역을 제수밸브로 폐쇄한 후 유량측정을 하고, 과다유량 계량시 청음봉으로 누수탐사
수압감시	간선 등에 설치한 수압측정기의 자료를 활용하여 수압변동이 평소와 다른 경우 청음봉으로 누수탐사
잔류염소	오르토톨리딘용액 또는 DPD시약을 넣어 색깔변화 확인 후 누수여부 판별
pH	수도수와 지하수 등은 pH 값이 서로 다름(수도수는 중성, 지하수는 약산성)
수온	지하수는 온도의 연중 변화가 적음
전기전도도	지하수 200μS/cm, 수도수 400μS/cm, 하수 500~1,000μS/cm 정도

주) 전기전도도

- 1μS/cm : 1cm이동하는데 걸리는 siemens(siemens=1/Ω=ampere/volt)
- $R(전도체저항) = \rho(고유저항 : \Omega \cdot m) \dfrac{l(두전극간거리 : m)}{S(단면적 : m^2)}$　⇒　$L(전기전도도) = \dfrac{1}{R}$

Ⅲ. 정량시험

1. 직접측정법

1) 측정구역 내 모든 사용수량을 배제(지수전을 닫은 상태)하고 누수량을 측정하는 방법
2) 순환방식과 추출방식이 있다.

순환방식 (개별조사법)	· 급수구역을 여러 개의 조사구역으로 분할 후, 3~5년마다 각각 순차적으로 조사하는 방식 · 정밀도는 높으나 인력과 시간이 많이 소요됨.
추출방식 (표본조사법)	· 급수구역 중 표본구역을 총연장의 3~5%정도로 추출하여 누수량을 조사하는 방식 · 정밀도는 떨어지나 인력과 시간이 적게 소요됨.

2. 간접측정법

1) 자기기록유량계를 이용하여 야간(2~5시)에 수용가 지수전을 <u>닫지 않은</u> 상태에서
   통상 직접측정법의 추출방식과 같은 방식으로 대상구간을 선정한 후 누수량 측정
2) 급수구역 내 다량 사용자의 지수전은 폐쇄한다.

3. 사용수량에 의한 추정법

1) 구역이 블록화 되어 있고, 2점 주입지관을 갖는 소블록마다 유량계가 설치된 경우
   배수량과 유효량이 차이로 누수량을 추정하는 방법
   (계량기 불감수량에 의한 오차발생률이 높다)
2) 소블록 기준 : 누수량 = 유입량 - (사용수량 + 인정수량)

Ⅳ. 누수허용량

1. 상수도 생산단가, 포장복구비, 누수방지기술, 종업원 수 등을 고려하여 누수허용량은 약
   10%로 하는 것이 적당하다.
2. 누수량은 수압에 따라 변하므로 측정값의 수압은 평균수압으로 환산한다.

$$Q = \sqrt{\frac{P}{P_o}}\ Q_O$$

여기서,   Q : 관내수압이 P일 때 누수량

Ⅴ. 현장 적용추세

1. 누수여부는 구역계량방식과 병행하여 청음봉과 약품을 이용하여 간단히 파악하고,
2. 누수량은 일본의 경우 야간에 200호 기준 순간적으로 2~3회 수도를 사용하지 않는 때
   를 기준으로 산정한다.
3. 그러나 체계적으로 누수량을 측정하려면 순환방식의 직접측정법이 가장 효과적이다.

Ⅵ. 앞으로의 과제

1. 국내의 누수 저감율을 유럽, 미국, 일본 등 선진국과 비교해 볼 때 10년 정도 격차를 나
   타내고 있다. 누수의 평가지표인 유수율은 일본의 경우 '97년 88%, 우리나라의 경우
   '05년 79%(서울 88%) '09년 82.6%로서 현저한 격차가 나타나는 것을 알 수 있다.
3. 이는 상수도관망을 관리하는 지방자치단체와 한국수자원공사의 공급에 치우친 수요위주
   관리 때문으로, 투자비용 및 기간을 많이 요하더라도 복식관망 및 TM·TC 도입이 이루
   어져야 한다.
   ⇒ 평택시의 경우 상수도 원격감시시스템(배수지별 유출수량급수구역별 사용수량 실시간 감
   시)을 도입하여 유수율을 79%('99년)에서 85%('05년)로 향상시켜 유수율 1% 향상시 약
   3억원의 상수도 사업경영수지 개선효과를 나타냈다고 보고하고 있다.

누수방지대책

Ⅰ. 개요

1. 우리나라는 물이 부족한가?

  1) 우리나라는 UN 산하기관인 PIA(국제인구행동단체)가 정한 물압박국가로 분류되었다.

   - 물압박(Water-Stressed)국가 ; 1인당 수자원 가용량 1,000~1,700m³인 경우

  2) 유럽환경청에서도 우리나라의 물사용지수는 31%로 수요와 공급의 집중적인 관리가 필요한 국가군으로 분류하였다.

$$물사용지수(WEI) = \frac{담수사용량}{가용담수수자원량} \quad ; 20\%이상이면 물부족을 나타냄$$

  3) 영국수문학센터(CEH)의 물빈곤지수(WPI) 62.4점(100점 만점)으로 147개국 중 43위 수준이지만 1인당 수자원량과 물이용량은 매우 높은 국가군으로 분류되어 앞으로 물부족이 예상된다.

  4) 수자원장기종합계획상(05년) 2011년경부터는 용수부족이 예상된다고 보고하고 있다.

2. 물 부족에 대한 대비 및 하천수질개선을 위해 물 수요관리의 일환으로서 누수방지대책은 대단히 중요하다.

Ⅱ. 누수방지의 필요성

1. 한정된 수자원의 효율적 이용

- 우리나라는 강우 양극화, 수자원의 국지적 불균형, 대다수 짧고 경사가 큰 하천, 얕은 대수층, 세계 3위 인구밀도 및 세계 최고수준의 1인당 물사용량 등으로 물관리가 매우 어렵다.

2. 누수지점의 수압저하로 인한 수질오염방지

- 물수요관리 일환으로서 뿐만 아니라 수질의 안전성(잔류염소 균등화최소화 등) 확보차원에서도 누수방지의 필요성은 매우 크다.

3. 경제성 향상

- 평택시의 경우 유수율을 '05년까지 7년간 85%까지 6% 향상시키면서 유수율제고 1%당 상수도 사업경영자금을 연간 3억 원 정도의 절감했다고 보고하였다.

Ⅲ. 누수 발생원인

1. 관내 수압변동

  - 관내 수압이 높으면 단기간에 많은 파열사고 발생

  - 수격작용(water hammer)의 발생으로 관의 이음이 느슨해짐

  - 수압의 고저반복으로 관의 피로

2. 관의 기초, 외부하중
 - 지반침하로 인한 관 파열, 이음부 이탈
 - 지진, 활하중에 의한 진동으로 관이음부가 이탈
3. 관의 부식
 - 내면부식
 - 외면부식, 전식 등

Ⅳ. 누수판정법 및 누수시험법

 1. 정성시험
  1) 청음봉에 의한 탐사
  2) 구역계량방법
  3) 수압측정에 의한 방법
  4) 잔류염소 측정법
  5) 전기전도도법
  6) 그 외 pH 측정법, 온도측정법 등
 2. 정량시험
  1) 직접측정법(순환방식과 추출방식)
  2) 간접측정법
  3) 사용수량에 의한 추정법

Ⅴ. 누수방지대책

 1. 관체정보 등 통계화
 2. 노후관 교체
 3. 관망도 전산화
 4. 기술지도 및 훈련강화
 5. 관종 선정

```
┌─ 배수관로   : 소구경관로 PE관, 중구경관로 DCIP, 대형관로 도복장강관
└─ 송수관로   : 대부분 대형관로이므로 도복장강관 사용
```

 6. 배수관로 점검
 7. 유수율 제고(提高)
 8. 관망 구성 : 배수관망 정비 및 배수관망도 작성/전산화시스템 도입
 9. 수압 조정 : 배수구역의 등압화

※ 상수관망 로봇

> (1) 지하에 매몰되어 관리에 어려움이 많은 수도도 관망관리에 최첨단 로봇을 투입하는 시범사업 추진(환경부, 2011.7)
>
>   ⇒ 국내 처음으로 태백시 등 누수가 많은 지역의 상수관망관리에 투입
>
> (2) 개발된 로봇을 이용할 경우 지하에 매설되어 조사하지 못했던 관내부의 실제상태를 직접 확인할 수 있다.
>
> (3) 그간 경과년수만을 고려하여 관망을 교체하였으나 세척/갱생로봇으로 문제부분만 갱생할 경우 관로의 수명연장효과 등을 기대할 수 있다.
>
> (4) 노후관망 교체시장(세계 약r 688조원)으로 진출할 수 있는 교두보를 마련할 수 있을 것

Ⅶ. 현황 및 추진방향

1. 우리나라의 누수방지기술은 선진국에 비해 현격히 뒤떨어져 있다.

   누수의 평가지표인 유수율을 일본과 비교했을 때 일본 '97년 88%, 우리나라 '05년 79%(서울 88%), '09년 82.6%로서 현저한 격차가 나타나며, 그 원인은 다음과 같다.

   ┌ 수도사업자의 폐쇄적 운영관리 : 자료공개 비협조, 민간참여 봉쇄, 기술개발 부족
   └ 정부지원 부족 : 미·일의 경우 송·배수시스템 위주로 막대한 예산을 투자하고 있다.

2. 앞으로 상하수도시장 개방에 대비하여 내수시장을 확보하고 해외진출을 위해서도 송배급수시스템에 민간참여가 필요하고, 정부의 예산투자 확대가 필요하다.

3. 누수방지를 위한 대책 및 누수저감기술 개발 등은 복잡하고 많은 시간과 비용을 요구하지만 물수요관리 및 하천수질 개선(물순환 불균형의 해소)의 일환(一環)으로서의 비용보다 효과를 우선하는 쪽으로 정부의 인식변화와 시민사회의 협력이 모아져야 한다.

상수관 갱생

Ⅰ. 개요

1. 상수관의 갱생은 노후관, 통수능 부족관, 직결급수시 고수압관 등을 대상으로 관거 내용년수 향상, 관거 유하능 확보, 관거 파손방지 등의 목적으로 시행하는 것이다.

  ⇒ "갱생(Renovation)"은 노후관을 교체하지 않고 기존 매설관의 구조상 기능을 활용하여 보강공법에 의해 악화된 관로의 기능개선을 도모하는 것으로, 주로 라이닝공사를 말한다.

2. 급수구역 내 2.8% 관로 교체 및 갱생으로 유수율이 통상 1% 정도 향상된다.

Ⅱ. 갱생계획

  ⇒ 갱생절차 : 기초조사(정보수집, 관로진단) → 우선순위 결정 → 공법 선정 → 사업시행

1. 기초조사

 1) 정보수집

```
┌─ 관체정보        : 관종, 관경, 내용년수, 매설년도
├─ 매설환경정보    : 포장상태, 토질, 교통량
├─ 관로 수리·수질정보  : 수압 등 수리계산 결과값, 잔류염소거동 모델링값
└─ 사회적 정보      : 중요도, 급수량 등
```

<진단목적 및 진단항목>

진단목적	진단항목				
노후화 대책	관종관경,	내부식성,	토양,	관 이음,	시설상황, 통수능
관로보강	관종,	내부식성,		도장상태,	도장상태, 수량수질수압
직결급수 대책	관종관경,	내부식성,		관 이음,	내압성, 수량수질수압
내진화 대책	관종,	내부식성,	토양,	관 이음,	내진성,

 2) 관로진단

```
┌─ 간접진단 : 현장에 나가지 않고 통계적 수법 및 과거 사고이력에 의해 관로상태 추정
└─ 직접진단 : 현장에 나가서 물과 토양 및 관의 상태를 샘플을 직접 채취하여 관로상태 조사
```

2. 우선순위 결정

- 관로진단 결과, 갱생의 효과, 시공조건(경제성, 시공성), 긴급성 등을 고려하여 결정

3. 공법 선정

1) 경제성 분석

 - 보수·보강으로의 회복가능 여부 및 비용을 고려, 교체할 것인지 갱생할 것인지 결정

2) 관경에 의한 결정

```
┌─ 300㎜ 미만  : 세관 후 라이닝
└─ 400㎜ 이상  : 호스라이닝(Hose lining), PIP(Pipe in pipe) 등 보수·보강
```

4. 사업시행

Ⅲ. 갱생공법

- 관벽의 스케일 및 녹을 제거하는 세관작업을 하고,
- 세관작업 후 보수·보강에 의해 회복이 가능한 경우 소구경관은 라이닝, 중대구경관은 재생시킨다.
- 보수·보강으로 회복이 어려운 경우는 대상구간 교체

1. 세관 : 관벽의 스케일 및 녹 제거

Scraper 공법 (metal cleaning)	· 금속 scraper를 튜브 속에 꼽고 견인하거나 수압으로 metal cleaner를 밀어주어 제거하는 방법 · 견인식 : 250㎜ 이하, 수압식 : 250㎜ 이상
Jet공법	· 특수고압펌프로 물을 가압하여 특수노즐에 의해 jet류 형성한다. · 주로 관경 400mm 이하의 에폭시수지도료의 라이닝공사시 많이 사용됨.
Air sand 공법 (Sand blast)	· 선회류를 발생시킨 상태에서 미세모래를 주입할 때 발생하는 모래의 전단력으로 세관 (흡입식과 직압식으로 구분, 국내에서 가장 많이 사용)
Polly pig 공법	· 폴리우레탄 재질의 포탄형 물체를 관로 내 삽입 후, 평시수압을 가하면 물체 선단에 제트류가 형성된다.(돼지꼬리모양의 Jet류가 형성되므로 pig라 부름) · 다굴곡 및 연속 관경변화 구간에 효과적
초음파 세관	· 초음파를 세관액 중에 방사하면 매초 수천만회 이상의 공동(cavity)이 발생·소멸하면서 이때의 강력한 에너지로 세척하는 방법 · 배관표면 및 내부 깊숙한 곳까지도 손상 없이 신속완벽하게 세척한다.

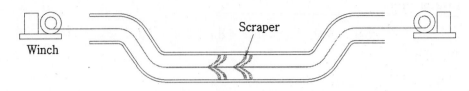

<견인식 Scaper를 이용한 세관>

2. 라이닝(Lining)

1) 세관 후 그대로 방치하는 경우, 관벽에 급격한 부식이 진행되므로,

2) 역청질계 도료, 시멘트모르타르, 콜타르, 에나멜, 에폭시 등으로 라이닝한다.

 ⇒ 넓은 의미에서는 Hose lining, Linear bag 공법 등도 라이닝에 해당

3. Hose lining

1) 세관후 열경화성수지가 함침된 (flexible한) 보강튜브를 반전삽입 후 공기압으로 압착
   후, 증기열로 경화시키는 방법

2) 특징

- 곡관부 시공 가능, 단기간 접착제 접화, 전식(電蝕)방식

- 밀폐된 보강튜브는 이음매가 없어 반영구적으로 누수나 적수 발생의 염려가 없다.

- 부등침하에 의해 관 파손, 접합부 파손이 발생해도 잘 적응하여 기능이 손상되지 않는다.

- 공사기간이 짧다.

4. Pipe rebirth(신관재생공법)

1) 기존관보다 한 구경 혹은 반구경 작은 PE관을 열 융착하면서 삽입 후 기존관과 신관사
   이에 시멘트 벌크(=시멘트 모르타르)를 압입시켜 양생시키는 방법

2) 특징

- 대부분의 관종에 사용 가능, 전식(電蝕)방식

- 내외면 강도가 증가되나 공사기간이 길다.

5. PIP(Pipe in pipe, 신관삽입공법)

1) 기존관보다 한 구경 작은 DCIP관을 삽입 후 기존관과 신관사이에 시멘트 모르타르로
   충진하는 방법

2) 특징

- 중대구경관에 적용, 개착할 수 없는 장소에 이용가능

- 교체공법에 비해 공사기간 단축, 관 부설을 위한 개착구간이 짧고 공사비 저렴

- 관 단면이 작아져서 손실수두 증가, 따라서 펌프양정이 필요

 ⇒ PIP 및 Pipe rebirth 공법은 모르타르 충전식이므로 양생에 따른 공사기간이 길다.

굴착공법과 비굴착공법

Ⅰ. 개요

1. 굴착공법은 노면전체를 점유한 채 작업이 진행되며 토사가 인근 주변에 쌓이는 등 여러 가지 문제점이 있는 반면,

2. 교통문제, 도심환경, 안전문제, 경제성 등에서 유리한 비굴착공법의 적용이 증가하고 있으며 대표적인 비굴착공법에는 추진공법과 실드공법이 있다.

Ⅱ. 관 매설시 시공방법 (굴착공법과 비굴착공법)

1. 굴착공법의 종류

종 류	적용조건
자연터파기	지하 2~3m 이하
간이흙막이(SK판넬)	지하 2~4m
H pile + 토류판	지하 4m 이상
Sheet pile	하천·지하수위가 높은 경우

2. 비굴착공법의 종류

A. 추진공법

1) 굴진단면적의 규모가 작고 연장이 대개 50~100m 정도로 짧으며, 소규모에서 많이 채택

2) 종류

  - 추진부설관 사용방법 따라 : 외부관(이중관)추진공법과 본관(철관)추진공법
  - 추진방식에 따라 : 중대구경추진공법(쌍구추진공법, 세미실드공법), 소구경추진공법(압입방식, 오거방식, 보링방식, 이수식 등)

2) 작업순서 : 수직갱설치공 → 굴진공 → 뒤채움 흙막이공

B. 터널공법

1) 발파식공법(NATM), 기계식공법(TBM), 쉬일드공법(연약지반에서), 침매공법 등

2) 실드공법 : 굴진단면적이 크고, 연장이 길며(500~1,000m), 대규모의 경우에 채택된다.

3) 종류

  - 실드형식에 따라 : 콘크리트충진방식, 검사통로방식, Segment형 강관방식
  - 굴착방식에 따라 : 전면개방식, 부분개방형, 밀폐식(이수식, 토압식)

4) 실드공법 작업순서 : 수직갱설치공 → 굴진공 → 실드머신작업 → 뒤채움흙막이공

Ⅲ. 굴착식과 비굴착방식과 비교

구 분	굴착식	비굴착식
교통문제	· 도로에 자재 및 잔토 적재 · 장기간 교통 체증 · 시공구간 교통 전면차단	· 도로의 최소구간 단기간 통제 · 단기간 교통통제
도심환경	· 소음·진동, 분진 발생	· 주민 주거생활 영향 최소화
안전문제	· 기존매설관과 접촉 위험 · 지반침하 야기	· 타 매설관과 접촉가능성이 없음 · 주변 침하의 영향이 없음
경제성	· 장기간 통제로 인한 간접손실 증가 (직접공사비의 4~5배)	· 포장복구 최소화, 도로포장 불필요 · 대부분의 공정이 기계화, 자동화 가능하므로 최소인원 소요

Ⅳ. 비굴착공법의 특징

1. 굴착심도 2.5m 정도를 경계로 굴착시 토공량, 가시설 등의 비용이 증가하기 때문에 심도가 그 이상 깊어질수록 비굴착공법이 경제적이다.
2. 토사량이 적다.
3. 민원발생 최소화 (교통민원 발생 가능성이 거의 없다.)
4. 공사기간이 짧고 인원이 적게 투입 (공사기간 약 2~3일)
5. 관거의 수밀성이 향상
6. 단점으로는 기존관거 정비시 관경확대나 경사조정에는 적용이 불가능하다.

추진공법과 실드공법

Ⅰ. 개요

1. 원활한 교통소통을 확보하고 공사공해를 방지하는 관점에서 시가지에서는 개착공법에 의한 관부설이 곤란한 경우가 있으므로 비개착공법으로 시공하는 것이 증가하는 추세이다.
2. 비개착공법은 추진공법과 실드공법으로 나누어지며,
   - 추진공법은 궤도, 하천, 간선도로 등 굴진단면의 규모가 작고 연장이 대개 50~100m 정도까지가 일반적이지만, 토질조건이나 공법에 따라서는 장거리 시공도 가능하다.
   - 여기에 비하여 실드공법은 단면적이 크고 연장이 길며 규모가 큰 경우에 채택된다.

Ⅱ. 연약지반 및 지하수에 대한 조치

- 연약지반이나 지하수위가 높은 곳에서는 시공 전에 흙막이 및 지수조치가 선행되어야 한다.
1. 압축공기공법 : 작업실을 설치한 추진관 선단에 압축공기를 발산하여 흙막이 및 지하수 유입을 막는다.
2. 동결공법　 : 지반을 얼려서 흙막이를 한다.
3. 약액주입법 : 토사붕괴 방지를 위해 지하수위 저하 후 약액 주입

Ⅱ. 추진공법

1. 개요

1) 추진공법은 압입수직갱을 파고 추진용 칼날을 붙인 선도관을 앞세우고 추진용 잭(jack)으로 압입하여 관내의 토사를 배제시키면서 굴진하고 순차로 관을 연결하여 터널을 형성시켜 가는 공법이다.
2) 굴진연장 : 50~100m, 소규모에서 많이 채택(단, 토질조건, 공법에 따라 장거리 시공도 가능)

3. 추진부설관 사용방법에 따른 분류

```
┌─ 본관(철관) 추진공법      : 추진관(DCIP, 강관)을 직접 상·하수도관으로 이용
└─ 이중관(외부관) 추진공법  : 추진관 내부에 상·하수도관을 삽입
```

4. 추진방식(및 굴착기구)에 따른 분류

1) 세미(semi)실드공법이란 관의 첨단에 굴진기를 선도체로 하여 발진입갱내의 관체 뒤에 설치된 잭(jack)에 의하여 관을 추진하면서 부설하는 공법이다.
2) 소구경추진공법이란 선도체로서 소구경추진관 또는 유도관을 접속하여 발진기기에서의 기계조작에 의하여 압밀, 굴착 또는 버력(쓸모없는 잡돌)을 반출하면서 관을 부설하는 공법이다.

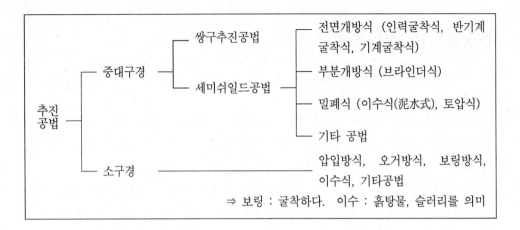

5. 추진공법의 종류 및 특징

- 공기압식과 유압식의 차이는 사용되는 매체가 공기냐 기름이냐의 차이로서, 공압식은 단순하고 큰 압력이 아닌 곳에 사용하고, 유압식은 복잡한 구조나 큰 압력을 요구하는 곳에 사용한다.

종류	특징
제트수류식	· 노즐이 붙은 선도관 이용
견인방식	· 수평보오링 구멍을 뚫은 후 PC강선으로 견인한다.
맹압식	· 추진관 선단에 맹판을 붙인 후 rod를 따라 추진
(수평)오거식	· 오거(auger)로 배토하면서 추진, 구식
유압식	· 철관착진기식, 유압식으로 단거리, 300㎜ 이하의 소구경관에 적용
공기압식	· 타격식 추진공법 (공기압에 의한 진동타격으로 추진)
이중관 추진공법	· 1 km 內外의 장대관을 추진하는 경우, 추진저항을 최소화 하기 위해 전반 600m는 마찰저항이 적은 강관(외관)추진, 후반 600m는 관경이 작은 내관(철콘관)으로 추진
치환식 추진공법 (Pipe bursting)	· cone crusher로 기존관 파쇄 및 파편을 배토하면서 신관을 추진하는 방법 ┌ 추진측 작업공간이 커진다. └ 시공비가 타 공법에 비해 고가
세미실드공법	· 세그먼트 조립부 누수방지를 위해 세그먼트 대신 폐합된 관을 사용한다. · 세그먼트 조립과정이 생략되므로 니수가압식 등으로 굴착이 가능하다.

5. 추진공법의 특징

장 점	단 점
· 공사규모가 작고, 공사관리가 용이하다.	· 타 매설물과의 접촉을 피하기 위해
· 소음발생이 작다.	매설깊이가 깊어질 수 있다.
· 작업인원이 작고 공기가 짧다.	· 추진중 방향전환이 불가능
· 교통에 지장이 없다.	· 연약지반에서 오차발생우려

Ⅲ. 실드(Shield)공법 (= 보호관 추진공법)

1. 개요

1) 내부에서 1차복공(구멍을 뚫음) 세그먼트(segment)를 조립 후 세그먼트를 잭(jack)으로 추진하고, 관내 토사를 배제하면서 굴진하여 터널을 형성해 가는 공법

2) 대구경, 장거리(연장 500~1,000m)에 적용

2. 실드형식에 따른 분류

1) 콘크리트충진방식

 - 관 부설 대상구간에 걸쳐 부설관보다 600~800mm 크게 1차복공 후, 내부를 콘크리트로 충진한다.

 - 유지관리가 어렵다.

2) 검사통로 방식

 - 역사이편 및 관로연장이 길어지는 경우 등 관로의 보수점검을 위해 2차복공과 관 사이에 유지관리를 위한 공간을 만든다.

 - 수도관·하수도관보다 1,500mm 이상 더 크게 2차복공 후 내부에 터널을 축조

 - 공사비가 비싸다.

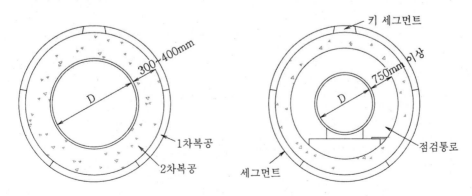

a. 콘크리트충진 방식   b. 검사통로 방식

〈실트공법에 의한 터널단면〉

3) 세그멘트형 강관방식

 - 대상구간에 세그먼트로 1차복공 후, 세그먼트 자체를 관으로 이용한다.

 - 지하수위가 낮은 곳에 유리하다.

3. 굴착방식에 따른 분류

쉬일드공법 ┬── 전면개방형 : 인력굴착식, 반기계굴착식, 기계굴착식
       ├── 부분개방형 : 브라인더식
       └── 밀폐식   : 토압식, 이수식, 기타

4. 실드공법의 특징

 1) 대구경 및 연장 500~1,000m 장거리 시공

 2) 방향수정이 쉽다. 20%까지 경사 가능

 3) 굴착방법은 니수가압식, 인력굴착식, 기계식, 반기계식 등이 있다.

 4) 연약지반 및 지하수위가 높은 구간은 약액주입 등 선행조치가 필요하다.

교차연결(Cross connection)

I. 개요

1. 음용수로 사용할 수 없는 물이 송·배·급수시스템에 직접적 또는 간접적으로 연결
2. 직접연결은 공업용수관, 중수도관 등에 의한 오접

   간접연결은 배수관내 부압발생으로 인해 오염된 물이 유입
3. 음용수와의 적합한 연결은 Inter connection 혹은 Cross over이라 한다.

II. 발생원인 (교차연결의 간접적인 원인)

원인	내용
배수관내 수압저하	· 화재시 소화전 열었을 경우 · 배수관내 침전토사 및 정체수 배제시 이토밸브를 열었을 경우 · 고지대 수압저하 · 관의 파손으로 다량 누수시 · 라인가압시 펌프 상류측 부압발생
진공 발생	· 높은 건물이나 고지대의 압력저하로 오수, 세면수, 세척수 역류
급수장치의 수압상승	· 수도의 수압보다 높은 압력의 급수장치(pump 등)에서 역지밸브 등을 통해 역류

III. 방지대책

1. 수질이 의심되는 수도시설과는 직접 연결해서는 안 된다.
2. 저수조 및 세면대, 싱크대 등 토수(吐水)공간(20㎝ 이상) 확보
3. 배수관내 공기밸브 설치
4. 수세식 화장실 flash valve는 진공파괴장치 설치
5. 상수관을 하수관 상부에 설치
6. 상수관과 하수관을 같은 위치에 매설하지 말 것

부단수공법

Ⅰ. 개요
1. 시공중인 기존관을 단수하지 않고 소요관경의 T자관이나 제수밸브를 연결하는 공법으로서,
2. 상수도공급망에서 수용가에 단수불편을 주지 않기 위해 많이 행해지고 있다.

Ⅱ. 부단수공법의 종류

종류	특징
부단수분기공법	· 기존관에 연결용 특수T자관을 설치하여 관을 분기하는 공법으로서, · T자관의 분기구는 수평으로 설치하는 것을 원칙으로 하며, 천공관경 2,000 ㎜까지는 조합된 밸브부 T자관을 사용하는 것을 권장한다.
부단수밸브설치공법	· 기존관의 임의의 개소에 기존관과 동일한 구경의 제수밸브 또는 마개를 설치하는 공법으로서, · 특수한 T자관을 상향으로 설치하고 주관의 내경에 상당하는 깊이를 오려낸 다음, 이 부분에 끼워넣기 위한 밸브본체와 밸브뚜껑을 설치한다.

Ⅲ. 시공순서 (부단수밸브 설치순서)
1. 기존관 외부를 세척후 활정자관을 부착하고 압력테스트를 하여 누수여부 확인
2. 활정자관에 제수밸브를 부착하고 누수시험을 실시한다.
3. 제수밸브에 천공기를 부착하고 이상여부를 확인한다.
4. 천공기의 커터(cutter)를 천공부위까지 전진 후, 칩을 드레인(drain)시키면서 천공한다.
5. 천공이 끝나면 커터를 후진시킨 후 제수밸브를 닫고 수압 이상유무를 확인 후 천공기를 철거하고 배관을 밸브에 접속한다. (밸브본체와 밸브뚜껑을 설치함)

Ⅳ. 유의사항
1. 주철관일 경우 활정자관을 부착하며, 강관일 경우 플랜지를 용접하여 시공한다.
2. 관종, 관경, 설치위치, 제수밸브 설치위치 등을 사전에 확인한다.
3. 기존 T자관을 부착한 후 수압시험을 하여 누수가 없음을 확인한 후 천공작업 실시
4. 연약지반에는 기초를 보강한 후 실시하도록 한다.
5. 주변의 도로교통 통제 등을 미리 허가받은 후 작업에 임하도록 한다.

상수관로 하천횡단방법

Ⅰ. 개요
1. 관로의 하천횡단방법은 상부로 횡단하는 교량방식과 지하로 횡단하는 매설 및 터널방식이 있다.
2. 교량방식에는 관 자체를 주보로 하는 수관교(Pipe beam)방식, 차량통행 겸용방식, 상수도 전용교 가설방식(거의 사용하지 않음) 등 3가지가 있다.

Ⅱ. 횡단방식의 선택
1. 하천의 깊이와 폭을 고려하고 수관교의 설치여건과 지중매설시 매설깊이 등을 종합적으로 검토하여 결정한다.
2. 수관교 방식이 지중매설보다는 연장이 짧고, 수리특성상 유리하며 유지관리가 쉽다.

Ⅲ. 교량 방식
1. 교량은 수관교, 보강수관교, 교량첨가방식이 있다.
 1) 수관교(Pipe beam식)
  - 관 자체를 주보(main beam)로 하는 방식, 즉 수도관 자체로 교각을 한 것
  - 단순지지식과 연속지지식이 있다.

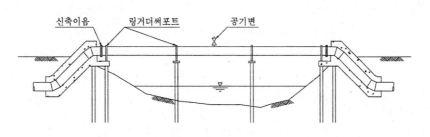

b. 연속지지식

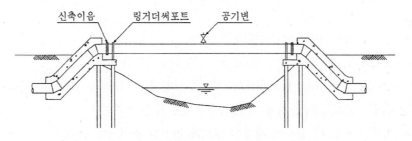

a. 단순지지식

2) 보강수관교

- 관경과 스팬(교각 중심간 거리 ; span)의 관계로 파이프 빔으로는 설계가 불가능한 경우, 관자체에 직접 조강제를 부착하여 트러스(Truss)교나 아아치(Arch)식 등으로 각종 보강하는 방법

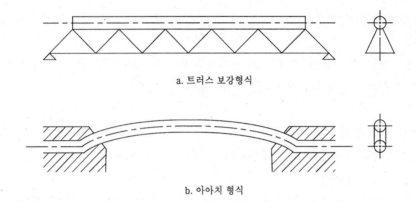

a. 트러스 보강형식

b. 아아치 형식

3) 교량첨가방식(차량통행 겸용방식)

- 교량 구조물에 관로를 설치하는 방식

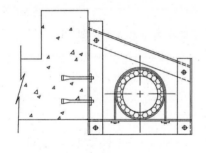
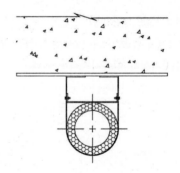

4) 상수도 전용교

- 수도전용 다리를 설치한 후 관을 배치한 것 (거의 사용하지 않음)

2. 경간(다리의 기둥과 기둥사이)에 따라 철근콘크리트구조, 강철조구조 등을 결정한다.

3. 주철관은 파손되기 쉬우므로 강관을 주로사용한다.

4. 관로가 동수구배선 이하에서 배관되도록 한다.

5. 교량 부등침하에 대비하여 양단(兩端) 중 한쪽에 신축이음을 둔다.

6. 배관 보온(유리섬유 또는 발포폴리스티렌 등 단열재를 감고 그 위를 철판으로 덮는 방식), 공기밸브 설치, 외부충격에 대한 파손방지벽 등을 고려한다.

7. 가설용 비계는 작업 및 검사에 지장이 없도록 안전한 것이어야 한다.

Ⅳ. 매설 방식

1. 매설방식은 대부분 관로깊이가 깊어져 역사이펀식을 택한다.

2. 역사이펀식은 유지관리가 어려워 가급적 피하는 것이 좋다.

 1) 토사침전물 청소 곤란

 2) 내부검사와 보수 등 유지관리가 어렵다.

 3) 견고하게 시공하기가 어렵다.

3. 연장이 길어지거나, 유지관리가 요구되는 곳은 검사통로식(터널식)으로 한다.

4. 굴착공법과 비굴착공법의 선택은 안전성, 경제성, 교통, 환경 및 공기 등 종합적으로 검토하여 결정한다.

수관교 설치방법

Ⅰ. 개요

1. 관으로 하천이나 수로, 철도, 도로 등을 횡단하는 방법에는 교량방식과 매설 및 터널방식이 있으며, 교량방식에는 교량에 첨가(=차량통행 겸용방식), 수도전용교의 가설(거의 사용하지 않음)과 관 자체를 빔(beam)으로 하는 수관교 등의 3가지 방법이 있다.

2. 가설관 또는 첨가관은 가설비에 큰 차이가 없는 경우에는 중량의 경감과 내진동성의 점에서 강관이 안전하고, 휨성이 없는 플랜지이음의 주철관은 외력변화에 따라 관이 파손되기 쉬우므로 사용하지 않는 편이 좋다.

Ⅱ. 수관교 설치방법

⇒ 출처 : 상수도공사 표준시방서

1. 수관교 가설

1) 수관교를 가설할 때에는 사전에 교대(다리의 돌출부분의 접합점, 교량의 받침), 교각(교차점의 각도)의 상부 끝부분까지의 높이 및 교각 중심간 거리(span)를 재측량하고 지지위치를 정확히 결정하여 앵커볼트를 묻어야 한다.

2) 고정지지, 가동지지부는 설계도에 따라 각 기능을 발휘하도록 정확하게 설치하여야 한다.

3) 신축이음은 정확하게 규정된 규격을 갖도록 하고, 드레셔형 신축이음에 대해서는 고무링에 이물질 등이 끼지 않도록 설치하여야 한다.

4) 가설용 비계(조립 골격)는 작업 및 검사에 지장이 없도록 안전한 것이라야 한다. 또 비계의 철거는 감리자의 지시에 따라야 한다.

2. 배관공

1) 배관할 때에는 관로가 동수구배선 이하에서 배관되도록 한다.

2) 도복장강관은 도복장의 손상을 방지하기 위하여 운반시 특수운반기구를 사용하여야 하며, 현장에서 관의 소운반 또는 배관시 받침대는 면이 고른 나무 등을 사용하여 관의 도복장에 손상을 주지 않아야 한다.

3) 수구접합을 할 경우에는 삽구의 편중으로 용접 및 볼트·너트의 조임에 지장이 없도록 하여야 한다.

4) 관부설 후 관내의 토사 및 오물 등의 청소를 철저히 하고, 작업을 중지할 때는 관 입구를 판재 등으로 잘 막아 토사나 오물의 유입을 방지하여야 한다.

5) 한랭지에서 관내의 물이 동결할 염려가 있을 경우에는 관 둘레에 방한공사를 시행할 필요가 있다. 방한공법으로는 일반적으로 현장에서 관 둘레에 유리섬유 혹은 발포폴리스트롤 등의 방한재를 감고 그 위를 철판으로 덮는 공법이 채용되고 있으며 최근에는 공장제품도 생산되고 있다. 방한공의 시공은 공사시방서에 따른다.

6) 필요한 지점에 신축관을 설치한다. (교량의 부등침하에 대비하여 양단 중 한쪽에 신축이음을 둔다)

7) 그 외 공기밸브 설치, 외부충격에 대비한 파손방지벽 등을 고려한다.

상수관로 부속설비

Ⅰ. 개요
1. 상수관로 내 유지관리, 관 파손 방지 및 균등수압 유지를 위해서 부대시설을 설치한다.
2. 수도관 부속설비의 내구연한은 통상 20~30년이다.

Ⅱ. 부대설비

A. 밸브류

1. 차단용밸브와 제어용밸브
1) 기능 : 관거 공사 및 보수시 단수, 수량 조절, 배수계통 구분
 - 차단용밸브는 통상 밸브본체의 전개(全開)나 전폐(全閉)를 함으로써 관로내의 수류를 통수하거나 차단하는 밸브
 - 제어용밸브는 공급구역 내의 동수압을 일정하게 유지하고 물의 필요수량을 급수하기 위하여 밸브의 개도조정으로 수량과 수압을 제어하는 밸브

2) 설치
 - 도·송·배수관의 시점, 종점, 분기장소, 연결관, 주요한 이토관, 중요한 역사이편부, 교량, 철도횡단 등에는 원칙적으로 제수밸브를 설치한다.
   (직선구간은 3~5km마다 제수밸브 설치한다.)
 - 통상 중대구경관은 제수밸브실 설치, 소구경관은 제수밸브 키보호통만 설치
 - 수압이 높은 D 400㎜ 이상에는 제수밸브 외 부제수밸브를 설치한다. (수충압 방지목적)

3) 종류
 - 많이 사용되는 차단용밸브 : 게이트밸브(슬루스[Sluice]밸브라고도 함), 버터플라이밸브
                제어용밸브 : 버터플라이밸브, 볼밸브

   ┌─ 버터플라이밸브 : 중량 및 부피가 작아서 최근 사용 증가
   ├─ 게이트밸브   : 수두손실이 적으나 중량 및 부피가 크다.
   └─ 볼밸브   : 소형은 널리 이용되고 있으나 중대형은 고가이므로
                    정밀한 제어특성을 요하는 곳에 설치

2. 공기밸브(Air valve)

1) 기능
- 관정부에 모이는 공기를 자동적으로 외부로 배출하여 통수단면 감소 방지
  (공기밸브에는 보수용의 제수밸브를 설치한다.)
- 관로의 충수단계에서 관내공기 배제하거나 드레인 단계에 관내에 공기를 채운다.

2) 설치
- 관로 구배가 상향에서 하향으로 변하는 지점
  (부압이 발생하기 쉬운 곳, 관의 돌출부, 제수밸브와 제수밸브 사이, 수평구간이 길 때)
- 공기밸브 주위의 지하수가 높을 때는 관을 이어 높게 할 것
- 한랭지에서는 보온 조치를 할 것

3) 종류

― 급속형 : 가격이 저렴하고, 사용수압이 높고 중량 및 부피가 작다.
　　　　　　통수시 플루트볼을 누르고 있을 필요가 없다.
　　　　　　관경에 상관없이 주로 사용하고 있다.
　　　　　　단, 부품이 하나라도 고장이 나면 밸브자체를 교체해야 하는 단점이 있다.
― 단구형 : 주로 소형관(관경 350㎜ 미만)이나 배제할 공기량이 적은 곳에 이용
　　　　　　최근에는 사용하는 않고 급속형을 사용
― 쌍구형 : 관경 400㎜ 이상에 적용

4) 원리
- 플루트 볼의 비중은 0.95정도로 공기가 유입시 플루트 볼이 공기보다 무거우므로 쳐져 있어 배출구로 공기가 빠지고, 물 유입시 플루트 볼이 올라오면서 배출구를 차단하게 된다. 이 동작을 반복하면서 공기가 제거된다.

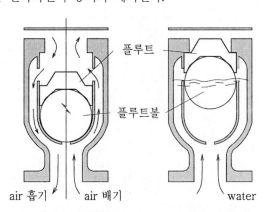

a. 급속 공기밸브의 작동원리

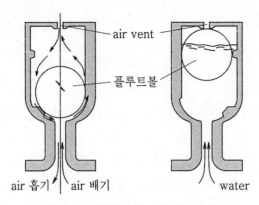

b. 단구형 공기밸브의 작동원리

3. 이토밸브(Drain valve)

1) 기능 : 관로내 침전토사 및 정체수 배제, 유지관리상 관내청소
2) 설치
  - 관로의 오목한 부분에 배출수를 수용할 수 있는 하천이나 수로가 있는 곳
  - 이토관의 토구는 방류수로의 고수위보다 높게 설치한다.

4. 감압밸브(Reducing valve)

1) 기능 : 급수구역 내 수압을 낮춰 관내 수압을 일정하게 유지
2) 설치 : 급수구역이 고저차가 심한 곳, 고배수구역에서 저배수구역으로 배수하는 경우
3) 원리 : 2차측 수압이 낮은 경우 다이어프램이 처지면서 유출구 단면적이 커지고, 높은
       경우 다이어프램이 올라오면서 유출구 오리피스 단면적이 축소되는 방식이다.

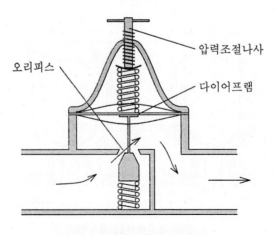

〈다이어프램식 감압밸브〉

5. 체크밸브(Check valve)

1) 기능 : 물의 역류방지
 - 평상시 유체방향이 수압으로 밸브를 열고 유하시키나 하류의 수압이 높아지면 밸브가 자동적으로 닫혀 역류를 방지함.

2) 설치
 - 고압수조 입구, 펌프토출관 시점, 긴 상향구배의 시점, 배수관에서 분기되는 급수관 시점

3) 종류
 - 스프링식, 리프트식, 스윙식, 다이아프램식 등

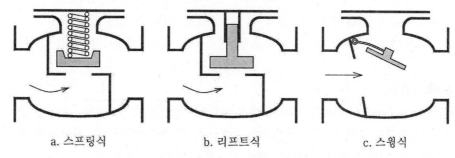

a. 스프링식   b. 리프트식   c. 스윙식

 - 수충압방지 목적용으로는 급폐형 체크밸브와 완폐형 체크밸브가 있다.

6. 안전밸브(Relief valve)

1) 기능
 - 설정압력이상 초과수압시 밸브를 열어 물을 방류하며, 설정 압력 이하로 낮추도록 되어 있다.
 - 주로 수충압설비 작동 이후에 동작됨

2) 설치
 - 고가수조 아래, 제수밸브 상류, 배수펌프 또는 가압펌프의 출구, 급경사관로의 하류 등 수격작용이 일어나기 쉬운 곳

B. 밸브 외 부속설비

1. 계측기기

1) 종류 : 유량계, 압력계, 수위계, 각종 수질측정기기 등

2) 블록시스템에서는 소블록 분배지점마다 유량계를 설치하여 TM·TC를 도입하여 유수율을 제고한다.

3) 소구경(D 400㎜ 이하)에는 전자식유량계, 중대구경(D 500㎜ 이상)에는 초음파유량계를 주로 설치한다

2. 접합정
1) 기능 : 동수경사선의 상승, 관로 수압 경감(최대정수두의 감소), 도수로의 접합
     도·송수관의 관로내 수압 경감 및 관로중간에 설치하여 수압조절
2) 용량 : 체류시간은 계획도수량의 1.5분 이상
3) 접합정의 부속설비 : 월류벽, 수압제어용 밸브, 양수장치, 이토관 등

3. 신축이음(Universal joint)
1) 설치 : 수관교 역사이편 연약지반으로 부등침하 예상장소에는 휨성이 큰 신축이음 설치
     구조물과 연결하는 부분이나 지반이 변하는 곳에서 신축이음 설치
2) 종류 : 주철관 – KP메커니컬, 드레셔, 텔레스코프, 빅토리조인트 등 사용
     동관·스테인리스관 – 벨로우즈형, 신축곡관, 빅토리조인트 등 사용

4. 맨홀과 점검구
- 관경 800mm 이상의 관로를 부설할 때에 덕타일주철관의 내면조인트, 강관의 접합 등을 위한 작업요원의 출입구, 재료·기자재의 반·출입구 등 관로매설공사를 시공할 때와 관로매설 후의 내부점검 등의 유지관리할 때에 활용하기 위하여 설치한다.
- 공기밸브의 설치지점이 일반적이나, 강관 접합부의 용접이나 도장을 할 때에는 관내의 강제배기 등을 위하여 필요에 따라 공기밸브 이외의 지점에도 설치한다.

5. 수충압설비
- 수격작용으로 관로에 영향을 미칠 우려가 있는 경우에는 이를 경감시키기 위해 설치
- 압력저하에 따른 부압방지대책으로 플라이휠(fly wheel), 에어챔버(air chamber), 압력조절탱크(surge tank), 공기밸브 등을 설치한다.
- 압력상승에 따른 배관 및 가압설비의 보호대책으로 안전(safe)밸브 즉, 스윙체크밸브, 급폐형 체크밸브, 콘밸브 또는 니들(needle)밸브, 수격완화(relief)밸브, 에어챔버, 우회관(bypass line) 등을 설치한다.

6. 이형관 보호
- 곡관, T자관, 편락관 등의 이형관은 관내의 수압에 의하여 불평균력을 받아 관이 손상되는 것을 방지
- 콘크리트블록 또는 이탈방지압륜을 설치한다.

7. 수관교 및 교량첨가관
- 수관교 : 수도관을 주보(main beam)로 하는 방법
- 교량첨가관 : 수도관을 교량에 첨가하여 하천, 도로 및 철도 등을 횡단하는 방법

8. 하저횡단 (역사이편관)
- 하천, 운하, 철도 및 도로 등의 횡단개소에서 관을 일단 낮추어서 그 시설들이 하부로 관을 부설하는 것

9. 펌프설비
- 계획수량을 충족시키는 펌프대수, 토출량, 양정, 전동기출력 및 회전속도 등의 펌프제원을 결정한다.

10. 소화전
- 소화전은 도로의 교차점이나 분기점 부근에 설치하여 소방활동에 편리하도록 하고, 그 사이에도 건물상황에 따라 100~200m 간격으로 설치한다.
- 단구소화전은 배수관 관경 150mm 이상, 쌍구 소화전은 배수관 관경 300mm이상에 연결하는 것을 원칙으로 한다.
- 한냉지에서도 교통에 지장을 주는 경우를 제외하고는 지상식 소화전을 사용한다. 이 경우 동결을 방지하기 위해 언제나 소화전내 물을 배수할 수 있는 부동식을 채택하여야 한다.

11. 기타
- 그 외 고가수조 및 배수탑, 침사지(grit chamber) 등이 있다.

관로설계시 진공(vacuum)발생 원인 및 대책

Ⅰ. 발생원인 및 문제점
- 관로의 종단도상에서 상향돌출부의 상단에는 물속에 용해되어 있는 공기가 유리되고 축적되어 Air pocket 현상이 발생되며 주로 도·송수관로의 압송관에서 발생한다.
- 통수단면적 감소로 원활한 통수를 방해하여 관로사고를 유발

Ⅱ. 진공(vacuum) 발생 대책
- 관로상에 공기밸브를 설치한다. : 관내에 공기를 배제하거나 흡입하기 위해 관로의 종단도상에서의 상향돌출부의 상단에 공기밸브를 설치

Ⅲ. 공기밸브 설치시 고려사항
1. 관로의 종단도상에서 상향돌출부의 상단에 설치해야 하지만, 제수밸브의 중간(= 제수밸브와 제수밸브 사이)에 상향돌출부가 없는 경우에는 높은 쪽 제수밸브 바로 앞에 설치한다.
  ⇒ 관로의 연장이 긴 경우 1~3km 간격으로 제수밸브를 설치하기 때문에 공기밸브는 이들 제수밸브중 위치가 가장 높은 쪽 제수밸브 바로 앞의 가까운 곳에 설치한다. 배수지관을 신설할 경우 유지관리를 위해 흡배기에 소화전을 이용할 수 있다.
2. (지금까지의 경험에 근거하여) 관경 400㎜ 이상에는 반드시 급속공기밸브 또는 쌍구공기밸브를 설치하고, 관경 350㎜ 이하의 관에는 급속공기밸브 또는 단구공기밸브를 설치한다.
  ⇒ 관경 800㎜ 이상의 대구경관에는 맨홀용 T자관 뚜껑을 이용하여, 그 뚜껑의 상부에 공기밸브를 설치하면 공기밸브실과 맨홀을 겸할 수 있으므로 유지관리상 편리하다.
3. 공기밸브에는 보수용의 제수밸브를 설치한다.
  ⇒ 공기밸브 구조는 간단하지만 볼이나 고무패킹이 파손되기 쉽고 교체하거나 수리해야 할 경우가 많으므로 관로를 단수하지 않고 보수하기 위하여 공기밸브용 T자관과 공기밸브 사이에 보수용의 제수밸브를 설치한다.
4. 매설관에 설치하는 공기밸브에는 밸브실을 설치하여 보호하며, 밸브실의 구조는 견고하고 밸브를 관리하기 용이한 구조로 한다.
5. 한랭지에서는 동결방지대책을 강구한다.
  ⇒ 동결방지를 위하여 매설관의 공기밸브실 뚜껑을 이중구조로 하거나 밸브실 내에 적당한 방한재를 채워야 하며, 수관교나 교량첨가부의 공기밸브에는 외상자를 씌우고 그 속에 발포스티로폼 등의 방한재를 충전하고 공기밸브의 동결을 방지할 필요가 있다.

체크밸브(check valve)

Ⅰ. 개요

- 유체가 한 방향으로만 흐르고 반대로 흐르고자 하면 밸브가 즉시 폐쇄되어 역류를 방지하도록 작동하는 밸브의 총칭으로, "역류방지밸브"라 부르기도 한다.
  ⇒ 체크밸브는 기계보호측면에서, 역류방지밸브는 수질보호측면에서 의미를 가짐.

Ⅱ. 발생원인 및 문제점

1. 스프링식(spring)

- 스프링식 역류방지밸브는 밸브본체에 스프링을 끼우고, 이 스프링의 반발력에 의하여 역류방지 기능을 높이는 구조로 단일식과 이중식의 수평식이 있고,

2. 리프트식(lift)

- 리프트(lift) 체크밸브는 밸브가 수직으로 개폐 작동하여 밑으로부터 위로 유체가 흘렀을 때 밸브가 부상하여 열린 상태로 된다.
- 본체가 밸브박스 또는 뚜껑에 설정된 가이드에 의하여 밸브시트에 대하여 상하수직으로 작동하며 밸브본체의 자중으로 닫힘의 위치로 돌아가 역류를 방지하는 구조이다.
- 손실수두가 비교적 크고 반드시 수평으로 설치해야 하는 약점이 있지만, 고장 등 발생하는 비율이 낮기 때문에 주로 순간온수기 등의 상류측에 설치하는 역류방지밸브로서 사용한다.

3. 스윙식(swing)

- 스윙(swing) 체크밸브는 상부의 핀을 지점으로 하여 밸브가 개폐된다.
- 디스크가 힌지핀을 지점으로 하여 밸브본체에 자중으로 매달려 유체의 흐름방향에 따라 좌우수평으로 흔들려서 자중으로 개폐되는 기능을 갖는 역류방지밸브로,
- 손실수두가 리프트식보다 적고 수평류 및 수직상향류의 배관에 설치할 수 있으므로 널리 사용되고 있다.

4. 다이어프램식(diaphragm)

- 다이어프램식 역류방지밸브는 고무제의 다이어프램이 흐름의 방향에 따라 콘의 안쪽으로 수축되었을 때에 통수되고 밀착되었을 때에 닫히는 구조이다.
- 역류방지를 목적으로 사용되는 것 이외에 급수설비에 생기는 수격이나 급수전의 이상음 등의 완화에 유효한 급수기구로서도 사용된다.

Ⅲ. 급수장치의 체크밸브

1. Anti-reverse flow device : check valve 포함

- 배수관 등의 1차측 부압이나 역압이 발생되었을 때 역류(anti-reverse flow)에 의한 2차오염 방지 목적
- 배수관에서 분기되는 모든 급수장치는 역류에 의한 2차오염을 방지하기 위하여 계량기(수도미터) 2차측에 역류방지밸브를 설치해야 한다.
  ⇒ 이중식 역류방지밸브는 2개의 단일식을 직렬로 구성하여 각각의 디스크를 눌러 이중안전구조로 역류를 강력하게 방지한다.(최근 급수설비에서 수도미터의 2차측에는 주로 이중식 역류방지밸브를 설치하여 사용한다.)

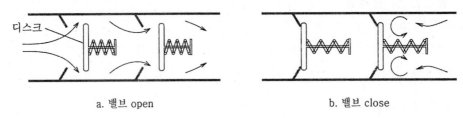

a. 밸브 open   b. 밸브 close

〈이중식 역류방지밸브의 작동원리〉

- 역류방지밸브는 장치 자체의 기능으로 작동이 이루어진다. 즉, 이것은 유체의 정·역류의 유체력에 따라 개폐 작동되며 설치한 다음에는 외부로부터 조작이 불가능하다.
- 종류로는 스프링식, 리프트식, 스윙식, 다이어프램식, 진공파괴식 등이 있다.

2. 진공파괴(vacuum breaker) 밸브

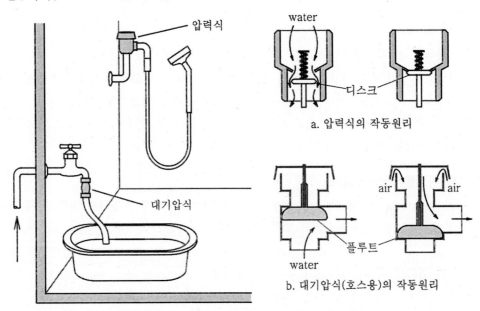

a. 압력식의 작동원리

b. 대기압식(호스용)의 작동원리

- 급수장치계통(대변기 세척밸브, 수동샤워기구, 비데 등)에 부압이나 역압이 생겼을 때 사이펀작용에 의하여 물의 역류를 차단하여 오염을 방지
- 부압부분에 자동적으로 공기를 빨아들여 역류를 차단하는 기능을 갖는 급수기구이다.
- 대기압식과 압력식 2가지 형식이 있다.

상수관로의 계측기기 설치시 유의사항

Ⅰ. 설치위치 및 종류

1. 유량계

- 정수장, 배수지 등의 유입부·유출부, 블록의 유입·유출부 등에 설치
- 전자식, 초음파식, 차압식, 이동식 등

2. 수압계

- 지형과 계통을 대표하는 지점(정수장·배수지 등의 시점·종점, 관로의 최고점·최저점, 지반 고가 높은 지점 등 수압변동이 심할 것으로 예측되는 지점
- 부르동관식, 다이어프램식, 벨로즈식, 정전용량식, 반도체식 등

3. 수위계

- 정수장, 배수지 내에 설치(정수장내 수위감시제어, 약품제고관리, 펌프의 수위제어용 등)
- 투입식, 차압식, 초음파식, 정전용량식, 플로트식, 전극식, 다이어프램식 등

Ⅱ. 계측기기의 특징 및 유의사항

1. 유량계

1) 특징

- 정수처리공정에서 양적 파악이나 약품주입량 제어에 사용되고, 이외에 송수량, 저수량, 배 수량 등의 계측에도 사용되며, 그 계측값은 유수율을 파악하거나 거래량에도 영향을 준다.
- 정수장·배수지의 유입·유출부, 블록의 유입·유출부 등 유량측정의 의미가 있는 곳에 설치
- 종류 : 전자식(주로 소구경), 초음파식(주로 대구경), 차압식, 이동식

2) 유의사항

- 탈부착이 가능하도록 설치하고, 고장시 수리 및 타기계로 측정 가능한 공간 마련
- 유량계실은 평탄하고 침수가 되지 않는 곳, 유지보수가 용이한 곳 선정
- 유량측정형태에 맞게 유량계 형식을 선정하며 가능한 한 장래 원격측정(TM)이 가능한 유량계를 선정한다.
  (유량계 상·하류의 직관부 유무여부를 꼭 확인)
- 유량계 선정은 관로 구경보다 1~2단계 낮게 선정한다.

- 유속은 0.3m/s 이상 확보
- 직관부 내에는 유체의 흐름에 방해가 되는 시설물이 없어야 한다.
- 유량계 종류에 따라 확보해야 할 직관부 길이 확보 (초음파유량계 - 상류 10D, 하류 5D)
- 충격이나 진동을 최소화할 수 있는 적절한 조치 필요
- 비교측정(오차시험)을 주기적으로 실시

2. 수압계
1) 특징
- 배수관에 대한 압력을 균등화하고, 누수를 방지하기 위한 대책으로 압력을 조정하는 등 배수시설에서 많이 사용되고 있다.
- 정수장·배수지의 시점·종점, 관로의 최저점·최고점, 수압변동이 심할 것으로 예측되는 곳 등 수압측정의 의미가 있는 곳에 설치
- 부르동관식(펌프의 압력측정에 가장 많이 사용), 다이어프램식(부식성 약품, 슬러리 등), 벨로즈식, 정전용량식, 반도체식 등

2) 유의사항
- 평탄하고 침수가 되지 않는 곳, 유지보수가 용이한 곳 선정
- 밸브를 교체할 경우 수압계가 부착된 밸브 또는 수압계를 보완하여 설치할 것
- 장래 원격감시(TM)가 가능하도록 수압계 형식 선정
- BOX식 또는 흄관식으로 설치하고, 고장시 수리·점검 등을 위한 공간 마련
- 수압계의 수명연장 등을 위해 수압계 내의 수돗물을 배제할 수 있는 수도꼭지를 반드시 설치

3. 수위계
1) 특징
- 정수처리공정의 수위 감시와 제어는 물론, 약품의 재고관리 및 펌프의 수위제어용 등에 사용
- 종류 : 투입식, 차압식, 초음파식, 정전용량식, 플로트식, 전극식 등

2) 유의사항
- 수위계 또한 측정원리와 구조 등에 따라 각각 특징을 가지고 있으므로 사용목적, 측정조건, 측정범위, 정밀도 등에 대하여 검토한 다음 적절한 기종을 선정해야 한다.

4. 수질측정계기

1) 특징

- 취수에서부터 정수에 이르기까지의 정수처리공정이나 송·배수관망에서의 수질감시에 사용됨.
- 응집제 주입제어에는 탁도계, pH계, 알칼리계, 수온계가, 알칼리제 등 pH조정제 주입제어에는 pH계, 알칼리도계가, 염소제 주입제어에는 염소요구량계, 암모니아이온계, 잔류염소계 등이, 오존의 제어에는 용존(액상)오존농도계나 배오존농도계가 사용된다.
- 감시용 계기로는 원수수질 조건에 따라 미량휘발성유기화합물(VOC)계, 유막검지기, 유분모니터, 고감도탁도계, 색도계, 트리할로메탄계, 전기전도도계, UV(자외선흡광광도)계, ORP(산화환원전위)계, 시안이온계 등이 있다. 또 수질계기는 기종마다 다른 측정방식의 것들이 많다.

2) 유의사항

- 수질을 계측하기 위한 계기는 구조나 원리가 간단하고 응답성이 좋으며 신뢰성이 높고 교정 및 보수가 용이한 것으로 선정한다. 또 내습성, 내부식성 등 주위의 환경조건에 알맞은 것을 선정한다.
- 수질계측은 수질계기의 설치환경과 채수방식에 유의한다.
- 상수도시설에서 수질계측기기는 원수수질 및 정수장 운전의 자동화 등 정수처리시설의 여건에 능동적으로 대응하기 위하여 필요한 계측기를 선정·설치해야 한다.

Ⅲ. 송·배수 원격계측 시스템(Telemetering system)

1. 측정항목

- 수압, 유량, 잔류염소, pH, 불소(관로내 수리거동 파악)

2. 종류

- 관말단의 수압을 검지하여 자동적으로 펌프양정을 변화시키는 관말압제어
- 감압밸브를 설치하여 timer에 의한 주야간의 감압제어

수격현상(water hammer)

I. 발생원인

- 밸브의 급개폐 (t<2L/C일 경우), 펌프의 급정지 또는 급가동시, 관로내 다량의 공기가 존재할 때 압력상승·하강으로 관로내 수주분리에 의한 충격

  ⇒ 수주분리 : 압력강하로 관로의 어느 점에 생기는 부압이 물의 포화증기압 이하로 되면 관 안에 수주분리가 생겨서 공동부가 된다. 이 공동부가 다시 물로 채워질 때 높은 수격압이 발생하여 관의 파손이 발생하는 현상

II. 발생원리

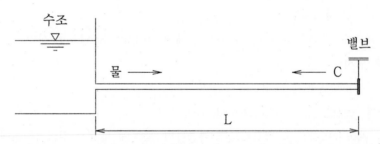

⇒ 압력파의 전파속도(C) : 밸브급폐시 물의 속도수두($V^2/2g$)가 압력수두(P/ρ)로 변하면서 밸브측에서 압력상승에 따른 압력파가 발생하여 수조연결부측으로 전파되는데, 이 때의 전파속도

- t = 0 ~ t = L/C : 물의 체적(∀)수축, 관벽팽창으로 물은 2차측(밸브)으로 흐른다.
  : 압력파는 t = 0 2차측에서 발생하여 t = L/C 1차측(수조연결부)에 도달
  ⇒ 관로내 압력상승으로 관팽창 발생

- t = 1 ~ t = 2L/C : 관내 물은 1차측으로 역류하여 흐른다.
  : 압력파는 약화되면서 t = L/C 1차측에서 t = 2L/C 2차측에 도달

- t = 2 ~ t = 3L/C : 관내 물이 1차측으로 흐른다. 부압이 t = 2L/C에서 발생하기 시작하여 t = 3L/C까지 관로내 전체 부압이 발생한다.
  ⇒ 관로내 압력하강으로 관 찌그러짐(수축) 발생

- t = 3 ~ t = 4L/C : 부압이 발생한 관내로 물이 급격히 흘러들어오면서 수격압이 발생
  ⇒ 이 때, t<2L/C인 경우 수격현상으로 관의 파열, 밸브 손상 등을 초래

  〈밸브폐쇄부터 측정한 시간 t에 따른 물의 흐름방향의 변화〉

⇒ t < 2L/C (밸브의 급개폐시)인 경우 수격현상 발생

즉, 물의 흐름이 1차측(수조연결부)에서 2차측(밸브)으로 흐르고 다시 1차측으로 역류 후, 관내 부압이 발생하기 직전까지 걸리는 시간이 압력파가 2차측에서 1차측을 거쳐 다시 2차측에 도달할 때까지 걸리는 시간보다 작으면 수격현상(물의 진공부위 타격)이 발생한다.

Ⅲ. 문제점

- 충격압 발생, 충격압에 의한 관의 파손·좌굴
- 펌프·밸브의 파손
- 역회전 가속에 의한 피해, 양수불능 현상 발생

Ⅳ. 수격작용 대책

1. 압력 상승·하강 방지책

- 펌프 토출측에 수충압 방지설비(조압수조, 에어챔버[air chamber]) 설치

2. 압력상승 방지

1) 토출측에 주제어밸브를 2~3단으로 구성
2) 토출측에 수격방지용 체크밸브(check valve) 설치

  - 완폐형 체크밸브 : 주로 대형관로에 적용하며, 관로에 역류가 시작되었을때 곧바로 닫지않고 유압에 의하여 처음에는 급속하게 나중에는 천천히 닫아지도록 작동한다.

  - 급폐형 체크밸브(스모렌스키형) : 주로 소형관로

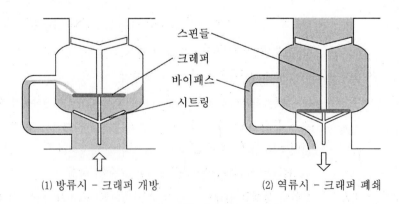

(1) 방류시 - 크래퍼 개방   (2) 역류시 - 크래퍼 폐쇄

〈스모렌스키형 체크밸브의 원리〉

  (1) 방류시

  - 0.3 kg/cm^{2}이상의 수압이 걸리면 크래퍼가 올라가면서 방류

(2) 역류시

    - 2차측 압력수를 바이패스를 통해 배수하므로서 펌프진공이 풀려 수격이

      방지되고 안내수 역할도 하게 된다.

2) 토출측에 안전밸브(safety valve) 설치

 - 기능 : 설정압력이상 초과수압시 밸브를 열어 물을 방류하며, 설정 압력 이하로 낮추도

      록 되어 있으며, 주로 수충압설비 작동 이후에 동작됨

 - 종류

  ① 스프링 안전밸브 : 내압이 높아지게 되면

    스프링 작용에 의해 밸브가 올라가 유체

    가 밖으로 흐른다. 스프링의 높이를 바꾸

    어서 밸브에 가하는 힘을 바꾼다.

  ② 레버 안전밸브 : 내압이 높게 되면 레버

    의 추로 체결되어 있는 밸브가 작동하여

    밖으로 흐른다. 추의 위치를 이동해서 밸

    브에 가하는 힘을 바꾼다.

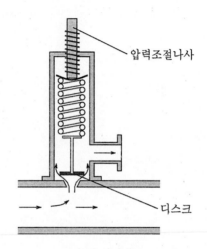

<스프링 안전밸브>

3. 부압발생(압력강하) 방지

 1) 부압발생점에 공기밸브(air valve) 설치

 2) 펌프토출측에 한방향형 압력조절수조(편방향 조압수조) 설치

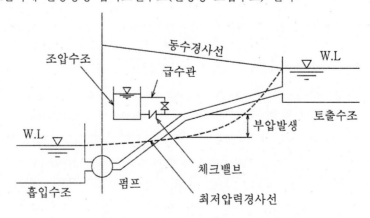

<편방향 조압수조>

- 편방향 조압수조는 압력이 떨어질 때에 필요한 충분한 물을 보급하여 부압을 방지하는 것만을 목적으로 하는 것으로 체크밸브에 의해 통상시에는 관로에서 분리된다. 표준형 조압수조에 비하여 일반적으로 소형이다.

3) 유속감소를 위해 관경을 크게 한다.

4) 펌프내 플라이휠(fly wheel) 설치하여 관성력을 증가시켜 속도변화 방지

조압수조(Surge tank)

Ⅰ. 정의

- 펌프의 급개폐로 인한 관내 압력상승·하강을 감쇄하기 위하여 압축된 흐름을 큰 수조내로 유입시켜 압력에너지가 마찰에 의해 차차 감소되도록 설치된 수조

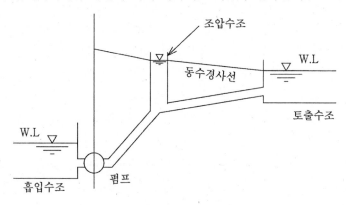

〈표준형 조압수조〉

Ⅱ. 조압수조의 종류

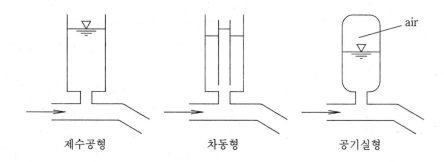

- 제수공형 : 상부가 개방된 형태로 고수두에서는 수조높이를 높게해야 하므로 비교적 저수두에 적합하다.

- 차동형 : 상부가 개방된 형태로 비교적 저수두에 적합하고, 내부원통의 수면진동은 외부수조보다 심해지나 진동감쇄효과가 빠른 특징이 있다.

- 공기실형 : 수격파의 진동을 공기의 완충으로 흡수하므로 수조높이를 감소시킬 수 있다.

Ⅲ. 에어챔버(Air chamber)

- 조압수조 중 공기실형은 공기가 물과 접촉하면서 점차 공기의 부피가 줄어들어 종래에는 공기부분이 거의 없어지는 현상이 발생하므로 워터해머 흡수능력을 상실하게 된다.

- 따라서, 본체의 내부에 고무 등으로 공기주머니를 만들어 설치하거나, 실린더형으로 만들어 피스톤을 내장한 후 상부에 질소가스를 충압하거나, 플레이트를 내부에 설치하고 스프링을 장치하여 압력이 상승하면 충격을 흡수하거나 하는 방식의 에어챔버 형식의 조압수조를 설치한다.

서어징(Surging)

I. Surging 현상

- 와권펌프의 토출량 양정곡선은 (a)와 같이 토출량이 증가함과 동시에 양정이 감소하는 것과 (b)와 같이 양정이 증가하였다가 다시 감소하는 것이 있다.
- 전자를 하강특성, 후자를 산형특성이라고 한다.

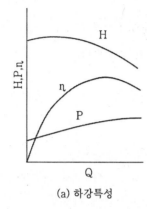
(a) 하강특성

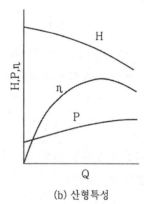
(b) 산형특성

- 하강특성이 있는 펌프는 언제나 안정된 운전이 되는 반면, 산형득성의 펌프는 사용조건에 따라서 숨이 찬 것 같은 상태가 되어 흡입, 토출구에 붙은 진공계 및 압력계침이 흔들리고 동시에 토출량이 변화하는 것 같은 현상을 나타내는 일이 있다. 이것을 Surging 현상이라고 한다.

II. Surging의 발생조건

- 다음과 같은 조건을 모두 갖추었을 때 문제가 발생한다.
1. 펌프의 곡선이 그림 (c)과 같이 오른쪽 위로 향하는 산(山)형의 구배특성을 가지고 있다.
2. 펌프의 토출관로가 길고, 그림 (d)와 같이 배관 중간에 수조 혹은 기체상태의 부분(공기가 괴어있는 부분)이 존재한다.

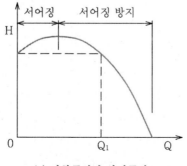
(c) 저항곡선과 양정곡선

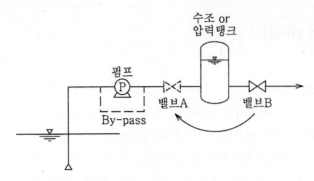

(d) 공기조를 관로계에 설치시킨 펌프장치

3. 기체상태가 있는 부분의 하류측 밸브B에서 토출량을 조절한다.
4. 토출량 Q_1이하의 범위에서 운전한다.

Ⅲ. 방지대책

1. 펌프 H-Q곡선이 오른쪽 하향 구배특성을 가진 펌프를 채용한다.
2. 유량조절 밸브 위치를 펌프 토출측 직후에 위치시킨다. (밸브 A로 조절한다.)
3. 바이패스관을 사용하여 운전점이 펌프의 H-Q곡선이 오른쪽 하향구배 특성 범위에 있도록 한다.
4. 배관중에 수조 혹은 기체상태인 부분이 존재하지 않도록 배관한다.

급수방식

I. 개요

1. 급수방식에는 직접급수방식과 간접급수방식이 있다.

2. 직접급수(직결급수)방식이란 배수관을 분기하여 직접 급수하는 방식이며, 직결직압식과 직결가압식으로 구분할 수 있다.

   직결직압식은 관망 내 수압을 높게 하여 중층까지 증압장치 없이 실수요자에게 직접 공급하는 방식이며, 직결가압식은 수도관에 증압펌프를 직접 접속하여 수도꼭지에 급수하는 방식이다.

3. 간접급수방식에는 급수조(고가수조 등)방식, 펌프직송 방식 등이 있다.

4. 최근 수질의 안전화를 도모하기 위한 대책의 일환으로서 직결급수의 도입이 강구되고 있다.

II. 급수방식의 분류

1. 직결직압식 (= 직압급수)

- 수도본관(配水管) 내의 수압을 이용해서 1·2층 정도의 주택이나 소규모 건물에 급수하는 방식

- 수도본관 내의 압력은 일반적으로 150~200kPa 정도이며, 직결급수의 최소동수압은 2층 건물 150kPa, 3층 200kPa, 4층 250kPa, 5층 300kPa 정도이다.

장 점	단 점
· 저수조에서의 수질저하 방지	· 단수가 되는 경우 급수 불가능
· 저수조가 없기 때문에 유지관리가 용이하다.	· 사용개소에서 수압의 변화가 크다.
· 사용자별로 유량계를 부착하여 요금시비를 없앤다.	· 중층건물 이상 높은 곳에는 급수가 곤란

2. 직결가압식 (= 증압직결방식)

- 급수관에 증압펌프를 직접 접속하여 수도관의 압력으로는 급수가 불가능한 높은 곳에 있는 수전(수도꼭지)에 급수하는 방식   ⇒ 구미에서 채용되고 있는 방식
- 증압펌프는 인버터에 의한 변속펌프의 회전수제어와 정속펌프의 대수제어에 의해 운전된다. 일반적으로 증압펌프·역류방지기·제어반 등을 함께 넣은 패키지제품이 사용되고 있다.
- 이 방식은 건물 내의 물이 수도본관의 부압시에 수도관으로 역류하지 않도록 펌프의 흡입측에 역류방지기를 설치해야 한다.

3. 급수조(고가수조 등) 방식

- 수도본관으로부터 인입관에 의해 끌어들인 상수를 저수조에 저수하고 나서, 양수펌프에 의해 건물의 옥상 또는 높은 곳의 급수조에 양수하고, 이 수조로부터 배관에 의해 중력작용으로 필요개소에 급수하는 방식이다.
- 기존 우리나라에서 주로 사용되고 있으나, 최근 직결급수 도입방안이 강구되고 있다.

장 점	단 점
· 단수시에도 수량을 확보할 수 있다.	· 급수조, 수수조에서의 수질오염 우려
· 사용개소에서 항상 일정한 수압이 유지된다.	· 보유시간이 긴 경우는 수질이 저하되고 부패의 우려가 있다.
· 대규모의 급수 수요에 쉽게 대응하기 쉽다.	· 설비비·유지관리비가 직결직압식에 비해 과다

4. 펌프직송식 (Tankless Booster Pump 방식)

- 급수조(=옥상물탱크)를 이용하지 않고 저수조로부터 펌프로 직접 소요개소에 급수하는 방식이다.
- 직송펌프는 인버터 제어에 의한 변속펌프의 회전수제어, 정속펌프의 대수제어 또는 이들 조합의 제어에 의해 운전된다. (우리나라 아파트단지 등에 많이 사용됨)
- 일반적으로 직송펌프 · 제어반 등을 함께 넣은 패키지 제품이 사용된다.

장 점	단 점
· 급수조를 설치하지 않으므로 수질저하 방지	· 자동제어 등의 설비비가 많다.
· 사용자별로 유량계를 부착하여 요금시비를 없앤다.	· 유지비(전력비)가 크다.
· 단수가 되어도 일정량의 급수가 가능하다.	· 정전이 되는 경우 급수 불가능
· 사용개소의 수압이 일정하다.	· 수수조에서의 수질오염 우려
· 중층건물 이상 높은 곳에도 급수 가능	

5. 병용식

 - 고층건물에서 2~3층까지는 직결급 하고 그 이상의 층은 급수조를 설치하는 방식

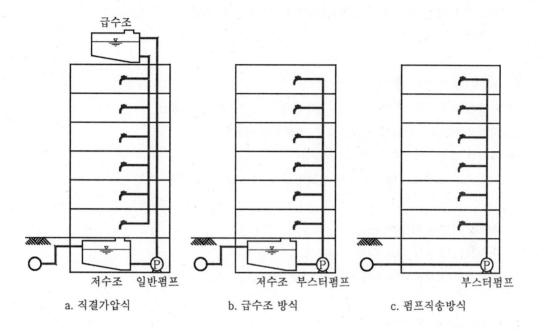

a. 직결가압식   b. 급수조 방식   c. 펌프직송방식

Ⅲ. 직결급수도입시 전제조건(고려사항)

1. 직결급수방식의 선정
 - 직결직압식과 직결가압식의 비교검토 후 적절한 급수방식 선택

2. 배수관 최소동수압 확보
 - 급수관 분기지점의 수압이 최소동수압 이상일 것

3. 증압펌프/감압밸브 설치고려
 - 최소동수압 확보가 어려운 경우 배수관로 중간에 증압펌프 설치
 - 직결가압식인 경우 누수량 증가 방지를 위해 감압밸브 설치

4. 누수저감대책 마련(관거갱생)
 - 불량관거는 갱생 및 교체

5. Block system 도입

- 직접급수의 전제조건으로 block system 도입은 필수적
- 표고차가 심한 경우 관로의 flat화하거나 적정범위로 정비
- 자동제어를 위한 정보관리시스템, TM/TC시스템 도입 필요

6. 관경확대/ 적절한 관종선택

- 손실수두 증가에 대하 대책으로 관경확대 필요 : 13㎜ → 25㎜
- 시간최대급수량에 대한 대책으로도 관경확대 필요
- 적절한 관종선택 : 송수관(도복장강관)
                     배수관(대형 도복장강관, 중소형 DCIP, PE, PVC 등)

7. 저수조 기능의 대안 마련

- 저장기능 상실에 대한 대책 : 배수지 용량 증가
- 저장기능을 사전 확보하여 비상시 긴급급수 등

8. 역류방지밸브 설치 등

- 급수사고에 대한 대비책 마련

Ⅳ. 직결급수 예외지역

- 일시에 다량의 물 사용하는 곳
- 단수시 피해가 큰 지역
- 병원 등과 같이 항상 저류량이 필요한 곳
- 일정수압 수량을 지속적으로 필요로 하는 곳

급수장치에 기인한 수질이상

Ⅰ. 개요

- 급수장치에 기인한 수질이상은 백수, 적수, 청수, 이물, 냄새 등이 있으며, 이들에 대한 발생원인과 발생현상에 대해 검토해 보기로 한다.

Ⅱ. 급수장치에 기인한 수질이상

구 분	수질이상 발생내용	원 인
백수	· 백탁수를 방치하면 투명하게 됨 · 백탁수를 방치하면 침전물이 있다.	· 미세공기 수중혼입 · 아연도금강관 아연이 녹은 것
적수	· 적갈색으로 탁색된 탁수가 나옴	· 철관의 녹이 녹은 것
청수	· 용기, 타일이 파랗게 되며 대량의 물이 파랗게 보임	· 강관으로부터 동이 녹은 것
이물	· 모래, 쇳가루, 흙탕물	· 배관공사시 혼입
냄새	· 기름냄새, 그리스 냄새 · 신나냄새	· 배관공사시 혼입 · 신나가 토양에 스며들어 염화비닐관에 침입하여 수돗물에 영향
관거이상	· 색깔, 냄새, 맛 이상 · 비눗물, 허드렛물이 수도꼭지에서 나옴 · 실지렁이, 유충이 나옴	· Cross connection이나 역류 · 연결호스사용시 부압에 의한 역류 · 저수조 청소불량, 부패 등 관리부주의
기타	· 알루미늄 냄비에 작은구멍 · 유리가구사용시 백색이물, 바늘모양 이물 · 수도꼭지 주위에 고형물 부착	· 염소이온이나 동이온에 의한 집중부식 · 유리의 규소성분이 부서진 것 · 수중의 미네랄분이 부착

급수배관의 문제점과 개선방안

Ⅰ. 급수방식

- 간접급수(저수조식)

  ⇒ 직결급수 도입 필요

Ⅱ. 급수관 재질

- 1990년 중반까지 아연도강관 사용(노후화)

  ⇒ 스테인리스강관, 동관, 합성수지관으로 교체

  ※ 전국 상수도관 현황 (2009년)

  ┌ 총연장 : 61,421km

  └ 종류 : 스테인리스관(35.6%), PE관(20.5%), PVC관(15.6%),

  　　　　아연도강관(2%), 동관(0.5%)

Ⅲ. 급수관 설치방식 및 노후배관 교체

- 아파트 등 각 세대로 분리되는 관은 바닥 또는 벽체내 시공

  ⇒ 2중관(주름관+폴리부틸렌관) 구조 도입하여 탈부착 용이할 필요가 있음

- 관 갱생을 위하여 노후배관 교체는 실내 내벽(파이프닥트, PD) 제거 후 급수 입상관 교체사항으로 비용과 입주자의 사생활 침범, 소음 등 여러 문제가 발생 예상

  ⇒ 부식억제장치 검증, 관망관리시스템 개선, 신공법개발(이중배관시스템 도입)

Ⅳ. 수질오염방지

- 정수장 인근의 잔류염소 과다 또는 관말지역의 잔류염소 과소, 흙탕물, 저수조의 오염된 물 공급, 각종 냄새와 이물질이 수돗물 소비자에게 그대로 운반

  ⇒ 저수조/정수장 수질관리 강화, 급수관 주기적인 청소, 관로 갱생

※ 이중배관공법

(1) 개요

- 최근에는 아파트 세대내 급수배관공법으로 외부CD관에 가교폴리에틸렌관 또는 폴리부틸렌관(PB관)을 삽입한 이중배관을 바닥슬래브 등 구조체에 매립하여 누수 등 하자발생시에도 구조체 파손 없이 배관교체가 가능하도록 한 2중배관공법이 늘어나고 있는 추세이다.

(2) CD관 (Combine Duct, 결합관) : 가요성 외부주름관

- 가요성(휘어짐)이 좋다.
- 외부에 주름이 있어 콘크리트 매립용에 많이 사용하며 노출배관용으로 사용해서는 안된다.

급수설비 배관시 고려사항 (시설기준)

I. 부설위치 및 방법

- 급수관을 공공도로에 부설할 경우에는 도로관리자가 정한 점용위치와 깊이에 따라 배관해야 하며 다른 매설물과의 간격을 30㎝ 이상 확보한다.
- 수요가의 대지 내에서 급수관의 부설위치는 지수전과 수도미터 및 역류방지밸브 등의 설치와 유지관리에 알맞은 장소를 선정하고 대지 내에서도 가능한 한 직선배관이 되도록 한다.
- 급수관을 부설하고 되메우기를 할 때에는 양질토 또는 모래를 사용하여 적절하게 다짐하여 관을 보호한다.
- 급수관 부설은 가능한 한 배수관에서 분기하여 수도미터 보호통까지 직선으로 배관해야하나, 하수나 오수조 등에 의하여 수돗물이 오염될 우려가 있는 장소는 가능한 한 멀리 우회한다. 또 건물이나 콘크리트의 기초 아래를 횡단하는 배관은 피해야 한다.

II. 고층건물 배관

- 급수관을 지하층 또는 2층 이상에 배관할 경우에는 각 층마다 지수밸브와 함께 진공파괴기 등의 역류방지밸브를 설치하고, 배관이 노출되는 부분에는 적당한 간격으로 건물에 고정시킨다.
- 중고층 건물에 직결급수하기 위한 건물내의 배관방식 선정과 가압급수설비는 보수관리, 위생성, 배수관에서의 영향 및 안정된 급수 등을 고려하여야 한다.

III. 기타

- 동결이나 결로의 우려가 있는 급수설비의 노출부분은 방한조치나 결로방지조치를 강구한다.
- 급수관이 개거를 횡단하는 경우에는 가능한 한 개거의 아래로 부설한다.

관 부식(내면부식, 외면부식)

Ⅰ. 개요

1. 부식의 종류

    ┌ 내면부식 : 철관(DCIP, 강관)부식, 관정(콘크리트관)부식
    └ 외면부식 : 토양부식, 전기부식

2. 부식의 원리

 - 부식은 불안정한 상태의 금속이 안정된 상태로 회귀하려는 과정에서 산화반응에 의해 발생한다.

 ※ 부식의 메카니즘

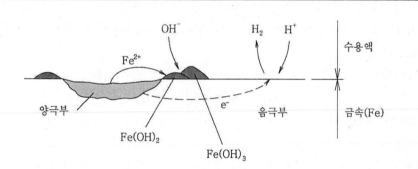

(1) 산화와 환원은 화학양론적으로 동시에 발생한다. 전류가 금속에서 수용액으로 유출하는 표면을 양극(저전위), 반대로 수용액에서 전류가 금속으로 유입하는 표면을 음극(고전위)이라고 부른다.

    ┌ 양극부(산화) : $Fe \rightarrow Fe^{2+} + 2e^-$ (금속이온과 전자로 분리)
    └ 음극부(환원) ┬ $2H^+ + 2e^- \rightarrow H_2$
                    │ (산성인 경우 수소발생형 부식)
                    └ $1/2O_2 + H_2O + 2e^- \rightarrow 2OH^-$
                      (알칼리성인 경우 산소소비형 부식)

(2) 산소소비형 부식은 전해질(Electrolyte)인 OH^-에 의해 녹이 발생한다.

    ┌ $Fe^{2+} + 2OH^- \rightarrow Fe(OH)_2$ (수산화 제1철)
    └ $Fe(OH)_2 + O_2 + 2H_2O \rightarrow 4Fe(OH)_3$ (수산화 제2철)

┌─ 내면부식 : 물의 산화작용에 의해 발생 → 적·흑수, 맛·냄새 발생 → 관내 통수능력 저하
└─ 외면부식 : 토양이나 전기에 의한 부식 → 누수의 직접적인 원인

Ⅱ. 문제점

┌─ 안전성 : 중금속 용출로 인한 수질기준 초과
├─ 경제적 : 누수로 인한 수도시설 경영수지 악화 (정수생산량 증가 및 관 교체)
└─ 심미적 : 적수(Fe)·흑수(Mn)·청수(Co)·백수(Zn) 유발 및 부식생성물에 의한 맛·냄새 유발

Ⅲ. 내면부식

1. 원인

1) pH 및 알칼리도

- 낮은 pH에서 물은 강한 부식성을 띄어 철관의 철을 용출시킨다.

⇒ 따라서 pH는 약알칼리(7~8), 알칼리도는 200mg/L 이하(50mg/L이 적당)로 유지해야 한다.

2) 이산화탄소

- 이산화탄소가 수중에서 용해되면 H^+가 생성되면서 물의 pH를 저하시킨다.

$$CO_2 + H_2O → H^+ + HCO_3^-$$

⇒ 20mg/L 이상발생

3) 잔류염소

- 염소가 수중에서 가수분해되어 H^+가 생성되면서 물의 pH를 저하시킨다.

$$Cl_2 + H_2O → HOCl + H^+ + OCl^-$$

⇒ 1mg/L 이상발생

4) 용존산소

- 양극부에서 발생되는 전자를 수용하여 전해질(Electrolyte)인 OH^-를 생성한다.

$$O_2 + 2H_2O + 4e^- → 4OH^-$$

$$Fe^{2+} + 2OH^- → Fe(OH)_2 \text{ (수산화 제1철)}$$

- 또한, 배관의 철과 반응하여 산화철을 만든다.

$$Fe(OH)_2 + O_2 + 2H_2O → 4Fe(OH)_3 \text{ (수산화 제2철 ; 붉은 녹)}$$

⇒ 2mg/L 이상이면 부식속도 증가

5) 철박테리아

- slime층을 형성하여 통수능 저하시킨다. 즉, 용존산소에 의해서 발생한 산화철은 철박테리아의 서식처가 되며, 이들은 끈적끈적한 점착물질을 배설하여 배관내 slime을 형성한다.

6) 전기전도도

- 수중에 존재하는 이온은 수도관 표면의 부식장소에서 반응시 전기적인 중화를 빠르게 만족시켜 부식을 촉진한다. 따라서 이온농도가 높은 수돗물은 전도도가 높으므로 부식성이 크게 된다.   ⇒ $110\mu S/cm$ 이상이면 부식

2. 방지대책

1) 관 세척 및 라이닝 실시, 내식성관 사용 (= 가장 중요한 방지대책)
 - 에폭시 도료 등으로 방식용 피막을 입힌다.
 - 통상 DCIP는 시멘트모르타르 등으로 강관은 에폭시도료 등으로 라이닝되어 있다.
2) 부식성 수질제어 시스템
 - TM·TC와 연계하여 시계열로 관로내 LI값을 측정하여 소석회 주입량을 조절한다.
3) 알칼리제 주입으로 $CaCO_3$ 피막형성
 - 알칼리제 단독주입법   : 수산화나트륨, 소다회, 소석회 등
 - 소석회·이산화탄소 병용법 : 알칼리제(소석회) 주입 후 CO_2로 pH

※ 소석회·이산화탄소 병용법

> ⑴ LI를 0 이상으로 하여 탄산칼슘피막을 형성하기 위해서는 pH를 9 이상으로 유지하는 것이 좋지만, 수질기준을 초과할 뿐 아니라 소석회 주입이 과다해지므로, CO_2를 소석회와 함께 주입하여 pH를 7.5~8로 맞추는 방식
> ⑵ CO_2는 pH를 낮추고 소석회와 반응하여 탄산칼슘 피막을 형성한다.

4) 방청제(=부식억제제) 주입
 - 미국 등에서 가장 많이 이용되는 방법으로 작용 메카니즘에 따라서 양극방청제와 음극방청제로 분류된다.
 ① 양극 방청제는 전기화학적 부식 반응 중 양극반응을 저지함으로써 부식속도를 감소시키는 작용을 한다.
  ⇒ 방청제로는 정인산염과 규산염 등이 있다.
 ② 음극 방청제는 음극에 피막을 형성하여 산소의 환원을 방지하는 역할을 한다.
  ⇒ 방청제로는 폴리인산염, 아연, 금속성인산염 등이 있다.
5) 잔류염소는 관말에서 최소한의 농도 유지, 대체소독제 개발
6) DO가 높은 경우 탈기공법 실시 → 미세막에 의한 탈기, 초음파 탈기 등으로 1mg/L까지 낮춘다.
7) 침식성 유리탄산은 폭기로 제거

Ⅳ. 토양부식

1. 원인

- 토양부식이란 토양 중에 매설된 구조물의 부식을 지칭하는 것으로 토양 중에 함유된 수분이 전해질로 작용하여 발생하는 부식을 의미한다. 토양 부식은 토양의 특징에 따라서 다양한 형태로 발생하므로 토양의 성질에 크게 좌우된다.
  1) (매립지 부근 등) 혐기성박테리아 작용
  2) (공장 부근 등) 산성폐수 침투에 의한 토양 산성화
  3) (해수유입에 의한) 토양 또는 지하수 중 염분 과다 함유

2. 대책

1) 관외면을 PE 등으로 피복도장이 가장 효과적이다.
  - 알칼리성 토양에서의 연성관은 현저히 침식되므로 사용금지 → 부득이 부설시는 도장
    ⇒ 연성관 : 합성수지관 · DCIP · 강관 / 강성관 : 흄관 · 도관
  - 부식성 토양의 철관 : 도장
2) 이음부 볼트, 너트 : 스테인리스제 등 사용, 도장
3) 강관부 용접 연결부 : 방식 테이핑, 도장

Ⅴ. 전기부식

1. 원인

1) 이종금속부식(Galvanic Corrosion)
  - 이종금속부식은 갈바닉 부식이라고도 하며, 서로 다른 금속이 접촉하여 일방적으로 한쪽 금속의 산화(부식)를 촉진시킴으로써 발생하는 부식을 말한다. 예를 들어 철과 구리를 접하여 두면 철이 급속히 부식되는 현상을 말한다.
    ⇒ 이종금속간 이온화 경향 순(順) : Mg > Zn > Pb > Fe > Cu > Ag

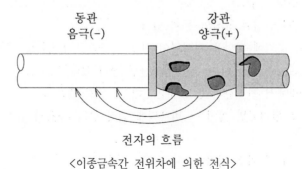

<이종금속간 전위차에 의한 전식>

2) 외부 전류에 의한 전기부식

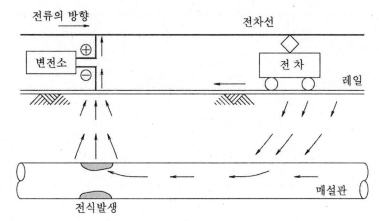

- 직류전철 부근의 관 부설시, 지중매설물(전기) 부근의 관 부설시
- 강관의 경우 피해가 매우 크다.

2. 대책

1) 도장법

2) 전기방식

전류를 방류하는 측에서의 대책	관로를 포설하는 측에서의 대책
① 궤조 이음부 용접	① 관의 외면을 절연물로 피복
② 연결전선 절연강화를 통한 누전방지	② 관의 이음부에 절연물 삽입
	③ 강관을 음극상태로 보호하는 조치
	(양극보호법과 음극보호법)

3. 양극보호법과 음극보호법

- 일반적으로 소구경, 단거리 관로에는 희생양극법, 대구경, 장거리 관로에는 외부전원법, 특수부분에는 선택배류법을 적용한다.

1) 양극보호법 : 관체를 수동적으로 보호(선택배류법, 강제배류법)

① 선택배류법

- 관체 내 흐르는 전류가 땅으로 흐르는 것을 방지하고 일괄 레일로 흐르도록 배류기 설치

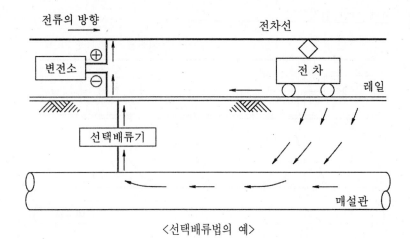

<선택배류법의 예>

⇒ 직류전원을 사용하는 대부분의 지하철은 전차선을 (+)극으로, 레일을 (-)극으로 사용
하는 전력공급시스템을 가지고 있다. 그런데 지하철이 기동할 때 필요한 최대전류는
약 1,500A 정도로 매우 높기 때문에 (+)에서 나오는 전류가 모두 레일을 통해 귀로하
지 않고 일부는 레일을 통해 지중으로 유출된다. 이것이 이른바 누출전류(Stray
Current)이다. 이 누출전류가 많은 지역에 수도관이 인접해 있다면 이 누출전류는 수
도관으로 유입되어 유입부에서는 방식이 진행되지만 문제는 배관에 유입 된 전류가 지
하철 변전소 인근에서는 변전소(-)극으로 회귀하려는 성질을 가지고 있어 만약 이 부
분의 피복이 불량하면 전류가 유출되고 따라서 유출부위는 부식이 급격하게 진행된다.
이러한 부식을 막기 위해서는 지하철 변전소 인근 배관에서 배관과 레일을 전기적으로
접속시켜 유입전류를 피복불량부가 아닌 도선에 의하여 레일 측으로 회귀하게 만들어
주어야 하는데 이러한 방식이 선택배류법이다.

② 강제배류법
- 레일로 흐르는 전류가 일괄 관체로 강제적으로 흐르도록 배류기 설치

2) 음극보호법 (희생양극법, 외부전원법)
① 희생양극법
- 이온화 경향이 큰 금속(Mg, Zn 등)과 관체를 절연전선으로 연결하여 관을 항상 음극
  상태로 유지
⇒ 희생양극법은 철(Fe의 자연전위는 대략 -400 ~ -500mV정도)의 자연전위보다 더 낮
  은 물질(Mg의 자연전위는 -1,600mV)을 도선으로 연결하면 양극에서 전류가 유출되어
  음극인 배관 쪽으로 유입됨으로써 양극을 희생시켜 점점 부식되어 소모되고 수도관은
  반대로 방식이 되는 방법이다. 유지보수비용이 작지만 양극이 소모되면 미 방식이 발

생할 우려가 높다.

희생양극으로는 토양의 경우 Mg, 담수의 경우 Zn, 해수의 경우 Al)을 주로 사용한다.

② 외부전원법

- 전원을 관체와 절연전선으로 연결하여 관을 항상 음극상태로 유지

- 유지관리가 용이하므로 심매설(deep well) 방식으로 주로 적용

⇒ 외부전원법은 관리소 내에 있는 정류기와 Deep-Well anode로 구성된다. 정류기에서는 한전에서 들어오는 상용 교류전원을 직류로 변환하고 이 전류는 Deep-Well anode를 통해서 지중으로 유출되어 가스배관으로 유입되고 다시 정류기의 (-)극으로 회귀한다. Deep-Well anode에서는 전류가 유출되어 부식이 진행되는 반면, 배관으로는 방식전류가 유입되어 부식이 억제되는 것이다.

Deep-Well anode는 통상 지하 60~80m 정도 Hole을 뚫어 그 속에 anode을 설치한다.

anode는 전류 유출은 잘 되면서 부식은 잘 되지 않는 재료가 사용되는데 고규소주철, 그라파이트(Graphite), 규소-크롬 강 등이 있다.

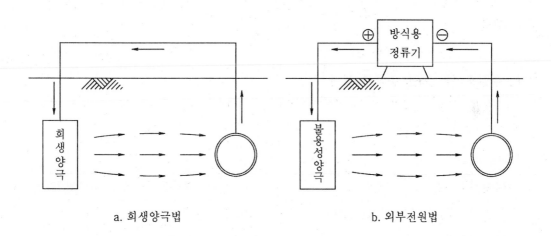

　　　a. 희생양극법　　　　　　　　　　　b. 외부전원법

상수관로의 부식성 개선 (시설기준)

- 정수장이나 배·급수계통에서 적용 가능한 수돗물 부식성 개선방법으로는 부식억제제 주입, 알칼리제 주입 등이 있다.

Ⅰ. 부식억제제

1. 부식억제제는 인산염계와 규산염계 부식억제제가 주로 사용된다.

 1) 인산염계 : 국내 옥내급수관 부식방지를 위해 많은 저수조에서 인산염계 부식억제제를 사용한다.

 2) 규산염계 : 국내 적용실적 미미, 외국문헌상으로도 규산염계 부식억제제 사용사례가 극히 적음

2. 부식억제제 주입방법으로는 정수장에서 주입하거나, 배급수계통의 배수지 및 아파트 및 빌딩의 저수조 전후에 주입하기도 한다. 일반적으로 정수장에서는 소독공정 후단에 주입한다.

Ⅱ. 수질조정을 통한 부식성 개선

1. 수돗물 부식성 관련지수[랑게리아(포화)지수, 라이아나(안정화)지수, AI지수]를 계산하여 그 지수값을 개선한다.

지수명	공식	부식 판별법		부식방지요령
LSI	(Langelier Saturation Index) $LSI = pH - pH_s$ $pH_s = A + B - (Log[알칼리도] + Log[Ca^{2+}])$	$LI < 0$ $LI = 0$ $LI > 0$	부식성 평형상태 비부식성(스케일 형성)	LI 0 이상 (-0.5이상)
RSI	(Ryanar Stability Index) $RI = 2pH_s - pH$	$RSI > 7$ $LSI = 6.5\sim7$ $LRS < 6.5$	부식성 평형상태 비부식성(스케일 형성)	RSI 6.5 이하
AI	(Aggressive Index) $AI = pH + Log([알칼리도][Ca^{2+}])$	$AI < 10$ $AI = 10\sim12$ $AI > 12$	부식성 평형상태 비부식성	AI 12 이상

2. 랑게리아지수를 개선하게 되면, 수도시설이나 급배수관 등의 부식성 개선 외에 랑게리아 지수가 음(-)이더라도 값이 0에 가까우면 관 내면에 탄산칼슘피막이 형성되어, 부식을 방지할 수 있는 것으로 알려져 있다.

3. 랑게리아지수는 pH, 칼슘경도, 알칼리도를 증가시킴으로써 개선할 수 있으며, 소석회·이 산화탄소 병용법과 알칼리제(수산화나트륨, 소다회, 소석회)를 단독으로 주입하는 방법이 있다.

III. 수질변화 및 부식성 평가
1. 부식억제제 주입 및 수돗물 부식성 제어를 통한 효과검증 및 평가를 위해 공급계통에서 녹물발생빈도, 수도관 부식과 관련된 철, 구리, 아연 등의 농도에 대한 모니터링이 필요 하다.

2. 수도관의 부식도를 간접적으로 평가하기 위해 관로내 시편(coupon)을 설치하고 주기적 으로 부식 진행정도를 평가할 수 있다.

3. 또한 부식성 제어를 위한 공정이 이루어지는 정수시설에는 공급관로와 함께 부식성 제 어 효과분석을 위한 예비관로 부설을 검토하는 것도 바람직하다.

펌프특성곡선 및 System head curve

I. 펌프의 특성곡선

1. 원심펌프

- 운전상태에서 양정(H), 토출량(Q), 축동력(P)와 효율(η)의 상호간에는 개개의 펌프 시방에 따르는 특성곡선이 주어진다.

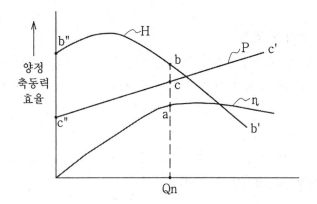

- 상기 특성곡선에서 보면 양정특성에서는 b가 b"보다 저위에 있을 것과 축동력 특성에서는 c~c'가 가장 많이 사용되는 구간이므로 너무 급경사로 올라가지 말아야 하며, 효율 특성은 a점 부근에서 곡선이 평탄하여 좋은 효율의 범위가 넓은 특성을 갖는 펌프가 사용하기에 좋다.

2. 종류별 특성비교

1) 양정과 토출량과의 관계

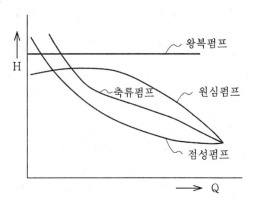

- 축류펌프 : 원심펌프와 점성펌프의 중간
- 왕복펌프 : 토출량이 증가해도 양정은 거의 일정하다.
- 원심펌프 : 토출량이 증가함에 따라 양정은 점차감소하고 어느정도 이상이 되면 급격
  히 감소한다.
- 점성펌프 : 토출량이 증가하면 급격히 양정이 감소하나 어느정도가 되면 그다지 감소
  하지 않는다.

※ 점성펌프

(1) 개요
  - 회전펌프의 일종으로 원심펌프와 달리 흡수구가 임펠러의 중심부에 없고, 임펠러의 외부에 있는 형식으로 캐스케이드 (cascade) 펌프라고도 한다.

(2) 특징
  - 소용량 고양정으로 가정용으로 적합하다.

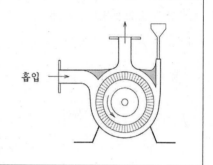

2) 회전수와 양정의 관계
- 원심, 점성펌프 : 양정(H) $\propto$ 회전수(N)^2
- 왕복, 회전펌프 : 양정(H) $\propto$ 회전수(N)

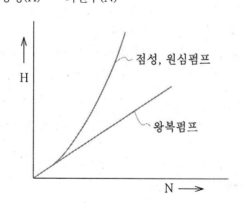

3) 회전수와 토출량과의 관계
- 모든 펌프가 회전수가 증가하면 토출량도 증가한다.
- 토출량(Q) $\propto$ 회전수(N)

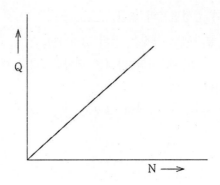

4) 토출량과 소요동력과의 관계
 - 비례한다.

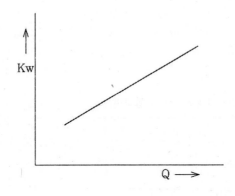

5) 회전수와 소요동력과의 관계
 - 원심, 점성펌프 : 소요동력(Kw) $\propto$ 회전수$(N)^3$
 - 왕복, 기어펌프 : 소요동력(Kw) $\propto$ 회전수$(N)^2$

6) 토출량과 효율의 관계
 - 펌프 설계시 양정과 토출량을 계획하고, 그 목적에 맞추어 최대효율이 되도록 선정한다.

Ⅱ. System head curve

1. System head curve는 펌프의 전양정과 양수량과의 관계를 나타낸 것으로 펌프의 특성
   곡선과 함께 최적펌프선정에 이용된다.

2. 펌프의 운전에서 계획 실양정은 흡입수위와 토출수위의 차이인데 시간적으로 변하기 때문에 특정치를 정하기 어려우나 이 범위를 분명하게 하지 않으면 펌프의 운전범위가 결정되지 않기 때문에 그림과 같이 System head curve를 그려 최고실양정(hs-max)과 최저실양정(hs-min)을 검침한 후, 펌프를 계획한다.

- 그림에서 R_1, R_2는 최고, 최저 실양정에 유량에 따르는 손실수두를 각각 가산한 총양정을 나타낸다.

- 펌프는 A와 B점 사이에서 운전 할 수 있도록 최적의 특성을 갖는 펌프를 선정해야 한다.

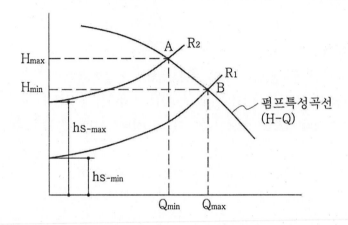

펌프의 직렬 및 병렬운전

I. 개요

1. 한 대 펌프를 설치하는 경우의 펌프특성곡선은 시스템수두곡선에 중복시켜 최적의 펌프를 선정하게 되지만,

2. 2대 이상의 펌프를 선정하게 되는 경우에는 펌프의 직렬·병렬 배치에 따른 펌프특성곡선을 구하고 시스템수두곡선에 중복시켜 최적의 펌프를 선정하게 된다.

II. 직렬·병렬운전

1. 동일특성펌프의 직렬운전(AB = BC) → 양정변화가 큰 경우 적용
   - 펌프단독운전시 a점에서 운전되나 직렬운전시는 b점에서 운전된다.
   - 직렬운전시 개개의 펌프는 c점에서 운전되므로 실양정(H)의 증가는 2배가 되지 않는다.

2. 동일특성펌프의 병렬운전(AB = BC) → 유량변화가 큰 경우 적용
   - 펌프단독운전시 a점에서 운전되나 병렬운전시는 b점에서 운전된다.
   - 병렬운전시 각각의 펌프는 c점에서 운전되므로 실토출량(Q)의 증가는 2배가 되지 않는다.

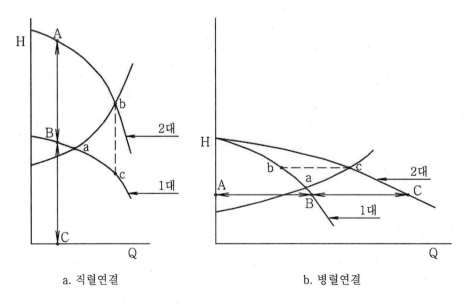

a. 직렬연결   b. 병렬연결

〈동일한 펌프를 직렬 및 병렬로 연결시켰을 때의 특성곡선〉

3. 용량이 다른 펌프의 병렬운전

 - 합성운전점 A에서 그은 수평선과 만나는 점(a_1, a_2)이 각각의 펌프의 운전점이다.

 - 합성운전점 A의 양정이 소용량펌프의 최고양정 z보다 높은 경우 소용량펌프는 양정부족으로 송수가 불가능하게 된다.

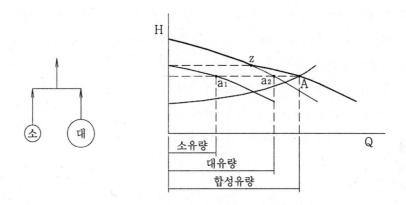

III. 직렬 및 병렬운전의 선정

1. 2대 이상 펌프를 이용하여 토출량을 증가시키는 경우 관로저항곡선의 양상에 따라 병렬·직렬운전 여부를 결정한다.

2. 관로저항곡선이 낮을 경우 병렬운전이, 높을 경우 직렬운전이 합리적이다.

3. 따라서 병렬운전은 유량변화가 크고 양정변화가 작은 경우에 이용하고,
    직렬운전은 유량변화가 적고 양정변화가 큰 경우에 사용된다.

캐비테이션(공동현상), 유효흡입수두(NPSH)

Ⅰ. 캐비테이션(cavitation)

1. 펌프의 내부에서 유속이 급변하거나 와류발생, 유로장애 등에 의하여 펌프의 회전차 입구에서 유체의 압력이 포화증기압 이하로 저하되면 액체가 기화하며 공동(cavity)이 생기게 되며, 이 공동부분이 수류를 따라 이동하여 고압부에 도달하면 순식간에 소멸되어 주위의 액체가 유입됨으로써 충격이 발생하는 현상
   - 캐비테이션현상은 펌프에서는 임펠러(회전차)의 입구에서 발생하기 쉽다.
   - 캐비테이션은 펌프에 진동, 소음, 침식(erosion)을 발생시키며 또 양수불능 등 치명적인 영향을 주기 때문에 이것을 피하기 위하여 유효흡입수두를 검토해야 한다.

2. 발생원인
   1) 유체의 압력이 포화증기압 이하로 되는 경우
      - 흡입양정이 너무 높을 경우
      - 유로의 급변, 와류·편류의 발생, 유로 장애
   2) 흡입관으로부터 공기가 유입되는 경우

3. 문제점
   - 회전차(임펠러)의 파손
   - 소음 및 진동 발생
   - 펌프의 성능저하 및 양수불능 유발
   - 장시간 사용시 재료부식 등

Ⅱ. 유효흡입수두(NPSH)

- 유효흡입수두(NPSH, net positive suction head)는 펌프의 공동현상을 해석하기 위한 지표로서, 가용유효흡입수두(NPSHre)와 필요유효흡입수두(NPSHre)가 있다.

1. 가용유효흡입수두 (NPSHav)

- 가용유효흡입수두(NPSHav, available NPSH)는 캐비테이션을 일으키지 않고 펌프가 이용할 수 있는 유효흡입수두를 말하며, 펌프 system에서 얻어진다.

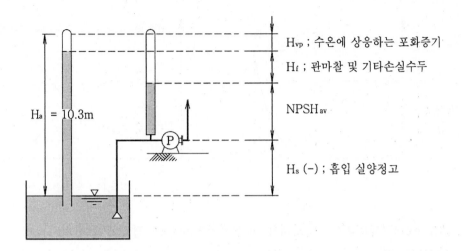

H_{vp} ; 수온에 상응하는 포화증기

H_f ; 관마찰 및 기타손실수두

$NPSH_{av}$

H_s (-) ; 흡입 실양정고

$H_a = 10.3m$

$$NPSHav(m) = Ha - Hvp \pm Hs - Hf$$

- H_a : 대기압을 수두로 표시한 값 (10.33mH_2O)

- H_{vp} : 수온에 상응하는 포화증기압 수두 (10℃에서 0.13m, 20℃에서 0.24m)

- H_s : 흡입 실양정고 (흡상 일 때 (-), 압입 일 때 (+))

- H_f : 흡입관 내의 손실수두 $(= f \dfrac{V^2}{2g})$

- 즉 회전차 입구의 압력이 포화증기압에 대하여 어느 정도 여유를 가지는가를 나타내는 양을 말한다.

2. 필요(=요구)유효흡입수두 (NPSHre)

- 필요흡입수두(NPSHre, required NPSH)는 펌프 자체가 필요로 하는 유효흡입수두,
- 즉 펌프가 캐비테이션을 일으키지 않고 물을 임펠러(회전차)에 흡입하는데 필요한 펌프의 흡입기준면에 대한 최소한도의 수두로서 펌프에 따라 고유한 값을 갖는다.
 ⇒ 이것은 회전차 입구에서 가압되기 전 일시적인 압력강하가 발생하는데 이때 캐비테이션(cavitation)이 발생하지 않는 수두를 의미한다.

3. 운전범위

$$NPSHav - NPSHre = 1.0 \sim 1.5m \ \text{또는} \ NPSHav \geq 1.3\,NPSHre \ \text{유지}$$

1. 저양정 지역에서 필요흡입수두(NPSHre)가 커지므로 공동현상 발생이 우려된다.
2. 따라서, 계획토출량보다 현저히 벗어나는 운전범위는 피한다.

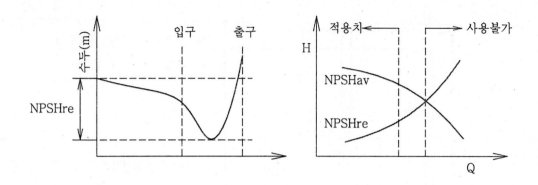

Ⅲ. 캐비테이션(공동현상) 방지대책 → 유효흡입수두를 검토해야 한다

1. 흡입양정관리

1) 비속도(Ns)를 크게 하여 흡입양정을 높인다. Ns가 낮은 경우 흡입양정을 5m로 제한
2) 펌프의 설치위치를 가능한 한 낮게 하여 흡입양정 최소화
3) 펌프의 전양정에 과대한 여유를 주면 실제운전은 과대토출량의 범위에서 운전되므로 전양정은 실제에 적합하도록 결정한다.

2. 흡입부 관리

1) 흡입관의 손실을 가능한 한 적게 한다.
 - 흡입관을 짧게, 관경을 크게 하여 손실감소
 - 흡입관의 스트레이너 등에 이물질이 있는 경우 제거한다.
2) 흡입수조의 형상과 치수는 과도한 와류 및 편류가 발생되지 않도록 한다.
3) 흡입관 주위의 구조물과 적당한 간격 이상 이격시킨다.
 - 취수정 바닥, 취수정 벽, 흡입구, 흡수탑 등과의 거리

※ 펌프의 흡입관 설치요령

```
┌─ 수평설치시 경사도    : 1/50 이상
├─ 흡수관 및 취수정 바닥 : D 0.5배 이상 이격
├─ 흡수관 및 취수정 벽   : D 1.5배 이격
├─ 저수위 및 흡입구     : D 1.5배 이상 이격
├─ 최소 수심          : D 2배 이상이 깊이 잠기도록 한다.
└─ 흡수관 및 흡수판     : D 3배 이상 이격
```

3. 적절한 펌프선정

1) 양흡입펌프, 입축형펌프, 수중펌프의 사용 검토

- 편흡입펌프로 필요흡입수두(Hsv)가 만족되지 않는 경우에는 양흡입펌프를 사용한다.

- 대용량펌프 또는 흡상이 불가능한 펌프는 흡수면보다 펌프를 낮게 설치할 수 있는 입축펌프 또는 수중펌프를 사용하여 회전차(임펠러)의 위치를 낮게 한다.

2) 펌프 1대로 부족한 경우 2대 이상의 펌프로 운전한다.

3) 공동현상을 피할 수 없을 때는 임펠러를 공동현상에 견딜 수 있는 재질(스테인리스강)을 사용한다.

비속도, 비교회전도(Specific speed)

Ⅰ. 정의

1. 1m³/min를 1m 양수하는데 필요한 회전수로서, 최고 효율점에서의 펌프성능상태
2. 양정이 높고 토출량이 작은 pump는 Ns가 낮아지고, 양정이 낮고 토출량이 큰 pump는 Ns가 높게 된다.
3. Ns가 높아질수록 흡입성능이 나쁘고 공동현상 발생우려
4. Ns에 따라 pump의 모양이 정해진다는 것은 pump의 특성이 대체로 Ns에 따라 정해진 다는 것을 나타낸다.

Ⅱ. 계산방법

$$N_S = N\frac{Q^{1/2}}{H^{3/4}}$$

여기서, N_S : 비속도[펌프형식을 나타내는 지수] (rpm)

Q : 펌프토출량 (m³/min)

H : 전양정 (m)

N : 규정회전수 (rpm)

- 양흡입형 펌프일 때는 임펠러의 한쪽만을 기준으로 유량Q는 토출량의 1/2을 적용한다. 또 다단펌프 일 때는 H를 1단만 적용한다.

편흡입 1단 : $N_S = N\dfrac{Q^{1/2}}{H^{3/4}}$

편흡입 2단 : $N_S = N\dfrac{Q^{1/2}}{(H/2)^{3/4}}$ (다단펌프)

양흡입 1단 : $N_S = N\dfrac{(Q/2)^{1/2}}{H^{3/4}}$

Ⅲ. Ns와 펌프형식

- 비속도(Ns)가 정해지면 Impeller의 형식도 어느정도 정해진다.

<임펠러의 형상과 Ns의 관계>

구 분	터빈	볼류트	사류	축류
임펠러의 형상				
Ns 범위	100~300	100~700	700~1200	1100 이상

펌프양수량 조절방법

Ⅰ. 개요

1. 펌프의 양수량 조절방법에는 펌프의 대수제어, 회전속도(회전수)제어, 밸브개도 조절, 부관을 설치하는 방법, 왕복펌프 설치하는 방법, 임펠러의 외경 변경 등의 방법이 있다.

2. 기존에는 펌프운전을 수동으로 하였으나 근래에는 기술진보에 따라 연동화·자동화에 의한 펌프운전이 일반적이다.

3. 펌프운전은 대수제어와 VVVF방식의 회전수제어가 주로 사용된다.

    ┌─ 정속방식(대수제어)은 변속방식에 비해 설비비가 저렴하고,
    └─ 변속방식(회전수제어)은 정속방식에 비해 에너지 및 운전비가 절약된다.

4. 유량조절방법 적용추세

    ┌─ 평상시 유량조절　　　　: 운전대수제어, 회전수제어, 밸브개도제어, 임펠러 외경가공
    ├─ 과유량 발생시 유량조절　: 회전수제어, 밸브개도제어, 임펠러 외경가공
    └─ 최근의 유량제어 추세　　: 운전대수제어 + 회전수제어

유량제어방법	특 징
1) 운전대수제어	· 유량에 따라 운영대수를 조절하는 방법 · 제어가 비교적 간단하고 대수분할에 따른 위험분산이 가능하다. · 단계적인 특성변경에 한계가 있으며, 압력변화의 폭이 크다. · 압력변화의 폭이 크게 되어도 무방한 곳에 적용
2) 회전속도제어	· 유량이 변화에 대응하여 회전속도를 증감하여 압력이 일정하도록 제어하는 방법 · 미세제어가 용이하고 효율이 좋고 운전비가 저렴 · 설비비가 고가이고 유지관리에 고도의 기술이 필요하다. · 유량변동이 큰 연속운전이나 유량이 단시간에 변하는 경우 적용
3) 밸브개도제어	· 압력과 유량을 검출하여 밸브개도에 의하여 제어 · 제어가 간단하고 설비비가 저렴 · 소음발생, 효율이 나쁨, 운전비용 고가, 밸브하류측의 캐비테이션 발생 우려, 에너지 절감측면에서는 불리 · 소형, 중형 용량의 토출시 사용

<계속>

유량제어방법	특 징
4) 임펠러외경가공	· 원심펌프의 경우 동일 케이싱을 사용하면서 임펠러의 외경을 가공하여 펌프의 양수량을 떨어뜨릴 수 있다. · 회전차 외경의 20% 범위 이내로 가공하면 효과적 · 현재의 운영상태가 과다한 경우 외경을 가공하여 사용하고 추후 유량이 부족하면 임펠러를 새로 제작하여 교체해야 한다.

Ⅱ. 유량제어

1. 대수제어

1) 대수의 선정
 - 유량변동 상황을 사전 검토하여 대수 결정

2) 대수와 경제성
 - 소수의 대형이 다수의 소형보다 경제적·효율적이다.

3) 용량 분할

┌ 효율성 있게 운전하려면 대형 대 소형의 비를 2:1로 한다.
└ 부품의 호환문제 고려

4) 유량변동外 양정변화도 큰 경우 펌프를 병렬 또는 직렬연결을 검토한다.

2. 회전속도제어 (= 회전수제어)

1) 운전방식 : 펌프 토출측 수두나 관 말단수두를 일정하게 유지
              토출압 일정제어방식과 관말압 일정제어방식으로 분류

① 토출압 일정제어
 - 회전속도가 N_0, N_1, N_2, N_3로 변하면 운전점도 A, B, C, D로 변하고 전양정은 H로 유지된다.

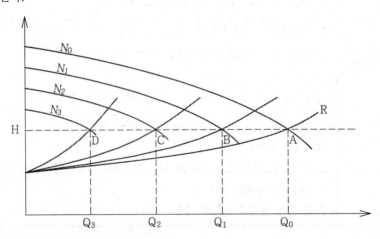

② 관말압 일정제어

- 이 제어는 수량이 변하더라도 관로말단에서의 수압을 일정하게 유지하는 방법으로 실측방식(말단압력 일정제어)과 연산방식(추정말단압력 일정제어)가있으며, 에너지 절약효과가 있다.

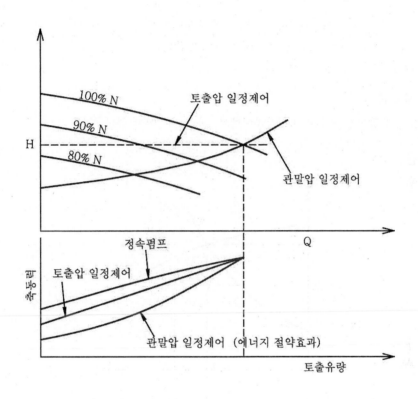

2) 회전수제어 방식

```
      ┌─ 기계식 제어 ──── 유체변속기, 벨트변속
      │
      │                  ┌─ 농형(다람쥐 쳇바퀴형)  : 주파수제어, 1차 전압제어, 극수 변환
      └─ 전기식 제어 ──┤
                        └─ 권선형                 : 1차 전압제어, 2차 여자위상저항제어
```

⇒ 주파수제어(VVVF) : 전압과 주파수를 변화시켜 회전수를 변화시킨다. 주로 사용

3) 상사(相似)법칙

- 터빈펌프에서 회전수 N을 20% 이내로 변화시 펌프특성은 다음 관계로 변화한다.

$$\begin{cases} \text{토출량} \ : \ Q' = Q \left(\dfrac{N'}{N}\right) \\[3mm] \text{전양정} \ : \ H' = H \left(\dfrac{N'}{N}\right)^2 \\[3mm] \text{동력} \ : \ P' = P \left(\dfrac{N'}{N}\right)^3 \end{cases}$$

여기서, N : 규정회전수
N' : 변경회전수

3. 밸브개도 조절

1) 밸브는 유량조절용(주로 버터플라이밸브, 볼밸브)이어야 한다.

2) 밸브조절은 간단하므로 보통 운전대수 조절과 병용한다.

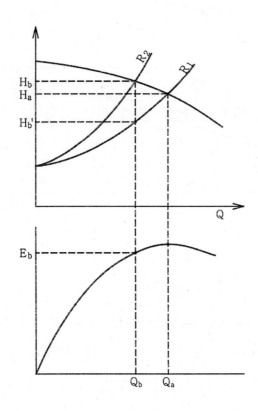

- 토출밸브를 조금씩 닫으면 저항이 증가하고, 저항곡선의 구배가 급해져 ($R_1 \rightarrow R_2$) 토출량이 감소한다. ($Q_a \rightarrow Q_b$) 펌프의 운전점은 최대효율점에서 벗어나고, Hb와 Ha'의 차로 에너지가 소비되므로 종합효율은 $E_b \times (H_b' / H_b)$ 가 된다.

4. 임펠러 외경변경

- Ns가 낮으면 m = 2, n = 2, Ns가 높으면 m < 2, n > 2

$$토출량 \quad : \quad Q' = Q\left(\frac{D'}{D}\right)^m$$

$$전양정 \quad : \quad H' = H\left(\frac{D'}{D}\right)^n$$

$$동력 \quad : \quad P' = P\left(\frac{D'}{D}\right)^{m+n}$$

여기서,   D : 변경전 외경

D' : 변경후 외경

5. 부관을 설치하는 방법

- 토출구에서 흡입구로 부관을 설치하여 필요에 따라 토출량의 일부를 역류시키는 방법

6. 왕복펌프

- stroke 조정으로 유량 조절

Ⅲ. 현장적용

1. 회전수를 제어하여 토출압을 일정하게 제어하는 방식이 일반적으로 사용된다.
2. 정속방식(대수제어)은 변속방식에 비해 설비비가 저렴하고,
   변속방식(회전수제어)은 정속방식에 비해 에너지 및 운전비가 절약된다.
3. 1대 및 수대의 정속펌프와 1대의 변속펌프로 조합하여 사용하는 것이 설비비 및 에너지 절약의 측면에서 가장 유리하다.

펌프의 형식 선정

Ⅰ. 개요
- 빗물펌프의 사용형식은 주로 대수제어, 2상식, 육상펌프, 입축사류펌프을 주로 적용한다.

Ⅱ. 펌프형식 선정절차
⇒ 토출량(Q), 전양정(H) 산정 → 펌프형식(Ns, N) 선정 → 양수량 제어방법 선택 → 펌프 설치조건, 설치방법, 구동방법 선정

1. 토출량(Q) 및 양정(H) 산정

2. 펌프형식 선정
 1) 비교회전도(Ns)에 의해 선정
    - 상수도 시설

구 분	전양정	토출구 관경
원심펌프 (주로 볼류트펌프)	20m 이상	1,500mm 이하
대형 축사류펌프	6m 미만	200mm 이상
입축형 축사류펌프	6m 이상	1,500mm 이상

    ⇒ 전양정이 높을 때는 다단식 펌프 사용, 양정변동이 심한 경우 양흡입식 사용
      심정호인 경우 수중펌프, borehole(시추공) 펌프 사용
      대형의 경우 양흡입식, 소형인 경우 단흡입식 사용

    - 하수도 시설

구 분	전양정	토출구 관경
원심펌프	4m 이상	80mm 이상
원심사류펌프	5~20m	300mm 이상
사류펌프	4~12m	400mm 이상
축류펌프	5m 이하	400mm 이상

    ⇒ 침수 우려시 입축형으로 선정

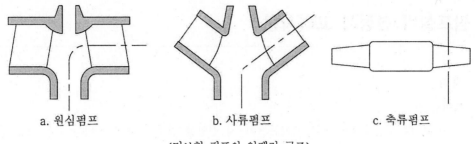

〈터보형 펌프의 임펠러 구조〉

2) 펌프 선정시 입축(vertical), 횡축(horizontal) 선정
 - 입축펌프는 Cavitation 염려가 적고, 부속기기가 필요 없으나,
 - 부식 우려 및 분해조립이 불편하다.

3. 대수제어 또는 회전속도제어 방식 결정
 1) 대수제어시 펌프의 설치대수는 3~5㎥/s 기준으로 3~4대 설치하고, 구경은 토출유속
　　1.5~3.0m/s를 기준으로 선정한다.
　⇒ 유량변동이 없는 경우 1대 원칙, 유량조절이 필요한 경우 3~4대 정도로 분할
 2) 회전수제어시 제어방식 및 운전방식의 선정
 - 기계식 제어 : 유체변속, 벨트변속
 - 전기식 제어 : 농형(주파수제어), 권선형
　⇒ 주파수제어(VVVF) : 전압과 주파수를 변화시켜 회전수를 변화시킨다. 주로 사용

4. 펌프의 설치방법 선정
 - 1상식, 2상식

5. 펌프의 설치조건에 따른 선정
 - 수중펌프, 육상펌프

6. 펌프의 구동방식
 - 전동기(정전시 운전중단)와 디젤 엔진(소음·진동)

펌프설비 선정시 고려사항

I. 총칙

1. 제어방식

- 펌프설비의 운전방식을 정할 때에는 에너지 절약을 염두에 두고 설비의 규모, 토출량의 변동폭 등을 고려한다. 펌프의 제어방식에는 대수제어, 밸브개도제어, 각종 방식에 의한 회전속도제어나 임펠러의 교체방법(여름용, 겨울용) 등 여러 각도로 검토한다. 펌프설비의 제어방식은 원격제어방식이나 자동제어방식이 많이 채택되지만, 원격지에 설치되어 있는 펌프장은 무인화를 원칙으로 한다.

2. 고려사항

- 펌프설비는 계획수량과 수압을 만족하는 것이어야 하므로 펌프를 선택하거나 대수를 결정할 때에는 펌프자체의 성능을 먼저 숙지해야 한다. 또 캐비테이션(공동현상)이나 수격작용 등의 수리현상에 대하여 적절한 조치를 강구해야 하며 펌프흡수정, 펌프기초 등의 구축물에 대해서도 고려해야 한다. 또 정수장 내에서 사용되는 세척펌프, 약품주입펌프, 슬러지 펌프 등은 상수도시설기준(제5장. 정수시설)을 참조한다.

II. 펌프설비 선정시 고려사항

1. 펌프설비의 계획

- 펌프설비를 계획할 때에는 안정적인 급수를 목표로 기계, 전기, 계측제어, 토목, 건축 등 각 기술분야를 포함하여 종합적으로 검토해야 한다.

2. 계획수량과 대수

1) 취수펌프와 송수펌프는 펌프효율이 높은 운전점에서 정해진 일정한 수량을 양수하는 운전이 가능한 용량과 대수로 정한다.
  - 배수펌프는 수량의 시간적 변동에 적합한 용량과 대수로 한다.
2) 펌프의 대수는 계획수량(최대, 최소, 평균) 및 고장시를 고려하여 결정한다.
  - 펌프는 예비기를 설치한다. 다만, 펌프 정지되더라도 급수에 지장이 없는 경우 예비기를 두지 않는다.

3. 펌프의 형식선정

 1) 종류 : 원심식, 사류식, 축류식, 용적식, 특수형 등
  - 펌프의 형식은 운전방법, 보수 및 분해정비 등 유지관리의 장단점을 검토하여 결정
 2) 계획토출량 및 전양정을 만족하고 운전범위 내에서 효율이 높아야 한다.
  - 계획흡입양정에서 캐비테이션이 발생하지 않아야 한다.

4. 펌프의 제원

- 펌프의 제원 결정에는 다음 각 항을 검토한다.

전양정(H), 토출량(Q), 구경(D), 전동기출력(P), 회전속도(N)

5. 펌프의 형식과 운전점

 1) 펌프는 계획수량, 동수압, 관로특성 등의 계획조건에 가장 적합하게 효율적으로 운전할
    수 있는 형식으로 선정한다.
  ⇒ 계획수량, 동수압 및 관로특성에 따라 펌프운전 범위를 파악하여 캐비테이션의 발생 유무를
    검토한 다음 최적의 제어방식을 채택한다.
 2) 펌프의 형식은 사용조건에 가장 알맞은 비속도(Ns)의 펌프를 선정한다.

6. 캐비테이션 (공동현상)

- 캐비테이션은 펌프에 진동, 소음, 침식(erosion)을 발생시키며 또 양수불능 등 치명적인
  영향을 주기 때문에 이것을 피하기 위하여 다음 각 항에 대하여 검토한다.

가용유효흡입수두(hsv) - 1m > 필요유효흡입수두(Hsv), 캐비테이션 대책

7. 펌프계의 수격작용

 1) 펌프를 급정지할 때의 수격작용 유무를 검토한다.
 2) 수격작용이 우려되는 경우에는 그 경감책을 고려한다.

8. 펌프설치와 부속설비

 1) 펌프의 흡입관은 공기가 갇히지 않도록 배관한다.
 2) 펌프의 토출관은 마찰손실이 작도록 고려하고 펌프의 토출관에는 체크밸브와 제어밸브
    를 설치
 3) 펌프흡수정은 펌프의 설치위치에 가급적 가까이 만들고 난류나 와류가 일어나지 않는
    형상으로 함.
 4) 펌프의 기초는 펌프의 하중과 진동에 대하여 충분한 강도를 가져야 한다.

5) 흡상식 펌프에서 풋밸브(foot valve)를 설치하지 않는 경우에는 마중물용의 진공펌프를 설치

6) 펌프의 운전상태를 알기 위한 설비를 설치한다.

   (흡입측에는 진공계 또는 연성계(compound gauge), 토출측에는 압력계를 설치)

7) 필요에 따라 축봉용, 냉각용, 윤활용 등의 급수설비를 설치한다.

※ 취수펌프의 예비율

(1) 펌프의 대수는 계획수량(최대, 최소, 평균) 및 고장시를 고려하여 통상 예비기를 포함하여 3~5대로 계획하는 경우가 많다.

(2) 계획1일 최대취수량은 계획1일 최대급수량의 110% 정도

 - 펌프대수 4대 이상인 경우 계획수량 대비로 산정한 예비율을 초과하지 않도록 한다.

(3) 취수량과 송수량은 배수량에 비하여 시간적인 변동이 적다. 따라서 취수펌프와 송수펌프의 설비용량을 결정하기 위한 시간수량은 계획1일최대송수량의 24시간 평균수량으로 하여 가능한 한 고효율로 운전할 수 있는 용량으로 한다.

(4) 예비기를 필요로 하는 경우의 대수는 동일펌프를 설치하는 경우에는 동일용량 1대를, 용량이 다른 펌프를 설치하는 경우에는 가장 큰 대용량의 펌프 1대로 하는 것이 일반적이다

펌프설비의 최적시스템 결정절차

Ⅰ. 최적의 계획작성흐름도

순서	세부내용
1. 계획급수량 대비 펌프대수 선정	1) 계획급수량 산정 → 2) 적정 대수(안) 마련→ 3) 펌프 대당 급수량의 결정
2. 전양정 계산	4) 전양정 계산
3. 펌프형식 선택	5) 펌프형식의 선택
4. 비속도(Ns) 및 회전속도(N) 결정	6) 비속도(Ns)를 가정 → 7) 회전속도(N) 예상값 결정 8) 펌프특성곡선 및 관로저항곡선의 작성 → 9) 펌프운전범위의 파악 10) 유효흡입양정(Hsv)과 요구흡입양정(hsv)을 비교하여 (Hsv < hsv-1)를 만족하면 회전속도로 결정 → 11) 비속도(Ns) 결정
5. 펌프 세부사양 결정	12) 펌프형식, 펌프효율 결정 13) 펌프효율 및 여유율을 고려하여 원동기출력 결정 14) 펌프시방(크기) 결정
6. 수격압 검토	15) 수격압의 검토
7. 최적시스템 평가	16) 최적시스템 완성 17) 비용 산출 → 18) 평가기준의 작성 → 19) 평가 후 최적시스템 최종 결정

Ⅱ. 펌프설비의 최적시스템 결정절차

1. 계획급수량 산정

- 설계급수량에 10% 정도의 여유를 두어 계획급수량을 산정한다.
- 취수펌프와 송수펌프는 펌프효율이 높은 운전점에서 정해진 일정한 수량을 양수하는 운전이 가능한 용량과 대수로 정한다. 배수펌프는 수량의 시간적 변동에 적합한 용량과 대수로 한다.

2. 적정 대수(안) 마련

- 펌프의 대수는 계획수량(최대, 최소, 평균) 및 고장시를 고려하여 결정한다.
- 급수량 변동을 고려하여 적합한 대수를 선정하되 유량변동이 없을 경우 1대를 원칙으로 하며 유량조절이 필요한 경우 3~4대 정도로 분할한다.

3. 펌프 대당 급수량의 결정

- 앞의 1항 및 2항을 참조하고, 또한 예비기 설치도 고려한다.

4. 전양정 계산

- 전양정은 실양정(흡입수두+토출수두)과 각종 손실수두(흡입, 직관, 곡관, 밸브류 등), 압력수두(토출측 압력), 속도수두(토출측 속도수두이나 일반적으로 무시된다)의 합이다.

5. 펌프형식의 선택

- 펌프는 계획수량, 동수압, 관로특성 등의 계획조건에 가장 적합하여 효율적으로 운전할 수 있는 형식으로 선택한다.
- 펌프형식은 편흡입 벌류트, 양흡입 벌류트, 다단펌프, 양흡입 터빈펌프, 축류펌프, 사류펌프 등이 있으며, 형식선정도 그래프에 의해서 구한다(양수펌프는 대형의 경우 양흡입 볼류트펌프, 소형의 경우 단흡입 볼류트펌프를 주로 사용한다).

6. 비속도(Ns)를 가정

- 펌프의 형식은 사용조건에 가장 알맞은 비속도(Ns)의 펌프를 선정한다.

7. 회전속도(N) 예상값 결정

- 가정된 비속도와 유량, 전양정을 대입하여 회전속도를 계산한다.
- 펌프의 회전속도가 클수록 전동기가 소형 경량이 되어 가격이 저렴해지므로, 캐비테이션이 발생하지 않는 범위 내에서 높은 회전속도로 한다. 전동기 직결인 경우에는 전동기의 실제 회전속도로 Ns를 재계산한다.

8. 펌프특성곡선 및 펌프저항곡선(시스템 수두곡선)의 작성

9. 펌프운전범위의 파악

- 펌프특성곡선과 저항곡선에서 운전점과 운전범위를 결정한다.
  즉, 계획급수량, 통수압 및 관로특성에 따라 펌프운전범위를 파악하여 캐비테이션 발생 유무를 검토한 다음 최적의 제어방식을 채택한다.

10. 유효흡입양정(Hsv)과 요구흡입양정(hsv)을 비교하여 (Hsv<hsv − 1)를 만족하면 회전속도로 결정

- 펌프형식, 크기 등이 결정되면 비속도를 구하여 캐비테이션이 생기지 않도록 회전속도를 결정한다(일반적으로 4극 1,800rpm을 적용하나 6극 1,200rpm, 8극 900rpm을 사용하기도 한다).

- 캐비테이션은 펌프에 진동, 소음, 침식(erosion)을 발생시키며 양수불능 등 치명적인 영향을 주기 때문에 캐비테이션이 생기지 않아야 한다.

11. 비속도(Ns) 결정 : $N_S = N\dfrac{Q^{1/2}}{H^{3/4}}$

12. 비속도에 따라 펌프형식 및 펌프효율 결정

13. 펌프효율 및 여유율을 고려하여 원동기출력 결정

- 계산에 의하여 소요동력을 결정할 수 있으나 제조회사 카탈로그를 보면 크기선정시 소요동력은 자연적으로 결정된다.

14. 펌프시방(크기) 결정

- 펌프대수, 토출량, 전양정, 회전속도, 원동기 출력, 펌프구경 결정
- 토출량과 유속(1.5~3.0m/s)을 고려하여 규격표에서 제시하는 구경을 선정

15. 수격압의 검토

- 관로를 포함한 대응책 검토하여 대응책을 결정한다. 즉, 펌프를 급정지할 때의 수격작용 유무를 검토한 후 수격작용이 우려되는 경우에는 그 경감책을 고려한다.

16. 최적시스템 완성

17. 비용 산출

- 초기투자비, 운전비의 산출
- 전동기의 회전속도를 제어하는 경우에는 제어범위, 생애주기비용(LCC), 신뢰성 및 보수성 등에 대하여 종합적으로 검토하여 펌프설비에 알맞은 방식을 채택한다.

18. 평가기준의 작성

19. 평가 후 최적시스템 최종 결정

Ⅲ. 펌프설비외 검토사항

- Ⅱ.의 흐름은 펌프운전대수를 변경하는 안을 여러 개 작성한 경우로서, 펌프설비를 단독으로 검토하는 경우이다.
- 펌프장을 계획할 때에는 다음 설비를 함께 검토해야 한다.

　┌── 기계설비　: 각종 펌프 보조기기, 펌프장 구내배관, 밸브, 비상용 전원설비, 천정
　│　　　　　　　크레인 등 부대설비와 제어설비, 기타
　├── 토목설비　: 관로, 배수지, 급수탑, 기타
　├── 건축설비　: 건축 기타
　└── 전기설비　: 수전설비, 변전설비, 배전설비, 동력설비, 제어계측설비, 무정전전원설
　　　　　　　　　비, 기타

임산배수지형(수위변동이 심한 지역)의 취수장 설계

I. Vertical 펌프(입축사류펌프)로 설계

1. 장점
 - 양정변화에 대해 유량변동이 적고, 유량변화에 대해 동력변화가 적어 수위변동이 큰 곳에 적당
 - 고유량·저양정에 주로 사용되며, 국내 실적이 매우 많다.
 - 설치면적이 적고 펌프부분이 수중에 있으므로 시동용의 마중물 장치가 필요하지 않으며 캐비테이션 방지에 유리하다. 또한 모터(전동기)의 침수우려가 없다.
     (프로펠러는 수중에 있지만 모터는 2층에 설치되는 2상식으로 한다.)
 - 부속기기(수충압 장치 등) 필요가 없어진다.

2. 단점
 - 입축펌프는 전동기를 펌프 상부에 설치하는 구조로 전동기를 떼어낸 후에 펌프를 분해하기 때문에 분해조립이 불편하며, 가격이 비싼 편이다.
 - 중량이 무거워 유지관리·보수가 힘들다.
 - 펌프와 모터(전동기)의 연결축이 길어 소모품의 교환주기가 짧고,
     ⇒ 축의 한쪽만 지지하므로 진동이 심하고, 진동에 의한 베어링과 씰(seal)의 교환주기가 짧다.
 - 운전초기 축봉수의 공급이 필수적이다.

II. 취수장 설계시 검토사항 (= 하천표류수 취수지점 선정시 고려사항)

1. 구조상 안정할 것
 - 취수예정지점의 지형과 지질을 파악하여 취수시설의 구조상 안정된 지점을 선정해야 한다.
 - 가능한 한 양호한 지반에 축조하는 것이 바람직하지만, 부득이하게 연약지반상에 축조해야 할 때에는 충분한 기초공사를 해야 한다.
 - 배후지의 사태 및 절벽붕괴 등에 의하여 탁질의 영향을 받거나 취수구가 막힐 수 있으므로 배후지의 지형과 지질을 조사하여 필요에 따라 방호공사 등을 해야 한다.

2. 안정적인 취수량 확보
 - 계획취수량을 안정적으로 취수할 수 있을 것(계획취수량은 계획1일최대급수량 기준).

- 취수방식 선정   : 표류수의 경우 취수보, 취수탑, 취수관거, 취수문 중에서 선정
                        하상여과 또는 강변여과 검토
- 침사지 설치여부 판단 : 연간을 통한 원수중의 모래의 양, 입도분포 등으로 채용여부 검토
- 취수량은 배수량에 비하여 시간변동이 적으므로 계획1일최대급수량의 24시간 평균수량
  으로 하여 가능한 한 고효율로 운전할 수 있는 용량과 대수로 한다.

3. 안전한 수질 확보
- 장래에도 양호한 수질을 취수할 수 있는 곳
- 하폐수 유입지점 부근이나 해수의 영향을 받지 않는 지점에 선정

4. 비상시 또는 장래확장에 대한 대비
- 홍수시 등 악조건에서 유리관리가 안정하고 용이하도록 할 것.
- 장래확장을 대비한 구조로 할 것
- 하천관리시설 또는 다른 공작물에 근접하지 않을 것.
- 하천개수계획을 실시함에 따라 취수에 지장이 생기지 않을 것

가압펌프장 방식비교

Ⅰ. 흡수정 설치 가압식

1. 개요
- 가압장에 흡수정을 설치
- 흡수정의 수위변화폭이 적다.
- 정속운전으로 대수제어

2. 펌프양정
- 실양정 = 배수지HWL - 흡수정LWL

3. 특징
- 일반적인 형식으로 중·대규모시설 적용
- 펌프 성능의 안정성이 높다.
- 경제적으로 불리하다.
- 흡수정 월류 우려 (월류시 우수관 등으로 bypass)

Ⅱ. 직결(라인) 가압식

1. 개요
- 유입관에 수중모터펌프를 직접 연결
- 유입수 수두변화폭에 따른 양정변화가 크다.
- 흡입측 수두변화에 따른 회전수제어

2. 펌프양정
- 실양정 = 배수지HWL - 흡수정LWL

3. 특징
- 소규모시설 적용
- 흡입측 잔류수두를 이용하므로 동력비 절감
- 부지 및 토목구조물을 작게 할 수 있다.
- 시설이 간단하고 유지관리가 간편하다.
- 펌프용량보다 적은 유량 유입시 부압발생 우려

펌프의 용량과 대수 결정

I. 기본사항

1. 취수펌프와 송수펌프는 펌프효율이 높은 운전점에서 정해진 일정한 수량을 양수하는 운전이 가능한 용량과 대수로 정한다.

2. 배수펌프는 수량의 시간적 변동에 적합한 용량과 대수로 한다.

3. 펌프의 대수는 계획수량(최대, 최소, 평균) 및 고장시를 고려하여 결정한다.(3~5㎥/s 당 3~4대)

4. 펌프는 예비기를 설치한다. 다만, 펌프가 정지되더라도 급수에 지장이 없는 경우 예비기를 두지 않는다.

II. 펌프 선정시 주요 고려사항

- 펌프대수를 결정할 때에는 우선 계획수량이 기본으로 되지만, 수량결정은 계획취수량, 계획송수량, 계획배수량을 참조한다.

1. 취·송수펌프 용량

- 취수량과 송수량은 계절변동(하절기-동절기)은 있지만, 배수량에 비하여 시간적인 변동은 적다. 따라서 취수펌프와 송수펌프의 설비용량을 결정하기 위한 시간수량은 계획1일 최대송수량의 24시간 평균수량으로 하며 가능한 한 고효율로 운전할 수 있는 용량으로 정한다.

2. 배수펌프 용량

- 배수펌프를 계획할 때에는 장래의 물수급계획과 맞도록 고려하고 과다한 선행투자가 되지 않도록 펌프규모를 결정한다. 배수펌프의 용량을 결정하기 위한 계획시간수량은 계획시간최대배수량으로 하지만, 야간 등의 시간최소배수량도 고려해야 한다.

3. 소규모수도의 펌프용량

- 소규모의 수도에서는 화재시의 소화용수를 위한 소화전용펌프를 설치하거나 또는 배수펌프에 이에 상당하는 여유를 고려하지 않으면 안 되는 경우도 있다.

4. 가압펌프

- 가압펌프는 배수펌프에 준하지만, 펌프의 흡입측에 극단적인 수압저하가 생기지 않도록 특히 조심해야 한다. 인라인 가압펌프(inline booster pump)를 가동할 때 펌프의 상류측 관로에 동수압이 떨어지므로 도·송수관로에 직접 펌프를 설치할 경우 상류관로에서 부압이 발생하지 않는 지점을 선정할 필요가 있다.

펌프설비의 계측제어

─ 펌프설비의 계측제어기기 : 수위계, 압력계, 유량계, 회전속도계, 역회전 감지설비
─ 펌프설비의 운전방식 : 단독운전, 연동운전, 자동운전
─ 펌프설비의 제어방식 : 압력제어, 수위제어, 유량제어 (대수제어, 밸브개도제어, 회전수제어)

Ⅰ. 펌프설비의 계측제어 고려사항

1. 펌프설비의 운전 및 감시와 제어에 적합한 수위계, 압력계 및 유량계를 설치하고, 필요에 따라 회전속도계 및 역회전감지설비를 설치한다.
2. 펌프의 운전방식은 펌프의 용도, 설비규모 및 기동빈도 등에 의하여 결정한다.
3. 펌프의 제어방식은 펌프의 제어목적에 따라 운전의 안전성, 확실성 및 경제성에 적합한 것이라야 한다.

Ⅱ. 펌프설비의 계측제어기기

1. 펌프설비에 관계되는 계측기로는 펌프흡수정의 수위계, 펌프토출압력계, 본관압력계, 회전속도계, 역회전감지설비 및 유량계 등이 있다.
2. 펌프흡수정에는 수위계를 설치하고 수위의 상·하한경보를 할 수 있도록 한다. 펌프의 운전상태를 감시하고 규정양정을 확인하기 위하여 흡입압력계 및 토출압력계를 설치하며 필요에 따라 중앙조정실 등에 경보를 표시한다.
3. 특히 여러 대의 펌프설비에 의한 집합관(본관)으로 유량제어하는 경우에는 제어밸브상류의 본관 1차압력계와 제어밸브하류의 본관 2차압력계를 설치하는 것이 바람직하다.
4. 상수도의 대표적인 유량계측기로는 전자유량계, 초음파유량계, 차압식유량계 등이 있다.

Ⅲ. 펌프의 운전방식

1. 펌프의 운전방식에는 단독운전, 연동운전 및 자동운전이 있다.
 1) 단독운전
  - 펌프 및 그 보조기기의 운전을 각각 조작스위치에 의한 단독으로 운전하고 보조기기 및 펌프의 기동과 정지, 밸브를 개폐하는 방식
 2) 연동운전
  - 펌프의 기동·정지만을 운전자가 조작하는 방식으로 기동 또는 정지의 조작 후에는 보조기기, 펌프, 밸브 등 일련의 작동이 자동적으로 이루어지는 방식

3) 자동운전

- 배수지 등의 수위, 송배수관의 압력, 송배수량 등 제어대상으로부터의 신호에 의하여 자동적으로 운전되는 방식으로 운전자는 개입하지 않는다. 이 경우 "원격-직접"의 절체스위치는 현장측에 설치해야 한다.

2. 운전방식을 검토할 때에는 펌프의 용도, 기동빈도, 보수인원 및 설비비 등을 고려해야 한다.

3. 펌프의 운전방식은 중앙조정실에서의 감시 및 제어에 의한 1인제어가 많이 채택되고 있다. 또 운전이 용이하고 신속하며 또한 확실하고 오조작의 우려가 없으며 작업시간과 작업노력을 절약할 수 있는 것 등으로부터 1인제어에 자동제어를 가미한 방식이 널리 쓰이고 있다.

Ⅳ. 펌프의 제어방식

1. 펌프제어의 목적은 수요량의 변동에 따라 필요한 압력과 수량을 확보하는 것이며, 제어목표별로는 압력제어, 수위제어 및 유량제어 등이 있으나, 어느 것이나 유량을 제어하는 것으로 귀착된다.

2. 펌프제어방식에는 대수제어, 밸브개도제어 및 회전속도제어가 있으며 이들 중에 어느 한 가지 방식을 사용하거나 또는 이들을 병용함으로써 펌프제어가 이루어진다. 제어방식을 결정할 때에는 펌프의 크기, 관로특성 및 펌프성능을 고려하고 제어의 안정성, 확실성, 운전효율이 높고 보수의 용이도 등을 충분히 고려하여 선정한다.

3. 배수지 등이 있는 계통에는 펌프대수제어가, 유량의 변동범위가 작은 계통에는 밸브개도제어가, 유량의 변동범위가 큰 경우에는 회전속도제어가 사용되는 예가 많다.

펌프자동운전

Ⅰ. 개요

1. 기존에는 펌프운전을 수동으로 하였으나 근래에는 기술진보에 따라 연동·자동화에 의한 펌프운전이 일반적이다.

2. 펌프운전은 대수제어와 VVVF방식의 회전수제어가 주로 사용된다.

 1) 정속방식(대수제어)은 변속방식에 비해 설비비가 싸고, 동력비가 비싸다.

 2) 변속방식(회전수 제어)은 정속방식에 비해 설비비가 비싸고, 운전비가 싸다.

 3) 따라서 1대 또는 수대의 정속펌프와 1대의 변속펌프로 조합하여 사용하는 것이 설비비 및 운전비 측면에서 가장 바람직하다.

Ⅱ. 펌프의 단독운전, 연동운전, 자동운전

1. 단독운전은 펌프 및 그 보조기기 운전을 각각 조작스위치에 의해 단독으로 운전하여 보조기기 및 펌프의 가동과 정지, 밸브를 개폐하는 방식이다.

2. 연동운전은 펌프의 기동 정지만을 운전자가 조작하는 방식으로 가동 또는 정지의 조작 후에는 보조기기, 펌프, 밸브 등의 일련의 작동이 자동적으로 이루어지는 방식이다.

3. 펌프의 자동운전이란 수위, 압력 유량 등 제어대상으로부터 신호에 의하여 자동적으로 운전되는 방식으로 운전자는 개입하지 않는다. 이 경우 "원격-직접"의 절체스위치는 현장측에 설치해야 한다. 자동제어는 운전이 용이하고 신속정확하여 오조작의 우려가 없으며 작업시간과 노력을 절약할 수 있으므로 1인 제어를 가미한 방식이 널리쓰이고 있다.

Ⅲ. 자동운전용 기기

- 펌프를 자동 또는 원격제어시, 자동유량제어를 위해서 다음과 같은 장치가 필요하다.

```
┌── 만수검지장치          : 펌프케이싱 내 물이 채워진 것을 검지
├── 토출압검지장치        : 토출압이 소정의 압력에 도달했는지 검지
├── 유수검지장치          : 물이 흐르고 있는지 검지
├── 전기식, 압력개폐식 밸브 : 주로 볼밸브 및 체크밸브
└── 경보장치              : 고장시 운전정지 및 고장표시, 경보
```

상수도용 관종

Ⅰ. 관종

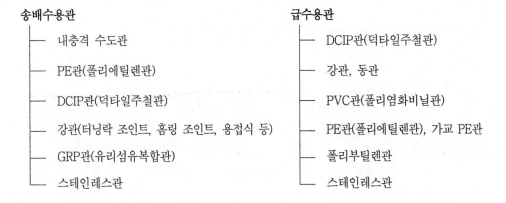

송배수용관
- 내충격 수도관
- PE관(폴리에틸렌관)
- DCIP관(덕타일주철관)
- 강관(터닝락 조인트, 홈링 조인트, 용접식 등)
- GRP관(유리섬유복합관)
- 스테인레스관

급수용관
- DCIP관(덕타일주철관)
- 강관, 동관
- PVC관(폴리염화비닐관)
- PE관(폴리에틸렌관), 가교 PE관
- 폴리부틸렌관
- 스테인레스관

Ⅱ. 관종별 특징

1. 경질염화비닐관(PVC관)

1) 장단점

장 점	단 점
· 중량이 가볍고, 시공성이 좋다.	· 충격에 의해 깨지는 성질이 있음.
· 전기절연성이고 내식성이 강하다.	· 내·외압강도, 내한성, 열적 특성이 떨어짐.
· 가공이 용이하다.	· 온도에 따른 신축성이 크다
· 내면조도가 변하지 않는다.	· 배관탐지가 불가능
· 값이 싸다.	

2) 관접합

- 소구경 관에는 접착형 접합(TS : Taper Sized Welding Method), 대구경관에는 고무링(RR : Rubber Ring)형 접합이 이용되고 있으며,
- 최근에는 조임식접합(관이음 소켓부에 관을 삽입하고 고무링이 장착된 조임링을 볼트와 너트 등으로 조이는 방식)이 적용하고 있다.

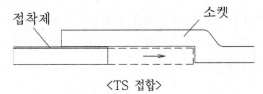

접착제　　　　　　　　　　소켓

〈TS 접합〉

2. 내충격 수도관

1) 개요

- PVC관의 내충격성을 향상시킨 내충격용 PVC관이 HI-VP, HI-3P등으로 국내에서 개발되어 D75~150mm에서 다수 사용하고 있다.

2) 관접합

- 통상 소켓형식은 Rubber ring으로 직관은 KP식으로 한다.

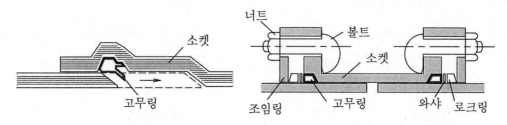

a. 편수칼라관의 RR형 접합　　　　　b. 직관의 KP(메카니컬)식 접합

3. 수도용 PE관

1) 개요

- 국내에서는 주로 급수관로(D16~D100mm)에 많이 사용하고 있다.

2) 장단점

장 점	단 점
· 중량이 가볍고, 시공성이 좋다.	· 용수구간에서의 작업이 어려움
· 전기절연성이고 내식성이 강하다.	· 내·외압강도, 내한성, 열적 특성이 떨어짐.
· 가공이 용이하다.	· 온도에 따른 신축성이 크다
· 내면조도가 변하지 않는다.	· 배관탐지가 불가능
· 값이 싸다.	

3) 관접합

- 융착접합(버트융착법과 소켓융착법이 있다.)
- 버트융착의 경우 열가소성인 PE관에 주로 적용하며, PVC관은 열을 가할시 열에 의한 민감한 거동으로인해 적용하지 않는다.
- 소켓융착의 융착단면은 버트 융착의 맞대기 접합에 비해 평균 2~3배정도 면적이 넓으므로 누수우려가 적으나 설치가 복잡하고, 소켓 등 자재비가 추가소요된다.
- 기타 조임식으로도 접합한다.

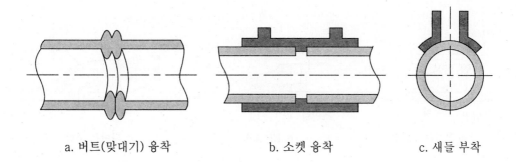

|　a. 버트(맞대기) 융착 |　b. 소켓 융착 |　c. 새들 부착 |

　├─ 버트융착 ： 관대 관의 단면을 용융접합

　　　　　　　　관로 신축에 의한 누수우려가 있다.

　├─ 소켓융착 ： 관의 외면과 소켓의 내면을 용융접합

　　　　　　　　소구경에 주로 사용

　└─ 새들부착 ： 관의 (호칭경보다 2단계 이하) 분기시 관의 외면과 새들의 안장부위

　　　　　　　　를 용융접합

4. DCIP

1) 개요

- 강도와 전기절연성을 높이기 위하여 용융상태에서 특수원소(마그네슘)를 첨가하여 원심 주조하여 제조한 관이다.
- 부식 및 관내 스케일 방지를 위해 내면은 시멘트 모르터르, 외면은 역청질계도료 등으로 라이닝 하였다.
- 전국 60% 이상의 송배수관으로 사용하고 있다.

2) 장단점

장 점	단 점
· 내외압 및 충격에 대한 내구성이 크다.	· 중량이 비교적 무겁다.
· 내식성에 강하다.	· 관내부에 스케일발생
· 이음에 신축성이 있어서 지반변동에 유연하다.	· 곡관부에 이형관 보호공이 필요하다.
· 시공성이 양호하다.	

3) 관접합

- KP(메커니컬), 메커니컬, 타이튼 접합이 있다.

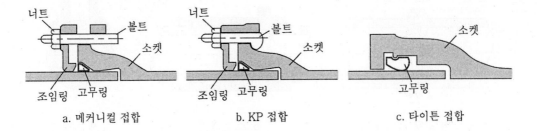

a. 메커니컬 접합   b. KP 접합   c. 타이튼 접합

- 메커니컬접합 : 소켓부의 볼트구멍이 필요하다.
- KP접합   : 소켓부의 볼트구멍이 필요없다.
- 타이튼접합   : 필요한 부속품이 고무링뿐이므로 접합과정이 간단하고 신속하다.
  접합부 신축성이 크다.

- DCIP의 타이튼 접합, PVC 소켓관 및 HIVP 편수칼라관의 RR형 접합은 관과 소켓관 사이에 고무링을 끼우고 서로 밀착 시키는 방식으로 고무링은 통상 한번 끼우면 빠지지 않는 형상으로 제작한다.
- DCIP의 메카니컬 및 KP접합, PVC/PE관 및 내충격수도관의 KP식 접합 및 나사조임식 접합은 고무링을 넣고 소켓과 조임링(압륜 등) 양쪽을 볼트와 너트 등으로 조이는 방식으로 드레샤형 신축이음과 유사하다. 상기 모든 접합은 소켓(수구) 방식이다.

5. 도복장강관

1) 개요

- 부식방지를 위해 내면은 콜타르에나멜, 아스팔트 등, 내면은 액상에폭시수지 등으로 라이닝한 강관
- 최근에는 폴리에틸렌 에폭시 라이닝(PEP), 폴리에틸렌 분체라이닝(PFP), 경질염화비닐, 내열성PVC 등으로 다양하게 라이닝한 도복장 강관이 이용되고 있다.

2) 장단점

장 점	단 점
· 내외압 및 충격에 대한 내구성이 크다.	· 전식에 약하다.
· 용접이음에 의한 전노선의 일체화로 지반변동에 유연하다.	· 용접시공시 숙련공이 필요하다.
· 중량이 비교적 가볍고, 가공이 용이하다.	· 용접시공시 부설기간이 길다.
	· 처짐이 크다.

3) 관접합
- 매설환경, 수압 등을 고려하여 터닝락 조인트(조임식 접합과 유사), 홈링 조인트(피크토리 접합과 유사), 슈퍼 플랜지, 용접이음으로 한다.

6. PC관 및 흄관
- 도수관 및 송수관은 배수관과 달리 급수분기를 하지 않으며 최저수압의 제한이 없기 때문에 PC관이나 흄관의 사용이 가능하다.
- 장단점

장 점	단 점
· 내압력에 강하다.	· 중량이 무겁다.
· 대구경 관로에 경제적이다.	· 충격 등 외압에 약하다.
· 현장에서의 시공성이 좋다.	· 진동에 대하여 이음이 약하다.

관로의 신축이음

Ⅰ. 목적
- 온도변화에 따른 관로신축 흡수
- 부등침하에 의한 관의 파손방지
- 배관과 배관을 이어주는 역할

Ⅱ. 종류

```
┌─ 주철관, DCIP       : KP메커니컬, 드레샤, 텔레스코프, 피크토리조인트 등 사용
├─ 강관               : 벨로우즈형, 드레샤, 텔레스코프, 피크토리조인트 등 사용
└─ 동관, 스테인리스관  : 벨로우즈형, 신축곡관, 피크토리조인트 등 사용
```

1. 텔레스코프형
 - 양쪽인 경우 드레샤형
 - 누수우려가 있다.

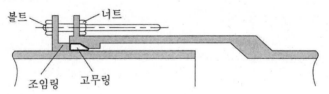

2. KP매커니컬 접합
 - 주철관 소켓접합시 주로적용
 - 텔레스코프형과 유사

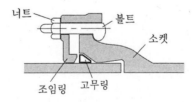

3. 벨로우즈 형
 - 고무 및 스테인리스형이 있다.   - 누수우려가 없다.
 - 높은 압력시 변형우려가 있다.   - 보편적으로 사용한다.

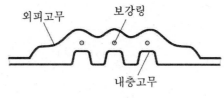

＜고무 벨로우즈 형＞

4. 피크토리(victaulic) 접합
 - 누수우려가 있다.
 - 관로 하천횡단시 교량 관매달기 등에 벨로우즈 접합 및 피크토리 접합을 사용한다.

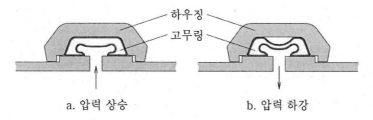

a. 압력 상승   b. 압력 하강

Ⅲ. 설치장소

1. 신축이 되지 않는 보통이음을 사용할 경우
 - 관로의 노출부 : 20~30m간격
2. 원심력 철근 Con'C관
 - Collar이음 적용시 지반이 양호한 경우 20~30m간격, 지반이 불량한 경우 4~6m간격으
   로 설치한다.
3. 도복장 강관
 1) 용접이음으로 관의 일체감을 줌과 동시에 흙의 마찰력에 의한 구속으로 신축이음이 불
   필요하다.
 2) 그러나 수온변화에 따른 관로수축으로 파손이 우려되는 곳은 필요시 설치한다.
   - 제수변, 곡관, T자관의 전후지점
   - 부등침하 우려지점, 구조물 통과부
   - 교량을 건너는 경우, 1km 이상의 장대관로
 3) 최후의 접합장소는 용접에 의한 영응력을 적게하기 위해서 신축이음을 설치하는 것이 바람
   직하나, 그렇지 않은 경우에는 하루 중 기온이 가장 낮은 시간대에 용접하는 것이 좋다.
4. 경질염화비닐관에서 접착제로 연결하는 T·S이음을 사용할 때는 40~50m간격으로 고무
   링(rubber ring) 이음을 설치하는 것이 바람직하다. 그러나 지반침하가 커질 가능성이
   있는 장소에는 T·S이음대신 flexible형 신축이음 설치가 바람직하다.
5. 수관교, 역사이편, 연약지반으로 부등침하 예상장소에는 휨성이 큰 신축이음 설치
6. 구조물과 연결되는 부분이나 지반이 변하는 곳에서는 신축이음 설치

하수도용 관종

Ⅰ. 관종

콘크리트관

— Hume관(원심력 철근콘크리트관)

— VR관(로울러 전압 철근콘크리트관)

— PC관(코아식 프리스트레스트 콘크리트관)

— RC관(철근콘크리트관)

— 제품화된 철근콘크리트 직사각형거(정사각형거 포함)

— PRC관(레진콘크리트관)

그 외

— GRP관(유리섬유복합관)

— PE관(폴리에틸렌관)

— PVC관(폴리염화비닐관)

— 파형강관

— DCIP관(덕타일주철관)

— 도관

Ⅱ. 콘크리트관 및 GRP관

1. 흄관

- 원심력 회전으로 조성된 콘크리트관으로 벽체내에 철선을 삽입하여 제조한 것으로 국내 사용실적이 가장 많고 가격이 저렴하나 외압강도가 낮고 수밀성 때문에 굴착심도 3m 이하에서 많이 사용된다.

1) 접합형상에 따른 구분

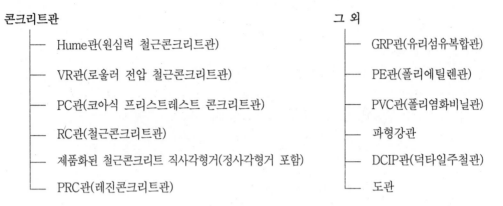

— A형(collar type) :   연결부의 시공에 주의를 요하며 관의 보수,교체, 특수 신축접합
  150 ~ 1,800mm   등을 하는 경우사용

— B형(socket type) :   고무링을 이용하여 연결하며 시공성 및 수밀성이 우수
  150 ~ 1,350mm

— C/NC형(butt type) :   맞닿는 부분에 고무링을 채워 연결하며, 시공이 비교적 간단
  150 ~ 3,000mm

2) 사용압력에 의한 분류

① 보통관 : 하수도나 배수관과 같이 관체에는 토압이나 차량하중 등의 외압만 작용하고 관내수압은 고려하지 않는 장소에 주로 사용하는 관

② 압력관 : 상수도, 농업용수 및 공업용수도의 관로와 같이 외압은 물론 관내를 흐르는 물의 압력이 작용하는 내압을 중점으로 설계 제조해서 사용하는 관

2. VR관

- 로울러 전압 철근콘크리트관(Vibrated and Rolled Reinfoced Concrete Pipe) : 로울러 (원형단면의 회전봉)를 사용하여 콘크리트 표면을 접합하여 단단히 굳혀서 만든 철근콘 크리트관
- 연결방식은 주로 소켓이음 방식이 사용되며 형상 및 치수는 흄관과 같으나 소구경관에 경제적이다.
- 중량이 흄관에 비하여 무겁고, 외압강도가 상당히 크다.

3. PC관

- 코아식 프리스트레스트콘크리트관(Core type Prestressed Concrete Pipe) : 관 주위에 PC강선을 인장시켜 줌으로써 원주방향 및 관축방향으로 압축응력을 작용하게 하여 고 압에도 견딜 수 있게 한 콘크리트관으로서 흔히 PC관이라 한다.
- 안정성은 좋으나 흄관, VR관보다 비싸므로 내·외압을 크게 받는 장소(주로 차집관로)에 사용되고, 접합은 소켓접합이다.
- 현재 KS상에서는 1~5종으로 관종을 나누고 있으며, 제작방법에 따라 원심력방식과 축 전압방식이 규정되어 있으며, 관경 500 ~ 2,000mm, 유효길이 4.0m이다.

4. PRC관

- 레진콘크리트관(Polyester resin concrete[PRC] Pipe) : 내약품성이 강한 레진(불포화 폴리에스테르 수지)과 골재(모래,자갈), 철선 등을 형틀에 투입 한 후 원심력을 이용하 여 제작한 관이다.

5. GRP관

- 유리섬유복합관은 내·외면은 유리섬유강화층, 중간층은 수지모르타르(불포화 폴리에스테르 +골재)로 구성된 관이다.
- 규격은 공칭지름, 공칭압력 및 공칭강성에 따라 분류한다.
- 설계시 장기허용변형율은 내경은 5%로 한다.
  ⇒ PRC 및 GRP는 두관 모두 고강도이며 내식성(내산성, 내염기성, 내해수성, 내부식성) 및 수 밀성이 우수하며, 흡수성이 거의 없어 동결에 대한 손상이 거의 없다.

Ⅲ. 합성수지관

- 중량이 가볍고, 내식성 및 내마모성, 가공성이 우수하며 시공이 용이하고 가격이 저렴하나, 온도에 따른 신축성이 커서 누수 및 지하수 침입우려가 있다.
- 분류식 오수관에 주로 사용되고 있다.

1. 이중벽 PE관

- 폴리에틸렌(PE)을 "ㅁ"형 구조 단면의 프로파일(형상)로 압출하고, 이를 용수철과 같은 스파이럴 타입으로 감으면서 프로파일 사이에 "I"자 beam이 일정한 간격으로 중심층이 형성되도록 그 사이에 PE수지를 압밀하여 제조한 관이다.
- 3중벽 PE관은 이중벽관에 비해 외압강도를 향상시키기 위하여 관 단면을 "+"형 구조로 설계하여 제조한 관이다.

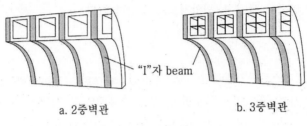

a. 2중벽관   b. 3중벽관

〈관 단면상세〉

- 관접합은 수밀시트 및 밴드접합과 전기융착식에 의하며, 수밀성이 우수하나 불규칙한 융착시 부분누수 발생우려가 있다.

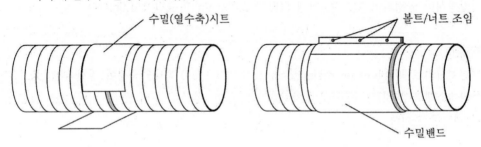

1단계 : 수밀시트를 가열하여 밀착   2단계 : 수밀밴드 조이기

〈수밀시트 및 밴드접합〉

2. 이중벽 PVC관

- 내충격 PVC관의 외압강도를 향상시키기 위하여 관 단면을 이중벽으로 제조한 관이다.
- 관접합은 열경화성이므로 융착접합 보다는 Rubber Ring 방식의 소켓접합을 적용한다.

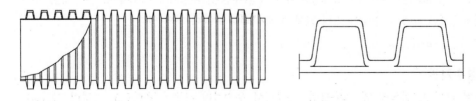

〈관형상 및 단면도〉

IV. 강관

1. 파형강관

- 강관 내외면을 아연도금하여 파형으로 제작한 강관으로 우수관거용 파형강관 및 여기에 PE 수지 등으로 피복하여 내식성, 내마모성을 향상시킨 오수관거용 피복파형강관으로 구분한다. (피복파형강관의 경우 주로 오수압력관으로 사용한다.)
- 중량이 가볍고, 시공이 용이하나 가격이 비싸다.
- 관접합은 커플링 및 플랜지에 의하며, 플랜지 접합의 경우 양단의 플랜지가 융착되어 있어 연결부에 누수가 없으므로 오수용으로 사용하며, 커플링 접합은 우수용으로 사용한다.

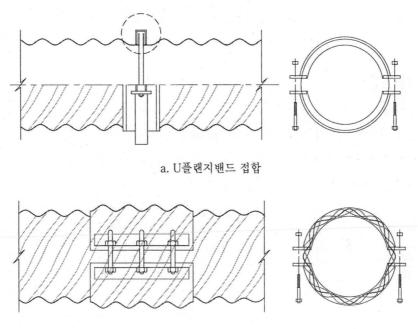

a. U플랜지밴드 접합

b. 커플링밴드 접합

2. DCIP

- 강도와 전기절연성을 높이기 위하여 용융상태에서 특수원소(마그네슘)를 첨가하여 원심주조하고 내부를 시멘트 모르타르 등으로 라이닝하여 제조한 관이다.
- 일반적으로 압송관(수밀을 요구하거나 과대한 하중이 작용하는 관), 처리장내 연결관 및 송풍용관으로 사용된다.

관종에 따른 접합방식

Ⅰ. 관종에 따른 접합방법

- 흄관, VR관, PC관 : 소켓접합, 칼라접합
- 합성수지관 : 소켓접합, 칼라접합, 융착접합
- 덕타일주철관, DCIP : 메커니컬 접합, 플랜지접합
- 강관 : 용접, 소켓접합, 플랜지접합

Ⅱ. 콘크리트관

1. 칼라(Collar) 연결

- 흄관을 칼라로 연결하는 것으로 연결부를 통상 콤보모르터로 충진한다.
- 칼라를 움직여서 관의 해체가 용이하므로 연결부 파손시 보수·교체가 쉽다.
- 수밀성이 낮아 사용 사례가 적다.

2. 소켓연결

- 고무링을 사용하여 연결, 수구와 삽구형식
- 분류식 오수관 및 합류식 관에 콘크리트관을 사용시 고무링을 사용한 소켓연결을 원칙으로 한다.

3. 맞물림(butt) 연결

- 중·대구경에 시공이 쉽고 배수곤란한 곳도 시공가능
- 수밀성이 있지만 연결부가 약하고 연결시 고무링이 이동하거나 꼬여서 벗겨지기 쉽고 이로 인한 누수가 우려된다.(접합부 취약)

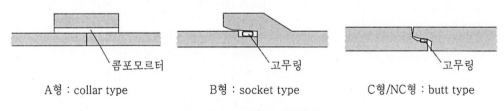

A형 : collar type ── 콤포모르터
B형 : socket type ── 고무링
C형/NC형 : butt type ── 고무링

〈흄관의 접합형상에 따른 구분〉

4. 수밀밴드 연결

 - 칼라연결을 대체하여 흄관(원심력 철근콘크리트관)에 연결

 - 내측에 지수판을 붙인 밴드를 흄관 연결부에 밀착시켜 수밀성을 보강하는 방식

 - 수밀밴드가격이 고가이나 최근 적용예가 증가하고 있다.

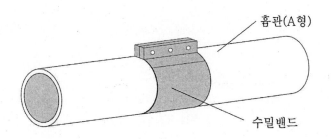

흄관(A형)

수밀밴드

Ⅲ. 그 외

1. PVC관

 - 내충격 수도관 : 접착형(TS), Rubber Ring, 조임식(KP식) 접합

 - 이중벽 PVC관 : Rubber Ring 접합

2. PE관

 - 수도용 PE관 : 융착(열, 전기), 조임식(KP식, 나사식) 접합

 - 이중벽 PE관 : 수밀시트 및 밴드접합, 융착(열, 전기) 접합

3. 강관

 - DCIP : Rubber Ring(타이튼), 조임식(KP식, 메커니컬), 관내면 조인트, 피크토리 접합

 - 도복장 강관 : 용접, 플랜지, 조임식(터닝락), 피크토리(홈링 조인트), 벨로우즈 접합

 - 파형강관 : 플랜지, 커플링 접합

4. 이종관 및 펌프의 주위배관, 각종 밸브 등의 특수장소에 사용되는 접합

 - 플랜지접합 등을 이용한다.

 - 플랜지접합은 관단의 플랜지와 플랜지 사이에는 고무 패킹을 넣고 볼트로 조여 접합한다.

제 **3** 장 하수관이송

우·오수 관로의 유속 및 최소구경, 한계유속

Ⅰ. 한계유속(최소 및 최대유속)

- 오수관거   : 계획시간최대오수량에 대하여 0.6~3.0m/s
- 우수관거/합류관거   : 계획우수량에 대하여 0.8~3.0m/s
- 우수관거 및 합류관거에서의 이상적인은 유속 1.0~1.8m/s 정도

Ⅱ. 한계유속 설정근거

- 최소유속 … 오물침전 방지, 침전물 부패(H_2S 발생) 방지 (우수관거의 경우 토사류 침전방지 포함)
- 최대유속 … 관거 손상방지, 관거경사가 커지면 굴착깊이가 커지므로 관부설비가 큼
- 오수관거는 토사류의 유입이 거의 없으므로 최소유속(0.6m/s)을 우수관거보다 작게 설정한다.

Ⅲ. 최소구경

- 오수관   : 200㎜ 이상
- 우수관 및 합류관거 : 250㎜ 이상
- 연결관   : 150㎜ 이상
- 단, 오수관의 경우 장래 하수량 증가가 없다고 예상되면 150㎜로 할 수 있다.
- 진공·압송방식의 경우 펌프구경, 유량, 마찰손실 등을 종합적으로 판단하여 관경 결정

우수(하수)관거 설계기준(간선, 지선)

Ⅰ. 우수관거 기본설계 사항

1. 확률년수 10~30년 (간선 20~30년, 지선 10년)
2. 계획우수량을 기준으로 설계
3. 평균유속 : 계획우수량에 대하여 0.8~3.0m/s (이상적인 유속 1.0~1.8m/s)
4. 최소관경 : 250㎜ 이상

Ⅱ. 하수도시설기준 내용

- 하수관거의 확률년수는 10~30년을 원칙으로 하며, 지역의 특성 또는 방재상의 필요에 따라 이보다 크게 또는 작게 정할 수 있다.
  예) 간선관거는 20~30년 빈도, 지선관거는 10년 빈도

- 그러나 반드시 전지역이 일정치 않고 지역의 중요도나 배수구역의 크기 등 여러 가지 여건을 고려하여 확률년수를 다르게 하거나 근간적인 시설에 대해 크게 취하는 것은 방재상 필요하며 가능한 경제적인 면과 방재적인 면을 고려하여 설정하는 것이 바람직하다.

- 시설의 설치·운영의 소요비용에 따르는 경제적 효과와 침수피해에 대응하는 방재적 편익을 비용편익분석을 통하여 편익-비용비(B/C), 순현가(NPV), 내부수익률(IPR)과 같은 경제성 평가지표로 환산하여 대상지역의 적정 확률년수를 산정함이 가능하다.

- 특히 확률년수 적용에 대해 최근의 국지성 집중호우에 대처가 어렵고 침수피해를 입는 지역이 증가하고 있으므로 신규개발지역은 합리적인 규모 내에서 확률년수를 상향조정하고 기존의 시설물에 대한 상향조정이 어려운 지역은 하천계획을 고려하여 하수도시설만이 아니라 우수유출저감시설을 포함한 도시시설과 일체로 된 우수배제계획을 검토될 수 있도록 하여야 한다.

- 방재상 중요도가 낮은 지역 등에 대해서는 과도한 확률년수를 적용하지 않도록 주의하여야 한다.

하수도시설의 설계적용하수량

Ⅰ. (하수)관거시설 계획하수량

구분	분류식	합류식
오수관거	계획시간최대오수량	
우수관거	계획우수량	
합류관거		계획시간최대오수량+ 계획우수량
차집관거		계획오수량

Ⅱ. 펌프장시설 계획하수량

구분	분류식	합류식
중계펌프장, 소규모펌프장 유입·방류펌프장	계획시간최대오수량	우천시계획오수량
빗물펌프장	계획우수량	계획하수량-우천시계획오수량

Ⅲ. 처리시설 계획하수량

구분		분류식	합류식
1차처리 (1차침전지 까지)	처리시설	계획1일최대오수량	계획1일최대오수량
	처리장내 연결관	계획시간최대오수량	우천시계획오수량
2차처리	처리시설	계획1일최대오수량	계획1일최대오수량
	처리장내 연결관	계획시간최대오수량	계획시간최대오수량
고도처리 및 3차처리	처리시설	계획1일최대오수량	계획1일최대오수량
	처리장내 연결관	계획시간최대오수량	계획시간최대오수량

- 고도처리시설의 경우 계획하수량은 겨울철(12~3월)의 계획1일최대오수량을 기준으로 한다.
- 침사지, 유입펌프장까지는 합류식·분류식 모두 계획시간최대오수량을 적용한다.

하수관의 수리특성곡선

Ⅰ. 개요
- 하나의 관거단면에서 수시의 변화에 대한 유속과 유량 등의 변화를 각각 만관유속, 만관유량에 대한 비율로 나타낸 것
- 수리특성곡선을 이용하면 각 수위에 대한 유량을 쉽게 구할 수 있다.

Ⅱ. 관의 수리특성곡선
1. 원형관

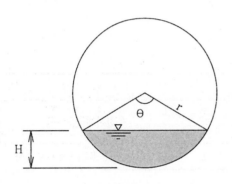

$$V = \frac{1}{n}\left(\frac{A}{P}\right)^{\frac{2}{3}} I^{\frac{1}{2}} \quad \text{(Manning 공식)}$$

- 수류단면적 : $A = \frac{r^2}{2}\left(\frac{\pi\theta}{180} - \sin\theta\right)$
- 윤변 : $P = \frac{\pi r \theta}{180}$
- 수심 : $H = r\left(1 - \frac{\cos\theta}{2}\right)$

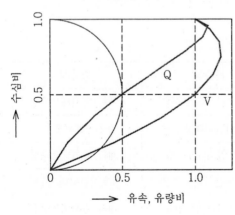

- 유속은 수심이 81%일 때 최고
- 유량은 수심이 94%일 때 최고가 된다.
  (즉, 만관일 경우 마찰손실에 의해
　　　오히려 유량이 적어짐을 의미함)

2. 계란형관
- 유량이 감소되어도 원형관에 비해 수심 및 유속이 유지]
- 퇴적방지 효과로 하수관거 초침부분의 유량이 작은 부분에 사용 가능

3. 직사각형거
- 최대유량, 최대유속 모두 만관 가까이 갔을 때의 경우 최대유량·유속 발생

Ⅲ. 수로에서 수리학적으로 유리한 단면(best hydraulic section)

- 동일단면에서 저항이 가장 적어 유량이 최대인 상태의 단면 (Manning공식에 의하면 단면적에 대한 윤변의 길이가 작을수록 유리한 단면이 됨.) 즉, 경심(=단면적/윤변)이 클수록 수리학적으로 유리한 단면이 된다.
  1. 직사각형 수로 : H=B/2, 즉 수심(H)이 수로폭(B)의 50%일 때의 단면
  2. 사다리꼴 수로 : 사다리꼴의 각(Θ)이 60°일 때, 즉 수심(H)이 반경(r)에 외접할 때의 단면
  3. 원형   수로 : H=0.70D, 즉 수심(H)이 직경(D)의 70%일 때의 단면

관거 라이닝에 의한 유량 증감

Ⅰ. 개요

1. 비굴착보수공법에는 신관삽입공법 및 라이닝공법이 있다.
2. 라이닝의 특성상 조도계수가 향상되면 오히려 유속이 증가하여 유량감소의 문제는 없다.

Ⅱ. 라이닝관의 유속·유량대비표

구분	조건
관경	600㎜
라이닝두께	7.5㎜
단면적 감소율	5%
유속 증가율	42%
유량 증가율	35%

하수관의 기초공

Ⅰ. 강성관과 연성관의 구분

- 강성관 : 설계시 외력에 의한 처짐 등을 고려하지 않는 관
- 연성관 : 설계시 외력에 의한 처짐 등을 고려하는 관으로서 하중이 없어지면 그 형상이 복원
  되는 관

Ⅱ. 하수관의 기초

관 종		보통지반	연약지반	극연약지반
강성관	흄관	쇄석, 모래 베개동목	콘크리트	철근콘크리트
연성관	합성수지관	모래	모래, 베드토목섬유 소일시멘트	사다리동목, 말뚝 콘크리트+모래
	DCIP·강관	모래	모래	모래, 사다리동목 콘크리트+모래

주) 소일시멘트 : 시멘트와 흙과 물을 혼합하여 단단하게 만든 것으로 콘크리트와 같
이 강하지는 않으나 지반을 다지는 역할을 하며 도로의 지반이나
수로의 내장용으로 사용된다.

1. 강성관의 기초공

- 모래기초의 경우 KS규격 "콘크리트용 골재"에서 규정한 NaCl 함량 허용값 이하일 것
1) 보통지반 : 베개동목기초
2) 연약지반 : 모래/쇄석/콘크리트
3) 극연약지반 : 콘크리트+모래기초 또는 철근콘크리트기초

2. 연성관 기초

- 합성수지관 기초는 자유받침(관 변형에 따라 변형)을 원칙으로 한다.
1) 일반적인 방법 : 자유받침 모래기초를 원칙
2) 관체보강 목적 : 소일시멘트기초, 베드토목섬유(bed geo-textile)기초
   (지반의 조건에 따라 관체의 측부 흙의 수동저항력을 확보하기 위해)
3) 극연약토로서 부등침하가 우려되는 경우 : 말뚝기초 및 콘크리트+모래기초 등과 타 기
   초공을 병용할 수 있다.

이형관 보호공

Ⅰ. 목적
- 곡관, T자관, 편락관 등의 이형관은 관내 수압과 유속에 의해 외측으로 작용하는 힘을 받으며 이는 수압, 관경, 곡선각도가 클수록 더욱 크게 나타난다. 따라서 이형관 접합부분에서의 누수는 물론 이형관 자체가 탈리하는 것을 방지하기 위해 이형관보호공을 설치한다.

Ⅱ. 이형관에 작용하는 힘
1. 이형관 보호에 대한 관내수압은 최대정수압에 수격압을 가산하며, 수격압은 정수압에 비해 훨씬 작기 때문에 무시하는 경우가 많다.
2. 정수압에 의한 외향력

$$P = 2p \cdot A \cdot \sin\frac{\theta}{2}$$

여기서,　P : 외향력(kg)　　　　θ : 곡선각도

　　　　`p : 관내수압(kg/cm^2)　A : 관단면적(cm^2)

Ⅲ. 대상
1. 덕타일 주철관의 메커니컬 접합
- 용접이음 강관 및 융착조인트의 수도용 PE관은 관로가 일체화 되어 있어 관자체의 강도에 따라 흡수하기 때문에 이형관보호를 생략할 수 있다.
2. 지반이 연약한 곳
3. 수압이 높은 곳

Ⅳ. 보호공
1. 콘크리트 보호공이나 이탈방지압륜, 말뚝박기
2. 설치방법
- 강한 관에 대해서는 이형관 양측의 관까지 일체가 되도록 보호공 설치
- 부러지기 쉬운 관에 대해서는 보호공지대 내로 이형관 양측의 관을 끌여들어 일체가 되지 않도록 한다.
- 연직방향의 곡관에 하향력이 작용하는 경우 연약지반에 있어서는 말뚝박기, 지반개량 등에 의해 기초지반 보강
- 상향력이 작용하는 곳에서는 연직하중이 상향력보다 작아서는 안된다.

관두께 산정법

Ⅰ. 개요

1. 관두께 결정이 잘못되면 강관 파열로 인한 누수와 급수중단, 지반함몰 등의 사고가 발생할 수 있으므로 안전율 고려 및 장래의 상황까지 고려해야 한다.

2. 관두께 계산식은 관종 또는 규격별, 매설조건 및 시공조건, 안전율(1.5~2.0) 등에 따라 다르고, 새로운 관종 또는 새로운 제품 등에 따라 다르므로 현장여건 및 설계조건에 따라 설계토록 한다.

Ⅱ. 관두께 결정시 고려사항

1. 내압, 외압, 부등침하, 지진하중, 제작오차(강관두께의 ±오차) 등 검토

2. 내압 산정은 동수압(동수두 + 수격압)의 합과 정수두 중 큰 값을 적용

3. 외압 산정은 관체에 작용하는 토압(가장 큰 영향인자), 상재하중, 차량하중, 온도, 지진, 부등침하 등을 고려하되 현재뿐만 아니라 장래하중 조건을 충분히 감안

Ⅲ. 관두께 설계

1. 내압에 의한 관두께 결정

$$t = \frac{P \cdot d}{2S}$$

여기서,　　t : 관두께(mm)　　　　　d : 관경(mm)

　　　　　　P : 관내수압(kg/cm^2)　　σ : 강관의 허용인장응력(kg/cm^2)

2. 외압에 의한 관두께 결정

1) 관체에 작용하는 토압(피토압)

 - 관에 작용하는 연직토압은 굴착도랑 위에 흙기둥 전체가 관에 전달되지 않고 굴착면에 인접하는 흙기둥 사이의 전단마찰력을 상쇄한 하중이 관에 작용하는 것으로 본다.

$$W = C \cdot \gamma \cdot B^2 \quad (\text{Marston 공식})$$

여기서,　　W : 상부토피하중(ton/m)

　　　　　　B : 관상단에서의 도랑폭(m) (B = 3/2d + 0.3)

　　　　　　γ : 흙의 단위중량(ton/m^3)

　　　　　　C : d/B에 따른 상수

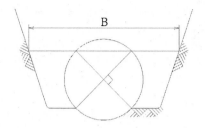

2) 관체에 작용하는 상재하중(상재하중의 피토환산)

- 관거는 피토 외에도 지표면상에 존재하는 물체에 의한 상재하중을 받는다.

$$W_P = C_2 \cdot P$$

여기서, W_P : 상재하중을 피토로 환산한 하중(ton/m)

C_2 : (장하중과 단하중에 따라 결정되는) 계수

P : 상재하중의 무게(ton/m)

3) 차량하중 충계계수 50% : $W_P \times 1.5$

3. 최소 관두께 결정

$$t = \frac{D}{288} \text{mm} \quad \text{(관경 D ≤ 1,350mm)}$$
$$t = \frac{D + 508}{400} \text{mm} \quad \text{(관경 D > 1,350mm)}$$

Ⅳ. 최종결정

1. 실제 수도관 파손은 내압보다는 관 외압에 의한 좌굴, 이음부 파손, 부압, 부등침하에 의해 발생하며,

2. 위의 값들 중 가장 큰 값을 선택하고 안전율(1.5~2.0) 고려하여 결정

※ 상수도시설기준의 관두께 계산식 삭제 (2011년)

- 현행 수도법 및 수도법 시행령에서 "수도용 자재 및 제품의 기준"에 대해 명시하고 있기 때문에 국내에서 생산되는 상수도용 관종 및 특성 등의 내용과 현장여건 및 설계조건에 따라 설계할 수 있도록 관두께 계산식을 상수도시설기준에서는 삭제함.

하수관의 단면형상

Ⅰ. 개요
1. 대구경 : 사각형, 원형
 - 사각형은 토압에 약하고, 수리계산이 용이하다.
2. 소구경 : 원형, 계란형

Ⅱ. 관거의 단면형상 선정기준

- 수리학적으로 유리할 것   - 유지관리가 쉬울 것
- 하중에 대해 경제적일 것   - 시공장소의 상황에 잘 적응될 것
- 시공비가 저렴할 것   - 윤변이 최소일 것

Ⅲ. 하수관거에 적합한 관종

| 원형 | 직사각형(장방형) | 말굽형 | 계란형 |

원형	· 수리학적으로 유리, 역학계산이 간단, 공장제품이 약 3,000㎜까지 가능하여 공사기간이 단축된다.(가장 많이 사용) · 안전하게 지지하기 위한 모래기초 외에 별도로 기초공이 필요하고, 공장제품이므로 접합부가 많아져 침투수량이 증가한다.
직사각형	· 만류가 되기까지 수리학적으로 유리하고, 역학계산이 간단하며, 시공장소의 흙두께를 제한받는 장소에 유리 · 철근이 부식되면 상부하중에 취약하고, 현장 타설하는 경우 공기가 길어짐.
말굽형	· 대구경관에 유리하며 경제적. 만류가 되기까지 수리학적으로 유리, 상반부의 아치작용에 의해 역학적으로 유리 · 단면이 복잡하기 때문에 시공성이 떨어진다. 현장타설의 경우 공사기간이 길어진다.
계란형	· 유량이 적은 경우 수리학적으로 유리하며 수직방향의 토압에 유리 · 수직방향의 시공에 정확도가 요구되므로 면밀한 시공이 필요하고, 재질에 따라 시공비가 늘어나는 경우가 있다. (잘 쓰이지 않는다.)

하수관거의 수리학적 접합방식

Ⅰ. 개요
1. 관거의 방향, 경사, 관경이 변하는 장소, 관거가 합류하는 장소에는 맨홀을 설치해야 한다. 또한 관거내 물의 흐름을 수리학적으로 원활하게 흐르게 하기 위해서는 원칙적으로 에너지 경사선에 맞출 필요가 있다.
2. 흐르는 물이 충돌, 와류 등이 발생하면 손실수두가 증가하고 접합방법이 올바르지 못하면 맨홀로부터 하수가 분출하는 등 사고가 발생할 수 있다. 따라서 관거접합시 충분한 주의가 필요하다.

Ⅱ. 관거접합의 원칙
1. 관경이 변하는 경우, 2개 관거가 합류하는 경우 … 관정접합 또는 수면접합 원칙
2. 지표경사가 급한 경우는 관경변화와 상관없이 　 … 단차접합 또는 계단접합 원칙
3. 2개 관거가 합류하는 경우
  - 중심교각은 60° 이하 (30~45°가 이상적)
  - 곡선을 갖고 합류하는 경우 곡률반경은 내경의 5배 이상
  - 반대방향의 관거가 곡절하는 경우나 관거가 예각으로 곡절하는 경우의 접합도 이상적으로 2단계로 곡절하는 것이 바람직

Ⅲ. 수리학적 관접합의 종류
1. 수면접합 : 계획수위일치 ⇒ 수리학적으로 가장 양호, 수위계산을 해야 함.

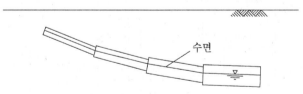

수면

2. 관정접합 : 관정일치
  - 흐름이 원활, 굴착깊이가 증가하므로 공사비증대, pump양정증가

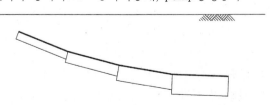

3. 관중심접합 : 관중심일치 ⇒ 수위를 산출할 필요가 없다.

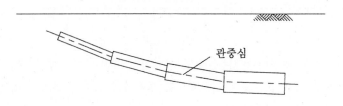

4. 관저접합 : 내경바닥일치
 - 굴착깊이가 얕아지므로 공사비감소, pump양정감소(배수펌프지역에 적합)
 - 상류부에서 관정이 동사경사선보다 높이 올라갈 우려가 있다.

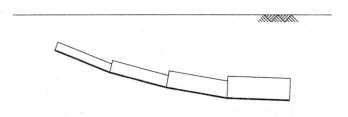

5. 단차접합
 - 지표경사에 따라 맨홀을 설치하는 접합
 - 1개당 단차가 1.5m이내 단차가 0.6m이상인 경우 부관설치(부관붙임 맨홀, drop M.H.)

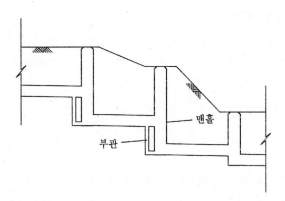

6. 계단접합
 - 대구경관거 또는 현장타설관거에 설치
 - 계단높이는 1단당 0.3m가 적당

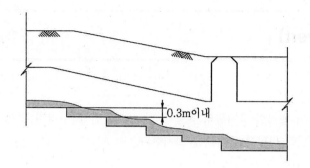

7. 기타
   - 단차 · 계단접합 곤란시 감세공 설치 검토
   - 고낙차 관거에서는 드롭샤프트 설치 검토

Ⅳ. 부관맨홀

1. 특수맨홀의 일종으로 부관붙임맨홀이라고도 한다.
2. 지표의 경사가 급하여 관거의 단차가 0.6m 이상인 경우에는 유하량에 적합한 부관붙임 맨홀 설치를 고려한다.
3. 분류식하수도의 우수관거 맨홀에 부관을 사용하지 않는 것이 통례이다.

인버트(invert)

Ⅰ. 목적
- 맨홀 내 퇴적물이 쌓이면 유지관리 작업시 상당히 불편하고, 악취 발생 우려가 있음
  이를 방지하기 위해 바닥에 인버트를 설치한다.

Ⅱ. CSOs와 invert
1. 인버트가 미설치된 합류맨홀 및 우수맨홀은 맨홀바닥에 무강우일시에 비례하여 고형물
   이 쌓였다가 우천시 일시적인 하천방류로 하천을 오염시킨다.
2. 따라서 인버트는 모든 CSOs 대책 중 투자대비 효과가 가장 크다.

Ⅲ. U자형 인버트
- 오수관거는 관경의 1/2에 인버터 설치하고, 우수관거는 관경높이까지 인버트 설치로 수
  두손실을 최소화한다.

※ 우천시 급속한 유량증대로 인한 관거내 와류방지 대안

(1) 맨홀내 U자형 인버트설치
(2) 2개의 관거가 합류하는 경우 중심교각 60°이하가 되도록 2단계 곡절
(3) 곡선을 갖고 합류하는 경우 곡률반경은 내경의 5배 이상으로 한다.
(4) 동수경사선을 최저지반고 보다 최소 50cm 높게 해야 한다.
(5) 유출입관을 맨홀내 가장자리로 연결한다.

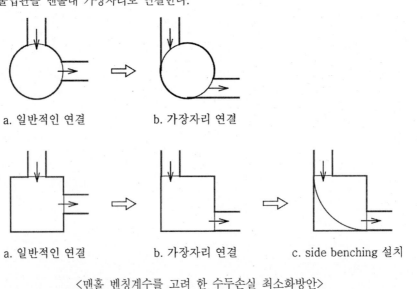

a. 일반적인 연결　　　b. 가장자리 연결

a. 일반적인 연결　　　b. 가장자리 연결　　　c. side benching 설치

〈맨홀 벤칭계수를 고려 한 수두손실 최소화방안〉

Ⅳ. 설치시 고려사항

1. 인버트 종단경사는 하류관거의 경사와 동일하게 한다.

2. 인버트 폭은 하류측 폭을 상류측까지 같은 넓이로 연장한다.

3. 상류관거 저부와 인버트 저부에 일정한 낙차를 둔다.

 1) 중간맨홀 : 3㎝

 2) 합류맨홀 : 3~10㎝

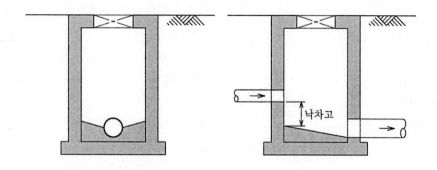

4. 인버트의 발디딤부는 10~20%의 횡단경사를 둔다.

5. 기존 현장타설방식보다 시공이 간단한 K/N vert 등의 규격품 사용이 증가하고 있다.

 주) K/N vert : 하수맨홀 프리캐스트 인버트(공기의 단축, 물 돌리기 불필요, 정확한 시공,

    내구성, 수리적 안정성 보장)

하수관거공사

Ⅰ. 하수관거공사 목차 (하수관거공사 표준시방서)

1. 일반사항
2. 관의 취급, 운반 및 보관
3. 굴착 및 되메우기
4. 터파기 지보공
5. 기초공사
6. 관부설공
7. 관의 연결
8. 구조물공

9. 배수설비공
10. 관거시공 및 준공검사
11. 기존관 부분보수 및 전체보수공
12. 건설폐기물 처리
13. 환경관리시설
14. 안전관리시설
15. 표층마감공사
16. 유지관리모니터링 시스템

Ⅱ. 하수관거공사 세부내용 (하수도공사 시공관리요령, 하수관거공사 표준시방서)

1. 일반사항

1) 적용범위 : 이 시방서는 관거, 맨홀, 우수토실, 토구, 물받이(우수받이, 오수받이, 집수받이), 연결관 등을 포함한 하수관거공사의 시공에 적용하며 현장적용에 필요한 세부사항은 전문시방서와 공사시방서에서 제시하도록 한다.

2) 적용기준 : 이 시방서의 적용은 KS 및 단체 표준 등 동등이상의 규격에 적합하여야 한다.

2. 관의 취급, 운반 및 보관

1) 관이 서로 부딪쳐 손상되거나 파손되지 않도록 신중히 취급한다.

2) 관을 운반할 때에는 주로 트럭으로 운반하므로 운반도중에 굴러 떨어지지 않도록 쐐기 등으로 고이고 벨트나 와이어로 묶는다. 콘크리트관은 충격으로 인한 손상을 방지하기 위하여 관 사이에 필요한 조치를 한다.

3) 또한 운반하는 관은 적재함 내에 위치토록 하고, 부득이하게 종방향으로 적재함을 초과하여 돌출될 경우에는 적재된 관 맨 끝부분에 안전표시를 한다.

4) 관을 현장에서 야적할 때에는 높이를 가급적 1.5m 이하가 되도록 하고 구름방지목, 쐐기 등을 사용하여 안전사고가 발생되지 않도록 한다.

5) 연성관의 경우 관 끝부분에 손상방지를 위한 보호마개를 끼워 운반 및 보관한다.

3. 굴착 및 되메우기

1) 시험굴착조사, 굴착공, 지장물 이설공, 물푸기공, 면고르기, 되메우기, 잔토처리, 노면복구 및 포장공, 야간공사 등을 규정한다.

2) 본 절은 하수관거를 지하에 매설하기 위하여 지반을 지표면에서부터 안전하게 굴착하는데 적용한다.

3) 하수관거를 매설하기 위하여 굴착하는 경우 주위의 여건에 따라 굴착방법이나 흙막이공법, 물푸기공법 등이 매우 다양하여 이를 일일이 규정하는 것은 곤란하므로 포괄적으로 지켜야할 사항을 규정한다.

4) 실제 시공에서는 상황에 따라 공사시방서를 작성한다.

4. 터파기지보공

- 간이흙막이공, 토류지보공 등

5. 기초공

- 기초공, 관보호공 등

1) 기초의 선택과 시공방법은 설계도면에 준하여 기초의 종류와 시공방법 및 현장여건 등이 설계도서와 다를 경우에는 기 설계된 내용을 공사감독자와 협의하여 변경사항을 결정하고, 기초의 선정과 시공방법은 환경부 제정 하수도시설기준, 건설교통부 제정 도로공사 및 토목공사 일반 표준시방서 등을 따른다.

2) 연약지반 등은 기초의 적합성 여부를 검토한 후 공사감독자의 승인을 받아 기초를 시행한다. 특히 택지개발지구 등의 성토부와 하천고수부지나 해안매립지 등에서 연약지반은 기초의 적합성 여부를 검토하고 그 결과에 따라 기초를 보강한다.

6. 관부설공

1) 관의 설치, 관의 절단, 관의 천공
2) 시공순서 (위치선정 → 천공 → 연결)
3) 관보호공
4) 하천횡단, 궤도횡단
5) 관매달기
6) 관표시공

7. 관의 연결

- 맞대기연결, 소켓연결, 플랜지연결, 메커니컬연결, 융착연결 등

1) 관의 연결은 관종에 따라 연결방법, 연결순서, 연결재료 등을 사전에 검토한 후 시공에 임해야 한다. 관종에 따른 연결방법은 하수도시설기준 및 관제조업체가 제시하는 연결순서 및 연결방법에 따른다.

2) 기초면 위에 내려진 관은 인력이나 체인블록 등으로 밀착시켜 연결한다. 굴삭기(파우셔블, 백호)등의 버킷과 같은 부적정한 장비로 연결할 경우 소켓부분의 파손, 고무링의 불확실한 연결 등으로 수밀효과가 떨어져 지하수오염의 원인이 되므로 절대 사용하여서는 안 된다.

3) 합류식 관거 및 분류식 오수관거는 수밀성이 확보되어야 한다.
(단, 수밀시공이 어려운 칼라 모르타르 충전이음 방식은 사용하지 않는다).

8. 구조물공
- 맨홀, 측구, 표면배수시설, 콘크리트 암거, 각종 밸브 및 변실공 등

9. 배수설비공
- 배수관, 물받이, 연결관, 기타부대시설 등

10. 관거검사
- 경사검사, 수밀검사(침입수, 누수, 공기압시험), 부분수밀검사, 수압시험, 내부검사(육안 및 CCTV조사), 오접 및 유입수·침입수 경로조사, 변형검사 등

1) 하수관거(하수관, 맨홀, 연결관 등)는 시공중이거나 시공후 시공의 적정성 및 수밀성을 조사하기 위하여 관거검사를 실시하여야 하며, 경사검사, 수밀검사, 관거연결 및 내부검사(육안 및 CCTV 조사)와 오접 및 유입수·침입수 경로조사로 구분하고 있다.

2) 관거검사는 종·횡방향 시공의 적정성을 판단하기 위하여 경사검사를 수행하며, 관거의 수밀성을 판단하기 위해서는 수밀검사, 관거 내부상황 판독을 위한 관거 연결 및 내부검사(육안, CCTV조사), 관거 오접여부를 판독하기 위한 오접 및 유입수·침입수 경로조사를 수행한다.

3) 경사검사는 경사 및 측선변동을 조사한다.

4) 수밀검사는 오수관거, 합류관거(차집관거 포함)에 대하여 시행하며, 외부에서 관거 내로 침입하는 침입수량을 측정하는 침입시험(infiltration test)과 관거 내에서 관거 외로 침출되는 침출량을 시험하는 침출시험(exfiltration test)으로 구분된다. 침입시험은 침입수시험(양수시험)이 있으며, 침출시험에는 누수시험, 공기압시험, 연결부시험, 압송관의 수압시험으로 나누어진다.

- 시험방법은 지하수위와 매설관거를 고려하여야 하며 감독관의 지시에 따른다.
- 지하수위(상·하류 맨홀에서 측정한 평균수위)가 관 상단으로부터 0.5m 미만인 경우에는 침출시험을 수행하며, 지하수위가 0.5m 이상인 지역에서는 지하수위 저하 등의 조치에도 불구하고 지하수위가 저하되지 않아 침출시험이 불가한 경우에 한하여 침입시험을 수행한다.

- 연결부 또는 이음부시험은 연결부 또는 부분보수와 같은 일부분의 수밀검사시 적용한다.
- 압송관에는 압송관 수압시험을 적용한다.

5) 관거가 시공중이거나 시공후 관거의 연결 및 내부의 부실정도와 부실위치를 파악하기 위하여 육안조사, CCTV조사를 수행하며, 관거의 오접위치, 유입수·침입수 유입위치 파악을 위하여 연기시험, 염료시험 및 음향시험 등을 시험방법으로 활용할 수 있다.

6) 관거검사의 검사시기, 검사방법, 검사구간, 검사물량 등은 현장여건 등을 고려하여야 하며, 공사감독자의 지시에 따라 실시하여야 한다.

검사시기	· 경사검사 및 수밀검사는 관거를 부설한 후 되메우기 전에 실시함을 원칙으로 한다. 다만 현장여건, 인허가, 민원발생 등으로 실시가 곤란한 경우에는 감독관의 확인을 득한 후 일정 되메우기 후에 실시한다. · 관거 연결 및 내부검사, 오접 및 유입수·침입수 경로조사는 단계별로 시공이 완료된 일정규모 이상의 블록단위별로 수행한다. · 포장지역의 경우 본복구(포장) 전에 실시한다.
검사방법	· 검사방법은 세부규정에 따르며, 허용기준을 만족하여야 한다.
검사구간	· 검사구간은 맨홀과 맨홀구간을 원칙으로 한다. · 품질관리를 위해 필요하다고 판단되는 경우 맨홀 단독 또는 맨홀을 포함하여 실시하거나 특정이음부에 대하여 실시한다.
검사물량	· 관거검사는 관거 전체를 대상으로 실시한다.
기타 일반사항	· 우수관은 경사검사를 실시하고 수밀검사 보조방법(육안조사, CCTV조사, 연기·염료·음향 등)을 활용하여 수밀성과 오접 유무를 파악할 수 있다. · 관거검사시 규정된 것 이상으로 관거부실이 판명되면 시공자의 책임으로 보완 및 재시공하여야 하며, 보완 및 재시공의 적정성을 판단하기 위하여 재검사를 실시하여야 한다. · 각종 시험결과는 기성서류 및 준공서류에 첨부하여 제출한다.

11. 기존관 부분보수 및 전체보수공

전체 보수공법	· 관거세정 및 검사, 관거의 지장물, 기존관체의 표면처리, 물돌리기, 보강튜브의 삽입, 보강튜브의 경화, 보강튜브의 냉각, 연결관 천공, 연결관 접합부 보수
부분보수 ·보강공법	· 세정 및 검사, 관거의 지장물, 물돌리기, 　고감도 에폭시 충진공법, 보강라이닝공법, 지수제 충진공법
기존암거 보수공법	· 철근노출 및 누출부위 파손, 재료분리, 콘크리트 파손, 콘크리트 균열 등

12. 건설폐기물 처리

13. 환경관리시설
- 오름방지막 시설, 비산먼지 방지시설, 공사장비 소음저감시설, 가설사무실 오수처리시설

14. 안전관리시설
- 도로표지 및 교통안전표지 시설

15. 표층마감공사

16. 유지관리 모니터링 시스템
- 시스템 구축범위는 DB서버, 수집서버, 관리자 감시시스템, 전용네트워크 시스템, 계측시스템의 설치, 시스템 환경설정, 통합테스트 및 시운전, 사용자 교육훈련 등의 일련의 과정을 범위로 한다.

하수관거 부설공사 흐름도 및 공정별 시공방법

Ⅰ. 하수관거 부설공사 흐름도

| 설계도서 검토
지질·지하매설물 조사 검토 | 지하매설물 탐사 |

⇩   ← 교통처리 및 우회도로개설 안내표지판 설치

| 측량(위치 및 수준측량) |

⇩

| 맨홀 터파기 및 기초확인 | 맨홀 설치 |

⇩

| 맨홀 setting 및 되메우기 |

⇩

| 도로포장의 절단 및 철거 | (콘크리트포장, 아스팔트포장, 보도블럭포장) |

⇩

관거 터파기	지하매설물 이설(통신관, 상수도관, 하수관) 보호공 설치, 간이토류벽 설치
관거 기초공사	
관로 부설공사	인버터 레벨 체크, 맨홀상하부류 관저차 검측 연결관 위치 표식
관거 보호공	(모래, 콘크리트)

⇩   ← 관거보호용 경고tape

| 되메우기 및
간이토류벽 철거 |

⇩

| 오수받이 설치
연결관 부설 |

← 염료시험(필요시) : 침입수조사 (비용, 시간이 많이 듬)
　　각 오수받이에 염료 투입후 우수관거에서 점검

← 연기시험(필요시) : 유입수조사 (비용, 시간이 적게 듬)
　　오수받이에 연기 주입후 우수받이 등에서 점검

⇩

← CCTV조사, 수밀검사
　　오수받이 시공후 수밀시험시 차단
　　되메우기후 수밀시험시 캡을 이용하여 차단

| 포장복구
마무리 및 청소 |

Ⅱ. 하수관거 시공시 고려사항

1. 관거부설을 위한 굴토바닥은 인력고르기 및 수준측량을 실시한다.

2. 하수관거를 접합할 때는 체인블럭을 사용하고, 특히 고무링이 파손되지 않도록 활착제 등을 바른후 시공할 것

3. 하수관거 부설후 강우시에는 관거내로 토사 등이 유입되지 않도록 부설관거 상·하단의 개구부를 폐쇄한다.

4. 분류식 우·오수관 및 필지별 옥외 배수설비 등이 상호 오접되지 않도록 시공한다.

5. 관거부설 후 다짐은 모래 등의 양질토를 사용하여 층다짐을 실시한다.

6. 설계내용 및 특기시방조건 등에 의하여 적합하게 시공되는지를 감리·감독하고 중간 및 준공검사 철저히 할 것.

Ⅲ. 관부설 방법 (하수도공사 시공관리요령) ⇒ 부설 = 부가적인 설치

1. 관의 설치

1) 관을 부설하기 전에 관체의 외관을 검사하여 균열이나 기타 결함이 없는가를 확인한다.

2) 관은 관거를 따라 통행에 지장이 없도록 부설하며 접합, 되메우기 등의 작업이 용이하도록 한다.

3) 관을 달아 내리기 위하여 흙막이용 버팀보를 일시적으로 떼어 낼 필요가 있을 경우에는 적절한 보강을 하고 안전을 확인한 다음 달아 내린다.

4) 관 부설은 원칙적으로 하류측부터 상류측으로 부설하고, 또 소켓관은 소켓이 높은 곳으로 향하도록 부설한다.

5) 관 부설시 관 바닥의 기초상태를 확인하고 중심선과 높낮이를 조정, 정확하게 설치한다. 또 관체의 표시기호를 확인함과 동시에 관체에 표기되어 있는 지름, 제작년도 등의 기호가 위로 향하도록 한다.

6) 관 배열시 관의 양쪽에 목재나 모래주머니, 기타 적절한 방법으로 받침을 하여 관이 구르지 않도록 한다.

7) 관거노선 선정시 가능한 한 유지관리가 곤란한 하천수 침입이 우려되는 하천변 부설을 지양한다.

8) 관부설시 통신, 전력, 가스, 상수도 등 타관과의 거리를 두어 다짐 및 상호 안전을 확보하여야 한다. 특히 상수도관과는 접촉되지 않도록 하고 반드시 하위에 부설되도록 하여야 한다.

9) 연성관을 2개 이상 병렬로 시공할 경우 되메우기시 충분한 다짐을 위하여 수평적 관 최소 이격거리는 복합구조 병렬식 시공을 기준으로 하여 관경이 $D \leq 600$인 경우 300㎜, $600 \leq D \leq 1,800$㎜인 경우 $D/2$, $1800 \leq D$인 경우 900㎜을 기본으로 하며, 되메우기 재료에 따라 가감하여 적용한다.

2. 관의 절단

1) 관의 절단시 관의 절단길이 및 절단개소를 정확히 정하고 절단선의 표선을 관 둘레 전체에 표시한다.
2) 관의 절단을 관축에 대하여 직각으로 해야 한다.
3) 관의 절단은 필히 절단기로 해야 하며, 이형관은 절단하지 않는다.
4) 나선형 금속관은 절단면을 매끈하게 다듬은 후, 절단시 도금표면에 손상이 있는 면(약 10 ㎜)은 아연스프레이나 아연페인트를 칠하여 부식을 방지해야 하며, 부상 등에 대비하여 장갑을 착용하고 취급해야 한다.
5) 합성수지류 하수관의 절단은 절단부를 정확히 검측하여 연직이 되도록 절단기로 절단하고, 절단면을 매끄럽게 다듬은 후 관에 손상이 가지 않도록 관체 내·외를 잘 마무리한다.

3. 관의 천공

1) 하수관거공사에 있어서 본관에 지관을 연결할 경우 이형관을 사용하는 것이 바람직하나 적정한 이형관이 없거나 하수의 흐름을 방해하지 않고 지관을 연결할 경우에는 본관에 직접 천공하여 연결한다.
2) 장비 : 천공기, 조입용 공구(렌치 등)
3) 시공순서

위치 선정	· 천공지점의 중심점을 본관에 표시하고 표시된 중심점을 기준을 관 중심에 수평 및 수직방향으로 직각의 십자선을 본관에 표시한다.
천공	· 천공기의 드릴중심을 본관에 표시된 중심점에 일치시킨 후 중심점의 접선과 수직방향을 유지하면서 천공한다. · 천공기 이외 톱을 사용하는 경우에는 투영면이 정확히 원형이 되도록 본관에 천공면을 표시한 후 이 선을 따라 천공하며, 이때 천공된 단면이 천공중심점의 접선과 수직이 되도록 절단하여야 한다. · 본관의 천공부위의 이물질을 제거하고 특히 본관 내면은 와이어브러시, 헝겊 등으로 이물질을 제거한다.
연결	· 천공완료 후 연결용 자재(연결구, 수밀재, 지관 등)를 사용하여 지관을 연결한다. · 세부적인 연결방법은 관 제조자가 제시하는 시방을 참고하여 시행한다.

4. 관보호공 (외압 보호 및 내부부식 보호)

1) 관보호공은 설계도서에 따라 시공한다. 펌프장이나 처리장에서 압력을 받는 곡관이나 T자관 등의 이형관은 관내의 수압에 의하여 외측으로 작용하는 수평과 수직방향의 힘을 받으며 그 힘의 크기는 수압, 곡관각도가 클수록 크다. 이 힘에 의해 이형관이 외측으로 이동하고, 이음이 탈출할 염려가 있으므로 콘크리트보호공 등으로 보호한다.

2) 관거가 토압에 의한 활하중이 관의 내하력을 초과한 경우, 궤도를 횡단하는 경우, 하천을 횡단하는 경우 관거의 바깥둘레를 콘크리트 또는 철근콘크리트로 쌓아서 외압에 대비하여야 한다. 현장타설을 제외한 제품화된 관거의 경우 일정한 하중조건에 따라 제조되기 때문에 관거의 조건을 벗어나 붕괴의 위험과 안전을 저하시키는 경우가 있으므로 관거의 매설시 외압에 견딜 수 있도록 충분히 고려하여 관거를 보호하여야 한다. 특히 연성관의 경우는 관부설 후 외압에 의한 변형으로 하수의 흐름이 원활하지 못한 경우가 발생할 수 있으므로 관기초와 관보호에 만전을 기하여야 한다.

3) 마모 및 부식 등의 위험이 있을 때는 적당한 방법에 의하여 관거의 내면을 보호하여야 한다. 합류식의 차집관거 및 분류식 오수간선관거 내부 상단에 내부식성 도장을 함으로써 부식을 방지할 수 있다.

 - 관정부식(crown corrosion)은 콘크리트관거에서 특히 심하고 이를 방지하기 위해서는 관거 내의 혐기성상태를 방지하는 것이 가장 좋은데 관거 내 유속을 충분하게 하거나 관거 내 환기가 가능하도록 하며, 필요한 경우 강제환기도 가능하도록 하는 것이 좋다.

 - 특히 관거의 마모 및 부식을 방지하기 위해서 관거의 내면을 합성수지나 모르타르로 라이닝하거나 역청탄, 콜타르(coal tar)로 코팅하는 것이 일반적으로 이용되고 있다.

 - 전식(電蝕, electrolyte corrosion)이 우려될 경우 절연제로 피복하거나 방식처리를 해야 하며 또한 상황에 따라서는 전기분해 방식(防蝕)을 고려할 필요가 있다.

4) 하천횡단 등 유수소통으로 인하여 장래 지반의 변위가 발생할 우려가 있는 곳에는 관보호공을 설치한다.

5. 하천횡단 (역사이펀)

1) 하수도관을 하천, 수로 등에 부설할 경우 사고가 발생하면 발견이 어렵고 보수가 곤란하며 장시간 소요되므로 기초공에 유의하여 내구성이 큰 구조로 축조한다. 공사를 시공하기 전에 하천관리청과 충분히 협의하여 안전하고 확실한 계획을 세우고 신속히 시공한다.

2) 하천을 횡단하기 위하여 수로 등을 물막이할 때에는 범람할 우려가 없도록 가소로, 수통 등을 가설하여 유수의 소통에 지장이 없도록 한다. 강제 널말뚝으로 가물막이할 경우에는 널말뚝 홈과 홈 사이를 제대로 끼워 차수를 확실하게 하여 작업에 지장이 없도록 한다.

3) 강우에 따른 하천수위의 상승에 대비하여 대책을 충분히 준비해 둔다. 기설 구조물을 횡단할 때에는 관계 관리자의 입회 아래 지정된 방호를 한 뒤에 공사를 실시하고 되메우기를 확실히 해야 한다.

4) 제방을 횡단하는 관거는 관거와 제체 재료인 토사와의 접촉면을 통하여 파이핑(piping) 또는 누수현상이 발생할 수 있으므로 차수용 키를 설치하거나 혹은 관거 주변을 점토로 되메우기 해야 한다.

6. 궤도횡단

1) 횡단공사에 앞서 공사감독자와 함께 당해 궤도관리청과 충분한 협의를 하고 안전을 고려한 계획을 수립하여 신속히 시공한다. 콘크리트구조물을 건설교통부 제정 관련 표준시방서에 따르며 통과차량의 진동을 받지 않도록 동바리공에 특히 유의한다.

2) 차량의 통과에 따른 궤도 동바리공은 안전하게 시공한다. 공사 중에는 감시원을 배치하고 차량의 통과에 세심한 주의를 하여야 한다. 또, 필요에 따라서는 침하계나 경사계를 설치하고 공사의 안전성을 계속적으로 검사한다.

3) 도로의 차단지점과 교차점의 경우에는 복공을 설치한다.

7. 관매달기

1) 하수관을 하천, 도로, 수로 등을 횡단하여 부설할 경우 굴착 또는 비굴착 방법으로 시공하는 것이 원칙이나 이설이 불가능한 지하매설물이 있거나 매설심도의 증가로 공사비가 과도하거나 민원발생 등 부득이한 경우에 기설교량에 관매달기와 같은 대안을 설정하여 시공하면 공사기간 단축뿐만 아니라 공사비 절감을 도모할 수 있다. 특히 동일 하수처리구역이 하천 등으로 분리되어 있고 자연유하로 하수의 이송이 불가능한 지역에 적용할 수 있다.

2) 관매달기는 압력식 하수도관을 기존교량에 매다는 것을 원칙으로 한다.
  - 중력식 하수도관을 매달 경우 관경의 증가로 매달기 위치선정의 어려움뿐만 아니라 관 하중의 증가로 교량의 안전에 영향을 줄 수 있으므로 매다는 관은 압력식 관을 원칙으로 하고 필요한 경우 매달기 전에 압송시설을 설치한다.
  - 하천, 도로, 수로 등을 횡단하기 위하여 하수도용 수관교를 부설하는 것은 바람직하지 않으므로 특수한 경우를 제외하고는 기존교량에 관매달기를 한다.

3) 교량은 도로의 종류에 따라 설치·관리자가 있으므로 공사를 시공하기 전에 교량관리자와 충분히 협의하여 안전하고 확실한 계획을 세우고 시공한다.

4) 교량에 관매달기시 기존교량 안전 및 적절한 시공을 위하여 다음 사항을 준수한다.
  - 관매달기의 높이는 하천의 홍수위 이상으로 하되 빈번한 설계강우 이상의 강우를 반영하여 교각상단 이상으로 한다.
  - 기존교량에 상수도, 통신 등 첨가부설물이 있고 이를 위한 시설이 설치되어 있으며 허용공간이 있을 경우에는 이를 활용한다.
  - 관매달기 구조물은 하천흐름을 방해하거나 홍수시 유하되는 부유물의 흐름에 지장을 주지 않도록 한다.

- 관매달기 구조물은 기존교량의 교통에 지장을 주어서는 안 되며 또한 미관에 손상이 없도록 한다.
- 매단 하수관은 외기에 직접적으로 노출되는 것이므로 관의 보호, 부식방지, 동결방지, 미관유지를 위하여 관보호공을 설치하여야 한다.
- 매달기관이 관정부분에 공기가 발생하여 압송에 지장을 줄 수 있으므로 공기밸브를 설치한다.

8. 관표시공

1) 분류식 지역에서의 맨홀뚜껑은 우·오수용을 구분할 수 있는 문자를 뚜껑상단에 표시하여야 한다.
2) 우·오수 하수관거는 색깔로 구분되도록 한다.
   - 오수관은 상수도, 중수도, 온수 및 가스관과의 구별이 되는 흑갈색(5YR 0245)을 원칙으로 한다.
   - 우수관은 일반적인 콘크리트색인 회색(N7)을 표준으로 한다.
   - 배수설비의 배수관 및 받이 등도 우·오수관의 식별이 용이하도록 색깔로 구분하는 것이 바람직하다.
3) 하수관거의 개·보수시 우·오수관의 식별을 위해 관체표식을 하고 관 위치파악 및 타 공사로 인한 관거 파손을 방지하기 위하여 관체와 인접한 곳에 위치표식을 한다.
   - 우·오수관의 식별을 위해서 근본적으로 흑갈색 오수관을 생산하여 사용함이 바람직하다.
   - 흑갈색 오수관을 사용할 수 없는 경우나 특별히 우수관 표시가 필요한 경우는 관경에 따라 폭 20㎝의 흑갈색(오수관) 또는 회색(우수관) 비닐테이프를 종방향으로 설치하되 관경이 800㎜ 이상인 관은 관의 좌·우측 중앙에 1줄씩을 더하는 관체표식을 하여 식별이 용이하도록 한다.
   - 관 표시용 비닐테이프를 사용할 수 없는 경우에는 관 상단에 폭 20㎝, 종방향향으로 흑색 페인트 등으로 관체표식을 한다.
   - 우·오수관의 위치파악 및 관거파손 방지를 위한 위치표식은 관 상단과 20㎝ 이상 충분한 이격거리를 둔다.
   - 표식은 부설관거의 기본적인 정보(오수관 또는 우수관, 부설년도, 주의표시 등)를 포함하는 것이 바람직하다.
4) 신설되거나 보수·보강되는 하수관거에 굴착하지 않고 현지에서 매설물의 정확한 위치 또는 정보(우·오수 구분, 노선번호, 관종, 관경, 설치년도 등)를 알 수 있도록 관 표시기를 설치하도록 한다.

폭이 좁은 길에서 관매설 방법

I. 폭이 좁은 골목길에서 관거 터파기시 장비 조합 및 품(品) 적용

- 일반적으로 관로 터파기시 품(品) 적용시 BH 0.7(백호우 버킷용량 0.7㎥) 등을 적용하고, 인력터파기 비율은 10~20%로 한다.

- 그러나, BH 0.7 등으로 작업할 수 없는 폭이 좁은 골목길 등의 경우는 BH 0.18 혹은 코마 굴삭기를 적용하고, 인력터파기 비율을 30% 정도로 적용하면 적당하다.

- 아울러 BH 0.18로는 SK판넬 기둥[주]이나 판넬을 눌러 박을 수 없으므로 가시설을 댈 수 없고, 자연터파기를 이용한 개착공법(open cut)을 적용해야 한다.
  주) SK판넬 기둥 : 조립식 간이흙막이, 주로 지하 2~4m범위의 굴착시 적용

II. 시공순서

굴착 → 운반 → 배열 → 접합 → 수밀시험 → 되메우기·다짐

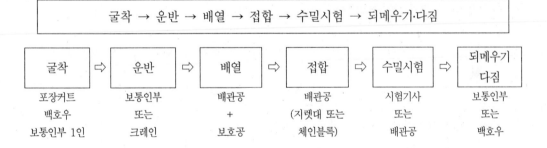

굴착	⇨	운반	⇨	배열	⇨	접합	⇨	수밀시험	⇨	되메우기 다짐
포장커트 백호우 보통인부 1인		보통인부 또는 크레인		배관공 + 보호공		배관공 (지렛대 또는 체인블록)		시험기사 또는 배관공		보통인부 또는 백호우

하수관거 정비를 위한 사업흐름

I. 개요

1. 하수관거 정비사업은 장기간 막대한 예산이 소요되는 절대 필요한 기간산업으로 정부의 지속적인 관심과 정책의지가 필요하다.
2. 철저한 관거조사를 전제로 한 사업우선대상지역 선정과 함께 지역특성을 고려한 사업우선순위 결정이 이루어져야 한다.
3. 지방재정계획과의 연계방안을 통하여 단계적 사업수행이 필요하다.

※ 하수관거정비(개·보수)의 목적

┌─ 하수관거의 기능 회복
├─ 하수관거의 구조적 안정성 확보
└─ 하수의 누수방지를 통한 지하수 오염가능성 배제

II. 관거정비(개·보수)를 위한 사업흐름도

1. 기초자료 분석
2. 조사우선순위 결정 (합류식은 불명수 조사, 분류식은 오접 및 관거수밀성을 반드시 조사)
3. 기존관거의 정밀조사
4. 개·보수 우선순위 결정 (A등급, B등급, C등급 등 3종류로 등급화)
5. 개·보수 정비규모의 설정 (공사범위 및 개보수공법)
6. 사업집행계획 수립
7. 공사시행 및 효과분석

III. 관거정밀조사 우선지역 선정

- 재정상태 및 긴급성, 사용성, 사회경제성 등을 평가하여 관거정밀조사 우선지역을 선정한다.

1. 합류식지역
 - 1차조사 우선지역 선정은 유입수량 조사, 기초자료 조사, 기존 보수현황 자료의 반영을 통해 결정한 후
 - 최종조사 우선지역 선정은 배수구역별로 불명수량 산정을 통해 결정
2. 분류식지역
 - 오접과 관거수밀성에 중점을 두어 사전조사과정을 거쳐 조사우선지역 선정

Ⅳ. 관거 정밀조사

- 기존 하수관거 정비대상 구간 결정을 위해 기존관거의 정밀조사를 실시

1. 관거 연결 및 내부검사

1) 육안조사
  - 800mm 이상시, 관거내부에 진입하여 관 파손 등 조사
2) CCTV조사
  - 800mm 미만시, 경우에 따라 관거세정과 병행 실시

2. 오접 및 유입수·침입수(I/I) 경로조사

1) 연기시험(연막시험) : 폐쇄된 좁은 공간에서 연기가 새는지 여부로 오접여부 확인
  - 유입수의 발생은 지붕홈통, 분수 및 빌딩배수, 관거 오접 등에 기인하며 연기시험으로 파악이 가능하다. → 오수받이에 연기 주입 후 빗물받이 등에 연기누출 확인
  - 비용이 저렴하고 신속한 방법이다.
  - 사전홍보가 필요
2) 염료시험 : 추적자를 이용 배수경로를 확인하고 유황, 유속, 누수 및 침입수 조사
  - 주로 우수관거에서의 침입수와 강우유발침입수(RII)의 발생지점을 파악하는데 이용
  - 연기시험에 비하여 비용 및 시간이 많이 소요되고 다량의 물이 소비되는 단점, 주로 형광염료가 사용된다. → 오수받이에 염료 주입 후 우수관거에서 점검
  - 조사구역 내 포괄적인 조사 불가
3) 음향시험 : 발신기에 의해 음을 생성시켜 측정지점에서의 수신정도를 분석한다.
  - 특히 접합관의 접합여부 검사에 유효하게 활용된다.
  - 조사구역내 포괄적인 조사 불가

3. 상세 조사

- 관거 잔존 내용년수 파악이 곤란한 경우, 조사원이 내부에 진입하여 조사
1) 열화도조사
  - 슈미트해머 시험 : 콘크리트 강도조사
  - 페놀프탈레인 측정 : 중성화의 깊이
  - 분극저항법 및 자연전위법 : 철근 부식도 조사
2) 수질조사
  - pH　　　 : 부식 유발
  - H_2S gas : 관정부식

Ⅴ. 개·보수 우선순위의 결정

1. 관거정밀 조사자료를 근거로 개·보수 판단기준의 점수에 따라 기존관거 개보수정비 대상 구간순위를 결정한다.

2. 개·보수 판단기준

 1) 침입수, 누수, 토사 및 침전물 퇴적 등의 정도를 등급화

    A등급 : 긴급한 개보수를 필요로 하는 관거

    B등급 : 2~5년 기간 내 관거 개보수를 필요로 하는 관거

    C등급 : 당장 개보수의 필요는 없지만 곧 그 필요가 있을 것으로 판단되는 관거

 2) 판단기준 점수산정의 예)

 - 이음부 어긋남 점수 : 1/2 이상(20점), 1/2~1/4(15점), 1/4 미만(5점)

Ⅵ. 정비규모 산정

1. 정비규모의 판단 : 개수(改修)할 것인지 보수(補修)할 것인지 회복여부 검토

 ⇒ 개수(교체)는 손상된 부위를 초기수준으로 성능개선, 보수는 손상된 부위를 복구하는 것.

2. 보수공법의 선정 : 전체보수할 것인지 부분보수할 것인지 경제성 등을 평가하여 결정

Ⅶ. 사업집행계획 수립 및 공사시행

Ⅷ. 성과보증

하수관거의 분류식화 사업의 I/I분석의 문제점 및 성과보증방법

Ⅰ. I/I분석의 문제점

- 기존 I/I분석에 의한 성과보증지표는 유량계의 정확도, I/I 산정방법의 다양성, I/I 산정을 위한 기초자료의 불확실성으로 인해 향후 참고자료 및 유지관리 차원 정도로 사용될 것으로 예상된다.

유량계의 유량측정 정확도 문제	· 야간최저유량시 수위가 센서보다 낮은 경우 측정오차 발생 · 측정지점의 유속이 느릴 경우 퇴적물 및 협잡물이 끼어서 오차 발생 · 유량계가 침수될 경우 습도의 영향으로 오차 발생 · 센서와 관거바닥의 밀착불량, 센서 케이블에 협잡물이 끼어서 오차 발생
I/I 산정방법의 다양성	· I/I 산정방법에 따라 결과값이 차이가 크다.
기초자료의 불확실성	· I/I 산정을 위한 기초자료의 불확실성

Ⅱ. QA/QC 성과보증 대안

- QA (Quality Assurance, 품질보증) : 제품의 품질수준이 일정수준에 있음을 보증하는 것
- QC (Quality Control, 품질제어) : 기본적인 품질의 제품불량율을 줄일 수 있도록 관리하는 것

구분		세부구분		검사기간	검사방법	검사구간
침입수	본관	부분보수 ·정상판정 구간	지하수위 높은구간	7~8월 (우기시)	CCTV조사	연장의 20%
			지하수위 낮은구간	연중	부분수밀검사+CCTV조사	연장의 5%
		신설관로 전체보수, 전체교체		〃	수밀검사 + CCTV조사	〃
	배수설비	전체		〃	육안+소구경CCTV조사	수량의 5%
유입수	본관	맨홀부		〃	육안 + 연기	연장의 5%맨홀
		본관오접		〃	연기검사	연장의 5%
	배수설비	오수받이 뚜껑부		〃	육안검사	수량의 5%
		배수설비 오접		〃	연기검사	

1. QA/QC(품질관리)에 의한 성과보증은 수밀검사, 육안검사, 연기검사, CCTV 검사 등에 의해 관거상태를 보증하기 때문에 I/I분석에 의한 성과보증보다는 더 합리적인 방안이다.

2. 수밀검사는 환경부에서 제시하는 허용누수량 기준을 만족해야 함.
  ⇒ 수밀검사는 침입수험(양수조사) 및 침출시험(누수시험, 공기압시험, 연결부시험, 압송관의 수압시험)이 있음

3. CCTV조사는 침입수의 연속 유입개소가 없어야 하며, 불연속 유입개소는 맨홀 대 맨홀 기준으로 3개 이하이어야 한다.

4. 관로정비 등급기준을 만족해야 한다.

하수관거 검사

Ⅰ. 개요
- 우수관거는 경사시험을 실시하고, 수밀검사 보조방법(CCTV조사, 육안조사)을 활용하여 수밀성과 오접여부를 판단할 수 있다.

Ⅱ. 하수관거 검사의 종류

1. 경사검사
1) 우수관은 경사검사를 실시하고 수밀검사 보조방법(CCTV조사, 육안조사)을 활용하여 수밀성과 오접유무를 파악할 수 있다.
2) 종횡방향의 시공의 적정성을 판단
3) 경사 및 측선의 변동을 조사

2. 수밀검사
1) 오수관거 및 합류관거(차집관거 포함)에 대하여 시행
2) 관거의 수밀성을 판단 (침입시험과 침출시험이 있다.)
- 침입시험 : 관거 외부에서 관거 내로 침입하는 침입량 측정
  ⇒ 침입수시험(양수시험) : 지하수위 0.5m 이상인 지역
- 침출시험 : 관거 내에서 관거 외부로 침출하는 침출량 측정
  ⇒ 누수시험, 공기압시험, 연결부(팩커)시험, 압송관의 수압시험

3. 관거연결 및 내부검사
1) 관거 내부상황 판독
2) 시공중이거나 시공후 관거의 연결 및 내부의 부실정도와 부실위치를 파악함.
3) 종류 : 육안조사, CCTV조사

4. 오접 및 I/I 경로조사
1) 관거의 오접위치, 유입수·침입수 유입위치 등을 파악
2) 종류 : 연기시험(연막시험), 염료조사, 음향조사

하수관거의 수밀시험

Ⅰ. 개요

1. 수밀검사는 오수관거, 합류관거(차집관거 포함)에 대하여 시행하며, 외부에서 관거 내로 침입하는 침입수량을 측정하는 침입시험(infiltration test)과 관거 내에서 관거 외로 침출되는 침출량을 시험하는 침출시험(exfiltration test)으로 구분된다.

2. 침입시험은 침입수시험(양수시험)이 있으며, 침출시험에는 누수시험, 공기압시험, 연결부시험, 압송관의 수압시험으로 나누어진다.

3. 시험방법은 지하수위과 매설관거를 고려하여야 하며 감독관의 지시에 따른다.

4. 지하수위(상하류 맨홀에서 측정한 평균수위)가 관 상단으로부터 0.5m 미만인 경우에는 침출시험을 수행하며, 지하수위가 0.5m 이상인 지역에서는 지하수위 저하 등의 조치에도 불구하고 지하수위가 저하되지 않아 침출시험이 불가한 경우에 한하여 침입시험을 수행한다.

5. 연결부(packer) 또는 이음부시험은 연결부 또는 부분보수와 같은 일부분의 수밀검사시 적용한다.

6. 압송관에는 압송관 수압시험을 적용한다.

Ⅱ. 검사시기, 검사방법, 검사구간, 검사물량

1. 관거검사의 검사시기, 검사방법, 검사구간, 검사물량 등은 현장여건 등을 고려하여야 하며, 공사감독자의 지시에 따라 실시하여야 한다.

2. 우수관은 경사검사를 실시하고 수밀검사 보조방법(육안조사, CCTV조사, 연기·염료·음향 등)을 활용하여 수밀성과 오접 유무를 파악할 수 있다.

검사시기	· 수밀검사는 관거를 부설한 후 되메우기 전에 실시함을 원칙으로 한다. 다만 현장여건, 인허가, 민원발생 등으로 실시가 곤란한 경우에는 감독관의 확인을 득한 후 일정 되메우기 후에 실시한다. 포장지역의 경우 본복구(포장) 전에 실시한다.
검사방법	· 세부규정에 따르며, 허용기준을 만족하여야 한다.
검사구간	· 맨홀과 맨홀구간을 원칙으로 하며, 품질관리를 위해 필요하다고 판단되는 경우 맨홀 단독 또는 맨홀을 포함하여 실시하거나 특정이음부에 대하여 실시한다.
검사물량	· 관거검사는 관거 전체를 대상으로 실시한다.

Ⅲ. 수밀시험 방법

1. 침입수시험

- 지하수위가 관거 보다 상부에 있고, 현재 침입수가 있는 경우에 유효한 방법이다
- 강우직후는 피하는 것이 바람직하다.

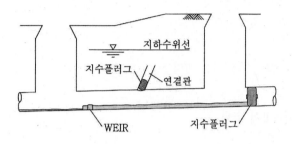

2. 누수시험

- 지하수위가 관거의 하부에 있는 경우에 유효하며 물로 가득찬 관거에서 누수량을 일정시간동안 측정하는 방법이다. 되도록 맨홀과 본관을 동시에 시험하여 맨홀의 수밀성도 조사하는 것이 좋다.

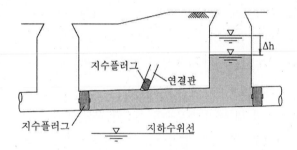

3. 공기압시험

- 맨홀 및 본관에 물을 주입하는 대신 저압공기(0.2~0.4kg/㎠)를 관거내에 불어넣는 것으로 일정압을 유지시키면서 관거의 기밀성을 조사한다.

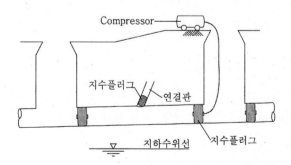

하수관거 정비사업 수행절차

1. 관거의 기초자료 조사 및 분석
 1) 사업대상구역의 하수도 실태조사
 2) 처리구역내 배수설비 현황조사
 3) 침입수/유입수(I/I) 분석 및 누수량 조사
 4) 기존 하수관거의 현황 및 문제점 파악

2. 하수관거정비의 기본방침 수립
 1) 하수배제방식의 결정
 2) 관거개량 및 정비방식의 결정
 3) 초기강우 관리방안 강구

3. 사업시행 우선순위 평가 (개보수의 판단기준)
 1) 관거정밀 조사자료를 근거로 개·보수 판단기준 점수표에 따라 기존관거 개·보수정비 대상
    구간 순위를 결정한다.
 2) 침입수, 누수, 토사 및 침전물 퇴적 등의 정도를 등급화

   ┌─ A등급 : 긴급한 개보수를 필요로 하는 관거
   ├─ B등급 : 2~5년 기간 내 관거 개보수를 필요로 하는 관거
   └─ C등급 : 당장 개보수의 필요는 없지만 곧 그 필요가 있을 것으로 판단되는 관거

4. 정비지역의 선정 (정비규모 판단 및 개보수공법 선정)
 1) 정비규모의 판단
  - 보수공사로 회복 불가시 굴착 또는 비굴착 교체
  - 보수공사로 회복 가능시 보수공법 선정
 2) 보수공법의 선정
  - 부분보수와 전체보수의 경제성 검토

5. 재정계획 수립 : 단계별 사업비 투자계획, 재원 확보 방안
6. 공사 발주 및 시행
7. 사업효과의 분석(성과보증)

하수관거 정비방향

I. 개요

1. 관거정비의 우선순위는 단순히 관거 이상 개소수만 고려할 경우 관거정비의 시공성, 관거의 중요도 등이 간과되어 사업효과 측면에서 불합리한 결과를 도출할 우려가 있으므로, 관거 내부조사를 통한 관거의 결함점수를 우선순위 조정계수로 보정하여 점수화한 결과를 근거로 결정한다.

2. 따라서, 관거내부의 결함(구조적 결함과 기능적 결함)을 토대로 개·보수의 긴급성에 따라 A등급, B등급, C등급 등 3개의 등급으로 구분하여 적용함이 합리적이다.

II. 관거 정비방향

1. 통수능 부족관거

1) 선정원칙

⇒ 우·오수관 모두 전체개량이 원칙

- 통수능 부족시 침수, SSOs 발생으로 방류수역, 지하수 및 토양오염 등 심각한 문제를 발생시킬 수 있으므로 우선정비

2) 선정기준

- 목표년도 계획시간최대오수량(오수관·차집관) 및 계획우수량(우수관거)에 대하여 통수능 부족관거

3) 정비방향

- 비굴착식 : 조도계수 향상
- 굴 착 식 : 관경확대(전체교체), 병용관거 부설, 경사 조정, 유로변경

2. 최소유속 미달관거

1) 선정원칙

⇒ 오수관거는 최소유속 0.6m/s 미만 관거 전체교체, 우수관거는 사업범위에서 제외
　(지나치게 많은 관거가 포함되므로)

- 입찰안내서 기준 0.6m/s 미만 관거

2) 선정기준

- 오수관거 및 차집관거

① 목표년도 계획시간최대오수량 기준으로 최소유속 0.6m/s 미만인 관거는 정비

② 유예기준 : 0.45m/s 이상의 지선관거 및 0.45m/s 미만으로 현장여건상 정비가 불가능한 경우

- 우수관거 : 최소유속 0.8m/s 미만은 정비대상에 포함하지 않는다.
  토사퇴적 우려시 유지관리대상 관거로 선정

3) 정비방향
- 비굴착식 : 조도계수 향상, 관경축소(관경내부 두껍게 lining)
- 굴착식 : 관경축소(전체교체), 경사 조정

3. 역경사관거

1) 선정원칙
  ⇒ 오수관거는 원칙적으로 모두 정비, 우수관거는 정비가 시급한 A등급에 한함, 연결관이 돌출
     된 경우, 연성관인 경우 B등급까지 정비
- 시공상의 허용오차인 ±3cm를 초과하는 관거는 정비

2) 선정기준
- 시공상의 허용오차인 ±3cm를 초과하는 관거
- 정비대상 유예기준
  ① 유속 확보 : 상류측기준 0.6m/s 이상의 최소유속 확보
  ② 통수능 확보 : 고형물 퇴적으로 인해 축소된 단면으로 통수능 확보

3) 정비방향
- 굴착식 : 경사 조정

4. 내부이상관거

1) 선정원칙 : 불량비 ($= \dfrac{\text{맨홀간 불량 개소수}}{\text{맨홀간 연장}}$)

2) 선정기준
  - 불량비 0.2 이상이면 전체보수, 불량비 0.2 이하이면 부분보수

V. 하수관거 개·보수 판정기준

1. 관거정비 우선순위 결정을 위한 판단기준
- 관거내부의 결함(구조적 결함과 기능적 결함)을 토대로 개·보수의 긴급성에 따라 A등급,
  B등급, C등급 등 3개의 등급으로 구분하여 적용함이 합리적이다.
  ① A등급 : 긴급한 개보수를 필요로 하는 관거
  ② B등급 : 2~5년 기간 내 관거 개보수를 필요로 하는 관거
  ③ C등급 : 당장 개보수의 필요는 없지만 곧 그 필요가 있을 것으로 판단되는 관거

2. 관거 개보수 규모결정을 위한 판단기준
 - 통수능 불량관거, 최소유속 미달관거, 역경사관거
   관거 내부이상 관거(= I/I 유입관거) 등으로 구분

Ⅵ. 유지관리대상관거 선정 및 시설개선방안

1. 유지관리 대상관거 선정
 1) 유입량 부족 초기관거
 2) 역경사역차단 관거
 3) 경사조정 불가관거 : 경사조건에 따른 개량이 하류관거까지 미치는 관거
2. 유지관리 및 시설개선 방안
 1) 관거 자가 세정법
   - 하류맨홀을 막아서 물을 일시적으로 내려 보내는 방법
   - 우수관의 연결을 기점부 맨홀쪽으로 연결하는 방법
 2) 중점유지관리 대상관거 관리
   - 처리구역을 분할하여 중점관리구역으로 지정하여 순회점검
   - 관거 내부조사 결과에 따라 주기적으로 준설 시행
   - Punch valve를 이용하여 관거세정 편의성 도모(맨홀 출입 불필요)

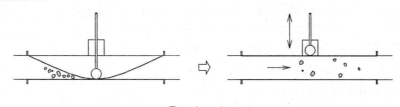

<Punch valve>

하수관거 개·보수 공법 선정

Ⅰ. 공법의 선정

1. 관로조사 후 조사결과에 따라 보수범위가 산출되며, 이를 통해 공법 선정이 이루어지게
   된다.

2. 관거 개·보수를 위한 사업흐름도
 1) 합류식·분류식 지역에 대한 기초자료조사 : 긴급성, 사용성, 사회경제성 평가
    기초조사자료를 바탕으로 수리계산
  - 수리계산시 통수능 부족관거, 최소유속 미달관거로 판정시 개량방안 선정
  - 수리계산시 문제가 없는 경우 관거정밀조사

 2) 관거정밀조사우선지역 선정
  - 합류식 : 기초자료조사 근거로 1차우선지역 선정후, 불명수량 산정으로 최종조사 우선
            지역 선정
  - 분류식 : 오접과 관거수밀성에 중점을 두어 1차우선지역 선정 후 최종조사우선지역 선정

 3) 관거 정밀조사
  - 육안조사, CCTV조사, 연기시험, 염료시험, 음향시험, 열화도조사, 수질조사 등

 4) 개·보수 판단기준(=개·보수 우선순위의 결정)
  - 관거정밀 조사자료를 근거로 개·보수 판단기준 점수표에 따라 기존관거 개·보수정비 대
    상구간 순위를 결정한다.
  - 침입수, 누수, 토사 및 침전물 퇴적 등의 정도를 등급화

     ┌─ A등급 : 긴급한 개보수를 필요로 하는 관거
     ├─ B등급 : 2~5년 기간 내 관거 개보수를 필요로 하는 관거
     └─ C등급 : 당장 개보수의 필요는 없지만 곧 그 필요가 있을 것으로 판단되는 관거

 5) 정비규모 산정(=공사범위의 설정 + 개보수공법의 선정)
  - 정비규모의 판단 : 보수공사로 회복 불가시 굴착 또는 비굴착 교체
                    보수공사로 회복 가능시 보수공법 선정
  - 보수공법의 선정 : 부분보수와 전체보수의 경제성 검토
 6) 사업집행계획의 수립
 7) 공사시행 및 효과분석

II. 하수관거의 개·보수공법의 분류

- 전체보수·보강 : 신관삽입공법(PIP), 보강튜브공법, 제관공법(strip lining)
- 부분보수   : 지수제 충진공법, 보강링공법, 보강튜브공법
- 완전교체   : 추진공법 및 터널공법, 개착공법

1. 비굴착 전체보수·보강공법

1) 반전삽입(SGT, SETech, A-HLS, Hose lining 등)
 - 수압-공기압으로 보강튜브를 연속 반전 압착 후, 온수열 또는 증기열로 경화

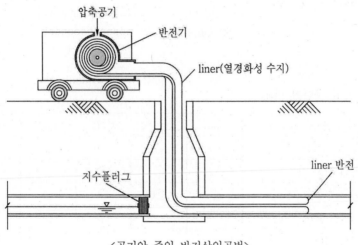

압축공기
반전기
liner(열경화성 수지)
liner 반전
지수플러그

〈공기압 주입 반전삽입공법〉

2) 견인삽입(HAT 등)
 - 보강튜브를 윈치로 견인삽입 후 공기압 압착, 열 경화

3) 제관공법(Strip lining, SPR 등)
 - PVC재질의 스트립을 기존관 내부에 밀착후 고강도 몰탈 등 봉합재를 나선형으로 제관(충진)
 - 특징 : 800㎜ 이상, 내식성, 내구성, 조도계수 향상

4) 신관삽입공법(EX공법, Pipe rebirth 등)
 - 윈치로 신관삽입 후 신관 및 외관 사이에 몰탈 충진
 - 특징 : 600㎜ 미만, 내진성, 내식성, 내구성, 조도계수 향상

2. 비굴착 부분보수

1) 종류 및 특징

- 지수제 충진공법(kate) : 로봇에 의해 관로 파손부위 표면연마 후 에폭시지수제 충진
- 보강링공법(snap lock) : 관로파손부위 수팽창 슬리브 부착 링으로 보강
- 보강튜브경화공법 : CPL(보강라이닝공법, 국내실적 최다), MSRS
- Sealing공법 : 패킹 후 균열부를 지수제 고압충진

2) 부분보수공법 선정흐름

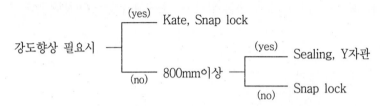

3) 부분보수공법 장단점 비교

구 분		Kate	Snap lock	CPL	MSRS	Sealing
장점	· 강도증가	○	○	○		
	· 유하능력 저하 없음	○	○	○	○	
	· 시공시 하수통수 가능		○	○	○	○
	· 작업기간이 짧다.			○	○	
	· 국내실적 최다.			○		
	· 미세균열까지 충진					○
단점	· 작업기간이 길다.	○				
	· 이음부 20㎝ 이상 단차시 보수불가, 연결관 보수불가		○			
	· 수압에 의해 탈리 우려			○	○	
	· 토사에 의한 마모에 약하다.					○

3. 완전교체

1) 기존관 치환식 추진공법(RPS공법, 3RP공법)
 - 파이프 분쇄 및 교체
2) 터널공법 (NATM, TBM, 쉬일드공법 등)
 - 터널링을 이용한 교체 : 마이크로터널링 추진장치를 이용
3) 개착공법(Open cut)

관정 부식

I. 부식 메커니즘

1. 1단계 (황화수소 생성단계)

 - 황환원세균은 혐기상태에서 황산염(SO_4^{2-})을 환원시켜 황화수소(H_2S)를 발생시킨다.

$$\Rightarrow \quad SO_4^{2-} \xrightarrow[\text{Desulfovibrio}]{\text{황환원세균}} S^{2-} \qquad \Rightarrow \quad S^{2-} + 2H^+ \rightarrow H_2S$$

2. 2단계 (황산 생성단계)

 - (유)황산화세균은 황화수소를 산화시켜 황산(H_2SO_4)을 생성한다.

$$\Rightarrow \quad H_2S + 2O_2 \xrightarrow[\text{Thiobacillus}]{\text{황산화세균}} H_2SO_4$$

3. 3단계 (부식 발생단계)

 - 황산에 의해 pH가 1~2로 저하되면 황산이 콘크리트수화물(수산화칼슘 등)과 반응하여 결합황산염(황산칼슘 등)을 생성하면서 팽창, 균열, 박리 등의 부식이 발생한다.

$$\Rightarrow \quad H_2SO_4 + CaCO_3 \rightarrow Ca^{2+} + SO_4^{2-} + CO_3^{2-} + 2H^+$$

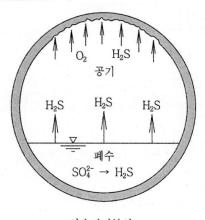

〈하수관거부식〉

II. 황화수소의 발생여건

 - 하수관의 낮은구배, 낮은 유속
 - 긴 이송시간
 - 환기량 부족
 - 높은 수온
 - 높은 BOD 및 황산염 농도

Ⅲ. 대책

1. 공기 또는 산소 공급 … 하수관거내 혐기화 방지
 - 오수펌프 토출지점에 공기주입
 - DO 1mg/L 및 ORP -100mV 이상이면 황화수소 생성 억제

2. 약품주입, pH 조절
 - 염화제이철, 초산화수소, 과산화수소, 염소, 초산염 등

3. 시설의 방식
 - 콘크리트 내면에 합성수지 등으로 라이닝(또는 코팅)하거나 콘크리트관거 대신 내식성
   재질을 사용한다.

4. 환기 : 황화수소의 희석
 - 환기구 규격 300mm, 설치간격 1km

5. 고형물 퇴적방지를 위한 맨홀 내 인버터 설치 등 구조물 보강

6. 관내 청소 및 준설
 - 관내 퇴적물 준설

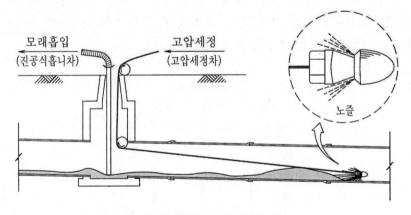

〈기계에 의한 청소작업〉

⇒ 압송관거는 크리닝시스템(cleaning system) 적용

하수도 압송관거 클리닝시스템(Pigging system)

Ⅰ. 개요
- 하수도 압송관거 크리닝 시스템은 피그(pig)라고 하는 발포수지제의 포탄형 청소기구를 펌프장의 펌프압력을 이용하여 관내 주행시켜서 관내퇴적물 슬라임, 가스, 공기를 배출시키는 세관 시스템으로, 상수도 분야의 적수(탁수) 대책에 이용 되었는데, 하수 압송관로에 적용사례가 증가하고 있다.

Ⅱ. 시스템 구성 기기
- 펌프장 내에 설치하는 피그 발사 장치, 관거 도중에 설치하는 피그 통과 확인 장치 등으로 이루어지고 발사장치의 밸브조작만으로 세관작업이 가능하다.

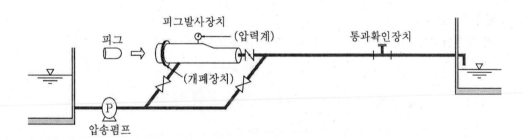

<하수도 압송관거 크리닝 시스템 개요도>

Ⅲ. 특징
- 피그의 발사는 발사장치의 밸브조작에 의해 간편하게 이루어지기 때문에 통수한 채로 크리닝할 수 있다.
- 피그 수류와 함께 관내를 주행하기 때문에 장거리 관거를 한번에 크리닝이 가능하다.
- 크리닝에 의해 공기, 가스, 퇴적물을 배출하기 때문에 공기밸브나 배니시설의 설치 수를 감소할 수 있다.
- 피그 발사 및 주행에는 하수압송펌프를 이용하기 때문에 별도 동력원을 준비할 필요가 없다.
- 펌프운전과 밸브 조작이 주요작업이며 시스템조작에 특히 어려운 기술을 필요로 하지않는다.
- 상용구경은 50 ~ 600mm 덕타일 주철관이다.

압력식·진공식 하수도

Ⅰ. 개요

1. 하수관거시스템은 수집시스템과 수송시스템으로 분류
2. 수집시스템은 발생원에서 하수도로 직접 받아들이기 위해 설치하는 관거
3. 수송시스템은 수집에 의해 모아진 하수도를 처리시설까지 운송하는 관거 또는 펌프장
   수송시스템은 자연유하식에서 압송식으로 수송하기 위한 중계펌프장을 설치할 때 사용

Ⅱ. 압력관거 수송시스템

1. 대상시설
 - 수송거리가 길고, 매설심도가 깊은 경우

2. 종류

1) 단일압송방식
 - 각 펌프장에서 처리장까지 개별적으로 보내는 방식

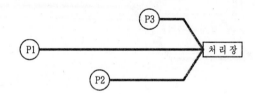

2) 다중압송방식
 - 메인 압송관거에 펌프압송으로 도중 유입시키는 방식

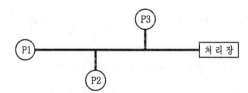

3) 다단압송방식
 - 각 펌프장 경유하여 단계적으로 압송하는 방식

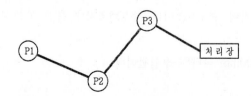

4) 압송·자연유하 병용방식

 - 도중까지 압송하고 그 후에는 자연유하로 보내는 방식

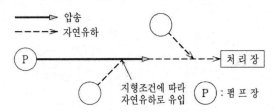

Ⅲ. 압력관거 수집시스템

1. 압력식 하수도

 - GP유닛으로 가정하수 내 협잡물을 파쇄한 후 가정의 오수저장탱크에서 펌프자동운전에
   의해 처리장 또는 자연유하관까지 압송하는 방식

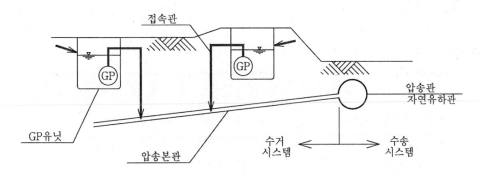

<압력식 하수도 수집 시스템>

1) GP system : GP 유닛(그라인드펌프 포함), 압송관거로 구성
 - 배출오수 내 고형물을 수중펌프 파쇄기로 제거하는 방식
 - 배출오수는 저수탱크 내 수위계 작동에 따라 시간당 최대 10회(2~3분씩) 배출한다.
 - 1시간최대오수량은 실측치를 사용하거나 GIFFT식 적용

$$\frac{Q_{max}}{Q_{ave}} = \frac{5}{P^{1/6}} \quad (\text{GIFFT식})$$

여기서, Q_{max} : 시간 최대 오수량

  Q_{ave} : 1인 하루 평균 생활 오수량

  P : GP 유닛에 접속하는 인구(천명)

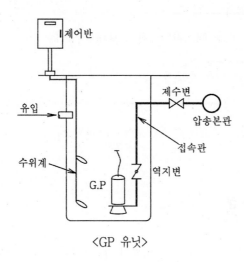

<GP 유닛>

2) STEP system

- 배출오수 내 고형물을 부패조에 의해 제거한 후, 유출수를 파쇄기 미부착 펌프에 의해 압송하는 방식

3) 장단점

장 점	단 점
· 구경을 작게 할 수 있다.	· 공기밸브·이토밸브 설치
· 내부부식이 없다.	· 곡관이음부 보호공 설치
· 매설심도가 낮다.	· 연결방식을 정해야 한다.
· 불명수 유입이 없다.	· 정전대책이 필요하다.

⇒ GP펌프의 양정이 높아 진공식보다 굴곡이 큰 장소에 적용이 가능

2. 진공식 하수도 : 진공밸브유닛, 중계펌프장(진공발생장치 포함), 진공관거로 구성

1) 처리원리

- 중계펌프장에서 진공펌프로 진공을 발생시켜 진공관으로 오수와 공기를 흡입하여 수집하는 방식이다.

2) 구성

┌─ 진공밸브유닛   : 오수와 공기를 일정비율로 흡입
├─ 진공(하수)관거 : 진공본관과 접속관(PE 또는 PVC를 표준으로 한다.)
└─ 중계펌프장   : 진공 발생, 배출오수를 흡입하여 배수

(1) 진공밸브유닛

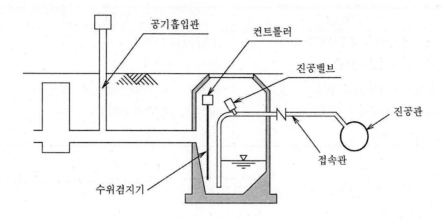

(2) 진공관거 및 중계펌프장

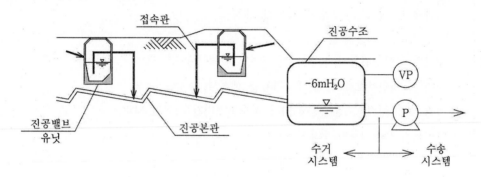

(3) 진공본관

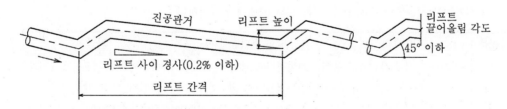

⇒ 진공본관는 일정한 내리막 경사와 리프트(lift)라 불리는 오르막경사의 반복에 의한 톱날상의
   종단현상으로 부설한다. (리프트 끌어올림의 각은 45° 이하, 리프트 경사는 0.2% 이상)

3) 장단점

장 점	단 점
· 관 파손에 의한 누수우려가 없다.	· 압력식보다 비싸다.
· 전력을 중계펌프장에만 공급	· 진공펌프 설치비 소요
· 불명수 유입이 거의 없다.	· 실양정이 4m 이상인 경우 추가장치필요
· 내부부식의 우려가 적다.	· 일반관리자의 초기교육 필요
· 최소유속 확보	· 적용실적이 적음

3. 압력관거 수집시스템(압력식과 진공식)의 검토 조건

┬ 급격한 인구증가로 관거 통수능이 부족한 곳
├ 초기투자를 피하고 단계적인 건설계획이 수립된 곳
├ 지하매설물이 많고, 운송거리가 긴 경우
├ 인구밀도가 낮은 지역
├ 계절별로 인구변동이 심한 지역(리조트 지역 등)
├ 경관 및 자연보호를 위해 대구경관을 매설할 수 없는 지역
├ 지형 및 지리적, 토질특성에 따라 하수도정비가 지연된 지역
└ 하수도의 조기계통이 필요한 지역

Ⅵ. 오수이송방법 비교

⇒ 압력식의 경우 GP펌프의 양정이 높아 진공식보다 굴곡이 큰 지역에 적용가능하고, 진공식은 흡입가능한 진공도를 유지할 수 있는 평탄한 지형에 적합하다.

구분	자연유하식	압력식(다중압송)	진공식
장 점	· 기기류가 적어 유지관리 용이 · 신규개발지역 오수유입 용이 · 유량변동에 따른 대응 가능 · 기술수준의 제한이 없음	· 지형변화에 대응 용이 · 공사점용면적 최소화 가능 · 공사기간 및 민원의 최소화 · 최소유속 확보	· 다수의 중계펌프장을 1개의 진공펌프장으로 축소가능 · 최소유속 확보
단 점	· 평탄지는 매설심도가 깊어짐 · 지장물에 대한 대응 곤란 · 최소유속 확보의 어려움	· 많은 경우 시설 복잡 · 지속적인 유지관리 필요 · 정전 등 비상대책 필요	· 실양정이 4m 이상인 경우 추가적인 장치가 필요함 · 국내 사용실적이 다른 시스템에 비해 적음 · 일반관리자의 초기교육이 필요

하수관로 유량 및 수질조사

I. 조사지점 선정

1. 대상지역의 블록 구분
 - 지선관거를 중심으로 1차 가지형 블록
 - 간선관거, 차집관거를 중심으로 2, 3차 가지형 블록 설정
2. 유량계 설치지점 선정시 고려사항
 - 각 가지형 블록마다 최하류 부분에 유량계 설치
 - 주요관거 합류점, 주요 우수토실, 토구
 - 하수처리장 및 중계펌프장 유입부

II. 유량 조사

1. 유량 측정 방식
 - 유속은 초음파식, 전자식, 레이더식 등으로 측정
 - 수위는 담금식 압력변환장치 등으로 측정
 - 연속방정식($\dfrac{dQ}{dL} + \dfrac{dA}{dt} = 0$)에 적용
2. 유량 data의 활용
 - I/I 산정, 원단위 산정

III. 수질조사

1. 시료채수 및 분석항목

구 분	조사항목 및 방법
I/I 산정	BOD_5, COD_{Cr}, COD_{MN}, SS, T-N, T-P (12회/일, 2시간 간격)
CSOs	BOD_5, CODCr, SS, T-N, T-P (12회/일) CODMN, 중금속, 대장균 (4회/일) 간격(12회) : 15분 4회 + 30분 4회 + 1시간 2회 + 2시간 2회 간격 (4회) : 15분 3회 + 3시간 1회

2. 시료채수시 유의사항
 - 야간 최저유량시에는 교란 우려가 있으므로 조금씩 여러 번에 걸쳐 시료 채수
3. 수질 Data의 활용
 - 오염물 발생특성
 - EMC(유량가중평균농도)를 활용하여 NI법(수치적분법)으로 원단위 산정

상하수도용 유량계측장치

1. Weir 식

1) 원리 및 종류

- 수로의 중간 또는 유출부에 월류웨어를 설치하여 weir 월류 수심으로부터 유량을 측정하는 방법으로서 삼각위어, 사각위어, 전폭위어 등이 있다.

2) 특징

- 구조가 간단하고 가격이 저렴하며, 유량측정의 범위가 넓어서 대유량까지 측정가능하다. 반면에 수두손실이 비교적 크고 상류부에 침전물이 퇴적할 우려가 있다.

2. 차압식

1) 원리 및 종류

- 관수로내에 단면축소 기구를 삽입하고 흐름에 저항을 주어서 상류측과 하류측에 발생하는 수압차에 의하여 유량을 측정하는 방법으로 Orifice, Nozzle, Venturi 관, 플륨관 등을 많이 사용한다.

2) 특징

⑴ Orifice

- 관로의 동심의 Orifice판을 관내에 설치한 것으로 형상 및 구조가 간단하며 Venturi 관, Nozzle보다 가격이 저렴하다.
- 그러나, Orifice가 마모되기 쉽고 유량 측정의 오차가 많으며 압력손실이 많고 침전물이 퇴적하기 쉽다. (직선부 상류 10~80D, 하류 5D 필요)

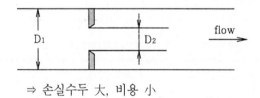

⇒ 손실수두 大, 비용 小

(2) Flow nozzle
 - 오리피스와 동일한 구조이나 상류측을 원호상으로 개방하여 유입저항을 줄인것으로서
   내구성이 크고 고점도 유체에 적합하며, Venturi 관보다 싸고, Orifice보다 압력손실
   이 적다. 반면에 Orifice 보다 고가이고 압력손실은 Venturi 관보다 크다.

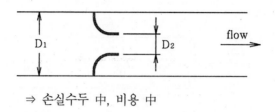

⇒ 손실수두 中, 비용 中

(3) Venturi 관
 - 유체가 자연히 축소되고 자연히 팽창되도록 하여 유체에 무리가 없으며 압력손실은
   Orifice, Nozzle에 비해 적으며 침전물이 퇴적의 염려가 없다. 반면에 제작비가 고가
   이고 구조가 커서 설치장소가 넓어야 한다. (직선부 상류 10D, 하류 5D 필요)

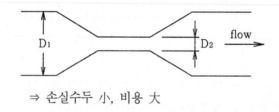

⇒ 손실수두 小, 비용 大

3. 플륨식

1) 원리 및 종류
 - 개수로 도중에 단면 축소부를 설치하여 축소부의 수심으로부터 유량을 측정하는 방법
   으로 파샬플륨(사각수로), 퍼마보러스(PB ; perma bowlus) 플륨(원형관) 등이 있다.
 ⇒ 단면차이로 인한 압력차이를 측정하여 유량으로 환산하는 차압식 유량계

2) 특징
 - 수두손실이 적고 부유침전물의 퇴적이 일어나지 않으므로 부유물이나 침전물이 많은
   경우에 적합하며 대유량 측정도 가능하다.
 - 작은 하천이나 개수로의 유량측정 (예 : 하수처리장 방류구)

4. 초음파식

1) 원리 및 종류

- 전달시간차 방식과 도플러 방식 등이 있다.

⑴ 전달시간차 방식

- 유체에 초음파 pulse를 투사하는 경우, 흐름방향에 음파가 진행할 때와 역류방향으로 음파가 진행할 때의 도달시간에 차이가 생긴다. 이 차이를 측정하여 유량을 계산한다.

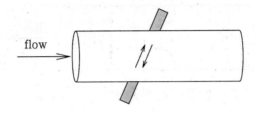

⑵ 도플러(Doppler) 방식

- 한 개의 센서를 사용하여 초음파를 발사하고 흐르는 유체에 포함된 입자에 반사되는 초음파 신호를 수집하여 초음파가 발사된 경로상의 유속분포를 예측하여 유량을 계산한다.

2) 특징

- 수온, 수질, 관내벽의 부착물 등의 변화에 영향을 받지 않는다.
- 수두손실이 없고 측관 또는 밸브 등의 설치가 불필요하다.
- 직관부는 상류측 10D, 하류측 5D가 필요하다.
- 소구경에서는 고가이다.

5. 전자식

1) 원리 및 종류

- 자장중에 유체를 통과시킬 때 유속에 비례하여 기전력이 발생하는 것을 이용하여 유량을 측정하는 방법으로 상수도에서 만관용과 하수도에서 잠수형식의 만관/비만관 겸용 유량계가 있다.

2) 특징
- 고형물이 포함된 액체나 고점도 유체에도 사용가능
- 직관부는 상류측 5~10D 정도가 필요하다.

6. 기계식

1) 원리 및 종류
- 유체의 흐름에 따라 관로의 본체에 설치된 propeller, 터어빈 등이 회전함으로 회전수
  에의하여 유량을 측정하는 방식으로 터어빈식과 질량식이 있다.

2) 특징
- 유량계측의 폭이 넓으며 유체의 물리적 조건(압력, 온도, 점도, 밀도)의 변화에 민감하
  지 않으나 고형물질이 많은 고체에는 부적합하다.

차압식 유량계

Ⅰ. 측정원리 및 종류

1. 측정원리

- 점차 축소 점차 확대되는 부분과 목(throat)부를 갖는 관을 관로내 설치한 후
- 유체가 throat부를 통과할 때, 압력수두의 일부가 속도수두로 변하는 원리를 이용하여 그 차압을 측정한다.

2. 종류

- 차압식 유량계에는 Orifice, 노즐, 벤투리관 등이 있다.

Ⅱ. Venturi관의 특징

- 노즐이나 Orifice에 비해 압력손실이 적고 유량계수는 1에 가깝다.
- 직관부는 상류측 10D, 하류측 5D가 필요하다.
- 제작비가 고가이고, 설치장소가 넓어서 설치가 어렵다.
- 정밀성, 내마모성, 내구성을 갖추고 있어서 주로 공업용으로 사용한다.

Ⅲ. 공식 유도

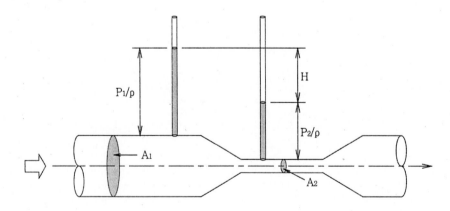

1. 베르누이 방정식 : $\dfrac{P_1}{\rho} + \dfrac{v_1^2}{2g} + z_1 = \dfrac{P_2}{\rho} + \dfrac{v_2^2}{2g} + z_2$ ← $z_1 = z_2$

2. 연속방정식 : $A_1 V_1 = A_2 V_2$

3. 1, 2번식에서 $V_2 = \dfrac{1}{\sqrt{1-(d_2/d_1)^4}} \sqrt{2gh}$ 　　　$\leftarrow h = \dfrac{1}{\rho}(P_1 - P_2)$

4. $Q = CA_2 V_2$

⇒ 유량계수(C ; 실제유량/이론적 유량)는 벤츄리관 및 노즐은 0.9~0.99 정도
이나 오리피스는 대략 0.6 정도의 값을 나타낸다.

∴ 유속은 압력차의 제곱근에 비례한다. (즉, $V \propto \sqrt{P_1 - P_2}$)

하수관로 유량계 및 설치시 유의사항

I. 개요

- 하수관로의 유량계는 만관식과 비만관식으로 분류되며, 만관식은 상수관로 유량계와 동일하며, 비만관식에는 면적(수위)과 유속을 측정하여 유량을 구하는데 초음파식, 전자식, 레이더식 등이 있다. 필요에 따라 이동식 유량계를 맨홀 등에 설치하여 측정하기도 한다.

II. 하수관로용 비만관 유량계의 분류

1. 유량산정방식

┌ 면속식 (Q = AV)   : 초음파식, 전자식, 레이더식
└ 수로구조물식 (Q = KHn)   : PB플륨/벤츄리플륨(원형관), 파샬플륨(사각수로), 웨어(저류조)

2. 이동성

┌ 고정식 (장기적인 유량측정)   : 초음파식, 전자식, 벤츄리플륨
└ 이동식 (일시적인 유량측정)   : 초음파식, 전자식, PB플륨

3. 대표적 유량계의 계측방법

구분	면속식(초음파식)	PB플륨	웨어식
적용	· 다양한 형상의 개수로	· 소구경 원형관 Φ150~300	· 면속식이나 PB플륨으로 계측이 곤란한 경우
처리 원리	· 수로형상과 수위로부터 유수단면적을, 유속으로부터 평균유속을 측정하여 곱함으로서 유량을 계산하는 방식	· 수로에 일부를 축소해 한 계류를 발생시키는 장치로서 상승시킨 상류측 수위와 유량관계식을 활용한 방식	· 수로 일부를 차단함으로서 한계류를 발생시키는 장치로서 웨어를 월류하는 수위와 유량관계식을 활용한 방식
장치 구성	· 압력식 수위센서 · 초음파 도플러식 유속센서 · 수위-유속 연산형 유량계	· PB플륨 · 초음파식 수위센서 · 수위-유량 연산형 유량계	· 웨어(주로 사각웨어) · 초음파식 수위센서 · 수위-유량 연산형 유량계

주) 초음파식 수위센서 : 음원에서 발사된 pulse 음파가 액면에서 반사되어 되돌아올 때 까지의 시간을 측정하는 방식

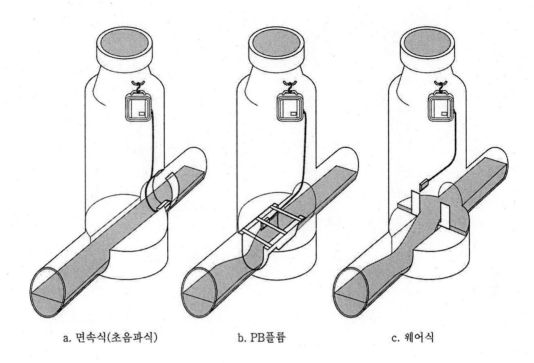

a. 면속식(초음파식)　　　b. PB플룸　　　c. 웨어식

4. 설치장소

┌ 유량계실　　: 초음파식/전자식(검출기 배관 일체형), 벤츄리플룸
└ 기존맨홀　　: 초음파식/전자식(검출기 단독형), PB플룸식

Ⅱ. 유량계 설치시 유의사항

항 목	문 제 점	유 의 사 항
최저수위 확보	· 야간최저유량시 수위가 센서보다 낮아지면 센서측정 오차발생	· 야간최저유량시 수위가 센서의 높이보다 높은 위치에 설치
최저유속 확보	· 측정지점의 유속이 느릴 경우 퇴적물 및 협잡물이 끼어서 센서측정 오차발생	· 야간최저유량시 적정유속 확보 위치 선정
유량계 침수방지	· 유량계가 침수될 경우 습도의 영향으로 오차발생	· 맨홀 내 최상부에 설치
센서의 밀착불량	· 센서와 관거바닥이 서로 밀착불량이면 협잡물이 끼어서 오차발생	· 센서지지대 설치
센서케이블 처리		· 센서케이블 관거면에 밀착

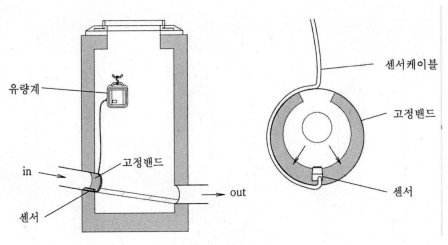

<이동식 초음파 유량계 설치 예>

하수도의 역사이펀

Ⅰ. 개요

1. 하천, 수로, 철도 및 이설이 불가능한 지하매설물의 아래에 하수관을 통과시킬 경우에 역사이펀 압력관으로 시공하는 부분을 역사이펀이라고 한다. 역사이펀은 시공이 곤란할 뿐 아니라, 유지관리상에 문제도 많다. 따라서 지하매설물 등을 잘 처리하여 가능한 한 피하는 것이 바람직하다.

   ※ 소규모 하수도시설에서는 적용하지 않는 것이 통례이다.

   ┌─ 토사침전물 청소가 곤란하다.
   ├─ 내부검사와 보수 등 유지관리가 어렵다.
   └─ 견고하게 시공하기가 어렵다.

2. 하천횡단시 횡단방식의 선택
   - 하천횡단시 하천의 폭과 깊이를 고려하고,
   - 수관교 또는 교량첨가방식(=교량방식)의 설치여건과 역사이펀 설치(매설·터널방식)시 마찰손실 등 경제성, 유지관리성, 시공성, 미관 등을 종합적으로 고려하여 결정한다.

Ⅱ. 역사이펀 설치시 고려사항

- 부득이하게 설치할 경우에는 다음 사항을 고려하여 정한다.

1. 구조

1) 역사이펀의 구조는 장애물의 양측에 수직으로 역사이펀실을 설치하고, 이것을 수평 또는 하류로 하향 경사의 역사이펀 관거로 연결한다.
2) 또한 지반의 강약에 따라 말뚝기초 등의 적당한 기초공을 설치한다.

2. 역사이펀실

1) 역사이펀실에는 수문설비 및 깊이 0.5m 정도의 이토실을 설치하고,
2) 역사이펀실 깊이가 5m 이상인 경우에는 중간에 배수펌프를 설치할 수 있는 설치대를 둔다.

3. 관거

1) 역사이펀의 최소관경은 우수관일 경우 300㎜, 오수관일 경우 250㎜ 정도로 한다.

2) 관거내의 유속은 상류측 관거내의 유속을 20~30% 증가시킨 것으로 한다.(역사이펀의 관경도 축소)

3) 역사이펀 관거는 일반적으로 복수로 하고,

- 청소대비 1개관 유하, 1개관 예비 혹은 격벽 설치

- 합류관인 경우 청천시용과 우천시용으로 분할된 관을 사용한다.

4) 호안, 기타 구조물의 하중 및 그들의 부등침하에 대한 영향을 받지 않도록 한다. 또한 설치위치는 교대, 교각 등의 바로 밑은 피한다.

5) 역사이펀 관거의 유입구와 유출구는 수두손실을 적게 하기 위하여 종모양(bell mouth)으로 하고,

6) 역사이펀 관거의 흙두께는 계획하상고, 계획준설면 또는 현재의 하저최심부로부터 중요도에 따라 1m 이상으로 하며 하천관리자와 협의한다.

4. 기타시설

1) 하천, 철도, 상수도, 가스 및 전선케이블, 통신케이블 등의 매설관 밑을 역사이펀으로 횡단하는 경우에는 관리자와 충분히 협의한 후 필요한 방호시설을 한다.

2) 하저를 역사이펀하는 경우로서 상류에 우수토실이 없을 때에는 역사이펀 상류측에 재해방지를 위한 비상방류관거를 설치하는 것이 좋다.

3) 역사이펀에는 호안 및 기타 눈에 띄기 쉬운 곳에 표식을 설치하여 역사이펀 관

Ⅲ. 손실수두계산

- 역사이펀 손실수두 계산은 일반적인 관수로의 수리계산과 동일하며, 관내 마찰손실수두, 유입유출 손실수두 그리고 기타 손실수두의 합으로 구성

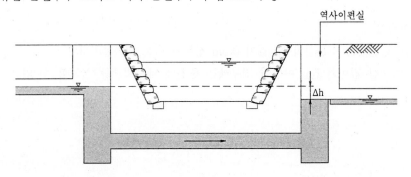

$$\Delta h = IL + 1.5\frac{v^2}{2g} + \alpha$$

여기서, I : 유속에 대한 동수경사

L : 역사이펀 길이

α : 여유율 (0.03~0.05m)

v : 관거내 유속

Δh : 손실수두(m)

상수도의 역사이펀

Ⅰ. 개요

- 역사이펀이란 하천, 운하, 철도 및 도로 등의 횡단개소에서 관을 일단 낮추어서 그 시설들이 하부로 관을 부설하는 것을 말한다.
- 역사이펀으로 시공하는 경우에는 해당 시설물의 관리기관으로부터 방재면이나 보수면에서의 제약을 받는 경우가 많다. 하천 등의 횡단부에는 관계기관에서 관체를 콘크리트피복구조(concrete lined pipe) 또는 2중관구조(casing pipe) 등의 조건을 첨부되는 경우가 있다.
- 따라서 역사이펀으로 계획하고 설계할 때에는 횡단공법, 부설위치, 매설깊이, 연장, 시공시기 및 장래계획 등을 관련기관과 협의한 다음에 결정한다.

Ⅱ. 하저횡단은 다음 각 항에 적합하도록 한다.

- 하저횡단의 역사이펀관은 2계열 이상으로 하고 가능한 서로 이격하여 부설한다.
- 역사이펀부 전후 연결관의 경사는 부득이한 경우 외에는 45° 이하로 하고, 굴곡부는 콘크리트지지대에 충분히 정착시켜야 한다.
- 호안공 등의 장소에 사이펀관의 위치를 표시한다.

3Q의 의미

I. 개요

- 초기우수시 고농도의 오염물이 강우와 같이 유출되는 현상을 first flush라 하며, 고농도 (비점오염원에 의해 증가)의 오염물질이 하천에 유입되는 것을 최소화하기 위해 하수처리장에 연계하여 처리할 필요가 있으며 이 때 계획차집량은 우천시 계획하수량이다.
- 우천시 계획오수량은 계획시간최대오수량 + 초기우수량을 말하며, 시설기준에는 계획시간최대오수량의 3배까지 차집하여 처리하도록 규정되어 있다. 3Q는 계획시간최대오수량과의 별도의 함수관계는 없으며, 다만 그 양을 강수량이 얼마일 때 3Q가 되는지는 배수면적 혹은 유역면적에 따라 어느 정도의 강우량이 그에 해당하는지를 판단해 볼 수 있다. 예로 합리식인 경우 배수면적 450ha일 경우 약 2㎜/hr정도의 강우량임을 알 수 있다.

II. 3Q 의미

- 3Q란 합류식하수도에서 우천시 오수로 취급하는 최소하수량, 즉 우천시 계획하수량으로 차집관거의 용량 근거가 된다.

  3Q = 계획시간최대오수량(오수 1Q) + 설계기준상 계획시간최대오수량 2배의 우수(2Q)

- 합류식에서 우천시 계획오수량은 원칙적으로 계획시간최대오수량(Q)의 3배 이상으로 한다. 즉, 초기우수만 처리장 유입, 처리장 용량을 감안한 경험치
- 연간오염부하방류량이 인근 수계에 미치지 않을 수준 이하로 삭감하거나 분류식하수도로 전환하였을 때의 연간 오염방류부하량과 같은 정도 또는 그 이하로 하는 양

III. 설정근거

- 우천시 시간당 2~3㎜ 강우를 차집하면 오염유출부하량의 90~95% 이상 저감할 수 있다는 이론에 근거한다.
- 실제의 오염유출부하량의 계산은 방대한 점오염원/비점오염원 자료, 유역의 불투수율, 1년치 이상의 강우자료 등이 필요하며, 실측치와의 보증과정도 거쳐야 하나, 대략적인 설정을 하였음.
- 국토가 좁고 강우패턴이 우리나라와 비슷한 일본에서는 3Q를 적용하고 있음.
  ⇒ 비점오염처리시설 용량 결정시 미국은 통상 1인치(2.54㎜) 강우사상에 대해 설정함

우수토실

I. 정의

1. 합류식하수도의 하수처리장 유입유량 조절장치(Storm Overflow Chamber)
 - 합류식하수도에서 우천시 하수처리장으로 유입되는 우천시 계획오수량을 조절하는 장치로서 우천시 계획오수량은 원칙적으로 계획시간최대오수량의 3배(3Q) 이상으로 한다.
2. 우수토실의 토구에서 월류오염부하량은 연간 청천시 발생오염부하량의 약 5% 이하이다.

II. 설치시 고려사항

 - 상수원보호구역 부근은 피하며, 방류수역 부근에 설치한다.
 - 우수토실 수(數)는 건설비·유지관리비를 고려하여 최소한 적게 설치한다.
 - 도로, 교대, 지하매설물에 지장을 주지 않는 위치에 설치한다.

III. 우수토실의 단점

 - 근본적인 문제 : 미처리하수의 방류 (대책 : 우수토실 인근에 초기우수처리시설 설치)
 - CSOs에 의한 하천오염   : 폭우시 합류식하수도의 월류부하(CSOs)에 의한 하천오염
 - 오수유출에 의한 수질오염 : 우수토실에서 모래·쓰레기 등의 침적으로 오수관이 막힌 경우, 하수흐름을 방해하는 경우 오수가 수역으로 유출하여 수질오염 유발

IV. 월류위어 길이산정

1. 우수월류량 = 계획하수량 - 우천시 계획오수량(3Q) 이상
2. 우수토실 월류위어 길이

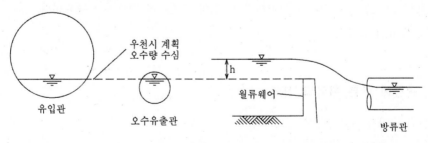

<완전월류하는 경우>

$$L = \frac{Q}{1.8\,h^{1.5}}$$

여기서,   L : 위어길이(m)   h : 월류수심(m)
          Q : 우수월류량(m^3/s)

차집유량 조절장치

Ⅰ. 종류 및 특징

1. 고정식

1) 월류형 위어

┌─ Sideweir   : 위어가 관의 벽면에 있어서 오수차집은 횡방향
└─ Transverse weir   : 위어가 관에 가로질러 있어서 오수차집은 직방향

2) 도약 위어(leaping weir) : 수리학적으로 도약(장애물을 뛰어넘음)하는 위어

3) 수직오리피스(vertical orifice) : 관거바닥이나 관벽에 차집 Orifice를 설치. 청천시 잦은 폐색

4) Relief siphons : 자동으로 일정수위 이상은 siphon에 의해 월류

5) 볼텍스 밸브류

2. 기계식

1) 팽창식 댐(Inflatable dams) : 차집관내 강화고무의 팽창 및 수축에 의한 유량 조절

2) 부표연동식 수문   : 부표에 의해 수문 조절

3) 수위차방식 수문   : 수문 상류 및 하류의 수위차에 의해 수문 조절

3. 중앙집중제어 전동식

  - 초기강우는 차집하고 청정우수는 방류하도록 제어하는 실시간 제어방식

1) 유역 내 우수토실에 전동수문을 설치하고 TM·TC와 연계하여 한 곳에서 통제

2) 수질측정장치를 설치하면 초기강우는 차집하고 청정우수는 방류할 수 있다.

3) 소요부지가 크고, 설치비가 고가이며, 고도의 유지관리 기술자가 필요하다.

4) 가장 효율적인 방식

Ⅱ. 오수관경에 따른 위어의 선택

┌─ 200㎜ 이하 : 고정식 수직오리피스
├─ 250 ~ 800㎜ : 수동식 수문
└─ 900㎜ 이상 : 전동식 수문

배수설비

Ⅰ. 시설기준상의 정의

- 배수설비란 개인하수도의 일종이며, 배수구역 내 토지 및 건물로부터 발생한 하수를 공공하수도로 유입시키기 위해 설치한 배수관, 물받이, 연결관 및 부대설비 등 말한다.

Ⅱ. 배수설비의 종류

- 옥내배수설비와 옥외배수설비로 구분

1. 옥내배수설비
 - 옥내 위생기구(부엌, 화장실 등)로부터 건물외벽까지의 배수설비 ⇒ 배수관

2. 옥외배수설비
 - 건물외벽 1.0m부터 공공하수도 연결부까지의 배수설비 ⇒ 배수관, 물받이, 연결관
 1) 택지내 배수설비 : 건물외벽 1.0m지점부터 받이 직전까지의 배수설비(배수관)
 2) 연결부 배수설비 : 받이로부터 공공하수도 연결부까지의 배수설비(연결관)

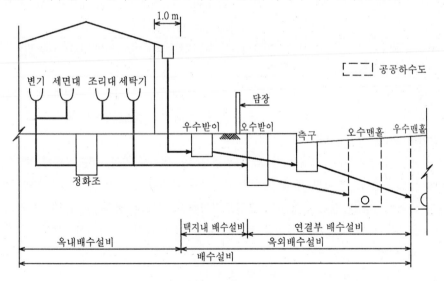

〈배수설비의 구성〉

Ⅲ. 배수관

- 배수관은 암거로 한다. 단, 우수만을 배수하는 경우 개거로 해도 좋다.

1. 관종
 - 도관, 철근콘크리트관, 경질염화비닐관 등 내구성이 있는 것

2. 관의 크기

 - 오수관의 크기는 배수인구에 따라 달라지며, 최소 100㎜ 이상으로 정하며,
 - 합류관 및 우수관의 크기는 배수면적에 따라 달라지며, 최소 100㎜ 이상으로 정한다.
   다만, 연장 3m 미만은 75㎜의 것을 사용해도 좋다.
 - 배수량이 특히 많은 장소에서는 배수량에 따라 최소 150㎜ 이상의 것을 사용한다.

3. 관거의 경사 및 유속

 - 관거의 경사는 관거내 유속이 0.6~1.5m/s가 되도록 정한다.

4. 최소토피 : 0.2m 이상

Ⅳ. (택지)물받이

 - 개인하수도의 물받이는 빗물받이 및 오수받이가 있다.
 - 우·오수 차집 및 관거 유지관리 및 보수를 목적으로 설치

1. 물받이의 배치

 1) 관거의 기점, 종점, 합류점, 굴곡점 및 기타 유지관리상 필요한 장소에 설치
 2) 관거의 내경, 경사 또는 관종이 다른 장소에 설치
 3) 직선부에서는 관경의 120배 이하의 간격으로 하며, 깊이별로 내경 및 내부치수를 달리한다.

<택지물받이의 깊이별 배경 및 내부치수>

깊이 (cm)	30~60 미만	60~90 미만	90~100 미만	120~150 미만
내경 및 내부치수(cm)	30	40	50	60

 4) 배수관의 합류점이나 굴곡점에 물받이 설치가 곤란하거나 타 시설로 동일한 기능발휘가 가
   능한 경우에는 점검 및 청소·보수를 할 수 있는 청소구를 설치할 수 있다.

2. 물받이의 크기, 형상, 구조

 - 내경 또는 내부치수가 30㎝ 이상 되는 원형 또는 각형의 벽돌, 콘크리트제, 철근콘크리
   트제 등으로 하고, 깊이별 내경 및 내부치수와의 관계는 <표>를 참고한다. 다만, 하수본
   관의 규격이 최소관경이 적용되는 소규모지역에서 부지의 여유, 기타 시공조건 유지관
   리 등을 고려하여 소형 오수받이를 설치할 수도 있으나 최소화하여야 한다.

3. 물받이의 뚜껑 및 저부구조

 - 공공하수도의 오수받이 및 우수받이에 준한다.

4. 특수받이

 1) 트랩(trap)받이 : 배수설비용의 기구에 방취트랩이 되지 않은 경우에 방취 등을 목적으
                   로 설치
 2) 드롭(drop)받이 : 관의 합류점에서 관저고에 단차가 큰 곳에 설치
 3) 청소구 : 배수관의 합류점이나 굴곡지점에 오수받이 설치가 곤란한 경우 보수점검을 위
             하여 설치

Ⅴ. 부대설비

1. 방취장치, 통기장치, 쓰레기차단장치
2. 유지차단장치, 모래받이(이토실), 배수펌프

Ⅵ. 제해시설

- "제해시설"은 공장폐수 등을 공공하수도에 유입시키는 경우 폐수의 종류에 따라 배출 전에 처리하여 하수도시설에 피해를 주지 않게 하는 목적으로 설치하는 시설이다.

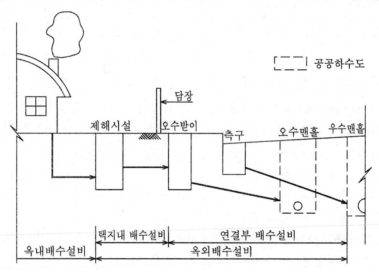

1. 온도가 높은(45℃ 이상) 폐수 　　　　　: 악취 및 관거 침식, 냉각탑
2. 산(pH 5 이하)·알칼리(pH 9 이상)폐수 : 구조물 침식, 중화설비
3. 대형부유물 함유 폐수 　　　　　　　　: 관거 폐쇄, 스크린설비에서 수거
4. 침전성물질 함유 폐수 　　　　　　　　: 관거 폐쇄, 침전지에서 수거
5. 고농도 BOD폐수(통상 300㎎/L 이상) : 미생물 불활성화 및 사멸, BOD 경감 전처리
6. 유지류(30㎎/L 이상) 함유 폐수 : 관거 벽에 부착되어 관거 폐쇄, 부상분리 또는 유수분리장치
7. 페놀 및 시안화물 등 독극물 함유폐수 : 미생물 불활성화 및 사멸, 전처리 필요
　　　　　　　　　　　　　　　　　　　　(이온교환법, 응집침전법, 활성탄처리 등)
8. 중금속류 함유 폐수 　　　　　　　　　: 미생물 불활성화 및 사멸, 전처리 필요
9. 기타 하수도시설을 파손 또는 폐쇄하여 처리작업을 방해할 우려가 있는 폐수, 사람, 가축 및 기타에 피해를 줄 우려가 있는 폐수

공공하수도로서의 물받이 및 연결관

I. 물받이의 분류

1. 공공하수도로서의 물받이는 오수받이, 빗물받이 및 집수받이 등이 있는데 배제방식에 따라 적절히 선정하여 배치한다. 개인하수도시설인 배수설비의 물받이와 구분된다.

※ 개인하수도

> (1) 개인하수도란 건물, 시설 등의 설치자 또는 소유자가 당해 건물, 시설 등에서 발생하는 하수를 유출 또는 처리하기 위하여 설치하는 <u>중수도, 배수설비, 개인하수도처리시설과 그 부대시설</u>을 말한다.
>
> (2) 개인하수도에서 배수설비는 배수관, 물받이, 공공하수도로 배제하기 위한 연결관 및 부대설비로 구성되며, 설치 및 유지관리 책임이 개인에 있는 시설을 말한다.
>
> (3) 따라서, 아파트 등 공동주거시설, 학교 등 대형공공시설에 설치되는 배수설비는 그 시설물의 규모나 소유주체에 관계없이 개인하수도상의 배수설비로 보아야 한다.

2. 오수받이는 우수의 유입을 방지하고 오수만을 수용할 수 있는 구조로 설치한다.
   - 빗물받이의 경우 침전물질의 사전 제거 목적이 추가된다.
   - 집수받이란 빗물받이의 일종으로 개거와 암거의 접합부분에 설치되는 물받이를 말한다.

II. 오수받이

1. 오수받이의 설치

1) 오수받이는 공공도로상에 설치하는 것을 원칙으로 하되 목적 및 기능을 고려하여 차도, 보도 또는 공공도로와 사유지의 경계부근에 설치한다.
2) 부득이 사유지에 설치시는 소유자와 협의하여 정한다.
3) 오수받이 설치가 곤란한 경우 보수점검을 위해 청소구를 설치한다.

2. 형상 및 구조

1) 형상 및 재질 : 원형 및 각형의 콘크리트 또는 철근콘트리트제, 플라스틱제로서 형상치수별 용도는 다양한 조건들이 있을 수 있음에 유의하여 필요시 적정 변경하여 적용한다.

2) 규격 : 내경 30~70cm 정도

3) 저부 : 반드시 인버트를 설치

4) 뚜껑 : 밀폐형으로 하고, 외뚜껑은 주철제, 철근콘크리트제 등 견고·내구성 있는 재질 사용

5) 오수받이의 높이조절재(입상관) 및 오수 유출입관 연결부는 수밀성을 가져야 한다.

Ⅲ. 빗물받이

1. 빗물받이의 설치

1) 도로 옆의 물이 모이기 쉬운 장소나 L형 측구의 유하방향 하단부에 반드시 설치
   횡단보도, 지하버스정류장 및 가옥의 출입구 앞에는 가급적 설치 금지

2) 설치위치 : 보·차도 구분이 있는 경우에는 그 경계에, 보·차도 구분이 없는 경우에는 도
   로와 사유지의 경계에 설치

3) 노면배수용 빗물받이 간격 : 대략 20~30m 정도로 하나 되도록 도로폭 및 경사별 설치
   기준을 고려하여 적당한 간격으로 설치

4) 협잡물 및 토사의 유입을 저감할 수 있는 방안을 고려

5) 악취발산을 방지하는 방안을 적극적으로 고려

2. 형상 및 구조

1) 형상 및 재질 : 원형 및 각형의 콘크리트 또는 철근콘크리트제, 플라스틱제로서 아래
   <표>를 표준으로 설치하되 설치위치, 설치장소 등에 따라서 다양한
   조건들이 있을 수 있음에 유의하여 필요에 따라 변경 적용한다.

<표 빗물받이의 형상별 용도>

명 칭	내부치수	용 도
차도측 1호 빗물받이	300×400mm	· L형 측구의 폭이 50cm 이하의 경우에 사용
차도측 2호 빗물받이	300×800mm	· L형 측구의 폭이 50cm 이상의 경우에 사용 · 교차로나 도로의 종단경사가 큰 곳에 사용
보도측 빗물받이	500×600mm	· 도로의 종단경사가 급하지 않은 곳에 사용 · 차도측 1호 및 2호 빗물받이 적용이 곤란한 곳에 사용

2) 규격 : 내폭 30~50cm, 깊이 80~100cm 정도

3) 저부 : 깊이 15cm 이상의 이토실을 반드시 설치

4) 뚜껑 : 강제, 주철제(덕타일 포함), 철근콘크리트제 등 견고하고 내구성 있는 재질

Ⅳ. 집수받이

- 집수받이는 개거와 암거를 접속하는 경우 및 횡단하수구 등에 설치하며 다음 <표>를 표준으로 한다.

<집수받이의 형상별 용도>

명 칭	내부치수	용 도
1호 집수받이	300×400㎜	폭 300㎜까지의 U형 측구에 사용
2호 집수받이	450×450㎜	폭 300~450㎜까지의 U형 측구에 사용
3호 집수받이	450×450㎜	폭 450㎜까지의 U형 측구에 사용

Ⅴ. 연결관

1. 재질 및 배치

1) 재질 : 도관, 철근콘크리트관, 경질염화비닐관 등 강도 및 내구성이 있는 것을 사용
2) 평면배치 : 부설방향은 본관에 대하여 직각으로 부설한다.
   본관연결부는 본관에 대하여 60° 또는 90°로 한다.
3) 경사 및 연결위치 : 경사는 1% 이상, 연결위치는 본관의 중심선보다 위쪽으로 한다.
4) 관경 : 연결관의 최소관경 150㎜ 이상

2. 연결부의 구조

1) 본관이 철근콘크리트관, 도관 등 강성관인 경우 지관 또는 가지달린 관을 사용하며, 본관이 합성수지관, 강관 등 연성관인 경우 접속용 이형관, 분기관 등을 사용하나,
2) 본관과 연결관의 재질(가능하면 동일한 재질이 바람직), 현장여건, 시공의 편리성 등에 따라 다양한 연결방식이 사용된다.

3. 점검구 설치

1) 유지관리를 위하여 종단면 배치상의 내각은 120° 이상이 바람직하며,
2) 연결관 평면배치 연장이 20m 이상이거나 굴곡부 등에는 연결관 관경 이상의 점검구를 설치한다.

Ⅵ. 기타시설

1. 연결관이나 하수관에는 필요한 경우 점검구를 설치하여 유지관리가 용이하도록 한다.
2. 빗물받이에는 협잡물, 낙엽 및 토사 등 협잡물 유입방지 및 제거를 용이하게 하기 위한 장치를 설치할 수 있다.   ⇒ 받이내 침사조 설치
3. 악취방지시설   ⇒ 받이내 악취차단장치 설치

※ 개량형 빗물받이(개량우수받이)

- 표준형 이외에 협잡물 및 토사유입, 악취를 방지하기 위해 침사조(혹은 여과조) 및 악취차단장치 등을 설치한 제품

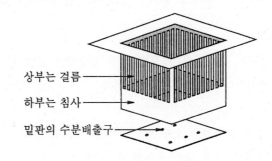

상부는 걸름
하부는 침사
밑판의 수분배출구

a. 받이내 침사조 설치

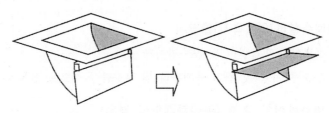

b. 받이내 악취차단장치 설치

물받이

⇒ 물받이는 공공하수도로서의 물받이와 개인하수도시설인 배수설비의 물받이로 구분된다.

Ⅰ. 공공하수도의 물받이

- 공공하수도로서의 물받이는 오수받이, 빗물받이 및 집수받이 등이 있는데 배제방식에 따라 적절히 선정하여 배치한다. 개인하수도로 분류되는 배수설비 중의 (택지)물받이와 구분된다.
- 오수받이는 우수의 유입을 방지하고 오수만을 수용할 수 있는 구조로 설치한다.
  빗물받이의 경우 침전물질의 사전 제거 목적이 추가된다.
  집수받이란 빗물받이의 일종으로 개거와 암거의 접합부분에 설치되는 물받이를 말한다.

Ⅱ. 개인하수도(배수설비)의 (택지)물받이

- 개인하수도의 물받이는 빗물받이 및 오수받이가 있다.
- 개인하수도의 우·오수 차집 및 관거 유지관리 및 보수를 목적으로 설치한다.

Ⅲ. 오수받이와 빗물받이의 규격 (공공하수도의 경우)

- 공공하수도의 물받이는 오수받이, 빗물받이, 집수받이 등이 있다.
  개인하수도의 물받이는 택지물받이라고도 하며, 오수받이와 빗물받이가 있다.
- 물받이의 설치간격은 하수관거 안지름이나 안폭의 120배를 넘지 않아야 하며, 안폭이 30cm 이상인 원형, 각형의 물질로 한다.

구분		규격 및 특징
공공 하수도	오수받이	· 내경 300~700mm 정도 · 콘크리트제품 : 1호 300mm, 2호 500mm, 3호 700mm의 원형 또는 각형 　　　　　　　　　　(1호 및 2호가 가장 많이 사용) · 플라스틱제품 : 내경 300mm, 350mm의 원형 또는 각형
	빗물받이	· 내폭 30~50cm, 깊이 80~100cm 정도 (15cm 이상의 이토실 확보가 필요함) · 도로상 빗물받이의 설치기준은 도로연장 20m당 1개소이나 저지대에서는 통수능력의 한계가 있으므로 연장축소가 필요할 것임. · 차도측 1호 300 × 400mm, 차도측 2호 300 × 800mm, 보도측 500 × 600mm
개인 하수도	물받이 (오수받이 빗물받이)	· 오수관, 우수관, 합류관 모두 직경 100mm 이상이 원칙 · 오수관은 연장 3m 이하이면 75mm도 가능하며, 　☞ 오수량이 적을 경우 소형오수받이(12.5mm, 15mm, 20mm) 설치도 가능 · 관거유속 0.6~1.5m/s, 최소토피 20cm 이상 · 깊이별 내경을 달리 하며, 깊이가 깊을수록 내경은 크게 할 수 있다.

오수받이의 악취차단대책

⇒ 오수받이에서 가장 문제가 되는 것은 악취발생문제이다.

Ⅰ. 개요

1. 악취방지시설을 계획하기 위해서는 우선 발생원을 조사하여 이에 대응한 시설이 되도록 하여야 한다.
2. 악취발생을 저감할 수 있는 계획 및 시설은 발생방지를 우선으로 하고 시설계획을 하여야 한다.
3. 방취시설은 가장 효과적이고, 비용절감적인 측면에서 계획되어야 한다.

Ⅱ. 악취방지 절차

- 악취발생원 조사 → 우선순위별 악취방지계획 수립 → 방취시설의 설치

Ⅲ. 악취발생 주요지점

- ① 하수본관 및 차집관거에서 빗물받이 및 맨홀로 악취 유입
- ② ①지점 및 배수설비관에서 오수받이로 악취 유입
- ③ ①, ②지점과 옥내배수설비로 악취 유입

Ⅵ. 악취발생 방지대책

1. 발생방지
- 발생방지를 우선으로 함
- 유속 확보, 오접개선 등 관거정비, 지속적인 유지관리
2. 악취 발생 및 확산방지 방법
- 가정잡배수관과 화장실배관을 별도 분리하여 주방내로의 악취유입 차단
  (수세식 변소관의 길이를 길게 하여 가정잡배수의 유속에 의한 퇴적방지)
- 주방배수관을 화장실배수관보다 위쪽에 배치하여 정체현상 보완
- 오수받이 저부에 반드시 인버터 설치 또는 인버터 일체형 오수받이를 설치
- 받이 뚜껑을 밀폐형으로 하고 2중 뚜껑 구조로 설치
  뚜껑재질은 견고하고 내식성 재질 사용(주철제 및 철근콘크리트제, 플라스틱재질 등)
  높이조절 가능받이 설치
3. 방취시설의 설치

```
┌─ U trap 내 오수에 의해 기밀을 유지하는 U트랩 설치
├─ 관 말단에 밸브 설치하는 Flap valve 설치(이격거리 15㎝ 이상 확보)
└─ 곡관 말단부를 물에 잠기게 하는 봉수형 트랩(악취차단기), 거름장치 등 설치
```

1) U trap형

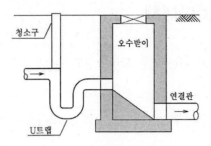

- 트랩유지관리를 위한 청소구 설치로 시설이 이원화되어 시공이 복잡하고 공사비 상승
- 상류관에 직선적 접근 불가하여 유지관리가 곤란

2) Flap valve형

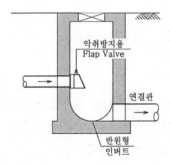

- 구조적 특징상 완벽한 취기 방지 불가
- 방취구에 음식물 찌꺼기 등이 끼일때 방취능력 상실
- 시일 경과시 작동부 고장 우려

3) 봉수형

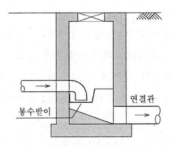

- 유지관리를 위해서는 봉수통과 엘보를 분리해야 하는 번거로움 발생
- 유출입관의 매설심도 차이가 커 하류관이 깊어지거나 상류관 동결심도 유지곤란

배수설비 문제점과 대책

I. 오수받이

문 제 점	대 책
· 악취방지시설/인버터 없음	· 악취방지시설/인버터 설치
· 대부분 오수받이 미설치	· 오수받이 미설치구간 오수받이 설치
· 오수받이 뚜껑의 파손	· 수밀성 높은 2중 뚜껑 또는 PVC 오수받이로 교체, 밀폐형 뚜껑 설치

II. 오접

문 제 점	대 책
· 빗물받이가 오수관에 연결	· 우·오수관의 확실한 분리
· 지붕홈통·노면배수관이 오수관·오수받이에 연결	· 지붕홈통·노면배수관의 오접방지

III. 배수관/연결관

문 제 점	대 책
· 오수받이 내 여러 기구 접속	· 오수받이 내 여러 기구 접속 금지
· 배수관 연결상태 불량	· 배수관의 정확한 연결

IV. 정화조

문 제 점	대 책
· 일부 분류식화(정화조 존치)로 유입수질 저하	· 정화조 폐쇄 · 화장실 분뇨의 정화조 유입차단

V. 저지대가옥

문 제 점	대 책
· 자연유하로 오수배제 불가	· 저지대 자가펌프 설치, 예비펌프 확보

공공하수도와 개인하수도의 구분

I. 하수도법상 구분

- 하수도법에 규정에 의하면
1. "공공하수도"라 함은 지방자치단체가 설치 또는 관리하는 하수도로서 개인하수도를 제외한 시설을 말하며,
2. "개인하수도"는 건물·시설 등의 설치자 또는 소유자가 당해 건물·시설 등에서 발생하는 하수를 유출 또는 처리하기 위하여 설치하는 중수도, 배수설비, 개인하수처리시설과 그 부대시설로 정의할 수 있다.

II. 물받이의 구분

1. 공공하수도로서의 물받이는 오수받이, 빗물받이 및 집수받이 등이 있으며, 개인하수도로 분류되는 배수설비 중의 택지물받이와 구분된다.
2. 따라서 아파트 등 공동주거시설, 학교 등 대형공공시설에 설치되는 배수설비는 그 시설물의 규모나 소유주체에 관계없이 개인하수도상의 배수설비로 보아야 한다.

우·오수펌프장 설계

Ⅰ. 개요
- 하수처리시설의 펌프장시설은 처리구역내 및 처리장내 하수이송용, 하수처리공정에 따른 수처리공정용과 처리수 방류를 위한 방류용으로 구분할 수 있다.

Ⅱ. 용도에 따른 구분
1. 빗물펌프장 : 우수를 방류수역으로 배제, 유수지와 함께 계획시 홍수위보다 낮은 곳에 설치
2. 중계펌프장 : 저지대에서 고지대 압송시 또는 매설깊이가 깊어지는 경우
3. 유입펌프장 : 침사지와 1차침전지 사이에 설치하여 이후 자연유하 유도
4. 방류펌프장 : 자연유하 방류가 어려울 경우 강제적으로 방류시키기 위해 설치
5. 소규모펌프장 : 소규모하수도 집수시스템에 이용되고 있는 펌프장
   ⇒ 소규모펌프장이란 일반적으로 탈착식 수중오수펌프를 사용하고 통상 침사지가 생략된 맨홀형식 펌프장, 콤팩트형 펌프장을 말함.

Ⅲ. 펌프장시설의 계획하수량

구 분	분류식	합류식
중계펌프장, 소규모펌프장 유입·방류펌프장	계획시간최대오수량	우천시계획오수량
빗물펌프장	계획우수량	계획하수량-우천시계획오수량

1. 유입펌프 용량 : 펌프의 설치위치에 따라 다르며, 보통 1차침전지 전에 설치

구 분	분류식	합류식
1차침전지 전	계획시간최대오수량	우천시 계획오수량
2차처리	계획시간최대오수량	계획시간최대오수량
3차처리	대상수량	대상수량

2. 분류식 오수 중계펌프장
 1) 유효용량
   ① 계획오수량의 최소 15min 이상 적용
   ② 600mm 이하의 관은 시간최대오수량의 2배(=100% 여유) 적용
    - 우수받이 및 맨홀로부터의 우수침입을 막을 수 없는 경우 여유율을 가산한다.

2) 여유율

```
┌── 소구경관(600㎜ 이하)      : 100%
├── 중구경관(1,500㎜ 이하)    : 50~100%
└── 대구경관(3,000㎜ 이하)    : 25~50%
```

3) 우천시계획오수량
- 우천시계획오수량은 3Q 이상, 즉 시간최대오수량의 3배 이상으로 한다.

Ⅳ. 펌프장 위치선정시 고려사항

1. 수리·입지·동력조건 고려
2. 저지대에 위치하므로 펌프 및 전기시설 방수(防水)
3. 외수침입에 따른 침수대비
4. 시가지에서는 악취, 소음, 침사 및 협잡물처리 고려
5. 빗물펌프장은 방류수역에 가까운 곳

Ⅴ. 계획수위

1. 중계펌프장
 1) 흡입수위
  - 유입관거 일평균 오수량이 유입할 때의 수위로부터 손실수두를 뺀 수위
  - 펌프의 흡입관 위치는 유입관거 최저 수위를 유지시키는 위치로 한다.
 2) 배출수위
  - 토출조까지 관 마찰손실을 고려하여 산정
2. 빗물펌프장
 1) 흡입수위
  - 상류가 침수되지 않는 유입관거 수위에서 약간의 여유율을 더한다.
 2) 배출수위
  - 하천은 30~50년의 강우강도를 고려해서 계획고수위 결정(=빈도가 높은 외수의 고수위)
  - 해역은 최고조수위(삭망[朔望]만조위)로 결정
  - 배수구역의 중요도에 따라 예비펌프를 설계에 고려한다.
   ⇒ 하천의 경우 방류수면의 수위가 항상 변동하므로 배출수위를 외수의 최고수위로 하는 것은 경제적이지 못하며, 최고수위를 기준으로 설계하면 청천시의 수위는 최고수위에 훨씬 미치지 못하므로 빈도가 높은 외수의 고수위를 대상으로 해서 기준배출수위를 정한다.

오수중계펌프장

Ⅰ. 정의

1. 관로가 길어져 관거의 매설깊이가 깊어져 비경제적으로 되는 경우 처리구역의 오수를 다음 펌프장 또는 처리장으로 수송(=압송펌프)하거나 처리장내 자연유하 흐름으로 원활한 수처리가 유지될 수 있도록 수두형성을 확보(=양수펌프)하기 위한 펌프시설이다.

2. 양수펌프장과 압송펌프장으로 구분
- 되도록 낮은 장소에서 높은 장소로 양수할 수 있는 지역에 설치하고, 가능한 한 설치수가 적도록 위치를 선정한다. (펌프장 이후 관거의 매설비용 절감을 위해)

Ⅱ. 양수펌프장과 압송펌프장

1. 압송펌프장

- 비교적 기복이 큰 지형에서 관거를 매설하는 경우나, 저지대에서 고지대로 오수를 압송할 필요가 있는 경우 또는 가까운 거리에서 펌프압송에 의한 방법이 자연유하방법보다 득이 많은 경우 등에 사용하며, 오수를 필요한 위치까지 압송하는 펌프장시설을 "압송펌프장"이라고 한다.
- 전양정은 실양정에 압송거리에 의한 손실수두가 가산되기 때문에 비교적 크다.
  ⇒ 펌프압송방식 : 단일압송, 다중압송, 다단압송, 압송자연유하 병용식

2. 양수펌프장

- 비교적 평탄한 지형에 관거를 설치하는 경우 관거연장이 길어지면, 필요한 경사에 의해 매설깊이가 현저히 깊어지고, 건설비가 비싸지므로 경제성을 고려하여 적당한 위치에서 양수하여 관로를 얕게 할 필요가 생긴다. 이 때 사용하는 펌프장을 "양수펌프장"이라고 한다.
- 양수펌프장의 설치 및 위치선정에 있어서는 건설비 외에 유지관리비도 고려할 필요가 있다. 양수펌프장의 전양정은 실양정이 주이고 관거의 손실수두가 적기 때문에 비교적 작다.

Ⅲ. 중계펌프장 설치시 고려사항

1. 침사설비

- 하수관거에서 중계펌프장을 이용하여 하수를 전량 압송하는 경우에는 중계펌프장에 침사설비를 설치하고, 처리장내에는 특별한 경우를 제외하고는 침사지 및 유입펌프장을 설치하지 않는다.
- 압송방식과 자연유하방식을 혼합하여 하수를 운송하는 경우, 하수처리시설내의 침사제거설비는 압송관거의 중계펌프장에 설치된 침사설비의 용량을 감안하여 적정규모가 되도록 설치하여야 한다.

2. 합류식

- 하수배제방식이 합류식으로 계획된 처리시설은 다음 원칙에 따라 이송방식 및 침사지의 설치위치를 설정하여야 한다.

1) 하수관거의 굴착심도가 깊거나 암반굴착인 경우에는 반드시 중계펌프장(스크류형 등)을 도입하는 방안과의 경제성을 분석하여야 한다.

2) 하수관거의 말단부와 처리시설 유입분배조간의 수두차이가 적어 스크류형 펌프를 적용할 수 있는 정도이면 시설특성 및 경제성 등을 비교분석하여 장점을 반영할 수 있는 방식의 펌프설비 선정을 적극 검토하여야 한다. 또한 침사지는 펌프장 후단의 지상에 설치하는 방안을 적극 검토하여야 한다.

3) 시간대별 유량변화가 심하여 유량조정조를 설치하는 경우에는 가급적 병렬(off-line)방식을 채택하여야 한다. 직렬(in-line)방식은 굴착심도가 깊고 펌프설비의 규모가 과다하게 되어 공사비 및 유지관리비가 많이 소요될 우려가 있다.

배수(빗물)펌프의 종류 및 부속시설

Ⅰ. 배수펌프의 종류

1. 입축사류펌프

- 양정변화에 대해 유량변동이 적고 유량변화에 대해 동력변화가 적어 수위변동이 큰 곳에 적합
- 임펠러(impeller)가 수중에 위치하므로 캐비테이션의 우려가 없다.
- 펌프와 모터가 분리되어 구조가 복잡하고, 중량이 무거워 유지관리가 어렵다.
- 펌프와 모터의 연결축이 길어 소모품의 교환주기가 짧아 유지보수가 힘들다.

2. 횡축사류펌프 ⇨ 유지관리가 쉽다.

- 초기 운전시, 진공펌프에 의해 흡입배관 내로 우수를 끌어올려야 한다.
- 펌프 및 모터가 분리되므로 구조가 복잡하며, 설치면적을 넓게 차지한다.
- 펌프중심이 수위보다 높게 위치하므로 유해한 캐비테이션현상이 발생할 우려가 크다.
- 펌프와 모터(전동기)가 동층에 설치되어 유지관리가 편리하다.

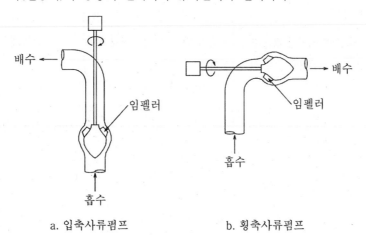

a. 입축사류펌프　　　　　　b. 횡축사류펌프

3. 수중펌프

- 모터가 수중에 있으므로 비상시의 침수에 안전하며 운전이 간편하다.
- 모터와 펌프가 일체형으로 펌프가 수중에 설치되므로 진동·소음이 적고, 캐비테이션현상에 안전하며, 설치면적이 비교적 작고, 구조가 간단, 설치 및 분해가 쉬우나, 보수시 현장보수가 어렵다.
- 정상운전상태에서는 안정적이고 효율이 좋다.

II. 배수펌프의 비교

구분	입축사류펌프	횡축사류펌프	수중펌프
초기 운전	운전중 축봉수의 공급이 필수적이다.	운전전 진공설비에 의한 흡입관의 충수와 운전중 축봉수의 공급이 필수적이다.	운전 전, 예비동작 없이 패널에서 ON만 시키면 바로 운전됨
운전중 상태	· 축의 한쪽만 지지하므로 진동이 심하고, 축이 길어짐에 따라 진동에 의한 베어링 및 씰의 교환주기가 짧아진다. · 운전중에 효율, 유량의 변화가 적다.	좌동 · 설치면적을 넓게 차지하고 캐비테이션 발생 우려가 크다.	· 모터 및 펌프 일체형으로 자동 탈착장치와 1식으로 설치되므로 설치가 쉬운 편이다. · 별도의 흡입배관이 필요 없다.
유지 관리	· 모터와 펌프가 수직으로 설치되어 유지관리의 어려움이 있다. · 펌프 보수시, 모터를 분리한 후 축을 분리해야 하므로 보수가 어렵다.	· 모터와 펌프가 동 층에 설치되어 유지관리가 간편하다. · 베어링 및 씰(seal)의 교환이 빈번하여 보수의 어려움이 있다.	· 모터 및 펌프가 일체형으로 설치 및 분해가 쉬우나, 현장보수가 어렵다.
국내 실적	· 국내 실적이 가장 많은 편임 · 고유량, 저양정에 주로 사용	· 국내 우수 배수펌프장에 많이 사용 · 고유량 저양정에 주로 사용	· 국내 우수 배수펌프장에 많이 사용 · 중저유량, 중저양정에 주로 사용

하수펌프장 계획(설치)시 고려사항

I. 펌프장의 종류 및 설치위치

빗물펌프장	· 우천시 지반이 낮은 지역의 우수를 방류지역으로 배제할 수 있도록 설치하는 펌프장 ⇒ 방류수역 가까이 설치하며, 유수지와 함께 계획시 홍수위보다 낮은 곳에 설치
중계펌프장	· 처리구역의 오수를 다음 펌프장 또는 처리장으로 수송하거나 처리장내 자연유하 흐름으로 원활한 수처리가 유지될 수 있도록 수두형성을 확보하기 위한 펌프장 ⇒ 저지대에서 고지대 압송시 또는 매설깊이가 깊어지는 경우, 되도록 낮은 장소, 설치수는 가능한 적도록
유입펌프장	· 유입된 하수가 수처리시설까지 처리공정별 자연흐름에 의한 중력작용으로 수처리할 수 있도록 양수 또는 압송하기 위해 설치하는 펌프장 ⇒ 침사지와 1차침전지 사이에 설치하여 이후 자연유하 유도
소규모펌프장	· 소규모 하수도 집수시스템에 이용되고 있는 펌프장으로서, 일반적으로 탈착식 수중오수펌프를 사용하여 통상 침사지가 생략된 맨홀형식 펌프, 콤팩트형 펌프장을 말함.
방류펌프장	· 수처리공정을 거쳐 처리된 처리수의 수질이 법적기준 이내에 있을 때 하천이나 해역 또는 호소내로 자연유하 방류가 어려울 경우 강제적으로 방류시키기 위해 설치한 펌프시설 ⇒ 방류구와 수두차가 있을 경우 소수력발전 적용여부를 검토한다.
내부반송펌프	· 유입하수는 암모니아성질소-아질산성질소-질산성질소로 산화되며, 산화과정의 호기성반응과정에서 충분히 질산화된 하수를 탈질화시켜 질소가스로 환원시키기 위해 무산소반응과정의 계내로 반송하는 펌프시설(NRCY) · 호기조에서 혐기조로 반송하여 인제거시 질산성질소의 영향을 방지하는 펌프시설(ARCY) ⇒ 수처리시설의 고도처리공법 수처리리공정에 포함한다.
외부반송펌프	· 생물반응조에서 충분히 반응된 하수가 2차침전지에서 물과 슬러지로 침전분리되어, 침전된 슬러지는 생물반응조의 MLSS농도에 따라 슬러지의 일부를 반응조의 계내로 공급하는 펌프시설 ⇒ 수처리시설의 표준활성슬러지 및 고도처리공법 수처리공정에 포함한다.

Ⅱ. 계획하수량

하수배제방식	펌프장	계획하수량
분류식	중계펌프장, 유입·방류펌프장, 소규모펌프장	계획시간최대오수량(Q)
	빗물펌프장	계획우수량
합류식	중계펌프장, 유입·방류펌프장, 소규모펌프장	우천시 계획오수량(3Q)
	빗물펌프장	계획하수량 – 우천시계획오수량

Ⅲ. 펌프장 설계시 고려사항

- 펌프장의 위치는 용도에 가장 적합한 수리조건, 입지조건, 동력조건을 고려
- 펌프장은 빗물의 이상 유입 및 토출측의 이상 고수위에 대하여 배수기능 확보와 침수에 대비하여 안전대책을 세운다. (특히 저지대에 위치하므로 펌프시설, 전기기설의 방수대책 마련)
- 펌프운전시 발생할 수 있는 비정상 현상(공동현상, 서어징, 수격현상)에 대해 검토
- 펌프장에서 발생되는 진동, 소음, 악취에 대해서 필요한 환경대책 수립
- 오수펌프의 축동력을 결정하는 흡입수위는 유입관거 일평균오수량이 유입할 때의 수위로 부터 손실수두를 뺀 수위로 하며, 펌프의 흡입관 위치는 유입관거 최저수위를 유지시키는 위치
- 중계펌프장 및 처리장내 펌프장은 정전사고에 대비 2회선 또는 지하매설선 설치 고려한다.
- 빗물펌프장은 방류수역 가까운 곳에 설치, 유수지와 함께 계획시 계획홍수위보다 낮은 곳에 설치한다.
- 가능한 여유펌프 설치
- 적절한 안전밸브, 공기밸브 등 부속설비 설치
- 펌프는 자동 탈착할 수 있고, 고정시 보수를 위해 기중기 설치 고려
- 구조물의 내·외부 방수처리

Ⅳ. 펌프설비 설치시 고려사항

1. 기기·전기설비

- 펌프장에서 펌프 및 전기시설의 설치는 침수선 이상으로 설치하여 홍수시 기준강도 이상의 우수도 안전하도록 하고, 주펌프 가동을 위한 윤활유펌프, 냉각수펌프 등 보조기기의 설치위치도 침수에 안전하여야 한다.
- 또한, 변압기, 수배(변)전설비는 옥내에 설치하여 홍수시에 침수피해가 없도록 지상 일정높이 이상의 위치에 설치하여 위험에 대비한다.

2. 중앙감시반

- 중앙감시반은 가급적 2층에 위치하는 것이 좋으며, 2층 배치가 곤란할 시 1층에 설치하되 침수되지 않도록 한다.

3. 환기방식

- 펌프장은 전동기, 비상발전기용 내연기관의 발열량을 감안하여 환기방식은 강제환기가 좋으며, 채광과 자연환기를 할 수 있도록 충분한 창문을 설치하는 것이 바람직하다.

4. 크레인

- 크레인의 용량은 분해, 조립, 설치시 발생하는 최대 하중량을 기준으로 선정하며, 크레인의 인양높이는 2상식 입축펌프에서 설치 및 유지보수를 고려하여 펌프흡수정까지 내릴 수 있는 충분한 높이로 계획한다.

소규모펌프장 (맨홀형 펌프장과 컴팩트형 펌프장)

Ⅰ. 개요
- 소규모펌프장의 형식은 그 규모에 따라 맨홀형 펌프장과 콤팩트형 펌프장으로 구분된다. (유량범위 : 맨홀형식 펌프장 0~3.0㎥/s, 컴팩트형 펌프장 3.0~8.0㎥/s 정도)
- "소규모펌프장"이란 소규모 하수도 집수시스템에 이용되고 일반적으로 탈착식 수중오수펌프를 사용하는 통상 침전지가 생략된 맨홀형 펌프장, 콤팩트형 펌프장을 말한다.
- 소규모펌프장은 가능한 경제적 설비를 요구하므로 침사지를 생략하는 것이 일반적이다. 따라서 펌프의 임펠러가 마모되거나 막혀서 발생하는 진동, 발열, 과부하 등에 주의하여야 한다.

Ⅱ. 맨홀형 펌프장
1. 펌프시설, 전기시설 및 조립맨홀로 구성되며, 펌프시설은 탈착식 수중오수펌프 등으로 설치한다.
2. 수문설비는 맨홀 내 탈착식의 수중오수펌프를 설치하므로 유입오수를 차단하지 않고도 펌프의 보수 점검이 가능하여 설치하지 않는다.
 - 스크린설비는 막히지 않는 타입의 수중오수펌프를 채택한 경우 설치하지 않는다.
 - 감시, 경보수신 및 기록을 위해 자동경보장치와 감시장치 등을 제어실에 설치해야 한다.
3. 펌프실 용량은 시동정지빈도를 가능한 한 적게 하여 펌프 고장을 줄인다.
 - 펌프장에서 2대 이상의 펌프가 동시 가동시 와류에 의하여 펌프성능이 저하되므로 필요 설치간격, 밸브 등 부대설비 설치공간 및 유지관리공간을 추가하여야 한다.
4. 따라서 맨홀형 펌프장의 크기는 펌프구경 80㎜, 100㎜, 150㎜ 등을 2대(예비포함)로 하며, 펌프장 형상은 직경 1,500㎜, 1,800㎜ 정도이다.
 - 맨홀형 펌프장은 버킷차 등에서 정기적 청소를 고려하여 깊이 7m 이내가 바람직하다.

Ⅲ. 콤팩트형 펌프장
- 콤팩트형 펌프장은 오수중계기능에 필요한 설비, 시설의 유지관리상 필요한 설비, 기타 설비로 구성되며, 규모에 따라 펌프형식을 검토 선정한다.
- 구성설비는 스크린찌꺼기 및 모래를 함유한 오수를 확실히 후단으로 압송할 수 있어야 한다.
- 이상 유입시에 펌프장 내의 침수방지를 위해 유입수문으로 펌프흡수정 수위에 따른 긴급 차단을 하는 경우도 있다. 이 경우 운전조작원이 현장에 도착할 때까지 원격으로 수문개도 조작을 하여 가능한 수중오수펌프 전원이 계속 유지될 수 있도록 하여야 한다.

유수지(우수조정지)

I. 개요

1. 정의 : "유수지"란 우천시 우수토실의 월류수(CSOs) 및 펌프장에서의 방류수를 저류하여 침수를 방지할 뿐만 아니라 배수구역으로부터 방류되는 초기우수의 오염부하량을 감소시키는 시설이다.

2. 유수지는 홍수시 유역에서 배출되는 홍수량을 일시적으로 저류하여 유입량과 배출량의 수위를 안정하게 유지하여 배수장 기계(배수펌프 등)의 연속가동을 도모하고, 배수문 폐쇄시 홍수조절을 하는 기능과 배수펌프 규모를 산정하는데 영향을 준다.

3. 고려사항
 - 강우유출에 의한 침수방지를 위해 설치하며, 오염부하량의 감소 기능도 고려한다.
 - 설치시 악취방지대책, 침전슬러지대책, 배수방법에 대해서 고려한다.
 - 질적 제어를 목적으로 우수체수지로서의 역할(초기우수의 오염부하량 감소) 및 생태공간의 역할도 함께 고려한다.

4. 유수지의 기능
 - 단속방지기능 … 안정된 수위유지로 배수펌프의 연속가동을 도모하여 단속을 방지
 - 홍수조절기능 … 홍수량을 저류하여 내수위를 조절한다.
 - 저류지　기능 … 저류된 물은 물부족지역에 농업용수 등으로 공급
 - 침사지　기능 … 각종 토사 및 각종 부유물의 침사기능
 - 서식처　제공 … 동·식물 서식을 위한 생태공간 조성

※ 유수[溜水]지(=우수조정지))와 우수체수[滯水]지(=우수저류지)의 기능적 차이

> ┌ 유수지　　 : 상류측 우수의 일시저장 후, 방류 ⇒ 홍수조절
> └ 우수체수지 : 우천시 초기우수를 일시저장 후, 청천시 하수처리시설로 송수 ⇒ 오염부하량 저감

II. 설치장소

 ┌ 기존 하류관거 유하능이 부족한 곳
 ├ 하류지역 펌프장 용량이 부족한 곳
 └ 방류수로 유하능이 부족한 곳

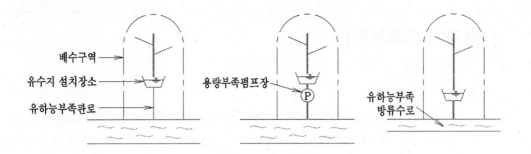

Ⅲ. 유수지(우수조정지)의 종류

1. 댐식

- 흙댐 혹은 콘크리트 댐으로 축조, 제방높이 15m 미만
- 자연유하로 배수, 높은 안전도를 요구하므로 30~50년 빈도 강우강도 적용

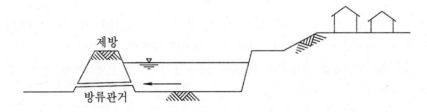

2. 굴착식

- 평지를 파서 우수 저류
- 수문 혹은 펌프에 의해 방류, 10~30년 빈도 강우강도 적용

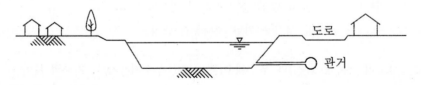

3. 지하식

- 지하 저류지 및 관거에 저류
- 통상 펌프에 의해 방류, 10~30년 빈도 강우강도 적용

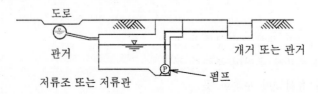

4. 현지저류식

 - 도심 내 설치
 - 설치장소가 운동장, 공원 등이므로 관리자와 협의 필요

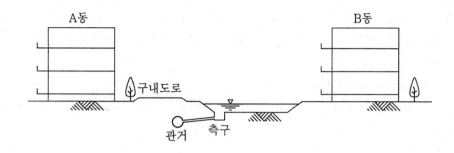

유수지(우수조정지) 용량 산정 방법

Ⅰ. 유수지 용량산정시 고려사항

- 강우량, 유입량, 유출량, 유수지 수심, 유수지 수표면적 등을 구하여 산정한다.
  (유입량과 배제량의 차이를 해결할 수 있는 용량(= 우수조절용량)이어야 한다.)
- 홍수조절을 위하여 유수지 규모를 증가시켜 가면서 검토한다.
  (규모가 클수록 홍수조절효과는 크나 경제성을 감안하여야 한다.)
- 유수지 길이(L)는 배수장 부지 폭 이상으로 계획한다.
- 유수지 깊이(B)는 이물질의 침사지 기능을 고려한다.

Ⅱ. 유수지(우수조정지) 용량산정방법

1. 유수지의 유입우수량 산정

- 유수지에서 각 시간마다의 유입우수량은 강우강도곡선에서 작성된 연간강우량도
  (hydrograph)를 기초로 하여 산정하는 방법과 빈도별, 지속시간별, 확률강우량에 의한
  강우강도식을 산정하여 시설물별 임계지속시간에 대한 유입수문곡선을 구하는 방법 중
  적당한 방법을 선택하여 산정한다.
- 유수지는 장기간 강우자료를 기초로 하며, C값은 0.9를 적용한다.
1) 단위시간 Δt는 유달시간과 같도록 하여 강우강도곡선을 작성한다.
2) 누가우량곡선을 작성한다.

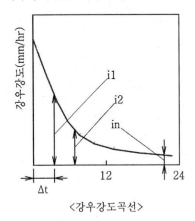

<강우강도곡선>

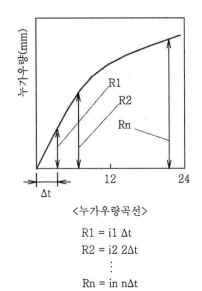

<누가우량곡선>

$$R1 = i1\ \Delta t$$
$$R2 = i2\ 2\Delta t$$
$$\vdots$$
$$Rn = in\ n\Delta t$$

3) 연평균강우량도곡선을 작성한다.
 - Peak의 위치는 시설기준에 중앙에 위치한다고 제시하고 있으나,
 - 우리나라의 경우 huff의 4분위 중 통상 2분위에 해당한다.

4) 연평균강우량도에 합리식(또는 RRL, ILLUDAS, SWMM 등의 프로그램)을 사용하여 유입수문곡선을 작성

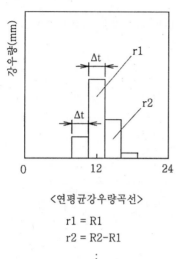

<연평균강우량곡선>

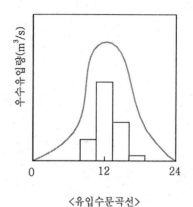

<유입수문곡선>

r1 = R1
r2 = R2-R1
⋮
rn = Rn-Rn-1

5) 유입수문곡선과 유출수문곡선을 중첩시켜 유입수문곡선이 유출수문곡선 높이보다 큰 지역의 면적만큼 저류할 수 있는 용량이 되어야 한다.

2. 우수조절용량 산정

 - 우수조절용량의 산정은 연속방정식에 의한 수치계산으로 산정한다. 연속방정식 사용이 불가능한 경우 간이식에 의해 산정할 수 있다.

  ⇒ 우수조절용량 = 유입량과 배출량의 차이를 해결할 수 있는 용량

1) 연속방정식 적용

① 기본식 : $\dfrac{dV}{dt} = Q_i - Q_o$

② H-Qo의 관계

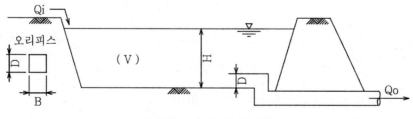

<수심과 오리피스와의 관계>

$$\left[\begin{array}{l} \text{H} < 1.2\text{D} : \text{Q}_\text{o} = (1.7 \sim 1.8) \, \text{B} \, \text{H}^{\frac{3}{2}} \\[2mm] \text{H} > 1.8\text{D} : \text{Q}_\text{o} = \text{C} \, \text{B} \, \text{D} \, \sqrt{2\text{g} \left(\text{h} - \dfrac{\text{D}}{2}\right)} \end{array}\right.$$

③ H-Qo(수위-저류량) 및 H-V(수위-유출량)에서 작성된 V-Qo(유출량-저류량)와 수치
계산식을 연립시켜 반복 계산한다.
 - 유수지의 허용방류량 AB일 때, 빗금 친 면적만큼의 수량을 저류할 수 있다.

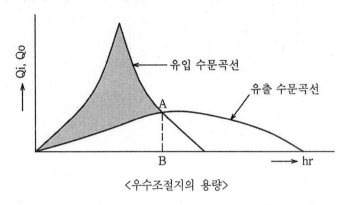

<우수조절지의 용량>

2) 간이식

① 개요 : 조절용량을 연속식으로 수치계산을 할 수 없는 경우 이용한다.
② 공식

$$V_t = 60 \left(r_i - \frac{r_c}{2}\right) \frac{t_i \, C \, A}{360} \quad \left[r_c = 360 \frac{Q_C}{CA} (\text{mm/hr})\right]$$

여기서,   Vt : 필요한 조절용량(m^3)

ri : 강우강도 곡선상 ti에 대응하는 강우강도(mm/hr)

rc : 하류로 허용되는 방류량 Qc에 상당하는 강우강도

⇒ 펌프에 의한 배수인 경우 rc/2는 rc로 치환하여 계산한다.

ti : 강우지속시간(min)

3) 자료분석에 의한 유수지 규모 결정 (전국의 110개소 배수자료를 분석한 결과)

① 유수지 용적(V) = 펌프배수량(Q) × t

$$t값 \; 결정 \left[\begin{array}{l} Q \leq 5\text{m}^3/\text{s} \; 이하 \quad : 8분 \\ Q = 5\text{m}^3/\text{s} \sim 15\text{m}^3/\text{s} \quad : 8 \sim 15분 \\ Q \geq 15\text{m}^3/\text{s} \; 이상 \quad : 15분 \end{array}\right.$$

② 유수지 면적(A) = 유수지 용적(V)/계획수심(H)

배수펌프장과 유수지(우수조정지)의 상관성

Ⅰ. 배수펌프장

1. 배수펌프장은 제내측 지반고가 제외측 홍수위보다 낮은 저지대에 설치하여 제내측의 홍수량을 강제 배수시키는 시설이다.
2. 구조 : 수밀철근콘크리트 구조
3. 정전에 대비하여 비상발전기 등을 설치한다.

Ⅱ. 유수지

1. 우수조정지는 우천시 우수토실의 월류수 및 펌프장에서의 방류수를 저류하여 침수를 방지하며, 배수구역으로부터 방류되는 초기우수의 오염부하량을 감소시키는 시설이다.
2. 구조 : 댐식(15m 미만), 굴착식, 지하식, 현지저류식
3. 위치 : 하류관거의 유하능력이 부족한 곳, 하류지역 펌프장의 능력이 부족한 곳, 방류수로 유하능력이 부족한 곳

Ⅲ. 배수펌프장과 유수지의 관계

1. 유수지가 없는 경우에는 펌프장에서 배제할 수 있는 시설용량이 유입첨두홍수량을 배제할 수 있어야 침수를 피할 수 있고, 유수지가 있는 경우에는 배수펌프 용량과 유수지 용량은 강우자료, 하천홍수위에 의하여 결정되며, 첨두유량에 대한 유수지 저장가능용량에 따라 배수펌프장의 시설용량이 결정된다.
2. 유수지의 규모가 크게 하면 배수펌프를 작게 하고, 배수펌프용량을 크게 하면 유수지를 작게 한다.
3. 도심에 가까울수록 용지매입이 어려워 일반적으로 유수지를 작게 설계하고 배수펌프 용량을 크게 하여 건설비·유지관리비를 절감한다.
4. 특히, 대규모 신시가지 개발에 의한 우수유출량 제어나 지형의 경사가 급한 지역에서 평탄한 지형으로 변하는 지점에서의 침수대책으로 유수지가 유효한 방법이 될 수 있다.

Ⅳ. 유수지와 펌프장 용량 결정방법

1. 수펌프장의 시설용량 = 첨두우수유출량 - 우수조정지 저류가능용량
2. 빗물펌프장 계획유량 3~5㎥/s이면 3~4대의 펌프를 설치하는 것을 원칙으로 하며, 그 이상 또는 그 이하이면 이것을 중심으로 적당히 가감한다.

<합류식의 펌프설치 대수>

오수펌프		우수펌프, 정수시설 펌프	
계획오수량(㎥/s)	대수(대)	계획오수량(㎥/s)	대수(대)
0.5 이하	2~4 (예비1 포함)	3 이하	2~3
0.5~1.5	3~5 (예비1 포함)	3~5	3~4
1.5 이상	4~6 (예비1 포함)	5~10	4~5

⇒ 분류식 오수펌프는 합류식 오수펌프와 같다.

배수펌프장과 유수지 용량의 관계

I. 배수펌프장 펌프용량과 유수지 용량과의 관계

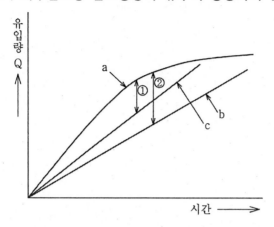

1. 곡선 a는 유수지의 누가유입량 곡선
2. 직선 b, c는 펌프용량
3. 따라서 유수지 용량은 ① 혹은 ②가 된다.

II. 유수지 용량결정시 고려사항

1. 유수지의 고수위(HWL) 결정
 1) 대개 하수관거의 수위선에 맞추어 계획
 2) 현 지반에서 1~2m 깊이로 결정된다.

2. 유수지의 저수위(LWL) 결정
 1) 방류하천의 평수위보다 낮지 않은 정도로 계획
 2) 평수위 : 연간 185일간 유지되는 하천수위

3. 누가유입량 산정
 1) 원칙은 50년 빈도 강우강도 적용
 2) 지역사정을 감안하여 강우강도를 조정한다.

4. 경제성 분석
 1) 유수지 면적은 용량(V)을 깊이(HWL - LWL)로 나누면 구할 수 있다.
 2) 도심에 가까울수록 용지매입이 어려워 일반적으로 유수지를 작게 설계하고 배수펌프 용량을 크게 하여 건설비·유지관리비를 절감한다.

5. 고려사항
 1) 방류관거는 가능하면 자연유하로 하며, 현장여건 및 경제성을 고려하여 압송으로 할 수도 있다.
 2) 우수조정지의 퇴사량은 토지이용, 지형, 지질 및 유지관리방법 등을 고려하여 정한다.
 3) 여수토구는 확률년수 100년 강우의 최대우수유출량의 1.44배 이상의 유량을 방류시킬 수 있는 것으로 한다.
 4) 계획홍수위는 댐의 천단고를 초과하여서는 안 된다.

제4장 취·정수처리

국내 수자원의 특징

Ⅰ. 개요
- 급격한 산업화·도시화 및 비점오염원 관리소홀로 물순환 불균형 및 수질오염, 생태계파괴
  가 이어지고 있다.

Ⅱ. 국내 수자원의 특징
1. 수량적 측면
- 강우 양극화 : 여름철 홍수기 물풍부, 겨울철 갈수기 물부족
- 수자원의 지역적 불균형
- 지하수의 대수층이 깊지 않아 개발이 곤란하여 경제성이 희박
- 댐 및 저수지 건설을 위한 부지확보 곤란
- 세계 3위의 인구밀도 및 1인당 물사용량 최고수준

2. 수질적 측면
- 갈수기시 수질오염문제 심각 ⇨ 하천건천화에 의한 미량유해물질(PPCP 등) 농도증가
- 홍수기시 탁수오염 심각
- 호소의 부영양화
- 용수수요가 하류부에 편중되어 양질의 원수공급 곤란

Ⅲ. 국내 연평균 강수량
1. 국내 연평균강수량은 약 1,245㎜('74~'03년 평균)로서 세계평균값의 1.4배 정도이나
2. 인구 1인당 강수량은 세계평균값의 13% 수준에 불과하므로(1/8 수준)
3. 물 수요관리 등 효율적인 물이용에 관심이 필요하다.

수원의 선정조건과 수질특성

Ⅰ. 개요
- 상수도 수원은 크게 천수, 지표수, 지하수, 하폐수 재이용수로 구분되며, 이들에 대한 수원 선정조건과 수질특성은 다음과 같다.

Ⅱ. 수원의 선정조건
1. 수원으로의 구비조건을 만족하여야 한다.

```
┌── 수량 풍부
├── 수질 양호
├── 가능한 한 높은 곳에 위치
└── 수돗물 소비지에서 가까운 곳
```

2. 수리권 확보가 가능한 곳
3. 건설비·유지관리비가 싸고, 건설 및 유지관리가 용이하며, 안전하고 확실할 것.
4. 상수원 보호구역 지정, 수질의 오염방지 및 관리에 무리가 없는 지점
5. 장래 확장을 고려할 때 유리한 곳

Ⅲ. 수원의 종류와 특징
1. 빗물(천수)
1) 수량이 많지 않기 때문에 대규모 상수도의 수원으로는 부적합하다.
2) 수질
  - 자연수 중에 제일 깨끗하나 우천시 대기에 함유된 오염물질이 유입된다.

```
┌── 하천 내 T-N 발생원의 5~40%가 대기침적이 원인이며,
└── 대도시의 경우 대기질이 악화로 특히 아황산 가스로 인한 산성비가 내린다.
```

  - 광물질은 적게 함유하므로 연수이다.

2. 지표수

1) 하천수
 - 구성

    ┌ 직접유출수 : 강우시 유역내로 흘러 들어오거나, 호소 등에서 들어오는 물
    └ 기저유출수 : 고지대에서 지하를 따라 스며드는 지하수

 - 수질

    ┌ 우기·봄철 : 지표면 유출수(직접유출 + 기저유출), 탁도가 높은 연수이다.
    └ 건기(갈수기) : 기저유출 + 도시하수처리수, 경도가 높고, 유기물함량이가 높다.
                도시하수의 시간적인 유량변화에 따라 수질이 변한다.

 - 취수시설 : 취수관, 취수탑, 취수문

2) 호소 및 저수지수
 - 구성 : 하천수의 유입
 - 수질

    ┌ 봄·가을 : 전도현상(Turn over)로 인해 저층(hypolimnion)의 혐기성 상태의 물
               이 전도되어 수질이 악화된다.
    └ 여름·겨울 : 성층현상으로 인해 수면 가까이는 조류가 많으며, 바닥의 물은 혐기
                성 상태로 H_2S, CO_2, 철, 망간의 함유도가 높고 수온이 낮다.

 - 취수시설 : 취수관, 취수탑, 취수문

3. 지하수

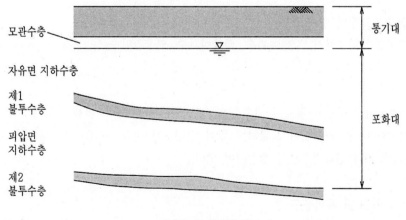

〈지하수의 연직분포〉

1) 천층수
- 제 1 불투수층 위에 모인 자유면 지하수
- 수질

  ┌ 수원이 오염될 우려
  └ 현재 도시 인근지역은 식수로 사용이 어렵다. (대장균이 자주 발견)

- 취수시설 : 굴착정(굴정호), 천정호

2) 심층수
- 제 1 불투수층과 제 2 불투수층 사이에 존재하는 피압면 지하수
- 수질

  ┌ 유리탄산에 의해 무기질이 용해하여 의 중탄산염, 염화물 등을 함유하므로 경
  │ 도가 높고, 철·망간을 함유하는 경우가 많다.
  └ 유기물로 오염되었을 경우 혐기화로 H_2S, NH_3가 발생하여 냄새가 난다.

- 취수시설 : 심정호(관정호)

3) 용천수
- 지하수가 지표로 솟아 나오는 물
- 수량이 적으므로 대규모 상수원으로는 부적합
- 수질 : 천연여과수로서 깨끗하다.

4) 복류수
- 하천, 저수지 바닥 또는 인근의 모래, 자갈층에 함유된 물
- 수질 : 지표수에 비해 양호
- 취수시설 : 집수매거, 강변여과수, 하상여과수, 인공함양수 등

4. 해수
1) 담수자원이 부족한 지역에서 해수를 담수화하여 상수원수로 활용 가능
2) 특히, 해양심층수는 빛이 도달하지 않아 청정도가 높고, 미네랄 및 영양염 풍부, 세균
   이 거의 없어 친환경수로서 경쟁력이 있다.

5. 하폐수처리수 및 재이용수
1) 갈수기 및 물수요 초과시 물 부족 해소
2) 싱가포르 등에는 지하수 인공함양방식 등으로 상수원수로 활용되고 있음.

하천 표류수의 취수시설

Ⅰ. 개요
- 하천수의 취수는 취수지점의 유황, 취수량의 정도에 따라 취수보, 취수탑, 취수문, 취수관로 등을 선정한다.

Ⅱ. 취수시설 특징

1. 취수보
- 안정된 취수, 침사효과가 양호, 대량취수가 가능하고 하천흐름이 불안정한 경우에 적용

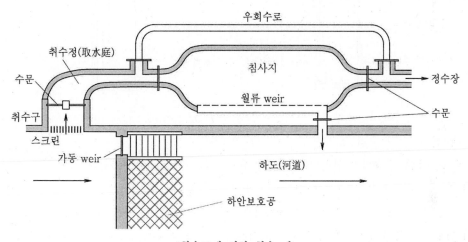

<취수보에 의한 취수 예>

1) 하천에 보를 설치하여 월류위어를 이용 하천유량을 취수하는 방법
2) 안정된 취수량 확보가능
3) 대량 취수시 유리함
4) 침사지와 병행시 높은 침사효과를 발휘함

2. 취수탑
- 유량이 안정되고 수심이 확보된 곳에서 중·대용량 취수에 적합
1) 하천의 하류부, 중류부, 저수지 및 호소 등의 취수에 이용함
2) 연간 수위변화의 폭이 크므로 최소수심이 2m 이상인 곳에 설치함
3) 취수구의 유입속도 : 하천 → 15~30 cm/sec, 호소 및 저수지 → 1~2 m/sec

4) 단면형 : 하천 → 타원형, 호소 및 저수지 → 원형

5) 취수탑의 장·단점

① 영구적이며 완전함

② 하천의 수위변화에 무관하게 수면으로부터 청정한 물의 취수가 가능함

③ 제수밸브의 사용으로 자유로이 개폐가 가능하므로 취수관 청소에 편리함

④ 취수탑 건설비가 과대하게 듦

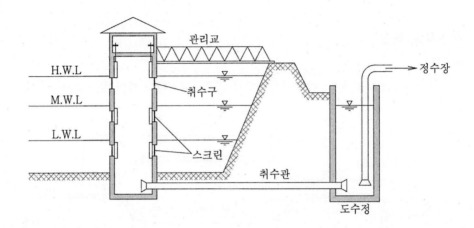

3. 취수문

- 유황, 하상, 취수위가 안정되어 있으면 경제적으로 안정된 취수 가능

1) 하천의 중류부 및 상류부에 설치하는 경우가 많음

2) 취수지점의 표고가 높아서 자연유하식으로 도수할 수 있는 곳에 많이 사용함

3) 취수문을 통한 유입속도가 1 m/sec 이하가 되도록 취수문의 크기를 정해야 함

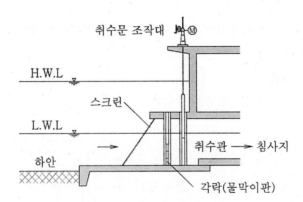

주) 각락 : 홍수시에 토사의 유입을 방지하고 취수문의 수리 및 응급시를 대비하여 댐이나
        상수도, 하수도 시설 등의 전면에 설치 하는 것

4. 취수관로

- 수위변동이 적은 하천에 적합하며 중소규모 취수에 적합

1) 하천수위의 변동이 적은 하류부에 설치함
2) 취수구의 유입속도 : 하천 → 15~30 cm/sec, 호소 및 저수지 → 1~2 m/sec
3) 취수관거의 경사는 관내유속이 토사가 침전되지 않을 정도로 하여 정함 : 관내유속이 0.6~1.0 m/sec가 유지되도록 함

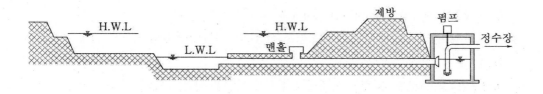

Ⅲ. 하천 표류수 취수시설 비교

취수시설	취수보	취수탑	취수문	취수관로
특징	· 하천을 막아 둑취수구 등 설치, 연중 안정된 취수가 가능하다.	· 수위에 따라 좋은 수질을 얻을 수 있으며, 수심이 일정이상이 되는 지점에 설치해야 한다.	· 스크린·수문·침사지 등을 일체형으로 설치	· 취수구부를 복단면 하천의 바닥 호안에 설치하여 표류수를 취수하고 관거부를 통하여 제내 지로 도수하는 시설
취수량	· 대량 취수	· 중대규모 취수	· 소규모 취수	· 중규모 이하
하천유황	· 유황에 거의 영향을 받지 않는다.	· 유황이 안정돼야 한다.	· 유황이 안정돼야 한다.	· 유황이 안정돼야 한다.
수심	· 영향 없음	· 갈수기 수심 2m 이상 확보	· 갈수기 일정수심 확보	· 관거내면 상단부를 갈수위보다 30㎝ 낮게 설치
부유물 및 토사유입	· 부유물 유입 · 스크린 설치	· 어느 정도 토사유입 · 스크린 설치	· 토사 및 부유물 유입 · 스크린·침사지 설치	· 어느 정도 토사유입 · 후방에 스크린 설치

집수매거

I. 개요

1. "집수매거"란 하천부지의 하상 밑이나 구하천 부지 등의 땅속에 매설하여 집수기능을 하는 관거이며 복류수나 자유수면을 갖는 지하수(자유지하수)를 취수하는 시설이다.

2. 하천이나 호소의 측부나 바닥에 유공관이나 권선형(코일 감은 모양) 스크린 관을 매설하여 사력층의 지하수 또는 여과된 지표수를 모으는 관을 말한다.

3. 자갈, 모래 등 투수성이 양호한 대수층을 선정하여 만들며 유황이 좋으면 안정되게 취수할 수 있다.

4. 지상구조물을 축조할 수 없는 장소에도 설치가 가능한 이점이 있다.

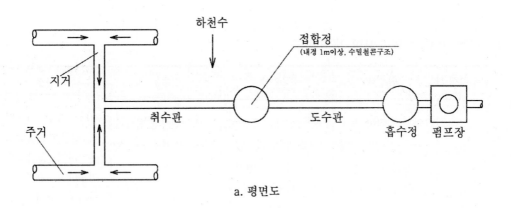

a. 평면도

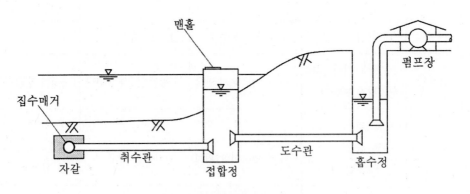

b. 단면도

Ⅱ. 구조

1. 집수매거 설치

- 집수매거의 연장은 양수시험 결과를 통해 정한다.
- 집수매거의 방향은 복류수 흐름방향에 직각으로 설치
- 되메우기 : 탁질 유입방지를 위해 안에서 밖으로 굵은 자갈(φ40~50), 중간자갈(φ 30~40), 잔자갈(φ20~30) 순(順)으로 각각 50㎝ 두께 이상 채운 후 되메우기를 한다.

2. 집수관

- 매설깊이 : 5m 표준
- 집수매거 경사 : 1/500 이하
- 주거 내 유속 : 1m/s 이하
- 관은 유공관이나 권선형, 스크린 관을 사용
- 이음 : 수구·삽구식(소켓이음) 또는 칼라이음

3. 집수공

- 집수공의 크기 : 1 ~ 2cm
- 집수공의 개수 : 유공관은 1㎡당 20~30개 정도
- 집수공 내 유입속도 : 3cm/s 이하

4. 접합정 설치

- 설치위치 : 분기점, 굴곡점, 매거의 종단, 그밖에 필요한 곳
- 역할 : 점검·수리 편리, 모래 반출
- 구조 : 내경 1m 이상, 수밀철근콘크리트 구조식

Ⅲ. 집수매거 특징

1. 특징

- 하천에 직접 공사를 하므로 가물막이 공법 등 적용
- 갈수기나 홍수기에 기후변화 및 수위변화가 적은 하천에 적용가능
- 소용량시 유리 (1,000~3,000톤/일)
- 개략공사비(1만톤/일) : 26억
  ⇒ 초기공사비는 매설깊이 5m를 기준으로 봤을때 강변여과 취수시설과 소요공사비가 비슷

2. 장점

- 시공성이 비교적 용이함 (매설심도 3m 이하 일 경우)
- 비교적 충분한 기술력이 축적되어 있음
- 깨끗한 하천원수에 안정적 수위를 유지한다는 조건일 때 적합
- 중소용량 취수가능

3. 단점

- 관로심도 5m이상일 때 경제성이 떨어짐
- 기후변화 및 하천오염에 대한 대처능력이 강변여과·하상여과에 비해 떨어짐
- 하천수위 변화에 취약함
- 장기간(5년 이상) 사용시 유지관리에 불리

Ⅳ. 관련공식

⇒ 공식의 유도과정에서 현황을 제대로 반영한 경우는 계산결과가 실측치와 잘 맞는다.

1. 지하수가 측벽에서만 유입하는 매거

- Darcy 공식에서,

$$Q = A \cdot K \cdot I = 2hL \cdot K \frac{dh}{dR}$$

- $Q\,dR = 2L \cdot K \cdot h\,dh$ 을 적분하면,

$$\therefore Q = \frac{KL(H^2 - h^2)}{R}$$

여기서,   Q : 양수량(m^3/s)   K : 투수계수(m/s)
           I : 동수경사   R : 영양원 반경(m)
           H : 원 지하수심(m) h_0 : 매거의 수심(m)
           L : 집수암거 길이(m)

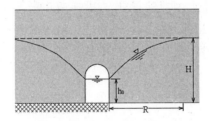

2. 매거가 불투수층에 도달하지 않는 경우

$$\therefore Q = \frac{KL}{R} \cdot \frac{H^2 - h^2}{\sqrt{\dfrac{h}{t + 0.5r}} \cdot \sqrt[4]{\dfrac{h}{2h - t}}}$$

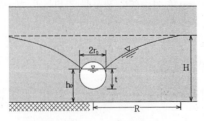

3. 하상중의 매거

$$\therefore \ Q = \frac{2\pi K[H + a - (p_o/\omega)]}{2.3\log_{10}(4a/d)}$$

여기서,　　d : 매거의 안지름(m)

　　　　　a : 하천바닥에서 매거 중심까지의 깊이(m)

　　　　　p_o : 매거내 압력의 강도(t/m^3)

　　　　　ω : 물의 단위중력(t/m^3)

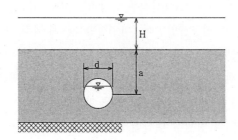

Ⅴ. 현황 및 문제점

- 집수매거는 초기공사비와 유지관리비가 고가이나 하천수질이 불량한 곳에서도 양질의 원수를 얻을 수 있으므로 강원도와 경북의 낙동강 유역 등에 소규모 위주로 사용하고 있다. 그러나, 다음과 같은 문제점으로 하상여과 등의 대안이 필요하다.

1) 수질개선 효과가 적다.
- 집수매거는 개공의 크기(1~2cm)보다 큰 자갈층으로 둘러싸여 있고 개공율(1㎡당 20~30개 정도)이 낮아 유입수가 개공부 및 (시공불량에 따른) 매거이음매 부근으로만 유입되므로 단회로가 발생하고 국내 평균매거깊이가 4m이하로 여과거리가 짧아 하상 일부에서만 여과작용이 발생하므로 이로 인해 오염물의 제거효율이 낮은 편이다.

2) 유지관리
- 또한, 집수매거는 부설 후 5년정도 경과 후 하상에 슬러지 등이 퇴적되면서 취수량이 감소하는 경우가 많은데, 통상 1.0m 내외의 대구경관을 사용하이므로 퇴적슬러지 청소 등 세척하기가 어렵다.

강변여과

Ⅰ. 정의 및 현황

- 원수를 강변의 대수층에 장기간 체류시켜 자연지층의 자체정화능력을 원수내 오염물질을
  상당히 저감한 후 양수하는 간접취수방식의 한 종류

  ⇒ 체류시간 : 강변여과 30일 정도(독일정부 권장치는 50일 이상), 하상여과 20~30시간

1. 종 류   : 취수정방식과 인공함양방식 (취수정방식은 수직정, 수평정, 경사형으로 분류)
2. 특 징   : 시공에 전문성을 요함, 공사일수 5~15개월/1기
            복류수를 취수하는 집수매거보다 대용량에 유리(1만톤 이상)
            개략공사비 50억원/(1만톤/일 용량 기준)
3. 개발사항 : 낙동강 유역의 창원시 대산면, 함안군 칠서정수장 … 정수용도
            김해시는 정수용 여과정 설치공사중.

Ⅱ. 강변여과수의 수질 특성

1. 갑작스런 수질오염 사고시 안정적인 상수원 확보가능
2. 조류 등이 유입하지 않아 소독부산물(DBPs) 발생 우려가 적다.
3. 난분해성 및 부유물질은 주로 여과에 의해 제거된다.
4. 생분해성 및 용존물질은 주로 미생물에 의해 산화 제거된다.
5. 연중 일정한 수온 유지 : 겨울철 질산화발생시에도 질소제거효과가 크다,
6. 홍수, 가뭄시에 수량과 수질의 안정적 확보 가능
7. 하천오염에 대한 불신감 최소화

※ 낙동강 대산면 정수장의 경우, 수질비교

구 분	표류수	강변여과수
탁도(NTU)	21	0.6
NO_3-N(mg/L)	2	0.6

Ⅲ. 강변여과의 문제점

1. 강변여과는 대수층이 막힐 우려가 있고 취수량이 부족하다.
2. 취수정 주변 경작에 따른 비료·농약 사용시 수질오염의 위험성이 있다.
3. 별도의 취수시설(취수펌프, 도수관 등)이 필요하므로 초기투자비가 높다.

4. 질산성질소, 철·망간의 농도가 높으면 정수처리 곤란

5. 지속적인 취수로 인한 배후지역의 지하수위 저하 및 경작제한 등 민원발생 소지

6. 정호의 장기유지관리와 기술필요 : 장기적인 유지관리비는 저렴하나 초기투자비가 다소 높으나 소규모 취수에는 경제성이 떨어진다.

Ⅳ. 강변여과 적용시 검토사항

1. 하천표류수의 수질 조건검토
   - 원수수질이 3급수 이상일 것
2. 하천연변층의 오염저감능 검토
   - 하천연변층의 수리분산 및 수질분석 실험 실시
3. 간접취수 가능한 입지일 것
   - 하천연변층의 대수층 두께, 지하수위, 투과계수 등 측정하여 취수가능량 검토
4. 주변지역에 미치는 영향 고려
   - 과잉양수에 의한 수원고갈, 지하수위 강하에 따른 지반침하, 초목고사,
   - 지하수위 변동에 따른 각종 재해 (염분증가, 생태계 변화 등)
5. 가까운 곳에 수요처가 있을 것
   - 관거시설비 절감
6. 취수원 주변 비점오염원 유입방지대책 강구
   - 취수정 주변 경작에 따른 비료·농약 사용시 수질오염의 위험성
7. 강변여과수의 수질저감대책
   - 통상 철·망간, 트리클로로에틸렌 등 VOC 농도가 높으므로 이에 대한 대책 고려
     ⇒ 강변여과수의 철·망간 제거방법에는 산화제를 이용한 산화공정 후 여과에 의한 제거, 접촉산화법, 생물처리법 등이 있다. 이외에 강변여과 주변에 존재하는 오염물질이 자연지하수를 통하여 강변여과수에 혼입되어 수질오염을 일으킬 수 있어 활성탄흡착공정을 도입하기도 한다.

Ⅴ. 강변여과수 취수방식

1. 취수정방식

 1) 수직집수정
   - 하천변을 따라 수직정(D 0.4~0.6m)을 1~2열로 100~200m 거리마다 지그재크형으로 설치하는 방식
   - 취수량이 적으나 유지관리가 쉽고, 공사비가 적으며 개발이 용이하다.
     ⇒ 국내하천의 경우처럼 제방에 연하여 개발하는 지역에는 수직정방식이 바람직함

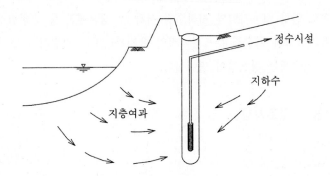

2) 방사집수정(수평집수정)

- 강 둔치에서 30~50m 떨어진 지역의 물을 한꺼번에 모을 수 있는 20~40m 깊이의 취수정을 뚫어 수평집수관으로 취수 후 도수하는 방식 (깊은우물 개발, 심층수 취수)

   예) 직경 4m 정호를 굴착후 50~60m의 스트레이너를 방사형으로 설치
- 취수량이 많으나 유지관리가 어렵다.
- 공사비가 많고, 시공이 어렵다.

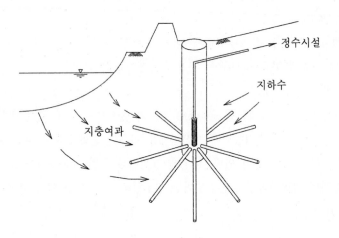

2. 인공함양방식

- 지표수보다 낮은 저지대에 인공적으로 조성한 완속여과나 자연대수층에 침투시켜 인공함양한 지하수를 다시 취수하는 방법으로 적당한 인공함양우물 위치선정 및 인공함양량 조절에 의해 제내지 지하수위 하강방지효과를 얻을 수 있다.
- 주로 강변취수가 불가능한 지역에 적용

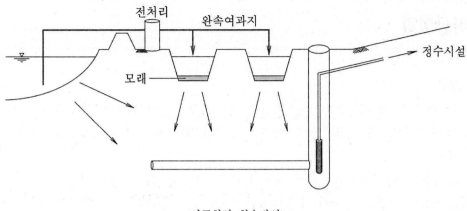

<인공함양 취수방식>

VI. 적용방향

- 강변여과는 1892년 독일의 함부르크에서 콜레라(수인성 전염병)가 발생하여 지표수를 식수로 사용하지 못하게 되면서 독일에서 본격적으로 추진되어, 라인강을 따라 분포한 충적층에서 <u>하천으로부터 50~300m 떨어진 지점에서 심도 30~40m의 지하수를 음용수원으로하는 인공함양 취수방식을</u> 통상 적용하고 있으며, 현재는 구미지역을 중심으로 시설 및 연구투자가 꾸준히 진행되면서 지역에 따라 서로 다른 형태로 운영되고 있다.
- 우리나라의 경우 구미지역과는 기후, 지형, 지질 등이 차이가 있으나 지역에 따라 넓은 충적층을 가진 구역이라면 수질사고 대비 및 DBPs 사전제어 등의 측면에서 타당한 대안이므로,
- 하천표류수를 취수하여 고도정수처리하는 것과 강변여과 후 간이정수처리하는 것과의 경제성·안정성 등을 종합 비교하여 타당한 방향으로 개발이 이루어져야 하겠다.

하상여과

Ⅰ. 개요

- "하상여과"란 하상의 충적층을 통과시켜 수질이 개선된 하천수를 하천의 수변(제외지)에 설치된 수평집수관을 연결한 수직집수정을 통해 취수 후 도수하는 방법(하천복류수 취수)이다.
- 간접취수원 확보, 하천수질 개선, 하천 유지용수 확보에 적극 이용되고 있다.
- 하상여과는 대수층 체류시간이 20~30시간으로 짧아 충격부하에 대한 저항능력이 작으므로 그 수질이 강변여과만큼 안정적이라 할 수는 없다.

Ⅱ. 특징

1. 수량적 측면

1) 강변여과 보다 대용량의 취수가 가능 (계절적 수량의 안정성)
2) 다량 오염물질에 대한 제거능력은 크고
 ⇒ 하상여과정은 우리나라의 하천조건에서는 보통 10,000~15,000㎥/일의 용량으로 건설 및 운영이 가능하다.
3) 여과수를 상수원수로 사용하지 않고 건천화된 하천의 유지용수로 활용할 수도 있다.
 ⇒ 하상여과방식(수평정)은 서울의 탄천(장지천 하천유지용수)과 홍제천에 적용되고 있고, 현재 울산, 대구, 경산 등 여러 도시에서 시행되고 있거나 기본설계를 진행하고 있다.
4) 소요부지면적이 적고 별도의 취수시설이 불필요하다.
5) 장기적으로 유지관리비는 저렴하나 초기투자비가 다소 많고, 소규모취수에는 경제성이 떨어진다.

2. 수질적 측면

1) 하천수질이 BOD 5㎎/L일 경우 여과수는 1㎎/L 이하의 양호한 수질을 얻을 수 있다.
 ⇒ 양수량 10,000㎥/일로 BOD 4㎎/L을 제거하는 경우 여과정 1공에서 BOD 40㎏/일의 오염제거율을 얻을 수 있다.
2) 망간과 철이 강변여과수에 비해 매우 낮은 농도이다.
3) 표류수에 비해서는 계절적 수온·탁도의 변화가 적어 수질의 안정성이 크나 일반적으로 표류수 수처리공정이 필요하다.

※ 탄천 하상여과시설의 경우, 수질비교

구 분	하천수	하상여과수	처리효율
BOD(mg/L)	6~22	1~4	75% 이상
SS(mg/L)	10~140	1~2	90% 이상

III. 하상여과수의 서울시 적용 타당성

1. 서울의 경우 한강변은 하천에서 이격된 충적층 두께가 3~7m 정도로 얇고 투수계수도 작으므로 강변여과수를 적용은 현실적으로 어려울 것이라 예상되며, 한강변의 여과수를 원수로 하려면 "하상여과수"가 타당할 것임.

2. 낙동강의 경우 한강변에 비해 충적층 두께가 두꺼운 경우가 많아서, 일부지역은 하상여과수를 다시 취수해 상류지역(금호강 등)에 흘려보내 상류를 깨끗이 하는 방안도 고려해 볼 수 있음.

IV. 강변여과와 하상여과의 비교

항목	하상여과	강변여과
주요용도	하천유지용수 공급	상수원수 공급
개략적인 여과수 기원	하천수 90~95%, 지하수 5~10%	하천수 70%, 지하수 30%
취수량	대용량 취수가능 (수직정 강변여과의 10배 이상)	중소용량
집수정위치	하천에 연접	하천에서 이격
집수관위치	하천의 하부	하천에서 이격된 충적층 (강변의 대수층)
체류시간	0.5~3일	50~100일 이상 (실제 30일 내외)
오염물질 유입가능성	지하수 유입이 적어 유리하나 하천수 수질이 불량하면 오히려 오염물 유입 많음	배후지에서 오염물 유입가능
개략시설비	30억원/1만㎥	50억원/1만㎥
공사일수	5~10개월/1기	5~10개월/1기

지하수의 취수

Ⅰ. 개요

1. 지하수의 취수는 지반침하 등 환경에 영향을 심각하게 주지 않도록 해당지역의 지하수에 대한 물수지를 고려해야 한다.
2. 그러나 실제로 대수역의 실태를 파악하고 물수지를 구하는 것은 쉽지 않으며 오랜 기간 동안 자료를 축적하는 것이 필요하다.

Ⅱ. 시굴과 전기검층

지하수의 채수층을 결정하기 위해 시굴과 전기검층을 실시한다.

1. 시굴 : 지층이 변할 때마다 지질시료를 채취하여 지층의 조성을 주상도로 표현한다.
2. 전기검층 : 시굴은 주관적일 수 있으나 전기검층은 객관적으로 채수층을 결정할 수 있다.

$$
\begin{array}{ll}
\text{자갈층} & : 200 \sim 500 \ \Omega m \\
\text{모래·자갈층} & : 150 \sim 300 \ \Omega m \\
\text{모래층} & : 100 \sim 150 \ \Omega m
\end{array}
$$

주) 부도체(절연체, 유전체) : $10^4[\Omega m]$이상의 고유저항을 가진 물질. 고무, 유리, 염화비닐 등

3. 채수층의 결정 : 입자가 크고 깨끗한 자갈층은 함수율이 크므로 채수층 결정의 1순위이다.

Ⅲ. 채수층의 결정

⇒ 채수층의 결정은 굴착 중에 얻은 다음의 자료를 참고로 하여 선정한다.

1. 지층이 변할 때마다 채취한 지질시료
2. 굴착중인 점토수(drilling mud)의 양적·질적인 변화, 용천수 또는 일수(spill water) 등의 유무
3. 전기저항탐사의 결과자료
4. CCTV 수중카메라 촬영자료
5. 대수성시험 팩커 설치 및 양수시험

Ⅳ. 양수시험

1. 단계양수시험
   1) 목적
      - 한계양수량과 비유출량을 하기 위한 시험
   2) 시험방법
      - 양수량을 7~8단계로 나누어서 하나의 단계에서 몇 시간동안 양수를 계속하여 수위가 안정되었다면, 다음 단계로 양수량을 증가시키고 수위를 기록하여 양대수 방안지에 그린다.

2. 대수층 시험

1) 목적
- 대수층의 성상(투수층 두께, 저류량)을 파악하기 위한 시험

2) 시험방법

① 일정량연속대수층시험 : 한계양수량을 밑도는 양수량을 정하고, 그 양수량으로 연속시험하여 수위강하량과 시간과의 관계를 기록하여 양대수 방안지에 그린다.

② 수위회복시험 : ①의 시험이 종료된 후 그 다음 회복되는 수위와 시간과의 관계를 기록하여 양대수 방안지에 그린다.

※ 각종 양수량의 정의

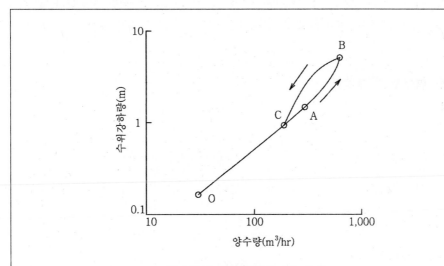

<양수량과 수위 강하량과의 관계>

(1) 최대양수량(B)
- 양수시험 과정에서 얻어진 최대의 양수량

(2) 한계양수량(A)
- 단계양수시험으로 더 이상 양수량을 늘리면 급격히 수위가 강하되어 우물에 장애를 일으키는 양수량

(3) 적정양수량(C)
- 한계양수량의 70% 이하의 양수량

(4) 경제양수량
- 한계양수량의 70% 정도의 양수량

(5) 안전양수량
- (1) ~ (4)은 우물 한 개마다의 양수량이지만, 안전양수량은 그 대수역에서 물수지에 균형을 무너뜨리지 않고 장기적으로 취수할 수 있는 양수량

3. 양수량의 결정

1) 시험시기는 최대갈수기를 기준으로 1주일간 계속하며, 여러 번 반복해서 실시

2) 한 개의 우물에서 계획취수량을 얻는 경우에는 양수시험(단계양수시험 또는 대수층시험)에 의해 적정양수량의 근거로 판단하지만,

3) 여러 개의 우물에서 계획취수량을 얻는 경우에는 우물상호간 영향을 고려하여 부근 우물이 수위강하가 없도록 안전양수량을 구해야 한다.

<영향원 반경>

천층수 수원에서	300m
심층수 수원에서	500~1,000m

4) 지하수 취수시 적정양수량 및 안전양수량 이상으로 취수하게 되면 지반침하 및 식물고사, 수중펌프에 모래유입으로 회전차(Impeller) 파손 등의 문제가 생길 수 있다.

Ⅴ. 지하수 취수량 산정공식

1. 굴착정

- Darcy 공식에서,

$$Q = -AV = -2\pi r \cdot a V$$

$$= 2\pi r \cdot a \cdot k \frac{dh}{dr}$$

- $2\pi r \cdot a \cdot k \dfrac{dh}{dr}$ 적분하면,

$$\therefore\ Q = \frac{2a\pi k(H-h_0)}{\ln\dfrac{R}{r_0}}$$

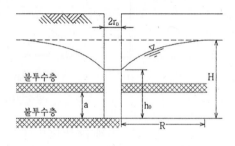

2. 심정호

$$\therefore\ Q = \frac{\pi k(H^2-h_0^2)}{\ln\dfrac{R}{r_0}}$$

3. 천정호

- 정저가 반구상의 다공벽으로 되어 있는 경우,

$$H - h_0 = \frac{Q}{4\pi r_0}$$

$$\therefore\ Q = 4\pi r_0(H - h_0)$$

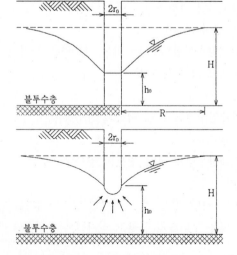

저수지 유효용량 결정

Ⅰ. 유효저수량

- 유효저수량 = 이론저수량 + 수면증발, 침투, 퇴사에 의한 감소 등의 손실수량의 합

⇒ 수도 이외의 용도까지 겸하는 저수지의 경우에는 취수량에 그 량을 고려해야 한다.

- ── 이론저수량 : 댐지점에서의 10년 빈도 갈수년 일때의 하천유효수량과 계획 취수량과의 차의 누계이다.
- ── 수면증발량 : 인근 저수지의 실적을 참고하던가 또는 부근 기상 관측소에서 증발접시로 측정한 증발량의 70%로 본다.
- ── 침투누수량 : 대개 이론 저수량의 20% 정도로 본다.
- ── 퇴사량 : 하천의 연평균 유출 토사량으로부터 추정한다.

Ⅱ. 이론저수량 산정

⇒ 이론법(누가유량곡선법, 유량도표법), 가정법, 경험법 등이 있다.

1. 이론법

1) 유량누가곡선도표법 (Ripple's method)

- 유역에서 유출량을 월별/순별(旬別, 10일)로 유입누가곡선 OA를 도시한 후, 취수누가곡선 OB를 그린다.
- 이때 OB보다 경사가 완만한 부분 EG, NP의 기점인 E, L로부터 OB곡선과 평행한 선 (EF, LM)을 긋는다.
- OA와 EF, LM의 수직거리 IG, NP 중 최대값인 IG가 저수지의 유효용량이다.

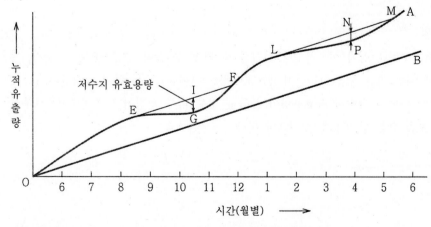

⇒ 유효용량의 단위는 ㎥/s이며, ㎥/s × month로 나타낸다.

2) 유량도표법

- 월별/旬別 하천유량 변화곡선 및 계획취수량 곡선기준을 도시한 후 면적 a 및 b 중 큰 값을 저수지 유효용량으로 한다.

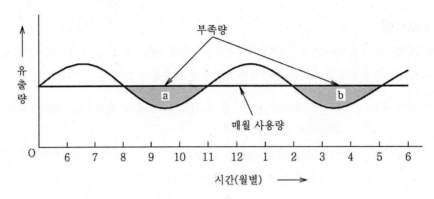

2. 가정법

$$C = \frac{5,000}{\sqrt{0.8 \times R}}$$

여기서,   C : 일최대급수량의 배수

R : 연평균 강우량(㎜)

- 저수량 = 일최대급수량 × C
- 즉, 연평균강우량만 알면 저수해야 할 수량을 알 수 있다.

3. 경험법

- 경험상으로의 저수지 유효용량은 다우(多雨)지역 120일분. 빈우(貧雨)지역 200일분으로 한다.

Ⅲ. 결언

1. 유효저수량은 상기 이론저수량 산정식 중 가장 큰 값에 수면증발량, 누수량, 겨울철 결빙에 의한 영향 등을 고려하여 20~30%정도의 여유를 가산하여 결정한다.
2. 최대갈수년의 저수지 유효용량이 부족한 경우 다른 하천이나 지하수원으로부터 부족분을 보충 받을 수 있도록 고려해야 한다.

인공호의 수리학적 유형

Ⅰ. 하천형 인공호

- 체류시간이 짧고(대략 5~6일), 수심이 얕아 성층현상이 없다.
- 호수 내 수질 및 수생태계가 상류하천에서의 유입유량의 영향을 크게 받는다.
- 팔당호, 울산의 사연호, 대암호, 회야호 등

Ⅱ. 호수형 인공호

- 체류시간이 길고, 수심이 깊어 성층현상이 발생
- 호수수질이나 수중생태계가 상류하천의 유입유량 증감에 직접적으로 영향을 받지 않는다.
- 소양호, 충주호 등

Ⅲ. 저수지형 인공호

- 주로 농업용수로 이용

Ⅳ. 하구형 인공호

- 오염부하량이 높다. 염분농도가 높다.
- 낙동강 하구, 영산강 하구

정수시설의 전체공정

I. 수원 및 저수시설
- 수원 … 지표수(하천수, 호소수), 지하수(복류수, 우물물(지하수), 용천수), 기타(빗물, 해수, 하수처리수 재이용수 등)
- 저수시설 … 댐(전용댐, 다목적댐), 호소, 유수지, 하구둑, 저수지, 지하댐

II. 취·도수시설
- 취수시설 … 취수보, 취수탑, 취수관거, 취수틀, 집수매거, 얕은우물, 깊은우물, 침사지
- 도수시설 … 방식 : 관수로식과 개수로식,
  시설 : 도수관, 도수거, 부속설비

III. 정수시설
- 착수정, 응집용 약품주입설비, 응집지, 침전지(또는 DAF), 급속(완속)여과지, 정수지
- 소독설비(염소계, UV 등), 전염소·중간염소처리, 폭기설비, 오존처리설비
- 분말활성탄 및 입상활성탄 흡착설비, 막여과 시설, 해수담수화시설
- 맛·냄새 제거설비, 철·망간 제거설비, 기타 오염물질 처리설비
- 배출수 및 슬러지 처리시설(배출수지, 배슬러지지 등)
- 구내배관과 수로, 관리용 건물, 유량측정설비, 수질시험설비, 보안설비, 동결방지대책

IV. 송수시설
- 방식 : 자연유하식, 펌프가압식, 병용식
- 시설 : 송수관, 조정지, 부속설비

V. 배수시설
- 방식 : 자연유하식, 펌프가압식, 병용식
- 시설 : 배수지, 배수탑 및 고가탱크, 배수관, 부속설비

VI. 기계·전기 · 계측제어설비
- 펌프, 전동기, 밸브, 각종 기계설비, 전기설비, 비상용 전원설비, 기계실과 전기실
- 계측제어설비, 계측제어용 기기, 감시제어설비, 무인운전설비, 컴퓨터시스템 등

VII. 급수설비
- 급수관, 급수기구, 수도미터, 저수조 이하의 설비

정수처리공정의 배열 및 각각의 기능

Ⅰ. 공정배열시 기본적인 고려사항
- 전체의 조화, 유지관리, 시설확장, 개량갱신, 여유율, 독립된 2계열 이상 설치 등을 고려한다.
- 시설의 수위결정을 위한 손실수두는 수리계산이나 실험에 의한다.
- 화장실, 오수저류시설 등은 수처리시설과 15m 이상 이격시키도록 한다.

Ⅱ. 정수장의 위치선정시 고려사항
- 몇 개의 후보지를 다음과 같은 기준에서 비교·검토한 후 선정한다.
- 소요부지 확보, 인허가, 민원발생 여부, 경제성(공사비에 영향을 주는 지반상태 검토, 토지보상비)
- 장래 확장, 전기공급의 요건, 시공성(수원과의 거리, 공급지와의 거리) 등

Ⅲ. 계획지반고 설정
- 정수장 위치가 결정되면 수리계통도를 기준으로 하여 최적 표고를 토공비 및 에너지 절감차원에서 결정한다.

Ⅳ. 시설간의 수위결정
- 가장 큰 수두손실은 여과기 단계임(급속여과방식의 경우 손실수두 3~5.5m 정도, 완속 1~2m)
- 처리공정 상호간의 간섭은 배제할 것
- 여유수두를 둘 것
- 고도정수처리시설 도입시 추가손실수두를 고려해 둘 것

Ⅴ. 시설의 평면배치계획
- 정수시설의 평면배치계획은 용지의 넓이와 형상에 제약을 받게 되며 원수의 유입방향, 송수방향, 수전위치, 접근도로의 위치 등 외부의 시설조건, 처리공정의 계통, 관리에 필요한 공간, 정수장 내에 기능상 필요한 건축물의 배치 등과 쓰레기처리장 등의 오염원으로 될 가능성이 있는 외부시설 및 소음·진동, 염소냄새 등 외부에 영향을 미치는 시설을 종합적으로 고려하여 배치한다.

- 장래의 확장계획이 예정되어 있는 경우에는 확장부지의 확보와 상호연결을 위한 관로와 수로 등을 처음부터 배치계획에 포함시켜야 한다.
- 정수시설의 배치는 처리공정의 순서대로 계획하는 것이 원칙이며, 그 이유는 물이 균등하게 흐르고 약품주입이 용이하며 계측제어용 케이블 배선이 짧고 시설을 절체 (switching) 사용하는 것도 용이하며, 수리계통의 운영과 유지관리에도 좋다.

1. 정수처리 계통도

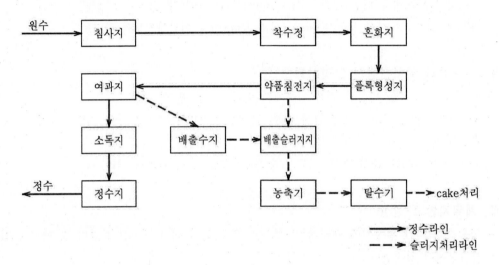

2. 각 시설물의 주요기능

1) 수처리시설
- 착수정   : 원수수위 동요방지, 원수량 조절, 균등배분, 약품투입(분말활성탄, pH조정제, 응집보조제, 전염소 등), 조정시설 수수(역세 배출수 혼합)
- ⇒ 계획취수량은 계획1일최대급수량에 손실수량(10%) 정도 고려한다.
- 혼화지   : 급속교반
- 플록형성지 : 완속교반
- 약품침전지 : 응집으로 생성된 플록의 중력침전
- 여과지   : 침전지 유출탁질, 병원성 원생동물 등 여과
- 정수지   : 염소소독으로 세균 바이러스 등 제거

2) 슬러지 처리시설
- 조정지   : 배출수지(역세척수), 배출슬러지지
- 농축지   : 중력농축 및 기계식 농축으로 수분 감소
- 탈수기   : 수분 감소, 부피 감소

3) 기타설비

- 응집용 약품주입설비, 소독설비, 폭기설비, 오존처리설비, 분말활성탄 및 입상활성탄 흡착설비, 막여과설비 등
- 구내배관과 수로, 유량측정설비, 수질시험설비, 보안설비, 관리용 건물

Ⅵ. 급속여과방식의 정수시설 배치시 시설별 유의사항

1. 착수정으로부터 정수지까지는 일반적으로 자연유하로 연결되므로 가능한 한 수로(관로)를 짧게 하여 구내의 손실수두를 최소화하는 것이 바람직하다.

2. 정수시설배열시 수리종단면도 계산을 정확히 하여 흐름이 원활하고 불필요한 수두손실이 없도록 한다.

1) 완속여과의 경우 착수정부터 여과지까지 전체 손실수두는 1~2m 정도이고

2) 급속여과의 경우 착수정부터 여과지까지 전체 손실수두는 3~5.5m 정도이다.

3) 침전지 각 지별로 손실수두를 균등히 하여 유입유량이 균등하도록 충분한 검토가 필요하다.

4) 여과지 유입수는 유량제어시스템의 제어에 따라 균등유입이 가능하도록 한다.

3. 용지가 협소하고 모든 정수시설을 평면으로 배치할 수 없는 경우에는 비용이 들지만, 입체적으로 배치할 수도 있다. 이러한 경우에는 관리용 건물 등도 포함하여 일체화하는 경우도 있다.

정수장의 양정 (= 시설간의 수위 결정)

Ⅰ. 급속여과방식의 손실수두는 3.0~5.5m

- 급속여과방식인 경우에는 고도정수처리를 하지 않는 통상적인 응집·플록형성·침전·여과까지 시설전체의 손실수두는 3.0~5.5m 정도가 된다. 이 손실수두의 대부분은 여과지의 손실수두이고 그 밖에는 플록형성지나 관로 및 관거 등의 저항, 유향제어용 밸브와 수문의 손실 등이 있다. 완속여과방식의 정수장인 경우에는 착수정으로부터 침전지와 여과지까지 전체의 손실수두는 1~2m 정도이다. (고도처리시 오존접촉지, 활성탄여과지의 수두손실, 막여과압에 의한 손실 등도 고려)

Ⅱ. 처리공정 상호간의 간섭배제

- 정수장 전체의 수위는 각 처리공정마다 수리적으로 연계구간을 짧게 하면 제어가 용이하다. 착수정·응집·플록형성지·침전지·여과지 간의 연계구간이 짧아지지 않을 경우에도 손실수두를 적게 하기 위하여 처리공정 상호간에 간섭받도록 배치하는 방법은 바람직하지 못하다.

Ⅲ. 여유수두를 둘 것

- 정수장의 손실수두는 수리계산으로 결정되지만 복잡한 시설인 경우에는 수리실험에 의한 비율보정을 고려하여 결정할 수 있으며, 그 밖에 시설을 개량하거나 또는 노후화에 의한 표면조도의 증가 등을 예상하여 여유를 갖는 것이 바람직하다.

Ⅳ. 고도정수시설 도입시 추가 손실수두

- 처리시설 정수장에 고도정수시설을 도입하면 손실수두는 더욱 커진다. 특히 고정상의 활성탄흡착지는 거의 급속여과지와 동일한 기구이므로 손실수두 역시 거의 비슷하다. 그 외에 오존접촉지나 생물처리지 등의 손실수두는 시설계획에 따라 다르게 된다.

정수처리방법 선정시 고려사항

Ⅰ. 정수처리방법 선정절차

1. 원수수질 조사 및 정수의 관리목표 설정
 - 탁질의 정도, NOM의 형태, 조류발생 정도, 크립토스포리디움에 의한 원수의 오염우려
   에 대한 조사를 포함)
2. 처리대상물질의 추출
3. 유효한 처리방법의 선정
 - 불용해성물질에 대한 단위처리방식 및 용해성물질에 대한 단위처리방법 함께 고려
4. 정수시설의 규모 … 소규모시설은 주로 완속여과, 막여과 추천, 대규모시설은 급속여과
   추천
5. 운전제어와 유지관리기술의 관리수준
6. 건설, 운전, 유지관리하기 위한 비용
7. 용지 확보
8. 처리방식 및 각 단위처리방법간의 합리적 부하배분, 정수처리공정으로서의 균형유지 검토
9. 정수처리공정의 선정

Ⅱ. 정수처리공정의 선정기준

1. 우선 불용해성 성분에 관하여 적절한 처리방식을 선택하며, 그 다음 필요에 따라 용해성
   성분을 처리하기 위한 처리방식을 조합시키는 것이 일반적이다.
2. 다만, 수질이 양호한 지하수를 수원으로 하는 경우에는 소독만으로 수질기준을 만족하는
   경우도 많다.
3. 불용해성 성분을 제거하는 유효하고 대표적인 처리방식으로 완속여과방식, 급속여과방식
   및 막여과방식이 있다.
4. 이들 방식으로는 용해성 성분을 충분히 제거할 수 없기 때문에 필요에 따라 고도정수처
   리 등의 특수처리방식을 추가하는 것을 고려해야 한다.

Ⅲ. 대표적인 처리방식의 특징

1. 소독만인 방식
 - 원수수질이 양호하고 대장균군 50MPN(100mL) 이하, 일반세균 500CFU 이하
 - 그 이외의 수질항목은 먹는물 수질기준에 상시 적합한 경우
 - 특히 크립토스포리디움(Cryptosporidium)에 오염될 우려가 없는 경우

2. 완속여과방식

- 원수수질 비교적 양호, 대장균군 1,000MPN이하, BOD 2mg/L 이하
- 최고탁도 10NTU 이하

3. 급속여과방식

- 소독만의 방식이나 완속여과방식으로 정화할 수 없는 경우
- 대장균군수 2,000MPN 이하, BOD 2~3 mg/L 정도(최대 6mg/L)
- 원수탁도가 장기간에 걸쳐 10NTU 이하로 안정된 경우에는 직접여과를 선택할 수 있음

4. 막여과방식

- 현탁물질이나 콜로이드를 제거하기 위한 경우 사용
- MF, UF 등의 막을 사용
- 막여과로 제거하기 어려운 용해성유기물, 맛·냄새, 망간 제거를 위해 후처리를 해야 함.

5. 고도정수처리 등

- 주로 용해성 성분을 충분히 제거하기 위해 채용함
- 원수에 다량의 Fe, Mn, ABS, 유리탄산 등이 포함시
- 우리나라의 경우 Fe, Mn 또는 맛·냄새물질의 제거를 목적으로 대부분 채용하나

착수정(Gauging Well)

Ⅰ. 개요
- 도수시설에서 도입되는 원수의 수위동요를 안정시키고, 원수량을 조절하여 후속처리공정 및 슬러지 조정시설에서 발생된 역세척수, 반송수의 수수목적으로 설치되는 구조물

Ⅱ. 역할
1. 유입유량의 시간적 변화를 조절하여 후속시설에 균등분배
2. NOM 등 유입시 분말활성탄 주입
3. 고탁도시 알칼리제, 응집보조제 주입
4. pH 상승시 산제 주입
5. NH_3-N 등 유입시 전염소 주입
6. 위어(weir) 및 유량계에 의한 유량 측정
7. 역세 배출수 혼합
8. 취수원이 여러 곳일 경우 원수를 혼합

Ⅲ. 구조 및 형상

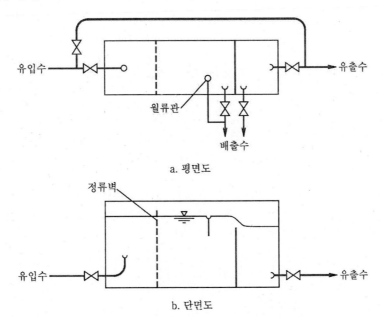

a. 평면도

b. 단면도

1. 수리 및 청소를 위해 2조 이상 혹은 bypass 설치
2. 고수위가 되지 않도록 월류관 혹은 월류웨어 설치
3. 조류 및 부유물질 제거를 위해 스크린 설치
4. 유입구에 제수밸브 혹은 수문 설치
5. 유입부 폭은 2m 이상 혹은 유입관경의 2.5배 이상
6. 물넘이 뚝은 1m 정도
7. 여유고(고수위에서 상단까지) 60cm 이상 유지

Ⅳ. 용량

1. 체류시간 1.5분 (표면적 $10m^2$ 이상)
2. 유효수심 3~5m

혼화와 응집에서 중요한 인자

Ⅰ. 개요

- 원수중의 콜로이드성 입자를 미소플록(micro floc)으로 형성시키는 혼화(coagulation)와 미소플록을 대형플록(macro floc)으로 성장시키는 응결(flocculation)의 설계와 운영을 위하여 속도경사와 교반에너지를 적정범위로 결정해야 함.
- 즉, 속도경사(G), 접촉시간(t)을 고려하여 설계해야 함

  ### ※ Back mixing의 경우 설계값

┌ 혼화지 　　 : G = 300~800sec^{-1}, T = 20~40sec
└ 플록형성지 : G = 20~75sec^{-1}, T = 20~30min

Ⅱ. 중요인자

- 응집영향인자로는 속도경사, 수온, 알칼리도, pH, 공존물질, 응집보조제, 혼화방식, 플록형성지 방식 등이 있으며, 제일 중요한 인자는 속도경사, 혼화방식, 수온, pH, 알칼리도 라 판단된다.

1. 속도경사(G)

- 수류에서 입자간의 속도차에 의해 발생하는 것으로 흐름방향에서 직각인 거리(dy)간의 속도차 dv로 표시되며, 또한 속도경사(G)는 교반동력(P), 교반조 용적(V), 액체의 점성계수(μ)의 함수이다.

$$G = \frac{dV}{dy} = \sqrt{\frac{P}{\mu V}} \quad (\text{속도경사})$$

여기서, 　P : 교반동력, =wQh, kg·m/sec

　　　　　┌ w : 단위중량, kg/m^3

　　　　　├ Q : 유량, m^3/sec

　　　　　└ h : 손실수두, m

　　　　μ : 액체의 점성계수, kg/m·sec

　　　　V : 교반조 용적, m^3

2. 플록형성속도

- 입자의 접촉횟수의 함수이며, 농도의 제곱에 비례, 입경의 세제곱에 비례한다.

$$N = n_1 \cdot n_2 \cdot \frac{1}{6} G(d_1 + d_2)^3 \quad \text{(입자의 충돌횟수)}$$

여기서, N : 단위용적당 단위시간내의 입자의 접촉회수
n_1, n_2 : 입자의 수
G : 속도경사, 1/sec
d_1, d_2 : 입자의 입경

Ⅲ. 혼화지 및 플록형성지 G·t값 설계시 고려사항

1. 혼화지

- 혼화공정에서 접촉시간은 1초 정도로 짧으므로 관내혼화방식, 분사노즐교반기, Zet mixing방법 고려
 ⇒ 응집제의 수화반응은 짧은 시간내 이루어지므로 초기교반강도는 순간혼화가 매우 중요하다.
- 혼화지와 플록형성지 사이의 간격은 짧게 한다.
 ⇒ 플록파괴를 방지

2. 플록형성지

- 플록형성지에서 높은 G값 형성은 전단력에 의한 플록파괴가 우려되므로 주의한다.
 (최대 G값 100sec^{-1} 이하)
- 최적응집제 주입량 시험후 적정 약품 투입 : Jar test, SCD, Zeta Potential 측정, 입자계수기 등에 의한 최적응집제 주입량 결정 후 적절한 혼화·응집을 위한 응집제량을 주입한다.
- 플록형성지는 점감식 플록형성지가 바람직하다.
- 플록형성지와 침전지는 가깝게 배치한다.

혼화와 응집효율 향상방안

Ⅰ. 원수특성 고려
- 원수의 특성을 고려하여 Pilot plant 설치운영으로 최적의 공정설계 및 운전인자 도출

Ⅱ. 초기교반강도증가
- 응집제 주입후 혼합되는 시간이 매우 짧은 순간혼화(1초 이내)가 필요
- 응집제의 수화반응은 짧은 시간(0.001초~1초)에 이루어지므로 응집제의 주입과 동시에 급속하게 혼합해 주어야 미세플록의 형성을 촉진시킴.
- 기계식 혼화기를 사용할 경우에 속도경사 G=300~700/s이며, 접촉시간은 20~40초로 제안하고 있다. 그러나 응집제의 수화반응을 고려하여 접촉시간 1초 이내, 속도경사 1,000~1,500/s(최대 5,000/s까지)가 적절하다. 이러한 조건을 제공하기 위해서는 관내혼합방식이 효과적이다.

Ⅲ. 혼화방식의 개선
- 순간급속혼화방식(plug flow type)이 기존의 Back-mixing type(complete mixing)보다 효율이 높고 응집제가 절감된다.
- 따라서 Inline mixer(관내혼합방식), 분사노즐교반기, Zet mixing 방법 또는 Water champ 혼화방식(접촉시간 0.5~1초, G 1,000/s 이상) 등을 검토한다.

Ⅳ. 최적응집제 주입량 결정
- Jar test 외 제타전위계, SCM(Stream Current Monitoring), CAS-T(Charge Analyzer System-Titration, 적정에 의한 전하분석시스템), 입자계수기, Pilot 필터의 연속운전 응용

Ⅴ. 플록형성지의 개선
1. 혼화지와 플록형성지 사이는 간격을 짧게 한다. → 플록파괴를 방지
2. 플록형성지의 점감식 설계 … 점점 느리게 함.
3. 플록형성지의 단락류 감소 … 교반기의 운동방향을 서로 다르게 조정하거나, 수평패들형 대신에 수직 하이드로포일형 사용 권장

정수장 약품선정(응집제, 응집보조제, pH조정제)

I. 원수 탁도에 따른 약품선정

- 5NTU 이하인 평상시(90% 이상)에는 Alum을 사용하고,

  고탁도 100NTU 이상(홍수시 10% 이하)이거나, 저수온시에는 PAC 혹은 Alum + 응집보

  조제를 사용하는 것이 경제적이다.

- 처리의 안전성 확보를 위해 대규모 정수장은 고효율 응집제를 사용하고, 중소규모 정수

  장(특히 완속여과 사용)은 복류수 취수(하상여과, 강변여과), 막여과 적용을 검토한다.

  ⇒ 소양정수장의 경우 흙탕물 발생시 PAC에서 PAHCS로 바꾸고 응집보조제(NaOH)를 투입하고

  있다.

II. 정수장의 약품 : 응집제, 응집보조제, pH 조정제(산제, 알칼리제) 등

1. 응집제

- 응집제는 콜로이드의 하전중하능과 콜로이드 입자간의 가교능(bridging effect)을 가진

  물질이다.

1) Alum

- 반응식

$$Al_2(SO_4)_3 \cdot 18H_2O + 3Ca(HCO_3)_2 \rightarrow 2Al(OH)_3 + 3CaSO_4 + 6CO_2 + 18H_2O$$

(탄산경도)   (비탄산경도)

장점	· 가격이 저렴하고 사용경험이 많다.
	· 부식성, 자극성이 없다.
	· 무독성이며 취급이 용이하다.
단점	· 응집범위가 좁고(pH 5.5~7.5), pH와 알칼리도의 저하가 크다.
	· 철염에 비해 생성된 플록이 가볍다.
	· 저수온, 고탁도시 응집효율이 떨어진다.(응집보조제 필요)
	· Alum 수용액은 강산성이므로 취급주의

2) PAC (Poly Aluminum Chloride)

- 정수장 평상시의 응집약품으로 많이 사용되고 있다.

- Alum 투입량의 70~80%, 저수온/고탁도시 탁도 제거효율 우수

장점	· 저수온, 고탁도시 응집효율이 우수하다.(alum의 3~4배) · 적정 주입률 범위가 대단히 넓고(pH 5~11), 과량주입시 효과가 떨어지지 않는다. · floc 형성속도가 대단히 빠르며(alum의 1.5~3배), 생성플럭이 대형이다. · pH, 알칼리도의 저하는 alum의 1/2~1/3 정도
단점	· 가격이 alum보다 비싸다. · 부식성이 강하므로 저장에 주의 · 6개월 이상 보관시 품질의 안정성이 떨어진다(백탁현상 발생). · -20℃ 이하에는 결정이 석출되므로 한랭지에는 보온장치가 필요

3) PSO-M (Polyaluminum Sulfate Organic Magnesium)

- Alum + 폴리머 + Mg의 혼합체
- 무색 또는 황갈색의 투명한 액체(가격이 저렴하다.)
- 갈수기 조류번식으로 인한 pH 상승시 pH 감소효과가 있다.
- pH 변화에 따른 응집변화의 폭이 넓어 급격한 수질변화시 적합
- PAC와 혼합 보관시 침전물 발생

4) PACS (- Chloride Silicate)

- Alum 함량 30%, 저수온/고탁도시 우수, 정수장 호우시 사용
- 가격이 비싸다. 액체상에서 장기 보관시 침전물이 생김.

5) PAHCS (- Hydroxy Chloro Sulfate)

- 고탁도시나 조류과다시 응집효율이 PSO-M보다 조금 높으나 PAC와는 비슷한 효과가 나타남.
- 가격이 비싸다.

6) PASS (- Silicate Sulfate)

- 분자량이 100,000 ~ 300,000 정도이다.
- Si(4가)를 함유하고 있어 침전성이 좋으며, 유기물의 제거 능력이 우수하다.
- 미세한 고형물 제거에 효과가 높고, 특히 저온에서 탁월한 응집력을 발휘하는 것으로 알려지고 있다.
- 응집 후 pH 강하가 적으며, 처리 후 Al 이온 농도가 낮은 특정을 기지고 있다.

7) PACC (- Chloride Calcium)

- 염기도가 70(%) 이상인 것이 가장 큰 특징이다.
- 고탁도 · 저알칼리도를 갖는 원수처리에 가장 적합하다.
- 함유된 칼슘은 처리 후 알칼리도의 저하를 방지하고 소석회의 사용량을 절감할 수 있게 한다.

8) 철염계 응집제

- 철염계 응집제는 적용 pH 범위가 넓으며 플록이 침강하기 쉽다는 이점도 있지만, 과잉으로 주입하면 물이 착색되기 때문에 주입량의 제어가 중요하다.

```
┌── 황산제1철(소석회 필요)        : FeSO₄·7H₂O
│
├── 황산제2철(소석회 필요 없음)  : Fe₂(SO₄)₃
│
├── 염화제2철(소석회 필요)        : FeCl₃
│
└── 염화코퍼라스 : 황산제2철과 염화제2철의 혼합물
```

2. 응집보조제

- 유기고분자응집보조제(폴리아크릴산, 알긴산나트륨), 활성규산 또는 규산나트륨, clay(벤토나이트), fly ash, 분말활성탄 등

1) (유기)고분자응집제

- 콜로이드성분을 응집시키는 것이 아니라 가교작용(bridging effect)에 의해 미소플록을 대형 플록화하는 작용을 한다.
- 고분자응집제는 농축성이 우수하지만 탈수성은 좋지 않다.
- 천연으로 존재하는 알긴산소다(미역과 같은 해초로 만들어지는 천연고분자화합물)와 합성에 의해 만들어지는 폴리아크릴산이 대표적이다.(아크릴아미드모노머의 잔류에 의한 수질위험성 주의)

2) 활성규산 및 규산나트륨

- 이것은 금속수산화물과 결합하여 응결물을 형성한다.
- 응집보조제로서 가장 일반적이며 응집보조제로의 기능은 우수하나 여과지에서 손실수두를 빠르게 상승시키므로 활성화 조작에 어려움이 있다.
- 활성규산의 원료인 규산나트륨도 수중에서 일종의 활성규산을 생성하기 때문에 응집보조제로서의 효과가 있다.

3) Clay

- 글라스질의 화산재가 분해작용으로 생성된 것. 대표적인 것으로 bentonite가 있다.
- Clay가 미소플록의 핵으로 작용하여 응결물을 형성한다.

4) Fly ash

- 화력발전소 등에서 미분탄 연소시 연기와 같이 배출되는 것을 집진기에 의하여 집진된 분말상의 석탄회

5) 분말활성탄

- 조류발생에 의한 응집 불량시 착수정 또는 취수구에 투입하여 응집효과를 높임.
- 맛·냄새, NOM 및 미량유해물질 등의 제거효과가 있으며, 전염소 투입 이전단계에 주입

3. pH조정제

1) 알칼리제

수중의 유리탄산 제거, pH와 알칼리도 상승, 물의 부식성 감소, 응집효율 증대

(1) 소석회(CaO)

- 장점 : 분말이기 때문에 보관에 유리, 알칼리도 조절에 효과적, 가격이 경제적
- 단점 : 분말이기 때문에 용해도가 낮고 취급하기가 곤란, 슬러지 발생량이 많음.

(2) 액체수산나트륨(가성소다, NaOH)

- 장점 : 액상으로 취급 및 정량투입이 용이하고 용해도가 큼. pH 조절이 효과적
- 단점 : 극약(독성)이므로 취급에 주의, 인체접촉시 화상 위험

(3) 소오다회(Na_2CO_3)

- 입상일 경우 취급하기가 쉽다.

2) 산제

상수원이 부영양화 되는 경우 조류가 번성하는 시기에 pH가 높아지므로 조절 필요

(1) 황산 : 황산은 독극물로서 법규의 규제를 받는 경우가 있음.
(2) 액화이산화탄소 : 독극물 규제는 없지만 저장량이 많으면 고압가스안전관리법의 규제 대상이 됨.

응집보조제 또는 알칼리제 주입 이유

I. 응집보조제 주입 이유

⇒ 응집·침전효율 증대, 여과효율 증대

1. 강우로 인하여 원수가 고탁도이거나 동절기 저수온일 때 또는 처리수량을 증가시키고자 할 때는 응집제만을 사용하거나 알칼리제와 병용하는 일반적인 방법으로는 floc 형성이 잘 안되고 침전수의 탁도상승으로 여과지에 부담을 줄 때가 있다.

    따라서 저수온 및 고탁도시 미소플록을 단단하게 하고 대형화하여 급속여과지에서 쉽게 제거되도록 하고, 또한 철·망간 및 생물 제거와 분말활성탄 주입시 등에 침전과 여과효율을 더욱 높여야 할 때도 사용하기도 한다.

2. 종류
   - 활성규산/규산나트륨, 유기고분자응집제(천연 : 알긴산나트륨, 합성 : 폴리아크릴산), Clay(벤토나이트), fly ash, 분말활성탄 등
   ⇒ 근래 응집보조제가 포함된 응집약품이 상품화되어 주로 사용되고 있다. (=무기고분자응집제)
   예) PAC, PACS, PAHCS, PASS, PSO-M 등

II. 알칼리제 주입 이유

- 수중의 유리탄산 제거, pH와 알칼리도 상승, 물의 부식성 감소, 응집효율 증대

1. 알칼리도는 응집이 유효한 범위 내로 물을 완충하는 작용을 한다. 그러나 응집제를 물속에 첨가하면 수중의 탁질 콜로이드와 반응하면서 알칼리도가 소모되고 pH도 떨어져서 적정한 응집범위를 벗어나 응집이 불량해지므로 알칼리제를 공급해 주어야 한다.
   ⇒ 즉, 응집제는 물속의 알칼리도와 반응하여 $Al(OH)_3\downarrow$를 만들어 내므로 알칼리도를 소모하게 되고 따라서 부족한 알칼리도를 보충하게 위해서 알칼리제의 주입이 필요하다.

2. Alum의 물속에서의 반응
   - 반응식 : $Al_2(SO_4)_3\cdot18H_2O + 3Ca(HCO_3)_2 \rightarrow 2Al(OH)_3 + 3CaSO_4 + 6CO_2 + 18H_2O$
     　　　　　　　　　(탄산경도)　　　　　　　　　　　　　(비탄산경도)
   1) 탄산경도가 비탄산경도가 바뀌면서 알칼리도를 소모하므로 알칼리제를 주입(보충)해 주어야 한다.
      - 응집에 필요한 알칼리도는 원수탁도 100도(60NTU) 이하일 때 30~50㎎/L가 적당
   2) PAC의 경우 알칼리도 저하가 Alum의 1/2~1/3이다.
      - 철염 중 황산제1철 및 염화제2철의 경우, 통상 알칼리제(소석회)를 주입한다.
      - 그러나 알칼리도가 너무 높으면 응집제 소요량이 커지게 되므로 주의한다.

응집시 황산반토와 소석회, 황산반토와 소다회의 차이점

Ⅰ. 화학반응식

1. 적당량의 Alum을 수중에 가하면 수중의 알칼리와 다음과 같이 반응하며 수산화 알루미늄의 콜로이드가 석출되어 응집을 일으킨다.

$$Al_2(SO_4)_3 + 3Ca(HCO_3)_2 \rightarrow 2Al(OH)_3\downarrow + 3CaSO_4 + 6CO_2$$

2. 수중에 알칼리가 부족하면 반응이 진행되지 않으므로 소석회 및 소다회를 첨가한다.

    ┌─ 황산반토와 소석회 : $Al_2(SO_4)_3 + 3Ca(OH)_2 \rightarrow 2Al(OH)_3\downarrow + 3CaSO_4$

    └─ 황산반토와 소다회 : $Al_2(SO_4)_3 + 3Na_2CO_3 \rightarrow 2Al(OH)_3\downarrow + 3Na_2SO_4 + 3CO_2$

Ⅱ. 차이점

- 상기 반응식에서 보면,

1. 소석회 투입시 : $Ca(OH)_2$의 일시경도가 $CaSO_4$의 영구경도로 변하며 CO_2를 발생시키지 않는다.

2. 소오다회 투입시 : 경도성분에는 변함이 없으나 CO_2를 발생시켜 알칼리를 소모시키므로 pH가 어느정도 저하하게 된다.

Ⅲ. 계 산 예

Ex)

- 원수 30,000 m^3/d , Alum 200 mg/L, 원수의 알칼리도 50 mg/L일 때 소석회 주입량 및 슬러지 생산량 산정

Sol)

1) 소석회 주입량

    ┌─ $Al_2(SO_4)_3 \cdot 18H_2O$의 분자량   : $27 \times 2 + (32 + 16 + 4) \times 3 + 18 \times (2 + 16) = 666(g)$

    └─ $3Ca(OH)_2$의 분자량   : $3 \times \{40 + (16 + 1) \times 2\} = 222(g)$

        $666 : 222 = 200 : x \quad \Rightarrow x = 67$ mg/L

- Alum 200 mg/L에 대하여 소석회 67 mg/L이 반응한다. 이미 원수중에 50 mg/L의 알 칼리도(as $CaCO_3$)가 함유되어 있으므로 이를 $Ca(OH)_2$로 환산하면,

┌─ $Ca(OH)_2$의 분자량 : $40+(16+1)×2 = 74(g)$
└─ $CaCO_3$의 분자량 : $40+12+16+×3 = 100(g)$

  $100 : 74 = 50 : x$ ⇒ $x = 37$ mg/L

∴ 소요 $Ca(OH)_2$량은 $(67-37)$ mg/L $× 30,000$ m³/d $× 10^{-6} = 0.9$ ton/d

2) 슬러지 생산량

── $2Al(OH)_3$의 분자량 : $2×\{27+(16+1)×3\} = 156(g)$

  $666 : 156 = 200 : x$ ⇒ $x = 46.8$ mg/L

∴ 슬러지 생산량은 $30,000$ m³/d $× 46.8$ mg/L $× 10^{-6} = 1.4$ ton/d

응집 영향인자

I. 개요

1. 응집공정은 혼화(coagulation)와 플록형성(flocculation)으로 구분한다.
2. **혼화**는 가능한 짧은 시간에 응집제를 균등 분산시켜 미소플록(10㎛의 micro floc)을 형성하는 것이고,
3. **플록형성**은 미소플록을 결합시켜 대형플록을 형성, 침전지에서 II형 침전(응결물의 침전)을 유도하는 것이다.

II. 응집 영향인자

1. 수온

1) 수온이 높아지면 물의 점도가 저하되어 이온의 확산이 빨라지며, 따라서 응집제의 화학반응이 촉진되어 응집제 사용량을 줄일 수 있다.
2) 반면, 수온은 낮을수록 응집제가 잘 용해되지 않으므로 응집제의 사용량이 많아진다.
3) 수온이 0℃인 경우는 24℃인 경우에 비해서 플록형성속도가 30% 가량 감소된다.

2. 알칼리도

1) 알칼리도는 응집이 유효한 범위 내로 물을 완충하는 작용을 한다. 응집제를 물속에 첨가하면 수중의 탁질 콜로이드와 반응하면서 알칼리도가 소모되고 pH도 떨어져서 적정한 응집범위를 벗어나 응집이 불량해지므로 알칼리도를 공급해 주어야 한다.
   한편 알칼리도가 너무 높으면 응집제 소요량이 커지게 된다.

2) Alum의 물속에서의 반응
 - 반응식
   $$Al_2(SO_4)_3 \cdot 18H_2O + 3Ca(HCO_3)_2 \rightarrow 2Al(OH)_3 + 3CaSO_4 + 6CO_2 + 18H_2O$$
   $$\text{(탄산경도)} \qquad\qquad\qquad \text{(비탄산경도)}$$
 - 탄산경도가 비탄산경도로 바뀌어 알칼리도를 소모하므로 알칼리제를 보충해 주어야 한다.
 - 응집에 필요한 알칼리도는 원수탁도 100도(60NTU) 이하일 때 30~50㎎/L가 적당

3) 알칼리도의 저하 정도는 PAC가 Alum보다 1/2~1/3 정도로 낮다.
   철염 중 황산제1철 및 염화제2철의 경우, 통상 알칼리제(소석회)를 주입한다.

3. pH

1) 응집제는 각각 그 응집제에 대한 최적의 pH가 존재하며, 응집제의 응집작용이 최대이고 Floc의 용해도가 최소이도록 pH를 조정해야 한다. pH는 알칼리도와 관련이 있으며 원수의 pH가 적당한 응집범위에 있더라도 응집제 주입량이 과도하면 알칼리도가 소모되고 pH가 낮아져 응집이 잘 되지 않는다.

2) Alum 및 철염은 CO_2를 발생시키므로 pH가 저하된다.

3) 적정 pH 범위

  - Alum 7~8(EC적용시 5.5~6.5), PAC의 응집범위는 Alum에 비해 약 4배 넓다(pH 5~11).
  - 철염은 적정 pH 범위가 넓은 것이 장점이다. 황산제2철 5~11, 염화제2철 4 이상

4. 교반조건

1) 응집반응속도는 입자간 접촉횟수에 비례한다.

2) 접촉횟수 공식은 다음과 같다.

$$N = (n_1 \cdot n_2) \cdot \frac{1}{6} G(d_1 + d_2)^3 = (n_1 \cdot n_2) \cdot \frac{1}{6} \sqrt{\frac{P}{\mu V}} (d_1 + d_2)^3$$

<Camp-Stein식>

  - Floc의 응집과 성장을 위하여 Floc의 충돌횟수가 많아야 하며, 위 식에 따르면 입자의 농도(n)의 2승에 비례하고, 속도경사(G)에 비례하며, 플럭의 입경(d)의 3승에 비례한다.
  - 따라서 일반적으로 저탁도의 물보다 고탁도의 물이 응집하기 쉽고, 겨울철에는 수온이 낮아 점성이 크므로 교반을 크게 해야 응집이 잘된다.
  ⇒ 24℃→0℃ 이면 Floc 생성속도는 30%정도 늦어짐 (Camp-Stein)

5. 공존물의 영향

  - 응집 저해물질로는 황산이온, 휴믹산, 규산 등이 있으며, pH를 저하시킨다.

Ⅲ. 응집제의 제거능력

1. 탁도, 콜로이드성 색도는 매우 잘 제거됨
2. COD 40~70%, BOD 30~60%, SS·박테리아 80~90% 정도 제거
3. 용해성 BOD는 별 효과 없음
4. 경도 : 탄산경도가 비탄산경도로 변하므로 역효과 발생(알칼리도 및 pH 저하)

응집 기작(메커니즘)

Ⅰ. 응집의 4가지 메커니즘

응집기작	내용
이중층 압축 (Double layer compression)	· 전기적 이중층 구조의 분산층 두께를 감소시켜 입자 　간의 반발력을 감소
흡착과 하전중화 (Adsorption and charge neutralization)	· 반대전하로 하전된 화학종(응집제)의 흡착
흡착과 입자간 가교결합 (Adsorption and interpaticle bridging)	· 내부입자(폴리머)의 가교작용을 이루는 흡착
침전에 의한 체거름작용 (Enmeshment in a precipitate)	· 과량의 응집제를 주입하여 체거름현상으로 이물질 　제거(= sweep coagulation)

Ⅱ. 응집기작

1. 중화능 (= 전기이중층 압축, 하전중화)

- 콜로이드입자는 겉보기비중이 물과 비슷하여 매우 안정하게 현탁하고 있으며, 또한 (+)(−)의 같은 전하끼리 서로 대전하고 있어 전기적 인력(반데르발스의 힘), 척력(제타전위), 중력에 의하여 전기역학적으로 평행되어 있다. 따라서 제타전위를 감소시켜 이러한 전기적 평행상태를 깨뜨려 입자간의 응집을 촉진시킨다.
- 즉 대부분의 콜로이드입자는 (−)로 대전되어 있으며 (+)로 대전되는 응집제를 투여함으로서 입자간의 반발력을 감소시킨다.

colloid 입자　　　　　cation계 응집제　　　　　응집

〈전기적 중화의 개념도〉

2. 가교능 (= 흡착과 입자간의 가교결합)

- 고분자전해질로 만들어지는 고분자응집제는 물에 녹아 극성기를 가지는 고분자 사슬을 형성하고, 이러한 고분자 사슬이 대전입자에 흡착하여 입자와 입자간에 가교작용을 한다.
- 콜로이드입자보다 미립자, 즉 Alum 등으로 1차처리한 플록 등에 효과가 크다.
- ⇒ 무기고분자응집제(PAC, PACS, PAHCD 등), 유기고분자응집제(폴리아크릴산, 알긴산나트륨)

colloid 입자   고분자응집제   응집

〈가교(Interparticulate bridging)의 개념도〉

3. Sweep coagulation (포획응집, 과량응집)

1) 개요
- 응집제 요구량 이상의 과잉 응집제를 주입하여 Enmeshment(침전물에 의한 체거름현상)에 의해 콜로이드를 제거한다.

2) 장단점
- 장점 : 운영이 용이하고 안정적인 수처리효율을 유지
- 단점 : 잔류Al농도 증가, 슬러지농도 증가, 응집효율 저조

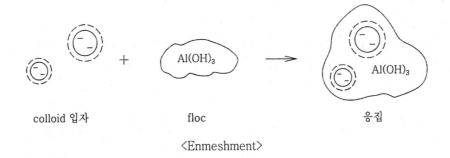

colloid 입자   floc   응집

〈Enmeshment〉

Ⅲ. 강화응집과 고도응집

1. Enhanced coagulation (강화응집)

1) 개요
- NOM 성분을 제거하기 위해 원수 pH를 5.5~6.5로 조절 후, 응집제를 과량 주입하는 방식

2) EC 적용시 문제점

 - 기존방식보다 1~3.5배 응집제량 과다 주입 ⇒ 잔류알루미늄 및 슬러지발생량 증가
 - pH를 6 이하로 낮추는 경우 배관부식 등 발생

2. Advanced coagulation (고도응집)

1) 개요

 - EC가 pH 조절 및 응집제 과량 투여로 NOM을 제거한다면,
 - AC는 알칼리도 조절(pH 조절) 및 순간혼화(수화반응유도)로 NOM을 제거하는 방식이다.

 ① 순간혼화(Rapid mixing)

 - 기존 Back mixing방식은 혼화시 속도경사(G) 300~700/s, 혼화시간(t) 20~40초로 운전한다면, Rapid mixing방식은 G 1,000~1,500/s, t 1초 이내로 운전하는 방식이다.

 ② 수화반응

 - 응집제 혼화 직후 알칼리도가 부족한 상태에서 1초 이내에 물과 반응하여, $Al_2(H_2O)(OH)_4^{2+}$등의 중간수화종이 발생하는데, 이 때 발생한 중간수화종이 NOM 성분과 반응하여 제거한다.

$$Al^{3+} + nH_2O \rightarrow Al(OH)^{2+}, Al_2(OH)_2^{4+}, Al_7(OH)_{13}^{8+} 등 (1초 이내) \rightarrow Al(OH)_3\downarrow$$

<수화반응식>

 - 유기고분자응집(보조)제는 기본적으로 수화반응(hydrolysis)을 하지 않는다.

2) AC 적용효과

 ① 기존 back mixing 방식 개선
 ② 기존방식보다 30~40% 응집제량 절감
 ③ 교반에너지 절감

3) AC 적용기법

 ① 초급속 혼화
 ② 사전 pH 조정 후 응집제 주입으로 수화반응 유도 후, 알칼리도 주입
 ③ Alum으로 수화반응 유도 및 미소플럭 형성 후, PAC의 가교능으로 대형 플록화

4) AC 적용시 고려사항

 ① pH 저하로 인한 배관 부식
 ② 원수 수질변화에 따라 신속한 대응이 필요하다.
 ③ 고도의 운전기술이 요구된다. → 운전Miss로 인한 부작용이 발생할 수 있다.

Sweep coagulation과 Sweep flocculation

Ⅰ. Sweep coagulation
- 적은 양의 입자가 많은 응집제를 포함하는 floc 속에 갇혀서 응집하는 현상
- 응집제가 수화반응은 수초 이내에 생기며 이 중간수화종에 의해 미세플록이 생기게 되는데, 따라서 급속하게 혼합해 주어야 상호충돌기회가 많이 생겨 응집이 잘 될 수 있다.
- 그 이후에는 응집력이 거의 없는 무정형 수산화알루미늄[$Al(OH)_3$]이 생기는데 이것이 바로 sweep 응집(포획응집)을 일으킨다. $Al(OH)_3$(S)은 물보다 무거운 무정형이고 아교성인 floc을 형성하며 중력 침강한다.
- 입자를 이러한 방법으로 씻어 내리면서 제거하는 공정을 Sweep coagulation이라 한다. (= 체거름현상, enmeshment)

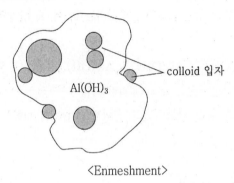

<Enmeshment>

Ⅱ. Sweep flocculation
- 분자운동이나 유체의 물리적 혼화(coagulation)의 결과로써 발생되는 입자간이 충돌이나 플록내 갇히게 되는 것, 즉 공침하게 되는 현상
- PAC 등 무기고분자응집제 등은 고분자이기 때문에 가교작용(bridging)이 있다. 그러므로 alum과 달리 응집보조제가 필요 없다. 따라서 PAC는 coagulation과 flocculation을 동시에 수행한다. 효과적인 응집을 위해서는 tapered flocculation(점감식 응결)이 필요하다. 즉 먼저 많이 충돌시키고 나중에는 깨어지지 않도록 하기 위해서다. 왜냐하면 한번 깨진 floc은 다시 응집(재응집)하기가 어렵기 때문이다.

응집제 투입시 전하반전 현상

I. Sweep Coagulation

- 혼화공정에서 입자의 불안정영역에서 운전하는데 요구되는 응집제 주입량을 유입수의 변동조건에 따라 일일이 일치시키는 것은 사실상 어렵다.
- 따라서 알칼리도가 충분한 원수에 응집제 요구량 이상의 과잉 응집제를 주입함으로써 체거름현상(enmeshment)에 의하여 콜로이드물질을 제거하기도 하는데 이것을 Sweep coagulation(과량응집)이라 한다.
- 과량응집은 원수의 탁도가 낮아 응집제 주입률이 낮은 처리장에서 주로 사용한다.

II. 전하역전(전하반전)

- 응집제(alum) 주입량에 따른 잔류탁도 증감은 다음과 같은 4개의 영역으로 나타난다.

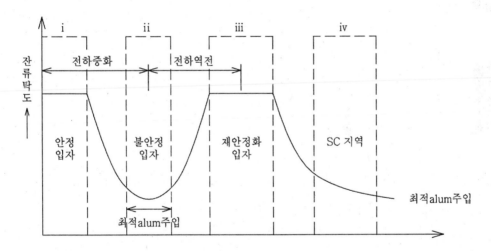

1. i 영역

- Alum 주입량이 적으면 탁도가 감소하지 않는다.

2. ii 영역

- 응집제 주입량이 표면전하의 중화량과 같아지면 입자의 표면전화가 중화되어 탁도가 최소치까지 감소한다.

3. iii 영역

- 응집제 주입량이 표면전하의 중화량을 초과한 상태가 되면 표면전하의 역전이 발생하여 탁도가 다시 증가한다. 이 현상을 전하반전(역전)현상이라 한다.

4. iv 영역

- 계속하여 응집제를 주입하면 $Al(OH)_3$의 용해도적을 초과하므로 침전물$[Al(OH)_3\downarrow]$이 생성되면서 체거름작용(Enmeshment)에 의하여 콜로이드물질이 제거된다.

- 이 영역은 응집(Coagulation) 및 플록화(flocculation)의 중간영역인 "sweep floc 영역" 이라 하며, 플록을 재빨리 형성하여 침전한다.

⇒ $Al(OH)_3$는 물보다 무거운 무정형이고 아교성인 floc을 형성하며 중력침강한다. 이러한 방법 으로 입자를 씻어내리면서 제거하는 방법을 Sweep Coagulation(포획응집, 체거름응집)이라 한다.

최적응집제량 산정

I. 개요

1. 수원의 수질이 자주 변하지 않는 경우, 최적응집제량 결정은 jar test를 통해 1일 1~2회 측정하여 결정하는 것이 경제적이며, 효율적일 수 있다.

2. 그러나 우천시 등 수질이 자주 변하는 경우에는 응집공정을 거쳐 실시간으로 생성되는 floc의 전위나 크기 등을 측정하여 응집제주입량을 조절하는 것이 바람직하다.

II. 원수 수질이 변하지 않는 경우 ⇨ Jar-test

1. Jar test

1) 개요

- 실제의 수처리공정(약품주입, 혼화, 플록형성, 침전)을 모사(simulation)한 것으로서, 이를 이용하여 정수약품 주입률 결정과 처리성 평가를 하는 시험법이다.

- 상수원수 수질에 따라 주입해야 할 최적 응집제량은 화학방정식으로 구할 수 없으므로 Jar test를 실시하여 최적응집제량을 결정한다.

2) 시험절차

- 5~10개의 1L 비커 또는 Jar에 원수 주입
- 응집제 및 응집보조제 등을 농도단계별로 단시간 내 투입
- 100~150rpm으로 1~5분간 급속교반
- 40~50rpm으로 10~20분간 완속교반
- 30분 정도 침전후 수면하 25㎜에서 상등수 분석(탁도, pH, 수온) 및 슬러지발생량, 플록상태 조사하여 최적 응집제주입량 결정
- 필요시 농도를 다르게 하여 반복 실험한다.

III. 원수 수질이 변하는 경우 ⇨ 제타전위계, SCD, CAS-T, 입자계수기

1. 제타전위계

1) 개요

- 콜로이드입자의 표면 하전상태를 **직접** 측정하는 장치

- 제타전위(斥力), 반데르발스의 힘(전기적 引力) 및 중력의 균형으로 안정한 상태에 있는 콜로이드입자를 응집제의 하전중하능으로 불안정화시킨다.

2) 제타전위

 - 전단면에서의 전위값을 제타전위라 한다.

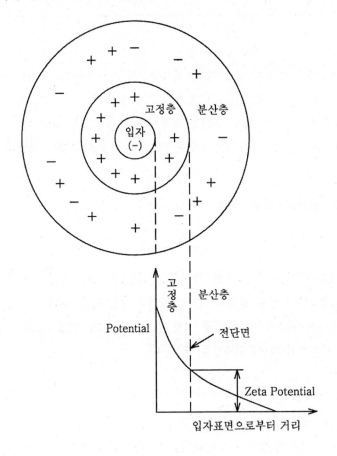

$$Zp = \frac{4\pi\mu v}{D}$$

여기서,   v : 전하의 속도 (cm/s)

μ : 점도 (poise)

D : 전기적 상수

3) 운전시 고려사항

 - 혼화 직후 측정시 제타전위의 값을 ±10㎷가 되도록 응집제 주입량을 선정한다.

 - 일 변화, 위치별 변화를 고려한다.

 - 급속교반 후 단시간 내 제타전위가 감소하므로 혼화지 및 플록형성지는 가능한 가깝게 설치한다.

4) 제타전위에 미치는 영향인자

 - 원수의 pH, 알칼리도, 수온, 입자의 크기·형태·비표면적, 응집제의 특성 등

2. SCD(Stream Current Detector) 및 SCM(Stream Current Monitor)

1) 개요

- SCD는 전하를 띤 실린더 표면에 반대전하의 입자가 흡착될 때 발생하는 전류를 측정하는 장치이다.
- SCM의 경우 입자의 하전상태를 직접 측정하는 제타전위측정기와는 달리 측정시점의 입자 전하를 기준으로 그 이후의 상대적인 전하의 변화경향을 파악하는 것이다.

2) 운전시 고려사항

- SCM은 분배수로에서 시료를 sampling한 후 SCD센서로 전류를 측정하고 시계열로 모니터링하는 시스템으로서 다음과 같은 경우 측정값에 오차가 발생한다.
  ① sampling line 막힘
  ② 센서표면의 마모
  ③ 용존물질이나 조류와 같이 전하를 띄지 않는 경우
- 이러한 문제점은 처리시설의 보완과 주기적 세척으로 해결될 수 있다. 응집제 제어에 있어서 SCD를 이용하는 방법이 실시간 감시를 가능하게 하는 동시에 약품비 절감을 통해 처리효율을 향상시킬 수 있다.

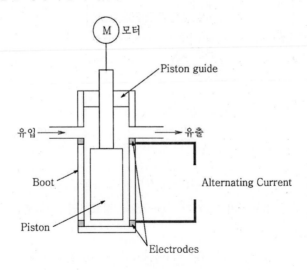

$$i = \frac{8\pi \cdot \mu \cdot s \cdot \epsilon \cdot \xi}{1 + \dfrac{1 + \lambda^2}{1 - \lambda^2}}$$

여기서, i : 전류(Stream current) ϵ : 상수
         μ : 모터의 회전속도 ξ : 제타전위
         s : 피스톤 왕복거리
         λ : 실린더 내부반경에 대한 피스톤 변경의 비

3) 영향인자
 - 수온에 영향을 받지 않으나, 용존염류, pH가 높으면 Stream current가 낮게 측정된다.

3. 입자계수기(Particle counter)

1) 개요
 - 응집 직후 생성된 floc의 입자크기를 실시간으로 측정하여 최적약품주입량을 산정한다.

2) 구조
 - 장치부와 센서부로 구분
 - 센서부는 적외선 다이오드와 빛 감지기로 되어있다.

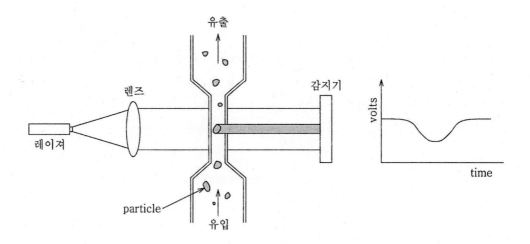

3) 측정범위
 - 시료량 100mL/min으로 크기 2~400㎛ 정도의 입자를 측정
 - 응집공정 생성된 floc입자 크기가 50~75㎛ 정도이면 응집효율이 최적이 됨.(통상 40~90㎛정도)
 ⇒ 여재층의 공극은 100㎛ 전후이나 억류되는 입자는 10㎛까지 됨.

정수시설에서 수질모니터링 설비

Ⅰ. 개요

1. Jar-test처럼 수질에 변화에 실시간 대응하지 못하는 점을 극복하기 위하여 CAS (charge analyzing system), SCD(streaming current detector)나 온라인 입자분석기 (particle counter)와 같은 장치를 이용해 정수의 수질변화를 실시간으로 연속 관찰하여 최적 응집제량의 주입을 시도하고 있다.

2. 그러나, 지금까지 응집제 자동제어시스템을 도입한 정수장은 극히 일부이고, 이 방법도 급격한 수질 및 수량변화의 대응에 문제점을 갖고 있는 것으로 보고되고 있다.

Ⅱ. 수질모니터링 설비의 종류 및 특징

1. SCD (Stream Current Detector) 또는 SCM (Stream Current Monitor)

1) 유입원수와 응집제의 혼화가 이루어진 후의 전류값을 측정하여 응집제 적정 투입량을 조절(보정)하는 방식

2) SCM의 경우 입자의 하전상태를 직접 측정하는 제타전위측정기와는 달리 측정시점의 입자 전하를 기준으로 그 이후의 상대적인 전하의 변화경향을 파악하는 것이다.

2. 제타전위계

1) 전단면에서의 전위(콜로이드입자의 표면 하전상태)를 제타전위라 하며 이를 직접 측정하는 장치

2) 혼화직후 ±10mV가 이면 적당하다.

3. 입자계수기(Particle counter)

1) 응집 직후 생성된 floc의 입자크기를 실시간으로 측정하여 최적 약품주입량을 산정한다.

2) 응집공정생성된 floc입자 크기가 50~75μm 정도이면 응집효율이 최적이 됨.(통상 40~90μm정도)

4. CAS-T(Charge Analyzer System-Titration)

1) 적정에 의한 전하분석 시스템으로서, 혼화반응전 유입원수의 음전하량을 양이온제로 직접 적정(titration)하여 응집제 요구량을 결정하는 안정적인 주입률 제어방식

2) 측정셀 속에서 상하왕복운동하는 피스톤에 의해 유발된 액체의 streaming current는 측정셀의 상하에 설치된 2개의 전극에 의해 측정되고, 반대전하를 띠는 표준액으로 적정하여 입자를 중화(응집)하는데 필요한 응집제의 양(charge demand)을 측정하는 장치

3) 측정방식은 자동으로 이루어지는 Sampling과 Cleaning 시스템을 부착하여 실시간으로 운영되는데, 측정시간은 약 10~15분 내외이다.

혼화(Coagulation)

I. 개요
1. 혼화란 응집제를 가능한 짧은 시간 내 균등·분산시켜 원수와 혼합하는 것을 목적으로 한다.
2. 수류자체에너지 이용방식과 기계에너지 이용방식이 있다.
3. 최근에는 초급속 혼화방식의 도입이 강구되고 있으며, 연구가 활발히 진행되고 있다.

II. 혼화방식 종류 및 특징
1. 수류(자체)에너지 이용방식
1) 종류 및 특징
① 노즐 분사식 : 노즐에서 분사류에 의해 난류 형성
② 도수식 : hydraulic jump type, Parshall flume의 오목한 부분에 응집제 주입
③ 간류식 : 수평류식과 상하류식이 있다.
 - 처음에는 수로의 간격을 좁게 하고, 나중에는 수로의 간격을 차차 넓힌다.
 - 유속을 1.5m/s 정도 되도록 하고, 조류판(baffle)을 이용하여 흐름을 급변시켜 난류 형성
④ 위어식 : 유량측정 목적, 기타 손실수두가 10㎝ 이상이면 교반효과를 얻을 수 있다.
2) 특징

장 점	단 점
· 소규모시설에 적합	· 손실수두가 크다.
· 유지관리가 용이하다.	· 처리용량 변동에 따른 G값 제어가 불가능
· 기계작동부가 없어 고장우려가 없다.	(= 융통성이 없다)
· 전력소모가 없다.	

2. 기계에너지 이용방식
1) 개요
 - 완전혼합반응(CFSTR)으로, Morill 지수가 1보다 훨씬 크다.

   주) Morill 지수 = t_{90} / t_{10}

   ┌ 혼합의 정도를 나타내는 지수
   └ 이상적인 plug flow는 1, 완전혼합조(CFSTR)는 1보다 매우 큼

 - G 300~700/s, t 20~40s로 운전하여 sweep coagulation에 의한 응집 유도
 - NOM성분에 대한 제거율은 낮다.

2) 종류 및 특징

- 용량(V)이 작을수록 좋다.

(1) 프로펠러형 back mixing방식

- 회전속도 약 2,000rpm이 적당, 용량 30㎥ 이하 적용

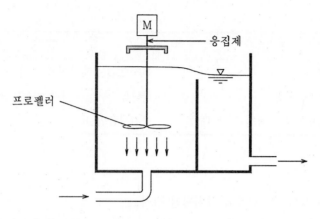

(2) 터빈형 back mixing방식

- 회전속도 약 150rpm이 적당, 변속이 용이하다.

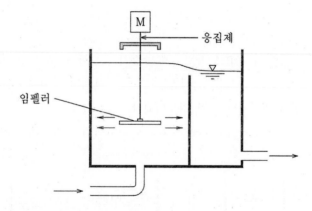

(3) 급속 분사혼화기(Water champ)에 의한 방식

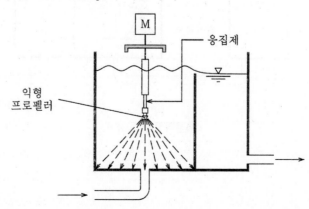

- 프로펠라의 회전속도는 최대 3,600rpm이며, 약품은 18m/sec의 속력으로 원수에 주입되어 혼합된다.
- 순간혼화 (순간[10^{-3}sec]적인 완전혼합) 에 유리, 최근에 많이 사용

3) 장단점

장 점	단 점
· 대용량에 유리	· 고장으로 유지관리가 어렵다.
· 손실수두가 적다.	· 단락류 발생 → 사각형구조 설계 및 배플 설치
· 처리용량변동에 융통성 있게 대응	· 운전기술이 요구

4) 구조
- 사각형조 : 물이 교반날개와 동시회전 방지
- 측벽에 조류판(baffle) 설치하여 단락류 발생방지 : 평균체류시간보다 짧게 체류하여 나가는 것을 방지

5) 기타
① 저양정펌프 이용방식 : 펌프 흡입측에 응집제 주입하며, 펌프 및 배관 등 내식성 재질 사용, 미세콜로이드 성분제거에 부적합
② 포기식 : 교반과 동시에 포기가 이루어진다.
③ (가압수에 의한) 펌프확산식 : 원수 일부를 가압하여 나머지 원수와 혼화

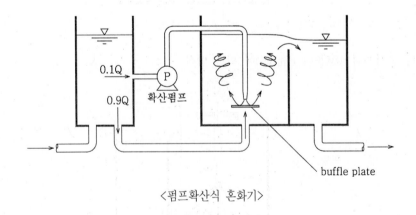

〈펌프확산식 혼화기〉

※ 임펠러 형태별 흐름방향

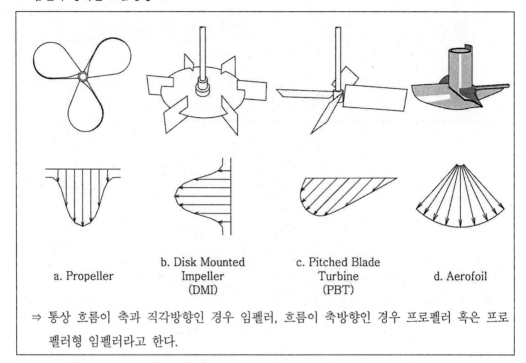

| a. Propeller | b. Disk Mounted Impeller (DMI) | c. Pitched Blade Turbine (PBT) | d. Aerofoil |

⇒ 통상 흐름이 축과 직각방향인 경우 임펠러, 흐름이 축방향인 경우 프로펠러 혹은 프로펠러형 임펠러라고 한다.

3. In-line 방식

1) 원리

① plug flow으로 Morill 지수를 1에 가깝게 하여 순간혼화하는 방식

② G 1,000~1,500/s(최대 5,000/s), t 1초 이내로 운전하여 AC(고도응집) 유도

③ NOM 제거율이 높다.

2) 종류 및 특징

방 식	특 징
① In-line 정적(static)방식	· 관로내 난류 발생, 수류 자체에너지 이용 · 처리유량이 일정해야 한다. 유입부 스크린 필요

② In-line 2단혼화방식	· 1단 in-line으로 순간혼화 유도 후, 2단 back mixing으로 floc 형성 → 혼화효율 우수
	· 2단이므로 장치가 복잡, 동력소비가 크다.
	  ┌ 1단계 G : 750~1,500/s, t : 1~3s
	  └ 2단계 G : 200~400/s, t : 20~40s

<계속>

방 식	특 징
③ In-line 순간혼화방식	· 관로내 펌프 등을 설치, 혼화펌프가 고가 · G 1,000/s 이상, t 1~2s 이내로 초급속 혼화하여 NOM 성분 제거 · 응집제 주입구가 막힐 우려가 있으므로 2계열로 설치

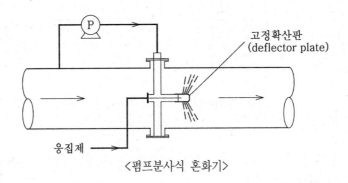

<펌프분사식 혼화기>

Ⅳ. 현장적용

1. 현재 설계되는 정수장의 경우 기존 Back mixing방식은 지양하고, Water champ에 의한 초급속 혼화 및 소독방식이 도입되고 있다.

2. 순간혼화시 펌프가격 등 경제성 및 pH 조절 등 고도응집(AC) 처리의 복잡성으로 인한 부작용 등을 고려하여, 원수수질 대비 유출수의 수질을 얻을 수 있는 경우 순간혼화의 도입은 지양해야 할 것이다.

급속 분사혼화기(Water champ)

⇒ 정수장에서 응집제, 소독제, pH 조정제를 순간혼화하는 장치

Ⅰ. 개요

1. Water Champ는 음용수 및 폐수처리에 사용되는 기체(염소 gas) 및 액체(기타 수처리제) 화학약품 주입을 위한 시스템으로 기계적 혼화기를 대신할 수 있도록 고안된 장치로, 핵심은 티타늄(tianium)으로 만들어진 모터 기동 개방형 프로펠러(motor-driven open propeller)이다.

2. 프로펠라는 익형(aerofoil)으로 설계·제작되어 회전마찰에 의한 동력손실을 최소화함과 동시에 최대의 에너지 전달 및 진공생성 효과가 있다. 프로펠러의 회전에 의해 생성된 진공은 특수 설계된 일체형 진공강화기(vacuum enhancer)에서 강화되며, 액체 또는 기체 약품유도 시스템에 전달되어 강한 힘으로 액체 또는 기체를 흡입하는 구조이다.

3. Water champ의 프로펠러, 축(shaft), 진공형성부(vacuum port, vacuum chamber) 등은 약품에 의한 부식 및 고속회전에 의한 캐비테이션 손상(caviation damage)을 방지하기 위해 내식성(특히 염소가스)이 강하고 비강도(specific strength)가 철의 2배에 달하는 titanium으로 제작되어 있다.

  ⇒ 소독공정에서 water champ의 사용시 염소가스는 수중에서 순간혼화되기 때문에 처리지점에서 염소가스 증발현상(off gassing)이 발생하지 않는다. 또한 티타늄소재로서 염산과 같은 약품 주입시에도 전혀 부식이 발생하지 않는다.

4. 순간혼화 방식을 목적으로 강한 와류를 발생시켜 약품을 투입함으로써 응집약품 절감, 응집효율 개선, 슬러지 발생량 감소, 기존의 동력소모가 많은 혼화기 및 가동에 따른 전력비 절감 등의 효과를 얻고자 제안된 방법이다.

Ⅱ. Water Champ 설치를 위한 설계인자

── 일일 정수 생산량 (Water Treatment Capacity per day)

── 응집제 주입률 (Coagulant Feed Rate) : ppm PAC

── 유입관 규격 (Size of Pipe)

── 유량 및 유속 (Flow &Velocity)

── 접촉시간 (Mixing Time) : 0.5 ~ 1sec

── 교반강도 (G value) : 1,000 $\sec^{-1}$ 이상

── 혼화체적 (Volume in Mixing Zone) : m^3

- 프로펠러의 회전속도는 최대 3600 rpm이며, 약품은 18m/sec의 속력으로 원수에 주입되어 혼합된다. 이 속도를 가진 입자는 수직과 수평으로 나누어 지고, 혼합실(mixing chamber)이 사용될 경우에는 혼합실의 바닥으로 떨어진다. 바닥으로 떨어진 입자들은 혼합실의 바닥에 부딪힌 후 상승하기에 충분한 속도를 형성함으로 혼합실 전체에 순간적인(1~3s) 완전혼합을 유도한다.

※ Water Champ의 G 값

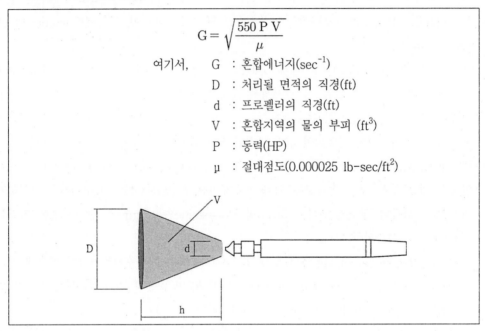

$$G = \sqrt{\frac{550\,P\,V}{\mu}}$$

여기서, G : 혼합에너지(sec^{-1})
D : 처리될 면적의 직경(ft)
d : 프로펠러의 직경(ft)
V : 혼합지역의 물의 부피 (ft^3)
P : 동력(HP)
μ : 절대점도(0.000025 lb-sec/ft^2)

Ⅲ. 장단점

1. 장점

- 워터챔프 혼화방법은 흡착 및 전하중화 반응(10^{-4}~1초)에 근접한 방법으로 접촉시간을 1초 이내로 하여 약품을 혼화함으로써 응집약품 절감, 응집효율 개선, 슬러지 발생량 감소 등의 효과를 얻고자 제시된 방법이다.
- Water Champ는 기존의 분사식 약품주입장치와 달리 희석수, 펌프, 스트레이너, 주입기, 혼합기 또는 분사기 등을 필요로 하지 않기 때문에 관 또는 수로의 어느 곳에든 설치가 가능하며, 유지관리가 쉬우며, 자동화에 적합하다. 또한 비용면에서도 희석수를 필요로 하지 않기 때문에 희석수 비용, 펌프, 혼합기 또는 분사기에 의한 동력비, 고장수리를 위한 유지관리 비용 등이 절감될 수 있다.

2. 단점

- 홍수시, 수질악화시 및 응집보조제(소석회 및 활성탄) 투입, 전염소 투입시에 종합적인 혼화가 어려움으로 보완책이 필요하다. 따라서 소석회 및 활성탄, 전염소 투입시에 원활한 혼화 및 수질악화시에 대처 능력을 향상시키기 위하여 2단계 혼화인 기계식 혼화기를 병용 또는 보완책을 강구하여 사용하는 것이 바람직하다.

- 워터챔프의 구조는 수중 임페라의 회전으로 진공을 발생시켜 투입할 약품을 흡입하고 임페라의 분출력을 이용하여 혼화 시키는 구조로 되어 있어, 분사력을 크게하기 위하여는 진공을 크게 하여야 하며, 이로 인하여 다량의 공기가 물속에 혼입되어 후속공정으로 공기가 넘어가 스컴발생 등 나쁜 영향을 줄 가능성이 있다.

플록형성(Flocculation)

Ⅰ. 개요
1. 완속교반에 의해 10μm의 micro floc을 통상 40~90μm 정도로 대형화
2. 운전조건은 Gt= 23,000~210,000(G : 20~75/s, t : 20~30분)
 - G값은 과대시 전단력 증대로 플록이 파괴된다.
3. 플록형성속도는 입자접촉횟수로 나타낼 수 있다.

$$N = n_1 \cdot n_2 \cdot \frac{1}{6} G(d_1 + d_2)^3 = (n_1 \cdot n_2) \frac{1}{6} \sqrt{\frac{P}{\mu}} (d_1 + d_2)^3$$

여기서, N : 단위용적당 단위시간내의 입자의 접촉회수

P : 소요동력, = wQh, kg·m/sec

u : 점성계수, kg/m·sec

n_1, n_2 : 입자의 수

G : 속도경사, 1/sec

d_1, d_2 : 입자의 입경

 - 입자 농도 및 입경, 교반동력에 비례하고, 점도에 반비례한다.

Ⅱ. 방식 및 특징
1. 수류에너지 이용방식
 1) 간류식
 - 수평류식과 상하류식이 있다.
 - 체류시간 20~40분, 평균유속 0.15~0.3m/s
 - 기타 자갈충전식, 미로형, Cross flow 배플 등이 있다.
 2) 장점 : 소규모, 유지관리 용이, 고장우려 없음.
    단점 : 손실수두가 크고 융통성이 없다.

2. 기계에너지 이용방식
 1) 수직 프로펠러형 또는 수직터빈형
 - 수심이 깊고, 속도경사가 60/s 이상인 경우 적용
 - 구조 간단, 제작 간편, 취급 용이
 - 수면상에 기계가 위치하고 있어 지를 비우지 않고도 보수할 수 있어 유지관리가 편리

※ 수직 하이드로포일형

```
    - 수직축에 3매의 회전날개가 있는 프로펠러 사용

  ┌ 장점 :  구조 간단, 취급 용이, 회전수에 제한이 없다.

  │         지를 비우지 않고도 보수할 수 있어 유리관리가 편리하다.

  └ 단점 :  속도경사가 작아 터빈형에 비해 전단력은 약하나 조내 순환유량은 많다.

            수류가 비교적 약해 급속혼화(Coagulation 공정)는 어렵다.
```

2) 수평 paddle형
- 수심이 4.5m 이하, 속도경사가 60/s 이하인 경우 적용, 주로 사용
- 플록이 조내에 잘 침전되지 않는다.
- 축이 흐름의 **횡단방향**으로 있을 경우 단락류의 발생 가능성이 크다.
- 패들의 단면적 산정 : 패들의 단면적은 수로단면적의 10% 정도

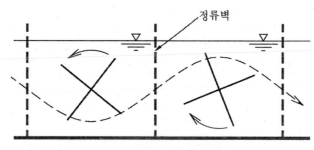

a. 횡단방향 (단락류 발생)

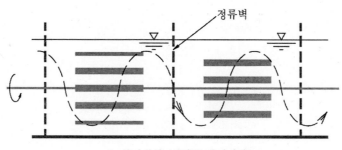

b. 종단방향 (단락류 발생저하)

$$P = F_D V_P = \frac{1}{2} C_D \, \rho \, A \, V_p{}^3$$

여기서,　A : paddle의 단면적(m^2)

P : 소요동력(Watt)

V_p : 유체에 대한 paddle의 상대속도 (m/s)

F_D : 마찰항력(N)

Ⅲ. 플록형성지 설치시 고려사항

1. 형상은 유수로 등을 고려하여 사각형으로 설계

2. 혼화지와의 거리는 가능한 짧게 한다.

3. 플록형성지를 3~4단계로 나누어 속도경사(G)를 감소시킨다. (= 점감식 플록형성지)

4. 저부에 배슬러지 출구를 설치하고 수면근처에는 스컴제거설비를 갖춘다.

5. 교반설비는 속도경사(G)를 조절할 수 있는 구조로 한다.

6. 단락류가 발생하지 않는 구조를 적용한다.

플록형성지 연결부 설계

Ⅰ. 개요
1. 분배수로는 혼화지에서 각 플록형성지별로 유량을 일정하게 배분하기 위한 단위공정이다.
2. 분배수로 내 유속이 빠르면 플록 파괴, 느리면 플록 침강이 발생하므로 적정한 유속을 유지해야 한다.

Ⅱ. 분배수로 유입방식
- 분배수로 유입방식에는 정면유입, 측면유입, 벨마우스(bell mouth)유입방식이 있다.

Ⅲ. 분배수로의 유량 및 유속
1. 유입관로에서 멀수록 유속이 느려지고, 유량이 많아진다.
   - 그 이유는 분배수로의 끝부분이 막혀 있어 동압만큼 수위가 상승하기 때문이다.

$$\text{정압} : P_s = \rho \cdot g \cdot h, \quad \text{동압} : P_d = \frac{1}{2} \rho \cdot v^2$$

2. 유속차가 없도록 하려면 하나의 혼화지에 최소의 플록형성지가 연결되도록 하는 것이 바람직하다.
3. 또한 분배수로의 폭을 유입관로에서 멀리 있을수록 작게 하여 유량의 균등유입을 꾀한다.

Ⅳ. 분배수로 유량·유속을 일정하게 하기 위한 방법
1. 분배수로 정면유입방식인 경우
   1) 유입관로에서 정면에 위치한 응집지는 유입관과 비껴 설치하든지, 유입구와 응집지의 간격을 늘려야 한다.
   2) 유입부에 수중저류벽 설치
      ① 분배수로의 직전방에 응집지를 배치하고 정면으로 물을 유입시키는 경우로 응집지와 유입구간의 간격을 늘리고 전면에 수중저류벽을 설치한 구조

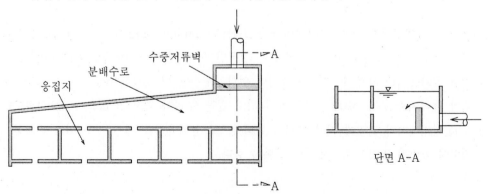

단면 A-A

② 분배수로의 정면으로 물을 유입시키는 경우이나 응집지를 유입구와 비껴 배치하고 유입구 전면에 높이가 다른 수중저류벽을 2단 점증식으로 설치하는 구조

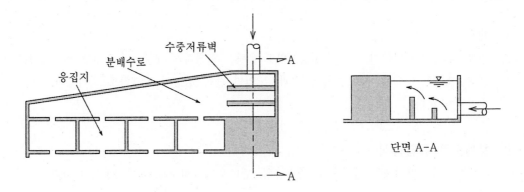

2. 측면유입방식인 경우

- 정면유입에 비하여 균등분배에 유리한 경우이다. 이 경우는 모든 응집지에 대하여 유입속도성분이 응집지와 수평하므로 이론적인 면에서 보았을 때 응집지에 유입되는 물의 양은 분배수로의 수위에만 의존하게 된다. 따라서, 속도수두에 의한 유량분배의 차이만 나타나게 된다. 그러므로, 속도수두만을 보정하면 정확한 유량분배를 이룰 수 있다.

- 하지만, 이 경우도 유입부까지는 관수로를 통해 물이 공급되고 관의 단면적을 분배수로 단면적과 동일하게 할 수 없으므로 다음 〈그림〉에서와 같이 분배수로 입구측에 수중저류벽을 설치하여 속도성분을 최대한 균일하게 해야한다.

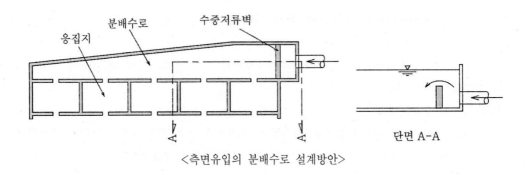

〈측면유입의 분배수로 설계방안〉

3. 벨마우스 유입방식인 경우　⇨ 유입부에 조절밸브를 설치하고 유량조절이 가능하도록 한다.

- 다음 〈그림〉은 bell mouth를 사용하는 경우인데 이 경우는 정면유입에 비하여 속도에 의한 효과를 감소시킬 수 있다는 장점이 있다. 하지만, 이 경우도 bell mouth 상측의 수위가 높아지므로 유량분배가 균등하게 되지 않을 우려가 있으며, bell mouth간의 유량도 혼화지에서의 거리에 따라 다르게 나타나므로 유입유량을 제어할 수 있는 밸브를 설치하여 유량의 조절이 가능하도록 하여야 한다.

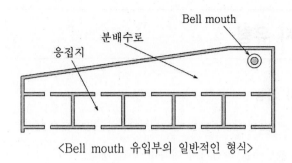

<Bell mouth 유입부의 일반적인 형식>

V. 종합

- 전술한 바와 같이 분배수로에서 유량불균형이 발생하는 원인은 분배수로의 위치와 형상 등에 의해 좌우된다. 균등분배에 영향을 미치는 요인들이 다양하지만, 위에 설명된 내용들만 충분히 고려하여 설계가 되어도 기존에 일반적으로 적용되는 방법보다 매우 향상된 균등분배를 이룰 수 있을 것으로 판단된다. 하지만, 실제 분배수로의 설계시에는 많은 제약조건이 발생하므로 이것들을 모두 포괄할 수 있는 가이드라인을 제시하는 것은 매우 어렵다. 따라서, 위의 개념에 따라 분배수로를 설계하고 이것을 전산유체역학 등의 수리해석 모델을 이용하여 검증한다면 최적의 분배수로를 설계할 수 있다.

침전의 4가지 유형

Ⅰ. 침전지의 3가지 기능

- 침전기능
- 완충기능 : 수질변동을 완화시켜 여과지 부담 경감
- 슬러지제거기능

Ⅱ. 침전형식

1. 침전형태에는 크게 독립입자의 침전, 응집침전, 간섭(지역)침전, 압축침전 등 4형태로 구분된다.

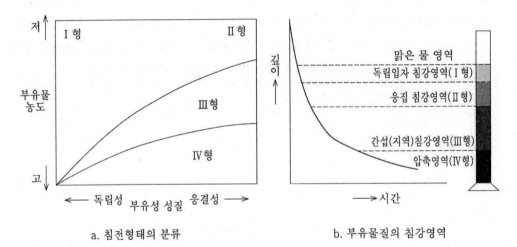

a. 침전형태의 분류   b. 부유물질의 침강영역

2. 침전지를 설계할 때 침전형태에 따라 설계에 사용되는 이론이 달라지므로 각 침전유형에 맞게 적절히 사용되어야 한다.

A. Ⅰ형 침전(독립침전)

1. 정의

- 비중이 큰 무거운 독립입자의 침전, Stokes법칙이 적용되는 침전형태(= 독립입자의 침전)
- 부유물 농도가 낮은 상태에서 응결되지 않는 독립입자의 침전형태로서, 입자 상호간에 아무런 방해가 없고 단지 유체나 입자의 특성에 의해서만 영향을 받으면서 침전하게 된다.
  (= 등속침전)

2. 적용

1) 자연수의 보통 침전
2) 침사지, 1차침전지 등의 모래입자의 침전

3. 계산 예

ex) 체분석을 통해 입자의 크기와 분포는 구하였다.

- 각각의 Friction에 해당하는 무게와 평균 침강속도는 다음표와 같다.

침강속도(m/min)	3.0	1.5	0.6	0.3	0.15
해당 침강속도입자 보다 작은입자의 무게비율	0.55	0.46	0.21	0.11	0.03

- 표면부하율을 $4,000 m^3/m^2 d$로 했을 경우 침전효율을 구하여라.

Sol) $Vo = \dfrac{4,000 m^3}{m^2 \cdot d} = \dfrac{4,000 m}{24 \times 60 min} = 2.78 m/min$

dx	Vs	$Vs \cdot dx$	구간
0.04	2.17	0.087	0.5~0.54
0.10	1.46	0.146	0.4~0.5
0.10	1.10	0.11	0.3~0.4
0.10	0.73	0.073	0.2~0.3
0.10	0.42	0.042	0.1~0.2
0.10	0.16	0.016	0~0.1
	계 :	0.852	

$$\therefore \ 제거율 \ E = (1-Xo) + \int_0^{x_0} \frac{Vs}{Vo} \cdot dx$$

$$= (1-0.54) + \frac{1}{2.78} \times 0.852$$

$$= 0.46 + 0.31 = 0.77$$

B. II형 침전(응집침전)

1. 정의

- 응결한 부유물의 침전 (= 응결물침전 ; Flocculant Settling)
- 저농도의 응집입자들이 침전하면서 응집하여 입자크기가 커지는 침전형태로서, 현탁입자가
  침전하는 동안 응결과 병합을 일으켜 입자질량이 증가하므로 침전속도가 빨라진다.

2. 적용

1) 약품침전지에서 응집 floc의 침전, 화학적 응집슬러지의 침전,
2) 생하수의 현탁고형물의 침전, 생물학적 처리의 2차침전지의 상부

3. 계산 예

- 침전관 시험에 의해 제거율을 알 수 있다.
- 그림에서와 같은 침전관 시험결과로부터 체류시간 t_4일때의 고형물 제거율은 다음과 같다.

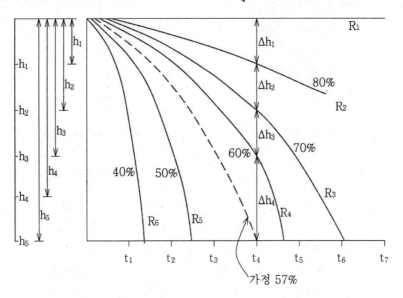

$$\therefore \ 전체제거율 \ = \ \frac{\Delta h_1}{h_5} \times \frac{R_1 + R_2}{2} \ + \ \frac{\Delta h_2}{h_5} \times \frac{R_2 + R_3}{2} + \frac{\Delta h_3}{h_5} \times \frac{R_3 + R_4}{2}$$

$$+ \frac{\Delta h_4}{h_5} \times \frac{R_3 + R'\,(가정)}{2}$$

C. Ⅲ형 침전(지역침전)

1. 정의

- Ⅰ형 및 Ⅱ형 침전 다음에 발생하는 침전형태 (= 간섭·방해·계면침전 ; Hindered Settling)
- 현탁고형물의 농도가 높은 경우 가까이 위치한 입자간의 힘이 이웃입자의 침전을 서로 방해하므로 침전속도는 점차 감소되며 침전하는 부유물과 상등수 간에 뚜렷한 경계면이 생긴다. 또한 입자는 서로 상대적으로 고정 위치에 존재하고 모든 입자가 같은 속도로 침전하며, 결국 한 덩어리로서 지역적으로 침전한다.

2. 적용

1) 중력농축조의 sludge층 윗부분
2) 생물학적 처리의 2차침전지의 중간부

3. 계산 예

- 부유물의 농도가 큰 경우 입자들은 서로 방해를 받으며 침전하며 이 단계에서는 독립입자로 침전하는 것이 아니며 집합체로서 침전하기 때문에 결국에는 침전하는 부유물과 상부에 남는 액체간에는 뚜렷한 경계면이 생긴다.

Ex)

- 침전시험으로부터 다음 graph를 구하였다.

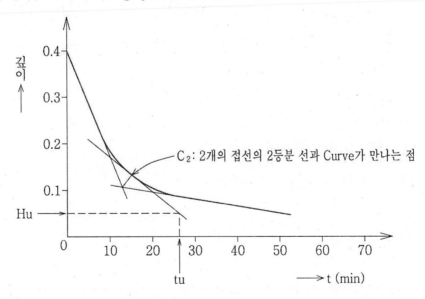

- 활성Sludge의 침전시험이며 최초 SS는 C_0 = 4,000mg/L, 농축Sludge 농도가 C_u = 24,000mg/L가 되도록 침전지 면적 및 SS부하와 용적부하를 구하여라.
  (단 Q = 400㎥/d)

Sol)

1. 농축을 위한 침전지 면적 결정

- $Hu = \dfrac{C_0 \cdot H_0}{Cu} = \dfrac{4,000 \times 0.4}{24,000} = 0.067m$

- C점에서 접선을 그어 Hu수평선과 만나는 점을 구하고, $t_u = 27min$을 구할 수 있다.

$\therefore A = \dfrac{Q}{V} = \dfrac{Q}{H/t_u} = \dfrac{400m^3 \times 1,440m^3/min}{0.4m/27min} = 18.8m^2$

2. SS부하율

- 고형물량 : $400m^3/d \times 4,000mg/L \times 10^{-3} = 1,600kg/d$

$\therefore$ 부하율 $= 1,600kg/d \div 18.8m^2 = 85.1kg/m^2 \cdot d$

3. 수리부하율

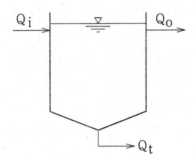

- $Q_i \times C_i = Q_t \times C_t$

$400m^3/d \times 4,000mg/L = Q_t \times 24,000mg/L$

$Q_t = 66.67m^3$

$Q_i - Q_t = 400 - 66.67 = 333.3m^3$

$\therefore$ 수리부하율 $= 333.3 \times \dfrac{1}{18.8} = 17.7m^3/m^2 \cdot d$

D. Ⅳ형 침전(압축침전)

1. 정의

- 덩어리의 압축으로만 침전하는 형태 (= 압밀침전 ; Compression Settling)

- 고농도 입자들의 침전으로 입자간 서로 접촉하여 밀집덩어리의 압축으로만 침전하는 형
  태로서, 침전된 입자들이 자체무게로 계속 압축이 되어 서로 접촉한 사이로 물이 빠져
  나가 계속 농축이 되는 현상

2. 적용

 1) 중력농축조의 sludge층 아랫부분
 2) 생물학적 처리의 2차침전지 저부

3. 계산 예

- 지역침전이 계속되어 고형물의 농도가 대단히 높게되면 침전속도가 감소하면서 침전고 형물이 밑바닥에서 부터 차례대로 퇴적하게 되어 침전 고형물 층이 생기기 시작한다.
- 따라서 침전 고형물의 층간에는 압축이 일어나 탈수가 되면서 고형물의 농도는 더욱 높 아진다.
- 압축침전 및 고형물이 차지하는 부피는 침전시험에 의해서 구할 수가 있다.

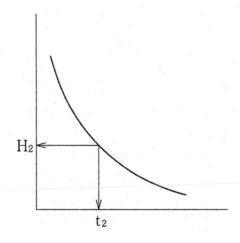

$$H_t - H_\infty = (H_2 - H_\infty)e^{-i(t-t_2)}$$

여기서, H_t : 시간 t에서의 Sludge 높이

H_∞ : 장기간(통상24시간) 후의 Sludge 높이

H_2 : 시간 t_2에서의 Sludge 높이

Stoke's 법칙

Ⅰ. 정의
- 유체매질 속에서 독립 침강하는 작은 구형입자의 침강속도를 수학적으로 나타낸 방정식
- Ⅰ형 침전형태인 독립입자의 침전속도 해석에 사용되며, 침사지, 1차침전지 등의 모래입자의 침전형태가 해당된다.

Ⅱ. Stokes 방정식

$$Vs = \frac{(\rho_s - \rho) \cdot g \cdot d^2}{18\mu}$$

여기서,　　Vs　: 입자의 침강속도(m/s)

ρ_s　: 입자의 밀도 (kg/㎥)

μ　: 유체의 점도 (kg/m·s)

d　: 입자의 직경 (m)

ρ　: 유체의 밀도 (kg/㎥)

g　: 중력가속도 (m/s²)

Ⅲ. Stokes식의 유도
1. 가정조건
   - 침강하는 입자는 크기가 일정하다(= 등속 침강한다.)
   - 침강하는 입자는 구형이다.
   - 침강하는 입자는 독립입자(=비응집성)이다.
   - 물의 흐름은 층류상태이다.

2. 힘의 평형
   - 힘의 평형상태에서 입자는 등속으로 침강하게 되므로,

   　　　　입자의 중력 = 입자의 부력 + 유체점성에 의한 마찰저항력

3. 식의 유도

입자의 중력 　　: $F_1 = (\rho_S \cdot V) \cdot g$

입자의 부력 　　: $F_2 = (\rho \cdot V) \cdot g$

유체의 저항력 　: $F_3 = \dfrac{1}{2}(C_D \cdot \rho \cdot A) \cdot V_S^2 = 3\pi \mu \cdot d \cdot V_S$

$$\text{층류상태이면, } C_D = \frac{24}{Re} = \frac{24\mu}{V_S \cdot g \cdot \rho}$$

$$V = \frac{\pi d^3}{6} \ , \ A = \frac{\pi d^2}{4}$$

여기서, 　C_D : 뉴튼저항계수,

　　　　　Re : 레이놀드수

- 위의 식을 종합하면,

$$F_1 = F_2 + F_3 \quad \rightarrow \quad (\rho_S - \rho)\,g \cdot V = 3\pi \mu \cdot d \cdot V_S$$

- $V = \dfrac{\pi d^3}{6}$ 을 대입하여 정리하면,

$$\therefore \ Vs = \frac{(\rho_s - \rho) \cdot g \cdot d^2}{18\mu}$$

Ⅵ. Stokes법칙의 응용

- 독립입자의 침강속도는 입경의 제곱에 비례하고, 점성계수에 반비례함을 알 수 있다.
- 따라서 응집침전공정에서 플록 응결시 가능한 입자를 크게 하며, 수온 등에 따라 점성계수가 커질 경우 침강속도가 감소되므로 점성계수를 작게(즉, 온도를 높게)하는 등 이에 대한 고려가 필요하다.

Hazen의 완전혼합모델

Ⅰ. 가정
- 침전지내 입자농도는 모든 점에서 유출수 농도와 같다.
- 수중의 모든입자는 수리학적으로 동일하며 같은 침전속도를 갖는다.
- 침전된 입자는 재부상이 없다.

Ⅱ. 유도

┌─ 침전지가 연속류로서 유입량과 유출량이 항상 일정한다. ($Q_{in} = Q_{out}$)
└─ 지내농도는 일정하며 지중농도와 유출농도는 같다.

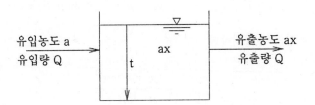

여기서,   T : 침전지 체류시간

t : 입자가 수면에서 수저에 도달하는 시간

a : 침전지 유입농도 (mg/L)

ax : 침전지 유출농도 (mg/L)

- 단위시간 dT동안 침전율은 $\dfrac{dT}{t}$이며, 침전부하량은 $ax \cdot Q \cdot \dfrac{dT}{t}$ ········· ①

- dT시간동안 유입량은 $Q \cdot \dfrac{dT}{T}$이고 유입농도를 a로 보면,

  이 시간동안 유입한 부하량은 $a \cdot Q \cdot \dfrac{dT}{t}$ ········· ②

- dT 시간동안 유출한 부하량은 $ax \cdot Q \cdot \dfrac{dT}{T}$ ········· ③

⇒ 이를 종합하면, 침전부하량 = 유입부하량 − 유출부하량 (① = ② − ③)

$$ax \cdot Q \cdot \frac{dT}{t} = a \cdot Q \cdot \frac{dT}{t} - ax \cdot Q \cdot \frac{dT}{T}$$

- 양변을 $a \cdot Q \cdot dT$ 로 나누어 x(유출농도)로 나타내면,

$$\therefore \ x = \frac{a/T}{a/T + a/t} = \frac{1}{1 + T/t}$$

- 이 식은 침전지 설계에 이용되나 상기 가정하에서 유도 되었으며 수면 부근 물이 심부 보다 농도가 낮아 침전이 용이하지만, 유입부 유속에 의하여 침전이 방해되므로 이 두 가지 효과는 서로 상쇄된다.

이상적인 침전제거효율

Ⅰ. 이상적인 물의 흐름

1. 침전지의 이상적인 형상은 Re = 500, Fr = 10^{-5}이나 이것은 폭 : 수심 = 1 : 700의 극단적으로 가냘픈 형상이 된다. 실제침전지는 Re = 10,000, Fr = 10^{-6} 정도가 된다. (난류 및 상류)

2. 따라서 침전지의 이상적인 형상은 Re를 작게, Fr를 크게 하는 것인데, 이것을 위해서는 밀도류나 편류 등에 의한 침전효율 감소를 방지해야 하며, 대안은 다음과 같다.

- 정류벽 또는 도류벽 설치 … ○
- 침전지 복개 … △ 또는 × (유지관리가 어렵다.)

Ⅱ. 이상적인 침전지에서의 제거효율

1. 이상적인 침전지(단락류나 밀도류가 없음)의 제거효율은 다음과 같다.
 - V_0는 모든 입자가 최초의 위치에 관계없이 100% 제거되는 침전속도로서 침전속도가 V_0보다 크면 제거, V_0보다 작으면 최초의 위치에 따라 제거 가능성 결정
 1) 침강속도(V_s) > 표면부하율(V_0)이면 100% 제거

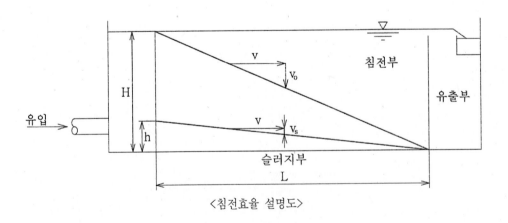

〈침전효율 설명도〉

$$\therefore \ 제거율 \ ; \ E = \frac{h}{H} = \frac{V_s}{V_0} = \frac{V_s}{Q/A}$$

⇒ 따라서 침전효율을 높이기 위해서는 침전지 표면부하율을 작게 하면 된다.

2) 침강속도(Vs) < 표면부하율(Vo)이면 Vs/Vo의 제거율을 보임.

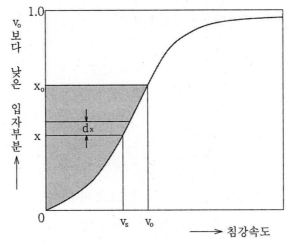

<독립입자 제거효율 곡선>

$$\therefore \text{제거율} ; \quad E = (1 - Xo) + \int_0^{x_0} \frac{Vs}{Vo} \cdot dx$$

(제1항)　　　(제2항)

여기서,　　　Xo　: Vo보다 침강속도가 작은입자의 양

　　　　　　1-Xo : Vo보다 침전속도 Vs가 큰 입자의 양

　　　　　　제1항 : Vs>Vo로서 침전지에서 100%제거되는 부분의 효율

　　　　　　제2항 : Vs<Vo인 부유물의 제거율

Ⅲ. 침전지 효율증대 방법

1. 침전지 표면부하율 감소 ($Vo = \dfrac{Q}{A}$)

1) 침전지 수면적(A)을 크게 : 다층침전지, 경사판(또는 경사관)침전지 채용

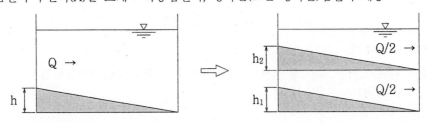

(1) h범위에 유입된 입자는 침전한다.　　(2) h₁, h₂ 범위에 유입된 입자는 침전한

<2층식 침전지의 효과>

2) 입자의 침강속도(V_s)를 크게 : 고속응집침전지, 응집제 + 응집보조제 이용, 침강속도가
    큰 응집제 개발
3) 유입유량(Q)을 적게 : 중간인출식 침전지 고려

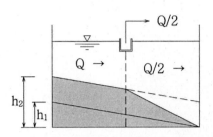

침전가능범위가 h_1에서 h_2로 확대된다.

〈중간인출식 침전지의 효과〉

2. 밀도류/편류 방지
1) 침전지 내 밀도류, 단락류, 와류를 방지하면 침전효율이 증대된다.
2) 정류벽 또는 도류벽 설치 (침전지의 복개도 검토할 수 있음)
 - 정류벽의 기능

  ┌ 외부로부터의 영향 감소 : 밀도류, 편류 등
  └ 유수에너지의 국부적 불균형 시정

 - 도류벽의 기능

  ┌ 침전지의 윤변을 크게 하여 레이놀드수(Re)는 적게 하고 후르드수(Fr)는 크게 하여
  │ 침전효율을 상승시킴.
  └ 정수지의 장폭비 증대로 CT값 확보 : 물에 접하는 벽면을 증가시킴으로서 윤변을
    크게 하여 Re수는 적게 하고 Fr수는 크게 하여 미생물 사멸율을 증대시킴.

3. 슬러지 부상 방지
 - 침전지 내 슬러지를 자주 제거하여 침전슬러지의 부패에 의한 재부상을 방지

침전지 형상

I. 개요

- 침전지 형상으로는 원형과 구형 침전지 2종류가 있다.
- 침전지 형상은 입지조건, 타 시설과의 배치상 문제점, 건설비 및 유지관리비, 침전효율 등을 고려하여 결정할 필요가 있다.

II. 특성비교

구 분	원형 침전지	구형(장방형) 침전지
하수의 흐름	· 방사류의 흐름으로 편류가 발생하기 쉽다. · 수직류의 영향으로 Bulking 현상의 발생 가능성이 많으며 손실수두가 크다.	· 평형류의 흐름으로 정류효과가 높아 수류가 안정되어 있다. · 수직류가 거의 발생치 않아서 Buling 현상의 가능성이 적으며, 손실수두가 적다.
바람의 영향	· 영향을 받기 쉽다.	· 영향을 적게 받는다.
슬러지 수집 및 제거	· 기계의 고장빈도가 적으며, 유지관리가 용이하다. · 수집시간이 길어 슬러지 분해가 일어나 Bulking현상이 생긴다. · 슬러지 인출관계에서 Trouble이 발생할 가능성이 많다.(슬러지관 길이가 길다.)	· 기계설비가 많으므로 고장빈도가 많으며, 유지관리가 비교적 어렵다. · 슬러지 수집시간이 짧다. · 슬러지 인출관의 길이가 짧아 조작상의 문제점 발생 가능성이 적다.
부지이용성	· 소요부지면적이 크다.(구형의 2배정도)	· 배치계획이 쉽고 부지여유가 있다.
전체적인 유지관리	· 분산되어 있어 작업동선이 길고 복잡하다. · 많은 인원이 필요	· 작업동선이 짧고 간단하다. · 적은 인원으로 가능
단계별 시공성	· 단계별 시공은 가능하나 순차적 증설시 혼란예상	· 순차적 증설이 가능
장래계획에 대한 융통성	· 곤란	· 구조물 복개에 따른 건설상부 이용이 가능
관의 크기	· 직경 30m 전후가 제반사항을 고려할 때 효율이 좋다. 따라서 대규모 처리장의 경우 지수가 증가한다.	· 효율에 관계없이 대형 침전지를 만드는 것이 가능하다.
건설비 및 유지관리비	· 구형에 비하여 건설비 저렴 · 구형에 비하여 유지관리비 고가	· 건설비 고가, 유지관리비 저렴

III. 적용

- 상기 비교검토 결과에서 나타난 바와 같이 처리장의 소요부지, 전체적인 유지관리면 하수의 흐름, 처리장의 융통성(상부의 복개) 등을 고려하면 구형침전지가 유리하다.

경사판 침전지 형상에 따른 종류 및 특성

I. 경사판 침전이론

- 침전지에서 침전효율은 $E = \dfrac{Vs}{Q/A}$ 로 나타내는데 여기서 침강면적(A)를 크게 하면 침전효율을 높일 수 있는데 경사판 침전지는 이를 활용한 방법이다.

- 경사판 침전장치는 침전지에 경사판(관)을 설치하여 일종의 다층침전지를 형성함으로써 침전수면적을 크게하여 침전효율을 증대하기 위한 장치로서 횡류식 약품침전지를 경사진 다수의 층으로 분할하여 부유물질의 침전거리를 짧게하고 침강분리를 빨리 종료시키는 원리를 사용한 침전지이다.

- 그림 (a)에서와 같이 수심 H의 침전지에 경사판을 설치하였을 때 지내의 현탁입자의 최대침강거리는 H에서 h로 짧아지며, 침전효율은 H/h배로 증대한다. 즉 H/h계층의 다층침전지를 형성하고 있음을 알 수 있다.

- 그림 (b)는 경사판내의 탁질분리현상을 나타낸 것으로 경사판의 표면에는 침전입자가 침전하고 그 입자는 중력에 의해 경사판 표면에서 미끌어지고 처리수는 경사판의 배면을 따라 상승한다. 이 때 경사판을 지그재로로 구성하면 침전물과 청등액이 완전히 분리될 수 있다.

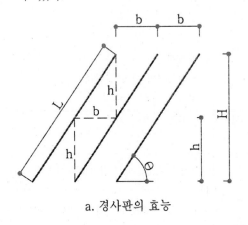

a. 경사판의 효능

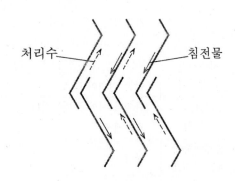

b. 경사판 침강원리의 예

II. 경사판의 종류 및 적용

1. 경사판은 침강장치의 형식에 따라 수평류식, 수직상향류식이 있으며 경사판의 적재 형식에 따라 적재형과 현수형이 있으나 일반적으로 수평류식 현수형이 많이 사용되고 있다.

2. 적용

- 침강을 단시간에 종료하게 되어 침전지의 크기를 축소시킬 수 있어서 부지제약을 받는 곳에서 선택
- 또한 재래의 횡류식 침전지를 구조적으로 확장하지 않고 처리용량을 증대시키고자 할때에는 효율적인 방법이다.

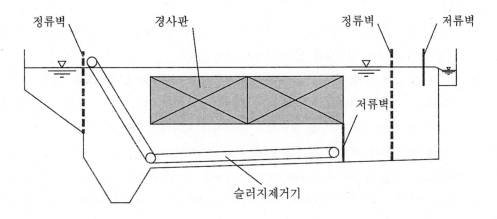

a. 수평류식의 예

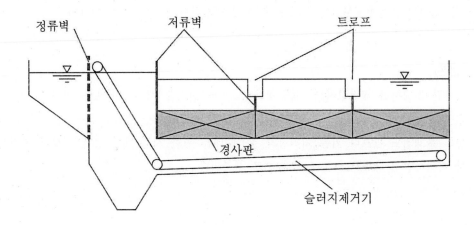

b. 수직상향류식의 예

Ⅲ. 문제점 및 대책

1. 문제점

- 침전지내 수류의 흔들림이나 단락류에 의한 영향이 보통의 약품침전지에 비해 크기 때문에 침전효율이 저하될 수 있다.

- 경사판에 침전된 슬러지가 경사판 표면에 부착되어 하부로 이동하지 않고 판을 폐색시키는 경향이 일어난다.
- 슬러지 량이 비교적 많아 청소가 어렵고 심한 경우에는 경사판이 무너져 내리는 경우가 있다. (슬러지의 70%가 경사판의 입구에서 중간까지 침식)

2. 대책

- 지내의 수류흔들림을 방지하기 위해서 지의 유입부 및 유출부에 경사판에서 각각 1,5m 이상 떨어진 곳에 정류벽을 설치하도록 한다.
- 단락류의 발생방지를 위해서 지저와 경사판사이에 저류벽을 설치하도록 한다.
- 경사판의 파괴를 방지하기 위해서는 침전된 슬러지가 연속적으로 지저로 흘러내릴 수 있도록 경사판의 설치각도를 60° 정도 경사지게 설치하며 유지토록 한다.
- 경사판의 하단과 지저의 간격을 1.5m이상 유지하여 침적된 슬러지 배제 및 관리가 용이하도록 하고 경사판 저부에서 Air Blowing을 실시하며, 슬러지 제거기(Chain Linked Flight식, 수중견인식, 다공관의 인발식, Link Belt식 등)를 설치하여 슬러지가 침전지 저부에 쌓이는 일이 없도록 한다.
- 그러나 모든 경사판이 하부에 설치되기 때문에 고장의 발견이 어렵고 유지관리도 어렵다. 경사판 조류발생사고시 염소재 투입 및 햇빛차단 등의 조치가 필요하다.

Ⅳ. 결론

- 이와같이 경사판 침강장치는 기존 횡류식 약품침전지를 개량하여 높은 침전효율을 얻을 수 있는 잇점이 있다. 그러나 경사판의 설치 후 유지관리가 어렵고, 겨울철 상부가 어는 등의 문제점도 많으나 기존 처리장의 효율증대를 위한 시설 개선 등에 경사판 침전장치를 이용하면 상당한 효과를 얻을 것으로 생각된다.

고속응집침전지

I. 개요

- 동일조내에서 약품혼화 · 응집 · 침전분리가 동시에 이루어지는 침전지
- 약품침전지의 체류시간이 3~5시간분을 요하나 고속응집침전지는 1~2시간분 정도로 지의 용량 및 약품량을 줄일 수 있는 장점이 있으나, 유입하는 탁질량, 지내보유 슬러지량 (母 Floc) 및 잉여배출 슬러지량이 평형을 이루지 못하면 유출현상(Carry Over)으로 처리수질이 악화될 우려가 있다.

II. 장단점

1. 장점

- 장치용량이 수평류식 침전지보다 훨씬작다.
- 응집제 약품이 약20%정도 절약된다.

2. 단점

- 저탁도시에는 母플록군의 유지가 어렵다.
- 고탁도시에는 슬러지 배출로 인한 수손실이 크다.
- 대류 등에 의해서 순환플록의 유출이 쉽게 일어난다.
- 고도의 운전기술이 필요하다.

III. 종류 및 특성

1. 슬러리(Slurry)순환형

1) 원리

- 이 형식은 어떤 일정한 범위내의 고농도를 가진 슬러지를 항상 지내에 순환시키면서 새로 유입된 원수와 응집제를 고농도 순환슬러지와 혼합하여 대형 플록을 생성시킨다. 생성된 대형 floc을 포함한 순환류를 교반실에서 분리실로 방출하면 분리실에서 고액분리가 이루어져 상징수의 상승수류와 슬러지의 하강수류로 분리된다.
- 이와같이 분리된 상징수는 수면의 trough를 통해 유출되고 슬러지는 다시 재순환되며 조내슬러지농도를 일정하게 유지하기 위하여 잉여분의 슬러지는 분리실 저부에서 배출한다.

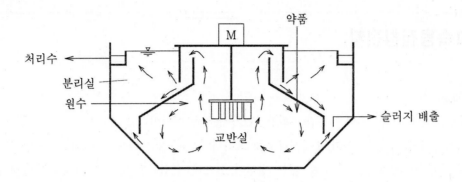

2) 특징
 - 이 형식은 원수의 변화, 다양한 성분의 현탁질에 비교적 광범위하게 대응할 수 있다.

2. 슬러지 블랭킷(Blanket)형

1) 원리
 - 이 형식은 중앙의 교반실에서 대형플록을 만드는 것은 슬러리순환형과 동일하나, 분리
   실로 대형플록을 방출하여 조저부에서 상승토록 하는 점이 다르다.
 - 조의 저부에서 분리실로 방출된 대형플록은 분리실의 단면이 상부로 갈수록 커짐에 따
   라 상승유속이 감소하게 됨으로써 분리실내 처리수와 경계를 이루는 슬러지 블랭킷층
   을 형성한다.

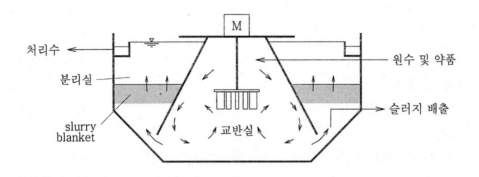

2) 특징
 - 이 형식은 균일한 부유물질에 대해 상징수의 수질이 양호한 이점을 갖지만 슬러지 블랭
   킷 계면을 일정한 높이로 유지하면서 운전하는데 어려움이 있다.

3. 복합형

1) 원리

　── 최초의 응집과정 : 슬러리 순환형
　└─ 슬러지 성장분리 : 슬러지 블랑킷

2) 특징

- 고속응집침전지 중 이 형식이 가장 많이 이용
- 슬러리순환의 교반은 수류자체에 의한 방법 및 살수기 회전에 의한 방법 등이 있다.

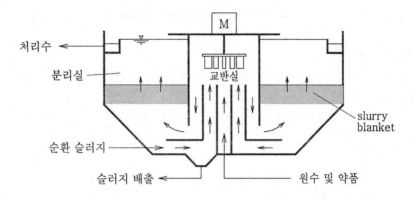

4. 맥동형(맥류형, Pulsator)

1) 원리

- 응집제와 원수를 진공탑에서 진공에 의해 흡상시키고 주기적으로 탈진공시켜 맥류발생
- 슬러지층 속을 물이 통과 상승하는 것은 슬러지 블랭킷형과 같으나 기계교반이 아닌 플록형성과 성장을 위하여 원수공급시 공기압을 이용하여 물에 맥동을 일으킴으로써 교반효과를 얻는다.

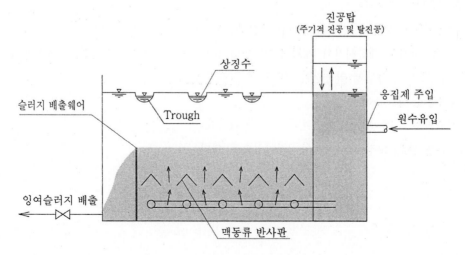

2) 특징
- 물의 상승류가 조전체에 걸쳐 균등한 연직평행류이다.
- 구동부분이 전혀 없다.
- 침전지의 형상을 임의로 선택할 수 있으므로 기존침전지의 개조에 편리하다.
- 진공펌프의 동력비가 기계교반기보다 적어 경제적이다.
- 내부강재를 사용하지 않으므로 부식의 위험이 없다.
- 이 방법은 중간농도로서 균일하고 비교적 가벼운 플록에 흔히 이용되어 팔당수원지와 선유수원지등에 설치되어 있다.

Ⅳ. 설계시 고려사항

- 유입하는 탁질량, 지내보유 슬러지량(母Floc) 및 잉여배출 슬러지량과의 평형유지를 위한 기준은 다음과 같다.

1. 원수의 탁도
 - 설계기준 : 평상시 10도
   　　　　　　　최저 5도, 최고 1000도
 - 오래된 플록은 흡착능력이 약화되어 5도이상
 - 1,000도 이상시 지내보유 슬러지 농도유지가 어려워 다량의 슬러지 + 물 배출

2. 원수의 탁도/온도의 변동폭
 - 설계기준 : 탁도 변동폭 100도/시간
   　　　　　　　온도 변동폭 $0.5{\sim}1.0^{\circ}\mathrm{C}$/시간
 - 탁도/온도의 변동폭이 크거나 급격하면 제탁능력 저하 및 지내보유 슬러지량 유지가 곤란하다.

3. 처리용량(체류시간)
 - 설계기준 : 계획정수량의 1.5~2.0 시간분
 - 약품침전지의 체류시간이 계획정수량의 3~5시간분을 요하나 고속응집침전지는 1~2시간분 정도로 응집제 약품량이 20%정도 절약된다.

4. 지내평균 상승유속
 - 설계기준 : 40~60mm/분

5. 지수는 청소, 고장을 대비하여 2지이상으로 한다.

침전지의 비교 (경사판침전지, 고속응집침전지)

Ⅰ. 고속응집침전지

1. 일반적인 응집침전이 별도의 조에서 이루어지는 것과 달리 고속응집침전지는 동일조에서 약품혼화, 플록형성 및 침전분리가 동시에 이루어지는 침전지를 말한다.

2. 고속응집침전지의 처리원리
- 생성된 고농도의 대형플록(母플록)이 밀집되어 있는 부분에 새로운 미소플록을 유입시켜 母플록에 흡착되며, 침전지에 형성된 母플록은 침강속도가 거의 동일하고 빠르게 群침전하므로 고수면부하율의 상향류식 침전지를 사용한다.
 1) 슬러리 순환형
  - 고농도 슬러리를 항상 지내에 순환시키면서 새로 유입된 원수와 응집제를 고농도 순환 슬러지와 혼합하여 대형플록을 생성시킨다.
 2) 슬러지 Blanket형
  - 중앙의 혼합반응실에서 대형플록을 만드는 것은 Slurry순환형과 동일하다.
  - 조 저부에서 분리실의 단면이 상부로 갈수로 커지고, 대형플록이 상승속도와 평형을 이룬다.
 3) 복합형
  - ① 최초의 응집과정 ⇒ 슬러리 순환형, ② 슬러지 성장분리 ⇒ 슬러지 블랑킷형
  - 가장 많이 사용
 4) 맥동형
  - 응집제와 원수를 진공탑에서 진공에 의해 흡상, 주기적으로 탈진공시켜 맥류발생
  - 기계교반이 아닌 공기압을 이용하여 물에 맥동을 일으킴으로써 교반효과를 얻는다.

3. 장방형침전지와 비교

장점	단점
· 장치용량이 수평류식 침전지보다 작다. = 처리수량이 많다.	· 과부하에 약하다(탁도 10~1,000NTU에서만 사용) 또한 수량적 부하 증대에 약하다.
· 통상의 탁도범위 내에서 수질 및 부하변동에 다소 흡수능력이 있다.	· 저탁도시 母플록 유지가 어렵다. 고탁도시 슬러지배출에 의한 수손실 크다.
· 응집제 약품비가 약 20% 절감	· 대류 등에 의한 母플록유출이 쉽게 발생한다.
· 밀도류, 단락류 발생이 적다.	· 슬러지 블랭킷의 계면높이 유지가 어렵다.

Ⅱ. 경사판 침전지

1. 침전이론에 의해 침전지 효율향상을 위해 입자의 침강속도와 침전지 면적을 증가시킬 필요가 있으며, 침전지 면적을 증가시킬 목적으로 설치한 침전지

$$처리효율, \ E = \frac{h}{H} = \frac{Vs}{V_0} = \frac{Vs}{Q/A}$$

2. 설치시 주의사항
   - 유입수를 균등하게 유입시켜 단락류 방지 : 정류벽 설치 및 하부 정류장치 설치
   - 침전지의 바닥, 유입벽, 유출벽 및 측벽과 경사판의 간격은 1.5m 이상으로 한다.
   - 청소 등에 의해 경사판의 파손을 방지할 수 있는 구조
   - 경사판에 부착조류의 생성을 억제할 수 있는 방안 필요 : 덮개 설치, 위어부 청소 등
   ⇒ 경사판은 상향류식과 수평류식이 있으며, 유지관리 및 청소가 어렵다.

약품침전지 정류설비

Ⅰ. 개요

1. 약품침전지내의 물 흐름은 여러 요인으로 이상적인 층류상태와는 거리가 먼 수류상태를 나타낸다. 따라서 정류설비(유체의 흐름을 고르게 함)를 설치하여 유입에너지를 확산시키고 단락류를 방지해야 한다.

2. 횡류식 침전지의 정류설비 종류 : 유입부 정류벽, 도류벽이나 중간정류벽

Ⅱ. 정류상태

1. 레이놀드수(Re)

$$Re = \frac{v\,D\,\rho}{\mu} = \frac{관성력}{점성력} \quad (수류 \text{ 자체의 안정성})$$

1) 수류 자체의 흔들림은 레이놀드수(Re)로 나타내는데, 개수로에서 Re 500 이하이면 층류, 2,000 이상이면 난류가 된다.

   ⇒ 관수로의 Re수는 2000이하 층류, 4000이상이 난류이다.

2) 실제 침전지에서는 Re가 수온차 및 바람 등의 영향으로 10,000 정도로 나타난다.

3) 개수로의 관경은 hydraulic diameter를 환산해서 적용한다.

2. 후르드수(Fr)

$$Fr = \frac{v}{\sqrt{g\,H_e}} = \frac{관성력}{중력} \quad (외부영향에 \text{ 따른 수류안정성})$$

1) 유황을 층류에 가깝게 하기 위해서 유속만 작게 하면(Re수 작아짐) 외부로부터의 영향에 의하여 수류의 안정성이 나빠지는 경향이 있다.

   → 즉 Fr수도 작게됨 따라서 수리학적 수심에 대한 적당한 유속이 필요하다.

2) 이 외부로부터 수류의 안정성은 후르드수(Fr)로 결정된다. Fr를 10^{-5} 이상으로 하면 유황은 개선되지만 실제 침전지에는 10^{-6} 정도이다.

3. 이상적인 물의 흐름

1) 수류의 안정조건만을 생각한 이상적인 침전지의 형상은 Re = 500, Fr = 10^{-5}로 표시되나, 이 경우는 폭 : 수심이 1 : 700으로 극단적으로 가냘픈 형식이 된다.

2) 따라서 실제 침전지에는 Re=10^4인 난류(turbulent flow), Fr=10^{-6}인 상류(subcritical flow) 상태에서 운전된다.

Ⅲ. 정류벽의 기능

외부로부터의 영향 감소, 유수에너지의 국부적 불균형 시정

1. 외부로부터의 영향 감소

1) 수류의 흔들림의 원인은 수류자체의 흔들림 싸 밀도류, 편류에 의하며, 지내 유입·유출의 균일화를 위해 정류벽 설치한다.

2) 밀도류 : 단락류의 원인이 되는 밀도류는 지내수와 유입수간의 수온차탁도차 및 염분
   농도차에 의해서 발생한다.

3) 편류 : 유입량과 유출량의 불균형이 주원인이다.

2. 유수에너지의 국부적 불균형 시정

 - 정류벽은 유수에너지의 국부적 불균형을 시정하여 전체의 흐름이 균일하도록 한다.

Ⅳ. 도류벽의 기능

1. 물에 접하는 벽면을 증가시킴으로서 윤변을 크게 하여 Re수는 적게 하고 Fr수는 크게
   함으로써 수류상황을 좋게 함으로써 침전효율을 상승시키기 위한 목적

2. 소독시설에서는 장폭비를 크게하는 효과를 나타냄 → C·T계산값 증대 → 불활성화비 증대

Ⅳ. 정류설비 설치시 고려사항

1. 유입부 정류벽

1) 유입부 정류벽은 유입에너지 확산을 목적으로 설치한다.

2) 정류공의 직경 : 10㎝ 전후, 개구비 : 약 6%

3) 유입단에서 이격거리 : 1.5m

2. 중간정류벽 및 유출부 정류벽

1) 유입부 정류벽은 유입에너지 확산이 목적이라면 중간정류벽은 밀도류를 경감시키는 역
   할을 한다. 보통 중간 및 유출부는 슬러지수집기 때문에 설치가 곤란하므로 정류벽을
   설치하지 않는다.

2) 유출부는 단락류 발생을 최대한 줄일 수 있도록 수중 Orifice 형식의 도입을 검토한다.

   ※ 수중 Orifice 형식의 특징

   ┌─ 시공이 용이하고
   ├─ 플록파괴 방지
   ├─ 수면부유물의 여과지 유입방지
   └─ 한랭지역의 침전지 결빙시 집수의 용이성이 우수

3. 복개

 - 지의 수면을 복개하여 지내 수온변화 및 바람 등의 영향을 차단한다.(현실성이 적다)

※ 상류와 사류

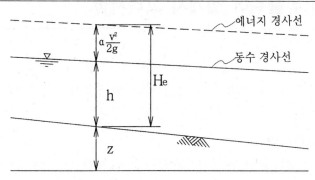

- Ht (개수로에서 전수두)

$$H_t = \alpha \frac{v^2}{2g} + h + z$$

- He (비에너지 ; specific energy) : 수로바닥을 기준으로한 단위 무게의
  유수가 가진 에너지

$$H_e = \alpha \frac{v^2}{2g} + h$$

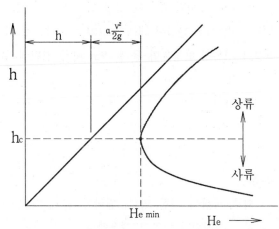

- hc (한계수심) : 비에너지가 최소(He min)일 때 수심

$$h_c = 2/3 H_e \text{ (직사각형 개수로)}$$

┌─ 상류(常流) : 수심이 한계수심보다 큰 흐름 (Fr < 1)

└─ 사류(射流) : 수심이 한계수심보다 작은 흐름 (Fr > 1)

⇒ 후르드수(Fr)가 1보다 작으면 물의 표면은 거의 평탄하며, 1보다 크면 물의 표면은 큰 파도와 교란작용이 크게 발생한다.

약품침전지 유출위어 설계시 고려사항

Ⅰ. 개요
침전지 유출부의 위어와 trough는 될수록 지내수류를 흩트리지 않는 구조로 하여야 한다.

Ⅱ. 위어설계시 고려사항
1. 횡류식 침전지의 위어부하율은 설계기준 500㎥/m·d 이하이나, 200~300㎥/m·d로 가능한 작게 하여 와류를 방지한다.
   ⇒ AWWA(미국수도협회)기준 250㎥/m·d 이하, 川村(가와무라)기준 260㎥/m·d 이하
   - 상향류식에서 경사판 설치시 위어부하율은 350㎥/m·d 이하가 되도록 한다.
   ⇒ 경사판은 수평류식과 상향류식이 있으며, 유지관리 및 청소가 어렵다.
2. 유출부 상승속도를 최소화하여 침전물 재부상을 방지해야 한다.
   - 설계기준은 70㎥/㎡·d 정도로 약 0.08 cm/s이다.
3. 위어 하류측 수위는 수중위어가 되지 않도록 낮게 하여 완전월류를 유도한다.
4. 위어와 trough를 근접시키면 서로 간섭이 되어 효과가 저하하므로 이를 고려하여야 한다.
5. 위어에 의한 유량측정시 정류장치(정류벽 등)를 2m 이상 전단에 설치하여 측정의 정확도를 높여야 한다.
6. 수중 Orifice 형식을 검토한다.
   - 위어는 시공시 수평을 맞추기가 어려워, Orifice가 유용하다.

Ⅲ. 위어의 종류 및 특징
   - 장방형침전지의 경우 외부 바람에 의한 영향, 단락류 등에 의한 교란이 심하므로 이를 방지하는데 가장 효과적인 삼각위어를 주로 채용한다.
   - 그러나 바람 등의 영향을 더 적게 받기 위해서는 오리피스형도 바람직하다.

1. 삼각위어 (1~4㎥/min)

$$Q \, (m^3/s) = \frac{8}{15} \, c \, \sqrt{2g} \, h^{5/2}$$

2. 사각위어 (4㎥/min 이상)

(Francis공식)
$$Q\,(\mathrm{m^3/s}) = 1.84\,b_0\,h^{3/2}$$
$$b_0 = b - 0.1nh \ (n: 단수축수)$$

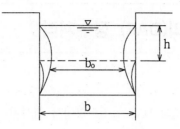

3. 전폭위어 (8㎥/min 이상)

$$Q\,(\mathrm{m^3/min}) = KBh^{3/2}$$

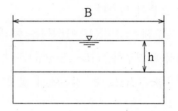

Ⅵ. 위어높이 측정지점 및 위어규격

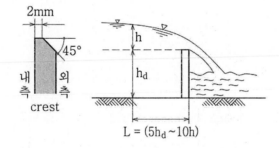

부상분리(DAF) 정수처리

Ⅰ. 정의

1. 정수장에서의 DAF는 전처리에서 형성된 플록에 미세기포를 부착시켜 수면위로 부상시키는 침전공정의 효과적인 대안이며, 부상된 슬러지를 걷어내며 용존공기부상지의 바깥쪽으로는 맑은 물이 남는다.

2. 플록형성에 소요되는 시간(10~15분)은 재래식 침전지(20~40분)보다 짧으며, 플록형성지에서 수리적 표면부하율(10~15m/hr)은 재래식 침전지의 10배 이상이다. 또한 발생슬러지의 고형물농도(2~3%)는 침전에서 발생된 슬러지농도(0.5%)보다 훨씬 높다.

Ⅱ. DAF의 도입목적

- 조류 번성시 조류 제거
- Fe, Mn 제거

Ⅲ. 설계요소

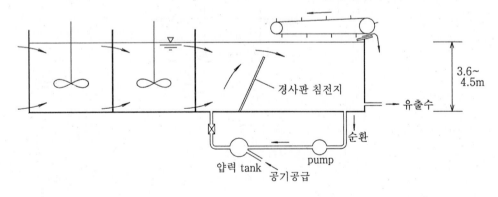

1. 플록형성지

- 약품침전지의 플록형성지에 비하여 두드러진 특징은 ① 높은 교반강도(G=30~120/s), ② 짧은 체류시간(10~15분), ③ 기포덩어리가 부상지 수면쪽을 향하도록 부상지 유입구에 경사진 저류벽(60~70°)을 설치하여야 한다는 것이다.
- 수심은 3.6~4.5m, 폭은 부상지 폭과 같도록 하며 10m 정도로 한다.

2. 용존공기부상지

 - 부상지 길이는 경험상으로 최대 12m 이하로 한다.

   부상지 폭은 플로트(부상슬러지) 수집장치로 제한되며 10m로 한다.

 - 부상지 체류시간은 <u>표면부하율 10~15m/hr</u>에서 10~15분이다.

   (부상지 바닥면적은 침전지 바닥면적의 약 10% 정도이다.)

 - 일반적으로 적용되는 부상지의 수심은 1.0~3.2m 정도이다.

3. 예비침전지 설치

 - DAF를 운전하는 정수장에서 100NTU 이상 고탁도의 원수가 유입되는 경우에는 DAF 이전에 예비침전지를 두어야 한다.

Ⅳ. DAF와 중력식 침전조의 비교

1. 설계사양

구 분		부상분리(DAF)	중력식 약품침전	비 고
플록형성지	체류시간	10~15분	20~40분	⇒ 2배 이상 단축
	교반강도	30~120/s	25~75/s	
	수 심	3.6~4.5m		
부상지 (약품침전지)	체류시간	10~15분	1.5~3시간	⇒ 10배 이상 감소 (15~30㎜/min)
	표면부하율	10~15m/hr	0.9~1.8m/hr	
	슬러지고형물농도	2~3%	0.5%	
	수 심	1~3.2m	3~5.5m	
	길 이	최대 10m(경험상)	50~100m 정도	

2. DAF의 장단점 (중력식 침전지와 비교)

 1) 장점

 - 설비가 콤팩트(compact)하다. (설비 간단, 부지소요면적 적음)

 - 오염물질 제거효율이 커진다. (최근의 기술은 기포의 입경을 작게 하여 SS 등의 제거 효율 향상)

 - 완전 자동운전이 가능하다. (설비가 간단하므로 자동운전이 용이)

   ⇒ 또한 약품소요량이 적고 슬러지 고형물농도도 4배 이상 높으므로 슬러지발생량이 적음

 2) 단점

 - 고탁도 유입시 직접 처리시 처리효율이 낮다. (100NTU 이상 고탁도시 예비침전지 필요)

 - 수질변동에 따라 처리효율이 변한다.

 - 상등수 혼탁 우려, 악취 발생

완속여과

Ⅰ. 개요
- 완속여과는 막에 의한 세균, 탁질 등의 억지력과 생물학적 산화반응이 합하여 극히 다양한 수질인자에 대응할 수 있는 훌륭한 기능을 갖는 것이 튼 장점이다.
- 그러나, 생물막이 수mm정도의 얇은 두께이며 이용가능한 산소가 약 10mg/L정도의 수중 용존산소이기 때문에 불순물 농도가 수mg/L을 초과하면 수중의 용존산소가 모두 소비되어 혐기성화 되고 즉시 그 기능을 상실할 수 있다. 많은 완속여과지가 이와같은 이유로 수질오탁의 심화에 따라 그 우수한 기능을 상실해 가고 있다.

Ⅱ. 완속여과의 정화기능
- 완속여과에서는 급속여과와는 달리 세균, 색도, 철·망간 등이 어느정도 제거되며 질산화도 어느정도 기대할 수 있다.

1. 체거름작용
- 완속여과는 표면여과이므로 주로 표면에 탁질이 억류된다. 여과가 진행되면 표면에 탁질이 퇴적하고 여기에 유기물과 미생물이 서로 혼합되어 점성의 교질(膠質)막을 형성한다. 이 교질막을 여과막(또는 생물막)이라 하며 점점 두꺼워져서 여과저항이 커진다.

2. 흡착과 침전
- 모래 표면을 통과한 탁질은 공극을 천천히 유하하면서 Floc을 형성하고 공극내에서 침전하여 모래표면의 흡착작용으로 여층에 억류된다.

3. 생물학적 작용 (생물막)
- 이 작용은 완속여과 특유의 것으로 여과표면에 미생물이 성장하여 미생물 막을 형성하고 호기성 분해에 의해 유기물을 제거하며 세균의 제거도 이루어 진다.
- 질산화도 어느정도 이루어진다. ⇒ 암모니아성 질소제거

4. 산화작용
- 이 작용은 완속여과 특유의 것으로 모래 표면에 조류가 성장하여 광합성을 하면서 물에 산소를 공급하게 되어 철·망의 산화가 일어난다. ⇒ 철·망간 제거

Ⅲ. 완속여과의 구조와 운영

1. 여과모래 기준

항목	완속여과	급속여과
균등계수 (P_{60}/P_{10})	2.0 이하	1.3~1.7 이하
유효경 (P_{10})	0.3~0.45	0.45~0.7
모래층 두께 (cm)	70~90 (최소 40)	60~70
여과속도 (m/d)	4~5	120~150
세균제거율 (%)	98~99.5	95~98
최대·최소경 (mm)	0.18, 2.0	0.3, 2.0

2. 자갈층의 기준

구분	완속여과	급속여과		
하부집수장치	–	스트레이너형	티피블록형	유공블록형
두께(cm)	40~60	물세척　 25~30 물·공기세척 5~10	44	25~40
최소입경(mm)	3	2	2	2

Ⅳ. 기타 부대설비

완속여과	급속여과
· 조절정(여과유량조절용) · 여과수 역송장치 · 유입설비 · 월류관 및 배수관 · 세사설비 등	· 여과유량조절장치 · 세척탱크와 세척펌프 · 세척배출수거와 트로프 · 배관랑과 조작실

1. 모래삭취

- 1~2cm/회
- 지속시간 30~60일
- 여층이 40~50cm가 되면 보사

2. 모래의 보사

- 5~10cm/회

- 급수량이 적은 동절기가 바람직
- 정사(淨砂)는 밑으로 구사(舊砂)는 위로

3. 사층 세척방법

1) 모래 삭취후 역송

- 오사 삭취후 지내에 원수를 유입하기 전에 여과수를 조절정을 경유하여 역송한다. 이 것은 모래면 하부에 발생한 공기를 서서히 배제하기 위해서이다. 역송한 물이 모래표 면상 10cm 정도가 되었을 때 역송을 중지하고 원수를 서서히 주입한다.

2) 오사(汚砂)의 세척

- 보통 인력으로 모래 삭취 후 세사장에서 세사
- 소규모는 인력으로 세척, 중대규모는 세사기(수류식과 회전식이 있음) 사용
- 세척에 통상 2kg/cm² 의 수압으로 오사량의 15~20배 정도의 수량이 필요하다.

4. 하부집수장치

- 역세척을 하지 않으므로 특수한 집수장치는 필요치 않으며 집수주거 및 지거에 ∏형 Con'c Bloc을 세운 정도면 충분하다.

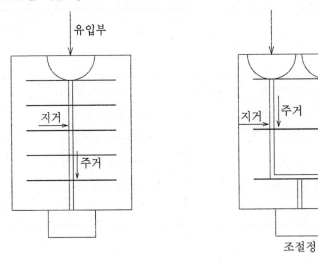

- 지내유속 ── 주거 20cm/s 이하
            └─ 지거 15cm/s 이하

- 구 배 ── 주거 1/200
          └─ 지거 1/150

- 지거간격 수평거리 4m이하

5. 유량조절장치

- 완속여과지의 유량조절은 유입 및 유출 양쪽 다 필요하나 일반적으로 유출부 유량조절을 의미한다.

1) 유입관 : 유량조절용 Valve 혹은 Gate

2) 유출부 : 각지마다 조절정을 설치하여 이 조절정에 유량조정장치 설치

3) 종류

- 고정 Weir 또는 Orifice로 유량을 읽고 인출관에 설치한 제수변으로 유량을 조절하는 방법
- 수동식 가동 Weir로 유량조절
- Venturi관의 차압에 연결 자동으로 유량조절(보편적으로 사용)
- Telescopic valve에 의한 법

유효경, 균등계수, 여과지깊이의 관계

Ⅰ. 유효경과 균등계수

┌ 균등계수(UC, Uniformity coefficient) ; P_{60}/P_{10}
└ 유효경(ES, Effective size) ; P_{10}

　　주) P_{10}, P_{60} : 중량 10%, 60%를 통과시킨 체의 눈높이

1. 유효경

- 체 분석시 전체중량비의 10%가 통과하였을 때의 통과된 최대입경(D_{10})으로서, 일반적인 급속여과지의 유효경은 0.45~0.7㎜이다. (완속여과 0.3~0.45㎜).
- 유효경이 작은 모래(세사)를 사용시 표면여과의 경향이 되므로 표면에 억류되는 탁질량이 많아져 여과지속시간이 짧아지는 단점이 있다. 유효경이 너무 큰 모래(왕사)를 사용할 경우 내부여과의 경향이 되므로 역세척시 역세속도가 커야 하고 탁질누출(Break through)현상을 방지하기 위해서 사층의 두께도 두꺼워야 한다. 따라서 보통의 급속여과지에서는 탁질억류율, 여과지속시간, 여과속도, 역세척속도 및 원수의 수질변화 등을 종합적으로 판단하여 효율적인 유효경을 정한다.

2. 균등계수

- 체분석을 하였을 때 전체중량비의 60%를 통과하는 최대입경을 유효경으로 나눈 값(=D_{60}/D_{10})으로서, 일반적인 급속여과지의 기준은 균등계수 1.7 이하 (완속여과 2.0 이하)
- 모래의 균등계수는 1.5~3.0 범위에 있으나 이들을 그대로 사용하면 굵은 모래들 사이에 가는 모래가 들어가 세밀충전상태로 되어 탁질저지율은 높아지나 손실수두가 너무 커져 여과지속시간이 짧아진다. 여층표면에서 여층 내부까지 골고루 탁질억류능력을 갖기 위해서 모래입경의 균일도를 높일 필요가 있으므로 균등계수의 기준이 필요하다. 균등계수가 1에 가까울수록 입경이 균일하고 여층의 공극률이 커서 탁질억류능력은 커지나 모래가격이 비싸져 경제성이 떨어진다.

Ⅱ. 유효경-균등계수-여과사층 깊이와의 관계

- 사층두께는 여과사의 유효경이 0.45~0.7㎜의 범위인 경우 60~70㎝를 표준이며, 유효경 범위보다 더 큰 경우 실험 등을 통해 합리적으로 두께를 증가시킬 수 있다.

- 사층 두께를 표준보다 두껍게 하는 경우 : 유효경이 큰 여과사를 사용하거나 여과속도를 올려 여과사층의 심층까지 탁질억류를 기대하는 경우, 여과지속시간(세척간격)을 길게 하고 싶거나 안전에 여유를 크게 갖고자 하는 경우
- 사층 두께를 표준보다 얇게 하는 경우 : 유효경이 작은 여과사를 사용하거나 여과속도를 줄여 여과사 표층에서의 탁질저지율을 높게 하고자 하는 경우 등

Ⅲ. 유효경-균등계수-여과수질의 관계
- 균등계수가 같을 경우 유효경이 작은 사층일수록 여과지속시간은 짧아지나 여과수질은 양호해진다.
- 유효경이 같을 경우 균등계수가 작을수록(즉, 1에 가까울수록) 여과지속시간도 길어지며 여과수질도 양호해지나 그 차이는 적은 편이다.

Ⅳ. 최소경과 최대경
- 일반적인 급속여과지의 기준은 최소경 0.3㎜, 최대경 2.0㎜ (완속여과 최소경 0.18㎜, 최대경 동일)
- 모래의 유효경과 균등계수만으로는 입도분포 중 중량비 10% 입경 이하와 60% 입경 이상의 분포에 관한 한계가 없으므로 입경분포의 경향이 극단적으로 커지는 것을 방지하기 위하여 상(2.0㎜), 하(0.3㎜)로 조정한다.
- 실제로 0.3㎜ 이하의 모래입경은 여층을 쉽게 폐색시키고, 2.0㎜ 이상의 모래는 여과효과에 기여하지 못한다.

여과사 구성, 여과속도, 여과손실수두 계산

Ⅰ. 여과사 구성

- 자연의 모래를 사용할 시 균등계수를 만족하더라도 유효경에 문제(성층현상)가 되므로 여과사의 크기를 제한 할 필요가 있음 (균등계수 하에서 적정 유효경 선택이 바람직) 여과사 최대경 2mm, 최소경 0.3mm

  ┌ 세사를 사용할 경우 표면여과 경향 : 여재의 유효경이 작고 균등계수가 클 경우
  └ 조사를 사용할 경우 내부여과 경향 : 여재의 유효경이 크고 균등계수가 작을 경우

  ┌ 완속여과시 유효경 0.3~0.45mm, 균등계수 2.0 이하
  └ 급속여과시 유효경 0.45~1.0mm, 균등계수 1.7 이하

Ⅱ. 여과속도에 의한 분류

  ┌ 완속여과　　: 4~5m/일
  ├ 급속여과　　: 120m/일
  └ 고효율여과　: 240m/일

Ⅲ. 여과손실수두 계산

급속여과지 = 모래층 + 자갈층 + 하부집수장치 + 관로상 + 각종 밸브·펌프 등의
손실수두　　　손실수두　손실수두　손실수두　　　손실수두　손실수두

- 급속여과지 손실수두 (2.0~5.5m) = 모래층

- 여과지 손실수두는 공극률, 여상의 깊이, 여과유속, 여재 입경, 물의 점도 및 밀도의 함수이며, 손실수두의 식은 Darcy-Weisbach식으로 구할 수 있다.

- Darcy-Weisbach식을 기준으로 상기의 공극률 등의 함수로 변환한 Kozeny-Carman의 관계식과 균일 직경의 여재로 구성된 깨끗한 여과상의 손실수두를 구할 수 있는 Rose의 관계식 등으로 여과손실수두를 구할 수 있다.

※ 급속여과지 역세척시 펌프의 총양정

= 실양정 + 여과지(모래층+자갈층) + 하부집수장치 + 관로상 + 각종 밸브,펌프 등의
손실수두　　　　　　　　손실수두　　　손실수두　손실수두
⇒ 실양정 = 정수지 최저수위에서 역세척시 여과상 최고 유출수위까지의 수위차

역세척

I. 역세척 주기

- 역세척시기 결정기준 : 유출수 탁도, 손실수두, 여과지속시간 기준

　　　　　　　　　　　　(유출수 한계수질을 지나면 급격히 증가, 가장 바람직)

　즉, 누출탁질농도, 사면상 수심(손실수두), 운영관리상 설정된 여과지속시간 중 큰 값을 적용

　한계여과수 수질(가장 타당), 한계여과속도, 한계시간간격(가장 많이 사용)을 고려하여 역
세척시기를 결정한다.

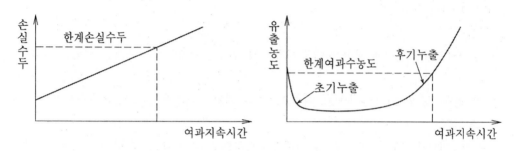

- 영향인자 : 수온(낮을수록 효율 증대), 유효경, 역세척속도(0.9m/min 이상시 여재 유출됨)
- 역세척방법 : 표면세척 + 역세척 조합, 공기세척 + 역세척 조합
- 역세척 불충분시 나타나는 문제 : mud ball 발생, 여과층 균열, 여과층 표면의 불균일,
측벽과 여과층간의 간극 발생, 여과지속시간 감소, 여과수질의 악화

II. 유동화세정법

- 통상 탁질의 표층 1cm이내의 여재에 대부분이 억류되는 표부여과 형태의 단층여과에 적
용하며, 표면세척단계(여층표면 여재에 부착된 탁질의 박리)와 수역세 단계(여층으로부터
의 탁질의 분리)로 구분된다.

1. 표면세척
- 역세척수에 의하여 표층에 억류된 탁질을 여재상호의 충돌, 마찰이나 수류의 전단력으
로 떨어뜨리는 역할을 한다.
- 표면세척장치로는 고정식과 회전식이 있다.
　┌─ 고정식 : 수평관으로부터 수직관을 분지하여 그 선단에 다수의 구멍을 만들어 분
　│　　　　　출노즐을 붙여서 射水시키는 방식
　└─ 회전식 : 수직회전축의 하단에 붙인 수평회전관의 측면 및 선단의 구멍에서 사수
　　　　　　　(射水)시키고 그 압력에 의하여 수평회전축을 회전시키는 방식

2. 수역세

- 표세 단계에서 여층상에 배출된 탁질을 트로프로 유출시키는 역할을 한다.
- 이 때 탁질의 여층으로 부터의 배출은 팽창률 20 ~ 30%가 유효하다.
  ⇒ 역세척 속도와 팽창율의 관계는 여재의 종류, 수온 등에 의하여 차이가 있으므로 실험적으로 구해야 하며, 팽창율은 수온에 의해서도 변하므로 계절(여름, 겨울)별로 역세척 속도를 조절해야 한다.(팽창률은 수온이 크면 낮고, 낮으면 증가한다.)

Ⅲ. 공기세척 + 수역세
- 통상 내부여과 경향이 큰 다층여과지나 상향류식 여과지 등에 적용하며, 공기세척과 수역세 단계로 구분된다.

1. 공기세척
- 상승기포의 미진동에 의하여 여층 내부까지 부착된 탁질을 떨어뜨리는 역할을 한다.

2. 수역세
- 비교적 저속의 역세척 속도로 여층으로부터 배출된 탁질을 트로프로 유출시키는 역할을 한다.
  ⇒ 다층여과의 경우 역세척 속도를 작게해야 여과층 교란에 의한 이종의 여재간 혼합을 방지할 수 있다.

3. 유동화 세정법과의 차이
- 여층이 유동화되지 않는다. 따라서 여층팽창에 의한 여재유출이 발생하지 않는다.
- 공기 물의 균등분사를 위한 특수하부집수장치가 필요하다.
- 교반이 주로 공기에 의하므로 세척수는 소량만 필요하다.
- 다층여과, 상향류여과에 적용한다.

<역세척방법의 예>

구분		유동화세정		구분		공세 + 수역세
		고정식	회전식			
표세	동수두(m)	15 ~ 20	30 ~ 40	공세	동수두(m)	5
	수량(m^3/m^2·min)	0.15~0.20	0.05~0.10		공기량(m^3/m^2·min)	0.6
	시간(min)	4 ~ 6	4 ~ 6		시간(min)	5
수역세	동수두(m)	1.6 ~ 3.0		수역세	동수두(m)	5
	수량(m^3/m^2·min)	0.6 ~ 0.9			수량(m^3/m^2·min)	0.6
	시간(min)	4 ~ 6			시간(min)	5

⇒ 모래여과 수역세시 동수두 = 여층과 자갈층의 손실수두(0.4~0.8m) + 하부집수장치 천단으로부터 월류수면까지의 표준수심(1.2~1.6m) + 여유

여과지속시 문제점 및 해결방안, 설계인자

Ⅰ. 여과지속시 문제점 및 대책

1. 문제점

1) Mud ball 발생 → After growth 원인물질 작용, 잔류알루미늄농도가 0.2mg/L 이상시 발생

2) 손실수두 증가 → Air binding 현상 → Break through 발생

3) 여과수질 악화 → 소독공정 악영향

4) 여층의 통수단면적 감소 → 여층공극 폐색 → 일부 여층 내에 통과유속 증가

2. 대책

1) 원수의 수질 향상 (= 침전수 수질향상)

2) 전염소처리 및 전처리여과 (조류 제거)

3) 여층구성을 적절히 할 것

 - 유효경　 : 적정한 유효경 사용 (0.6~0.7mm)

 - 균등계수 : 유효경이 같은 경우 균등계수가 작을수록 여과지속시간 증대 (1.7 이하)

4) 응집침전 효율 향상

5) 여과방법의 개선 : 기존의 단층여과에서 상향류여과, 다층여과로 개선

6) 역세방법의 개선 : 역세척주기 단축, 물·공기 역세척의 적절한 조합

7) 수온 : 역세척시 수온이 낮을수록 여재팽창률 증가하여 역세효과가 좋아짐.

Ⅱ. 급속여과지 설계시 주의사항 (= 여과지 설계인자, 급속여과지 진단내용)

⇒ 급속여과지의 기능 : 수질정화, 탁질억류, 수질·수량변동 완화, 역세척

1. 여과지 형상/구조

 - 여과지 구조의 적정성 : 여과지 형상, 여재종류별 여층두께, 월류격벽 구조평가

2. 여재특성(탁질억류능력)

 - 여과수 수질　　 : 수질항목별 농도, 여과개시 후 탁도 변화

 - 여재 적정성　　 : 유효경, 균등계수, 비중, 최대·최소경, 여과사 교체실적 조사

 - 여층구성 적정성 : 여층두께 실측치, 유효경과 깊이(L/de) 상관관계 조사

 - 여재 오염도　　 : 여층심도별 탁도 측정, 여층의 균열 및 수축여부 조사

3. 여과방식(여과속도)

- 유량제어방식의 적정성 : 설계방식과 실운전방식 검토, 여과수량조절방식 검토
- 설계여과속도   : 여과면적 및 지수, 여재의 종류 및 입경 검토, 설계여과속도 측정

4. 역세척 방식

- 역세척배수의 시간별 측정 : 역세척배수의 시간별 잔류탁도 및 SS 측정
- 역세척 운전조건의 적정성 : 역세수량 및 역세구동력 측정, 역세과정의 적정성, 여재팽창률 측정, 역세시기 결정기준의 적정성, 역세수량의 적정성
- 역세척수 수질의 적정성 : 잔류염소 함유 여부

5. 하부집수장치

- 역세압력 및 사층표면 균일분포도 : 집수장치의 폐쇄, 이탈여부 조사
- 여과지 구조 적정성   : 모래층 두께, 자갈층 두께

6. 기타

1) 공정간 연계

- 혼화응집효과가 미치는 영향 : 전처리효율 평가결과
  (TOC, 탁도 등 수질인자에 대한 공정별 제거효율 분석과 경향분석 및 차트 작성)

2) 경제성 분석

- 단위면적당 생산량 : 설계여과수량과 실여과수량 비교, 역세척 배출수량 조사

급속(모래)여과

Ⅰ. 개요

1. 상수도 : 일반적인 정수처리의 기본공정으로서 많이 적용되며, 소독을 하기 전에 부유물질(SS) 제거로 소독효과 증대

2. 하수도 : 하수고도처리의 기본공정으로서 많이 적용되며, 방류수역으로 방류하기 전에 잔류 부유물질(SS) 제거

Ⅱ. 급속여과지의 형식

- 여과지 유입수 성상, 유지관리의 용이성, 부지면적을 검토하여 최적의 효과를 얻도록 선정

여과방식		특징
수리형태	압력식	· pump에 의한 압력 이용 · 긴 여과지속시간, 역세회수가 적다. 소요면적·건설기간이 짧고 부압발생이 없다. · 밀폐성, 손실수두가 크다. 고탁도의 하폐수에 이용, 역세척시 유사가 많다.
	중력식	· 수두차에 의한 중력 이용
통수형태	상향류	· 고가, 역세유량이 많이 필요, 부지면적이 많이 필요 · 비교적 굵은 모래, 정속여과, 손실수두 2~3m, 여상표면에 격자결정
	하향류	· 정속 및 정압여과가 있다.
여재구성	다층여과	· 심층여과의 경향, 높은 여과속도, 긴 여과지속시간, 구조물이 작아진다. · 운전이 어렵다. 여층경계면의 세정이 어렵다.
	단층여과	· 표층여과의 경향, 운전이 간단하다. · 손실수두가 빠르게 커지고 짧은 여과지속시간

Ⅲ. 설계기준

1. 상수

구분	여재	유효경(㎜)	균등계수	층 두께(m)	여과속도(m/s)
단층여과	모래	0.45~0.7	1.3~1.7	0.6~0.7	120~150
2층여과	안트라사이트 모래	0.9 ~1.4 0.45~0.6	1.6~1.8 1.5~1.7	0.6~0.8 (Anth. 50~60%)	240 이하

⇒ 2층여재 층간 혼합 방지를 위해 안트라사이트의 P_{10}을 모래의 P_{10}의 3배 정도로 하여 입경분포를 정확히 맞춘다.

2. 하수

구분		여 재	유효경(mm)	균등계수	층 두께(m)	여과속도(m/s)
중력식 상향류	유동상	모래	1	1.4 이하	1	300 이하
	고정상	모래	1~2		1~1.8	
압력식 하향류 고정상		안트라사이트 모래	1.5~2 0.6~0.75		0.6~1.0 (Anth. 60%)	

하부집수장치

Ⅰ. 목적

- 여과지의 지지자갈층 하부에 설치되는 설비로 다음의 기능을 수행

    ┌── 여층지지
    ├── 여과가 균등하게 이루어지도록 여과수 집수
    └── 역세척시 세정수를 균등분배

Ⅱ. 설계시 고려사항

1. 수송단계에서는 단면을 크게 유지하여 수두손실을 줄이고 분배단계에서는 통수공경을 줄여 통수정항을 크게 하는 것이 필요
2. 유출측 수위변동이 적은 구조
3. 내구, 내식, 내압성 재질로 저판에 견고하게 고정
4. 폐색되지 않고 시공성, 경제성이 있어야 한다.
5. 과도하게 손실수두가 작게하는 것은 피한다.

Ⅲ. 종류 및 특성

1. 휠러형

1) 콘크리트 상단전면에 V자형 구멍을 중심간격 20~30cm마다 만들어 그 밑에 단관을 부착하여 V자형 구멍속에 여러개의 자구를 넣어 만든 형식으로 세정수가 압력수실에서 단관을 통해 각 자구로 상승한다.
2) 여과면적에 대한 개구비 : 0.25~0.4%
3) 상판하부는 압력수식이 되기 때문에 상판이 뜨지 않도록 고정해야 한다.
4) 개구부 콘크리트 타설과 압력수실의 시공이 어려운 단점

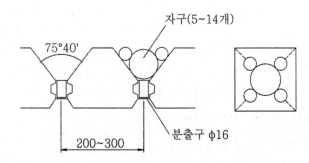

2. 스트레이너형

1) 스트레이너를 단관에 의해 집수지관에 10~20cm간격으로 여과지 저판표면에 노출되도록 부착

2) 여과면적에 대한 개구비 : 0.25~1.0%

3) 제작과 시공이 쉽고 경제적이다.

4) 손실수두가 크고 스트레이너 폐쇄우려

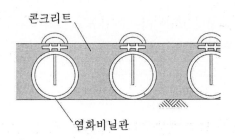

3. 유공관형

1) 집수본관에 직각으로 다공집수지관을 간격 30cm이하, 관경의 60배이하의 길이로 분기하여 상판에 견고하게 부착, 지관 밑부분을 7.5~20cm간격으로 6~12mm 소공을 뚫으며 지관 말단은 상호연결하여 관내 압력분포를 균등히 한다.

2) 여과면적에 대한 개구비 : 0.2%

3) 소구경시 경제적이고 대구경시 비경제적

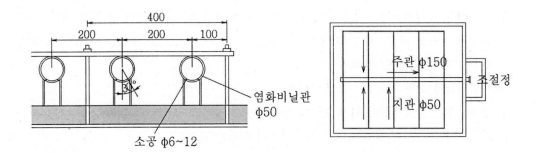

4. 유공블록형

1) 여과지 바닥에 분산실과 송수실을 갖는 유공 block을 병렬연결한 것으로 균등한 여과와 역세척 가능

2) 손실수두가 적고 자갈층 두께가 작아도 된다.

3) 여과면적에 대한 개구비 : 0.6~1.4%

4) 시공이 쉽고 구조물 깊이를 줄일 수 있다.

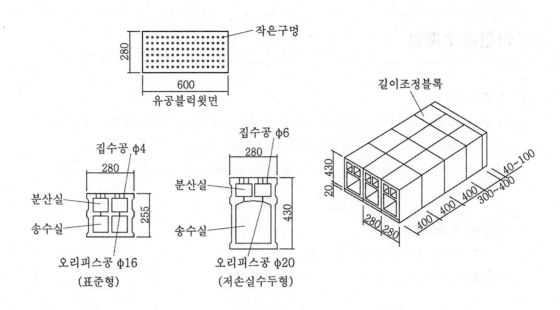

5. 다공판형

1) 자갈층 생략 : 구조물 깊이 감소

2) 판의 가격이 고가

Ⅲ. 역세척방식

┌ 물+공기 역세척방식 : 스트레이너블록형(유럽형), 유공블록형(한국형, 미국형)

└ 물   역세척방식 : 휠러블록형, 스트레이너블록형, 유공블록형, 티피블록형

역전과 K배열

Ⅰ. 정의

1. 모래여과시설의 역세척시 자갈층이 모래층 위로 이동하여 세척수의 불균등 분포를 보이게 되고, 모래와 자갈이 뒤섞이는 현상을 "역전"이라 한다.
2. 이런 현상은 물세척시는 물론이고, 공기와 물을 동시에 보낼 때 이동이 더욱 심하다.

Ⅱ. 자갈층 이동원인

1. 세척수 불균등 분포에 의한 편류
2. 국부적인 분류 등

Ⅲ. 이동방지법

1. 세척수를 균등하게 분포시킬 것
2. 세정밸브를 천천히 열 것
3. 자갈층을 K형 배열로 할 것

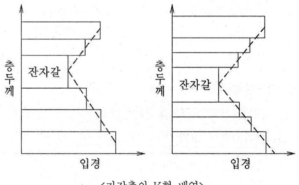

<자갈층의 K형 배열>

Ⅳ. K형 배열

1. 상부에 큰 입경, 중간에 작은 입경, 하부에 큰 입경을 배치하여 K모양의 입경분포 배열을 한 것
2. 상부로부터 굵은 자갈, 잔자갈, 굵은 자갈로 배열하거나 안트라사이트, 모래, 석류석 순으로 배열하면 K형 배열을 얻을 수 있다.
3. K형 배열을 하면 모래가 굵은 자갈사이로 빠지게 되나 중간층에 있는 잔자갈에 의해 더 이상 아래로 빠지지 않게 되므로 모래층의 이동을 억제하게 되며, 또한 역세척시 상부에 굵은 자갈이 있으므로 자갈층의 이동을 억제하는 역할을 하게 된다.
4. 단점 : 유지관리가 어렵다. (K형 배열 유도가 어려울 뿐만 아니라, 서로 다른 여층경계면의 세정이 어렵고 이를 위한 계면세정장치가 필요하다.)

단층여과, 다층여과, 상향류여과

I. 개요
1. 여과공정은 가장 중요한 정수처리공정 중의 하나
2. 다층여과 및 상향류여과는 단층여과의 단점을 보완한 방식

II. 여과방법 및 특성

1. 단층여과
- 표면여과 경향
- 운전이 간단하다, 층 형성이 간단하다.
- 표층에 대부분의 탁질이 억류되고, 여층내부를 충분히 활용하지 못한다.
  손실수두가 빠르게 커지고 짧은 여과지속시간, 역세척빈도가 많아진다.

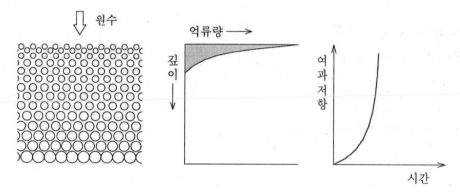

2. 다층여과
- 심층여과의 경향(표면여과 + 내부여과)
- 높은 여과속도, 긴 여과지속시간, 구조물이 작아진다.
- 운전이 어렵다. 여층경계면의 세정이 어렵다.

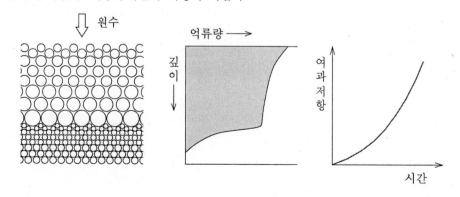

3. 상향류여과

- 여층의 구성은 단층여과와 같다.
- 여층의 부상방지를 위해 여상표면에 격자 설치
- 여과손실수두가 적어 여과지속시간이 상승

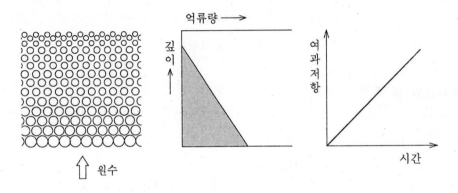

Ⅲ. 다층여과지 설치 목적

1. Synedra, Microcystis 등 유입에 의한 여과지 폐색을 방지하기 위해 안트라사이트를 15 ~25㎝ 두께로 깔아서 장애를 경감시킬 수 있다.
2. 역세시간 연장에 따른 에너지 절감
3. 직접여과방식이 가능(침전지 생략)

직접여과와 내부여과, 조립심층여과

Ⅰ. 직접여과와 내부여과

1. 직접여과(Direct filtration)

 - 침전공정 생략 (혼화지 → 플록형성지 → 여과지)

 ⇒ 조립심층여과의 경우는 직접여과가 가능하다.

2. 내부여과(In-line filtration)

 - 응집공정, 침전공정 생략 (혼화지 → [Bypass관] → 여과지)

Ⅱ. 조립심층여과

1. 개요

 1) 직접여과의 발전된 형식

 2) 조립(입자를 크게 만듦)으로 여과층을 깊게(안트라사이트+모래 또는 GAC+모래)하여
 여과하는 직접여과의 일종으로 깊이는 1.5~2m (모래는 0.25~3m) 정도이다.

2. 적용

 1) 저탁도, 조류가 적을 때, 수질변동이 적은 수원에 주로 사용

 2) 서울 A정수장의 경우 L/d_e比 1,500 이상으로 조립심층 단일여재 적용

구 분	L/d_e(여과층두께/여재유효경)
모래단독 또는 2층여과	1,000 이상
3층여과	1,250 이상
심층조립 단일여재	1,250 ~ 1,500 이상 ($1.2 < d_e < 1.4$)
입경이 매우큰 심층조립 단일여재	1,500 ~ 2,000 이상 ($1.5 < d_e < 2.0$)

Micro floc 여과

Ⅰ. 개요
- 종래의 급속여과는 응집침전에 역점을 두고 여과는 부수적으로 행하는 정리공정으로 생각하고 있는 것에 대하여 이 방법은 반대로 여과에 역점을 두어 여과지의 능력을 최대한도로 이용하는 방법이다.
- 응집, 침전의 경우에는 현탁물의 floc은 침강속도를 크게하기 위하여 가능한 큰 직경이 요구되나 여과는 여층 전체에 걸쳐 가능한 많은 현탁물이 억류되어야 하므로 floc은 작고 단단한 것이 필요하다.
- 여과지는 역 입도구성의 다층여과지가 많이 사용되며 응집제 이외에 고분자 응집제를 필요로 한다.
- 이 방식은 탁도가 연중 거의 일정한 지역에 사용이 바람직하며 우리나라처럼 홍수시 이상 탁도가 생기는 경우에는 침전지를 생략하는 것이 곤란하다.

Ⅱ. 특징
1. 침전지를 생략할 수 있다.
2. 약품 주입량이 적다.
3. 약품주입의 자동제어가 용이
4. 여과속도를 크게 할 수 있다. : 300~480 m/d
   - floc이 작으므로 억류공간이 크다.
   - 여층 전체에 floc이 억류되므로 여과저항상승이 작다.

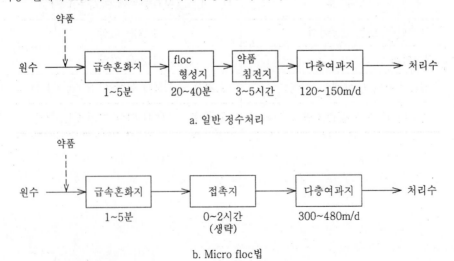

a. 일반 정수처리

b. Micro floc법

표면여과와 내부여과

Ⅰ. 여재구성의 비교 (급속모래여과의 경우)

구 분	표면여과	내부여과(심층여과)
균등계수	1.7 이하	1.6 이하
유효경(d_e)	0.45~0.7	0.9~1.1 입경이 매우 큰 경우(1.5~2.0)
모래층	60cm	90cm
자갈층	50cm (입경 2~30mm)	10cm (입경 2~10mm)

Ⅱ. 표면여과

1. 여과지 표면에 형성된 여과막에 의하여 SS를 여과층 표면에 대부분 억류시키는 방식

2. 여과사의 균등계수가 클수록, 유효경이 작을수록 표면여과형이 된다.

   유입수 탁도가 높거나 응집이 양호한 경우 표면여과형이 된다.

3. 여과지속시간은 짧아지나 처리수의 수질은 양호해진다.

   표면여과시 역세척이 불충분하면 머드볼(mud ball) 발생 우려가 커진다.

4. 표면여과시 여층내부 수두곡선

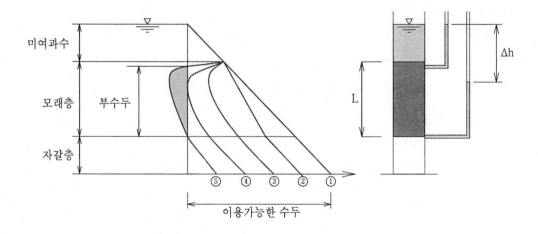

1) 여과진행에 따른 여층내부 수두곡선은 Darcy의 법칙에 따른다.

   - 정속여과(V=일정)인 경우 여과초기에는 투수계수(K)가 크고, 수두차(Δh)가 작다.

$$V = KI = K\frac{\Delta h}{L}$$

여기서, Δh : 여층에 걸리는 수두차

　　　　 K : 투수계수

　　　　 L : 여층높이

2) 그림에서

① 여과시작 전 $(\Delta h = 0)$

② 여과   직후

③ 여과 진행중 수두손실 진행 $(\Delta h < L)$

④ 이용가능한 수두의 대부분을 소모 $(\Delta h = L)$

⑤ 부수두 발생 : 탁질억류로 인해 국부적인 부압 발생 $(\Delta h > L)$

Ⅲ. 내부여과(=심층여과)

1. 탁질을 여과층 내부에서 체거름작용, 충돌, 차단, 침전, 흡착, 응집에 의해 억류하는 방식

2. 여과사의 균등계수가 작을수록, 유효경이 클수록 내부여과형이 된다.

　유입수 탁도가 낮거나 응집이 불량한 경우

3. 여과지속시간은 길어지나 탁질유출(break through)현상이 발생할 우려가 있다.

　탁질이 여층의 내부 간격을 폐쇄하면서 발생한 국부적인 부수압으로 에어바인딩(Air binding)이 발생하고 이로 인해 break through 현상이 발생할 수 있다.

4. 내부여과시 수두곡선

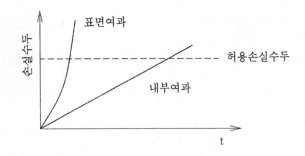

에어바인딩(Air binding)

I. 정의
- 사층 내 기포가 포착되는 현상

II. 원인
- 여과지 내 부두수 발생 : 용존공기가 수중으로부터 유리되어 사층에 기포가 발생
- 여과지 내 수온 상승   : 용존공기의 용해도가 감소하여 사층에 기포가 발생

III. 문제점
- 여층 통수단면적 감소,
- 공극 폐쇄
- 유속 증가

IV. 방지대책
- 역세척을 충분히 하고, 유량조절을 적절히 하여 부수두가 발생하지 않도록 한다.
- 여과지 사면상의 수심을 크게 하여 부수두를 방지
  (완속 : 0.9~1.2m, 급속 : 1.0~1.5m)
- 원수가 공기포화 되지 않도록 하거나 여과지 내의 수온상승 방지

Break through

Ⅰ. 정의

- 여과가 진행됨에 따라 현탁물질이 여층의 간극내에 억류되고 여층이 폐색되면 여층내 수압이 점차 떨어지면서 국부적으로 부두수로 인한 여층내 Air binding현상이 발생하는데, 이 때 여층내의 간극이 폐색되거나 통수단면이 작아지면서 여과유속이 빨라진다. 유속이 어느한도 이상으로 되면 여층내에 억류되고 있는 floc이 파괴되어 탁질이 여과수와 같이 유출되는 현상이 일어나는데 이를 Break through라 한다.
  ⇒ 내부여과시 주로 발생

Ⅱ. 방지대책

- Air binding 현상방지
- 응집시 PAC사용 : Floc의 강도 및 흡착력이 강해진다.

Mud ball(니구)

Ⅰ. 정의

- 여과지내에서 여재(모래, 안트라사이트 등)와 기타고형물이 덩어리를 형성하여 2cm이상으로 커진 것으로 여재에 비하여 Mud ball의 비중이 가벼우면 여층의 상부에 집중되나 비중이 무거우면 여층전체에 걸쳐 존재한다.

Ⅱ. 원인

- 역세척이 불충분 및 응집을 위한 알칼리제 과잉주입으로 여층내 탁질축적과 함께 여재간 고결(固結)현상 발생
- 여재품질이 불량, 여재의 이물질 혼입시나 유효경 및 균등계수가 나쁜 경우

Ⅲ. 방지대책

- 표면세척시 사면상 수심 0에서 한다. ⇒ 물을 안전히 배출 후 직접표면에 역세척
- 알칼리제(소석회 등) 주입량을 적절히 한다.
- 잔류알루미늄 0.2mg/L 이하로 유지
- 역세척시 물세척 외 표면세척 및 공기세척을 병용한다.

여과유량 조절방식

I. 여과유량조절의 목적

- 유입, 유출수량의 평형유지
- 사면상 수심유지
- 각 여과지에 수량균등배분
- 여과속도의 급격한 변동을 방지하여 탁질누출예방

II. 여과유량 조절방식

1. 정압여과

- 여층 상류·하류측 수위차(여층에 걸리는 압력차)를 일정하게 유지하는 방식
- 여층의 폐색에 따라 여속은 서서히 감소하는 방식
- 일정수위 유지(여과속도가 한계 이상으로 떨어지면 역세척 실시)
- → 초기의 여과속도가 극단적으로 커져 탁질누출 우려

2. 감쇄여과

- 정압여과의 전형적인 방식
- 초기여과속도 상한 설정, 그 이후 정압여과
- → 초기탁질누출 방지목적

3. 정속여과

- 여층 상류·하류측 수위차(여층에 걸리는 압력차)를 증가시키는 방식
- 일정유량 유지(상류측 수위조절 또는 하류측 밸브조정)
- → 유량제어형, 수위제어형, 자연평형형이 있음.

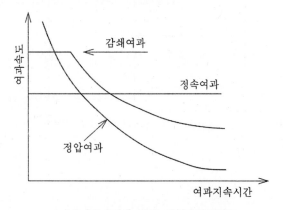

〈여과지속시간에 따른 여과속도변화〉

Ⅲ. 정속 여과

1. 유입측 제어방식 : 유출측을 제어하지 않고 유입유량을 점차증가시켜 여과지 시면상의
수심을 높여서 일정 여과유량을 유지한다.

　　┌ 장점 : 부압발생 우려가 없다.
　　└ 단점 : 여과지가 깊어진다.

2. 유출측 제어방식 : 유출측에 유량계와 조절밸브를 설치히여 여과 초기에는 조절

　　┌ 장점 : 유지관리 용이, 사면상 수위를 작게 할 수 있다.
　　└ 단점 : 장치 복잡, 고가, 부압발생 우려, 수질악화 우려

Ⅳ. 유출측 제어방식

　　┌ 유량제어형, 수위제어형 : 유량조절 용이, 세밀한 제어 가능, 장치가 복잡, 사면노출
　　│　　　　　　　　　　　　　　　우려
　　└ 자연평형형 : 장치 간단, 유지관리 용이, 사면노출 우려가 없다. 구조물 깊이가 깊
　　　　　　　　　　어지고, 여과속도를 임의적 조절 불가, 정밀한 제어 곤란

1. 유량제어형
 - 여과지 유출구에 유량계와 조절변을 설치하고 유출량을 설정치로 유지하는 방식
 - 실제로는 유출 및 유입유량의 평형을 맞추기가 어려우므로 조절밸브의 유량 설정치를
작게하여 과잉으로 유입하는 유량은 월류관을 이용하여 배출하는 방법으로 여과유량을
조절한다.

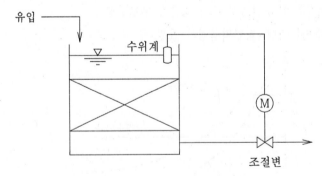

2. 수위제어형

- 여과지 수위가 일정하도록 유출변을 제어하는 방식으로 유입량과 유출량의 평형이 잘 이루어진다. 이 방식은 유량평형의 견지에서 고려하면 감쇄여과형이나 유량제어형보다는 합리적이다.

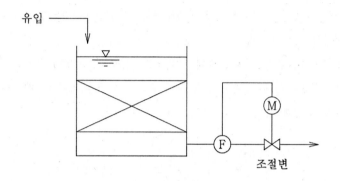

3. 자연평형형

- 조절장치나 인위적인 조작없이 유입량과 유출량이 자연적으로 평형을 유지하는 방식으로 과거에 완속여과지에 사용하였으며, 유출Weir의 높이를 사면보다 높게 위치토록 한 것이 특정이다. 자연평형에서 유출구의 높이를 사면보다 높게 유지하는 것은 완속여과의 경우는 사층면의 노출 방지이며, 급속여과지의 경우는 사층의 부압발생을 방지하기 위함이다.
- 본 방식은 타방식에 비하여 경제적이며, 유량제어 및 수위제어형의 방법은 어떤 일정한 시간이 지난 후에야 유량의 평형이 이루어지나 자연평형형은 항상 유량평형이 이루어진다.

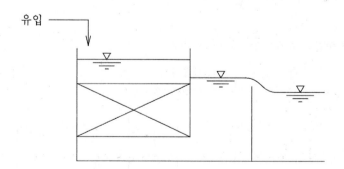

시동방수(filter to waste)

Ⅰ. 개요

1. 급속모래여과공정에서는 여과초기에 여과수 탁도가 급격히 상승하는 turbidity spikes(탁도 급증 현상)가 발생하는데,

2. 이 turbidity spikes를 방지하기 위해 역세척을 하고 난 뒤 여과초기의 일정시간(10~15분 정도)동안 불완전하게 여과된 물을 배출수조나 착수정 등으로 배출하는 것을 시동방수(filter to waste)라 한다.

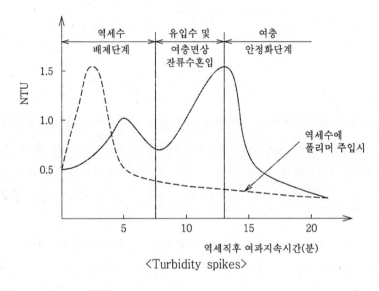

〈Turbidity spikes〉

Ⅱ. Turbidity spikes 대책

1. 시동방수

- 초기여과수 배출수를 배출수조 등으로 이송

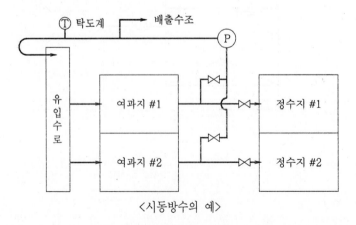

〈시동방수의 예〉

2. Slow start 방식

- 여과를 재개할 때 여과속도를 단계적으로 증가시키는 방식 채택

3. 응집제 주입

1) 여과개시할 때 초기여과수에 폴리머 등 응집제를 주입하여 탁질을 여상에 남아있게 하거나, ⇒ 응집제 주입량이 많다.

2) 역세척 종료 직전에 역세척수에 폴리머 등 응집제를 주입하여 여과성숙기간을 감축시킨다. ⇒ 정수지내 슬러지 퇴적 등의 문제발생 (운전이 어렵다.)

4. 단계적 역세척

- 표면세척을 한 후 역세척 속도를 서서히 증가시켜 여상을 팽창시킴

Ⅲ. 현장추세

1. 현장에서는 시동방수를 적용하지 않는 경우도 많이 있다.

2. 이 경우는 시동방수를 하는 정수장보다 여과수 탁도가 높을 수 있으나 전체 수량으로 보면 매우 미비하고, 또 정수지와 배수지는 물이 잠시 체류된 후 공급되기 때문에 가정에서는 깨끗한 물을 공급받을 수 있다.

여과시설에서의 탁도관리기준 및 중요성

Ⅰ. 여과시설에서의 탁도관리 중요성

- 소독(염소)의 저항성이 강한 병원성 원생동물(지아디아, 크립토스포리디움)의 제거
- 미생물의 포낭 등의 제거
- After growth 방지
- 소독효율 증가
- 소독제 투입량 절감 및 소독부산물 생성 억제

Ⅱ. 급속여과, 직접여과시설의 탁도관리기준

공동수로 여과수 탁도	시료채취지점	· 모든 여과수가 혼합된 지점
	측정 및 기록	· 탁도 자동측정기에 의거 실시간 측정·감시 운영하고 1시간 이내 간격으로 기록 유지 (또는 4시간 간격으로 1일 6회 이상 측정 및 기록유지)
	탁도관리목표	· 매월 측정된 시료의 95% 이상이 0.3NTU를 초과하지 아니하고 각각 시료의 측정값이 1.0NTU를 초과하지 않을 것
지별 여과수 탁도	시료채취지점	· 타 여과지 여과수가 혼합되기 전의 전 지별 여과수의 대표지점
	측정 및 기록	· 탁도 자동측정기에 의거 실시간으로 측정하여 매 15분 간격으로 기록유지
	탁도관리목표	· 매월 측정된 시료의 95% 이상이 0.15NTU를 초과하지 않아야 한다. · 여과개시 후 안정화될 때가지 0.5NTU보다 커서는 안 되며, 여과개시 후 4시간 후에는 0.3NTU보다 커서는 안 된다. · 매월 1NTU보다 높은 탁도가 30분 이상 연속하여 월 1회 이상 발생하고, 이와 같은 현상이 3개월 연속 나타나서는 안 된다. · 매월 2NTU보다 높은 탁도가 30분 이상 연속하여 월 1회 이상 발생하고, 이와 같은 현상이 2개월 연속 나타나서는 안 된다.

상수슬러지의 처리·처분

Ⅰ. 개요

- 정수장에서 배출수 처리의 주대상이 되는 것은 침전슬러지와 여과지의 역세척 배출수로
  서 그 성분은 주로 원수중의 부유물질이 대부분이며 대부분이 무기성분이나 하천오염,
  부영양화 진행에 따라 유기물 함량에서 차이가 있다.

Ⅱ. 상수슬러지 생산량과 성질

1. 슬러지는 주로 탁도제거시, 경수를 연수로 만들 때, 철·망간 제거시 주로 발생
2. 발생슬러지의 80~90%이 응집침전과정에서 10~20%가 역세척에서 발생
   ⇒ 배슬러지지 SS는 1,000~35,000㎎/L, 배출수지 SS 100~200㎎/L정도 이다.
3. 하수슬러지와의 차이점 유기물함량이 매우낮다.
4. Alum 슬러지 특징
   - 팽화(bulky)되어 있으며 끈끈하여 탈수시키기 곤란
5. 응집슬러지 보다 연수화나 철망간을 제거시킬 때 생성된 슬러지가 훨씬 탈수가 잘 된다.
6. 대부분 무기성분으로 소화공정이 필요없다.

　　　※ 역세척수의 물성(物性)

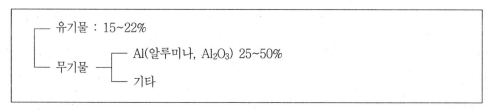

Ⅲ. 처리 · 처분방식

- 배출수 처리방식은 조정, 농축, 탈수, 처분의 4가지공정으로 이루어지며 이들 전부 또는
  일부를 조합하여 처리

1. 조정시설

1) 목적
   - 배출수와 슬러지를 일시저류, 양적·질적 균등화 조정, 후속시설의 부하를 평균화

2) 배출수지 (역세수 처리)
- 용량은 여과지 1지 1회분 역세수량
- 유효수심 2~4m, 고수위로부터 벽상단까지 여유고 60cm이상
- 지수는 2지이상

3) 배슬러지지 (침전슬러지 처리)
- 용량은 1일 1회이상시 슬러지 인발시 24시간 평균 배슬러지량, 1일 1회미만시 슬러지 인발 1회 배슬러지량으로 한다.
- 유효수심 2~4m

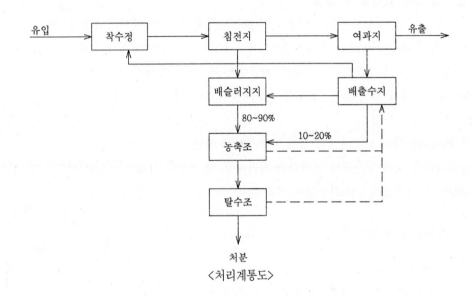

〈처리계통도〉

2. 농축

1) 목적
- 기계탈수시 효율향상, 탈수기 용량감소, 슬러지 저류

2) 전처리
- 정수슬러지는 Alum이 주체이므로 친수성이며 함수율이 높으므로 농축이 어렵다.
- 이 때 전처리 시행 : 산처리, 응집처리

3) 용량
- 유효수심 3.5~4.0m, 원형구조, 바닥 1/10이상
- 계획슬러지량의 24~48시간분 (48시간 이상시 농축효과가 오르지 않는다.)

※ 계획슬러지량 (건조 ton/d)

$$S = Q(T \cdot E_1 + C \cdot E_2) \times 10^{-6}$$

여기서,　　Q : 계획정수량(ton/d)

　　　　　　T : 계획원수탁도(NTU)

　　　　　　C : 응집제 주입량(mg/L)

　　　　　　E_1 : SS/NTU=1.1

　　　　　　E_2 : 슬러지 환산율

- 고형물부하 10~20 kg/m²/d (20 kg/m²/d이상시 농축분리가 잘 이루어지지 않는다.)

4) 농축방식

- 회분식 농축조 : 슬러지가 간헐 배출되는 경우나 소량인 경우
- 연속식 농축조 : 슬러지가 연속 배출되는 경우나 다량인 경우

3. 탈수

1) 하수처리와 동일 : 자연건조(슬러지건조상, 슬러지라군), 기계탈수(진공여과, 원심탈수 등)

2) belt press에서 filter press로 변해가는 중

4. 처분방법

- 최근 친환경적 처리법의 적용으로 소각, 건조, 재활용 등의 처리법을 강구해야 한다. 그런 측면에서 2차처리 비용을 줄일 수 있는 즉 함수율이 낮은 filter press 등이 많이 연구되고 있다.

1) 재활용(토지개량제, 매립복토재, 경량골재)

2) 하수도 연결

- 상수슬러지나 역세척수를 하수거에 투입하면 대부분이 1차 침전조에서 침전
- 농축조 필요 없음, T-P 제거에 유리, 비용 가장 적음

염소소독과 잔류염소

Ⅰ. 개요

1. 염소소독은 살균을 주목적으로 하며 THM 등을 생성하지만, 경제적이고 잔류성이 있어서 위생상으로 안전하므로 불가피하게 사용하지 않을 수 없는 소독방식이다.

2. 또한 암모니아성질소 제거에도 효과가 있다.

Ⅱ. 유리잔류염소와 결합잔류염소

1. 유리잔류염소

1) 수중에 염소를 투입하면 가수분해되어 차아염소산(HOCl)과 차아염소산이온(OCl^-)을 생성한다. HOCl과 OCl^-로 존재할 때의 염소를 "유리(잔류)염소"라 한다.

$$Cl_2 + H_2O \ \rightarrow HOCl + H^+ + OCl^-$$

$$HOCl \ \rightarrow \ H^+ + OCl^-$$

- pH 8 이상에서는 OCl^- 형태로 70% 이상 존재
- pH 7 이하에서는 HOCl 형태로 70% 이상 존재
- pH 5 이하에서는 Cl_2 형태로 존재하여 소독능력이 없어진다.

2) 살균력은 HOCl이 OCl^-보다 100배 정도 강하므로 pH가 낮을수록 소독력이 커짐.

2. 결합잔류염소(클로라민)

1) 수중에 암모니아가 존재시 염소를 투입하면 차아염소산(HOCl)이 암모니아와 결합하여 염소의 결합수에 따라 각기 다른 클로라민을 생성하며, 이들을 모두 합쳐 "결합(잔류)염소"라 한다.

$$Cl_2 + H_2O \ \rightarrow HOCl + HCl$$

$$NH_3 + HOCl \ \rightarrow NH_2Cl(모노클로라민) \ + H_2O$$

$$NH_2Cl + HOCl \ \rightarrow NHCl_2(디클로라민) \ + H_2O$$

$$NHCl_2 + HOCl \ \rightarrow NCl_3(트리클로라민) \ + H_2O$$

┌─ pH 8.5 이상에서 모노클로라민의 비중이 가장 높으며,

├─ pH 4.4 이하에서는 트리클로라민의 비중이 가장 높게 된다.

└─ 살균력은 모노클로라민, 디클로라민, 트리클로라민의 순이다.

2) 특징 : 유리염소보다 살균력이 약하나, 소독 후 물에 맛·냄새를 내지 않고, 살균작용이
오래 지속되며 THM을 거의 형성하지 않는다.

3) 제조시 pH 7~8에서 염소 : NH_3-N(중량비) = 3~4 : 1로 제조한다.

3. 살균력

1) 유리염소의 경우 HOCl이 OCl^-보다 100배 정도 강하다.

2) 결합염소는 유리염소보다 살균력이 약해 주입량이 많이 요구된다.

⇒ 결합염소가 유리염소와 같은 효과를 내려면 동일접촉시간에서 25배의 양이 필요하고, 동일
양에서는 100배의 접촉시간이 필요하다.

3) 따라서, 급수전(수도꼭지)에서 유지해야 할 잔류염소농도가 다음과 같이 나타난다.

구 분	유리잔류염소	결합잔류염소
평상시	0.1mg/L 이상	0.4mg/L 이상
병원성미생물에 오염 또는 오염될 우려가 있는 경우 단수후 급수개시시	0.4mg/L 이상	1.8mg/L 이상

Ⅲ. 염소요구량

1. 염소요구량 = 주입염소량 − 잔류염소량

2. 염소주입률의 결정

1) 유리잔류염소에 의한 소독 : 염소요구량(파괴점 염소주입량) 기준

2) 결합잔류염소에 의한 소독 : 염소소비량 기준

⇒ 유리잔류염소에 의한 소독방법에서는 염소요구량을, 결합잔류염소에 의한 소독방법에서
는 염소소비량을 각각 기준으로 주입량을 결정할 필요가 있다.

3. 염소주입률과 잔류염소농도와의 관계

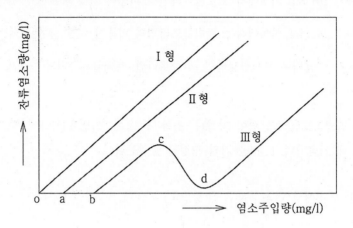

<염소주입량과 잔류염소농도와의 관계>

1) Ⅰ형 : 피산화물(H_2S, Mn^{2+}, Fe^{2+}, 유기물 등)을 전혀 함유하지 않는 물

2) Ⅱ형 : 피산화물을 함유한 물

3) Ⅲ형 : 피산화물 및 TKN를 함유한 물

① o~b : 염소가 H_2S, Mn^{2+}, Fe^{2+}, 유기물 등과 반응 → 염화물 이온이 된다.

② b~c : 암모니아와 결합하여 클로라민 형성 → 결합잔류염소 증가

$$NH_3 + HOCl \rightarrow NH_2Cl(모노클로라민) + H_2O$$
$$NH_2Cl + HOCl \rightarrow NHCl_2(디클로라민) + H_2O$$

③ c~d : 클로라민 파괴 → 클로라민은 N_2로 전환되고 염소는 염화이온으로 환원

$$2NHCl_2 + OH^- \rightarrow N_2 + HOCl + 2H^+ + 3Cl^-$$
$$2NH_4 + 3HOCl \rightarrow N_2 + 3HCl + 3H_2O + H^+ 로 반응$$

④ d점 이후 : 클로라민이 없는 상태로 여기서부터 염소주입에 비례하여 유리잔류염소 증가

⑤ c점까지의 염소주입량을 염소소비량, d점까지의 염소주입량을 염소요구량(파괴점 염소 주입량)이라 한다.

Ⅳ. 염소소독제의 종류 및 특징

1. 염소가스(Cl_2)

1) 황록색의 기체로 인체에 치명적인 독성가스

2) 수분이 존재하면 부식성이 강하므로 주로 높은 압력 하에서 액체로 저장한다.

2. 액체염소

1) 염소가스를 액화하여 용기에 충전시킨 것

   부피가 작아 경제적이므로 대부분 액체염소를 현장에서 기화하여 사용한다.

2) 액화염소 중의 유효염소성분은 거의 100%이므로 다른 염소제에 비하여 저장용량은 작아도 되며 품질 또한 안정되어 있다.

3. 차아염소산나트륨($NaOCl$)

1) 수산화나트륨($NaOH$) 용액에 염소가스(Cl_2)를 흡입시켜 제조한다.

2) 시판용 : 시판용은 유효염소농도 5~12% 정도의 담황색 액체로 알칼리성이 강하다. 액화염소에 비하면 안정성과 취급성이 좋으며 법적 규제는 없으나 용액으로부터 분리되는 기포(산소)가 배관내에 누적되어 물의 흐름을 저해할 수 있으므로 충분한 배려 필요

3) 자가제조품 : 자가생성장치에 의한 생산품은 유효염소농도 1% 이하의 묽은 용액이다. 시판용에 비해 기포장애는 적고 처리비용은 낮고 운전관리도 용이하지만, 장치설비가 고가이다.

4) 현장제조용 염소발생기

   - 포화소금물을 전기분해하여 차아염소산나트륨($NaOCl$)을 발생시키는 기기
   - 전기분해시 부산물인 수소가스(H_2) 발생하며 fan을 설치하여 옥외로 방출해야 함(관로내 기포가 누적되어 물의 흐름을 저해하는 것을 방지)
   - 종류 : 무격막식(소규모), 격막식(대규모)

4. 차아염소산칼슘($Ca(OCl)_2$)

1) 일명 클로로칼키, 용해성 고체로서 유효염소농도는 60% 이상으로 보전성이 좋다.

2) 고체이므로 취급이 용이하여 재해 등 비상용으로 준비해두기 좋음

5. 이산화염소(ClO_2)

1) 진한 황록색 기체, 불안정, 폭발성(온도 급상승 또는 11% 이상 농축시)

2) 염소보다 소독력이 강하고 THM을 생성하지 않으므로 대체소독제로서 각광을 받고 있음(미국·유럽 등 선진국에서 점차 사용이 증대)

3) 가스상태로는 저장·운반이 불가능하고, 공기·빛과 접촉시 분해되므로 현장 제조하여 완충용액상태로 사용하여야 한다.

4) 소독부산물(ClO_2^-, ClO_3^-)에 대한 안정성이 불확실. 인체에 심한 독성

Ⅴ. 염소소독의 영향인자

1. pH

- pH가 낮을수록 차아염소산염(HOCl)의 분율이 크므로 소독력이 크다.
- 그러나 pH 5 이하에서는 Cl_2 형태로 존재하여 소독력이 없다.

2. 수온

- 수온이 높을수록 염소반응성이 증대된다.
- 그러나 25℃ 이상에서 일정시간 경과하면 미생물재성장(after growth)현상이 발생하므로 주의한다.

3. 화학물질(소독제)의 농도 및 종류

- 소독제의 농도가 높을수록, 소독력이 강한 유리잔류염소가 많을수록 소독효과가 높다.

4. 물리화학적 물질의 강도와 성질

- 가열과 빛은 살균을 위해 때때로 사용되는 물리학적 물질이므로, 이들의 효과는 강도에 따라 달라진다.

5. 미생물의 개체수, 미생물의 종류, 유기물질과의 관계

- 미생물의 농도가 높으면 소독에 소요되는 시간이 길어진다.
- 산화가능물질, 환원성 이온(Mn^{2+}, Fe^{2+}) 및 분자는 염소가 산화제이므로 염소를 소비하여 살균효과를 감소시킨다.
- 질소화합물 : 암모니아의 존재는 염소를 소비시키므로 염소요구량을 증가시킨다.

Chick의 법칙

Ⅰ. Chick의 1차 반응식

$$\frac{dN}{dt} = -kN \;\; \Rightarrow \;\; \ln(\frac{Nt}{No}) = -Kt$$

여기서,　No ： 처음의 세균수(수/mL)

　　　　　Nt ： 나중의 세균수(수/mL)

　　　　　K ： 살균 반응속도 상수

　　　　`t ： 살균시간

Ⅱ. 수처리에서 Chick의 법칙 적용

1. Chick의 법칙에서 유도한 살균반응식

$$\frac{dN}{dt} = -kNtC^n$$

여기서,　　N ： 미생물의 개체수, 종류, 용존물질의 특성(NH_3-N 등 환원성물질)

　　　　　t ： 살균시간이 길수록 살균효과가 커진다.

　　　　　C ： 살균제 농도와 종류

　　　n(지수) ： n > 1인 경우 소독제 주입량의 영향력이 더 크며,

　　　　　　　　n < 1인 경우 살균시간의 영향력이 더 크다.

1) pH

┌─ 8 이상 OCl^- 형태로 70% 이상 존재

└─ 7 이하 HOCl 형태로 70% 이상 존재

⇒ HOCl은 OCl^-보다 소독력이 100배 정도 강하므로 pH가 낮을수록 소독력은 커진다.

2) 수온 : 수온이 높을수록 살균시간은 작아진다.

$$\ln\frac{t_2}{t_1} = \frac{E}{R}\frac{(T_2 - T_1)}{T_1 T_2}$$

여기서,　t_1, t_2　： 각 온도(T_1, T_2)에서의 사멸시간

2. BOD 잔존식 (= 소비식)

- 일정시간 경과 후 1차반응에 따라 분해되고 남은 유기물량을 찾는 것이 목적이다.
- BOD반응에서의 반응속도는 대부분의 세균이 죽어가면서 적어지는 1차반응식(Chick의 법칙)을 따른다.

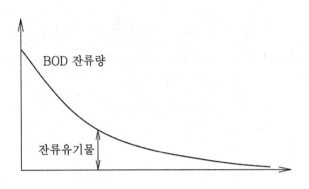

$$BOD_t = BOD_u \cdot 10^{-k_1 t}$$

여기서, k_1(= 탈산소 계수) : 0.1

소독시설 및 탈염시설

Ⅰ. 개요
- 하수처리장의 소독설비는 염소접촉조를 설계해야 한다.

  (접촉시간 15~30분, 장폭비 1:10 이상 수로)
- 하수고도처리 운영시에는 대장균수가 방류수수질기준 이내로 처리되는 경우가 많으므로 대장균수가 2,000개/mL 이하이면 by-pass시켜 방류한다.

Ⅱ. 소독시설
  ⇒ 염소저장실, 염소주입기실, 중화설비, 배관설비, 조작실
1. 염소저장실
 1) 저장기간 : 7~8일
 2) 저장방법 : 소규모시설은 실린더(50, 100, 1,000kg)를 사용하고,

     대규모시설은 tank(예비포함 2개 이상)를 설치한다.

2. 염소주입기실
 - 주입방식은 염소제의 선정, 처리수량의 다소 등을 고려하여 습식과 건식, 정량주입과 유량비례주입 제어 등 사용조건에 적합한 것을 선택한다.

┌─ 건식　　: 염소가스를 물에 그대로 주입

└─ 습식 ──┬─ 압력식 : 염소수를 가압하여 공급위치에 주입

　　　　　└─ 진공식 : 인젝터 내부를 진공상태로 하므로 염소가스가 누출되지 않음.

　　　　　　　(대부분의 정수장에서 사용)

3. 중화설비
 1) 저장량 1,000kg 이하
  - 가스누출감지 경보장치 : 경보만 울린다.
  - 중화 및 흡수용 제해약품 상비 : 실린더를 미리 파놓은 구덩이에 넣고 석회를 뿌린 후, 토사로 덮는다.
  - 각종 방호구

2) 저장량 1,000kg 이상

- 가스누출감지 경보설비 : 자동으로 중화설비를 작동하고 경보를 울린다.

- 덕트 및 배풍기, 중화반응탑(충진탑방식 등)

- 중화제 저장탱크 및 송액펌프 : 중화제로는 NaOH 등 사용

- 각종 방호구

4. 배관설비

- 전기기구, 배관·밸브류는 내부식성 재료 사용

- 염소주입관은 부식에 강한 PVC관 또는 PVC라이닝강관 등을 사용

5. 조작실

- 염소주입기실 옆에 설치하고 통합 감시한다.

Ⅲ. 탈염시설

- 하수처리장에서는 수생태계에 악영향을 미치는 잔류염소를 0.1mg/L 이하로 감소시킬 수 있도록 설계해야 한다.

1. 아황산가스 주입법 … 1 : 1로 주입 : 염소저장실에 같이 보관

$$SO_2 + H_2O \rightarrow H_2SO_3, \quad H_2SO_3 + HOCl \rightarrow H_2SO_4 + HCl$$

2. 티오황산나트륨(아이중황산나트륨) 주입법 … 1 : 1.5로 주입 : 고체상으로 보관용이

3. 활성탄으로 제거 : 활성탄의 미세공극으로 흡착 제거(EBCT 15~30분 정도)

소독능(CT값)

Ⅰ. 소독능

1. 소독능(CT)

- 소독제와 미생물의 종류에 따라 미생물을 목표(예 : 99%)만큼 사멸시키는 데 필요한 접촉시간과 농도의 곱은 일정하다. (= Chick의 법칙)

$$C \cdot T = const \ (C=mg/L, \ T=min)$$

2. 불활성화비

- 병원성미생물이 소독에 의하여 사멸되는 비율을 나타내는 값으로서
- 정수시설의 일정지점에서 소독제 농도 및 소독제와 물과의 접촉시간 등을 측정·평가하여 계산된 소독능값(CT계산값)과 대상미생물을 불활성화하기 위해 이론적으로 요구되는 소독능값(CT요구값)과의 비를 말한다.

$$불활성비 = \frac{CT계산값}{CT요구값}$$

3. 정수처리기준의 준수여부 판단

- 계산된 불활성화비 값이 1.0이상이면 바이러스 99.99%(4Log), 지아디나의 포낭 99.9%(3Log), 크립토스포리디움의 난포낭 99%(2Log)의 불활성화가 이루어진 것으로 한다.

Ⅱ. 필요소독능 결정방법

1. 추적자 실험

- NaF, CaF$_2$ 등의 염료를 주입하고 유출부농도 측정
1) step dose법 : 1% NaF용액 2mg/L으로 3분간격으로 주입하면서 유출부 농도측정
 - C/C$_0$와 t관계 그래프를 그린다.
2) slug dose법 : 일시에 염료를 주입한다. 3분간격으로 유출부 농도 측정
 - C/C$_0$와 t관계 그래프를 그리고 step dose그래프로 환산하여 다시 그린다.

2. 이론적인방법

- 수리학적 체류시간에 구조별 인수를 곱하여 T$_{10}$값을 선정한다.
 주) T$_{10}$값 : 정수지의 T값은 정수지를 통과하는 물의 90%가 체류하는 시간

```
┌─ 저류벽이 없는 완전혼화조 (0.1 ; C₀/C = 1 − e^{−t₁₀/t} = 1 − e^{−0.1} = 0.0951 ≒ 0.1   )
├─ 유입구 유출구에 저류벽이 있는 경우 (0.3)
├─ 여러개의 저류벽이 물의 흐름을 plug flow로 만든다면 (0.9)
└─ 관내부흐름 (1.0)
```

- 저류벽이 없는 완전혼화조 $(0.1 \ ; \ C_0/C = 1 - e^{-t_{10}/t} = 1 - e^{-0.1} = 0.0951 \fallingdotseq 0.1)$
- 유입구 유출구에 저류벽이 있는 경우 (0.3)
- 여러개의 저류벽이 물의 흐름을 plug flow로 만든다면 (0.9)
- 관내부흐름 (1.0)

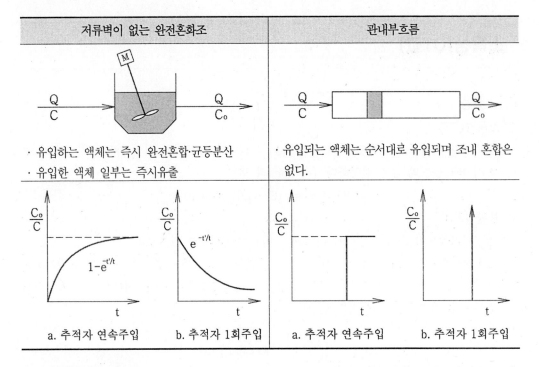

저류벽이 없는 완전혼화조	관내부흐름
· 유입하는 액체는 즉시 완전혼합·균등분산 · 유입한 액체 일부는 즉시유출	· 유입되는 액체는 순서대로 유입되며 조내 혼합은 없다.
a. 추적자 연속주입 b. 추적자 1회주입	a. 추적자 연속주입 b. 추적자 1회주입

Ⅲ. 소독능 향상방안

1. C값을 증가방법

1) 소독제 투입농도 증가

2) 전염소나 후염소 추가투입

3) 염소보다 소독력이 더 강한 대체소독제(오존, 이산화염소) 사용

4) 정수지내 오염물질 제어로 C값 감소 방지 (정수지 청소, 바닥에 실트스톱 등 설치)

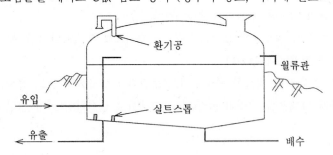

2. T값을 증가방법

1) 도류벽 설치 : 경험상으로 장방형 도류벽의 도류벽 수는 2~4개, 총 장폭비는 25~50, 최소수심 3m로 하여 T_{10}/T값을 0.7 이상으로 유지한다.

2) 염소투입시설의 개선 (디퓨저, 다공디퓨저 등 설치)

3) 정수지 용량 증대

   ⇒ 정수지 유효용량은 최소 2시간분 이상으로 한다.(시설기준)

4) 정수지 수위관리 (정수 유출구의 위치를 상부로 조정)

소독제의 종류 및 특징, 투입위치, 가장 이상적인 소독방법

Ⅰ. 소독제의 종류
- 화학물질을 살균제로 사용하는 방법 : 염소와 염소계통 화합물, 오존, 브롬, 요오드
- 열과 빛으로 소독하는 방법   : 자외선(UV)소독
- 방사선 조사에 의한 살균방법   : 감마선 이용한 상·하수 소독
- 물리학적 조작에 의한 박테리아 제거방법

Ⅱ. 소독제의 특징

- 잔류 효과   : 염소, 이산화염소는 잔류효과가 있지만, UV나 오존은 잔류효과가 없다.
- 미생물제거효과 : 오존 > UV > 이산화염소 > 염소
- 소독부산물
  생성여부   : UV소독 미생성, 염소계통은 생성, 오존은 알데히드, 브롬산이온
(bromate) 생성, 이산화염소는 THMs 미생성하나 ClO_2^-, ClO_3^-를
생성한다.
- 경제성   : 염소소독이 가장 저렴하다.
- 유지관리성   : UV소독이 가장 편리하다.

Ⅲ. 염소의 투입위치 결정

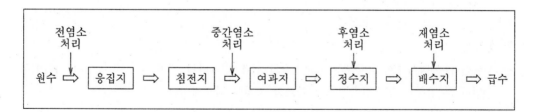

1. 전염소
1) 개요
- 전염소처리는 적조, 홍수 등으로 오염된 원수를 정수처리할 때 응집침전지의 유기물 부하 경감 및 세균 제거의 목적으로 도수관, 착수정 등 응집침전 전에 주입한다.
- THM, HAA를 생성하므로 과도한 주입이 되지 않도록 한다.
  ⇒ 현장에서는 NH_3-N 제거를 목적으로 분말활성탄과 함께 적용한다. 착수정에서 분말활성탄을 투입하는 공정에는 전염소처리를 가능한 한 억제한다.

2) 전염소처리의 목적
- 세균의 제거 : 일반세균이 5,000/mL 및 대장균군 2,500/100mL 이상인 경우
- 조류의 제거
- 암모니아성질소 및 유기물 산화
- 철·망간 제거
- 황화수소, 페놀류 등을 산화

2. 중간염소

1) 개요
- 중간염소처리는 주로 THM 전구물질 또는 염소에 의해 곰팡이냄새 원인물질을 배출하는 군체성 남조류(*Microcystis* 등)를 응집·침전공정에서 제거한 후에 염소처리를 함으로써 THMs 및 곰팡이냄새 생성을 줄이기 위해 전염소처리 대신 사용한다.
- 따라서 응집·침전단계에서 조류를 미리 제거하고, 침전 후 염소를 주입하여 암모니아, 철·망간 등을 제거한다.

2) 중간염소처리의 목적
- 소독부산물(THMs 등) 생성 최소화
- Microcystis의 효과적인 제거
  ⇒ 군체성조류의 응집침전으로 사전제거 후 중간염소를 주입함
- 곰팡이냄새 유발물질의 저감
- 총염소주입량의 저감
- 여과지를 망간사화 하여 망간 제거

3. 후염소
- 소독이 주목적이므로 요구되는 소독능(CT값)을 만족하기 위해 염소를 정수지 전단에서 주입한 후 충분한 염소접촉시간을 확보하는 것이 일반적이다.
- 그 외 맛·냄새, 색도 제거의 효과도 기대된다.

4. 재염소
- 관말 잔류염소의 유지
- 전 배수시스템 내의 균일한 최저의 염소농도 유지
  ⇒ 관망내 잔류염소의 균등화·최소화 : 국내 상수관망 내 유리잔류염소 농도가 평균 0.6㎎/L 정도로(일본의 경우 0.3㎎/L 정도) 관망 내 소독능 향상과 함께 잔류염소의 균등화·최소화를 도모하도록 개선해 나가야 할 것이다.

Ⅳ. 염소소독시 고려사항

1. 유입수질에 유기물질이 많은 경우 염소주입에 의한 소독부산물 생성 우려가 많다.

   - 과도한 염소 주입에 의한 철·망간의 과도한 산화 발생 → 적수·흑수 발생

2. 전염소처리는 원수수질에 따라 충분한 효과를 얻지 못하는 경우도 있는데, 특히 소독부산물 생성 등 문제점을 감소시키려면 전염소보다 중간염소처리방법이 더 효과적이다.

3. 염소주입률 결정

   1) 암모니아성질소 제거 : 파괴점 염소처리로 80~95% 제거(이론적으로 7.6배 필요하나 실제 10배 이상 주입)

   ⇒　$NH_3-N : Cl_2 = 1 : 7.6$, ; $2NH_4^+ + 3HOCl \rightarrow N_2 + 3HCl + 3H_2O + H^+$

   2) 잔류염소농도 : 망간 제거시 - 여과 후 잔류염소농도를 0.5mg/L 정도 유지

   　　　　　　　　살균 목적시 - 관말 잔류염소농도는 0.1~0.2mg/L 정도 유지

Ⅴ. 가장 이상적인 소독방법

1. 살균력이 강한 오존, UV로 전처리소독을 실시한 후 염소로 재소독 실시

   → 오존, UV는 소독잔류성이 없기 때문

2. 오존은 pH가 낮은 경우 소독부산물(브롬산이온)이 적게 생성되므로 낮은 pH에서 소독

3. 암모니아성질소가 함유된 경우 파괴점 염소소독 실시로 암모니아성질소 제거

4. 재염소 주입은 결합잔류염소 사용 → 잔류성이 강하다.

이산화염소 소독

Ⅰ. 특징

- 진한 황록색 기체, 불안정, 폭발성(온도 급상승 또는 11% 이상 농축시)
- 이산화염소는 지속적인 소독력을 가진 대체소독제로서 최근 상업적인 제조방법이 개발되어 일반염소계 소독제의 단점을 보완하게 됨으로써 미국·유럽 등 선진국에서 점차 사용이 증대하고 있다.

Ⅱ. 염소소독과 비교한 장단점

1. 장점

- 물에 쉽게 녹고 냄새가 없으며, 염소보다 산화력이 강하고 잔류효과가 크다.
- pH 변화에 영향을 받지 않으며, THM 등을 생성하지 않는다.
- 철·망간, 맛·냄새물질, 페놀 제거에도 효과적이다.

2. 단점

- 불완전한 가스상태로는 저장 및 운반이 불가능하고,
  일정농도 이상(11% 이상 농축시)에는 폭발의 위험성이 있다.
- 공기나 빛과 접촉시 분해되기 때문에
  현장에서 특별히 제조하여 완충용액상태로 생산하여 사용하여야 한다.
- 소독부산물(ClO_2^-, ClO_3^-)에 대한 안정성이 불확실하다. 유독한 냄새유발, 인체에 심한 독성

여과시설에서의 정수처리기준 준수

- 이것은 수도법 및 그 시행령에 따라 바이러스나 지아디아 포낭의 제거, 크립토스포리디움 난포낭의 제거, 불활성화비의 계산 및 확인방법 등 여과시설의 정수처리 등에 관한 사항을 정한 것이다.

1. 정수처리기준 적용대상 시설은 「수도법」제3조 제 7, 8호에 따른 광역(지방)상수도 및 사업자로서, 시행령 제48조에 따른 정수처리기준을 준수하기 위하여 이 고시에서 정한 탁도기준과 불활성화비에 적합하도록 여과시설과 소독시설 등을 설치·운영하여야 한다.
 1) 정수처리기준
  - 경제적·기술적으로 농도기준을 정하고 정기적으로 수질검사를 실시하는 것이 어려운 바이러스, 지아디아, 크립토스포리디움 등 병원성미생물이 수돗물 중에 함유되지 않도록 하기 위하여 필요한 정수장의 운영·관리 등에 관한 기준을 말한다.
 2) 불활성화비
  - 병원성미생물이 소독에 의하여 사멸되는 비율을 나타내는 값으로서 정수시설의 일정지점에서 소독제 농도 및 소독제와 물과의 접촉시간 등을 측정·평가하여 계산된 소독능값(CT)과 대상미생물을 불활성화하기 위해 이론적으로 요구되는 소독능값과의 비를 말한다.

2. 수도사업자는 정수처리기준 제4조 1항에 따라 급속, 완속, 직접, 막여과 및 기타 여과시설을 갖추고, 여과시설의 종류 및 규모 등에 따라 정수처리기준에서 정한 탁도 기준을 준수하도록 운영·관리 및 수질검사를 하여야 한다.
 - 여과방식에 의한 바이러스, 지아디아 포낭, 크립토스포리디움 난포낭의 제거율을 충족하여야 하고, 그렇지 못할 경우에는 추가적인 규정준수를 입증하여(여과, 소독 및 배·급수 등) 수도법에 따른 한국상하수도협회장의 인증을 받아야 한다.

<여과에 의한 바이러스, 지아디아 포낭의 제거율(제5조 제3항 관련)>

여과방식	제거율	
	바이러스	지아디아 포낭
급속여과	99% (2 log)	99.68% (2.5 log)
직접여과	90% (1 log)	99% (2 log)
완속여과	99% (2 log)	99% (2 log)
정밀여과(MF)	68.38 (0.5 log)	99.68% (2.5 log)
한외여과(UF)	99.9% (3 log)	99.68% (2.5 log)

주) 1. Log 불활성화율과 %제거율은 다음 식에 의해 계산된다.

$$\% \text{ 제거율} = 100 - (100/10^{\log \text{제거율}})$$

2. 정밀여과 및 한외여과의 제거율은 막모듈 및 시설에 대한 평가절차 마련 전까지 적용한다.

<크립토스포리디움 난포낭의 추가제거 기준>

원수의 크립토스포리디움 난포낭 (난포낭/10L)	제거율	
	급속여과, 완속여과, 막여과	직접여과
0.75~10	90% (1 log)	96.84% (1.5 log)
10 초과	99% (2 log)	99.68% (2.5 log)

자외선(UV)소독

I. 원리

1. 자외선소독의 원리는 자외선의 강력한 단파장(주파장은 253.7㎚)으로 미생물의 유전인자가 들어있는 DNA에 자외선을 조사하여 광화학적인 변화를 일으켜 미생물의 번식이나 다른 기능을 못하게 하는 것이다. 이 자외선은 박테리아나 바이러스의 핵산에 흡수되어 화학변화를 일으킴으로써 핵산의 회복기능이 상실되는데 기인한다고 알려져 있다.

2. 살균에 필요한 조사량은 ㎼·sec/㎠으로 나타내며, 이것은 자외선강도에 접촉시간을 곱한 것이다.

자외선조사량 = 자외선강도(㎼/㎠) × 접촉시간(sec)

3. 하수처리시 자외선소독 운영은 90~100㎥/d 당 1개의 램프를 사용하며, 대장균군수 기준 200MPN/100mL 이하로 처리할 수 있다.

※ 하수처리장 소독시설 설치대상 (총대장균군수 기준)

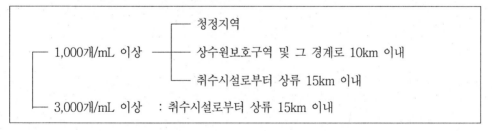

II. 자외선소독의 장·단점

1. 장점

1) THM 불생성
2) 낮은 유지관리비 … 전력이 적게 소요되고 램프수가 적다.
3) 건물 불필요 … 소독실과 같은 별도 건물이 불필요하다.
4) 무독성 … 화학적인 부작용이 적어 안전하다.
5) 관리요원의 안전 … 유지관리가 편리하다.

6) 기타
- 대중의 인식이 염소보다 좋음, 과학적으로 증명된 정밀한 처리시스템
- 물에 맛·냄새를 발생시키지 않는다. 접촉시간이 짧다(1~5초).
- pH, 온도변화에 관계없이 지속적인 살균이 가능하다.
- 설치가 용이 (반응조 크기 및 소요부지면적을 적게 할 수 있다).
- 바이러스, 크립토스포리디움 난포낭 등의 불활성화에 대해 염소보다 효과적이다.

2. 단점

1) 초기 투자시설비 과다
2) 물의 탁도나 색도가 높을 경우 효과가 크게 감소한다.

정수지

Ⅰ. 정의 및 기능
1. 정수지는 정수를 저류하는 탱크로 정수시설로는 최종단계의 시설이다.
2. 정수처리 운영관리상 발생하는 여과수량과 송수수량간의 불균형을 조절하고 완화시킴
   - 수요량 급변 및 상수원과 수질이상시에 수질변동에 대응하기 위한 시간벌기
   - 정전사고, 고장시 시설점검과 안전작업 등에 대응하기 위한 시간을 벌 수 있다.
3. 염소혼화지가 따로 없을 때 염소혼화지의 기능

Ⅱ. 정수지의 구조
- 수밀성 구조 ⇒ 콘크리트구조, 철제 등
- 외부의 오염방지, 햇빛, 조류발생방지를 위해 복개
- 방수 및 방식공(염소사용)
- 지하수위가 높은 장소에 축조할 경우 부력에 의한 부상을 방지하기 위하여 적당한 대책
  을 강구해야 한다.
  ⇒ 상치토(자체하중), earth anchor, 지하수위 저하법 등
- 한랭지나 혹서시에도 수온 유지가 필요한 경우에는 적당한 보온대책을 강구
  ⇒ 상치토
- 지수는 2지 이상으로 하는 것을 원칙으로 한다.
  ⇒ 1지인 경우 격벽으로 분리
- 상부슬래브를 흙으로 덮는 경우 우수배제가 신속히 되도록 한다.

Ⅲ. 설계시 고려사항
1. 정수지의 수위
   - 유효수심 3~6m를 표준으로 한다.
   - 최고수위는 시설 전체에 대한 수리적인 조건에 따라 결정한다.
2. 정수지의 용량
   - 정수지의 유효용량은 최소한 첨두수요대처용량과 소독접촉시간(C·T)용량을 주로 감안하
     여 최소 2시간분 이상을 표준으로 한다.
   - 첨두수요대처용량은 운전최저수위 이상에서의 용량으로 1일평균수요량을 평균화시킬 수
     있는 용량으로 한다.

- 소독접촉시간용량은 운전최저수위 이하에서의 용량으로 적절한 소독접촉시간(C·T)을 확보할 수 있는 용량이어야 한다.

3. 여유고와 바닥경사
- 고수위에서 정수지의 상부 슬래브까지는 30㎝ 이상의 여유고를 둔다.
- 바닥은 저수위보다 15㎝ 이상 낮게 해야 한다.
- 바닥은 필요에 따라 배수하기 위하여 적당한 경사를 둔다.

4. 유입관, 유출관은 도류벽을 설치하지 않는 경우 2개이상으로 하여 정체부 형성방지
  ⇒ 일반적으로 도류벽 설치

5 월류 및 배출수설비, 환기장치

6. 수위조절밸브, 실트스톱

7. 수위계 및 경보장치, 유량계

8 송수관로 사고대비 유출구 긴급차단설비(유압작동식 등), 공기밸브(부압발생대비) 설치

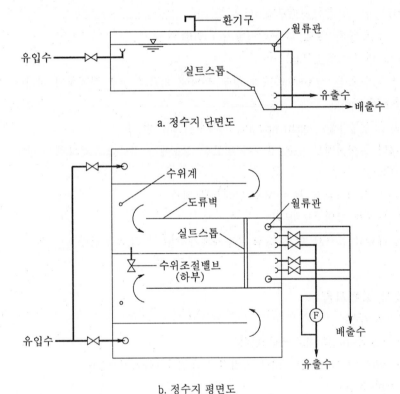

a. 정수지 단면도

b. 정수지 평면도

※ 서울 A정수장 입찰안내서

┌ 정수지는 소독접촉시간을 고려하여 계획한다. (CT값 포함 2시간 이상)
├ CT값은 수온 0.5℃, pH 7.5, 잔류염소 1.0㎎/L 조건에서 Giardia 0.5log, 바이러스 2.0log 불활성화
└ 장폭비에 따른 환산계수(T_{10}/T값)를 0.85 이상이 되도록 한다.

NOM 및 색도제거

Ⅰ. NOM의 분류

1. 하천·호소에서 식물의 분해나 동물성 물질 등이 부패될 때 발생되는 천연유기물질로서, 소수성 NOM과 친수성 NOM으로 나눌 수 있다. (NOM의 크기는 800~30,000 dalton 정도)

2. 우리나라 수계는 SUVA값이 4 이하로 낮은 편이며, 휴믹물질과 비휴믹물질, 소수성과 친수성이 공존하는 특성이 있다.

구분	친수성 NOM (= 용존성 NOM)	소수성 NOM (= 현탁성 NOM)
특징	· HAAFP (염소와 결합하여 주로 HAA 형성) · Fulvic산 및 용존성 BDOC가 대부분 · 단백질이 분해된 저분자물질 · 1,000~3,000 dalton 정도	· THMFP (염소와 결합하여 주로 THM 형성) · 휴믹물질(Humic산과 Fulvic산)이 대부분 · 고분자물질, 색도(갈색) 유발물질 · 3,000~5,000 dalton 정도
색도	· SUVA 3 이하 (빛 흡수력 약함) → DOC ⇧ · UV_{254}가 낮음 (= 색도가 낮음)	· SUVA 4~5 (빛을 잘 흡수) · UV_{254}가 높게 나타남 (= 색도가 높음)
제거법	· 친수성 (수용성이므로 응집침전으로 제거 어려움), 전하밀도가 높고, 크기가 작으므로 BAC에 의한 미생물 분해가 유리 · 막여과의 NF, RO	· 소수성 (주로 불용성이므로 응집침전으로 비교적 잘 제거됨), 전하밀도가 낮고 크기가 크므로 EC(강화응집), AC 등으로 제거하며, 활성탄(GAC) 흡착이 용이하다. · 막여과의 MF, UF로도 충분
비율	· 국내하천 70% 이상 (미국 40%)	· 국내하천 30% 미만 (미국 60%)

Ⅱ. NOM의 제거목적

1. 수중에서 NOM은 입자의 안정성을 증가시키고 입자들의 침전성을 방해 → 응집제 과잉 투입(DOC 1mg/L당 Alum 5~10mg/L 정도 소요)

2. NOM은 소독제의 투여량을 증가시키고 미생물 재성장(after growth) 발생 초래

3. 소독제(염소)와 반응하여 인체에 해로운 소독부산물 생성

4. 수중에서 NOM은 금속이나 농약 등과 반응하여 부산물을 형성

Ⅲ. NOM 제거방법

1. NOM 생성방지

 - 상수원 관리로 조류증식 억제, 정수장으로 조류유입 방지

    다량의 조류유입시 중간염소처리, Microctrainer 설치, 2층여과, 2단응집 등

2. 생성된 NOM 제거

┌─ 현탁성 NOM : 응집침전여과(EC 또는 AC), MF·UF에 의한 막여과
└─ 용존성 NOM : 오존·활성탄처리(PAC, GAC, BAC), NF·RO에 의한 막여과, AOP, UV 등

Ⅳ. NOM의 측정방법 (= Humic 물질 측정을 위한 대체물질)

1. TOC(총유기탄소), DOC(용존성유기탄소)   ⇒ DOC가 클수록 친수성 NOM

2. UV_{254} : 254nm에서 흡광도 측정한 값, 난분해성물질과 높은 상관관계를 갖고 있어 소
   독부산물 생성능을 파악하는 지표항목으로 많이 사용   ⇒ UV_{254}가 클수록 소수성 NOM

3. $SUVA_{254}$

$$SUVA_{254} = \frac{UVA_{254}}{DOC}(L \cdot m/mg) \times 100$$

┌─ SUVA 4~5   : 소수성 NOM, 방향족 고분자량 물질, Humic acids
└─ SUVA 3 이하 : 친수성 NOM, 지방족 저분자량 물질, Fulvic acids

4. 소독부산물 생성능(THMFP, HAAFP 등)

※ 원수중 NOM의 수질특성 조사시

   SSF(size structure function)평가기법을 이용한 조사목적

┌───┐
│ (1) 소독부산물을 중심으로 한 기존 정수장 평가기술로 각 공정별 NOM의 분자크기
│   및 제거율을 비교분석 (각 공정별 NOM 및 소독부산물 전구물질 제거)
│ (2) 기존 고도정수처리는 오존과 활성탄이 주였으나 막(membrane)의 적용 가능성을
│   평가하기 위해 실시한다.
└───┘

NOM 제거를 위한 EC 도입에 대한 의견

I. EC 적용기법

1. EC(Enhanced Coagulation)란 원수의 pH를 조정하여 최적 pH 구간(6.2~6.5)에서 용존 유기물질 제거효율을 향상시키는 방식으로 천연유기물(NOM)을 효율적으로 제거하기 위한 방법이다.

2. 알칼리도에 따라 최대 적용 pH가 달라지며 보통 60mg/L 이하에서 pH 5.5, 60~120mg/L에서 pH 6.3, 120~240mg/L에서 pH 7.0, 240mg/L 이상에서 pH 7.5 이하로 유지해야 한다.

3. EC 응집제 주입량은 기존의 주입량 40~80mg/L as Alum보다 2~6배 정도 많은 85~170mg/L 정도로 연구 보고되고 있다. 이때 pH는 5.5~6.5 정도를 유지해야 하므로 일반적인 원수의 pH(7~9 정도)에서는 황산, CO_2 등을 주입하여 pH를 사전에 조정할 필요가 있다.

II. EC 적용시 문제점

1. pH 조정 필요 : pH가 너무 낮을 때 망간 등은 관로상에서 수질문제를 일으킬 수 있다.
2. 수도관의 부식문제를 유발할 수 있다.
3. 상수의 pH, 알칼리도, TOC 정도에 따라 숙련된 운전기술이 필요하다.
4. 과량의 응집제 주입으로 플록의 강도 감소, 머드볼에 의한 여과지속시간의 감소
5. 잔류알루미늄의 농도 증가, 슬러지 발생량을 증가시키고 슬러지 성상도 변화
 → 정수처리 비용 증가

III. 기존 정수장 EC 적용방안

1. 기존정수장은 탁도 제거에 최대의 초점을 두고 운영되므로 기존공정에서의 NOM 제거율과 EC공정의 적용을 비교·검토할 수 있다.

2. 국내 원수수질은 pH가 8~9정도이므로 이것을 pH 6정도로 낮추는 것은 현실적으로 어려운 점이 많고 또한 이 범위에서는 탁도 제거가 어렵다.

3. 따라서 적정 pH가 6정도로 경제적으로 유지되고 원수의 용존유기물농도가 높은 곳에서 NOM을 먼저 제거한 후에 탁도를 제거하는 것 등을 고려한다.

소독부산물(DBPs)의 종류 및 대체소독제

I. 개요

1. 정수처리과정에서 소독제를 사용하면 수중의 NOM 또는 다른 유기물질과 반응하여 생물체에 유해한 소독부산물(DBPs)을 생성하게 된다. DBPs의 종류는 THMs, HAAs, HKs, 클로로페놀, 알데히드 등이 있다.

2. 발생 기작
   - 수중의 전구물질이 소독제로부터 가수분해된 유리염소와 반응하여 다음의 경로를 통해 생성된다.

$$전구물질 \xrightarrow{\text{산화}} 할로겐화 \xrightarrow{\text{가수분해}} DBPs\ 생성$$

3. 소독 영향인자
   - 수온, pH, 접촉시간, 염소주입량 및 농도, 전구물질의 농도가 높을수록 생성농도가 크다.

II. 소독부산물의 종류

1. 염소
   1) THMs : 트리할로메탄, 메탄(CH_4)의 H원자 3개가 Br 또는 Cl로 치환된 것
      먹는물 수질기준 0.1mg/L (클로로포름 0.08mg/L)
   2) HAAs : 할로아세틱에시드, 아세트산(CH_3COOH)의 H원자 3개가 Br 또는 Cl로 치환된 것
      먹는물 수질기준 0.1mg/L

   ※ 외국기준

   ┌─ WHO 기준 : MCAA 0.02, DCAA 0.05, TCAA 0.02 mg/L 이하
   └─ MCLs 기준 : 0.06mg/L 이하

   　　　⇒ MCLs(Maximum Contaminant Levels) : 미국 환경청의 최대오염권고수준

   3) HANs : 할로아세토니트릴, 시안기(-CN)에 할로겐원소가 붙은 것
   4) HKs : 할로케톤, CH-에 할로겐원소가 붙은 것

2. 결합염소

- NH_2Cl(모노클로라민) → 유기질소화합물

3. 이산화염소

- 유기계 → 알데히드, 무기계 → ClO^{2-}, ClO^{3-}

4. 오존

1) 알데히드

2) 브롬산이온(Bromate, BrO^{3-})

- 오존소독시 물속에 Br이온이 존재하면 오존과 반응하여 발생
- 동물실험에 의한 발암성자료가 있음.
- 먹는샘물 수질기준 25ppb($\mu g/L$)

III. 대체소독제

- UV소독   : 전처리공정에 탁도제거시설 설치 필요
- 오존소독   : 낮은 pH에서 오존 사용 (pH 7 이하)
- 결합잔류염소 : 암모늄이온과 사전 반응시켜야 함
- 방사선 조사(감마선)에 의한 살균

⇒ 전처리공정(응집-침전-여과)에서 소독부산물질을 충분히 제거 후 소독을 실시할 것
소독부산물을 제어하기 위해서는 TOC로 규제함이 바람직

IV. 소독부산물 제거방법

1. NOM(THMFP)관리

1) NOM 생성방지

- 상수원 관리로 NOM 사전 생성 방지
- 다량의 조류유입시 중간염소처리, 전처리여과(마이크로스크린), 2층여과(안트라사이트+ 모래), 2단여과를 통하여 염소와 반응하는 NOM의 양을 줄인다.
- 대체소독제(클로라민, 이산화염소, UV, 오존 등)를 사용하여 THM 생성을 줄인다.

2) NOM 제거

- 현탁성 NOM : 응집침전여과(EC 또는 AC), 막여과(MF, UF)
- 용존성 NOM : 오존·활성탄처리(PAC, GAC, BAC), 막여과(NF, RO), AOP

※ 오존 혹은 활성탄(BAC)의 친수성 NOM 제거

┌─ 오존은 THMFP(소수성 NOM)과의 반응성이 낮지만 BDOC과는 반응성이 높다.
└─ GAC는 소수성 NOM 및 THMs, HAAs 일부 제거하나, BAC는 소수성 NOM 제거효율이 떨어진다.

2. 생성된 THM 제거

- 생성된 THMs는 대부분 휘발성이므로

1) 48시간 이상 방치 또는 100℃ 5분간 가열시 100% 제거

2) 포기

⇒ 활성탄은 THM 흡착후 다시 탈착되는 현상을 보이므로 제거율이 낮다.

※ THM 측정법

- THMFP = 최종 THM - 채수시 THM
 ⇒ 최종 THM : THM을 측정할 시료에 염소주입 후, 장시간 정치시 생성된 THM 농도

제 5 장 고도정수처리

고도정수처리의 종류 및 특징

I. 도입배경 및 현황

1. '89년 수질사고, '91년 낙동강 페놀사고로 인해 고도정수처리공정의 일환으로 오존 및 활성탄 공정이 도입되었으나, 이들은 pilot plant 및 실증실험 없이 전반적으로 과잉 설계되었다.

2. 전오존처리는 구조물 및 관거 침식, 수처리 효과 미비로 현재 거의 사용하지 않고 있으며, 후오존처리는 주입농도 3mg/L, 수심 6m, 접촉시간 10분 전후, 배오존처리방식은 가열분해 등으로 일괄 설계되어 적용하였다.

3. 활성탄지는 하향고정식으로 탄층고 2.5~3m, EBCT 평균 15분, 주 2회 공기·물 역세척 등으로 일괄 설계되어 적용하였다.

II. 고도정수처리의 개념

1. 통상의 정수처리공정(응집·침전·여과·소독공정)으로 처리가 안 되는 유해물질을 처리하는 것으로 유해물질로는 바이러스·포자, 맛·냄새, 색도, NOM, 철·망간, 암모니아, 휘발성 유기물질(VOCs), 페놀, ABS 등이 있으며,

2. 고도처리방법에는 활성탄(분말탄, 입상탄, 생물탄)처리, 오존처리, 고도산화법(AOP), 분리막, 전기투석(ED), 전염소처리, 각종 산화제, 알칼리제 주입, 살조제(황산동) 투입, 마이크로스트레이너, 생물처리, 포기, 부상분리(DAF), 2단응집처리, 다층여과, 이온교환, 암모니아 탈기(stripping) 등의 방법이 있다.

III. 종류 및 특징

1. 오존처리는 맛·냄새 및 철·망간 제거, 바이러스 불활성화 등에 효과가 있으나, THM 전구물질 등과 같은 반응하지 않는 물질이 있으며, 부산물(bromate, 알데히드 등)을 생성하므로 일반적으로 활성탄처리와 병행된다.

2. 활성탄처리는 NH_3을 제외하고 대부분의 오염물질 제거에 효과가 있지만, 고농도 원수일 경우 제거율이 높지 않다.

 - 분말활성탄(PAC)의 경우 국내에서는 전염소처리로 NH_3를 제거 후, 발생한 잔류염소 제거 또는 조류 유입시 맛·냄새의 제거목적에 많이 사용된다.

 - 생물활성탄(BAC)은 재생기간 연장에 따른 운전비용 절감의 효과가 있으나, 생물학적 산화력 증대에 따른 흡착능 저하로 소수성 NOM물질 등 제거가 곤란하므로 적용시 원수

유입수 대비 목표수질 달성여부에 따라 방법 선택시 신중을 기하여야 한다. 유럽 및 일본에서는 BDOC 및 NH_3-N 등의 제거를 목적으로 BAC가 설계된다. 그러나 겨울철에는 통상 NH_3-N이 제거되지 않는다.

3. EC 및 AC
- Enhanced coagulation(EC, 강화응집)은 NOM 성분을 제거하기 위해 원수 pH를 5.5 ~ 6.5로 조절 후, 응집제를 과다 주입하는 방식이고,
- Advanced coagulation(AC, 고도응집)은 알칼리도 조절(pH 조절) 및 순간혼화로 NOM을 제거하는 방식이다.

4. 분리막은 막의 공극크기에 따라 UF막은 색도, 2가 철·망간, NOM까지 제거 가능하고, NF/RO막을 적용하는 경우는 거의 모든 성분을 제거할 수 있다.

5. 고도산화법(AOP)는 오존에 pH를 조절하거나 UV, 과산화수소첨가 또는 기타 방법을 이용하여 일반산화제보다 더욱 강력한 산화력을 가진 OH라디칼을 중간생성물로 생성시켜 수중에 함유된 유기물을 산화시키는 수처리기술이다.

6. 생물학적처리
1) 생물막에 존재하는 미생물에 의해 유기물, 질소, 인 등이 분해섭취되는 방법
2) 통상의 정수처리로 제거되지 않은 암모니아성 질소, 조류, 냄새물질, 철망간 등의 처리에 이용되는 고도처리법이나, 고탁도·저수온시에 적용이 어렵다.
3) 종류

    ┌── 하니컴방식(honeycomb) : 수중에 고정된 플라스틱 여재의 집합체 (=침수여과상장치)

    ├── 회전원판식(RBC) : 회전하는 원판에 의한 것

    └── 생물접촉여과 방식 : 입상여재에 의한 것

기존 정수처리의 문제점 및 고도처리 도입 필요성

Ⅰ. 개요
- 기존 정수처리시스템은 착수정→응집→침전→여과→소독공정으로 이루어져 있다.
- 그러나 원수내 포함되어 있는 미량의 유기화합물질 및 맛·냄새 유발물질, 소독부산물 유발물질(THMFP), NOM, 암모니아성질소, 음이온계면활성제, 농약 등을 처리하여 먹는 물 수질기준을 만족할 필요가 있어 고도처리 도입의 필요성이 대두되었다.
- 이들은 통상의 정수처리시스템으로는 잘 제거되지 않으며 국내에서는 산업이 발달하여 수질오염사고가 빈번한 낙동강 부근의 정수처리에 고도처리공법들이 많이 사용되었다.

Ⅱ. 기존 정수처리의 문제점
- 국내의 취수원은 대부분 하천표류수를 사용하나 이는 수질오염사고에 취약하며, 수질오염사고 발생 시 기존 정수처리시스템으로는 제거가 곤란함.
- 맛·냄새 물질 등의 제거가 어려움
- 유기화합물질 등의 제거가 어려움

Ⅲ. 고도처리 도입 필요성
- 수질오염사고에 대한 대처와 먹는물 수질기준의 강화

Ⅳ. 고도정수처리가 필요한 물질 및 대상물질별 처리기술

- 맛·냄새물질   : 활성탄, 오존, AOP, 생물처리공정
- THM전구물질   : 활성탄, 오존, AOP, 막분리(NF, RO)
- 색도유발물질(NOM) : 활성탄, 오존, AOP
- 암모니아성질소   : 생물활성탄(BAC), 생물처리공정, 파과점 염소주입
- 음이온 계면활성제   : 활성탄, 생물처리공정
- 농약, 미량유해유기물질 : 활성탄, 오존, AOP, 막분리
  ⇒ 미량유해유기물질(퍼클로레이트, 1,4-다이옥산, 항생제, PPCP(개인위생용품) 등)

상수의 고도처리공법

```
┌── 오존처리          : 전오존처리, 후오존처리
├── 활성탄처리        : PAC, GAC, BAC
├── 고도산화법(AOP)   : O₃+ H₂O₂, O₃+ UV, O₃+ high pH 등
├── 막분리기술        : MF, UF, NF, RO
├── 생물학적 처리기술 : 하니콤튜브(침수여과장치), 회전원판법, 생물접촉여과법(BAF 등)
├── EC, AC           : Enhanced coagulation(강화응집), Advanced coagulation(고도응집)
└── 부상분리기술(DAF) : 용존공기분산법, 용존공기부상법
```

Ⅰ. 오존처리

- (염소보가 훨씬 강한) 오존의 강력한 산화력을 이용하여 유기물질을 분해 제거하는 방법이며, THM전구물질, 색도(NOM), 맛·냄새물질의 제거에 효과적이나 부산물(bromate, 알데히드 등)을 생성하므로 일반적으로 활성탄처리와 병행된다.
- 오존은 세균, 바이러스, 지아디아, 크립토스포리디움 등에 대한 살균효과 우수, 잔류효과는 없다.

```
┌── 전오존처리 : 맛·냄새 제거, 철·망간 산화, 소독부산물 제거
└── 후오존처리 : 생분해성 증가, 활성탄의 지속가능시간 연장
```

Ⅱ. 활성탄처리

- 활성탄에 의한 처리가능물질은 과망간산칼륨을 소비하는 물질, 용해성 유기물질, 맛·냄새물질, THM전구물질, 농약성분 등이며, 암모니아성질소는 BAC에 의해서만 제거 가능하다.
- 종류로는 분말활성탄(PAC), 입상활성탄(GAC), 생물활성탄(BAC) 등이 있다.

Ⅲ. 고도산화(AOP)

- 오존(O₃)에 pH를 조절하거나 UV, 과산화수소 첨가 또는 기타방법을 이용하여 일반 산화제보다 더욱 강력한 산화력을 가진 OH라디칼을 중간생성물로 생성시켜 유기물을 산화시키는 수처리 기술로서, 오존산화법보다 오염물질의 제거효율과 제거속도가 훨씬 높다.
- OH라디칼을 생성시키기 위한 촉매는 UV, TiO₂, Fe염, 높은 pH 등

Ⅵ. 막분리

- 미세한 세공을 갖는 분리막을 여재로 이용하여 원수 중의 불순물을 선택적으로 분리 제거
  THM전구물질 제거에는 RO, NF가, 부유물질·조류·지아디아 등 제거에는 UF, MF가 효과적
  제탁, 제균성능이 뛰어나고 설치부지면적이 작으며, 자동화운전 및 유지관리가 용이하다.
- 용존성물질은 제거가 잘 안 되며, 이를 보완한 MBR공법이 개발됨

Ⅴ. 생물학적처리

- 생물막에 조재하는 미생물에 의해 유기물, 질소, 인 등을 분해섭취하는 방법으로서 통상
  의 정수처리로 제거되지 않는 암모니아성질소, 조류, 맛·냄새물질, 철·망간 등의 처리에
  이용되는 고도처리법이다. (고탁도 저수온시에는 적용이 어려움)
- 통상 정수처리의 전처리로 이용되고 있는 처리공법 (= 미생물에 접촉시켜 산화시킴)
  하니콤튜브(침수여과장치), 생물접촉여과법(BAF, 호기성여상법), 회전원판법

Ⅵ. 강화응집(EC, AC)

- EC(강화응집)은 pH 5.5~6.5로 저절 후 응집제를 과다주입하여 NOM성분을 제거하는 방
  식이고,
- AC(고도응집)은 알칼리도 조정(또는 pH 조정) 및 순간혼화로 NOM성분을 제거하는 방식
  이다.

고도정수처리시설 도입절차

Ⅰ. 정수처리시스템의 선정방법
- 우선 고도정수처리공법의 도입의 타당성 검토

   ┌─ 수질적 측면 (고도정수처리시설 도입대상)
   └─ 대안 검토 (운전개선방식 우선 검토)

1. 검토조건의 파악
- 원수수질, 처리목표수질, 정수량규모, 유지관리수준

2. 수질대응기술의 검토
- 탁도, 조류, 미생물, 맛냄새, 색도, 유기물, 소독부산물, 무기물

3. 선택가능한 정수처리시스템의 구성, 추출, 선정
- 운전개선방식 우선 검토(취수원 개선 또는 변경, 일반정수처리시설 부분적인 시설개선)
  기존정수처리공정에 적용하기 용이한 공정 추출
  1) 수원
   - 지하수계, 하천계, 호소댐계, 해수계 등
  2) 정수량규모
   - 소규모, 중규모, 대규모
  3) 여과방식
   - 완속여과, 급속여과, 막여과 등
  4) 용해성성분
   - 제거대상이 되는 성분에 맞게 대응기술을 선택하고, 단위프로세스를 부가한다.
  5) 몇 개의 선택 가능한 처리시스템을 추출한다.
   ⇒ 모형실험(pilot plant)을 실시하여 처리효율, 운전비용, 유지관리의 용이성 등을 조사
  6) 소요사업비 및 경제성분석(편익비용분석, 순현가가치, 내부수익률 등)

4. 정수처리시스템의 선정
- 지구환경(에너지, 폐기물), 연간특성, 지역특성, 용지조건, 유지관리비용, 처리성 등을 충
  분히 검토한 후 최적처리시스템을 선정

Ⅱ. 정수처리시스템 도입절차

1. 검토조건

1) 원수수질 파악

- 수원종별 : 지하수계, 하천계, 호소댐계, 해수계 등 (불용해성 성분)

  - 탁도, 조류, 병원성미생물(대장균, 크립토스포리디움 등)
  - 유기물(THMFP, TOC, 과망간산칼륨소비량), THM 등 소독부산물, 맛냄새물질,
    철·망간, 암모니아성질소, 색도, 농약 질산성질소, 아질산성질소, 중금속 등

2) 처리목표 수질의 선정 (최소 먹는물수질기준 이하로 할 것)

- 고도정수처리가 필요한 수질항목과 목표처리수질을 결정
- 향후 수질기준 강화가 예상되는 물질에 대한 고려도 해야 한다.

3) 정수량규모에 의한 시스템 검토

- 정수량 규모별로 시스템의 다양성을 검토한다.

4) 유지관리수준에 의한 검토

- 시스템에 요구되는 유지관리 수준을 검토한다.

2. 수질대응기술

1) 운전개선방식 우선검토

- 수원의 보존, 수원의 대체, 기존 정수장의 시설개선 등에 의한 처리수질 달성여부 검토

2) 고도처리공법에 의한 대응

- 불용해성 성분에 대응 : 탁도대응기술, 조류대응기술, 미생물대응기술
  ⇒ 단위프로세서 : 완속여과, 응집침전, 부상분리, 여과(급속, 직접), 막여과(MF. UF) 등
- 용해성성분에 대응 : 맛냄새 대응기술, 색도대응기술, 유기물대응기술
  ⇒ 단위프로세서 : 완속여과, 생물처리, 오존, 활성탄(분말, 입상), 나노여과(NF), 산화소독 등

3. 정수처리시스템의 구성 및 추출·선정

- 기본처리방식의 분류 : 급속여과방식, 완속여과방식, 막여과방식
- 각 기본처리방식별로 몇 개의 정수처리시스템 구성 추출

4. VE/LCC 분석

- 고도처리공법별 시설비, 유지관리비, 유지관리의 용이성, 소요부지 확보
- 고도정수처리시설 도입에 대한 경제성 검토

5. Pilot 실험

- Pilot 실험을 통한 처리효율과 처리조건을 조사 후
  각 시스템의 특징을 고려하여 정수처리시스템 선정

6. 설계
- 수리계산/부하배분/시설의 균형 유지
- 고도정수처리시설의 시설배치 및 설계

7. 시공·운영·평가
- 고도정수처리시설의 설치·시공
- 고도정수처리시설의 운영(시운전 포함) 및 평가

Ⅲ. 고도정수처리시설 도입대상
- 원수의 연평균수질이 Ⅲ등급(보통) 이상인 경우(소독부산물 생성이 높은 경우를 포함한다.) 또는 수돗물이 맛·냄새로 인한 민원이 발생하는 경우
- 현재 고도정수처리시성이 도입되어 있는 정수장과 같은 수계에 있으면서, 당해 고도정수처리시설이 도입되어 있는 정수장에서 발생한 문제점과 유사한 문제점이 예상되는 경우
- 원수의 연평균 수질이 Ⅱ등급(약간 좋음) 이상인 경우에도 일반정수처리방법으로는 처리가 곤란한 인체유해물질이 원수에 유입되는 경우
- 일반정수처리방법으로는 먹는물 수질기준 확보가 사실상 어려운 경우
- 환경부장관이 고도정수처리시설 도입 검토을 요청한 경우

Ⅳ. 고도정수처리 도입의 타당성 검토
1. 수질적 측면
- 상기 항목에 해당되는지를 확인
2. 고도정수처리시설 도입 대안 검토
- 수질보전대책으로 취수원의 수질개선 가능성
- 취수원 변경가능성
- 광역상수도 수수 또는 인근 정수장간 연계운영
- 기존의 일반정수처리방법의 개선 또는 부분적인 시설개선

Ⅴ. 고도정수처리시설 적합공정 및 공정선정
⇒ 각 기본처리방식별로 몇 개의 정수처리시스템을 구축·추출하여 pilot plant에 의한 모형실험을 실시하여 처리조건, 처리효율, 운전간편성 등을 조사한다.
1. 적합처리공정 선정기준
- 고도정수처리 대상물질의 처리효율성
- 처리가능물질의다양성
- 처리수의 안정성과 안전성

- 기존 정수공정에 적용하기 용이한 공정
- 운전의 간편성
- 경제성

2. 모형실험(Pilot plant) 처리공정 시행
- 새로운 처리공정의 실용성 평가
- 대체공정의 효과비교
- 공정의 설계기준과 운전비용에 대한 지침 확보
- 기존공정의 개선
- 현재 제안된 정수처리공정의 효과 확인

VI. 소요사업비 추출 및 경제성 분석
- 편익/비용 비율(B/C) ≥ 1 : 이해용이, 사업규모 고려 가능
- 순현재가치(NPV) ≥ 0 : 대안선택시 명확한 기준제시, 장래발생편익의 현재가치 제시
- 내부수익률(IRR) ≥ r(이자율) : 사업의 수익성 측정가능

VII. 사업의 효과
- 정수장 수질개선 효과 제고
- 주민의 수돗물 불신 감소
- 원수수질 변화에 대한 정수장 운영관리 대처능력 제고
- 정수시설 설계·시공, 장비관련 기술개발
- 연구개발(R&D) 사업확대 및 기술인력 배출

오존처리

Ⅰ. 오존처리의 원리 (시설기준)

1, 처리목적

- 오존처리는 THMs와 HAAs의 전구물질을 저감시키는 전처리산화제는 물론이고 염소보다 훨씬 강한 오존산화력을 이용한 대체소독제로서 소독과 함께 맛·냄새물질 및 색도의 제거, 소독부산물의 저감 등을 목적으로 한다. 오존은 유기물과 반응하여 부산물을 생성하므로 일반적으로 오존처리와 활성탄처리는 병행되어야 한다.

2. 오존과 AOP

- 오존은 강력한 산화력을 가진 불소와 OH 라디칼 다음으로 높은 전위차(2.07㎷)를 가지고 있지만, 실제 대다수 유기물질(지오스민,2-MIB, THMs 등)과 반응이 느리거나 거의 반응하지 않는 것이 일반적이다. 이와 같이 오존의 단점을 보완하기 위하여 오존과 산화제 등을 동시에 반응시켜 OH라디칼 생성을 가속화하여 유기물질들을 처리하는 방법을 고도산화법(AOP)라 하며, 정수처리에 응용될 수 있는 AOP는 OO_3/high pH, O_3/H_2O_2(PEROXONE공정), O_3/UV, O_3/TiO_2, O_3/electro beam, O_3/metallic oxides, H_2O_2/$FeSO_4$(펜톤산화) 등의 방법들이 있다.

Ⅱ. 오존처리의 장점 및 유의사항

1. 장점

1) 오존은 자체의 높은 산화력으로 염소에 비하여 높은 살균력을 가짐.(소독시간 단축)

2) 맛·냄새, 색도 제거

 - 지오스민이나 2-메틸이소보니올(2-MIB) 등에 의한 냄새나 부식질 등에 의한 색도, 그리고 염소와의 반응으로 냄새를 유발하는 페놀류 등을 제거

3) 유기물질의 생분해성 증대

 - 난분해성 유기물질(1,4-다이옥산, TCE, PCE 등)의 생분해성을 증대시켜 후속공정인 활성탄처리의 처리성을 향상시킴.

4) 철·망간의 산화능력이 크다.

5) 소독부산물 생성 전구물질에 대한 처리효율이 높다.

6) 염소요구량 감소

 - 염소주입에 앞서 오존을 주입하면 염소의 소비량을 감소시킨다.

2. 유의사항

1) 충분한 산화반응을 진행시킬 접촉조가 필요하다.

2) 배오존은 인체에 유해하므로 배오존 처리설비가 필요하다.

3) 전염소처리를 할 경우 염소와 반응하여 잔류염소가 감소한다.

4) 수온이 높아지면 용해도가 감소하고 오존의 분해가 빨라진다.

5) 설비는 충분한 내식성이 요구된다.

6) 소독부산물 생성 저감물질에 대한 처리효율도 높다.

Ⅲ. 문제점 및 대책

1. 용존잔류오존은 독특한 맛·냄새 발생 및 염소소비량을 소모한다.(활성탄 병행처리)

2. 배오존은 광화학스모그를 유발한다.(배오존처리설비 필요)

3. 오존 단독처리의 한계

 - 유기물과 반응이 느리거나 무반응, 반응속도가 길고, 완벽한 살균이 불가능하므로 고도
   산화법(AOP) 혹은 활성탄과 병행 처리

4. 오존처리의 소독부산물

 1) 브롬산염(BrO_3^-, 먹는샘물 수질기준 ; 25ppb)

  - 현황 : '09년 시중에서 판매 유통되는 먹는샘물 중 전체 40%에 달하는 제품에서 브롬
           산염이 검출되었으나, 먹는샘물에 대한 국내 수질기준은 최근에 마련되었다.

  - 위해성 : 동물실험에서 발암성 자료가 있으나 인체자료는 불충분하며, 브롬산염은 생물
             활성탄으로 제거되지 않는다.

 2) 알데히드(-CHO, WHO 900ppb)

  - 오존처리시 유기물농도와 비례하여 알데히드 생성

Ⅳ. 오존처리시 고려사항

1. 경제성

 - 고가의 오존발생장치와 오존주입설비 필요
   충분한 산화반응을 진행시킬 수 있는 오존접촉지가 필요

 - 오존은 강산화제이므로 설비의 사용재료는 충분한 내식성이 요구된다.

2. 배오존처리

 - 오존은 광화학스모그를 유발하므로 반드시 배오존처리설비를 갖추어야 한다.

3. 미생물 재증식

 - 오존처리 후 발생되는 대부분의 최종유기물은 극성이며 생분해성이다.

 - 따라서 후속조치(생물처리 등)가 없으면 오존부산물을 먹이로 하는 세균(병원균 포함)
   등이 재증식(After growth)할 우려가 있다.

4. 소독부산물 생성

 - 오존은 유기물과 반응하여 Bromate 등 소독부산물을 생성하므로 일반적으로 활성탄처
   리가 병행되어야 한다.

5. 하수처리시 오존의 이용

 - 수중 잔류농도가 0.2mg/L 이하이면 독성을 나타내지 않는다.
 - 따라서 살균 외에 탈취·탈색 효과가 있어 일본에서는 하수고도처리에 오존을 이용함으로
   서 처리수를 수경용수로 이용하고 있다.

6. 수온

 - 수온이 높아지면 오존의 용해도가 감소하고 오존분해가 빨라진다.

Ⅴ. 오존주입량 결정

1. 맛·냄새물질 제거

 - 국내의 많은 정수장에서 주입률 0.5~2mg/L, 접촉시간 10~20분 내외로 운전하고 있다.
 - 오존·활성탄 조합공정은 0.5~3mg/L(평균 1.1mg/L)일 경우 Geosmin과 2-MIB가 100%
   제거되었다.

2. THMFP 및 THM 저감

 - 오존처리로 이미 생성된 THM 저감효과는 거의 없다. 또 오존처리로 THM 전구물질(부
   식질 등)이 증가하는 경우도 있지만, 생물활성탄으로 유기물을 분해한 다음 염소소독을
   실시하면 THM 생성량은 적어진다.
 - 우리나라 하천수는 소수성 NOM(THMFP) 30%, 친수성 NOM(HAAFP) 70% 정도로 구
   성되어 있다. 따라서 소수성 NOM은 활성탄으로, 친수성 NOM은 오존제거가 유효하다.

3. 1,4-다이옥산 제거

 - 낙동강 수계 원수 조사결과, 1.9~6.0mg/L 주입시 38~62.7% 제거되는 것으로 조사되었다.
 - 또한 고도산화법(AOP)공정 중 Peroxon공정(오존/과산화수소)으로 운영시 20~30% 추
   가 제거된 예가 있다.

4. 망간 제거

 - 침전수(여과공정 앞)에 오존을 주입하고(=중간오존) 여과지 유출수 잔류오존이 없도록
   오존주입률(0.5~1.0mg/L)을 선정한다.

Ⅵ. 오존의 반응성

　난분해성 물질을 생분해성 물질로 변화시킨다.

1. 오존의 직접산화 → pH가 낮은 경우

 1) 탄소의 이중결합 파괴
 2) 방향족 고리에 산소원자 첨가
 - 페놀류는 알코올·알데히드를 거쳐 유기산으로 산화

2. 오존분해시 생성되는 OH라디칼에 의한 간접산화 → pH가 높은 경우

 - OH 라디칼 : 외곽전자수가 맞지 않아서 반응성이 큰 분자로서 강력한 산화력을 가짐

오존처리시스템

I. 오존의 이용목적

- 최근 수도수의 이상악취 문제로 특히, 곰팡이 냄새는 수원지의 오탁에 의한 부영양화의 진행이 가속되면서 전국으로 확대되고 있다. 현재 곰팡이 냄새의 원인물질로 2-methyl iso borneol 및 geosmin이 널리 알려져 있으며, 곰팡이 냄새는 통상의 정수처리로는 제거할 수 없기 때문에, 원수에 분말활성탄 첨가, 오존 + 입상활성탄 처리 등이 행해지고 있다.

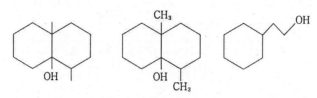

a. geosmin($C_{12}H_{22}O$)   b. 2-MIB($C_{11}H_{20}O$)   c. Phenyl ethanol

〈곰팡이취 원인물질의 화학구조〉

II. 오존처리설비

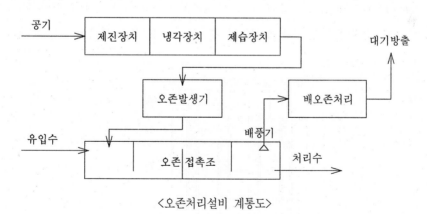

〈오존처리설비 계통도〉

1. 원료가스 전처리 장치

- 원료가스는 공기 또는 산소를 사용하고 있으며, 수도시설에는 취급하기 편리한 점, 경제성 등의 이유로 공기를 사용하는 예가 많다. 전처리장치에는 오존의 발생효율의 저하방지, 질소산화물의 생성방지 등 때문에 제진(분진제거), 냉각, 제습을 행한다. 원료공기는 여과기를 통하여 송풍기 또는 공기압축기로부터 취하여 냉각장치로 5℃정도로 냉각하여, 제습장치로 충분히 건조(로점 -50℃)하여 오존발생기로 이송한다.

2. 오존 생성방법

1) 오존의 생성방법에는 무성방전법, 광화학법(UV), 방사화학법 등이 있으며, 무성방전법
   이 가장 경제적이며 효과가 좋은 것으로 알려져 있다.

2) 무성방전법(Corona discharge)
- 냉각·건조된 산소를 고압의 전기방전층에 통과시켜 오존 생성
- 전극의 구조는 튜브(tube)형과 평판(plate)형이 있으며, 주로 튜브형을 많이 사용

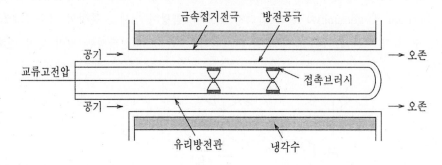

3) 튜브형 오존 발생기
- 튜브형 오존 발생기는 동심2중 원형구조로 외형은 스텐레스강 등의 금속, 내부는 내면
  에 전극을 설치한 유리제의 유전체로 양관의 공간에 원료가스를 통과하여, 교류전압
  (7~20kV)을 취하여 방전을 행하여 오존을 발생시킨다. 이때 필요한 전력은 오존 1kg
  당 7~20kWh, 전처리장치, 접촉지 등을 포함하여 오존 설비전체에는 30~35kWh 정도
  이다. 또한 방전에 의해 열을 발생하기 때문에, 외형부분은 외측에 물(30℃ 이하)을 통
  과시켜 냉각한다.

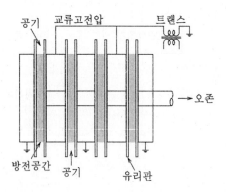

3. 오존접촉조

- 통상 콘크리트제 밀폐구조로서, 오존의 흡수율, 접촉시간 등을 충분히 고려한 것이다.
  오존의 주입방법은 디퓨저 방식을 사용하고 있다. 디퓨져 방식은 접촉조의 저부에 수십
  micron의 작은 구멍을 많이 가진 산기관을 설치하여 오존화공기를 미세한 기포화 하여

물에 주입하는 것으로 기액향류식으로서 조는 충분한 깊이(4m이하)로 하고, 흐름벽 등을 설치하여 기액 혼합접촉을 막는다. 또한 흡수효율의 향상을 위해 한번 접촉후의 배출오존을 유입측으로 재주입하고, 리사이클 한다.

4. 배오존처리방법 (오존의 탈기방법)

```
        ┌── 가열분해식    : 350℃, 1초간 반응, 국내에서 가장 많이 사용
        ├── 촉매분해식    : 경제적, 금속표면에 오존촉매분해
        └── 활성탄 접촉   : 저농도시 효과적
```

1) 가열분해법
- 오존은 고온에서 쉽게 분해되는 점을 이용하여 350℃에서 1초 정도의 체류시간으로 오존의 분해가 가능하나 에너지가 많이 소모된다.
- 처리가 확실하고 자동운전이 용이하다.
- 배기가스안의 산소농도가 높아지므로 화재의 위험성이 있고 로 내의 승온시간이 필요하다.
- ⇒ 국내 대부분의 정수장에서의 배오존 처리방법은 가열분해법을 일괄적으로 적용하는 추세임.

2) 촉매분해법
- 오존은 촉매의 존재하에 쉽게 분해되므로 MnO_2, Fe_2O_3, NiO 등의 촉매로 50℃ 정도에서 0.5~5초간의 체류시켜 오존을 분해하므로 가열분해법보다 에너지가 적게 소요되어 널리 이용되고 있다.
- Mn 등의 촉매는 용매로 작용하여 소모나 열화가 없어 유지관리가 용이하고 가온가열이기 때문에 장치의 내열설계가 필요 없다.
- 촉매의 예열시간이 필요하며, 염소화합물·황화물과 N_2가 반응하여 촉매를 파괴할 수 있다.

3) 활성탄분해법
- 활성탄분해탑에 오존접촉공정의 배출가스에 포함된 오존과 활성탄을 접촉시켜 분해하는 방법
- 활성탄의 보충과 교체만 하면 되므로 유지관리비가 적고 간편한 방법
- 고농도 오존이 유입되면 활성탄이 발화될 수 있어 배출오존농도가 낮을 때 유리하며 분해탑에는 온도계와 화재감지기를 설치하여야 하고, 활성탄의 보충 또는 교체가 필요

5. 장치의 방식(防蝕)
- 오존은 강력한 산화력을 가지고 있기 때문에, 장치의 오존과 접촉하는 부분 또는 접촉하는 경우가 있을만한 부분은 스테인레스강, 경질염화비닐, 알루미늄, 콘크리트 등의 오존에 대한 내식성 재질을 사용하고 있다.

전오존처리와 후오존처리

I. 정수처리

1. 전오존처리 목적

1) 응집효과 개선
   - 정수처리공정에서 humic 물질의 유기물 구조에 붙어있는 수산기를 Al, Fe와 치환반응을 쉽게 하여 미세 floc을 형성
2) 철·망간 산화

2. 후오존처리 목적

- 완전 제거되지 않는 맛·냄새 유발물질 및 미량유기오염물질 제거
- 난분해성 물질을 생분해성 물질로 변화시키며, 그 후단의 활성탄흡착지에 산소를 공급함으로써 생물활성탄(BAC)의 역할을 하게 함.

구분	전오존처리	후오존처리
주입장소	· 응집침전의 전단계	· 입상활성탄의 전단계
목적	· 응집제의 절감과 침전속도의 촉진 · 철·망간 산화 · 맛·냄새 제거	· 활성탄의 지속시간 연장 · 맛·냄새, 미량유해물질의 분해 · 유기물질의 생분해성 증가

II. 하수처리

1. 전오존처리 목적

1) 하수중에 존재하는 미생물군의 멸균
2) 유기물의 생분해성 개선에 의해 섭취 유기물의 분해율 개선
   - 생물분해가 어려운 난분해성 물질을 생분해성 물질로 변화시키므로 보통 COD_{cr}은 감소되지만, BOD가 증가하는 경우가 많다.
   - TOC는 거의 변화가 없다. 이는 오존처리시 유기물질이 저분자물질로 산화되지 CO_2와 H_2O로 산화되지는 않기 때문이다.

2. 후오존처리 목적

1) 2차처리수의 소독제 : 거의 사용 안함
2) 3차처리공정 혹은 재이용 공정에서 탈색이나 탈취, 미처리된 유기물 산화

Ⅲ. 현장적용 추세

1. 정수처리

- '89년 수질사고, '91년 낙동강 페놀사고로 등으로 인해, pilot plant 및 실증실험 없이 오존이 전반적으로 과잉 설계되어 도입되었다.

1) 전오존처리는 구조물 및 관거 침식, 오존소모량의 과대, 효과 미검증 등으로 사용이 많지 않음

2) 후오존처리는 주입농도 3㎎/L, 수심 통상 6m, 접촉시간 10분 전후, 배오존은 가열분해 등으로 일괄 설계되어 적용되고 있다.

2. 하수처리

1) 구리하수처리장처럼 염색폐수가 많이 유입되는 하수처리장에 소독과 탈색목적으로 오존 후처리를 실시하고 있다.

2) 하수처리수 재이용수 적용 : 수중 잔류농도가 0.2㎎/L 이하면 독성을 나타내지 않는다. 따라서 살균 외에 탈취·탈색 효과가 있어, 일본에서는 하수고도처리에 오존을 이용함으로서 처리수를 수경용수로 이용하는 사례가 많다.

활성탄처리

Ⅰ. 활성탄의 분류

1. 입경크기 : 분말활성탄(0.15㎜ 이하), 입상활성탄 : 0.3~3mm, 생물활성탄(BAC)

2. 활성탄 재질 : 석탄계, 야자계, 목탄계

3. 흡착방식 : 유동상, 고정상

Ⅱ. 활성탄 처리목적

⇒ 대부분의 오염물질에 대하여 제거가 가능하며, 수중의 오염물질이 저농도인 경우 효과적이다. 생물활성탄(BAC)의 경우 NH_3-N도 제거가 가능하다.

1. 맛·냄새, 색도, 탁도 제거

2. 소독부산물과 그 전구물질 제거

3. 유기화합물질 제거

4. 농약 등의 미량유해물질 제거

Ⅲ. 활성탄흡착의 원리 및 영향인자

1. 원리

- 분말활성탄은 분자의 이동속도가, 입상활성탄은 분자의 확산속도가 주요영향인자이다.

 1) 흡착제 표면으로 피흡착제의 분자가 이동하는 단계

 2) 흡착제 공극으로 피흡착제의 분자가 확산하는 단계

 3) 흡착제 세부공극의 표면에 흡착하는 단계

2. 활성탄흡착의 영향인자

 1) 비표면적 : 가장 중요, 700~1,400㎡/g

 2) 피흡착제의 특성 : 소수성일수록, 분자량이 클수록, 피흡착제 농도가 낮을수록 유리

  ⇒ NOM 성분 중 소수성은 활성탄처리, 친수성은 오존처리가 바람직

 3) 활성탄의 종류 및 농도 : 석탄, 야자껍질 등이 있으며, 석탄계가 야자계보다 세공크기 분포가 넓어 수처리용으로 많이 사용되며 재생효율도 높다.

 4) pH : pH가 낮은 산성일수 유리 (흡착제 표면이 중성이 되도록 해야 하므로)

 5) 수온 : 수온이 낮을수록 유리 (활성탄흡착은 발열반응이므로)

  ⇒ BAC의 경우는 겨울철 NH_3 제거불가

 6) 접촉시간 : 접촉시간이 길수록 유리 (충분한 반응시간이 필요하므로)

Ⅳ. 파과

1. 활성탄의 재생(교체)주기

- 활성탄의 흡착시간에 따른 유출수의 피흡착제농도를 그래프상에 나타내면 (페놀과 같이 흡착속도가 빠른 경우) S자형의 파과곡선으로 나타낼 수 있다.

- 흡착지속시간이 장시간 경과하면 흡착대가 유출부까지 도달하여 유출수 중의 피흡착물질 농도가 급격히 증가하여 흡착효율이 현저히 떨어지는데, 이 점을 파과점(breakthrough point)이라 한다.

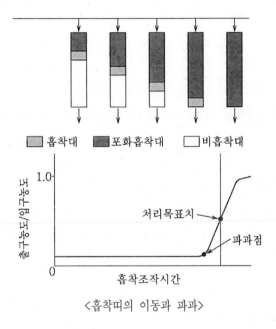

<흡착띠의 이동과 파과>

- 따라서 활성탄의 재생 또는 교체시점은 통상 유출수 농도가 목표처리수질(파과점)에 도달한 시점을 기준으로 한다.(역세방법에는 물+공기세척을 병행하거나 표면세척을 시행한다.)

- 통상 재생주기는 1년으로 보며, 생물활성탄의 경우 자기재생기능이 있어 3~5년 정도로 본다.

2. 파과점 도달시간 증대방안

- 생물활성탄(BAC = 오존 + GAC) 도입
- 주기적인 역세척
- 하부공기공급 : BAC로 전환시 효율증대
- 활성탄처리공정 이전에 처리대상물질의 효율증대 방안 강구

V. 활성탄 제조 및 재생

- 재생방법 : 가열재생법, 약품재생법, 생물학적 재생법, 전기화학적 재생법, 습식산화법 등
- 재생장소 : 자가재생(대규모)과 위탁재생(소규모)
- 재생주기 : 통상 유출수 농도가 처리목표치(파과점)에 도달한 시점에서 활성탄을 재생 또는 교체

1. 가열재생방법 (건식 가열법)

- 활성탄의 건조, 탄화, 활성화의 공정으로 재생 (정수시설에 주로 적용, 30분 정도 소요)

1) 건 조(약 15분)
- 100℃정도에서 수분과 일부 유기물을 탈락시킨다.

2) 탄 화(약 4분)
- 700℃까지 가열하면서 저비등점 유기물질이 제거된다.
- 고비등점 유기물은 열분해로 일부가 저분자화되어 탈락되고 나머지는 세공 중에서 탄화된다.

3) 활성화(약 11분)
- 800~1,000℃ 정도로 가열하여 탄화하고, 세공 중에 남은 (고비등점) 유기물질은 수증기, CO_2, O_2 등 산화성 가스로 가스화하여 제거된다.
- 온도가 높을수록 세공용적은 증가하고 활성화도도 높아지나 활성탄의 기질이 손상되어 강도가 떨어질 우려가 있다. 활성화가스로는 통상 수증기를 사용한다.

4) 제품화
- 세정 및 건조 후 제품화시킴.

2. 이화학적 재생방법 (약품재생법)

- pH, 유기용제, 온도 등을 조합하여 재생효율을 극대화한 방법으로 재생반응과 탈착, 세척, 회수의 공정으로 구성
- 재생효과는 신탄에 비하여 83~97%의 흡착능 회복률을 나타내며,
- 방법이 간단하고 운전이 용이하며, 재생탄의 손실이 적고, 기존의 흡착시설에 추가하기 쉬우며
- 경제성은 신탄가격의 10%, 열재생방식의 15~20%정도의 비용이 소요된다.
  ⇒ 아직은 안전성 때문에 정수시설 활성탄에는 국내 적용은 적은 편이다.

3. 활성탄의 활성화방법 (시설기준)

- 약품 : 염화아연, 황산염, 인산, 수산화나트륨, 에탄올 등
- 가스 : 수증기, 이산화탄소, 공기 등
- 기타 : 약품과 수증기 병용

활성탄(GAC, BAC, PAC)의 특징

⇒ 입경 150㎛ 기준으로 PAC와 GAC를 구분

Ⅰ. 입상활성탄 (GAC ; Granular)

1. 개요

- 흡착효과를 주체로 한 방식(입상활성탄방식)에서는 기본적으로 잘 발달된 활성탄 내부 세공(pore) 표면에 오염물질이 이동하여 흡착됨으로써 액상(liquid phase)의 용존상태에서 고체상(solid phase)의 흡착상태로 상을 변환시켜 오염물질을 제거하는 공정이다.
- 종류 : 입상활성탄 흡착지(GAC-Adsorber),
　　　　 입상활성탄 여과지(GAC F/A ; Filter-Adsorber)
- 장기간 사용할 경우 PAC보다 적합

2. 활성탄흡착지의 설계방법

1) 활성탄여과지의 설계값은 공상체류시간(EBCT), 선속도, 탄층두께, 입경 등의 상호관계로부터 결정되며, 먼저 EBCT 또는 SV(공간속도)를 정하고 각 정수장의 조건에 적합한 탄층두께(H)를 결정한다.
2) EBCT가 결정되면 탄층두께와 선속도의 관계가 결정되며 선속도를 크게 하려면 입상활성탄의 층고를 두껍게 해야만 EBCT를 유지할 수 있다.
3) 그러나 탄층이 두꺼우면 손실수두가 커지므로 운전수위가 높아지며 흡착지의 높이가 커진다. 또 탄층이 얇으면 EBCT를 유지하기 위해 지의 면적을 크게 해야 한다.
4) 일반적으로 EBCT가 길수록 처리효과는 증가하며, 또한 입경이 작을수록 단위용적당 표면적이 커져서 흡착대가 짧아지므로 처리수량이 많아진다.

3. 활성탄흡착지의 설계인자

구분	하향 고정상	상향 유동상
EBCT	5~30 분	5~10 분
SV	5~10 /hr	10~15 /hr
LV	10~15 m/hr (가압식 15~20)	10~15 m/hr
H	1.5~3 m	1~2 m
d	0.5~2.0㎜	0.3~0.6㎜

1) 공상접촉시간(EBCT) : EBCT = AH/Q
 - 입상활성탄의 충전량을 처리수량으로 나눈 값(활성탄을 비운 공상접촉조 내의 체류시간)
 - EBCT가 클수록 처리효율은 양호

※ GAC · BAC 구분시 EBCT 기준

⑴ BAC공정에서의 HAAs(Geosmin, 2-MIB 포함)는 실온에서 EBCT를 20분으로 운전한 결과, 생물분해에 의해 효과적으로 제거되는 것으로 보고되고 있다.
 ⇒ GAC의 EBCT 설계기준은 하향고정상 5~30분, 상향유동상 5~10분이다.
⑵ 수온이 20℃보다 높을 경우 HAAs의 제거능은 EBCT의 영향을 크게 받지 않는 것으로 나타났다. 하지만 수온이 5~10℃ 정도로 낮을 경우는 EBCT의 증가가 HAAs의 제거율에 큰 영향을 미치는 것으로 나타났다.
⑶ 활성탄 재질에 따른 BAC에서의 HAAs 제거는 석탄계 재질에서의 생물분해능이 가장 높았고, 다음으로 야자계, 목탄계 순이었다.

2) 공간속도(SV) : SV = 1/EBCT = Q/AH
 - 입상활성탄을 통과하는 1시간당 처리수량을 입상활성탄 용적으로 나눈 값. 즉, 1시간에 통과하는 수량이 활성탄 용적의 몇 배가 되는지를 의미 (= 통수속도)
3) 선 속 도(LV) : LV = Q/A
 - 처리수량을 흡착지의 면적으로 나눈 값, 활성탄 접촉조 내의 여과속도를 의미한다.
4) 탄층두께(H) : H = LV × EBCT
 - 탄층이 두꺼우면 손실수두가 커지므로 운전수위가 높아지며 흡착지의 높이가 커진다.
 - 층이 얇으면 EBCT를 유지하기 위해 지의 면적을 크게 해야 한다.
5) 입경(d)
 - 고정상 하향류에서는 초기손실수두와 운전에 따른 손실수두 증가를 고려하여 0.5~2.0 ㎜ 정도
 - 유동상에서는 일정한 유동상태를 얻기 위하여 0.3~0.6㎜ 정도가 많이 사용된다.
 - 균등계수 1.5~2.1 정도

4. 고정상과 유동상(이동상)의 구분

종류 항목	고 정 상	이 동 상
통수방식	하향류	상향류
활성탄 입경	0.5~2.0㎜	0.3~0.6㎜
활성탄 주입량	많다.	적다.

<계속>

항목 ＼ 종류	고 정 상	이 동 상
활성탄 층두께 (정지시)	2.0m 정도 (1.5~3m)	1.0m 정도 (1~2m)
손실수두	크다.	작다.
역세척 조작	필요	빈도가 작다(상향류).
운전조작	쉽다.	어렵다.
활성탄 주입과 배출	슬러리화하는데 다량의 물 필요	소량의 물로도 슬러리화가 쉽다.
통수속도 (=공간속도)	SV 5~10	SV 10~15
설비실적	많다.	적다.

II. 생물활성탄 (BAC ; Biological)

1. 개요

- 생물활성탄흡착방식에서는 활성탄의 흡착작용과 함께 활성탄층 내의 미생물에 의한 유기물 분해작용을 이용함으로써 활성탄의 흡착기능을 보다 오래 지속시키는 방식이다. 이 경우에 생물활동을 방해하지 않도록 전단에 염소처리를 하지 않는다. 생물활성탄처리의 전단에 오존처리를 하면 난분해성 유기물을 분해성 유기물로 전환시키며 오존처리된 처리수는 용존산소가 포화상태이므로 입상활성탄층 내에서 생물화학적 작용이 촉진된다. 또한 흡착된 유기물은 생물화학적으로 분해되어 자기재생기능으로 입상활성탄의 흡착능이 장기간 유지된다.
- 종류 : 오존 + GAC, 오존 + GAC F/A
- 오존+ 활성탄공정의 조합 = 흡착작용 + 미생물분해작용
- 원수에 미생물 영양물질(즉, 원수의 DOC 중 BDOC, AOC(세포동화가능 유기탄소))이 많을수록 유리

2. 장단점

1) 장점
- 생물화학적 작용이 촉진되어 처리효율 증가
- 활성탄 재생기간 연장에 따른 운전비용 절감 (일반적으로 GAC 1년, BAC 3년 이내)
- 암모니아성질소도 제거 가능
2) 단점
- F/A공정의 경우 원수의 망간성분 제거효율 저조
- 저수온일 경우(특히 겨울철) 미생물 분해효율이 매우 낮다.
- 전처리 설비로 오존설비 도입 필요(시설비 추가 부담)
- After growth 문제에 주의한다.

Ⅲ. 분말활성탄 (PAC ; Powder)

1. 개요

1) 착수정 또는 분말활성탄 접촉조에 투입한 후 슬러지와 함께 제거한다.

- 신설정수장 : 분말활성탄 접촉조 건설
- 기존정수장 : 착수정 혹은 취수탑 등에 투입하여 도수로에서 접촉시킨다.

    (배관 내 유속 1~2m/s)

    ⇒ 접촉시간은 적어도 20분 이상 확보하는 것이 바람직하다.

2) 1년에 4개월 이내로 운영시 경제적이며, 비상시 또는 단기간 사용할 경우에 적합

3) 전염소를 주입할 경우 활성탄에 의한 염소소비가 이루어지므로 염소주입 이전에 투입 필요 (활성탄 1mg당 염소 0.2 ~ 0.25mg 정도 소비)

2. 주입량

1) 맛·냄새 : 10~30mg/L(30~60분)

2) THM전구물질 : 30~100mg/L(60분 이상)

3) 1.4다이옥산 : 10~80mg/L

Ⅳ. GAC 위치별 특성

1. 원수-GAC

- 주로 색도나 휘발성유기화합물 제거

2. 응집침전-모래여과-GAC

- 맛·냄새, 소독부산물 전구물질 제거

3. 전염소(중간염소)-응집침전-모래여과-GAC(또는 오존·BAC)

- 맛·냄새, 미량유기물질 제거

4. 응집침전-오존·BAC-모래여과

- 고농도의 맛·냄새물질과 소독부산물 전구물질 제거

5. 응집침전-오존-모래여과-BAC

- 고농도의 맛·냄새물질과 소독부산물 전구물질 제거 (철·망간 농도가 높은 원수에도 적용)

6. 응집침전-GAC-모래여과

- 철·망간 농도가 낮은 원수처리

7. 응집침전-GAC(또는 오존·BAC)-중간염소-모래여과

- 철·망간 농도가 높은 원수처리

8. 응집침전-(모래여과)-오존·BAC-중간염소-모래여과

- 오존/활성탄처리 효과를 높일 목적

등온흡착식

Ⅰ. 개요

1. 활성탄의 흡착능력은 피흡착제의 농도와 형태, 활성탄의 농도, 접촉시간, 온도 등에 따라 결정되며, 일반적으로 산성이거나 온도가 낮을수록 흡착량은 커진다.

2. 일정온도(등온) 하에서 활성탄과 피흡착물질이 함유된 물을 접촉시켜 평형상태에 도달하였을 때에 액상농도와 그 농도에서 활성탄흡착량과의 관계를 나타낸 것을 등온흡착선이라 하며, 등온흡착선을 수식화한 것을 등온흡착식이라 한다.

3. 등온흡착식의 종류로는 단순한 이론적 가정으로 유도한 Langmuir식 및 BET식이 있으며, 이 식들을 체계화한 경험적 유도공식이 Freundlich식이며, 이 식이 보편적으로 널리 이용되고 있다.

Ⅱ. 등온흡착식의 종류

1. Freundlich 등온식 (실험식)

- 기울기 $1/n = 0.1 \sim 0.5$인 경우 저농도에서 효율적이고, $1/n > 2$인 경우 저농도에서 비효율적

$$\therefore \ q = \frac{X}{M} = k\,C^{\frac{1}{n}}$$

(k, n : 경험적인 상수)

⇒ 양변에 log를 취하면

$$\log\frac{X}{M} = \frac{1}{n}\log C + \log K$$

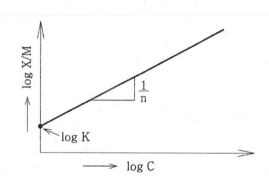

2. Langmuir식 (이론식)

- 용질이 흡착제 표면에 단분자층으로 흡착되고 흡착질 엔탈피는 일정하다고 가정

$$\therefore \ q = \frac{X}{M} = \frac{a\,b\,C}{1 + b\,C}$$

(a, b : 이론적인 상수)

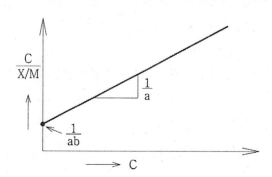

3. BET식

– 다층흡착, 즉 흡착제의 표면에 점점 쌓여 무한정으로 흡착할 수 있다는 다분자층 흡착 모델이다.

$$\frac{X}{M} = \frac{abC}{(C_s - C)[1 + (b-1)(\frac{C}{C_s})]}$$

여기서,   q   : 활성탄의 단위무게당 피흡착물질의 흡착량(mg/g)

        M   : 활성탄의 단위무게(g)

        X   : 피흡착물질의 흡착량(mg)

        C   : 활성탄흡착 후 피흡착물질의 액상 평형농도(mg/L)

        C_s : 포화농도(mg/L)

   k, n, a, b   : 상수

조류 다량발생시 분말활성탄 이용

Ⅰ. 개요

1. 우리나라의 정수장에서 분말활성탄을 사용하는 경우는 전염소처리로 암모니아(NH_3)를 제거한 후에 남은 잔류염소 제거를 목적으로 주로 사용되어 왔다.
2. 분말활성탄의 주입량 및 체류시간은 일반적으로 악취제거의 경우 10~30mg/L, 30~60 분, THMFP 제거의 경우 30~100mg/L, 60분 이상으로 한다.

Ⅱ 조치순서

1. 댐 내 수중폭기기 가동
2. 분말활성탄을 취수정에 주입하여 도수로에서 접촉시킨다. (배관內 유속 1~2m/s)
 – 취수정에서 10~30mg/L을 물에 녹여 연속 살포하거나 10~30분 정도의 간격으로 PAC 분말을 직접 살포
3. 전용접촉조 설치가 원칙이나 접촉조가 없는 경우 착수정 내에 주입한다.

오존 및 활성탄으로 처리 불가능물질 및 처리방법

I. 처리 불가능물질

1. BAC로 처리불가능물질
  - 1,4-다이옥산, 퍼클로레이트, 일부 항생제, 방사능물질, NDMA, Cl/F 등
2. 오존으로 처리불가능물질
  - 할로겐화물질(염소화합물, 불소화합물), 암모니아류(NH_3-N), 염류(Cl^-) 등은 산화할 수 없음.

II. 처리방법

- 수원 변경, 막여과공정(NF, RO), UV, AOP 등 도입
1. 의약품 및 개인위생용품 (PPCP)
  - 오존·활성탄 처리공정으로 제거가 효과적이나 일부 항생제는 제거가 어렵다.
  - 염소산화, 오존산화는 항생제 제거에 효과적이나 실제 공정 적용은 검증받아야 함
  - 자외선(UV)처리는 제거율이 높으나 램프종류에 따라 효율이 각기 다름.
2. 1,4-다이옥산
  - 활성탄 흡착은 약한 흡착력으로 인한 탈착이 됨.
  - 오존 또는 과산화수소(H_2O_2) 주입하는 AOP공정에서 잘 제거
3. 퍼클로레이트 (= 과염소산염)
  - 분말형 탄약성분에 많이 포함되어 있는 화학물질(로켓 액체연료 성분)
  - 갑상선 암을 유발시킨다는 연구결과가 있음
  - 이온교환이 가장 효과적이며, 막여과(RO, NF)로도 제거 가능
4. 바이러스나 크립토스포리디움
  - 각종 수인성 전염병 유발
  - 막여과(NF, RO) 또는 강력한 소독(이산화염소, UV소독, 오존소독 등)으로 제거
5. NDMA (= 니트로소아민)
  - 매우 강력한 발암물질 (로켓 액체연료 성분으로 많이 사용)
  - 자외선(UV) 처리가 효과적이나 재생이 가능하다는 점에서 문제가 심각하다.
  - 활성탄 흡착 및 고도산화(AOP) 조합공정으로도 어느 정도 제거됨
6. 성호르몬 및 피임약 성분
  - 최근 이들 원수에서 성분들도 검출되고 있음.
7. 방사능 물질
  - 응집침전공정 강화, 응집보조제 주입, 여과지속시간, 역세척 공정관리
  - 이온교환, 역삼투공정, 분말활성탄 투입 등

고도산화법(AOP)

Ⅰ. 개요
- "고도산화"란 오존(O_3)에 pH를 조절하거나 UV, 과산화수소(H_2O_2) 첨가 또는 기타 방법을 이용하여 일반 산화제보다 더욱 강력한 산화력을 가진 OH radical을 중간생성물질로 생성시켜 수중에 함유된 유기물질을 산화시키는 수처리기술이다.
  1) 반응식 : $RH + OH\cdot \rightarrow R\cdot + H_2O$
  2) OH radical : 외곽전자수가 맞지 않아서 큰 산화력을 나타내는 반응성이 큰 물질로서, ORP 3.08mV로 오존(2.07mV)에 비하여 1.5배 정도 크며, 반응속도는 오존보다 2,000배 정도, UV에 비해서는 180배 정도 더 크다.

Ⅱ. AOP의 종류 및 특징
1. 오존/자외선(UV) AOP
- 이 방법은 산화제에 자외선을 조사하여 OH라디칼을 생성시키는 방법으로
- 자외선 에너지에 의해 중간생성물인 과산화수소(H_2O_2)가 생성되고 이후 OH라디칼 생성은 오존/과산화수소 공정과 동일하다. 또한 이 공정은 자외선에 의해서도 유기물이 제거될 수 있다.

$$O_3 + H_2O + hv \rightarrow HO_2 + H_2O_2$$

$$H_2O_2 + hv \rightarrow 2OH\cdot$$

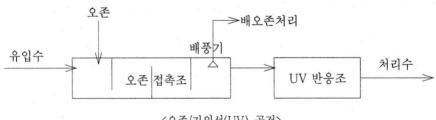

<오존/자외선(UV) 공정>

2. 오존/과산화수소(PEROXONE) AOP
- 오존에 과산화수소(H_2O_2)를 인위적으로 첨가하여 오존을 빠른 속도로 분해시켜 OH라디칼을 생성시켜 오염물질을 분해시키는 방법으로서, 총괄반응식은 다음과 같다.

$$2O_3 + H_2O_2 \rightarrow 2OH\cdot + 3O_2$$

- 오존과 H_2O_2의 투입비에 따라 공정효율이 달라지며, H_2O_2농도가 낮으면 오존분해가 원활하지 않아 OH라디칼 생성이 저해되고, H_2O_2농도가 너무 높으면 H_2O_2가 오히려 소모제로 작용해 역효과를 일으킨다.

3. 오존/high pH

- 오존이 수산기(OH^-)에 의해 분해되어 OH라디칼의 중간생성물을 생성하는데, 이 공정에서 pH를 증가시킬수록 오존분해가 가속화되는 원리를 이용한 방법으로,
- pH를 높이는 것은 자연수의 수질조건에 따라 OH라디칼의 생성과 소모의 최적조건에 맞는 pH에 따라 적용하여야 한다.

4. 펜톤산화 ($H_2O_2/FeSO_4$)

- 산화제(H_2O_2)에 촉매($FeSO_4$ 등)를 첨가시켜 OH라디칼 생성에 의한 산화(간접산화)를 일으키는 동시에 과산화수소(H_2O_2)에 의한 직접적인 산화분해를 동시에 일으키는 고도산화법
- 염색폐수·화학공업폐수의 전처리 등 산성폐수의 처리에 효과적이다.

　※ O_3/H_2O_2 AOP와 O_3/UV AOP의 비교

> - 오존(O_3)은 자외선 몰흡광계수가 $3,300M^{-1}cm^{-1}$인데 비해 과산화수소(H_2O_2)는 $19.6M^{-1}cm^{-1}$에 불과해 과산화수소보다 오존을 사용하는 것이 재고효율이 우수한 것으로 나타났다. 또한 자외선(UV)을 이용한 AOP는 원수 탁도와 색도에 따라 처리효율의 변동이 있을 수 있는 점을 고려하여야 한다.

Ⅲ. AOP의 장단점

1. 장점

- 기존 산화제인 염소, ClO_2, O_3보다 훨씬 강한 산화력을 가짐
- O_3만 사용하는 것보다 경제적, 효율적으로 수처리에 응용할 수 있다.
- 독성이나 잔류물질을 남기지 않으므로 환경친화적이다.
- 강한 산화력과 색도 제거 등이 탁월하여 산업폐수처리에서의 적용이 증가될 전망

2. 단점

- OH 라디칼의 반감기는 매우 짧기(마이크로초 단위)때문에 고농도로 유지할 수 없다. 따라서, 소독에서는 긴 체류시간을 요구하므로 잘 이용하지 않는다.
- 중탄산염, 탄산염 등의 알칼리도가 OH 라디칼을 소비하는 방해물질로 작용한다.
- 수중의 고형물질, pH, 잔류 TOC의 형태와 성분에 영향을 받는다.
- 오존과 H_2O_2의 비용으로 인하여 AOP공정은 COD가 낮은 경우에만 적용하고 있다.

Ⅳ. 결론

1. 고도산화법(AOP)이 적용될 수 있는 분야는 정수처리에서 각종 산업폐수에 이르기까지 그 범위가 넓으며, 처리규모, 처리목적에 따라 다양한 공정배열이 가능하다.
2. 기존 재래식 산화처리방법으로 제거하기 어려운 특성물질 등을 처리하기 위해 최근 고도산화법이 각광받고 있다.

펜톤산화

I. 정의

- 하폐수 처리시 산화제(과산화수소, H_2O_2)와 촉매제(제1철염, $FeSO_4$)를 동시에 주입하여 OH라디칼 생성에 의한 산화(간접산화)와 과산화수소에 의한 직접적인 산화분해를 동시에 일으키는 고도산화법(AOP)의 한 종류로서 산성폐수 등의 처리에 효과적이다.

II. 적용분야

1. 염색폐수·화학공업폐수의 전처리
2. 생물처리 후 잔류 난분해성 COD 제거

III. 반응단계

1. 개시단계 : 라디칼이 생성됨

$$Fe^{2+} + H_2O_2 \rightarrow Fe^{3+} + OH^- + OH\cdot$$

2. 전파단계 : 개시단계에서 생성된 라디칼로부터 새로운 라디칼 생성

$$OH\cdot + RH \rightarrow R\cdot + H_2O$$
$$R\cdot + Fe^{3+} \rightarrow Fe^{2+} + Products$$
$$R\cdot + OH\cdot \rightarrow ROH$$
$$H_2O_2 + RH \rightarrow ROH + H_2O$$

3. 종결단계 : 라디칼이 소멸됨

$$Fe^{2+} + OH\cdot \rightarrow Fe^{3+} + OH^-$$

IV. 단위공정

유입수 → pH 조절(pH 3 ~ 5) → 산화반응 → 중화(pH 7) → 침전 → 처리수

V. 특징

1. 다른 AOP 방식에 비해 부대장치가 과다하게 소요되지 않고 간단
2. COD 감소, BOD 증가
3. 생성된 OH radical 및 H_2O_2에 의한 동시 산화
4. 철염을 이용하므로 수산화철 슬러지가 다량 발생
5. 알칼리성 폐수에는 비경제적임.

AOP공법의 적용목적 및 알칼리도가 높은 원수에서의 적용문제점

I. AOP공법의 적용목적

- 일반적인 산화제(산소, 오존, 염소)로 분해할 수 없는 유기화합물을 분해할 수 있는 "OH 라디칼"이라는 중간생성물을 생성하여 더욱 쉽게 처리하려는 방법
- 소독 및 난분해성 유기화합물의 산화 (소독공정에는 긴 체류시간 필요하여 사용 안함)
- 낮은 COD를 가진 하수에 적용 (비용문제)

II. AOP공정의 분류

〈OH 라디칼 생성기술〉

오존에 기초를 둔 공정	오존 외에 기초를 둔 공정
· O_3 + 높은 pH	· H_2O_2 + UV
· O_3 + UV	· H_2O_2 + metallic oxides($FeSO_4$는 펜톤산화법)
· O_3 + H_2O_2 (PEROXONE 공정)	· H_2O_2 + UV + 황산염
· O_3 + TiO_2	· 광분해
· O_3 + metallic oxides	· 비열플라즈마
· O_3 + 전기빔(electro beam) 발광	

III. 알칼리도가 높은 원수에서의 적용상 문제점

1. 처리대상수에 존재하는 중탄산염, 탄산염 등의 알칼리도 유발물질 존재시 이들은 OH라 디칼을 소비하는 방해물질로 작용하여 처리효율이 저하됨 (즉 알칼리도가 OH라디칼을 소비함)
2. AOP공정은 고형물질, pH, 잔류 TOC의 형태와 성분에 영향을 받는다.
3. 생분해성 판단기준은 BOD_5/COD_{Cr}이 0.6 이상이면 생물학적으로 쉽게 분해할 수 있는 폐수
4. 난분해성물질이 생분해성물질로 전환시 후속단계로 생물학적 처리시설(BAC공정)이 필요

막(膜)여과

I. 개요

1. 막여과공정은 현재 정수장, 중수처리시설, 해수담수화, MBR공법 등에 광범위하게 적용되고 있다.

2. 최근 분리막 제조기술의 발달로 막 가격이 하락하면서 앞으로는 정수처리나 하수처리에서 공정별로 광범위하게 막여과시스템으로 대체되어 갈 것이다.

3. 막여과공정의 문제점은 막오염 현상을 피할 수가 없다는 것이며, 이를 해결하기 위한 연구가 활발히 이루어지고 있다.

II. 막여과의 장단점

장 점	단 점
· 안정성이 높다. (수질 양호)	· 설비비 고가
· 콤팩트한 설비 (용지난 해결)	· 막의 수명단축 (막교체 필요(3~5년 주기))
· 유지관리 편리 (자동화/무인화/원격감시 가능)	· 막의 오염문제 (스케일형성이 심각한 문제야기)
· 응집제 주입저감 (슬러지 발생량 감소)	· 전처리 기술 및 농축수 처분문제
· Pre-Feb 기술 (건설공기의 단축)	· 전력소비가 크다. 용해성물질 제거가 어렵다.

III. 막분리시설의 구성

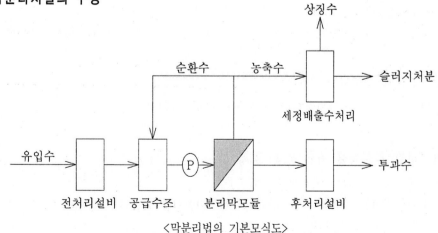

<막분리법의 기본모식도>

┌─ 유지관리를 위해 2계열 이상으로 한다.
├─ 전처리설비 : 모듈에 허용탁도 이하로 원수를 공급하기 위한 조정설비
│   보통 RO막의 경우 SDI 5.0 이하, 해수담수화시는 SDI 4.0 이하로 조정
└─ 후처리설비 : pH 조정이나 경도 조정

Ⅳ. 정수장 막여과(MF, UF) 도입이유

1. 수질양호

- 막의 특성에 따라 원수중의 현탁물질, 콜로이드, 세균류, 크립토스포리디움 등 일정한 크기 이상의 불순물을 제거할 수 있다.

<막(UF 및 MF)에 의한 제거성능>

제거효과	수질항목
거의 제거	크립토스포리디움, 불용성 철·망간, 부식물질
일부 제거	색도, 철·망간, NOM
제거효과 없음	암모니아성질소, 맛·냄새물질

2. 자동화·무인화

- 정기점검이나 막의 약품세척, 막의 교환 등이 필요하지만, 자동운전이 용이하고 다른 처리법에 비하여 일상적인 운전과 유지관리에서 에너지를 절약할 수 있다.

3. 슬러지발생량 감소

- 응집제를 사용하지 않거나 또는 적게 사용하므로서 슬러지발생량을 대폭 줄일 수 있다.

4. 용지난 해결, 건설공기 단축

- 부지면적이 종래보다 적고 시설의 건설공사기간도 짧다.

Ⅴ. 막여과법 활성화를 위한 향후 과제

1. 높은 투과성을 가지는 막소재의 개발
2. 콤팩트한 막모듈 설계에 의한 막여과시설의 건설비용 절감
3. 효과적인 전처리방법과 물리세정법의 개발

4. 현장세정에 의한 약품세정의 간략화

5. 용해성 성분 제거를 위한 흡착이나 산화 등과의 조합에 의한 막여과시스템 구축

VI. 현황 및 향후추세

1. 분리막 제조기술의 발달로 분리막 가격이 많이 하락하면서 앞으로는 기존 정수처리 및 고도처리 시스템이 향후 막여과로 대체되어 갈 것이다.

　※ **막여과기술의 증가추세** (2007~2010년까지)

```
┌── MBR, MF, UF : 매년 25% 증가
│
├── NF          : 매년 20% 증가
│
└── RO          : 매년  8% 증가
```

2. UF 및 MF 막여과시 취기물질 등의 제거를 위해 GAC와 병행

 - 막여과는 특히 어느 크기 이상의 물질을 제거하는 경우에는 안정성이 높은 제거율을 보이고 있으므로, 현탁물질 이외의 용해성물질이 거의 포함되지 않은 원수에 적합하나 활성탄 또는 응집제를 사용한 조합공정을 통해 용해성물질의 제거가 필요하다.

구분	처리공정	비고
현재 고도처리 추세	응집-침전-여과-GAC(BAC)-소독	국내의 시스템
향후 MF/UF막 적용시	응집-침전-(여과)-MF/UF막-GAC-소독	
향후 NF/RO막 적용시	응집-침전-(여과)-NF/RO막-소독	

막여과의 분류

```
┌─ 기공 크기(size)  : 정밀여과막(MF), 한외여과막(UF), 나노여과막(NF), 역삼투막(RO)
├─ 추진력          : 정압차, 전위차(ED), 농도차(투석)
├─ 막모듈          : 판형, 관형, 나선형, 중공사형
├─ 수납방식        : 침지형, 가압형(외장형, 케이싱수납형)
└─ 막의 재질       : 유기막(셀룰로오즈)과 무기막(비셀룰로오즈), 균질막과 비균질막
```

1. 기공크기, 추진력에 따른 분류

종류	추진력	제거기작	기공크기	분리경[2]
MF	정압차 2 atm이하	체거름작용	0.01 ~10μm	공칭공경 0.01 μm 이상
UF	정압차 2~5 atm	체거름작용	2 ~ 10nm	MWCO 10만 dalton 이상
NF[1]	정압차 5~40 atm (해수 : 2~15 atm)	체거름+용액/확산 +배제	2nm 이하 (1nm 내외)	염화나트륨제거율 5~93% 미만
RO	정압차 40~100 atm (해수 : 50~75 atm)	용액/확산 + 배제	2nm 이하 (0.1nm 내외)	염화나트륨제거율 93% 이상
해수 RO	정압차 50~75 atm			염화나트륨제거율 99% 이상
전기투석(ED)	전위차	선택막을 포함한 이온교환	2 ~ 50nm	
투석	농도차	확산		

1) 저압 RO라고도 함, 2) 국립환경과학원 '2013

$1 \ atm \fallingdotseq 1.0 \ kgf/cm^2 \fallingdotseq 0.1 \ MPa \fallingdotseq 1.0 \ bar$

※ 사용막에 따른 제거가능물질

```
┌─ MF    : 부유물질, 일부 콜로이드, 박테리아, 조류, 크립토스포리디움 난포낭, 지아디아 포낭 등
├─ UF    : 콜로이드, 바이러스, 단백질, 부식산 등
├─ NF    : 경도, 맛·냄새물질, 합성세제, 황산염·질산염 등 고분자이온(MWCO 200~1,000Dalton)
├─ RO    : 색도, 금속이온(Fe, Mn), 염소이온(Cl⁻) 등 저분자이온(MWCO 100Dalton)
└─ 해수RO : 해수중의 염분
```

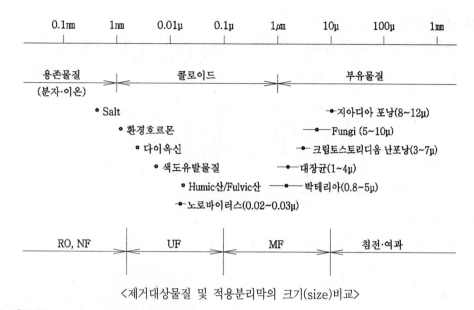

<제거대상물질 및 적용분리막의 크기(size)비교>

2. 막모듈

1) 막모듈 형태

(1) 판 형

- 고분자막을 여러 장 겹친 형태
- 평판막에 막지지판(spacer)을 댄 평판상의 모듈을 양면에 부착한 형태

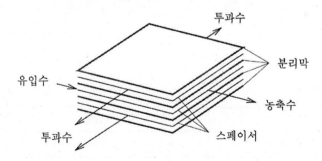

(2) 관 형

- 다공관 내측(또는 외측)에 막을 꼬아서 만든 원통형 막 (내경 3~5cm 정도)

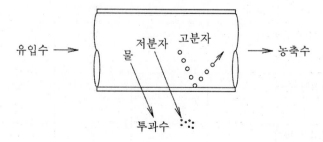

(3) 나선형
- 평판형 막을 막지지판(spacer)과 함께 나선형으로 여러 겹 감은 형태

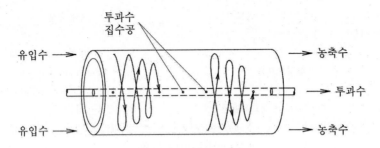

(4) 중공사형
- 속이 빈 가는 실형태의 막을 다발형태로 묶고 고정한 것 (내경 수 ㎜)

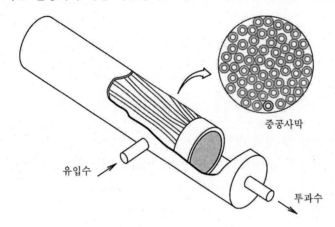

2) 막모듈 특징비교

구 분	관형	관형	나선형	중공사형
소요동력이 적다.	×	×	○	○
막교체 주기가 길다.	×	×	○	○
불용물질 존재하 처리가 가능하다.	○	○	×	×
고점액도 처리에 적합하다.	○	○		
막교환 비용이 싸다.	○	×	×	×
막교환이 용이하다.	○	○		
내압성이 좋다.	○	○	○	×
단위체적당 막면적이 크다.			○	○
설치비가 싸다.	×	×		○

3. 수납방식에 따른 분류

1) 침지형 여과방식

 - 여과흐름이 여과막(fiber)의 외부에서 내부로 흐르는 방식으로 기존 정수시설 침전지와 여과지의 활용이 가능하고, 고탁도의 적응이 크다.

 - 유지관리와 비상시 대처, 약품세정이 어려울 수 있다.

2) 가압형(외장형) 여과방식(Casing 수납방식)

 - 여과흐름이 여과막(fiber)의 외부에서 내부로 흐르는 방식과 내부에서 외부로 흐르는 방식으로 구분된다. 내부에서 외부로 흐르는 방식의 경우, 좁은 fiber 내부에서 clogging 발생우려가 높아 고탁도 유입이 불가능하고 clogging이 발생하여 fiber 내부 오염시 성능회복이 어려울 수 있다.

 - 설치방칙은 수직설치 및 수평설치 방식이 있으며, 수평설치시 배출수 등의 배출이 어려울 수 있다.

 - 운전비와 동력비가 다소 높다.

4. 막의 재질

```
┌─ Polypropylene(PP) : MF, 높은 내구성, 내약품성이 약함

├─ Cellulose Acetate(CA) : UF, 친수성, 막폐색에 강함, 내약품성이 약하고, 세균번식이 우려됨

├─ Polyvinylidinedi-fluoride(PVDF) : MF/UF, 내약품성이 뛰어남

├─ Polyamide(PA) : UF/RO

└─ Polyetheramine + Isophthloyl Chloride, Polybenzimidiazloe (PBI) : RO
```

1) 친수성막과 소수성막

```
┌─ 친수성막 : 재생셀룰로오스, 초산셀룰로오스(CA), 폴리비닐알콜(PVA), 유리 등
└─ 소수성막 : 라후론(PTFE), 폴리프로필렌(PP), 폴리에틸렌(PE) 등
```

 ⇒ 막의 패스가 소수성이더라도 표면에 화학적 처리를 함으로써 친수성화 할 수 있다.

2) 유기막(셀룰로오즈)과 무기막(비셀룰로오즈)

```
┌─ 유기막 : 나이론, 초산셀룰로오스(CA) 등의 유기물로부터 합성되어진 막
│
│           ┌─ 합성수지계 : PA, PE, PP, 폴리비닐리딘 디플로라이드(PVDF) 등
└─ 무기막 ─┤
            └─ 세라믹계 : 알루미나 소결체막 등
```

3) 다공질막과 비다공질막

┌─ 다공질막과 : 세공의 크기가 수 nm이상
└─ 비다공질막 : 세공의 크기가 수 nm이하

⇒ 세공수가 많고(즉 개공율이 높음) 균일한 공경을 가진 막이 가치가 높다.

4) 균질막과 불균질막

┌─ 균질막 : 균질, 대칭막
└─ 불균질막 : 비대칭막, 복합막, 이온교환막

5) 대칭성막과 비대칭성막

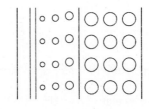

a. 대칭막   b. 비대칭막

⇒ CA(Cellulose Aectate)막은 비대칭 균질막, PA(Polyamide)막은 비대칭 비균질막

6) 단일막과 복합막

┌─ 단일막 : 한 종류의 막재료로서 만들어지는 막
└─ 복합막 : 2종류 이상으로 막이 합성되어 만들어지는 막

7) 하전막과 비하전막
 - 이온교환막을 정(+) 또는 부(-)의 하전성을 가진 막을 일반적으로 하전막이라 한다.
 - 비하전막으로서, 필요에 따라 하전막(charged membrane)으로 제막할 수 있다.

막여과의 주요설계항목

```
├─ 막투과플럭스, 수온, 회수율
├─ 구동압력          (막간차압, TMP, Trans-Membrane Pressure)
├─ 막여과방식        (전량여과방식, Cross flow 방식)
├─ 막오염 형태       (막의 열화, 파울링)
├─ 세정방식          (물리적 세정, 화학적 세정)
├─ 막의 기공크기     (공칭공경, 분획분자량, 염화나트륨제거율에 따라 MF, UF, NF, RO로 구분)
├─ 막여과의 추진력   (정압차, 전위차, 농도차)
├─ 막모듈 형태       (중공사형, 판형, 관형, 나선형)
├─ 막의 수납방식     (침지형, 가압형(케이싱수납방식))
└─ 막의 재질         (유기막, 무기막, 금속막 등)
```

1. 막투과Flux (= 막여과유속)

1) 단위시간당 단위막면적을 통과하는 처리수량($m^3/m^2 \cdot hr$)으로서, 일반적으로 펌프가압식의 막여과유속은 장기간 운전에 대한 평균값으로서 단위막차압 100kPa 당 약 0.5~1.0$m^3/m^2 \cdot hr$을 목표로 한다.

2) 막투과flux는 막여과시스템의 공사비, 유지관리비 및 설치공간을 결정하는 중요한 인자이며, 계획시는 분리막의 종류, 원수 수질, 전처리조건 및 최저수온 등이 검토되어져야 하고, 주로 수온의 영향을 가장 크게 받는다.

3) 막투과flux가 커질수록 설치공간 및 초기비용이 적어지나, 결과적으로 약품세척빈도가 증가하여 막의 수명 저하로 이어진다.

4) 관련공식

$$\text{MF/UF인 경우}: Fw = K \Delta P$$
$$\text{RO/NF인 경우}: Fw = K(\Delta P - \Delta \pi)$$

여기서,　Fw　: 유출량($m^3/m^2 \cdot hr$)

　　　　　K　: 막의 단위면적당 물질전달계수

　　　　　ΔP　: 유입측 및 유출측 압력차(kPa)

　　　　　$\Delta \pi$　: 유입측 및 유출측 삼투압차(kPa)

※ 삼투압의 원리

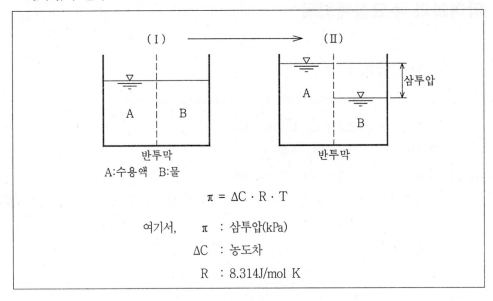

2. 수온

1) 수온에 따라 용해도가 변화하며, 수온이 낮아질수록 점성계수가 커지므로 막투과flux가
   감소하게 된다.

2) 따라서 막여과공정 설계시 연중 최저수온에서의 처리량과 막의 온도특성을 충분히 고
   려하여야 한다.

3. 회수율(%)

1) 공급수량에 대한 투과수량의 비로서, 막여과의 양적인 처리효율을 보여주는 지표이다.

2) 일반적으로 물리적 세척빈도가 높게 되면 회수율은 떨어지며, 회수율을 높이기 위해서
   물리적 세척배출수를 다시 막여과하거나 처리수를 원수에 반송하는 방법 등이 고려된다.

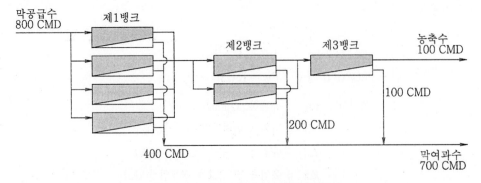

<3뱅크방식에 의한 막분리 모듈배열의 예>

3) 해수담수화의 증발법 15%, 역삼투법 40~50% 정도, 통상 90% 이상을 목표로 한다.

- 회수율(%) $= \dfrac{\text{통과수량}}{\text{공급수량}} \times 100\%$

4. 막공정의 운전방법

1) 플럭스와 막투과압력(TMP)의 관계

- 시간에 대해 막투과플럭스가 고정되고 TMP가 변하는(증가) 일정플럭스
- 시간에 대해 TMP가 고정되고 막투과플럭스가 변하는(감소) 일정 TMP
- 시간에 대해 막투과플럭스와 TMP가 모두 변하는 모드 → 가장 효과적

  ⇒ 막간차압 (운전압력, 구동압력, TMP, Trans-membrane Pressure) : 막의 1차(원수) 와 2차(처리)측의 압력차를 말한다 (예, 가압펌프 토출압 4 kg/㎠, 처리수측 압력 0.5 kg/㎠이면 TMP는 약 2.3 kg/㎠).

2) 막여과 방식에 의한 분류

Direct filtration(전량여과)	Cross flow filtration(십자흐름여과)
· 투과 Flux가 현저히 줄어들어 막 수명 단축가능성이 크다. · 여과와 함께 오염이 누적 · 에너지비용이 적게 든다. · 정밀여과에 일반적	· 펌프가 대형화 되어 에너지비용이 증가하지지만, 막의 수명은 연장된다. · 여과속도를 높게 유지 · 여과유량당 에너지 소모량이 큼 · 역삼투, 한외여과에서 일반적

4. 파울링(Fouling)

- 막 자체 변질이 아닌 외적인자로 생긴 막 성능 저하, 세척을 통해 성능 회복 가능, 원인으로는 세공 막힘, 농도분극 등이 있다.

1) 세공 막힘 : 막표면에 scale이 형성되어 孔이 작아지는 막오염현상

2) 미세세공 막힘 : 공(孔) 보다 큰 입자가 막표면에 걸려 막투과를 방해하는 현상

3) 농도분극 : 막표면 용매축적으로 삼투압이 증가되는 현상으로 막투과압이 상승하고 막 투과속도가 저하된다.

4) 흡착층 형성, gel층 형성, 막 막힘, 유로폐색 등

5) 급속오염과 축적오염

5. 세정방식

1) 세정액에 따른 분류

 - 물세정 방식

 - 화학약품을 이용한 방식 : 화학세척은 2차오염 물질을 발생하고 취급 및 운전이 용이 하지 않은 단점이 있다.

2) 역세척 방식에 따른 분류

 - On-line 세정 : 여과라인을 전환하여 역세척

 - Off-line 세정 : 막여과설비로부터 막모듈을 분리하여 역세척

수도용 막모듈의 종류 및 성능기준

⇒ 수도용 막여과 정수시설의 설치기준 이해(국립환경과학원 2013)

Ⅰ. 수도용 막(모듈)의 종류 및 특징

사용막	여과법	분리경	제거가능물질
정밀여과막 (MF)	정밀여과법	공칭공경 0.01 ㎛ 이상	· 부유물질, 콜로이드, 세균. 조류, 바이러스, 크립토스포리디움 난포낭, 지아디아 포낭 등
한외여과막 (UF)	한외여과법	분획분자량 10만 dalton 이상	· 부유물질, 콜로이드, 세균. 조류, 바이러스, 크립토스포리디움 난포낭, 지아디아 포낭, 부식산 등
나노여과막 (NF)	나노여과법	염화나트륨제거율 5~93% 미만	· 유기물, 농약, 맛·냄새물질, 합성세제, 칼슘이온, 마그네슘이온, 황산이온, 질산성질소 등
역삼투막 (RO)	역삼투법	염화나트륨제거율 93% 이상	· 금속이온(Fe, Mn), 염소이온(Cl⁻) 등
해수담수화 역삼투막 (해수담수화RO)	역삼투법	염화나트륨제거율 99% 이상	· 해수중의 염분

Ⅱ. 수도용 막모듈의 성능기준

모듈 성능기준	정밀여과막·한외여과막	나노여과막	역삼투막	해수담수화역삼투막
여과성능	0.5㎥/㎡·일 이상	0.05㎥/㎡·일 이상		0.01㎥/㎡·일 이상
탁도 제거성능	0.05NTU 이하	–		–
염화나트륨 제거성능	–	5~93% 미만	93% 이상	99% 이상
내압성	누수, 파손 및 기타 외형에 이상이 없을 것			
미생물 제거성능	시료수에 대해서 형성된 집락수가 시료수 1mL당 10개 이하일 것			
용출성	시료수의 분석값과 대조수의 분석값의 차가 "막모듈 용출액 분석기준"에 적합할 것			

Ⅲ. 공칭공경과 분획분자량 　→ 막모듈의 분리경을 나타내는 지표

1. 공칭공경(normal pore size)

- 정밀여과막(MF)의 공경을 직접 측정하는 것이 곤란하여 버블포인트법, 수은압입법, 지표균 등을 이용한 간접법으로 분리성능을 마이크로미터(μm) 단위로 나타낸 것을 말한다.
- 정밀여과막의 분리경 : 공칭공경 0.01μm 이상

2. 분획분자량(Molecular weight cutoff, MWCO)

- 한외여과막(UF)의 공경을 직접 측정하는 것이 곤란하여 간접적으로 측정하고 분리성능을 분자량의 단위인 달톤(dalton)으로 나타내는 지표로서 분자량을 알고 있는 물질의 배제율이 90%가 되는 분자량을 말한다.
- 한외여과막의 분리경 : 분획분자량 10만 dalton 이상
- 주) 달톤 : 단위는 질량단위인 dalton으로 표시된다. (=수소원자 하나의 무게가 1 dalton)

막오염과 막세정

Ⅰ. 개요

1. 막여과공정에서 분리막의 운전시간이 경과함에 따라 막오염에 발생하게 되며, 막오염에는 크게 막의 열화와 파울링으로 구분한다.
2. 막여과시 막오염 현상은 피할 수가 없으며, 막의 성능회복을 위해서 막 세척을 해야 한다. 막세정에는 물리적 세척과 약품세척(화학세정)이 있고 앞으로 많은 연구가 이루어져야 한다.

Ⅱ. 막 오염의 종류

1. 파울링(Fouling)

- 막 자체 변질이 아닌 외적인자로 생긴 막 성능 저하
- 막 세척을 통해 성능회복 가능
- 파울링 원인으로는 세공 막힘, 미세세공 막힘, 겔(gel)층 형성, 농도분극, 유로패색 등이 있다.

파울링의 종류	특징
세공 막힘	· 막 표면에 스케일(scale)이 형성되어 기공이 작아짐
미세세공 막힘	· 공($孔$)보다 큰 입자가 걸리는 경우
흡착층 형성	· 흡착성이 큰 물질이 융착(deposition)되는 현상
겔(gel)층 형성	· 용해성 고분자 등이 막표면에 농축되는 현상
농도분극	· 막표면 용매축적으로 삼투압이 증가되는 현상으로 막투과압이 상승하고 막투과속도가 저하된다.
급속오염(prompt fouling)	· 주로 표면흡착에 의한 것
축적오염(cumulative fouling)	· 공정이 진행되는 동안 서서히 내부까지 진행되는 것

※ 농도분극

> - 막 표면에 용매가 계속 쌓여 막표면 경계층에서 농도구배가 생기는 현상으로서, 농도분극에 의해 무기물($CaSO_4$ 등)과 유기물(콜로이드성 물질 등)이 막표면에 융착(deposition)되어 막오염(fouling)을 유발하며 오염원끼리의 상호작용으로 막표면에 부착하게 되면 제거하기 어렵다(특히 NF막 또는 RO막에서 많이 발생).

2. 막의 열화

1) 막 자체 변질로 생긴 비가역적 막 성능 저하
2) 막 열화의 원인

```
┌─ 물리적 열화      : 압밀, 손상, 건조 등에 의한 마모
├─ 화학적 열화      : 가수분해, 산화 등에 의한 분해
└─ 생물학적 변화    : 막표면에서 미생물 성장, 흡착 등에 의한 변화
```

Ⅲ. 막오염 대책

1. 전처리   : 막 오염지수(SDI)를 기준으로 부유물질 및 콜로이드물질 제거
2. 코팅 처리 : 파울링은 친수성 막에서 적게 발생하므로 소수성 막을 친수성으로 코팅 사용
3. 농도분극 방지를 위해 Cross-flow filtration(십자흐름여과)로 처리
4. 막의 교체
  - 막의 오염현상은 농도분극과 같이 물리·화학적 세척에 의해 성능이 복구되지 않는 비가역적 오염도 있다. 이때는 새로운 막으로 교체되어야 한다.
5. 막의 주기적인 역세척 : 물리적 세정
6. 막의 화학적 세척   : 산화제, 계면활성제, 산·알칼리

Ⅳ. 막의 세정방식

  - 막 세척방법에는 물리적 세척과 화학적 세척(약품세정)이 있으며, 막여과유속의 감소나 막차압의 상승을 초래하는 파울링물질은 물리적 세척으로 대부분 제거할 수 있으나, 물리적 세척을 반복해도 제거되지 않는 물질은 약품에 의해 부착물 등을 분해하거나 용해시켜 제거하는 약품세척을 한다.

1. 물리적 세척

1) 물리적 세척방식의 종류

```
┌─ 공기세정(air scrubbing)  : 하부에 공기를 불어넣고 막의 1차측에서 기액혼합류로 세정
├─ 역압공기세정             : 막의 2차측(안쪽)에서 가압공기를 통과
├─ (원)수세정              : 원수로 막의 1차측을 플러싱(flushing)
├─ 기계진동                : 침적조 내에서 막을 기계적으로 진동
└─ 병용세정                : 이들을 병용
```

2) 물리적 세척빈도와 세척시간

- 막 공급수나 막모듈의 형상 등에 따라 다르며, 일반적으로 10~120분에 1회 정도를 목표로 하지만, 막여과유속을 작게 하는 경우 세척간격을 길게 할 수 있다.
- 세척시간은 통상 air scrubbing은 수분 이내, 역압수 세척 1분 이내, 역압공기세정은 수 초~수십 초를 기준으로 한다.

3) 세균오염 방지책

- 역압공기세척인 경우 공기공급원설비에 균 제거 필터를 설치
- 역압수세척인 경우 세척수에 염소를 주입하거나 세척수조에 UV 램프를 설치

2. 약품세척(화학세척)

- 약품세척은 파울링물질의 종류와 그 정도, 막모듈의 형태 및 내성을 고려하여 선택한다. 특히 파울링물질을 확인하는 것이 중요하고 부적절한 세척제를 사용하면 막성능이 저하되거나 파울링물질과 세척제 간의 화학반응으로 막을 열화시키는 경우가 있다.

1) 약품세척제의 선택

오염물질	세정약품
칼슘스케일 등의 무기물	· H_2SO_4, HCl 등 무기산
실리카스케일, 휴민질 등 유기물	· NaOH 등 알칼리세정제
Fe, Mn 산화물 등 무기물	· 구연산, 옥살산 등의 유기산
미생물	· 차아염소산나트륨 등의 산화제
지방이나 광유	· 계면활성제(알칼리세제, 산세제)

2) 약품세척 빈도와 횟수

- 약품세척은 정유량 운전제어인 경우에는 막차압이, 정압력 운전제어인 경우에는 막여과유속이 각각 조정의 값에 도달한 시점을 기준으로 하여 실시한다.
- 약품세척빈도는 통상 1~수개월 이상에 1회 정도라 예상되지만 막공급수질과 막여과유속 등의 운전조건에 따라 다르기 때문에 시설마다 개별로 예측해야 한다.

3) 약품세척방식

- 온라인(on-line)방식 : 막모듈을 떼어내지 않고 밸브를 절체함으로써 막모듈 내에 약품용액을 순환시키거나 약품용액에 침수시키는 방식
- 오프라인(off-line)방식 : 막모듈을 떼어내어 세척하는 방식으로서, 정수장내에 세척장치를 설치하고 세척하는 방법과 정수장 밖에서 세척하는 방식이 있다.

오염지수 (SDI, MFI)

Ⅰ. 정의

- 막오염지수란 막모듈에 공급되는 공급수 중의 부유물질농도를 정량화한 지표이며, 나노여과(NF)와 역삼투(RO)의 전처리시설의 필요성을 판단하기 위한 지표로 일반적으로 SDI 또는 FI를 사용한다.

Ⅱ. 특징

1. 일반적으로 SDI 3 이하이면 역삼투 공급수 수질로 양호하며,
   SDI 5 이상이면 역삼투 공급수 수질로 불량하다고 판정한다.
2. 와권형 RO막의 경우 SDI 5 이하가 되도록, 해수담수화 처리시는 SDI 4 이하로 조정하여 담수화설비에 공급해야만 안정적으로 담수를 얻을 수 있다.
3. 단점 : RO의 경우 cross flow filtration(십자흐름여과)로 인해 밖으로 빠져나가는 양도 많이 있지만 이에 대한 고려가 없다.

Ⅲ. 측정방법

1. SDI(Silt Density Index)

- 압력탱크에 적당량의 시료를 넣고 206kPa(30psi)의 압력을 가하여 정밀여과한다.

$$SDI = \frac{100\left[1-(t_i/t_f)\right]}{T}$$

여기서, t_i = 0.45μm의 정밀여과를 사용하여 시료수를 206kPa(30psi)로 가압하여 여과하였을 때에 처음의 500mL를 여과하는데 소요되는 시간

t_f = t_i와 같은 상태에서 일정시간(일반적으로 15분) 계속하여 여과한 다음에 다시 500mL를 여과하는 데 소요되는 시간

- 측정시료 중에 부유물질이 많으면 T_{15}의 측정이 불가능($T_{15}=\infty$)하기 때문에 SDI의 최대값은 6.67이다. 따라서 측정시간은 5분이나 10분 등으로 변화시켜 측정하기도 한다.

2. MFI(Modified Fouling Index)

- 측정장치는 SDI 측정장치와 같다. 압력탱크에 적당량의 시료를 넣고 206kPa(30psi)의 압력을 가하여 정밀여과한다.

$$\frac{1}{Q} = MFI \cdot V + a$$

- 0.45μm의 정밀여과를 사용하여 시료수를 206kPa(30psi)로 가압하여 여과하였을 때에 나오는 유량을 15분간 30초 간격으로 기록하며 x축을 유량의 역수(1/Q), y축을 누적부피(V)를 가지는 그래프를 그려 기울기의 값을 MFI로 사용한다.

막오염지수(FI)를 측정하는 이유

I. 전처리시설 필요성 평가방법

1. SDI(실트밀도지수, Silt Density Index)
 - 시험초기와 마지막에 취한 시료로 결정되는 저항의 정적인 측정
2. MFI(Modified Fouling Index)
 - SDI와 동일한 방법으로 측정하지만 15분 여과시간동안 매 30초마다 부피를 기록
 → 유량의 역수에 누적부피를 표시하는 곡선의 직선부 기울기가 MFI이다.

$$1/Q = MFI \cdot V + a$$

3. MPFI(Mini Plugging Factor Index)
 - 미세공극폐쇄지수

II. 막의 막힘 지표기준

```
┌─ 나노여과   : SDI 0~2, MFI 0~10
│
└─ 역삼투 ─┬─ (중공사형) : SDI 0~2, MFI 0~2
           │
           └─ (나선형)  : SDI 0~3, MFI 0~2
```

⇒ 일반적으로 RO공급수 수질은 SDI 3 이하이면 양호, 5 이상이면 불량하다고 판단한다.

III. SDI가 높은 시료의 막여과시 발생하는 현상

1. 막의 수명과 성능 저하
2. TMP(막투과압력) 증가, 막투과플럭스 감소
3. 역세척횟수 증가
4. 농도분극 발생 : 막표면에 용매축적으로 막표면 경계층에 농도구배가 생겨 삼투압이 증가되는 현상으로, 막투과압력이 증가하고 막투과유속(플럭스)가 저하된다. 특히 NF, RO막에서 많이 발생함.
5. 처리효율 저하

IV. 나노여과와 역삼투의 전처리방법

1. 2차침전지 유출수를 화학적 침전과 다층여과 [또는 다층여과+ 한외여과(UF)]
2. 막여과 유입수를 염소·오존·자외선을 이용하여 소독 (박테리아의 활성도를 제한)
3. 철, 망간, 황화수소의 산화방지를 위해 산소를 제거한다.
    (막의 형태에 따라 염소와 오존을 제거할 필요가 있다.)
4. 유입수 pH를 4.0~7.5로 조정

상수도의 생물학적 처리

I . 개요
1. 생물학적 처리는 수중의 유기물, 질소, 인 등이 생물막에 존재하는 미생물에 의해 분해 또는 섭취됨으로써 수질정화가 이루어지는 것을 말함.
2. 종류 : 수중에 고정된 플라스틱 소통의 집합체인 하니콤(honeycomb)방식, 회전하는 원판에 의한 회전원판방식(RBC, rotating bio-contactor), 입상여재에 의한 생물접촉여과방식 등이 있다.

II . 생물학적 처리의 특징
1. 통상의 정수처리로는 제거되지 않는 암모니아성질소, 조류, 냄새물질, 철·망간 등의 처리에 이용되는 고도처리법이다. 그러나 고탁도, 저수온시에는 적용이 어렵다.
2. 미생물의 생물학적 반응은 제어하기 어렵고 처리대상물질을 완전히 제거하기 어렵다는 점과 수온의 영향을 받는다는 점 등에 유의할 필요가 있다.
3. 따라서 처리대상물질이 처리설비에 유입되는 부하는 동일하더라도 처리효과는 계절이나 원수수질에 따라 크게 달라진다.

III . 처리대상 원수의 수질조건
1. 수온은 10℃ 이상
2. 알칼리도는 암모니아성질소 농도의 10배 이상
3. 무기성질소의 총농도는 10mg/L 이하

IV . 종류 및 특징
1. 침수여과상장치(하니콤방식)
 1) 수평 하니콤방식 : 폭기를 행하지 않은 상태에서 개수로의 도수로에 하니콤튜브를 침적시킨 후 미생물에 의해 제거
 2) 수직순환류식 하니콤방식 : 폭기를 행한 상태에서 포기조에 하니콤튜브를 충진 후 미생물에 의해 제거

2. RBC(회전원판법)

1) 특징 : 폭기가 필요 없고, 운전이 간단, 질소제거효과

2) 설계인자

- 원판간격 15㎜
- 원판직경 3~4m
- 원판회전속도 0.3m/s
- 침적율 40%
- 별도 산소공급장치 고려

3. 생물접촉여과법

1) 하향류식 : 접촉지내 미생물접촉여재를 충진 후 하향류로 원수를 처리한다.

2) 유동상식 : 접촉지내 미생물접촉여재를 충진 후 상향류로 접촉여재를 유동화시켜 원수를 처리한다.

철·망간 제거

I. 개요
1. 철(Fe)은 맛·냄새 및 적수, 관내 스케일 발생,
   망간(Mn)은 흑수 및 관내 스케일을 발생하는 원인물질이다.
2. 호소에서는 정체층(hypolimnion)에서, 지하수에는 심층수에서 철·망간이 발견되고 있다.
3. 먹는물 수질기준은 철 0.3mg/L 이하, 망간 0.05mg/L 이하 (2011년부터)

II. 철·망간의 특성
1. 철·망간의 영향
1) 수돗물에 철이 다량 있으면 물에 쇠맛의 나쁜 맛을 내고 세탁·세척용으로 사용시 의류·기구 등에 적갈색을 띠게 되고 또 공업용수로도 부적당하다.
2) 수돗물 중에 망간이 포함되면 먹는물 수질기준(2011부터 0.05mg/L 이하)에 적합할 정도의 양이라도 유리잔류염소로 인하여 망간의 양에 대하여 300~400배의 색도가 생기거나, 관의 내면에 흑색부착물이 생기는 등 흑수의 원인이 되고, 기물이나 세탁물에 흑색반점을 띠게 되는 경우가 있다.
3) 또 망간과 철이 혼재될 경우에는 철 녹은 색이 혼합되므로 흑갈색을 띠게 된다.

2. 철망간의 발생원
1) 철의 존재형태는 주로 지하수에는 중탄산제1철[$Fe(HCO_3)_2$], 하천에는 제2철염[$Fe(OH)_3$], 토탄지대 등에서는 콜로이드철로 존재한다.
2) 망간의 발생원은 주로 지하수에는 화강암지대, 분지, 가스함유지대 등에서, 하천에는 광산폐수, 하수 등의 유입으로 발생한다.
3) 호소수는 여름철에 수온 성층을 형성하면 저층수가 무산소상태로 되어 바닥에서 철·망간이 용출되는 경우가 있다.

3. 철·망간의 제거방안
1) 철이 많이 포함된 물에는 망간이 공존하는 경우가 많으므로 철 제거시 망간제거의 필요성 유무도 꼭 검토한다.
2) 원수 중에 망간이 포함되면 보통의 정수처리에서는 거의 제거되지 않으므로 망간에 의한 장애가 발생할 우려가 있는 경우나 「먹는물 수질기준」 이상인 경우에는 처리효과가 확실한 방법으로 망간을 제거할 필요가 있다.
3) 철 제거에는 폭기나 전염소처리 및 pH값 조정 등의 방법을 적당히 조합한 전처리설비와 여과지를 설치한다.

4) 망간제거에는 pH 조정, 약품산화 및 약품침전처리 등을 단독 또는 적당히 조합한 전처리설비와 여과지를 설치한다. 약품산화처리는 전·중간염소처리, 오존처리 또는 과망간산칼륨처리에 의한다.

Ⅲ. 철 제거

철 제거에는 폭기나 전염소처리 및 pH값 조정 등의 방법을 적당히 조합한 전처리설비와 여과지를 설치한다.

처리방법		제거효과
폭기		· 제1철을 불용성의 제2철염으로 석출 후, 응집·침전·여과로 제거
전염소		· 철 1mg당 0.69mg 소모 · 콜로이드철까지 제2철염으로 석출 후, 응집·침전·여과로 제거 · Si와 공존된 철 또는 휴믹산과 결합된 콜로이드철 제거에 효과적이다.
pH 조정		· 중탄산염 이외의 철은 pH 9 이상으로 높이면 수중에 산소로 산화되어 수산화제2철이 석출된다. · 폭기에 의하여 산화할 경우에는 즉시 산화가 이루어지는 것이 아니므로 접촉산화여재로 여과하거나 또는 pH 8.5 이상으로 조정한 다음 폭기한다.
기타	접촉산화법	· 산화철로 피복된 여과사가 촉매작용을 하여 제2철염으로 석출
	철박테리아 이용법	· 여과지 사면상에 철박테리아의 두꺼운 번식층을 형성시켜 철·망간을 제거한다.
	막 분리법	· UF/MF막으로 제2철염까지 제거되며, RO/NF막으로 제1철 및 콜로이드철까지 제거할 수 있다.

Ⅳ. 망간 제거

- 망간제거에는 pH 조정, 약품산화 및 약품침전처리 등을 단독 또는 적당히 조합한 전처리설비와 여과지를 설치한다. 약품산화처리는 전·중간염소처리, 오존처리 또는 과망간산칼륨처리에 의한다.

1. 산화법(약품산화 및 약품침전처리)

처리방법	망간 제거 효과
폭 기	· 망간 제거효과가 거의 없다.

<계속>

처리방법	망간 제거 효과
전염소처리	· 산화속도가 매우 느리다. 망간 1mg당 1.3mg의 염소가 필요하며, 응집침전과 여과 후에 여과수에 염소가 0.5mg/L 정도 잔류하도록 한다.
이산화염소	· 산화속도가 느리다.
과망간산칼륨	· 중성에서도 단시간에 확실히 산화가능하며, 안정성, 경제성, 취급용이성 등에 유리하다. 그러나 과잉주입시 처리수 중의 착색문제 발생
오존	· 산화속도가 빠르다. 침전수에 오존을 주입(중간오존)하고 급속여과지의 유입수에 오존이 잔류하지 않을 정도로 주입률(0.5~1.0mg/L)을 설정한다. 운전관리가 어렵고 장치비용이 높아 후단에 활성탄여과를 병용하는 경우 이외에는 거의 사용하지 않는다.

- 산화제로는 전염소, 이산화염소, 과망간산칼륨, 오존 등이 있으며,
- pH 9 이하에서는 거의 산화되지 않으며, 오존처리만이 pH 7~8에서도 효과가 나타난다.
  (산화제로 염소를 사용할 경우 pH 9 이하에서는 망간은 거의 산화되지 않는다. 따라서 수중의 망간을 효율적으로 산화시키기 위해서는 pH 9 이상으로 조정하면 좋다. 그러나 수중의 망간모래와 같은 망간산화물이 존재하면 이것이 촉매로 되어 pH 7 부근에서도 산화가 촉진된다.)

2. 접촉산화법
- 제조된 망간사(green sand) 구입
- 산화제를 연속 투입하여 망간사화(green sand effect)

3. 철박테리아 이용법
- 주로 탁도가 양호한 지하수 등에 적용
- Siderococcus(철 제거), Clonothrix(망간 제거), Leptothrix(철·망간 동시제거)

4. 막 분리
- UF/MF막으로 불용성 4가 망간(MnO_2)까지 제거
- RO/NF막으로 2가 망간(Mn^{2+})까지 제거

V. 적용추세
1. 통상정수처리인 경우
1) 철은 폭기만으로 제거하면 충분하다.
2) 망간은 전염소-망간사 연계하여 제거하면 충분하다.
2. 간이정수처리인 경우
1) 철은 폭기-MF/UF막 연계하여 제거하면 충분하다.
2) 망간은 산화제(전염소 등)-망간사 연계하여 제거하면 충분하다.3

폭기설비

Ⅰ. 개요
- 폭기는 물과 공기를 충분히 접촉시켜서 수중에 있는 가스상태의 물질을 휘발시키거나 수중의 특정물질을 산화시키기 위해서 실시한다.

Ⅱ. 폭기처리의 효과
- pH가 낮은 물에 대하여 수중의 유리탄산을 제거하여 pH를 상승시킨다.
- 휘발성 유기물질(VOC ; 1,4 다이옥산, 사염화탄소, TCE, PCE 등)을 제거한다.
- 공기 중의 산소를 물에 공급하여 Fe^{2+}의 산화를 촉진한다.
- H_2S등의 불쾌한 냄새물질을 제거한다.

Ⅱ. 폭기방식의 종류와 특징
1. 충전탑식
1) 개요
- 수직원통형탑 내에 충전재를 채워 넣은 것으로 충전재로는 여러 형상과 재질이 있으며 기액접촉 효율도 뛰어나다.
2) Loading & Flooding point

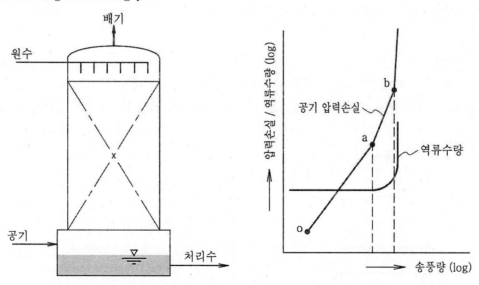

```
— a점(Loading point ; 공기부하점) : 공기저항이 증가하기 시작하는 점
└ b점(Flooding point ; 넘침점) : 분무된 물이 넘치기 시작하는 점
```

① o~a점 : 송풍량과 비례하여 공기 압력손실이 일정하게 증가

② a점에 도달하면 공기압력손실이 급격하게 증가

③ b점에 도달하면 공기압력손실은 최대가 되고, 탑 꼭대기에서 물이 넘치게 된다.

2. 탑내에 다공판 등의 선반을 몇단 정도 설치한 단탑식

3. 수중에 공기를 불어넣는 방식

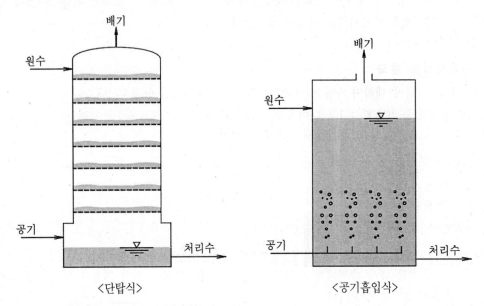

<단탑식>   <공기흡입식>

4. 활성탄 흡착설비

 - TCE(C_2HCl_3), PCE(C_2Cl_4) 등을 제거대상으로 할 경우

5. 물을 5~10m 높이에서 낙하시키는 폭포식

6. 분수식

 - 고정 또는 회전식의 노즐에 의하여 분무상태로 분수시키는 방식

 - 물을 분무하기 위한 동력이 필요하고 물이 공기와 함께 비산하는 단점이 있다.

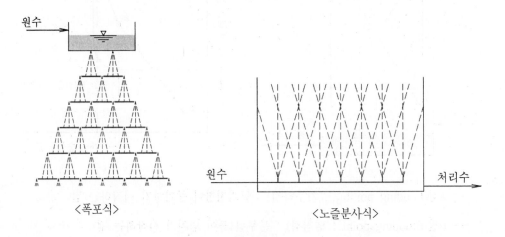

<폭포식>   <노즐분사식>

헨리의 법칙(Henry's law)

Ⅰ. 개요

- 일정한 온도에서 일정량의 액체에 용해되는 기체의 질량(<u>기체의 용해도</u>)은 그 압력(<u>분압</u>)에 비례한다는 법칙이다.
- 물에 대해 난용성 기체(O_2, CO_2, N_2, H_2 등)로서 물에 용해되어 기체로 존재하는 것에만 적용된다.
- 물속에서 이온화하는 것에는 대체로 적용되지 않으나 탄산가스, 암모니아 등은 제외된다. 또한 용해에 따른 복잡한 화학반응이 일어날 경우는 성립되지 않는다. (대체로 물에 대한 용해도가 큰 물질들이 이에 해당한다.)

Ⅱ. 관련 공식

$$C_s = P_i \cdot h$$

여기서,　C_s　: 기체의 용해도(g/L)
　　　　P_i　: 혼합기체중 특정기체의 분압(atm)
　　　　h　: 헨리상수 (g/L · atm)

<h : 헨리상수>

CO_2	29.4
O_2	769.2
N_2	1,639.3

- 기체의 용해도를 크게 하려면 헨리상수(h)가 크고, 분압을 크게 해 주어야 한다.
- 헨리상수(h)가 작은 이산화탄소(CO_2)는 헨리상수가 큰 산소(O_2)나 질소(N_2)에 비해 물에 대한 용해도가 작다.

이온교환수지

Ⅰ. 원리
- 정전기력으로 고체표면에 보유한 이온을 원수 중에 존재하는 같은 극성의 다른 이온과 서로 교환한다.

Ⅱ. 이용목적

1. 폐수 처리
1) Cr^{+6}, CN, Hg, Pb 등을 중금속 및 독성물질을 함유한 폐수처리시 단일성분의 순도가 높은 물질을 이온교환할 경우 적합하며,
2) 혼합폐수의 경우 응집침전, 활성탄 등으로 처리하는 것이 유리하다.

2. 경도 제거
1) 반응식 : $\left[\begin{array}{c} Ca^{2+} \\ Mg^{2+} \end{array}\right] + NaR \rightarrow \left[\begin{array}{c} Ca^{2+} \\ Mg^{2+} \end{array}\right]R + NaHCO_3,\ Na_2SO_4,\ NaCl$

2) 특징
- 총경도를 제거할 수 있으며, 영구경도 제거에 효과적이다.
- 시설면적을 작게 차지하고 침전물을 형성하지 않는다.
- 고가

3. NO_3-N 제거
1) 반응식 : $NO_3 + Cl-R \rightarrow NO_3-R + Cl^- \rightarrow Cl-R$ (이온교환체)
2) 음이온에 대한 이온교환수지의 선택성은 다음과 같다.

$$PO_4^{3-} > SO_4^{2-} > NO_3^- > NO_2^- > Cl^- > HCO_3^- > OH^-$$

- 선택성은 이온가의 수가 높을수록, 동일이온가에서는 원자번호가 클수록 선택성은 증대

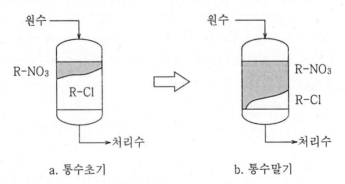

a. 통수초기   b. 통수말기

<이온교환반응 모식도>

4. 폐수 중에 중금속 회수
5. 도금용액 제조

동절기 정수처리시 수온의 영향

Ⅰ. 혼화·응집

- 저수온(또는 고탁도)시 응집보조제를 사용하거나 alum 대신 PAC, PACS 등을 사용하여 응집침전 효율 향상
- 속도경사 G값 중 점성계수(μ)가 커지므로 동력 P(=교반강도)를 더 강하게 해주어야 응집 침전 효율 향상
  ⇒ 수온이 내려가면 점성계수가 커지므로 동절기에는 G값을 크게 할 필요가 있음

Ⅱ. 침전

- 침강속도 Vs는 점성계수(μ)에 반비례하므로 (점성계수가 커지면 침강속도가 작아지게 되므로) 입경을 더 키워줘야 침강효율을 유지할 수 있음.

Ⅲ. 여과

- 급속모래여과공정의 역세척은 수온이 낮을수록 모래의 침강속도가 저하되므로 여재팽창률이 증가하며, 따라서 세척효과가 증대되어 동력비를 절감할 수 있다.
- 막여과공정에서 막투과유속는 점성계수(μ)에 반비례하므로 막유입압력(p)을 더욱 증가시켜야 동일한 막여과유속을 얻을 수 있다.

Ⅳ. 활성탄흡착

- GAC 입상활성탄의 경우 흡착반응은 발열반응이므로 온도가 낮을수록 유리하나,
- BAC 생물활성탄의 경우 온도가 너무 낮으면 암모니아성질소의 생분해제거능력이 없어지므로 불리하다.

Ⅴ. 오존산화

- 수온이 낮아지면 오존의 용해도가 증가하며 오존의 분해가 느려져 오존산화에 유리함.
- 그러나 배오존처리시설에는 온도가 높아야 분해가 잘되므로 불리함.

Ⅵ. 소독

- 수온이 낮아지면 염소소독의 반응성이 감소된다.
- 그러나 수온이 높은 경우(25℃ 이상) 소독후 일정시간이 경과하면 미생물 재성장(after growth)현상이 발생할 수 있다.

수돗물 불소 주입

Ⅰ. 불소의 특징

1. 불소는 붕산과 함께 살충제나 쥐약 등 주원료로 사용되며, 그 독성은 비소(As) 다음이며 납(Pb)보다 강하다.

2. 물속에 불소 첨가시 유기물질과 반응하여 불소화탄화수소를 생성하며, 이 물질을 강력한 발암물질로서 구강암과 골다공증 등을 유발시킬 수 있다고 보고된 바 있다.

Ⅱ. 찬반 의견

1. 반대의견
   - 불소는 독극물, 인체 잔류, 과다흡입시 반상치·구강암·골다공증 등 유발
   - 끓여도 증발 안 되고 농축됨, 충치예방의 불확실성, 불소자체의 유해성(독극물)

2. 찬성의견
   - 충치예방의 효과가 있음, 0.8mg/L 정도는 인체에 무해
   - 모든 사람에게 공급하여 국가의 경제적 비용 손실 방지가능

Ⅲ. 불소제거법

⇒ 불소제거방법들은 대체로 처리효율이 낮으므로 다른 수자원과 혼합희석하거나 수원전환이 바람직하다.

1. 응집침전법
   - alum 등으로 pH 6.5 근방에서 침전시켜 제거한다.
   (최적의 pH 유지를 위해 다량의 알칼리제가 필요)

2. 활성알루미나법
   - 활성알루미나에 alum 등을 첨가하면 불소이온이 황산과 치환되어 활성알루미나에 흡착됨

3. 골탄여과법
   - 물속에서 골탄이 이온교환 또는 흡착의 성질이 있으므로 불소화합물을 제거함.

4. $CaCO_3$전해법
   - 탄산칼슘이 전해되어 불소가 포함된 불화칼슘콜로이드를 흡착함.

단위조작 및 단위공정

Ⅰ. 개요

- 단위조작(Unit Operation) : 물리적 변화를 주체로 하는 기본조작
- 단위공정(Unit process) : 화학반응을 수반하는 기본공정

Ⅱ. 정수처리에서 사용되는 단위조작과 단위공정

- 단위조작 : 착수정, 혼화조, 플록형성조의 스크린, 유량조정, 혼합, 침전과 여 과조의 여과 등
- 단위공정 : 혼화조에서의 약품투입에 의한 Coagulation(응결), 소독조의 염소 소독 등
  ⇒ 혼화조에서의 기존 SC(sweep coagulation, 과량응집)공법에서 최 근에는 NOM성분을 제거하기 위해 EC(enhanced coagulation, 강 화응집) 및 AC(advanced coagulation, 고도응집)공법이 적용되고 있다.

Ⅲ. 하수처리에서 사용되는 단위조작과 단위공정

- 단위조작 : 유량 측정, 스크린, 분쇄, 유량 조정, 혼합, 침전, 여과, 가스 전달, Microscreen, 휘발 및 가스 제거
- 단위공정 : 흡착, 살균, 탈염소, 기타 화학약품의 첨가

제6장 대체수자원·중수도·에너지

대체수자원의 적용가능한 수원

I. 대체수자원의 필요성
- 현재 국내 수원은 대부분 하천표류수를 이용하고 있으며, 하천 표류수는 수질오염에 취약하고 기후변화 등에 대처하기가 쉽지 않아 대체 상수원의 개발 또는 선택적 고도정수처리시설의 도입이 필요하다.

II. 대체수자원의 종류
- 하수처리수 재이용수(중수도)   ⇒ 지속가능한 수자원측면에서는 가장 우수
- 인공저류조(호소) 건설   ⇒ 타당성면에서는 가장 우수
- 빗물 이용
- 강변여과수, 하상여과수, 복류수
- 해수담수화(해양심층수)
- 지하댐, 인공강우, 지하철 용출수(조경용수 사용)

III. 현실적으로 적용가능한 수원
1. 하수처리수 재이용(중수도)
- 수량적 측면과 물 재순환 측면에서 가장 현실적이며,
- 수질적 측면은 고도정수처리(막, 활성탄, AOP 등) 및 소독 등을 적용하여 음용수를 제외한 수요에 공급가능
⇒ "지하수 충전용수"는 원수가 먹는물 수질기준을 만족할 경우에만 사용할 것(2015년부터)
- 하천유지용수로 이용시 하천의 건천화로 인한 수질오염 억제효과도 있음

2. 인공저류조 (호소)
- 현실적으로 가장 적합한 대체수원이나 부지확보 및 건설비용 과다
- 환경문제 및 민원문제 발생

3. 빗물이용
- 적합한 대체수원이나, 수량적인 측면과 지역적·계절적인 편차가 심해 주요수원으로는 부족하며, 소규모시설 등에 적용 가능
- 전제조건 : 저류형, 침투형, 자연형 등의 우수배제시스템 설치 필요

4. 강변여과수 · 복류수

- 대규모 취수량 개발 곤란, 질산성질소·염소이온이 높을 경우 정수처리 곤란
  취수방법 : 취수정방식(수평정, 수직정, 경사형)과 인공함양방식
- 전제조건 : 원수수질 3등급 이상, 하천연변층 오염원 관리방안, 입지선정기준, 비점오염
  원 관리방안, 인근지역의 영향 검토 필요

5. 해수담수화

- 담수가 부족한 해안부근의 도시 등의 특정지역에 적용 가능
- 특히 수도요금의 현실화가 이루어지면 풍부한 수량을 확보할 수 있으므로 현실적으로
  적용가능한 수원이 될 수 있음.
  (현재 해수담수화 생산원가는 수돗물의 1.5~2.0배 정도 비쌈)
- 해안지역 적용시 관 부설비 등이 절감되므로 경제성에서 유리할 수도 있음
- 특히, 해양심층수의 경우 청정도가 높고 세균이 거의 없어 친환경수로 경쟁력이 있으나
  심해에서 취수해야하므로 개발비용이 다소 높다.

Ⅳ. 에너지 소비 및 CO_2 측면

구분	빗물	광역상수도 (지표수)	하상여과 강변여과	중수도 하수처리수 재이용수	해수담수화
생산가격 (㎥당)		800~1,000원		1,000~1,500원	1,500~3,000원
전기소모량 (㎥당)	0.0001kwh	0.25kwh	1~2kwh (펌핑시 에너지 과다소모)	1.2kwh 이상 (막여과시 에너지 과다소모)	3~7kwh (2.5~3까지 저하)
시설비 (1만㎥/일)		15억 (일반정수) 20~30억(고도정수)	하상여과 30억 강변여과 50억	37억 송수관로교체비 30억 가압장　　　7억	

⇒ 전기요금 1kwh 당　63원 → 사업장의 특고압 사용시
100원 → 일반주택의 경우

빗물수집의 최근제도

Ⅰ. 빗물이용시설 설치 확대

⇒ 2011.6월 「물의 재이용 촉진 및 지원에 관한 법률」 시행

- 지붕면적 1,000㎡ 이상의 운동장, 체육관, 공공청사의 신·증축, 개축, 재축할 경우 빗물이 용시설 설치를 의무화 함.
- 재이용 의무량 : 규정된 양은 없음. 다만, 집수조 용량은 지붕면적× 0.05m 이상으로 하여야 함.

Ⅱ. 일부 지자체 빗물이용조례, 빗물관리시설 설치·관리지침 마련

- 시설비용 지원, 용적률 향상, 세금감면 등 인센티브 제공 (예; 수원의 레인시티)

Ⅲ. 도심내 우수저류시설 확대 추진

- 초기우수처리시설 설치시 우수저류기능 추가
- 대도시 지하에 대형하수저류장치(대형지하터널) 추진 (서울시 추진중)

<「물의 재이용 촉진 및 지원에 관한 법률」 내용 (2011.6 시행)>

구분	주요내용
1. 중수도	· 중수도의 설치의무는 숙박업소, 공장, 백화점 등 물을 다량 이용하는 개별시설물에 국한되었으나 택지, 관광단지, 산업단지, 도시개발 등 대규모 개발사업단지와 대규모 점포, 운수시설, 업무시설에 중수도시설을 설치하고, 　1일폐수배출량 1,500㎡ 이상의 폐수처리시설에도 중수도 사용 의무화 · 재이용의무량 : 사용용수량의 10% 이상 · 재이용 용도 : 화장실, 도로살수, 조경, 청소 등의 용도에 사용하도록 규정
2. 빗물이용시설	· 지붕면적 1,000㎡ 이상의 운동장, 체육관, 공공청사의 신·증축, 개축, 재축할 경우 빗물이용시설 설치를 의무화 함. · 재이용 의무량 : 규정된 양은 없음. 다만, 집수조 용량은 지붕면적× 0.05m 이상으로 하여야 함. → 빗물이용시설은 홍수관리, 빗물을 이용한 친환경 조성, 상수도 사용량 절감, 지하침투에 따른 수자원 확보 등에 기여
3. 하수처리수 재이용	· 하수처리용량 5000㎡/일 이상의 하수처리장 재이용수 10% 이상 의무사용 · 하폐수처리수 재처리수에 대한 사용용도는 도시 재이용수, 조경용수, 친수용수, 하천유지수, 농업용수, 습지용수, 공업용수, 지하수 충전용수 등 8개로 구분해서 사용할 수 있도록 하였고, · 하수처리수 재이용업과 하폐수처리수 재이용시설 설계·시공업 신설 · 하폐수처리수 재이용사업 범위 확대(공공하수도관리청 → 민간사업자) · 하폐수처리수의 공업용수 재이용 민간투자사업(BTO) 추진

〈계속〉

구분	주요내용
4. 농업용수 및 지하수충전용수	· 농업용수의 수질기중은 Al 등 중금속 16개 항목을 추가하였고, · 지하수충전용수의 수질기준은 「먹는물 관리법」에 규정된 먹는물 수질기준을 만족할 경우에만 사용하도록 제안함.

〈 중수도의 설치의무 〉

구분	시설물	개발사업	공장
법적 의무대상	· 숙박업, 목욕장업, 공장, 대규모점포, 물류시설, 운수시설, 업무시설 교정시설, 방송국 및 전신전화국	· 관광단지, 택지, 도시, 산업단지의 개발사업 · 개발사업은 국가, 자자체, 공기업, 지방공기업이 시행하는 경우 해당	· 폐수처리장
개별기준	· 60,000㎥ 이상	· 면적규모 없음	· 폐수발생량 1,500㎥/일 이상
재이용의무량	· 물사용량(수돗물+ 지하수)의 10% 이상	· 개발사업내 물사용량(수돗물+지하수)의 10% 이상	· 폐수배출량의 10% 이상
설치시기	· 법 시행일 이후 최초 신축·증축·개축 또는 재축하는 건축물 또는 시설물부터 적용		

빗물관리의 여러 가지 방식

I. 다목적 빗물관리
- 여러 목적의 다방면적인 빗물관리
- 친환경, 홍수, 가뭄, 화재진압, 수자원, 물순환, 에너지 절약, 시민참여

II. 창의적 빗물관리
- 다양한 형태의 빗물이용시설 설치
  예) 서울대학교의 빗물저금통, 잔디집수시설, 버들골 빗물이용시설
      광진구 스타시티 빗물이용시설(옥상빗물, 대지빗물, 비상용수저장소로 구분)
      수원의 레인시티 표방

III. 적극적 빗물관리
- 빗물관리시설 설치 의무와, 설치비용 지원

IV. 상생적 빗물관리
- 상호이득을 취하면서 공존
  예) 빗물이용시설 설치건물은 용적률 상향조정

빗물이용을 통한 도시의 물자급률 향상방안

Ⅰ. 서론〈중수도의 설치의무〉

- 도시의 사용하는 전체 용수 중 청소용수·수세식변소수·조경용수가 차지하는 비중은 30% 이상이며, 이러한 용도에 고급수질의 물을 공급하는 것은 비용·에너지 측면에서 매우 불합리하다.

Ⅱ. 물자급률 (LWI, local water independency)

$$물자급율(LWI) = \frac{자체\ 공급량}{전체\ 물사용량}$$

여기서, 전체 물사용량 = 외부공급량 + 자체공급량

Ⅲ. 물자급률 향상방안

1. 수요관리에 의한 물자급률 향상 (= 외부공급량을 줄이는 방안)
   1) 수도요금 현실화
   2) 절수기기 확대보급
   3) 유수율 제고
   4) 물절약 교육 홍보사업

2. 공급관리에 의한 물자급률 향상 (= 자체공급량을 늘리는 방안)
   1) 중수도 의무화
   2) 빗물이용시설 설치 의무화
   3) 하수처리수 재이용 및 도시 물순환 회복을 위한 지하수 충전
   4) 해수담수화

분산식 빗물관리 시스템

I. 개요

1. "분산식 빗물관리"란 강우로부터 피해를 줄이기 위해 빗물의 양과 힘을 분산시키는 빗물
   관리를 말한다.

2. 구미의 경우 과거에는 도시화로 인한 홍수방지의 목적으로 유역배수구역의 말단 출구점이
   나 혹은 지대가 낮은 곳에 강우유출수를 저류하는 BMP(Best Management Practices, 중
   앙집중식빗물관리) 방식을 이용하였으나, 도시화 개발 전·후로 지중유출량이 증가하는 문
   제는 해결하지 못하였다.

   ┌ 개발전 : 지중유출량 20%, 증발산 40%, 침투 40%
   └ 개발후 : 지중유출량 50%, 증발산 30%, 침투 20%

3. 따라서 이와 같은 문제 해결하기 위해 LID(Low Impact Development, 저영향개발)의
   IMP(Integrated Management Practices, 분산식 빗물관리)를 대안으로 제시하였다. 이 방
   법은 경제성보다는 물의 생태적 순환이라는 환경적 가치에 초점을 맞춘 기법이다.
   즉, BMP란 유출발생 후 처리하는 것에 초점을 맞춘 기법이고, LID의 IMP란 발생지점에
   서 바로 처리하는 것에 초점을 맞춘 기법이다.

II. 분산식 및 중앙집중식 빗물관리의 비교

분 류	분산식 빗물관리	중앙집중식 빗물관리
전개방식	· 상향식 · 개별대자·단지차원 위주의 관리	· 하향식 · 유역차원의 관리
계획목표	· 개발 전·후 지중유출량 변화 최소화	· 개발 후 첨두유출량 최소화
주요가치	· 물순환 회복(물의 생태적 순환)	· 홍수방지
주요시설	· 투수성 아스팔트, 생물학적 저류지, 인공습지, 옥 상녹화(green roof), 여기에 조경개념을 더한다.	· 빗물펌프장, 우·하수관거, 유수지, 댐 등
한 계	· 집중호우시 침투·저류효과 한계	· 막대한 투자비

⇒ "분산식 빗물관리"란 강우로부터 피해를 줄이기 위해 빗물이 양과 힘을 분산시켜 이용함
   으로써 건전한 물순환 회복(즉 물의 생태적 순환)에 가치를 둔 빗물관리를 말한다.

Ⅲ. 도시물순환 회복을 위한 분산식 빗물관리

분산식 빗물관리는 발생지점에서 유출수를 최대한 침투 및 증발, 저류, 정화되도록 하는 것으로, 건축물을 포함한 개별대지 빗물관리 및 단지차원의 위주의 빗물관리로 구분할 수 있다.

1. 개별대지 빗물관리 모식도

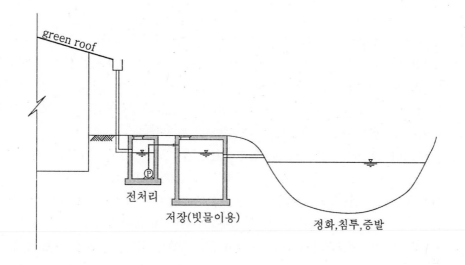

2. 단지차원 위주의 빗물관리 모식도

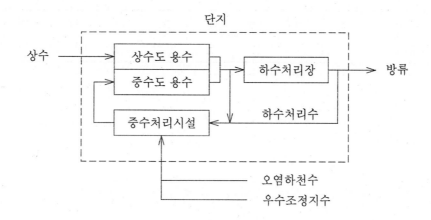

※ 빗물저장조의 효율평가인자 및 빗물의 수질오염도

1. 빗물저장조의 효율평가인자

  ┌ 빗물이용율 : 저장조내에 저장된 전체 빗물양에 대비 순수이용하는 빗물의 양

  ├ 상수대체율 : 전체 상수원 중 저장조 빗물이 상수원수로 대체되는 비율

  ├ 사이클 수 : 1년 동안 사용된 빗물의 양을 빗물저장조 부피로 나눈 빗물이용 사이클 수

  └ 사용일수 : 1년 동안 빗물이 사용된 일수

2. 빗물내 중금속 및 수질오염도 (서울대 내 빗물이용시설 조사결과)

(1) 저장빗물의 금속이온을 측정한 결과 먹는물 수질기준보다 훨씬 낮은 값을 보였으며, 또한 빗물을 화장실용수나 잡용수 등의 비음용수로 사용시 중금속 농도는 방해인자가 되지 않는다. 즉, 깨끗한 곳에서는 자연증류상태의 빗물에 중금속이 들어갈 경로가 거의 없으며, 집수면을 관리한 곳에서는 중금속 논의가 무의미하다.

(2) 빗물의 pH : 4.3~5.5 정도이나 지붕면과 배관을 거치면 6.5~9.0으로 변화됨. 이는 시멘트층내의 알칼리분 등이 포함되므로 pH가 높아지는 것으로 보임.

(3) 빗물의 탁도 : 저장조 유입전에는 10~20NTU 정도이나 저장조 유출부에는 1.29~2.35NTU 정도로 중수도의 탁도기준(2NTU) 정도에 해당됨

(4) 빗물의 중금속 : 중금속의 경우 초기유출효과가 적으나, 자동차도로변에서 중금속 농도가 높게 나타남

<수원지역 영농기(4~10월) 빗물내 중금농도 측정결과(2003~2004년) (논문)>

항목	Fe	Zn	Pb	Cu	Ni	Cr	As	Cd
농도(μg/L)	20		10	7	1~2	0.7~0.8		0.1~0.2

도시화에 따른 물순환 영향 및 대책

I. 물순환 불균형의 원인

1. 강우의 양극화 및 이상기후
2. 불투수면적의 증가 : 서울시 불투수면적 8%(62년), 35%(82년), 48%(09년)로 매년 증가
3. 무분별한 지하수 양수
4. 세계 3위의 인구밀도와 세계 최고수준의 물사용량
5. 하수처리수의 방류위치가 하류에 위치하여 하천 건천화

⇒ 기후변화에 따라 우리나라의 연평균 강우량은 70년 1,000㎜정도에서 2,000년 1,400㎜ 정도로 증가하였으며 (기후변화로 호주의 강우량이 약 1/4로 축소) '74~03년 기준 1,245㎜인데, 이 양은 세계 평균값의 1.4배로 비교적 풍부한 편이나, 여름철 집중호우, 겨울철 가뭄으로 물관리가 매우 어렵다. 또한 우리나라는 인구밀도가 높아서 인구 1인당 강수량은 세계평균값의 13% 수준에 불과하므로 물수요관리 등 효율적인 물이용에 관심이 필요하다.

II. 물순환 불균형의 결과

1. 하천 건천화
2. 도시 홍수
3. 열섬효과
4. 생물서식지 감소
5. 각종 용수 부족
6. 비점오염 유출부하량 증가에 의한 수질오염

III. 물순환계 회복방안

1. 친환경적인 방법

1) 빗물관리
 - 빗물이용은 물순환 회복의 일환으로서 효과가 있다.
 - 중앙집중식 빗물관리를 통한 홍수방지 및 분산식 빗물관리 통한 물순환 회복
2) 녹지공간 확충

2. 인위적인 방법

1) 대체수자원 개발 : 하수재이용, 강변여과, 해수담수화 등
2) 수돗물 절수 및 누수방지, 하수관거 불명수 유입방지
3) 소규모 댐 및 저수지 축조
4) 초기우수 저류 및 합류식 관거의 월류수 저감

Ⅳ. 물순환계 회복효과

1. 물자급률 증대 : 청소·조경용수 및 쓰레기 매립장 친환경적인 유지용수 확보

2. 지하수위 증가

3. 도시 친수공간 확보

4. 열섬효과 예방

LID(저영향개발, Low Impact Development)

Ⅰ. 정의

- 기존 강우유출수 관리에 적용되고 있던 복잡하면서도 과대한 비용을 필요로하는 접근방식을 녹색공간의 확보, 자연형공간의 조성, 자연상태의 수문순환기능의 유지기법 등을 활용한 개발대상지에서의 강우유출 및 비점오염원의 영향을 최소화할 수 있는 기술을 말한다.

Ⅱ. LID의 가장 중요한 목표

- 강우유출수를 지하로 침투, 강우종료시 증발산량 확보, 강우유출수의 재이용 등을 통한 강우유출량의 최소화

Ⅲ. LID의 장점

┌─ 효율성   ┌─ 다목적성
├─ 경제성   └─ 전략적 접근
├─ 유연성

Ⅳ. LID의 요소기술(예)

┌─ 처리기술 : 인공습지, 침투저류지, 식생수로
├─ 침투기술 : 침투도랑, 침투측구, 침투통, 투수성포장, 수변완충대, 빗물정원
├─ 여과기술 : 옥상녹화, 식생여과대, 통로화분, 연석식생지, 수목여과박스
├─ 저류기술 : 저류유수지, 빗물연못, 지하저류탱크, 빗물이용시설, 건식수로
└─ 수리기술 : 고효율 비점처리시설

홍수와 가뭄에 대한 상하수도시스템 문제 및 대책

Ⅰ. 홍수시 영향

1. 상수도

1) 취수원 오염, 침수, 세굴, 토사퇴적 등으로 취수시설 파괴 및 정상운영 곤란
   - 홍수량 대비 취수시설의 용량 증대
   - 침수방지를 위한 위치 조정   - 취수시설 오염에 대한 시스템 개선
2) 홍수로 인한 수질오염 증가로 탁도증가 및 정수처리 곤란 및 수처리비용 증가
   - 정수처리공정 개선   - 고탁도를 대비한 시스템으로 변경

2. 하수도

1) 침수, 토사방류, 제방붕괴, 하천세굴, 토사퇴적으로 하수관경 축소 및 빗물받이 막힘현상 등으로 하수도 기능마비(내수침수)
   - 분산형 빗물관리, 침수식 하수도 도입
   - 저류조·침투설비 등 유량증대에 대한 대책수립
   - 홍수량 증대에 대비한 우수관거 용량증대, 관경확대
   - 관거설계시 토사퇴적 고려, 빗물받이 설치 확대
2) 우수관거 유입수량 증대, 유입수질 저하로 하수처리시설 정상운영 곤란
   - 유량조정조 운영, 1차침전지를 우회하는 설비 설치
   - 유기탄소원 공급대책 마련

Ⅱ. 가뭄시 영향

1. 상수도

1) 취수원 고갈
   - 취수시설 저수용량 확장과 지하수 개발
   - 복류 취수원(강변여과수 등) 개발
2) 하수처리수 재이용(지하수 함양) 수량부족에 의한 유기물 농도 증가 및 조류번식에 의한 수질악화
   - 조류, 고탁도 대비한 시스템으로 정수처리공정 추가
   - 고도정수처리시설의 도입, 취수원 변경

2. 하수도

1) 하수관거 유지관리에 필요한 최소유량확보 곤란시 유속감소로 협잡물 퇴적, 악취발생
   - 재이용 순환수 등 유입조치   - 관거세척주기 단축
2) 유속감소시 협잡물퇴적 및 고화로 관경축소
   - 인위적 청소수 유입, 주기적인 청소

해수담수화

Ⅰ. 개요

1. "해수담수화"란 다양한 반응공정으로 해수, 기수로부터 염분 및 기타 화학물질을 제거하는 것이다.

    ┌── 기수(brackish water) : 500~10,000mg/L (=짠물)

    └── 해수 : 평균염분농도 35‰

2. 과거에는 기술적 측면보다는 경제적인 측면 때문에 개발이 어려웠으나 분리막 제조기술의 발달로 분리막의 가격이 현실화되면서 현재는 RO 사용이 점차 증가하고 있다.

Ⅱ. 해수담수화의 도입이유 및 장단점

1. 해수담수화의 도입이유

1) 육상 담수원의 부족

2) 풍부한 해수자원 (지구 수자원의 97.2%를 차지)

3) 상대적으로 오염이 적은 청정수

    (특히 해양심층수는 미네랄도 다수 포함된 미래해양의 무궁무진한 에너지원이다.)

2. 해수담수화의 장단점

장 점	단 점
· 안정된 수량	· 전기요금, 막교체비 등 운영비 과다
· 단기간 건설	· 에너지 절약대책 필요
· 수리권 문제 해결	· 농축해수 방류로 인한 생태계 대책

Ⅲ. 분류

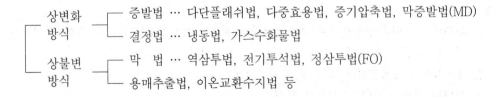

1. 상변화 방식 : 에너지소비량이 크다.

 1) 증발법(물을 끓여서 수증기를 식히는 방법) : 다단플래쉬법, 다중효용법, 증기압축법

 ⇒ 열 회수 관점에서 발전소나 쓰레기소각로의 폐열을 이용하는 방안을 검토해야 한다.

 2) 결정법(해수를 냉각시켜 순수한 물로 된 얼음을 생성) = 동결법

2. 상불변 방식 : 에너지소비량이 적다.

 1) RO : 분리막 가격 하락, 막오염 발생

 2) FO(forward osmosis) : RO에 비해 에너지 소모가 자고 담수 양 증가

 3) ED : 역삼투법은 수중의 모든 물질이 제거되는 반면, 전기투석법은 전기적으로 전하를
        가진 물질(주로 이온성분)만 제거한다.

 4) 이온교환수지법 : 염분농도가 적은 경우 적합

Ⅴ. 현황 및 추진방향

- 담수화에 요구되는 수질은 공업용수, 농업용수, 음용수 등 용도별로 다르다.
- Cl^- 위주로 제거하여 깨끗한 수질을 요하지 않는 공업용수, 생활잡용수 등으로 사용하는
  방식과 기타 성분(SO_4^{2-}, Ca^{2+})까지 전부 제거하여 음용수로 생산하는 방식으로 구분할
  수 있다.
- 국내의 경우는 생수회사에서 해양심층수를 대상으로 극소량만을 음용수로 생산하고 있다.

 ※ 해양심층수의 특징

 ┌─ 빛이 도달하지 않는 수심 200~4,000m 사이에 존재하는 바닷물
 ├─ 동해의 경우 연안에서 2~3km 정도 바다로 나가면 200m 이상의 심해가 있다.
 ├─ 표층수보다 청정도가 20배 높고, 미네랄 및 영양염이 풍부하며 세균이 거의 없다.
 └─ 만성독성이 없어 친환경수로서의 경쟁력이 있다.

- 앞으로 물순환 불균형 해소의 일환으로서 해수담수화기술 및 공급관리 체계화 등에 대한
  연구가 더욱 필요하다.

해수담수화(역삼투법)의 도입이유 및 적용시 주의사항

Ⅰ. 역삼투법이 많이 도입되는 이유

- 담수화 시설을 콤팩트하게 할 수 있고, 따라서 운전과 유지관리가 편리하다.
- 상대적으로 에너지와 비용이 적게 든다.
- 에너지 회수 가능, 농축수의 압력에너지를 동력회수터빈으로 회수

1. 에너지소비량이 적음
 - 톤당 3~7kWh 전력소모, 톤당 1,500~3,000원 정도로 일반수돗물의 2.5~5배, 2010년 현재 20만톤 이상의 시설에서 2.5~3kwh까지 전력소모가 줄어드는 추세
2. 회수율(효율)이 높음 (50%까지 회수 가능)
3. 타 공법에 비해 운전과 유지관리가 용이해짐.
4. 에너지 회수기술 발전 (농축수이 압력에너지를 동력회수터빈으로 회수)
5. 담수화시설을 콤팩트하게 할 수 있고, 설비의 부식문제가 적음.
6. 최근 RO막 모듈의 국산화 성공으로 막 가격이 많이 저렴해짐.
7. RO법의 전처리방식 예

- 원수수질이 불량할 때 : DAF 시스템(응집제 사용) + UF막
- 원수수질이 양호할 때 : 석탄 + 모래 + 자갈

Ⅱ. 시설구성

- 역삼투법에 의한 해수담수화시설은 원수설비, 전처리설비, 역삼투설비, 후처리설비, 방류설비로 구성된다. 이들 처리공정을 제대로 가동시키기 위한 약품주입설비, 기계·전기설비, 계측제어설비가 있다.

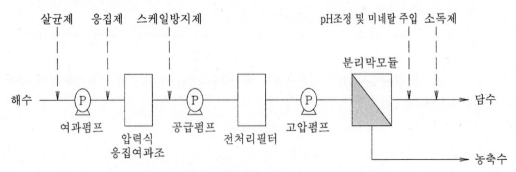

<먹는물 생산용 역삼투공정의 예>

1. 원수설비

- 해수를 취수구나 해안우물, 삼투취수인 경우에는 집수시설 등으로 취수관을 통하여 침사지까지 취수하고, 취수펌프와 도수관 등으로 조정설비(전처리설비)까지 도수하는 시설이다.

2. 전처리설비

전처리설비의 구성 : 석탄+모래+자갈, MF, DAF system+UF

- 역삼투막의 막힘과 열화를 방지하기 위하여 응집·침전·여과 등으로 해수원수 중에 포함된 탁질을 제거하고 역삼투막으로 공급하기에 알맞은 수질로 전처리하는 설비이다.
  ⇒ 일반적으로 파울링지수(SDI)를 4.0 이하로 조정
- 역삼투법인 경우에는 필요한 수질을 얻기 위한 적절한 전처리설비를 설치해야 한다. 전처리된 해수는 전처리수조(응집여과 해수조)에 저류되며, 막공급수와 필요한 역세척수량을 확보한다.
  ⇒ 파울링지수(SDI 또는 MFI)로 측정한다.

3. 역삼투설비

- 고압펌프
- 역삼투막설비
- 역삼투막세척설비
- 담수수조
- 동력회수장치

4. 후처리설비

- 막모듈에 의해 막투과수(담수)와 방류해수(농축해수)로 분리된다.
- 막투과수는 pH와 경도성분이 낮기 때문에 관재료의 부식과 용출을 유발시키므로, 이를 방지하기 위하여 칼슘(Ca^{2+})을 추가하고 CO_2를 퍼징하여 알칼리도를 조정한 후, 수돗물로서 급수해야 한다.(즉 미네랄성분 추가 + pH 증가)
- 또한 담수를 혼합하는 설비도 설치를 고려한다.

5. 방류설비

- 전처리설비에서의 세척배출수, 역삼투설비에서의 방류해수, 막세척 및 보관액 배출수 등을 모두 받아 들여서 필요한 처리를 한 다음 해역으로 방류하는 설비이다.
  → 확산방류가 중요함.

6. 기타

- 부대설비
- 응집제, 살균제, 스케일방지제, 수질조정제, 세척제 등을 주입하는 약품주입설비,
- 전력설비, 펌프설비, 각종 기계설비 등으로 구성되는 기계·전기설비
- 해수담수화시설 전체를 감시하고 운전제어하기 위한 계측제어설비가 있다.

Ⅲ. 역삼투법 적용시 주의사항

1. 설치장소는 원수해수를 취수하기가 용이하고 농축해수를 방류하는데 따른 환경영향을 고려하여 선정한다.

   ※ **농축수 방류방법** : 밀도가 높으므로 심층배수의 필요가 없다.

   ┌ 농축수는 원수보다 염분농도가 약 1.6배 정도로 높으므로 확산시켜 방류한다.
   └ 수심이 깊은 경우 중간층에서 수평방류, 수심이 낮은 경우 방류구를 상향으로
     하여 상향방류

2. 에너지 회수장치의 적극 사용 (농축해수의 유효이용)
 - 배출농축수의 잔류압력을 회수하여 에너지 절감을 도모한다.
 - 에너지(동력)회수장치의 형식에는 펠톤(pelton)형, 역전펌프형(프란시스형), 터보차아저 (turbo charger)형, 등압(isobaric)형 등이 사용된다.
3. 시설이나 배관 부식대책 마련
4. 운영비용절감을 위해 심야전력 이용 등 에너지 절약대책 강구
5. RO설비의 경우 전처리 및 후처리를 고려하고, 유지관리를 위해 2계열 이상으로 한다.

증발법의 종류 및 특징

I. 개요
1. 해수를 끓여 그 증기를 응축시켜 담수를 얻는 방법
2. 다중효용법, 다단플래쉬법, 증기압축법 등이 있다.
3. 다중효용법 및 다단플래쉬법은 스팀과 같은 고열원의 열에너지 이용 및 태양열과 같은 자연에너지 이용방식이 있으며, 증기압축법은 기계에너지 이용방식이 있다.

II. 종류
1. 다중효용법 (MED, Multi-Effect Distillation)
1) 원리
- 다중효용방식은 단순 증류기를 시리즈(series)로 배열한 형태로 첫 번째 증발기 보일러에서 발생된 증기가 다음 효용증발기의 가열원으로 작용하고 냉각 응축되어 담수가 되고, 두 번째 증발기에서 발생된 증기는 다음 효용증발기에서 가열원으로 작용하여 증발기 내부의 해수를 증발시킨다.
- 즉, 전단에서 받은 증기가 다음 단의 열원이 됨과 동시에 이 증기는 냉각 응축되어 담수가 되고, 이때 재차 증발된 증기는 다음 단에서 동일하게 작용한다.

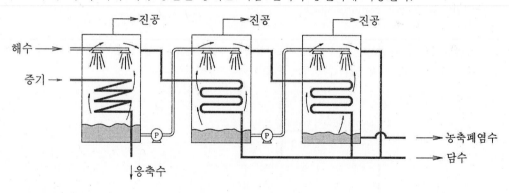

2) 장단점

장점	단점
· 중규모장치에 실적이 많다.	· 에너지소비량이 많다.
· 생산수의 수질이 좋고,	· 부식방지가 필요하다.
· 폐열이용의 경우 유리하다.	· 최대 12중 효용장치가 한계이다.

2. 다단플래쉬법 (MSF, Multi-Stage Flash Distillation)
1) 원리
- 제1증발실(고온·고압상태에서 가열)의 수증기가 해수와 함께 제2, 3, N번째 증발실(점

차 저온·저압상태로 가열) 안으로 유입되면 해수는 순간적으로 격렬하게 증발한다. 이 수증기를 응축시켜서 회수하여 담수를 얻는 기술로 <u>대부분 채택</u>하고 있다.

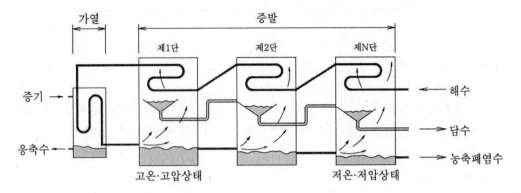

2) 장단점

장점	단점
· 대규모장치에 실적이 많다.	· 에너지소비량이 많다.
· 생산수의 수질이 탁월하다.	· 부식방지가 필요하다.
	· 처리수량의 조절이 용이하지 않다.

3. 증기압축법 (vapor compression)

1) 원리

- 증발장치에서 발생시킨 해수 수증기를 압축에 의해 온도를 높인 후 같은 장치 내 해수를 가열 증발에 사용하고 수증기는 응축시키는 방식을 사용한다.

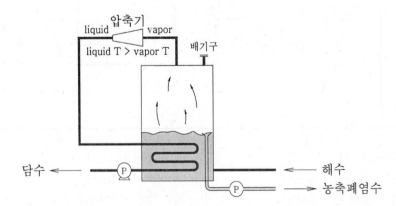

2) 장단점

┌ 장점 : 소규모 장치에 많은 실적이 있다. 장치의 이동설계가 용이하다.
└ 단점 : 에너지소비량이 높다. 대형장치에 불리하다.

최근 담수화공정 추세 및 우리나라에 적용성이 좋은 공법

Ⅰ. 최근 담수화공정 추세

1. 해수담수화를 위해 일반적으로 증발법, 전기투석법, 역삼투법이 3가지 방식을 이용한다. 기술적으로는 증발법이 가장 빨리 실용화되었고 다음으로 전기투석법이 개발되었고, 최근 역삼투법의 비중이 가장 커지고 있다.

2. 화력발전소 폐열 등 사용가능한 에너지가 많은 중동지역의 경우 일찍부터 증발법이 발전하였고, 최근 RO법도 활발히 도입되고 있다.

   또한 에너지비용이 적게 드는 정삼투법(FO)와 막증발법(MD)도 연구 중에 있다.

Ⅱ. 해수담수화 공법의 비교

1. 역삼투법(Reverse Osmosis, RO)

 - 역삼투법은 (물은 통과시키지만 염분은 통과시키기 어려운 성질을 갖는) 반투막을 사이에 두고 해수에 삼투압보다 높은 역삼투압을 가해 담수를 얻는 방법이다. 해수의 삼투압은 일반해수에서는 약 2.4MPa이다. 해수의 삼투압 이상의 압력을 해수에 가하면, 반대로 해수 중의 물이 반투막을 통하여 순수쪽으로 밀려나오는 원리를 응용하여 해수로부터 담수를 얻는다.

2. 전기투석법(Electro Dialysis, ED)

 - 전기투석법은 이온에 대하여 선택성투과성을 갖는 양이온교환막과 음이온교환막을 교대로 다수 배열하여 전류를 통과시킴으로써 양이온은 음이온교환막을 통과하고 음이온은 양이온교환막을 통과하여 순수한 물만 남게 되는 원리를 이용하여 농축수와 희석수를 교대로 분리시키는 것을 이용한 방법이다. 주로 기수의 담수화에 이용된다.

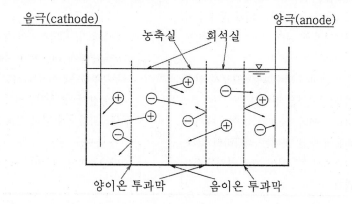

⇒ 역삼투법(RO)은 수중의 모든 물질이 제거되는 반면, 전기투석법(ED)은 전기적으로 전하를 가진 물질(주로 이온성분)만 제거한다.

3. 증발법

– 증발법은 해수를 가열하여 증기를 발생시켜서 그 <u>증기를 응축</u>하여 담수를 얻는 방법이다. 현재 실용화되어 있는 증발법은 다단플래쉬법, 다중효용법, 증기압축법의 3가지 방식이 있다.

4. 해수담수화 공법의 비교

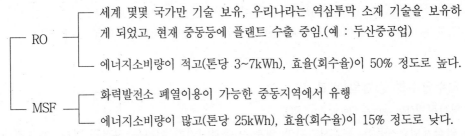

- RO
  - 세계 몇몇 국가만 기술 보유, 우리나라는 역삼투막 소재 기술을 보유하게 되었고, 현재 중동등에 플랜트 수출 중임.(예 : 두산중공업)
  - 에너지소비량이 적고(톤당 3~7kWh), 효율(회수율)이 50% 정도로 높다.
- MSF
  - 화력발전소 폐열이용이 가능한 중동지역에서 유행
  - 에너지소비량이 많고(톤당 25kWh), 효율(회수율)이 15% 정도로 낮다.

구분	기술의 완성도 및 경제성(에너지 소비) 및 부식성	에너지 (kWh/㎥)	유지관리성
역삼투법 (RO)	· 최신 공법으로 기술의 완성도가 높으며, 적용실적이 많다. · 해수담수화기술 중 증발법보다 에너지소비가 적다. 운전온도가 상온으로 부식문제가 비교적 적다.	2~7	· 고압배관 및 시스템 운전으로 펌프중심이므로 운전 및 유지관리가 비교적 용이 · 막모듈 교환이 비교적 많다. · 충분한 전처리가 필요, 막의 내구성에 문제 · 내압용기, 내압배관이 필요
전기투석법 (ED)	· 해수담수화의 실적이 적으나 최근 적용추세 · 해수담수화와 같이 원수의 TDS농도가 높으면 에너지 소비가 많아서 비경제적이게 된다. 부식문제는 비교적 적다.	18	· 정류기, 펌프의 운전중심이므로 유지관리가 용이 · 상온, 상압에서 운전하므로 PVC재료 사용가능 · 내압용기, 내압배관이 불필요 · 온도변화에 대응이 용이하다.
증발법 (MSF) 다단플래쉬	· 초기 개발된 담수화방법으로서 기술완성도는 높은 편이다. · 비교적 에너지소비가 많으며 에너지비용이 높은 곳에는 적당하지 않다. 고온에서 운전하여 재료 부식문제가 많다.	25	· 부분부하운전이 곤란하고, 보일러, 펌프, 진공장치 등 유지관리가 복잡 · 대규모장치에 실적이 많고 생산수 순도가 높다. · 다중목적의 장치에 유리(폐열이용)

Ⅲ. 에너지저감 해수담수화공법

1. 정삼투압법(Forward Osmosis, FO)

- 바닷물을 원수로 하여 담수를 생산하는 해수담수화 기술은 주로 증발법과 역삼투압법이 사용되고 있으며 막 여과를 이용한 대표적인 해수 담수화 기술인 역삼투법은 고농도 쪽에 삼투압 이상의 인위적인 압력을 가하여 멤브레인을 통해 고농도 쪽의 물 분자를 역으로 저농도 쪽으로 이동시킴으로써 순수한 물을 얻는 방법이다. 그러나 최근 에너지 효율 향상을 위해 인위적인 수압을 가하는 역삼투 공정과는 달리 삼투현상에 의한 물의 순 흐름을 유도하기 위해 공급수에 비해 고농도의 유도용액(draw solution)을 사용하는 정삼투 방식이 주목을 받고 있다. 이는 멤브레인을 사이에 두고 유도용액과 공급수를 접하게 하여 공급수의 담수를 유도용질로 흡수시킨 후 유도 용질에서 담수를 분리하는 방식으로 역삼투 방식과는 달리 담수 생산을 위한 고압 가압공정이 필요로 않다는 장점이 있다.

2. 막증발법(Membrane Distillation, MD)

- 현재 수처리 공정을 중심으로 이용되고 있는 분리막 기술에는 Ultra-filtration(UF), Nano-filtration(NF) 그리고 Reverse Osmosis(RO) 등이 있다. 이들 분리 공정의 추진 구동력(driving force)은 압력차에 의한 것이며 이 압력차에 의해 투과 생산수가 확산(diffusion), 흡수(sorption) 또는 점성유동(viscous flow)의 형태로 막표면을 선택적으로 통과하게 된다. 이와 같은 현상을 촉진시키기 위해서 친수성 재료를 막소재로 선택하거나 막표면을 친수화시켜 분리효율을 높이려는 연구가 많이 진행되어 왔다.

- 반면 Micro-filtration(MF)과 같이 입자의 크기에 따른 분리를 이용하는 막은 소수성 재료를 이용할 수 있다. 즉, Polytetratíuorethylene(PTFE) 이나 Polypropylene(PP) 등은 물과 반발하면서 막표연의 오염도를 줄이며 내화학성이나 내구성이 뛰어난 재료들이다.

- MF 는 소수성 재료라는 특성 때문에 수처리 공정에서 다른 상용화된 membrane에 비해 밀도가 높은 dense membrane을 제조할 수 없으며 이보다는 기공이 큰 μm 단위의 크기로 적절한 입자를 여과하면서 수처리 공정의 전처리 단계로 활용된다. 하지만 MF membrane표면에 유입되는 공정수(process soltion)를 수압(hydraulic pressure)이 아닌 열전력(thermal force)를 이용하여 상분리하면 증발된 수분은 막의 기공을 투과하면서 응축되고 공정수의 용존 입자는 어떤 크기가 되더라도 막표면에서 잔여물로 남아 배출되는데 이러한 공정을 Membrane distillation(MD)이라고 하며, 기존 수처리 공정에 비해 에너지비용이나 관리 비용 등을 절감할 수 있다.

정삼투압법(Forward Osmosis, FO)

Ⅰ. 개요

- 반투막을 사이에 두고 "고농도 유도물질"을 해수와 접하게 하여 해수중의 담수를 유도물질로 흡수시킨 후 유도물질에서 담수를 분리시키는 방식으로서, 해수 1톤당 필요전력이 0.5~1kWh (RO 2~7kWh), 회수율 70%까지 가능하며, 그 성능이 계속 개선되고 있다.

- FO에서는 RO에서 필요한 고압의 펌프가 불필요하지만, 담수를 생산하기 위해서는 해수 중의 순수(純水)가 이동해 희석된 유도용액 중에서 유도용질을 분리·회수해야 하는 유도용액 회수장치가 필요하다. 그러나 유도용액 부분은 아직 특별한 성과가 많지 않다. 호주의 사례로 염분농도가 높은 관개용수로 사용함에 있어 비료를 유도용액으로 사용했다. 우선 분리공정 없이 희석된 비료를 바로 농작물에 이용할 수 있도록 유도용액으로 이용 가능한 비료성분을 선정했다. 다음 그림은 FO방식 해수담수화 공정이다.

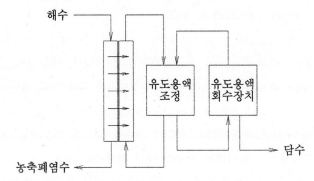

┌─ 유도용액(draw solution) : NaCI, NH_4HCO_3, NH_4HCO_3 + NH_4OH, 액상비료 등
└─ 유도용액 회수장치 : 증류탑, 분리막, 장치형 등

Ⅱ. 장점

1. 막모듈 시스템에서 고압에너지가 필요없다.
2. 저압에서 운전하므로 Fouling이 적다.
3. 정삼투 플랜트 공정기술은 유도 용질의 선정에 따라, 폐수처리, 농축공정 등 다양한 시스템에 적용이 가능하다.

Ⅲ. 추진현황

- FO의 향후 연구동향을 예측해 보면 해수담수화는 물 통합형으로 하수와 해수를 이용한 접근이 이루어 질 것이고, 제막쪽에는 ICP(내부농도분극)을 줄여서 50LMH(L/hr)에 도달할 수 있는 막을 만들기 위한 노력이 필요하다. 유도용액은 농도를 높이기보다 좋은 막을 개발해서 저농도용액을 사용하는 것이 분리회수가 쉽고, 비용절감이 가능하다는 인식이 많아지고 있다.

막증발법(Membrane Distillation, MD)

Ⅰ. 개요

- MD는 현재 널리 상용화되고 있는 RO 공정과는 달리 재질상 소수성 고분자를 분리막으로 이용하며 기공은 0.1㎛ 내외, 두께는 100㎛ 내외인 MF 수준의 막이 적용 될 수 있다.
- 60~90℃가 되는 수용액이 소수성막을 거치면 액상의 비휘발성 용매는 막표면에서 반발되고 막기공에서 일어나는 증기상(vapor phase)만 이 기공을 투과하여 막투과부에서 곧바로 응축된다. 이때, MD의 추진 <u>구동력은 온도차이며 동시에 증기압 차가 수반되어 상분리를 촉진시킨다.</u> 즉, 증발법(MSF, MED 등)보다 낮은 온도와 역삼투법(RO)보다 낮은 압력의 운전조건을 이용하므로 MD는 열병합발전소나 모든 화학공정에서 발생하는 폐열을 이용하여 폐수처리나 boiler 공급액의 탈염, VOC 제거 등을 효과적으로 수행할수 있다. 특히 일조량이 많은 도서지역에서는 태양열을 이용한 MD의 해수담수화가 가능하다.
- 무엇보다도 MD에서 쓰이는 막재질이 소수성 이므로 RO에서 쓰이는 친수성막과는 달리 공정수의 영향을 덜받아 chemical attack이나 fouling의 발생이 저하된다. 이는 전처리 공정이 필수적인 수처리 공정에서 전처리과정을 간소화 시킬 수 있다는 것을 시사하는 것이다.
- 증발법(MED)이 효과적인 분리조작을 수행하는데 문제는 여러개의 effect 또는 stage를 설치하는 비용과 정유공간이 많이든다는 것이다. 이에 반해 MD는 공정수가 각각의 막기공을 거치는 multi-effect 효과가 있으므로 다공성의 막자체가 multi-effect evaporation 이라 볼 수 있다.

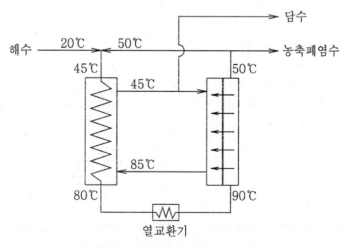

〈증발열을 이용한 열교환방식의 MD공정〉

⇒ MD는 다공성의 소수성 membrane을 사용해야 하므로 PTFE(polytetrafluorethylene), PP(polypropylene), PVDF(polyvinyllidenedifluoride) 를 membrane의 소재로서 쓸 수 있다.

- 그림은 MD를 이용하여 해수를 담수화시키는 공정으로 고온의 해수와 응축된 증류수가 막을 사이에 두고 향류식(서로 반대방향)으로 공급되어 미소한 온도차(5℃) 내외를 유지하게 되는데, 이 장치는 열교환기를 이용해 해수와 담수간의 증발열을 부분적으로 회수할 수 있다.

II. 장점

- 앞서 열거한 MD의 특성은 한마디로 에너지비용이나 관리 비용 등이 기존 수처리 공정에 비해 절감된다는 것으로 MD의 장점을 요약하면 다음과 같다.
1. 이온, 거대분자, 콜로이드, 세균 및 기타 비용매의 100% 분리
2. 기존 증발법(MSF, MED 등)에 비해 낮은 온도의 운전조건
3. 기존 역삼투법(RO)보다 낮은 압력의 운전조건
4. 공정수와의 상호작용이 미비하여 scaling현상 둔화
5. 공정수의 농도나 부하물량에 대한 영향이 미비
6. 공정 수행시 막에 요구되는 기계적 강도가 높지않아도 된다.
7. 전처리공정을 간소화시킬수 있으므로 점유공간이 줄어든다.

III. MD의 형태

- MD process 에서 증기압차를 발생시키는 방법에는 막투과부 쪽의 구성 형태에 따라 다음과 같이 분류된다.
1. DCMD(Direct Contact MD): 응축흐름 (condensing fluid) 이 막에 직접 접촉
2. AGMD(Air Gap MD) : 공기의 간극 (gap)에 의해 막으로부터 응축 표면(condensing surface)이 떨어져 있는 형태

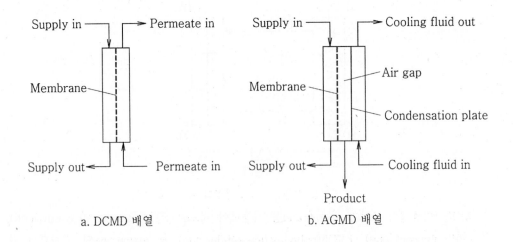

a. DCMD 배열   b. AGMD 배열

3. SGMD(Sweep Gas MD), VMD(Vacuum MD) : 공기간극 이외에 sweeping gas, vacuum에 의해 응축 표면이 막과 간극을 이루는 형태
 - DCMD는 장치가 덜들고 조작이 간단한 형태로서 수용액의 탈염이나 농축에 적용할 수 있는 가장 간단한 process 이다. SGMD나 VMD는 휘발성 유기물이나 용존기체를 수용액으로부터 분리코자 할 때 적용된다. AGMD는 어느경우에나 적용 될수 있는 범용 형태이다.

Ⅳ. 추진현황

 - MSF(다단플래쉬법)과 같이 플래싱(flashing) 증발 및 응축과정을 통해 담수가 생산되며, 높은 온도의 유입수와 낮은 온도의 처리수 사이(즉 증발기와 응축기 사이)에 소수성의 다공성 막[PVDF(polyvinylidene fluoride), PTFE(Polytetrafluoroethylene)]이 설치된다. 이에 따라 가열된 처리용매는 막 표면에서 분리되고 증기만이 기공을 통하여 처리수 쪽으로 응축되는 것이다. 이 방법은 낮은 압력으로 운전이 가능한 담수화기술로, 태양열과 같이 저온의 열원으로도 활용 가능해 차세대기술로 주목받고 있다.
 - 막증발법은 MD막의 생산효율이 RO막과 비교해 더 낮았기 때문에 생산성 문제로 인해 한동안 연구가 중단되게 되었다. 생산성이 낮은 원인 중 가장 큰 원인은 다공성 막을 생산하는 기술력이 부족했던 것을 꼽을 수 있다.
 - 그러나, 최근 MD도 증발법의 일종이지만 열에너지를 태양열이나 신재생에너지로부터 얻는 새로운 방식이 부각되어 다시 연구되고 있고, FO와 MD를 결합하여 FO의 유도용액을 MD공법으로 회수하는 연구도 진행되고 있다.

해수담수화 에너지 절감대책

I. 개요

1. 해수담수화에 의한 생산수는 지표수계 수원에 의한 생산수에 비하여 일반적으로 가격이 비싸다. 역삼투막에 높은 압력을 가하기 위하여 다량의 전력을 소비하기 때문에 생산수의 가격을 저감시키기 위해서는 가능한 한 에너지 절약대책(에너지회수장치 등)을 강구하여 전력소비량을 저감시키도록 노력한다.

2. 동력(에너지)회수장치에는 펠톤형, 역전펌프형(프란시스형), 터보차저(turbo charger)형, 등압(isobaric)형 등이 사용된다.

II. 해수담수화 에너지 절감대책

1. 동력회수장치

- 농축수의 압력에너지를 동력회수터빈으로 회수

1) 펠톤형 (pelton type)

- 터빈효율 80% 이상
- 브레이크작용이 없기 때문에 고압펌프와 처음부터 직결된 채로 기동할 수 있으므로 운전조작이 간단하다. 단, 보수·교체가 많음

2) 역전펌프형 (프란시스형)

- 터빈효율은 75~80%
- 터빈이 일정한 회전속도에 도달하면 클러치를 통하여 연결하기 때문에 약간 운전조작이 복잡하다.

3) 터보차아저형 (turbo charger type)

- 새로운 에너지 회수방식으로 효율이 좋다고 알려져 있으나 대형의 실적은 아직 적다.

4) 등압형 (isobaric type)

- 최근 에너지 회수장치로서 많이 쓰이는 압력교환기(PX, pressure exchanger)는 2개의 평행한 원통형의 통으로 구성되며 내부에 피스톤이 설치되어 있다.
- 이것은 고압펌프의 용량을 줄일 수 있는 장점이 있어 대용량 시스템을 구축하는데 유리하다.

2. 2단막여과와 인버터제어

- 회수율을 향상시키거나 보론 제거율을 높이기 위하여 막여과를 2단으로 하는 방법(MF+RO)이나 생산량의 변동에 대처하며 에너지효율을 높이기 위해 인버터(inverter)를 채택하여 회전속도를 제어하는 등의 방법에 대해서도 검토한다.

3. 고효율펌프 선정

- 해수담수화에 필요한 에너지의 대부분(65~85%)은 펌프구동에 소요되기 때문에 고효율의 경제적인 펌프를 선정한다.

해수담수화의 현장적용시 고려사항

Ⅰ. 고려사항

- 생산된 물의 수질은 특히 보론과 트리할로메탄이 먹는물 수질기준에 적합하도록 한다.
- 역삼투설비의 계열수는 유지관리나 사고 등으로 인한 운전정지를 고려하여 2계열 이상으로 한다.
- 담수화시설을 설치하는 장소에 대해서는 가능한 한 청정한 해수원수를 취수할 수 있고, 농축해수를 방류하는데 따른 환경을 고려하여 선정한다.
- 운영비용을 절감하기 위해서는 에너지 절약대책을 강구하고 회수율을 높이는 등 에너지 효율을 높이는 방안을 고려한다.
- 시설이나 배관의 부식방지대책을 마련한다.
- 자연재해, 기기의 사고, 수질사고 등에 대한 안전대책을 강구하고 시설에 기인되는 소음 등 환경에 나쁜 영향을 미치지 않도록 유의한다.

Ⅱ. 보론과 트리할로메탄 관리

1. 보론(B)

- 해수 중에는 보론이 3~5mg/L 정도 포함되어 있으며, 담수화시설의 제거율은 70~80% 정도이므로 보론의 먹는물 수질기준 (1mg/L 이하) 준수가 어렵다.
- 대책 : ① 이온교환수지로 흡착처리
  ② 다른 시설에 의한 처리수와 혼합
  ③ 혼합이 어려운 경우 2단탈염 (1단탈염후 담수와 혼합하는 경우가 더 많음)

2. 트리할로메탄(THMs)

- 해수 중에는 특히 Br(브롬)이온이 60~70mg/L이 존재하고, 막 투과후 0.4~0.5mg/L 정도가 되므로 브롬계 THMs가 증가하여 THMs의 먹는물 수질기준(0.1mg/L 이하) 준수가 어렵다.
- 대책 : 혼합되는 지표수의 THMFP가 높은 경우 적당한 전처리를 통한 수질향상이 필요

해수담수화 취수방식과 방류방식

Ⅰ. **취수방식** : 표층취수와 심층취수방식

1. 해안취수(10m이내) → 대용량 취수

- 바다에서 수중구조물을 설치하고 스크린 후 취수하는 방식
- 해저취수탑에 집수스트레이너를 장착한 방식

2. 해중취수(10m이상) → 중용량 취수

- 해안주변에 지하관정을 굴착하여 취수하는 방식(해안우물 취수방식)
- 구조물을 육지에 설치한 후 여과모래를 채워 여과수를 취수하는 방식(침투취수방식)

3. 염지하수 취수   → 소용량 취수

- 커튼월(curtain wall)방식
- 투수관을 설치하여 흡입하는 방식(해저 취수관방식)
- 해저취수터널방식

<취수위치에 따른 장단점>

구분	장점	단점
해안취수(10m이내)	· 양적으로 가장 경제적이다. · 비교적 시공이 단순하다.	· 기상변화, 해조류 등에 영향 크다. · 계절별 수질, 수온 변화 심하다.
해중취수(10m이상)	· 기상변화, 해조류 영향이 적다. · 수질, 수온 비교적 안정적이다.	· 건설비용이 많이 소요된다. · 시공이 어렵다.
염지하수 취수	· 전처리비용을 절감할 수 있다. · 수질, 수온 매우 안정적이다.	· 양적인 제한 받는다. · 지역적인 영향을 받는다.

Ⅱ. **방류방식**

- 농축수(염분농도 5~6%)는 해수(평균염분농도 3.5%)보다 밀도 1.6배정도 높아서 방류 후 침강하여 넓게 퍼지는 특징이 있다. 따라서 환경영향을 최소화하기 위하여 해수담수화 농축수는 확산 방류시켜야 한다.

```
┌── 표층방류 (수평방류방식)
│            ┌── 수중방류방식 : 중간층에서 수평방류
└── 심층방류 ┤
             └── 방류관방식 : 심층에서 상향확산방류
```

1. 표층방류

1) 해안에 방류구를 설치하고 해역의 표층에 방류하는 방식 (수평방류방식을 취함)

　- 파랑의 영향이 비교적 적고 수심이 충분히 깊은 경우 적용함이 바람직.

2) 방류구 근방의 초기혼합영역에서는 방류구보다 하층 주위의 해수가 혼입하여 희석됨

2. 심층방류

1) 수중방류방식과 방류관방식이 있음

　- 호안의 하층에서 수중에 방류하는 방식(= 수중방류방식) : 전면수심이 충분히 깊은 경우

　- 해저 근처에 방류관을 설치하고 상향류로 방류(= 방류관방식) : 파랑의 영향이 비교적 크고 해저지형이 먼 곳까지 얕은 경우에는 적용(→ 상향확산방류방식을 취한다.)

2) 배수는 밀도차에 의해 주위의 해수에 혼입시켜 희석을 실시

3. 방류설비의 설계

- 방류설비는 각종 배출수를 처리한 다음의 처리수를 농축해수와 합류시켜 해역에 방류하기 위한 설비이다. 농축수(염분농도 5~6%)는 자연해수(평균염분농도 3.5%)에 비해 고농도로 농축되어 있어서 밀도가 1.6배 정도 높아서 생태계에 미치는 영향에 관하여 환경을 조사하고 예측할 필요가 있다. 생물시험 등의 자료에 의하면, 해서생물에 영향이 있는 염분농도는 약 4%로 보고 있다.

- 또한 주위해수보다 밀도가 크기 때문에 방류 후에 침강하여 저층에 퍼지는 거동을 보인다. 배출수가 해저부의 고밀도의 상태대로 체류하는 경향이 있는 내해나 어업에 영향을 미치는 지점에는 방류 직후에 조속히 주변 해수와 혼합·희석하여 염분농도 차이를 작게 해야 한다. 따라서 수리모형실험 등으로 방류해수의 확산을 예측하고 방류속도와 방류각도 등에 대하여 실증하여 방류설비를 설계해야 한다.

※ 오폐수(온배수) 방류방식과의 차이점

> - 오폐수(온배수)의 경우 희석률을 높여 수질오염을 최소화하기 위해 배수관로를 수심이 깊고 확산이 잘 되는 곳까지 연장 설치하여 수중에 다공확산관 등을 통해 심층방류하지만, 해수농축수의 경우 밀도가 높아서 심층배수하지 않고 확산방류만 하면 된다.

하수의 해양방류방법

I. 해양방류시 유의점

1. 고려사항
- 주변해역의 이용상황
- 방류해역의 물이용 형태와 해안으로의 이동시간
- 방류해역의 조위, 해저상태, 조석간만차 및 수위 등 제반여건, 기타

2. 빗물과 처리수의 해양방류 기준
- 해안에 인접해 있는 도시는 배제된 빗물과 처리수를 해양에 방류하는 것을 고려한다.
- 빗물의 배제를 위한 방류관은 일반적으로 짧고 방류수위가 조위의 간조 내에 있게 된다.
- 처리수의 해양방류는 처리정도에 따라 달라진다. 즉, 살균된 2차처리수는 일반적으로 해 안 가까이 방류할 수 있으나, 1차처리수는 해안의 오염을 방지하기 위하여 바다 안쪽으 로 되도록이면 멀리까지 끌어내어 확산 및 희석이 잘 되도록 방류해야 한다.

3. 해양방류방법
- 하수의 해양방류방법에는 표층방류방법과 수중방류방법이 있다.

1) 표층방류방법
- 수로 혹은 수로박스를 이용하여 해안에 인접한 수면에 직접 방류하는 표층방류 방법은 경제성 측면에서 가장 타당성이 있는 방법이나 오염물의 혼합 및 희석과정이 주로 주 변 수체에 존재하는 난류성분에 의존한다.

2) 수중방류방법
- 수중에서 방류하는 방법은 해안에서 일정거리 떨어진 해역까지 관로를 설치하고 이를 통해 해저에서 고속으로 방류하는 방법으로 고속방류에 따른 방류수체의 운동량과 주 변수와의 밀도차에 의한 부력의 효과를 이용하여 방류구 근접지역에서 높은 희석률을 유도하는 방법이다.

II. 해양방류관
- 수중다공확산관(submerged multiport diffuser)은 일방향확산관, 축방향확산관, 양방향확 산관 등 3가지로 분류할 수 있다.

1. 일방향확산관(unidirectional diffuser)
- 확산관에 설치된 모든 방류구가 한 방향으로 설치되어 방류되는 확산관이다.

- 초기 방류운동량이 다른 확산관에 비해 크기 때문에 정체수역 또는 주변수 흐름과 방류
방향이 평행한 수역에 효율적이다.

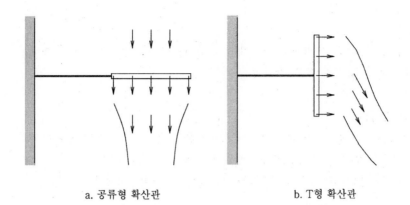

a. 공류형 확산관   b. T형 확산관

2. 양방향확산관(alternating diffuser)

- 확산관축에 대해 양쪽으로 방류공을 설치하는 형태로 일반적으로 확산관축에 방류공들
을 직각으로 설치하거나 방류각도를 확산관축에 따라 변화시켜 설치하기도 한다.
- 양방향확산관은 확산관축에 대해 대칭으로 하수를 방류하므로 주변수 흐름이 주기적으
로 변화하는 수역에 효율적이다.

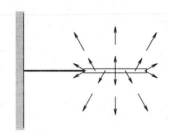

3. 축방향확산관(staged diffuser)

- 확산관 축과 방류방향의 각도가 20° 내외로 방류공을 설치한다.
- 일방향확산관의 경우와 마찬가지로 높은 방류운동량을 외해로 발생시키므로 해안선에서
외해로 나가는 흐름이 존재하는 해역에 설치하면 효율적이다.

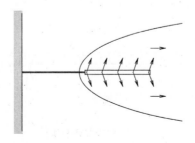

온배수(열오염)

Ⅰ. 정의
- 온배수란 화력 또는 원자력 발전소에서 수증기를 냉각하는 데 사용한 후에 하천이나 바다에 방출하는 따뜻한 물을 말한다.

Ⅱ. 온배수의 피해
- 각 발전소에서 해안 등에 방류되는 온배수량은 중소 하천의 유량정도로 매우 커서 표층 방류기법으로 방류시 온배수 방류지점을 중심으로 난류성 어패류의 이상 서식 등 해양생 태계 변화를 초래하는 등 환경영향에 심각한 문제를 야기시킬 수 있다.

Ⅲ. 온배수의 피해 방지대책
1. 온배수의 활용
- 선진외국의 경우 발전소 부근에 온배수를 이용한 어패류 등의 양식장 운영, 난방, 야채 재배, 화훼업 등에 다양하게 활용하고 있다.
- 우리나라에서도 온배수를 일부 양식장 운영에 활용하고 있다.
2. 심층배수
- 배수관로를 연장 설치하여 온배수를 심층(수심 10m 이상)의 수중에서 방류함으로써 난류 확산(주위 해수와의 빠른 혼합)을 통해 초기희석효과를 높이고자 하는 방식
- 다공확산관 방식, 다중관 방식, 방류탑 방식 등이 있다.

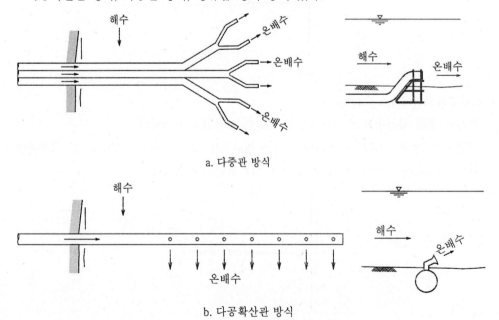

a. 다중관 방식

b. 다공확산관 방식

3. 재순환 방식

　┌─ 냉각탑 방안 : Fan 등을 설치하여 통풍시킨다.
　└─ 냉각지 방안 : 온배수를 배수구 주변의 인공 냉각지에 방류시키고 냉각 후 다시 취수

Ⅳ. 심층배수의 방식

1. 심층배수 온배수의 확산모식도 (안정상태)

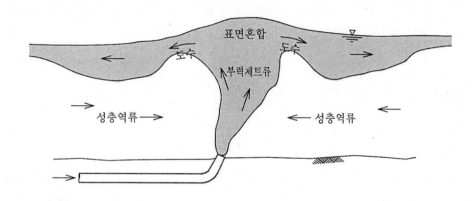

2. 다공확산관 방식

　1) 발전소의 온배수를 방류하기 위해 일반적으로 사용되는 다공확산관의 형태는 주변수의
　　 흐름방향과 확산관축 및 방류방향과의 관계에 따라 크게 다음 4가지로 구분할 수 있다.

〈수중다공확산관의 종류 및 특징〉

공류형	T형	양방향	축방향
· 일방향인 경우 가장 효과적	· 흐름이 없거나 유속이 작은 경우 효과적	· 조류의 방향이 변하는 경우 효과적	· 해안선에서 외해로 나 가는 경우 효과적

2) 온배수확산관과 하수확산관(sewage diffser)과의 비교

- 발전소에서 발전후 방류되는 온배수는 일반적으로 주변수보다 약 7~12℃ 정도 높고, 확산관을 이용하여 이 초과온도를 1℃ 이내로 감소시키기 위해서 요구되는 희석률은 약 10배 정도이며 이를 만족시키기 위해 일반적으로 수섬 30m 내외의 천해영역에 확산관을 설치한다.

- 방류수와 주변수의 상대적인 말도차가 약 0.3% 정도로 부력의 효과가 하수확산관의 경우에 비하여 매우 작은편이다

- 온배수 확산관의 경우는 방류수심이 얕고, 방류수심에 비해 확산관의 길이가 길며 방류유량이 커서 방류구 주위에서 방류수가 수심전체에 걸쳐 재순환되면서 완전혼합이 이루어지는 매우 불안정한 흐름양상을 나타낸다.

중수도

Ⅰ. 개요
- 중수도는 가깝게는 수돗물절약, 넓게는 생태복원을 포함 물순환 회복이라는 이익을 얻을 수 있다.
- 우리나라는 강우양극화, 수자원의 국지적 불균형, 대다수 짧고 경사가 큰 하천, 대다수 얕은 대수층, 1인당 물사용량 세계최고수준 등으로 물부족에 따른 물관리에 어려움을 겪고 있으며, 효율적인 물관리를 위해서 중수도의 보급이 필요하다.

Ⅱ. 중수도 개발의 필요성
1. 한정된 수자원의 효율적 이용
2. 하수재이용, 빗물이용 등으로 방류부하량 저감
3. 갈수기 및 물수요 Peak시 물부족해소
- 물부족으로 경제생활 및 주거생활에 타격, 공장운영에 막대한 지장을 초래할 수 있으므로 중수도를 계획해야 한다.
4. 경제성 향상
- 하수처리시설 및 댐건설비 절감 등

Ⅲ. 중수도의 원수
1. 하수처리수
2. 오염된 하천수 및 지하수
3. 빗물
4. 공장폐수 및 가정오수

Ⅳ. 중수도의 기술적 문제
1. 적절한 처리공법 개발
1) 사용용도별 처리공법 분류 가이드라인 부족 및 적합한 처리기술 개발문제
2) 수질기준이 세부적으로 분류되어 있지 않고, 중금속에 대한 기준이 없음.
⇒ 2015년부터 새로운 수질기준 적용되고 있음
3) 소량 배출되는 슬러지처리방안

 2. 오접과 및 인체유해성 문제

  1) 상수도와 중수도의 오접발생 문제에 대한 해결책 부족

  2) 인체접촉 방지·오염·오사용, 세균 및 바이러스 문제

 3. 배관망 설치 및 유지관리

  1) 중수도 배관망의 설치 : 시가지 이송을 위한 별도관거 설치필요

  2) 급수시설 내의 부식, 스케일 등 장애발생 요인 해결

Ⅴ. 중수도의 행정적 문제

 1. 수요처 확보

  1) 중수도 의무사용 확대를 위한 법규 제정, 공공시설의 설치의무 확대 필요

   - 숙박업, 목욕장업, 공장, 물류시설 6만톤 이상 사용 : 10% 이상 의무적 재이용

   - 관광단지 등 개발사업 : 개발사업내 이용수의 10% 이상 의무적 재이용

   - 폐수발생량 1500㎥/일 이상 사업장 : 10% 이상 의무적 재이용

  2) 수도요금이 비현실화되어 중수도 사용에 따른 혜택이 적음

   - 금융혜택 및 세제지원 등 인센티브 적용 (= 중수도생산비가 수도요금보다 높음)

 2. 시민의 심리적 거부감 해결

   - 중수도에 대한 국민홍보

 3. 중수도의 유지관리대책 마련

  1) 처리기술을 보유한 유지관리자의 배치가 어렵다.

   - 특히 단독이용방식 등에는 별도의 기술관리자 배치가 어려우므로 순회점검 등 필요

  2) 중수도 활용시 하천유지용수 대책

Ⅵ. 중수도 보급대책

 1. 중수도의 경제성 확보를 위해 금융혜택 및 세제지원, 수도요금 감면 등 지원필요

 2. 제도의 확대보급을 위한 촉진책 마련

 3. 중수도 관련기술 및 지침의 제시

 4. 중수도 대상기준 및 보급 모델 개발

중수도의 수질기준 「물의 재이용 촉진 및 지원에 관한 법률」시행규칙 제8조

1. 2014년까지 적용되는 기준 (4개 용도 9개 항목)

구분	수세식 화장실용수	살수용수	조경용수	세차·청소용수
총대장균군수 (개/100mℓ)	불검출	불검출	불검출	불검출
결합잔류염소 (mg/L)	0.2 이상	0.2 이상	–	0.2 이상
외관	이용자가 불쾌감을 느끼지 않을 것	이용자가 불쾌감을 느끼지 않을 것	이용자가 불쾌감을 느끼지 않을 것	이용자가 불쾌감을 느끼지 않을 것
탁도 (NTU)	2 이하	2 이하	2 이하	2 이하
BOD (mg/L)	10 이하	10 이하	10 이하	10 이하
냄새	불쾌하지 않을 것	불쾌하지 않을 것	불쾌하지 않을 것	불쾌하지 않을 것
pH	5.8~8.5	5.8~8.5	5.8~8.5	5.8~8.5
색도 (도)	20 이하	–	–	20 이하
COD망간법 (mg/L)	20 이하	20 이하	20 이하	20 이하

2. 2015년부터 적용되는 기준 (6개 용도 11개 항목)

구분	도시재이용수	조경용수	친수용수	하천유지용수	습지용수	공업용수
총대장균군수 (개/100mℓ)	불검출	200 이하	불검출	1,000 이하	200 이하	200 이하
결합잔류염소 (mg/L)	0.2 이상	–	0.1 이상	–	–	–
탁도 (NTU)	2 이하	2 이하	2 이하	–	–	10 이하
SS (mg/L)	–	–	–	6 이하	6 이하	–
BOD (mg/L)	5 이하	5 이하	3 이하	5 이하	5 이하	6 이하
냄새	불쾌하지 않을 것	불쾌하지 않을 것	불쾌하지 않을 것	불쾌하지 않을 것	불쾌하지 않을 것	불쾌하지 않을 것
색도 (도)	20 이하	–	10 이하	20 이하	–	–
총질소 (mg/L)	–	–	10 이하	10 이하	10 이하	–
총 인 (mg/L)	–	–	0.5 이하	0.5 이하	0.5 이하	–
pH	5.8~8.5	5.8~8.5	5.8~8.5	5.8~8.5	5.8~8.5	5.8~8.5
염화물 (mgCl/L)	–	250 이하	–	–	250 이하	–

〈비고〉

1. 항목별 수질검사 방법은 다음과 같다.
   가. 총대장균군수, 부유물질(SS), 생물화학적산소요구량(BOD), 색도, 총질소(T-N), 총인(T-P), 수도이온농도(pH), 염화물은 「환경분야 시험·검사 등에 관한 법률」 제6조제1항제5호에 따른 수질오염물질 공정시험기준에 따라 검사해야 한다. 다만, 총대장균군수는 최적확수(最適確數) 시험법 또는 막여과 시험법으로 하고, 부유물질(SS)은 유리섬유 거름종이법으로 해야 한다.
   나. 결합잔류염소, 탁도, 냄새는 「환경분야 시험·검사 등에 관한 법률」 제6조제1항제6호에 따른 먹는물 공정시험기준에 따라 검사해야 한다.
2. 공업용수의 수질기준은 산업용수로 사용하는 경우에 적용하며, 다회순환냉각수, 공정수(工程水), 보일러용수 등은 수요처와 협의하여 수질을 정할 수 있다.

재이용수의 용도 및 법정기준에 따른 문제점

Ⅰ. 중수도의 용도   ⇒「물의 재이용 촉진 및 지원에 관한 법률」

- 원칙적으로 음용으로는 불가하며 음용수 이외의 생활잡용수나 깨끗한 수질을 요하지 않는 공업용수 등으로 사용

※「물의 재이용 촉진 및 지원에 관한 법률」상의 사용용도 분류

⑴ 2014년까지의 분류 (4개 용도 ; 수세식 화장실 용수, 조경용수, 살수용수, 세차·청
   소용수)이며,
⑵ 2015년부터의 분류 (6개 용도로 확대)

    ── 도시 재이용수 : 도로·건물 세척 및 살수·화장실용수 등
    ── 조경용수   : 도로 가로수 및 공원, 체육시설 등의 잔디 관개용수
    ── 친수용수   : 도시 및 주거지역에 인공적으로 건설되는 실개천 등의 수량 공급용수
    ── 하천유지용수 : 하천, 저수지 및 소류지 등의 수량 유지를 위한 공급용수
    ── 습지용수   : 습지에 대한 공급용수
    ── 공업용수   : 냉각용수, 보일러용수 및 생산공정에 공급되는 산업용수

Ⅱ. 하수처리수 재이용수의 용도 (8가지)   ⇒「물의 재이용 촉진 및 지원에 관한 법률」

용 도	고려사항
도시 재이용수	· 음용 및 인체 접촉금지
조경용수	· 식물의 생육에 위해를 주지 않을 것
친수용수	· 기존 수계수질을 유지하거나 향상될 것
하천유지용수	· 조류가 발생하지 않도록 사전 조치
습지용수	· 습지 동·식물에 위해를 주지 않을 것
공업용수	· 기본적으로 사용자의 용도에 맞추어서 처리할 것
농업용수	· 지하수오염에 영향이 없을 것, 먹는물 수질기준을 만족할 경우에만 사용
지하수 충전용수	· 비식용작물 위주 사용, 식용작물인 경우 인체 비유해성이 검증된 것

※ 하수처리수 재이용의 가장 큰 장점

> (1) 상수원에서 정수장까지의 취수·도수, 그리고 정수장에서 수요처까지의 송수·급수에
> 요구되는 에너지를 절약할 수 있다.
> (2) 연중 수량 및 수질이 비교적 일정하다.

Ⅲ. 법정기준에 따른 문제점 (국내 9개 항목, 일본 26~29개 항목) ⇒ 2015년부터 11개 항목

1. 국내의 경우 목표수질은 사용용도에 따라 적용되며 목표수질 적용항목은 대장균군수, 잔
   류염소, 외관, 탁도, BOD, 냄새, pH, 색도, COD_{Mn} 등이다.

2. 일본의 경우처럼 사용용도별 수질적용 항목에서 중금속에 대한 항목이 추가로 적용될
   필요가 있으며, (우리나라에서도 2015년부터 농업용수의 경우 중금속 항목이 추가됨)

3. 항목기준도 재이용 후 사용용도가 인체 접촉할 것인지, 그렇지 않을 경우로 구분하여 인
   체에 접촉할 경우 더욱 섬세한 적용기준을 마련해야 한다.
 - 냄새항목 기준인 "불쾌하지 않을 것"의 표현은 모호하면서도 지극히 주관적인 판단이므
   로 개선필요
 - T-N, T-P 항목 도입 : 친수용수, 하천유지용수, 습지용수 (2015년부터 시행)
 - 염화물 기준 도입 : 조경용수, 습지용수 (2010년부터 시행)

하수처리수 재이용수의 용도별 처리공정

Ⅰ. 하수처리수의 수질항목별 재생처리법의 예 (시설기준)

— 생물학적 처리 (유기물 제거) : 생물막여과법(MBR) : 생물반응조 내 침지막 설치
— 물리화학적 처리 (SS 제거) : 급속사여과법, 응집침전법, 응집여과법, 정밀여과막
— 화학적 처리 (용해성물질 제거) : 활성탄흡착법, 한외여과법(UF), 역삼투법(RO)
— 소독법 (미생물 살균) : 염소소독, 오존소독, 자외선소독

Ⅱ. 하수처리수 용도별 재처리 공정분류 사례 (물재이용기본계획, 2011년, 환경부)

구 분	소구분	처리방법
범용 재이용수	청소용수	모래여과 (도로, 건물외부)
	조경용수	모래여과 (가로수)
	친수용수	모래여과/활성탄 (수변지역)
	하천유지용수	모래여과, MF
	관계용수	모래여과, MF
인체접촉 및 직접영향 재이용수	인체접촉 세척용수	MF/RO, 생물반응조내 침지막 설치/RO
	직접관개용수	MF/RO 이상
고도환경용수	습지용수	모래여과/활성탄, MF/RO, 생물반응조내 침지막 설치/RO
	지하수충진	모래여과/활성탄, MF/RO, 생물반응조내 침지막 설치/RO
	음용수자원보충	MF/RO, 생물반응조내 침지막 설치/RO
공업용수		위 처리공법 조합 모두 가능

Ⅲ. 소독공정

- 염소소독, 오존소독, 자외선소독 등
  주) 오존처리 : 오존은 수중 잔류농도가 0.2㎎/L 이하이면 독성을 나타내지 않으므로, 살균 외에
     탈취·탈색 효과까지 있어 일본에서는 하수고도처리에 오존을 이용한 처리수를 수
     경용수로 이용하고 있다.

하수처리수 재이용 방식

I. 개요
- 하수처리수 재이용방식으로는 간접재이용(개방순환)과 직접재이용(폐쇄순환)으로 구분된다.
- 간접재이용은 하수처리수를 공공수역에 방류함으로서 그 수역의 물과 혼합, 희석시킨 후 다시 취수하는 방식이고, 직접재이용은 하수처리수를 재처리하여 각종 용도로 재이용하는 방식이다.
- 일반적으로 하수처리수 재이용이란 직접재이용을 말하며, 이 경우 방류 하수량이 감소하는 만큼 배출 오염부하량이 줄어들어 공공수역의 수질보전효과가 크다. 그러나 이로인한 별도의 배관 및 재이용처리시설이 필요하게 되므로 경제성에 대한 검토가 이루어져야 한다.

II. 하수처리수 재이용 방식의 종류

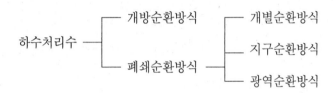

```
                    ┌── 개방순환방식        ┌── 개별순환방식
하수처리수 ─────┤                            │
                    └── 폐쇄순환방식 ───┼── 지구순환방식
                                             │
                                             └── 광역순환방식
```

1. 개방순환방식
- 처리수를 하천 등의 방류수역으로 환원하여 하류에서 농업, 공장, 생활용수로 취수하여 사용하는 방식으로 자연유하식과 유황조정방식 등이 있다.

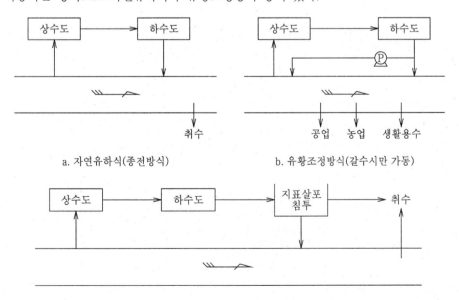

a. 자연유하식(종전방식)　　　　　　b. 유황조정방식(갈수시만 가동)

c. 지표에 살포, 침투방식

2. 폐쇄순환방식

- 처리수를 공공수역으로 환원시키지 않고 폐쇄계 시스템내에서 이중 배관에 의해 반복사
  용하는 것이다. 개별, 지구, 광역순환으로 구분한다.

1) 개별순환방식

- 개별 빌딩, 가정 또는 공장에서 발생하는 하·폐수, 우수 등을 자체적으로 처리하는 방식
- 건물 외에 배관망이 없으므로 설치가 용이하고 상수사용량의 절감과 동시에 오수량을
  줄일 수 있다.

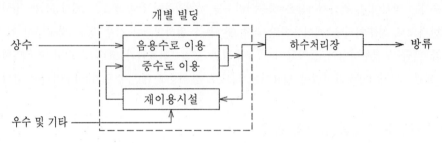

2) 지구순환방식

- 단지 또는 복수의 빌딩이 공동으로 재이용시설을 운영하여 수요에 따라 잡용수를 공급
  하는 방식

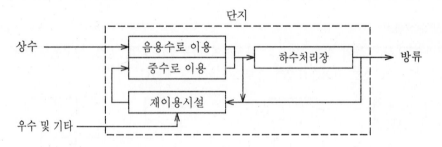

3) 광역순환방식

- 하수처리수나 공단폐수를 용도에 맞게 처리한 후 중수로 이용하는 방식
- 중수도 생산단가가 가장 싸지만, 광범위한 시가지에 송배수관을 포설하므로 초기공사
  비가 많이 든다.

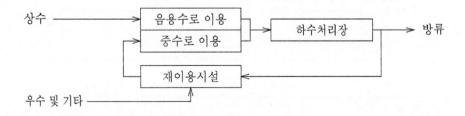

하수처리수 재이용계획

Ⅰ. 하수처리수의 재이용 필요성

1. 수량측면 (수자원 부족에 대한 대응효과)
 - 한정된 수자원의 효율적 이용
 - 갈수기 또는 물수요 peak시 물부족 사태방지
2. 수질측면 (오염부하량 감소에 따른 수질개선)
 - 해수재이용 및 빗물이용으로 방류오염부하량 저감
3. 경제성
 - 사회경제적 비용절감, 즉 댐 건설, 공공하수처리시설 등 신규투자비 등 절감
   ⇒ 저감사업 수행시 농촌과 도시지역 특성에 맞게 적용
4. 절수효과

Ⅱ. 하수처리수 재이용계획 수립시 고려사항

1. 계획수량
 - 공업·생활용수 : 수요처 요구량 및 장래요구량 고려
 - 하천유지용수 : 공급하천의 유황분석을 통해 갈수대책 반영

2. 계획수질
 - 수요처 요구수질에 따라 공급자는 공통요구수질에 맞추어 처리하고, 그 이상은 수요처 자체 처리
 - 하폐수처리수 재처리수의 용도별 수질기준(「물의 재이용 촉진 및 지원에 관한 법률」) 준수

3. 재이용시설의 위치 및 규모
 - 원칙적으로 공공하수처리시설 부지내 설치, 장래확장을 위한 여유부지 확보도 고려
 - 규모는 설치비·유지관리비 등의 경제성, 수처리 효율성 등을 종합적으로 고려하여 결정

4. 처리공정 선정
 - 용도에 적합한 처리공정 적용 (모래여과, 활성탄처리, 막여과, 오존처리 등)

5. 발생폐수처리
 - 원칙은 공공하수처리시설로 반류시켜 재처리

6. 오접방지대책

- 음용 및 인체 비접촉을 위한 오접대책, 냉각탑 물방울 비산대책 강구
- 보라색 색상으로 구분, 30m 마다 '재이용수 배관' 표기

7. 재이용사업 관리체계

- 하폐수처리수 재이용업과 하폐수처리수 재이용시설 설계·시공업을 새로 도입
- 하폐수처리수 재이용사업 범위 확대

┌ 하폐수처리수 재처리수 공급 : 하수처리시설 → 폐수종말처리시설로 확대

└ 하폐수처리수 재이용 사업 : 공공하수도관리청 → 민간사업자로 확대

8. 재이용수의 용도

- 8가지로 분류 ⇒ 「물의 재이용 촉진 및 지원에 관한 법률」
- 도시재이용수, 조경용수, 친수용수, 하천유지용수, 농업용수, 습지용수, 공업용수, 지하수 충전용수

[별표 2]　하·폐수처리수 재처리수의 용도별 수질기준(제14조 관련)

구분	도시 재이용수	조경용수	친수용수	하천 유지용수	농업용수		습지용수	지하수 충전	공업용수
총대장균군수 (개/100㎖)	불검출	200 이하	불검출	1000이하	직접식용	불검출	200 이하	「먹는물 수질기준 및 검사 등에 관한 규칙」 별표 1에 따른 먹는물의 수질기준을 준수할 것	200 이하
					간접식용	200 이하			
결합잔류염소 (mg/L)	0.2 이상	-	0.1 이상	-	-		-		-
탁도 　(NTU)	2 이하	2 이하	2 이하	-	직접식용	2 이하	-		10 이하
					간접식용	5 이하			
SS 　(mg/L)	-	-	-	6 이하	-		6 이하		-
BOD 　(mg/L)	5 이하	5 이하	3 이하	5 이하	8 이하		5 이하		6 이하
냄새	불쾌하지 않을 것	불쾌하지 않을 것	불쾌하지 않을 것	불쾌하지 않을 것	불쾌하지 않을 것		불쾌하지 않을 것		불쾌하지 않을 것
색도 　(도)	20 이하	-	10 이하	20 이하	-		-		-
T-N 　(mg/L)	-	-	10 이하	10 이하	-		10 이하		-
T-P 　(mg/L)	-	-	0.5 이하	0.5 이하	-		0.5 이하		-
pH	5.8~8.5	5.8~8.5	5.8~8.5	5.8~8.5	5.8~8.5		5.8~8.5		5.8~8.5
염화물 　(mgCl/L)	-	250 이하	-	-	-		250 이하		-
전기전도도 (㎲/cm)	-	-	-	-	직접식용	700 이하	-		-
					간접식용	2000 이하			

〈비고〉

1. 농업용수 수질기준 중 직접 식용은 농산물을 조리하지 않고 날것으로 먹는 경우에 적용하고, 간접 식용은 농산물을 조리를 하거나 일정한 가공을 거쳐 먹는 경우에 적용하며, 농업용수의 경우에는 추가적으로 다음 항목에 대한 수질기준을 만족해야 한다.(단위: mg/L)

알루미늄 (Al)	비소 (As)	총붕소 (B-total)	카드뮴 (Cd)	6가크롬 (Cr^{+6})	코발트 (Co)	구리 (Cu)	납 (Pb)
5 이하	0.05 이하	0.75 이하	0.01 이하	0.05 이하	0.05 이하	0.2 이하	0.1 이하
리튬 (Li)	망간 (Mn)	수은 (Hg)	니켈 (Ni)	셀렌 (Se)	아연 (Zn)	시안 (CN)	폴리클로리네이티드비페닐 (PCB)
2.5 이하	0.2 이하	0.001 이하	0.2 이하	0.02 이하	2 이하	불검출	불검출

2. 총대장균군수, 부유물질(SS), 생물화학적산소요구량(BOD), 색도, 총질소(T-N), 총인(T-P), 수도이온농도(pH), 염화물, 비소(As), 카드뮴(Cd), 6가크롬(Cr+ 6), 구리(Cu), 납(Pb), 망간(Mn), 수은(Hg), 니켈(Ni), 셀렌(Se), 아연(Zn), 시안(CN), 폴리클로리네이티드비페닐(PCB), 전기전도도 항목은 「환경분야 시험·검사 등에 관한 법률」 제6조제1항제5호에 따른 수질오염물질 공정시험기준에 따라 검사해야 한다. 다만, 총대장균군수는 최적확수 시험법 또는 막여과 시험법으로 하고, 부유물질(SS)은 유리섬유 거름종이법으로 해야 한다.

3. 결합잔류염소, 탁도, 냄새, 알루미늄(Al), 총붕소(B-total), 코발트(Co), 리튬(Li) 항목은 「환경분야 시험·검사 등에 관한 법률」제6조제1항제6호에 따른 먹는물 공정시험기준에 따라 검사해야 한다. 다만, 코발트(Co), 리튬(Li) 항목은 먹는물 공정시험기준의 금속류-유도결합플라스마 원자 발광분광법에 준하되, 코발트(Co)는 측정파장 228.616, 정량한계 0.01mg/L, 리튬(Li)은 측정파장 670.784, 정량한계 0.50mg/L로 한다.

4. 공업용수 수질기준은 산업용수로 사용하는 경우에 적용하며, 다회순환냉각수, 공정수, 보일러용수 등은 수요처와 협의하여 수질을 정할 수 있다.

5. 하·폐수처리수 재처리수 수질기준은 하수처리수 재처리시설에서 최종 처리하여 송수하는 수질에 대하여 적용하며, 「하수도법 시행규칙」 별표 1에 따른 공공하수처리시설의 방류수수질기준이 재처리수의 기준보다 강할 경우에는 「하수도법 시행규칙」을 따른다.

6. 공공하수도관리청이 공익적 목적으로 공급하는 도시 재이용수, 하천유지용수, 조경용수, 친수용수, 농업용수에 대한 수질기준은 2013년 6월 9일부터 적용한다.

상수도시설 에너지 절감방법

Ⅰ. 개요
- 정수처리시설의 에너지 절감과 관로시설의 에너지 절감으로 구분할 수 있다.
  ⇒ 상수도시설의 유지관리비의 20~50%를 전력비와 약품비가 차지 (08년 서울시 전력비 17%, 약품비 6%)
1. 수리학적 배치에 의한 절감 : 자연유하, 취·도·송·배수과정의 손실수두 저감, 관망최적관리
2. 수질관리에 의한 절감 : 취수원 관리, 정수장의 수질공정관리, 관거시스템에서의 수질관리
3. 기계·전기·계측제어에 의한 절감 : 펌프시설 등의 최적제어, 계장설비의 자동화
4. 시설내 자체에너지 생산 : 미활용에너지(소수력) 및 자연에너지(태양력, 풍력, 조력발전) 이용

Ⅱ. 시설별 에너지 절감방법
1. 수원 및 취·도수시설
 1) 수원관리 : 수질·수량적으로 양호한 취수원, 취수지점 선택
 2) 최적설계 : 자연유하방식 고려한 수리학적 최적의 설계
 3) 침사지, 원수조정지 등 설치 등 비상시 대비

2. 정수시설
A. 정수처리공정
 1) 최적의 설계 및 설비사양 선택
  - 정수장 설계·건설시부터 원수수질 및 용량에 적당한 처리설비 적용과 최적의 시스템을 갖추는 것이 에너지 절감의 기본요소이다.
  - 고효율 조명기기(LED 등) 도입
 2) 동력비 절감
  - 정수장내 각 시설간의 수위차가 자연유하에 의해 흐를 수 있도록 설계
  - 응집지의 자연교반을 기계교반으로 하며 원수의 수질과 수량에 적합한 운전대수로 운전
 3) 약품비 절감
  - Jar test, 제타전위계, SCM을 통한 최적응집제 선택 및 최적약품소요량 결정
  - 약품침전지보다 고속응집침전지로 변경하는 방법 고려
 4) 최적의 수질관리를 통한 에너지 절감
  - 최적의 수질관리로 각 설비에 대한 부담을 최소한으로 한다.
  - 여과지의 자동역세가 가능하도록 한다.
  - 역세척 빈도, 여과지속시간 연장방안

B. 슬러지처리공정

1) 슬러지펌프의 적정관리, 가능한 한 배출수지와 배슬러지지를 구분하여 관리
2) 배출슬러지 농도를 고농도로 유지하여 슬러지처리의 부담을 경감
3) 최적의 처리방법과 유리관리기법 개발
4) 슬러지 최종처분시 재활용 용도도 사용함으로써 슬러지폐기비 절감

3. 송·배수시설

A. 중요사항

1) 상수관망 최적관리시스템 구축

　(급수체계 정비 및 블록시스템 구축, 관망 종합정비, 관망유지관리시스템 구축)
2) 노선의 입지조건 등에 따른 자연유하식과 펌프압송식 방식의 적절한 선택
3) 송·배수관로의 경제적인 관경 결정
4) 계획송배수량의 대소에 따른 적절한 펌프형식 및 펌프용량의 선택

B. 송·배수관

1) 상수관망 최적관리시스템 구축

　- 송·배·급수체계 정비, 관망교체정비 (선진단 후교체 방식), 관망유지관리시스템 구축
2) 유수율 제고, 누수량 저감에 의한 에너지 절감
3) 경제적 관경 결정, 관로의 flat화, 자동계측제어시스템(TM/TC) 도입
4) 관내면 라이닝, 가압장의 펌프에 인버터 설치, 송·배수관 개량·갱생

C. 배수지

1) 배수구역 중앙에 배수지 설치, 경제적인 배수지용량 결정
2) 급수구역의 최적화, 고저차에 따른 세분화, 가압장 설치로 수압손실 최소화
3) 배수구역의 block화(최적화) 및 상호연결
4) 직결급수 도입 검토, 관말 최저동수압 유지를 위한 펌프제어 등
5) 복수수원의 수량배분 적정화

4. 펌프시설

A. 계획·설계 측면

1) 고효율펌프 선정, 적정토출량 및 양정 결정
2) 배수지 수위조절에 따른 송수펌프 대수제어방식 : 토출측 밸브조작 불필요
3) 펌프 대수제어 및 회전수제어의 조합을 올바르게 할 것

　- 토출량이 다른 펌프의 대수조합 : 유량변화가 심한 경우
　- 양정이 다른 펌프의 대수조합 : 압력변화가 심한 경우
　- 회전수 제어방식 : 유량 및 압력변화가 심한 경우

4) 계장설비의 자동화

5) 경제적인 펌프시스템 설계 및 펌프 설치높이의 적정화

  - 캐비테이션, 수격작용, 서징현상 등 펌프시스템 이상현상 방지

B. 유지관리 측면

1) 펌프의 최고 효율점에서 운전

2) 정기적인 보수 및 점검

3) 과대유량에 따른 과부하 운전방지

5. 자체에너지 생산

1) 자연에너지 활용　 : 태양열 발전, 풍력, 지열이용 열병합발전

2) 미사용에너지 이용 : 소수력, 해수담수화시설의 에너지 회수장치 등

※ 상수도시설 에너지절감 주요내용

구분	에너지 절감 방법
1. 수처리공정	⇒ 각 시설간 배치는 자연유하 원칙 1) 응집 : SCD, CAS-T, 입자계수기 등 수질모니터링 및 In line 방식 2) 침전 : 최적침전방식 채택 3) 여과 : 여과지속시간 연장
2. 슬러지 　처리공정	1) 조정·농축시설 : 저동력 농축장치(일반적으로 중력식) 적용 2) 탈수 : 고효율 탈수기(필터프레스) 사용 3) 처분 : 재활용(토지개량제, 매립복토제, 경량골재) 혹은 하수도 연결 　　(농축조 필요 없음, T-P 제거, 비용 가장 적음) 등 유효 이용방법 강구
3. 송배수관망	1) 유수율 제고 : 블록화, 노후관 교체, 누수탐사 　⇒ 연간누수손실량이 7억㎥으로 연간손실액 약 5,200억원 발생 　　('08년 기준, 생산원가 40원) 2) 경제적 관경 결정, 관내면 라이닝 등 관거 갱생 3) 상수관망 최적관리시스템 구축 : 송·배·급수체계 정비, 불량관·부적합계량기 교체·정비, 관망유지관리시스템 구축
4. 배수지	1) 배수구역 중앙에 설치하여 균등수압 유지 2) 자연유하식(고지배수지)으로 설치, 펌프가압식(평지배수지) 지양
5. 펌프시설	1) 회전수 제어 : 토출압보다 관말압 일정제어 적용 2) 1대 및 수대의 정속펌프와 1대의 변속펌프로 조합하여 사용하는 것이 설비비 및 에너지 절약측면에서 가장 유리하다.

하수도시설의 에너지자립화 사업 (2010.1)

Ⅰ. 개요(추진배경)

1. 그간 하수도사업은 시설확충과 처리효율을 높이기 위한 신기술 도입에 집중하여 상대적으로 폐기물의 자원화와 에너지 효율성에 대한 고려가 미흡

2. 하수처리시설의 기능확대 요구에 따른 저탄소 녹색성장 및 기후변화에 대비한 에너지자립화 추진 필요 ('08년 현재 공공하수처리시설 에너지 자립화율은 0.8%에 불과)

3. 에너지 다소비원의 하나인 하수처리장의 에너지 자립화를 통하여 2030년까지 하수처리장의 에너지 사용량 50% 절감 목표 (2020년까지 30%, 2015년까지 18%)

4. 한국형 에너지자립형 하수처리장을 개발하여 해외시장 진출 추진

　주) "에너지 자립화율"이란 하수처리시설에 연간 전력사용량 대비 신재생에너지 생산을 통한 전력량 생산과 에너지 절감량 합계의 비율을 말한다.

　정부에서 제시한 에너지자립화 정책 : 기존의 에너지 정책은 에너지 절감이었으나 에너지자립화는 처리장 내에 새로운 에너지원을 자체 생산하여 처리장의 에너지원을 사용하는 정책으로 추진되고 있다.

Ⅱ. 하수처리장 에너지자립화 추진방안

1. 기존·신규시설 운영효율화를 통한 에너지 절감대책 추진

2. 미활용에너지(소화가스, 소수력, 하수열 등)의 이용하여 외부전력 대체

3. 자연에너지(태양광, 풍력 등) 생산하여 하수처리장 에너지원으로 활용

4. 에너지 자립화 기반구축

Ⅲ. 사업의 기대효과

- 정부는 2030년 까지 에너지자립률 50% 달성으로 907GWh/년의 전력대체, 558,000 CO_2톤/년의 온실가스 감축효과를 목표로 하고 있음.

- 에너지 절감·생산설비 설치 및 운영으로 고용창출과 경제적 효과도 기대

1. 기존·신규시설 운영 효율화

1) 에너지 절감 운전 활성화

- 수처리시설, 펌프장시설, 관거시설, 슬러지처리시설 개선

2) 에너지 절감 기기·설비 교체, 신규시설 에너지 절감기기·설비 도입 확대

- 초미세기포산기장치, 탈수기, 하수열원 히트펌프 등 에너지 고효율 기기·설비 도입

3) 펌프장 등 기계·전기설비의 운전효율을 최적화

- 적정토출량·양정 결정　　　　　- 고효율펌프 사용

- 최고효율점 운전　　　　　　　- 대수제어·회전수제어의 조화

2. 미활용에너지 이용

1) 기존·신규시설 소화가스 이용 확대, 소화가스발생량 증가대책 추진
 - 소화가스를 이용하여 바이오매스(biomass)를 에너지로 전환, 슬러지가용화기술 도입

2) 소수력, 하수열 이용 확대
 - 소수력 : 방류수 낙차 2m 이상 필요

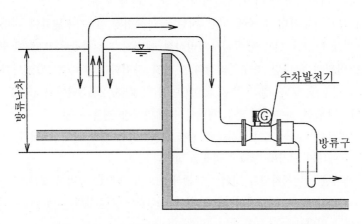

〈사이펀현상을 이용하여 수위차를 증가시킨 소수력발전〉

 - 하수열 : 연중 일정한 수온을 유지하므로 냉방(여름), 온열원(겨울)으로 이용가능, 이용
   온도차 대략 5℃

3) 예산지원을 확대하여 소화가스 발전설비를 단계적 확충
 - 소화가스 재활용 하수처리장은 전국 10여 개에 불과

4) 제3의 물산업으로서의 하폐수처리수 재이용
 - 국고보조에 의한 하수처리수 재이용사업 확대('10~'16까지 28백억 원 투자, 국고 최대
   70% 지원)
 - 하폐수처리수 공업용수 재이용 민간투자사업(BTO) 추진 2016년까지 전체 공업용수의
   16%) 재이용 목표

3. 자연에너지생산

1) 태양광 발전 확대
 - 태양광 이용 : 처리시설 침전지, 반응조, 관리동 지붕에 설치, 처리시설 면적의 대략 15%

2) 풍력 발전 확대
 - 풍력 이용 : 바람의 상태가 좋은 처리시설 내 여유부지, 연평균 풍속 5㎧ 이상 필요

3) 신규시설 태양광·풍력 도입 확대

  - 전국 350여 개 공공하수처리장 중 발전시설을 설치한 곳은 10여 곳에 불과

4. 에너지 자립화 기반구축

1) 시설별 에너지 자립화 계획 수립

2) 예산지원 확대

3) 제도개선 및 R&D 활성화

4) 저탄소 녹색성장 홍보 및 교육

하수처리시설의 에너지재이용 방안

Ⅰ. 에너지 재이용 방안

1. 미활용에너지 재이용

1) 하수 재이용

- 하수처리수 재이용 : 농업용수, 공업용수, 지하수 함양 등 적극적 이용(=제3의 물산업)
- 하수열 재이용 : 하수열회수 히트펌프를 적용하여 관리동 냉난방 등에 이용
  ⇒ 저온의 열을 압축·응축시킴으로서 고온(60℃)의 열로 변환함으로서 열에너지를 이용
- 소수력 발전 : 방류관거 낙차 및 유속 이용, 방류수 낙차 2m 이상 필요

2) 슬러지 재이용

- 혐기성소화조에서의 바이오가스 생산 (메탄 등) ⇒ 슬러지 가용화기술 도입
  음식물폐기물과 하수슬러지 연계 소화시 년중 유입부하변동에 따른 소화조 불안정을
  해소시킬 수 있고, 50:50의 비율로 혼합시 효과적, HRT 13일
- 슬러지의 화력발전 등 대체연료 : 건조, 탄화 등에 처리후 화력발전 등 대체연료로 사용
- 슬러지 소각시 발생되는 폐열 재이용
- 하수슬러지 내의 인 등의 유가물을 재회수하여 인 비료 생산

3) 연료전지 이용

- 미생물을 이용한 연료전지
  폐수내의 유기물은 아세트산과 같은 분자를 소비하여 전기를 생산하는 박테리아(미생
  물)를 이용하며 바로 전기를 생산 (7.6kJ/L 에너지 발생)
- 혐기성소화가스를 이용한 연료전지

4) 자연에너지 생산

- 태양열 발전 : 처리시설 침전지, 반응조, 관리동 지붕에 설치, 처리시설 면적의 대략 15%
- 풍력 발전   : 바람의 상태가 좋은 처리시설 내 여유부지, 연평균 풍속 5m/s 이상 필요

5) 공간의 자원화

- 공간활용에 의한 에너지 절감 (친수공간, 문화공간, 체육공간, 체험학습장 등)

  ⇒ 범위를 넓게 보면 하수처리시설의 상부 및 하부공간도 자원화로 연결할 수 있음

  ┌ 상부공간 … 녹색환경, 자연생태학습장, 휴식공간, 체육시설 활용
  └ 하부공간 … 하수관거 내의 광케이블 부설하여 이용

Ⅱ. 하수처리장에서 가장 효과적인 에너지자립화 방안은?

1. 혐기성소화조에서의 바이오가스 생성(메탄 등)
2. 태양열 발전
3. 화력발전 등에서의 대체연료
4. 하수열회수 히트펌프
5. 연료전지 (미생물을 이용한 연료전지, 혐기성 소화가스를 이용한 연료전지)
6. 풍력
7. 소수력발전

※ 정부추진방안

> 1) 태양광발전과 혐기성소화가스가 가장 많음
>
> 2) 2030년까지 에너지 자립화 50% 달성 목표 추진계획
>
> - 태양광(344개소) > 풍력(43개소) > 혐기성소화(26개소) > 소수력발전(7개소)

하수처리장 에너지 절감방안

I. 개요
- 하수처리장에서의 에너지 소모는 전력비와 유지보수비가 차지함으로 이들을 절감함으로서 에너지를 절약할 수 있다.
- 또한 정부의 처리장 "에너지 자립화 정책"에 맞춰 효율적인 에너지원 설치 및 이용에 대해 추진해야 한다.

II. 하수처리장 에너지 절감방안
1. 기존시설의 운영 효율화
- 에너지 절감 운전 활성화
- 에너지 절감기기 교체, 신규시설 에너지 절감기기 도입
- 펌프장 등 기계·전기설비의 운전효율 최적화

2. 기계 · 전기 · 계측제어관리
1) 전력비 절감
- 자연유하방식 채택, 고효율펌프 사용,
- 변전실 통합유도, 송풍기 DO에 의한 자동제어
- 고효율 조명기기 설치, 펌프속도를 제어할 수 있는 인버터 설치로 부하변동 대응

2) 유지보수비 절감
- 펌프 등 설비의 예방정비 철저
- 고장시 신속한 정비
- 예비품의 적정 재고량 유지

3. 수질공정 관리
1) 하수처리장 전체의 처리효율 향상
- 유입수질 개선, 반류수는 전처리후 수처리공정에 유입
- 슬러지처리시설 효율개선(슬러지 가용화기술 도입), 슬러지의 자원화

2) 설비별 에너지 절감

- 유입 및 중계펌프장 　: 유입펌프 자동운전, 중계펌프장 자동화

　　　　　　　　　　　　　인버터 제어, 침사지·스크린설비 타이머 운전
- 1차침전지 　　　: 슬러지수집기 간헐운전
- 포기조 　　　　　: DO값에 의한 송풍기 자동운전, 초미세기포산기장치 도입
- 2차침전지 　　　: 잉여슬러지 인발펌프 자동운전

　　　　　　　　　　인버터 제어, 반송비 설정 최적화
- 용수공급설비 　: 가압식 용수공급장치 검토
- 농축조 　　　: 농축 슬러지펌프 자동운전
- 소화조 　　　: 열교환기, 보일러 자동운전 방안, 슬러지가용화기술 도입
- 탈수기 　　　: 공기압축기 가동방법 검토
- 공조설비 　　: 하수열원 히트펌프 도입

3. 미활용에너지 이용 및 자연에너지생산

1) 미활용에너지 이용

- 하수처리수 재이용
- 하수열 재이용
- 혐기성소화조에서의 바이오가스 생산 (메탄 등)
- 화력발전 등에서의 대체연료
- 슬러지 소각시 발생되는 폐열 재이용
- 연료전지 (미생물을 이용한 연료전지, 혐기성소화가스를 이용한 연료전지)
- 하수슬러지 내의 유가물 재회수, 공간활용에 의한 에너지 절감

2) 자연에너지 생산

- 태양열 발전, 풍력 발전, 소수력 발전

하수분야의 바이오에너지, 미생물 연료전지(MFCs)

Ⅰ. 하수분야의 바이오에너지

- "하수분야의 바이오에너지"란 하수처리과정에서 미생물에 의한 작용으로 얻어지는 에너지이며, 주로 기존의 미생물 발효시(즉 혐기성소화시) 발생하는 메탄가스를 이용한 연료전지시스템과 전기화학적으로 활성을 지닌 미생물을 직접 이용하여 전기를 생산하는 활성미생물을 이용한 연료전지시스템이 있다.
- 우리나라는 하수슬러지 6만㎥/d, 음식물쓰레기 1.2만㎥/d, 축산폐수 7만㎥/d가 발생하고 있다(2003년 기준). 이들 모두 대체에너지로 이용할 수 있는 고농도 유기성 바이오매스(biomass)로서, 에너지로 환산하면 약 100억 kcal/d 이상의 잠재된 에너지에 해당된다.

Ⅱ. 메탄가스를 이용한 연료전지

1. 개요

- 혐기성분해시 발생하는 메탄가스를 개질하여 수소를 만들고 이를 산소와 반응시켜 전기와 열을 생산하는 연료전지
- 혐기성소화는 유기성 폐기물의 처리와 함께 대체에너지원을 생산할 수 있는 일거양득의 장점이 있다. 혐기성소화의 효율을 높이기 위해서는 잉여슬러지 가용화 단계가 함께 적용되어야 한다.

2. 소화가스로부터 연료전지를 만드는 과정

1) 소화가스 내의 황화합물 등을 사전 제거한다.

- 황화수소는 연료전지 내 메탄을 수소로 분리하는 개질촉매와 전극의 활성을 저해하여 SOx를 발생하므로 산·알칼리제로 표면처리한 활성탄 등으로 제거해야 한다.
- 실록세인 역시 실리카(SiO_3)를 형성 연료전지 내 성능저하를 초래 (주로 흡착제로 처리)

2) 메탄가스에서 수소를 분리한다.

3) (−)극에 수소가 전자를 내고, (+)극에 산소가 전자를 받는 과정에서 물과 함께 에너지가 발생하고, 직접 전기에너지로 전환된다. 이때 소화가스 연료전지의 산소는 공기 중에서 얻는다.

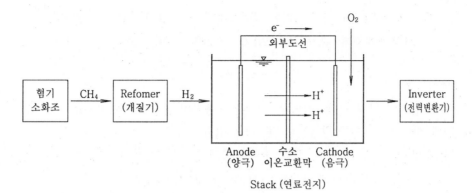

<소화가스 연료전지의 원리>

```
┌─ 개질기      : 메탄가스로 부터 수소를 발생시키고, 황화수소 등을 제거하는 장치
├─ 연료전지    : 원하는 전기출력을 얻기 위해 단위전지를 수십장, 수백장 직렬로 쌓
│                아 올린 본체
│        ┌─ 양극 : 수소가스가 화학촉매에 의해 전자(electron)와 수소이온으로 변환
│        ├─ 외부 도선 : 전자는 외부도선을 따라 anode에서 cathode로 이동
│        ├─ 이온교환막 : 수소이온은 이온교환막을 통해 cathode로 이동
│        └─ 음극 : 전자와 수소이온은 산소와 반응하여 물로 전환
└─ 전력변환기    : 연료전지에서 나오는 직류전기(DC)를 교류(AC)로 변환시키는 장치
```

Ⅲ. 미생물 연료전지 (MFCs, Microbial Fuel Cells)

1. 개요

- MFCs(미생물연료전지)는 미생물(박테리아)의 신진대사를 이용하여 미량의 전기를 얻는
  것이며, 기존의 수소가스를 이용한 연료전지에 비하여 더욱 생태적이다. 또한 하폐수처
  리와 동시에 전기를 얻는 일석이조의 효과를 얻는다. (하폐수내 유기물 중 아세트산과
  같은 분자를 소비하여 전기를 생산하는 박테리아를 사용함)

  ⇒ 전형적인 MFCs는 음극부에서 미생물의 유기물 소화작용(=혐기성소화)에 의하여 기질이 산
  화되면서 발생하는 전지에 의하여 ORP가 낮아져서 전위차에 의한 미량의 전류가 발생한다.

- 최근의 미생물 연료전지는 전기적 활성미생물(무기호흡박테리아)을 이용하여 혐기성상태에
  서 폐수중의 유기오염물(예 ; 아세트산과 같은 분자)을 분해하여 직접 전기에너지를 생산하
  는 것으로 폐수처리와 전기생산을 동시에 수행하는 획기적인 공법으로 기대되고 있다.

2. MFCs의 종류

1) 전달매개체형

- 매개체(티오닌 등)를 이용하여 음극부에서 미생물이 먹이를 분해할 때 생성되는 전자

를 양극부로 전달하게 되어 이러한 전위차에 의해 미량의 전류가 발생하게 됨

$$전달 매개체형 : C_6H_{12}O_6 + 2H_2O \rightarrow 2CO_2 + 2C_2O_2H^- + 10H^+ + 8e^-$$

2) 무매개체형
- 미생물(금속염 환원미생물 지오박터 등)을 이용하여 음극부에서 미생물이 먹이를 분해할 때 생성되는 전자를 양극부로 전달하는 방식
- 포도당(glucose ; $C_6H_{12}O_6$) 1개당 전자가 24개가 발생하므로 효율이 높다.

$$무매개체형 : C_6H_{12}O_6 + 6H_2O \rightarrow 6CO_2 + 24H^+ + 24e^-$$

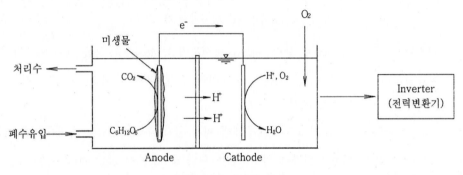

<미생물 연료전지의 원리>

3. MFCs의 한계점
- 일반미생물의 세포 표면이 전기적으로 절연이기 때문에 전자전달이 세포안에서 이루어지는 일반미생물은 전자를 전극으로 전달할 수 없다.
- 기존의 MFCs의 경우 양극물질에 의하여 미생물의 전이증식이 제한되어 충분한 성능을 가지지 못한다.
- MFCs의 양극물질은 미생물 증식을 위한 미세구멍을 가지고 있어야 하며, 이 구멍들이 다 채워지면 더 이상 미생물이 증식하지 못하게 된다.
- MFCs는 장시간 운전에 적합하지 않기 때문에 산업화가 곤란하다.

4. MFCs의 최근 추세
- 미생물에 자유롭게 증식될 수 있는 양극물질을 개발함으로써 MFCs의 성능을 향상시키는 연구가 진행중이다.
  ⇒ 비틀어진 미세섬유(직경 $20\mu m$)로 만들어진 구멍 뚫린 직물을 탄소나노튜브와 혼합하여 다공성·전도성 있는 양극물질을 개발하여 3차원적 구조를 통하여 미생물이 자유롭게 증식할 수 있도록 한다.
- 무매개체형 미생물 연료전지는 위의 문제점을 극복할 수 있는 시스템으로서 현재 폐수처리용 장치로 사용하기 위한 연구가 진행중이다.

기후변화협약과 CDM(청정개발체제)

Ⅰ. 유엔 기후변화협약

- 온실가스 감축 관련 리우 기후변화협약('92) 이후 교토회의('96)를 통해 선진국의 온실가스 의무감축 목표 설정('97)
- 교토의정서에 따르면 의무당사국들은 1990년 배출량을 기준으로 2008년에서 2012년까지 이산화탄소 배출량을 평균 5% 수준으로 줄여야 한다.

Ⅱ. CDM(Clean Development Mechanism)

1. 개요

- CDM사업은 6대 지구온실가스(CO_2, CH_4 등)를 저감하기 위한 선진국과 개도국간의 공동이행체제로서 선진국에서는 자본과 기술을 투자하여 온실가스 저감량을 획득하고 개도국은 지속적인 개발을 달성할 수 있는 제도이다.

CDM	· 청정개발체제 (Clean Development Mechanism) · 의무감축국이 비의무감축국에게 기술과 자본을 제공 후 감축실적을 획득(보장)하는 체제
JI	· 공동이행제도 (Joint Implementation) · 의무감축국간의 기술, 자본 등을 공유하여 감축실적을 분할하는 체제
ET	· 배출권거래제도 (Emission Trading) · 의무감축국이 감축실적을 거래할 수 있는 제도

2. CDM 현황

- CDM사업에서 발생한 온실가스 감축분은 1톤의 CO_2 감축분을 1CER로 인정하여 UN이 발급한다. 즉 CER은 교토의정서의 온실가스 감축의무를 부여받은 선진국이 의무준수에 활용할 수 있는 배출권으로, 유럽과 일본정부가 주요 구매자이다.
- 2008년 톤당 최고 30유로(≒42,000원)까지 올랐던 CER은 세계 경제침체 등과 맞물려 2013년에는 최저 3유로까지 떨어졌으며 2014년 현재 6유로(≒8,400원)에 불과하다. 앞으로 배출권제를 단계적으로 강화하는 등의 조치가 필요하다.
- 국내에서는 이명박 정부가 야심차게 추진했던 배출권 거래제가 기업들 반발로 시행 시기가 2015년으로 한차례 연기됐었으며, 박근혜 정부 들어서도 2015년 시행은 커녕 기업체 반발 등으로 배출권 거래제 자체가 사라져버릴 수 있다고 한다.

※ 탄소 배출권 및 관련제도

1. 탄소 배출권 (CER : Certified Emission Reduction, 공인인증감축량)

- CDM 사업을 통해서 온실가스 방출량을 줄인 것을 유엔의 담당기구에서 확인해 준 것을 말한다. 이러한 탄소배출권은 배출권거래제에 의해서 시장에서 거래가 될 수 있다.
- 선진국이 개발도상국에 가서 온실가스 감축사업을 하면 유엔에서 이를 심사·평가해 일정량의 탄소배출권(CER)을 부여한다. 이 온실가스 감축사업을 청정 개발 체제(CDM) 사업이라고 한다. 선진국뿐 아니라 개도국 스스로도 CDM 사업을 실시해 탄소배출권을 얻을수 있는데, 한국은 이에 해당한다.
- 정해진 기간 안에 이산화탄소(CO_2) 배출량을 줄이지 못한 각국 기업이 배출량에 여유가있거나 숲을 조성한 사업체로부터 돈을 주고 권리를 사는 것을 말한다. 교토의정서에 따르면 의무당사국들은 1990년 배출량을 기준으로 2008년에서 2012년까지 이산화탄소 배출량을 평균 5% 수준으로 줄여야 한다. 감축에 성공한 나라들은 감량한 양만큼의 탄소배출권을 사고팔 수 있게 하였다. 이에 따라 석유화학기업 등 이산화탄소 배출량이 많은 기업들은 이산화탄소 배출 자체를 줄이거나 배출량이 적은 국가의 조림지 소유업체로부터 권리를 사야 한다.
- 한국은 2015년에 이러한 탄소 배출권을 도입할 예정이다.

2. 탄소배출권 관련제도

⑴ RPS(Renewable Portfolio Standard ; 신재생에너지 의무할당제도)

- 에너지사업자의 총공급(판매)량의 일정비율을 신재생에너지로 공급(판매)토록 의무화하는 제도
- 2012년부터 시행을 계획하고 있으며, 2020년 20%를 목표로하고 있다.

⑵ 청정대체에너지 CME(Carbon Monoxide Eliminator) 사용

- 기존 옥탄가를 높이기 위해 자동차 연료에 혼합했던 MTBE(Methyl Tertiary Butyl Ether)는 발암물질로 판명됨에 따라 CME 등으로 대체
- 자동차의 옥탄가를 높여줌은 물론 지구온난화의 주범인 CO_2 배출량도 기존 휘발류보다 24% 이상 감소

제7장 하수처리

하수처리장의 시설배치계획

Ⅰ. 개요
- 처리장의 목표수질을 달성하기 위해서는 건설된 시설이 어떻게 적정하게 유지관리되는지에 달려있다. 처리장 시설배치가 부적당하면 유지관리의 어려움, 유지관리비 증가, 장래증설에 제약, 주변환경에 악영향을 미치기도 한다.

Ⅱ. 배치계획시 고려사항
1. 하수와 슬러지의 흐름
 - 처리장내 물의 흐름은 유입관이 들어오는 위치에서 방류관으로 나가는 위치까지 하류로 흘러가며 되돌아오지 않는 시설로 배치한다.
 - 슬러지의 흐름도 되돌아오지 않는 시설로 배치한다.
2. 수리종단 계획
 - 처리장의 위치는 침수우려가 없는 지점으로 하고,
 - 에너지 절약을 위하여 자연유하식으로 처리·방류되도록 계획한다.
3. 유지관리 동선
 - 처리장 기능을 충분히 발휘하기 위해서는 유지관리가 용이하도록 관리자 및 차량동선이 복잡해지지 않도록 계획한다.
4. 주변환경에의 영향
 - 상업지역·주거지역은 되도록 피하고,
 - 소음·악취·경관 등 주변환경에 대한 대책을 강구한다.
5. 장래 확장
 - 일반적으로 처리장은 단계별로 건설하므로 장래 증설시 공간 확보에 지장이 없도록 계획한다.
6. 부지이용성
 - 건축물·구조물의 집약화, 운영에 지장이 없는 범위 내에서 이격거리를 최소화하여 불필요한 여유공간을 남기지 않도록 하고,
 - 남는 여유공간은 공원·스포츠시설·피난시설 등의 공공시설로의 활용을 모색한다.
7. 수밀성과 내구성 있는 구조, 2계열 이상으로 계획

Ⅲ. 수리종단도 작성
- 수리계산을 통해 수리종단도를 작성함으로서 펌프소요수두 및 각 시설 설치지반고를 산정한다.

1. 수리종단도 작성순서

1) 처리공정 선정 및 각 시설물의 용량을 결정한 후, 행하는 수리계산은 계획방류수위를 먼저 정한 다음 합류관거로부터 유입관거까지 수처리공정의 역순으로 각각의 처리시설 및 처리시설간 연결관의 손실수두를 계산하고, 여유치를 고려하여 각 처리시설의 수위 및 펌프의 소요수두를 정한다.

⇒ 슬러지처리공정은 자연유하방식이 아닌 압송방식이므로 농축조까지만 수리 계산한다.

2) 마지막으로 수리종단도를 작성한다.

 - 수리종단도에는 HWL(고수위), LWL(저수위), MWL(평수위), DWL(방류수위, 운전수위), GL(지반고) 등을 표시해야 한다.

⇒ HWL은 목표년도 계획시간최대하수량, DWL은 계획1일최대하수량에 의하여 설정한다.

2. 수리종단도 작성시 고려사항

1) 계획방류수위와 계획지반고

 - 계획방류수위는 하천의 경우 계획고수위, 해역의 경우 최고조수위(삭망만조위)를 기준으로 한다.
 - 계획지반고는 침수우려가 없도록 계획한다(특히 전가·기계설비는 침수하지 않는 높이에 설치).

2) 계획하수량과 유속

 - 각 처리시설과 각 처리시설간 연결관의 계획수량 및 유속에 의한 손실수두를 계산한다.

<계획하수량>

구 분		분류식	합류식
1차침전지 전 (소독시설 포함)	처리시설	계획1일최대오수량	계획1일최대오수량
	처리장내 연결관	계획시간최대오수량	우천시 계획오수량
2차처리 고도처리 및 3차처리	처리시설	계획1일최대오수량	계획1일최대오수량
	처리장내 연결관	계획시간최대오수량	계획시간최대오수량

주) 고도처리의 경우 계획하수량은 겨울철(12~3월)의 계획1일최대오수량을 기준으로 한다. 단 관광지 등과 같이 계절별 유입하수량의 변동폭이 큰 경우에는 예외로 한다. 계획하수량은 침사지 및 유입펌프장 시간최대오수량, 반응조 및 1차2차침전지는 1일최대오수량 적용

<평균유속>

시설명	평균유속(m/s)	시설명	평균유속(m/s)
유입관거	0.6~3.0	토출구-1차침전지	1.5~3.0
스크린	0.3~0.6	1차침전지	0.3
침사지 유입수로	1 이상	1차침전지-포기조	0.6~1
침사지 분배수로	1	포기조-2차침전지[주]	0.6
침사지	0.3	2차침전지	0.3 이하
침사지-유입펌프정	1	소독조	0.2 이하
유입펌프정-토출구	1		

주) 계획하수량 : 시간최대오수량+시간최대반송수량

3) 여유치

 - 장래 확장, 지반 침하, 유량 증가 등을 대비하여 여유치를 설정한다.

4) 처리시설간 연결관

 - 주요시설(1·2차침전조, 포기조)은 2지 이상으로 하므로 연결관도 2개 이상으로 한다.
 - 연결관은 사각의 수밀철근콘크리트조로 하며, 가능한 짧게, 관랑 등과 교차되지 않게 부설한다.
 - 공동구내 배관을 고려한다.

5) 각종 수리학적 악조건

 - 기계설비는 가동중단상태를 고려, 유량·수질은 최악상태를 고려한다.
 - 방류수역의 이상수위에 의한 역류발생도 고려한다.

3. 수리계산 적용공식

1) 마찰에 의한 손실 계산

 - 콘크리트 구조물 (Manning 공식)   : $h_f = (\dfrac{n \times V}{R^{2/3}})^2 \cdot L$

 - 주철관, 강관 (Darcy-Weisbach공식) : $h_f = f \times \dfrac{L}{D} \times \dfrac{V^2}{2g}$

2) 관로손실 : 유입, 유출, 곡관, 굴절, 점확축에 의한 손실

3) 기타 월류 Trough, V-Notch(V자형 홈), 전폭위어, 수문, 완전수중 Orifice에 의한 손실

하수처리장 구조물 계획고 결정기준, 수리종단계획 및 부지집약화 방안

I. 개요

1. 유수의 흐름은 가능한 자연유하가 되도록 계획
2. 수리계산 방법은 계획방류수위를 정한 후 방류관거로부터 유입관거까지 역순으로 계산
3. 수리종단도 작성순서
   - 처리공정 선정, 각 시설물 용량 결정 후 수리계산
   - 계획방류수위를 먼저 정한 다음
   - 합류관거로부터 유입관거까지 수처리공정 역순으로 처리시설 및 연결관의 손실수두를 계산하고
   - 여유치를 고려하여 각 수위 및 펌프의 소요수두와 설치지반고 및 굴착깊이를 결정한다.

※ 하수처리장의 구조물 순서(공정배열)

> (1) 하수처리시설
>   - 유입관거 → 침사지 → 유입펌프장 → 1차침전지 → 생물반응조 → 2차침전지 → 3차처리시설 → 소독시설 → 방류관 → 토구
>   (3차처리시설 : 고속응집침전, DF 또는 CMDF, DAF, 막여과 등)
> (2) 슬러지처리시설
>   - 슬러지 저류조 → 슬러지 농축조 → 소화조 → 탈수시설 → 처분

II. 수리계산의 필요성

- 시설의 수리학적 안정성 확보 (가장 중요)
- 펌프의 소요수두 및 동력의 계산
- 설치 지반고 및 굴착깊이 산정
- 각 연결시설 간의 연결관거를 적절하게 설계하기 위한 것.

III. 구조물 계획시 고려사항

- 시설물의 계열화 (하수와 슬러지의 흐름을 적절히 할 것)

- 손실수두의 최소화 (수리종단계획에 의함)
- 유지관리동선의 최소화
- 슬러지선의 최소화
- 장래확장 고려, 부지의 콤팩트한 이용성
- 주위환경과의 조화

Ⅳ. 수리종단계획

1. 계획하수량

처리공정		분류식	합류식
유입스크린, 침사지 유입·분배수로 침사지, 유입펌프장, 토출구		계획시간최대오수량	계획시간최대오수량
1차처리 (1차침전지까지)	처리시설(소독시설 포함) 처리장내 연결관	계획1일최대오수량 계획시간최대오수량 (Q)	계획1일최대오수량 우천시 계획오수량(3Q 이상)
2차처리 고도처리 및 3차처리	처리시설 처리장내 연결관	계획1일최대오수량 계획시간최대오수량	계획1일최대오수량 계획시간최대오수량

　　주) 고도처리시설의 경우 계획하수량은 겨울철(12~3월)의 계획1일최대오수량을 기준으로 한다.
　　　　단, 관광지 등과 같이 계절별 유입하수량의 변동폭이 큰 경우는 예외로 한다.

2. 자연유하가 가능한 방류관거고 결정 : 처리공정의 역으로 구조물별 level 결정
3. 포기조와 2차침전지 사이에는 슬러지 플록파괴 방지를 위해 가능한 여유수위를 작게 한다.
4. 극도의 첨두유량에서는 2차처리시설을 우회할 수 있는 대책 마련 (by-pass line)
5. 방류펌프장은 홍수시 처리장내 침수방지를 위하여 가동수위를 명확히 한다.
6. 방류선 수위의 결정, 방류펌프장 가동수위는 계획고수위로 결정한다.
7. 계획수위
　- 침사지, 유입펌프장, 1차침전지, 방류관로 → 우천시 수위까지 검토
　- 포기조, 2차침전지, 3차처리시설 → 기간최대오수량 수위까지 검토

H·H·W·L	H·H·W·L	H·W·L + 반송	H·W·L	H·H·W·L
H·W·L	H·W·L	W·L + 반송	W·L	H·W·L
W·L	W·L			W·L

펌프장　⇨　1차침전지　⇨　포기조　⇨　2차침전지　⇨　방류관로　⇨

(H·H·W·L : 우천시 수위,　H·W·L : 시간최대오수량 수위,　W·L : 1일최대오수량 수위)

Ⅴ. 하수처리장 부지집약화 방안

- 유지관리 동선 및 수리종단계획에 알맞게 콤팩트한 적정 배치 필요
- 자연유하식 원칙 : 하수와 슬러지의 흐름은 가능한 한 자연유하식 배치로 pumping
      system을 절약하게 되면 부지집약화 됨.
  → 신규공법 도입시 MBR, PFR(Plug flow reactor)방법 도입 고려
- 1차침전지 : 고도처리공정 운영시 부족유기물 공급대책으로 1차침전지 생략 검토 (다만,
      미세스크린 등을 설치한다.)
- 반 응 조 : 심층포기조, Media(담체)공법 도입, MBR공법, 간헐포기방식 등 도입
- 2차침전지 : 2층침전지로 설계
- 슬러지처리 : 슬러지가용화시스템 활용, 일차슬러지는 중력식 농축조로 2차슬러지는 원
      심농축후 바로 기계적 탈수하므로 농축조의 생략 가능
- 소독시설 : 자외선 소독시설 설치(대장균수가 적거나 거의 없으면 소독시설 생략가능)
- 지하화 : 하수처리시설의 일부시설 지하화

하수처리장의 구조물 계획고(계획지반고) 수립시 고려사항

I. 개요

- 하수처리시설의 방류수역 수위는 하천에 있어서는 계획고수위, 해역은 최고조수위(삭망만 조위)에서 결정한다.

- 하천계획은 통상 100년 확률강우강도에 의한 수위를 예상하는데 계획고수위가 매우 높은 경우가 많으며, 계획고수위에서도 처리수를 자연유하로 방류하려면 시설의 수위를 상당히 높게 해야 한다. 그러나 시설을 지나치게 높게 하면 유입펌프의 소요양정이 높아지므로 비경제적이다. 그러므로 하천의 계획방류수위의 결정은 계획고수위를 정한 다음 주변의 조건, 경제성을 충분히 검토하여야 한다.

II. 계획방류수위 결정의 일반적 설계절차

- 하천의 수위관측자료를 조사하고 최대수위를 계획수위로 한다. 단 계획고수위와의 차가 적은 경우에는 계획고수위로 한다.

- 계획고수위에 의한 배수와 조의 여유고와의 관련을 검토한다.

- 방류펌프(재양수펌프)의 설치를 검토한다. 그런 경우 연간의 가동횟수와 경제성을 검토하고 유입수량의 추이를 충분히 고려하여 그 설치시기를 검토한다.

- 계획고수위 시점에 있어 관내 저류능력 등을 검토한다.

- 계획고수위시 간이처리수의 방류, 주펌프에 의한 방류가능성을 검토한다.

III. 계획지반고 결정

- 계획지반고는 계획방류수위와 밀접한 관계가 있는데, 유의해야 할 점은 침수방지대책에 있다.

- 계획지반고는 방류수역의 상황, 제방의 개수상황 및 부지부근의 과거 침수상황을 파악하여 침수방지대책에 적합하도록 선정하여야 한다.

- 또한 장내의 맨홀 등의 개구부에 대비하도록 충분한 주의를 하고, 주변환경과의 조화, 공사비, 유지관리의 용이 등을 종합적으로 검토하여 결정한다.

하수처리장 지하화의 장·단점 및 고려사항

I. 개요
- 하수처리장의 지하화는 경제적 비용 증가로 지금까지는 적극적인 활용이 미미했으나
- 최근의 혐오시설에 대한 지역주민의 강력한 반발로 공사비 부담에도 불구하고 민간투자 유치 등을 통한 지하화를 적극 시도하고 있다.

II. 지하화의 방법
1. 완전지하화 : 지상에서 시설의 존재를 알 수 없도록 하는 방법
2. 반지하화   : 완전지하화에 비해 공사비 절감
3. 일부지하화 : 악취·소음 등의 문제시설(반응조, 소화조, 슬러지 처리조 등)만 지하화, 관리동, 창고 등은 지상화할 것.

III. 지하화의 장단점
1. 장점
 - 연간 일정한 방류수 수질기준 만족 (동절기 온도 저하 적음)
 - 조류발생 억제
 - 상부의 공간을 주민친화시설로 활용 가능
 - 시설물의 콤팩트화 가능
2. 단점
 - 추가적인 펌프 사용 및 환기·배기시설 설치, 전등 설치 등으로 전력비 등 유지관리비 상승
 - 터파기 등 공사비용 증가
 - 비상상태로 인한 시설물 침수 우려 (차단수문 등 시설물 추가 설치)

IV. 지하화시 고려사항
1. 공사비 증가에 따른 예산조달 및 민자유치 등 현실적인 실현가능성을 검토
2. 관련 종사자의 근무환경 개선대책 마련(악취 등)
3. 수리종단에 의한 시설물, 기기 등의 침수에 대한 검토(수문 등의 이중화 및 빗물펌프장과의 연계 등)
4. 설계시 토압, 지하수압 등을 고려하여 구조적인 면에서 안전한 시설물 구성
5. 충분한 방수 조치
6. 기존 시설물의 이용에 대한 고려
7. 지상공간의 효율적인 활용을 고려

8. 지하의 밀폐구조물이므로 자연환기가 곤란하여 기계환기를 실시하되 스모크 타워 등을 최대한 활용하여 자연환기를 유도하고 에너지 절약을 꾀한다.

9. 지하의 각 시설물별로 구획하여 실별 환기를 통하여 환기동력을 최소화한다.

10. 소음·진동·악취와 무관한 관리동, 창고 등은 지상화 하되 지하시설물과의 동선을 충분히 고려하여 유지관리시 운전원의 편리함을 꾀한다.

V. 하수처리장 지하화시 에너지 이용측면에서의 의견

- 하수처리장의 지하화는 상부공간을 주민친화공간으로 활용하고 혐오시설이라고 인식되는 환경을 개선하기 위해 실시되고 있으나 에너지 측면에서는 불리한 측면이 많다.

- 즉, 수리종단에서 펌프사용의 증가와 침수방지를 위한 시설물(차단수문 등)이 추가로 설치되며, 환기시설 및 급·배기시설의 설치, 전등의 설치 등 하수처리장 에너지 이용에서 대부분을 차지하는 전력비가 크게 상승하게 된다.

- 따라서 주민휴식공간이 절대 부족한 도심지의 하수처리장에서는 적용가능하나 기타 지역에서는 에너지 이용측면에서는 불리하므로 충분한 검토가 필요하다.

하수처리장 운전제어의 종류 및 계측항목

I. 감시제어방식의 종류

- 집중감시 집중제어방식 → 소규모시설에 적용
- 집중감시 분산제어방식 (비계층형)
- 집중감시 분산제어방식 (계층형)
- 집중감시 분산제어방식 (통합제어방식)

II. 하수처리장의 계측항목

공 정	계 측 항 목
침사지	· 수위, 유량, pH, 게이트의 개도조절
(유입)펌프정	· 수위, 유량, 밸브개도, 토출량
1차침전지	· 유량, 슬러지인발량, 슬러지함수율, 슬러지계면
생물반응조	· 유량, 공기량, DO, MLSS, SVI, ORP, pH, 수온, NH_3-N, NO_3-N, 밸브개도
2차침전지	· 유량, 반송슬러지량, 잉여슬러지량, 슬러지함수율, 슬러지계면
방류수	· 수위, 유량, 탁도, COD(BOD), SS, pH, 수온, T-N, T-P

하수처리공법 선정시 고려사항

Ⅰ. 개요
1. 하수처리는 처리정도에 따라 크게 1차처리(침전법), 2차처리(활성슬러지법 등), 고도처리 (활성탄법, 질소·인 제거법 등)로 분류할 수 있다.
2. 처리방법의 선정은 이론적으로 방류수역의 수환경 상황을 기초로 하여 목표수질(수질환경기준)을 정하고 방류수역의 허용부하량과 처리장 내 유입하수의 오염부하량에 의해 필요한 제거율을 산정해야 한다.
3. 그러나 실제 방류수역에는 처리구역 외의 공장폐수 등도 방류되며, 방류수역의 목표수질은 변할 수 있으므로 처리방법이 일률적으로 정해지지 않으며, 현재와 미래를 함께 대비하는 처리대책도 마련되어야 한다.

Ⅱ. 처리방법 선정의 원칙
1. 처리방법 선정할 때 우선 유입하수량 및 유입수질, 처리수의 목표수질, 방류수역의 현재 및 장래이용계획, 처리수 및 슬러지 재이용계획 등을 고려한다.
2. 그 다음 이것에 대한 각 처리방법의 특징을 파악한 후 처리장의 입지조건, 건설비·유지관리비, 유지관리의 용이성, 법규 등의 규제, 통합운영시 중심처리장과의 호환성, 에너지 사용량, 환경성 등 대한 검토가 이루어져야 하고,
3. 필요하다면 LCA 또는 LCC, $LCCO_2$ 등을 이용할 수 있다.

Ⅲ. 처리방법 선택시 고려할 사항
1. 유입하수량 및 수질
 - 계획오수량·계획유입수질 등의 평균 및 변동범위
2. 처리수의 목표수질
  - 방류수역의 현재 유량 및 수질
  - 동일수역 내 방류되는 기타 배출원과의 관계
  - 다른 오염원의 장래 오염부하량 예측
  - 방류수역의 자정능력

3. 처리장의 입지조건

 - 상수원 및 지하수를 오염시키지 않는 곳

 - 침수우려가 없고, 자연유하식으로 처리·방류할 수 있고, 가능한 한 방류수역과 가까운 곳

 - 주택지역, 상업지역은 피하고, 주변환경 대책(악취방지, 방음 및 경관) 강구

 - 발생슬러지 처리·처분대책과 연계

 - 처리장은 통상 단계적으로 개발되므로 장래확장 고려

4. 방류수역 현재 및 장래이용계획

 - 생활용수·공업용수·농업용수 계획

 - 레크리에이션용수 계획

5. 건설비, 유지관리비 등 경제성

 - 하수처리수 재이용, 발생슬러지 감량 및 슬러지 재이용을 감안하여 경영수지를 개선하
   도록 강구

 - 필요시 LCC, LCA, $LCCO_2$기법 도입

6. 유지관리의 용이성

 - 투입인원 최소화

 - 자동화·반자동화 제어방식 도입

 - 고장우려가 적은 계측·자동제어장치 사용

7. 법규 등의 규제

 - 방류수수질기준을 참고하여 처리장 시설의 운전목표를 정할 것

 - 특히 영양염류(T-N, T-P)에 대한 방류하천 수질을 고려할 것

8. 처리수 및 슬러지처분/재이용계획

 - 하수처리수 재이용용도 : 처리장내 잡용수, 수세식 변소수, 공업용수, 농업용수, 조경용
   수, 지하수 함양, 기타(하천유지용수, 친수용수, 습지용수)

 - 슬러지의 처리처분 : 재이용, 고화, 소각, 매립 등

미세목스크린, 드럼스크린, 마이크로스트레이너의 차이

I. 미세목 스크린

1. 침사지 앞에 조목(50㎜ 이상) 또는 세목(25㎜ 미만)스크린, 침사지 뒤에는 세목 또는 미세목스크린(1~5㎜ 정도)을 설치하는 것이 원칙이며,

- 대형하수처리시설 또는 합류식인 경우와 같이 대형침전물이 발생하는 경우에는 침사지 앞에 조목스크린을 설치한다.

2. 1차침전지 (또는 포기조)에서 넘치는 부유성 스컴의 양을 줄이고, 스컴 반송수로 인한 1차침전지(초침)의 오염부하량이 설계값보다 크게 되는 경우를 방지할 수 있다.

3. 역삼각형 단면의 바(wedge-bar)식 또는 계단식 스크린(step screen)식이 많이 사용되고 있다.

II. 드럼스크린

1. 조목(5~8㎜) 또는 세목(0.3~3㎜) 스테인리스 판을 둥글게 말아서 회전시키면서 그 내측에 유입수를 공급하여 유입수의 협잡물과 부유물질을 제거하는 스크린

2. 조목의 드럼스크린은 분뇨처리에서 가장 일반적인 협잡물 제거장치이다.

3. 협잡물과 함께 하수를 이송하는 시스템에 주로 이용되며, 눈목은 미세목스크린과 거의 동일하다.

4. MBR공법의 경우 내구성이 좋은 평막 모듈을 쓰는 경우 스크린 눈목 1mm정도, 중공사막 모듈의 경우 0.3mm정도를 적용하여 분리막이 회손되지 않도록 전처리한다.

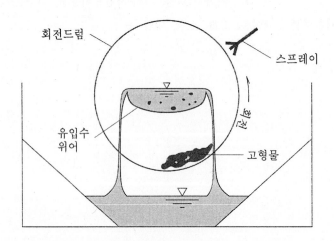

Ⅲ. 마이크로 스트레이너

1. 주로 2차처리수 유출수 중의 잔류부유물질을 여과망에 통과시켜 제거하는 시설

2. 회전원통에 미세공을 갖는 망을 붙여 수중에 부유하는 현탁물, 플랑크톤, 조류 등의 고형부유물을 여과하는 장치
   - 상수도나 공업용수의 정수과정에서 조류 등을 제거
   - 폐수처리장에서는 최종처리부 등에서 부유물질 제거에 이용

3. 여과망 재질은 스테인리스스틸이나 폴리에스테르 등,
   - 드럼의 직경은 보통 3m, 여과망 간격은 25~150㎛ 범위(0.02~0.15㎜)

4. 사여과나 응집침전에 비하여 유지관리비가 저렴하고 손실수두가 작으나 제거효율은 낮은 편이다. (SS제거율 10~80% 정도, 평균 50%)

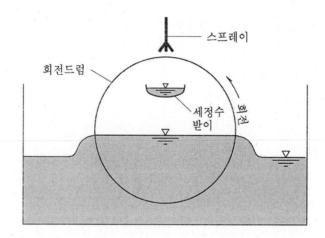

예비포기

Ⅰ. 정의

1. 하수처리장에 유입되는 하수는 관내를 흘러들어오는 동안 용존산소가 감소하게 된다.
 - 따라서 예비포기는 부족한 DO를 공급하여 1차침전에서 침전하는 동안 부패를 방지하는 역할을 한다.
2. 1차침전지의 효율을 증대시키는 방법으로서 침전지 앞에 예비포기, 응집제 주입, 침사지 내 경사판 설치하는 방법 등이 있다.

Ⅱ. 목적

1. 하수의 혐기화 방지(=1차침전지의 부패방지)
2. 유지분리 촉진
3. SS와 BOD 제거효율 증대
4. VOCs에 의한 악취제거

Ⅲ. 포기시간

1. SS와 BOD 제거효율을 증대하기 위해서 30~45분간 포기
2. 냄새 제거를 목적으로 10~15분간 포기
3. 고분자응집제를 가하여 SS를 응결시키는 경우 포기시간 감소

Ⅳ. 구조

1. 조의 용적은 계획1일최대오수량에 대해 설정
2. 형상은 직사각형·정사각형, 수밀한 철근콘크리트구조
3. 유효수심 4~6m
4. 여유고 80㎝

Ⅴ. 송풍방법

 - 산기식 및 기계식 포기기 사용

유량조정조와 배수지의 비교

항목	유량조정조	배수지
목적	· 유량변동에 따른 운전상의 문제점 극복 · 후속공정의 효율 향상 · 후속처리시설의 크기와 비용 감소	· 배수량의 시간변동을 조정하는 기능 · 비상시에도 일정한 수량과 수압 유지
유출	· 1차침전지 혹은 생물반응조에 송수	· 배수구역으로 배수
용량	· 설정수량을 초과하는 수량을 일시 저류	· 계획1일최대급수량의 12시간 이상
형상·구조	· 직사각형, 정사각형 · 수밀한 콘크리트 구조	· 직사각형, 원통형 · 철근콘크리트, 강판제 구조
조의 수	· 1조를 원칙	· 분산 설치
교반	· 교반기 설치	· 불필요
동수압	· 불필요	· 최소 150kPa 이상의 동수압 유지
방식	· on-line / off-line	· 고지배수지, 평지배수지, 터널배수지 등
설계시 고려사항	· 유입하수량의 조정 : 변동비 1.3~1.5 정도 유지 · 유량조정조 용량 : 시간최대유량이 계획 일최대유량의 1.5배 이하 · 용량산정방법 : 누가유입량곡선을 이용하는 방법과 면적법 중 큰 값을 적용	· 가급적 급수지역 중심부근에 설치 · 배수지 유효용량 = 시간변동조정량 + 비상시 대처용량 + 소화용수량 　[시간변동조정량(최소 6시간분 이상) 　계획1일최대급수량 × 배수지저수시간/24] · 필요시 재염소주입시설 설치 · 무단수급수체계에서의 배수지 역할 중요

상·하수도 침사지(grit chamber) 비교

Ⅰ. 개요
- 침사지란 큰 부유물을 제거하여 토시침전방지, 펌프(임펠러) 및 처리시설의 파손방지하는 시설이며, 펌프시설 및 처리시설 앞에 설치한다.
- 침사설비의 용량은 침사설비가 설치된 중계펌프장을 거쳐 하수가 유입되는 경우에는 침사설비 용량을 제외한 하수처리장 침사설비용량으로 계산한다.

Ⅱ. 침사지의 비교
1. 상수침사지
1) 기능
- 수원으로부터 취수된 물속의 모래가 도수관거내에 침전하는 것을 방지하기 위해 취수구 가까지에 설치한다.

2) 구조
- 장방형으로 하고 유입부는 점차 확대하고 유출부는 점차 축소하는 모양으로 한다.

$$폭 : 길이 = 1 : 3 \sim 8, \quad 길이 : L = k\left(\frac{h}{V_s}\right)V_o$$

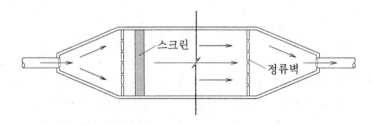

$$
\begin{aligned}
여기서, \quad & L \ : \ 침전지 \ 길이 \\
& h \ : \ 침전지 \ 수심 \\
& V_s \ : \ 침강속도 \\
& V_o \ : \ 지내 \ 평균유속 \\
& k \ : \ 안전율 \ (1.5 \sim 2.0)
\end{aligned}
$$

2. 하수침사지
1) 기능
- 하수중의 직경 0.2mm이상의 모래, 자갈, 기타 무거운 물질으르 제거하여 이후 처리서설의 파손이나 폐쇄를 방지하기 위해 설치한다.

2) 수평유로형

 - 수평유속을 0.3m/s정도로 통제하기 위하여 수로의 끝에다 Parshall flume 같은 유속통제 시설을 갖춘다.
 - 유기물 침전방지를 위한 한계유속(scouring velocity, 소류속도)는 0.2~0.3㎧ 이하이다.

※ 수평유로형 침사지의 한계유속(scouring velocity)

> (1) 침사지의 유속이 너무 느리면 미세한 유기물까지 침전하고, 유속이 커서 토사의 한계유속을 넘을 때는 침전된 토사가 부상하게 된다.
> (2) 한계유속은 Shield공식에 Darcy Weisbach의 유속공식을 이용하면 다음과 같다
>
> $$V_C = \left(\frac{8\beta \cdot g(s-1)d}{f} \right)^{1/2}$$
>
> 여기서,　V_C : 한계유속 (crn/sec)
>
> 　　　　　β : 상수 (≒ 0.06)
>
> 　　　　　g : 중력가속도 ($980cm/sec^2$)
>
> 　　　　　s : 입자의 비중
>
> 　　　　　d : 입자경 (cm)
>
> 　　　　　f : (콘크리트 재질)마찰계수 (≒ 0.03)
>
> (3) 입자의 직경이 0.2 mm인 토사(비중 2.65)의 한계유속은, 위의 공식에 의해 계산하면 0.225m/s이고, 0.4 mm인 토사의 직경은 0.32 m/s이므로, 일반적으로 침사지의 평균유속은 제거대상에 따라 다르지만 0.30 m/s를 표준으로 한다.

3) 포기형 (aerated grit chamber)

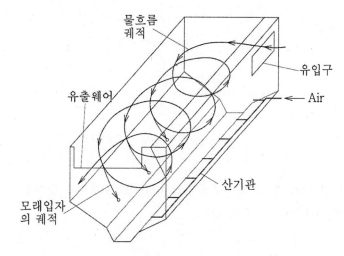

- 오수의 경우 유기물을 많이 함유하고 있으므로 모래의 세정효과를 높이기 위해 적용시 유효하다.
- 예비포기 효과, 하수의 충분한 혼합으로 혐기성화 방지
- 주로 소규모 처리장에 사용
- 산기관을 설치하여 공기공급에 의해 하수가 흐르게 한다.

4) 와류형 (vortex grit chamber ; 원형선회류식)
- 원형의 침사지에 접선방향으로 하수를 유입·유출시키고, 저속의 임펠러로 선회류를 발생시키는 방식, 수두차에 의해 선회류를 발생시키는 방식 등이 개발되어 사용되고 있다.

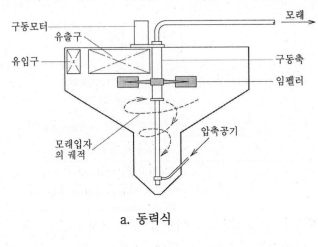

a. 동력식

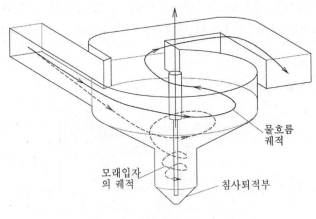

b. 무동력식

- 침사제거는 Air lift 펌프, 샌드 펌프 등으로 침사를 배출하는 방식이 있다.
- 침사제거효율이 수평식에 비해 높다.

5) 일체형

- 강판제 탱크내 침전부에서 모래 등을 중력식으로 침강처리 한 후, 제사장치에 의해서 고형물을 스크리닝–이송–압착–탈수하여 수거 처리될 수 있도록 모든공정을 단일탱크내에 패키지화 한 방식이다.

Ⅲ 침사지의 설계기준

구분	상수침사지	수평유로형 침사지	포기식
제거대상	· 0.1~0.2㎜ 정도의 모래제거	· 0.2㎜ (비중 2.65) 이상 토사제거	–
체류시간	계획취수량의 10~20분	30~60초	1~2분
지내유속	0.02~0.07m/s	0.3 m/s	–
유효수심	3~4m (침전된 모래 깊이 제외)	유입관거의 유효수심	2~3m
제사장치	대부분 설치 않음	V-bucket 컨베이어, screw conveyor, sand pump 등	Air lift pump (소용량) bucket 컨베이어(대용량)
바닥구배	종방향 1/100, 횡방향 1/50 (중앙에 도랑 설치)	1/100~2/100	좌동
여유고	60~100cm (지의 상단높이)		
기타사항	· 유입수위는 하천 최저수위이하 · 2지 이상 혹은 bypass관 설치		· 송풍량 : 1~2㎥/하수량 1㎥ · 산기관 위치 : 침사지 저면보다 60cm 이상 · 소포시설 : 세제에 의한 거품문제 해소

상·하수도의 침전지 비교

Ⅰ. 상수침전지

- 현탁물질이나 플록의 대부분을 중력침강작용으로 제거함으로써 후속되는 여과지의 부담을 경감시키기 위하여 설치한다. 주요형식은 횡류식 침전지(단층식, 다층식, 경사판식 등)와 고속응집침전지(슬러지순환형, 슬러지블랑키트형, 복합형)가 있다.
- 침전지에는 침전, 완충 및 슬러지배출 등의 3가지 기능을 갖는다.
- 침전지를 생략하고 혼화지에서 직접 여과지를 통하여 정수되는 직접여과법도 있다.

1. 횡류식 침전지
- 약품침전지의 표면부하율은 15~30㎜/min(0.9~1.8m/h, 22~44㎥/㎡·d),
- 유효수심은 3~5.5m, 평균유속은 0.4m/min(0.007m/s) 이하
- 침전시간은 통상 1.5~3hr 정도

2. 고속응집침전지지 : 원수탁도 10NTU 이상, 최고탁도 1,000NTU 이하
- 표면부하율은 40~60㎜/min(2.4~3.6m/hr, 58~86㎥/㎡·d) 표준

Ⅱ. 하수침전지

- 고형물입자를 침전, 제거해서 하수를 정화하는 시설로서 대상 고형물에 따라 1차침전지와 2차침전지로 나눌 수 있다. 주요형상은 원형, 직사각형, 정사각형으로 한다.
- 1차침전지는 1차처리 및 생물학적 처리를 위한 예비처리의 역할을 수행하며, 초기운전대책으로 1차침전지의 우회수로(by-pass line)를 설치할 수 있다.
- 2차침전지는 생물학적 처리에 의해 발생되는 슬러지와 처리수를 분리하고, 침전한 슬러지의 농축을 주목적으로 한다.

1. 1차침전지 : 비중이 큰 생슬러지의 침전 (독립침전, 처리방식에 따라 1차침전지의 생략이 가능)
- 표면부하율 : 계획1일최대오수량에 대해 분류식 35~70㎥/㎡·d, 합류식 25~50㎥/㎡·d,
- 침전시간 : 통상 2~4시간
- 유효수심 : 2.5~4m, 평균유속은 1일최대오수량에 대해 0.3m/s 정도

2. 2차침전지 : 비중이 작은 잉여슬러지의 침전 (간섭침전)
- 표면부하율 : 표준활성슬러지법의 경우, 계획1일최대오수량에 대해 20~30㎥/㎡·d로 하되, SRT가 길고 MLSS농도가 높은 고도처리의 경우 표면부하율을 15~25㎥/㎡·d로 할 수 있다.
- 침전시간 : 통상 3~5시간
- 유효수심 : 3.5~4m, 평균유속은 1일최대오수량에 대해 0.3m/s 이하,

1차침전지의 설치유무시 장단점

I. 1차침전지의 설치유무 판단

- 하수고도처리시 유입하수의 성상은 C/N비 4~5 이상(적정 C/N비 8~10), C/P비 14~16 이상으로 유지해야만 적정한 수처리가 가능하다. 1차침전지를 거침으로 인해 C/N비 혹은 C/P비를 맞출 수 없는 경우 고도처리에 필요한 탄소원이 부족하여 외부탄소원 공급(= 유지관리비 상승요인)이 필요할 수 있으므로 유량조정조 설치와 함께 1차침전지의 생략을 고려해야 한다.
- 그러나, 1차침전지는 CSOs 저감대책으로서의 체류지 역할을 겸할 수도 있으므로 꼭 설치되어만 하는 경우도 있다.

II. 미설치 운전시 장단점

구분		장단점
미설치 운전	장점	· 초기 저유량, 저부하 유입시 1차침전지의 운영이 불필요 · 완전분류식 지역의 경우 우천시 우수침전지의 기능이 필요 없음 · 생물반응조에서 필요한 유기물의 공급으로 처리효율이 증가될 수 있다. 　　┌ 하수내 유기물을 최대한 활용(=질소, 인 처리의 안정성 및 효율 증대) 　　└ 생물학적 탈질공정 도입시 생물반응조 내 적정 C/N비 확보 · 유지관리업무, 유지관리비 다소 축소 　　┌ 생슬러지 처리시설 불필요 　　└ 슬러지 처리비용 절감, 운전이 단순, 유지관리비용 감소
	단점	· 생물반응조에 유기물 증가로 인한 과부하가 우려됨. · 생물반응조의 용량이 다소 증가할 수 있음.
설치 운전	장점	· 생물학적 처리공정(반응조)의 부하경감, 생물반응조의 안정성 확보 · 유기물 감소로 인한 생물반응조의 처리능력 여유 확보 · 생물반응조의 유입고형물 감소로 반응조 용량감소가 가능 · 합류식 지역의 우천시 우수침전지의 기능을 수행
	단점	· 시설이 복잡해지며 1차침전지에 악취발생 우려 · 1차슬러지(생슬러지)의 처리시설이 필요

Ⅲ. 미설치 운전시의 대비책

- 침사지 전후에 조목스크린 및 세목스크린의 간격 세밀화로 전처리 강화

  ⇒ 미세목스크린의 설치 검토

- 침사제거효율이 높은 원형 선회류식 침사지의 적용 검토
- 비상시에 대비하여 응집침전공정을 도입하여 비상시 및 과도한 SS유입에 대비
- 유량조정조 설치 : 생물반응조로 직유입되는 유입부하량 조정

C/N비

Ⅰ. 개요

1. 일반적인 하수처리장에서는 BOD/T-N으로, 폐수의 경우는 COD/T-N로 표시
2. 우리나라 하수처리장의 유입수질은 COD/T-N = 9.5, BOD/T-N = 4.8로서 질소 제거를 위한 유기물의 농도가 낮다.

   ⇒ 하수처리의 적정 BOD/T-N비 8~10 정도

Ⅱ. C/N비가 수처리에 미치는 영향

1. C/N비에 따라 질소제거 효율과 아울러 인 제거 효율도 달라진다.
2. VFA는 대략 유입 BOD의 40% 정도로서, 일반적으로 인을 제거하기 위해서는 $\dfrac{VFA}{T-P}$ =5가 필요하다.

활성슬러지법의 1차/2차침전지의 비교

Ⅰ. 개요
1. 침전지는 고형물 입자를 침전, 제거해서 하수를 정화하는 시설로서 대상고형물에 따라 1차 및 2차침전지로 나눈다.
2. 1차침전지는 1차처리 및 생물학적 처리를 위한 예비처리의 역할을 수행하며, 2차침전지는 생물학적 처리에 의해 발생되는 슬러지와 처리수를 분리하고, 침전한 슬러지의 농축을 주목적으로 한다.
3. 하수처리시설에서는 처리방식에 따라 1차침전지를 생략할 수도 있다.

Ⅱ. 침전지의 기능(원리) 및 효율
1. 기능
  1) 1차침전지 : 비중이 큰 생슬러지 침전 → 독립침전

　(1차침전지는 유량조정조 역할을 하므로 1차침전지 생략시 이것에 대한 검토필요)
  2) 2차침전지 : 비중이 작은 잉여슬러지 침전 → 간섭침전

2. 침전효율 : $E = \dfrac{Vs}{Q/A}$
  1) 침강속도(Vs)와 침전지면적(A)이 클수록, 유량(Q)이 적을수록 침전효율은 커진다.
  2) 침전효율 개선방법 : 경사판침전지, 2층식 침전지, 중간인출식 침전지 적용

Ⅲ. 주요 설계요소 비교
1. 형상·구조·지수
  1) 형상 : 직사각형, 정사각형, 원형
  2) 구조 : 수밀성 구조, 부력에 안전한 구조
  3) 바닥경사 : 직사각형인 경우 $\dfrac{1}{100} \sim \dfrac{2}{100}$, 원형 $\dfrac{5}{100} \sim \dfrac{10}{100}$

2. 설계·운전인자
  1) 1일최대오수량 기준 (우천시는 우천시계획오수량 기준)
  2) 유효수심은 가장 얕은 곳 기준
  3) 여유고 40~60cm

구분		수면적부하 (=표면부하율, m/d)	침전시간 (hr)	유효수심 (m)	월류위어부하율 (㎥/m·d)	고형물부하 (kg/㎡·d)
1차 침전지	분류식	30~70	1.5	2.5~4	250 이하	-
	합류식	25~50	3 (우천시 0.5)			
2차침전지		20~30 (고도처리 15~25)	3~5	2.5~4 (고도처리3~4)	190 이하	40~125

3. 침전지 설비

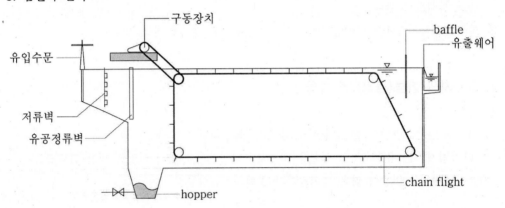

· 정류설비 : 정류벽, 저류판   · 슬러지 제거기 : 구동장치, chain flight
· 유출설비 : baffle 및 유출웨어   · 슬러지유출설비 : hopper

1) 정류설비
 - 정류벽 : 개구비 6~20%, 유입단에 1.5m 이격

2) 유출설비
 - 배플, 내부배플
 - 스컴제거기

3) 슬러지 제거기(Scraper)

① 직사각형	1차침전지	체인플라이트	(⇐ 비중이 무거우므로)
	2차침전지	주행사이펀식, 수중대차식	(⇐ 비중이 가벼우므로)
② 원형	중심구동형	소용량	
	주변구동형	대용량(직경 30m 이상)	

4) 슬러지 유출설비

- Hopper의 경사각 60° 이상
- Pump 사용 배출
- 배출관 직경은 150mm 이상
- 배출관 재질은 주철관 혹은 이와 동등 이상

※ 최종침전지 유입부 설계사항

```
─── 하수유입이 평행류인 경우, 저류판 또는 유공정류벽 설치(직사각형)
─── 하수유입이 방사류인 경우, 유입구 주변에 원통형 저류판 설치(원형 및 정사각형)
─── 저류판 면적 6~20%
─── 유입지역 유속 1m/s 정도, 유효침전구역 유속 0.08m/s이하
─── 2개 이상의 침전지의 경우 수문을 설치하여 유입량 균등화 도모
─── 유입부에 스컴이 체류하지 않도록 할 것
```

Ⅳ. 침전지 효율개선 방안

- 가동중인 침전지의 운영실태 조사 후 문제점을 파악하여 개선책을 마련한다.

1. 운영실태 조사

1) 1차 및 2차침전지 수리·고형물부하 분석
2) 슬러지 계면관리 실태
3) 벌킹에 의한 슬러지 부상

2. 개선방안

1) 위어의 증설이나 연장
 - 단일위어로 적정길이 확보가 어려운 경우 2중·3중 위어, 측면부에도 위어 설치 고려
2) 중간정류벽 설치
 - 유입부 정류벽은 유입에너지 확산이 목적
 - 중간정류벽은 밀도류를 경감시키는 역할
3) 2차침전지 슬러지 부상 방지
 ① 수심을 깊게(3.5~4.0m) 수면적부하를 낮게(15~25㎥/㎡·d) 설정
 ② 스키머, baffle, 내부 baffle 등 적정하게 설치
 ③ 슬러지 호퍼 위치조정(뒷쪽으로 배치)
 ④ 막분리침전조(MBR) 공법도입
 ⑤ 침전지 유효길이는 유효수심의 10배 이하로 할것 (경험적)

슬러지 수집기의 종류와 장단점

Ⅰ. 개요

- 슬러지 수집기는 정수장 및 하수처리장에서 침전지내의 슬러지를 원활히 배제하기 위하여 설치되는 기계장치로서, 제거속도에 의해서 침전을 방해하거나 또는 침전된 슬러지가 뜨거나 스컴이 발생해서는 안된다.
- 슬러지 수집기의 형식은 슬러지량, 고형물 농도, 슬러지 배제방식, 기계성능, 공사비, 유지관리비 등을 종합적으로 검토 후 결정한다.

Ⅱ. 종류

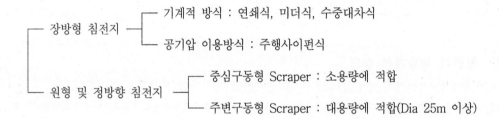

```
           ┌─ 장방형 침전지 ──┬─ 기계적 방식 : 연쇄식, 미더식, 수중대차식
           │                   └─ 공기압 이용방식 : 주행사이펀식
           │
           └─ 원형 및 정방향 침전지 ──┬─ 중심구동형 Scraper : 소용량에 적합
                                       └─ 주변구동형 Scraper : 대용량에 적합(Dia 25m 이상)
```

1. 연쇄식 (Chain flight type)

1) 구조
 - 수중에서 주행하는 무한궤도(체인)에 부착된 flight판에 의해 슬러지가 hopper로 수집된다.

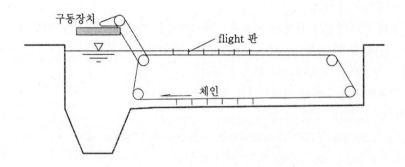

2) 적용조건
 - 수중축, Flight등의 강도 및 하중으로 인해 지의 Span이 4.5m~6.0m로 한정되어 있다. 따라서 지폭을 10m 정도로 할 경우 중간벽이 필요하다.

3) 장단점

장 점	단 점
· 운전이 간단하며 연속운전 및 자동화가 적합하다.	· Chain 및 구동부가 하수 중에 위치하기 때문에 기계가 마모 및 부식되기 쉽고, 유지보수가 어렵다. ⇒ 비철제 사용
· 슬러지 제거율이 높다.	
· flight판을 수면상부로 이동시 스컴제거시설로 이용할 수 있다.	· 침전된 슬러지가 flight판에 의해 교란될 우려가 우려가 있다.

2. 미더식 (Traveling bridge type)

1) 구조

- 침전지의 상부에 트라스가 레일을 따라서 왕복운전을 하며 여기에 매달은 Rake가 슬러지를 hopper로 수집한다.

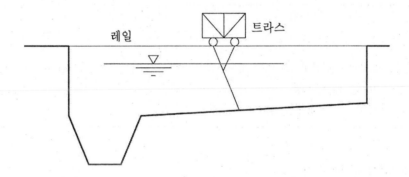

2) 적용조건

- 표준최대 Span이 20m로 넓다.

3) 장단점

장 점	단 점
· 장치의 주요부가 수면상부에 위치하여 보수점검이 용이	· 주행장치의 고장이 많다.
· 고농도의 슬러지가 대량으로 퇴적되어 있어도 기계가 파손되지 않는다.	· 오니수집이 간헐적이다.
· 수면상부 스컴제거장치 부착가능	· Rake 인양시 슬러지가 교란된다.

3. 수중대차식

1) 구조

- 수중에서 레일을 따라 왕복운전하는 수중대차 전후방에 부착된 scraper에 의해 슬러지 가 hopper로 수집된다.

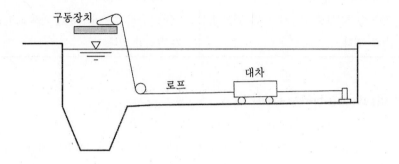

2) 장단점

장 점	단 점
· 수면부근을 교란시키지 않기 때문에 유출수가 청정하다. · 장치의 주요부가 수면상에 위치하여 보수점검이 용이 · 저농도 슬러지를 대량흡입하여 제거하는데 적합하다. · 수로의 길이가 긴 침전지에 적합하다.	· 저농도 슬러지를 흡입하는 경우 슬 러지 량이 증가한다.

4. 주행사이펀식 (Syphon type)

1) 구조

- 침전지 상부에서 구동부가 왕복 운전을 하고 여기세 설치된 진공펌프와 Syphon에 의 해 슬러지를 흡입한다.

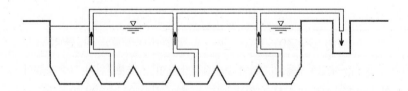

2) 적용조건

- 진공에 의해 슬러지를 인발하므로 2차 침전지 슬러지에 적합하고 지의 구조변경이 필 요하다. 표준 최대 Span이 20m이다.

3) 장단점

장 점	단 점
· 수면부근을 교란시키지 않기 때문에 유출수가 청정하다. · 장치의 주요부가 수면상에 위치하여 보수점검이 용이 · 수로의 길이가 긴 침전지에 적합하다.(슬러지 수집량에 거의제약이 없음.)	· 흡입압력이 낮고 흡입량이 정하여져 있기 때문에 고형물농도가 높은 슬러지에는 부적합하다. · 저농도 슬러지를 흡입하는 경우 슬러지 량이 증가한다. · 진공 장치의 고장이 많다.

5. 회전식

1) 구조

- 중심구동형 슬러지수집기는 브릿지에 scraper가 설치된 상태에서 중심축의 구동장치를 이용해 브릿지와 scraper가 회전하면서 침전조안에 침전된 슬러지를 침전지 중앙의 hopper로 수집하는 방식이다.

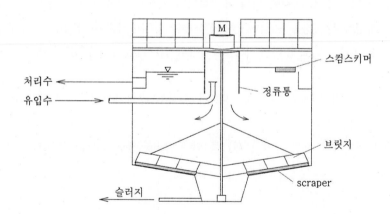

- 주변구동형 슬러지수집기는 브릿지에 scraper가 설치된 상태에서 침전조의 외부를, 바퀴가 부착된 구동장치를 이용해 브릿지와 scraper가 회전하면서 침전조안에 침전된 슬러지를 침전지 중앙의 hopper로 수집하는 방식이다.

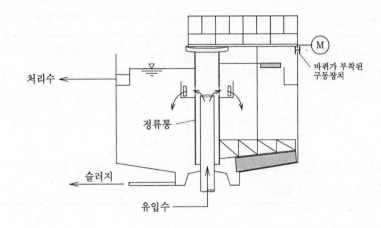

- 수면상 발생하는 스컴은 스컴스키머로 제거한다.

2) 특징
- 두가지 형식 특징은 대동소이하고, 중심구동형은 중소형 침전지, 주변구동형은 대형 침전지에 적합하다.
- 슬러지수집기는 수조 내경에 따라 표준화되어 있으므로, 설치가 용이하다.
- 원형의 특성상 발생하는 유입하수의 방사류를 방지하기위해 유입부 수면아래 침수 깊이 90cm 정도가 되도록 하여 침전지 직경의 15~20%정도로 정류통(원통형 저류판)을 설치한다.
- 원형침전지 직경이 매우 큰 경우 침전지 중심부 속도가 거의 없으므로 짧은 Scraper를 추가 설치한다.
- 정사각형 침전지의 경우 슬러지 제거를 위해 Coner sweeper를 설치한다.

기존 2차침전지의 문제점 및 개선방안

Ⅰ. 2차침전지의 기능
- 침강기능, 농축기능, 저장기능

Ⅱ. 문제점
1. 슬러지 부상에 의한 슬러지 유출
   - 질산화·탈질과정, 혐기성상태, 과다포기, 독성물질 유입 등
2. 슬러지 부패에 의한 영양염류(N, P) 재용출
3. 스컴제거 불량, 슬러지 계면상승에 의한 피해

Ⅲ. 개선방안
1. 상기 문제점의 발생원인에 대한 해결
2. 단회로 현상 방지

Ⅳ. 슬러지 팽화의 현상진단법
- SVI 또는 슬러지침전성 측정
- 현미경 관찰
- 슬러지 블랭킷 높이 측정
- 혼합액(Mixed Liquor)의 산소호흡율(SOUR) 측정

Ⅴ. 기존시설을 고도처리로 개량시 2차침전지 문제점 및 개선방안
1. 문제점
   - 긴 SRT로 Pin floc현상, 슬러지 팽화, 슬러지 부상, 높은 MLSS, 낮은 F/M비 등
2. 개선방안
   1) Pin floc현상방지 : 포기강도 조절, 독성물질 유입 방지
   2) 슬러지 팽화 : 혐기성선택조 설치, 적정 F/M비 유지, 사상균 번식 억제(염소 1~7mg/L)

3) 슬러지 부상

 - 2차침전지내 혐기화 방지

 - 슬러지수집기(스키머), 배플(baffle), 내부배플을 적정하게 설치

 - 유효수심을 깊게 한다. (3.5~4m) → 통상 4m 이상으로 할 것.

 - 수면적부하율은 낮게 한다. (15~25㎥/㎡·d)

 - 침전지 유효길이는 유효수심의 10배 이하로 할 것 (장폭비 6~7:1이 가장 효과적)

 - 2층침전지의 다층화 또는 경사화 등을 통해 적절한 L/H비를 유지할 것

   → 다만, 유지관리(청소 등) 어려움에 대한 단점 보완 필요

 - 위어길이를 늘려(증설 또는 연장하여) 월류위어부하율은 낮춘다. (190㎥/m·d 이하)

 - 슬러지호퍼의 위치 조정 (슬러지는 독립침강이 아니므로 뒤쪽으로 배치)

2차침전지를 깊게 하는 이유

Ⅰ. 원인

- 고도처리에서는 기존 표준활성슬러지 시스템보다 긴 SRT와 높은 MLSS농도 (3,000 ~ 4,000mg/L)를 유지하고 있기 때문에 기존의 2차침전지에 비해 월등한 수리학적 부하로 운전되지만, 높은 고형물 부하로 인해 침전지 유출수의 수질이 악화될 우려가 있다.
- 즉, 미세슬러지 유출에 의하여 처리수 중의 총질소, SS농도 등이 상승하는 등의 경우를 고려하여 운전관리를 용이하게 할 수 있도록 여유 있게 설정한 것이다.

Ⅱ. 설계사양

- 표면(=수면적)부하율 : 계획1일최대오수량에 대해 15~25㎥/㎡·d
- 고형물부하율 : 40~125kg/㎡·d
- (월류)위어부하율 : 190㎥/m·d 이하
- 유효수심 : 3.5~4m (표준활성슬러지법 2.5~4m)

구분		수면적부하 (m/d)	침전시간 (hr)	유효수심 (m)	월류위어부하율 (㎥/m·d)	고형물부하 (kg/㎡·d)
1차 침전지	분류식	30~70	1.5	2.5~4	250 이하	
	합류식	25~50	5 (우천시 0.5)			
2차 침전지	일반처리	20~30	3~5		190 이하	40~125
	고도처리	15~25				

2차침전지의 문제점 및 효율 향상방안

Ⅰ. 기존 2차침전지를 고도처리시설에 적용시 문제점

1. 슬러지 부상
 - 침전지 바닥에 누적된 슬러지의 내생탈질에 의한 슬러지의 부상

2. 슬러지 유출
 - 침전지 말단 벽체에 부딪친 유체의 상승에 따른 SS성분의 위어를 통한 유출

3. 스컴제거 불량
 - 일정하지 않은 침전지 수표면 유체흐름에 따라 비효과적인 스컴 제거

4. 슬러지 계면높이의 상승

※ 우선 생물반응조의 최적운영이 중요

```
┌─ 포기강도 조절, 독성물질 유입방지
├─ 적정F/M비, SRT 유지
├─ 사상균번식 억제를 위한 혐기성 선택조 도입고려
├─ 사상균번식 억제를 위한 혐기성 선택조 도입고려
├─ 반류수는 별도 전처리 후, 유입하여 충격부하 방지
└─ 공침 도입시 응집제에 대한 미생물의 순응
```

Ⅱ. 2차침전지 효율 개선 방안

1. 장방형침전지의 길이
 - 국내 장방형침전지의 L/H비가 10 이상인 경우가 전체 하수처리장의 50% 정도를 차지
   (미국의 경우 l/H비를 10배 이하로 규정하고 있음)
 - 유속 증가로 인한 세굴(洗掘)에 의한 재부상 발생
 - 슬러지수집기(chain flight)의 연장이 길어지므로 교란에 의한 침전물 재부상 발생

2. 다층침전지 또는 경사판침전지 적용
 - 2차침전지의 다층화 또는 경사화로 적정한 L/H비를 유지할 수 있음.
   단, 하부침전지의 고장시 유지보수방안 마련이 꼭 필요

3. 유효수심(H) 증대

- 국내 2차침전지의 유효수심은 3.5m로 외국에 비해 낮다.
- 침전지 유입슬러지량보다 (반송량+인발량)이 적으면 슬러지 블랭킷층이 상승하여
  Wash-out 우려 → 침전지 유효수심을 4m 이상으로 설계

4. 위어의 증설이나 연장 또는 baffle 설치

- 위어의 길이를 늘려 월류위어 부하율을 190㎥/m·d이하로 낮추거나
- baffle 또는 내부 baffle과 같은 정류벽을 설치하여 플록 유출을 방지

5. 2단 호퍼 설치

- 장방형침전지의 적절한 위치에 슬러지 호퍼를 추가적으로 설치하여 침전성이 불량한 슬
  러지를 쉽게 폐기할 수 있도록 함.

6. 스키머, 호퍼의 위치

- 스키머의 이동방향을 유체흐름방향과 같게 하여 바닥에 슬러지가 쌓이지 않도록 수정할
  것.(방해침전이므로)
- 호퍼의 설치위치가 기존 침전지의 경우 (독립침전이라는 가정하에) 침전지 유입부분에
  설치되어 있는 것을 뒤로 이동할 것(실제는 방해침전임)

7. 염소 소독

- bulking, scum, foam 제거

8. 막분리침전조 도입

- 2차침전지 내 침지형 막여과 설치하여 유출수의 수질 향상

활성슬러지공법 운전인자(설계요소)

Ⅰ. 반응조 용적계산시 필요한 설계인자

1. 반응조의 설계수질
 - 일평균유입유량, BOD, SS, T-N, T-P 등
2. 반응조의 설계조건
 - 반응조의 종류, F/M비, MLSS·MLVSS, SRT, HRT, 반송율(R), 내부반송율(ARCY, NRCY), 잉여슬러지농도(Qw·Xr), 사용가능한 부지면적 및 깊이, 유입수의 시간당 최대 유량 및 그 지속시간 등. 또한, 미생물 동력학계수[미생물 비증식속도(μ), 미생물생산계 수(Y), 자산화속도(Kd)], SOUR(비산소호흡률), SNR(비질산화속도), 송풍량, 질산화로 인한 알칼리소비량, 탈질시 필요한 유기물량 등도 필요

Ⅱ. 포기조의 주요설계인자

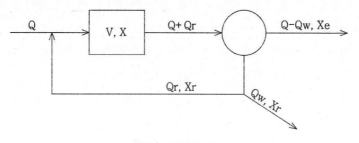

<고형물(SS)수지 계통도>

```
── 체류시간  : SRT, HRT

── BOD부하  : MLSS농도, BOD용적부하, F/M비

── 용존산소  : DO농도, 필요산소량, 송풍량

── 슬러지   : SVI, 슬러지발생량, 슬러지반송비(내부반송, 외부반송)
```

설계인자	계산식	표준활성슬러지법 범위
SRT	· SRT(고형물체류시간) $= \dfrac{\text{시스템내 (반응조) 고형물량}}{\text{하루당 외부로 유출되는 고형물량}}$ $= \dfrac{V \cdot X}{Qw \cdot Xr + (Q - Qw) \cdot Xe}$	3~6 days

<계속>

설계인자	계산식	표준활성슬러지법 범위
HRT	· HRT(수리학적 체류시간) = V / Q	6~8 hr
MLSS	· MLSS(활성슬러지 미생물농도) = Y(So-Se)·SRT / (1+Kd·SRT)·HRT	1,500~3,000mg/L
BOD용적부하	· BOD용적부하 = BOD·Q / V	0.3~0.6 kgBOD/m³day
F/M비	· F/M비(BOD-SS부하) = BOD·Q / V·X	0.2~0.4 kgBOD/kgMLSSday
SVI	· SVI = SV(mL/L)×10³ / MLSS = SV(%)×10⁴ / MLSS · SVI × SDI = 100	50~150
슬러지발생량	· 잉여슬러지발생량($Q_\omega X_r$) = V·X / SRT = Y·Q(So-Se) / 1+Kd·SRT	

Ⅲ. 설계시 고려사항

- 생물반응조의 설계인자에 잉여슬러지 발생량에 대한 검토가 필요하며, 이에 따라 2차침전지의 규격이 결정된다.
- 침전조는 생물반응조와 일체적으로 함께 고려 (반송슬러지량 고려)
- 시설물의 계획하수량은 계획1일최대오수량을 기준, 배관은 계획시간최대오수량을 기준
- Pilot실험을 통한 적정 Mass balance(물질수지)를 구하여 HRT를 결정
- HRT는 반응조용량을 결정하며 주로 6시간 이상이며, 고도처리시 MLE, A_2O공법 우선 적용

활성슬러지법의 반응조 설계인자

Ⅰ. 개요

- 반응조 용적계산시 필요한 설계인자들은 다음과 같다.

1. 설계수질 : 일평균유입량, BOD, SS, T-N, T-P

2. 반응조 설계조건 : 반응조의 종류, F/M비, MLSS·MLVSS, SRT, HRT, 반송율(R), 내부
반송율(ARCY, NRCY), 잉여슬러지농도(Qw·Xr), 사용가능한 부지면
적 및 깊이, 유입수의 시간당 최대유량 및 그 지속시간 등

3. 또한, 미생물 동력학계수[미생물 비증식속도(μ), 미생물생산계수(Y), 자산화속도(Kd)],
SOUR(비산소호흡률), SNR(비질산화속도), 송풍량, 질산화로 인한 알칼리소비량, 탈질시
필요한 유기물량 등도 필요

4. 어느 하나를 다른 공법에서 그대로 베낀다면 고려되지 못한 부분에서 문제가 발생될 것
이다. 실제로 이런 식의 설계로 시공되는 시설물이 무척 많으며, 설계자는 여러 모로 검
토하여 설계하여야 한다.

Ⅱ. 반응조 설계인자

<활성슬러지공법의 설계 및 운전인자 범위>

항목	표준활성	장기포기	순산소	MLE	A/O	A2/O
F/M비(kg/kg·d)	0.2~0.4	0.05~0.1	0.3~0.6	0.2~0.4	0.2~0.7	0.15~0.25
BOD용적부하	0.4~0.6	0.15~0.25				
MLSS(mg/L)	1500~2500	3000~5000	3000~4000	2000~3500	2000~6000	2000~5000
SRT (day)	3~6 (5~15)	15~50	1.5~4	10~20	2~5	5~20
HRT (hr)	4~8	16~24	1.5~3	7~10	1.5~4.5	6~8
R (%)	20~50 (50~150)	50~150	20~50	20~50	10~30	20~50

1. 반응조의 종류

1) 반응조의 형상　　 : 사각형 수로와 장원형 무한수로

2) 혼합액의 혼합방식 : 플러그흐름형 반응조와 완전혼합형 반응조

3) 혼합액의 산소유무 : 호기조, 무산소조, 혐기조

4) 하수의 유입방법　 : 연속식활성슬러지법 반응조와 회분식 활성슬러지법 반응조

2. SRT

1) 정의 : 활성슬러지(미생물)가 전체 처리시스템 내에 체류하는 시간

$$SRT = \frac{V \cdot X}{Q_W Xr + Q_E X_E} \fallingdotseq \frac{V \cdot X}{Q_W Xr}$$

2) SRT와 동력학계수

※ 활성슬러지의 동력학 해석시 가정사항

- 정상상태(시간적 변화가 없다)
- 완전혼합형(공간적 변화가 없다)
- 생물학적 제거반응은 반응조에서만 발생
- SRT 계산에는 반응조부피만 사용
- 유입수 중의 미생물농도는 무시
- 기질은 용해성이며, 단일물질로 가정

① 미생물의 비증식속도

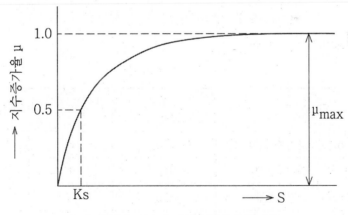

<세포증식속도(μ)와 제한기질(S)과의 관계>

$$\mu = \mu_{max} \cdot \frac{S}{S + Ks} \quad \text{(Monod식)}$$

여기서,　μ　: 비증식속도 (/d)

　　　　S　: 성장제한 기질농도 (mg/L)

　　　μm　: 최대비증식속도 (/d)

　　　Ks　: 포화정수 (mg/L)

② 미생물의 증식속도(γ_g)

$$\gamma_g = \mu \cdot X = \mu_{max} \frac{S}{S + K_s} \cdot X \quad 또는 \quad \gamma_g = Y \cdot \gamma_{su}$$

여기서, Y : 수율 (0.5~0.7 ; 세포생산율, mgMLVSS/mg기질)

γ_{su} : 기질이용속도 (mgMLVSS/L·d)

③ 미생물의 자산화속도(γ_d, mgMLVSS/L·d)

$$\gamma_d = -k_d \cdot X$$

여기서, k_d : 자기분해 속도상수 (0.05~0.15/d)

④ 미생물의 자산화를 고려한 미생물의 증식속도(γ_g', mgMLVSS/L·d)

$$\gamma_g' = Y \cdot \gamma_{su} - k_d \cdot X$$

⑤ SRT 공식 유도

- 정상상태, 완전혼합형이기 때문에 $\gamma_{su} = \dfrac{Q}{V}(S_0 - S) = \dfrac{S_0 - S}{HRT}$

$$\frac{1}{SRT} = Y \cdot \frac{\gamma_{su}}{X} - k_d = Y \cdot (F/M)_r - k_d$$

∴ SRT는 F/M비와 반비례 관계

<미생물 동력학 계수>

구 분	Y (mgMLVSS/mg기질)	μ (/d)	Kd (/d)
H (Heterotrophs) 유기물제거미생물	0.6	6	0.4
P (PAOs) 인제거미생물	0.6	1	0.2
D (Denitrificants) 탈질미생물	0.5	4.8	0.32
A (Autotrophs) 질산화미생물	0.4	1	0.1~0.15

3) SRT와 SOUR

- SRT는 SOUR과 반비례 관계

① OUR(Oxygen Uptake Rate ; 산소호흡율) $= \dfrac{산소소비량(mg/L)}{포기시간(hr)}$

- OUR은 생물학적 활성도를 나타내며, SRT에 따라 변한다. 즉 높은 F/M비, 낮은 SRT는

미생물이 유기물을 매우 빠르게 이용한다. 그래서 OUR은 매우 높다. 반대로 유기물이 적은 경우(낮은 F/M비 높은 SRT)는 미생물을 감소시키고 그 결과 전체 산소소모량은 증가되어도 OUR은 감소한다.

② SOUR(Specific OUR ; 미생물의 비산소호흡율)
- 포기조 내의 단위시간당 단위 MLVSS량당 산소소비량

$$\text{SOUR}(/hr) = \frac{\text{OUR}(\text{mgO}_2/\text{L·hr})}{\text{MLVSS}(\text{g/L})}$$

Ex)

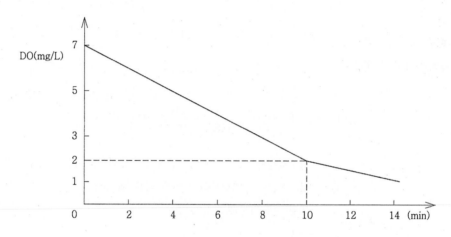

Sol)

$$\begin{cases} \text{OUR} = \dfrac{7-2}{10/60} = 30\,\text{mg/L·hr} \\[3mm] \text{MLVSS} = 2{,}400\,\text{mg/L} \end{cases}$$

$$\therefore\ \text{SOUR} = \frac{30}{2.4} = 12.5\,\text{mg/g·hr}$$

3. 유기물부하

- 공급되는 유기물과 미생물의 비로서 벌킹 및 과도한 산화를 방지하기 위하여 알맞은 평형을 유지해야한다.

1) F/M $= \dfrac{\text{BOD·Q}}{\text{V·X}} = \dfrac{\text{BOD 용적부하}}{\text{X}}$

2) BOD 용적부하 $= \dfrac{\text{BOD}}{t} = \dfrac{\text{BOD·Q}}{\text{V}}$

4. MLSS, MLVSS

1) MLSS $= M_a + M_e + M_i + M_{ii}$

— M_a: 활성슬러지, SRT 5일 이내 30~50%, 20일 이상 10% 이하
— M_e: 내생호흡상태의 슬러지, SRT 5일 이내 10~15%
— M_i: 미생물 분해불능 유기성 슬러지
— M_{ii}: 미생물 분해불능 무기성 슬러지

2) MLVSS $= M_a + M_e + M_i$

 - MLVSS/MLSS는 SRT가 길수록 감소한다.

5. 잉여슬러지 발생량

1) 잉여슬러지 발생량

$$잉여슬러지\ 발생량 = \frac{A}{0.85} + \frac{B}{0.85} + C + D$$

여기서, A : 생분해성유기물을 이용한 종속영양미생물에 의한 세포합성량

  B : SRT에 따라 미생물의 사멸에 따른 세포잔류물

  C : 유입수내 비분해성 VSS량

  D : 유입수내 무기성 고형물량

 0.85 : VSS/TSS비의 대표값

$$A = \frac{Q\,Y(S_0 - S)}{1 + k_d\,\theta_c} \qquad B = \frac{f_d\,k_d\,Q\,Y(S_0 - S)\,\theta_c}{1 + k_d\,\theta_c}$$

$$C = Q \cdot X_{o,i} \qquad\qquad D = Q\,(TSS_0 - VSS_0)$$

여기서, Y : 세포생산율(mgMLVSS/mg기질)

  f_d : 활성미생물 중 비생분해성 분율

  k_d : 자기분해속도상수 (1/d)

  θ_c : SRT(고형물체류시간) (d)

  S_0 : 유입수 기질농도 (mg/L)

  S : 유출수 기질농도 (mg/L)

  $X_{o,i}$: 유입수내 비분해성 VSS(mg/L)

 TSS_0, VSS_0 : 유입수의 TSS 및 VSS 농도 (mg/L)

2) Qw Xr

$$Qw\ Xr = (a \cdot BOD + b \cdot SS\ - c \cdot HRT \cdot X)\ Q$$

여기서,　a (BOD제거에 의한 증량계수)　: 0.4~0.6

　　　　　b (SS제거에 의한 증량계수)　: 0.9~1.0

　　　　　c (내생호흡에 의한 감량계수)　: 0.03~0.05/d

6. 슬러지 침강성

1) SVI (슬러지용적지수)

- 슬러지 침강농축성을 나타내는 지표로서, 30분 침강후 1g의 MLSS가 차지하는 부피 (mL)를 나타낸다.

$$SVI\ (mL/g) = \frac{SV_{30}(\%) \times 1,000}{MLSS}$$

여기서,　SVI 50~150이면　침전성 양호

　　　　SVI 200 이상이면　벌킹 발생

2) SDI (슬러지밀도지수)

- $SDI = \dfrac{100}{SVI}$

- 침전성 판단에 이용되는 또 다른 지표로서, SDI ≥ 0.7이면 침전성 양호

7. 송풍량

1) 필요산소량 (AOR, Actual Oxygen Uptake, 실제산소전달능, kgO₂/d)

　　$AOR(kgO_2/d) = a(Lr-k \cdot 탈질량) + b \cdot S + c \cdot 질산화된\ TKN량 + DO\ 유지\ 산소량$

　　　　$a(Lr-k \cdot 탈질량)$　= BOD 산화에 필요한 산소량

　　　　　　　$b \cdot S$　= 내생호흡에 필요한 산소량

　　　$c \cdot 질산화된\ TKN량$　= 질산화에 필요한 산소량

　　　　DO유지 산소량　= 용존산소농도 유지에 필요한 산소량

a　: 제거BODu당 필요산소량 (kgO₂/kgBODu)　　　　　… 0.5~0.7

b　: MLVSS의 자산화시 산소소비량 (kgO₂/kgMLVSS·d)　… 0.1

c　: 질산화시 소비되는 산소량 (kgO₂/kgN)　　　　　… 4.57

k　: 탈질시 소비되는 BODu량 (kgBOD/kgN)　　　　… 2~3

Lr : 제거BOD량 (kgBOD/d)

S : 호기조의 MLVSS양(kg) = 호기부분 반응조용량(m^3) × MLVSS(kgMLVSS/m^3)

질산화된 TKN량 : (kgN/d), 탈질량 : (kgN/d)

DO 유지에 필요한 산소량 :

= 호기반응조 말단의 DO농도 × 유입량 (1+ 반송슬러지비+ 외부반송비)(m^3/d) × 10^{-3}

2) 송풍량

$$송풍량(m^3/d) = AOR \times \frac{22.4}{32} \times \frac{1}{0.21} \times \frac{1}{\eta}$$

여기서, η : 산소전달율

8. 포기장치

```
┌─ 산기식 ──────┬─ 세기포산기관(전면포기식) ; 기포크기 2.0~2.5mm 정도
│               │
│               └─ 조기포산기관(선회류포기식) ; 기포크기 25mm 이내
│
├─ 기계식 표면포기기 ─┬─ 브러쉬로터 ; 산화구법 적용
│                    │
│                    ├─ 고속축류형 ; 포기식 산화지 적용
│                    │
└─ 기계식 수중포기기 ─┴─ 저속방사류
```

- 일반적으로 산기식을 이용하며, 하수도시설 전체 동력비 중 약 40%를 차지하므로 산소 용해효율을 증가시켜 에너지를 절약할 필요가 있다.
- OUR(산소호흡률)은

```
┌─ 산기식          : 40 mgO₂/l/hr 이하시
│
├─ 저속표면포기기    : 80 mgO₂/l/hr 이하시
│
└─ 수중터빈포기장치   : 80 mgO₂/l/hr 이상시
```

반응조 형태

Ⅰ. 활성슬러지법의 반응조 분류

1. 형상에 따른 분류

- 사각형 수로 : 대부분의 하수처리장에서 일반적으로 사용하며, 수심을 깊게 하는 것이 가능하고 처리시설의 평면배치 관점에서 가장 유리한 형상
- 장원형 무한수로 : 산화구법에서 채용, 수심이 얕고 활성슬러지가 반응조 내에 침전되지 않도록 최저유속을 주어야 하고, 무산소지역, 호기지역을 설정하거나 간헐포기 등으로 질산화·탈질이 가능하다.

2. 혼합방식에 따른 분류

- 플러그흐름형 : 긴 장방형 수로의 반응조로서 한 쪽 끝에서 하수를 연속적으로 유입시켜 다른 쪽 끝으로 연속적으로 유출시키는 형태
- 완전혼합형 : 실제 시설에서는 플러그흐름형 반응조의 조건을 완벽하게 설정하는 것이 불가능하기 때문에 일반적으로 단이 여러 개의 완전혼합형 반응조를 격벽으로 분리하여 단락류를 방지하는 다단혼합형 반응조가 채용되고 있다.

3. 산소 및 질산성질소의 유무

- 혐기성조, 무산소조, 호기성조

4. 원수의 유입방법

- 연속식, 회분식, 간헐식

5. 원수의 유입방향

- 상향류식, 하향류식

6. 원수의 가압방식

- 중력식, 가압식, 유동상식

Ⅱ. PFR(Plug Flow Reactor)

1. 유체의 성분들이 피스톤과 같은 방식으로 반응조를 통과하여 동시에 외부로 유출되는데 반응조를 통과하는 동안 횡적인 혼합은 이루어지지 않는다.

2. 유입부근 BOD부하 상승으로 인해 산소요구량 증대

장 점	단 점
· 반응조 크기를 작게 할 수 있다.	· 벌킹 우려
· 점감식, 계단식으로 구조변경이 가능	· 부하변동, 독성물질 유입 등에 취약
· 동력소요가 적다.	· 유입부 DO 부족
· 단회로 발생이 적다.	
· PFR의 높은 기질농도는 사상균 성장에 불리	

3. 반응 관계식

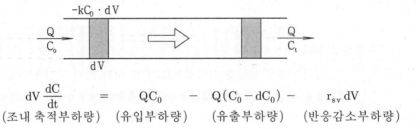

$$dV \frac{dC}{dt} = QC_0 - Q(C_0 - dC_0) - r_{sv} dV$$

(조내 축적부하량)　(유입부하량)　(유출부하량)　(반응감소부하량)

→ 정상상태($\frac{dC}{dt} = 0$), 1차반응($r_{sv} = kC_0$)으로 가정

$$QC_0 = Q(C_0 - dC_0) + r_{sv}dV$$
$$Q\, dC_0 = r_{sv}dV$$
$$Q\, dC_0 = kC_0\, r_{sv}dV$$

→ x = 0에서 $C_0 = C_0$, x = L에서 $C_0 = C_t$ 적분

$$\int_{C_0}^{C_t} \frac{dC_0}{C_0} = -\frac{k}{Q}\int_0^V dV$$
$$\ln [C_0]_{C_0}^{C_t} = -\frac{k}{Q}[V]_0^V$$
$$\therefore \ln \frac{C_t}{C_0} = -k\frac{V}{Q}$$

III. CSTR(Completely Stirred Tank Reactor)

1. 활성슬러지 공정에 사용되고 있는 원형, 정방형, 장방형 반응조는 대체로 완전혼합형이다.

2. 단회로 발생 우려, 반응조크기가 커진다.

3. 사상균 성장 우려, 동력소요가 크다.

4. 반응 관계식

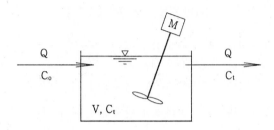

$$V\frac{\Delta C}{\Delta t} \quad = \quad Q\,C_0 \quad - \quad Q\,C_t \quad - \quad r_{sv}\cdot V$$
$$\text{(조내 축적부하량)} \quad \text{(유입부하량)} \quad \text{(유출부하량)} \quad \text{(반응감소부하량)}$$

→ 정상상태($\frac{\Delta C}{\Delta t} = 0$), 1차반응($r_{sv} = kC_t$) ∴ $C_t = \dfrac{C_0}{1+kt}$

⇒ 반응조 부피는 1차반응으로 가정하는 경우 Plug flow보다 약 2.6배 크다.

화학평형론과 반응속도론

I. 평형상태

- 화학적 평형상태(Equilibrium State)란 정반응과 역반응의 동적 균형상태를 말한다.

$$R(반응물) \Leftrightarrow P(생성물)$$

$$aA + bB \Leftrightarrow cC + dD, \quad 반응속도상수(K) = \frac{[C]^c [D]^d}{[A]^a [B]^b} = \frac{생성물질 몰농도의 곱}{반응물질 몰농도의 곱}$$

     ┌─ K > 1이면, 평형상태에서 생성물이 더 많이 존재

     ├─ K < 1이면, 평형상태에서 반응물이 더 많이 존재

     └─ K = 1이면, 생성물과 반응물이 동일하게 존재

II. 정상상태

1. 정상상태(Steady State)란 시간에 따른 농도변화가 없는 상태를 말한다. 즉 dC/dt = 0
2. 생물반응 등에서 R이 P를 생성할 때 일정 비율(k)로 생성물이 증감하는 반응에서

$$R(반응물) \Leftrightarrow P(생성물) \pm k$$

- 이때 정상상태가 유지되기 위해서는 생성량 k를 지속적으로 제거해 주어야 반응상태가 정상상태를 유지할 수 있다. 즉 폭기조 등에서 MLSS 농도를 유지하기 위하여 폐슬러지량을 조정하는 것과 같다.

III. 반응속도

- k : 반응속도상수(/d)[=시간에 따른 농도변화 상태를 나타낸 것
- 반응속도란 균일반응 또는 비균일반응의 증가 혹은 감소를 설명하는데 사용되는 용어이다.

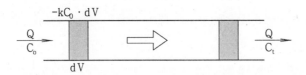

구분	반응속도 표현	적분표현	그래프로 표현시
0차반응	$r_c = \dfrac{dC}{dt} = k$	$C - C_0 = -kt$	C vs t, 우하향
1차반응	$r_c = \dfrac{dC}{dt} = kC$	$\ln \dfrac{C}{C_0} = -kt$	$-\ln \dfrac{C}{C_0}$ vs t, 우상향
2차반응	$r_c = \dfrac{dC}{dt} = kC^2$	$\dfrac{1}{C} - \dfrac{1}{C_0} = kt$	$\dfrac{1}{C}$ vs t, 우상향

활성슬러지의 생분해시험

Ⅰ. 실험목적
- 처리대상하폐수가 생물학적으로 처리가능 여부판정
- 실험으로부터 얻은 결과를 하폐수처리설계에 이용
- 미생물성장계수(Y), 내호흡계수(K_d), 최대 유기물 제거속도

Ⅱ. 실험방법

1. 회분식실험
1) 실험기구
- 회분식 실험장치 : 반응조, heater, compressor, 산기장치, 공기조절밸브, 유량계
- SS 측정기구, BOD 측정기구, 채수기구, 시계
2) 실험방법
- 대상폐수에 적응하는 미생물 배양
- 폐수주입, Aeration
- 폭기시간에 따른 반응조의 BOD측정

$$\log_{10} S = \log_{10} S_0 - k_1 \cdot x \cdot t$$

여기서,　$\log_{10} S$ ：t시간 후의 BOD (mg/L)

$\log_{10} S_0$ ：초기 BOD (mg/L)

k_1 ：유기물 제거속도 (/h)

x ：MLSS (mg/L)

3) 결과이용 : 구해진 k_1(유기물 제거속도)으로부터 어느 효율을 얻고자 할 때 폭기조의 용량 및 MLSS 농도를 구할 수 있다.

2. 연속실험
1) 실험기구
- 연속식 실험장치 : 반응조, heater, compressor, 산기장치, 공기조절밸브, 공기유량계, 침전지, 교반기, 반송슬러지펌프, 폐수유입펌프
- SS 측정기구, BOD 측정기구, 채수기구, 시계

2) 실험방법
- 처리대상폐수에 활성슬러지 순응시킴
- 폐수주입, Aeration, MLSS setting
- 폭기시간에 따른 MLSS, 처리수 BOD, 잉여슬러지
3) 실험결과 : 미생물성장계수(Y), 내호흡계수(K_d)를 구함
- 연속시험에서 폭기조 유기물농도 변화속도

$$\begin{bmatrix} 포기조내\ 유기물 \\ 농도의\ 변화속도 \end{bmatrix} = \begin{bmatrix} 유기물 \\ 유입량 \end{bmatrix} - \begin{bmatrix} 폭기조내\ 있어서 \\ 유기물\ 제거속도 \end{bmatrix} - \begin{bmatrix} 유출유기물량 \end{bmatrix}$$

$$V\left(\frac{dS}{dt}\right) = QS_0 \quad - \left(\frac{K \cdot S}{K_S + S}\right) \cdot MLSS \cdot V - Q \cdot S$$

$$\log_{10} S = \log_{10} S_0 - k_1 \cdot x \cdot t$$

여기서,　　Q　: 유량 (m³/day)

S_0　: 초기 BOD (mg/L)

K　: 최대유기물 제거속도 (/h)

V　: 포기조 부피 (m³)

S　: 처리수 BOD (mg/L)

K_S　: 유기물 제거속도가 최대 유기물 제거속도의 1/2일 때 유기물 농도로서 포화상수라고 한다.(mg/L)

- 정상상태에서 폭기조 유기물 농도변화는 없으므로 좌변 = 0

· $Q(S_0 - S) = \left(\dfrac{K \cdot S}{K_S + S}\right) \cdot MLSS \cdot V$ ......(1)

· $(F/M)_r = \dfrac{K \cdot S}{K_S + S}$ ......(2)

(1)+(2) ⇒ $\dfrac{1}{SRT} = Y \cdot (F/M)_r - k_d$

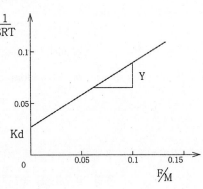

· $(F/M)_r = \dfrac{K \cdot S}{K_S + S}$

⇒ $\dfrac{1}{(F/M)_r} = \dfrac{K_S}{K} \cdot \dfrac{1}{S} + \dfrac{1}{K}$

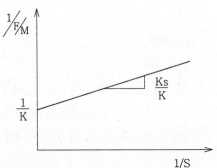

전산모사 GPS-X

Ⅰ. 적용
1. GPS(General Purpose Simulator)-X
2. 하폐수처리공정의 소프트웨어, 하폐수처리장 시뮬레이션 전용 Tool
3. 유입유량·수질·수온 변화에 따른 공정 해석
4. 유입수 및 미생물 특성 세분화

Ⅱ. 전산모사 입력값 (예)

유입수 입력자료(COD Fraction)			모델 입력계수(=미생물 동력학 계수)		
COD 특성		분율(%)			
생분해성 (70%)	RBCOD(Ss)	20%	종속영양	μ (/d)	6
	SBCOD(Xs)	50%		Kd (/d)	0.4
				Y(mg/mg)	0.6
비분해성 (30%)	NBCOD(Si)	15%	독립영양	μ (/d)	1
	Y(Xi)	15%		Kd (/d)	0.1
				Yaut(mg/mg)	0.4

- COD Fraction은 미생물 의한 생분해도(biodegradability)에 따라 쉽게 분해되고 즉시 이용 가능한 RBCOD(Readily Biodegradable COD, Ss)와 즉시 이용은 어렵고 일련의 가수분해과정(hydrolysis)을 거쳐서 RBCOD로 전환되어지는 SBCOD(Slowly Biodegradable COD, Xs) 및 용존성 비분해성 물질 Si, 입자상의 비분해성 물질은 Xi로 구분된다. 그 중에서도 하수내에 존재하는 SBCOD는 하수형태에 따라 다소차이는 있으나 RBCOD가 10~20%, SBCOD가 60~80%정도의 비율을 차지하고 있는 것으로 알려져 있다.
- μ는 미생물 비증식속도, Kd는 실험에 의해 결정되는 기질의 반포화 농도, Y는 미생물생산계수로서 mgMLVSS/mg기질로 나타낸다.

Ⅲ. 수행목록
1. 저수온　　　: 슬러지반송량 증대 → SRT 증대
2. 저 C/N비 : 메탄올 공급, 슬러지반송량 증대 → SRT 증대
3. 고농도　　　: SRT 증대
4. 저농도　　　: 분뇨 등 연계처리, 메탄올 공급
  - 적정 F/M비, C/N비, C/P비 등을 만족할 수 있도록 분뇨·축산폐수 등을 병합처리
  - F/M비 증대 → SRT 저감
5. 저유량/저농도

산소전달기구

Ⅰ. 개요

- 활성슬러지법에서 포기는 혼액액 교반과 산소공급 목적으로 행해지는 매우 중요한 조작으로 산기식의 경우 포기에 따른 소비전력량은 전체 처리장 소비전력량의 40%를 차지하기 때문에 설계시에는 물론 유지관리면에 있어서도 중요시 해야할 분야이다.

Ⅱ. 산소전달기구

1. 포기에 의한 산소용해는 가스상의 산소가 액상으로 확산되는 현상으로 그 기구를 설명하는 학설로 표면 갱신설과 이중격막설이 있다.
- 다음 그림은 기액계면에서 산소확산현상을 간단히 정량화 하기 위한 모델이다.

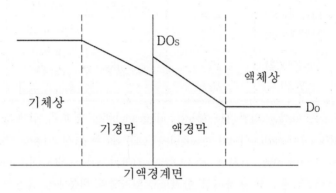

2. 이중격막설은 기상과 액상이 접하고 양측에 물질이동에 대해 저항하는 경막 즉 기경막과 액격막의 모델을 가정하고 양상의 접촉상에는 항시 기액평형이 성립되어 있는 것으로 가정하는 학설

3. 산소와 같은 난용성 기체의 경우 액경막은 기체의 확산을 억제하며 기경막은 기체의 확산에 영향 받지 않아서 액경막을 통과한 산소분자는 빠르게 액상내로 확산되기 때문에 액경막에 의한 산소분자의 확산만을 고려해도 된다.

4. 확산에 관한 Fick's의 법칙

$$-\frac{dm}{dt} = -D \cdot A \cdot \left(\frac{dc}{dx}\right)$$

여기서, dm/dt : 확산에 의한 산소이용의 시간변화

D : 산소의 확산계수 (m^2/hr)

A : 기액접촉면적 (m^2)

dc/dx : 기액접촉면에서 수직방향의 산소농도경사 ($kg/m^2 \cdot m$)

- 이 식에 이중격막설을 적용하면,

$$N = \frac{D_L}{L}A(DO_S - DO) \times 10^{-3}$$
$$= K_L \cdot A(DO_S - DO) \times 10^{-3}$$

여기서,　　　N　: 산소이동속도 $(kg O_2/hr)$

　　　　　　D_L/L　: 액경막에 있어서 산소확산계수 (m^2/hr)

　　　　　　L　: 액경막 두께 (m)

　　　　　　K_L　: 액경막에 있어서 총괄산소이동계수 (m/hr)

　　　　　DO_S, DO　: 액상의 산소포화농도, 산소농도 (mg/L)

Ⅲ. KLa에 영향을 주는 인자

1. 송기량과 산기심도
 1) 기포직경이 작고 체류시간이 증가하면 KLa도 증가
 2) KLa은 송풍량과 산기심도에 비례
2. 수온
 - 물에 대한 산소의 용해는 수온이 높을수록 감소
3. 하수중의 함유성분과 농도
 - 하수중 함유되어 있는 성분과 농도에 따라 KLa이 변화

$$\alpha = \frac{KLa(활성슬러지)}{KLa(증류수)}$$

여기서,　산기식 : 0.3 ~ 0.9

　　　　기계식 : 0.6 ~ 0.9

Ⅳ. 폭기조의 산소전달식

- 대기중의 산소가 물속에 녹아들어가는 비율을 말하며, Aerator의 종류, 온도, 폐수의 상태 등에 따라 다르다.

$$\frac{dO}{dt} = \alpha KLa(\beta Cs - Ct) \times 1.024^{(T-20)}$$

여기서,　dO/dt　: 산소전달율 $(mg/L \cdot hr)$

　　　　KLa　: 폭기기 산소전달계수 $(/hr)$ ← 폭기기 능력

　　　　α　: 활성슬러지와 증류수의 표준상태에서의 KLa 비율

　　　　Cs　: 20℃ 1기압의 증류수에 있어서 산소포화농도 (mg/L)

　　　　β　: 하수와 증류수의 표준상태에서의 Cs 비율 (생하수 0.8)

　　　　T　: 온도 (℃),　　　Ct : 수중의 산소농도 (mg/L)

Fick's First Law

I. 개요

– 농도구배(dC/dx)에 따른 확산플럭스를 예상하는 법칙 중 농도구배가 1차원인 경우를 "Fick의 제1법칙"이라 한다.

$$J_A = -D_A \frac{dC_A}{dx}$$

여기서,　J_A : 단위시간당 단위면적을 지나는 분자의 수를 나타내는 flux

　　　　D_A : A분자의 확산계수

　　　　C_A : A분자의 농도

　　　dC_A : x방향으로의 농도구배

II. 의의

– 이 식은 정상상태(dC/dt=0)의 경우에만 적용된다. 즉 flux가 일정하게 유지

– 확산의 정도는 확산계수(D)와 농도구배(dC/dx)에 비례한다.

　즉, 농도구배가 클수록(또는 확산계수가 클수록) 잘 일어나며, 고농도지점에서 저농도지점으로 확산하게 된다.

산소전달계수(KLa) 구하는 방법

Ⅰ. 개요

1. 폭기장치의 기능을 평가하는데 목적이 있다.

2. 2가지 방법으로 측정한다.

　　　┌── 비정상법 : 실험실에서 측정하는 방법

　　　└── 정상법 : 실제 현장에서(폭기조) 측정하는 방법

Ⅱ. 기본식

$$\begin{bmatrix} 용존산소\ 농도의 \\ 시간적\ 변화 \end{bmatrix} = \begin{bmatrix} 폭기장치에\ 의한 \\ 산소의\ 공급속도 \end{bmatrix} - \begin{bmatrix} 활성슬러지에\ 의한 \\ 산소의\ 소비속도 \end{bmatrix}$$

$$\frac{dC_t}{dt} = KLa(C_s - C_t) \quad - R_r$$

여기서,　KLa : 폭기기 산소전달계수 (/hr)

　　　　　C_s : 폭기조내 혼합액의 포화산소농도 (mg/L)

　　　　　C_t : 폭기조내 혼합액의 산소농도 (mg/L)

　　　　　R_r : 활성슬러지 혼합액의 산소이용속도 (mgO₂/L·hr)

Ⅲ. 비정상법

1. 기본식에서 활성슬러지가 존재하지 않으므로 $R_r = 0$

∴　$\dfrac{dC_t}{dt} = KLa(C_s - C_t)$　$\xrightarrow{\text{적분하면}}$　$KLa = \dfrac{1}{t_2 - t_1} \ln \dfrac{C_s - C_1}{C_s - C_2}$

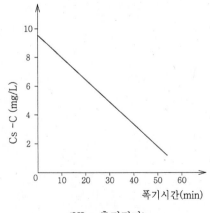

<KLa 측정결과>

2. 실험방법

```
┌─ 기구     : 폭기조, 용존산소계, 질소가스
└─ 조작 ──┬─ 폭기조에 수돗물을 적정량 주입
          ├─ 수온 측정
          ├─ 질소가스를 불어 넣어 용존산소 0까지 저하
          └─ 소정량의 공기를 불어 넣어 용존산소농도의 시간적인 변화를 DO계에 읽어 기록
```

Ⅳ. 정상법

- 기본식에서 활성슬러지가 존재하지 않으므로 정상상태 $\dfrac{dCt}{dt}=0$

$$\therefore Rr = KLa(Cs - Ct) \xrightarrow{\text{적분하면}} Ct = -\frac{1}{KLa}Rr + Cs$$

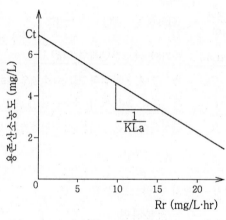

<산소이용속도 측정결과>

하수처리공정의 산소이용량, 필요공기량 산출법

⇒ 하수처리공정에서 산소가 사용되는 주로 사용되는 곳은 ① 미생물에 필요한 산소공급(BOD산화, 내생호흡, 질산화, 포기조끝단 DO유지)과 ② 혼합액 교반으로 활성슬러지 부유상태를 유지하기 위해 사용된다.

Ⅰ. 필요산소량

- AOR, Actual Oxygen Requirement, kgO_2/d
- 산소이용량 = BOD산화 + 내생호흡 + 질산화반응 + (반응조 유출구의) DO농도 유지

$$AOR = A(La - k \cdot 탈질량) + B \cdot MLVSS + C \cdot 질산화된 TKN량 + DO \cdot Q(1 + R + r)$$

여기서,   A : 미생물 산화분해·합성시 산소요구량 $(0.5 \sim 0.7 kgO_2/kgBOD)$

        B : 내생호흡시 산소요구량 $(0.05 \sim 0.15 kgO_2/kgMLVSS \cdot d)$

        C : 질산화반응에 의해 소비되는 산소량 $(4.57 kgO_2/kgN)$

        k : 탈질에 의해 소비되는 BOD량 $(2 \sim 3 kgBOD/kgN)$

⇒ 탈질에 의한 BOD소모량은 산소가 무산소조에서의 반응(산소가 소모되지 않는 반응)이므로 빼준다.

        DO : 호기조 말단의 DO농도 $(1.5 \sim 5 kmg/L$ 정도)

⇒ 유입조건, 운전조건에 따라 적절한 계수값을 선택할 필요가 있다.

   La : BODu 제거량,   MLVSS : 휘발성미생물농도,   R : 반송비,   r : 내부반송비

Ⅱ. 필요공기량

⇒ 고도처리공정의 필요공기량

$$공급산소량 = 필요산소량 / 산소전달율(용해효율)$$
$$공급공기량 = 공급산소량 \times (공기부피/산소부피)$$

- 필요공기량은 유기물의 산화, 질산화 및 내생호흡에 의한 산소소비량과, 호기조의 용존산소농도 유지를 위한 필요산소량을 확보할 수 있어야 하며, 산기장치의 산소이용효율 등을 고려하여 산정한다.

- 호기조 말단의 잔존 암모니아성질소 농도나 인산성 인(PO_4-P) 농도를 일상적으로 감시하여 MLDO농도가 적절한 값이 되도록 송풍량을 조절한다. 일반적으로 호기조 말단의 MLDO농도가 $1.5 \sim 5 mg/L$ 정도가 되도록 자동제어(DO 제어)하는 예가 많다. 기타사항은 표준활성슬러지법의 생물반응조 설비의 송풍량에 준한다.

Ⅲ. 산소전달효율의 측정

- 산소전달효율 측정에는 산소공급에 따른 DO변화를 분석하여 전달효율을 평가하는 비정상상태분석법과 안정적인 DO농도가 유지되는 상태에서 수면에서 배출되는 off-gas의 조성을 분석하여 전달효율을 평가하는 off-gas 분석법이 대표적인 방법으로 적용된다.
- 일반적으로 산기장치의 표준적인 산소전달효율은 청수상태에서의 산소전달효율 (SOTE, Standard Oxygen Transfer Efficiency)로 제시되며 주로 비정상상태분석법을 적용하여 측정된다. 그러나 SOTE값은 하수에 산기기를 설치하여 포기할 경우 어떠한 효율을 나타낼 것인지에 대해 정확한 지표가 될 수 없다. 따라서 포기조 운전상태 및 포기장비에 대한 성능평가를 위해서는 하수처리장에 설치되어 정상적으로 운전되고 있는 산기시스템의 하수중 산소전달효율을 확인할 필요가 있다.
- 하수상태의 산소전달효율을 측정하는 대표적인 방법인 off-gas 분석법은 송풍기에서 포기조로 공급되는 공기 중의 상대적인 산소조성과 하수를 통과하여 대기중으로 배출되는 가스(off-gas)의 상대적인 산소조성을 측정하여 포기조내에 설치된 산기장치의 산소전달효율을 평가한다.

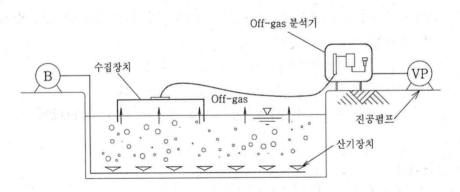

<Off-gas Test equipment>

Ⅵ. 간헐포기공법의 하수처리장에서 공기량 조절 예시)

- 간헐포기에 의한 산소량 조절 (겨울철은 포기시간을 길게, 포기량도 늘리고 SRT를 길게 함)
- 포기조 내 메디아(media) 단독처리에 의한 산소량 절감 효과
- 특히 호기조 내 미생물 상태를 관찰하여 공기량 조절
  (MLSS색상이 진흑색이거나 아메바류, 미소편모충류(Bodo, Oicomonas, Monas), Beggiatoa 등이 많으면 포기량을 증가시킨다.)

포기장치

I. 개요

- 포기장치는 산소공급량 최대화를 위한 공기 입자크기, 동력 소비 최소화 등을 위하여 슬러지 혼합정도, 융통성, 경제성 등을 고려하여 선정하며 산기식, 수중터빈포기식, 기계적 표면 포기식 등이 있다.

II. 포기조의 기능

1. 포기장치는 활성슬러지에 산소를 공급함과 동시에 포기조를 혼합시켜 포기조 내의 MLSS가 침전하지 않도록 하는 역할을 한다.
2. 포기조 내 유속은 혼합액(MLSS) 침전방지를 위해 0.3m/s (최소 0.1m/s) 유지

II. 포기장치의 종류 및 특징

1. 산기식

1) 특징
  - 산기장치의 종류 : 산기관, 산기판, 다공판, 미세산기판, 디스크형 디퓨저, 멤브레인디퓨저 등
  - 자동운전, 동절기 수온 상승, 소음이 적고, 유지관리 간단, 고장이 적고, 시공이 용이
  - 그러나 악취발생, ABS 등으로 인한 거품발생, 동력비 및 설치비가 비싸다.

2) 설치방법에 따라 분류
  - 전면포기식
  - 고압선회류식 : 저면에서 폭기
  - 저압선회류식 : 수면하 80㎝에서 폭기, 폭기량은 고압식의 4배

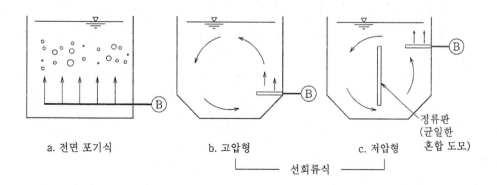

a. 전면 포기식   b. 고압형   c. 저압형

정류판
(균일한 혼합 도모)

├──── 선회류식 ────┤

3) 산기장치 기포 크기에 따라 분류
 - 세(細)기포 산기관 : 산소전달율은 높으나, 세공 막힘 발생우려 ⇒ 전면포기식
 - 조(粗)기포 산기관 : 유지관리가 쉽다. ⇒ 선회류식

2. 기계식 표면포기기
 - 표면교반에 의한 산소주입방식
 - 브러쉬로터형, 고속축류형, 저속방사형이 있다.

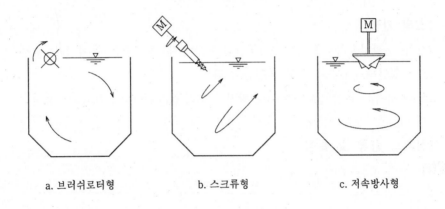

a. 브러쉬로터형   b. 스크류형   c. 저속방사형

3. 수중포기식 (기계식의 일종)
 - 산기식과 기계식의 절충형으로 공기량을 절약하고 처리효율을 높일 수 있다.
 - 병용식(가장 많이 사용) ; 수중교반식, 순환수 산기식, 프로펠러형, 축류펌프형

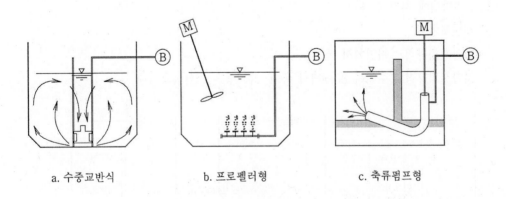

a. 수중교반식   b. 프로펠러형   c. 축류펌프형

활성슬러지 반응조 설계순서

I. HRT를 기본으로 하는 방법

1. 목표처리수질 설정
2. HRT 및 MLSS 결정
   (표준활성슬러지법의 경우 HRT 6~8시간, MLSS 1,500~2,500mg/L가 표준)
3. 반응조로 유입되는 BOD, SS 유입수 자료를 입력
4. SRT를 계산
   - HRT, MLSS농도 및 잉여슬러지량 예측식으로부터 SRT를 계산한다.

$$SRT = \frac{HRT \cdot X}{\text{잉여슬러지 발생량}}$$

5. 모니터링하여 필요한 SRT의 적절성을 평가한다.
   - SRT와 유출수 BOD 및 수온관계 : 하절기·동절기 별로 SRT를 구한다.
   - SRT와 질산화 및 수온관계 : 설계시 T-N 제거가 필요한 경우 SRT를 길게 해야 한다.

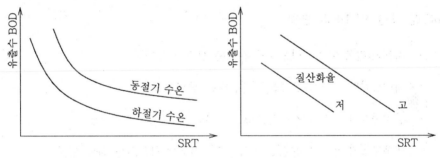

a. C-BOD.SRT.수온의 관계   b. 질산화율.SRT.수온의 관계

6. 평가결과 적절하면 포기조 용량 및 송풍량, 잉여슬러지량을 결정한다.
   - 설정된 SRT로 목표수질을 얻을 수 없는 경우 HRT 또는 MLSS를 증가시켜 재계산을 수행하거나 SRT 설정을 기본으로 하는 설계방법으로 바꾸어 다시 실행한다.

II. SRT를 기본으로 하는 방법

1. 목표처리수질 설정
2. 목표 SRT 설정
   - 설계수온·C-BOD·SRT의 관계 및 설계수온·질산화율·SRT의 관계 그래프로부터 설정함
3. 반응조로 유입되는 BOD, SS 유입수 자료를 입력
4. 잉여슬러지발생량, MLSS 농도 계산
5. HRT를 계산한다.
6. 포기조 용량(V = Q × HRT) 및 송풍량($= AOR \times \frac{22.4}{32} \times \frac{1}{0.21} \times \frac{1}{\eta}$)을 결정한다.

SRT와 F/M비의 관계

Ⅰ. SRT와 F/M비의 관계

1. SRT와 F/M비는 반비례관계

$$\frac{1}{SRT} = Y \cdot (F/M)_r - Kd$$

여기서,   Y   : 세포생산계수(0.5~0.7)

           Kd   : 내생호흡속도계수(0.05~0.15)

2. SRT가 길수록 MLSS농도, 산소소모량, 질소제거율은 증가, 인제거율, 슬러지발생량은 감소
3. 고도처리시 질소 제거를 위해서는 긴 SRT가 필요하다.
 - SRT가 20일 이상으로 너무 길어지면 Pin floc현상으로 침강성 불량)
4. F/M비가 증가할수록 SRT는 감소하며 처리수질도 나빠진다.

Ⅱ. SRT에 따른 F/M비의 변화

     ┌── 지체기(잠복기)   : 미생물의 새로운 환경 적응기간

     ├── 대수증식기   : 유기물 풍부, 빠른 증식속도

     ├── 감쇄증식기   : 침전성 양호, 수처리 이용

     └── 내생호흡기   : 침전성 높다, 높은 BOD제거율, Pin floc 발생

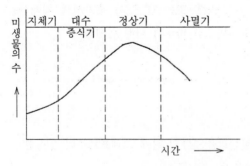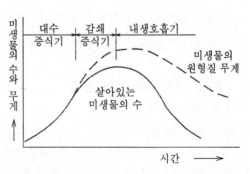

<미생물 증식곡선 및 성장곡선>

Ⅲ. SRT의 종류

1. ASRT : 고도처리공법에서 호기반응조(간헐폭기 등)의 SRT 즉 ASRT

$$= SRT \times \frac{호기운전시간}{24시간}$$

2. MCRT(mean cell residence time)

$$= \frac{(V+Vs) \cdot X}{Qw \cdot Xr + (Q-Qw) \cdot Xe}$$

　　여기서,　V　: 폭기조 용적(m^3)
　　　　　　Vs　: 최종침전지 용적(m^3)

3. 슬러지일령(θc) : 포기조에 유입한 SS가 포기되는 평균시간

$$= \frac{V \cdot X}{Q \cdot SS}$$

　　여기서,　Q　: 유입 하수량 (m^3/d)
　　　　　　SS　: 유입하수의 SS (mg/L)

슬러지 일령 및 슬러지 체류시간(Sludge Age 및 SRT)

1. 슬러지 일령은 포기조에 유입한 SS가 포기되는 평균시간을 나타낸다.

$$-\ 슬러지일령 = \frac{MLSS농도(mg/L) \times 포기조용량(m^3)}{유입하수의\ SS(mg/L) \times 유입하수량(m^3/d)}$$

2. SRT는 활성슬러지가 잉여슬러지로서 계외로 인발될 때 까지의 평균체류시간을 나타낸다.

$$-\ SRT = \frac{MLSS농도(mg/L) \times 포기조용량(m^3)}{반송슬러지\ 농도(mg/L) \times 폐슬러지량(m^3/d)}$$

3. 상기에서 나타난 바와 같이 슬러지 일령이나 SRT는 활성슬러지가 계내에 체류하는데 필요한 시간. 즉 활성슬러지를 구성하는 미생물이 증식하여 floc을 형성하는데 필요한 시간을 나타낸다.

4. 특히 SRT의 경우 $Q\omega Xr$를 중요한 활성슬러지 증식량으로 간주하면 SRT의 역수는 슬러지의 비증식 속도에 유사한 해가 된다. 따라서 활성슬러지 정화능력에 관계가 깊은 미생물 비증식 속도를 고려하여 SRT를 관리해야 하며 표준활성 슬러지법의 경우 SRT는 3~6일이다.

SVI와 슬러지 침전성과의 관계

I. 개요
- SVI는 활성슬러지의 침강성, 압밀성을 보여주는 지표로서, 2차침전지의 슬러지 고액분리의 상황을 알 수 있는 중요한 지표

II. 계산식

$$- \text{SVI} = \frac{\text{SV}(\text{mL/L}) \times 10^3}{\text{MLSS}} = \frac{\text{SV}(\%) \times 10^4}{\text{MLSS}}$$

$$- \text{SVI} \times \text{SDI} = 100$$

여기서, SV : 1L의 포기조 혼합액을 실린더에 담아 30분간 침전시킨 후
부피측정(mL/L)
포기조액 1L 30분 침전시 SVI : mL/g(부피), SDI : g/100mL(무게)

III. SVI 지표의 의미
- SVI 50~150일 때 침전성 양호, SVI 200 이상시 sludge bulking 우려
- SDI 0.7 이상이면 침전성이 좋은 슬러지
- SVI는 통상 수온이 내려갈수록 증가하며, 슬러지침전성이 불량해짐.
- 20℃에서 F/M비가 0.3 이상이 되면 sludge bulking 발생
 → 저수온시 MLSS농도를 높게 유지하여 F/M비를 낮춘다.

IV. 슬러지지표와 반송슬러지농도, 반송율과의 관계

구분	SVI	SDI
반송슬러지농도 (Xr)	$\cdot \ \text{Xr} = \dfrac{10^6}{\text{SVI}}$	· Xr > SDI인 경우는 슬러지계면 상승 → 슬러지 부상 발생 　Xr < SDI인 경우는 비효율적(저농도) · 따라서 Xr = 1.1~1.2 × SDI 가 바람직
반송율 (R)	· SVI가 크면 2차침전지의 슬러지 한계농도가 적게 되며, · 포기조의 일정농도 활성슬러지를 유지하는데 대량의 반송슬러지 필요 $$R(\%) = \frac{X - Xe}{Xr - X} \times 100 = \frac{SV}{100 - SV} \times 100$$	

SSVI

I. SVI(슬러지 용적지수)

- 슬러지 침강·농축성을 나타내는 지표로서, 30분 침강후 1g의 MLSS가 차지하는 부피 (mL)를 나타낸다.

$$SVI\ (mL/g) = \frac{SV_{30}(\%) \times 1{,}000}{MLSS}$$

여기서, SVI 50~150이면 침전성 양호

SVI 200 이상이면 벌킹 발생

II. SSVI

- SVI는 활성슬러지의 농도값에 크게 영향을 받고 침전 컬럼(column)의 벽면마찰로 침전성이 부정확하게 나타날 수 있으므로 SSVI 등으로 보완할 수 있다.

종 류	내 용
SSVI (Stirred SVI)	· 침전칼럼 벽면의 마찰효과로 인한 침전성 저하를 최소화하기 위하여 2rpm 이하로 내부 baffle을 교반
DSVI (Diluted SVI)	· 고형물이 고농도일 때 농도에 의한 영향을 줄이기 위해 DSV30이 150~250mg/L이 되도록 희석하여 측정
SSVI$_{3.5}$ (Stirred SVI at 3.5g/L)	· 시료 고형물 농도를 3.5g/L로 한 후, 30분 동안 2rpm으로 교반하면서 침전시킨 후 1g의 슬러지가 차지하는 부피를 측정

III. 관련공식

1. $SDI(슬러지\ 밀도지수) = \dfrac{100}{SVI}$

- 침전성 판단에 이용되는 또 다른 지표로서, SDI ≥ 0.7이면 침전성 양호

2. $Xr = \dfrac{10^6}{SVI}$, $R = \dfrac{X}{Xr - X}$

MLVSS와 MLSS

Ⅰ. 개요

- MLSS (Mixed Liquor Suspended Solid)
- MLVSS (Mixed Liquor Volatile Suspended Solid)
- MLVSS는 활성슬러지 공법에서 포기조내의 MLSS를 550℃ 15~20분 연소시킬 때 연소되는 유기성 고형물로 주로 미생물량을 나타낸다.

Ⅱ. 반응조내의 미생물 종류

- MLSS = MLVSS + MLFSS = Ma, Me, Mi + Mii

Ⅲ. 관련인자

- 유입유기물농도 (높을수록 MLSS를 높게 유지)
- HRT (MLSS와 반비례)
- SRT (MLSS와 비례)
- SVI (반비례)

Ⅳ. 수질에 미치는 영향

1. 표준활성슬러지법에서 MLVSS/MLSS비는 0.65~0.75 정도
  - 슬러지발생량 계산시 VSS/TSS비의 대표값은 일반적으로 0.85를 사용
2. SRT와 F/M비
  - SRT가 짧아질수록 MLVSS/MLSS비율 증가 → 유기물내의 생분해 가능부분도 증가
  - 유입유기물농도가 높으면 미생물 농도(MLSS) 높게 유지하여 F/M비를 적절하게 맞춘다.
3. 저수온, 저농도
  - 저온시에는 미생물의 활성도가 저하되므로 MLSS를 높게 유지
  - 저농도 유입시 너무 높은 MLSS로 운전하면 미생물 활성이 약해져 플록이 해체됨
4. 국내 처리장의 경우 유입BOD 100mg/L일 때 MLSS 1,800~2,300mg/L가 적정하나, 고도처리공법의 경우 이보다 훨씬 높게(2,000~5,000mg/L 정도) 유지하는 경우가 많음.

혐기조, 무산소조, 호기조 용량결정 방법

⇒ 각 조의 크기는 수리학적 체류시간(HRT)으로 결정한다.

Ⅰ. 혐기조의 HRT

- 혐기조에서는 인제거미생물(PAOs) 세포내의 폴리인산(Poly-P)이 정인산(PO_4 -P)으로 가수분해되어 인이 방출되며, 동시에 하수의 유기물은 글리코겐 및 PHA 등의 기질로 세포내에 저장된다.

- 따라서 혐기조의 HRT는 활성슬러지의 PO_4 -P 방출을 확실히 하도록 설계하며, 혐기조의 정인산(용해성 PO_4 -P) 방출의 유무는 공정에서의 인 제거량에 큰 영향을 미친다. 일반적으로 혐기조의 인 방출량이 많을수록 호기조내의 인 고정량이 커지는 경향이 있다. 또한 반송슬러지의 NO_3 -N으로 인한 탈질 때문에 발생하는 인방출 저해 등을 고려하여야 한다.

Ⅱ. 무산소조의 HRT

- 무산소조에서는 호기조에서 반송되어 온 질산성질소가 탈질미생물에 의해 질소가스로 제거된다.

- 따라서 무산소의 HRT는 탈질을 고려하여 설계하며, 질산화속도와 함께 탈질속도도 반응조 내 수온의 영향을 받기 때문에 수온이 높은 기간에는 무산소의 말단까지 가는 도중에서 이미 탈질반응이 완료되는 경우가 많다.

Ⅲ. 호기조의 HRT

- 호기조에서는 인제거미생물(PAOs)의 세포내 저장된 기질이 산화 분해되며 이때 발생하는 에너지를 이용하여 물속의 정인산을 미생물 생장에 필요한 양 이상으로 과잉섭취하여 Poly 인산으로 재합성한다. 또한 질산화미생물은 암모니아성질소를 아질산성질소, 질산성질소로 차례로 산화시킨다.

- 따라서 호기조의 수리학적 체류시간은 질산화를 고려하여 설계하며, 인제거도 고려하면서 ASRT제어를 통해 질산화미생물을 계내에 유지하는 것이 중요하다.

- 호기조에 필요한 고형물체류시간(ASRT) 설계는 호기조 최소필요 고형물체류시간 (ASRT)min에 안전계수를 곱하여 계산한다. 안전계수를 적용하는 이유는 SRT를 조정하는데 있어 운영상의 변화에 대한 안전율을 적용하는 것과 질산화미생물이 처리하는 TKN peak 부하를 고려해야 하기 때문이다. 여기서 안전계수는 1.3~2.0이나, 동절기에는 질소농도의 peak 부하를 고려하는데 불확실한 조건을 고려하여 안전한 반응조 설계를 위하여 1.5 이상으로 하는 것이 일반적이다.

호기조 필요 ASRT = 호기조 최소필요 ASRT × 안전율 (1.5 이상)

하수처리장 반응조용량 결정인자 및 용량결정방법

I 반응조 용량 결정인자

- 계획하수량(Q)
- 유입수질(BOD, COD, SS, T-N, T-P)
- 목표처리수질
- 슬러지반송비(내부반송비와 외부반송비), 반송슬러지 농도
- F/M비, SRT, MLSS농도
- 적용된 고도처리공법의 특성
- 겨울철 수온(질산화가 관건)

II. 반응조 용량 결정방법

```
┌── HRT에 의한 방법          : V = Q × HRT
├── SRT에 의한 방법          : SRT = V·X / Qw·Xr
├── BOD용적부하에 의한 방법   : BOD용적부하 = Q·So / V
└── F/M비에 의한 방법        : F/M비 = Q·So / V·X
```

⇒ 반응조 용량은 HRT를 기본으로 설계하는 것이 원칙이며, SRT를 기본으로 설계하기도 한다.

1. HRT를 기본으로 하는 방법

1) 목표처리수질 설정
2) HRT, MLSS 가정 (A₂O의 경우 HRT 6~8hr, MLSS 2,000~5,000mg/L)
3) 유입BOD, SS, 유입유량, 반송비 등 입력
4) 잉여슬러지량 계산, SRT 계산
5) 관계 Graph로부터 SRT의 적정성 평가
  - SRT, 유출BOD, 수온과의 관계 그래프
  - SRT, 질산화, 수온과의 관계 그래프
6) SRT가 적절하지 못하면 HRT나 MLSS농도를 증가하여 반복하거나, SRT를 기본으로 하는 설계법으로 바꾸어 반응조를 설계한다.
∴ 포기조 용량(V) = 유입량(Q)×HRT로부터 산정

2. SRT를 기본으로 하는 방법

1) 목표처리수질 설정

2) SRT 가정 : 관계 Graph로부터 적당한 SRT를 우선 선택한다.

 - SRT, 유출BOD, 수온과의 관계 그래프

 - SRT, 질산화, 수온과의 관계 그래프

   (A$_2$O의 경우 HRT 6~8hr, MLSS 2,000~5,000mg/L)

3) 유입BOD, SS, 유입유량, 반송비 등 입력

4) 잉여슬러지량 계산

5) MLSS농도 계산

6) HRT 계산

∴ 포기조 용량(V) = 유입량(Q)×HRT로부터 산정

<반응조의 설계절차>

처리방식 결정

⇩

계획하수량, 유입BOD, SS농도, 슬러지반송비, 반송슬러지농도

⇩

포기조 MLSS농도 결정

⇩

F/M비 또는 SRT 계산

⇩

포기조 용량 결정
PILOT실험을 통한 Mass balance를 결정 후 HRT 결정이 바람직

미생물 산화·동화작용, 내생호흡식

Ⅰ. 유기물제거 기작(생물처리의 기본원리)

1. 하수에 공기를 불어넣고 교반시키면 각종의 미생물이 하수중의 유기물을 이용하여 증식하고 응집성의 플록을 형성한다. 이것이 활성슬러지라 불리는 것인데 세균류, 원생동물, 후생동물 등의 미생물 및 비생물성의 무기물과 유기물 등으로 구성된다.

2. 활성슬러지를 산소와 함께 혼합하면 하수중의 유기물은 활성슬러지에 흡착되어 활성슬러지를 형성하는 미생물군의 대사기능에 따라 '슬러지가 체류하는 동안 산화 또는 동화되며 그 일부는 활성슬러지로 전환된다. 호기조내 공기를 불어넣거나 기계적인 수면 교반 등에 의해 반응조내에 산소를 공급하며 이 때 발생하는 호기조내의 수류에 의해 활성슬러지가 부유상태로 유지된다. 호기조로부터 유출된 활성슬러지 혼합액은 이차침전지에서 중력침전에 의해 고액 분리된다. 침전·농축된 활성슬러지는 반응조에 반송되고 하수와 혼합되어 다시 하수처리에 이용됨과 동시에 일부는 잉여슬러지로서 처리된다.

3. 하수중의 유기물 제거과정은 미생물에 의한 반응조에서의 오탁물질 제거(흡착·산화·동화)와 이차침전지에서의 활성슬러지 고액분리로 요약될 수 있다.

Ⅱ. 호기상태에서의 미생물의 산화 및 동화

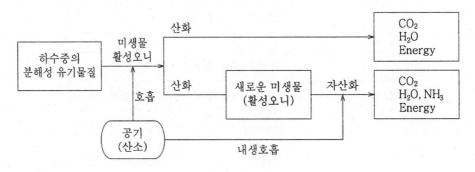

<호기성 상태에서의 물질수지>

1. 흡착된 유기물

- 흡착된 유기물은 일반적으로 탄소성분(C)은 미생물의 에너지원으로, 질소성분(N)은 단백질 합성에 주로 쓰인다.

  1) 산화(이화)작용 : 산화에 의한 분해(= 에너지 생산)

$$C_6H_{12}O_6 + 6O_2 \rightarrow 6CO_2 + 6H_2O + Energy$$

2) **동화작용** : 동화에 의한 세포합성

$$C_6H_{12}O_6 + NH_3 + O_2 + Energy \rightarrow C_5H_7O_2N + CO_2 + 4H_2O$$

2. **내생호흡** : 자산화에 의한 에너지 생산

$$C_5H_7O_2N + 5O_2 \rightarrow 5CO_2 + 2H_2O + NH_3 + Energy$$

Ⅱ. 에너지와 세포합성

- 일정량의 유기물질은 미생물에 의해서 새로운 미생물의 세포로 합성되고 에너지가 방출된다. 도시폐수의 경우 1kg의 BOD_5는 미생물에 의해 약 1/3이 에너지로 방출되고 2/3가 세포로 합성된다. 즉 BODu가 BOD_5의 1.5배라고 볼 때 1kg의 BOD_5중에 0.5kg의 BODu가 에너지로 방출된다.

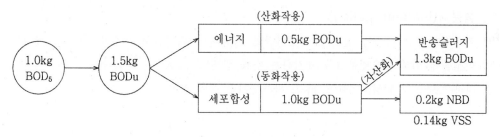

<에너지와 세포합성 관계>

광분해, 생분해, 가수분해

I. 광분해(photolysis)

1. 빛에 의해 일어나는 물질의 분해반응으로, 일반적으로 공유결합을 이루는 분자의 결합이 분해되는 것을 말한다.
2. 생화학적으로 분해가 어려운 난분해성 유기물질(염소계 유기용제 및 질소화합물, 방향족 화합물 등)은 광산화법(UV/H_2O_2)을 이용하여 제거한다.
3. 예) 광합성 세균이나 조류에 의한 광분해, 오존층 산화

II. 생분해(biodegradation)

1. 기본적으로 미생물에 산소와 영양염류를 공급하면 미생물의 성장과 활동을 촉진시켜 미생물에 의해서 오염물질을 제거하는 것을 말한다.
2. 지하수오염 및 토양오염물질 제거, 하폐수처리 등에 응용

III. 가수분해(hydrolysis)

1. 암모니아(NH_3)는 약염기의 대표적인 물질이다. 물에 녹은 NH_3의 일부는 물과 반응을 하면 암모늄이온(NH_4^+)과 수산기(OH^-)가 형성된다. 이 경우 반응에 참여한 물 분자는 H^+와 OH^-로 분해되는데, 이것을 가수분해 되었다고 한다.
2. 여기서 암모니아(NH_3)와 같이 가수분해 반응을 일으켜 수산기(OH^-)를 생성할 수 있는 물질을 약염기로 분류한다.

미생물의 분류 및 구성

Ⅰ. 질소인 제거에 관여하는 미생물의 분류

미생물 종류		반응속도 (성장속도)	Feed	O_2 유무	반응조 형태
유기물제거미생물	(X_H)Heterotrophs	6	유기물	○	호기조
질산화미생물	(X_{AUT})Autotrophs	1	-	○	호기조
탈질미생물	(X_{DN})Denitrificants	4.8	유기물	× 및 NO_3^-○	무산소조
인제거미생물	(X_{PAO})PAOs	1	유기물	× 및 NO_3^-×	혐기조
황산화탈질미생물	Autotrophs	-	-	× 및 S, NO_3^- ○	

Ⅱ. 미생물의 구성

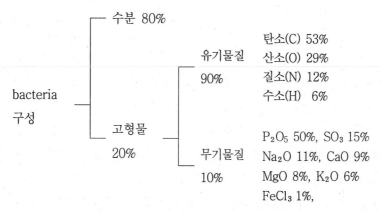

- 미생물을 이용해서 폐수를 처리할 경우 bacteria가 잘 성장되도록 하려면 위와 같은 구성물질이 충분해야 하는데 부족할 경우에는 성장이 더디거나 다른 미생물이 번식하여 문제가 되기도 한다.

하수고도처리공정에서의 미생물의 분류 및 우점종 순서

Ⅰ. 개요
- 고도처리공정에서 질소 및 인 제거공정에 관여하는 미생물은 서로 경쟁적 공생관계이므로 제거대상물질을 효율적으로 제거하기 위해서는 해당 미생물이 선택적 우위에 있을 수 있도록 환경을 조성할 필요가 있다.

Ⅱ. 고도처리에 작용하는 미생물의 분류 (IAWA MODEL)

인 방출	탈질	질산화, 인 섭취
혐기조	무산소조	호기조
X_{PAO} (유기물 섭취, DO 불필요)	X_{DN} (유기물 섭취, DO 불필요)	
	X_H (유기물 섭취, DO 필요)	
		X_{AUT} (DO 필요-독립영양미생물)

- X_H , X_{DN} , X_{PAO}는 종속영양미생물, X_{AUT}는 독립영양미생물
- 미생물의 증식속도 : $X_H > X_{DN} > X_{AUT} > X_{PAO}$
- 유기물 경쟁력 순위 : $X_H > X_{DN} > X_{PAO}$
- 인제거미생물의 증식속도가 가장 낮으므로 인 제거시에는 인 제거 미생물이 성장할 수 있도록 우선적으로 환경을 설정해야 한다.
- 독립영양미생물은 유기물 섭취에 대한 경쟁관계는 없으며, DO만 경쟁한다.
- 질산성질소의 존재는 인 제거를 어렵게 하기 때문에 질산성질소를 먼저 제거한 후 인을 제거한다. 이를 위해서는 호기조의 체류시간(ASRT)을 너무 길게 해서는 안 된다.
- 국내 하수는 용존산소가 높고 유기물농도가 낮으므로 질산화는 잘 되나 2차침전지에서 탈질에 의한 슬러지부상 문제 발생

에너지원(전자공여체)에 따른 하수처리 미생물의 분류

Ⅰ. 독립영양 미생물 (무기물섭취 미생물)

- 완전호기성, 화학적 무기성 독립영양미생물로 에너지원으로 유기물(탄소원) 대신 무기물
  (암모니아성질소나 황화물, CO_2 등)을 사용하여 산화시킨다.

1. 질산화미생물 (Nitrosomonas, Nitrobactor)

$$NH_3 - N + \frac{3}{2}O_2 \xrightarrow[\text{Nitrosomonas}]{\text{질산균}} NO_2 - N + \frac{1}{2}O_2 \xrightarrow[\text{Nitrobactor}]{\text{아질산균}} NO_3 - N$$

2. 황산화탈질균 (Thiobacillus denitrificans, Thiomictospira denitrificans 등)

- 황산화탈질균은 독립영양미생물로 여러 종류의 황화합물을 황산염이온으로 산화시키며,
  동시에 질산성질소 및 아질산성질소를 질소가스형태로 전환시키는 탈질균으로 HANS공
  법 등에 사용되고 있음. → 무산소조에서 반응

$$H_2S + 2O_2 \xrightarrow[\text{Thiobacillus}]{\text{황산화미생물}} H_2SO_4$$

3. 철산화 미생물 (Thiobacillus 등)

- 2가철을 3가철로 산화시키는 과정에서 생성되는 에너지를 이용하여 생육하는 세균

Ⅱ. 종속영양 미생물 (유기물섭취 미생물)

- 산소를 이용하여 유기물(탄소원)을 전자공여체로 사용하는 미생물
  (호기와 무산소 조건에서 성장할 수 있으며, 혐기에서는 발효과정 수행)

1. 유기물제거 미생물 (Heterotrophs)

- 자산화에 의한 에너지 생산시 반응

$$C_5H_7O_2N + 5O_2 \rightarrow 5CO_2 + 2H_2O + NH_3 + \text{Energy}$$

⇒ Mckinney는 bacleria의 일반적인 화학조성식으로서 $C_5H_7O_2N$(인 포함시 : $C_{150}H_{210}O_{60}N_{30}P$)
  을 채택하였다

2. 탈질미생물 (Pseudomonas, Bacillus, Micrococcus)

- 전자(수소)공여체로 메탄올 사용시 반응

$$5CH_3OH + 6NO_3 \rightarrow 3N_2 + 5CO_2 + 6OH^- + 7H_2O$$

3. 인제거(축적)미생물 (Pseudomonas, Bacillus, Acinetobactor, Aeromonas)
 – 혐기성조건에서 인을 방출한 후 호기성조건에서 인을 방출량의 3~4배 과잉섭취함

<미생물반응 전자수용체>

구 분		전자수용체		구 분	전자수용체
호기성 독립영양계	질산화 미생물	O_2	혐기성 종속영양계	탈질 미생물	NO_3^-
	황산화 미생물	O_2		황산염환원 미생물	SO_4^{2-}
	철산화 미생물	O_2		메탄균	CO_2

활성슬러지의 미생물 관찰

Ⅰ. 미생물 관찰
- 처리효율은 미생물의 량, 종류, 활성도에 따라 크게 영향을 받는다. 실제로 BOD제거에 필요한 미생물을 확인하고 량을 계산하기는 어렵다. 따라서 생물학적 활성도로 미생물 상태를 평가할 수 있다. 주요 미생물은 보통 현미경 배율 100~400배로 하여 관찰할 수 있다.

Ⅱ. 우점종의 미생물
- 운전초기에는 아메바류가 주로 우점종이며, 산업폐수나 과도한 수리·유기물부하, 반송수에 의한 충격부하로 시스템이 망가진 후 회복되는 때에도 우점종이 된다.
- 편모류(flagellates)는 높은 F/M비나 낮은 SRT 동안 혼합액이 분산 침전하는 경우에 우점종이 된다. 이때의 유출수질은 불량하며, 침전지 내에서 슬러지층이 형성되지 않는 경우가 많다.
- 섬모류(free swimming ciliates)는 F/M비가 감소(즉, MLSS농도가 높고 SRT가 길 경우)하기 시작하면 우점종이 되며, 고착성 미생물(stalked ciliates)은 플록이 커지고 침전성이 좋고, 유출수질이 양호할 때에 우점종이 된다. 이들 ciliates는 매우 중요한 미생물로 이들이 우점종이 되도록 운전조건을 유지한다.
- 일반적으로 현미경으로 미생물을 관찰하여 빠르게 운동하면서 꼬리가 있는 미생물이 우점종일 경우는 수질이 나쁘며, 수질이 양호하며 침전성이 좋을 때에는 주로 고착성 미생물이나 느리게 운동하는 미생물이 우점종이 된다.
- F/M비가 더 낮아져서 먹이가 부족하면 윤충류(rotifers)나 벌레(worms) 등이 출현하며 이들은 유출수질과 관련하여 두 가지 형태가 있다. 먼저 과산화되어 pin floc으로 인한 유출수질이 나쁜 경우와, 잘 운전되어 유출수질이 매우 양호하여 최종 고등동물로 우점종이 되는 경우이다.
- 미생물 관찰결과 예를 들어, rotifers가 45%, stalked ciliates가 25%, free swimming ciliates가 25% 정도이면 SRT가 너무 긴 경우이며 잉여슬러지 인발량을 증가시켜야 한다.

Ⅲ. 활성슬러지의 상태에 따라 발생되는 미생물의 종류
1. 활성슬러지가 양호할 때
- Zoogloa(세균류), Vorticella(섬모류), Aspidisca(섬모류), Rotaria(윤충류), 흡관충류 등 특히 고착성(stalked ciliates)이거나 유동성 섬모류(free swimming ciliates)가 우세

2. 활성슬러지가 불량할 때
 - Bodo, Oicomonas, Monas 등 미소편모충류
 - 플록이 작고 비교적 빨리 헤엄치는 종류가 우세

3. 기타
 - 활성슬러지 분산해체시   : Amoeba, Arcella 등
 - 벌킹시 출현미생물 : Sphaerotilus, Nocardia, Thiotrix, 각종 곰팡이류 등 사성성 세균
 - 용존산소 부족시   : Beggiatoa, Metopus 등
 - 포기량 과다시   : Eupltes, Rotaria 등

Ⅳ. 하수처리장의 발생미생물 종류
 - 활성슬러지법에서 서식하는 주요한 생물군으로는 세균류, 균류, 원생동물, 후생동물, 조류 (algae) 등의 4가지 군으로 분류할 수 있다.

1. 세균 (Bacteria)
 - 몸이 1개의 세포로 이루어진 작고 하등한 미생물로서 박테리아라고도 하며 엽록소가 없기 때문에 광합성을 할 수 없다.
 - 호기성세균, 혐기성세균, 임의성세균 등 그 개체수가 매우 많으며, 하폐수처리의 주역할을 담당
 - 단세포 간균 : Pseudomonas, Bacillus … 자연수에도 흔히 존재, 탈질역할도 수행
   사상성 세균 : Sphaerotilus, Nocardia, Beggiatoa(유황세균)
   균체형 세균 : Zoogloa (= 플록형성세균)

2. 균류 (Fungi)
 - 모든 종이 종속영양생물(Heterotrophs)이고 몸체인 균사체가 있다.
 - 곰팡이(molds), 효모(yeasts) 등
 - 활성슬러지 공정에서 박테리아 대신 균류가 많이 존재하면 최종침전지(또는 2차침전지)에서 슬러지 벌킹이 발생한다.
 - 도시하수의 활성슬러지에는 드물고 공장폐수의 경우 일부 존재하며 박테리아보다 난분해성 유기물질의 분해능력이 크다.

3. 원생동물 (Protozoa)
 - 1개의 세포로 구성된 가장 하등의 동물
 - 생물학적 처리공정의 유출수 내의 세균(bacteria) 및 고형유기물을 섭취하여 깨끗이 한다.
 - 활성슬러지의 상태에 따라 발생되는 종류가 확연히 구별되므로 생물반응조의 운전상태 판단에 매우 중요한 역할을 한다.

- 위족류(sarcodina), 편모충류(flagellates), 섬모충류(ciliates), 흡관충류(suctoria) 등으로 분류한다.

4. 후생동물 (Metozoa)
- 다세포동물
- 박테리아, 원생동물, 슬러지 조각 등을 섭취
- 비플록형성세균 제거, 점액으로 덮인 분변성 입자(fecal pellet)를 만들어 플록형성에 기여
- 윤충류(Rotifers), sludge warms 등

5. 조류 (Algae)
- (조류의 경우는 생물처리시설에서 나타나는 경우는 많지 않다.)
- 하수 중에 포함되어 있는 부영양화 원인물질인 N, P 에 의해 광합성 작용으로 발생하며, 하수처리장의 침전지에 주로 발생한다.

하수처리장 조류(algae)발생 원인 및 대책

Ⅰ. 발생원인 및 문제점
- 하수 중에 포함되어 있는 부영양화 원인물질인 N, P에 의해 광합성 작용으로 발생하며, 하수처리장의 침전지에 주로 발생한다.
- 문제점 : 수질악화, 유속의 감소, 심미감 결여, 구조물의 열화 등
  ⇒ 조류(algae)는 산화지, 살수여상 등과 같은 태양에너지를 이용한 폐수처리시설에서 많이 발생하여 폐수의 정화에 상당한 역할을 하고 있지만, 활성슬러지법이나 생물막법 등의 생물처리시설에 나타나는 경우는 많지 않다. 만약 조류가 이러한 시설에 나타난다 하더라도 그것은 빗물과 함께 유입되었거나 최초침전지, 최종침전조 또는 오수 등의 도수관로의 벽면에 부착된 것이 탈락되면서 유입된 것으로 추측되어진다. 따라서 활성슬러지법에서 서식하는 주요한 생물군으로는 세균류, 균류, 원생동물, 후생동물 등의 4가지 군으로 분류할 수 있다.

Ⅱ. 조류 제어대책
- 침전조, 반응조 등에 COVER 설치
- 시설물의 지하화
- 약품(염소 등)에 의한 일시적인 제거

하수의 활성탄처리가 미생물에 미치는 영향

- 하수의 성분은 유기물이 75~80% 정도이며, 무기물이 20~25% 정도이다. 활성탄의 처리
  목적은 미량 유해유기화합물, 맛·냄새, 소독부산물, 농약성분 등의 제거이다. 하수처리장
  에서는 주로 생분해가 가능한 유기물질이 풍부하기 때문에 주로 생물학적 처리를 수행하
  며, 활성탄처리는 2차처리가 아닌 고도처리에 미량 유해물질 제거를 목적으로 사용된다.
- 하수에 활성탄처리를 병행하면 활성탄은 흡착에 의해 독성물질 및 유해물질 등을 흡착하
  게 되면 이로 인해 미생물 산화작용에 좋지 않은 영향을 주게 되며, 분말활성탄 사용시
  다량의 슬러지를 발생하게 된다. 또한 고농도 원수 유입시 활성탄의 흡착성능도 저하되
  며, 활성탄의 물리학적 처리는 부유물질의 농도가 높고 유기물질농도가 낮거나 중금속을
  함유한 원수에 사용되어 진다.
- 그러나 하수는 대부분 용해성물질인 유기물질이 포함되어 있고, 활성탄은 불용성물질의
  흡착에만 적용이 가능하므로 일반적인 하수처리에는 거의 적용되지 않으며, 다만, 고도처
  리에서 추가SS제거 목적으로 사용이 가능하다.
- 활성탄처리는 주로 2차침전지 이후의 추가처리를 위해 설치하는 경우에 도입되는 공정으
  로서, 주로 흡착탑 형식으로 설치되며, 흡착탑 내의 활성탄층에 미생물이 번식하여 실험
  실 결과에 의한 수질예측값보다 유기물 흡착능력이 50~100% 더 커질 수 있다. 이것은
  활성탄 내 미생물의 활동에 의한 흡착이 계속 일어나기 때문이다. 그러나 활성탄 내에
  용존산소가 부족하면 혐기성 미생물이 번식하여 이 미생물들에 의해 유기물이 반응하여
  질소, 황화수소, 메탄가스 등이 발생하게 되어 악취가 날 수 있다.

잉여슬러지 제어방법

1. SRT 일정유지 방법 ⇒ 가장 일반적으로 사용(잉여슬러지 인발량 증감을 통해 조정됨)

- 겨울철은 길게(15일 정도), 여름철은 짧게(5~7일 정도) 운영 → 이유 : 미생물의 활성도 차이
- 장점 : MLSS농도 조정 불필요, 즉 MLSS농도를 증가시키면 SRT를 일정하게 유지하기 위하여 잉여슬러지량을 증가시키면 됨.

2. F/M비 일정유지 방법

- 유입수 내의 유기물을 미생물이 최대한 이용하도록 제어하는 방식
  F/M비의 설정은 계절에 따른 수온변화, 유입수 특성 등을 고려하여 설정한다.
- 장점 : 유입수의 수질변동이 심한 경우에도 사용할 수 있으며, 그 결과로 보다 양호한 처리수질을 얻을 수 있다. F/M비를 일정하게 유지하기 이하여 슬러지인발량을 증감시킨다.

3. MLSS농도 일정유지 방법

- 유입수농도나 유량이 일정하게 유입되는 경우 양호한 처리효율을 얻을 수 있으며, 유입수량, 수질의 변동폭이 적은 처리장에 사용할 수 있다.
- 단점 : 주요인자인 SRT와 F/M비를 무시하고 운전하는 방법이므로 처리수질에 악영향을 미칠 수 있으므로 권장되는 방법은 아니다.

저유량, 저농도 유입시 대책

Ⅰ. 최저유량 유입시

- 계열운전 시행
- HRT 상승

Ⅱ. 저농도부하 유입시

1. '01년 자료에 의하면 국내 하수처리장 유입하수 BOD, SS는 85~90mg/L로서 설계치 150mg/L에 미치지 못한다. 따라서 운전시 미국 및 일본의 설계지침서 F/M比 0.2~0.4, MLSS 1,500mg/L 이상을 맞추기 어렵다.

2. '실증실험 결과 MLSS를 최대한 낮추어 F/M비를 최소 0.1 이상으로 유지하여 운전하여 야만 SVI가 안정값을 나타내며 처리효율도 상승하는 것으로 나타났다.

조치사항	내 용
1) F/M비 증대 → SRT 저감	· 내부반송량, 외부반송비를 감소시켜 F/M비를 증대(SRT 감소)시키고 MLSS 농도를 감소시킨다. · 송풍량 조절로 적정 DO농도 유지 (MLSS농도 하향조정에 따른 송풍량 감소) · 잉여슬러지 인발 유의 (적정 SRT 유지, 활성슬러지 floc상태를 관찰하면서 인발)
2) 생물반응조 내 유기탄소원 확보	· 분뇨·축산폐수 등 연계처리 · 저부하시 1차침전지 우회운전 시행 (유기원 확보) · 외부탄소원 주입 검토
3) 기타	· 차집관로 점검 철저 및 유입펌프장 적정운전(대수/회전수제어 운전) · 분리막의 경우 유량에 따라 막투과 Flux 조정 · 생물반응조를 간헐포기로 전환(포가·비포기 시간조정 : 60/60분→30/30분)

Ⅲ. 고농도부하 유입시

1. 포기/비포기 시간 조정(60분/60분 → 90분/90분)
2. MLSS농도 상향 조정(F/M balance 유지), MLSS meter 연동운전(회전수/대수제어)
3. 송풍량 가변운전으로 DO농도 조정 (DO meter 연동운전)
4. 분리막의 경우 유량에 따라 막투과Flux 조정

활성슬러지법의 고액분리 이상현상

Ⅰ. 포기조내 운영상 문제로 인한 고액분리 이상현상

1. 슬러지 벌킹

- 사상균이 과다번식하거나(=사상균에 의한 벌킹), SRT가 짧을 때 미생물이 대수성장단계로 되어(=플록의 비중감소에 의한 벌킹) 최종침전지에서 슬러지 침전이 잘 안되고 침전된 슬러지가 부상하는 현상

  ### ※ 사상균에 의한 슬러지 벌킹원인

─ 너무 낮은 F/M비(낮은 유기물 부하) 및 MLSS량이 과다(긴 SRT)한 경우
→ Microthrix parvicella, Nostocoida limicola 등
─ 충격부하(shock load ; 유기물(BOD)의 과도한 부하)
→ Fungi, Sphaerotilus natans 등
─ 황화합물의 과다유입
→ Thiothrix spp. Beggiatoa spp
─ 수온변화가 클 때(환절기)에 의해서도 사상 bulking을 일으킨다.

2. Pin-floc 현상

- SRT가 너무 길 때 플록내 플록형성균만으로 플록이 구성되어 있으며, 플록이 1㎜ 미만으로 분산하면서 잘 침강하지 않는 현상

3. 포기조의 이상난류

- 산기장치 일부가 막혔을 때

4. 포기조의 이상발포

- ABS 유입 또는 방선균의 이상 성장에 의한 발포현상으로 고액분리가 잘 안됨

5. 독성물질 유입에 의한 플록 해체

- 독성물질 유입에 의한 활성슬러지 사멸에 의한 플록 해체

Ⅱ. 2차침전지의 슬러지 부상(Sludge rising)

1. 원인

1) 질산화-탈질과정
- F/M비가 낮고 SRT가 긴 경우(8일 이상) 탈질과정에서 질산성질소가 질소가스로 변환되어 질소가스가 상승하면서 슬러지도 함께 부상(침전지에는 슬러지가 적당히 부상되어야 고도처리가 잘되고 있다는 증거, 단 스컴대책 마련)
  ⇒ 슬러지부상의 특징 : 슬러지가 빠르게 부상함.

2) 혐기성상태
- 폭기량 부족 혹은 생물반응조의 호기조 내 사영역(dead space[주])이 형성되는 경우 또는 슬러지 인발부족시 침전지 하부가 혐기성화되어 슬러지가 부패하여 부상
  ⇒ 슬러지부상의 특징 : 슬러지가 느리게 부상함.

3) 과다 포기
- 강력한 포기에 의해 Floc이 파괴되어 미세한 플록(pin floc) 부상

4) 기름성분
- 주방폐수가 많이 유입되는 오수처리장

5) 사상균에 의한 부상
- 방선균(Nocardia sp. 등)이나 기타 사상체(Microthrix parvicella)가 활성슬러지에 다량 증식되면 거품이 많이 발생되어 거품기포가 슬러지에 강하게 부착됨으로서 가벼워진 슬러지는 폭기조나 침전조에서 부상하게 된다. F/M비가 극히 낮을 때, 기온이 높은 여름에 주로 발생
  주) dead space : 밀도류, 단락류 등이 발생하여 생기는 사지역으로 하수처리장에서 혐기화로 인한 슬러지 부상 문제 발생

2. 슬러지 부상방지 대책

1) 침전슬러지의 관리철저 (이상현상 발생시 슬러지반송율을 줄이고 잉여슬러지량을 증가)
   ⇒ 통상 SRT를 짧게, F/M비를 크게, 포기량은 적게, 월류위어부하율은 낮게 함
2) Baffle 및 스컴제거기 설치 (유출수 수질악화 방지, 내·외부 baffle 설치로 침전효율 향상)

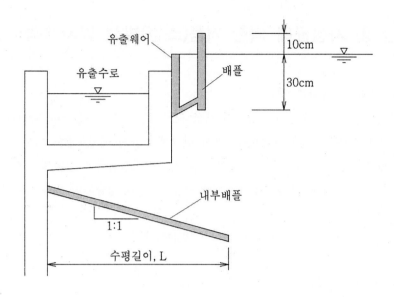

3) 사상균 제어를 위한 대책 마련

4) Pin-floc 발생시 적당한 운전조작, DO 조정, 영양소의 균형조절, 긴급시 약품주입 등 실시

5) 기름유입시 전처리(유수분리시설, DAF 등)

6) 2차 침전지내 막분리침전조(침지형 막여과공정) 도입검토

3. 부상슬러지 유출방지 방안

1) 물세척 스프레이로 스컴을 깨어 침전시키는 방법도 고려

2) 유출위어 대신 수중오리피스위어 설치로 부상슬러지 유출 저감

3) 부상슬러지 흡입기로 빨아들인 후 따로 처리

방선균 및 사상균에 의한 거품(스컴)발생 방지대책

Ⅰ. 거품에 의해 발생되는 문제

- 통상 생물반응조나 이차침전지 표면에 생성하는 스컴은 생물반응조내 Nocardia 등의 증식이 원인이다. 이 현상은 생물반응조에서 점착성이 높은 지방물질이 이상발포를 일으킴과 동시에 미세한 기포를 부착한 활성슬러지가 2차침전지에서 대량으로 부상하는 것이 특징으로 정도가 심해지면 2차침전지에서 활성슬러지가 방출되어 방류수질이 현저히 악화되는 경우가 있다.

1. 2차 침전지 처리수와 함께 유출되어 SS와 BOD증가
2. 여름철 냄새 문제야기
3. 원인미생물에 의한 작업자의 안전 및 감염가능성 등

Ⅱ. 거품문제를 야기하는 미생물

1. 방선(放線)균 중 Nocardia sp. 등
2. 사상(絲狀)균 중 Microthrix parvicella, Nostocoida limicola 등

```
┌── 방선균    : 세균과 곰팡이의 중간인 미생물
└── 사상균    : 실모양의 미생물로 fungi(곰팡이), sphaerotilus 등이 있으며, 미국의 조
               사에 따르면 15가지 정도가 벌킹의 원인이 되는 것으로 보고하고 있다.
```

3. 특히 Nocardia와 Microthrix는 거품문제 뿐만아니라 동시에 벌킹문제도 야기

Ⅲ. 거품의 발생원인

- Nocardia와 Microthrix 등 거품을 야기하는 미생물은 일반적으로 증식속도가 매우느리므로 긴 SRT 운전조건에서 증식하는 것이 특징으로, 고도처리공정에서는 질산화미생물 확보를 위해서 슬러지 체류시간(SRT)이 기존의 표준활성슬러지 공정에 비해 2배이상 높은데 그 이유는 질산화 미생물의 증식속도가 일반 미생물에 비해 느리기 때문이다.

1. 고도처리공법은 표준활성슬러지법에 비해 긴 SRT로 운전하므로 증식속도가 늦은 Nocardia 등의 증식·축적하기 쉽다.
2. 호기조에서 질산화반응을 촉진시키므로 충분한 DO농도를 유지할 필요가 있으며, 절대호기성인 방선균이 증식하기 쉬운 환경이다.

3. 표준활성슬러지법보다 낮은 BOD-SS부하로 운전되므로 혐기조, 무산소조에서 유기물이 소비되어져 호기조 유기물 농도가 낮아짐과 동시에 거의 용해성 유기물로 되므로 용해성 유기물을 이용하여 증식하는 방선균에 유리한 환경이 형성되어 진다.

Ⅲ. 대처방안
- Plug flow type으로 설계하거나 혐기성 선택조 설치를 권장
1. 질산화세균의 계내 유지 가능한 범위 내에서 가능한한 SRT를 짧게 한다.
2. 질산화반응에 영향을 미치지 않는 범위 내에서 호기조의 MLDO농도를 낮춘다.
3. 질소제거에 영향을 미치지 않는 범위 내에서 호기조 용량을 줄인다. (=무산소조의 체류시간 증대)
4. 생물반응조 및 최종침전지에 스컴제거장치를 설치한다.
5. 일시적으로 혐기호기활성슬러지법으로 변경한다.

※ M. parvicella 제어방식

```
┌─ SRT 감소　：사상균은 낮은 F/M비에 자극되어 생기는 경우가 많으므로 F/M비 증가
│　　　　　　　(F/M비 증가) (= MLSS농도를 낮춘다)
├─ 폭기량 조절 : 호기조 DO 2㎎/L 정도 유지
│　　　　　　　(사상균이 없어지지 않으면 DO를 더욱 높여준다. 1.5~5㎎/L의 예가 많음)
├─ 화학제 투여　：염소 등 살균제를 투여하여 사상균을 사멸시킨다.
├─ 혐기성 선택조 : 포기조 앞 설치, 사상균 성장 억제, 플록형성균 성장 도모
├─ 물리적 제거　：스컴제거기(스키머) 등으로 거품을 선택적으로 포집
└─ 기타　　　　：Plug flow type으로 설계
```

Nocardia 제거

Ⅰ. 개요

1. Nocardia는 방선균의 일종으로서 과도하게 성장하면, 점성질의 갈색거품 및 스컴을 발생시켜 포기조나 2차침전지 표면을 덮어 유출수 수질을 악화시키고, 악취 등을 유발한다.
2. Nocardia는 소포제나 살수에도 안정적이어서 잘 제거되지 않으며, 유출수 수질 악화 및 악취를 유발한다.
3. Nocardia의 제거방법은 SRT 감소가 가장 일반적이다.

Ⅱ. Nocardia 성장요인

1. 긴 SRT 및 낮은 F/M비 : 불충분한 잉여슬러지 인출로 인한 MLSS농도의 증가

$$[SRT = \frac{V(포기조용량) \cdot X(MLSS농도) \uparrow}{Q_W \cdot Xr(잉여슬러지량)} \quad , \quad F/M = \frac{BOD \cdot Q}{V \cdot X} \downarrow]$$

2. 슬러지 재포기 적용시 부적절한 운영
3. pH 6.5가 Nocardia 증식의 최적 pH이다.

Ⅲ. 제어방식

종류	특징
1. SRT 감소	· 슬러지폐기량을 증대시켜 포기조 MLSS농도를 낮게 유지하면서 운전(가장 일반적인 Nocardia 처리방법)
2. 폭기량 감소	· 거품스컴을 줄이기 위해 폭기량을 줄이고 DO를 낮게 유지시켜 Nocardia 증식속도를 느리게 한다.
4. 염소처리	· 포기조 수면의 거품스컴 상부에 직접 염소수나 분말 차아염소산칼륨 살포
5. 선택조 설치	· Nocardia 제어목적의 선택조 설치
3. 물리적 제거	· 스컴제거기(스키머) 등으로 거품을 선택적으로 포집
6. 기타	· 그 외 혐기·호기 순환운전, 부상분리 등

선택조

Ⅰ. 개요

1. "선택조(selector)"란 유입수와 반송슬러지를 폭기조로 이송하기 전에 1개 또는 여러 개의 연속된 공간으로 구성된 plug flow의 전처리조를 말한다. 사상균의 성장을 방지하는 여러 방안 중 포기조 앞단에 선택조를 설치하는 방법이 많이 적용되고 있다.

2. 선택조는 짧은 체류시간에 높은 F/M비(3.0 이상)를 갖도록 운영하여 사상균을 억제하고 비사상균인 플록형성미생물의 성장률을 높게 유지하여 활성슬러지의 침강성을 개선시키기 위한 목적으로 설치된다.

Ⅱ. 선택조의 원리

1. 사상균(M. parvicella)은 활성슬러지의 고형물농도가 낮은 경우 최대비속도계수(μ_{max})값이 비사상균(플록형성균)의 μ_{max}보다 크므로 우점하게 되고,

2. 반대로 고형물농도가 높은 경우는 비사상균이 우점하게 되므로 사상균 제어를 위해서는 F/M비를 높게 유지한다.

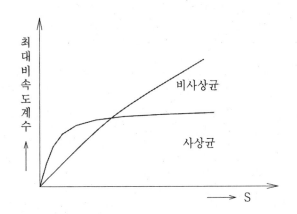

Ⅲ. 선택조의 종류 및 특성

1. 호기성 선택조의 기본개념은 제한된 DO, 높은 F/M비, 짧은 HRT를 갖는 선택조를 설치하여 사상균의 성장을 억제하고 활성슬러지가 우점하도록 도모하는 것이다.

2. 무산소 선택조나 혐기성 선택조는 Nocardia를 제어하는데 주로 이용된다.

※ Nocardia

⑴ 방선균의 일종으로서, 점성질의 갈색 거품 및 스컴을 발생시켜 포기조나 2차침전
지 표면을 덮음, Nocardia의 제거법은 SRT 감소가 가장 일반적이다.

⑵ SRT($= \dfrac{V(\text{포기조용량}) \cdot X(\text{MLSS농도})}{Q_w \cdot Xr(\text{잉여슬러지량})}$) 감소를 위해서 MLSS농도를 낮추고, 잉
여슬러지 인발량는 증가시킨다.

Ⅳ. 각 선택조의 운전조건

종류	특징
1. 호기성 선택조	· DO : 최소 2㎎/L 이상의 산소공급 필요 · F/M비 : 최소 2.3 kgBOD5/kgMLVSS·d 이상 (통상 3 이상) · HRT : 10~30분
2. 혐기성 선택조	· A/O공법 등에 적용하여 PAOs가 우점하도록 도모 · NO₃-N 0.5㎎/L 이하, 산소공급 없음 · 높은 F/M비(3 이상)
3. 무산소 선택조	· MLE공법 등에 적용하여 탈질균이 우점하도록 도모 · NO₃-N 0.5㎎/L 이상, 산소공급 없음 · 높은 F/M비(3 이상)

생물막 처리공법

Ⅰ. 개요
- 접촉재를 충진하고 접촉재 표면에 생물막을 생성시켜 생물막에 부착된 미생물과 오폐수를 접촉시켜 유기물을 처리하는 방식

Ⅱ. 원리
1. 생물막에서의 물질이동
- 생물막이 두꺼워지면 생물막 내부 미생물이 내생호흡상태 및 혐기성 상태가 된다.
- 유기물의 생물학적 분해에 따라 CO_2와 반응생성물이 발생한다.
2. 생물막의 탈리
- 내생호흡상태 및 혐기성상태에서 생물막 매체로의 부착력이 악화되면서 생물막 탈리현상이 발생한다.
3. 반응조내 미생물량의 조정
- 자동적으로 생물막 증식과 탈리에 의해 조정되므로 운전관리가 간단하다.

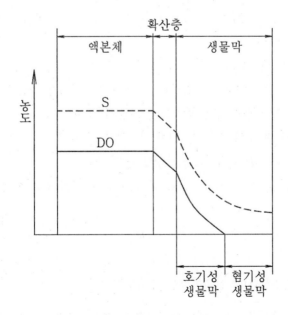

Ⅲ. 활성슬러지법과 비교한 생물막법의 공통적인 특징

1. 장점

1) 슬러지벌킹 및 pin-floc현상 없고 수질변동에 의한 충격부하에 강하다.
  - 다양한 생물종이 생물막을 구성하며, 먹이 고리가 복잡하고 그만큼 생태계는 안정되기 때문에 생물막법은 유기물 부하, 수온 등의 환경의 변화에 대하여 저항성이 크고, 하수량의 증가에 비교적 대응하기 쉽다.

2) SRT가 길어 질산화 효율 증대
  - 질소제거율이 비교적 높으며, 슬러지 생성량도 적다.

3) 운전 간단(반송 불필요)
  - 반응조내의 생물량을 조절할 필요가 없으며, 슬러지 반송을 필요로 하지 않기 때문에 운전 조작이 비교적 간단하다.

4) 상향류식인 경우 악취발생이 억제된다.

2. 단점

1) 생물막법은 운전 조작의 유연성에 결점이 있으며 문제가 발생할 경우에 운전 방법의 변경 등 적절한 대처가 곤란하다.
  ⇒ 사고발생시 원인규명(처리메카니즘이 복잡) 및 대책이 명확하지 않아 국내에서는 사용 사례가 줄어드는 추세이다.

2) 처리과정에서 질산화 반응이 진행되기 쉽고, 그에 따라 처리수의 pH의 저하와 함께 BOD가 높게 유출될 수 있다.
  ⇒ 알칼리제 공급이 필요하다.

3) 활성 슬러지법과 비교하면 2차 침전지로부터 미세한 SS가 유출되기 쉽고, 그에 따라 처리수의 투시도의 저하와 수질 악화를 일으킬 수 있다.
  ⇒ 필터링, 미세스크린 등의 후처리시설이 필요하다.

4) 과부하시 생물막에 의한 매체폐쇄가 발생할 수 있다.
  ⇒ 유입수 농도저하를 위해 처리수 순환 또는 통상 유량조정조를 설치하여 일정량 유입

Ⅳ. 종류 및 특징

    ┌─ 고정상식 - 접촉산화법, 살수여상법, 섬유상여재법
    │
    └─ 유동상식 - 호기성여상법(BAF), 담체이용법, 회전원판법

1. 접촉산화법

- 입상여재에 의해 처리하는 방식

2. 살수여상법

- 입상여재에 의해 처리하는 방식으로 대기노출에 의해 폭기한다.

　⇒ 겨울철 동결방지 및 조류방지 등을 위해 옥내에 설치한다.

- 유입수의 농도가 높은 경우 여상폐색(ponding)을 막기위해 순환수를 이용하여 희석시킨다.

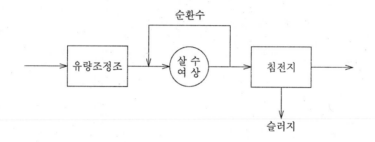

3. 호기성여상법(BAF)

- 3~5mm 크기의 비표면적이 큰 구형의 여재를 사용하므로 여상폐쇄가 빠르게 발생하므로 역세척을 도입한 방식이다. 역세척이 불충분한 경우 유입수가 여층내 한쪽으로만 흐르는 편류(偏流)현상이 발생할 수 있다.

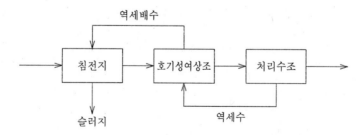

4. 유동담체이용법(DeNiPho공법 등)

- 기존 현탁성 미생물 반응조에 고정상 미생물 유동상 담체를 투입하여 생물반응조 용량을 축소한 방식이다.

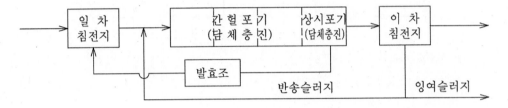

5. 회전원판법

- 회전하는 원판에 의해 처리하는 방식으로 대기노출에 의해 폭기한다.

  ⇒ 겨울철 동결방지 및 조류방지 등을 위해 옥내에 설치한다.

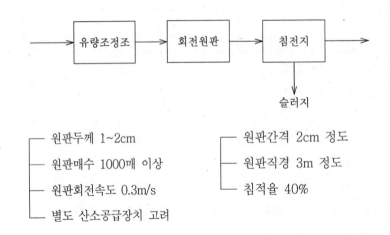

─ 원판두께 1~2cm
─ 원판매수 1000매 이상
─ 원판회전속도 0.3m/s
└ 별도 산소공급장치 고려

─ 원판간격 2cm 정도
─ 원판직경 3m 정도
└ 침적율 40%

생물막법 적용이유 및 미생물 탈리방법

Ⅰ. 생물막법의 특성

1. 생물막법은 접촉재 및 유동담체의 표면에 부착된 미생물을 이용하여 처리하는 방법이다.
 - 종류 : 살수여상법, 회전원판법, 접촉산화법, 호기성여상법, 유동담체이용법(DeNiPho공법 등)
2. 매체의 표면에 미생물을 부착시켜 전체적으로 반응조 내 미생물 양을 증대시켜, pH 변동 등의 난분해성물질 유입에 따른 처리성능의 저하를 완화할 수 있다.
3. 또한 최근에는 부영양화 원인물질인 질소·인을 제거하기 위한 고도처리공법이 도입되고 있지만, 기존의 부유성 미생물을 이용할 경우 고도처리에 필요한 소유부지면적이 커진다는 단점을 보완하기 위해 생물반응조에 접촉재나 유동상 담체 등을 투입하여 매체에 미생물을 부착·증식시켜 짧은 체류시간에도 고도처리가 가능하게 하는 특징이 있다.
4. 또한 생물막법은 호기성 생물처리 뿐만 아니라 무산소 및 혐기공정에도 사용되고 있다.

Ⅱ. 생물막법이 필요한 경우 (생물막 공정을 하는 이유)

1. 특수한 기능을 가진 미생물을 반응조 내 고정화해야 할 필요가 있는 경우
2. 증식속도가 느려 고정화하지 않으면 유출될 가능성이 있는 미생물이 필요한 경우
3. 활성슬러지로는 대응할 수 없을 정도의 큰 부하변동이 있는 경우
4. 생물반응의 저해물질 혹은 난분해성 물질이 유입하는 경우

Ⅲ. 생물막법의 미생물 탈리방법

1. 미생물의 내생성장 또는 혐기성 상태에 의해 부착력 약화에 따른 탈리
2. 수류의 전단력에 의한 탈리
3. DO공급(폭기)에 의한 탈리
4. 역세척에 의한 탈리

Ⅴ. 담체공법 도입시 장점

1. pH, 충격부하 및 난분해성 유기물질 유입에도 안정적인 처리 가능
2. 고농도 미생물 농도를 유지하여 부지면적 축소가 가능
3. 미생물체류시간(SRT)이 길어져 슬러지발생량 감소
4. 특수미생물을 선택 고정하여 특정물질에 대한 제거성능 확보
5. 담체 단독처리로 인한 필요산소량 절감 가능
6. 수처리뿐만 아니라 악취제거에도 적용 가능

MBR(분리막 생물반응기)

Ⅰ. 정의

1. 분리막 생물반응기(Membrane Bio-Reactor)
2. MBR은 생물반응조와 분리막모듈을 조합한 시스템으로 중력침전에 의한 고액분리를 막분리로 치환한 공정
3. 활성슬러지 공정과 분리막(membrane) 기술의 장점을 결합하여, 기존 활성슬러지 공정의 단점(슬러지 벌킹, pin floc, forming 등)을 해결하고자 중력침전에 의한 고액분리를 막분리로 치환하는 연구가 진행되어 왔는데 이러한 방식들을 활성슬러지 막분리 공정 또는 막결합형 활성슬러지 공정이라고도 하며, 또한 활성슬러지법에 국한되지 않고 일반적인 생물반응조와 막분리 공정을 결합시킨 것을 총칭하여 분리막생물반응기(MBR)라 한다.

Ⅱ. MBR의 필요성

1. 향후 수질기준 강화 및 기존 처리장의 2차침전지 문제점 해결
2. 기존 활성슬러지공법의 고도처리공법 적용시 부족한 부지면적 문제 해결
3. 공정의 자동화, 슬러지발생량 감소
4. 대장균 및 병원성 원생동물의 제거
5. 미생물에 의한 용존성 유기물질의 제거 필요

Ⅲ. MBR의 특징 (장단점)

- 생물반응조내에서 미생물을 고농도로 유지 가능 → 짧은 HRT, 긴 SRT운전 가능
- 막분리 단독운전시 제거할 수 없는 용존하는 유기물질 및 영양염류의 처리효율 향상
- 처리비용의 상승(에너지 소비 증가, 막모듈의 비용 고가, 막교체 비용)과 막오염 저감방안 필요 → 전처리에 간헐포기 후 MBR조 유입, 자동제어운전에 의한 전력비 절감

1. 장점

1) 경제적 처리
   - 초기시설비용, 운전관리비용이 기존 생물학적 처리방법에 비해 경제적이고, 유출수 수질이 양호하여(BOD, SS 5mg/L 이하) 중수도로 재이용이 가능하므로 경제적이다.
2) 처리수질이 안정적
   - 막에 의한 물리적 여과시스템으로 탁도물질과 세균류도 배제가 가능하며, 처리수가 매우 안정적이며(BOD 및 SS를 5mg/L 이하로 처리가능), 중수로 재이용할 수 있는 수질을 보증한다.

3) 소요부지면적의 감소
 - 막을 사용한 고부하 운전(MLSS 5,000~15,000㎎/L)이 가능하고, 고도처리시설이 따로 필요 없고, 2차침전지 및 슬러지반송도 불필요하므로 소요부지를 대폭 축소 가능하다. (설치공간 약 1/2 이하로 감소 가능)
4) 잉여슬러지 발생량 감소
 - 높은 MLSS농도(5,000~15,000㎎/L)로 단위용적당 처리량이 증가하고, SRT가 길어져 슬러지 자기소화량이 많으므로 잉여슬러지가 적게 발생한다. (기존 활성슬러지법의 슬러지량의 1/2 정도)
5) 유지관리가 용이(고액분리 불필요, 자동화)
 - 미생물 상태 및 고액분리의 관리가 거의 불필요하고 자동화시스템에 의한 제어로 유지관리 인원을 대폭 절감할 수 있다.
 - 부하변동성에 대한 대응성도 좋다.
6) 기존공법 고수시 높은 호환성
 - 기존 처리장에서 수질향상 및 슬러지량 증가에 대한 개선시 포기조 내에 막 유니트(units)를 설치하여 처리수질을 향상시킬 수 있다.

2. 단점
1) 과다한 초기투자설비
 - 현재 분리막 제조기술이 발달로 분리막의 가격이 많이 하락되고 있음.
2) 높은 에너지 비용
 - 낮은 압력(약 <0.3bar)으로 운전이 가능하기 때문에 펌프에 소요되는 에너지 비용을 상당부분 절약할 수 있다.

※ MBR공정의 단점 중 전력비 등 유지관리비용을 절감할 수 있는 방안

⇒ 전력비 절감방안 (I3공법 등 참조)
(1) 자동제어 폭기방식 채택 : 막오염지수(FI)를 이용하여 저탁도 기간에는 간헐폭기방식, 고탁도 기간에는 연속폭기방식을 적용으로 기존 방식에 비해 약 70% 정도 전력비 절감
(2) 호기조와 막분리조를 분리하여 최적의 공기량을 공급함으로 전력비 절감
(3) 지능형(smart) 운전관리시스템으로 운영관리 개선
(4) 가압식은 전처리로 침전지를 설치하나 침지식은 침전지가 불필요하므로 부지이용 40% 절감 가능
(5) 분리막 모듈 하단에 산기관 설치하여 막 막힘 현상을 방지

3) 막 오염
 - 막오염현상은 피할 수가 없으며 이를 해결하기 위해 현재 많은 연구가 이루어지고 있다.
 - 역세척과 화학약품을 통한 막의 세척 등이 있는데, 화학세척은 2차오염물질을 발생하고 취급 및 운전이 용이하지 않은 단점이 있다.
4) 인제거 문제
 - 높은 MLSS농도로 SRT가 증가하게 되어 고도처리의 질산화측면에서는 유리하지만 짧은 SRT를 요구하는 인제거에 불리하다. 추가적인 인제거시설이 필요할 수 있고, 긴 SRT이기 때문에 미생물의 활동성 저하를 수반할 수 있다.
5) 국내 운전경험 부족
 - 현재 국내에서 MBR에 대한 운전경험이 부족해 운전자료 확보에 애로가 있다.

Ⅳ. MBR공법의 분류

1. Submerged MBR(내장형, 침지형)
 1) 분리막 모듈을 생물반응조에 침지시키고 흡입펌프를 이용
 2) 분리막 모듈 하단에 산기관 설치하면 → 막 세척 효과
 3) 질소와 인 제거를 위한 다단 반응조 형태 적용 추세

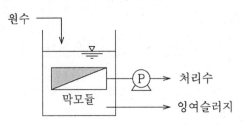

a. 침지형 중공사막

2. Sidestream MBR(외장형, 가압형)
 1) 분리막 모듈을 생물반응조 외부에 설치하며,
 2) 순환펌프로 모듈에 가압하여 처리수를 얻음

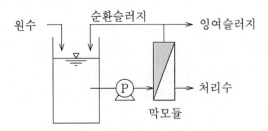

b. Casing 수납형

구분	Submerged MBR	Sidestream MBR
막교체주기	7~8년	2~3년
여과방식	흡인식	가압식
장점	· 수명이 길고 구조간단 · 전처리 필요 없음 · 구동펌프의 운전비 및 동력비가 낮다. · 막오염방지를 위한 추가동력이 필요없다.	· 대형화 가능 (자동화, 대형화가 쉬우므로 접근성면에서 유리) · 역세척 용이
단점	· 높은 구동압력(막차압)을 이용할 수 없으므로 막투과플럭스가 상대적으로 작다.	· 전처리 필요 · 구동펌프의 운전비, 동력비가 다소 높다. · 순환펌프에 의한 미생물활성도 저하

Ⅴ. 대표적인 국내 MBR 고도공법

MBR공법	특 징
KSMBR	· MF 중공사막(0.4μm)　⇒ Kwater-Kms-Ssangyoung · 경기 시화멀티테크노밸리 공공하수처리 73,000㎥/day 외
DMBR	· MF 중공사막(0.25μm)　⇒ DAEWOO · 구미 산동, 안성 죽산일죽
HANT HANS	· MF 중공사막(0.4μm)　⇒ 현대엔지니어링 · Hyundai Advanced Nutrients Treatment process with Sulfur · 무산소조-혐기조-호기조로 구성 · HANS공법 = MBR조(BOD·SS제거, 질산화 촉진) + SDR조(황탈질, 인제거)
DFMBR	· 침지형 평막, Dynamic Flow　⇒ 한화 · 슬러지가용화 및 유입흐름제어형으로 평막을 침지시킨 형식
KMBR	· 침지형 평막　⇒ 금호산업 · Neofil 침지형 평막과 알루미늄 전해탈인을 이용한 하수고도처리기술 · 완충조-무산소조-혐기분리조-전해탈인조-호기조로 구성
Nix-MBR	· 침지형 평막 · 무산소조-호기조로 구성
BIOSUF	· 순환형 관형막 · 주로 축산폐수, 분뇨, 오수용으로 사용, 무산소조-호기조-순환조로 구성

SBR(연속회분식반응기)

Ⅰ. 개요

1. 이 공법은 하나의 반응조에서 혐기성-호기성 조건을 시간간격으로 교환시켜 줌으로써 질소 및 인을 제거시키는 System으로, 용존산소 결핍기간에 질산염이 제거(탈질)되고 혐기성 기간에 인이 용출된다. 뒤이은 호기성 기간에 암모니아가 질산화되고 인이 미생물에 섭취되는 과정이 계속된다. 이후 침전, 배수과정을 통해 슬러지 및 처리수를 배출한다.
2. 인은 응집제 주입에 의해서 제거할 수도 있으며 무산소 단계에서 외부탄소원이나 기존 미생물 내호흡에 의한 탄소원이 탈질화의 유지를 위하여 필요하다.
3. 고부하형과 저부하형, 연속방식과 간헐방식으로 분류(소규모의 경우 간헐방식 채용)

Ⅱ. 유입방식

1. 연속방식과 간헐방식이 있으며, 소규모에서는 원칙적 간헐방식
2. 연속방식은 회분조가 1조인 경우 적용

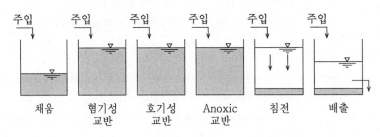

a. 연속식

3. 간헐방식인 경우 1조는 반드시 오수를 유입할 수 있도록 운전

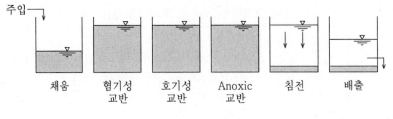

b. 간헐식

Ⅲ. 시설의 구성

- (포기용) 산기장치와 상징수 배출장치로 설치한 회분조(batch reactor)로 구성
- 회분조 내 고형물 퇴적과 스컴 부상방지를 위해 유입부 스크린 설치 검토
- 유효수심 4~6m, 2조 이상

IV. 특징

1. 유입오수 부하변동이 규칙적인 경우 안정된 처리 가능
2. 오수 양·질에 따라 포기시간, 침전시간을 자유롭게 설정 가능
3. 혼합액이 이상적으로 정치상태에서 침전되므로 고액분리 원활
4. 1주기 중 호기-무산소-혐기조건을 설정하여 질산화-탈질반응 도모
5. 고부하형인 경우 적은 부지면적 소요

V. 설계인자

구분	고부하형 (표준활성슬러지법과 비슷)	저부하형
F/M비 (kg/kgd)	0.2 ~ 0.4	0.03 ~ 0.05
MLSS (mg/L)	1,500 ~ 2,000	3,000 ~ 4,000
유출비(1/M)	1/2 ~ 1/4	1/3 ~ 1/6

VI. 주의사항

1. 유량조정이 필요한 경우 유량조정조를 설치한다.
2. 산기장치는 막히지 않으면서 산소공급과 혼합(교반)을 충분히 할 수 있도록 한다.
   (수중교반식, 기액혼합분사식 등 사용)
3. 조내 스컴 축적이 쉬우므로 스컴제거대책이 필요하고, 스컴이 상징수와 함께 유출되지
   않도록 스컴유출방지대책을 강구한다.
4. 최근 신설되는 처리장에서 많이 채용되고 있으나 기존처리장은 공법변경시 기존시설이
   사장될 수 있으므로 SBR 적용은 반드시 지양

VII. 대표적인 국내 SBR 고도공법

1) KIDEA(Kumho & KIST Intermittent Decanted Extended Aeration) ⇨ 금호건설
   - 연속식(회분조가 1조인 경우) 저부하형의 단일반응조 간헐방류식 고도처리공법
   - 가평하수처리장 적용
2) IC-SBR(Intermittent Circulation SBR) ⇨ 한스환경엔지니어
   - 내부순환을 이용한 연속회분식 활성슬러지법
   - 소규모는 간헐식 적용
3) MSBR, ICEAS, OMNIFLO, CASS, PSBR(범양), Biogest-SBR, Aqua-SBR

초심층 폭기법

Ⅰ. 개요

1. 통상 생물반응조는 산소 이용율이 저조하고 BOD 용적부하율이 낮으며 수심이 얕기 때문에 포기조 설치면적이 크다.

2. 이러한 결점을 해소하기 위하여 폭기조의 깊이를 깊게하여 Henry의 법칙을 이용(가스의 용해도가 압력에 비례) 많은 양의 산소를 수중에 용해시킴으로서 산소전달 효율을 상승시키는 방법으로서 초심층 폭기법이 고안되었다.

Ⅱ. 특징

1. 산기수심을 깊게 할수록 단위 송기량 당 압축동력은 증대하지만 산소용해력 증대에 따라 송기량은 감소하기 때문에 소비동력은 증가하지 않는다.

2. 산기수심이 깊을수록 용존질소농도가 증가하여 2차 침전지에서 과포화분의 질소가 재기포화되는 경우가 있어 활성 슬러지 침강성이 나빠지는 일이 있다.

3. 포기조를 설치하기 위해서 필요한 단위용적당 용지면적은 조의 수심에 비례해서 감소하므로 용지 이용률이 높다.

Ⅲ. 시설의 구조 및 구성

1. 포기조는 직경 1~10m, 깊이 50~150m의 수직 원형관 포기조와 Head tank로 구성된다.

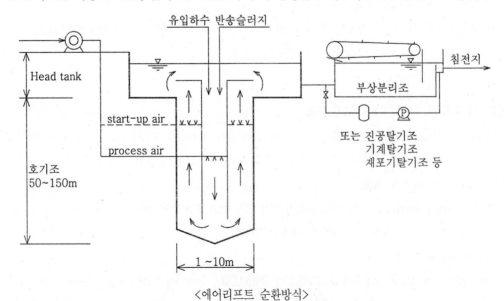

<에어리프트 순환방식>

2. 포기조 수는 유입량 증감에 대비할 수 있도록 2조이상으로 설치하며 질소 재기포화 대책이 요구된다.

3. 정류벽(비 혼합공간 방지)은 산소전달률, 혼합액의 순환, 혼합률을 높이기 위해 부착한다.

4. 원형관은 다시 격벽에 의해 상승부와 하강부로 구분되며 유입하수 및 반송슬러지는 하강부 상부에서 주입된다.

4. 산소전달과 혼합이 잘 이루어지도록 송기량당 조내 혼합액의 순환량이 많은 spiral flow 식이 좋다.

Ⅳ. 장단점

장 점	단 점
· 유기물 제거속도 증대	· 설계 및 운전인자 연구가 미흡
· 슬러지량 감소	· 과포화 용존상태 및 미세한 기포를 다량 함유하고 있어 침전이 용이하지 않다.
· 충격부하에 안정	
· 처리장 부지면적 절감	→ 따라서 탈기 장치 및 재폭기 공저에 따른 설치비용 및
· 건설비 및 유지관리비 절감	동력이 부가적으로 소요

하수소독

Ⅰ. 소독방법 선택의 요건

1. 당연조건

- 소독제의 물에 대한 용해도가 높을 것
- 소독력이 강할 것,
- 잔류독성이 없을 것

2. 실무관점의 조건

- 안정적인 공급이 가능할 것
- 주입조작 및 취급이 쉬울 것
- 경제적일 것

Ⅱ. 하수소독설비 설계시 주요 고려사항

1. 기존처리장 대장균군수 처리실태 분석 후 소독시설 설치여부 결정

- 기존처리장에 소독시설 설치사업을 수립할 경우에는 처리장 대장균군수에 대한 처리실태 분석을 실시한 후 이를 근거로 소독시설 설치여부를 결정해야 한다.
- 순수 생활하수만 유입처리하는 하수처리장의 경우에는 생물학적 처리과정에서 미생물에 의한 대장균수 제거효과가 높은 경우가 있으므로 처리수의 방류수 수질기준 준수에 문제가 없으면 소독시설을 설치하지 않아도 된다.
- 채택된 하수처리공법이 멸균효과가 높은 미생물(특수미생물 등)을 사용하여 별도의 소독공정이 없어도 처리수의 대장균수가 방류수 수질기준 이하로 배출되는 경우에는 소독시설 설치가 필요 없다.

2. 기존시설물을 최대한 활용

- 기존처리장에 염소소독시설이 일부 또는 전부가 설치되어 있는 경우에는 기존시설물을 최대한 활용하여 중복투자가 발생하지 않도록 소독시설 계획을 수립하여야 한다.
- 염소소독시설을 폐쇄하고 새로운 시설을 도입하는 경우에는 사업비 중복투자의 우려가 있으므로 기존처리방법과 호환성 있는 처리방법을 우선적으로 도입 검토한다.

3. 경제성 및 유지관리성 검토

- 시설비뿐만 아니라 유지관리의 효율성에 대해서도 충분히 검토해야 한다.
- 소독방법은 처리시설 규모별로 처리효율에 미치는 영향이 클 수 있으므로 대상사업 처리장의 시설용량을 감안하여 적정한 처리방법이 채택되도록 조사하여야 한다.
- 소독방법은 하수처리수의 방류수역의 이수상황에 따라 경제적이고 효율적인 적정한 처리방법이 채택되어야 한다.

Ⅲ. 소독방법 선택시 주의사항

1. 염소계소독법

- THM문제 해소를 위한 탈염소설비 등 대책 강구

　(염소소독제의 종류 : 액화염소, 차아염소산나트륨, 차아염소산칼슘, 이산화염소, 클로라민 등)

- 잔류염소로 인한 방류수역의 2차오염문제 대책 강구

2. 자외선소독법

- 처리장의 시설용량을 감안하여 접촉방식과 비접촉방식 중 시설비 및 유지관리비가 적은 방법을 선택

- 유량, 체류시간, 자외선강도 등을 반드시 고려

3. 오존소독법

- 잔여오존 해소대책 및 경제성 비교에 신중을 기하여야 한다.

- 단순소독이 필요한 처리장의 경우에는 특별한 경우를 제외하고는 오존소독법을 채택하지 않아야 한다. (즉 맛·냄새제거, 색도제거, 유기물 생분해성 증가 등을 함께 고려시 채택)

Ⅳ. 하수소독 종류

1. 액체염소(Cl_2)

1) 염소가스를 액화하여 용기에 충전시킨 것

- 부피가 작아 경제적이므로 대부분 액체염소를 현장에서 기화하여 사용한다.

2) 액화염소 중의 유효염소성분은 거의 100%이므로 다른 염소제에 비하여 저장용량은 작아도 되며 품질 또한 안정되어 있다.

2. 차아염소산나트륨(NaOCl)

1) 시판용

- 시판용은 유효염소농도 5~12% 정도의 담황색 액체로 알칼리성이 강하다. 액화염소에 비하면 안정성과 취급성이 좋으며 법적 규제는 없으나 용액으로부터 분리되는 기포(산소)가 배관내에 누적되어 물의 흐름을 저해할 수 있으므로 충분한 배려 필요

2) 현장제조형

- 자가생성장치에 의한 생산품은 유효염소농도 1% 이하의 묽은 용액이다. 시판용에 비해 기포장애는 적고 처리비용은 낮고 운전관리도 용이하지만, 제조장치설비가 고가이다.

3. 차아염소산칼슘($Ca(OCl)_2$)

1) 일명 클로로칼키, 용해성 고체로서 유효염소농도는 60% 이상으로 보전성이 좋다.

2) 고체이므로 취급이 용이하여 재해 등 비상용으로 준비해 두기 좋음

4. 이산화염소(ClO_2)

1) 지속적인 소독력을 가진 대체소독제로서, 최근 상업적인 제조방법이 개발되고 일반염소계통 약품의 단점을 보완하게 됨으로써 유럽·미국 등 선진국에서 점차 사용이 증대되고 있다.

2) 장단점

- 장점 : 물에 쉽게 녹고 냄새가 없으며, 산화력이 강하고, pH의 영향을 받지 않으며, 할로겐화합물을 생성하지 않는다.

- 단점 : 불안전안 가스상태로는 저장 및 운반이 불가능하고 일정농도 이상에는 폭발 위험성, 공기 또는 빛과 접촉할 경우 분해되기 때문에 현장에서 특별히 제조하여 완충용액상태로 생산하여 사용하여야 한다.

5. 오존소독(O_3)

1) 단순소독만 필요한 처리장의 경우는 특별한 경우를 제외하고는 오존소독법을 채택하지 않아야 한다.

2) 장단점

- 장점 : 높은 살균력, 맛·냄새물질 및 색도 제거, 유기물의 생분해성 증가

- 단점 : 접촉조 필요, 배오존처리시설 필요, 수온이 높아지면 오존용해도 감소

6. 자외선(UV)

1) 자외선소독의 원리는 254㎚의 강력한 단파장으로 미생물의 유전인자가 들어있는 DNA에 자외선을 조사하여 광화학적인 변화를 일으켜 미생물의 번식이나 다른 기능을 못하게 하는 것이다.

2) 장단점

- 장점 : 관리요원의 안전, 무독성(잔류독성이 없음), THM 불생성, 대중의 인식이 염소보다 좋음, 건물의 불필요(요구공간이 적다), 낮은 유지관리비(소독비용이 저렴)

- 단점 : 소독이 성공적으로 되었는지 즉시 측정 불가, 잔류효과가 없다. 초기투자비 과다, 램프교체 불편, 피부종양유발 등 주의

하수처리장에서의 악취의 특징, 종류, 판별방법 및 저감방법

Ⅰ.하수처리장 악취발생 억제가 중요하게 된 사유

1. 하수처리장 주변의 개발로 인한 인접주민의 민원발생에 대한 대처
2. 하수처리장의 혐오시설에 대한 탈피 필요성
3. 근무자의 위생적인 측면 부각
4. 악취에 의한 시설물, 기기의 부식 억제 필요

Ⅱ. 하수처리장 악취의 특징

- 악취의 종류가 다양하고, 악취 발생장소가 많다.
- 취기강도는 비교적 저농도나 발생원이 넓게 분포되어 있어 발생원 면적이 크다.
- 악취농도 및 악취강도가 계절, 시간, 온도, 수위변화 등에 따라 다르다.

Ⅲ. 복합악취 및 지정악취물질

1. 복합악취라 함은 2가지 이상의 악취물질이 복합적으로 존재하면서 사람의 후각을 자극하여 불쾌감과 혐오감을 주는 냄새
2. 지정악취물질은 악취의 원인이 되는 물질로서 환경부령이 정하는 것(악취방지법)

<악취방지법 지정악취 22개 항목> '10년 확대

· 암모니아	· 아세트알데하이
· 메틸메르캅탄	· 스타이렌
· 황화수소	· 프로피온알데하이드
· 다이메틸설파이드	· 뷰틸알데하이드
· 다이메틸다이설파이드	· n-발레르알데하이드
· 트라이메틸아민	· i-발레르알데하이드
· 톨루엔	· n-뷰틸산
· 자일렌	· n-발레르산
· 메틸에틸케톤	· i-발레르산
· 메틸아이소부틸케톤	· i-뷰티르알코올
· 부틸아세테이트	· 프로피온산

IV. 악취성분 측정방법

- 악취의 측정방법으로는 인간의 후각에 의존하는 공기희석관능법(복합악취측정)과 구성물
질의 화학성분을 분석하는 기기분석법(지정악취측정)이 있다.

1. 직접관능법 → 현행 대기오염공정시험방법에서 사용 안함

- 악취강도 3도 이상시 탈취대상으로 선정한다.

<악취판정표>

악취강도	악취강도구분	
0	무취 (취기를 전혀 감지하지 못함)	None
1	감지취 (약간의 취기를 강지)	Threshold
2	보통취 (보통정도의 취기를 감지)	Moderate
3	강한취 (강한 취기를 감지)	Strong
4	극심한취 아주 강한 취기를 감지)	Very Strong
5	참기어려운취 (견딜수 없는 취기)	Over Strong

2. 공기희석관능법 → 현행 대기오염공정시험방법에서 사용

- 객관성을 확보한 5인의 판정위원을 선정하여 사람의 후각에 의해 6단계로 평가하여 환
산악취강도가 3도 이상시 탈취대상으로 선정한다.

<직접관능법 및 공기희석관능법의 악취농도별 관계>

악취강도구분		단위(희석배율)
1. 배출구	· 악취농도 3이상 4미만	: 3,000미만
	· 악취농도 4이상 5미만	: 3,000이상 15,000미만
	· 악취농도 5이상	: 15,000이상
2. 부지경계선	· 악취농도 3이상 4미만	: 100미만
	· 악취농도 4이상 5미만	: 100이상 500미만
	· 악취농도 5이상	: 500이상

3. 기기분석법(성분분석법)

- 악취공정시험방법에 의한 시료채취 및 항목별로 분석 : 암모니아는 인도페놀법에 따라 흡광광도계로 측정, 메틸메르캅탄, 황화수소는 GC로 측정, 알데히이드류는 HPLC로 측정

<악취배출허용기준>

측정방법	배출허용기준		
직접관능법	악취도 2도 이하		
공기희석관능법	1. 배출구		
	1) 공업지역내의 사업장 : 희석배율 1000 이하		
	2) 기타지역내의 사업장 : 희석배율 500 이하		
	2. 부지 경계선		
	1) 공업지역내의 사업장 : 희석배율 20 이하		
	2) 기타지역내의 사업장 : 희석배율 15 이하		
기기분석법 (22개 항목 중 3개)	악취 물질	공업지역내의 사업장	기타지역내의 사업장
	암모니아	2 ppm 이하	1 ppm 이하
	메틸메르캅탄	0.004 ppm 이하	0.002 ppm 이하
	황화수소	0.06 ppm이하	0.02 ppm 이하

<비고>

1. 측정방법은 대기오염 공정시험방법에 의하여 공기희석관능법으로 실시하되,부지경계선에서 채취한시료중에 기기 분석법에 규정된 8가지 악취물질이 있다고 판단되는 경우에는 기기분석법을 병행한다. 이 경우 어느하나의 방법에 의하여 기준을 초과할때에는 배출허용기준을 초과한 것으로 본다.

2. 공기희석관능법의 측정장소는 다음과 같다.

   1) 배출구의 높이가 5m 이상인 경우

   - 사업장안에 배출구 외의 다른 악취배출원이 있고,배출되는 악취물질이 암모니아,황화수소 또는 트리메틸아민인 경우 : 부지경계선 및 배출구

   - 사업장안에 배출구외의 다른 악취발생원이 없는 경우 :배출구

   2) 위 1)외의 경우 : 부지경계선

V. 악취관리(저감)방안

⇒ 방취(경로차단, 부패방지, 청소세정), 희석, 방향, 탈취

1. 밀폐운전

- 처리시설 건물의 출입문, 창문 및 점검창 등 개방공간 밀폐운전
- 협잡물 및 침사물처리기, 1차침전지, 생물반응조, 농축조 등 주요공정 밀폐화

2. 협잡물, 침사물, 탈수케익 처리
 - 협잡물 및 침사물처리기, 탈수케익 저장조 등의 주변 청결 유지
 - 협잡물, 침사물, 탈수케익의 저장기간 단축
 - 협잡물 및 침사물처리기의 처리효율 개선
 - 협잡물, 침사물, 탈수케익 이송방식 교체 : 컨베이어방식 → 공기압송방식, 스크루방식
 - 협잡물 및 침사물 저장호퍼 침출수받이 설치

3. 슬러지시설 관리
 - 슬러지저류조 체류시간 최소화
 - 슬러지저류조 교반방식 교체 : 공기교반방식 → 기계교반방식
 - 원수 및 슬러지 이송시 낙차 최소화
 - 순환수 관리

4. 기타 시설 점검
 - 악취처리효율 평가
 - 송풍기 효율 점검
 - 악취방지시설 내부설비 점검
 - 악취발생시설, 공정별 악취포집시설 설치 유무 및 악취포집효율 적절성평가를 통하여
   악취포집시설 개선 및 신설을 통한 악취 저감
 - 악취방지시설의 악취처리효율 평가를 통한 이중화방식 선택

하수처리장의 탈취

I. 개요

1. 하수처리장은 방류수역의 수질 및 수생태계 보호 및 생활환경 개선에 이바지하는 기능을 한다. 그러나 부수적으로 발생하는 악취 및 소음 등으로 일반인의 인식이 좋지 않으며, 민원을 야기하기도 한다. 따라서 하수처리시설은 지형, 주거지역과의 거리, 재정여건 등을 감안하여 효과적인 악취방지대책을 강구해야 한다.

2. 하수도시설의 탈취방식은 악취발생장소가 많고 발생원 면적이 큰 편이지만, 악취성분은 다양하게 대량으로 존재하므로 현장여건을 고려하여 탈취방식 중 비교적 건설비와 유지관리비가 저렴한 방식을 선정하도록 하며, 복수의 방법을 조합하는 것도 적극 고려되어야 한다. 또한 모든 악취를 탈취할 것인지, 탈취후의 악취강도(농도)는 어느 정도로 할 것인가는 탈취방식 선정에 있어서 매우 중요하다.

※ 악취제어방법

```
— 방취 (경로차단법, 부패방지법, 청소세정법)
— 희석 (dilution)
— 방향 (masking)
— 탈취
```

II. 탈취계획시 고려사항

1. 처리장의 위치는 지형, 풍속, 풍향 등을 고려하여 악취가 최대한 분산되는 곳에 설치
2. 주요 악취발생 공정은 처리장 내부에 집약 설치
3. 주요 악취원은 복개
4. 포기시설 설치 : 예비포기조, 유량조정조 등에 고형물 축적·부패를 억제
5. 수리학적 고려 : 각 처리시설 및 처리장내 연결관은 침전·부패가 없도록 최저유속 확보
      각 처리시설은 dead space가 없도록 설계
6. 스크린이나 컨베이어 등은 주기적인 청소가 가능하도록 압력수 제공, 호스 비치
7. 건물 내 환기, 건설재료는 표면이 평탄하고 밝은 색으로 사용할 것.

Ⅲ. 탈취대상 시설물

- 악취측정방법은 성분분석법(지정악취측정)과 공기희석관능법(복합악취측정)이 있으며, 직접관능법에 대한 악취강도 환산값이 3도 이상시 탈취대상으로 선정한다.
1. 주요 악취발생공정은 반드시 복개 : 농축·소화·탈수공정은 FRP cover 복개, 기계류는 자체밀폐 cover를 씌운다.
2. 저농도 악취발생공정은 필요시 복개 : 침사조, 유입펌프장, 침전지는 악취발생정도에 따라 복개여부 결정

Ⅳ. 탈취방식

- 물리적 · 화학적 · 생물학적 방법으로 악취 제거

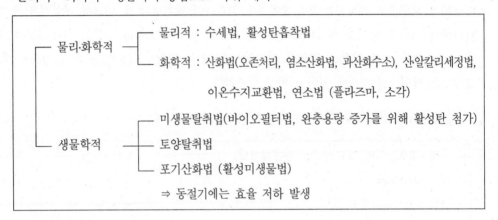

1. 수세법

1) 악취물질을 물에 접촉 용해시켜 제거
  → 암모니아, 아민류 등 물에 용해하기 쉬운 물질에 효과적
2) 시설비/유지관리비가 싸다.
3) 다른 방법과 병용하여 전처리로 행해진다.
4) 2차처리수를 세정수로 사용하면 오히려 악취가 나는 경우가 있으므로 주의
5) 대규모의 배출수처리가 필요하다.

2. 활성탄처리법

1) 저농도 악취에 적합하므로 탈취 최종단계에서 쓰인다.
2) 대부분의 악취에 효과가 있으나 NH_3 제거불가
- 일반적인 활성탄에 산·염기 또는 할로겐 등을 첨가시킨 첨착활성탄을 사용하면 NH_3, 아민 등의 물질제거도 가능하다.
3) 건설비·유지관리비가 비싸다.
- 활성탄은 비교적 고가이며 수두손실이 크다. 수명이 다되면 교환해야 하고, 가스 중에 수분이 있으면 흡착력이 떨어진다.

3. 오존산화법

1) 악취물질을 오존과 접촉시켜 산화작용으로 제거(최소 1~2mg/L로 최소 5초간 반응)
 - 고농도, 대용량의 악취물질에 효과적 (NH_3에는 부적합)
2) NH_3는 알칼리 수세법과 병용하여 제거, 오존 무반응물질은 활성탄과 병용하여 제거, 수용성 취기는 수세법으로 전처리
 - 악취물질을 습윤상태로 오존과 접촉시키면 탈취효과가 좋아진다.
3) 배오존 처리가 필수적
 - 오존은 유독 및 유취하므로 처리가스 중의 잔류오존이 과다하지 않도록 주의하며, 오존제거용 활성탄 등을 설치한다.

4. 직접연소법

1) 악취가스를 소각로에서 700~800℃에서 직접 연소하여 제거 → 고농도처리에 적합
2) 적은 설치부지, 고효율처리가 가능, 다른 용도의 인근 소각로를 이용하면 경제적이다.
3) 소각로 설치, 고온연소 등으로 시설비/운전비 고가 : 폐열이용 강구
4) 2차 대기오염 발생 : 황화물 연소시 SOx 저감방안 강구
5) 저농도/고유량 처리에 불리

5. 촉매연소법

1) 악취가스를 열교환기에서 350℃ 정도로 가열하여 백금, 파라디움 등의 촉매가 들어있는 연소로를 통과하면서 저온에서 분해
2) 연료비는 직접연소에 비해 적고, 폭발한계 이하의 고농도인 장소에 유리
3) 악취 중에 납 등이 있으면 촉매표면에 부착되어 활성을 저하시키므로 1년에 1~2회 세정 및 제거가 필요하다.

6. 산·알칼리 세정법

1) 악취물질을 중화 또는 산화반응에 의해 처리
 ① 알칼리 세정(중화) … 유황계 악취(황화수소, 메틸메르캅탄) 제거 (NaOH)
 - 습식화학세정기(Chemical Scrubber)를 이용하여 황화합물(황화수소, 메틸메르캅탄 등)을 가성소다로 중화처리한다.

$$H_2S(황화수소) + 2NaOH \rightarrow Na_2S + 2H_2O$$

$$CH_3SH(메틸메르캅탄) + NaOH \rightarrow CH_3SNa + H_2O$$

 ② 산 세정(산화) … 질소계 악취(암모니아, 트리메틸아민) 제거 (황산 또는 염산)

$$2NH_3(암모니아) + H_2SO_4 \rightarrow (NH_4)_2SO_4$$

2) 중·고농도, 고순도 단일취에 적합, 저농도 복합취에는 효과가 적다.
3) 약액의 중화설비 필요 : 약액과의 접촉은 여러 방식이 있으므로 충분한 검토가 필요하고, 약액의 pH가 탈취효율에 관계되므로 주의

7. 토양탈취법

1) 악취물질을 토양에 주입시켜 토양층에 서식하는 세균 등의 작용에 의해 흡착·산화시켜 분해 → 세균의 영양이 되는 유기성물질 대상
2) 고농도 복합취에도 탈취효율이 높다.
3) 장치가 간단하고 유지관리비는 싸지만, 넓은 부지를 필요로 하고 토양을 습윤하고 비옥한 상태로 유지할 필요가 있다.

8. 포기조 산화법(활성슬러지법)

1) 악취가스를 공기와 함께 포기조에 주입하여 활성슬러지 미생물로 분해시켜 제거
2) 운영시설의 별도장치가 불필요, 설비비 및 유지관리비 모두 싸다.
3) 고농도 악취에는 적용 곤란하다. 포기조 내의 송풍기 등의 부식에 주의해야 한다.

9. 향료이용 방법(Masking)

- 냄새위장제인 향료로 악취를 느낄 수 없도록 속이는 방법

10. Biofilter

1) 원리
- 미생물에 의해 생분해성 악취 및 VOC_s가스가 담체(media)에 부착된 생물막 속으로 흡수되고, 이 흡수된 오염물질을 그들의 탄소원과 에너지원으로 이용하여 악취성분을 산화분해제거

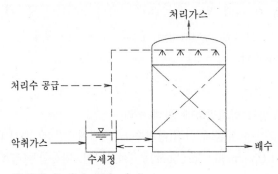

2) 처리대상물질 : 복합취기 제거 효율 우수
3) 장단점

장점	· 복합취기 제거 효율 우수
	· 저농도 및 고농도 취기 제거에 효과적
	· 동력소모가 적고 이동식으로 설치 가능
	· 유지관리 용이, 유지관리비 저렴
	· 다습한 가스처리에 용이
	· 자동운전 가능, 규모에 비해 많은 악취가스 처리가능

단점	· 초기투자비가 다소 높음 · 고온의 가스 및 고농도 분진 함유시 전처리 필요 · 악취성분이 생분해가 가능해야 함 · 동절기 기온 저하시 처리효율 저하 · 장기간 사용하면 media 충진탑의 막힘이 발생

V. 현장 적용 추세

- 하수처리장 · 분뇨처리장에는 Biofilter, 수세정법, 산·알칼리세정법, 토양탈취법, 활성탄처리법, 포기조미생물 이용방법 등이 사용되고 있다.

하수처리장 시운전

⇒ 하수도공사 시공관리요령 발췌

종합시운전을 통하여 각 설비를 인수인계 이전에 운영의 문제점을 파악·개선하고, 정상운영시 최적의 운영방안을 수립하여 제시한다.

Ⅰ. 일반사항

- 하수처리시설의 설치작업이 완료된 후에는 일정기간 시운전을 실시하여 이상 유무 및 문제점을 파악한 후 필요한 조치를 취해야 하며 전체시설을 완전한 운영상태로 발주자에게 인수·인계하여야 한다.

Ⅱ. 시운전계획

- 시운전을 실시하기 전에는 시운전계획서를 작성하여 발주자 또는 공사감독자에게 제출 승인을 받아 시운전을 실시하여야 한다. 시운전계획서에는 다음과 같은 시험이 명시되어야 한다.

1. 시운전 일반계획

① 목적
④ 시운전 일정표
⑦ 시운전 기구조직도 및 관련담당자

② 기간
⑤ 시설물 개요
⑧ 비상연락망

③ 시행구분
⑥ 주요장비 내역서
⑨ 안전관리

2. 시운전 세부계획

① 시공상태 점검 및 시운전준비 점검
④ 교육훈련

② 무부하 시운전
⑤ 각종 기기류의 check list

③ 부하시운전
⑥ 수질분석

Ⅲ. 시운전 준비

- 기자재, 설비 등의 공급자는 운전 및 시운전지침서를 작성하여 제출해야 하며, 지침서에 포함되어야 할 내용은 다음과 같다.

(1) 운전 및 시운전시 유의사항
(5) 예비품 교체방법 및 시기

(2) 운전 및 시운전 요령
(6) 예방 정기 점검표

(3) 고장발생시 처리절차와 대책
(7) 기타 취급시 유의사항

(4) 윤활유 종류, 주입개소, 위치 및 주입방법과 시간
(8) 분해 및 조립순서와 유의사항

Ⅳ. 종합시운전

- 종합시운전은 기계, 전기, 계측제어공사의 기자재 설치가 완료되고 각 설비별 단독시운전을 완료한 상태에서 시설별 시운전 및 전체 처리시설 시운전을 하수를 사용하여 연속운전상태에서 시행하는 것은 말한다.
- 무부하 시운전, 단독부하시 운전 등은 종합시운전 실시 전에 완료하고 모든 시설의 운전이 정상적으로 이루어진 상태에서 감독자의 확인을 득한 후 종합시운전을 실시한다.
- 시운전기간은 공법별로 최소 3개월에서 6개월 정도 확보하여야 하며 전체적인 성능보증이 되도록 실시한다. 시운전기간은 하수처리 시설용량, 규모, 계절적인 요인 등에 따라 다를 수 있으며 일반적으로 다음과 같다.

    ── 표준활성슬러지법(호기성 계통의 단일시설) : 3개월

    ── 표준활성슬러지법(호기성 및 혐기성 소화조 계통의 복합시설) : 4개월

    ── 기존 2차처리공법을 고도처리로 시설개량(Retrofitting)할 경우 : 4개월

    ── 고도처리공법 : 6개월

※ 고도처리공법의 시운전기간이 더 긴 이유

> (1) 질소제거과정은 BOD제거기간보다 오래 걸리고 질산화미생물 증식기간이 장기간 소요(최소 SRT 10~15일 이상)되므로 시운전기간이 더 길며,
>
> (2) 질소·인제거는 온도에 민감(특히 겨울철, 10℃ 이하)하므로 동절기 기간이 시운전 기간에 포함하는 것이 원칙이다. 또한 인제거미생물의 활성화를 위해서 3~6개월이 필요하기 때문이다.

- 시운전시 소요되는 직접경비는 계약사항에 따르나 일반적으로 전력 및 용수는 발주자가 공급하고, 그 외의 모든 사항은 설치자가 부담하므로 이에 대해 정확히 파악하여 별도의 추가비용이 소요되지 않도록 한다.
- 시운전은 해당기기에 요구되는 성능 및 효율이 정확하게 입증될 때까지 실시되어야 한다.
- 시운전 완료 후 현장요원은 시운전과 관련하여 교체되어야 할 모든 부속품들을 교체해야하며, 시운전 이전의 기기 청결도를 유지할 수 있도록 깨끗이 청소하여야 한다.
- 시운전 완료 후 설치자는 외부배관 접속물과 기기의 기초부위에 발생된 이상이 없는지세심하게 확인한다.
- 설치하는 기자재의 관련 배관을 포함하는 기계설비의 최종 청소 및 세척은 시운전기간동안 적기에 시행해야 한다.

- 시운전기간 중에 시운전일지를 작성·보관하며 장비별 가동시간, 운전상태 등을 기록하여 공사감독의 확인을 받아야 하며 최종에는 발주자에게 제시한다.

V. 시운전보고서

- 시운전이 완료되면 시운전보고서를 작성하여 발주자 또는 공사감독자에게 제출하여 시운전이 완료되었음을 보고한다.
- 시운전보고서에는 다음과 같은 내용이 포함되어야 하며, 이를 근거로 발주자 및 감리원의 입회하에 인수·인계 작업을 한다.
  (1) 시운전 작업내용
  (2) 수질분석 결과보고서
  (3) 각종 기기류의 작동보고서
  (4) 슬러지처리계통의 결과보고서
  (5) 인수·인계 목록(부분 준공시) 등

※ 하수처리장 준공후 인계받아야 할 사항

- 시운전 작업내용, 시운전결과보고서, 유지관리지침서
- 수질분석 결과보고서
- 각종 기기류의 작동보고서
- 슬러지처리계통의 결과보고서
- 인수·인계 목록(부분 준공시) 등

VI. 하수도 사용개시

- 공공하수도의 사용을 개시하고자 할 때에는 하수도법 및 동 시행령에 의하여 그 사용개시 연월일, 수처리구역, 기타 대통령이 정하는 사항을 공고하고, 설계도면을 일반인에게 공람시켜야 한다. 대통령령에 정하는 사항은 다음과 같다.
  (1) 사용을 개시하려는 공공하수도의 위치
  (2) 사용을 개시하려는 공공하수도의 합류식 또는 분류식의 구별
  (3) 공공하수처리시설의 설계유입수질 및 설계용량
  (4) 배수구역 및 하수처리구역별 하수배제방식 및 하수관거 정비계획
  (5) 기타 필요한 사항

하수처리장 시운전 절차 및 방법

Ⅰ. 시운전 절차

1. 시운전계획의 수립
- 시운전계획서, 시운전지침서를 작성하여 제출 : 종합시운전 1개월 전에 시운전계획서를 작성·제출하여 발주자 또는 공사감독자에게 승인받아야 하고, 시운전 준비시 공급자는 운전지침서와 시운전지침서를 발주자에게 제출한다.

2. 시설물·설비의 사전점검
- 구조물 점검, 기기설치상태 점검, 전기·계장공사 사전점검

  — 토목분야 : 마감상태, 균열여부 육안확인

  — 기계분야 : 위치, 수평, 용접, 구리스, 오일, 부품파손 및 누락여부 육안확인

  — 전기/계장분야 : 결선상태, 저항, 접지확인 및 각 설비 LOP-MCC-CRT Loop Test

3. PAT(preliminary acceptance test)

1) 무부하 시운전
- 각종 설비 및 기기의 무부하 상태에서 정상작동상태 점검

  — 각 기기별 회전방향 및 이상여부 점검

  — 기기별 기계·전기·계장 상호연결확인 : Interlock, Sequence 점검

  — 중앙제어실/생물반응조 설비 Program 구성

  — Punch List에 대한 보완작업

2) 청수부하 시운전
- 전 구조물 청수 이용 충수 후, 기기류 테스트 및 누수점검

  — 기기별 정격전류 및 부하전류 확인　　— 계측기기 Setting 및 제어

  — 구조물 누수여부 확인　　— 반응조 제어설비 자동운전 Setting

  — 설계유입에 따른 수리종단레벨 점검　　— Punch List에 대한 보완작업

  — 주요 기기 24시간 연속운전 Test(유입펌프, 송풍기, 교반기 등)

4. FAT(final acceptance test ; 종합시운전)

- 전 공정에 부하를 가한상태에서 운전하여, 운전인자 및 유지관리비 도출

1) 통수 실시

2) 생물반응조 식종

- 외부(동종·유사공법 처리장)에서 잉여슬러지 주입
- 또는 침전슬러지를 전량 반송하여 자체 배양

※ 반응조 미생물 식종방안

> (1) 우선 독성물질·충격부하 유입확인/차단 또는 문제의 유입수 완전처리후 재유입
>
> (2) 식종 전에 공폭기, 유기원(bio-tonic, 영양제) 보충
>
>   (→ BOD : N : P = 100 : 5 : 1의 비율로 영양염 투입)
>
> (3) F/M비를 0.02 kgBOD/kgMLSS·일부터 시작하여 3~5일마다 0.01씩 상승
>
> (4) F/M비를 증가시켜도 증식이 더딜 경우 미적용 단계이므로 슬러지 폐기량을 증가
>   시켜 새로 증식되는 미생물 비율을 늘려야 함.
>
>   ⇒ 인근 유사한 하수처리장 등으로부터 슬러지를 포기조 앞단에 골고루 유입시키면 2~3
>   주 후에 까만색의 슬러지가 갈색으로 거의 바뀜.

3) 생물반응조 MLSS 증식

4) 처리과정 효율분석, 기록관리 및 보고

⇒ 수질분석 및 처리효율 분석을 통한 Mass balance 작성 및 최적운전조건 도출(방류수 수질기준 달성여부 확인)

※ 수질분석항목 및 처리효율 분석방법

> (1) 수질분석항목의 예)
>
>   ┌ 유입수, 방류수 : BOD, COD_{Mn}, SS, T-N, T-P, 대장균군, TKN, NH_3-H,
>   │ NO_2-N, NO_3-N, PO_4-P, 수온, pH, 알칼리도
>   ├ 생물반응조 : MLSS, MLVSS, SV_{30}, DO, NH_3-H, NO_2-N, NO_3-N, PO_4-P, 수온, pH
>   ├ 반송슬러지 : MLSS, MLVSS
>   ├ 총인설비 : BOD, COD_{Mn}, SS, T-N, T-P, pH, 알칼리도
>   ├ 슬러지저류조, 탈수케이크 : TS, VS, 함수율
>   └ 탈수여액 : BOD, COD_{Mn}, SS, T-N, T-P
>
> (2) 각 단위시설의 성능 및 처리효율 분석
>
>   ┌ 수처리공정   : 침사지 기능, 1차침전지 제거율, 포기조상태, 2차침전지 제거율, 소독조
>   └ 슬러지처리공정 : 농축조 누수, 소화조 가온, 메탄발생량 등

5) 정상가동시 필요로 하는 운전인자 및 유지관리비 도출

5. 신뢰성시험/성능보증운전

- 성능보증 : 수처리공정, 총인처리공정, 슬러지처리(농축기·탈수기 등) 공정, 탈취설비, UV설비 등
- 설비별 수동·자동·연속운전 실시

6. 처리장 운영(인수)요원의 교육 및 처리장 운영요원과 합동근무

- 교육훈련 및 기술이전

7. 종합시운전 결과보고서 작성 후 인수·인계작업 → 시설 최종이전

1) 법적기준치 및 설계기준치 보증(합격)
2) 시운전결과 보고서 및 유지관리 지침서 작성

※ 시운전보고서에 포함되어야 할 내용

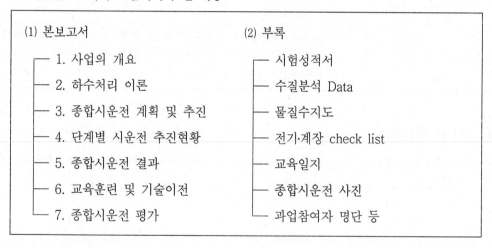

```
(1) 본보고서                    (2) 부록
  ┬─ 1. 사업의 개요             ┬─ 시험성적서
  ├─ 2. 하수처리 이론           ├─ 수질분석 Data
  ├─ 3. 종합시운전 계획 및 추진   ├─ 물질수지도
  ├─ 4. 단계별 시운전 추진현황    ├─ 전기·계장 check list
  ├─ 5. 종합시운전 결과          ├─ 교육일지
  ├─ 6. 교육훈련 및 기술이전      ├─ 종합시운전 사진
  └─ 7. 종합시운전 평가          └─ 과업참여자 명단 등
```

3) 사후기술지도 및 자문보고서 작성 및 준공

Ⅱ. 시운전 방법

절 차		주요내용
1. 시운전 계획수립	일반 사항	· 하수처리시설의 설치작업 완료 후에는 일정기간 시운전을 실시하여 이상 유무 및 문제점을 파악한 후 필요한 조치를 취해야 하며, 전체시설을 완전 한 운영상태로 발주자에게 인수인계하여야 한다.
	시운전계획	· 종합시운전 실시 1개월 전 시운전계획서를 작성하여 발주처(공사감독자) 의 승인을 받아야 한다.
	시운전준비	· 공급자는 운전 및 시운전지침서를 작성하여 발주처에 제출하도록 한다.

〈계속〉

절 차	주요내용
2. 시운전 실시	· 무부하시운전, 단독부하시운전 등을 실시한 후 모든 시설의 운전이 정상적으로 이루어진 상태에서 감독자의 확인을 득한 후 종합시운전을 실시한다. · 신기술 및 신공법인 경우 기술보유사가 직접 책임져야 한다. · 시운전기간은 통상 3~6개월 정도 확보하여야 하며, 전체적인 성능보증이 되도록 실시한다. · 시운전기간 중 시운전일지를 작성·보관하며, 장비별 운전상태 등을 기록하여 공사감독의 확인을 받아야 하며 최종에는 발주자에 제시한다. (시운전 작업내용, 수질분석결과보고서, 슬러지처리시설계통의 결과보고서, 각종 기기류의 작동보고서 등)
3. 시운전보고서 작성	· 시운전이 완료되면 시운전보고서를 작성하여 발주자(공사감독자)에게 제출하여 완료보고를 한다.
4. 하수도의 사용개시	· 공공하수도의 사용개시를 하고자 할 때에는 하수도법에 의하여 그 사용개시 연월일, 수처리구역, 기타 대통령령이 정하는 사항을 공고하고, 설계도면을 일반인에게 공람시켜야 한다.

Ⅲ. 시운전 추진단계

구 분	추진단계	비 고
1. 사전준비단계	· 시운전 목적 및 시운전 기간 명시 · 시운전일정 및 수행조직 편성 · 예정공정표, 각종 운영일지 작성 · 투입자재 공급계획, 시설물계획, 주요장비내역서 · 전력공급(수전)현황 파악 → 전력과 용수는 발주자가 공급	시운전계획서 운전지침서 시운전지침서 제출
2. 시설물 및 설비 사전점검	· 시설설치상태 확인점검 · 기기가동상태, 배관, 전기계장 점검 · (무)부하 Check list 작성	※ 점검 및 보완 조치
3. 무부하시운전 및 부하시운전	· 부하시운전 실시 - 각 구조물 및 배관 누수점검, 수중포기기 점검 · 기기별 가동현황 파악 · 설치부대시설별 Test · 수동, 자동, 연동운전 현황파악 · 탈수케이크 및 협잡물 처리파악	※ 점검 및 보완 조치

<계속>

구 분	추진단계	비 고
(연속부하 시운전)	· 하수연속 유입 　　　　· 설비별 부하 Test · 생물반응조 공정조정 및 안정화 · 부착성미생물 증식 확인 · 처리과정 효율분석, 기록관리 및 보고 · 최적조건 설정, 물질수지(Mass balance) 조정운전 · 수처리 및 슬러지처리상태 안정 및 최적화 · 약품투입설비 최적투입조건 확립	
4. 신뢰성 운전	· 운전조건 확보 및 안정화 · 신뢰성 운전 및 운영요원 교육훈련 · 공공기관 수질분석 의뢰　　· 방류수 보증수질 확보	※ 공인기관 수질분석 의뢰 　; 사업소＋감리단 공동입회 ※ 합동근무 운영
5. 운영요원 교육훈련	· 시운전 교육교재 승인 및 인쇄 · 교육시간 　- 하수처리 원리, 생물학적 처리원리 　- 공정 및 설비의 원리(공법사) 　- 하수처리 실무응용기술(시운전팀) 　- 주간교육 　- 기계 및 전기·계장설비 유지보수 교육 　- 중앙통제실 운영요원 교육 : 전기/계장 · 운영요원 합동근무 　- 수처리계통 및 슬러지처리계통	
6. 시설물 인수인계	· 시설물 인수인계서 작성 (감리단 및 시공사) 　- 시운전 결과보고서 제출 　- 유지관리지침서 제출 　- 기타 시설물 인수인계서	※ 인수기관 운영 　; 발주자, 감리자 입회하 　에 인수인계 실시

제8장 하수고도처리

하수고도처리의 개념

I. 하수처리기술의 발전단계

1. 폐수의 독성처리기술
2. 하수의 BOD 저감기술
3. 하수처리장내 질소·인 제거
4. 비점오염원의 탁도 및 인 제거
5. 미량유해물질, 수은, 다이옥신 등의 관리

II. 고도하수처리의 정의 및 목적 (실시이유)

1. 고도처리의 정의
  - 통상의 유기물 제거를 목적으로 하는 2차처리에서 얻어지는 처리수질 이상의 원수 수질을 얻기 위해 행해지는 처리를 말하며, 주로 부영양화의 원인물질인 질소와 인을 제거하기 위함이다.

2. 고도처리의 목적 (하수고도처리를 도입해야 하는 이유)
  - 방류수역의 수질환경기준 달성
  - 폐쇄성 수역의 부영양화 방지
  - 방류수역의 이용도 향상
  - 처리수의 재이용

3. 고도처리의 종류
  - 질소·인 동시 제거
  - 질소 제거
  - 인 제거
  - 잔류SS 및 잔류용존유기물 제거

III. 질소, 인 제거기작

1. 질소 제거기작
  - 질소화합물의 배출 후 시간이 경과하면 질산화미생물(Nitrosomonas, Nitrobacter)에 의해 암모니아성질소에서 아질산성질소 및 질산성질소로 산화되는 과정을 질산화과정이라 하며,

- 질산화된 질산성질소, 아질산성질소가 질소가스로 환원되는 과정을 탈질과정이라고 함
- 상기 두 공정을 통하여 질소가 제거되며, 질산화공정에는 pH 저하를 방지하기 위해 1g의 암모니아성질소의 질산화를 위해 알칼리도 투입(7.14g)과 추가적인 산소공급 (4.57g)이 필요하다.
- 또한 탈질공정에서는 1g의 질산성질소를 환원하기 위해서는 2.86g의 BOD에 해당하는 유기물이 필요하며 3.57g의 알칼리도가 생성된다(실제는 적게 생성됨).

2. 인 제거기작
- 인은 인제거미생물을 이용한 생물학적 처리와 화학제를 이용한 화학적 처리가 있다.

1) 생물학적 인제거 기작
- 생물학적 인 제거기작은 혐기호기조합법에서 혐기조는 인의 방출, 호기조에서는 인의 과잉섭취 후 침전지에서 침전 후 잉여슬러지로서 제거된다.
- 이때 혐기조에서 PAOs는 미생물 세포내의 폴리인산이 가수분해되어 정인산(PO_4-P)으로 혼합액에 방출되며, 동시에 하수내 유기물은 PHA 등의 기질로 세포내 저장된다. 인의 방출속도는 혼합액 중의 유기물 농도가 높을수록 크다.
- 호기조에서는 세포내에 저장된 기질이 산화분해되어 감소하고 PAOs미생물은 이때 발생되는 에너지를 이용하여 혐기상태에서 방출된 정인산을 과잉 섭취(luxury uptake)하여 폴리인산으로 재합성한다.
- 상기조건을 연속적으로 반복하면 슬러지의 인 함량을 기존 1~2%에서 3~8%까지 높일 수 있다.

2) 화학적 인제거 기작
- 하폐수 중에 용해되어 있는 인성분을 Alum(황산알루미늄), 철화합물 등의 응집제에 의하여 응집·침전시키거나 수산화인산칼슘(hydroxy apatite), struvite($MgNH_4PO_4$)의 등의 난용성 침전물을 생성시켜 화학적으로 제거하는 공법이다.

하수고도처리공법의 종류 및 현황

Ⅰ. 하수고도처리공법의 종류 (오염원별 하수고도처리공법)

구 분		고도처리공법
질소인 동시제거	생물학적 공정	· 혐기무산소호기조합법 (A₂O) · 응집제병용형 순환식질산화탈질법 (MLE + 화학적 인제거) · 응집제병용형 질산화내생탈질법 · 반송슬러지 탈질탈인 질소인 동시제거법 (5단계 Bardenpho) · 기타공법
질소 제거	탈질전자공여체에 의한 구분	· 순환식질산화탈질법 (전탈질) MLE공법 · 질산화내생탈질법 (후탈질) · 외부탄소원탈질법
	기타	· 단계혐기호기법 · 고도처리 연속회분식활성슬러지법 (SBR) · 간헐포기탈질법 · 고도처리 산화구법 · 탈질생물막법 (혐기성 탈질여상) · 막분리 활성슬러지법 (MBR) · 기타공법
인 제거	화학적 공정	· 응집제첨가 활성슬러지법 (PAC, PACS) · 정석탈인법　　　　　　　(Hydroxy Apatite)
	생물학적 공정	· 혐기호기활성슬러지법　　(A/O공법) · 반송슬러지 탈인 화학침전법 · 기타공법
잔류 SS 및 잔류 용존유기물 제거	잔류 SS 제거	· 급속여과법 · 기계식 표면여과기(디스크필터, 섬유여재디스크필터(CMDF)) · 막분리법(MF, UF)
	잔류 용존유기물 제거	· 활성탄흡착법 · 오존산화법 · 막분리법(NF, RO)
	잔류SS 및 용존성 인 제거	· 응집침전법 · 섬유사여과┬─ 3FM(압력식 섬유사여과기) 　　　　　　└─ MCF(압축여재 심층여과기)

A_2O

Ⅱ. 물리적·화학적 하수고도처리공법

구 분		고도처리공법
질소 제거	물리화학적 방법	· 암모니아탈기법, 파괴점염소주입, 이온교환법
인 제거	화학적 공정	· 응집제첨가 활성슬러지법, 정석탈인법, Struvite법
잔류 SS 및 잔류용존 유기물 제거	잔류 SS 제거	· 급속여과법, 기계식 표면여과기(DF, CMDF), 막분리법(MF, UF)
	잔류용존유기물 제거	· 막분리법(NF, RO), 활성탄흡착법, 오존산화법
	잔류SS 및 용존성인 제거	· 응집침전법

Ⅲ. 국내 하수고도처리시설 및 공법현황

1. 고도처리시설 현황 (2010년 말 현재)

1) 전체 500톤/일 이상 470개소(2,510만톤/일) 중 고도공법 401개소로 전체의 85%(용량 대비)
2) 10만톤/일 이상 전체의 79.3%, 하수처리수 재이용량 10%(용량 대비)
3) 평균 유입수질 및 방류수질(단위 ㎎/L)은 다음과 같다.

구분	BOD	COD	S-S	T-N	T-P
계획수질(평균)	150	–	150	32.3	4.2
유입수질	141.5	82.7	139.5	33.8	3.8
방류수질	5.2	10.7	3.6	12.2	0.9

4) 하수 1톤당 처리비용 : 121.4원 (50만톤/일 이상 87.5원, 1천톤/일 미만 617.0원)
 - 인건비 25%, 전력비 20%, 개보수비 17%, 슬러지최종처분 15%, 약품비 7%, 기타
5) 처리공법별 하수처리 비용
 - 표준활성슬러지법 87.5원, A2O 109.1원, SBR 180.8원, 산화구법 288.1원
6) 운영인력 : 0.21명/천톤 (50만톤/일 이상 0.09명, 1천톤/일 미만 2.77명으로 30배이상 차이)

2. 고도처리공법 현황 (2010년 말 현재)

- SBR 38%, A_2O 27%, Media 22%, 특수미생물 6%, 기타

구분	특징	종류
A_2/O계열	운전실적이 많고 운전방식이 확립됨.	DNR, MLE, A/O, A_2/O, VIP, MUCT, Phostrip, Bardenpho, PADDO
Media 계열	높은 MLSS농도 유지로 소요부지면적이 적음	Bio-sac, DeNiPho, SBAF
MBR 계열	〃	침지형 중공사 UF막 : DMBR, HANT, HANS, KS-MBR 침지형 평막 : DFMBR, KMBR, Nix-MBR
SBR 계열	유량변동에 강하고 운전이 용이함	KSBR, ICEAS, IC-SBR, KIDEA, Aqua-SBR
특수미생물 이용	사용실적이 적고 유지관리가 어려움	B3, HBR-II

A₂O공법에서 MUCT, VIP공법 등으로 변화한 이유

Ⅰ. A₂O공법의 개량

- A₂O공법은 SRT가 길면 질소제거율이 향상, SRT가 짧으면 인 제거율이 향상되는 상호 모순의 SRT 인자를 가지고 있어서 질소·인 동시 제거율 향상이 어렵다.
- 특히 반송슬러지내 질산성질소 농도가 높아서 혐기조에서 인 방출이 억제되어 인 제거효율이 감소하는 문제점을 가지고 있다.

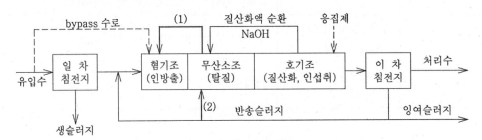

<A₂O공법의 처리계통도>

- 따라서 혐기조로 반송되는 질산성질소의 영향을 최소화 하기 위해
- <그림>의 (1)과 같이 무산소조로부터 혐기조로 순환추가한다거나 (2)와 같이 반송슬러지 유입을 무산소조로 변경하거나해서 MUCT, VIP, Bardenpho공법이 개발되었고 특징은 다음과 같다.
  1) MUCT는 탈질 후의 극미량의 질산성질소만 혐기조로 내부반송을 통해 반송하기 위해 무산소조를 2개 이상으로 분리하였다.
  2) VIP는 각 조를 칸막이하면서 SRT를 5~10일 정도로 단축하였다.
  3) Bardenpho는 2차침전지에서 혐기화로 인한 영양염류의 용출을 방지하기 위하여 맨 후단에 호기조를 설치하였다.
- 우리나라에서도 질소·인 동시 제거 효율 향상을 위한 여러 특화된 item을 가지고 PADDO HBR-II KSBNR KHBNR DNR P/L-II Bio-SAC DeNiPho 등 공법이 개발되었다.

Ⅱ. MUCT, VIP, Bardenpho공법

1. MUCT(University of Cape Town) 공정

1) 개요
- 본 공법은 무산소조를 2개로 분리하여 제1무산소조를 반송슬러지내 NO_3-N농도를 낮추는 역할을 하고 제 2무산소조는 호기조에서 반송된 NO_3-N를 탈질시킨다.

2) 장단점

- 다른 공정에 비해 P제거율이 높다.   2번의 내부순환으로 유지관리가 복잡하고 동력비
  가 많이 소요된다.

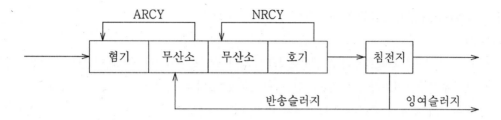

2. VIP(Virginia Initiative plant) 공정

1) 개요

- 혐기조, 무산소조, 호기조를 최소 2개이상으로 나누어 사용하며, 무산소조에서 혐기조
  로의 ARCY 시키는 위치가 MUCT와 다르고, SRT가 짧다는 특징이 있다.

2) 장단점

- 짧은 체류시간으로 비교적 효율적으로 제거한다. 운전이 복잡하다.

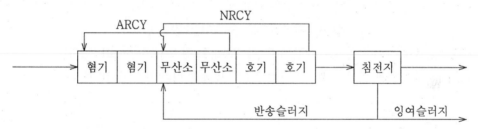

3. 5단계 Bardenpho공정

1) 개요

- 본 공법은 BOD 농도 200mg/L정도를 24hr 내외의 긴체류시간으로 N, P를 제거하는
  공법이다. 마지막 호기조는 침전지의 DO 부족시 혐기성상태가 되면 P가 방출되는 것
  을 방지하기 위한 역할을 한다.

2) 장단점

- N 90%, P 85%로 제거율일 높다. 긴 체류시간이 필요하다.

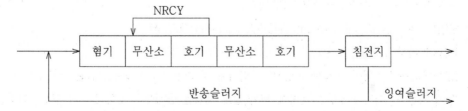

국내 고도처리 대표적인 공법

Ⅰ. DeNiPho(간헐포기접촉산화조)

1. 개요

1) 반응조 1~3조 간헐포기, 4조 상시포기하는 방식으로 하수처리장 고도처리 변경시 적용용이

2) 혐기무산소호기조합법의 기본적인 처리계통을 토대로 C/N비 및 C/P비를 높여주기 위하여 발효조에서 슬러지를 발효시켜 하수에 유입시킨다.

2. 특징

1) 포기조 운전제어 대상 : 공기공급량, 반송슬러지량, 잉여슬러지량, 수온, pH

2) 간헐포기 운전방식의 주요 설계인자 및 운전인자

 - 포기/비포기시간, SRT, 유입수 중의 BOD/TKN의 비율

 - 포기/비포기시간의 조절

 - 메탄올공급량 제어 : 공급량은 2차침전지 유출수 중의 NO3-N농도를 검토한 후 조절

 - 슬러지반송량 제어 : 반응조내 수온 저하 및 저 C/N비 하수유입시 슬러지 내 미생물 활동성이 약해지므로 슬러지반송량을 증대

 - 공기공급량 제어 : 일평균 DO농도는 약 2.0㎎/L 정도 (1.5~5㎎/L 범위)

 - Alum 및 NaOH 주입량 제어 : 유입하수의 변화에 따라 비상시 인 제거

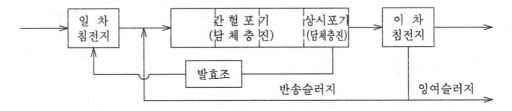

Ⅱ. HANS 공법

1. 개요

1) HANS(Hyundai advanced nutrients treatment process with sulfur)공법
(현대건설/현대엔지니어링, 2005.11 특허)

2) MBR조 + SDR조(sulfur denitrification reactor)로 구성

 - MBR조에서 유기물 및 SS 제거와 질산화를 향상시키고,

 - MBR처리수에 소량의 응집제(Alum)를 주입하여, 후단 SDR공정에서 충진된 황여재의 여과기능에 의한 인 제거와 황탈질 반응에 의한 질소 제거를 동시에 수행하는 오수 고도처리기술

2. 특징

1) MBR : 유기물 및 SS 제거와 질산화 유도

2) 황탈질공법(SDR, sulfur denitrification reactor)

- 황산화 탈질균은 독립영양탈질균으로서 여러 종류의 황화합물을 황산염이온으로 산화시키면서 동시에 질산성질소 및 아질산성질소를 N_2 가스형태로 전환시킨다.

- 황화합물을 첨가하여 황산화세균에 의한 황탈질반응과 일반 탈질균에 의한 질소 제거를 동시에 유발

- 외부 유기탄소원이 필요 없고, 슬러지 발생량이 적다.

Ⅲ. DFMBR 공법

1. 개요

1) Dynamic Flow MBR (한화건설)

침지형 평막, 유입흐름제어기법과 슬러지 가용화조를 이용한 MBR공법

2) 유입흐름기법(준혐기 1조/2조)과 막분리 호기조 및 슬러지 가용화조로 구성된 MBR 기술로, 막분리 호기조로부터 인발한 슬러지를 가용화하여 유입하수와 함께 분해시켜 슬러지 발생을 원천 감량하는 슬러지 감량형 하수고도처리 MBR 기술

2. 특징

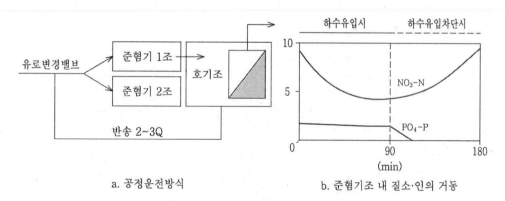

a. 공정운전방식　　　　　　　b. 준혐기조 내 질소·인의 거동

반응조		오염물 제거기작
준혐기조	유입시	· 호기조로부터 유입되는 NO_3-N을 유입수내 유기물을 탄소원으로 이용하여 탈질시킴
	유입차단시	· NO_3-N이 낮은 절대혐기조건이 형성되어 인 방출 극대화
막분리 호기조		· 연속호기상태로 질산화 및 인의 과잉섭취 · 분리막을 통한 연속처리수 생산

Ⅳ. B3 공법

1. 개요

- 생물학적(Bio)처리공법으로서 가장 좋은(Best) 바실러스(Bacillus) 미생물을 이용한 고도 처리공법(라텍환경기술)

2. 특징

1) 공기공급량을 점차 감소시키는 점감포기

- 1실 1.0mg/L, 2실에서는 0.35mg/L, 3·4실은 혐기상태가 되지 않을 정도인 0.15mg/L로 유지시킨다.

2) 1실에서 대부분 유기물·질소·인 제거, 2~4실에서 바실러스균 포자화하여 침강성을 높인다. 통성 혐기성균인 바실러스속 세균이 대부분 우점종이 된 4실의 슬러지를 1실로 반송시킨다.

3) 바이오토닉(bop-tonic, 미생물활성제) : 바실러스를 우점적으로 증식시키기 위하여 투입하는 미네랄(Ca, Mg, Si, S 등 함유)

4) 특히, B3공법으로 운전되는 분뇨처리시설의 잉여슬러지는 밀봉상태에서 약 6개월 지나도 악취 발생이 없다.

5) 전국 분뇨, 축산폐수, 하폐수처리시설 등 약 50~100여 개소가 설치되어 운영 중임.

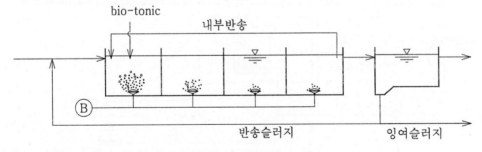

⇒ B3공법의 변형으로서 막을 추가시킨 B3M공법도 있음

　(대경환경기술 → 라텍환경기술로 특허 이전)

3. Bacillus sp.

1) 단간균 형태이며, 자신의 생장조건과 외부의 환경이 다를 때 내생포자(spore)를 형성하는 통성 혐기성균(혐기, 호기조건에서 모두 존재)

2) 유기물, 질소 및 인 동시제거 미생물

① 질소제거 원리 : 탈질은 최종 전자수용체로서 혐기상태에서 (아)질산성질소를 이용한다.

② 인 제거 원리 : 호기상태에서 인산염으로 ATP 대사 이용, 혐기상태에서 3인산을 용
　출하지 않고, 내생포자(spore)를 형성.

3) Bacillus는 그람양성균이기 때문에 미네랄(Bio-tonic)을 그람음성균에 비하여 10배 정
도 더 요구한다. Bacillus를 우점시키기 위해서는 호기, 미호기상태를 유지시켜 절대혐
기성균과 절대호기성균을 약화시키고 bacillus 증식에 필요한 bio-tonic을 BOD 대비
1.5% 정도 공급해 준다.

V. HBR 공법

1. 개요

1) HANMEE Bio-Reactor Process (한미엔텍)
2) 특수미생물을 이용한 고도처리공법

2. 특징

1) 하폐수를 생물학적으로 정화처리하는 공정 내에 지상형 또는 수중형 반응기(bio
reactor)가 병설되는 미생물 배양조를 설치하여
2) 침전슬러지의 일부를 배양조에서 임의성 토양미생물균으로 활성화시켜 원수 유입조, 침
사조, 유량조정조, 포기조(반응조)에서 일정량을 반송시킴으로서
3) 전체공정의 무취화, 유기물 및 질소·인 처리효율 상승, 슬러지의 안정화, 탈수효율 증대
를 가져온다.

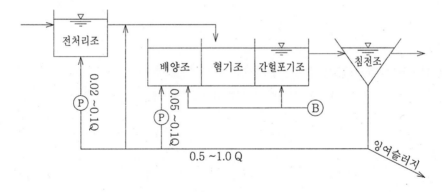

VI. PADDO 공법

1. 개요

- Step feed System과 dPAO미생물을 이용한 5-Stage BNR공정 (삼성엔지니어링)
- 공정단계 : 무산소조 - 혐기조 - 무산소 1, 2조 - 호기조

2. 특징

- 차세대 핵심환경기술개발사업으로 개발된 dPAO를 이용한 PADDO공법의 하수처리기술은 용인시 죽전 및 모현하수처리장 등에 적용하고 있다.

Ⅶ. DNR(DAEWOO Nutrient Removal)

1. 개요

1) 인제거 효율을 높이기 위해 A2O공법의 혐기조를 전후로 분할하여 전단계에서 탈질을 수행하는 공법이다.

2) 슬러지탈질조, 혐기조, 무산소조, 호기조로 구성

2. 특징

- 내생탈질에 의한 질산성질소를 제거하여 혐기조에서 질산성질소에 의한 인 방출 저해작용을 억제할 수 있는 특징을 가지며, 저농도 유입수에도 적합

Ⅷ. ACS(ASRT Control System) 공법

1. 개요

- 완전혼합 연속유입형의 단일반응조와 포기·교반 겸용의 수중 포기기 및 유동판식 농축·탈수장치를 ASRT 원리에 맞게 적용한 방식

2. 특징

1) ASRT(Aerobic Solid Retention Time)개념의 도입으로 질소제거율 우수

2) 간헐 포기 방식의 도입으로 간단한 설계 및 시공이 용이함.

3) 생물반응조에서 직접 인발하여 슬러지의 인 제거 능력 향상

 - 반응조내 슬러지가 저농도 상태에서 인발되므로 유동판식 농축탈수장치를 적용한다.

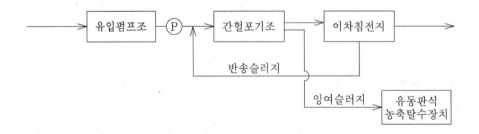

하수고도처리의 설계방법

Ⅰ. 기존 하수처리시설 성능개선 / 고도처리시설 설치시 검토사항

※ 요약

(1) 처리장 운영실태 정밀분석
 - 기본설계 과정에서 처리장 운영실태를 정밀분석 후 사업추진방향 설정
(2) 기존시설에 의한 처리가능성 검토
 - 운전개선방식을 우선 검토, 부지여건을 고려, 기존시설물 및 처리공정을 최대한 활용(LCC분석)
(3) 기존시설에 적절한 처리공법 변경계획 수립
 - 개선대상 오염물질별 처리특성 감안한 효율적인 설계가 필요
(4) 단계별로 계획

1. 기존하수처리시설에 있어서 <u>관로정비에 의한 유입하수 수질농도 증가시</u>나 <u>방류수질 기준강화, 총량규제</u> 등으로 인하여 기존시설만으로 배출기준을 달성하기 어려울 경우, 가능하면 기존시설을 최대한 이용하고 불가능할 경우에 한해서 시설의 개선 및 공법변경계획을 수립하도록 해야 한다.

2. 기존하수처리시설의 고도처리 및 성능개선시는 다음 사항을 고려하여 처리공법의 변경 또는 시설증설계획을 수립한다.
 1) 기존처리장의 운영실태 정밀분석
 - 기본설계과정에서 처리장의 운영실태 정밀분석을 실시한 후 이를 근거로 사업추진방향 및 범위 등을 결정하여야 한다.
 2) 기존시설에 의한 처리가능성 검토
 - 시설개량은 운전개선방식을 우선 검토하되 방류수 수질기준 준수가 곤란한 경우에 한해 시설개량방식을 추진하여야 한다.
 - 기존하수처리장의 부지여건을 충분히 고려하여야 한다.
 - 기존시설물 및 처리공정을 최대한 활용하여야 한다.

```
⇒ 증대방안 ┬─ 운전방식 개선에 의한 처리효율 증대
           ├─ 부하율 개선에 의한 처리효율 증대
           └─ 기존시설 일부 개조 또는 증설에 의한 처리효율 증대
```

3) 기존시설에 적절한 처리공법 변경계획수립 (→ 단계별로 계획)

- 표준활성슬러지법이 설치된 기존처리장의 고도처리개량은 개선대상 오염물질별 처리특성을 감안하여 효율적인 설계가 되어야 한다.

⇒ 변경계획 ┬ 유기물(BOD, COD)과 부유물질(SS) 문제시 시설개선계획 수립
          └ 총질소(T-N), T-P(총인) 문제시 시설개선계획 수립

Ⅱ. 하수고도공법 변경시 개선대상 오염물별 처리효율 향상방안

- 표준활성슬러지법이 설치된 기존처리장의 고도처리개량은 <u>개선대상 오염물질별 처리특성</u>을 감안하여 효율적인 설계가 되어야 한다.

1. 유기물(BOD)

- 고도처리방식은 운전개선방식으로 추진하는 방안을 우선적으로 검토

1) 노후설비 교체/개량

2) 유량조정시설/전처리시설 기능강화

    → 예비포기 등

3) 운전방식 개선 (포기조 관리, off-gas test에 의한 산소전달효율 개선)

    → dead space 감소

4) 부하율 개선 : 슬러지처리계통 기능개선(구내 반송수 관리),

                연계처리수의 효율적 유지관리

5) 2차처리시설 후단에 여과시설 설치검토

    ⇒ ASRT 유지곤란시 포기조 증설(심층폭기 등) 검토

2. SS

1) 운전개선방식으로 추진할 경우

 - 유량조정시설/전처리시설 기능강화

 - 부하율 개선 : 슬러지처리계통 기능개선 (구내 반송수 관리)

 - 일부개조 : 2차침전지 용량/구조개선

  → 경사판, 저류벽, 배플, 내부배플, 스컴제거기 설치 등

2) 시설개량방식으로 추진할 경우

 - 운전개선방식 사항 검토후 반영

 - 침전지 용량 증설 및 여과시설 설치 검토

3. T-N

- T-N 제거는 운전개선방식으로는 어려우므로 시설개량방식으로 추진

1) 운전개선방식에 의한 사항 검토후 반영

 - 소화조, 탈수기 탈리여액 등 반류수에 대한 별도의 처리공정을 거친후 유입하는 방법과 생물학적 공정에 혐기호기공정을 별도로 두어 해결하는 방법을 검토한다.

 예) F/M비 또는 SRT 조정, 포기방식 개선, 알칼리제 주입, 가온, 2차침전조에 탈질조 설치

2) 기존 포기조의 HRT를 고려한 고도처리공법 선정

 ┌ HRT 6시간 이상인 경우 : MLE, A₂/O 등으로 변경, SBR공정은 지양한다.
 └ HRT 6시간 미만인 경우 : 포기조 증설 검토

4. T-P

- 생물학적 처리법보다 화학적 처리법이 효율적·경제적이므로 운전개선방식 사항 검토 후 반영하여 필요시 시설개선방식을 검토한다.

1) 생물학적 처리

 - 생물반응조 공정에 인방출공정을 별도로 두는 방법 (유기탄소원 확보대책 검토)

2) 화학적 처리

 - 응집제에 의한 화학적인 제거 (현저히 늘어나는 슬러지의 처리대책 강구)

 ⇒ 시설개선방식 : 화학약품 첨가후 3차침전조여과, 2단계여과, 정밀여과막 등 신설 고려

5. T-N, T-P 동시제거

 - T-N은 상기의 처리방식을 채택하되,

 - T-P의 경우 생물학적 처리와 화학적 처리의 경제성·효율성 평가후 결정

Ⅲ. 활성슬러지법을 고도처리로 변경시 문제점 및 단위공정별 대책

1. 문제점

1) 2차침전지 운영상 문제

 - 질산화공정시 추가적인 산소공급 및 긴 SRT로 인하여 2차침전지에서 <u>pin floc 현상</u> <u>(미세 SS 유출)</u>, 슬러지부상, 슬러지 계면상승(반송율을 크게 할 것)등 2차침전지 운영의 어려움

2) 생물반응조 운영상 문제

 - 높은 MLSS농도를 유지하기 위해 <u>추가설비</u> 필요

 - 인 제거를 위해 주입되는 <u>화학제의 미생물에의 영향</u>

- 화학제(응집제, 알칼리제) 추가 주입에 의한 슬러지발생량 증가 및 처리비용 상승
- 탈질시 필요한 외부탄소원의 주입 필요

2. 고도처리로 전환시 단위공정별 대책 (개량방안)

1) 1차침전지
- 유입수질이 낮을 경우 1차침전지 생략 또는 1차침전지 내 by-pass 수로 설치
  (단, 1차침전지 생략시 1차침전지 앞에 미세스크린 설치 필요)

2) 생물반응조
- 혐기조·호기조·무산소조로 변환(또는 간헐포기)하는 격벽 설치
- 혐기조·무산소조의 교반장치, 질산화액 내부순환장치
- 폭기량 증대에 따른 송풍기 용량 증대 필요
- 수질계측장치, 응집제주입설비, 유기탄소원 확보대책
- 생물반응조의 적정운영으로 슬러지 부상방지 필요

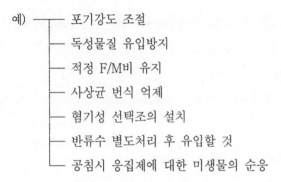

예) ─┬─ 포기강도 조절
     ├─ 독성물질 유입방지
     ├─ 적정 F/M비 유지
     ├─ 사상균 번식 억제
     ├─ 혐기성 선택조의 설치
     ├─ 반류수 별도처리 후 유입할 것
     └─ 공침시 응집제에 대한 미생물의 순응

3) 2차침전지
- 슬러지 부상방지대책
- 유효수심을 깊게 한다. (3.5~4m) → 통상 4m 이상으로 할 것.
- 수면적부하율은 낮게 한다. (15~25㎥/㎡·d)
- 침전지 유효길이는 유효수심의 10배 이하로 할 것 (장폭비 6~7:1이 가장 효과적)
  → 2층침전지의 다층화 또는 경사화 등을 통해 적절한 L/H비를 유지할 것
- 위어길이를 늘려(증설 또는 연장하여) 월류위어부하율은 낮춘다. (190㎥/m·d 이하)
- 슬러지수집기(스키머), 배플(baffle), 내부배플을 적정하게 설치
- 슬러지호퍼의 위치 조정 (슬러지는 독립침강이 아니므로 뒤쪽으로 배치)
- 막분리침전조(MBR)의 채용

4) 슬러지 처리대책
 - 1차슬러지와 2차슬러지는 분리농축 (2차슬러지 혐기화시 N, P가 재용출되므로)
 - 혐기성소화 미실시 검토 (N, P가 과다 용출되므로)
  ⇒ 혐기성소화는 하수처리장 에너지자립화 정책의 핵심이므로 슬러지가용화기술과 함께
    혐기성소화가 실시되는 추세이므로 설치하는 경우도 충분히 검토한다.
 - 혐기성소화시 반류수는 별도 처리후 처리공정으로 재유입
 - 인제거 화학제(응집제, 알칼리제) 주가주입에 의한 슬러지발생량 증가 대비대책 마련

※ 기존 활성슬러지법의 고도처리 개량시 필요한 장치

── 혐기조 및 무산소조의 교반장치

── 질산화액의 내부순환장치

── 생물반응조 내의 격벽

── 스컴제거장치

── 1차침전지의 by-pass 수로

── 수질계측장치(DO계, MLSS계, ORP계, 반송슬러지농도계 등)

── 보완설비(응집제, 알칼리제(NaOH) 등 첨가설비)

── 송풍량의 증대로 인한 기존 공기공급설비의 교체 또는 증설

하수처리장 운전개선방식 사례

Ⅰ. 개요

- 막대한 예산을 투입하는 시설개량방식(Retrofitting)이 아니라 작은 아이디어를 가지고 하수처리시설 운전방식을 개선(Renovation)하여 기대 이상의 운영효율을 높이고 운영비용을 절감한 우수사례

Ⅱ. 실제 우수사례

구분	우수사례
1. 경기 안양 박달하수처리장	· 하수슬러지 소화조공정을 직접가온방식에서 간접가온방식으로 변경하여 슬러지발생량을 최소화하고 메탄가스발생량(메탄가스 80만㎥/년 추가발생)을 극대화하여 연간 약 2억 원의 운영비 절감
2. 경남 밀양하수처리장	· 침사지를 유량조정조화하고 유입하수와 반송수를 간헐적(batch식)으로 운영하여 질소·인 방류수질을 개선(T-N 23.3 → 12.9mg/L, T-P 2.3 → 1.0mg/L)하고, 고도처리시설 공사비 50억 원 예산 절감
3. 광주 광주하수처리장	· 최종침전지의 바깥쪽 위어에 격막판을 설치하여 방류수질 76% 개선 (BOD 12.0 → 2.9mg/L)
4. 경북 안동 안동하수처리장	· 포기조 월류수로에 PAC를 투입하여 방류수질 77% 개선 (BOD 12.2 → 2.8mg/L)
5. 충남 청양하수처리장	· 회전원판조 후단에 PAC를 투입하고, 내부 반송배관을 설치하여 미생물농도(MLSS)를 증가시켜 방류수질 88% 개선(BOD 11.3 → 1.3mg/L)
6. 경기 양평 거치리마을하수도	· 접촉포기조 후단에 황 담체를 충진한 SOD 반응조를 추가로 설치하여 BOD, T-N 방류수질 개선(BOD 5.4 → 2.5mg/L, T-N 23.5 → 13.9mg/L)

※ SOD 탈질기술 (Sulfur-Oxidation Denitrification ; 황산화탈질)

(1) 황산화탈질균은 독립영양탈질균으로서 여러 종류의 황화합물을 황산염이온으로 산화시키면서 동시에 질산성질소 및 아질산성질소를 N_2 가스 형태로 전환시킨다.

(2) 즉 무기탄소원 대신에 무기황을 섭취하여 질소를 제거하는 질산화-탈질법 중의 하나이다.

슬러지 반송이유와 반송비 결정방법

Ⅰ. 개요

- 반송비로부터 포기조 미생물농도와 반송슬러지농도의 상관관계 및 슬러지 침전성 등의 운전요소와 밀접한 관계가 있으므로 반송비의 결정은 포기조 수온과 유기물부하정도, 처리수질 등에 따라 관리한다. 또한 생물학적 고도처리를 하는 경우 내부반송율과 (외부)반송율의 관계도 고려한다.

Ⅱ. 슬러지 반송이유

1. 외부반송

  ⇒ 2차침전지에서 포기조로 슬러지를 반송, 반송비는 50 ~100%
 - 포기조 F/M비 및 MLSS농도 유지
 - 잉여슬러지 폐기량 감소
 - 포기조에 숙성된 슬러지 반입

2. 내부반송

  ⇒ 탈질효율 증대, 인의 방출속도 증가, 높은 MLSS농도 유지
   반송비는 100 ~200%, 보통 1.5배(150%)까지는 많은 효과가 있으나 2배이상 부터는 효과미미
 1) NRCY(Nitrified Recycle) : 호기조에서 무산소조로의 슬러지 반송
  - 호기조에서 질산화된 질산성질소를 탈질시키기 위한 반송
 2) ARCY(Anoxic Recycle) : 무산소조에서 혐기조로의 슬러지 반송
  - 질산성질소가 제거된 슬러지를 반송하여 인방출이 잘되도록 함.
  - 혐기조에서의 질산성질소의 영향을 저감시키기 위한 목적(= 인제거 효율향상)

Ⅲ. 슬러지 반송비 결정방법 (활성슬러지의 건조무게 적용)

1. 침전성 실험 (정확도가 높은 실험)

 1) 1,000mL 메스실린더에 30분 침전시킨 후 상징액 부피에 대한 침전가능 고형물의 부피 비율(C)을 구함

  - 침전시험 $C = \dfrac{\text{침전한 고형물의 부피(mL)}}{\text{상징액의 부피(mL)}}$　→ 어느 경우든 15%이하일 순 없다.

  - 반송유량 결정 = 유입하수량(Q) × C (반송펌프에 의해 반송시킬 유량 결정)

2) SVI와 MLSS농도를 아는 경우 계산식에서 최대, 최소값을 산정하여 반송슬러지의 펌프 유량을 결정한다.

$$r = \frac{Qr}{Q} = \frac{1}{\left(\frac{100}{Pw} \times SVI\right)^{-1}}$$

여기서,　Pw ： MLSS농도를 %로 나타낸 값

- SVI측정시 50~150 정도 유지하여야 슬러지 벌킹을 방지할 수 있다.

2. 슬러지층 두께 조절
- 경험적인 방법, 슬러지층의 두께를 측정하여 조절
- 두께측정장치 : Air lift pump, 중력흐름관, 슬러지 상징액 계면감지 장치

3. 물질수지에 의한 방법
- $r = \dfrac{1 - HRT/SRT}{Xr/X - 1} = \dfrac{SV}{100 - SV} \times 100$

  → 반송량과 유입량의 비율이 부정확함

4. 슬러지 질에 의한 방법
- 슬러지의 상태를 현미경 등으로 조사하여 결정

고도처리시 질소·인 함량 저감방법

Ⅰ. 질소함량 저감방법 (질산화·탈질)

※ 생물학적으로만 질소제거율을 향상시킬 수 있음

┌─ 생물학적 공정에 혐기·호기공정을 별도로 둔다.
└─ 반류수는 별도의 처리공정을 거친 후 유입시킨다.

1. SRT를 가능한 한 길게 한다.(= ASRT 제어)
 - 평상시 처리수의 NH_3-N 농도 측정(잉여슬러지량을 줄여 계내 질산화미생물을 유지하고, 동시에 MLDO 농도 조정 필요)
 1) MBR공정(분리막 생물반응기)은 높은 MLSS농도, 긴 SRT를 유지하여 질소제거율을 높일 수 있다.
 2) 내부반송비를 높여주면 SRT가 길어지므로 질소제거율 증대 (300%가 적당)
 3) 반응조내 생물막(접촉제 또는 유상담체) 추가설치로 SRT를 길게 한다.

┌─ 반응조의 SRT 6시간 이상되면 MLE, A_2/O공법 등으로 변경
└─ 반응조의 SRT 6시간 미만이면 포기조를 증설해야 한다.

2. 온도의 영향 고려
 - 저수온기에는 질산화미생물 증식속도가 떨어지므로 ASRT를 길게 MLSS 농도를 높게 유지할 필요가 있다.
 1) 질산화미생물과 탈질미생물은 온도의 영향에 민감하므로 온도 제어에 유의한다.
 2) 12℃ 이하이면 질산화, 탈질율이 급격히 떨어지므로 가온방안을 검토해 둔다.
 3) 탈질율은 온도 5~25℃ 범위에서 10℃ 증가시마다 2배씩 증가(WEF, 1998)

3. 용존산소(MLDO) 제어 및 유기탄소원 공급
 - C/N비 확보 (1차침전지를 by-pass하여 유입수를 직접 반응조에 공급하고, 1차침전지 슬러지를 혐기조에 투입하거나 아세트산 등의 유기탄소원을 공급한다.)
 1) 질산화 증대를 위해 폭기량을 늘리며, 탈질을 위한 무산소조를 둔다.
 2) 무산소조에는 용존산소가 거의 없어야 되며, 유기탄소원의 공급이 필요할 수 있다.

4. 탈질율은 높이기 위해 황산화박테리아(독립영양세균)를 이용한 SOD방법을 추가한다.

5. 생물학적 처리후에 모래여과+오존산화+입상활성탄처리방법도 검토

6. 고농도 질소 유입(반류수 포함)시 알칼리도 보충

 - 고농도 질소 유입시 알칼리도가 부족해 완전질산화가 일어나지 못하고 처리수 질소농도
   가 상승하게 됨. 고농도 질소배출원에 대한 점검 강화

7. 독성물질 유입 : 공장폐수 등 질산화 저해물질 유입 주의

 ⇒ 위와 같은 이상이 발생하였을 경우 신속하게 OUR(산소이용율)을 측정하거나 미생물 검사를
   통해 원인을 규명하고 적절한 대응책을 강구한다.

Ⅱ. 인 함량 저감방법

A. 생물학적 인제거 향상 → 생물반응조에 인방출공정을 별도로 두는 방법

 1. 인제거미생물(PAOs)의 먹이(feed) 공급대책 마련

 - 혐기조를 맨 앞에 두어 VFA를 우선 이용하게 한다.

 - 1차침전지 생략, 발효공정 도입

 - 인제거미생물에 필요한 쉽게 분해되는 외부탄소원(VFA) 제공

 2. 혐기조내 질산성질소의 유입방지로 인제거미생물의 활동성을 증대시킨다.

 - 혐기조로의 내부반송(ARCY) 위치조정   (UCT, MUCT, VIP공법)

 - 혐기조 앞단에 슬러지탈질조를 추가로 실시 (DNR공법)

 3. SRT 조정 : SRT를 가능한 한 짧게 할수록 인제거능력은 좋아진다.

 4. 온도의 영향 고려

 - 반응조 온도저하에 따른 대비책 강구

 - 하수처리장의 지하화 또는 반응조 덮개 설치, 폐열이용 유입수 가온 검토

 5. 슬러지처리 방안

 - 고도슬러지 처리시 중력식 농축조는 사용을 자제하고, 기계식농축/응집제+탈수를 하여
   인의 재용출을 방지

B. 화학적 인 제거 향상 → 응집제 주입에 의한 화학적인 인제거방법 향상

 1. 호기조 후단에 화학약품(응집제) 투입(=공침) 후 생물막 여과(MBR) 도입

 2. 후침 : 2차침전지 후단 또는 3차처리시설 후단에 별도의 후단시설 설치

 3. 공기부상장치(DAF)를 이용한 마이크로플록에 의한 인 부상 제거 후 3차침전조 및 여과
   (또는 2단계 침전 또는 정밀여과막 등을 설치)

질소·인 기준초과시 대응요령

Ⅰ. 총질소 기준초과시 대응요령

1. 유입수 수온 확인

2. 유입수량, 유입수 BOD, 유입수 오염부하량 확인

3. ASRT 확인

4. 호기조 말단 암모니아성질소 농도 확인

 - 알칼리도 50㎎/L 이상, pH 6 이상, MLSS농도 1,500~3,000㎎/L 정도, MLDO 1.5㎎/L
   이상, ASRT, 질산화속도 확인 또는 조정

5. 무산소조 말단 질산성질소 농도 확인

 - MLSS농도 1,500~3,000㎎/L 정도, 무산소조 유입수 S-BOD/NO$_3$-N비 3 이상, ORP
   -100~-200mV, 탈질속도 확인 및 조정

6. 내부반송율 확인 및 조정

7. 처리수의 SS성 총질소 농도 확인

8. 처리수 총질소농도의 예측과 운전조건 변경

9. 우천시 대응

 　질소제거에 있어서 빗물유입의 영향은 인제거의 경우보다 크지 않음.

Ⅱ. 총인 기준초과시 대응요령

1. 유입수 수온 확인

2. 유입수량, 유입수 BOD, 유입수 오염부하량 확인

3. SRT 확인

4. 혐기조에서 인 방출, 호기조에서 인 흡수 확인

5. 유입부하량 변경 및 응집제 첨가 검토

6. 우천시는 T-P농도 증가가 우려되므로 응집제를 첨가하는 것이 안전함.

Ⅲ. 동절기 방류수수질기준 상향시 질소·인 농도 감소방안

⇒ 겨울철(12월~3월) TN의 완화기준 삭제되어 60 → 20㎎/L로 강화

1. 고도처리공법 도입 : 질산화 및 탈질효율이 높고 온도영향이 적은 공법으로 변경

2. 소화공정이 있는 경우 반류수를 별도처리 후 재유입

3. 유입되는 연계처리수 부하조정

4. 하수처리장의 복개시설 설치

5. 수온에 영향을 받지 않는 질소·인 처리설비 추가설치

 1) 전해법 (암모니아성질소 처리를 위한 철 주입)

 ① 질소제거 : 전해장치를 이용하면 영가철은 쉽게 전자를 내어 주어 산화되고 암모니아는
              전자를 받아 질소가스(N_2)로 환원되는 원리를 이용하여 암모니아성질소를
              제거하는 방법

 ② 인 제거 : 인 제거법으로서 영가철을 사용하는 전기분해법이 있다. 이것은 포기조 내
             철봉전극을 설치하고 직류전원을 이용하면 석출된 철산화물과 인산염이 반
             응하여 $FePO_4$나 $Fe_3(PO_4)_2$등으로 침전시켜 제거하는 방법이다.

 2) 이온교환막 방식

 ① 원리

  - 이온 교환막은 양이온과 음이온을 선택하여 한 쪽만을 통과시키는 합성수지막을 말하며, 양
    이온 교환막과 음이온 교환막이 있다. 음이온 교환막은 플러스의 전하를 띄고 있어, 마이너
    스의 이온만을 통과시키는 성질을 갖고 있어 NO_3^- 등을 선택제거

 ② 적용방안

  - 생물처리 후단에 설치하여 겨울철 수온이 낮은 경우만 간헐사용

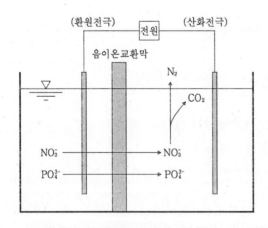

<이온교환방식 처리장치>

 3) 기타 : 암모니아 탈기법, 불연속 염소처리법 등이 있다.

질소제거 기작

⇒ 질산화와 탈질과정을 거쳐 질소제거가 이루어진다.

Ⅰ. 질산화과정

1. 관련미생물

- 절대호기성 독립영양미생물로서 HCO_3^-, CO_3^{2-} 등의 무기탄소원으로부터 유기물을 합성한다. 따라서 알칼리도가 소모되는 반응이다.
- 대표적인 질산화미생물은 Nitrosomonas, Nitrobactor가 있다.

2. 반응단계

$$NH_3-N + \frac{3}{2}O_2 \xrightarrow{\text{Nitrosomonas}} NO_2-N + \frac{1}{2}O_2 \xrightarrow{\text{Nitrobactor}} NO_3-N$$

- 알칼리도 소모를 고려한 반응

$$4CO_2 + HCO_3^- + NH_4^+ + H_2O \rightarrow C_5H_7O_2N + 5O_2$$

⇒ 질산성질소(NH_3-N) 1g당 4.57g의 산소 필요, 7.6g의 알칼리도 소모

3. 미생물 영향인자

- DO : 충분한 용존산소를 공급할 것 (호기조의 전단부 2mg/L, 후단부 0.5mg/L 유지)
- 수온 : 수온의 영향을 받는다(12℃ 이하이면 질산화가 급격히 떨어짐).
- pH : 적정 pH는 7.5~8.5
- SRT : SRT가 길수록 질산화 양호 (10~20일 정도)
- 방해물질 : 질산화세균은 대사방해물질에 특히 민감하다.

Ⅱ. 탈질과정

1. 관련미생물

- 통성혐기성 종속영양미생물로서 내부탄소(유입수), 내생탄소(내생호흡), 외부탄소(외부탄소원)의 유기탄소원으로부터 유기물을 합성한다. 따라서 알칼리도가 생성되는 반응이다.
- 대표적인 탈질미생물은 Pseudomonas, Bacillus, Micrococcus 등이 있다.

2. 반응단계

- 수소공여체로 메탄올 사용시 반응

$$6NO_3 + 5CH_3OH \rightarrow 3N_2 + 5CO_2 + 6OH^- + 7H_2O$$

⇒ 질산성질소(NO_3-N) 1g당 3.8g의 알칼리도 생성, 메탄올 기준 2.47g 필요

- DO 1mg/L에서 탈질율이 0이라 했을 때의 반응식

$$E_{DN} = SDNR \times 1.09(1.03 \sim 1.20)^{T-20} \times (1-DO)$$

여기서, E_{DN} : 총괄 탈질율

  SDNR : 비탈질속도(mgN/mgMLVSS/hr)

  T : 폐수 수온(℃)

3. 미생물 영향인자

- DO : 탈질균은 평상시 분자상 산소(O_2)를 우선 전자수용체로 이용하지만 O_2가 부족하거나 없는 경우 전자수용체로서 NO_3^-, SO_4^{2-} 등을 이용한다. 실측에 의하면 탈질율은 DO 0.2mg/L일 때 50%, DO 2mg/L일 때 10% 정도이다.
- 수온 : 수온은 미생물 성장 및 질산염 제거에 영향을 미치므로 설계시 통상 12℃ 이상으로 한다. 탈질율은 온도 5~25℃ 범위에서 10℃ 증가시마다 2배씩 증가(WEF, 1998)
- pH : 적정 pH는 7.0~8.0

질산화 · 탈질반응시 원수의 유입방향

Ⅰ. 상향류와 수평류

- 상향류식 탈질반응조는 일반적으로 수평류식 반응조에 비해 질산성질소 및 유기물이 아래로부터 유입되어 Plug flow 형태를 이루므로 활성슬러지와의 접촉 및 충돌빈도가 높다.
- 따라서 생물학적 하수처리측면에서 상향류의 처리효과가 더 유리하다는 특성이 있다.

Ⅱ. 상향류와 하향류

- 하향류방식인 충전탑식(packed bed type)의 장점은 고정상미생물이 현탁성미생물보다 고농도의 MLSS를 유지할 수 있어 단위 부피당 제거율이 보다 높은 반면, 막힘 현상과 압력강하의 문제점이 발생한다.
- 상향류방식은 메디아의 유동성을 이용할 수 있으므로 하향류보다 메디아 막힘현상 및 압력강하를 방지할 수 있다는 장점이 있다.

비질산화율(SNR, Specific Nitrification Rate)

Ⅰ. 비질산화율

1. 단위시간당 MLSS량당 질산화되는 비율($mgNH_3-N/mgMLSS\cdot hr$), 즉 활성슬러지량당 질산성질소의 증가속도로서 질소제거의 척도이며, 수온, C/N비, BOD부하량 등에 영향을 받음

2. 유입하수의 유기물이 충분하고 반응조내 SRT가 짧을수록 종속영양미생물의 증식계수가 질산화미생물의 증식계수보다 크기 때문에 질산화미생물이 생물반응조에서 유실될 수 있으며, 유입하수의 유기물과 질소의 비(C/N비)가 증가할수록 생물반응조내 미생물 중 질산화미생물의 비율은 감소한다.

3. (비)질산화율은 온도에 민감하므로 생물반응조의 수온이 10~15℃로 낮아질 경우 SRT를 증가시켜 MLSS농도를 높게 유지해야 하며, 저수온시 질산화미생물의 성장이 저하되어 수온이 10℃ 이상으로 상승하더라도 회복능력이 느리므로 상시 질산화율을 감시하여야 한다.

4. 국내하수는 BOD_5/TKN의 비(C/N비)가 외국의 하수보다 낮으므로 비질산화율이 다소 높으며, 따라서 MLSS농도를 약간 낮게 하더라도 동일 질산화율을 얻을 수 있는 특징이 있다. 비질산화율은 유입TKN의 부하와 질산화조의 미생물량에 따라 다르며, 슬러지체류시간(SRT)에 영향을 받는다.

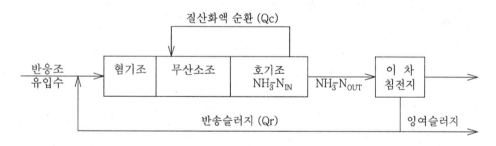

$$SNR = \frac{Q(N_0-N)}{V\cdot X}$$

$$= \frac{(NH_3-N)_{in}-(NH_3-N)_{out}}{MLSS\cdot HRT_n}$$

여기서,　SNR : 질산화 속도($mgNH_3-N/mgMLSS\cdot hr$)

　　　　　$NH_3\cdot$: 호기조 유입수 NH_3-N 농도(mg/L)

　　　　　$NH_3\cdot$: 호기조 유출수 NH_3-N 농도(mg/L)

　　　　　HRT_1 : 호기조실 체류시간(hr)

II. 시험방법

1. SNR은 Batch test를 통해 알 수 있다.
 - 호기조 유출수에 NH_4-N이 잔존할 경우 실제에 가까운 속도를 산출할 수 있으며,
 - 호기조 유출수에 NH_4-N이 없을 경우 생물반응조내의 실제속도보다 적게 산출된다.
2. 대상처리장 포기조 후단(또는 반송슬러지 라인)에서 시료(약 2L)를 채취하고 필요항목을 측정한다.
 - MLSS농도, pH, NH_3-N농도 등
3. 암모니아 산화세균 배양배지 1L를 이용한다.
 - 채취한 활성슬러지를 원심분리하여 배양배지에 첨가하고 자력교반기로 교반하면서 반응시킨다.
 - 반응시간은 실제 포기조 체류시간(HRT)과 같게 유지하고 반응시간동안 온도조절과 공기공급
4. 매시간 반응액을 채취하여 NO_2^-, NO_3^- 농도를 측정하고 슬러지농도를 측정하여 그래프에 나타내고 그 기울기로 질산화율을 계산한다.

TKN(Total Kjeldahl Nitrogen)

Ⅰ. 개요

1. T-N의 성분 중 암모니아성질소(NH_3-N)와 유기성질소(Org-N)를 합쳐서 일컫는다.
2. 질소를 분류하면 다음과 같다.

$$T-N = TKN + NO_x-N$$

$$TKN = NH_3-N + Org-N$$

Ⅱ. 측정방법

- 물속의 유기질소(org-N)를 황산으로 분해하고 가열하여 NH_3-N성분으로 전환시킨 후 NH_3-N을 측정하면 TKN값을 얻을 수 있다.

Ⅲ. 측정시 문제점

1. 우리나라 공정시험방법은 TKN이 아닌 T-N으로 실험하는데 이는 커다란 오류가 있다. T-N은 TKN + NO_x-N인데 NO_x-N은 용존물질로 IC(이온크로마토그래피)를 이용해야 정확하게 측정할 수 있다. 그러나 유입수의 NO_x-N값은 미미하여 T-N과 TKN값은 거의 비슷하다.
2. 하수처리장의 유입수, 유출수 분석시 우리나라의 공정시험방법으로 실험하면 그 값은 T-N이 아닌 TKN 값이다.
3. 유입수의 NO_x-N성분이 미미하여 T-N과 TKN이 비슷하지만 유출수의 경우 질산화 이후 발생하는 NO_x-N성분을 이 실험으로 측정할 수 없다.

탄소원의 종류 및 용도 (탄소원 부족시 문제점)

Ⅰ. 개요
- 질소의 생물학적 제거과정은 질산화반응(호기조) 후 탈질반응(무산소조)에 의해 제거된다.
- 탈질반응은 종속영양탈질로 수소공여체를 공급할 수 있는 유기물이 필요함
  (질소 1g 제거를 위해 2.86g에 상당하는 BOD 공급이 필요)
- 국내의 경우 유입하수의 유기물질농도가 낮기 때문에 원활한 탈질반응을 위해 외부탄소원 주입 필요

Ⅱ. 수소공여체의 종류
- 하수자체내 유입되는 유기물
- 미생물 기질(세포) 내 유기물
- 외부탄소원 (메탄올, 에탄올, 글로코오스, 아세트산 등)
- 자체 생산

Ⅲ. 외부탄소원의 종류
- 메탄올
- 에탄올
- 글루코오스
- 아세트산 (탈질효율은 높으나 가격이 비싸다)

Ⅳ. 외부탄소원 부족시 문제점
1. 탈질효율 저하
- 아질산성질소, 질산성질소가 질소가스로 환원하기 위해서는 BOD가 필요(질소성분 1g 환원시마다 2~3g(2.86g) BOD 필요)하나 BOD 부족시 탈질반응이 일어나지 않는다.
- 아질산성질소가 질산성질소보다 질소가스로 환원시 약 40%의 유기탄소원이 덜 요구된다. (= ANAMMAX공정)

2, 탈질미생물의 활성도 저하
- 질산성질소 1g 제거당 메탄올필요량 2.47g이며, COD 필요량은 2.47×1.5 = 3.7g 필요

질소제거 공법

Ⅰ. 질소제거 공법

```
┌─ 생물학적 질산화·탈질        … 전탈질(60~70%)/후탈질(70~90%)
├─ 이온교환법                … 제거율 80~95%
├─ 불연속점 염소주입법          … 제거율 80~95%
├─ 암모니아 스트리핑           … 제거율 50~90%
├─ 조류에 의한 질소고정화법      … 제거율 50~80%
└─ 전기분해법 : 암모니아성질소 처리를 위한 철 주입
```

Ⅱ. 전탈질법과 후탈질법

1. 전탈질법(MLE) (= 순환식질산화탈질법)

1) 무산소조-호기조로 구성

2) 무산소상태에서 탈질(알칼리도 생성), 호기상태에서 질산화(알칼리도 소모)가 이루어지면서, 알칼리도 조절면에서 유리하다.

3) 내부반송(NRCY : 질산화액 순환)이 필요하다.

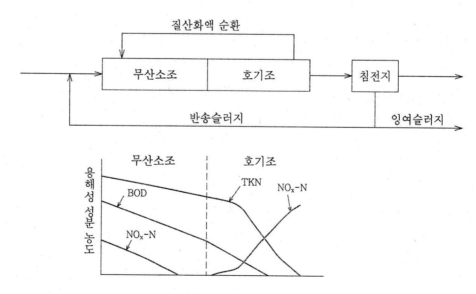

〈반응조내 BOD와 질소의 거동〉

2. 후탈질법 (= 질산화내생탈질법)

1) 호기조-무산소조로 구성

2) 기존의 장기포기법, 산화구법, SBR 등에서 SRT를 길게 유지하고 무산소조를 도입함으로써 T-N 제거기능을 부가할 수 있다. 내부반송은 필요 없다.

3) 무산소조 뒤에 슬러지 부패를 방지하기 위해서 재포기반응조를 설치해야 한다.

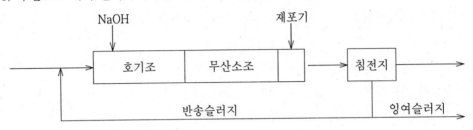

3. 기타 탈질법

단계혐기호기법, 막분리활성슬러지법(MBR), 연속회분식활성슬러지법(SBR), 산화구법, 간헐포기법, 탈질 생물막법 등

Ⅲ. 기타 생물학적 탈질법

─ 단계혐기호기법

─ 막분리활성슬러지법(MBR)

─ 고도처리 연속회분식활성슬러지법(SBR)

─ 고도처리 산화구법

─ 간헐포기법

└ 탈질 생물막법 등

SHARON-ANAMMOX 공법

Ⅰ. 특징

- 슬러지를 처리하는 과정에서 나오는 반류수의 고농도질소를 효과적으로 제거하거나,
- 축산폐수 등 고농도 질소 제거시 비용절감을 위한 단축 질소제거 공정

Ⅱ. SHARON-ANAMMOX

1. SHARON (부분 질산화공정)

- Single reactor system of High Ammonium Removal Over Nitrite, 호기성공정
- Nitrobactor의 활동을 억제하여 아질산성질소가 질산성질소로 전환하는 것을 방지함으로써 이론적으로 산소의 25% 절감
- 높은 온도(35℃ 이상), 높은 pH(7.0 이상), 체류시간 1시간 정도
- $NH_4^+ + \dfrac{3}{2}O_2 \xrightarrow{\text{Nitrosomonas}} NO_2^- + \dfrac{1}{2}O_2 \xrightarrow{\text{Nitrobactor}} NO_3^-$

⇒ $2O_2$에서 $1.5O_2$만 필요하므로 이론적으로 산소 25% 절감가능

2. ANAMMOX (혐기성 암모늄 산화공정)

- Anoxic Ammonium Oxidation, 무산소·탈질공정
- 아질산성질소에서 질소가스로 직접 탈질함으로써 이론적으로 탄소(유기물원)의 40% 절감
- SBR계통과 유동상계통의 2가지 방식이 있다.

※ 수소공여체로 메탄올 사용시 반응

$$6NO_3 + 5CH_3OH \rightarrow 3N_2 + 5CO_2 + 6OH^- + 7H_2O$$

$$6NO_3 + 3CH_2OH \rightarrow 3N_2 + 3CO_2 + 6OH^- + 3H_2O \ (ANAMMAX \text{ 적용시})$$

⇒ $5CH_3OH$에서 $3CH_3OH$만 필요하므로 탄소원 40%절감

3. 세포생성을 무시하였을 경우 Combined SHARON/ANAMMOX 반응식

- $2NH_4^+ + 2HCO_3^- + 1.5O_2 \rightarrow N_2 + 2CO_2 + 5H_2O$

⇒ 알칼리도 소모로 pH는 감소

Ⅲ. SHARON-ANAMMOX의 장단점

1. 기존의 질소제거공정(질산화-탈질공정)과 비교해 볼 때, SHARON-ANAMMOX공정은 산소와 탄소원을 절감할 수 있다.

2. 또한 SHARON공정과 ANAMMOX공정을 결합하면 지속적으로 폐수를 관리할 수 있는 공정이다. 이 공정은 기존공정과 비교해 볼 때, 25%의 산소절감(=에너지)을 가져오고 유기탄소원을 필요로 하지 않으며 슬러지생산량은 무시해도 좋을 정도이다.

3. 단점은 ANAMMOX공정을 위한 개시(start-up)시간이 길다는 것이다.

독립영양탈질(SDR)

Ⅰ. 개요
- 생물학적 질산화·탈질법은 전자공여체로 유기물질을 이용하는 종속영양탈질과 수소, 철, 암모니아, 황 등의 무기물질을 이용하는 독립영양탈질로 구분된다. 이 중 황은 비교적 가격이 저렴하면서도 저장과 취급이 용이하여 주로 이용한다.
- 국내의 경우 유입하수 유기물 농도가 부족하여 탈질시 외부탄소원(메탄올 등)의 주입이 필요한데 SDR의 경우 외부탄소원이 필요 없으므로 외부탄소원 주입비용을 대폭 절감할 수 있어 경제적이다.

Ⅱ. 입상황 독립영양 탈질(SDR)의 원리
- SDR(Sulfur Denitrification Reactor, 황산화 탈질반응기)은 Thiobacillus 등의 황산화 탈질균이 환원상태의 황화합물(HS^- 등 음으로 하전된 황 이온[S^{2-}]을 포함하는 이온 화합물)을 황산화물(Sulfate)로 산화시킬 때 발생되는 전자를 이용하여 최종전자수용체인 질산성질소를 질소가스로 탈질(환원)시키는 원리를 이용한 것이다.

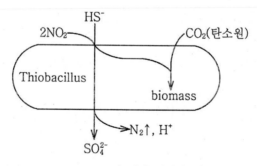

<Thiobacilli에 의한 탈질의 예>

- 탄소원 : 무기탄소원(HCO_3^-, CO_2 등) 이용
- 적정 pH : 6.8~8.2

- 황산화 탈질균은 독립영양탈질균으로서 여러 종류의 황화합물을 황산염이온으로 산화시키면서 동시에 질산성질소 및 아질산성질소를 N_2 가스형태로 전환시킨다.
- 황화합물을 첨가하여 황산화세균에 의한 황탈질반응과 일반 탈질균에 의한 질소 제거를 동시에 유발한다.
- 외부 유기탄소원이 필요 없고, 슬러지 발생량이 적다.

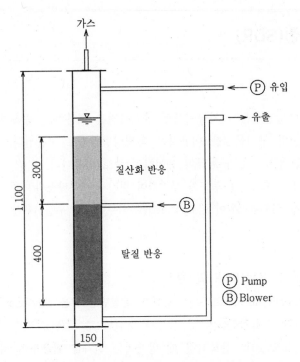

<입상황 충진상을 이용한 생물막여과반응기>

Ⅲ. 독립영양탈질의 장·단점

1. 장점

- 유기물(외부탄소원)의 투입 대신 값싼 황입자를 사용함으로써 경제적이다.
- 종속영양탈질보다 수율(미생물생산율)이 낮아 슬러지발생량이 적다.
- 내부순환이 필요없다. (= 운전관리 용이)
- 처리효율이 안정적이며, 입자상태의 황을 이용할 경우 처리수의 탁도 저하 가능

2. 단점

- 고농도의 질산성질소 처리시 황산화물(Sulfate) 농도 증가 우려 → 악취 발생
- 포기조미생물의 황화합물에 대한 순응시간 필요
- 탈질시 pH가 저하되므로 알칼리제 투입 필요

Ⅳ. 적용 공법

1. SPAD, HANS공법
2. Thiobacillus에 의한 독립영양탈질

생물학적 인 제거

I. 개요

1. 하천의 녹조, 연안의 적조, 호소의 부영양화를 일으키는 여러 가지 요소 중에 제한요소가 되는 것은 T-N, T-P, 클로로필-a 등이 있다. 이 중 T-N은 발생원이 다양하고 발생량이 많으므로 제어하기가 곤란하지만, T-P는 인위적으로 제어가 가능하다.

2. 또한 우리나라의 호소는 N/P비가 16 이상으로 P가 제한요소가 된다.

3. P의 배출원으로서는 생활하수, 공장폐수, 분뇨·축산폐수, 기타 농경지 유출수 등이 있다.

4. 국내 총인 발생량은 1.7g/인·일 (오폐수 내 잡용수 0.2mg/L, 분뇨 1.5mg/L) 정도

II. 생물학적 인 제거기작

1. 혐기상태
 - 혐기상태에서 인제거미생물(PAOs)은 세포내 폴리인산(poly-P)을 가수분해하여 정인산(PO_4^{3-})으로 혼합액에 방출한다. 하수 내 유기물은 PHA 등의 기질로 세포에 저장되며, 이 때 PAOs는 유입수 정인산(PO_4^{3-})농도의 3~5배까지 방출하게 된다.

2. 호기상태
 - 호기상태에서 PAOs는 PHA 등 저장된 기질을 산화 분해하여 감소시키는 과정에서 많은 에너지를 필요로 하므로 정인산(PO_4^{3-})을 과잉흡수(luxury uptake)하게 되는 것이다.

3. 인 제거 미생물
 - 표준활성슬러지법을 거친 MLVSS의 P함량은 1~2%인데 비해, A/O법을 거친 경우 3~8%정도까지 증대된다.

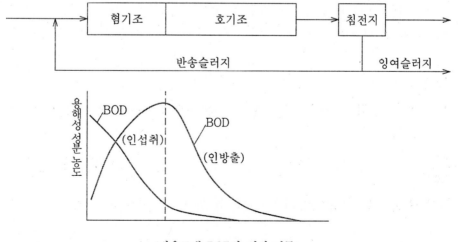

<반응조내 BOD와 인의 거동>

Ⅲ. 생물학적 인제거의 영향인자

1. SRT

- SRT가 짧은 공정일수록 인이 과잉 섭취되어 있는 잉여슬러지량이 증가하므로 단위 BOD제거당 인 제거율이 증가한다.

2. pH

- pH 6.5~8.0범위에서는 거의 영향을 받지 않으나 pH 6.5 이하에서는 인 제거율이 급격히 떨어진다.

3. 온도

- 인 제거 반응은 질소제거 반응보다 온도에 대한 민감도가 낮다. 10℃ 이하에서는 인 제거효율 저하(Mcclintock et, al., 1991), 인 제거는 5~25℃의 범위에서 수행 가능 (Barnard, 1983)

4. 혐기조 NO_3-N

- 혐기조의 질산성질소 농도가 높아지면 인 제거율은 저하된다. 그 이유는 탈질균과 인제거미생물(PAOs)이 VFA 섭취를 위해 서로 경쟁할 경우 탈질균이 우세하므로 PAOs의 증식이 제한되기 때문이다.

5. 호기조 DO농도

- 호기조의 DO가 너무 낮으면 인 흡수율이 떨어지므로 인 제거율이 감소한다. 한편 호기조의 DO가 너무 높으면 내부반송수 중의 DO가 높아져 탈질균이 득세하므로 인 제거율이 감소한다. 따라서 호기조 전반부는 2mg/L, 무산소조로의 내부순환을 하는 후반부는 1mg/L 정도로 낮게 유지시킨다.

6. 혐기조의 C/P비

- 10 이상일 것, 인 1g 제거를 위해서 VFA 5g 정도가 필요하므로 C/P비가 높을수록 인 제거에 유리하다.

7. 부유물질

- 유기물농도가 높은 SS(특히 VFA가 많은 유기물)는 인 제거율을 높인다.

CPR과 BPR

Ⅰ. 개요

- 관로정비에 의한 유입수질 농도 증가시나 방류수수질기준 강화, 총량규제 등에 대비할 때

1. 총인, 총질소의 동시 목표수질 달성이 어려운 경우, 총인처리를 위해서 생물학적 인 제거공정(BNR) 혹은 생물학적 질소제거공정(MLE 등) 후 화학적 인제거공정(CPR)으로 공법을 변경해야 한다.

2. 총인만 목표수질 달성이 어려운 경우, 소규모처리장에서는 CPR, 대규모처리장에서는 CPR이나 BPR로 안정성과 경제성을 고려하여 공법을 변경해야 한다.

Ⅱ. CPR (chemical phosphorus removal)

- 하폐수 중에 용해되어 있는 인성분을 Alum(황산알루미늄), 철화합물 등의 응집제에 의하여 응집·침전시키거나 수산화인산칼슘(hydroxy apatite), struvite($MgNH_4PO_4$)의 등의 난용성 침전물을 생성시켜 화학적으로 제거하는 공법

1. 응집제 첨가 활성슬러지법 (= 응집침전법)

1) 원리 : 총인을 응집제와 반응시켜 난용해성 인산염으로 생성시켜 제거하는 방식

- $M^{3+} + PO_4^{3-} \rightarrow MPO_4\downarrow$

⇒ 사용응집제 : Alum, 황산제일철, PAC

2) 특징 : 기존시설에 간단히 적용가능, 상징수의 알칼리도와 pH 저하를 수반하므로 석회를 많이 주입할 필요가 있다(= 슬러지발생량이 많음).

3) 설계시 고려사항

- 응집제 첨가 몰비 : 포기조 유입농도 및 목표 농도를 계산하여 주입량 결정
- 슬러지 발생량 　: Alum은 Al의 5배, 철염은 Fe의 3.5배의 슬러지 생산
- 응집제 선정 　　: 가격, 성능 등 비교·검토후 선정
- 미생물의 영향 　: 알칼리도 소비에 의해 질산화반응 저해영향을 고려

2. 정석탈인법 (= Hydroxyl apatite법)

1) 원리

- 어느물질의 과포화용액에서 그 물질의 결정을 넣으면 용질이 결정을 핵으로하여 석출되는 원리를 응용한 것으로

- 총인과 석회가 과용해된 상태(불안정지역)에서 난용해성 염을 생성시켜 제거하는 방식
- 반응식 : $10\,Ca^{2+} + 6\,PO_4^{3-} + 2\,OH^{-} \xrightarrow{\text{pH } 8 \sim 10 \text{ 이상}} Ca_{10}(OH)_2(PO_4)_6 \downarrow$

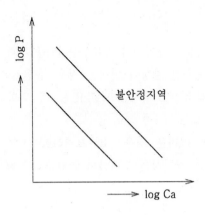

2) 특징
- 응집침전법보다 슬러지발생량이 적다.
- 저농도(1mg/L)~고농도(10mg/L)까지 대부분 처리 가능
- 전단에 알칼리도 제거를 위해 탈탄산공정(pH 10 이상 유지를 위해)이 필요하다.

Ⅲ. BPR (Biological Phosphorus Removal)

1. A/O법 (Main stream)

1) 원리
- 혐기조건(산소공급이 없고, 질산성질소도 없음)의 반응조와 호기조건(산소를 공급함)의 반응조를 조합시켜 인을 제거하는 과잉섭취기법(Luxury Uptake)을 이용하여 생물학적으로 인을 제거하는 공법

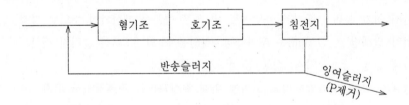

2) 특징
- 총인 제거율은 80% 이상 가능하고, 질소제거율이 20~30%로 낮다.
- 슬러지내 P함량이 높아 비료로 이용이 가능하다.
- HRT가 짧아 고부하 운전을 위하여 고율의 산소전달이 필요하다.

2. PhoStrip 공법 (Side stream)

1) 원리

- 생물학적 처리공정중 반송슬러지의 일부가 혐기성 인용출 탱크(탈인조, Stripper tank)로 유입된 후 혐기성 조건에서 용출된 인은 상등수로서 배출되고, 인이 거의 없어진 활성슬러지는 포기조로 반송됨.
- 인 농도가 높은 상징액은 석회(Lime)나 기타 응집제로 처리되어 일차 침전지로 이송되거나 응결/침전 탱크에서 고액 분리됨.

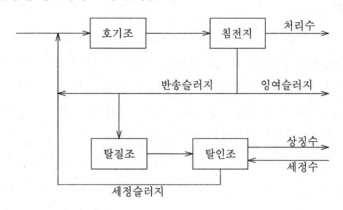

2) 특징

- 비교적 유입수의 유기물 부하에 영향을 받지 않는다.
- Main stream에 비하여 슬러지처리가 용이하다.
- 석회주입량은 알칼리도에 의하여 결정된다.

3. 수정 PhoStrip 공법 (Side stream)

1) 원리

- 공법은 질소제거를 위하여 PhoStrip공법을 변형한 것으로서 인 용출 탱크 앞에 전단 용출탱크(Pre-Stripper)를 설치하여 용출체류시간을 증가시킴으로서 Underflow의 용해성 BOD를 이용하여 유입슬러지중의 질산성질소를 탈질시키게 됨.

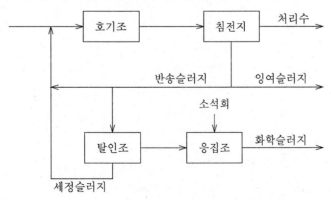

2) 특징

- 2차 침전지 체류시간을 길게하여 암모니아 산화촉진
- 낮은 F/M비로 슬러지 bulking(주로 Nocardia속) 우려가 있으므로 선택조 설치를 고려한다.
- PAOs : 혐기상태에서 인 방출, 호기상태에서 인 섭취
- dPAOs : 호기 및 무산소상태에서 인 섭취, 무산소상태에서 인 섭취량은 호기상태의 약 60%, dPAOs는 PAOs에 비해 저온에서는 활동성이 낮다.

Ⅳ. 결론

1. CPR은 약품비, 슬러지발생량 증가로 인해 BPR보다 유지관리비가 10배 이상 소요된다.
2. 따라서 BPR의 경제성과 CPR의 안정성을 최대한 살릴 수 있도록 병행운영이 바람직하다. 즉 평상시는 BPR로 T-P를 처리하고, 우천시 등 T-P 제거가 어려운 경우는 CPR로 제거하여 수질의 안정성과 경제성을 함께 증대시켜야 하겠다.

총량관리제도 2단계 시행 T-P농도 기준초과시 하수처리장 대응요령

⇒ 유입수 특성확인 → 반응조 상태확인 → 응집제 첨가 → 우천시 대응

Ⅰ. 유입수 특성확인

1. 유입수온 확인

- 혐기조에서의 인방출은 저수온 기간에는 저하하는 경우가 있기 때문에 생물반응조 유입 수 수온을 확인

- 기본적으로 시설설계 단계시 연간 최저수온에 기초하여 각종 용량을 확보한다.

- 수온에 따른 적정부하로 하기 위해 MLSS농도 증가나 유입수량 감소 등의 검토를 하게 되므로 유입수온의 확인이 필요

2. 유입수량, 유입수 BOD, T-P농도 및 유입부하량 확인

- 생물반응조에서의 유입수량, 유입수질, 유입부하량을 확인하고, 현상태가 설계치와 비교하 여 어느 정도의 유입부하에서 운전되어지고 있는가를 파악하고 다음 순서로 진행한다.

1) 유입수량은 시설설계에 있어서는 1일최대 유입수량으로 설정한다.

2) 유입수량이 계획1일최대 유입수량보다 많아지면 혐기조의 체류시간(HRT)가 짧아지며, 인 의 충분한 방출을 기대할 수 없게 되는 일이 있으므로 유입수량이 설계치 이하인가를 확인

3) 생물반응조 유입수질이 강우 등에 의하여 평상시보다 일시적으로 낮아지거나 농후해지 는 경우가 있으므로, 반응조 유입수의 T-P, BOD 농도가 설계유입수질과 비교하여 범 위를 크게 벗어나지 않았는지, 반응조 유입수의 BOD/T-P 비가 평상시와 비교하여 낮 지 않은지 확인할 필요가 있다.

Ⅱ. 반응조 상태확인

1. SRT 확인

- 처리수가 T-P를 양호한 수준으로 유지하기 위해서는 SRT를 가능한 한 짧게 하고, 잉 여슬러지에 의해 계외로 인발하는 것이 바람직하다.

- 그러나 질산화세균의 유지에 충분한 SRT는 확보할 필요가 있으므로 필요이상으로 짧게 하지 않아야 한다.

2. 혐기조에서의 인방출 확인

- 혐기조 말단에서 정인산(PO_4 -P)농도는 5~10mg/L 정도 되지만, 유입수질과 비교하여 충분한 인방출이 이루어지고 있는가를 확인한다.
- 또한 유입수 BOD가 낮아서 혐기조의 ORP가 충분히 저하하지 않는 경우가 있으므로 유입수 수질을 확인함과 동시에 혐기조의 ORP가 -200mV 이하로 유지되고 있는지를 확인할 필요가 있다. 이 경우 최초침전지의 운전계열을 감소시키든지, by-pass 운전을 한다. 또한 슬러지반송율을 낮추는 등의 대책이 필요해 진다.

3. 호기조에서의 인섭취 확인

- 호기조에서 인섭취가 충분하지 않은 경우에는 MLSS 농도 및 MLDO 농도가 설정치인지 확인하고 이상이 없는 경우에는 필요한 호기조 용량을 산정한다.

Ⅲ. 유입부하량의 변경 및 응집제 첨가

- 날씨가 좋아 각 조건이 만족되고 있음에도 불구하고 처리수질이 목표수질을 달성할 수 없는 경우에는 유입부하량 과잉으로 판단하고, 이 경우 유입부하량을 재확인하여 유입부하량을 변경한다.
- 이상과 같이 대응하여도 효과를 얻을 수 없는 경우에는 응급조치로 응집제 첨가에 대해 검토한다.

Ⅳ. 우천시의 대응

- 우천시 등에는 일시적으로 유입수가 빗물에 의해 희석되어져 혐기조의 ORP가 높아지는 경우가 있으나, 처리장마다 우천시의 유입수량과 ORP 상황이 다르므로 그 실태를 조사한다.
- 강우규모나 계속된 일수에 따라 처리수의 T-P농도가 높아지는 정도가 다르므로 기본적으로 우천이 계속되는 경우에는 처리수 T-P 농도를 충분히 관찰함과 동시에 응집제를 첨가하는 것이 안전하다.

dPAOs

Ⅰ. 개요

1. dPAOs(denitrifying Phosphorus Accumulating Organisms)는 인축적미생물(PAOs) 중 최종전자수용체로서 산소와 질산성질소(NO_3-N)를 동시에 사용가능한 미생물

2. dPAOs는 질소와 인을 동시에 제거하는 미생물로서 최종전자수용체로서 산소와 질산성질소(NO_3-N)를 모두 이용할 수 있기 때문에 산소 및 유기물 소요량이 적고, 통상 미생물 증식속도가 느려서 긴 SRT로 운전시 슬러지생산량을 줄일 수 있다.

3. 우리나라 하수의 경우 C/N, C/P비가 낮다. 이러한 관점에서 질소와 인을 동시에 제거하는 dPAO는 유기물의 효율적인 이용 측면에서 국내 하수처리에 적합한 미생물이라고 할 수 있다.

   ⇒ 고도처리의 적정 C/N 비는 8~10 정도, 적정 C/P비는 15~16 정도 (BOD 기준)

Ⅱ. 질소 및 인 동시제거 기작

1. **혐기**상태(인 방출)에서 VFA성 유기물을 ATP에서 ADP로 전환되어 나오는 에너지를 이용하여 기질 내 PHB(박테리아에서 만들어지는 천연폴리에스테르) 형태로 저장하며, 이때 세포내의 폴리인산(poly-P)을 가수분해하여 정인산(PO_4-P)으로 혼합액으로 방출한다.

2. **무산소**상태(탈질)에서 최종 전자수용체로서 (아)질산성질소를 이용하여 기질 내 PHB를 산화 및 N_2 gas 발생한다.

3. **호기**상태(인 흡수, 질산화)에서 최종 전자수용체로서 산소를 이용하여 기질 내 PHB를 산화, 유기물 제거하고 인을 과잉 흡수함.

   ⇒ 따라서 PHA를 산화시키기 위한 필요 산소요구량을 줄일 수 있다.

Ⅲ. 현장 적용

1. 실제 하수처리장 적용시
   - PAOs 중 dPAOs의 분율이 높을수록 질소 및 인 제거효율 증가
   - PAOs에 비해 저온에서는 활동력이 낮다.
   ⇒ PAOs는 혐기조에서 활성화되고, dPAOs는 혐기조, 무산소조에서 활성화된다.
2. PADDO공정(삼성엔지니어링) : 무산소조 - 혐기조 - 무산소 1, 2조, - 호기조
   - Step feed system과 dPAO미생물을 이용한 5-Stage BNR공정
   - 차세대 핵심환경기술개발사업으로 개발된 dPAO를 이용한 하수처리기술(삼성엔지니어링(주))은 용인시 죽전 및 모현하수처리장 등에 적용하고 있다.

A₂O에서 방류수 총인농도를 0.05㎎/L 이하 달성방안

I. 개요

1. 시설규모 500㎥/d 규모의 공공하수처리시설 400여 개소에 대해 2012년부터 T-P가 0.2~0.5㎎/L로 강화된다.

2. 우리나라에서는 2단계 총량규제부터 1단계 총량관리 대상물질인 유기물질(BOD)에 부영양상태를 유발하는 T-P가 추가되면서 하수처리 방류수 수질기준이 0.05㎎/L까지 적용될 수 있다.

3. 달성방안 : 금속염 주입 + 여과를 통하여 0.05㎎/L 이하로 처리 가능

　　※ 미국의 통상 인 제거 기술

BNR 또는 산화구법	⇨	화학약품첨가 또는 다중점화학약품	⇨	3차침전조 및 여과(2단계여과) 또는 정밀여과막

II. 인제거 공법(CPR)

1. 응집침전법 (5mol PAC / mol P 주입시 [비용 37원/㎥])
 - 원리 : T-P를 응집제와 반응시켜 난용해성 인산염으로 생성하는 방식

$$M^{3+} + PO_4^{3-} \rightarrow MPO_4\downarrow$$

　　　　┌─　BNR + PAC　　　　　: T-P 65% 제거
　　　　└─　BNR + PAC + DF　　: T-P 80% 제거

2. 정석탈인법
 - 원리 : T-P와 석회가 과용해된 상태(불안정지역)에서 난용해성 염을 생성하는 방식

$$10Ca^{2+} + 6PO_4^{3-} + 2OH^- \xrightarrow{\text{pH } 8 \sim 10 \text{ 이상}} Ca_{10}(OH)_2(PO_4)_6\downarrow$$

3. CPR공법의 비교

구 분	응집침전법	정석탈인법
장 점	· 처리효율이 높다. · 유지관리가 용이하다.	· 인회수 가능 · 슬러지발생량이 적다. · 경제적이다.
단 점	· 슬러지발생량이 많다. · 소화가스발생량이 감소한다. · 인회석 회수가 어렵다.	· 유지관리가 어렵다. · 처리효율이 낮다. · Scale 발생

4. 기타 : MAP, 석회첨가법 등

III. 응집제 주입위치에 따른 제거능

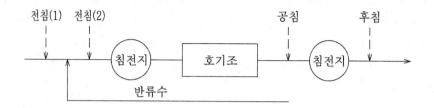

1. 전침
- T-P 제거(제거효율이 낮다)와 동시에 1차침전지 효율 개선

2. 공침
- Bulking 개선 및 T-P 제거
- 인의 몰비 1~3의 범위에서 0.5mg/L 이상의 인 농도 유출 예상
- 0.5mg/L 이하의 농도를 달성하기 위해서는 많은 금속염 주입 필요

3. 후침
- 별도의 약품혼합과 침전시설 요구되나 처리수질은 안정적으로 확보 가능
- 금속염 주입(혼화는 In line, back mix 방식 등) + 여과(또는 부상, 침전 등)를 통하여 0.05mg/L 이하로 처리 가능

<국내 총인처리공법(후침)>

공법	방식
MSF(미라클샌드여과)	In line방식 응집 후, 모래여과
GFF(gravity flow fiber)	응집 후, 섬유상여과
PCF(pore controller fiber)	응집 후, 섬유상여과
IPR(ilshin phosphorus removal)	메디아코팅, 모래여과 + 화학흡착
DOFTM Process	응집 후, 용존오존부상(DOF)
URC	응집 후, 경사판침전
Microbble	응집 후, 기포제(계면활성제)
ecoJET	응집 후, 여과
KSF	응집 후, 고속응집침전
ACF(adsorptionclarifierfiltering)	In line방식 응집 후, 메디아흡착 + MDF
PGT(pico green tech)	In line방식 응집 후, 섬유상여과
High-Rate DAF process	응집 후, DAF + 섬유여과
SDF(와류식 고액분리장치)	응집 후, DAF
상향류식 sand filter	In line방식 응집 후, 메디아 흡착
Flu floc	응집 후, 싸이클론 (모래+ floc)
CATT	In line방식 응집 후, 완속교반 + 침전제거

※ IPR process

- 메디아에 코팅되는 HFO(hydrous ferric oxides)라고 불리는 철수산화물은 철염이 물에 혼합될 때 생성되는 화합물로서 0.001초 이내에 비정형의 철수화물을 생성하는데 일반적으로 이것이 이온교환물질의 작용을 하여 하폐수 인 0.1mg/L 이하로 처리 가능하다. pilot test와 실증검사를 통해 평균 0.11mg/L이 달성되었다고 보고 되고 있다.

Ⅳ. 병용처리

1. 생물처리 병용

1) DNR 공법

- 인 제거 효율 향상을 위해 혐기조 앞단에 슬러지탈질조를 추가로 둠.

2) ACS 공법(Aerobic Solids Retention Time Control System)

- 포기조의 혼합액상태에서 인발하는 방식

2. 반류수의 인 회수

- Side-Stream 공정(P/L-Ⅱ 공법 등)도입 : 반류수 중의 인을 회수하면 총인의 유입부하 가 감소하여 T-P제거율 상승과 약품투입량 절감

3. 정수장 배출슬러지를 하수도에 연결

- 배출슬러지 중에 함유된 알루미나 성분에 의해 T-P 제거, 비용 가장 적음

※ 역세척 배출수 슬러지의 물성

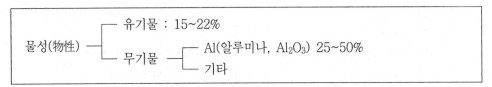

4. 무린세제 사용

- 합성세제의 세척력을 높이기 위해 넣는 인은 인산염이 되어 부영양화 현상을 일으켜 수질오염을 일으키므로 세계 각국에서 인의 사용을 규제하고 있음.

Ⅴ. 국내도입공법으로 0.05mg/L 이하 달성 여부

- 국내도입공법의 T-P 제거율은 생물처리공법을 대략 70%, 총인처리공법으로는 대략 80%정도라고 한다면, 유입수 T-P가 7~8mg/L이상으로 유입되는 하수처리장은 상기의 생물처리 병용방식을 적용과 함께 총인처리는 공침과 후침 동시적용, 약품주입량 증가, 총인시설 2중 설치 등을 고려해야 할 것이다.

공침(co-precipitation)

Ⅰ. 개요
- 정의 : 화학적 성질이 비슷한 용질이 동시에 존재하는 용액에서 어느 특정물질을 침전시키
고자 할 때, 단독으로 존재하면 침전하지 않을 다른 물질이 동시에 침전하여 주침
전물 중에 포함되는 현상
- 기존 하수처리장 2차 침전지에 PAC 등의 응집제를 주입하면 T-P 제거뿐아니라 Bulking
및 Rising현상도 함께 개선되는 효과가 나타난다.

Ⅱ. 공침의 이용
1. 기존 하수처리장 2차 침전조에 응집제 주입

- Bulking 개선 및 T-P 제거
- 인의 몰비 1~3의 범위에서 0.5㎎/L 이상의 인 농도 유출 예상

2. 응집침전법
1) 비슷한 성질을 띠는 전이금속(3~12족), 알칼리금속·토금속(1~2족) 등은 함께 침전되는
공침효과로 제거효율을 높일 수 있다.

2) 공침의 이용
 - Cu^{2+} 이온을 $Cu(OH)_2$로 제거하고자 할 때 Alum(Al^{3+})을 투입했을 때보다 $FeCl_3$(Cu^{2+})가
제거효율이 훨씬 높다.
 - Ba^{2+} 제거시 K^+ 이온이 공존해 있으면 황산에 의해 황산화물($BaSO_4$, K_2SO_4)로 함께 침전
(공침)한다.

※ 옥텟규칙

⑴ 원자의 최외각 전자수는 8개가 들어갈 수 있다는 규칙으로서, 산소의 경우 2개가 부족하므로 2가 음이온이 되고, 질소는 3가 음이온, 나트륨은 1가 양이온이 된다.

⑵ 대부분 3주기 이상의 원소들은 옥텟 규칙을 벗어난다.

<미니주기율표 및 주요원소의 원자량>

주기＼족	1	2	13	14	15	16	17	18
1	H 1							He
2	Li	Be	B	C 12	N 14	O 16	F	Ne
3	Na 23	Mg 24	Al 27	Si	P 31	S 32	Cl 35.5	Ar
4	K	Ca 40						

전이금속 (3족~12족)

— 같은 족 끼리는 최외각 전자수가 같으며, 같은 주기 끼리는 전자 껍질 수가 같다.

— 1족은 알칼리 금속, 2족은 알칼리 토금속, 17족은 할로젠 원소, 18족은 비활성 기체라 부른다.

— 18족에서 1족으로 갈수록, 1주기에서 7주기로 갈수록 금속성이 높아지며, 전자를 잃어 양이온이 되기 쉽다.

— 1족에서 18족으로 갈수록, 7주기에서 1주기로 갈수록 비금속성이 높아지며, 전자를 얻어 음이온이 되기 쉽다.

— 전이금속이란 4주기 이후의 3~12족 원소를 말하며, Cr Mn Fe Cu Zn Ag Au Hg 등으로 대부분 중금속이다.

반류수 처리

I. 개요

1. 처리장은 수처리공정과 슬러지처리공정으로 구분할 수 있다. 슬러지처리공정에서 발생한 상징수(농축분리액, 탈수여액)나 (소화)탈리여액은 수처리공정으로 반송하는데 이를 반류수라 한다.

2. 이런 반류수는 유량은 적으나 충격부하를 유발하여 전체 처리효율에 심각한 영향을 미칠 수 있으므로 수처리공정으로 반송시 세심한 주의가 필요하다.

II. 반류수의 문제점

1. 반류수는 유입유량 대비 1~3%이지만, 유입부하량(BOD, T-N, T-P) 대비 20~30%(최대 40~70%)에 달해 문제가 되고 있다.

2. 충격부하, 단회로(short circuiting)를 유발한다.

3. 기존처리장 설계시 반류수 영향을 전혀 반영하지 않고 있다.

4. 농축조ㆍ소화조는 고농도 반류수를 간헐적으로 수처리계통으로 반류시키기 때문에 수처리 계통의 공정자동화를 막는 장애요인이 될 수 있다.

5. 우천시 bypass로 인해 유입원수보다 높은 농도의 초기침전지 유출수로 방류하는 문제

III. 처리방법 (단독처리 또는 합병처리)

1. 반류수 저감대책

 1) 농축시 약품 주입 … 저감효과 미비

 2) 탈질시 stream 주입 … 유지관리가 어려움

2. 반류수 처리방안

 1) T-N 제거

  - SHARON, ANAMMOX : 생물학적 질산화-탈질공정

  - NH_3 탈기 : pH 7 이상에서 $NH_4^+ \rightarrow NH_3$(gas)로 전환되므로 높은 pH 유지

  - Struvite 생성 : $MgNH_4PO_3 \cdot 6H_2O$ (pH 8 이상, 최적 pH 10.7)

 2) T-P 제거

  - 금속염 또는 석회 주입 : 응집제 첨가 활성슬러지법

  - 정석탈인법(hydroxy apatite), Struvite 침강법

3. 반송위치 개선 : 반류수를 혼화가 잘 되는 위치인 포기조 전단에 투입

4. 반송시기 개선 : 반류수를 저류한 후 기존 간헐주입방식을 일정주입방식으로 변경

5. 잉여슬러지와 생슬러지의 분리처리

Ⅳ. 반류수 처리시설의 현장 적용추세

1. 반류수의 유입수질

 1) 반류수는 유입유량 대비 1~3%이지만 유입부하량(BOD·T-N·T-P) 대비 20~30%(최대 40~70%)에 달한다.

 2) 반류수의 유입수질은 BOD·SS 2,000mg/L, T-N 400mg/L, T-P 90mg/L 정도 (음식물 · 분뇨 등과 연계처리시 농도는 더욱 높아짐)

2. 반류 부하 저감방안

 1) 부상분리 : DAF, 상압부상 등

 2) 생물처리 : 표준활성슬러지법, SBR, 고도처리공법($A_2 O$) 등

 3) 생물처리+부상분리 : 생물처리 후 부상분리를 이용하여 침강성이 불량한 플록을 제거

Ⅴ. 결론

 – 개발된 반류수 처리기술은 침출수나 축산폐수 같은 고농도 폐수처리기술로 활용이 가능하며, 효율적인 슬러지 처리공정기술 및 반류수 처리기술 개발·보급으로 전체 공정자동화가 촉진되어 하수처리장 운전인력의 절감효과가 기대된다.

BNR 슬러지의 처리

Ⅰ. 개요

1. BNR슬러지의 특징은 총인, 총질소를 다량으로 함유하고 있다는 것이다.

 - 표준활성슬러지에 비하여 Nitrate(NO_3-N) 및 Nitrite(NO_2-N)의 함유율이 높고, 인 함유율은 표준활성슬러지가 1~2%인데 비해 3~8%로 높다.

2. 따라서 BNR 적용시 기존 활성슬러지법의 슬러지처리공정도 함께 변경시켜야 한다.

Ⅱ. 기존활성슬러지법을 BNR공법으로 변경시 예상문제

1. 중력식 농축조

 - 2차슬러지인 경우 T-P 20~40mg/L 재용출
 - 혼합슬러지인 경우 T-P   100mg/L 재용출

2. 혐기성 소화조

 ⇒ 혐기성소화는 질소제거능력이 없으므로 소화액을 처리시 C/N비 불균형으로 인해 별도의 유기물 투입이 필요하다.

 - 1차슬러지인 경우 T-N 1,000mg/L, T-P 130mg/L 정도 재용출
 - 2차슬러지인 경우 T-N, T-P 방출이 더욱 많음

3. 호기성 소화조

 - 자산화시 T-N·T-P 방출

$$C_5H_7O_2N + 5O_2 \rightarrow NH_3 + 5CO_2 + 2H_2O + Energy$$

Ⅲ. BNR슬러지의 처리

1. 인발

 1) 1차슬러지 : (부패하지 않도록) 간격을 자주 조금씩 하여 인발
 2) 2차슬러지 : 항상 호기성상태에서 인발 (포기조 혼합액상태에서 인발 고려)

  ⇒ 생물반응조에서 직접 인발하여 슬러지의 인 제거 능력을 향상시키는 방식으로 국내에서 ACS(ASRT Control System) 공법 등이 개발되어 이미 적용하고 있다.

2. 농축

1) 1·2차슬러지 혼합은 반드시 피한다.

2) 1차슬러지 : 중력농축조 적용

3) 2차슬러지 : 호기성상태 유지를 위해 부상식 농축조나 체류시간이 짧은 기계식 농축조 (원심농축기 등) 적용

3. 소화

1) 혐기성 소화

- T-N, T-P가 용출되더라도 CH_4 회수 등 처리장 에너지자립화 차원에서 적용하는 것이 바람직하다. 다만, 혐기성소화를 이용하려면 우선 Struvite 침전물을 형성시켜 질소·인의 부하를 최소화하고 상징수는 수처리시설로 순환유입시키기 전에 질소·인 부하를 줄이는 전처리시설이 필요하다. (= 반류수의 처리)

- T-N, T-P 중 30~70%는 struvite 및 hydroxy apatite 등의 화합물을 형성하여 제거된다.

- 미처리된 T-N, T-P는 반류수 처리한다.

2) 퇴비화(Composting)

- 퇴비화는 BNR슬러지의 가장 이상적인 슬러지 안정화공법이며, 질소·인의 영양원을 최대로 활용하기 위하여 분리농축 후 퇴비화공정 이전에 1차 및 2차슬러지를 혼합한다.

4. 반류수 처리

1) T-N 제거 : 생물학적 질산화-탈질공정, 암모니아 stripping, Struvite 침강 등을 이용

2) T-P 제거 : 금속염(철염, 알루미늄염) 처리, 석회 주입, 정석탈인법(Hydroxy apatite) 이나 Struvite 침강법을 이용

5. 탈수

- 소화 안 된 2차슬러지는 T-N 및 T-P 용출방지를 위해 가능한 신속히 수행한다.

Ⅳ. 현황 및 추진방향

1. T-N, T-P 용출을 막기 위해서는 혐기성소화를 거치지 않고, 2차슬러지를 호기상태에서 인발하여 DAF 등으로 농축하고 신속히 탈수하는 방법이 있다.

2. 또한 T-N, T-P 용출을 막고 자원화하는 방안으로 혐기성소화를 거치지 않고 퇴비화 (composting)도 고려할 수 있다.(현재 퇴비화 금지)

3. 그러나 혐기성소화를 거친 후 용출된 T-N, T-P는 반류수 처리하고 메탄가스를 회수하여 에너지 자립화 및 슬러지 감량화하는 것이 여러 측면에서 보다 바람직하다.

※ 에코스타 프로젝트(수처리선진화사업단)의 혐기성소화 연구

(1) 환경기술을 직접 개발하여 국민의 삶의 질을 향상시키고 환경산업을 육성하기 위한 국가연구사업을 말함.

(2) 최근 하수관거정비에 따른 처리장 유입하수농도의 증가로, 혐기성소화시 CH_4 발생량을 최대 4배까지 증가시킬 수 있을 것으로 예상하고 있다. 이렇게 생성된 소화가스를 수소에너지로 전환하면 처리장에서 소요되는 전기량의 50%를 자급할 수 있다.

(3) 따라서 혐기소화방식을 늘려나가는 것이 바람직하다.

- '07년 말 기준 전국 357개 하수처리장(2,382만톤/일) 중 혐기성소화시설이 설치된 곳이 65개소, 가동은 57개소(시설용량 1,725만톤/일)

⇒ 시설용량기준 전체의 3/4 정도가 혐기성소화 처리중

Struvite

I. 개요

1. 총인, 총질소를 제거하는 방법 중 하나로서, 하수처리시 반류수처리, 특정폐수처리(염색폐수 등)에 이용되고 있다.

2. 마그네슘(Mg)과 칼슘(Ca)은 혐기성소화조에서 소화를 방해하지만, Struvite(MAP) 및 Hydroxyl apatite 등을 생성하여 총인, 총질소의 30~70%를 제거한다.

 1) Struvite 반응생성식

 - $Mg^{2+} + NH_4^+ + PO_4^{3-} + 6H_2O \xrightarrow{\text{pH } 8 \sim 10} Mg\,NH_4\,PO_4 \cdot 6H_2O$

 2) pH 10 이상에서 Hydroxyl apatite 반응생성식

 - $10Ca^{2+} + 6PO_4^{3-} + 2OH^- \xrightarrow{\text{pH } 10\ \text{이상}} Ca_{10}(PO_4)_6(OH)_2$

II. 특징

1. 물리학적 특성
 1) 산성에서는 용해되므로 pH 8 이상으로 유지해야 한다. (최적 pH 10.7)
 2) 비중 1.7
2. Struvite의 반응비는 1:1:1이지만 정인산(PO_4^{3-})은 칼슘이온(Ca)과도 반응하여 Hydroxyl apatite 등도 생성하므로 정인산(PO_4^{3-})의 몰비가 커야한다.

III. 장단점

1. 장점
 - NH_3 stripping 및 이온교환법에 비해 처리수행성이 뛰어나다.
 - 독성물질, 수온 등에 영향을 받지 않는다.
 - 반응속도가 빠르므로 부지면적이 적게 소요된다.
2. 단점
 - Mg, Ca의 약품투입비가 비싸다.

Disk filter(DF)

Ⅰ. 고도처리공법에서 여과시설의 필요성

1. 질소·인 제거를 위한 고도처리공법 도입시 안정적으로 질소를 제거하기 위하여 미생물체
   류시간(SRT)을 상대적으로 길게 운전하게 되어 처리수 중의 SS농도가 기존 표준활성슬
   러지법보다 높게 유출될 수 있다.
2. 따라서 고도처리공법으로 개조할 경우 방류수 수질을 안정적으로 유지하기 위하여 유출수
   중의 잔류 부유물질(SS)을 제거하는 여과시설(DF, 3FM 등)의 도입 여부를 검토하여야 한다.

Ⅱ. 여과공법의 분류

1. 잔류 부유물질(SS) 제거 : 급속사여과, 디스크여과, 막여과(정밀여과, 한외여과) 등
2. 잔류 용해성 유기물질(BOD) 제거 : 활성탄흡착, 생물막여과, 막여과(역삼투), 섬유사여과 등

Ⅲ. 기계식 여과기의 종류

1. 모래여과방식　 : 주행 하향류식 모래여과기
2. 디스크여과방식 : 마이크로디스크필터(MDF), 섬유상 디스크필터(ClothMediaDF)
3. 섬유사여과방식 : 압력식 섬유사 여과기(3FM), 압축여재 심층여과기(MCF)

Ⅳ. DF의 처리방식

1. 수처리공정과 역세척공정이 동시에 수행되는 연속여과방식
2. 수위감지기(수두차)에 의한 자동역세 중앙유입수로로 유입된 원수는 여과막을 체거름과
   중력여과(자연유하)의 원리로 통과한 후 처리수로로 배출
3. 역세펌프만을 이용한 역세(역세시 세척수만 필요함)

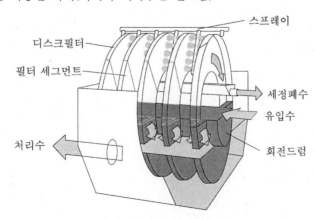

디스크필터
필터 세그먼트
스프레이
세정폐수
유입수
회전드럼
처리수

Ⅴ. DF와 3FM의 비교

구분	MDF (마이크로 디스크필터)	3FM (압력식 섬유사 여과기)
여과방식	디스크 여과방식 (PE재질 MF막 10㎛)	섬유사 여과방식 (Nylon계 섬유사 5㎛)
제거물질	주로 SS 제거	SS 및 유기물 제거
여과막수명	약 5년 이상	약 3년
손실수두	중력식(자연유하), 약 0.3m 이하	압력식, 5m 이하
장 점	· 설비가 간단하여 운전 및 유지관리 용이 · 시설비 및 유지관리비가 적다. · 설치부지가 적게 소요	· 여과효율이 높다. · 국내 환경신기술 획득 (국내적용 증가추세)
단 점	· 여과효율이 낮다. · 여재표면에 미생물부착증식으로 막힘 우려	· 손실수두가 크다. · 넓은 부지면적

주) 3FM(flexible fiber filter module) : 유연성 섬유사 여재에 의한 심층여과·다층여과와 동시에 모세관 현상에 의한 여과로 SS, 유기물 제거, 여층에 포획된 부유물질은 공기와 세척수로 탈리됨

제 9 장 슬러지처리

슬러지 수집·수송

I. 슬러지 수집방식

- 관로수송과 차량수송이 있다.

1. 슬러지 배관에 의한 관로수송 : 대량수송은 가능하지만 시설의 건설 및 유지관리가 필요

2. 진공차나 트럭에 의한 차량수송 : 액상슬러지의 대량수송은 부적합하지만 개별처리장에 있어 특별한 시설이 불필요한 소규모하수도에 적합하다. `

3. 액상으로 수송시 관로수송이나 진공차를 이용하고, 탈수슬러지 등의 고체슬러지로 수송시는 트럭을 이용한다.

II. 수송전 슬러지의 전처리

- 슬러지의 농축, 소화, 탈수 등 처리공정 전에 슬러지의 전처리를 통하여 협잡물 및 그리트에 의한 문제가 발생하지 않도록 다음 사항을 고려하여야 한다.

1. 외부슬러지를 반입할 경우 반입설비를 설치하여야 한다.
   (슬러지저류조, 스크린설비, 슬러지공급펌프, 탈취설비 등)

2. 1차슬러지에 포함된 협잡물 및 그리트를 제거한다. (주로 중력식 침사지 또는 포기식 침사지 설치).

3. 1차슬러지에 유기성분이 많이 포함될 경우 분리시설을 설치할 수 있다.

4. 필요에 따라 슬러지 분쇄시설을 설치할 수 있다.

5. 협잡물 및 그리트는 유기성분을 상당히 함유하므로 적절하게 최종 처분되어야 한다.

III. 슬러지 수송관

- 슬러지는 하수에 비하여 많은 양의 고형물을 함유하며 점성이 높고 부패하기 쉬우므로 슬러지수송관 및 펌프 설계시에는 특별한 주의를 하여야 한다.

1. 관은 스테인리스, 주철관 등으로 내식성 및 내구성을 갖춘 것

2. 관내유속은 1.0~1.5m/s를 표준으로 하고, 관경은 폐쇄를 피하기 위하여 150㎜ 이상으로 한다.

3. 필요에 따라서는 세척장치를 설치한다.

4. 배관 : 동수경사선 이하로 배관한다.

   가능한 한 직선으로 하고, 급격한 굴곡은 피한다.

   곡관 및 T자관 등은 콘크리트 블록 등을 설치하여 이탈을 방지한다.

5. 필요에 따라 안전설비(배수관, 제수밸브, 공기밸브 등)를 설치한다.

슬러지펌프

Ⅰ. 개요

1. 슬러지는 고형물의 농도가 높고, 점성이 있으며, 이물질이 많이 포함되어 있으므로 일반 펌프와 달리 무폐쇄 형식의 펌프가 사용된다.
2. 원심펌프는 원심력을 이용한 회전날개의 형식에 따라 무폐쇄형 원심펌프, 블래드리스 (bladeless, 스크류 날개가 없는) 원심펌프, 흡입스크류 원심펌프가 있다.
3. 부력을 이용한 에어리프트(air lift)펌프는 슬러지 인발용으로만 사용되며,
4. 나선형 몸체에 나선형 축이 회전하면서 밀어내는 일축사나펌프(mono pump)는 모터 회전 수에 따라 이송량이 일정하기 때문에 슬러지를 정량으로 이송할 경우 많이 사용되고 있다.

Ⅱ. 슬러지펌프 선정시 고려사항

1. 슬러지펌프는 슬러지의 종류와 특성에 따라 선정한다.
 - 슬러지펌프의 선정기준은 펌프에 의한 슬러지의 수송가능 여부이다. 만약 슬러지가 흐를 수 없으면 정량펌프를 사용해야 하며, 슬러지가 흐를수 있으면 원심펌프를 이용할 수 있 다. 그러나, 이 경우에도 원심펌프의 경제성은 슬러지의 농도 및 점성에 의하여 결정된다.
2. 위치는 수면 이하, 양압력식(positive head) 상태이어야 한다.
3. 수격작용에 대한 대책을 고려한다.
4. 막힘이 없고, 마모 및 부식에 강한 재질이어야 한다.
5. 청소시 분해조립이 용이해야 한다.
6. 설치대수는 예비 포함 2대 이상으로 한다.
7. 슬러지펌프를 제어할 수 있는 관련설비(유량측정 및 조절장치, 밀도측정 및 조절장치 등)를 갖추어야 한다.

Ⅲ. 슬러지펌프의 종류

```
┌─ 터보형(비용적식)  : 원심펌프, 사류펌프, 축류펌프
│
│              ┌─ 왕복동식 : 피스톤펌프, 플런저펌프, 다이어프램펌프
├─ 용적형 ─────┤
│              └─ 회전식(rotary pump) : 베인펌프, 톱니펌프, 스크류펌프, 일축나사펌프
│
└─ 특수형  : 에어리프트펌프, 분사(jet)펌프
```

1. 점도가 낮은 슬러지

- 점도가 낮은 슬러지(농축되지 않은 1차슬러지, 잉여슬러지 등)에 대하여 에어리프트 펌프와 스크류 펌프를 이용할 수 있으나 일반적으로 원심펌프를 사용하고 있다.

1) 원심펌프

- 가장 경제적

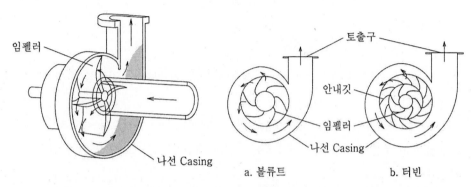

⇒ 터빈펌프의 안내깃은 회전하지 않고 고정되어 있으며, 임펠러 출구에서 물의 흐름을 감소시켜 속도에너지를 압력에너지로 변환시키는 역할을 한다. 터빈 펌프가 볼류트 펌프에 비해 양정이 높고, 효율이 우수하다.

2) 에어리프트(Air lift)펌프

- 물속에 압력공기를 분출하여 물의 비중을 작게하여 물이 위로 부상토록 한 것으로 공기 압축기와 배관만 필요하며 그밖에 기계는 필요하지 않다.

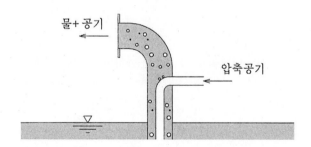

3) 스크류(screw-lift)펌프

- 스크류펌프는 스크류형 날개를 부착한 중공축을 상부 베어링과 하부 베어링에 지지하고 수평에 대하여 약 26° 경사진 U자형 trough 중에서 회전시켜 하부로부터 양수하는 펌프
- 직경이 클수록 높은 양정을 줄 수 있고 1본의 screw에 의한 양정은 5~8m 정도이며, 이보다 고양정인 경우 2단 혹은 3단의 배열을 하여 양정목적을 달성한다.

2. 점도가 높은 슬러지

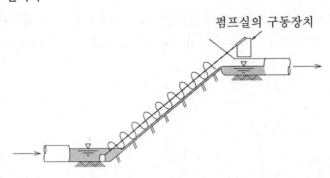

- 점도가 높은 슬러지(농축슬러지 등)에 대하여 정량 가변속 및 정량성 우수한 정량펌프를 사용한다.
- 종래에는 왕복펌프인 다이어프램이나, 플랜저 펌프가 이용되었으나 슬러지 중 토사 때문에 sliding 부분에 마모나 일어나므로 회전식 펌프를 많이 쓰는 경향이 있다.

1) 일축나사펌프

- 타원의 원통속에 나사형의 로터가 회전하면 공동부가 발생하고 이 공동부는 흡입측에서 토출측으로 진행하면서 슬러지를 이송한다.

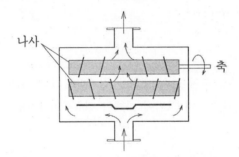

2) 피스톤형

- 원통형 피스톤이 실린더 내벽을 따라 편심운동하며 흡입과 압출로 펌핑한다.
- 분해점검이 용이하다.

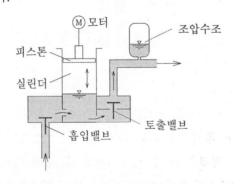

3) 기타

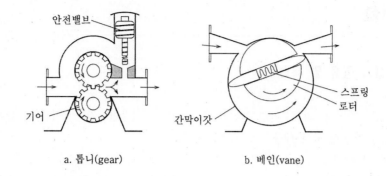

a. 톱니(gear)　　　　　　　　　b. 베인(vane)

Ⅳ. 슬러지펌프의 선정기준

- 슬러지가 흐를 수 있으면 원심펌프(그러나 흐르더라도 고농도이면 다른 펌프 사용 검토), 흐를 수 없으면 정량펌프를 사용하는 것이 원칙으로 한다.

1. 점도가 낮은 슬러지

- 원심펌프 사용 (또는 Air lift 펌프나 스크류펌프도 사용 가능)

예) 농축되지 않은 1차슬러지나 잉여슬러지

2. 점도가 높은 슬러지

- 정량펌프 사용 (왕복식 : 피스톤펌프, 플런저펌프, 회전식 : 나사펌프, 톱니, 스크류펌프 등)

예) 농축된 1차슬러지, 잉여슬러지, 소화슬러지 등

3. 스컴·협잡물

- 원심펌프 사용, 흡입이 잘 안되면 휘젓거나 물을 뿌려서 흡입이 쉽도록 한다.

4. 슬러지 케익

- 일축나사형 모노펌프, 프로그래싱 캐비티(progressing cavity)펌프 등을 사용

농축시설

Ⅰ. 농축시설의 종류 및 특성

1. 중력식

1) 슬러지를 중력에 의해 자연농축한 후 바닥에 침강한 농축슬러지를 슬러지수집기 (scraper)를 이용하여 배출구로 모으는 방식

2) 운전 및 설계 인자
 - 고형물 부하 : 혼합슬러지 25~70kg/㎡·d, 1차슬러지 100~150kg/㎡·d
 　　　　　　　　(설계 60kg/㎡·d, 운전 40kg/㎡·d)
 - 수리학적 부하 : 1차슬러지 16~32㎥/㎡·d, 2차슬러지 4~8㎥/㎡·d
 - 체류시간 : 18hr 이하,　유효수심 : 4m 정도

2. 부상식

1) 부유물질에 공기방울을 부착, 비중을 작게 만들어 부상분리한다.
 - 가압부상법과 상압부상법이 있다. 현재까지는 가압부상법이 많이 이용되어 왔으나, 최근 상압부상법이 유지관리가 간단하여 이용이 점차 늘고 있다.

2) 운전 및 설계 인자

$$A/S = \frac{1.3\,Sa(f \cdot P - 1)}{S}\,R$$

여기서,　S : 고형물 농도(mg/L), 낮을수록 효율 증가

　　　　　R : 반송율, 300% 이하

　　　　　P : 공기탱크내의 압력(atm), 높을수록 효율 증가.
　　　　　　　 너무 많은 공기는 floc 해체

　　　　　f : 포화상태에서 공기의 실제 용해비, 보통 0.5

3. 원심분리

1) 중력농축하기 어려운 슬러지를 원심력을 이용하여 효과적으로 농축
 응집제를 첨가한 슬러지를 중력가속도의 2,000~3,500배의 원심력으로 원심분리

2) 방식 : 정류형과 역류형이 있다.
 - 역류형으로 횡형 솔리드 보울 컨베이어형(solid-bowl conveyer type)을 주로 사용

3) 포획률(capture percent)

$$포획률 = \frac{y(x-z)}{x(y-z)} \times 100\%$$

여기서,　x : 유입슬러지 농도 (mg/L)

　　　　　y : 농축슬러지 농도 (mg/L)

　　　　　z : 분리액 농도 (mg/L)

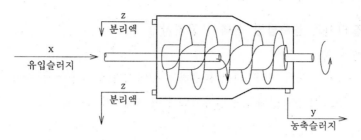

〈역류형 원심농축기〉

4. 중력식 벨트농축기

1) 슬러지 개량 및 중력배수에 의해 효과적으로 농축

2) 방식 : 슬러지를 고분자응집제로 개량 후 벨트 위에서 중력농축

　　　picket bar(슬러지 뒤집는 scraper)에 의한 농축 촉진

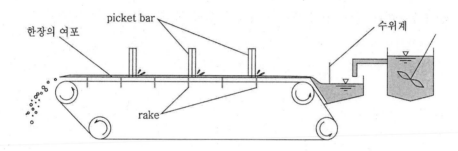

II. 농축방식 비교

구분	중력식	부상식	원심분리	벨트농축
설치비	대	중	소	소
설치면적	대(매우크다)	중(다소크다)	소	중(다소높다)
부대설비	소	대	중	대
동력비	소	중	대	중
대상슬러지	생슬러지, 혼합슬러지	잉여슬러지	잉여슬러지	잉여슬러지
장점	· 유지관리 간단 · 약품사용 안함	· 약품주입 상관없음 · 스컴함수율이 훨씬 낮다. · 합성세제 등 제거용이	· 연속운전 · 고농도 농축 · 운전조작이 용이 · 악취가 적다.	· 연속운전 · 고농도 농축
단점	· 악취발생 · 설치비 및 설치면적이 크다.	· 악취발생 · 상등수 혼탁우려 · 설치면적이 크다.	· 소음 · 약품 주입 · 동력비가 가장 크다.	· 세정장치 (여포세정수 다량소요) · 설치면적이 크다.

Ⅲ. 고도처리슬러지의 농축방법 선택시 고려사항

1. 질소인 용출 주의

고도처리 슬러지는 질소, 인을 다량 함유하고 있어 중력식 농축조를 이용시(실제운전시간 18시간 정도) 혐기성 상태를 유발하므로 인이 재용출될 수 있다.

2. 질소·인 용출방지방법

1) 1차슬러지와 2차슬러지의 혼합은 반드시 피한다.

중력식 농축조로 혼합농축시 인은 100㎎/L까지 용출된 예가 있다.

2) 1차슬러지 농축은 중력식 농축조로 처리한다.

VFA 생성을 위한 산발효공정으로 운전할 수도 있다.

3) 2차슬러지 농축은 침전·농축 특성에 따라 결정한다. 호기성상태를 유지하기 위하여 부상식 농축이나 체류시간이 짧은 기계식 농축(벨트농축, 원심농축)을 적용한다.

중력식 농축조의 소요단면적 설계

Ⅰ. 하수처리장의 농축조

1. 농축조의 용량은 계획슬러지량의 18시간 분량 이하로 하고, 유효수심은 4m 정도로 한다.
   - 농축조의 고형물부하는 25~75kg/(㎡·d)를 표준으로 하나, 대상슬러지의 특성에 따라 변경될 수 있다.
   - 우리나라 하수처리장의 중력식 농축조에 관한 자료를 보면 고형물부하율은 평균 60kg/(㎡·d)정도로 설계되고 있으나 실제는 약 40kg/(㎡·d) 정도로 운전되고 있다.
2. 농축조는 원칙적으로 원형으로 하며, 농축조의 수는 2조 이상으로 하는 것이 바람직하다.
3. 농축조의 소요단면적은 유량과 고형물부하 2가지 조건을 만족시켜야 하는데, 고형물부하에 의한 농축조의 소요단면적과 수면적부하에 의한 소요단면적 값을 구하여 큰 값을 채택하고 안전율을 곱하여 농축조의 소요단면적 최종값을 결정한다. 이 값을 구하기 위해서는 침전관 실험을 실시하여 여러 가지 슬러지 농도에 대한 슬러지의 침전속도를 측정하여야 한다.

Ⅱ. 정수장의 농축조

1. 농축조의 용량은 계획슬러지량의 24~48시간분, 고형물부하는 10~20kg/(㎡·d)를 표준으로 하되, 원수의 종류에 따라 슬러지의 농축특성에 큰 차이가 발생할 수 있으므로 되도록 실제 시설에 가까운 실험으로 고형물부하값을 구하여 필요면적을 구하는 등으로 처리대상 슬러지의 농축특성을 조사하여 결정한다. 유효수심은 3.5~4m로 한다.
   - 또한 고탁도시 대책으로서 농축슬러지의 일시저류를 겸하는 경우 그 용량을 고려하여 농축조의 크기를 결정한다.
2. 농축조는 원칙적으로 원형으로 하며, 농축조의 수는 2조 이상으로 하는 것이 바람직하다.
3. 농축조에서는 청정조건을 만족하는 면적과 농축조건을 만족하는 면적을 구하여 이 중 최대의 면적값을 채택하고, 안전율 1.2~1.5 정도를 곱하여 농축조의 면적을 최종결정한다.

※ 농축조를 한꺼번에 인발시 후속 문제점

(1) 슬러지 이송문제
 - 하부에 있는 슬러지 이외의 조개껍질 등 이물질, 토사 등에 의해 펌프의 막힘
(2) 과부하에 의한 탈수 불능
(3) 농축조 교란에 의해 상부의 묽은 슬러리층도 인발되어 탈수성 불량
 - 농축조 인발시 하부의 이물질에 의해 펌프 고장이 종종 발생하게 되므로 통상의 인발높이는 농축조 높이의 1/2~1/3 정도의 지점에서 인발한다.

중력식 농축조의 크기결정

Ⅰ. 개요
- 농축조 크기 결정에는 침전과 실험 및 Solid flux를 사용하는 방법이 있다.

Ⅱ. 침전관 실험

1. 농축이론
- 농축조로 유입된 슬러지는 상부에서는 독립입자의 침전(Ⅰ형), 밑으로 내려오면서 Ⅱ형, Ⅲ형, 결국 압축침전(Ⅳ형)이 된다. Ⅲ형은 부유물의 농도가 큰 경우 발생하는 현상으로 침전하고자 하는 입자가 가까이 위치한 입자들의 침전을 방해하여 집합체로 침전하는 SS와 상등수간 경계면을 형성하면서 침전한다. 하수처리장 2차 침전지의 침전형태이다.
- Ⅳ형은 침전된 입자들이 그 자체의 무게로 계속 압축을 가하여 입자들이 서로 접촉한 사이로 물이 빠져나오면서 계속 농축되는 현상으로 하수처리장 2차 침전지나 슬러지 농축조의 저부에서 침전하는 형태이다.
- 따라서 크기 결정시 농축에 소요되는 표면적과 침전에 필요한 소요면적을 서로 비교하여 큰 면적으로 사용하는데 일반적으로 도시하수처리장의 경우에는 농축에 소요되는 면적이 크다.

2. 침전관(Settling Vessel) 실험

1) 농축소요면적 $(C_o \cdot H_o = C_a \cdot H_a = C_u \cdot H_u)$

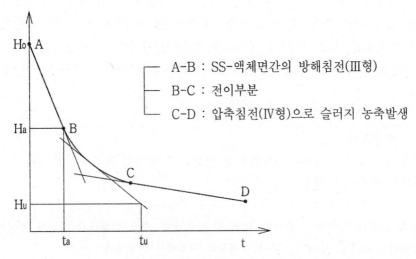

A-B : SS-액체면간의 방해침전(Ⅲ형)
B-C : 전이부분
C-D : 압축침전(Ⅳ형)으로 슬러지 농축발생

- H_u와 접선과의 만나는 점에서 t_u를 구한다.
- 소요면적

$$\therefore \ A = \frac{Q}{V} = \frac{Q}{H_o/t_u}$$

여기서, $\ t_u$: 농축에 소요되는 시간

$\ H_o$: 침강전 초기 수면높이

Q : 총 유입유량

2) 침전소요면적

$$V_S = \frac{H_O - H_a}{t_a}$$

$$\frac{Q_s}{Q} = \frac{H_O - H_u}{H_a}$$

$$\therefore \ A = \frac{Q}{V} = \frac{Q}{H_o/t_u}$$

여기서, $\ Q_s$: 청정유량

V_s : 계면침강속도

A_s : 침전소요면적

농축조 설계에 이용되는 Solid Flux 해석법

Ⅰ. 농축조 설계방법

- 활성슬러지 공정에서의 침전조에서 침전되는 입자들이 서로 위치를 바꾸지 않고 계면을 형성하며 침전하는 침전형태를 간섭침전이라고 한다 간섭침전의 경우 비교적 명확하게 물과 침전된 슬러지의 입자의 층으로 분리된다. 부유물질의 농도가 높은 경우에는 보통 방해침전과 압밀침전이 단독침전이나 응집침전과 함께 일어난다. 방해침전이나 압밀침전을 해석하기 위해서는 부유물질의 침전성을 알아내기 위하여 보통 침전실험을 실시하게 된다. 컬럼 침전실험으로부터 얻어진 자료를 기초로 침전이나 농축시설의 필요면적을 구하는데 두 가지 방법이 쓰이고 있다. 회분식 침전실험에서 얻어진 자료를 이용하는 방법과 고형물 농도를 변화시켜 가면서 행한 일련의 침전실험으로부터 얻은 자료를 이용하는 고형물 플럭스법이 있다.

Ⅱ. 고형물 프럭스 해석법

- 고형물 프럭스법에 의한 농죽조 소요면적 계산방법은 다음과 같다

1. 침전조에서의 물질수지를 세운다

- 고형물 플럭스란 침전탱크 내에서 어떤 면을 기준으로 할 때 침전되는 슬러지 내의 고형물 입자가 침전지 바닥으로 이동되는 이동량을 의미한다 침전지 내에서 일어나는 고형물플럭스는 중력에 의하여 일어나는 중력플럭스와 침전조에 설치된 슬러지 배출관으로부터 펌프로 슬러지를 펌프로 반송시키는 하향류에 의하여 일어나는 슬러지 플럭스의 합이 된다.

<물질수지식>

$$SFt = SFg + Sfurm = \frac{CiVi + CiUb}{1{,}000g/kg}$$

$$SFg = \frac{CiVi}{1{,}000g/kg}$$

$$Sfu = \frac{CiUb}{1{,}000g/kg} = \frac{Ci\,Qu/A}{1{,}000g/kg}$$

여기서,　SFt　: 고형물 플러스(중력 및 하향류 플럭스의 합), kg/m²·hr

　　　　SFg　: 중력플럭스, kg/m²·hr

　　　　Ci　: 침전지내 어떤지점에서의 슬러지 고형물 농도, mg/L

　　　　Vi　: 농도 Ci에서의 고형불의 침전속도, m/h

　　　　Sfu　: 하향류 플력, kg/m²·hr

　　　　Ub　: 펌프의 반송 하향류에 의한 하향속도, m/h

　　　　A　: 침전조의 단면적, m²

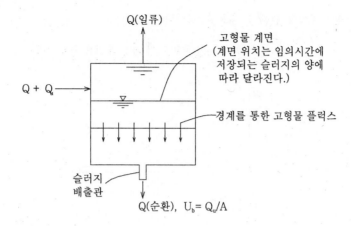

2. 컬럼 침전실험으로부터 얻은 데이터를 이용하여 고형물 플럭스 곡선을 구한다

1) 중력에 의한 중력 플럭스와 고형물 농도와의 경계를 그래프로 그린다

① 침전실험으로부터 여러 가지 농도에 대한 간섭침전속도 그래프를 그린다

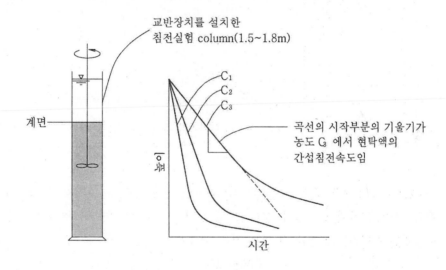

② ①로부터 농도별 간섭침전속도 그래프를 그린다.

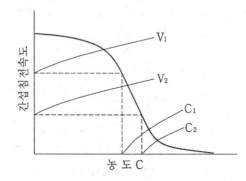

③ 농도별 중력플럭스의 관계 그래프를 그린다

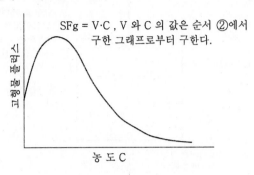

2) 하부배출량에 따라 고형물 농도별 하향류 플럭스 그래프를 그린다

- 하부 배출속도를 결정하면 침전시설에 부하되는 유입량은 $Q + Q_o$이므로 고형물농도 별 단위면적당 고형물 부하율(하향류 플럭스)사이의 그래프는 직선이 된다

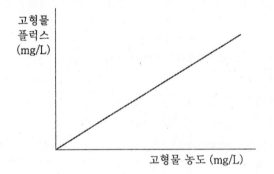

3) 1) , 2) 그래프로부터 중력 플럭스와 하향류 플럭스를 합한 총 고형물 플럭스 콕선을그 린다. 하향류 플럭스 조정이 가능하므로 실제 공정제어시 하향류 플럭스를 변경하여 총 고형물 플럭스를 조정할 수 있는 것을 그래프로부터 확인할 수 있다.

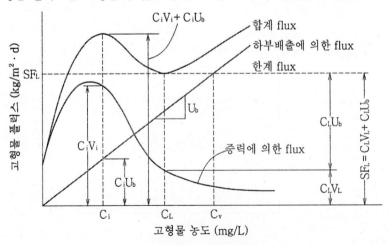

3. 고형물 플러스 그래프로부터 필요 단면적을 구한다

- 2.의 그래프로부터 다음과 같이 필요 단면적을 구한다
- 총플럭스곡선의 극소점에서 수평선을 그어 그 선이 수직축y축과 만나는 값이 한계 고형물 농도 SFL 이다. 이 한계 고형물 플럭스로부터 침전농축조의 필요 단면적을 구하게 된다.
- 한계 고형물 농도SFL에 대응하는 하부 배출농도는 SFL에서 수평선을 그려 이 선이 하부배출 플럭스를 나타내는 직선과 만나는 점에서 x축에 수선을 그려 구한다(이때 침전조 바닥에서의 중력 플러스는 매우 적으므로 무시하고 고형물은 하향류에 의해 제거된다고 가정하였다.)
- 한계 고형물 플럭스로부터 필요 단면적을 구한다

$$A = \frac{(Q + Qu)\,Co/SFL}{1,000g/kg}$$

- 실제 설계시에는 여러 가지 반송유량(하향류유량)에 대하여 검토해서 결정한다.

부상식 농축조

Ⅰ. 개요

1. 부유물질에 공기방울을 부착, 비중을 작게 만들어 부상분리한다.

2. 구분

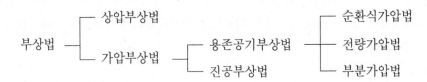

1) 가압부상법과 상압부상법이 있다.
 - 현재까지는 가압부상법이 많이 이용되어 왔으나, 최근 상압부상법이 콤팩트(compact)하고 유지관리가 간단하여 소규모처리장을 중심으로 이용이 점차 늘고 있다.
2) 가압부상법 중 공기부상법, 용존공기부상법(DAF) 중 부분가압법은 효율이 낮아 거의 사용하지 않는다.

Ⅱ. 방식비교

1. 상압부상법

 - 기포조제 첨가로 형성된 기포와 슬러지 중의 고형물을 혼합장치에서 고분자응집제를 첨가하여 흡착시켜 슬러지를 부력으로 부상 농축시키는 방법이다.

2. 가압부상법

1) 용존공기부상법(DAF)

 ① 전량가압법 : 전량 유입하여 처리하므로 구조 간단, 저농도슬러지에 적합

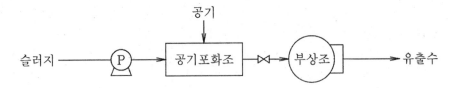

 ② 부분가압법 : 효율이 낮아 거의 사용하지 않는다.

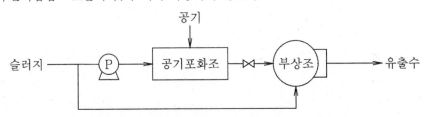

③ 순환수가압법 : 유입수 유량·수질변동에 따라 반송율 조절가능

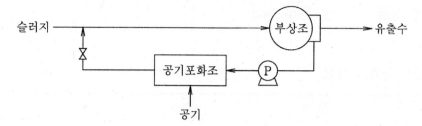

2) 진공부상법 : 밀폐된 실린더형 tank내 포기후 진공을 가해 공기방울 생성

Ⅲ. 설계 및 운전인자

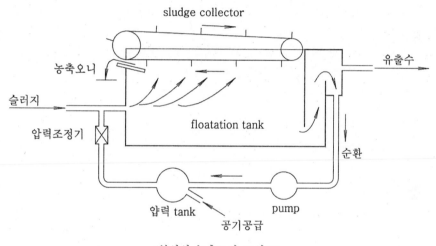

<부상식 농축조의 모식도>

1. A/S비 : 0.02~0.04 kg/kg (2~4%)

$$A/S = \frac{1.3\,Sa(f \cdot P - 1)}{S} R$$

여기서,　S : 고형물 농도(mg/L), 낮을수록 효율 증가

　　　　　R : 반송율, 300% 이하

　　　　　P : 공기탱크내의 압력(atm), 높을수록 효율 증가.
　　　　　　　너무 많은 공기는 floc 해체

　　　　　f : 포화상태에서 공기의 실제 용해비, 보통 0.5

2. 공기방울의 크기 : 50㎛가 적당
3. 접촉시간　　　　 : 2~3hr

   4. 가압펌프 토출압 : 2~5kg/㎠

   5. 고형물부하   : 80~150kg/㎡·d

Ⅳ. 부상식 농축의 특징

장 점	단 점
· 중력농축에 비해 scum의 함수율이 훨씬 낮다.	· 수질변동에 따라 처리효율이 변한다.
· 중력농축에 비해 용량이 작다.	· 중력농축에 비해 동력이 많이 필요
· 합성세제(경성ABS, 연성LAS) 등 제거용이	· 상등수 혼탁우려
· 자동화 유리	· 악취 발생

혐기성소화

I. 혐기성소화의 목적
- 소화란 슬러지를 감량화, 안정화하는 것으로서, 혐기성소화는 혐기성 미생물의 활동에 의해 슬러지가 분해되어 안정화되는 것이다.
1. 슬러지 발생량 감소 : 부피 감량(함수율 약 85%), 소화란 큰 분자를 작게 분해하는 것이다.
2. 안정화 및 안전화 : 안정화(부패성 유기물 제거), 안전화(병원균 살균) 효과
3. 이용가치가 있는 메탄가스 생성

II. 혐기성소화의 원리
- 혐기성소화(anaerobic digestion)는 여러종류의 미생물에 의해 이루어지는데 크게 유기산균과 메탄균으로 나눈다.

고분자 유기물질 탄수화물 지방 단백질	유기산균 (통성혐기성균) → $CO_2\uparrow$, $CH_4\downarrow$	저분자 중간생성물 유기산, 알코올 CO_2, H_2 유기산균	메탄균 (절대혐기성균) → $CH_4\uparrow$	최종산물 CH_4 NH_3 CO_2 H_2S 메탄균

- 1 단계 소화 : 위의 물질중 유기산(휘발성산 ; 아세트산, 포름산 등)이 많이 생성되어 pH가 다소 낮게 유지되므로 "유기산 형성과정", "산성 소화과정", "산성발효" 또는 "수소발효"라고 부르며 발효반응은 유기물을 CO_2, H_2O 등과 같은 최종무기물질로 끝까지 전환시킬 수 없으므로 BOD제거율이 호기성 반응에 비하여 매우낮다.

- 2 단계 소화 : 제 1 단계에서 생성된 유기산을 메탄균이 분해시켜 CH_4 및 CO_2의 가스 물질을 생성하며 이때 NH_3, H_2S, CH_3SH(메틸메르캅탄) 등도 일부 발생한다. 따라서 2 단계 소화과정을 "가스화과정", "메탄 발효과정", "알칼리 소화과정"으로 부르기도 한다.

III. 영향인자 : 온도, pH, 체류시간, 독성물질, 알칼리도, 영양염류 등
1. pH
 1) 유기산균에 의한 CO_2 축적으로 pH는 저하하며(pH 5~6), 메탄균(최적 pH 7)은 pH에 민감하므로 메탄가스 발생저하의 원인이 된다.

2) 일반적으로 적정 pH 6.5~7.5

2. 온도 및 체류시간

1) 중온(35℃)소화시 25~30일, 고온(55℃)소화시 15~20일이 걸린다.

2) 고온성 혐기미생물은 그리 많지 않기 때문에 중온소화를 주로 사용한다.

3) 특히 25℃ 이하에서는 유기물 분해율이 급격히 감소한다.

   (15℃ 이하이면 지방성분을 분해하지 못하므로 최소 15℃ 이상 유지)

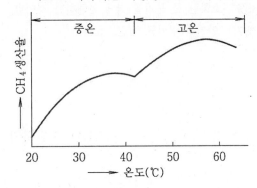
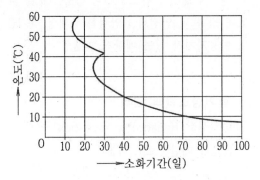

a. 메탄생산률에 대한 온도영향   b. 소화에 미치는 온도의 영향

3. 독성물질

1) Mg^{++}, Ca^{++}, Na^+, K^+ → Struvite, Hydoxyl apatite 등 생성

2) 유기산 (유기산은 VFA농도를 급격하게 증가시켜 분해율을 저해)

3) 황산화물(불용성형태의 금속황화합물), 암모니아농도(고농도시 저해)

4) 그 외 시안, 벤젠, 클로로포름 등도 독성물질

4. 교반(혼합)

1) 소화조 내 유기물, 영양염류 및 알칼리도 균등분배

2) 투입슬러지와 소화슬러지의 균등혼합

3) 독성물질 희석

4) 소화조 온도 일정유지

5) 입자에 부착된 가스의 분리에 의한 소화효율 향상

6) 스컴 발생에 의한 소화조 유효용량 감소를 방지

5. 알칼리도

1) BNR공정에서 질산화 반응시 알칼리도를 소비하므로 알칼리도의 보충 필요

2) 소화조 내의 적정 알칼리도는 2,000~5,000mg/L 정도

6. 영양소

1) 영양소중 특히 질소와 인이 중요, C/N비 20~30 정도가 적당
2) 질소가 적으면 CO_2 가 많이 발생하며, 질소가 많으면 CH_4 생성은 많으나 pH의 저하를 가져온다.

Ⅳ. 혐기성소화조 설계시 고려사항

1. 유입되는 슬러지의 양과 특성

- 수세식 화장실, 수거식 화장실, 공장폐수의 유입 등에 따라 슬러지의 특성이 달라짐.

2. SRT(고형물체류시간) 및 온도

- SRT 30일 이상시 처리효율은 온도와 무관하나 SRT가 짧아지고 온도가 낮아지면 처리효율이 저하한다. 15℃ 이하이면 지방성분이 분해하지 못하므로 최소 15℃ 이상을 유지

3. 소화조 운전방법

- 일반적으로 고율2단소화를 사용한다.
  (1단 : 슬러지 가열 및 혼합, 2단 : 가열 없이 장기간 저류)

4. 소화조 요구부피

- 소화조 내 상징수 형성, 슬러지 농축, 슬러지 저장을 위해 요구되는 부피
- 소화조의 용량은 소화에 요구되는 부피와 저장에 필요한 부피의 합으로 계산한다.

Ⅴ. 장단점 (호기성 소화방식과 비교)

장 점	단 점
· 슬러지발생량이 소량 [Y값(세포생산율) ≒ 0.1]	· 침전성 불량(유출수 수질불량)
· 메탄가스 회수	· 악취 발생
· 동력비, 유지관리비가 적다.	· 소화조 가온 필요
(산소 주입이 필요 없음)	· 운전이 어렵다.(유지관리의 숙련기술 필요)
· 병원균 사멸로 위생적인 처분 가능	· 반응시간이 길고 처리효율이 낮아 소요용량
· 슬러지의 탈수성이 양호하다.	및 부지면적이 크다.

하수처리장에서 소화가스 증대방안

Ⅰ. 소화가스 증대방안

1. 저농도슬러지인 경우 음식물쓰레기 등과 함께 투입하여 유기물농도 증가
2. 슬러지가용화 시스템 도입
3. 소화슬러지 과잉배출 금지
4. 과도한 산생성시 알칼리제(석회)를 투입하여 pH 조절 (메탄균은 pH 7이 최적)
5. 스컴·토사 등 퇴적시 준설로 조용량을 확보
6. 노내 온도 저하시 가온

Ⅱ. 혐기성소화시 메탄발생율

1. 관련공식

$$G = 0.36(Lr - 1.42Rc)$$

여기서,

- G : CH_4 생산율 (Nm^3/d)
- Rc : 세포의 실생산율$(kgVSS/d)$
- Lr : 제거 $BODu$량 (kg/d)
- 1.42 : 세포의 $BODu$ 환산계수
- 0.36 : $BODu$ 1kg당 생산되는 CH_4의 부피(m^3/kg)

$$CH_4 + 2O_2 \rightarrow CO_2 + 2H_2O \qquad \Rightarrow \qquad x = 0.36 \frac{m^3\ CH_4}{kg\ BOD_u}$$
$$22.4\,m^3 \quad 64kg$$

2. CH_4의 저위발열량 : 8,570 kcal/Nm^3
 - 일반적인 분포 : CH_4 60%, CO_2 30%, 기타(수소, 질소, 황화수소 등) 10%

Ⅲ. 소화가스의 활용

- 하수슬러지의 자원화를 지향하면서 기대하는 것은 슬러지의 유기물함량을 높여 혐기성 소화효율을 최대로 증가시켜 발생가스를 수소로 전환하고 최신의 연료전지기술을 이용하여 처리장에서 소요되는 전기량의 50% 이상으로 자급하는 것이다.
- 경제적 측면에서 시설용량에 따른 전력생산설비 설치 고려시 고농도물질 처리에는 적합하지만, 공사비가 높으므로 시설용량에 따라 비용편익분석 등 경제성 검토가 요구된다.

혐기성소화시 혼합(=교반)의 목적과 방식

Ⅰ. 혐기성소화의 혼합목적
- 조내 유기물, 영양염류, 알칼리도 등의 균등분배
- 투입슬러지와 소화슬러지의 균등혼합
- 독성물질 희석
- 소화조 온도 일정 유지
- 입자에 부착된 가스의 분리에 의한 소화효율 향상
- (스컴 발생에 의한 유효용량의 감소를 방지)

Ⅱ. 소화조의 혼합방법

1. 소화가스에 의한 재순환
- 널리 이용되며 여러 가지 방법이 있다.
- 산기관을 사용하는 경우에는 압축기로 소화가스를 압축시켜 소화조의 바닥에 볼트로 고정되거나 조의 바닥의 중앙의 콘크리트에 설치된 산기관을 뿜어줌으로써 혼합을 한다.
- 재순환되는 가스를 여러 개의 방출관으로 방출시키는 방법에서는 소화조의 둘레에 따라 조 깊이의 1/2~3/4 지점에 설치된 관을 이용한다. 소화슬러지의 고형물부하가 높은 경우에는 이 방법을 사용하여 소화를 완전혼합시키면 효과적이다.

2. 기계식방법에 의한 혼합
- 여러 가지 형태의 기계식 혼합기가 소화조의 혼합을 위하여 이용될 수 있는데 평판날개 터빈이나 프로펠러식 등이 있다. 소화조 지붕이 부유식인 경우에는 혼합기를 측벽에 설치하는 것도 좋다.
- 프로펠러식인 경우에는 소화조 깊이가 얼마든 간에 프로펠러가 물속에 잠기기만 하면 일정한 혼합을 유지할 수 있다.
- 측벽에 설치된 혼합기는 소화조 바닥을 깨끗이 유지하기 위해서도 알맞다. 그러나 정비 시에는 소화조를 비워야 한다는 단점이 있다.

3. 수중펌프에 의한 재순환
- 펌프와 순환관(draft tube)에 의한 혼합은 소화조에 유입되는 슬러지를 소화중인 슬러지와 효과적으로 혼합하는 방법으로 외국에서 가장 많이 쓰이고 있다.
- 펌프의 용량조절로 소화조내의 혼합정도를 조절할 수 있는 장점이 있다.

혐기성 소화조 가온방식

I. 개요

- 소화공정에 있어 온도는 처리효율, 안정도 및 미생물활성도에 영향을 미치는 매우 중요한 운전인자 중 하나로 운전온도에 따라 저온소화(psychrophilic), 중온소화(mesophilic), 고온소화(thermophilic)로 구분되는데, 하수처리장에서는 소화효율과 경제성을 고려하여 대부분 중온에서 운영되고 있다. 따라서 소화온도를 맞추기 위해서는 가온이 필수적이다.
- 가온조작에 있어서 내부의 미생물상에 영향을 주지 않으면서 전체적으로 온도를 유지하고 소화조효율 향상에 도움을 주기 위해서는 반응조의 주위에 자켓을 설치하고 자켓에 온수를 보내는 방법과 증기를 보내는 방법으로 분류된다.
- 가온방식의 또 다른 분류방법은 간접가온방식과 직접가온방식으로 간접가온방식(열교환기식)은 열교환기를 이용하여 소화조 슬러지를 외부의 열원으로부터 가온하는 방식이다. 반면, 직접가온방식(증기주입식)은 보일러를 이용하여 고온의 수증기를 직접 소화조 슬러지에 주입하는 방식이다.

II. 간접가온방식

1. 개요

- 열교환기를 이용한 방식
- 슬러지나 상징수를 흘려보내는 내관(강관)과 온수용 외관(주철관)을 이용하는 이중관식으로 흐름은 서로 반대방향이며 유속은 보통 1~2m/s이다. l
- 간접가온의 경우 고온소화가 된다면 슬러지발생량이 감소되고, 메탄가스발생량이 증대될 수 있다.

2. 장점

- 열전도율이 높고 조 외부에 설치되므로 청소·수리가 용이
- 90℃ 정도의 온수를 사용하면 50~60℃의 고온소화를 실시할 수 있다.

3. 단점

- 시설비가 많이 들고 슬러지와 상징수를 관내에 강제순환시켜야 한다.

Ⅲ. 직접가온방식

1. 개요
- 슬러지에 고온의 수증기를 직접주입

2. 장점
- 시설비가 낮고, 조작이 간편(국내 대부분 적용)

3. 단점
- 주입되는 수증기량에 상당하는 양의 물을 공급해야 하므로 슬러지가 희석되며
- 완전혼합이 이루어지지 않으면(교반부족) 부분적인 과열현상이 발생하여 미생물의 사멸 우려가 있다.

Ⅳ. 현장추세

- 기본적으로 소화조 효율향상에 도움이 되고, 미생물에 직접적 영향이 적으며, 운전 및 유지관리가 용이한 가온방식을 선정하는 기준에 따라 소화조 가온의 두가지 방식에는 분명한 차이가 있다. 2005년 환경부에서 실시한 소화조 효율개선 사업에서 선정된 대상 하수처리장 중 과천, 용인, 제천 하수처리장을 실례로 들 수 있는데, 3개 처리장은 가온방식을 직접가온에서 간접가온방식으로 변경한 후 소화조 내 온도가 잘 유지됨에 따라 소화효율이 향상되었다고 보고하였다. 또한, '소화조 운영실태 정밀진단 결과보고(2005, 환경부)' 자료에 따르면 소화조가 설치운영 중인 하수처리장 중 37개소(64%)가 직접 가온방식(증기주입식)이며, 나머지 21개소(36%)가 간접가온방식(열교환방식)으로 운영중에 있으나, 직접가온방식(증기주입식)보다 간접가온방식(열교환방식)을 하는 처리장의 소화효율이 높은 것으로 나타났다.

혐기성 소화조의 종류

Ⅰ. 개요
- 혐기성소화공정은 처리방식 및 반응기 종류가 각각 다르므로 특징 또한 다르다.
- 원료상태(고형물함량을 기준으로 한 습식, 건식), 온도(중온성, 고온성), 반응원리(1상식, 2상식) 외에도 여러 가지로 분류할 수 있다.
- 적절한 공법 선택을 위해서는 공법과 처리대상물질과의 적합성에 기준을 두고 선택할 수 있다. 예를 들어, DRANCO공법(건식 혐기성소화 공법)의 경우 음식물 등 고농도(TS 약 10% 이상) 원료에 사용되며, UASB(상향류식 혐기성 슬러지 블랭킷 공정) 등은 저농도에서도 사용할 수 있다.

Ⅱ. 혐기성 소화조의 종류 및 특징
1. 재래식 1단소화
1) 1단에서 슬러지침전, 소화, 상등수 및 스컴형성, 가스생성이 동시에 이루어진다.
2) 소화가 진행되어 감에 따라 혼합이 잘 안되고 층이 형성되므로 효율이 낮다.(전체 부피의 50%만 이용)

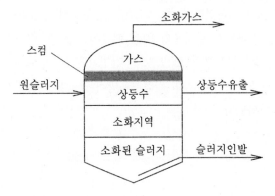

2. 2단소화
1) 1단에서는 혼합을 주목적으로 하는 소화가 이루어진다.(가온 필요)
2) 2단에서는 슬러지침전, 스컴형성, 가스생성 및 비교적 깨끗한 상등수를 형성한다.(가온이 필요 없다.)

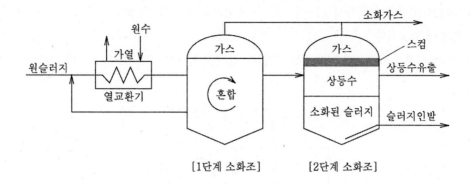

[1단계 소화조]　　　　　[2단계 소화조]

3. 2상소화 (상분리 혐기성소화)

1) 1상에서 유기산균에 의한 산성발효 유도

2) 2상에서 메탄균에 의한 알칼리성발효 유도

항목	1상(유기산생성조)	2상(메탄생성조)
pH	5 ~ 6	최적 7
HRT(day)	0.5 ~ 1.0	6 ~ 7
부하율(kgVS/$m^3 \cdot$d)	30 ± 5	3 ± 0.5

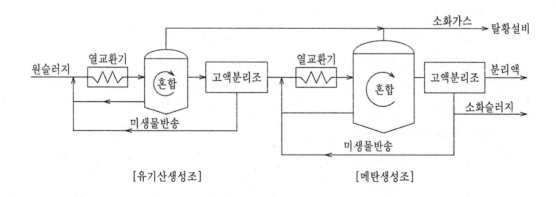

[유기산생성조]　　　　　　[메탄생성조]

4. UASB (Upflow Anaerobic Sludge Blanket ; 상향류식 혐기성 슬러지 블랭킷 공정)

1) 생물막 부착담체를 이용하지 않고 미생물 집괴성을 이용한 자기고정화방식의 메탄발효 생물반응기(bio reactor), 시스템 자체 내의 미생물을 pellet(집괴성)화 하여 하나의 층 (blanket)을 형성시켜 처리하는 방법으로 고농도처리에 적합하다.

2) SRT로 제어하며 체류시간을 수 일, 수 시간으로 단축할 수 있고, 저농도 유기폐수에도 적용이 가능하다.

3) 배수유입부, 슬러지 베드(bed)부, 슬러지 블랭킷부, 가스슬러지 분리장치로 구성

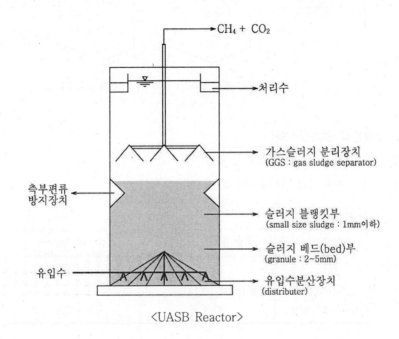

<UASB Reactor>

5. T-PAD (Temperature Phased Anaerobic Digestion ; 온도상 혐기성소화)

1) 고온소화, 중온소화, 2상소화를 기반으로 새롭게 구상된 공정
  - 1단 고온소화조(산생성)와 2단 중온소화조(메탄생성)로 구성
  - 2상소화의 기존 유기산생성조가 고온 산생성 액화반응조로 대체된 시스템

2) 높은 유기물부하에도 우수한 제거효율(약 60%, VS 기준)
  - 소화조 상부에 거품이 발생하지 않는다.
  - 고온 발효조의 도입으로 완벽한 병원균 사멸

6. DRANCO (Dry Anaerobic Composting ; 건식 단상 혐기성소화공법)

  - 벨기에에서 개발, 고농도(TS 약 10% 이상)의 슬러지 소화에 유용

탈황장치(Chemical Scrubber)

I. 개요
1. 건식탈황방식은 탈황제거효율이 떨어지고 촉매 교체주기가 짧은 단점이 있으므로, 제거 효율이 좋고 유지관리가 편리하며 비용도 저렴한 습식탈황설비로 교체할 필요가 있다.
2. 탈황의 목적은 혐기성 소화가스 내의 황산화물(SOx) 배출량을 저감하여 친환경적 또는 경제적으로 이용하기 위한 것이다.

II. H₂S의 문제점
1. 혐기성 소화가스 중의 유황성분은 소화가스를 이용하는 각종 보일러, 발전기 등의 설비 및 배관 등에 부식을 유발한다.
2. 소화가스 연소시 황성분은 황산화물(SO_2, SO_3)의 형태로 배출되어 대기환경을 악화시킨다.

III. 건식 세정기(Dry Scrubber)
1. 탈황제로 수산화철[$Fe(OH)_3$], 산화철[Fe_2O_3] 등이 사용된다.
$$2Fe(OH)_3 + 3H_2S \rightarrow 2Fe_2S_3 + 6H_2O$$
2. 탈황제는 습기와 접촉하면 쉽게 붕괴되므로 제습기를 탈황장치 앞에 설치한다.
3. 탈황제는 자연적으로 공기중의 산소에 의해 재생된다.
$$2Fe_2S_3 + 3O_2 + 6H_2O \rightarrow 4Fe(OH)_3 + 3S$$

IV. 습식 세정기(Chemical Scrubber)
1. 알칼리세정(중화)
 - 탈황제로 가성소다[NaOH] 및 소오다회[Na_2CO_3]로 중화처리한다.
$$H_2S(황화수소) + 2NaOH \rightarrow Na_2S + 2H_2O$$
$$CH_3SH(메틸메르캅탄) + NaOH \rightarrow CH_3SNa + H_2O$$
2. 수세정 : 건설비는 저렴하나 탈황효율이 낮다.
　　　　　악취물질을 물에 녹여 제거함으로써 대규모의 배출수처리가 필요하다.

혐기성소화조의 소화효율 저하원인 및 대책

Ⅰ. 혐기성소화조 설치현황

- '07년 말 기준 전국 357개 하수처리장(2,374만㎥/일) 중 혐기성 소화시설이 설치된 곳이 65개소, 가동은 57개소(시설용량 1,725만㎥/일)
  ⇒ 처리용량 대비 2/3 정도가 혐기성소화를 적용하고 있음.

Ⅱ. 메탄가스 발생량이 부족한 이유

1. 슬러지 1톤당 5.8㎥ 가스가 발생하고 이 중 약 60%가 메탄, 30%가 이산화탄소
 - 가스발생량을 미국의 오리건주 하수처리장 평균값과 비교하면 1/4에 지나지 않는다.
2. 소화가스 발생량 저하 이유
 1) 저농도슬러지의 유입 : 소화해야 할 유기물 함량이 미국하수의 50% 밖에 되지 않는다는 것
 2) 운전의 미숙으로 소화효율이 50% 밖에 되지 않는다.
  - 소화슬러지의 과잉배출, 과도한 산 생성, 조 내 온도 저하, 스컴·토사 퇴적에 의한 조 용량 감소, 소화가스의 누출 등
  - 소화조는 상당히 높은 기술을 요구하는데 국내 기술은 아직 부족하다.
3. 일반적인 대책
 1) 하수관거정비에 따른 유입수의 유기물농도를 높이도록 노력
 2) 저온인 경우 온도를 안정치까지 높인다.

Ⅲ. 운전상의 문제점 및 대책

1. 소화가스 발생량 저하
 - 우선 혐기성소화 영향인자 충족여부 확인
   (즉, 소화조 온도, 체류시간, pH, 독성물질, 알칼리도, 영양소, 교반정도 등 확인)
 1) 저농도슬러지 유입 : 슬러지 투입횟수, 1회 투입량을 재검토하여 조내 슬러지의 농도 높임
 2) 소화슬러지 과잉배출 : 슬러지배출량을 조절한다.
 3) 과도한 산생성 : 알칼리(보통 석회)를 투입하여 pH 조절한다. 과다한 산은 과부하, 공장 폐수의 영향일 수도 있으므로 부하조정 또는 배출원인의 감시가 필요
 4) 조내 온도저하 : 저온일 때는 온도를 소정치까지 높인다. 가온시간이 정상인데도 온도가 떨어지면 보일러를 점검

5) 조내 교반부족

6) 조용량의 감소 : 스컴 및 토사퇴적이 원인이므로 준설한다.

7) 소화가스 누출 : 소화가스 누출은 위험하므로 수리한다.

⇒ 혐기성 소화조는 VFA농도 300~2,000㎎/L(BOD 10,000㎎/L이상, HRT 25~30일) 알칼리도 2,000~5,000㎎/L를 유지하여야 소화가스 발생저하를 방지할 수 있다.

2. 상등수 악화

- 원인 : 소화가스 발생저하와 같다. 그 외 과다교반, 소화슬러지의 혼입 등
- 대책 : 소화가스 발생저하와 같다.
  과다교반시 교반강도 및 회수조정
  소화슬러지 혼입시는 슬러지배출량을 줄인다.

3. pH 저하

1) 유기물의 과부하 : 유입슬러지 일부를 직접 탈수하는 등 부하량을 조절

2) 온도 급저하   : 온도유지를 위한 조절

3) 교반부족   : 교반강도, 교반횟수 조정

4) 독성물질 또는 중금속 유입 : 배출원을 규제하고, 조내 슬러지의 대체방법을 강구

4. 맥주모양의 이상발포

1) 슬러지의 과다배출 : 슬러지의 유입을 줄이고 배출을 일시 중단

2) 유기물의 과부하 : 조내 교반을 충분히 한다.

3) 1단계조 교반부족 : 소화온도를 높인다.

4) 온도 저하   : 스컴을 파쇄·제거한다.

5) 스컴 및 토사퇴적 : 준설한다.

Ⅳ. 외부원인 및 대책

1. 원인

- 낮은 유기물 함량(저농도슬러지 유입)

2. 대책

- 분류식하수도로 교체, 기존관거 개보수
- 소화조 유입전 슬러지 농축, 초음파처리 등 슬러지가용화기술 도입
- 분뇨·축산폐수, 음식물쓰레기 등 연계처리로 유기물함량 보충

TPAD (Temperature Phased Anaerobic Digestion ; 온도-상 혐기성소화)

Ⅰ. 개요

- 중온소화는 우수한 유출수 수질을 얻을 수 있으나 20일 이상의 긴 체류시간에도 유기물 감량율 50%에 미치지 못하며, 병원균 사멸율이 낮아 최종처분시 문제가 되고 있다. 고온소화는 대사속도가 빠르고 병원균 사멸율은 높으나, 공정의 환경조건에 민감하며 메탄수율이 중온소화에 비해 낮고, 유출수 수질도 나쁘다.
- 이는 중온혐기성균과 고온혐기성균의 생리적 특성차이에 기인한 것으로서, 서로의 단점을 상호보완하고 장점을 활용하는 방안으로 고온 - 중온소화를 직렬로 연결한 공정이 TPAD이다.
- TPAD는 고온소화의 빠른 대사속도를 활용하여 큰 유기물 부하율에서 공정운전이 가능하고 병원균의 사멸율이 높으며, 중온소화의 특징인 큰 안정성과 우수한 유출수 수질을 얻을 수 있는 특징이 있다.

Ⅱ. 구성 및 특징

고온소화조(CSTR형) + 중온소화조 (부피비 1 : 3)

```
┌ 1단 : 고온 산생성 액화 반응조
└ 2단 : 중온 메탄 가스화 발효조
```

1. 높은 유기물부하에도 우수한 제거효율(약 60%, VS 기준)
 - 유기물 부하를 3배까지 증가 가능하고, 메탄가스 발생량이 많다.
 - 고온 발효조의 도입으로 완벽한 병원균 사멸 (단점 : 가온에 필요한 에너지가 많이 소요)

2. 소화조 상부에 거품이 발생하지 않는다.

3. HRT가 짧다.
 - 10일 정도로 VS 50%, COD 60% 제거

4. 2상소화와 비교
 - TAPD는 2상소화의 기존 유기산생성조가 고온 산생성 액화반응조로 대체된 시스템으로도 볼수 있으며,
 1) 2상소화보다 상대적으로 높은 유기물 부하처리가 가능하고 HRT가 짧다.
 2) 짧은 체류시간에도 산발효균과 메탄발효균의 공생관계를 유지할 수 있다.

하수고도처리시 혐기성소화조의 필요성 유무

Ⅰ. 배경

- 슬러지의 직매립 금지(2001년)와 하수슬러지의 해양투기 금지(2012년부터)됨에 따라 기존 처리장 슬러지의 감량화, 육상처리(처리장내 처리) 및 자원화가 요구되고 있다.

- 혐기성소화조는 에너지자립화사업의 핵심공정이므로 하수슬러지의 가용화기술과 함께 적용함으로써 에너지 회수 및 저탄소 녹색성장에 크게 기여할 수 있으므로 지역상황에 따라 신중하게 고려하여 설치유무를 판단할 필요가 있다.

- 최근 혐기성소화공정을 더욱 원활히 하기 위해 슬러지의 가용화기술이 많이 적용되고 있으며, 이 기술에는 고온호기성세균, 금속밀의 마찰열과 마찰력, 초음파처리, 오존처리, 용균성 산화제 등을 이용한 방법이 있다.

Ⅱ. 혐기성소화조의 설치여부 판단

- 생물학적으로 고도처리를 하는 혐기성소화조에서는 N, P와 같은 영양염류의 재용출이 우려된다.

- 따라서 신설처리장의 경우 시설비가 많이 드는 혐기성소화조의 설치가 필요 없을 것이며, 혐기성소화조 대신 기계식 농축후 바로 응집제를 주입하여 탈수하는 공정으로 변환이 필요하다.

- 그러나 앞서 언급한 것처럼 혐기성소화조는 에너지자립화사업의 핵심공정이므로 설치를 신중히 검토해야 하며, 특히 음식물 폐기물, 분뇨, 침출수 등 합병처리시 혐기성소화조의 필요성은 더욱 증대된다.

1. 혐기성소화조가 설치된 기존처리장의 대책

- 혐기성소화조가 이미 설치되어 있는 기존처리장의 경우 소화조내에서 N, P와 같은 영양염류의 재용출이 우려되므로 영양염류(N, P)의 처리가 필요하다.

- 혐기성소화조가 설치된 처리장의 경우 기존 소화조를 개량하여 탈질과정에 필요한 수소 공여체를 공급할 수 있는 시설(발효공정, Fermentation공정)로의 전환을 고려한다.

- 예) 2상소화, Fermentation 등 또는 고온호기성조로 활용하는 슬러지감량화 기술로 전환 검토.

2. 고화 후 매립 또는 성토재로 활용하는 경우

- 소화공정을 실시하여 VS함량을 최대한 낮추어 슬러지의 부패를 방지하는 것이 필요할 수 있다.

3. 소각시설이 설치된 기존처리장의 대책

- 혐기성소화과정을 거치게 되면 유기물 함량이 줄어들게 되어 발열량이 저하되어 보조연료의 사용이 불가피하므로 혐기성소화 대신 기계식 농축 후 응집제 주입 탈수함이 바람직하다.

4. 건조 후 연료화하는 경우

- 슬러지의 발열량을 저하시키지 않기 위해 소화공정을 거치지 않는 것이 바람직하다.

회분식 메탄 생성능(BMP)

Ⅰ. 개요
- 회분식 메탄 생성능(Biochemical Methane Potential)
1. 혐기성소화시 발생할 수 있는 메탄가스량
2. 음식물쓰레기의 메탄 생성능이 가장 높다.

Ⅱ. BMP 실험
1. 반응기는 산발효조 - 메탄발효 완충조 - 메탄생성조로 구성
2. 산발효조에서 유기산균에 의한 산성발효 유도
   메탄생성조에서 메탄균에 의한 알칼리성발효 유도

항목	1 상	2 상
pH	5 ~ 6	최적 7
HRT (day)	0.5 ~ 1.0	6 ~ 7
부하율 (kgVS/m³·d)	30 ± 5	3 ± 0.5

Ⅲ. 현장 적용
1. 2003년 기준으로 하수슬러지는 약 60,000㎥/d, 음식물쓰레기는 약 12,000㎥/d, 축산폐수는 70,000㎥/d가 발생하고 있다. 이들 모두 대체에너지로 이용할 수 있는 고농도 유기성 바이오매스(biomass)로 에너지로 환산하면 약 100억 kcal/d 이상의 잠재된 에너지에 해당된다.
2. 폐기물의 혐기성소화를 통하여 오염물의 부하를 줄일 수 있고, 소화과정에서 발생하는 바이오가스(메탄)는 에너지로 이용할 수 있는 장점이 있다.
3. 적절히 혼합하는 병합소화는 보다 많은 바이오가스를 생성하게 한다.

호기성소화

Ⅰ. 개요

1. 미생물의 내생호흡을 이용하여 슬러지 감량시키는 소화공법이며,
   차후의 탈수처리 · 최종처분에 알맞은 슬러지를 만드는데 있다.
2. 분뇨의 경우 유기물농도가 BOD 25,000mg/L, TKN 4,000mg/L, T-P 650mg/L 정도로 높다. 따라서 호기성소화공법 적용시 폭기를 위해 분뇨를 분리하여 뇨만 투입시켜 소화시킬 필요가 있다.

Ⅱ. 장단점

장 점	단 점
· 최초 시공비 절감	· 소화슬러지 탈수성능이 불량
· 운전 용이	· 포기 동력비, 슬러지 벌킹
· 부패 및 악취발생 감소	· 건설부지 과다
· 상징수 수질 양호	· 동절기 효율 저하
· 소화슬러지 배출장치가 크다.	· 메탄 등의 유용한 가스가 생성 안 됨

Ⅲ. 호기성 소화조의 유지관리

1. 온도
 - 호기성 소화법은 생물 반응열에 의하여 액온이 상승한다.
 - 이로 인하여 생물반응에 부적합한 15℃ 이하의 온도가 되는 경우는 없으며, 분뇨의 무희석 처리시 하계에는 40℃를 넘는 경우도 있다.
 - 반응액 온도의 상한치는 38℃ 로 한다
 - 온도가 내려가면 휘발성 고형물 제거효율도 감소한다.
2. 소화일수
 - 대략 3~5일 정도면 대부분의 BOD 성분이 제거되는 것으로 알려져 있으나 잉여슬러지의 탈수성을 좋게 하기 위해서 15일 정도의 소화일수를 표준으로 한다.
3. 반송슬러지량
 - 반송량 : 20 ~ 50%
 - MLSS 농도

   ┌ 분뇨 단독처리시 : 20,000mg/L 내외
   ├ 정화조 폐액 단독처리시 : 15,000mg/L 내외
   └ 분뇨와 정화조 폐액의 혼합처리시 : 15,000 ~ 20,000mg/L 정도로 한다.

Ⅳ. 혐기성소화와 비교

구분	호기성소화	혐기성소화
미생물	· fungi, 원생동물(protozoa) 이용 · 합성 및 내생호흡을 통한 반응	· 혐기성미생물 이용 · 가수분해 → 산생성 → 메탄생성
운전범위	· BOD 1,000mg/L이하 · HRT 6~12시간	· BOD 10,000mg/L 이상 · HRT 30~60일
적용	· 소규모처리장	· 대규모처리장

Ⅴ. 자기발열 고온 호기성 소화 (Auto-Thermal Aerobic Digestion, ATAD)

1. 개요

　1) 미생물들은 생육조건 중 그 온도에 따라서 저온, 중온, 고온성 미생물로 나뉘어 진다.
　　ATAD방법은 고온성 호기성미생물이 유기물 분해시 생성하는 발효열을 이용하여 소화
　　조 내 온도를 고온(50~75℃)으로 유지시켜 고온발효과정를 유도하는 방식이다.
　　따라서, 열손실을 막기위해 보온효과가 큰 재질로 된 소화조 및 미생물의 왕성한 생육
　　을 위한 고효율의 산소 공급이 필수적이다.

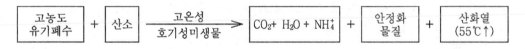

〈ATAD의 원리〉

　2) 유기물 분해시 생성되는 발효열(Hg)

　　- 자체발열(Hg) = Hg_1 + Hg_2

　　┌ 세포합성시 생산되는 열량(Hg_1) = k(합성시 비열) × 제거된 BOD량
　　└ 내생호흡에 의해 세포감량시 발생열량(Hg_2) = c(산화시 비열) × 감량되는 미생물량

2. 특징

　- 고온 호기성소화는 분뇨의 물리적 분리가 필요가 없이 투입이 가능하다.
　- 미생물 산화열을 이용하므로 에너지절약효과가 크다.
　- 소화속도가 약 5~6일 정도로 빠르다.
　- 안전성(병원균 사멸율)이 높아 토양환원(퇴비 등)시 2차적인 오염에 대한 우려가 없으므
　　로 염소 살균처리가 필요없다.

3. 현황

　- 국내 분뇨 및 하수슬러지는 슬러지 내 VS함량이 낮은 이유 등으로 자체발열에 의한 온
　　도 상승효과가 크지 않아 적용이 어렵다.
　- 앞으로 보다 효율적으로 미생물을 제어하는 방안 등의 기술개발이 필요할 것이다.

슬러지 안정화 방법

Ⅰ. 정의 및 종류

1. 슬러지의 안정화란 슬러지내 병원균 사멸, 악취의 감소, 부패의 억제 등을 위한 것이다.

2. 종류

    ── 생물학적 처리　　: 혐기성소화, 호기성소화

    ── 화학적　　처리　　: 석회안정화, 염소산화, 습식산화

    ── 물리적　　처리　　: 열처리

Ⅱ. 종류 및 특징

1. 석회안정화

개요	· 액상슬러지에 석회를 첨가하여 pH를 12 이상으로 유지하여 미생물의 생존환경을 어렵게 만든다. · 슬러지 탈수전 주입법(전석회처리법)과 탈수후 주입법(후석회주입법)이 있다. · 접촉시간은 3시간 정도
특징	· 일시적으로 부패 및 악취방지 (pH 11 이하에서는 슬러지가 다시 부패한다.) · 혐기성소화보다 살균효과가 높다.

2. 염소산화

개요	· 기체염소를 단시간 접촉시켜 부패균을 살균한다.
특징	· 부패 및 악취 방지, 살균효과

3. 열처리

개요	· 액상슬러지를 140~210℃에서 30분 이상 가온하여 콜로이드 및 잉여슬러지 세포벽을 파괴한다. · 열처리는 슬러지 개량과정으로 분류하기도 한다.
특징	· 부패 및 악취방지, 살균효과로 위생적이다. · 낮은 pH로 배관부식 및 열교환기 scale 문제 · 동력비가 높아서 폐열이용을 고려해야한다.

4. 습식산화(Zimpro)

개요		· 약 70atm과 210℃의 반응탑에서 액상슬러지에 공기를 가압하고, 휘발성 슬러지를 산화시킬 수 있는 온도까지 가열 · 분뇨처리시 system구성은 습식산화와 후처리로서 활성슬러지법을 병합한다.
특징	장점	· 유출수가 무균상태이므로 부패 및 악취가 적고, 가장 위생적이다. · 슬러지의 탈수성이 좋아 진공여과나 가압여과에 의하여 쉽게 탈수된 다음 토양개량제로 처분된다.
	단점	· 시설의 수명이 짧다. · 고도의 운전기술이 필요하다. · 질소 제거율이 낮다. · 낮은 pH로 배관부식 및 열교환기 scale 발생 · 건설비 및 유지관리비가 비싸다. · 동력비가 높아서 폐열이용을 고려해야 한다.

슬러지 개량

Ⅰ. 개요

1. 슬러지 개량은 탈수효율 향상을 목적으로 실시되며, 세척, 약품처리, 열처리, 냉동법 등이 있다. 주로 약품처리 및 열처리방법이 쓰이고 그 외 냉동과 방사선처리법도 시도되고 있으며, 세척은 약품처리 전 약품소요량 감소를 위해 실시된다.
2. 최근 슬러지 개량방식으로 슬러지 가용화(감량화)공정이 도입되고 있는데, 여기에는 초음파처리, 오존처리, 기계적 처리, 수리·동력학적 처리, 열처리 등의 방법이 있다.

※ 슬러지의 개량방법

─ 슬러지의 개량방법은 처리대상 슬러지의 성상이나 후속의 슬러지처리, 최종 처리·처분의 방법에 따라 달라지나 일반적으로 다음과 같은 조합으로 이루어진다.

┌ 농축 – 혐기성소화 – 약품첨가 – 탈수   : 벨트프레스, 원심탈수기 등
├ 농축 – 약품첨가 – 탈수   : 벨트프레스, 원심탈수기 등
└ 농축 – 혐기성소화 – 세정 – 약품첨가 – 탈수 : 가압여과식

Ⅱ. 농축·개량·탈수의 영향인자

1. 입자의 전하
 1) 슬러지 입자는 (–)전하를 띠므로 통상 (+)계 응집제를 주입해야 한다.
 2) 단, 석회로 개량한 슬러지 등 화학슬러지는 (+)전하를 띤다.
2. 약품소요량이 많아지는 경우는 다음과 같은 경우이다.

┌ 슬러지의 함수율이 높을수록   ┌ 슬러지 농도가 높을수록
├ 생슬러지보다 2차(잉여)슬러지가 ├ 장기간 저장 및 장거리 수송시
├ 알칼리도가 높을수록   └ 지방분이 많을수록
├ 입자의 비표면적이 작을수록
└ 슬러지 성상의 미생물은 고정상미생물보다 활성(현탁성)미생물인 경우

Ⅲ. 종류 및 특징

1. 세척
 1) 개요
 ─ 소화슬러지를 물과 혼합시킨 다음, 재침전

- 약품처리 전 약품소요량 감소를 위해 실시

2) 특징
- 슬러지 내 콜로이드물질 및 알칼리도를 줄여서 약품소요량 감소
- 공기방울 제거로 부력을 감소시킴.
- 미립자 및 질소성분이 빠져나가 비료가치가 낮아진다.
  ⇒ 세척공정은 혐기성소화 슬러지의 개량에 많이 사용되었으나 세정수 상징수의 처리문제로 최근 적용사례가 줄어들고 있다.

2. 약품처리

1) 개요
- 진공여과, 원심분리, Belt press 탈수 전 슬러지 탈수효율 향상을 위해 실시된다.

2) 특징
- 고분자응집제는 농축성이 우수하지만 탈수성은 좋지 않다.

3. 열처리

1) 개요
- 130~210℃에서 30~60분 정도 가온하여 콜로이드 및 잉여슬러지 세포벽을 파괴한다.
- 열처리한 슬러지는 약품처리를 하지 않아도 함수율이 낮은 탈수케익을 얻을 수 있다.

2) 특징
- 부패 방지와 악취 방지   - 살균효과로 위생적이다.
- 낮은 pH로 배관 부식 및 열교환기에 스케일 발생
- 연료사용으로 운전비가 높아지므로 폐열이용을 적극 고려해야 한다.

4. 슬러지 가용화(감량화)

1) 개요
- 슬러지와 미생물 세포벽을 인위적으로 파괴하여 슬러지를 가용화시킴으로서 슬러지의 생분해성과 압밀성을 개선하는 여러 가지 슬러지 감량화방안이 실용화되고 있다.
- 슬러지 감량화에는 초음파처리, 오존처리, 기계적(물리적) 처리(혼합, 진탕, 교반 등), 수리·동력학적 처리(벤투리관과 펌프 이용), 열처리방식, 알칼리제·효소·특정미생물 등을 투여하는 감량화 방법 등이 있다.

2) 특징
- 하수고도처리에서 슬러지 가용화액을 생물반응조의 기질로 사용하여 제거할 수 있으며, 저농도 유입하수의 경우에는 매우 유용한 탄소원이 될 수 있다.
- 슬러지가용화는 혐기성소화시 반응시간 단축에 따른 소화조 규모축소, 소화가스 발생량 증가, VS 감량 등의 효과가 있으나
- 슬러지 입자의 파괴에 따른 탈수효율 저하를 일으킬 수 있으며, 슬러지 가용화액의 반송처리에 따른 수처리공정에의 오염부하 증가 및 처리효율 저하를 초래할 수도 있으므로 전체 하수처리계획에 부합되는 감량화방식을 계획하여야 한다.

슬러지 가용화기술(슬러지 원천 감량화)

I. 슬러지의 가용화(감량화)

⇒ 잉여슬러지 중의 세포벽 가수분해(=원형질 용출)시켜 세포질의 저분자화하는 것으로 최종 목적은 슬러지 발생량 감소이다.

1. 원리

- 1차침전지에서 발생한 생슬러지 함수율저감 및 2차침전지에서 발생한 잉여슬러지를 1차적으로 세포벽을 파괴하여 핵산, 탄수화물, 단백질, 지질 등으로 가수분해시켜 (원형질을 용출하거나 세포질을 저분자화함으로써) 슬러지의 탈수효율 개선, 유기성분을 포기조탄소원으로 재이용, 거품발생 억제 및 병원균 사멸 등의 효과를 얻을 수 있는 기술이다.
- 즉, 슬러지의 가수분해단계를 인위적으로 단축시킬 수 있는 다양한 전처리방법을 슬러지 가용화 공정이라 한다.

2. 도입배경

- 2012년 이후 하수슬러지 해양투기금지 조치에 따라 육상처리가 필요하나 육상처리부지 확보가 곤란
- 생물학적 고도처리시 발생하는 슬러지는 영양염류(N, P) 농도가 높기 때문에 적절한 감량화가 안 되면 2차오염을 유발할 가능성이 크다.
- 기존 대규모 하수처리장의 대부분이 막대한 용량의 소화시설을 갖추고 있다. 이에 하수슬러지 처리를 위한 혐기성소화조의 문제점을 해결(소화조규모 축소, 소화가스발생량 증대, VS 감량 등)할 필요성

II. 가용화공법 적용시 주의사항

- 새로운 감량화 기술 적용시 발생할 수 있는 영양염류 제거효율 저하(=슬러지 가용화액의 반송처리에 따른 수처리공정의 오염부하량 증가)에 대한 대책이 필요하며 각 처리장의 실정에 적합한 공정의 도입되어야 하며, 필요시 여러 개의 처리시설을 조합하여 운영할 필요가 있다.
- 감량화기술은 다양한 방법에 따른 다양한 효과와 효율을 보이고 있으므로 경우에 따라서는 하수처리장의 기본설계가 달라져야 하고 미생물 반응조의 용량을 늘려야 하는 경우도 생긴다.

Ⅲ. 대표적인 가용화 기술

- 가용화기술은 농축슬러지에 대하여 주로 초음파처리, 오존처리, 고온호기성균, 용균성(균을 용해시키는) 산화제(산 또는 알칼리제), 물리적 파쇄장치(혼합, 진탕, 교반, 압착 등) 및 이들의 조합으로 이루어진다.

<가용화 기술의 종류>

- 생물처리 : 고온호기성 세균, 소화균, 열 가수분해
- 화학처리 : 오존처리, 전해처리, 알칼리약품처리, 펜톤산화(과산화수소수 + 철 촉매)
- 물리처리 : 초음파처리(캐비테이션 파쇄), 임계처리, 금속 밀(Mill) 파쇄
- 복합처리 : 알칼리약품처리 + 기계파쇄, 감압파쇄 + 가열 + 초음파

1. 고온호기성균을 이용한 감량화

- 약 55~65℃로 활성슬러지를 가열하면 고온호기성균이 효소를 생성하며, 이 효소에 의해 활성슬러지의 세포벽을 파괴시켜 원형질을 용출한다. 이는 BOD성분으로 고온호기성균이 일부 분해하고 나머지는 생물반응조로 유입되어 CO_2로 분해되거나 생체합성에 사용되어 잉여슬러지의 감량화가 이루어진다.
- 이 기술은 자연계에 존재하는 미생물을 이용한 자연친화적인 기법으로서, 온도만 자동 제어해주면 된다.

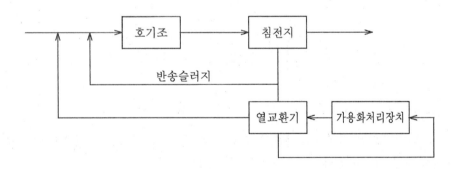

- 제안 : 기존처리장에 혐기성소화조가 설치되어 있는 경우 고온호기성조로 활용을 모색할 필요가 있음.

2. 산화제를 이용한 감량화 : 바이오-다이어트법(펜톤산화, 오존처리 등)

- OH라디칼을 형성하여 강력한 산화력으로 잉여슬러지 중의 박테리아 살균처리, 세포벽 가수분해, 세포질의 저분자화가 가능하기 때문에 생분해 가능한 상태로 만들 수 있다.

- 설비가 간단하고 소형, 유지관리가 용이하다. 색도 및 맛·냄새 제거효과도 기대된다.

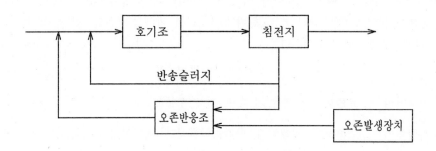

- 제안 : 부상분리공정이 도입된 처리시설의 경우 가용화시설에서 압축오존을 주입하여
부상분리 효율의 증대가 필요

3. 금속밀의 마찰력 및 마찰열에 의한 감량화

- 금속밀의 볼(ball)과 볼 사이의 마찰력과 마찰열에 의해 활성슬러지의 세포벽을 강제적
으로 파쇄한다.

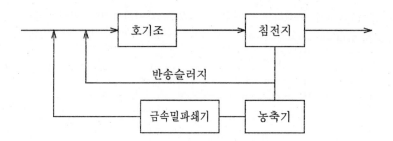

4. 초음파에 의한 감량화

- 초음파를 액상매질 내에 조사하면 초음파 조사시 발생되는 공동(cavity)에 의해 슬러지
입자의 크기 감소뿐만 아니라 세포벽을 파괴한다.
- 가용화 수준이 매우 높은 기술이다.

5. 그 외 물리적 처리방법(혼합, 진탕, 교반), 수리·동력학적 처리방법(벤투리관 이용, 펌프
이용), 전기분해방법 등이 있다.

Ⅳ. 추진방향

1. 슬러지 감량화 시설은 국내에 적용사례가 미미하여 시행착오가 예상되므로 시범적으로 슬러지 감량화를 적용해 나가는 것이 바람직하다. (서남STP 36만㎥/d 적용)

2. 슬러지 감량화기술의 가장 합리적인 방안은 슬러지를 혐기성 소화공정에 이르기 전의 앞의 단계에서 슬러지 세포벽을 파괴하여 체세포 주요 구성성분인 핵산, 탄수화물, 단백질, 지방 등으로 가수분해하여 유기산을 생성하고 소화조에서 최대한 CH_4와 CO_2로 변환시켜 슬러지도 줄이면서 소화가스 발생량을 늘려야 한다.

3. 이렇게 생성된 소화가스를 수소에너지로 전환하면 처리장에서 소요되는 총전기량의 50% 정도를 자급할 수 있다고 보고되고 있다.

슬러지 감량화시 수처리에 미치는 영향

Ⅰ. 개요

- 슬러지 감량화란 잉여슬러지 발생량을 저감하는 것으로 잉여슬러지 배출에 의해 제거되는 인 및 질소, COD 성분 등의 제거효율이 저하될 수 있다.(특히 인) 따라서 새로운 가용화기술 적용시 발생할 수 있는 영양염류 제거효율 저하(슬러지 가용화액의 반송처리에 따른 수처리공정의 오염부하량 증가)에 대한 대책이 필요하다.

Ⅱ. 가용화된 슬러지의 각 성분에 대한 영향

1. 질소의 경우 생물반응조에 유입되어 질산화 및 탈질에 의해 질소 제거가 이루어지기 때문에 인 및 COD에 비해서는 영향이 상대적으로 적다.

2. 인의 경우는 잉여슬러지 배출 외에는 제거될 수 없기 때문에 감량화율이 클수록 인 제거효율의 저하정도는 크게 되어 약 40~80% 정도까지 된다. 따라서 인 제거가 필요한 경우에는 응집제 투입 등의 후단처리가 필요

3. COD의 경우에는 약 10~40% 정도 제거 효율 감소

탈수시설의 종류 및 선정시 고려사항

Ⅰ. 탈수방식 종류 및 특징

1. 가압탈수(Filter press)

1) 개요
- 여포 2매를 탈수판에 붙여 하나의 탈수실이 되도록 한 후, 여포사이에 슬러지를 주입하고 유압실 린더에 의해 탈수판 가압
- 정량압력 여과방식 및 변량압력 여과방식(가압압착식 필터프레스)이 있다.

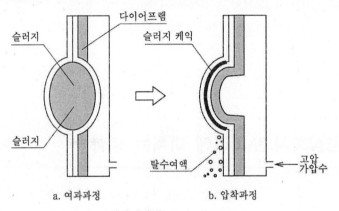

〈가압압착형 filter press〉

2) 특징
- 탈수효율이 높다(함수율 55~65%) → 해양투기금지에 따라 점차 이용 증가 추세
- 변량압력 여과방식인 경우 케익 함수율 조정이 가능하다.
- 여포 교환, 설치면적이 (가장) 크고, 동력비도 높다.

2. 원심탈수

1) 개요
- 응집제를 첨가한 슬러지를 중력가속도의 2,000~3,500배의 원심력으로 원심분리
- 횡형의 솔리드 보울 켄베이어형(solid bowl conveyer type)이 주로 이용

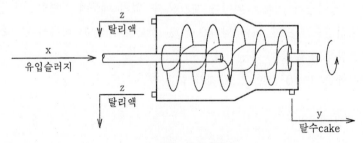

〈스크류 데칸터형〉

$$포획률 \ = \ \frac{y(x-z)}{x(y-z)} \times 100\%$$

여기서,   x   : 유입슬러지 농도 (mg/L)

　　　　　y   : 탈수 cake 농도 (mg/L)

　　　　　z   : 탈리액의 고형물농도(mg/L, %)

2) 특징

- 함수율 75~80%, 고농도 탈수
- 운전조작이 용이, 자동화, 설치가 용이
- 악취가 적다. 설치면적이 적다. 여포세정수가 (가장) 적다.
- 소음이 크다. 전력비가 크다. 고속회전으로 진동·마모 및 기계적 고장이 잦다.
- 응집제 사용으로 유지관리비가 비싸고 케익량이 증가한다.

3. 벨트프레스(Belt press)

1) 개요

- 벨트와 로울러를 이용하여 슬러지에 압력을 가하는 방식이다.
- 탈수단계는 화학적 개량, 중력배수, 압축탈수 등 3단계로 구분된다.

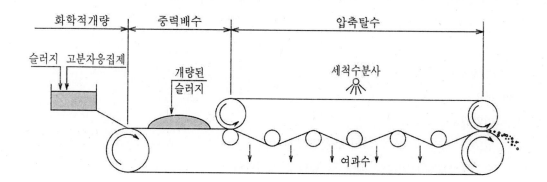

2) 특징

- 함수율 76~83%, 피로를 받는 부분이 적다. 운전 및 유지관리가 편리하다.
- 전력비가 (가장) 싸다. 소음이 적다. 사용실적이 많다.
- 대당 처리용량이 커서 대규모처리장의 탈수기로 경제성이 좋다.
- 여포세정수가 (가장) 많이 소요된다. 여포교환, 설치면적이 크다.
- 응집제 주입, 슬러지 개량이 필수적이다.

4. 진공여과(Vacuum filter)

1) 개요
- 슬러지 조 내 투입된 슬러지가 다공성 여재에 쌓인 회전드럼에 의해 고·액 분리된다.
- 드럼 내 진공압은 300~600mmHg

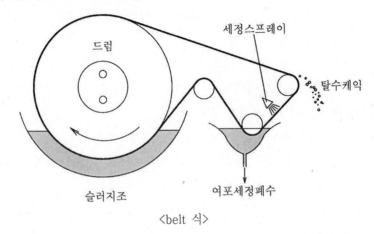

〈belt 식〉

2) 특징
- 조작 단순, 전자동, 피로를 받는 부분이 적다.
- 여포교환, 여포세정수 필요
- (보조기기가 많으므로) 설치면적이 크고, 동력비도 크게 든다.
⇒ 유지관리가 어려워 근래 사용실적이 감소하고 있다.

5. 천일건조

1) 개요
- 천일건조상
- 일조량 및 일조시간에 의해 효율변화
- 수분함량의 20~80%를 배수 및 증발로 제거한다.

2) 특징
- 슬러지 처리비용이 싸다.
- 간단하고, 운전이 쉽다.
- 넓은 부지가 필요하다. 악취 발생
- 진공차나 트럭에 의한 운반이 일반적이다.

II. 탈수방법의 선택

1. 선택시 고려사항

1) 탈수효율   : 필터프레스 > 벨트프레스 > 원심탈수기 > 진공탈수기

2) 약품 소요   : 필터프레스 < 진공탈수기 < 벨트프레스 < 원심탈수기

3) 에너지 소요 : 벨트프레스가 가장 낮고, 원심분리가 가장 높다.

4) 소음 및 악취의 정도 및 유지관리의 용이성 등

5) 시설비 및 유지관리비

2. 탈수방법의 선택

- 현재까지는 벨트프레스식(케익함수율 80% 이하)이 주로 이용되었으나, 최근에는 슬러지 처리처분 비용 절감을 위해서 필터프레스(함수율 75% 전후) 등이 적극 도입되고 있다.

탈수시험법

Ⅰ. 개요

– 슬러지 탈수성 측정방법은 Buchner funnel 시험, CST시험, Filter leaf 시험 등이 있다.

1. Buchner funnel 시험 : 비저항계수를 측정
2. CST 시험 : 응집제 주입량 결정을 위한 모세관흡입시간을 측정
3. Filter leaf 시험 : 진공여과기의 운전자료를 제공

Ⅱ. Buchner funnel 시험

1. 비저항계수(여과저항비)

1) 슬러지의 탈수성을 나타내는 지표로서, 슬러지 고액분리시 여포의 단위면적당 필요한
   압력을 나타낸다.
   (비저항계수가 적을수록 탈수성은 양호하며, 여과기의 면적을 줄일 수 있다.)
   ⇒ "비저항계수"란 액체의 점성이 일정한 경우 여과면적에 물을 단위건조고형물 중량의
      cake로 투과시킬 때 단위유속을 생기게 하는데 필요한 압력으로 정의된다.

2) 진공여과기 탈수능, 가압여과기 탈수능 판정에 적용
3) 비저항계수 시험은 숙련된 기술과 시간을 요한다.

2. 시험절차

1) 슬러지를 응집제로 전처리한 후 응집제 주입슬러지를 여포를 씌운 funnel에 놓고 진공
   펌프로 흡입한다.

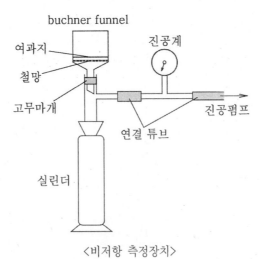

<비저항 측정장치>

2) 경과시간(t)에 따른 탈리액 부피(V)를 측정한다.

3) t/V와 V 관계 그림으로부터 기울기(b)를 구한다.

4) 기울기(b)로부터 비저항계수(r)를 산정한다.

3. 탈수기 면적 산정식

$$\frac{t}{V} = b \cdot V + y절편, \quad b = \frac{\mu r\, C}{2\, P\, A^2}$$

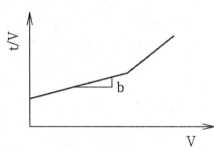

여기서,　A : 여과면적

　　　　　P : 진공압력

　　　　　t : 여과시간

　　　　　μ : 점성계수

　　　　　V : 여과된 여액의 부피

　　　　　r : 비저항계수(s^2/g)

　　　　　C : 슬러지농도

Ⅲ. CST(capillary suction time) 시험 (모세관흡입시험)

1. 개요

1) 여과지 위에 슬러지를 놓고 모세관 흡입현상에 의해 탈리액이 1㎝ 이동하는데 걸리는 시간을 Timer로 측정하여 응집제 종류 및 주입량을 결정하기 위한 시험이다.

2) 시간이 짧을수록 슬러지의 탈수가 잘 되는 것을 의미한다.

 - 비약품 슬러지 CST 200초 이상, 약품슬러지 CST 10초 미만

2. 특징

1) 실험방법이 간단하고 측정시간이 짧다.

2) 비저항계수와 상관관계가 크다.

3) 같은 슬러지에 대하여 거의 같은 값을 나타내어 실험의 결과에 신뢰성이 있다.

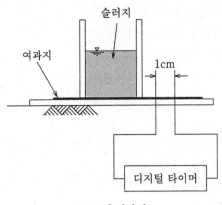

<CST 측정장치>

Ⅵ. Filter leaf 시험

1. 개요

 1) 진공여과시 약품소요량, 탈수시간, 진공흡입력이 결정 등에 사용

 2) 숙련된 기술과 시간을 요한다.

2. 시험절차

 1) 슬러지를 응집제로 전처리한 후 응집제 주입 슬러지에 여포를 씌운 leaf를 넣고 진공펌프로 흡입한다.

 2) 진공펌프를 멈춘 후, leaf에서 cake를 탈리 후, cake의 두께 함수율을 조사한다.

 3) t_d/c와 Sc의 관계그림에서 소요건조시간을 결정

     ┌─ Sc : 케익의 농도

     ├─ td : 건조시간(분)

     └─ C : 단위 슬러지 체적당 건조무게(kg/m^3)

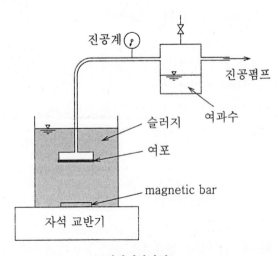

<입상여과장치>

슬러지의 최종처분 방법

Ⅰ. 개요

1. '03년 7월부터 실질적으로 슬러지의 직매립이 금지되면서, '04년도부터 불가피하게 해양 투기가 본격화 되었다. 그러나 해양투기는 해양오염, 해양 동·식물의 독성물질 및 중금속 축적 등이 예상되어 바람직한 처분방법이라 볼 수 없다.

2. 하수슬러지의 해양투기는 국제협약('96 런던협약)에 의해 제한되었고, '06년 "런던협약 의정서"가 발효됨에 따라 2012년부터 하수슬러지의 해양투기가 전면 금지된다. 따라서 정부는 하수슬러지의 육상처리를 위한 대책을 수립하여 시행중에 있다.

2011년 목표	· 해양배출 0%, 재활용 69.5%, 소각 29%, 매립 1.5%
2008년 현재 처리량 기준 처리단가	· 소각 42%(전용·혼합소각 모두 포함), 고화 41%, 건조 14%, 부숙화 2%, 탄화 2% · 건조 5.7만, 고화·전용소각 6.3만, 혼합소각(스토커) 7.9만, 부숙화 11만, 탄화 26만

Ⅱ. 최종처분 방식 및 특징

1. 매립

1) 소각, 퇴비화에 비해 경제적이다.
2) 토양오염 및 지하수 오염가능성이 크다.
3) 2003년 7월부터 폐기물관리법에 의해 직매립 금지

2. 호기성 퇴비화

1) 녹생토로 이용, 지렁이 사육에 의한 분변토 생산 등
2) 처리단가가 비싸고 판로개척이 어렵다.(계절적 수요변동)
3) 퇴비화 소요기간이 길므로 소요부지면적이 크다.

3. 건조

1) 매립이나 자원화의 전처리공정으로 선택되며 함수율을 최대 20%까지 줄이는 처리방법
2) 직접가열식(로타리킬른형, 다단로형(스토커식))과 간접가열식(디스크형) 및 천일건조 등

4. 소각

1) 감량효과는 크지만 고도의 운영기술이 필요하며 소요비용도 크다.

2) 다단소각로, 회전소각로(로타리킬른), 유동층소각로, 건조건류로, 습식산화시설, 기류건조소각로, 사이클론소각로, 전기소각로 등

장 점	단 점
· 감량효과가 크다. (농축슬러지보다 슬러지용적이 1/50~1/100 감소) · 위생적으로 안전하고 부패성이 없다. · 소각잔재물의 재활용 가능성 높고, 폐열 이용가능 · 탈수케익에 비해 혐오감이 적고 소요부지면적도 적다.	· 고도의 운영관리 필요 · 투자비가 높다. · 다이옥신 발생(집진시설 설치) → 대기오염방지대책 필요 · 주변환경에 영향을 줄 수 있다.

5. 용융
 - 감량효과는 가장 크지만, 고도의 운영기술을 필요하며 소요비용도 가장 크다.

장 점	단 점
· 감량효과가 크다. · 재활용가능성 높고, 폐열 이용 가능 · 중금속 용출 안 됨	· 고도의 운영관리 필요 · 투자비가 높다. · 국내 적용실적 빈약

Ⅲ. 최종처리·처분 방식의 선정
1. 하수슬러지 처리기술은 개개의 기술 이외에도 여러 가지 복합공정 기술개발로 보다 나은 경제성과 처리효율 향상이 기대되는 기술로 발전해 왔다.
2. 재활용을 위한 하수슬러지 처리기술로는 소각, 건조, 연료화, 탄화, 퇴비화, 고화, 시멘트 연료화, 열분해, 용융 등이 있으며, 최종처리는 육상매립, 수면매립, 해양배출 등이 있다.
3. 따라서 재활용, 소각, 건조 등으로 대표되는 하수슬러지의 처리기술을 발전시켜 해양배출을 제로로 만들고, 저탄소 녹색성장이 일환으로서 재활용 비율을 보다 높이는 방안으로 선택의 폭을 넓혀야 할 것이다.

※ 지역여건을 고려한 최종처리·처분 방식

┌─ 매립지 인근지역 : 고화 후 복토재로 활용
├─ 시멘트회사 인근지역 : 시멘트 원료화 추진
├─ 소규모 농어촌지역 : 퇴비화 추진
└─ 생활폐기물 소각장 인근지역 : 혼합소각 추진

슬러지 처리·처분 계획

Ⅰ. 계획의 목표
1. 하수슬러지로 인한 2차 환경오염을 방지
2. 유용한 자원으로서의 활용

Ⅱ. 계획수립시 고려사항
1. 슬러지 처리과정, 처리 후 2차 환경오염 최소화
2. 경제성
3. 민원발생 등 사회적 비용 최소화
4. 신기술
5. 지역적 특성 (시멘트공장, 화력발전소 등) 최대한 고려

Ⅲ. 슬러지처리 관련규정
1. 폐기물관리법
- 소각 원칙
- 유기성슬러지로서 2,000㎥/d 이상의 공공하수·폐수처리시설, 700㎥/d 이상의 폐수배출시설 및 축산·분뇨처리시설에서 발생하는 슬러지는 복토재, 시멘트원료, 녹생토, 퇴비, 탄화, 지렁이 분변토 및 연료 등으로 사용하여야 한다.
- 기타 발생슬러지는 수분함량 75% 이하로 탈수·건조 후 매립

2. 슬러지관리 종합대책('07.5)
- 우리나라는 '08년 재활용률 19.5%로서 '11년까지 재활용률을 70%까지 향상시킬 계획이다. 일본의 경우 이미 '98년 재활용률 57%, 이중 건설자재 74%, 녹농지 26%로 이용되고 있다.

구분	'08년도(%)	'11년 목표(%)
해양투기	68	0
재활용	19.5	69.5
소각	11	29
매립	2	1.5

3. 해양투기금지 규정

```
┌── '12년부터 해양투기 금지 : 하수처리 슬러지 및 가축분뇨
│
├── '13년부터 해양투기 금지 : 분뇨와 분뇨처리 슬러지, 음폐수
│
└── '14년부터 해양투기 금지 : 산업폐수와 폐수처리 슬러지
```

Ⅳ. 슬러지 관리계획

1. 발생슬러지의 재활용 기본추진방향
- 슬러지관리종합대책('07.5)상 '11년말 기준 슬러지 예상발생량은 9,544㎥/d, 이중 57%를 재활용할 계획이다.
- 재활용은 고화 후 복토재로 67%, 시멘트원료 11%, 녹농지, 퇴비화, 탄화, 지렁이 분변토 등으로 이용할 계획이다.
1) 매립지 인근지역은 고화처리 후 복토재 활용
2) 시멘트회사 인근지역은 시멘트 원료화 추진
3) 농어촌지역은 퇴비화 추진(단, 농업과학기술원장의 검토 후 사용 가능)
4) 생활폐기물 소각장 인근지역은 혼합소각(단, 소각장에 여유가 있는 경우)
2. 감량화 : 소화효율 개선사업 권장
3. 광역적 처리방안 추진
- 2개 이상의 시·군 또는 시·도가 협력하여 광역화할 수 있는 경우 이를 권장
4. 재활용 산업육성
5. 재활용 신기술 개발 및 보급 추진

슬러지 처리·처분의 변천과정 및 최근동향

Ⅰ. 하수슬러지 처리방식의 변천

1. 2012년부터 하수슬러지 해양투기가 전면금지되면서 대체처리방식이 다각적으로 모색됨.
   ⇒ '12년부터 하수슬러지와 가축분뇨의 해양배출이 금지됐고, 분뇨슬러지와 음폐수는 '13년부터, 폐수슬러지는 '14년부터 투기금지 예정이었으나 '14년도에만 해양투기가 110만톤이상 예상됨.
2. 하수슬러지 처리기술은 소각 위주(전용 및 혼합소각 45%)에서 연료화, 자원화 유도에 따른 정책으로 건조, 탄화기술을 도입한 신규시설이 증가하고 있으며 각 기술별로 고른 분포를 보인다.
3. 처리방식의 유행순서

(매립, 해양투기) → 소각 → 부숙화 → 고화 → 탄화 → 건조후 연료화·혼합소각

소각		제일 먼저 유행, 부산물이 가장 적다. 2차오염(다이옥신) 문제
재활용	부숙화	소요부지가 크다. 비료의 사용시기 등 문제, 설치비가 높다.
	고화	최종부산물이 매우 많음(슬러지발생량이 많다.) ⇒ 배보다 배꼽이 큰 격
	탄화	(07~08년 유행) 소각과 건조의 중간정도, 고급기술이 필요
	건조후 활용	(09~10년 유행) 건조후 혼합소각, 시멘트원료, 매립 등 연료화가 관건, 설치비 및 처리단가가 적어 유리

   주) 고화처리 : 수도권 매립지 1단계 1,000톤, 2단계 1,000톤, 3단계 1,700톤으로
   　　 전국의 약 45% 정도 차지

   〈폐기물 처리현황 (2009년)〉

하수슬러지	해양배출 47%	재활용 26%	매립 16%	소각 11%
가축분뇨	퇴비/액비 89%	자가·공공처리 10%	해양배출 2%	기타 2%
음폐수	하폐수처리 45%	해양배출 42%	침출수처리 7%	위탁처리 등 8%

Ⅱ. 하수슬러지 처분의 최근 동향

1. 기존 하수슬러지 처분기술
   1) 매립/해양투기 : 대부분 적용됨, 토양오염·지하수오염에 대한 대책 필요
   2) 소각처리 : 2차오염(다이옥신 등)에 대한 대책 필요, 에너지소요량이 크다.
   3) 건조처리 : 조슬러지의 건조후 혼합소각, 연료화, 매립 활용 (품질확보 문제)

4) 고화처리 : 최종부산물이 매우 많음(슬러지발생량이 많다.), 약품비 고가, 약품냄새 발생

5) 부숙화 : 슬러지내 중금속농도에 대한 대책 필요, 처리단가가 비싸고 부지면적이 크다. 판로개척이 어려움.

2. 최근 하수슬러지 처리방안

- 감량화 : 초음파, 오존처리, 고온호기성세균, 용균성 산화제, 물리적 파쇄장치 등
- 자원화 : 녹지 및 농지 이용(비료), 건설자재(소각재, 용융슬래그), 에너지 이용(소화가스, 건조슬러지, 열에너지)

3. 하수슬러지 처분현황

<하수슬러지 처분방법의 변천>

구 분	해양투기	재활용	소각	육상매립
2008년 실적 (%)	60	20	16	4
2009년 실적 (%)	47	26	11	16
2010년 실적 (%)	0	58	41	1
2011년 목표 (%)	0	69.5	29	1.5

- 1일평균처리량 기준 (2010년) : 고화 40%, 전용소각 36.5, 건조 14%, 혼합소각 5%, 부숙화 2%, 탄화 2%, 기타

<하수슬러지의 재활용 목표>

구 분	매립복토재	퇴비화	부숙화(지렁이 사육)	기타
2008년 실적 (%)	45	4.3	4	46.5
2011년 목표 (%)	67	건조후 시멘트원료 11, 그외 녹농지 이용, 탄화, 부숙화 등		

<처리방법별 단가 (2008년 기준)>

구 분	건조	고화	전용소각	부숙화	탄화
처리단가 (천원/톤)	57	63	63	110	260
설치비 (백만원/톤)	52	137	158	389	174

⇒ 해양배출은 톤당 50,000원 정도 소요

최근 해양투기 방지 등 현안에 대한 대책

I. 개요

- 슬러지는 예전에 대부분 매립에 의존해 왔으나 2001년 이후 유기성슬러지의 직매립이 금지되었고, 이로 인해 해양투기가 증가하였다. 그러나 런던협약(1996년)에 의해서 <u>2012년부터</u> 해양투기가 금지되었다. 따라서 슬러지 처분에 대해 여러 가지 방안이 모색되고 있으며, 현재의 추세는 감량화 및 자원화이다.

II. 대책

- 감량화기술은 주로 농축단계에서 발생하는 농축슬러지에 대하여 초음파, 오존처리, 고온호기성세균, 용균성산화제, 물리적 파쇄장치 및 이들을 조합한 기술을 말하며, 이를 통해 슬러지를 감량화하는 것이다.
- 기존처리장에 소화시설이 있는 경우에는 농축→소화(감량화시설)→탈수 후 건조 등의 공정을 거친 후 바로 농지에 이용하거나(부숙화), <u>고화후 매립지복토재 또는 성토재, 건조후 토지개량제·시멘트원료, 메탄가스의 에너지화</u> 등을 통한 자원화 처리방안이 적정하며,
- 기존처리장에 소각시설이 있거나 광역소각시설과 연계가 가능하다면 농축→탈수→건조→소각 후 건설자재 및 열에너지 이용 등의 자원화 처리방안이 적정하다고 판단된다.
- ⇒ 소각시설과 소화시설의 구분은 소화 후의 VS량이 감소하면 소각시 발열량이 감소되어 별도 보조연료가 필요하기 때문에 소각시설 설치시 소화공정을 거치지 않는 것이 좋다.

하수슬러지 최종처분방법 및 추천방안

Ⅰ. 최종처분방법의 선택방안

- 기본적으로 지역특성에 적합한 재활용방법을 채택해야 하며,
- 특히, 중요한 것은 "최종부산물의 처리방법"을 무엇으로 할 것인가와 연계하여 결정해야 함.
  ⇒ 최근추세 : 감량화 및 자원화 (슬러지 감량화 후 녹지 및 농지이용, 건설자재(경량골재) 등)

Ⅱ. 최종처분방법의 종류 및 재활용방안

```
┌─ 고화        : 생석회, 시멘트로 고화처리 후 매립지 복토재, 건설공사의 성토재
├─ 건조        : 토지개량제, 시멘트원료, 연료, 화력발전소의 보조연료
├─ 소각        : 건설자재 및 열에너지 이용 (용융 : 건설자재 이용 → 국내에서 거의 사용 안함)
├─ 부숙화      : 지렁이 분변토의 토지이용
├─ 탄화        : 건조와 소각의 중간형태
└─ 해양투기, 매립 : 금지됨
```

Ⅲ. 최종처분방법의 다변화 추진

```
┌─ 매립지 인근지역          → 고화처리 후 복토재로 활용
├─ 농촌지역 및 소량 발생지역   → 부숙화(지렁이 분변토)로 녹농지 이용
├─ 소각장 인근지역    ┬── → 건조후 혼합소각(예 경남사천)
│                     ├── → 건조후 화력발전소 보조연료 이용
│                     └── → 전용소각시설은 주민민원을 고려하여 가급적 지양
└─ 시멘트회사 인근지역        → 건조후 시멘트 원료화
```

Ⅳ. 슬러지 최종처분 추천방안

- 감량화 및 자원화방법 → 가장 합리적이나 현실적인 문제(유통 등)

1. 건조후 화력발전소 보조연료

 1) 평균단가

  - 처리비 57,000원/톤, 설치비 52백만원/톤 ⇒ 처리비, 설치비가 비교적 적다.

2) RPS법 (Renewable Portfolio Standard ; 신재생에너지 의무할당제도)
 - 저탄소 녹색성장에 가장 유효한 공법 중 하나
 - 의무공급자는 2012년까지 2%, 2020년까지 20% 이상 공급할 수 있어야 함.
3) 정책사항
 - 유기성 슬러지의 화력발전소 연료사용 가능
   (저위발열량 기준 3,000kcal/kg 이상, 수분함량 10% 이하)

2. 소각

1) 평균단가 : 처리비 63,000원/톤, 설치비 158백만원/톤
 ⇒ 처리비, 설치비는 높은 편이나 국내 기술력이 대단히 높다.
2) 소각후 시멘트원료, 인회석 회수 가능, 국내 기술력이 높다. 폐열이용이 가능하면 더욱 유리
 - 인근에 소각장이 있으면 건조후 혼합소각, 없으면 직접소각
   (직접소각은 가급적 지양 → 민원문제)
3) 정책사항
 - 생활폐기물 소각시설 연계처리 가능 (생활폐기물의 20% 내외로 혼합소각 가능)

하수슬러지 관련 규정 제·개정 (슬러지 처분 종합대책)

---

1. 직매립 금지제도 보완
 - 매립가스 자원화시설이 설치된 매립장 직매립 일부 허용
   (수분함량 75% 이하, 1일 500톤 미만)

2. 생활폐기물 소각시설 연계처리를 위한 지침 제정 ('07. 4)
 - 탈수케익 수분함량에 따라 생활폐기물의 20% 내외 기준으로 혼합소각 가능

3. 부숙토 생산시 부숙기간 조정 등 재활용 관련기준 개정 ('07. 7)
 - 1차 발효공정 15일 이상에서 3일 이상으로 개정

4. 하수슬러지 연료화를 위한 법령 개정 ('09. 8)
 - 유기성 슬러지의 화력발전소 연료 사용
 ⇒ 유기성 슬러지의 저위발열량 기준 3,000kcal/kg 이상(일부 에너지를 회수한 경우 저위발열량 기준 2,000kcal/kg 이상), 수분함량 10% 이하, 회분함유량 35% 이하, 황분함유량 2% 이하 등

하수슬러지 처리방안 중 소각에 대한 견해

I. 개요
- 하수슬러지의 소각은 슬러지에 열을 가함으로써 산화 가능한 유기물질을 이산화탄소와 수분으로 전환시켜 제거하는 것으로 슬러지 처분량의 감소 및 안정화를 도모하는 것이다.
- 슬러지를 혐기성소화할 것인가 소각할 것인가를 판단하기 위해서는 신중한 검토가 필요하며, 이러한 결정에는 건설비와 장기적인 유지관리비, 슬러지의 최종처분방법, 지역적 규모와 특성, 운전관리능력, 매립지 확보 가능 여부 등을 고려해야 한다.

II. 소각에 대한 의견
- 소각에 의한 자원화방안으로 건설자재, 열에너지 이용 등에 사용할 수 있다.
- 소각시설은 설치비 및 유지관리비(에너지비용)가 많이 드는 단점이 있으나 폐열 이용이 가능한 경우에는 슬러지처리 방안으로 소각도 매우 유용한 방안이 될 수 있다.
- 하수처리장내 소각시설이 있는 경우 처리장에서 발생하는 악취를 연계처리를 통해서 제거할 수 있다.
- 소각은 수처리에 영향이 거의 없다. (감량화시설(소화조 등)의 경우 수처리에 악영향을 미치며 이로 인해 처리효율 감소 등이 발생할 수 있다.)
- 광역소각처리를 함으로써 슬러지처리에 대한 중소규모처리장의 부담이 적어지며 소각장 설치에 따른 민원문제, 2차공해문제 등을 해결할 수 있다.

III. 슬러지 소각방식

```
┌─ 소각      ┌─ 건류
│            │
├─ 용융      └─ 습식산화
```

IV. 소각의 장단점

장점	단점
· 위생적으로 안전하고 부패성이 없다.	· 다이옥신 발생 등 대기오염방지를 위한 대책 필요
· 폐열 이용이 가능하고, 소각잔재물의 재활용가능성이 높다.	
· 탈수케익에 비하여 혐오감이 적다.	· 시설설치비 및 유지관리비가 높다.
· 감량효과가 크다. (슬러지 용적이 1/50~1/100로 감소)	· 민원발생에 대비한 입지조건을 충분히 검토
· 다른 처리법에 비해 소요 부지면적이 적다.	

슬러지 광역처리

I. 개요
- 슬러지의 광역처리란 여러 개의 중소규모 하수처리장에서 발생하는 슬러지를 수송관이나 운반차량에 한 곳의 처리장에 모아 처리하는 시스템
- 「유역별 통합관리」 정책이 실현되면 슬러지의 광역처리가 충분히 가능하다.

II. 효과
- 광역처리함으로써 중소규모 하수처리장의 슬러지 처리에 대한 부담이 적어지며, 소각장 설치에 따른 민원문제, 2차공해문제 등을 해결할 수 있다.
1. 슬러지처리의 경제성이 높아진다.
2. 민원 등에 적극적 대처 가능
3. 악취 등의 환경문제 최소화
4. 슬러지의 자원화 추진에 유리

III. 수송방법
- 수송관이나 차량운반

분뇨처리

Ⅰ. 개요
1. 분뇨는 BOD 25,000㎎/L, TKN 4,000㎎/L, T-P 650㎎/L으로 오염물농도가 매우 높다.
2. 분뇨처리는 하수처리장의 슬러지처리와 유사하기 때문에 분뇨처리장 신설시는 하수처리장 합병처리도 함께 고려해야 할 것이다.

Ⅱ. 분뇨처리의 일반적인 방법(단독처리시)

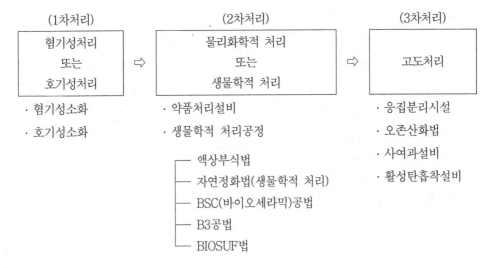

(1차처리)

혐기성처리
또는
호기성처리

· 혐기성소화
· 호기성소화

(2차처리)

물리화학적 처리
또는
생물학적 처리

· 약품처리설비
· 생물학적 처리공정

— 액상부식법
— 자연정화법(생물학적 처리)
— BSC(바이오세라믹)공법
— B3공법
— BIOSUF법

(3차처리)

고도처리

· 응집분리시설
· 오존산화법
· 사여과설비
· 활성탄흡착설비

Ⅲ. 분뇨의 단독처리방법
1. 혐기성소화
1) 혐기성미생물에 의해서 슬러지를 분해·안정화 시키는 것(가장 보편적)
2) 장기적인 면에서 경제적이며, 운영비가 적게 드는 이점이 있다.
3) 서울 동부위생처리장 : 저류조 → 파쇄기 → 2단소화(1차처리) → 활성슬러지(2차처리)

2. 호기성소화
1) 미생물의 내생호흡을 이용하여 슬러지 감량
2) 폭기를 위해 20~30배 정도 희석해야 하며, 따라서 반응조 용량도 커야한다.
3) 서울 북부위생처리장 : 저류조 → 파쇄기 → 희석조정조 → 호기성소화

3. 응집화학처리

- 응집침전(1차처리) → 중화 → 희석 → 활성슬러지(2차처리)

4. 습식산화

- 저류조 → 파쇄기 → 습식산화(1차처리) → 활성슬러지(2차처리)

5. 액상부식법

- 부패조, 임호프 탱크

Ⅳ. 분뇨 (또는 음폐수 등)의 하수처리장내 연계처리방법

구분	연계처리방법
처리 용량	· 하수처리계통 및 슬러지처리계통을 고려한 여유용량 만큼으로 한정하는 것이 원칙이다. · 유입지점은 혐기성소화조에서 소화과정을 거친 후 소화상징수를 수처리시설로 반송한다. · 차량수송의 경우 일정시간 간격으로 나누어 알맞게 주입하도록 한다.
전처리 방법	· 협잡물 및 모래성분은 사전 제거한다. · 드럼스크린이나 분쇄기, 침사제거설비 등의 설치를 검토한다.
운전 방법	· 혐기성소화시 슬러지와 분뇨를 혼합처리하는 대신 여러 개의 소화조 중에서 하나를 선택하여 분뇨 및 음폐수만 분리시켜 처리하도록 한다. · 유입되는 분뇨 및 음폐수의 특성을 파악하여 적절한 부하량을 선정하여 체류시간을 조정하고 가스생산량과 소화슬러지량 등도 고려한다.
상징수 처리	· 상징수는 침사나 1차침전지로 반송하는 것이 처리효율면에서 유리하다. · 하수처리용량이 충분하여 포기조로 반송하는 경우 포기량, 거품 제거 등을 고려한다.

축산폐수 등 고농도 질소함유 폐수처리방안

I. 개요

1. 질산화미생물은 낮은 일령을 가지고 있기 때문에 축산폐수와 같이 고농도 질소함유 폐수의 경우 SRT가 짧으면 결국 질소제거율을 낮게 된다.

   ⇒ 축산폐수 BOD·TS 5,000~50,000mg/L, T-N 5,000mg/L, T-P 500mg/L 내외

2. A/O공정에 분리막을 결합시킨 MBR공정은 호기조에 높은 농도의 MLSS와 긴 SRT를 유지하여 높은 농도의 질소제거율을 유도할 수 있다.

3. 또한 내부반송비를 100%에서 500%로 높여주면 질소제거율은 점진적으로 증가한다. (300%가 적당)

4. 아질산성질소 상태에서 탈질반응을 유도하는 SHARON-ANAMMAX공정도 유용하다.

5. 최근에는 탈질시 외부탄소원 주입이 필요없는 독립영양탈질 공법(SDR 등)이 개발되고 있다.

II. 현재 많이 사용되는 가축분뇨공동처리장의 처리공정

1. SBR형 액상부식법

   - SBR형 액상부식조 → 혼합조 → 응집반응조/탈수기 → 저류조 → 고도처리

2. UF(한외여과)법

   - 제1탈질/질산화공정 → 제2탈질(A/O)공정 → UF막 통과(잔류유기물 및 잔류SS 제거)

3. B3 시스템

   - 사상균의 일종인 Bacillus균(그람양성균)을 선택 배양하여 우점화시키고, 유기물 부족현상을 유도하여 포자를 형성하게 하여 유기물 및 SS 제거

축산분뇨 발생량, 성상 및 처리방법

Ⅰ. 축산분뇨 발생량 및 성상

(단위 : kg/두·일)

구분	분(糞)	뇨(尿)
한우	15	5
젖소	20	10
돼지	2.5	3.5

- 2003년 기준 축산폐수발생량 7만㎥/d
- 축산폐수 BOD·TS 5,000~50,000mg/L, T-N 5,000mg/L, T-P 500mg/L 내외
- 총발생량 중 소:돼지 발생비율 6 : 4

Ⅱ. 처리방법

- 축산분뇨의 처리방법은 발생 분뇨의 분리와 혼합여부, 지역여건 등을 고려하여 정화처리, 자원화방법, 위탁처리 등을 결정한다.

  1. 분뇨분리 후 ┬─ 분 : 퇴비화·액비화 → 토양환원

  └─ 뇨 : 활성슬러지법, 혐기·호기성소화, 처리장 연계 → 정화 후 방류

  2. 분뇨혼합 후 ── 슬러리 돈사, 깔집 우사 → 퇴비화·액비화 → 토양환원

가축단위

Ⅰ. 정의

- 가축의 수를 종합적으로 표시하는 방법으로 사용하는 단위.

Ⅱ. 내용

1. 가축·가금의 마리수를 통계적으로 나타낼 때 각 가축의 마리수를 그대로 나타내면 그 지역의 종합적인 가축수를 다른 지역과 비교하기가 불편하므로 이를 보정하여 사용한다.
2. 소나 말과 같이 큰 가축은 1두를 1단위, 돼지는 5두, 양은 10두, 토끼는 50두, 닭은 100두를 1단위로 정하고 있다.

매립장 침출수

Ⅰ. 개요

- 침출수란 매립폐기물을 통해 걸러지면서 그것으로부터 용해되거나 부유되어 있는 물질이 추출된 액체이다. 매립지에서 침출수량는 주로 강우량에 의하며, 침출수질은 매립지의 구조, 폐기물의 종류 등에 따라 차이가 크게 나타나는 특성이 있다.

Ⅱ. 매립지의 구조

- 매립구조는 매립지내 산소공급 및 침출수 집배수, 차수시설 설치유무의 형태에 따라 호기성매립, 준호기성 매립, 개량형 위생매립, 혐기성 위생매립, 혐기성매립으로 구분할 수 있다.
- 호기성매립에서는 매립종료 후 유기산 농도가 급감하나 혐기성매립에서는 매립종료 후에도 유기물 감소율이 적다.

Ⅲ. 계획침출수량

1. 매립 기간 중 침출수 발생량은 주로 강우량에 의해 변동하며 건기와 우기시의 차이는 2배이상으로 그 변화폭이 크고 수량증대와 반비례하여 농도는 낮아진다.
   ⇒ 침출수 발생량은 강우량 외에도 증발산량, 표면유출량, 폐기물내 수분량, 폐기물 또는 복토의 수분보유능력, 매립 쓰레기층 높이 매립과정의 다짐밀도 등에 영향을 받는다.
2. 침출수 발생량 산정
   - 침출수량은 강우량, 강우강도에 따라 변하기 때문에 일최대에 의한 침출수량 산정은 비효율적인 설계가 되므로 일반적으로 평균강우량을 기준으로 한 합리식 및 n년 확률강우량(Hanashima 방식) 등에 의한 방법을 사용한다.

Ⅳ. 매립기간 중 수질변화

1. 침출수질은 강우량, 매립폐기물 종류(가연성, 불연성, 소각잔재 등), 매립지의 구조, 매립장 규모, 매립기간, 매립방식(구획분할매립 등), 매립완료 지역의 Cover, Capping system 유무, 지형, 지하수 등에 차이가 있어 침출수의 수질 변화를 정확히 규명하는 것에는 어려움이 있으나,

2. 초기 생분해가 쉬운물질이 많으므로 BOD/COD비(0.4 이상)가 높은 상태에서 유기산을
   생성하는 산생성시기와 경과년수가 길어질수록 생성된 유기물을 메탄균이 분해하면서
   CH_4 및 NH_3가 증가하는 메탄생성시기로 구분할 수 있다.

(1) 산 생성시기

 - 매립 후 일정기간 동안은 매립지 내부가 산성상태로 유지되면서 침출수내의 pH가 낮
   고 유기물질 농도가 높다.

(2) 메탄 생성시기

 - 매립기간이 경과 할수록 메탄 형성상태로 전환되면서 CH_4(가스유효이용) 및 NH_3성분
   (T-N증가로 처리곤란)과 pH가 상승하는 반면 BOD, COD 및 BOD/COD비는 낮아진
   다.

Ⅳ. 침출수 발생저감

 - 침출수는 강우에 의한 영향이 크므로 매립전에는 바닥 배수시설을 설치하고, 매립시에는
   철저한 복토실시, 매립후에는 분해속도를 높이는 시설(가스포집시설 등)을 설치한다.

Ⅴ. 처리방식

1. 자체처리 후 방류하는 방법

 - 매립장 침출수는 난분해성 유기물질(COD 20,000~50,000mg/L, TN 5,000mg/L 이상)
   이 많은 관계로 물리화학적(pH조정, 약품침전, 전기투석, 이온교환, 역삼투 등) + 생물
   학적으로 병용처리해야 한다.

 - 또한 유입수량, 수질변동이 심하므로 유량조정조(유입원수 특성 균일화)를 설치한다.

2. 매립장에 재살포하는 방법

 - 침출수 증발 및 매립지내에서 탈질반응 등을 유도

3. 인근 하수처리장에 연계처리 (하수량의 2% 정도)

호기성 퇴비화

I. 개요

– "호기성퇴비화"는 분뇨 및 하수슬러지 중 분해가 쉬운 유기물을 호기성상태에서 미생물에 의해서 분해시켜서 농녹지로의 이용가능한 형태(비료)로 안정화시키는 방법으로서, 2차 환경오염이 가장 적은 처리방법이다.

II. 슬러지 퇴비의 장단점

장점	· 유기성 폐기물을 재활용함으로써 폐기물을 감량화 할 수 있다.
	· 생산품인 퇴비는 토양의 이화학적 성질을 개선하기 위한 토양개량재료로 사용할 수 있다.
	· 운영시에 소요되는 에너지가 낮다.
	· 초기의 시설투자비가 낮고 소각방식의 1/2비용이면 가능하다.
	· 다른 폐기물처리에 비해 고도의 기술수준이 요구되지 않는다.
단점	· 생산된 퇴비는 비료가치가 낮다. (질소, 인 및 칼륨 모두가 각각 1%정도 함유)
	· 퇴비화 소요기간이 길므로 소요부지가 크다.
	· 도시화현상과 더불어 시설에서 발생하는 악취문제 등으로 부지선정에 어려움이 따른다.
	· 독성물질 및 중금속 함유

III. 퇴비화설비 및 용량

1. 퇴비화의 기본공정과 주요설비

기 본 공 정		주 요 설 비
전처리 공정	: 통기성 개선, 함수율 및 pH 조정	파쇄혼합기, 건조기
퇴비화 공정	: 55~65℃ 이상에서 3일 이상 체류	퇴비화조, 송풍설비, 탈취설비
제품화 공정	: 체 분류, 입상화, 포장 등	체분류기, 입상화기, 포장기계

2. 퇴비화조의 형식

 - 퇴비화조 형식은 퇴적형, 횡형, 입형이 있으며, 주변환경에 미치는 영향을 충분히 고려하되 가능한 한 간단한 것으로 한다.
 - 1차분해는 악취대책이 쉬운 입형이, 2차분해는 분해속도가 느리므로 퇴적형 또는 횡형을 주로 택한다.

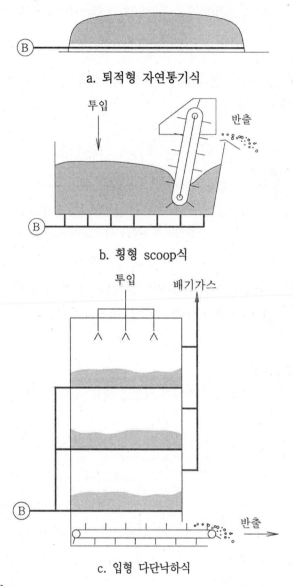

a. 퇴적형 자연통기식

b. 횡형 scoop식

c. 입형 다단낙하식

3. 퇴비화조의 크기

1) 퇴비화의 분해시간

 - 1차분해 일수는 10~14일을 기준으로 한다. 다만 퇴비성상의 안정화가 필요한 경우에는 2차분해를 행한다.

프로세스		분해시간(일)
1차분해 (발효기간)		10 ~ 14
2차분해(부숙기간)	자연통기	30 ~ 60
	강제통기	20 ~ 30

⇒ 부숙토 생산시 부숙기간 조정(07.7) : 1차발효기간 15일이상에서 3일이상으로 개정

2) 퇴비화조의 유효용량

- 퇴비화조의 유효용량은 투입혼합물의 용적, 퇴비화에 의한 용적변화 또는 혼합물의 분해일수를 고려하여 정한다.

$$V = \left(\frac{Q_1 + Q_2}{2}\right) \times t \quad \text{(관계식)}$$

여기서,   V : 퇴비화조 유효용량 (m^3)
　　　　　Q_1 : 퇴비화조에 투입되는 혼합물 부피 (m^3/day)
　　　　　Q_2 : 퇴비화조로부터 인출되는 퇴비 부피 (m^3/day)
　　　　　t : 혼합물의 분해시간 (day)

⇒ 횡형 퇴비화조나 입형 다단식 퇴비화조의 일부 또는 퇴적형과 같이 구조상 퇴적높이의 감소에 대한 조의 단변을 구하기 곤란한 경우는 Q_1 = Q_2로 가정한다.

Ⅳ. 퇴비화조의 발효조건

- 퇴비화 초기에 다음의 조건이 형성되지 않으면 발효 속도가 매우 느리며 저품질의 비료가 생산된다.

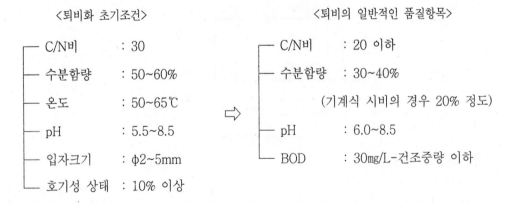

　　　　　〈퇴비화 초기조건〉　　　　　　　　　　　〈퇴비의 일반적인 품질항목〉

```
┌─ C/N비      : 30              ┌─ C/N비      : 20 이하
├─ 수분함량   : 50~60%          ├─ 수분함량   : 30~40%
├─ 온도       : 50~65℃                      (기계식 시비의 경우 20% 정도)
├─ pH         : 5.5~8.5    ⇒    ├─ pH         : 6.0~8.5
├─ 입자크기   : φ2~5mm          └─ BOD        : 30mg/L-건조중량 이하
└─ 호기성 상태 : 10% 이상
```

1. C/N 비 : 30 내외, 퇴비화 종료 후 20 이하

$$C/N 비 = \frac{생물분해가능 \, 탄소량(분뇨, \, 하수슬러지등 + bulking \, agent)}{총질소량(슬러지)}$$

- 가축분뇨 등은 C/N비가 우분 15~20 돈분 10~15으로 낮은데, C/N비가 높은 bulking agent(낙엽, 톱밥, 왕겨, 종이)를 혼합하여 C/N비를 30내외로 조정한다.

C/N비가 낮은 물질	C/N비가 높은 물질
수분이 많은 물질	갈색이고 건조된 물질
예) 가축분뇨, 음식물쓰레기, 하수슬러지 등	예) bulking agent(낙엽, 톱밥, 왕겨, 종이)

- bulking agent는 C/N조정 뿐아니라 수분조절 및 통기제로서의 역할도 한다.

2. 수분함량 : 50~60% (65% 이상시 혐기화), 퇴비화 종료 후 30~40%
- 30% 이하의 너무 적은 수분은 박테리아 활동을 방해하는 반면 65% 이상의 너무 많은 수분은 산소확산 저하로 혐기성화를 초래한다.

3. 온도 : 병원균 사멸을 목적으로 50~65℃ 범위 유지
- 퇴비화의 반응은 발열반응이며 퇴비화가 진행되는 동안 온도가 80℃까지 상승한다. 50℃ 이상의 온도가 일정기간 지속되므로 병원균 및 기생충란이 사멸되어 위생적이고 생산된 비료는 유기물과 호기성 미생물이 풍부하여 토양의 지력생산 및 식물 성장에 도움을 줄 뿐만 아니라 토양생태계를 원활하게 한다.

4. pH : 5.5~8.5
- 호기성 미생물이 유기물질을 소화함에 따라 유기산을 생성하는데 퇴비화 초기단계에서 이 산들은 자주 생성·축적된다. 산의 축적은 pH 4.5 이하로 감소시키고 미생물의 활동을 제한한다. 이런 경우에 적합한 pH로 맞추기 위해 공기를 충분히 공급하여 호기성 상태를 유지한다.

5. 산소 (Oxygen)
- 대기중 산소농도는 21%이지만 호기성 미생물은 5% 정도의 낮은 농도에서도 생존이 가능하다. 퇴비더미나 반응조내의 산소농도는 10% 이상이어야 한다.
- 호기성 조건을 유지하는 것은 여러 방법에 의해 수행될 수 있는데 공기배관 설치, 강제 공기유입, 그리고 기계적 혼합과 교반의 방법이 이용된다

혐기성 퇴비화

I. 개요

1. "혐기성퇴비화"는 최종과정에서 메탄가스가 생산되고 소화 후 슬러지의 생산량이 적으며 장기간의 체류기간으로 처리시키기 때문에 슬러지나 폐수내의 병원균을 사멸시킬 수 있지만,

2. 체류시간이 길어 시설비가 높으며 분해 중에 생성되는 유기산 등이 악취의 원인이 될 수 있으므로 악취발생에 대한 대책이 필요하다.

II. 호기성퇴비화와 비교

구분	혐기성 퇴비화	호기성 퇴비화
장점	· 메탄가스 회수 · 슬러지 발생량 적음	· 설치비가 저렴하다.
단점	· 악취 발생 · 체류시간이 길어 설치비가 비싸다.	· 소요부지가 넓다.

축산폐수 퇴비화 및 액비화

I. 개요

1. 축산분뇨를 제대로 발효시키지 않고 경작지에 주입하면 토지에 악영향을 끼치지만, 퇴비화 액비화시킨 후 적절히 토지에 살포하면 비료로서 역할을 하며 비점오염원이 되지 않는다.

2. '10년 현재 전체 가축분뇨 발생량은 4,650만톤이고, 이 중에 4,030만톤(87%)이 퇴비·액비로 자원화 되고 있다.

   - 기타 4,020만톤(9%)은 정화처리 후 방류되고 있고, 110만톤(2%)이 해양투기되고 있다.

3. 축산폐수의 처리는 단독처리와 하수처리장 연계처리방식이 있다. 가축분뇨 공공처리장의 처리공정은 크게 액비화방법, 퇴비화방법, 생물학적 처리방법(정화처리법)으로 나눌 수 있다.

   - 젖소분뇨, 양돈분뇨는 분(糞)보다는 뇨(尿)의 량이 많아 처리시 퇴비화보다는 액비화가 유리하다.

II. 축산폐수 처리방법

1. 액비화 방법 (액비 : 액체화된 비료)

   - 액비저장탱크에 일정기간 이상 저장하여 부숙시킨 후 액비로 사용하는 방법으로서, 액비를 충분히 발효시켜 악취를 줄이고 효과를 높여야 하는 것이 과제다.

   - 혐기성 소화액비(약 6개월 단순저장)와 호기성 소화액비(충분한 산소공급 및 교반으로 액비화기간 단축)로 구분된다.

   - 분뇨의 고액을 분리해 액상물만 저장

   - 악취 방지제와 미생물제제 첨가

2. 퇴비화 방법

   - 교반시설이 설치된 발효조에서 축산분뇨와 수분조절제를 혼합한 후 발효시켜, 발효열에 의해 수분이 증발하면서 퇴비화되는 방법

   - 축분의 경우 수분함량이 높아 수분조절제(톱밥, 왕겨 등)를 투입하여 적정조건인 수분함량 60~70% 범위를 유지시켜 주어야 한다.

3. 생물학적 처리 (정화처리법)

   - 주로 물리적 처리(1차처리) 후, 폭기조로 이송하여 생물학적 처리(2차처리)를 하고 화학적 처리 또는 여과 등의 방법으로 최종 처리한다.

   - 분뇨를 별도 분리 후 분은 퇴비화하거나 폐기물로 처리하고, 뇨는 수처리시설에서 처리하는 방법도 있다.

   ⇒ 최근 많이 사용되는 축산폐수처리방법 : SBR형 액상부식법, UF(한외여과막)법, B3공법 등

Ⅲ. 액비화와 퇴비화의 비교

구분	액 비 화	퇴 비 화
장점	· 액상분뇨 처리에 효과적 · 처리비용 절감 · 대기오염 경감, 메탄가스 회수	· 고형물 처리에 효과적 · 가축분뇨 장거리 수송가능 · 분뇨의 상품화 가능
단점	· 장거리 수송 제한, 분뇨의 상품화 곤란 · 작물에 과잉 살포시 작물고사 · 액비를 살포할 수 있는 전답·초지 확보곤란 · 강우유출로 인한 하천오염 심화 우려	· 질소손실 과다, 처리비용 과다 · 퇴비화를 위한 넓은 부지가 필요 · 악취발생으로 설치장소 제약 · 수분조절제(톱밥) 구입이 어렵고 가격 상승 · 퇴비가격의 계절적 격차가 심함

슬러지의 토지주입시 위해성

Ⅰ. 개요

1. 하수슬러지는 농작물생장에 필요한 영양분을 가지고 있으나, 직접 활용시 부패가능성, 인체에 유해한 병원균, 중금속 함유로 지나친 사용은 토양 및 지하수를 오염시킬 수 있다.

2. 그러나 하수슬러지 및 축산분뇨, 음식물쓰레기를 퇴비화·액비화하여 적절히 살포하면 비료로서 역할을 하며 비점오염원이 되지 않는다.

Ⅱ. 위해성 4가지

- 농작물 생육장애, 생물농축, 수질오염·토양오염, 병원균에 의한 위생문제
- 다우(多雨)지역은 토양이 산성화 될 우려가 높은데, pH가 낮은 경우 중금속이 가용화되어 식물체에 흡수될 가능성이 증가한다.

1. 구리, 아연, 비소, 납 등이 농작물에 흡수시 생육장애를 일으키거나 고사한다.

2. 카드뮴, 수은 등은 농작물 흡수시 비교적 생육장애를 일으키지 않으나, 인축에 농축(침출수 성분 중)된다.

3. NH_3 -N 및 NO_3-N, Mn 등에 의해 지하수 오염

4. 병원균에 의한 위생문제

음식물류 폐기물 및 음폐수처리

Ⅰ. 음식물류 폐기물

1. 특성
- 고농도의 유기물, 유분 및 질소 함유
- N/P가 26:1로 표준해역의 질소농도보다 높아 질소에 의한 적조현상 발생
- 고형물 함량이 8% 이하이거나 수분함량이 92% 이상으로 하수슬러지보다 빠르게 해저에 쌓임

2. 발생 및 처리현황
- 음식물류 폐기물은 연간 500만톤(1일 13,700ton)이 발생하고, 이 중 대부분(90% 이상) 사료화·퇴비화 등 재활용 원료로 사용되고 있으며, 일부는 소각 등의 방법으로 처리되고 있다.

3. 음식물류 폐기물의 처리방법
1) 분리수거하여 자원화하는 방법 : 퇴비화, 사료화(100℃ 30분 이상 끓인 후 무상사료로 이용)
   - 음폐수 발생으로 2차오염 유발
   - 염분 재처리로 인한 평균 처리비용이 톤당 약 12만원으로 높다. (미국의 약 4배)
2) 하수처리장 연계처리
  (1) 혐기성소화조 이용방법
   - 혐기성소화조로 수거운반 후 하수슬러지와 혼합하여 처리 → 바이오가스(메탄) 생산
  (2) 디스포저(주방용 오물분쇄기) 사용방법
   - 관거정비가 우선적으로 이루어져야 함.
3) 일반쓰레기와 함께 처리하는 방법 : 비위생적, 침출수 문제
4) 소각시설을 이용한 처리
5) 자원화방안 : 활성탄 생산 (부패하지 않은 음식물폐기물에만 적용 가능)

Ⅱ. 음폐수(음식물류 폐기물 발생폐수)

1. 특성

- 우리나라 음식물은 선진국과 다르게 염분함량이 높아서 음식물류 폐기물의 퇴비화사료 화를 위해서는 염분 재처리가 필요하며, 이 과정에서 세척수와 음식물 함유수분이 발생하는데 이를 음폐수라 한다.
- 음식물류 폐기물을 짜낸 고농도의 유기성 오수이다.

2. 발생 및 처리현황

- '06년 기준 8,225㎥/d이 발생하여 이 중 하폐수처리장 등 연계처리 35%, 해양투기 65%, 정도로 처리하였으나,
- '13년 음폐수의 해양투기금지 이후, 바이오가스화 사업의 효과저조 등으로 특별한 육상 대책 대안없이 하폐수처리장 등에 연계처리하고 있다.

3. 음폐수의 처리방안

- 그 동안 해양배출의 방법으로 처리되던 음폐수의 전량 육상처리 전환으로 혐기성소화를 통한 에너지화, 탄화 등 처리방법 다각화가 필요하다.
1) 음폐수의 바이오가스化 사업 계속추진
2) 음폐수와 유기성슬러지를 병합처리하는 혐기성소화조 보완
3) 가스정제·발전시설 시범 설치·운영
4) 음식물폐기물 발생저감 : 발생량에 따라 비용 부가

디스포저(Disposer ; 주방용 음식물분쇄기)

Ⅰ. 개요

- 음식물폐기물처리는 기존 해양투기가 주로 이루어졌으나 2013년부터 음식물류 폐기물과 음식물류 폐수(음폐수)의 해양투기가 금지됨으로서 음식물폐기물처리에 대한 여러 가지 방안을 모색 중이며, 이중 한 가지가 디스포저(disposer, 주방용 오물분쇄기 또는 음식물분쇄기)를 통한 하수처리장 연계처리다.

Ⅱ. 문제점

- 하수관거의 막힘 현상
- 악취 및 관거부식 우려
- 하수도요금 부담 가능(오염자 부담원칙)

Ⅲ. 분류

구분	직투입형	전처리 시설형
적용지역	· 분류식 하수관거 설치지역	· 합류식 하수관거 설치지역
가격	· 대당 약 50만원	· 설치비(267만원/세대) · 운영비(8천원/월/세대) 추가부담

Ⅳ. 사용조건

1. 반드시 분류식 오수관거에만 도입을 원칙으로 하며,
2. 합류식하수도의 경우 단독정화조 등 개인하수처리시설이 갖추어진 경우 일부 허용 가능
 - 유기성 고형물 소류속도는 0.3~0.4m/s지만, 최소유속 설계기준인 0.6m/s이하시 고형물 퇴적 우려가 있으므로 유속 0.6m/s 이상을 유지할 것.
 - 우리나라의 충족지역은 일부에 불과

V. 음식물폐기물 처리를 위해 디스포저에 의한 하수처리장 연계시 문제점

1. 오염부하 증가
- BOD는 4배, SS는 17배 정도 증가

2. 환경부하 증가
- 외견상으로 그 오염부하의 정도가 적어질 수 있으나 LCA적인 관점에서 환경부하 증가

3. 관거에 대한 영향
- 국내 하수관거의 최소유속 0.6m/s를 확보하지 못하고 있어 하수관거내 퇴적현상 발생
- 관거내 악취의 원인이 되며 식물성 기름 등의 증가로 관거가 막히는 원인이 됨
- 합류식인 경우 퇴적된 물질이 강우시 하천 등으로 방류되어 공공수역 수질오염 발생

4. 하수처리장 영향
- 고도처리시설로의 전환시 농도부하면에서 문제 발생(특히 질소)

5. 슬러지처리시설 영향
- 슬러지 발생량이 20~30% 정도 증가

VI. 의견

1. 이 방법은 선결해야 할 문제점들이 많으므로 지역적 특성 등을 고려하여 점진적으로 확대 시행함이 바람직하다.

   ┌ 학교, 음식점 등 신선한 상태로 대량 배출되는 음식물류 폐기물 → 자원화
   └ 가정에서 소량 배출되는 자원화가치가 적은 음식물류 폐기물 → 디스포저 사용
     단, 전제조건 : 하수관거의 정비완료

2. 디스포저를 적용하려면 도시계획단계에서 기반시설이 갖춰져야 한다. 즉 하수도 직접배출은 신도시에 적용가능하다.

제10장 상수도계획

수도정비기본계획 수립절차 (10년 단위)

I. 수립절차

구 분	작성자
국가 또는 수자원공사에서 관리하는 광역상수도 및 공업용수도	· 국토교통부장관 · 지자체 의견을 들은 후 관계기관장과 협의 후 작성
특광역시장·시장·군수가 관리하는 일반수도 및 공업용수도	· 지방자치단체장 (기초지자체의 경우 해당 도를 경유해야 함) · 일반수도 : 환경부장관 승인, 공업용수도 : 국토교통부장관 승인

- 2개 이상의 관할구역에 걸칠 경우 대통령령이 정하는 자치단체장이 수립
- 수립작성자는 수도정비기본계획을 고시한 후 5년 경과시 타당성 여부를 재검토하여 이를 반영하여야 한다.

II. 기본계획의 수립순서

기본방침의 수립 → 기초조사 → 기본사항의 결정 → 정비내용의 결정 → 재정계획/사업시행

<수도정비기본계획에 들어갈 내용 (요약)>

기본사항	· 총설, 기초조사, 기본사항의 결정
시설계획	· 시설확충계획, 시설개량계획, 마을상수도 및 소규모급수시설 정비계획 (수원 및 취·도수시설, 정수시설, 송배급수시설)
수량수질계획	· 대체수자원 개발, 상수도 수요관리, 상수도 수질관리
재정·운영계획	· 운영관리 개선, 기술진단, 재해/안전진단, 사업시행 및 재정계획

수도정비기본계획 목차 및 주요내용

I. 수도정비기본계획의 목차

1장. 총설 : 과업의 개요, 기본계획수립의 기본방향, 과업의 주요내용, 재정계획, 사업의 효과

2장. 기초조사 : 급수구역, 급수량, 시설위치, 수원 등의 결정을 위한 자료조사

⇒ 하수도 기초조사 : 자연적 조건, 관련계획, 부하량, 기존시설, 자원화/유효이용, 문화재·사
적 및 GIS구축에 관한 조사

3장. 기본사항의 결정 : (계획)목표년도, (계획)급수구역, (계획)급수인구, (계획)급수량

4장. 시설확충계획 : 수원 및 취·도수시설, 정수시설, 송·배·급수시설

5장. 시설개량계획 : 수원 및 취·도수시설, 정수시설, 송·배·급수시설

6장. 마을상수도 및 소규모급수시설 정비계획 (광역상수도 및 지방상수도 연계계획)

7장. 대체수자원 개발계획 … 중수도의 개발보급

8장. 상수도 수질관리 계획 … 수돗물의 수질개선, 상수원 보호구역 지정

9장. 상수도 수요관리 계획 … 수돗물의중장기 수급

10장. 운영관리 개선계획

11장. 기술진단 계획

12장. 재해 및 안전진단 계획

13장. 사업시행 및 재정계획 … 재원조달 및 실시순위

14장. 기타 (관련기관 협의, 과업수행참여자 명단)

II. 수도정비기본계획에 포함되어야 할 사항

1. 수도의 정비에 관한 기본방침 (전용수도를 제외한다)

2. 수돗물의 중장기 수급에 관한 사항

3. 광역상수원 개발에 관한 사항

4. 수도공급구역에 관한 사항

5. 상수원의 확보 및 상수원보호구역의 지정·관리

6. 수도시설의 배치·구조 및 공급능력에 관한 사항 (전용수도를 제외한다)

7. 수도사업의 재원조달 및 실시순위

8. 수도관의 현황조사 및 개량·교체에 관한 사항

9. 중수도의 개발·보급

10. 기술진단결과에 따라 수도시설을 개선하기 위한 사항

11. 광역상수도와 지방상수도를 연계하여 운영할 필요가 있는 지역의 통합급수에 관한 사항

12. 수돗물의 수질개선에 관한 사항

13. 수도시설의 정보화에 관한 사항

물수요관리종합계획

Ⅰ. 개요

- 시·도지사는 5년 단위로 수돗물의 수요관리를 강화하기 위하여 1인당 적정 물사용량 등을 고려하여 시군구별로 물수요관리 목표를 정한다.
- 시·도지사 수립(관계 시·군·구청장 협의) → 환경부장관 승인(국토부장관 및 관계국 협의)

Ⅱ. 작성기준

1. 총설

1) 계획의 목적 및 범위
2) 기본방향
3) 계획수립의 개요
4) 사업의 효과

2. 기초조사

1) 자연적 조건
2) 사회적 특성
3) 관련계획에 관한 조사
4) 물수요관리 목표 산정을 위한 기초조사
5) 상수도 현황
6) 중수도 현황
7) 절수설비 설치현황
8) 빗물이용시설 설치 현황
9) 하폐수처리수 재이용 현황
10) 기타

3. 물수요관리 목표설정

1) 수돗물의 용도별 사용량 조사
2) 물수요관리 목표 설정
3) 정책수단 도출 및 우선순위 결정

4. 물수요관리 추진계획

1) 유수율 제고계획
2) 중수도 보급계획
3) 절수설비 및 절수기기의 보급계획
4) 빗물이용 설치계획
5) 하폐수처리수 재이용계획
6) 수도요금체계 확립
7) 지하철 용출수 이용계획, 산업체 물재이용 확대방안
8) 교육 및 홍보계획

5. 교육·홍보 및 기술개발계획
6. 구군별 물수요관리 시행계획
7. 추진성과 평가계획
8. 재정계획 (및 사업시행순위)

※ 기타 : 부록, 조치결과서, 관련기관 협의, 과업수행참여자 명단

물환경관리 기본계획

I. 개요
1. 1998년 4대강 물관리 종합대책은 '상수원 수질개선'에 초점을 맞추어 BOD 위주의 오염물질 관리에 국한되었으나,
2. 2006년 물환경관리 기본계획(2006~2015년, 10년간)은 4대강 물환경 개선과 '수생태계 회복 및 주민 여가공간 조성'을 목표로 계획되었다.

II. 계획의 의의와 성격
1. 이 계획은 그간 정책의 평가를 통해 향후 10년간(약 33조원 투입예상)의 정책방향을 담은 "물환경정책"의 청사진이며,
2. 「수질 및 수생태계 보전에 관한 법률」의 규정에 의한 법정기본계획이자 물환경 조성 및 수생태계 보전을 위한 정부계획 중 최상위 계획이다.

III. 물환경관리기본계획의 주요내용
1. 수질기준 강화
 - 2015년까지 특정수질유해물질(19 → 35개), 건강보호기준(9 → 30개) 항목 확대, 방류수 수질기준 강화
2. Biomanipulation (생물관리기술)
 - 수초재배섬, 인공습지, 완충식생대(상수원 수변구역 매수하여 조성), 자연형 하천
3. 총량 규제
 - 수질오염총량제 정착, 2단계('11~'15) 총량규제에 BOD 외 T-P항목 추가
4. GIS기반 통합유역 관리시스템
 - 비점오염원/점오염원을 DB화하여 GIS연계 수계별 예측시스템 구축
5. 비점오염원 관리
 - 영세축산시설, 고랭지 밭 등 관리
6. 점오염원 관리
 - T-P처리, 생태독성, TMS제도 정착, 환경기초시설 신·증설

VI. 시행계획

┌─ 기본계획 및 정책방향 : 환경부
└─ 권역별 관리계획 : 지방환경청, 지자체

Ⅴ. 물환경관리 권역별 계획수립체계

구분	역할	수립주체	수립기간	내 용
대권역	대규모수계영향권	환경부장관	매 10년	· 수계영향권 규모가 큰 4대강과 인접수계 (한강, 낙동강, 금강, 영산강·섬진강)
중권역	중규모 영향권	환경청장 (유역·지방)	매 5년	· 총량관리 단위유역 범위를 고려하여 설정 (117개)
소권역	소규모 영향권	시장·군수구구청장	매 5년	· 부처간 물관리 정보의 공유목표로 설정된 표준유역 (840개)

계획목표년도

Ⅰ. 개요

1. 계획년수를 길게 잡으면 건설비 추정이 어렵고, 시설의 노후화로 비경제적일 수 있다.
2. 계획년도를 짧게 잡으면 계획기간 중 시설확장이 필요해지고, 유지관리상의 문제, 시설이 조잡해 질 수 있다.
3. 상수도는 일반적으로 10년 단위로 정하고, 하수도는 20년 단위로 정하는 것이 좋다.

Ⅱ. 목표연도 설정시 고려사항

1. 시설확장의 난이도
2. 토건 및 기전의 내용년수 : 토목 30년, 기계·전기 10~20년
3. 현재 자금사정 및 장래 이자율 예측치
4. 건설비 및 유지관리비
5. 도시의 발전가능성(인구증대, 산업발전 등)

Ⅲ. 시설별 목표년도

구분	구조물	특징		목표년도(년)
상수도	큰 댐, 대구경 관로	확장이 어렵고 고가		25~50
	배수관로 여과지 정호	확장이 쉽고	도시성장 및 이자율이 낮은 경우	20~25
			도시성장 및 이자율이 높은 경우	10~15
	300mm 이상	-		20~25
	300mm 미만	완전이용에 이르는 년수		
하수도	간선, 토구, 차집관로	확장이 어렵고 고가		40~50
	처리장	도시성장 및 이자율이 낮은 경우		20~25
	300mm 이상	도시성장 및 이자율이 높은 경우		10~15
	300mm 미만	완전이용에 이르는 년수		

※ 상수도관의 내구연한 (지방공기업법)

- 토목시설 및 그 밖의 수도시설 : 30년(취수·도수·정수·배수지 설비시설 등)
- 스테인리스관, 주철관, 강관 : 30년   · 그 밖의 관(재질에 따라) : 20~30년
- PVC관, PE관 : 20년   · 수도관 부속설비 : 20~30년
- 아연도강관 : 10년   · 전기·기기시설 : 10~15년

(상수도 설계)기본계획의 수립절차

⇒ 기본방침 수립(계획목표 설정) → 기초조사 → 기본사항의 결정 → 정비내용의 결정

Ⅰ. 기본방침 수립

⇒ 기본방침을 수립할 때에는 다음 사항에 대하여 명확하게 하여야 한다.
 - 급수구역에 관한 사항
 - 수도정비기본계획, 전국수도종합계획 등 상위계획과의 일치성에 관한 사항
 - 급수서비스 향상에 관한 사항
 - 갈수, 지진 등 비상시의 대비책에 관한 사항
 - 유지관리에 관한 사항
 - 환경에 관한 사항 : 환경에 미치는 영향평가, 에너지 절약, 자원 절약
 - 경영에 관한 사항 : 재원 확보, 경영합리화 등

Ⅱ. 기초조사

⇒ 기본계획을 수립할 때의 기초조사는 필요에 따라 다음 사항에 의하여 실시한다.
 - 급수구역의 결정에 필요한 기초자료의 수집과 조사
 - 급수량 결정에 필요한 기초자료의 수집과 관련계획 등의 조사
 - 종합적인 상위계획 및 관련 상수도사업계획 또는 상수도용수공급계획에 대한 조사
 - 상수도시설의 위치 및 구조 결정에 필요한 자연적, 사회적 조건의 조사
 - 유사하거나 동일한 규모의 기존 상수도시설 및 그 관리실적에 대한 자료수집과 조사
 - 각종 수원에 대한 이수의 가능성과 수량 및 수질 조사
 - 개량·갱신해야 할 시설의 범위와 시기를 결정하기 위한 현재 보유시설의 평가
 - 공해방지 및 자연환경보전을 도모하기 위한 환경영향평가의 조사

Ⅲ. 기본사항의 결정

⇒ 기본계획을 수립할 때에는 다음 각 항에 의한 계획의 기본사항을 정리해야 한다.
 - 계획(목표)년도 : 기본계획에서 대상이 되는 기간으로 계획수립시부터 15~20년간을 표
   준으로 한다.
 - 계획급수구역 : 계획년도까지 배수관이 부설되어 급수되는 구역은 여러 가지 상황들을
   종합적으로 고려되어 결정되어야 한다.
 - 계획급수인구 : 계획급수인구는 계획급수구역 내의 인구에 계획급수보급률을 곱하여 결
   정된다. 계획급수보급률은 과거의 실적이나 장래의 수도시설계획 등이
   종합적으로 검토되어 결정된다.
 - 계획급수량 : 계획급수량은 원칙적으로 용도별 사용수량을 기초로 하여 결정된다.

Ⅳ. 정비내용의 결정

- 정비내용을 결정할 때에는 시설의 전체적인 합리성 등을 감안하여 사업의 내용, 공정, 개괄적인 사업비 등을 밝혀야 한다.

상수도 사업계획서 작성절차, 정수장 시설의 설계(수립)절차

> 기본계획 → 기본 및 실시설계 → 시공 → 준공(완전통수) 및 유지관리

1. 기본계획 (기본방침, 기초조사, 기본사항, 정비내용)

- 순서 : 기본방침의 수립(목표설정), 기초조사, 기본사항의 결정, 정비내용의 결정
- 급배수계획 결정, 수원 확보, 정수처리방법 결정(수질·수량조사), 건설비의 확보

2. 기본설계

- 수질조사, 처리수량 결정
- 각 시설의 개략용량 산정 후 수리적 개략 검토
- 각 설비의 기본형식 검토, 부지확보, 각 시설의 프로세스 검토 후 배치(안) 작성
- 기본배치 결정
- 문제점 조사 · 연구 (수처리 · 관리형태 · 구조 · 수리 등에 대해서)

3. 실시설계

- 각 시설 상호간의 취합·정리
- 각 시설의 골조 상세검토 → 수리계산, 구조계산 → 설계도, 시방서 작성
- 적산(수량, 단위) 후 기공(안) 작성·제출(= 단가 및 내역서 결정)

4. 실시설계 이후 (시공/유지관리)

- 관리지침 작성, 입찰
- 시공업자 결정, 공사현장 설명 → 공사 진척에 따른 각종 조치(설계변경 등)
- 공사 및 준공(완전통수)… 시공, 감리, 시운전

관망정비사업의 수립절차(시설계획)

1. 조사
- 관망도 정비, 관망기술진단, 현장조사 및 측정, 누수탐사

2. (기본)계획
- 관망최적관리시스템 구축 (블록시스템 구축계획, 관망정비계획, 유지관리시스템계획)

3. 기본/실시설계
- 관망최적관리시스템 구축 (블록시스템 구축계획, 관망정비계획, 유지관리시스템계획)

4. 시공
- 블록시스템 구축, 불량관 개량 및 교체, 송배수급수체계 및 관망체계 정비, 유지관리시스템 구축, 원격검침시스템(TM/TC)

5. 유지관리
- 유지관리시스템 활용, 시설 개선, 민원 관리, 관망도 관리

상수도시설의 일반적인 설계과정

> ┌ 기본계획, 기본설계, 실시설계 순서로 계획
> └ 설계절차 : ① 설계기본조건 설정 → ② 정수시설 용량계획 → ③ 배출수 처리시설 계획

1. 기본계획 수립
- 기본방침의 수립 : 급수구역, 상위계획과의 일치성, 급수서비스 향상, 지진 등 비상대책,
  유지관리, 환경·경영에 관한 사항
- 기초조사 : 급수구역, 급수량, 시설위치, 수원 등의 결정을 위한 자료조사
- 기본사항의 결정 : 계획목표년도, 계획급수구역, 계획급수인구, 계획급수량 산정

2. 정비내용의 결정
- 급수량에 알맞은 취수원 확보(수질·수량관리, 수리권 확보), 취수원 보호대책
- 저수시설, 취·도수시설 계획
- 정수시설 계획 (배출수처리시설 포함)
- 배·급수시설 계획 (배수지 용량계획, 배수관망계획, 직결급수계획 등)

3. 기본설계, 실시설계
- 기본설계 이후 각 시설의 골조 상세검토 → 수리계산 및 구조계산 → 설계도, 시방서
  작성 → 단가 및 내역서 결정 → 준공(완전 통수)
- 상수도시설은 전국수도종합계획과 수도정비기본계획에 근거하여 충분한 조사가 이루어
  진 후에 관련되는 법령과 지침에 따라 설계한다.

정수시설 계획시 고려사항, 정수장 설비계획시 중요항목

Ⅰ. 정수시설 계획시 주요고려사항

1. 수량적 안정성 확보
 - 계획수량, 여유율 확보, 대체수자원 확보(타 지자체와 관로 연계)

2. 수질적 안전성 확보
 - 수처리 가능량, 상수원 수질보전, 고도정수처리시설의 도입

3. 적정한 수압 확보
 - 직결식, 저수조식, 병용식 등, 최소동수압 150kPa 확보

4. 지진, 단전 등의 비상대책
 - 단전 대비, 내진설계

5. 시설의 개량과 갱신
 - 장래증설 대비

6. 환경대책, 경영대책
 - 소음·진동 예방대책, 예산확보, 유지관리비, 악취 민원 등

7. 기타
 - 에너지절감형 설비, 에너지자립형 정수시설

Ⅱ. 정수장 설비계획시 시설별 중요항목

설비명	중요항목
착수정	· 수면동요를 흡수할 면적 필요
응집 · 플록형성지	· 구조상 안전성, 응집 및 플록형성 효과의 확인 · 여유공간의 유무, 유지관리의 변경
침전지	· 침전효과의 확인, 슬러지의 재부상 · 구조상의 안전성, 여유공간의 유무
여과지	· 여과 및 역세척 효과, 여재의 유출 확인 · 여유공간의 유무
약품주입장치	· 약품처리효과의 확인, 저장장소의 확인 · 법령상의 제약
기계, 전기, 계장	· 계장, 제어와의 관계, 제어의 효과와 신뢰성 · 전력용량의 유무, 여유공간의 유무, 유지관리의 변경
케이블, 관로, 공동구	· 신호, 정격용량의 확보, 유량, 손실수두의 확보 · 점검, 피난의 안전 확보
배출수처리	· 처리능력과 케이크의 질, 분리수의 반응 · 여유공간의 유무, 유지관리의 변경

상수도 시설물의 계획수량

I. 계획수량

시설물	계획 기준수량	비 고
수원지/저수지/유역면적의 결정	1일평균급수량	
취수시설, 도수로	1일최대급수량 × 1.1	· 계획취수량 = 계획도수량
도수펌프, 정수장	1일최대급수량 × 1.1 + 예비	· 1.1 : 수도시설 내에서 사용량을 가산
송수펌프	1일최대급수량 + 예비	· 예비 : 여과지 세척 등에 약 5%의 물 손실
송수로, 배수지	1일최대급수량	
배수관	시간최대급수량	

주) 정수장의 예비능력은 당해 정수장 계획정수량의 25% 정도를 표준으로 한다.

II. 배수관망 계획배수량

1. 평상시 : 계획시간최대급수량 = 계획일최대급수량/24 × k (1.3, 1.5, 2.0)
 - 시간계수(k)는 배수량이 많을수록 작아지며, 해당지역 또는 유사지역의 실측조사 결과를 반드시 비교 검토하여 결정해야 한다.
2. 화재시 : 계획일최대급수량/24 + 소화용수량
 - 인구 10만 이상의 도시지역에는 평상의 배수량이 화재시보다 더 크기 때문에 소화용수량을 고려하지 않는다.

<계획1일최대급수량에 가산할 인구별 소화용수량>

인구만명	소화용수량(m'min)	인구만명	소화용수량(m'min)
0.5 미만	1 이상	6 미만	8 이상
1 〃	2 이상	7 〃	8 이상
2 〃	4 이상	8 〃	9 이상
3 〃	5 이상	9 〃	9 이상
4 〃	6 이상	10 〃	10 이상
5 〃	7 이상		

정수장 위치 및 계획지반고 선정

Ⅰ. 위치선정

1. 몇 개의 후보지를 다음과 같은 기준에서 비교 검토한다.
2. 소요부지 확보, 인허가, 민원발생, 장래확장, 공사비에 영향을 주는 지반상태 검토, 전원
   확보, 시공성 등

Ⅱ. 계획지반고 선정

- 위치가 결정되면 수리계통도를 기준하여 최적표고를 토공비 및 에너지 절감차원에서 결
  정한다.

Ⅲ. 시설간의 수위결정

1. 급속여과방식인 경우 정수장의 전체 손실수두는 3.0~5.5m 정도
2. 처리공정 상호간의 간섭은 배제할 것
3. 여유수두를 둘 것
4. 고도정수처리시설 도입시의 추가손실수두를 고려해 둘 것

급수인구 10만명의 정수장 설계

I. 설계기본조건

1. 계획목표년도 : 10~20년 계획기간
2. 계획시설용량 : 계획급수구역, 계획급수인구에 알맞은 계획급수량을 산정한다.
 - 일최대급수량 기준 + 여유수량(10%)
 - 일최대급수량 = 10만명 × 500 ℓpcd(1인1일최대급수량) × 1.2(누수율) = 6만㎥/d
 - 계획정수량 = 6만㎥/d × 1.1(여유수량) = 6.6만㎥/d
3. 정수처리방식

　　수원 → 취수시설 → 착수정 → 혼화지·플럭형성지 → 침전지 → 여과지 → 소독

II. 정수시설 용량계획

1. 착수정

 - 시설기준 : 체류시간 1.5분 이상, 유효수심 3~5m
 - 용량산정 : 체류시간 2분　　　⇒ 66,000㎥/d × 2분 × (1일/(24×60분)) = 92㎥
 - 시설제원 : 유효수심 3m, 2지　⇒ B 4m × L 4m × H 3m × 2지 = 96㎥

2. 혼화지

 - 시설기준 : 체류시간 1~5분
 - 용량산정 : 체류시간 2분　　　⇒ 66,000㎥/d × 2분 × (1일/(24×60분)) = 92㎥
 - 시설제원 : 유효수심 4m, 2지　⇒ B 3.4m × L 3.4m × H 4m × 2지 = 92.5

3. 플록형성지

 - 시설기준 : 체류시간 20~40분
 - 용량산정 : 체류시간 30분　　⇒ 66,000㎥/d × 30분 × (1일/(24×60분)) = 1,375㎥
 - 시설제원 : 유효수심 4m, 4지　⇒ B 10m × L 8.6m × H 4m × 4지 = 1,376㎥

4. 약품침전지

 - 시설기준 : 체류시간 3~5시간, 유효수심 4.6~5.5m, 월류부하 500m/d 이하
 　　　　　　폭 : 길이 = 1 : (3~8), 여유고 30㎝
 - 용량산정 : 체류시간 4시간　⇒ 66,000㎥/d × 4시간 × (1일/24시간) = 11,000㎥
 - 시설제원 : 유효수심 5m, 4지　⇒ B 10m × L 55m × H 5m × 4지 = 11,000㎥

5. 급속여과지

- 시설기준　:　<u>여과속도 120~150m/d, 1지당 여과면적 150㎡ 이하</u>
- 용량산정　: 여과속도 130m/d　⇒ 소요 여과지면적 = (66,000㎥/d)/(130m/d) = 508㎡
　　　　　　　　　　　　　　⇒ 소요지수 = 508㎡/150㎡ = 3.4지 ∴ 5지 (예비지 포함)
- 시설제원　: 여과지 깊이 3m　⇒ B 11m × L 14m × H 3m × 5지 = 2,310㎥

6. 정수지

- 시설기준　:　<u>계획정수량 1시간분 이상, 유효수심 3~6m</u>
- 용량산정　: 계획정수량 1.5시간　⇒ 66,000㎥/d × 1.5시간 × (1일/24시간) = 4,125㎥
- 시설제원　: 유효수심 4m, 2지　⇒ B 15m × L 35m × H 4m × 2지 = 4,200㎥

7. 약품주입설비

- 응집제 투입설비 (고체Alum(Al_2O_3 17%) 투입시)

　시간최대주입율 : 탁도 500NTU시 100mg/L (Al_2O_3 8% 기준)

　일평균주입률 : 12mg/L (Al_2O_3 17%)

　　⇒ 시간최대투입량 = 66,000㎥/d × 100mg/L × 8/17 × 1/24 = 129kg/hr

　　⇒ 일평균투입량 = 66,000㎥/d × 12mg/L × 10^{-3} = 792kg/d

　　⇒ Alum 건식주입기 : 정량형 130kg/hr × 2대(1대 예비)

　　⇒ 저장량(1개월분) = 792kg/d × 30일 = 23.8ton/d

　　⇒ 옥외저장소 : 23.8ton/d × 대/25kg = 950대

- 염소소독설비 : 시간최대주입율 5mg/L, 일평균주입률 1.5mg/L 정도

　　⇒ 시간최대투입량 = 66,000㎥/d × 5mg/L × 1/24 = 14kg/hr

　　⇒ 일평균투입량 = 66,000㎥/d × 1.5mg/L × 10^{-3} = 99kg/d

　　⇒ 저장량(1개월분) = 99kg/d × 30일 = 3.0ton/d (1톤 용기 3대)

　　⇒ 염소주입기 : 2~15 kg/hr, 2대

Ⅲ. 배출수처리시설

1. 발생고형물량 산정

- 탁도 : 평상시 25mg/L, 고탁도시 100mg/L (평상시 탁도의 4배)

- alum : 평상시 12mg/L, 고탁도시 100mg/L

- 발생고형물량 ┬ 평 상 시 : 66,000㎥/d × (25mg/L + 12mg/L×0.234) = 1,835 kg/d

　　　　　　 └ 고탁도시 : 66,000㎥/d × (100mg/L + 100mg/L×0.234) = 8,144 kg/d

　※ 0.234 : alum 1mg 당 0.234mg $Al(OH)_3$ 발생

- 배출슬러지 농도 : 약품침전지 0.5%, 농축조 5%

2. 배출수지

- 시설기준 : 1회당 1지의 세척배출수량 이상의 용량, 유효수심 2~4m

- 여과지제원 : B 11m × L 14m × H 3m × 5지

- 1지당 세척배출수량

　　Qf(㎥/회/지)　　　　　　A　 : 여과면적(㎡/지)

　　= A(㎡/지)　　　　　　V_1　 : 표면세척속도(m/min),　T_1　: 표면세척시간(min/회)

　　　× ($V_1 \cdot T_1 + V_2 \cdot T_2$)　　V_2　 : 역세척속도(m/min),　　T_2　: 역세척시간(min/회)

　　⇒ Qf(㎥/회/지) = (11m×14m) × (0.2m/분×5분/회 + 0.8m/분×5분/회) = 770㎥/회/지

- 시설제원　⇒ B 11.3m × L 11.3m × H 3m × 2지 = 766㎥/회/지

3. 배슬러지지

- 시설기준 : 24시간 평균 배슬러지량 또는 1회 배슬러지량 중 큰 값, 유효수심 2~4m

- 용량산정 ┬ 24시간 평균 배슬러지량 = 1.84t/d

　　　　　 └ 1회 배슬러지량 = (8.14t/d) / 4지 = 2.04t/d

∴ 시설용량은 고탁도시 1회 배슬러지량/1지로 채택 : [(2.04t/d)/회] / 0.005(0.5%) = 408㎥

- 시설제원 ⇒ B 5m × L 11.7m × H 3.5m × 2지 = 409.5㎥/회/지

4. 농축조

- 시설기준　 : 용량은 계획슬러지량의 24~48시간분

　　　　　　　유효수심 3.5~4m

　　　　　　　고형물부하율 10~20kg/㎡·d

- 용량산정　: 고형물부하 20kg/m²·d　⇒ 20kg/m²·d = 8,140kg/d / A, 농축조면적(A) = 407m²

- 시설제원　:　　　　　　　　　⇒ D 16.2m × H 3.5m × 2지 = 459m³

5. 탈수기

- 유입슬러지량 = 8,140kg/d / (0.05×1,000) = 163m³/d

- 벨트프레스 능력 150kg/m·hr

  ⇒ 소요 여포폭 = 8,140kg/d / (150kg/m·hr × 8시간/일) = 6.8m

- 제원 : 여포폭 3m × 4대 (1대 예비)

장래 계획인구의 추정

Ⅰ. 개요

1. 상하수도계획시 시설규모나 용량을 결정할 때 목표연도의 계획인구를 추정하여 결정하므로 계획인구의 추정은 가장 기본적이며 중요한 설계요소이다.

2. 국가 및 지자체의 인구추정

 1) 국가계획 또는 광역계획의 경우 … 통계청의 시도별 추계인구를 적용

 2) 개별지자체의 경우 … 과거 통계자료를 기초로 시계열모델에 의한 추정치를 적용

 3) 개발계획에 의한 인구증가 추정 : 개발에 의한 인구증가분은 동 계발계획이 공식적으로 인정된 경우에 한하여 적용함이 합리적이다.

3. 인구영향평가에 의한 예측

 1) 대단위 도시개발추진과정에서 인구영향평가를 실시한 경우에 인구증가분은 인구영향평가에 의한 예측치를 활용하되 급수구역 내 기존 주거인구를 제외한 순수유입인구가 적용되어야 한다.

 2) 도시개발규모가 작아 인구영향평가가 실시되지 않은 경우에는 도시개발의 성격이나 지역특성이 유사한 도시의 인구영향평가를 활용하거나, 여의치 않은 경우 통계적 예측방법에 의해 유발인구가 추정될 수 있다.

Ⅱ. 장래인구(계획급수인구) 추정방법

 장래인구의 추계방법에는 주로 시계열 경향분석 또는 요인별 분석에 의한 것이 있다.

1. 시계열 경향분석에 의한 장래인구 추계

 1) 시계열경향분석은 인구의 시계열적인 경향을 분석하여 단일방정식으로 이루어지는 경향곡선에 맞도록 하여 장래인구를 예측하는 방법이며, 시간을 설명변수로 하는 비교적 간단한 예측방법으로 널리 사용되고 있다.

 2) 주요 시계열 추정방법

  ① 연평균인구 증감수와 증감률에 의한 방법 (등차급수법, 등비급수법)

  ② 지수곡선식 또는 수정지수곡선식에 의한 방법

  ③ 베기곡선식에 의한 방법

  ④ 이론곡선식(logistic curve)에 의한 방법

2. 요인별 분석에 의한 장래인구 추계

1) 요인별 분석은 추계의 기준으로 되는 인구에 인구변동요인인 출생, 사망, 전출, 전입을 가감하여 추계하는 방법이다.

2) 이 방법은 총인구 외에 연령별 인구를 추계할 수 있으며 인구이동을 요인이 하나로서 파악하기 때문에 지역별 추계인구에도 적합하다. 그러나 면밀한 분석작업을 수반하므로 이에 대응하여 자료를 충분히 확보해야 한다.

Ⅲ. 시계열분석에 의한 장래인구 추계방법 (= 수요추정모델)

1. 등차급수

1) 매년의 인구증가수가 일정하다고 가정

$$y = y_0 + Ax$$

여기서, y : x년 후 추정인구
yo : 현재인구
A : 연평균 인구증가수
x : 계획년수

2) 연평균 인구증가수를 바탕으로 하며 발전이 느리거나 발전이 진행되는 도시에 적용시 비교적 정확한 예측이 가능하다.

2. 등비급수

1) 매년의 인구증가율이 일정하다고 가정

$$y = y_0 (1 + r)^x$$

여기서, r : 연평균 인구증가율

2) 등비급수는 일정비율로 감소나 증가추세가 반복되므로 급격한 증가나 감소에 잘 어울리는 추정식이다. 그러나 우리나라는 현재 인구가 원단위 모두 완만한 추세에 들어서서 이 곡선식이 잘 어울리지 않으나 일부 급격한 개발이 있는 시·군 등에 한해 적용될 수 있다.

3. 베기함수

1) 등비급수는 베기함수의 특별한 경우로서 y절편(현재인구) a를 보다 유연하게 확장하여 추정하는 곡선식이다.

$$y = a(1+r)^x + c$$

여기서,   a, c : x년 후 추정인구

        r : 증가율

        x : 경과년수

4. 지수함수식

1) 인구가 지수곡선적으로 변화한다.

$$y = y_o + A x^a$$

여기서,   A, a : 매개변수

        x : 경과년수

2) 완만한 증가나 감소에 어울리는 추정식으로 매개변수가 3개(y_o, x, a)이다.
매개변수들은 최소자승법으로 산정한다.

5. 로지스틱식(논리곡선식, 이론곡선식, S형 곡선식)

1) 무한년도에 수렴치(최대값) k를 갖는 추정식으로 S형태의 곡선을 나타낸다.
초기의 급한 증가후 점점 그 추세가 완화되는 자료치에 잘 어울린다.

$$y = \frac{k}{1 - e^{(a-bx)}}$$

여기서,   k : 극한치(포화인구수)

      a, b : 매개변수,

       x : 경과년수

2) 이것은 도시의 동태를 잘 파악할 수 있는 모델이다.

6. 수정지수함수식

1) 이 방식도 로지스틱식과 같은 모습을 나타내는 추정식이다.

$$y = k - a b^x$$

여기서,   k : 극한치

      a, b : 매개변수,

       x : 경과년수

VI. 인구추정식의 합리적인 적용방법

1. 인구추정은 사회적, 지리적, 국가도시계획 등에 따라 복잡한 관계를 가지며, 분석가능한 모든 요인을 종합적으로 고려하여 추정하되 대도시의 경우 기하급수적으로 증가하는 경향이 커서 지수곡선식의 적용이 일반적이나 정부의 도시계획 등에 따라 한계인구를 정하고 정책적인 제한적 도시개발계획에 의한 신도시개발 등에는 논리식(로지스틱곡선식)이 더 적합하다 하겠다.

2. 시계열추정법의 경우 통상 6가지 모델(등차급수법, 등비급수법, 지수함수식, 베기함수식, 로지스틱식, 수정지수식)을 이용하여 각 방법에서의 장래 수요량이 추정될 수 있으며 각 회귀식의 계수 결정에는 결정계수(R2), 오차자승의 합(SSE)을 사용하는 것이 검토될 필요가 있다.

3. 시계열 추정법 이외의 다른 방법을 이용하여 장래수요량을 추정하는 경우에는 반드시 시계열에 의한 추정도 병행하여 적용하는 것이 더 신뢰성이 있을 것이다.

기존도시 인근에 신도시 건설시 상하수도 검토사항

I. 기본 검토사항

- 우선 수도정비기본계획, 하수도정비기본계획, 물수요관리종합계획, 국토종합이용계획 등에 부합되는 상하수도시설이 되어야 할 것이며,
- 기존의 상하수도시설을 최대한 활용하면서 기존시설의 문제점을 파악하고.
- 계획하고자 하는 신도시의 용량과 규모에 알맞도록 미래지향적인 친환경적 주민친화적인 상하수도시스템을 구성하도록 이에 필요한 요인들이 검토되어야 한다.
- 또한 지속가능한 발전을 위한 상하수도 개념을 도입하기 위해 빗물관리와 친환경적 상하수도시설을 검토하고, 에너지절감, 내진설계 등에도 주의한다.

1. 상하수도 기존시설 기초조사

- 각종 도서나 관망도 등 통계자료의 수집, 현지답사, 주민인식조사 등의 방법을 골고루 활용한다.
- 가능한 한 1년 이내의 자료를 수집하는 것을 원칙으로 하고, 자료부족시 가장 최근 자료를 사용한다.
- 미래변화예측을 위한 통계자료는 최근 10년간 이상의 것을 사용하며, 신뢰성 확보를 위해 자료출처를 명시한다.
- GIS 및 국토정보화사업의 추진에 따라 토지이용·건축물 등에 대하여 전산화된 자료를 충분히 활용하도록 한다.

2. 신도시의 상하수도 시설계획

1) 상수도계획

- 생활용수와 공업용수, 기타용수 등으로 구분하여 산정하고, 계획인구 및 산업개발계획에 따른 급수인구, 급수량 및 급수율, 공업용수 공급량을 예측하여 용수공급계획과 사용절약계획 및 시설계획을 수립한다. 취수시설, 저수시설, 정수시설 및 배수시설과 전용관로상에 설치하는 도수시설 및 송수시설은 도시계획으로 결정한다.

2) 하수도계획

- 생활하수, 산업폐수 및 분뇨의 배출량 등을 구분하여 산정하고, 계획하수량(계획우수량, 계획오수량)을 예측하고, 우수배제계획, 오수처리계획에 따라 시설계획을 수립한다.

신시가지의 하수도계획은 우수·오수의 분류(완전분류식)를 원칙으로 하고, 기 개발지는 단계적으로 분류식으로 계획하되 경제적 타당성을 검토한다. 또한 환경친화적, 지속가능한 발전을 위한 하수도 개념을 도입하기 위해 분산형 빗물관리와 주민친화적 친환경적 하수도시설을 검토한다.

Ⅲ. 세부 검토사항

1. 상수도 시설계획

1) 용수추정
- 생활용수, 공업용수, 기타용수(관광용수, 군부대용수, 항만용수, 공항용수) 등으로 구분한다.
- 생활용수는 도시규모별, 단계별로 급수보급률 및 단위급수량을 고려하여 추정한다.
- 공업용수는 공장부지면적당 공업용수 원단위 기준을 적용하여 추정한다.

2) 수원, 저수시설, 취·도수시설
- 정수장 증설 및 신설의 경우 수요량을 충분히 취수할 수 있는 취수원을 확보하고 저수시설 및 취·도수 계획을 수립한 후, 취수원 보호대책도 강구한다.

3) 정수시설
- 정수시설의 개량, 고도정수시설의 도입, 정수장 예비시설의 확보, 정수시설의 내진화, 정수시설관리의 효율화 등을 고려한다.
- 정수처리방법에는 소독만 하는 방식, 완속여과방식, 급속여과방식, 막여과방식, 고도정수처리방식 등이 있으며, 정수수질의 관리목표를 만족시킬 수 있는 적절한 정수처리방법이어야 하고, 정수시설의 규모나 운전제어 및 유지관리 기술수준 등을 고려하여 선정해야 한다.
- 상수슬러지의 처리처분계획도 검토

4) 도수 · 송수 · 배수 · 급수시설
- 추정된 수요량에 따라 도수관경, 송수관경 증가 및 배수지의 용량을 계획하고,
- 계획인구에 적합한 배수관망계획을 수립하여 배수관로가 중복 설치되지 않도록 하고 적정수압이 유지되도록 한다.
- 노후관로의 개량, 배수관의 증설, 내진화를 포함한 배수관망의 정비, 배수계통의 적정화 촉진과 유량계·수압계·수질계측기의 설치, 직결급수의 범위확대, 균등급수를 위한 배수관의 정비 및 가압시설의 설치, 관거의 내진화와 복선화, 도·송수관로의 연결 등도 검토한다.

2. 하수도 시설계획

1) 용수추정

- 생활오수량, 산업폐수량 및 분뇨의 배출량, 지하수량, 가축폐수량 등을 예측하고 시설계획을 수립한다.
- 계획하수량은 계획배수면적을 대상으로 계획오수량과 계획우수량을 계산하여 추정한다.
- 합류식과 분류식을 구분하여 오수량과 우수량을 산정한다.

2) 관거시설

- 계획인구에 적합한 하수량을 산정하여 관거계획을 수립하고 계획하수량 이상이 발생되지 않도록 개발을 조정하여야 한다.
- 빗물의 토양침투가 가능한 지역과 처리가 필요한 지역을 구분하여 물순환의 건전성을 확보하고 관거시스템의 효율성을 위해 합류식과 분류식, 그리고 침투시설과 저류시설, 저감시설(인공습지) 등 종합적인 검토를 한다. (신도시의 경우 완전분류식 원칙)

3) 펌프장시설

- 펌프장시설은 빗물펌프장, 중계펌프장, 소규모펌프장, 유입펌프장, 방류펌프장 각각에 대해 시설계획을 세운다.

4) 수처리시설 (슬러지처리시설 포함)

- 하수처리장은 도시내의 계획오수량을 처리할 수 있는 입지를 선정하여 도시계획으로 결정하여야 한다.
- 대규모 공공하수처리장을 하류에 두는 것보다 소규모의 하수처리장을 상류에 분산 배치하여 물순환을 최대화시킬 수 있도록 경제성, 현실성을 검토한다.
- 공공하수처리장 등은 가급적 지하에 설치토록 하고 지상을 공원·녹지로 설치하여 주변환경을 보호하고 주민의 휴식처로 활용할 수 있도록 한다.
- 슬러지처리시설은 발생하는 슬러지성상과 지역의 설정에 따라 슬러지가 가지고 있는 자원적 가치를 충분히 이용할 수 있도록 수립한다.

자연재해 및 각종 사고에 대한 안전대책 (= 수도계획의 안전성)

Ⅰ. 안전대책

- 자연재해에 대한 대책, 사고·화재시 안전대책, 시스템으로서의 안전대책으로 구분할 수 있다.

Ⅱ. 재해·사고에 대한 시설의 안정성 확보방안

- 기기의 위치선정시 지형, 지질 및 과거의 재해기록 등을 조사하여 가능한 한 안전성이 높은 위치, 안전한 구조로 설계한다.
- 부득이하게 연약지반·액상화 및 지반침하가 우려되는 곳에 관거 부설시 관종이나 조인트 구조 선정에 유의하고, 부상방지대책 등을 강구한다.
- 부득이하게 경사지에 구조물이나 매설관로 등이 설치되어야 할 경우 토사붕괴로 매몰되지 않도록 기초를 튼튼히 하고, 제수밸브가 파손된 경우라도 단기간 내에 단수조작이 가능하도록 한다.
- 시설의 일부가 파손·정지되었을 때 피해가 확대되거나 2차재해가 발생하지 않도록 차단, 배수, 수압조정 등이 가능해야 한다.
- 염소저장시설, 재해설비 및 부속관·밸브류 설계는 특히 내진성이 고려되어야 하며, 절대 염소가스 누출이 없도록 한다.
- 지진이나 정전사고에 대비하여 조정지나 배수지의 출구에 긴급차단밸브가 설치되어야 하고, 밸브류가 원격조작 되도록 하거나 시설의 감시제어, 상호연락을 위한 통신설비를 무선화 하는 등의 대책 마련이 필요하다.

1. 자연재해시 안전대책

- 지진시의 안정성 : 구조물 내진설계, 신축이음관 배치, 연약지반, 액상화 가능한 장소는 기초 보강, 중요노선의 이중화·다계통화, 긴급차단밸브의 설치, 정전 대책 등
- 호우시의 배수 : 빗물유수지나 배수펌프 설치, 지의 부상방지대책, 법면보호대책 등
- 강풍대책 : 필요시 지붕 설치, 배수탑 등은 충분히 보강
- 염해대책 : 해안 인근에 염분이 날릴 우려가 큼. 전기설비 지락사고 방지, 부식방지대책 등
- 설해대책 : 대설지역은 정전대비 2회선으로 위험분산, 설하중에 대한 설계, 정수약품 충분히 확보

2. 사고·화재시 안전대책

- 수질사고 : 착수정에 차단용 수문이나 밸브 설치, 취수구나 수로에 오일펜스 설치, 분말
  활성탄설비 확보, 수원의 다계통화, 취수시설 상류에 수질감시장치 설치
- 정전대책 : 무정전장치나 비상용 자가발전설비 설치, 2계통 수전 등
- 기기고장·기기사고 : 신뢰성이 높은 기기 선정, 기기의 유지관리가 용이할 것
- 약품누설사고 : 누설검지설비, 제해설비, 보안용구 등 정비
- 화재대책 : 필요한 소방설비(화재감지기, 스프링클러, CO_2소화기, 소화전 등) 설치
- 노동안전대책 : 추락방지용 난간이나 울타리, 조명, 환기설비, 배수설비 등 설치

3. 시스템의 안전대책

- 정수시설은 수량, 수질 등의 조건이 변하더라도 극단적인 능력의 저하를 초래하지 않도
  록 여유있는 시스템으로 설계할 것.
- 정수시설 운영시 기기는 어느 정도의 고장은 불가피하고 기기조작도 반드시 정확하게
  이루어지는 않는 경우도 있으므로 기기의 일부 고장이나 오조작이 시설 전체에 영향을
  미치지 않도록 설계할 것
  예) 정수시설의 복수계열화, 중요설비의 이중화, 예비설비의 설치, 기기 오조작에 대한 안
  전장치 설치, 정수장 간의 상호융통설비 설치

Ⅲ. 소음·진동·배수·배기가스 등의 환경대책

- 수도시설로 기인하는 소음, 진동, 배수, 배기가스 등이 환경에 나쁜 영향을 미치지 않을 것
- 특히 시설이 건설될 때에 주변에 영향이 미치거나 정수장에서의 배출수, 펌프장 주변의
  소음이나 진동이 문제시 된다.
- 펌프장의 소음, 진동은 펌프특성, 유량제어밸브 및 지반 등 다양한 요소가 원인이 되는
  경우가 많기 때문에 다각적인 대책이 필요하다.

내진설계

I. 개요
- 상하수도의 지지력은 내진설계법에 근거하여 산정한다.
- 내진설계에 사용되는 지진력의 수준에는 상하수도시설이 사용기간 중에 1~2회 발생할 확률을 갖는 지진동레벨(L1) 및 발생확률은 낮지만 큰 지진동을 수반하는 지진동레벨(L2)이 있다. 또한 상하수도시설은 그 중요도에 따라 중요도가 높은 시설은 순위A, 그 밖의 시설은 순위B로 분류된다. 따라서 상하수도 시설은 지진동레벨(L1, L2)과 시설의 중요도의 조합에 따라 내진수준이 확보되어야 한다.

II. 내진등급 및 등급별 내진설계 목표
1. 상하수도시설의 내진설계는 원칙적으로 내진2등급의 내진성능을 갖도록 한다. 다만, 지진재해시 중대한 2차 피해가 예상되는 시설 등에는 내진1등급을 적용한다.

내진등급	상수도시설	하수도시설
내진 I 등급	· 대체시설이 없는 송배수 간선시설, · 중요시설과 연결된 급수관로, · 복구 난이도가 높은 환경에 놓이는 시설 · 지진재해시 긴급대책 거점시설 등	· 방류수역 내에 상수도보호구역, 특별대책지역, 수변구역 등이 있는 경우, · 군사시설 등 주요시설과 연결된 하수도시설
내진II등급	· 내진 I 등급 이외의 시설	· 내진 I 등급 이외의 시설

2. 설계지진강도는 붕괴방지수준에서 시설물의 내진등급이 2등급인 경우 평균재현주기 500년(50년 내 초과확률 10%), 1등급인 경우 평균재현주기 1,000년(100년 이내 초과확률 10%)에 해당되는 지진지반운동으로 한다.

III. 설계지반운동 수준 및 표현방법
- 설계지반운동은 지상구조물의 경우는 지표면에서의 자유장운동으로 정의되고, 지중구조물의 경우는 기반암에서의 자유장운동으로 정의된다.
- 설계지반운동의 특성은 표준설계응답스펙트럼으로 표현한다.

VI. 지진해석 및 내진설계 방법
1. 지반조사
1) 상하수도 시설물의 내진설계를 위해서는 통상적인 지반조사뿐만 아니라 지반의 동역학적 특성파악을 위한 지반조사가 필요하다.

2) 또한 지반의 액상화 검토가 필요하며, 매설관거의 내진설계시에는 측방유동에 의한 지반변위 또는 지반변형 고려가 필요하다.

2. 하중

1) 내진설계에서는 상시상태에서 고려되는 하중(사하중, 활하중, 토압, 수압, 양압력 등) 외에 다음과 같은 지진으로 인한 하중이 추가적으로 고려되어야 한다.
 - 지진시의 지반변위 또는 변형
 - 구조물의 자중과 적재하중 등으로 유발된 관성력
 - 지진시의 토압, 지진시 동수압
 - 수면동요, 지진시 지반의 액상화
 - 지질이나 지형이 급변하는 지반의 지진시 이완 또는 붕괴(측방유동)

3. 지진해석 및 설계방법

1) 상하수도시설의 내진설계법으로는 진도법(수정진도법을 포함), 응답변위법 및 동적해석법이 있다.
 - 지상구조물은 원칙적으로 진도법에 의하여 내진설계가 되지만, 만수시의 관성력 및 동수압의 영향은 무시될 수 있기 때문에 진도법에 추가하여 동적해석법(통상 상세한 검토를 필요로 하는 경우 적용)으로 안정성이 확인되는 것이 바람직하다.
 - 지중구조물은 진도법 또는 응답변위법에 의하여 내진설계를 하지만 지진시의 거동이 복잡한 구조물의 경우에는 필요에 따라 동적으로 해석되어 진도법 또는 응답변위법에 의한 결과가 확인되도록 한다. 또 침전지와 같이 큰 반지하구조물은 진도법에 의하더라도 무방하다.
2) 상하수도시설물의 내진설계를 실시함에 있어 「상수도시설 내진 설계기준 마련을 위한 연구(환경부, 1999)」 및 「하수도시설 내진 설계기준 마련을 위한 연구(환경부 , 1999)」를 준수하도록 하며, 규정되지 않은 사항에 대해서는 국토교통부 및 환경부에서 제정한 내진설계 관련 조항을 준용한다.

※ 지진해석 및 설계방법은 다음에 따라야 한다.

가. 지반을 통한 파의 방사조건이 적절히 반영된 수평2축방향 성분과 수직방향 성분이 고려되어야 한다.
나. 지진해석에 필요한 지반정수는 동적 하중조건에 적합한 값들이 선정되어야 하며, 특히 지반의 변경계수와 감쇠비는 발생 변형율 크기에 알맞게 선택되어야 한다.

다. 유체-구조물-지반의 상호작용 해석시 구조물의 유연성과 지반의 변형성을 고려해야 한다. 단, 유체-구조물 상호작용이 경비할 경우에는 구조물을 강체로 가정하여 유도한 단순 유체모델을 사용할 수 있다.

라. 대상으로 하는 구조물 또는 배관이 구조적 특성과 지반조건에 따라 등가적정해석법, 응답변위법, 응답스펙트럼법, 동적해석법(시간영역해석, 주파수영역해석) 중 시설물별 관련기준에 적합한 방법을 사용한다.

① 매설관로와 공동구 구조물과 같이 지중구조물로 그 내공부를 포함한 단위체적중량이 주변지반의 단위체적중량과 비교하여 가벼운 경우에는 주변지반에 발생하는 변위, 변형 등에 구조물의 지진시 거동이 좌우되므로 응답변위법을 적용하는 것이 적절하다.

② 지상구조물, 반지상구조물 중 상부가 개방된 구조물과 지중구조물이라 할지라도 구조물의 단위체적중량이 주변지반에 비해 매우 크고 횡방향 변위가 전혀 허락되지 않는 구조물의 경우에는 등가적정해석법(=진도법의 일종)을 적용하는 것이 적절하다.

③ 동적해석법은 상세한 검토를 필요로 하는 경우나 구조조건, 지반조건이 복잡한 경우, 지반과 구조물의 상호작용을 고려하는 경우에 적용하는 것이 적절하다.

④ 매설관로, 수로터널, 지하공동구와 같이 종방향으로 길게 설치되는 선상(linear)구조물의 경우, 내진해석은 2차원 횡단면해석을 원칙으로 하나, 지반상태가 급격히 변화하는 구간 통과 등의 경우에는 종방향에 대한 지진해석을 추가로 수행해야 한다.

마. 붕괴방지수준을 고려하기 때문에 지진응답은 비선형거동특성을 고려할 수 있는 해석법에 의해서 해석하는 것을 기본으로 한다. 이 경우 보수성이 입증된 단순해석법 및 설계법이 사용될 수 있다.

바. 액상화 가능성 판단은 설계지진 가속도에 의해 지반에 발생하는 반복전단 응력과 액상화에 대한 지반의 강도를 기준으로 이루어져야 한다.

<지진해석법의 종류>

종 류	특 징
진도법	· 지진의 영향을 정적인 힘으로 환산하여 설계하는 방법. 힘 = 지진강도 × 구조물 중량
동적해석법	· "스펙트럼해석법"이라고도 하며, 응답스펙트럼을 이용하여 지진해석을 수행하여 구조물 전체의 지진거동을 해석하는 방법
응답스펙트럼법	· 동적해석법 중 가장 보편적인 방법. "응답스펙트럼"이란 지진에 의한 지반이 운동과 같은 동적하중에 대한 (단자 유도) 구조물이 가지는 응답(변위, 속도, 가속도)을 고유진동주기와 관련시켜 그린 그림(스펙트럼)
등가적정해석법	· 관성력만 지진하중으로 작용한다는 전제하의 지진해석법
응답변위법	· 지반변위하중, 주면 전단력, 관성력이 지진하중으로 작용하는 지진해석법

구조물 내진설계기법

Ⅰ. 구조물 내진설계기법

1. 구조물 변위방지

1) 연약지반, 액상화 가능성이 큰 장소
 - 지반개량, 구조물 특성 및 지반·조건에 적합한 기초공(pile 등)으로 설계한다.

2) 구조물 내진설계
 - 기초를 포함한 지붕, 벽체 등의 내진설계
  ⇒ 라멘구조는 지진과 같은 큰 수평력에 대해서는 저항력이 불충분하므로 내진벽이나 경사재 등으로 보강한다.

3) 수조구조물 신축이음
 - 구조물의 조인트는 여유있게 채택하고 관과 구조물의 연결부분은 신축이음관을 배치
  ⇒ 정수시설 중에서 특히 피해를 받기 쉬운 장소는 구조물의 조인트와 관과 구조물의 연결부분이다. 구조물의 조인트 대책으로는 지반변위를 예측하여 여유있는 조인트를 채택하고 충분한 지지력을 갖는 기초를 설계한다. 관과 구조물의 연결부는 신축이음관을 배치함으로서 지반변위를 대처할 수 있는 구조로 하고 응력집중을 피하는 구조로 하는 것이 바람직하다.

2. 배관 및 기기설비보호

1) 정수장 구내배관
 - 중요노선의 다계통화, 루프(loop)화, 상호융통시스템, 공동구 내의 배관시 신축이음관의 배치 등

2) 약품주입설비 등
 - 약품류 및 유류 등 저장조의 내진설계, 누설대책 강구
  ⇒ 구조물을 관통하는 부분의 배관은 구조물과의 접속부분에 대해 부등침하나 지진시의 상대변위를 흡수시키기 위해서 되도록 구조물에 근접하여 이탈방지압륜 등을 설치하는 것을 원칙으로 한다.

3) 기계·전기·계측제어설비 : 중요설비의 이중화, 2계통화, 백업시스템

4) 긴급차단밸브의 설치
 - 정전대책 : 2계통수전, UPS(무정전 전원시스템)나 비상용 자가발전기 설치 등

II. 지진해석 및 설계방법

1. 상하수도시설의 내진설계법으로는 진도법(수정진도법을 포함), 응답변위법 및 동적해석법이 있다.

2. 지상구조물은 원칙적으로 진도법에 의하여 내진설계가 되지만, 만수시의 관성력 및 동수압의 영향은 무시될 수 있기 때문에 진도법에 추가하여 동적해석법(통상 상세한 검토를 필요로 하는 경우 적용)으로 안정성이 확인되는 것이 바람직하다.

3. 지중구조물은 진도법 또는 응답변위법에 의하여 내진설계를 하지만 지진시의 거동이 복잡한 구조물의 경우에는 필요에 따라 동적으로 해석되어 진도법 또는 응답변위법에 의한 결과가 확인되도록 한다. 또 침전지와 같이 큰 반지하구조물은 진도법에 의하더라도 무방하다.

4. 동적해석법은 통상 상세한 검토를 필요로 하는 경우나 구배조건, 지반조건이 복잡한 경우에 적용하는 것이 적절하다.

5. 상하수도시설물의 내진설계를 실시할 때 국토교통부 및 환경부에서 제정한 내진설계 관련 연구 및 조항을 준수하도록 한다.

상수도시설의 일반구조물 설계시 고려해야 할 설계하중과 외력

I. 상수도시설 일반구조물 설계시 고려사항

하중 및 내진설계	· 시설은 자중, 적재하중, 수압, 토압, 풍압, 지진력, 적설하중, 빙압, 온도응력, 부력 및 양압력 등 예상되는 하중에 대하여 구조상 안전하고 경제적이며 내구적이어야 한다. 상수도시설은 특히 지진시에는 내진설계기준에 준하여 중요도에 따라 지진력에 대하여 안전한 구조인 동시에 지진에 의하여 생기는 액상화, 측면유동 등에 의하여 생기는 영향도 고려되어 설계되어야 한다.
설비간 조정 개량과 갱신	· 시설에는 토목, 건축, 기계, 전기 등의 설비가 일체로 되는 것이 많다. 따라서 설계에서는 각 관계설비 간에 충분히 조정하여 각각의 기능이나 유지관리에 지장이 없는 구조가 되도록 하여야 하며, 장래 시설개량이나 갱신에도 대응할 수 있도록 공간이나 강도 등도 고려되어야 한다.
누수방지	· 시설은 누수가 없고 외부로부터 오염의 우려가 없는 구조로 되어야 하고 재료의 선택이나 시공 등에 관해서도 유의하여 위생적이며 수밀성이 높은 것으로 해야 한다.
내식성 내마모성	· 시설은 오존, 염소나 응집제 등의 약품에 의하여 부식될 우려가 있거나 수류나 기계설비 등에 의하여 마모될 우려가 있으므로 재료의 선택이나 시공 등에 충분히 고려하고 필요에 따라 내식성, 내마모성의 재료나 설계·시공이 선택되어야 한다.
수질오염방지	· 시설에 사용되는 기자재 등은 수질을 오염시키기 않는 것들이 선택되어야 한다.
염해대책	· 해변에 있는 시설에서는 콘크리트의 열화나 기기 및 재료의 부식을 빠르게 하는 등의 염해가 생기기 쉽다. 염해를 방지 또는 경감시키기 위하여 환경조건에 대응할 수 있는 철근콘크리트의 설계, 내식성 금속 및 도장의 선택 등 적절한 염해대책이 수립되어 내구성이 확보되어야 한다.

II. 설계하중 및 외력 고려사항

1. 시설물을 설계할 때는 시공 당시와 완공 후에 작용하는 하중 및 외력들이 적절하게 고려되어야 한다.

2. 설계시 고려사항
 - 재료의 단위중량(자중)은 특별한 경우를 제외하고는 건설표준품셈에 따른다.
 - 적재하중은 해당시설의 실정에 따라 산정되어야 한다.
 - 토압은 일반적으로 인정되는 적절한 토압공식이 사용되어야 한다.
 - 풍압은 속도압에 풍력계수를 곱하여 산정된다.
 - 지진력은 시설의 중요도 및 지진동(地震動)의 크기(또는 규모)에 따라 내진수준을 정하고 내진설계법에 근거하여 산정된다.
 - 적설하중은 눈의 단위중량에 그 지방에서의 수직최심적설량을 곱하여 산정된다.
 - 얼음 두께에 비하여 결빙면이 작은 구조물의 설계에는 빙압이 고려되어야 한다.
 - 구조물 설계에는 일반적으로 온도변화의 영향이 고려되어야 한다.
 - 지하수위가 높은 곳에 설치되는 지상구조물은 비웠을 경우의 부력이 고려되어야 한다.
 - 양압력(물체가 밑에서 위로 올려 미는 압력)은 구조물의 전후에 수위차가 생기는 경우에 고려된다.

Ⅲ. 하중 및 외력의 구체적 고려사항

항목	고려사항
재료의 단위중량	· 재료의 단위중량은 일반적으로 당해연도에 적용되는 건설표준품셈의 "재료의 단위중량 및 토질분류"에 따른다.
적재하중	· 적재하중은 구조물의 용도에 따라 그 적재물을 상정하여 산출되어야 한다. · 특히 설비기기 등의 중량물에 대해서는 기초중량, 운전하중 등이 포함되고 실정에 맞추어서 적정한 값이 산출되어야 한다.
토압	· 토압을 받는 구조물 중에 옹벽이나 지하벽에 작용하는 측압의 계산에는 랭킨(Rankine), 쿨롱(Coluomb) 또는 텔자기(Terjaghi) 등의 토압공식이 일반적이고, · 지하의 관로나 암거 등의 매설물에 작용하는 측압과 연직토압에는 통상 마스튼(Maston's), 얀센(Jansen's) 또는 스팡글러(Spangler's) 공식 등이 사용되고 있다. · 토압계산에는 이들 토압공식 중에서 구조물의 종류나 조건 및 토질의 상태에 따라 적정한 것이 선정되어야 하지만, 구조물에 따라서는 관련 지침 등에서 사용할 공식이 지정된 것도 있다. · 또 지표면에 적재하중이 있는 경우에는 토압에 포함하여 그 영향이 고려되어야만 한다.

〈계속〉

항목	고려사항
풍압	· 상수도시설 중에 고가탱크, 배수탑, 무선철탑 등 바람의 영향을 받기 쉬운 시설에는 풍압이 고려되어야만 한다. 일반적으로 풍압은 속도압에 풍력계수를 곱하여 계산된다.
지진력	· 내진설계에 사용되는 지진동의 수준에는 상수도시설의 사용기간 중에 1~2회 발생할 확률을 갖는 지진동레벨 1(L1) 및 발생확률은 낮지만 큰 지진동을 수반하는 지진동레벨 2(L2)가 있다. 또한 상수도시설은 그 중요도에 따라 중요도가 높은 시설은 순위 A, 그 밖의 시설은 순위 B로 분류된다. · 따라서 상수도시설은 지진동 레벨과 시설의 중요도의 조합에 따라 내진수준이 확보되어야 한다.
적설하중	· 눈의 단위체적당 질량은 적설심도 1cm마다 1m²에 대하여 통상 2kg 이상으로 설정된다.
빙압	· 빙압은 통상 얼음의 압축세기까지 포함된다고 생각된다. 빙압은 특별한 경우를 제외하고는 1.5MPa 정도로 산정되면 무난하다.
온도응력	· 일반적으로 부재의 신축에 따라 발생하는 온도응력은 통상 무시해도 좋지만, 라멘(rigid frame)이나 아치(arch) 등의 부정정 구조물로서 온도변화가 큰 경우에는 온도응력이 고려되어야 한다.
부력	· 시설 중에 지상구조물이나 관거 등에서 지하수위가 높은 장소에서 건설되는 경우에는 구조물을 비워졌을 때의 부력에 대한 안전이 확인되어야 하고 필요에 따라 구조물 자체가 무겁게 설치되어야 한다. · 또한 구조물을 기초에 정착시켜 부상저항을 증가시키거나 또는 미리 지하수위를 낮추는 등의 대책이 시행되어야 한다. 시공 중에라도 빗물의 유입 등에 의해서 예기하지 못한 수위상승이 있을 경우에 대비하여야 한다.
양압력	· 댐제체, 취수보, 침사지 등과 같은 구조물의 전후에 수위차가 있는 경우에 양압력으로 구조물의 바닥에 상향의 힘이 발생된다.

지하수위가 높은 경우 문제점 및 대책

Ⅰ. 원인
- 부력(물속내의 구조물을 뜨게 하는 힘)에 의한 구조물의 부상 등의 피해 초래

Ⅱ. 대책 (공사시 고려사항)
1. 현장에서의 지하수의 상태를 파악하고, 완성구조물에 대해서는 부력을 사전검토한다.
2. 미리 지하수위를 낮추어 공사하며, 구조물을 (부력방지앵커 등으로) 기초에 장착시켜 부상저항을 증가시키거나 구조물 자체를 무겁게 설치한다.
3. 공사중이거나 운전시 : 연직하중이 부력에 비하여 1.2배(안전율) 이상 커야한다.
4. 가능한 한 우기 전에 되메우기 완료하도록 한다.
5. 시공중이라도 빗물의 유입 등에 의해서 예기치 못한 수위상승이 있는 경우를 대비해야 한다.
6. 유지관리시 배수공법 : 극한 상황에 대비하여 구조물 앞부분에 유공관을 설치한다.
   ⇒ 유공관 배수 : 관에 작은 구멍을 뚫어놓아 암거배수하는 방법
7. 저수조의 경우 내부충수 또는 바닥 slab에 구멍을 뚫어놓아 지하수위 상승시 지하수를 유입시키거나, 기초공사시 영구배수시스템이나 부력방지 anchor를 설치한다.

Ⅲ. 대표적인 공사중 배수공법

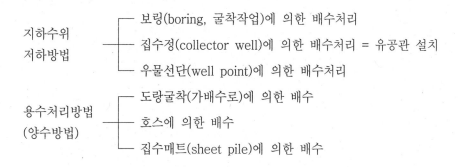

1. 집수정방식
- 집수정에 의한 방법 (지하수위 유입이 적은 경우)
- 터파기 주위에 표면수 유입방지를 위해 가배수로 설치후 펌프로 양수하는 방법

- 유량이 비교적 많은 경우 집수정+양수 및 차수공법(sheet pile)을 동시 적용하는 경우도 있다.

　　주) 집수정(collector well) : 우물통을 설치하고 그 측벽에 다공집수관(유공관)을 매설하여 물을 집수하는 장치

2. Well point방식

- Well point(우물선단)에 의한 방법 (지하수위 유입이 큰 경우)
- 구조물 주변에 well point라 불리는 지름 5cm, 길이 1m 정도의 필터가 달린 흡수기를 지반 속에 설치하고 펌프로 지하수를 양수함으로써 지하수위를 낮추는 방법

사전환경성 검토 제도

Ⅰ. 목적

- 환경에 영향을 미치는 행정계획 및 개발사업을 환경적으로 지속가능하게 수립·시행될 수 있도록 함으로써 환경기준의 적정성을 유지하고 자연환경을 보전하기 위함

※ 일원화된 환경영향평가법 전면 개정 공포 (2011.7.21)

> (1) 사전환경성검토제도를 전략환경영향평가와 소규모 환경영향평가제도로 개편하고, 허위·부실평가에 대한 벌칙 강화
>
> (2) 부실평가를 방지하기 위해 '환경영향평가사'제도 도입
>
> (3) 개발사업 환경영향을 둘러싼 사회적 갈등을 줄이기 위해 주민의결수렴 절차 강화

환경정책기본법/환경영향평가법			환경영향평가법
사전환경성검토	1) 행정계획	⇒	전략환경영형평가 (정책계획·개발기본계획)
	2) 보전지역개발사업	⇒	소규모 환경영향평가
환경영향평가	1) 대규모개발사업	⇒	환경영향평가

Ⅱ. 주요기능

1. 자연환경 훼손 및 환경오염의 사전 예방
2. 환경친화적인 토지이용 및 개발사업 유도·지원
3. 대기·수질 등 매체별 환경정책의 집행력 보충·강화
4. 개발사업을 둘러싼 갈등의 사전예방 및 조정

Ⅲ. 사전환경성 검토 및 협의

1. 사전환경성 검토

- 주체 : 계획수립기관 또는 개발사업자
- 행정계획 또는 개발사업 계획수립시 계획주체 스스로가 계획의 적정성, 입지의 타당성을 미리 검토하여 환경적 건전성을 고려하는 과정

2. 사전환경성검토서 협의

- 주체 : 계획승인 또는 사업허가기관과 환경관서)
- 계획주체가 수립한 행정계획 또는 개발사업계획 및 이에 대한 환경성 고려내용(사전환
  경성검토서)을 검토하여 환경적 건전성을 확인·보충하는 과정

Ⅳ. 사전환경성 검토와 환경영향평가제도 비교

구 분	사전환경성 검토(SEA)	환경영향평가(EIA)
법적근거	· 환경영향평가법	· 환경영향평가법
주요기능	· 행정계획의 적정성, 개발사업 입지의 타당성 검토	· 사업시행으로 인한 환경영향 저감방안의 적정성
협의시기	· 행정계획의 수립 확정 전, 개발사업 인허가 전	· 행정계획 확정이후 개발사업을 위한 실시계획 승인 전
차이점	· 개발 관련 행정계획 · 16개 분야 83개 행정계획 · 보전용도지역(19종)내 소규모개발사업 (행정계획 미수립)	· 대규모개발사업 (17개 분야 74개 개발사업)

물이용부담금과 원인자부담금

I. 물이용부담금

1. 개요

1) <u>상수원지역의 주민지원사업과 수질개선사업의 촉진</u>을 위한 재원마련을 목적으로, 광역 상수원 댐과 본류구간, 본류구간 사이의 지류로부터 급수를 받는 지역의 주민·사업주에 게 부과하는 물 부담금을 말한다.

2) 물을 생활용수나 공업용수로 공급받는 최종 소비자는 누구나 부담금을 내야 하지만, 농 업용수는 제외된다.

3) '99년 8월부터 한강 수계에 도입, '02년 7월부터 낙동강·금강·영산강·섬진강 수계로 확대

4) '09년 7월 환경부에서 4개 법률을 단일 법률로 통합·정비한 「4대강수계 물관리 및 주 민지원 등에 관한 법률(4대강 수계법)」로 입법 예고하였다.

2. 징수된 분담금

1) 상류지역 자치단체의 환경기초시설 설치, 운영비 지원

2) 상수원 주변지역 주민지원 사업 등

⇒ 물이용분담금은 수계에 따라 다르며, 대략 200원 정도 부과하고 있다.

II. 원인자부담금

1. 상수도 원인자부담금

1) 주택, 단지·산업시설 등 수돗물을 많이 쓰는 시설을 설치하여 수도시설의 신설이나 증 설 등의 원인을 제공한 자 또는 수도시설을 손괴하는 사업이나 행위를 한 원인자에게 그 수도공사·수도시설의 유지나 손괴 예방을 위하여 필요한 비용의 전부 또는 일부를 부담하게 하는 부담금

2) 부과시설의 예(例)
 - 20세대 이상의 공동주택
 - 숙박시설 건축 연면적 600㎡ 이상 또는 객실 수 15실 이상
 - 의료, 판매유통, 기타시설 건축연면적 2,000㎡ 이상 등

2. 하수도 원인자부담금

 - 공공하수도관리청이 건축물 등을 신축·증축 또는 용도 변경하여 오수를 10㎡/일 이상 새로이 배출하거나 증가시키려는 자에게 공공하수도 개축비용의 전부 또는 일부를 부담 시키는 부담금

물산업 육성방안 및 전망

Ⅰ. 개념

1. "물산업"이란 물을 취수·공급·재생하는데 관여하는 건설업, 운영·관리업, 제조·판매업 등 일체의 산업을 총칭한다.
2. 건설업은 배관시설 및 상·하수처리장 등의 시설 설계 및 건설 역할을 하고, 운영·관리업은 상수와 하·폐수 처리 및 운영관리를 수행하며, 제조·판매업은 파이프, 막 관련 시스템, 수처리제 등의 제조·판매와 연관되어 있다.

Ⅱ. 블루 골드

1. 엘빈 토플러 등의 미래학자들 역시 21세기가 물의 시대가 될 것이라고 전망하였다.
2. 2025년에 도달하면 세계 인구의 40%인 약 27억 명이 담수 부족에 직면할 것이고, 전 세계국가의 1/5이 심각한 물부족 사태를 겪을 것이라고 전망했다. 이것은 공급의 감소와 수요의 폭발적 증대가 결합된 결과이다.
3. 현재 세계 물산업의 규모는 매년 20% 이상 급성장을 거듭하고 있다.

Ⅲ. 물산업 전망

1. 한편, 국내 물산업 규모는 약 12조원으로 이 중 상하수도분야가 81%를 차지하고 있다. 그러나 상하수도 인프라 구축률이 상수도 89%, 하수도 79% 정도로 성장률이 둔화돼 조만간 포화상태에 이를 것이며, 구조적으로는 처리장 및 관거 등 인프라 건설 위주에서 시설운영 및 유지관리 산업형태로 전환될 것으로 전망하고 있다.
2. 현재 국내 물산업의 기술수준은 선진국과 비교해 70~80%로 평가받고 있다. 이것은 물산업의 원천기술개발보다는 상용화 위주의 R&D(연구개발) 계획을 중점적으로 추진한 이유 때문이다.
3. 지속적인 성장기반을 구축하기 위해서는 중국, 베트남 등 주변 개발도상국을 기점으로 세계 물 시장에 적극 진출하는 것이 물산업을 육성할 수 있는 중요한 방안이다.

Ⅵ. 물산업 육성방안

1. 상하수도 서비스업의 구조개편　　: 유역단위 또는 도단위 통합, 민간개방 등
2. 지속적인 시설투자/제도개선　　　: 상하수도 인프라 구축
3. 핵심기술의 고도화/우수인력 양성　: 에코프로젝트, 수처리선진화사업단 역할
4. 물산업 수출역량 강화　　　　　　: 2개 이상의 글로벌 수준의 스타기업 육성

5. 물산업 연관산업 육성   : 엔지니어링, 기자재, 계측기기 등

6. 물산업 육성정책 법제화 : "물의 재이용 촉진 및 지원에 관한 법률" 제정(2010년)

Ⅴ. 물산업 육성을 위한 과제

1. 상하수도 서비스업의 구조개편 추진
 - 기존 지자체와 수공 중심의 분산운영체제를 유역단위 통합운영체제로 전환

2. 물산업에 대한 지속적인 시설투자 및 제도개선(상하수도 인프라 구축)
 - 상하수도사업 민간개방
 - 신규 물산업 수요창출 : 하수처리수 재이용, 빗물이용시설, 오염저감시설 설치사업
 - 상수도 요금의 합리화(현실화)

3. 핵심기술 고도화 및 우수인력 양성
 - 수처리 선진화(에코스타 프로젝트) 사업 지속 추진

4. 물산업의 수출역량 강화
 - 2개 이상의 글로벌 수준 스타기업 육성

5. 물산업 연관산업 육성
 - 물분야 엔지니어링, 기자재 및 계측기기 사업 육성

6. 물산업 육성정책 법제화
 ⇒ 사례 : 물 재이용 활성화(「물의 재이용 촉진 및 지원에 관한 법률」(11.6 시행)
 1) 빗물이용시설
 - 지붕면적 $1,000㎡$ 이상으로 운동장, 체육관, 공공업무시설, 공공기관 신·증축, 개축, 재축할 경우 빗물이용시설 설치 의무화
 2) 중수도시설
 - 연면적 $60,000㎡$ 이상인 시설물 등을 설치시 물사용량의 10% 이상 의무적 재이용
 - 산업단지, 관광단지, 주택단지 등 개발시 물사용량의 10% 이상 의무적 재이용
 - 1일폐수배출량 $1,500㎥$ 이상의 폐수처리시설 중수도 사용 의무화(폐수배출량의 10% 이상)
 3) 하폐수처리수 재이용시설
 - 공공하수처리시설 $5,000㎥/d$ 이상 용수량 10% 이상 의무적 재이용
 4) 인센티브 및 세금인하

물산업의 국제적 동향 및 해외진출 방안

Ⅰ. 물산업의 개념 및 현황

- 물산업은 제조(설비, 관망, 펌프, 화학약품 등), 건설(토목, 파이프 재생), 서비스(설계, 운영·관리) 부문으로 나누어 진다.
- 세계 물산업규모는 '07년 3,620억 달러(426조원)이었고, 매년 4.9%의 높은 성장률을 보여 오는 2025년 시장규모가 8,650억 달러(1,038조원)로 급성장할 전망이다.
- 우리나라의 물산업규모는 12조원으로 세계 물산업에서 차지하는 비중은 2.8% 수준, 국민총생산의 1%이며, 해외진출규모는 2010년 약 16억 달러로 세계 물산업의 0.3%(물산업 건설시장은 2.6%)에 불과

Ⅱ. 물산업의 특징

- 세계적인 물기업의 성장에 따라 산업적인 측면이 부각
- 상하수도서비스는 네트워크산업으로 지역 독점적 특성을 지님.
- 물산업은 복합적 산업이며 응용산업
- 각종 규제와 사회경제적 요건을 충족해야 하는 난이도 높은 산업

Ⅲ. 최근 물산업의 국제적 추세

1. 기후변화에 따른 인프라투자 증가
   - 하수처리수 재이용, 해수담수화, 수자원관리, 재해적응형 신개념 도시구축
2. Smart(지능형) 물관리 개념형성
   - 사회기반시설(SOC)에 첨단정보통신기술(ICT)를 접목한 스마트개념 도입
3. 친수공간 개발증가, 저영향개발
   - 도시생태하천사업(청계천사업 등), 4대강사업
4. 상하수도 광역화·통합화·전문화
   - 전세계적 추세임 (프랑스, 영국, 이탈리아, 네들란드 등)
   - 소수 물기업이 세계시장을 독점
   - 상하수도서비스의 국제표준화(ISO/TC224)
5. 물산업 범위확장(종합유역개발)
   - 상하수도, 대체수자원 뿐만 아니라 유역종합개발로 물산업 범위 확대 (치수·이수·생태환경 등의 유역관리 + 수력에너지, 친수개발도시 등)

Ⅳ. 국내 물산업 현황 및 물산업 추진특징

1. 국내 물산업 현황
- 전국 상수도보급율, 하수도보급율은 선진국 수준
- 기존 인프라 건설 위주에서 운영, 관리, 시설개량 등의 비중이 확대
- 수돗물 공급은 확대되었으나 수돗물에 대한 국민의 불신 심각
- 상하수도 사업은 주로 지방자치단체에서 담당 (약 170 여개)
- 민간위탁운영제도 도입 및 활용 (상수도 '01. 3, 하수도 '93. 12)

2. 국내기업의 물산업 추진특징
- 대기업 계열사 통합 시너지 창출 : 계열사 수직계열화로 시너지 창출 도모
- 수처리 소재 사업 확대
- 지능형(Smart) 수자원관리 시스템으로 해외시장 진출 모색
- 컨소시엄 등 기업간 전략적 제휴 확대

Ⅴ. 물산업 기술수준 및 해외진출 현황

1. 현재 국내 물산업의 기술수준은 선진국과 비교해 70~80%로 평가받고 있음
- 국내 물산업규모는 약 12조원으로 이중 상하수도분야가 81%를 차지하고 있다. 그러나 상하수도 인프라구축률은 상수도 90%, 하수도 80% 정도로 성장률이 둔화돼 조만간 포화상태에 이를 것이며, 구조적으로는 처리장 및 관거 등 인프라건설 위주에서 시설운영 및 유지관리 산업형태로 전환될 것으로 전망하고 있다.

2. 인프라건설 관련기술은 일정부분 확보되었지만, 부품산업 및 운영·서비스분야는 열악한 상태
- 즉, 상하수도, 해수담수화, 먹는샘물 등은 선진국과 경쟁가능한 수준이나 신소재, 막여과, 운영·관리분야 등 핵심역량은 기술수준차가 큰 편이다. 이것은 물산업의 원천기술개발보다는 상용화 위주의 R&D(연구개발) 계획을 중점적으로 추진한 이유 때문이다.
1) 시설·건설분야는 경쟁력 보유
  - 특히 해수담수화 플랜트 세계 시장점유율 20% 정도 (2010년 현재) : 해수담수화 시설 부분의 해외수주액은 전체의 2/3(66.7%)를 차지, 그 중 증발법 분야에서 독보적 존재, RO법도 국내 RO막 생산체제 돌입/해외수출 시작
  - 그 다음 상하수도분야, 기타 댐건설 및 하폐수처리시설, 용역부문 등
2) 부품·소재 및 운영·관리분야는 부진
  - 막여과제품에 대한 한국의 시장점유율 세계 18위로 매우 낮다.
  - 대부분 미국, 독일, 일본기업들이 장악

3) 해외진출사업 대부분 낮은 수익률
- 부품·소재·운영·관리분야는 장기간 수익창출이 가능하나 시설 및 건설의 수익발생은 1회성이라는 한계가 있음
- 유럽 및 싱가포르의 물기업은 토털솔루션으로 확장하는 추세
  ⇒ 토털솔루션(Total solution) : 시설·건설에서 유지관리까지 아우르는 서비스를 말함.

3. 소규모 지자체는 물산업 기술력, 운영관리문제 심각
- 7대 특·광역시, 한국수자원공사, 한국환경공단 등은 일정수준의 기술력 확보하고 있으나, 상기 지자체를 제외한 소규모의 지자체는 기술력, 운영관리 문제가 심각

Ⅵ. 주요 국가별 물산업 동향

프랑스	· 자국 물산업 육성보다는 자국기업의 해외진출 진원에 중점을 두고 해외진출지원 전략 수립과 국제표준화를 유도하고 있음
일본	· 물산업 해외진출을 위한 국가전략 수립(녹색위 외, 2010) · 전통적으로 부품소재분야의 강자로 인식됨 · 우리나라와 유사하게 지자체 등 공공기관에서 상하수도 시설관리가 이루어짐으로써 기업수는 적은 편이나, 2011. 3월부터 민간업체가 상·하수도시설을 운영할 수 있도록 민간투자제도(PFI)법을 수정하여 민간기업의 증가가 예상됨.
이스라엘	· 국가소유의 공기업을 활용해 제조, 부품, 조재 등 물연관 산업을 육성
싱가포르	· 국가 주도의 물기업 육성, 대표적인 물기업 : Sembcrop, Sinomen 등 · 물산업 클러스터 구축 및 프로젝트에 자국기업을 참여시켜 물산업 육성을 도모
미국, 영국	· 물산업 강국으로 최근까지 많은 물기업들이 활동하고 있음.
BRICs 국가	· 물기업이 활발하게 탄생하고 특히 개도국의 기업수가 대폭 증가

물산업 육성방안 (= 물산업 해외진출 활성화방안, 국제 물산업 대비책)

Ⅰ. 물산업 활성화 방안

1. 물산업 기반구축	⇒ 물산업의 구조개편 / 물산업 육성정책 법제화 - 물산업 육성정책 법제화 - 물산업 통계 및 정보관리 강화 - 상하수도사업 관리체계 개선 (상하수도사업의 구조개편)
2. 물산업 경쟁력 강화	⇒ 핵심기술 고도화 / 우수인력 양성 - 물산업 R&D체계 개편 - 핵심기술 실용화 및 확산체계 구축 - 물산업분야 우수인력 양성 및 교육강화
3. 물산업 수요창출시장확대	⇒ 인프라 투자 강화, 지능형 물관리시스템 개발, 에너지자립형 하수도, 물재이용 활성화 - 상하수도 인프라 투자를 통한 내수시장 확대 - 에너지자립형 하수처리장 구축 - 물 재이용 활성화를 통한 녹색성장 견인 - 분산형 수처리 산업육성을 위한 Smart water system 개발
4. 물산업 해외진출 지원	⇒ 물산업 수출역량 강화 - 정부간 협력체계 구축 및 우호관계 형성 - 개발도상국 원조를 통한 물산업 진출 지원 - 국내기업의 해외프로젝트 수주 지원 - 대형선박 밸러스트탱크(ballast tank)를 활용한 담수 수출
5. 물산업 연관산업 육성	⇒ 물산업 엔지니어링, 기자재, 막 소재 개발 - 먹는샘물 경쟁력 강화를 통한 수출 확대 - 상하수도 기자재 산업육성 - 물산업 기업에 대한 공적원조자금 지원, 성공불제 등의 도입

II. 물산업 해외진출 활성화를 위한 시행대책

1. R&D 투자강화	· 한국이 우위를 갖고 있는 시설 및 건설분야에 대한 R&D 투자강화를 통한 지속적인 시장점유율 유지 노력한다.
2. M&A 및 합작	· 취약부분인 부품, 소재, 운영 및 관리분야는 해외선도기업에 대한 M&A 및 합작 등을 통한 보완한다.
3. 테스트베드 참여	· 열악한 물산업 소재분야에는 단기적으로는 기존 외국 클러스터 및 테스트베드(test bed, 시험무대)의 참여를 통한 기술 및 경험 경쟁력 제고
4. 물산업 건설수요에 적극대응	· 중동 등의 물산업에 대한 시설 및 건설 수요증가에 대한 적극적으로 대응함으로써 물산업 경쟁력 유지 및 강화
5. 물산업 민간개방	· 물산업의 근본적인 경쟁력 강화를 위해서는 민간기업에 대한 시장참여 기회 확대를 통한 시장경쟁원리에 대한 노출이 필요

III. 물산업 육성정책 추진시 선결과제
- 국내 상하수도 보급률의 지역간 불균형 해소(농어촌 보급 확대)
- 국내 물기업의 운영, 서비스로의 체질 개선
- 국내 전문기술인력 양성
- 연관산업 활성화 도모
- 정부기관의 이원화(국토교통부, 환경부)를 일원화체계로 전환
- 수도요금의 현실화

IV. 물산업에 대한 의견
- 「환경산업지원법」 마련중이며, 이 법률은 세계 물산업의 현황을 관찰하고 그에 따른 효과적인 대응책으로서, 환경산업 육성계획, 우수환경산업체 지원, 환경산업진흥단지 조성, 환경산업 해외진출 지원 등의 내용을 담고 있다.
- 국내 물산업의 도입은 상하수도 보급률의 지역간 불균형(농어촌 보급확대 및 통합서비스 구축), 국내 물기업의 운영 및 서비스로의 체설개선 미비, 국내 전문기술인력의 부족, 연관산업 비활성화, 정부기관의 이원화, 상하수도요금의 현실화 등의 여러 문제에 봉착되어 있으므로 단계적으로 추진하는 것이 바람직하다.

물 재이용 기본계획 (2011~2020)

I. 위상 및 역할

1. 위상

- 「물의 재이용 촉진 및 지원에 관한 법률」 제5조(물 재이용 기본계획의 수립) 규정에 의한 10년 단위의 법정계획
- 기후변화로 인한 지역적 물수급 불균형 문제를 해소하기 위한 지속가능한 수자원 확보방안으로서 빗물이용, 중수도, 하·폐수 처리수 등 물 재이용과 관련된 정부 최상위 계획
- 향후 10년간의 정책방향을 담은 "물 재이용 정책의 청사진"

2. 역할

- 물 재이용 정책에 대한 국가기본방침
- 각 중앙부처의 정책입안 지침서

II. 주요 골자

1. 지속가능한 물 재이용 활성화로 친환경 대체용수 확보(25.4억톤)

- 빗물이용시설의 보급 확대를 위한 제도적·기술적 기반을 구축으로 전국의 빗물사용량 연간 49백만톤/년으로 증대
- 중수도시설의 활성화를 위한 제도개선과 관리기준 확립을 통한 중수도 사용량 연간 489백만톤/년으로 증대
- 하·폐수처리수 재이용사업 확대 추진 및 수요처 확보로 연간 1,977백만톤/년으로 증대
- ⇒ 하수처리수 재이용율 2008년 기준 10.8%에서 31.1%로 증대
- 물 재이용 산업육성을 위한 정부지원으로 7조 251억원 규모의 국내시장 창출 및 해외 진출 기반 확립
- ⇒ 약 45,600명의 물 재이용 노동유발 효과

2. 계획 기간 : 2011년 ~ 2020년

3. 계획의 정책방향

- 물 재이용 인센티브 확대 및 법·제도 개선
- 물 재이용보급 확대를 통한 지역별 건전한 물순환구축 도모
- 물 재이용 산업육성과 기술개발을 통한 민간에 새로운 투자기회 제공 및 국제 경쟁력 강화
- 적극적인 물 재이용 수요처 발굴 및 홍보

4. 재원조달 계획

- 소요재원 7조 251억원은 국비 2조 2,402억원, 지방비 2조 4,445억원, 민간투자에서 2조 3,404억원 확보

물 재이용 산업 (제3의 물산업)

Ⅰ. 정의

- 기존의 상수처리와 공급(제1의 물산업), 하수 수집과 처리(제2의 물산업)에 이은 하수처리수, 빗물, 중수도 등 물 재이용에 관련한 재처리 기술, 공급망 및 관련 산업을 말함

  - 국가하수도종합계획(2007) : 2015년까지 하수처리수 재이용율 20% 목표
  - 물 재이용 기본계획(2011) : 2020년까지 하수처리수 재이용율 2008년 기준 10.8% 에서 31.1%로 증대

Ⅱ. 목적

- 기후변화에 따른 물부족에 선제적으로 대응
- 기존상수도의 장거리 물수송에 따른 에너지 절약 등 저탄소 녹색성장의 일환
- 물 재이용산업은 상수, 하수분야에 이은 제3의 물산업으로서 민간부분에 새로운 투자기회 제공

Ⅲ. 주요내용

1. 중수도	물 재이용의 의무화시설 확대 · 빗물이용시설 : 종합운동장, 실내체육관 → 국가자치단체 청사 ⇒ 빗물이용시설 지붕집수면적을 1,000㎡로 줄이고 좌석수의 제한을 없앰.
2. 빗물이용시설	· 중수도 시설 : 호텔, 백화점, 공장 등 → 택지 및 산업단지 등 개발사업 ⇒ 중수도 의무설치하는 건축물의 연면적을 6,000㎡ 이상으로 축소할 필요가 있음
3. 하수처리수 재이용	국고보조에 의한 하수처리수 재이용사업 확대 (국고 최대 70% 지원) ⇒ 하수처리장 규모 5000㎡ 이상의 시설물 장외이용율 10% 이상 의무화 · 하폐수처리수의 공업용수 재이용 민간투자사업(BTO) 추진 · 민간투자사업으로 2016년까지 4.4억톤(국내 전체 공업용수의 17%) 재이용 목표
4. 폐수처리수 재이용	산업단지 내의 폐수를 고도처리하여 당해 단지에 공급 · 폐수처리수 재이용 타당성 조사 및 대구 달성산업단지 시범사업 실시
5. 인센티브 제공	인센티브 제공으로 재이용시설의 자발적 설치유도 · 수도요금 또는 하수도사용료 감면, 건축물의 용적률 완화 허용 등(지자체 조례로서)
6. 고도처리기술 개발	하폐수처리수 고도처리기술 개발 (예 : I3 하수고도처리공법 개발) · 처리단가 최소화 및 처리효율 극대화를 위한 기술지원 및 개발

국내 물 재이용 주요 정책방향

Ⅰ. 최근 물 재이용과 관련한 주요 정책

1. 물순환이용 기본계획('07)
 - 2016년까지 고도처리된 하수처리수 일정량 재이용 목표설정

2. 국가 물수요관리종합대책('07)
 - 물수요관리 정책추진의 목표와 방향을 설정

3. 하수처리수 재이용수 적극 활용('10)
 - 하수처리수 재이용수를 공업용수로 활용
 - 민간투자사업(BTO) 추진, 최대 70% 국비 지원

4. 물의재이용촉진및지원에관한법률 시행('11)
 - 빗물, 중수도, 하폐수처리수 등 재이용하기 위한 제도적 기반 마련

5. 국가 물재이용기본계획 수립('11)
 - 향후 10년간(2011~2020) 25.4억㎥의 물 재이용량 확보
  ⇒ 빗물사용량 증대, 중수도시설 증대, 하폐수재이용사업 확대
 - 4.4억㎥ 상수대체 효과
 - 6조 가량의 추가적인 국내 물산업 시장 창출 기대

Ⅱ. 물 재이용을 위한 걸림돌(문제점)

1. 수돗물 가격 문제
 - 전국 평균 수도요금(610원/㎥)은 생산원가의 80% 정도

2. 재이용수 인식 문제
 - 냄새, 색도 등에 의한 심미적 거부감

3. 고급기술개발 및 설비투자 문제 : 막여과 등의 재처리시설, 공급관망, 이중배관 등 많은 투자비 소요

4. 수요처 확보
 - 시설물의 중수도 의무적 사용 확대 필요

Ⅲ. 물 재이용 정책방향

1. 수도요금 현실화와 수도요금체계의 구조조정 추진

2. 신규 광역상수도 공급 및 급수체계 조정사업지역에 하수처리 재이용수 우선공급 의무화

3. 국내 물기업 역량 확보를 위한 테스트베드(시험무대)의 확보 장려

4. 민간개방 : 유역단위 하수도통합운영 전환, 물재이용 시장참여의 동기부여

5. 물재이용 핵심기술 확보 및 부품제조업체들 간의 컨소시엄 구성 장려

6. IT 지식기반을 통한 Smart 하수처리시설 관리 및 운영경험 축적

7. 선택과 집중을 통한 원천기술 확보, 기존 연구인력의 고급화

 - 기존에는 상용화 위주의 R&D계획을 중점적으로 추진하였기 때문에 선진국에 비해 기술수준이 낮음.

 - 특히 분리막 제조 및 모듈화 기술, 최적화시스템 개발

 - 경제적인 RO 농축수 처리기술 개발도 시급해 해결해야 할 과제임.

ISO/TC224

Ⅰ. 개요

1. 국제표준화기구(ISO)가 제정한 "상하수도 서비스" 국제표준을 의미
   - 프랑스가 주도해서 만든 상하수도서비스의 평가에 대한 일명 글로벌 스탠더드
   - "TC224"란 224번째 기술위원회(Technical Committee)에서 만들어졌음을 의미함.

2. 상하수도서비스에 대한 평가지표를 개발하여 단위사업에 적용함으로써 투자우선순위 결정 등 국내 상하수도사업자의 제한된 재정투자범위 안에서 경쟁력을 높이고 향후 상하수도서비스 국제표준에 능동적으로 대응하기 위해 상하수도서비스 평가지표를 개발하게 됨.

3. ISO(국제표준화기구)의 224번째 기술위원회에서는 세계 각국의 상하수도서비스의 품질을 높이고 지속가능한 발전에 기여하기 위하여 2007년에 PDCA 원칙에 따라 사용자 측면에서 상하수도서비스를 평가하고 상하수도시설을 관리하기 위한 국제표준을 제정하였다.

```
┌─ ISO 24510 … 사용과 서비스에 대한 평가의 개선을 위한 지침
├─ ISO 24511 … 하수도 사업관리 및 하수도 서비스 평가를 위한 지침
└─ ISO 24512 … 상수도 사업관리 및 상수도 서비스 평가를 위한 지침
```

<평가지표의 분류 (예)>

```
┌─ 인력 (기술직원율, 외부교육연수시간, 내부교육연수시간 등)
├─ 시설 (배수지용량, 급수관 사고비율, 관로의 교체율 등)
├─ 운영 (급수보급률, 유수율, 수질기준 부적합률, 원수 여유율 등)
├─ 서비스질 (수도서비스 민원율, 수질에 대한 민원 비율 등)
├─ 재정 (유동비율, 자기자본 구성비율, 공급단가 등)
└─ 환경 (정수슬러지의 유효이용율, 재생가능에너지 이용률, 톤당 전력사용률 등)
```

Ⅱ. 평가지표의 활용방안

- 작성된 평가표값을 기준으로 통계기법을 활용하여 사업자간의 비교·분석을 통해 서비스 향상을 위한 <u>투자우선순위 결정, 사업자간의 벤치마킹</u> 등이 가능할 것으로 판단됨

```
주) PDCA의 4단계 ┌─ (1) 계획 (Plan) : 변화를 위한 사전 계획과 결과 분석 및 예측
                ├─ (2) 실행 (Do) : 통제된 상황에서 작은 조치를 취하며 계획을 실행
                ├─ (3) 확인 (Check) : 결과분석
                └─ (4) 조치 (Act) : 개선을 위한 행동
```

에코스타 프로젝트

Ⅰ. 개요

1. 2010년까지 6.5년 동안 6,500억 투자한 수처리 선진화 사업
2. 비전 : 세계최고수준의 수처리기술 및 시스템 개발하고 상용화

Ⅱ. 주요 기술개발 내용

1. 막분리 고도정수처리기술(가압식, 침지식)   ⇒ 막여과고도처리시설 100% 국산화 성공
 - 정수용 막소재 및 모듈 개발
 - 중대형 막분리고도정수처리시스템 개발
 - 단위면적당 15만원의 필터가격을 5만원으로 하락, 30분 여과, 30초 역세척하는 보증기
   간 7년의 중공사막을 개발하여 영등포정수장에 적용 중
 - 부지면적 40%, 전체 에너지 최대 30% 감소, 약품사용량 40% 감소

2. 상수도관망 최적관리기술   ⇒ 상수관망 진단운영·유지관리기술 상용화
 - 상수관망 진단/운영관리 기술개발
 - 상수관망 유지관리기술 개발(로봇 시스템 등)
 - 옥내 급수관 진단, 세척, 갱생 기술개발

3. 수영용수 수준의 하폐수처리기술   ⇒ 국산막을 이용한 하수고토처리기술 상용화(I^{3}공법)
 - 수영용수 수준의 하수고도처리 기술개발
 - 하수처리시설의 고효율·초집적 기술개발
 - 전자산업폐수 무해화 기술개발
 - 고농도 식품산업 폐수처리 기술개발

※ 미래형 Smart 물재생·물이용 기술

(1) 물재생 및 재이용 등 다양한 수자원을 활용하고 도시의 물순환을 회복할 수 있는 기술을 의미
(2) IT융합과 첨단소재기술, 엔지니어링 측면에서의 최적화를 통한 기술고도화
(3) 주요기술 : 통합관리, 공정 강화, 에너지 및 유용자원 회수

1) 통합관리	2) 공정강화	3) 에너지 및 유용자원 회수

· 최적화된 개별시스템 통합
· 스마트 원격제어시스템
· 실시간 모니터링,
  피드백 제어
· 효율적인 수자원 관리
	· 공정효율을 높이는
	  시스템 도입
	· 모니터링을 위한 장비 구축
	· 자동화시스템 구축
	· 운전공정 최적화
	· 원격제어 및 자가진단
	  시스템 구축
		· 소화조 열병합 발전
		· 하수열 재이용
		· 슬러지 재이용
		· 미생물연료전지(MFC)를
		  통한 전력생산

Smart Water Grid

I. 정의
- 수자원 및 상하수도 관리의 효율성을 향상시키기 위하여 상하수도시스템과 첨단정보통신(IT)기술을 융합하는 차세대 물관리 시스템

II. Smart water grid의 구축방향 (4가지)
- 지능형 검침인프라를 중심으로 한 상하수도관리시스템
  ⇒ 스마트파워그리드(Smart Power Grid) : 화석연료로부터 벗어나 신재생에너지를 도입하고 물의 생산과 공급에서 전기에너지, 신재생에너지를 이용할 수 있는 방향으로 나아가는 시스템
- 스마트전력그리드를 이용한 물관리시설의 에너지사용 최적화
- 수자원·수질관리를 위한 센서네트워크(Sensor network) 구축
- 국가단위의 효율적 수자원관리시스템 구축

III. Smart water grid의 효과
- 생산비·운영비 및 에너지 절감
- 수자원의 효율적 이용, 물사용량 절감,
- 물산업 발전토대 마련

IV. Smart water grid의 적용유형의 예
- 산업단지 : 업종별 요구수질에 따른 맞춤형 처리를 원격제어 관리
- 상업단지 : 1명의 물재이용사업자가 여러 개의 물공급시스템을 원격제어 관리
- 농촌지역 : 산재된 마을상수도를 인근 대규모 정수장에서 원격제어 관리

광역상수도

Ⅰ. 개요
1. 일반수도의 상수도 공급체계는 광역상수도·지방상수도·마을상수도로 구분
   광역상수도란 2개 이상의 지자체에 걸쳐있는 상수도 공급체계
2. 영세한 지방자치단체는 독자적으로 수원과 상수도시설 확보가 어렵다.
3. 사업주체는 국토교통부, 시설운영은 한국수자원공사
   사업시행은 취·정·송수시설은 국토교통부, 수수(授受) 및 급수시설은 지자체에서 한다.

Ⅱ. 광역상수도의 기대효과
1. 경제적 효과 : 중복투자 방지, 대규모 단일시설이 투자비가 저렴함.
2. 수질의 향상 : 통합정수장 내 고급기술인력 통합배치 → 정수수질의 향상
3. 시설의 효과적 이용 : 수원 확보의 용이, 노후된 지방상수도 대체
4. 수도요금의 평균화 : 전국 평균 740원/㎥ (정선군 1,300원, 대전시 400원, 서울시 510
   원 정도 ; 08년)
5. 수자원관리의 고도화 : 고도의 기술 집약, 광역상수도시스템의 효율적 이용

Ⅲ. 광역화 시행시 고려사항
- 국가적 시행 및 광역적 수원 확보가 전제
1. 국가수도정비계획에 따른 지방수도정비계획 적기 시행
2. 취수원 보호를 위한 수질오염방지대책
3. 장거리 공급에 따른 관내 수질오염 문제점 검토
4. 관련 부처간 긴밀한 협력체계 : 사업시행에 따른 필요한 재원과 역할분담체계 확립

Ⅳ. 결론
1. 우리나라 상수도는 광역상수도 운영기관인 수공과 지방상수도 운영기관인 지자체간 조정
   체계 미흡으로 물 생산시설 중복투자 및 용수량과 수요량과의 불일치가 발생하고 있다.
2. 이에 대한 대책으로 지방상수도간 또는 광역상수도와 지방상수도간 연락관을 개설하여
   광역화함으로서 용수공급 여유도시에서 부족도시로의 용수보충이 이루어지도록 함으로
   써 수량의 안정화 및 수질사고에 대비한 수질의 안전화를 도모해야 할 것이다.
3. 또한 효율적인 송·배수시스템이 되도록 통합운영관리하고 원격감시·제어시스템(TM·TC)
   을 도입해 나가야 한다.

광역상수도 계획시 문제점 및 대책

Ⅰ. 문제점
- 시설이 대규모가 되므로 부지면적이 크고, 일괄용지 매입 등이 어렵다.
- 대규모 투자비가 들고 공사기간이 길기 때문에 사업의 효과발효가 늦어진다.
- 관련 지자체가 다수이므로 전체적인 구성 및 운영·관리가 어렵다.
- 도수 및 송수관로가 길어져 펌프용량이나 사이펀 등의 시설이 필요한 경우가 많아져서 사업비가 증대될 가능성이 크다.
- 광역상수도 개발에 따른 피해주민에 대한 적극적인 보상, 지원대책이 필요하다.
- 급수중단/수질사고 발생시 전 구간에 걸쳐 파급효과가 크다.

Ⅱ. 대책
- 사업시행에 따른 관련부처와 지자체간 재원조달 및 역할분담 계획 등 긴밀한 협조 필요
- 시설의 규모가 커져 공사기간이 길어지므로 공급시기가 지연되지 않도록 철저한 계획 필요
- 시설용량의 산정시 지자체별 용수수요와 용수사용량 패턴을 정확히 예측 반영
- 노후화된 관로의 교체. 시설물의 교체 등으로 정수 생산량 및 공급량의 감소원인 해소

국내 정수장 운영방향 (= 국내 수도사업 문제점과 경쟁력 강화)

Ⅰ. 문제점
- 수도사업을 운영하는 주체간 기술력, 전문성, 재정력 등 격차가 심함 (전국 164개 사업자)
- 상하수도 사업자가 지나치게 많이 존재 (사업자의 영세화)
- 관리주체의 이원화 (광역상수도 : 국토교통부, 지방상수도 : 지자체)

Ⅱ. 경쟁력 강화방안
- 상수도 통합광역화 : 164개 수도사업자를 30개 내외로 통합광역화 실시
- 상·하수도의 통합 : 상하수도사업을 하나의 사업으로 통합 (별도 관리기관에서 통합관리)
- 전문경영체계로 전환 : 위탁경영, 민간개방 등
- 전문적인 규제기관 설립
- 전문적인 기술인력의 육성, 핵심기술의 고도화

광역상수도 CO_2 저감방안 (수돗물 절감 = CO_2 절감)

I. 상수도관망 최적관리시스템 적용으로 누수저감에 따른 온실가스 저감

- 유수율 제고를 통해 수도공급에 소요되는 에너지를 대폭 절감함으로써 수도사업을 저탄소형 녹색성장산업으로 전환
- 주요내용 : 급수체계 정비 및 블록시스템 구축, 관망종합정비, 상수도관망 유지관리시스템 구축
- 수돗물 1㎥ 절감은 CO_2 0.66kg 저감(IPCC, 기후변화에 관한 국제패널, UN산하기구)과 시멘트 1톤 절약시 CO_2 0.9kg 저감자료를 활용하여 상수도 관망 온실가스 저감량을 산출할 수 있으며, 현재 국제적인 탄소배출권거래소에서 거래되고 있는 CO_2 거래단가(1톤당 10~13EUR)를 적용하여 온실가스 저감에 따른 절감비용을 산출할 수 있다.
  ⇒ 수돗물 1톤당 CO_2 약 10~15원 절감

II. 기타 저감방안

- 그 외, 상수도의 기본기능에 부가기능을 접목한 신규에너지 개발로 이용가치를 극대화하고, 댐·수도설비 운영관리 최적화, 에너지 다소비설비 기능개선을 통해 에너지 절감형 생산·공급체계 확보
1. 에너지 효율 향상 : 펌프시스템 최적 설계, 수도 미활용에너지 재활용 기술개발
2. 소수력 발전, 태양광 발전, 수온차 냉난방, 조력발전 등 설치(자연에너지 활용으로 석탄·석유 연료 절감 = CO_2 저감)

지방상수도의 현 실태 및 개선방향 (상수도사업의 구조개편)

Ⅰ. 지방상수도 구조개편의 필요성

1. 영세한 정수장이 과다(사업자의 영세화) → 기술력, 전문성 재정력 등 격차가 심함.

- 전국 정수장 518개(164개 수도사업자) 중 시설용량 $500\text{m}^3/d$ 미만 307개(60%)이며, 이들 전체의 하루평균정수량은 전체정수량의 2.6%인 약 40만m^3(전주정수장 1개의 규모)에 불과. 실제로 하루정수생산량이 적은 중소규모 지방자치단체는 과도한 생산비를 부담하고 있다.

2. 누수량 과다 문제

- 2009년 상수도 하루 평균 총급수량 1,550만m^3 중 누수량은 평균 11.4%로 수도사업자에 따라 누수율은 4.7~23.2%로 큰 차이를 보여 전국의 누수율을 현재의 최저수준인 4.7%로 낮춘다면 엄청난 수자원을 절약할 수 있다. 특히 강원 남부권은 유수율이 42%(2009년 말 현재) 불과해 상수관망 최적관리시스템을 통해 2016년까지 85%로 끌어올릴 계획임

3. 관리주체의 이원화에 의한 과도한 중복투자 및 수도요금의 불평등

- 광역상수도는 국토교통부 관할이고, 지방상수도는 지자체 관할로서 이원화 됨.
- 상수도사업의 광역화를 통해 수도요금 평준화 및 중복투자 방지가 필요하다.

Ⅱ. 구조 개편 방향 (= 상하수도의 통합화·광역화전문화)

1. 상수도사업, 소유·경영 분리 필요

- 상수도사업은 공공적인 성격 때문에 소유권은 현재처럼 지방자치단체가 가지되,
- 경영은 가능한 한 많은 부분을 민간에게 위탁하는 것이 바람직

2. 민간위탁, 효율성·공공성 동시 추구

- 상수도사업은 물리적 통합에 앞서 민간위탁에 의한 기업적 경영이 우선되어야 한다.
- "민간위탁"은 상수도사업의 경영효율성을 추구하는 한편, 상수도사업의 주체인 시·군 등의 수탁자에 대한 감독을 통해 상수도사업의 공공성을 함께 확보한다는 것을 뜻한다.

3. 영세 상수도사업, 경영통합이 현실적

- 경영통합이란 상수도시설 유지·관리 전문기업으로 하여금 현재의 상수도시설을 기본으로 지리적·경제적 범위의 상수도사업을 통합관리하는 방식이다.
- 전문기업은 상수도사업의 경제성을 최대한 높이는 노력을 하고, 그래도 경영의 수지균형이 어려운 경우 부족분을 한도범위 내에서 보전해 줄 수 있어야 한다.

Ⅲ. 지방상수도 통합관리계획

1. 환경부와 안전행정부 이원화

1) 환경부와 안전행정부로 이원화 되어 있는 물관리 체계 속에서 그 간 환경부 주도의 물산업지원법 제정이 각종 시민단체 및 이해단체 간 이견으로 인해 제동이 걸리게 되면서,
2) 안전행정부가 "지방상안전행정부수도 통합관리계획 추진"을 각 지자체에 시달하게 되었고 상수도 광역화와 더불어 상수도 민간위탁을 추진하는 지자체에 대한 행정적·재정적 인센티브를 부여하고 민간위탁을 공식적으로 추진하고 있다.

2. 환경부 지방상수도 통합 중장기 마스터플랜

1) 기존 지자체와 수자원공사 중심의 분산운영체제를 유역단위 통합운영체제로 전환

구 분	광역상수도	지방상수도
사업주체	국토교통부	환경부
시설운영	한국수자원공사	지자체

2) 10년간 4조원 투입 2020년까지 전국 164개에서 39개 권역으로 통합하여 공기업이나 민간기업에 위탁할 계획이며, 이를 바탕으로 2030년까지 하천유역(한강, 금강, 섬진강·영산강, 낙동강)을 기반으로 5개 내외로 대형화 수도사업자로 개편

3. 안전행정부 "지방상수도 통합관리계획 추진"을 각 지자체에 시달

1) 지방상수도 통합운영 시범사업 추진으로 인해 상수도 운영에 효율성 제고와 규모의 경제달성, 수도서비스 개선이라는 내용으로 본격적으로 추진되고 있는 상황이다.
2) 주요 내용
  - 울릉도를 제외한 중소규모 시군을 3~15개 지자체간 권역별로 통합하여 전문기관이 통합관리한다는 지방상수도 전문기관 관리방안을 마련
  - 마을상수도 등 소규모 수도시설도 통합위탁 범위에 포함시키며 특별시와 광역시는 구조조정 등 경영혁신 후 단계적으로 공사화로 추진

마을상수도와 소규모급수시설

Ⅰ. 개요

1. 농어촌 급수시설은 대부분 '70~'80년대 새마을운동 일환으로 조성되어 어느덧 관로 교체주기를 맞고 있다.
2. 농어촌상수도의 특성상 취수원 확보가 어렵고, 또한 국내 수자원의 특성상 강우양극화 및 지하수 대수층 두께가 깊지 않아 연중 원활한 물 공급 및 물관리가 어렵다.
3. 또한 농어촌도 도시화·산업화되어 가면서 비점오염원 관리소홀 등으로 수원이 오염되어 개선대책 수립시 수질관리도 함께 고려해야 한다.

Ⅱ. 소규모 수도시설의 구분

- 마을상수도 : 급수인구 100~2,500인, 급수량 20~500㎥, 시·군·구청장 지정 일반수도
- 소규모급수시설 : 급수인구 100인 미만, 급수량 20㎥ 미만

Ⅲ. 전국 소규모수도시설 현황 (환경부·농림부 2005년 현황조사내용)

1. 기본현황

1) 전국 22,725개소, 252만 명 이용
2) 1일최대급수량 276 Lpcd, 2015년까지 235 Lpcd로 유수율 제고 계획
 - '04년도 말 마을상수도 기준 : 전국 10,800여 개, 190만 명 이용

2. 시설운영현황

1) 수원	- 취수원 중 73%가 지하수 사용, 기타 계곡수 > 용천수 > 복류수 등 ⇒ '04년도 말 마을상수도 기준 : 지하수 80%, 계곡수 20% - 용도는 주로 생활용수, 생활용수/농업용수 겸용인 경우(13%)
2) 정수시설	- 수질기준 초과시설 : 전체의 10.1% ⇒ 지하수 : NO_3-N, 잔류염소 順, 계곡수 : 잔류염소, 탁도 順 - 정수시설을 설치한 시설 4.6%, 완속여과 > 막 > 급속여과 > 기타 - 전체의 23%가 소독 미실시
3) 송배수시설	- 배수지 중 43%가 콘크리트구조물로서 누수 발생 및 청소상태 불량 - 관로 연장은 시설개소당 평균 1.77km, 관종은 합성수지관(91%) - 설치년도 25년 이상 노후된 시설 : 전체의 40% ⇒ '04년도 말 마을상수도 기준 : 25년 이상 노후된 시설 전체 60%

Ⅲ. 마을상수도의 문제점

1. 안정적인 수량.수질확보 곤란
- 취수원 대부분이 지하수지만 대수층이 깊지 않아 가뭄에도 수원이 조기고갈
- 취수원 주변 오염물질 유입, 축산폐수, 산성강우, 농경지 등 주변 오염원에 매우 취약
- 계곡수나 지표수를 수원으로 하는 경우 수원보호시설이 없어 수질오염 우려가 크다.

2. 먹는물수질기준 초과
- 정수처리시설 또는 소독시설 미설치 (정수시설을 설치한 곳은 4.6%에 불과)
- 설치된 시설의 노후화, 운영관리능력 부족

3. 배수지 관리 불량
- 배수지 균열 및 누수, 이끼 발생 등 관리상태 부족

4. 시설 노후화 및 시설개량 예산확보 곤란
- 처리시설, 관거시설 모두 노후화됨 (25년 이상의 노후관이 40% 이상 차지)
- 마을상수도 관리가 지자체에서 주도하므로 시설개량을 위한 국비지원 예산확보 곤란하고, 영세한 지자체는 수원개발 및 시설교체비용 등 투자예산 부족

5. 이용주민의 인식부족
- 지역주민이 냄새·맛 등을 이유로 염소소독 반대
- 일반상수도 공급가능지역도 수도요금에 대한 부담으로 마을상수도 계속 사용

Ⅵ. 마을상수도의 개선대책

1. 광역급수체계로 전환
- 권역별 광역급수체계 추진 (상수도관망 최적관리시스템 추진)
- 소규모수도시설은 광역상수도 및 지방상수도에 연결
  (관로개설비가 막대하므로 국가지원이 필수)
- 광역상수도 또는 지방상수도 연결한 통합운영관리
- 수도요금의 단일화 및 농어촌 지역은 국가지원 필요

2. 일반상수도 전환이 어려운 경우

1) 수질관리개선
① 소독시설 설치
- 고체염소(클로로칼키) 사용을 지양하고 액체염소(차아염소산나트륨)를 사용
- 유지관리가 용이하도록 무전원 자동주입시설로 소독시설을 교체한다.

② 정수처리시설 개선
- 가능한 한 유지관리비가 적고 유지관리가 용이한 공법을 적용해야 하며, 운영비가 고가인 분리막 사용은 숙고한다.

2) 운영관리개선
　① 통합운영시스템 도입
　② 지자체별 소규모수도시설 전담계 운영
　③ 전문수탁기관 및 민간관리 유도
　④ 자체적인 운영관리 개선
　　- 수질검사 개선 : 연 1회 56개, 연 3회는 14개 항목 측정
　　- 취수원 및 배수원 관리 철저
　　- 주민홍보 강화 및 주민참여형 시설 유지관리

마을상수도 취수원 문제점/대책

Ⅰ. 문제점
- 수량 : 갈수기 수량 부족, 취수원 중 73%가 지하수 사용 (지하수>계곡수>용천수>복류수)
- 수질 : 계곡수(오염가능성), 지하수(인근 축산시설)

Ⅱ. 대책
- 철, 망간 문제시 폭기 또는 Green sand 사용
- 2단여과(여과시설) 설치
- 오염원 차단방법 강구, 불가능시 수원 변경
- 질산성질소 문제시 이온교환법 또는 생물처리법

※ 오염물질별 적용공법

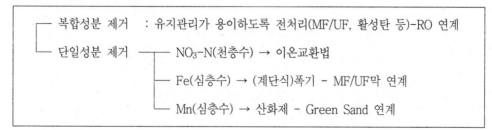

상수도시설의 민간위탁시 효과, 문제점, 향후 발전방향

I. 직영 및 위탁운영 비교

구분	지자체의 직접운영	민간위탁에 의한 운영
장점	· 주민의 신뢰 구축이 용이 · 민간회사의 도산·파업에 따른 업무중단이 없음 · 시설의 안정적 운영이 가능 · 공공의 신뢰성 확보	· 운영관리의 탄력성 확보, 진보적 기술적용 가능 · 지자체의 감독기능 부여 · 전문적인 운영관리로 비용절감 (잦은 인사이동 없음) · 설계 및 시공인력 확보로 시설의 개보수가 용이
단점	· 감시를 의식한 조직의 경질성과 각종 보고 등 잡무로 인한 운영관리의 효율성 저하 · 혐오시설 근무인식에 의한 공무원 사기 저하 · 잦은 인사이동에 의한 전문성 결여 · 운영과 감독을 동시에 수행하므로 규제효과 저하	· 민간의 이윤추구로 공공의 신뢰성 저하 · 개보수시 지자체와 협의가 필요 (기간이 길어짐) · 기업의 도산·파업 등에 의한 업무 중단이 우려 · 주민에 대한 책임행정 구현이 미흡 · 기존 처리장을 운영하고 있는 공무원의 인사가 곤란

II. 대책

- 민간위탁기업의 선정시 PQ심사 등을 통하여 부실업체의 낙찰을 유도
- 민간기업의 운영관리업무를 적절히 관리·감독하여 지나친 이윤추구 방지

III. 향후 발전방향

- 지방공기업(한국환경공단, 수자원공사 등)에서 위탁관리 또는 지자체에서 감독업무 수행
1. 상수도사업의 경영(민간위탁)과 소유(지자체)의 분리
2. 상수도사업의 효율성(민간의 전문성)과 공공성(지자체의 관리감독) 동시 추구
3. 영세 상수도사업은 유지관리전문기업에 의한 경영통합이 원칙
   - 경영수지균형이 어려운 경우 지자체에서 일정범위 한도내에서 부족분 보전이 필요함.

상수도관망 최적관리시스템 구축사업

┌─ 사업배경 : '09.2 대통령 지시사항(종합적인 가뭄대책 수립 지시)
└─ 원인　　: 저조한 유수율, 상수도시설물의 노후화, 상수도의 경영악화

Ⅰ. 사업배경 및 목적

1. 배경

1) 정수장에서 생산한 수돗물이 관로 공급과정에서 누수되어 수자원 및 에너지 낭비, 수도 경영수지 악화
 - 2008년 기준 연간누수손실량 7억㎥발생 (연간손실액 5,180억원, 생산원가 736.7원/㎥기준)
2) 상수도관망 노후화 및 부적정 공급체계로 인한 수량, 수질, 수압문제가 발생하여 수돗물 신뢰도 저하
3) 기존 상수도관망 개량사업은 누수사고 수리나 경년관 교체위주로 진행되어 구조적인 문제를 체계적으로 해결하지 못함
→ 부분적 송배급수관로 확장공사로 인해 배수구역, 블록, 관망체계가 혼재하여 효율적인 유지관리 곤란

2. 목적

1) 유수율 제고로 수도공급에너지를 대폭 절감함으로써 수도사업의 저탄소형 녹색성장사업으로 전환
2) 상수도관망개량 재원확보가 어려운 지방재정을 고려하여 지방상수도 통합을 전제로 국고지원 추진

Ⅱ. 관련계획

1. 관련 상위계획
 - 수도정비기본계획, 물수요관리종합계획 및 시행계획

2. 관련계획
 - 상수도관망 기술진단, 유수율 제고사업, 블록시스템 구축사업

상수도관망 기술진단	· 블록별 상수도관망에 대한 현황 · 일반기술진단의 평가지표별 결과값 및 판정등급 · 불량 또는 심각한 상태로 판정된 블록에 대한 원인분석, 개선방안의 도출 및 개선조치의 시행 결과 · 현장조사를 통한 수압의 적정성, 수량의 안정성, 수질의 안전성, 구조적·물리적 안전성, 비상시의 대응성에 대한 정밀하고 종합적인 진단

유수율 제고사업	· 관망도 작성 및 전산화 도입계획
	· 수도관의 블록시스템 구축계획
	· 불량관 교체 및 정비계획
	· 부적정 및 노후 수도계량기 교체 및 정비계획 등
블록시스템 구축사업	· 제1단계 : 블록 설정
	· 제2단계 : 블록별 수도관 정비
	· 제3단계 : 유량계, 수압계 등 설치 및 상수도시설물 정비
	· 제4단계 : 블록별 유수율, 누수율 등 분석
	· 제5단계 : TM/TC에 의한 블록별 전산화 관리

Ⅲ. 주요사업내용

1. 송·배·급수체계 정비 및 블록시스템 구축

- 송·배수관의 기능별 재정비, 블록시스템 구축,
- 적정수압관리시스템 구축, 비상급수체계 구축 등

2. 관망 종합정비

- 관망도 정비 및 GIS 연계자료 구축, 불량 송·배·급수관 일제정비,
- 불용관 및 부적합 부대시설 개량·교체, 부적합 계량기 교체·정비 등
  ⇒ 사업대상을 노후관(경년관)에서 불량관(누수관, 다발관, 잔존관, 재질노후관, 통수능부족
  관, 수질이상관 등)으로 변경

3. 관망 유지관리시스템구축

- 모니터링을 통한 관망감시·제어시스템 구축
- 계측자료와 연계한 관망운영·관리시스템 구축 등

Ⅳ. 추진방식

- 선계획(관망진단) 후개량(관거갱생)을 통한 효과적인 유수율 제고
- 마스터플랜(기본구상 및 기본계획) 수립 후 사업추진
- 지자체 단위의 단계별 사업을 사업우선순위에 따른 블록단위 일괄사업으로 추진
- 수도시설을 면단위 감시체계로 전환하여 관망시스템의 구조적인 문제를 체계적으로 개선
- 지속적인 유지관리를 위한 인력·행정·정보시스템 구축 (= 상수도관망유지관리시스템 구축)
- 합리적인 공사수행을 위한 공사-설계간 연계 강화
  ⇒ 사업기간 : 국고보조사업은 5년 이내 완료, 국고미보조사업은 여건·재정에 따라 탄력적으
  로 결정하며 국고보조사업을 준용할 수 있다.

Ⅴ. 기존사업과의 차이점

- 선진단 후개량을 통한 효율적인 관망정비 (기존 : 누수사고 수리 및 경년관 교체 위주의 관망정비)
- 블록시스템 및 유지관리시스템을 적극적으로 구축(기존 : 비효율·비합리적인 수돗물 공급 체계 및 유지관리)
- 재정여건이 열악한 지자체에 국고보조 (기존 : 수도사업 영세성으로 인한 소극적인 재정 투자)

Ⅵ. 사업효과

- 누수저감에 의한 취·정·송배수량 공급 절감 / 정수장 건설비용 절감
- 하수처리비용 / 전력비(에너지) 절감 / 온실가스 배출량 절감
- 용수공급 신뢰도 개선, 수질개선에 따른 간접효과, 가뭄시에도 안정적인 수돗물 공급 등
  ⇒ 수돗물 $1m^3$ 절감은 0.66kg CO_2 저감 (IPCC) : 국제적인 탄소배출권 거래단가 CO_2 1톤당 10~15EURO를 적용하면 온실가스 저감에 따른 절감비용을 산출할 수 있다. ($1m^3$당 약 10원 절감)

※ 태백지역 관망최적관리시스템의 직·간접적 기대효과

- 태백권지역의 낮은 유수율(평균 48%, 전국평균 82.6% : '09년 기준)을 높이기 위해 정부의 일괄추진방식으로 진행되고 있는 상수도관망 최적관리시스템의 기대효과는 다음과 같다.

직접적 기대효과	- 누수개선 후 총급수량 절감	
	- 연간 정수공급원가 절감	: 5,961백만원/년
	- 정수장 건설비 절감	: 1,629백만원/년
	- 온실가스 저감	: 234백만원/년
	- 하수처리비용 절감	: 5,599백만원/년
		(총절감액 : 13,423백만원/년)
간접적 기대효과	- 수돗물 공급 신뢰도 개선효과	: 2,305백만원/년
	- 장래 가뭄시 생활용수로서의 가치	: 1,422백만원/년
	- 수질개선에 따른 편익효과	: 3,211백만원/년
		(총절감 : 6,938백만원/년)

⇒ 상기의 기대효과를 위한 성과지표는 유수율(유효유수수량/생산량 × 100)이다.

급수체계 조정사업, 권역별 상수도정책 (광역상수도 정책)

Ⅰ. 추진배경 및 목적

- '04년 현재 54.2%에 불과한 전국 정수장의 평균가동률을 제고하기 위해 장래 용수 공급시설이 부족할 것으로 예상되는 지역에 기존시설을 활용하여 용수를 공급
- 수도사업자별 수도시설의 신·증설로 인한 중복투자를 최대한 억제
- 지역간 용수 불균형 해소 및 비상시에도 연계운영을 통한 안정적인 급수체계 구축

※ 기존 급수체계의 문제점

- 광역상수도와 지방상수도로 이원화되어 있어 중복투자에 의한 예산손실
- 수도요금의 비현실화 및 지역간 차등 적용에 따른 공공서비스의 불균형
- 상수도보급율의 지역간 불균형(농어촌지역의 상수도보급률이 낮다.)
- 국내의 수원은 대부분 하천표류수를 사용하며 수질오염에 취약하고, 상·하류 지역간 분쟁 발생

Ⅱ. 급수체계 조정방안 주요내용

1. 기본방향

- 한정된 수자원의 효율적 활용 및 관리
- 영세한 소규모 수도사업자의 통합을 유도하여 수도사업 경영합리화 및 해외 시장개방에 대비

2. 관리(생활)권역 설정

- 유역관리, 관리·감독의 업무수행, 향후 상·하수도 관리체계를 고려하여 전국을 9개 유역으로 구분
- 지리적 동질성, 단일 수도사업자에 의한 운영관리, 인구 및 시설규모에 따라 26개 중권역 구분
- 기술적으로 용수 잉여지역과 부족지역을 상호 연계·운영하기 위해 42개 소권역 구분

3. 관리권역별 용수 연계방안

- 잉여용수를 부족지역에 연계공급 41개, 자체 정수시설 설치 13개 시군 등 급수체계 조정
- 용수 부족도시는 개발용수 수요가 많은 한강권역이 11개 도시, 행정복합도시 등을 포함한 금강 북부 권역 7개 도시 등에서 용수 부족이 많을 것으로 예측됨

4. 유역별 기본계획 수립 우선순위

- 연계 운영에 대한 경제성, 예산 투자 효율성 등을 검토하여 '10년까지 9개 유역에 대한 기본계획 수립 추진(사업비 135억원)
- 2011년 상수도 광역화 : '11년 말까지 강원권, 경북권, 전라권은 적어도 6개권역의 통합을 추진

Ⅲ. 권역별 광역급수체계의 효과

1. 경제적 효과

- 중복투자방지, 통합관로 설치에 따른 예산절감, 광역상수도 생산원가 인하
- 대규모 단일시설이 소규모 다수시설보다 투자비가 저렴하다.

2. 정수수질의 향상

- 통합정수장 설치에 따른 수질개선

3. 수원확보의 용이

4. 수도요금의 평균화

- 서울 510원, 대전 400원, 정선 1,300원 정도로 현격한 차이 전국평균 740원/㎥('08년 통계연보)

5. 수자원관리 고도화

- 광역상수도시스템의 효율적 운영, 고도의 기술집약, 노후된 지방상수도 대체

급·배수관에서 블록화를 하는 이유

I. 개요

– "배수관망"이란 평면적으로 넓은 급수지역 내의 각 수요처 배수지에 저류되어 있는 정수를 적절히 분배, 수송하기 위한 관망을 말하며, 유수율 저하 및 수질저하 문제를 해결하기 위해서 블록시스템(block system)을 필요로 한다.

II. 블록화 하는 이유

1. 수질 개선, 단수시 대비 : 기존의 수지상식의 단점을 보완

         (관말단의 물이 정체되어 수질 악화, 단수시 취약)

2. 유수율 향상 도모 (누수율 감소)
3. 수량·수압관리 및 계측제어의 용이
4. 관망해석이 쉽고, 관거의 개량·확장이 용이
5. 직결급수 도입 가능

※ 배수관망 형태, 관망해석방법, 설계시 고려사항

관망구성 형태에 따른 구분	· 수지상식 · 격자식 : 단식, 복식, 3중식 · 종합식 : 수지상식+ 격자식(농촌 등에 적용)		
배수관망 해석방법	· 유량보정법(Hardy cross법) : 절점수압을 구할 수 없다. · 절점수위보정법 : 절점수압을 구할 수 있어 누수방지·관로결손·수량부족 등 문제해석에 사용 · 등치관법 ⇒ EPAnet, WaterCad, KYpipe 등의 프로그램이 많이 활용되고 있음.		
배수관망 설계시 고려사항	· 수도정비기본계획 · 블록시스템 도입 · 관망형태 · 직결급수 도입	· 무단수급수체계 도입 · 염소투입시설 · 비상공급계획	

Ⅲ. Block system 도입목적(장점)

1. 배수블록 내 균등한 수압에 의한 등압급수의 확보
 - 관 파손 방지, 누수량 감소
2. 비상시 또는 사고·화재시 복구가 용이함.
 - 비상시(갈수기 취수제한, 정수장 이상시) 감압급수, 시간제한급수 때 용이하게 대처
 - 사고·화재시 단구구역 최소화, 신속복구
3. 관망의 유지관리가 용이함
 - 수질·수량의 안정적 조정, 노후관 대책, 누수방지대책의 용이

Ⅳ. 블록화 시행효과

1. 기존 노후관개량사업 위주에서 구역통제·관리체계 확립(=관망최적관리시스템 구축)
2. 유량측정에 의한 과학적이고 효율적인 유수율 관리를 통한 수자원 및 에너지 절감
3. 균등수압에 의한 누수율 감소, 수질오염예방을 통한 수돗물 신뢰도 개선
4. 상수도 관망최적관리시스템 구축으로 효과적인 누수방지사업, 유수율 제고를 통한 상수도 경영합리화를 도모
5. 관망정비기술 발전을 통한 녹색성장산업 발굴 및 해외진출

※ Block system 구축사업 (= 블록화 추진 5단계)

1) 블록설정 :	대블록, 중블록, 소블록으로 구분한다.
2) 블록별 수도관 정비 :	소블록별로 관망 재구성
	노후관·통수능부족관·눈수관·다발관 등 갱생 및 교체
3) 유량계·수압계 설치 :	소블록별로 배수지관 유입점에 유량계·수압계를 설치하고,
	상수도시설물 정비한다.
4) 블록별 유수율·누수율 등 분석 : 소블록별로 분석	
5) TM/TC 구축에 의한 전산화관리	

수돗물 음용율이 낮은 이유 (수돗물 불신이유) 및 대책

Ⅰ. 수돗물의 음용현황

- 국내 수돗물 요금은 OECD국가 중 가장 낮으며(평균 609.3원/㎥, 생산원가 730.7원/㎥, 2008년말 기준), 물소비량은 275L/인으로 가장 높은 편이다.
- 그러나 먹는물 이용현황을 보면 2008년 현재 수돗물 44.9%, 정수기 41.9%, 먹는샘물 7.8%, 약수터 5.0% 정도로 낮으며 수돗물 또한 끓여서 음용하는 것이 대부분이며, 실제 수돗물 그대로 음용하는 경우는 평균 0.1%에 불과한 실정이다.

Ⅱ. 수돗물 음용율이 낮은 이유

- 수돗물 불신원인은 원수수질 문제, 정수처리과정의 문제, 송배수과정에서의 문제 등 여러 문제점이 있으며, 그 중 가장 큰 원인은 수돗물에 대한 부정정 이미지와 수돗물 공급과 정에서 발생되는 상수관 오염이라고 볼 수 있다.

원 인	내 용
취·도수	· 원수수질 악화 : 유기용제, 농약비료, 오폐수 증가 상수원 골프장 등으로 하천·호소수의 오염문제
정수처리	· 불안정한 정수처리 : 정수장의 기준치를 만족 못하는 정수처리 정수처리기준을 만족하더라도 과다한 잔류염소농도에 따른 수돗물 맛냄새 거부감
송·배·급수	· 노후화된 급·배수관 : 가정으로 운반되는 상수관의 오염(가장 큰 원인), 녹물·탁수 및 이물질 발생 · 수용가물탱크 관리부실 : 기존의 비상급수를 위한 대규모 저수용량에 의한 오염원 인 제공
부정적 이미지	· 녹물 또는 흙탕물 발생 및 소독냄새 등에 따른 부정적 이미지 · 먹는샘물·정수기 업자의 상업적인 판촉활동으로 수돗물 불신조장 · 언론의 확대보도

Ⅲ. 수돗물 음용대책

- 하천수, 호소수의 오염을 방지하고, 정수장의 관리도 중요하겠지만, 노후된 수도관의 교체를 통하여 안전하고 깨끗한 수돗물의 공급이 가장 필요할 것으로 판단된다.

1. 기술적대책

1) 취도수 과정
- 깨끗한 상수원 확보, 수원의 개발 (간접취수), 원수의 실시간 모니터링 기술 도입
→ 현재 대부분 표류수를 사용하나 인공저류시설, 강변여과수 등 개발도 필요함

2) 정수처리과정
- 관말 잔류염소농도의 최적화, 대체 소독제 개발(오존, UV등)
- 고도처리공법 도입(오존·활성탄법, 막여과공법, AOP 등) → 수질오염이 심한 지역에 한정

3) 송배급수 과정
- 노후상수도관 교체 및 노후시설 개선
- 급배수방식의 개선(직결급수, 옥내급수관 개선), 저수조 등의 정기적인 청소 및 관리

2. 행정적대책

- 광역상수도와 지방상수도의 통합
- 권역별 급수체계(광역상수도) 구축 → 수도요금 단일화 및 현실화 → 수도정비 자금확보
- 전문가에 의한 수질관리 및 민영화 추진 (수도사업 위탁관리)
- 국민에 대한 지속적 홍보
- 병입수돗물의 보급 검토

Ⅳ. 수도요금 현실화 추진방향

- 원가시스템 재조정 필요 : 미래투자재원 확보 가능
- 업종통합 및 누진체계 개선 : 기존의 3~7개 업종을 1~2개로 단순화
- 수도사업통합에 따른 지역간 형평성 추구
- 공정보수율 결정방법 개선 : 지자체간 여건에 따라 형평성 부여
- 적절한 비용구조 도입 : 원가에 자원 및 환경적 비용 반영

병입수돗물 판매시 장·단점과 개선방안

Ⅰ. 장단점

1. 장점
- 수도배관 공급과정의 수질오염을 막고 신선한 물을 공급할 수 있다.
- 일반시민들이 음용수 선택권 확대
- 비상시 대응능력 확보, 수돗물의 우수성 확보
- 먹는샘물과의 가격에서 경쟁성 확보 → 시민에게 저렴한 가격으로 공급

2. 단점
- 기존 수돗물(수도꼭지)에 대한 불신조장, 수돗물의 이원화(양극화) → 수도요금 상승 불가피
- 물의 민영화 및 공공성 훼손 : 병입수돗물 판매를 위한 민간기업 등장
- 용기 및 운반과정에서 오염에 대한 우려
- 체계적인 품질관리 곤란 : 유통기한, 보존방법, 용기관리, 품질검사 등이 자자체마다 다름.

Ⅱ. 개선방안
- 공급주체를 명확히 할 것 : 수도사업자로 한정
- 인가조건을 확실히 할 것 : 재처리 금지 등
- 품질관리   : 수질기준, 유통기한 설정, 용기재질 관리, 품질검사 등
- 수익금 활용처   : 수도사업에 재투자, 저소득층 수도요금 감면
- 민간기업의 과도한 수익창출 논란 등에 대한 방지대책 강구

수돗물의 불소주입

I. 개요
- 불소는 붕산과 함께 살충제나 쥐약 등의 주원료로 사용되며, 그 독성은 비소 다음이며 납보다도 강하다.

1. 찬성의견 : 충치 예방효과
 - 충치예방의 효과가 있음, 0.8mg/L 정도는 인체에 무해
 - 모든 사람에게 공급하여 국가의 경제적 비용 손실 방지

2. 반대의견 : 인체에 유해한 독극물
 - 불소는 독극물(불소자체의 유해성), 인체 잔류, 과다흡입시 반상치·암 발생 등 우려
 - 끓여도 증발 안 되고 농축됨, 충치예방의 불확실성
 ⇒ 수돗물의 불소주입은 불소 폐기물을 처리할 곳이 없어 고심하던 기업들이 찾아낸 방편 이라는 의견도 있으며, 수중에 불소 첨가시 유기질과 반응하여 생성하는 불소화 탄화수소는 강력한 발암물질로 구강암과 골다공증 등을 유발시킬 수 있다고 보고된 바 있다.

II. 불소발생원
 - 인산비료제조, 유리제조공장의 불화물
 - 불소 함유 가스의 습식집진기 폐수
 - 도료공장, 반도체공장

III. 수질기준
 - 먹는물수질기준 : 1.5 mg/L 이하
 - 폐수　배출기준 : 15 mg/L 이하

VI. 불소 제거 방법
 - 대체로 처리효율이 낮으므로 다른 수자원과 혼합 희석하거나 수원 전환이 가장 바람직하다.

처리법	내용
응집침전법	· alum 등으로 pH 6.5 근방에서 침전 · 최적의 pH 유지를 위해 다량의 알칼리제가 필요
활성알루미나법	· 활성알루미나에 alum 등을 첨가하면 불소이온이 황산과 치환되어 활성알루미나에 흡착됨
골탄여과법	· 골탄이 이온교환 또는 흡착의 성질이 있음.
$CaCO_3$전해법	· 탄산칼슘이 전해되어 불소가 포함된 불화칼슘콜로이드를 흡착함.

정수시설의 기술진단

Ⅰ. 개요
- 기술진단 없이 상수도시설을 운영하는 경우 정밀한 분석 없이 시설투자가 이루어져 투자효율이 저하될 우려가 있기 때문에 정수장 공정별 운영 및 수질관리 등에 관한 체계적인 자료수집을 통하여 효율적인 정수장 운영이 이루어지도록 해야 한다.
- 수도법에 의하면 "수도사업자는 수도시설의 관리상태를 점검하기 위하여 5년마다 환경부령이 정하는 바에 따라 정수장, 상수도관망 등 당해 수도시설에 대한 기술진단을 실시하여 그 결과를 반영한 시설개선계획을 수립하여야 한다."라고 규정되어 있다.

Ⅱ. 정수장 기술진단
1. 일반기술진단 (규모 5,000㎥/d 이하)
 1) 시설 및 운영관리 현황조사
 2) 공정별 기능진단 및 기능저하요인 분석
 3) 각 공정 상호간 연계기능 검토
 4) 진단결과에 따른 개선방안
2. 전문기술진단 (규모 5,000㎥/d 초과)
 1) 일반기술진단 사항
 2) 조직 및 경제성 분석을 통한 수도시설의 시설 및 운영관리 현황조사
 3) 장래수요를 고려한 수량 및 수질관리의 개선계획 제시
 4) 구체적 시설개선계획 제시 (사업우선 순위 및 소요사업비 산출 포함)

Ⅲ. 상수도관망 기술진단
1. 일반기술진단 (군 단위 이하의 상수도관망)
 1) 블록별로 상수도관망에 대한 현황
 2) 일반기술진단의 평가지표별 결과치 및 판정등급
 3) 불량 또는 심각한 상태로 판정된 블록에 대한 원인분석, 개선방안의 도출 및 개선조치의 시행결과
2. 전문기술진단 (시 단위 이상의 상수도관망)
 1) 일반기술진단 사항
 2) 현장조사를 통한 수압의 적정성, 수량의 안정성, 구조적·물리적 안전성, 비상시의 대응성에 대한 정밀하고 종합적인 진단
 3) 구체적인 시설개선계획 제시 (사업우선순위 및 소요사업비 산출 포함)

정수장 종합효율개선프로그램(CCP)

I. 정의

1. CCP(Composite Correction Program) : 정수장 종합효율개선 프로그램
2. 기존 정수처리공정을 체계적으로 분석하여 시설의 효율을 향상시키고자 하는 프로그램으로서, 종합성능평가(CPE)와 종합기술지원(CTA)의 2단계로 구성된다.

II. 종합성능평가(CPE, Composite Performance Evaluation)

1. 기술 및 행정적인 측면에서 정수장의 문제점을 종합적으로 분석하는 것
2. 기초조사, 수처리기능, 물리적 처리기능, 운영관리 현황조사, 처리효율분석 및 Jar-test 등
3. 미국 EPA 및 상수도시설기준을 근거로 한 정수장 종합성능평가를 적용한다.

III. 종합기술지원(CTA, Composite Technique Assistance)

1. CPE를 바탕으로 시설의 성능을 향상시키기 위한 종합적인 기술지원을 하는 것
2. 정수처리공정상의 제한인자들을 구체적이고 체계적으로 분석한다.
3. 성공적인 CTA를 수행하기 위해서는 일반적으로 6개월~1년 정도의 시간이 필요하다.

IV. 정수장 공정개선 사례

정수장	공정개선 사례
거제시 구천정수장 (2만㎥/d)	· 한국수자원공사가 운영하는 광역정수장으로서, 상수원으로 이용하는 구천댐에 수중폭기장치를 설치·운영하여 댐내 조류발생을 억제함으로써 수돗물의 맛과 냄새 등의 개선에 큰 성과를 거두고 있으며 · 정수장 효율개선 종합프로그램(CCP)을 도입하여 침전지 효율을 40% 이상 향상시키는 등 각 공정별 최적의 운영관리를 통해 운영비 절감 및 정수 수질개선이 매우 우수한 것으로 평가되었다.
제천시 백운정수장 (450㎥/d)	· 급속여과기가 설치된 소규모시설로서 운영인력 부족 등 불리한 여건 속에서도 여과기의 약품주입방식을 개선 · 침전·여과 효율을 극대화시켜 정수 수질의 안정성을 확보한 점 · 분야별 전문가로 구성된 자체 점검팀을 운영하여 시설고장 및 위험요소를 사전 차단하는 등 위기대응체계 구축 등이 높게 평가되었다.

〈계속〉

정수장	공정개선 사례
양평군 양서정수장 (5千㎥/d)	·가동율이 50% 정도밖에 되지 않아 안정적인 정수생산이 곤란하였으나 ·취수펌프의 용량 조정과 밸브제어체계 구축 등을 통해 24시간 균등한 정수생산이 가능하도록 개선한 점과 ·침전지의 구조개선(유출웨어 확충)을 통해 플록의 부상 방지하는 등 여과지 효율을 적극 개선하여 연평균 탁도 0.06NTU(기준 0.5) 수준의 깨끗한 수돗물을 생산하고 있는 점 등이 높이 평가되었다.
장흥군 연지정수장 (950㎥/d)	·대덕천에서 복류수를 취수하는 정수장으로서 ·홍수 후에 떠내려 간 취수구 상부의 모래층을 주기적으로 보수하는 한편, 취수원 주변의 오염물질 제거 등을 통해 항상 깨끗한 원수를 확보할 수 있도록 적극 노력한 점과, ·완속여과지의 여과용 모래를 주기적으로 청소 또는 교체하는 등 정수시설의 유지관리에서도 우수한 것으로 평가되었다.
구례군 마산정수장 (2,600㎥/d)	·재정 및 인력여건이 열악한 상황임에도 불구하고, '완속여과지 조류발생 억제를 위한 차양막의 종류 선정과 햇빛 투과량에 따른 조류발생 정도 연구', '소독제 최적 주입지점 연구' 등 정수장 운영개선을 위한 자체적인 연구를 적극 실시하여 현장에 적용하는 등 정수장 운영개선 노력이 높게 평가되었다.
전주시 대성정수장 (6만㎥/d)	·응집침전지의 구조물 노후화 및 시설 설치공간 부족 등으로 침전지 슬러지의 처리에 어려움이 있었으나 ·수중용 슬러지수집기 견인장치 등을 자체적으로 연구·개발하여 독자적인 슬러지 인발 시스템을 구축(자동화)한 점과 ·공정별 실시간 수질모니터링을 통한 목표수질관리가 뛰어난 것으로 평가되었다.

상수관망진단

Ⅰ. 개요

1. 관로진단은 관로갱신을 위해 현재 관로상태를 파악하고 향후 예측을 위해 시행된다.

2. 관망진단은 좀 더 넓은 의미로 교체·개량만이 아닌 블록화, 관로탐사 등을 병행하면서 관망을 종합적으로 개선해 나가는 것이다.

Ⅱ. 관망진단의 구분 및 내용

– 수도법에 관망진단은 5년 단위로 실시하여 송·배수시스템 개선계획을 실시하도록 되어 있다.

1. **일반기술진단** (군 이하 : 간접진단)

　1) 블록별 현황제시

　2) 블록별 등급화

　3) 불량판정 블록의 원인 및 개선안 도출

2. **전문기술진단** (시 이상)

　4) 직접진단에 의한 현장조사

　5) 구체적인 시설개선계획 제시 (사업우선순위 및 소요사업비 산출 포함)

Ⅲ. 관로진단의 목적 및 항목

1. 진단목적 및 항목

진단목적	진단항목					
노후화 대책	관종·관경,	내부식성,	토양,	관 이음,	시설상황,	통수능
관로보강	관종,	내부식성,		도장상태,	도장상태,	수량·수질·수압
직결급수 대책	관종·관경,	내부식성,		관 이음,	내압성,	수량·수질·수압
내진화 대책	관종,	내부식성,	토양,	관 이음,	내진성,	

2. 노후관로 판정방법의 예

　1) 관의 노후화는 관종, 관경, 내부식성, 토양, 관 이음, 시설상황, 도장상태 등 여러 요인에 의해 발생한다.

2) 노후도평가는 과거 사고이력 등 통계적 수법에 의한 간접진단과 카메라를 이용하는 방법 등의 직접진단으로 구분된다.

3) DCIP나 강관이 노후화되는 경우에는 관의 교체보다는 갱생공법이 이용되고 있다.

Ⅳ. 관로진단법

1. 간접진단

1) 현장에 나가지 않고 수집한 관로정보를 통계적 수법에 의해 간단히 관로상태를 추정한다.

2) 수집해야 하는 관로정보

- 관체 정보 : 관종, 관경, 매설년도, 관이음 등
- 매설환경 정보 : 포장상태, 토질, 교통량
- 관로수리수질 정보 : 수압 등 수리계산 결과값, 잔류염소거동 모델링값
- 사회적 정보 : 중요도, 급수량 등
- 기타 과거사고 이력, 유지보수 실적, 관련 보고서

2. 직접진단

1) 현장에 나가서 관로와 토양·물 등을 샘플링하여 관로상태를 직접 진단한다.

2) 조사항목 및 방법

조사항목	조사방법
잔존두께	x선, γ선, 초음파, 전기저항
매설환경	토질, 각종 전위
내면상태	x선, γ선, 관내 카메라, 파이버스코프(내시경)
외면상태	육안관찰, 도장상태
재료강도	각종 물리적 시험
다짐간극	x선, 초음파, 관내 카메라, 육안관찰

V. 결론

1. 관망의 개선은 교체·갱생만으로 이루어질 수 없고 종합적인 관망조직을 개편하여 수량의 안정성(원활한 물 공급), 수질의 안전성(잔류염소 균등화·최소화), 수압의 균등성(누수방지)을 함께 도모해야 한다.

2. 유수율 1% 향상을 위해서 다음과 같은 조치가 필요하다.

```
┌── 수도관 교체 및 갱생 2.8%
├── 누수탐사 7.2%
└── 블록구축 7.6%
```

※ 상수관망 성능평가 진단프로그램(Dr. pipe) → 통합관리시스템 구현

진단절차(추진순서) :

현장조사 및 DB구축 수치지도(GIS)	⇨	해석/분석/연산 수리해석	⇨	의사결정 평가항목 선정
⇩		⇩		⇩
배수관망도		수질평가		경제성 평가
⇩		⇩		⇩
압력/유량 측정		시설평가		개체우선순위 결정
⇩				
수질 샘플링				
⇩				
시편 채취				

하·폐수처리장 진단방법

⇒ 공공하수도시설의 기술진단(공공하수도시설 운영관리 업무지침)상 내용

Ⅰ. 개요

- 공공하수도관리청은 공공하수도(공공하수처리시설 및 하수관거 등)에 대하여 「하수도법」 제20조 등의 규정에 따라 매 5년마다 기술진단을 실시하여 관리상태를 점검하여야 하며, 기술진단을 실시함에 있어 환경부령이 정하는 전문기관으로 하여금 이를 대행하게 할 수 있다.
- 공공하수처리시설 증설, 악취방지시설의 설치·개선, 고도처리개량 등 대규모 시설개량 사업을 추진하고자 하는 경우에는 정기기술진단 시기가 도래하기 이전이라도 기술진단을 실시하는 것이 바람직하다.
- 공공하수도 시설에 대한 기술진단은 다음 사항을 감안하여 동시에 실시하여야 한다.

Ⅱ. 하수관거 기술진단

- 하수관거 기술진단은 공공하수처리시설의 계획수질 대비 실제유입수질 상태 및 침수피해에 따른 아래의 실시시기를 고려하여 현황조사, 현상진단 및 대책진단의 순서로 실시하여야 한다.

계획수질대비 유입수질	하수관거 기술진단 실시시기
50% 미만	· 「하수도법」 제20조에 따른 기술진단 시행연도 내에 시행
50~80%	· 공공하수처리시설 기술진단 결과 하수관거 진단이 필요하다고 판단하는 경우 1년 이내에 실시
80% 이상	· 실시시기에 관계없이 관거노후화 등 부분적으로 하수관거 기술진단이 필요하다고 판단하는 경우
침수피해지역	· 하수관거 기술진단이 필요하다고 판단하는 경우

1. 현황조사

- 하수관거의 설계·시공도서, 하수관거 청소·준설 및 보수 등 유지관리기록, 기타 하수도정비기본계획 및 공공하수처리시설 실시설계 등 관련계획 자료를 통해 기본정보를 파악 및 현장조사를 실시한다.

2. 현상진단

- 기초자료조사 분석결과를 바탕으로 수리용량 검토(필요시), 소유역별 유량 및 수질조사, 표본조사구간에 대한 상세진단조사 등을 실시하여 문제점을 파악하고 불량내용을 구체화 한다.

3. 대책진단

- 현황조사 및 현상진단 결과를 바탕으로 개선대책 수립, 개략사업 규모추정 및 향후 하수관거 유지관리방안을 수립한다.

4. 침수피해지역

- 침수피해지역에 대해서는 기술진단시 수리계산(배수위 검토 포함) 또는 강우유출시뮬레이션 등을 활용하여 침투/저류/관거/펌프장 개선 등의 구체적인 대책을 수립하여야 한다.

Ⅲ. 하수처리장 기술진단

- 공공하수처리시설은 악취를 포함한 기술진단을 현상진단, 시설진단, 공정진단 등으로 나누어 실시하여야 한다.

1. 현상진단

- 공공하수처리시설 및 분뇨처리시설의 기술진단은 유입유량 및 오염물질 농도의 계절별, 일별 변화 및 악취배출 등 특성분석을 통한 처리시설 설계조건과 실제상황을 비교·분석하여 특성을 조사하는 진단

2. 시설진단

- 각 시설별 설비점검을 통한 현재설비의 상태 및 고장, 노후화정도 등에 대하여 진단

3. 공정진단

- 각 처리공정별 처리효율 조사, 설계조건과 실제조건과의 비교 및 현행 운전방법의 적정성을 진단

4. 운영진단

- 운영 조직 및 인력의 적정성, 처리시설 유지·관리 및 운영관리비의 적정성 등에 대하여 실시

5. 대책진단

- 현상진단 결과 문제점에 대한 원인조사, 이에 대한 최적 처리방안 제시 및 시설개선의 장·단기대책을 수립하고 기대효과를 예측

IV. 기타 고려사항

- 공공하수도관리청은 하수도시설 기술진단 실시년도의 예산에 기술 진단비용을 반드시 반영하여 기술진단 업무가 원활하게 추진될 수 있도록 하여야 한다.
- 공공하수도관리청은 공공하수도시설에 대한 기술진단을 완료한 경우에는 기술진단보고서와 기술진단시 제기된 문제점에 대한 개선대책을 수립하고 그 결과를 기술진단 완료 후 1개월 이내에 지방환경관서의 장, 시·도지사에게 제출하고, 지방환경관서의 장 및 시·도지사는 필요시 이를 기술진단기관의 장에게 검토 요청할 수 있다.
- 공공하수도관리청은 공공하수도시설에 대한 기술진단결과 시설의 개·보수가 필요할 경우에는 이에 대한 예산을 확보한 후 시설을 개·보수하는 등 필요한 조치를 취하여야 한다.
- 공공하수도관리청은 기술진단 결과 성능에 중대한 저해 발생이 예상되는 경우 정밀진단을 할 수 있다.

민간투자사업 제안시 사업계획서 수록내용과 추진절차

I. 사업계획서 수록내용

1. 요약보고서	
2. PQ서류	· 사업시행자의 지정신청서 및 서약서 · 사업시행자의 구성 (출자자의 구성, 사업능력[설계, 시공, 재무, 운영]) 　⇒ Pre-Qualification : 정부가 발주하는 대형공사(공사예정금액 100억 　　원 이상)에 참여자격이 되는지 사전 심사하는 서류
3. 계획보고서 (기술부분)	· 민간투자사업의 타당성 및 사업개요　· 공익성 · 건설계획　　　　　　　　　　　　· 부대사업계획 · 사업관리 및 운영계획　　　　　　· 행정지원 요구사항
4. 계획보고서 (가격부분)	· 총민간투자비의 산정　　　　　　· 사업수익률 산정 · 재원 조달계획　　　　　　　　　· 부대사업 및 부속사업계획 · 예비재원 조달계획　　　　　　　· 정부지급금 산정 · 현금흐름분석 및 추정재무제표
5. 부속서류	· 부속서류 I · 부속서류 II (부속서류 작성기준에 따라 작성함)

II. 민간투자사업 추진절차

> 지자체의 사업신청 → 대상사업지역 및 한도액 확정(국회) → 입찰
> → 사업계획서 평가/사업시행자 지정
> → 실시계획 → 공사/준공 → 성과평가 및 사업종료

1. 대상사업지역 및 한도액 확정(국회) ⋯ 각 지자체로 통보
 - (통보받은 지자체별로) 대상사업 추진계획 수립 ⋯ 지방의회 의결
 - 기본계획 수립/타당성 및 민자 적격성 조사/사전환경성 검토(전략환경평가)

2. 대상사업 지정 … 관보에 고시(인터넷 게재 포함)
 - 사업계획서(RFP, 즉 입찰요구서(Request For Proposal)) 수립·고시
3. 사업계획서 평가 / 우선협상대상자 지정 및 협상
 - 실시협약 체결 (사업시행자 지정)
4. 실시계획 승인
5. 공사 및 준공
6. 운영 및 운영성과 평가, 정부지급금 지급
   사업종료

리스크 해지

Ⅰ. 개요

1. 민간투자사업은 정부, 사업시행자, 투자단이 파트너십(partnership)을 통해 리스크를 분담하는 프로젝트(project)로 최소 운영수입 보장은 <u>위험의 적정수준 경감</u>과 <u>타인자본 조달의 원활화</u>를 위해 필요한 지원책이다.
2. 민간투자제도가 일천한 상황에서 정부에 의한 운영수입보장이 없을 경우 SOC시설 투자에 대한 민간참여는 Risk가 크기 때문에 사실상 기대하기 곤란하다.

Ⅱ. 리스크 해지

1. 민간투자사업의 <u>최소 운영수입 보장</u>
2. <u>물가변동에 따른 계약금액 조정제도</u> : 정부발주공사의 경우 계약체결 후 각종 품목(골재, 철근 등 자재대) 및 비목의 급격한 원가 상승(5% 이상 등락시)시 계약금액 조정

PQ 공사

Ⅰ. PQ(pre-qualification : 입찰참가자격 사전심사제)

1. 입찰 전에 당해업체의 설계·시공실적, 기술력, 경영상태, 신인도(운영능력) 등을 종합적으로 평가하여 일정점수 이상이면 입찰참가자격을 부여하는 제도

2. 적용대상 : 현재 PQ대상공사는 추정가격 100억원 이상의 대형공사 중 전문적 기술이 필요한 22개(교량, 터널, 댐 등) 공종이다.

Ⅱ. PQ제도의 문제점 및 대책

문제점	대책
· 시공실적은 양적인 시공실적만으로 평가하고, 기술력은 점수 차이가 거의 없어서 변별력 떨어진다.	· 실질적인 시공경험이나 기술자의 실제적인 기술력을 평가할 수 있는 지표개발 필요
· 경영상태 평가기준은 재무제표(기업성적표)에 대한 신뢰감 부족	· 미국의 경우 경영상태에 대한 평가는 PQ제도보다 보증기관에서 발급하는 공사이행보증서에 더 의존한다.
· 신인도 평가시 재해율 평가제도의 모순(대기업 유리)	· 대기업과 중소기업간의 구조적 차이를 반영하여 제도개선이 필요

BTL 및 BTO, Turn-key

I. 개요

1. 민간사업자로부터 어떤 시설물에 대한 제안을 받고 관심이 있는 업체에서 설계도면과 공사비 등을 포함한 사업제안서를 제출하면,
2. 발주자는 이 중에서 마음에 드는 안을 선정해서 공사를 발주한다.

II. BTL사업이란?

1. 개요

- 민간이 공공시설을 짓고 정부가 이를 임대해서 쓰는 민간투자방식이다.
- 민간의 자금으로 공공시설을 건설(Build)하여, 정부에 시설을 (기부체납의 형식으로) 이전(Transfer)하고 대신에 일정기간 사용 및 수익 권한을 부여받으며, 이를 다시 정부에 임대(Lease)하여 정부로부터 임대수입을 창출함으로서 투자비를 회수하는 방식의 시설사업이다.

2. 장단점

1) 장점

- 정부의 낮은 초기투자비와 재정지원 부담 감소(=정부재정 운영의 탄력성을 높일 수 있다.)
- 긴요하고 시급한 공공시설을 적기에 공급
- 민간사업자의 활발한 참여와 경쟁을 유도(또한 민간 휴자금을 장기공동투자로 전환할 수 있다.)
- 창의적인 사업발굴이 가능하고, 민간의 경영기법을 활용하여 서비스 만족도를 높인다.
- 정부 시공시와 비교해 목표공기 준수율과 사업비 준수율을 높일 수 있다.

2) 문제점

- 민간시장의 공공영역 진출에 따른 부작용 : 적합한 투자가 아닌 경우 장기적으로 국민 혈세 낭비
- 운영권 기한의 명기 없이 양도하는 방식은 사설기간으로 전환됨을 의미한다.
- 상하수도 정비사업의 경우
  ① 상하부 시설에 대한 투자주체가 다를 경우 혼란야기 우려
  ② 시공후 하자발생시 하자책임을 명확히 규명하기 어려움
  ⇒ 하부시설공사의 입찰자격을 상부시설 사업참여자로 제한하는 것도 검토할 필요가 있음.
- 정부의 하부공사 발주 및 감독에 대한 관리비용 증가 우려

III. BTL 및 BTO, Turn-key

1. BTL

- 정부가 직접 시설임대료를 지급해 민간의 투자자금을 회수시켜 준다. 정부가 적정수익률을 반영하여 임대료를 산정·지급하게 되므로 사전에 목표수익 실현을 보장받는다.
- 대상 : 최종수요자에게 사용료 부가로 투자비 회수가 어려운 시설(철도, 도로, 항만, 상하수도사업 등), 즉, 정부가 국민에게 기초적 서비스 제공을 위해 의무적으로 건설·운영해야 하는 국·공립시설이 우선대상이 된다. 또한 일반시민에게 시설이용료 부과가 어렵거나 시설이용료 수입으로는 민간투자비 회수가 어려운 시설이 대상이 된다.

2. BTO

- 시민들에게 시설이용료를 징수해서 투자자금을 회수한다. 시민들로부터의 이용료 수입이 부족할 경우 정부재정에서 보조금을 지급(운영수입 보장)해 사후적으로 적정 수익률 실현을 보장받는다.
- 대상 : 최종수요자에게 사용료 부과(시설이용료 수입)로 투자비 회수가 가능한 시설

구 분	BTL (Build-Transfer-Lease)	BTO (Build-Transfer-Operate)
대상시설 성격	· 최종수요자에게 사용료 부과로 투자비 회수가 어려운 시설	· 최종수요자에게 사용료 부과로 투자비 회수가 가능한 시설
투자비 회수	· 정부의 시설임대료	· 최종 사용자의 사용료 + 보조금
사업 리스크	· 민간의 수요위험 배제	· 민간이 수요위험 부담

3. Turn-Key 방식

- Turn-Key 방식은 설계와 시공을 시공사가 하되 준공시 공사대가를 받고 시설물을 발주처에 인계하는 방식이다.
- 일반공사의 경우 설계는 발주처 책임이며 시공사는 시공만 하고 설계변경시 계약변경 가능하나, Turn-Key의 경우 공사비 증액이 없는 것을 원칙으로 한다.

4대강사업시 수질개선대책

Ⅰ. 환경부의 4대강 수질개선사업

- 환경부의 4대강 수질개선사업은 크게 2분야로 구분된다.

1. 인 처리시설 구축사업

- 응집제·여과기 등을 이용하여 물리화학적으로 처리하는 시설 마련

⇒ 총 233개(폐수 51, 하수 182개 사업장) : 공정률 52.3% (2011.7 현재)

2. 환경기초시설 구축사업

- 하폐수처리시설, 생태하천, 비점오염저감시설, 가축분뇨처리시설, 완충저류시설, 측정망 사업 등

⇒ 총 1,048개(하수처리 832, 생태하천 107, 폐수처리 39 등) : 공정률 72.1% (2011.7 현재)

Ⅱ. 4대강사업시 수질관리대책 (하천내 대책, 하천외 대책)

1. 하천내 대책

1) 하천시설 개선
- 가동보 설치로 하상퇴적물 주기적 방류, 가뭄시 보내의 수자원을 부족한 지역으로 공급
- 신규댐, 농업용 저수지 증고를 통해 갈수기 하천유지용수 증대
- 강변여과, 하상여과 등 안정한 원수 취수대책

2) 생태하천 복원
- 보호가치가 있는 습지는 최대한 보전
- 생태하천 복원 및 수변생태벨트 조성 (조절지, 완충저류시설 등)
- 하천내 농경지 정리(약 5천만㎡)

3) 오염물질 제거
- 공사시 토사유출 방지대책 (침사지 설치, 가물막이공법 시행 등)
- 사후대책 : 준설, 강중포기

2. 하천외 대책

- 오염물질의 2차적 유입차단 … 점오염원, 비점오염원 원천적 차단

1) 행정적 대책
- 하수관거정비, GIS 기반의 유역통합관리

- 총량관리구역을 설정하여 특별관리, 수질오염총량제 항목강화 (BOD → BOD, T-P)
- 수질환경기준 및 방류수수질기준 강화 (유해영향물질 추가, T-P 2 → 0.2mg/L까지)
- TMS제도 정착, 생태독성 관리강화

2) 점오염원 제어
- 하수처리시설 등 환경기초시설 확충 (질소·인 고도처리시설 도입 확대)
- 화학적 총인(T-P) 처리시설 도입
- 산업폐수 4대강 유입 차단

3) 비점오염원 제어
- 토지이용 제한, 고랭지 밭 흙탕물 관리
- 영세축산폐수, 미처리분뇨 규제
- 하천변 농경지 비료, 살충제 사용 규제

상하수도기술자의 4대강 사업시 검토사항

Ⅰ. 수량·수질관리

- GIS기반의 유역통합관리, 수질오염 총량관리
- 수질환경기준 및 방류수 수질기준 강화, 배출시설 수질강화
- 수량 확보 : 홍수 및 가뭄대책, 상수원 확보대책
- 수질 관리 : 배출시설, 방류시설, 총량관리, 비점오염원 관리
- 하수관거 정비 (= 토구 위치조정 등)
- 생태공원 조성 (= 생태하천 개발 등)

Ⅱ. 시설설치 · 개선

- 상하수도 기초시설 설치 · 운영관리대책 마련

  ┌ 비점오염원 관리 : 가동보, 댐 건설, 초기우수처리시설 등
  └ 점오염원 관리 : 하수처리시설 등 환경기초기설 확충, 화학적 총인처리시설

4대강사업의 총인 관리대책 (2011년)

Ⅰ. 개요
- 2011년부터 T-P가 수질오염총량관리제 대상오염물질로 관리됨
- 따라서 2012년까지 4대강 유역 하폐수처리장에 화학적 총인 처리시설 추가설치로 4대강 내 유입되는 총인은 94%까지 처리방침 (→ 총인 수질오염농도 36% 개선될 것이라고 예상)

Ⅱ. 총인 총량관리정책 주요내용
1. 총인 총량부과금 부가단가 25,000원/kg으로 책정 (화학적 총인 제거 단가기준)
 - 연도별 부과계수는 물가상승률을 적용
 - 초과율별 부과계수는 3~7에서 1~5로 하향조정(사업자 부담 경감)
2. 달성목표

┌─ 한강 수계 : 1단계 목표(2020년까지)와 최종목표를 설정 (2013년 6월부터 시행

구분	총인 (mg/L)		BOD (mg/L)	
	팔당호	한강하류	팔당호	한강하류
1단계 목표(2020년)	0.033	0.236	1.1	4.1
최종목표	0.02	0.10	1.0	3.0

├─ 섬진강·영산강 수계 : 2015년까지 3단계로 나누어 0.2mg/L 달성
├─ 낙동강 수계 : 2015년까지 3단계로 나누어 0.2mg/L 달성
└─ 금강 수계 : 2015년까지 대청호 상부 0.018mg/L 달성

※ 총인 수질기준

(1) 하천수의 총인 수질환경기준
 - Ⅰa등급(매우 좋음) 0.02, Ⅰb(약간 좋음) 0.04, Ⅱ등급(좋음) 0.1, Ⅲ등급(보통) 0.2
(2) 총인 방류수 수질기준 (2012. 1. 1부터)

시설용량	지역	기준 (mg/L)	참고 (BOD 수질기준)
500㎥/일 이상	Ⅰ지역	0.2 이하	5 이하
	Ⅱ지역	0.3 〃	5 〃
	Ⅲ지역	0.5 〃	10 〃
	Ⅳ지역	2 〃	10 〃
500㎥/일 미만	-	2 〃	10 〃
50㎥/일 미만	-	4 〃	10 〃

상하수도 설계, 시공, 유지관리시 참고서적

1. 한국상하수도협회

- 설계 : 상수도시설기준, 하수도시설기준
- 시공 : 상수도공사 표준시방서, 하수도공사 시공관리요령, 하수관거공사 표준시방서
- 유지관리 : 상수도시설 유지관리매뉴얼, 공공하수도시설 유지관리 실무지침서(환경부)

2. 한국수자원학회

- 하천공사표준시방서, 하천설계기준, 댐설계기준

3. 한국수자원공사

- 댐 및 상수도공사 전문시방서, 정수설비핸드북

4. 대한토목학회

- 토목공사표준일반시방서, 철도설계기준

5. 대한건축학회

- 건축공사표준시방서, 건축표준기준

6. 한국콘크리트학회

- 콘크리트표준시방서, 콘크리트구조설계기준

7. 기타

- 도로공사표준시방서, 조경공사표준시방서, 터널공사표준시방서, 건축전기설비공사표준시방서, 건축기계설비공사표준시방서, 서울특별시전문시방서(건축, 토목편), 강구조설계기준, 구조물기초설계기준, 내진설계기준 외 관련된 여러 가지 설계기준 등

수도기본계획 수립에 관련된 주요 법률

1. 수도 전반에 관련되는 법률
- 수도법 (수도정비기본계획, 전국수도종합계획)

2. 물수요에 관련되는 법률
- 물의 재이용 촉진 및 지원에 관한 법률, 국토기본법, 도시개발법, 수도권정비계획법, 농어촌정비법 등 (물수요관리종합계획, 물수요관리시행계획)

3. 수원에 관련된 법률
- 하천법, 한국수자원공사법, 댐 건설 및 주변지역 지원 등에 관한 법률, 상수원관리규칙, 환경정책기본법, 수질 및 수생태계 보전에 관한 법률, 한강수계 상수원수질개선 및 주민지원 등에 관한 법률, 낙동강수계 물관리 및 주민지원 등에 관한 법률, 금강수계 물관리 및 주민지원 등에 관한 법률, 영산강·섬진강수계 물관리 및 주민지원 등에 관한 법률, 물의 재이용 촉진 및 지원에 관한 법률 등

4. 수도시설의 건설에 관한 법률
- 하천법, 도로법, 자연공원법, 도시공원 및 녹지 등에 관한 법률, 자연환경보전법, 문화재보호법, 건축법, 건설사업기본법, 건설기술관리법, 소음·진동규제법, 환경영향평가법, 수질 및 수생태계 보전에 관한 법률, 재해구호법, 폐기물관리법, 주택건설기준 등에 관한 규정 등

5. 사업경영에 관련되는 법률
- 지방재정법, 지방공기업법, 보조금 등의 예산 및 관리에 관한 법률

6. 기타
- 지방자치법, 산업안전보건법, 소방기본법, 하수도법, 제조물책임법 등

시설물	하천법, 항만법, 항공법, 공유수면매립법, 신림기본법, 택지개발촉진법
도로건축	도로법, 도시공원 및 녹지에 관한 법률, 도로교통법, 농지법, 건축법, 도시개발법
안전	소방기본법, 유해화학물질관리법, 고압가스안전관리법, 산업안전보건법
전기통신	전기사업법, 전파법, 전기통신기본법
상하수도	수도법, 하수도법
환경	대기환경보전법, 소음진동규제법, 수질 및 수생태계 보전에 관한 법률, 폐기물관리법, 지하수법, 4대강 수계법, 물의 재이용 및 촉진에 관한 법률, 환경정책기본법
자연보호	국토의 계획 및 이용에 관한 법률, 자연환경보전법, 자연공원법, 환경영향평가법
자격	건설산업기본법, 건축사법, 기술사법
사업경영	지방재정법, 지방공기업법, 보조금 등의 예산 및 관리에 관한 법률

상수도시설기준 변경내용

Ⅰ. 상수도시설기준의 변천

- 1980년에 처음 제정 이후 5년을 주기로 수차례 걸쳐 개정·보완됨
- 최근 2010년 개정 : 총괄집필위원 현인환 (제4차 개정)

Ⅱ. 2010년 주요개정 내용

차례	개정내용
제1장 (총설)	· 최근 상수도 통계자료를 반영하고, · 최신 관계법령과의 일치 및 전국수도종합계획과 수도정비기본계획과의 관계를 정립 · 기존의 수요예측방법을 최근 환경부의 "상수도 수요량 예측업무 편람"에 맞추어 수정·보완
제2장 (수원과 저수시설)	· 기후변화에 대비하여 수원의 다원화 원칙 추가, 연평균강우량 등 최근자료 보완 · 가뭄, 홍수, 지진 등의 재해에 대비할 수 있도록 내용 보완
제3장 (취수시설)	· 지하수 취수시설에 강변여과수 취수방법 추가
제4장 (도수시설)	· 계획도수량의 안정적 공급을 위한 관로의 복선화 또는 네트워크화를 구축토록 내용 신설 · 현행 수도법 및 수도법시행령에서 "수도용 자재 및 제품의 기준"에 대해 명시하고 있기 때문에 국내에서 생산되는 상수도용 관종 및 특성 등의 내용과 현장여건 및 설계조건에 따라 설계할 수 있도록 관두께 계산식 등을 삭제 · 수도관의 내용연수에 대하여 지방공기업법 시행규칙을 따르도록 수정 · 설계에 사용되는 각종 계수들은 현장자료를 이용하는 것을 원칙으로 하였으며 수도관의 손실수두계산에 사용되는 유속계수(C)도 설계시에 실제 C값을 현장 실정에 맞게 적용하도록 수정

〈계속〉

차례	개정내용
제5장 (정수시설)	· 정수처리계통에 따라 하위 절의 위치를 재배치하고 국내에서 실제 운용되고 있는 시설의 사례를 추가 반영 · "부식성 제어"와 "맛·냄새 제거"에 대한 내용을 별도의 절로 신설보완하고, · "생물처리설비"와 "생물제거설비"는 국내 운전경험이 없는 것을 고려하여 "기타 오염물질"에 포함토록 조정 · 자외선소독을 "살균설비"에 포함시키며, · "제조 차아염소산나트륨용액의 주입"을 "현장제조형 염소발생기"로 분리하여 생성장치 및 발생원리 등 보완 · 오존처리설비 중 고도산화법(AOP)의 방법별 세부사항을 추가 · 크립토스포리디움 난포낭에 대한 소독 불활성율(정수처리기준) 제정 검토 여건을 반영하여 자외선 소독설비에 해당내용을 추가
제6장 (송수시설)	· 변경사항 없음
제7장 (배수시설)	· 비상시 대응능력 확보에 대한 내용을 추가하고, · 배수지 설계시 고려사항을 보완
제8장 (기계 및 전기·계측제어설비)	· 계측제어설비의 정밀도 및 성능향상을 위한 고려사항을 제시하고, · 전기설비기술기준 판단기준의 내용을 추가
제9장 (급수설비)	· 급수기구가 갖추어야 하는 성능기준에 대한 해설 내용을 추가 (내압 성능기준, 수충격한계 성능기준, 역류 성능기준, 내한 성능기준, 내구 성능기준)
제10장 (내진설계)	· 지진시 상수도시설의 급수기능을 최대한 확보하고 2차재해를 발생시킬 가능성을 최소화하기 위해 내진성능 확보에 필요한 최소설계요건을 신설

하수도시설기준 변경내용

Ⅰ. 하수도시설기준의 변천

1. "하수도기본계획지침 및 설계기준" 최종 연구보고서(건설부, 1974)
  · 하수관거편, 폐수처리편 → 하수도시설기준의 모태
2. 하수도시설기준의 변천

연혁	년도	주관	개정주체	연구책임자
제정	1984	건설부	대한토목학회	연구책임자 : 미기재
1차 개정	1992	건설부	한국건설기술연구원 외	지재성 외 9명
2차 개정	1998	환경부	대한상하수도학회	총괄책임연구원 : 김응호
3차 개정	2005	환경부	한국상하수도협회	개정소위원회위원장: 김응호
4차 개정	2011	환경부	한국상하수도협회	총괄책임연구원 : 박규홍

Ⅱ. 2011년 주요개정 내용

차례	개정내용
제1장 (기본계획)	· 행정단위 중심의 하수도시설 설치관리를 유역단위로 전환할 경우의 고려사항 · 분류식 하수배제방식 강화 및 합류식 하수관거 성능개선 · 공공하수도시설 통합정비 및 운영관리 · 관거시설의 계획우수량 산정을 위한 확률년수의 상향 조정 등 우천시 빗물관리기능 강화 · 하수처리구역내 비점오염원 관리, 하수처리수 재이용체계 구축, 에너지자립형 하수도시설 구축, 기후변화에 대비한 하수도시설 관리 등 최근의 하수도정책변화와 새로운 정책수용에 부응한 기본계획의 수립방안이 제시
제2장 (관거분야)	· 합류식하수도 우천시 방류부하량 저감시설에 관한 내용의 대폭 보완 · 분류식 및 합류식 하수관거 개·보수에 관한 내용 · 하수관거 침입수/유입수 산정방법을 적용한 계획하수량 제시방안 추가
제3장 (펌프장시설)	· 펌프장시설의 현실성 있는 용도구분을 위해 구분의 세분화 · 저탄소 발생 에너지절감형 설비 사용 권장 · 슬러지계통 펌프에 대한 내용 추가 · 내진을 감안한 기초검토의 필요성 등이 제시

<계속>

차례	개정내용
제4장 (수처리시설)	· 생물학적 처리공정의 분류의 단순화 · 고도처리시설 도입시 방류하천의 수질을 고려한 공정 선정 · 처리공법 선정시 지구온난화를 고려한 $LCCO_2$기법의 도입 · 일차침전지를 활용한 유량조정조 설치 검토 · 각 공정의 설계인자 설명 및 내용 추가 · 고도처리에 관한 편제 및 단순화 · 처리수 재이용시설에 대한 상세내용 추가 · 친환경 주민친화적 하수처리시설 조성방안 추가 · 생태독성시험 내용 등이 포함
제5장 (슬러지처리시설)	· 최근의 에너지 절감, 슬러지의 자원화를 고려하여 감량화기술 반영 · 건조슬러지의 화력발전소 등 연료사용 내용 추가 · 관련 법률에 금지된 퇴비화 내용의 삭제 및 이용가능한 방안 추가 · 하수처리슬러지의 해양배출에 관한 내용 삭제 등
제6장 (전계·계측제어설비)	· 국내 관련법령의 명칭과 내용 변경으로 인한 수정사항 반영 · 침수 및 내진에 관한 검토사항 추가 · 전기설비에 포함되는 에너지계획 신설 · 우리나라의 직접 접지계통에 접합한 접지시스템에 관한 내용 추가 · 계측장치 일람표 등 지나치게 복잡한 내용의 단순화 · 수질원격감시체계(TMS)분야를 추가
제7장 (수질 및 슬러지 분석시험)	· 대부분 기존내용을 그대로 유지시킴.
제8장 (일반관리시설 및 기타 설계시 고려사항)	· 기존 내용을 그대로 유지
제9장 (분뇨처리시설)	·「오수분뇨 및 축산폐수의 처리에 관한 법률」이「하수도법」에 통합되면서 새롭게 작성된 부분임 · 구성 : 총설, 기계시설, 협잡물 제거 및 전처리시설, 주처리시설, 분뇨 슬러지 처리 · 처분시설, 기타 부대시설로 구성 · 기존 시설기준의 제9장에 포함되어 있던 마을하수도시설의 내용은 삭제
제10장 (내진설계)	· 지진피해로부터 하수도시설을 보호하고 하수도시설의 기능을 최대한 확보하여 2차재해를 발생시킬 가능성을 최소화하기 위한 내진성능 확보에 필요한 최소설계요건을 신설

하수도법 개정내용

Ⅰ.「하수도법」제정 전
- 「공해방지법」('63)에 의해 하수종말처리시설 설치 승인 등의 적용을 받았음.

Ⅱ.「하수도법」제정(1966)
- 도시생활에서 발생하는 하수(오수 및 우수)를 배제, 처리하는 하수도의 설치 및 관리 등에 관한 사항을 규정

Ⅲ.「하수도법」개정 연혁

차수	년도	주요 내용
1	'73	공공하수도 사용료 징수범위 확대 및 타 용도 사용제한
2	'82	하수도정비기본계획을 시장·군수가 수립하고, 사용료를 조례에 따라 징수토록 규정
3	'93	공공하수도 사업시행의 인·허가를 받은 때에는 도시계획법 등 15개 법률 의제 처리
4	'94	하수도업무 건설교통부에서 환경부로 이관
5	'97	농어촌지역 마을하수도의 설치 절차 규정
6	'99	공공하수도 유입제외 허가제도 신설
7	'01	건물 등에서 공공하수도에 내보내는 지하수를 하수의 범위에 포함
8	'05	공공하수도 설치인가 권한을 시·도지사에게 이양
9	'06	하수도법 전부 개정 「오수분뇨 및 축산폐수에 관한 법률」의 오수분뇨를 「하수도법」으로 통합
10	'09	하수도에 공공처리수재이용시설 포함 공공하수도 변경인가 대상 간소화 배수설비 사용자에 대한 조치명령 특정공산품(주방용 오물분쇄기)의 연구목적 사용 허용 분뇨수집·운반업자의 영업정지 요건 완화 등
11	'11	통합하수도정비기본계획 수립(신설) 하수도정비 특별관리구역 지정 도입 하수도정비기본계획에 개인하수도 설치 및 관리에 관한 사항 포함 하수도 교육 주관기관을 민간까지 확대 하수시설 통합정보센터 구축·운영을 위한 법적 근거 신설 전문수탁관리업 제도 도입 시장·군수·구청장의 분뇨처리 예외적 규정 마련 (오수처리시설의 찌꺼기를 위탁처리 뿐만 아니라 스스로도 처리할 수 있도록 함)

제 11장 하수도계획

하수관거정비의 목적/목표년도

Ⅰ. 하수도정비의 목표 (=하수도시설의 목적)

⇒ 하수도 보급을 통한 공공수역의 수질개선(「하수도정비기본계획수립지침」, '09.12. 환경부)

─ 하수의 배제와 이에 따른 생활환경의 개선
─ 침수방지
─ 공공수역의 수질보전과 건전한 물순환의 회복
─ 지속발전 가능한 도시구축에 기여

Ⅱ. 하수관거정비(=개·보수)의 목적(=이유)

─ 사람의 건강보호를 위한 공중위생 및 생활환경의 개선, 수질기준의 유지 (「하수도법」)

목적	내용
1. 하수관거 기능의 회복	· 최저유속 확보, 통수능 확보, 역경사관거 정비
2. 구조적 안정성의 확보	· 사용연한을 초과한 하수관거 정비로 도로함몰, 부등침하 등 방지
3. 하수의 누수방지를 통한 수질오염 방지	· 불명수(또는 I/I) 유입 저감, 누수량 저감으로 토양오염, 지하수오염의 가능성을 배제
4. 기타	· 하수관거 전산화 기반구축 · 수세식 변소수의 직유입 유도 · 디스포저 이용을 위한 정비(외국)

Ⅲ. 목표년도

─ 특별시장·광역시장, 시·도지사, 시장·군수가 20년마다 수립하며,
　5년마다 계획의 타당성 여부를 검토

하수도정비기본계획의 목차 및 기초조사 사항

Ⅰ. 하수도정비기본계획의 목차

1. 총설 : 과업의 개요, 기본계획수립의 기본방침, 주요내용, 재정계획, 사업의 효과

2. 기초조사 : 자연적 조건, 관련계획, 부하량, 기존시설, 자원화/시설의 유효이용, 기타(문화재·사적)

3. 지표 및 계획기준 : 목표연도, 계획인구, 계획구역, 계획하수량, 계획수질

4. 배수구역 및 하수처리구역

5. 하수관거계획

6. 공공하수처리시설계획

7. 개인하수처리시설 계획 (2011년 신설)

    하수도정비 특별관리대책 수립 계획 (2011년 신설)

8. 하수처리수 재이용계획

9. 하수찌꺼기 처리·처분계획

10. 분뇨처리시설계획

11. 재정계획

12. 운영 및 유지관리계획

13. 사업의 시행효과

Ⅱ. 하수도정비기본계획에 포함되어야 할 사항

1. 하수도의 정비에 관한 기본방침

2. 하수도에 의하여 하수를 유출 또는 처리하는 구역에 관한 사항

3. 하수도의 기본적 시설의 배치·구조 및 능력에 관한 사항

4. 합류식 하수관거와 분류식 하수관거의 배치에 관한 사항

5. 하수도정비사업의 실시순위에 관한 사항

6. 공공하수처리시설에서 처리된 물의 재이용계획 및 공공처리수 재이용시설의 설치에 관한 사항

7. 공공하수처리시설에서 하수를 처리하는 과정에서 발생된 찌꺼기의 처리계획 및 처리시설의 설치에 관한 사항

8. 분뇨의 처리계획 및 분뇨처리시설의 설치에 관한 사항

9. 하수와 분뇨의 연계처리에 관한 사항

10. 하수도 관련사업의 시행에 소요되는 비용의 산정 및 재원조달에 관한 사항

11. 개인하수도 설치 및 관리에 관한 사항 (2011년 신설)

12. 하수도정비 특별관리대책 수립에 관한 사항 (2011년 신설)

13. 그밖에 환경부장관이 하수도정비에 관하여 필요하다고 인정하여 고시하는 사항

Ⅲ. 하수도기본계획 수립시 기초조사 사항

기초조사 사항	조사내용
1. 자연적 조건에 관한 조사	· 지역 연혁 및 개황 · 하천 및 수계현황 · 기상개황 및 재해현황
2. 관련계획에 관한 조사	· 도시기본계획 등 장기계획, 도시계획 · 하천정비기본계획, 하천환경정비사업계획 · 오염총량관리계획, 수계환경관리계획 · 자연재해대책 관리계획, 물수요관리종합계획 · 기타 관리계획
3. 부하량에 관한 조사	· 오염물질 발생·삭감·배출부하량 조사 · 오염원별 오염부하량 발생특성 조사, 오염부하량 배출특성조사 · 오염부하량의 관리목표 · 공공수역의 허용부하량 조사 · 방류수/배출허용기준 등 현황조사
4. 기존시설에 관한 조사	· 하수도시설 현황 및 계획 · 분뇨·가축분뇨 및 음식물 폐기물 탈리액의 처리·처분현황 · 폐수종말처리시설 현황 · 지하매설물 및 기타시설
5. 하수의 자원화 및 시설의 유효이용에 관한 조사	· 처리수의 재이용 · 슬러지의 재이용 · 시설의 다목적 이용
6. 기타	· 문화재 및 사적 · 지리정보시스템(GIS) 구축에 관한 조사

하수도계획 수립시 포함 사항(4가지)

Ⅰ. 침수방지계획 : 관거시설, 빗물펌프장, 우수유출량저감시설, 분산형 빗물관리

1. 하수도계획은 하수도 계획구역내의 종합적인 배수계획을 고려하여 수립한다.

2. 하수도는 시가지 또는 농어촌의 우수를 신속히 배제하여 침수재해를 방지하는 기능을 갖고 있다. 따라서 우수배제 측면에서 하수도계획을 수립할 경우 하천, 농업용 배수로 및 기타 기존수로를 포함한 지역전체의 도시배수실태를 파악하여 도시의 종합적인 배수 계획의 일부로서 하수도계획을 수립한다.

3. <u>관거시설</u> 계획시 우수관내 퇴적토사량을 감안하여 용량결정시 여유율을 더하고,

$$\frac{Q(계획우수량)}{Q_0(여유유량)} = \frac{1}{1+a_1+a_2}$$

여기서, a_1 : 토사퇴적에 의한 단면축소

  a_2 : 호우시 대량토사 유입고려

<u>빗물펌프장</u> 계획시 유역내 빗물처리장, 저류형 및 침투형 구조물 등을 적절히 설치하며, <u>우수유출량저감시설</u> 계획시 강우유출수의 첨두유출량이 최소가 되도록 계획해야 한다.

Ⅱ. 수질보전계획 : 점오염원·비점오염원 관리, 총량관리, 유역통합관리시스템

1. 하수도계획은 수질보전에 관한 관련 법규상의 기준에 따라 수질보전과 하수도의 관계를 충분히 고려하여 수립한다.

2. <u>점오염원</u> 관리는 하수처리시설 배출수·방류수 허용기준 강화, 고도처리시설 도입, 방류수 수질TMS 및 WET(생태독성) 규제로 전환하고,

3. <u>비점오염물원</u> 관리는 저류형·침투식·식생형 하수도시설 및 인공습지 등의 생물관리기술 (Biomanipulation)을 도입하여 처리되도록 한다.

4. 아울러 <u>총량관리</u>와 함께 유역별 통합관리시스템을 구축해야 한다.

Ⅲ. 물관리 및 재이용계획 : 빗물관리, 중수도, 하수처리수 재이용

1. 하수도계획은 수자원의 확보 측면에서 종합적인 물관리계획을 고려하여 수립한다.
2. 빗물관리는 기존의 중앙집중식 관리방식을 지양하고, 분산식 빗물관리방안(IMP방식)을 도입하고,
3. 아울러 중수도계획도 광역순환방식보다는 지역순환방식을 도입하여, 산업화 및 도시화로 파괴된 물순환 고리를 회복하도록 한다.

Ⅳ. 슬러지처리 및 자원화계획 : 가용화기술, 혐기성소화, 미생물전지

1. 하수도계획은 하수처리과정에서 발생하는 슬러지를 하수처리시설의 규모와 발생슬러지의 성상에 따라 적절한 전처리계획과 재이용계획이 수립되어야 한다.
2. 슬러지처리는 유기물 함량을 최대한 줄이기 위해서 잉여슬러지 가용화 기술과 혐기성소화공정을 도입하는 방향으로 검토하도록 한다.
3. 자원화계획은 메탄가스를 수소전지로 전환하는 기술, 미생물 연료전지 기술 등을 도입하여 하수처리장 에너지 자급률을 높이도록 하고, 최종처리시 슬러지 Cake의 해양투기나 매립을 지양하고, 도시지역에서는 매립복토제로, 농촌지역은 녹농지 이용 등으로 재활용하도록 계획해야 한다.

국가하수도(관리)종합계획

Ⅰ. 개요

1. 하수도법 제4조(국가하수도 종합계획의 수립)규정에 의한 10년 단위의 국가적 계획으로서,
2. 주민생활환경 개선, 물환경 개선, 침수피해 저감 등 하수도사업과 관련된 정부계획 중 최
   상위 행정계획이며,
3. 그동안 추진되어 온 하수도정책과 추진사업에 대한 평가를 토대로 향후 10년간 하수도분
   야의 종합적인 정책방향을 제시하는 하수도정책의 청사진이다.

Ⅱ. 성격 및 범위, 주요내용, 특징

1. 성격

 - 국가의 하수도정책방향을 제시하는 법정계획
 - 하수도에 관한 정부계획 중 최상위 행정계획

2. 범위

 - 기간 및 공간 … 2007~2015(9년간), 전국

3. 주요내용 : 계획의 목표, 정책방향, 정책과제 및 투자계획 등

 - 2015년까지 관거, 처리장, 기타 등의 하수도분야에 약 30조원을 투자하여 하수처리수
   재이용 20%, 슬러지 재활용 70%, 침수구역 최소화, 수질개선, 유역관리(100%), 하수도
   보급율을 92%까지 향상

4. 특징

 1) 지역별 균형투자 및 운영관리 효율성 제고
 2) 관거 및 처리시설 동시 일괄정비
 3) 침수방지 및 비점오염원관리를 위한 하수도기능 강화
 4) 하수를 처리하고 자원화하는 하수도시스템
 5) 유역별 하수도관리
 6) 하수도 기술의 국제화
 7) 주민이 이용하는 하수도

Ⅲ. 역할
- 하수도정책의 체계적인 발전
- 하수도정비기본계획 수립·시행 및 유지관리 방향 제시
- 물환경정책 집행지원·조화, 지속가능한 성장기반 구축

Ⅳ. 주요정책과제
- '쾌적하고 안전한 생활환경을 만드는 하수도'

1. 완벽한 배수시스템 구축을 위한 하수관거정비
1) 점진적 분류식화
2) 처리시설 신설시 관거정비와 통합추진
3) 관거정비사업 후 사후평가제도 도입

2. 지역적인 형평성 제고를 위한 공공하수처리시설 확충
1) 처리시설 기술진단 실시를 통한 운전개선 및 시설개량
2) 농어촌하수도 등 소규모처리시설 확충 및 시설개선

3. 개인하수도 환경공영제 도입 등 관리강화
1) 위탁관리 활성화

4. 하수도시설 운영·관리 선진화
1) 통합운영관리 확산
2) 하수슬러지 재활용

5. 물순환 이용체계 구축 ⇒ 법령정비 및 하수재이용 시범사업 확대
1) 하수처리수 재이용, 오염된 하천수 중수도이용, 빗물은 중수이용 등
2) 해수담수화, 강변여과 등 개발
3) 지하수 인공함양, 하구호(하구에 댐을 만들어 바다로 버려지는 하천수를 저수시켜 공업
   용수 등으로 이용하도록 한 시설) 건설, 인공강우, 호소 증발억제 등도 고려

6. 홍수방지 및 물순환 회복을 위한 빗물관리 ⇒ 중앙집중식 빗물관리보다는 분산식 빗물관리 적용
1) 단지별로 저류형, 침투형, 식생형 하수도시설 설치
2) 빗물관리에 따른 침수방지 및 비점오염원 저감

7. 하수도 유역통합관리 등 관리기반 강화

1) 하수도 관리체계를 행정구역단위에서 유역단위로 전환

2) GIS 기반의 통합유역관리시스템을 도입하여 오염원 DB화

3) 하수도관리 인력 전문화

4) 하수도시설 이미지 개선

5) 에너지 절약형 처리방식

Ⅴ. 주요 골자

1. 하수도보급률 향상

- 하수도시설 보급·확대로 2006~2015년까지 전국의 공공하수도 보급률을 92%까지 향상

2. 공공하수처리시설 관리

- 체계적이고 과학적인 하수관거 정비사업으로 공공하수처리시설 처리효율 향상

3. 개인하수처리시설 관리

- 개인하수처리시설 관리체계 구축

4. 하수관거정비사업 추진

- 도시 비점오염물질 저감을 위한 하수관거정비사업 추진

5. 물순환 및 침수방지형 하수도

- 물환경 개선에 기여하고 집중우천시 하수처리구역 내 침수피해방지 최소화

6. 친환경주민친화형 하수도

- 시민편의시설 조성과 친환경 하수도시설 확충으로 주민과 함께 하는 하수도

하수도시설의 광역수계단위 통합관리로 전환시 효과

Ⅰ. 추진배경
- 환경부는 '10. 12. 23 행정구역단위로 하수처리시설을 설치·운영에 따른 설치비 및 운영비 등의 낭비를 초래하는 비효율 문제를 극복하기 위해 전국을 43개 권역으로 나누어 권역별로 통합관리할 수 있도록 추진
- '11년 하수도법 개정하여 통합 하수도정비 기본계획 도입(유역환경청장이 기본계획 수립)

Ⅱ. 하수시설 통합권역 현황

구 분		고려사항
소계		35개 권역은 통합
통합대상	댐 상류 (10개)	구축중인 통합시스템 유지 (댐 상류 9 → 환경부 관리, 용담댐 1 → 수자원공사 관리)
	일반 시·군 (25개)	수계유역, 기존 하수도시설 규모 등을 고려
통합제외	특·광역시, 제주 (8개)	하수시설 대부분 민간위탁(서울 2개소 제외) 제주도는 '09.06 통합하수도정비기본계획 수립

⇒ 권역별 통합 후 운영관리방식은 민간위탁, 지방공사, 공기업·민간 공동위탁 방식 추진

Ⅲ. 하수시설 통합 후 운영관리방식

구 분	특 징
민간위탁	· 운영관리권 일부 또는 전부를 민간에게 위탁 · 시설개선 소요비용을 민간이 선투자할 경우 지자체 재원부담 완화
지방공사	· 지자체 공동출자를 통해 설립하여, 경영효율성과 공익성 추구 가능 · 공무원 신분전환이 불가피하고 재원부족시 장기적 성과 달성 곤란
공동위탁	· 공기업 및 민간이 하수도 운영·관리를 위한 별도법인(SPC)을 설립하여 운영관리 전담

IV. 하수시설 통합 후 효과

1. 총량관리제도와 유역별 수질관리에 부합되는 시스템 구축

2. 증가되는 하수도시설물(환경기초시설 포함) 관리의 효율성이 생김.

3. 통합관리를 통한 원격지자동제어시스템(TM/TC)이 가능해 짐.

4. 처리시설 설치비 및 운영비 절감

 - 8개 표본유역 조사결과 설치비 3,845억원, 운영비 209억원 절감 기대

5. 효율적 인력관리를 통해 운영비 절감 등 경영효율성 제고

6. 운영전문인력이 관리함에 따라 방류수 수질이 더 개선

 ⇒ '09년 하수처리장 432개소 실태분석결과 민간위탁시설(295개소, 68.3%)이 직영시설보다 운영비도 저렴(1톤당 처리비용 35원 저렴)하고 처리수질도 양호 (방류수질 평균 0.9㎎/L 더 양호)

7. 현행 전국단위의 일률적 방류수수질기준을 폐지하고, 통합관리유역의 목표수질과 연동하여 하수처리장별 방류수수질기준을 달리 적용 가능(맞춤형 수질관리 가능)

유역별 통합운영관리 계획 (하수도시설을 유역단위로 전환할 경우 고려사항)

⇒ 이수, 치수, 생태환경 등 하천유역을 둘러싼 모든 문제들을 통합적으로 관리하여 지속가
능하도록 합리적으로 해결, 운영하는 것

Ⅰ. 배경

1. 그간 국내의 하수도시설의 설치 및 관리는 행정구역 중심이어서 비효율적인 하수도시설
   의 운영 및 건설사례가 빈번히 발생하고 있음.
 예) 하천건천화 발생, 수생태계 환경유지 어려움, 하천유지용수에 대한 종합적인 검토 곤란,
   비점오염원의 효율적인 관리의 어려움 등

2. 통합관리의 필요성
 - 물환경관리기본계획 및 수질오염총량관리제도의 효율적 이행과 유역별 수질관리체계에
   부합하는 하수도시설의 설치 및 운영관리체계의 구축
 - 하수처리 시설물의 증가로 관리의 효율성이 필요하고,
 - 다수의 유지관리 인력이 필요한 현행 관리운영체제를 개선
 - 시설물의 효율적인 통합관리를 위한 원격지 시설 자동제어시스템(TM/TC)이 필요

Ⅱ. 기본방향

 - 통합운영관리계획의 주목적은 하수도시설의 운영관리 효율화 및 유지관리비용 저감이다.
 - 관할구역의 유역별로 하수도시설의 통합운영관리를 계획하되, 관할구역의 수질오염총량
   관리계획상의 수계를 고려하여 계획한다.

Ⅲ. 유역별 통합운영관리 방안

 - 중심하수도시설을 선정·계획하고, 유역범위 및 시설범위 등을 고려하여 소유역별 중심(지
   역)시설을 추가로 계획한다.
 - 현재 및 장래계획의 모든 하수도시설을 포함하고, 하수도시설 외 환경기초시설(폐수종말
   처리시설, 분뇨처리시설, 쓰레기·슬러지처리시설 등)의 통합운영관리도 함께 검토 반영되
   어야 한다.
 - 하수도시설의 무인자동화, 유지관리인원의 최소화로 계획하여야 한다.
 - 중심처리시설은 운영관리시스템 뿐만 아니라, 행정, 유지보수, 실험실 등 전체적인 유지
   관리의 중심시설로 구성되어야 한다.

Ⅳ. 통합운영관리시스템 계획

- 감시 및 제어기능(TM/TC), 시설물 정보관리기능, 운영관리기능을 갖추도록 하여야 한다.
- 중심처리시설 통합운영관리시스템은 최상위 시스템으로 소유역(지역)중심시설 및 단위시설의 운영관리시스템의 모든 기능을 수행할 수 있어야 한다.
- 소유역 중심시설은 단위시설 운영관리와 밀접하게 관계되는 시설로, 단위시설의 원격감시 및 제어기능에 우선을 둔 시설관리 기능수행이 요구된다.
- 하수처리장, 펌프장 등 개별단위 하수도시설은 자체시설의 원격감시 및 제어에 우선하며, 일부 예속된 하부시설에 대한 원격감시 및 제어의 기능을 수행하도록 한다.

통합운영관리시스템 계획시 검토사항

Ⅰ. 개요

- "통합관리시스템"이란 시·군 단위로 산재되어 있는 하수도시설, 그 외 환경기초시설 및 각 종 강우유출수 오염부하저감시설을 시·군을 대표하는 공공하수처리장에서 중앙집중식 원 격감시제어시스템을 도입하여 보다 효율적으로 관리하기 위해 구축하는 시스템을 말한다.

  - 하수도시설 : 하수도, 중수도, 유수지, 우수토실, 우·오·합류·차집관로, 중계펌프장, 유량계 등
  - 그 외 환경기초시설 : 공공폐수처리시설, 축산·분뇨·쓰레기·침출수 처리시설, 폐기물처리시설 등
  - 강우유출수 오염부하저감시설 : 저류형, 침투형, 식생형, 장치형, 하수처리형 등

Ⅱ. 통합관리시스템 계획시 검토사항

1. 중앙통합관리 처리장 선정시 검토사항
   1) 시·군을 대표할 수 있고 규모가 커야한다.
   2) 가급적 시·군의 중앙에 위치하고, 접근성이 용이해야 한다.
   3) 기능성 및 상징성을 가져야 한다.
2. 관리자 배치방식
   - 관리자를 단위처리장에 최소로 배치하고, 중앙통합관리 처리장에 집중 배치하여 관리하 는 방식을 검토한다.
3. 민간위탁관리 검토
   - 민간전문업체에게 운영관리를 위탁하여 전문운영방식을 도입하고, 유지관리비를 절감할 수 있는 방안을 검토한다.

Ⅲ. 통합관리시스템 구축시 검토사항

항목	검토사항
1. 감시(TM)체계	· CCTV를 통한 주요설비 운전상태 감시, 데이터 감시, 시스템 감시에 대하여 비 교·검토한다.
2. 제어(TC)체계	· TM·TC 방식 혹은 웹기반의 인터넷 네트워크망을 이용하는 방식을 비교 검토 하고, 비상시 팩스, PDA, 휴대폰 등으로 통보할 수 있는 UMS(unified messaging system ; 비상경보전달[통합메세지전달]시스템)방식을 검토한다.

<계속>

항목	검토사항
3. 전송체계	· KT 전용회선, 자가선로, 초고속인터넷망, CDMA 등을 비교 검토한다.
4. 구성기기	· 중앙감시제어설비 (POS, PES), DB관리 서버, Gate way 서버, 전송장치, CCTV 설비 등을 기능별로 검토한다.
5. 보안 및 안정성 확보	· 해커 침입에 대한 보안 및 방화벽체계 검토
6. 장래증설에 대비	· Control Center의 여유공간 확보 및 CPU 처리능력, 통신포트 여유 등을 검토
7. 웹서버 구축	· 인터넷상에 실시간 자료공개
8. 신뢰성 확보	· 시스템 고장대비 POS, DB관리 서버 등 이중화 검토
9. 통합관리항목	· 예산절감, 수질관리 향상, 긴급대응위기관리의 능력 향상 등 기대효과를 거둘 수 있도록 통합관리항목을 검토한다.

Ⅳ. GIS 기반의 통합유역관리

1. 하수도 관리체계를 행정구역단위에서 유역단위로 전환
2. GIS 기반의 통합유역관리시스템을 도입하여 웹기반의 DB를 구축하고, 하천으로 유출과정을 GIS와 연계하여 관리함으로서 수질사고를 조기예방하고, 향후 계획수립시 활용할 수 있도록 해야 한다.
3. 데이터베이스화(DB화)해야 하는 정보
 - 모니터링정보(수질, 유량), 오염원정보(점오염원/비점오염원), 측정망 및 기초시설 정보

하수처리장 설계과정

I. 설계절차

기본계획 → 기본설계 (계획성, 시공성, 유지관리성) → 실시설계 → 공사 → 준공(완전통수)

1. 기본계획
- 사업개요(목적, 범위 등), 기초자료 조사, 관련계획 검토, 타당성 조사
- 기본계획 (설계기준, 단위공정별 시설계획, 토목계획, 건축계획, 기계설비계획, 전기 및 계측제어계획, 조경계획, 사업기간 검토, 공사중 하수처리방안)
- 운영 및 유지관리계획, 사업비 및 연차별 투자계획

2. 기본설계
- 계획유입수질 및 계획하수량 결정
- 각 시설의 개략용량 산정 후 수리적 개략 검토
- 각 설비의 기본형식 검토, 부지확보, 각 시설의 프로세스 검토 후 배치안 작성
- 기본배치 결정 및 문제점 조사·연구 (수처리·관리형태·구조·수리 등에 대해서)

3. 실시설계
- 각 시설 상호간의 취합·정리
- 각 시설의 골조 상세검토 → 수리계산, 구조계산 → 설계도, 시방서 작성
- 적산(수량, 단위) 후 기공안 작성·제출

4. 실시설계 이후
- 관리지침 작성
- 시공업자 결정, 공사현장 설명 → 공사 진척에 따른 각종 조치(설계변경 등)
- 공사(시공, 감리, 시운전) 후 완전 통수

II. 각 시설의 설계방법 (표준활성슬러지법)

구분	설계기준	설계시 검토사항
설계조건	· 유입수 성상 ┌ 일최대유량 120,000㎥/d └ BOD 200mg/L, COD 200mg/L · 목표수질 : BOD 10mg/L, SS 10mg/L	

<계속>

구분		설계기준	설계시 검토사항
수처리 계통	1차 침전지	유효수심 : 2.5~4m 침전시간 : 2~4시간 표면부하율(합류식) : 35~70㎥/㎡·d 표면부하율(분류식) : 25~50㎥/㎡·d 월류위어부하율 : 250㎥/m·d 이하	· 지수는 4계열로 하고, · 제거율 BOD 30%, SS 50%, · 슬러지농도 4%로 가정 · 슬러지수집기 : 직사각형은 연쇄식 (chain flight), 원형은 회전식 선택
수처리 계통	포기조	HRT : 6~8시간 SRT : 5~15일 BOD용적부하 : 0.3~0.6kgBOD/㎥·d F/M비 : 0.2~0.4kgBOD/kgMLVSS·d MLSS농도 : 1,500~3,000mg/L 반송율 : 25~50%	· MLVSS 80%로 가정 · 포기방식 : 전면포기식, 선회류식, 미세기 포분사식, 수중교반식 등 적절히 선택

	2차
	침전지
		유효수심 : 2.5~4m
		침전시간 : 3~5시간
		표면부하율 : 20~30㎥/㎡·d
		 (SRT가 긴 고도처리는 15~25㎥/㎡·d 정도)
		고형물부하율 : 95~145kg/m·d
		월류위어부하율 : 190㎥/m·d 이하
			· 반송슬러지농도 1%,
			· 2차침전지 표면적은 표면부하율에 의한
			  필요면적과 고형물부하율에 의한 필요
			  면적 중 큰 값을 사용
			· 슬러지수집기 : 직사각형은 연쇄식, 주
			  행사이펀식, 원형은 회전식 선택

슬러지 처리계통	중력식 농축조	HRT : 18시간 분량 이하 유효수심 : 4m 이하 고형물부하율 : 25~70kg/㎡·d 슬러지배출관 최소관경 150㎜ 이상	· 고형물회수율 90%, · 농축슬러지농도 4%로 가정

	부상식
	농축조
		고형물부하 : 100~120
		유효수심 : 4~5m
		A/S비 : 0.006~0.04kg공기/kg고형물
			· 주로 가벼운 슬러지(활성슬러지, 살수여
			  상슬러지) 대상으로 하고, 무거운 1차슬
			  러지는 중력식으로 할 것.

	혐기성 소화조	HRT : 10~15일 고형물부하율 : 1.6~6.4kgVS/㎥·d	· 소화조 효율 : VS 50%, · 소화슬러지농도 5%로 가정
	탈수기	탈수기성능 : 150kg/m·d 여포폭 : 3m 고형물회수율 : 95% cake 농도 : 25%	· 탈수기 소요대수는 예비1대 포함시킬 것

친환경 주민친화적 하수처리시설

I. 개요

1. 친환경 주민친화적 하수처리시설은 하수처리시설의 부정적 이미지를 탈피하여 환경개선
   과 보호를 위한 시설로서,

2. 지역사회에 도움이 되는 시설, 주민들과 함께 할 수 있는 공간이 조성되는 것을 말한다.

II. 공간이용방식

- 친수공간 : 자연을 접할 수 있는 공간을 제공함으로써 일상생활 속에 휴식과 여가활용
- 문화공간 : 공연, 전시 및 다양한 지역문화를 수용함으로써 지역주민들이 활용
- 체육공간 : 이용효율이 높은 운동 및 체육시설을 도입하여 체력단련 및 주민화합을 도모
- 체험학습장 : 생태공원 및 체험공간을 제공하여 수처리과정이나 생태환경을 현장체험

III. 시설의 분류

1. 친환경시설

1) 자연환경을 보전하기 위한 시설   : 고도처리시설

2) 주변환경을 개선하기 위한 시설   : 이중복개시설, 악취방지시설

3) 재이용시설이나 자원화시설   : 하수처리수 재이용시설, 하수슬러지 자원화시설

4) 에너지저감이나 에너지재생산시설 : 에너지 재생산 시설 (소화가스·하수열, 소수력 이용, 태양
　　　　　　　　　　　　　　　　　　　　열발전, 풍력발전 등)

5) 그 밖의 환경개선 시설   : 우수저류시설, CSOs 처리시설

2. 주민친화적시설

1) 자연관찰시설   : 생태연못, 야생화동산

2) 체험·홍보·관리시설   : 환경보전관, 환경교육학습원

3) 편익이용시설 및 복지시설   : 주차장, 휴게소, 놀이터

4) 전시·문화시설   : 전시관, 박물관, 연구소, 회의실

5) 운동체육시설   : 레크리에이션시설, 축구장 등 단체 활동 시설

Ⅳ. 시설설치시 고려사항

1. 기본방향

- 지역적 특성을 고려한 계획이어야 한다.
- 환경개선 및 생태보전에 크게 기여해야 한다.
- 에너지 보존적 측면을 고려해야 한다.
- 이용자의 안정성을 최대한 확보해야 한다.

2. 세부고려사항

- 지역의 특성과 입지여건을 최대한 고려해야 한다.
- 시설의 종류, 위치, 규모가 시설목적과 수용능력에 부합해야 한다.
- 친환경적 구조, 소재, 시스템을 사용한다.
- 사회적 약자의 편의를 최대한 반영한다.
- 계획수립 전·후에 이해당사자가 참여할 수 있도록 한다.

하수처리시설의 소형화 · 분산화

I. 개요
1. 과거에는 지역주민의 혐오시설 설치 반대와 물 재이용의 인식부족으로 하천 유지용수의 확보에 대한 관심이 크지 않았다.
2. 그러나 앞으로 하천건천화 방지를 위해서라도 하수처리시설을 지역·수계별로 분산 설치 (하수발생지별로 자체 처리)하는 것이 필요할 것이다.
3. 최근에는 대규모 하수처리시설 설치를 위한 건설부지 확보가 어렵고, 방류수역의 수질환경 보전을 위해서 발생원 처리개념도 도입되기 시작하여 소규모하수처리장 건설이 큰 이슈(issue)로 등장하였다.

II. 하수발생지 자체처리로 얻을 수 있는 효과
1. 자연형 하천의 역배송 시설 설치 등으로 인한 투자비용의 과다소요 방지
2. 역배송 시설공사에 따른 하천 생태계 추가 파괴 방지
3. 처리시설을 지하화 함으로써 지상공간이 공원화되어 지역주민의 휴식공간 제공

하수처리시설 여유공간 다목적 이용

I. 이용방법
- 친수공간, 문화공간, 체육공간, 체험학습장으로 공간 이용
  ⇒ 공원시설, 피난시설, 스포츠시설, 관거 내 광케이블 설치

II. 고려사항
1. 이용시설이 하수도운영 관리에 지장을 주지 않도록 해야 하고,
2. 장래 확장 및 개보수시 방해가 없도록 고려해야 한다.

구조물 방수·방식

Ⅰ. 개요

1. 수지계 방수(에폭시 방수 등)는 내산성 및 내약품성이 양호하여 방수·방식에 모두 효과적이나 시멘트계 방수(액체침투, 모체침투 등)는 부식 환경에 상당히 취약하다.
2. 방수도막(Water Proofing Barrier) : 용수의 누출이나 외수유입 방지
3. 방식도막(Protective Barrier) : 복개 또는 밀폐된 구조물로서 내산성이 요구되는 곳

Ⅱ. 구조물 적용

- 각종 상하수도 구조물을 방수처리하는 경우 내부는 하수가 접하는 경우 외부는 아스팔트(솔칠)방수, 시트방수 등을 적용한다.

방수방법		특징
1. 아스팔트방수		· 배수지의 상부 슬래브 및 외부방수 주로 지붕방수(옥상방수)에 많이 쓰이며 환경친화적이지 않다. · 실적이 많음, 유성이므로 동절기 작업가능, · 루핑이음부위에 누수될 가능성, 열공법이므로 좁은 장소나 밀폐장소에 시공이 불가능, 가격이 비싸다. (30,000원/㎡)
2 고무아스팔트방수		· 아스팔트방수 및 Sheet 방수의 결점을 보완, 외부방수에 최적 · 모체와 접착성 우수, 신축성이 있어 모체균열에 대응 · 동절기 작업 불가능, 일정한 도막두께 형성에 유의
3. 에폭시방수		· 정수장·하수처리장의 내부방수(외부방수에도 종종 사용) 지하실 바닥방수에 많이 사용 · 실적이 많음, 식수오염 방지에 유리, · 도막분리 우려, 동절기 작업 불가능, 공기가 길다(모체 건조후 시공).
4. 시멘트계	액체침투성 방수	· 상하수도 구조물 및 밸브실 내부방수 · 습윤면에 시공가능, 수십년간 사용되어 왔음, 마감면이 깨끗 · 모체와 모르타르의 박리현상, 동절기 작업불가능, 식수 오염 우려
	모체침투성 방수	· 슬래브 및 하수도 구조물, 내부방수 시멘트계 + 석영사 + 화학콤파운드로 구성된 분말형태의 방수제 · 습윤면 시공가능, 공기단축(모체 건조전 시공가능), 재료가 무독성이므로 좁은 공간의 밀폐장소에도 시공 가능 · 동절기 작업 불가능, 최근 국산화 됨, 액체침투성보다 가격이 비쌈
5. 기타		· 시트방수(옥상방수에 적합) · 벤토나이트 방수(지하실 방수에 적합)

Ⅲ. 방수방법의 비교

1. 아스팔트방수

공법	아스팔트와 루핑을 번갈아 겹덮는 방법으로 시공
장점	· 방수층의 도막이 비교적 두꺼워 안정성이 있다. · 수십년간 해 오던 공법임. · 유성이므로 동절기 작업이 가능함.
단점	· 루핑 이음부위에 누수될 가능성이 높음. · 하자발생시 보수가 거의 불가능함. 시공면에 완전히 건조되어야 함. · 열공법이므로 좁은 공간 및 밀폐된 장소에서 시공이 불가능함. · 보호층이 별도로 필요함.
적용경향	· 건축 옥상방수에 적합

2. 고무아스팔트방수

공법	SOL #2 시멘트 혼합 바탕처리후 고농도 고무아스팔트 에멀졸계 방수재를 도포하는 방법
장점	· 모체와 접착성이 우수, KS 허가품 · 냉공법의 무공해 방수재로 시공 용이, 방수 및 방식(내약품성)에 효과적임. · 신축성이 있어 모체균열에 대응 · 하자발견이 용이하고 보수 간편
단점	· 동절기(0℃ 이하) 작업이 불가능 · 일정한 도막두께 형성에 유의해야 함.
적용경향	· 아스팔트방수 및 Sheet 방수의 결점을 보완 · 외부방수에 최적

3. 에폭시 방수

공법	에폭시 Primer 기초도장에 에폭시 2회 도장 마감
장점	· 건조한 면에 시공시 방수 및 접착성능이 우수하다. · 식수 오염 방지에 비교적 좋다. · 경험 있는 숙련공 확보 용이, 방수 및 방식(내부식성)에 효과적임 · KS 허가품, 마감면(방수표면)이 깨끗하다.

단점	· 습윤면에 에폭시 도장을 할 경우 도막분리현상이 하자요인이 된다. · 인화성 물질이므로 밀폐된 장소에서는 작업 불가능. 동절기에도 작업 불가능. · 팽창이 심한 부위는 expansion joint 처리해야 함. · 에폭시와 시멘트, 모래 등 재료의 분리현상 (믹서층) · 모체 건조후 시공 (공기가 길다)
적용경향	· 수십년 동안 구조물에 적용이 되어 왔음. · pH가 높은 구조에 적합하며 도막분리 등의 하자우려로 침투방수(1회) + Tar Epoxy(3회)가 적합

4. 액체침투성방수

공법	아크릴계 수지를 주성분으로 한 불용해성으로 구체침투와 표면방수층(t=10mm)을 겸한 공법
장점	· 습윤면에서도 시공이 가능함. 방수표면이 깨끗하다. · 수십년 동안 시행되어 일반화되어 있음. · 경험 있는 숙련공을 쉽게 활보할 수 있음. · 구체의 백화방지에 좋음. 염해에 대한 저항이 세고 경제적이다.
단점	· 방수층의 수축, 팽창으로 인한 누수발생, 모체와 모르타르의 박리현상 발생 · 동절기 작업이 불가능함. · 염화칼슘 등의 유출로 철근 부식 및 인체에 유독함. · 식수에 오염이 있음.
적용경향	· 국내에서 오래 전부터 채택하여 사용되고 있음.

5. 모체침투성방수

공법	모체콘크리트에 방수제를 도포하여 모세관 속에 깊숙이 침투되어 물이 용해되지 않는 결정체를 형성시키는 방수공법
장점	· 습윤에서 시공이 가능한 공법, 모체 건조전 시공 가능(공기단축) · 콘크리트 모체에 침투되어 강도를 증가시켜 주면서 콘크리트 자체가 방수층을 형성 (5cm침투) · 재료가 무독성이므로 좁은 공간, 밀폐된 장소에서도 시공이 가능. · 보호층이 불필요하다. 액체침투식에 비해 보호모르타르가 없어 시공성이 우수하다.

단점	· 팽창이 심한 부위에는 expansion joint 처리를 해야 함.(예 : 지상노출 부위) · 동절기(0℃ 이하) 작업이 불가능함. 구체가 수밀하지 못할 경우 방수효과 저하 · 모체 콘크리트의 마무리가 깨끗하지 못할 경우 하자발생이 많다. · 국산화가 최근에 이루어졌음. 액체침투식에 비해 비경제적이다.
적용경향	· 국내에서는 수 년 전부터 채택하고 있음.

※ 방수공법의 경제성

방수공법	아스팔트방수	에폭시방수	액체침투성방수	모체침투성방수	고무아스팔트방수
단가(원/㎡)	30,000	21,000	17,000	19,000	27,000

하수처리장 계획시 고려사항

I. 개요

— 계획하수량, 계획유입수질에 따른 용량산정, 수리적 검토, 기본형식, 부지확보
— 하수처리장의 소형화, 분산화
— 하수처리장의 에너지 자립화
— 하수처리장의 지하화, 상부공원화
— 하수처리수 재이용 및 악취저감
— 하수슬러지 처분방법 및 재이용, 슬러지의 감량화
— 반류수, 연계처리수 처리
— 초기우수처리
— 하수처리장의 통합운영, 유역관리시스템, 무인자동화
— 유해화학물질 처리, 생태독성, TMS 시스템
— 동절기 또는 부하변동시 총인, 총질소 등의 처리 안정성

II. 시설기준에 제시한 고려사항

경제성 유지관리성 (유지관리동선)	1. 처리장은 건설비·유지관리비 등의 경제성, 유지관리의 난이도·확실성 등을 충분히 고려한다. - 처리장시설의 계획에서 배치 및 규모 등은 하수도정비기본계획에 따라 정한다. - 일반적으로 대규모처리장의 경우에는 수량수질 변동이 작으나, 운전초기에 유입하수량과 처리능력과의 차이로 유지관리에 악영향을 미칠 수 있으므로 계획단계에서 신중한 대책을 검토한다. 또한 소규모처리장의 경우는 수량수질 변동이 크므로 미리 시설계획에서 대응방안을 마련해 둔다.
처리장 위치 (수리종단계획)	2. 처리장의 위치는 방류수역의 물이용 상황 및 주변의 환경조건을 고려한다. - 처리장의 위치결정은 오수를 자연유하로 수집할 수 있어 건설비·유지관리비가 경제적으로 되고 주변환경과 조화되며, 침수피해가 없는 위치로서 신중히 검토한다.
부지면적	3. 처리장의 부지면적은 장래 확장 및 향후의 고도처리계획 등을 예상하여 계획한다. - 처리장의 부지면적은 장래의 오수량 증가에 대한 시설의 확장, 수질환경기준의 변화추세 및 처리수의 재이용 등에 따른 고도처리의 필요성 등을 검토하여 필요할 경우 소요면적을 확보할 수 있도록 계획한다.

설계용량	4. 처리시설은 계획1일최대오수량을 기준으로 계획한다. – 처리시설의 계획오수량은 공공수역의 수질오염방지를 가장 우선적으로 고려해야 하므로 1년을 통하여 처리시설의 과부하현상이 일어날 염려가 적은 계획1일최대오수량으로 하는 것을 원칙으로 하나, 시간변동이 큰 경우에는 합리적인 범위내에서 계획오수량을 정하거나 유량조정조를 고려한다. 합류식인 경우에는 일차침전지, 소독설비 및 이들의 부대시설에 대해서는 우천시 계획오수량을 기초로 하여 계획한다.
침수방지대책 (수밀성·내구성)	5. 처리시설은 이상수위에서도 침수되지 않는 지반고에 설치하거나 또는 방호시설을 설치한다. – 처리장은 어떤 경우라도 운전을 중단하는 일이 발생되어서는 안되므로 처리시설 자체가 침수되지 않는 높이에 설치하는 것이 바람직하며, 방류수역의 이상수위에 대해서도 처리시설에 방류수역이 물이 역류하지 않는 높이로 하는 것이 바람직하다.
주변환경과의 조화 에너지 절감	6. 처리시설은 유지관리가 용이·확실하도록 하며, 주변 환경조건을 충분히 고려한다. 또한 에너지 절감 및 재이용에 대해서도 충분히 고려한다. – 처리시설은 가장 유지관리가 쉽도록 계획할 필요가 있으며, 처리방법의 선택, 처리시설의 배치, 기기의 선정, 운전방식 및 자동화방식 등에 대하여 신중히 검토한다. 또한 처리장계획에서는 소음, 악취 및 일조 등의 문제가 생기지 않도록 구조 및 기능상의 대책을 검토함과 아울러 처리장과 주변환경과의 조화를 이룰 수 있도록 처리시설 주변의 미화 및 녹화 등에 대하여도 배려할 필요가 있다.

하수처리장 설계시 경제성 검토방법(종류)

Ⅰ. LCC평가

- 전생애주기 비용평가 (Life Cycle Cost)
- 경제성 평가, (제품의 생산·사용·폐기처분의 각 단계에서 생기는 비용을 합한) 총비용을 평가하기 편리한 일정한 시점으로 등가환산한 가치로서 경제성을 평가하는 방법

$$LCC = 초기투자비 + 유지관리비 + 해체폐기비$$

⇒ 건설비, 운영비, 유지관리비 등 상하수처리시스템의 생애주기(life cycle)에 걸쳐 투자되는 비용을 분석

Ⅱ. LCA평가

- 전생애주기 영향평가 (Life Cycle Assessment)
- 환경성 평가, 하수처리장을 건설하고 내용년수(내구연한)까지 운영하고 마지막으로 설비를 폐기하는 전체과정에 대하여 소요되는 에너지, 재료 및 환경오염부하량을 정량화하여 환경성, 경제성, 기능성을 종합적, 객관적으로 평가

⇒ 상하수처리시설의 효율적인 평가 및 관리를 위한 환경성평가를 정량적으로 평가함.

Ⅲ. VE평가(가치평가)

- 가치평가 (Value Engineering/Life Cycle Cost)
- 기능(하수처리장의 경우 처리효율 만족 등의 기능)을 수행하기 위한 전 경비에 대한 경제성 평가

$$\frac{VE}{LCC} = \frac{Function}{Cost}$$

여기서,　F : Function, 기능지수

C : Cost, 생애주기비용

- VE란 "최소의 생애주기비용(LCC)을 위하여 설계내용에 대한 경제성 및 현장적용의 타당성을 기능별, 대안별로 검토하는 것"을 말함(국토교통부 고시내용에서).

Ⅳ. TCA평가

- 총비용평가 (Total Cost Assessment)
- 기존의 비용항목에 환경비용 등 무형적인 장래비용까지 포함하여 종합적으로 평가

LCC와 LCA

Ⅰ. LCC

1. 전생애주기비용, Life Cycle Cost(= 초기투자비 + 유지관리비 + 해체폐기비)
2. 경제성 평가
3. 제품의 생산, 사용, 폐기처분의 각 단계에서 생기는 비용을 합한 총비용
4. 총비용을 평가하기 편리한 일정한 시점으로 등가환산한 가치로서 경제성을 평가하는 방법

- 현가분석법 : 현재의 가치를 기준가치로 보고 경제성을 뽑는 방식
- 연가분석법 : 미래의 가치까지 감안한 분석법

Ⅱ. LCA

1. 전생애주기(영향)평가, life cycle assessment
2. 환경성 평가
3. 제품 또는 시스템의 전 과정에 걸쳐 필연적으로 발생하는 환경부하를 규명하고, 환경부하가 환경에 미치는 영향을 평가하여 이를 저감, 개선하고자 하는 기법
4. 건설공사시 자재 생산단계에서 건설, 유지관리, 해체·폐기단계까지의 모든 단계에서 사용되는 자원, 에너지 및 발생되는 환경오염물질(대기오염, 수질오염 등)의 환경영향을 정성적 혹은 정량적으로 분석하는 방법이며, 궁극적으로 환경개선방안으로 도출하는데 있다.

Ⅲ. LCC와 LCA의 관계

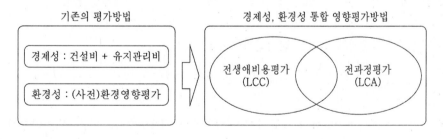

Ⅳ. PDCA의 4단계

1. 계획 (Plan)　　: 변화를 위한 사전 계획과 결과 분석 및 예측
2. 실행 (Do)　　　: 통제된 상황에서 작은 조치를 취하며 계획을 실행
3. 확인 (Check)　 : 결과분석
4. 조치 (Act)　　 : 개선을 위한 행동

VE/LCC

Ⅰ. 목적

- 예산 절감, 기능 향상, 구조적 안전, 품질 확보 등
 ⇒ 일반적인 경제성 평가지표의 예 : 편익-비용비(B/C), 순현가(NPV), 내부수익률(IPR)

Ⅱ. 정의

- LCC기법을 활용하여 초기투자비, 유지관리비, 해체처리비 등을 종합적으로 고려하여 비용을 산출하고, VE기법으로 설계대안별 기능가치 평가를 통해 경제성을 분석하는 것
- VE/LCC기법은 Function/Cost를 통해 가치혁신형, 기능강조형, 비용절감형, 기능향상형 등의 설계품목들을 선별하여 선택하는 작업이라 볼 수 있다.

Ⅲ. 내용

1. 기능분석을 통한 비용절감효과가 큰 항목에 대한 창조적 대안 제출 및 비교대안별 가치지수(F/C) 평가를 통한 최적 공법 및 시설물 선정한다. 또한 건설비와 유지관리비, 해체처리비의 상관관계를 분석, 유지관리비 및 공사비의 적정성 검토, 전생애주기(Life Cycle) 관점의 투입비용에 다른 기능가치 극대화를 도모한다.

$$LCC = 초기투자비 + 유지관리비 + 해체처리비$$

2. 경제성(VE/LCC) 분석절차 (= 설계VE 검토업무)
 1) 준비단계 : 기본계획 분석 후 품질모델 선정
  - 평가항목(경제성, 시공성, 효율성, 유지관리성, 안전성, 환경성)에 대한 가중치 산정
 2) 분석단계 : 기능분석 → 개선안 선정 → 대안의 구체화 → 경제성 검토
  - 기능분석은 기능정의, 기능정리, 기능평가 순서로 분석, 전생애주기비용(LCC)도 분석
 3) 실행단계 : 가중치를 고려한 분석결과 도출
  - 즉, $\dfrac{가치\ 평가점수}{기능\ 평가점수}$ (F/C)를 산출하여 높은 값의 품목을 선택

3. 경제성(VE/LCC) 분석조건
 1) 분석기간 : 지방공기업법 시행규칙 "건축물 등의 내용연수표" 기준 적용(하수처리장은 통상 30년 적용), LCC 분석기간은 일반적으로 20~40년 적용
 2) 실질할인율 : 과거동안의 시중은행 평균금리, 물가상승률을 참고하여 적용

4. 하수처리장의 VE/LCC 분석대상 예
 1) 처리공정 : 처리공법 선정, 1차침전지의 유무, 여과기 선정, 슬러지감량화설비 선택 등
 2) 적용설비 및 부대시설 → 각 장치의 형식 선택
  - 침사 및 협잡물처리시설, 산기장치, 송풍기, 무산소조교반기, 탈수기, 태양광 발전방식, 내부방수, 지하구조물 차량진입시설, 지붕마감재료, 광장포장 등의 VE/LCC값 도출

저부하·고부하, 저유량·고유량시 하수처리장 운영대책

Ⅰ. 하수합병처리방법
- 주변 환경기초시설의 유무를 파악하여 연계처리로 적정 F/M비, C/N비, C/P비 등을 확보
- 초기 저유량-저부하 : 원폐수를 공급하여 일정농도 회복
- 연계처리에도 불구하고 F/M비, C/N비, C/P비 불만족시 외부탄소원 투입 검토
  ⇒ 국내 대부분의 하수처리장은 시운전기간 중 유입하수량이 설계치에 미치지 못하여 해당 하수량에 따른 계열화 시운전을 수행하고 종료하는 예가 일반적임. 고도처리공정은 지속적이고 안정적인 충분한 수처리 시운전이 필요하며 동절기를 포함할 경우 그 필요성이 더욱 크다.

Ⅱ. 시운전방법
⇒ 미국·일본의 운전설계지침서 : F/M비 0.2~0.4, MLSS농도 1,500mg/L 이상

1. 저농도(저부하)

1) F/M비 증대 (SRT 감소, MLSS농도 감소)
 - 외부반송비, 내부반송비를 감소시키는 동시에 잉여슬러지 폐기량을 늘려 F/M비를 증대시켜 MLSS농도를 감소시킨다.
   ① F/M비를 최소 0.1 이상 유지하여야만 SVI가 안정값을 나타내며 처리효율도 상승하는 것으로 나타남.
   ② 잉여슬러지 인발 유의 (적정 SRT 유지, 활성슬러지 floc 상태 관찰하면서 인발)

2) 송풍량 조정
 - MLSS meter 연동운전(회전수제어 및 대수제어)하여 적정한 MLSS농도를 유지한다.
 - MLSS농도를 하향조정함에 따라 송풍량도 감소시켜서 적정 MLDO농도를 유지한다.
 - 차집관로 점검철저 및 유입펌프장 적정운영 (대수제어, 회전수제어)

3) 외부탄소원 확보
 - 1차침전지 우회운전하여 하수자체의 유기탄소원을 반응조에 직접 공급
 - 외부탄소원 주입 또는 분뇨·축산폐수 등 연계처리로 유기탄소원 확보

4) 간헐포기공법 도입
 - 생물반응조를 간헐포기로 전환

- 포기/비포기 시간 조정 (60분/60분 → 30분/30분)

※ 유입수질 저하 이유

```
┌─ 정화조 존치
├─ 불명수 또는 I/I 유입
└─ 관로내 유기물 퇴적
```

2. 고농도(고부하)

1) F/M비 감소 (SRT 증대, MLSS농도 증대)
- 외부반송비, 내부반송비를 증대시키는 동시에 잉여슬러지 폐기량을 줄여 F/M비를 감소
  시키고 MLSS농도를 증대시킨다.
① MLSS 농도 상향 조정(F/M balance 유지), MLSS meter 연동운전(회전수제어/대수제어)
② 잉여슬러지 인발 유의 (활성슬러지 floc상태를 관찰하면서 24시간 연속인발 검토)

2) 송풍량 조정
- 송풍량 가변운전으로 DO농도 조정 (DO meter 연동운전)
- 유량조정조에 의한 BOD농도 조정
- 포기식 침사지 채용(= BOD부하 저감) 검토

3) 간헐포기공법은 포기시간을 길게 조정
- 포기/비포기 시간 조정(60분/60분 → 90분/90분)

3. 저유량
- 계열운전 시행(1계열만 운전), HRT 증가
- 유입펌프장 대수제어/회전수제어로 적정운전
- 분리막의 경우 유량에 따라 투과Flux 조정

4. 고유량
- 유량조정조 운영, 계열운전 시행(정상운전) = FULL 가동
- 유입펌프장 대수제어/회전수제어로 적정운전
- 분리막의 경우 유량에 따라 투과Flux 조정

하수처리장의 계획오수량

Ⅰ. 개요
- 계획오수량은 생활오수량(가정오수량 및 영업오수량), 공장폐수량 및 지하수량으로 구분하여 다음 사항을 고려하여 정한다.
- 또한, 소규모하수도 계획시에는 필요한 경우 가축폐수량을 고려할 수 있다.

Ⅱ. 계획오수량 산정

1. 생활오수량
- 생활오수량의 1인1일최대오수량은 계획목표년도에서 계획지역내 상수도계획(혹은 계획 예정)상의 1인1일최대급수량을 감안하여 결정하며, 용도지역별로 가정오수량과 영업오수량의 비율을 고려한다. (참고 : 1인1일평균급수량 '08년 337L, '09년 332L)

2. 공장폐수량
- 공장용수 및 지하수 등을 사용하는 공장 및 사업소 중 폐수량이 많은 업체에 대해서는 개개의 폐수량 조사를 기초로 장래의 확장이나 신설을 고려하며, 그 밖의 업체에 대해서는 출하액당 용수량 또는 부지면적당 용수량을 기초로 결정한다.

3. 지하수량
- 지하수량은 1인1일최대오수량의 10~20%로 한다.

4. 계획1일최대오수량
- 1인1일최대오수량에 계획인구를 곱한 후, 여기에 공장폐수량, 지하수량 및 기타 배수량을 더한 것으로 한다. (= 처리시설의 용량결정)

5. 계획1일평균오수량
- 계획1일최대오수량의 70~80%를 표준으로 한다.

6. 계획시간최대오수량
- 계획1일최대오수량의 1시간당 수량의 1.3~1.8배를 표준으로 한다. (= 관거 및 펌프장의 용량결정)

7. 합류식에서의 우천시 계획오수량
- 원칙적으로 계획시간최대오수량(Q)의 3배 이상으로 한다.

하수도시설 수리계산시 계획하수량, 설계유속, 적용공식

Ⅰ. 계획하수량 (설계적용하수량)

1. 관거시설

관거명	분류식	합류식
오수관거	· 계획시간최대오수량	
우수관거	· 계획우수량	
합류관거		· 계획시간최대오수량(Q) + 계획우수량
차집관거		· 우천시 계획오수량 (3Q 이상)

2. 펌프장 시설

펌프장명	분류식	합류식
중계펌프장, 소규모펌프장 유입펌프장, 방류펌프장	· 계획시간최대오수량 (Q)	· 우천시 계획오수량 (3Q 이상)
빗물펌프장	· 계획우수량	· 계획하수량 – 우천시계획오수량

3. 수처리시설 (하수처리장)

처리공정		분류식	합류식
유입스크린		계획시간최대오수량	
침사지 유입수로·분배수로		〃	
침사지		〃	
유입펌프장		〃	
토출구(= 펌프방류토구)		〃	
1차처리 (1차침전지까지)	처리시설(소독시설포함)	계획1일최대오수량	
	처리장내 연결관	계획시간최대오수량 (Q)	우천시 계획오수량 (3Q 이상)
2차처리	처리시설	계획1일최대오수량	
	처리장내 연결관	계획시간최대오수량(+ 계획반송슬러지량)	
고도처리 및 3차처리	처리시설	계획1일최대오수량	
	처리장내 연결관	계획시간최대오수량	

- 고도처리시설의 경우 계획하수량은 겨울철(12~3월)의 계획1일최대오수량을 기준으로 한다.
  단, 관광지 등과 같이 계절별 유입하수량의 변동폭이 큰 경우는 예외로 한다.
- 침사지, 유입펌프장, 토출구까지는 분류식, 합류식 모두 계획시간최대오수량을 적용한다.

II. 하수처리장 각 시설의 계획수량 및 평균유속

시설명		계획수량	평균유속 (m/s)
유입관거		계획시간최대오수량	0.6~3.0
스크린	수동식	-	0.3~0.45
	자동식	-	0.45~0.6
침사지	침사지 유입관거	계획시간최대오수량	1.0 이상
	침사지 분배수로	〃	1.0
	침사지	〃	0.3
펌프장	침사지~펌프장	〃	1.0
	펌프정~펌프방류토구	〃	1.0
	펌프방류토구~1차침전지	〃	1.5~3.0
1차침전지	1차침전지	계획1일최대오수량	0.3
	일차침전지~반응조관거	계획시간최대오수량	0.6~1.0
반응조	반응조	계획1일최대오수량	-
	반응조~2차침전지관거	계획시간최대오수량+계획반송슬러지량	0.6
2차침전지	2차침전지	계획1일최대오수량	0.3 이하
3차처리시설	3차처리시설(여과지 등)	계획1일최대오수량	0.2 이하
	3차처리시설~소독조관거	계획시간최대오수량	0.6
	소독조	계획1일최대오수량	0.2 이하

III. 수리계산시 적용공식

1. 관거·수로의 마찰손실수두

콘크리트 구조물 (Manning 공식) : $h_f = (\dfrac{n \times V}{R^{2/3}})^2 \cdot L$

주철관, 강관 (Darcy-Weisbach공식) : $h_f = f \times \dfrac{L}{D} \times \dfrac{V^2}{2g}$

2. 기타 손실수두

- 유·출입 손실수두 : $h_{i,o} = (f_i + f_o)\dfrac{v^2}{2g}$
- 굴곡에 의한 손실수두 : $h_b = f_b \dfrac{v^2}{2g}$
- Orifice에 의한 손실수두 : $h_{or} = (\dfrac{v}{2.75})^2$
- Gate에 의한 손실수두 : $h_g = f_g \dfrac{v^2}{2g}$ $\Leftarrow$ f_g: 장애손실수두(1.5 정도)
- 유공정류벽에 의한 손실수두 : $h_g = \dfrac{1}{K}$ $\Leftarrow$ K : 유공정류벽 손실계수(0.6 정도)
- 그 외 점축, 점확, 스크린, 집수트로프 손실수두 등이 있음.

3. 월류위어 유량공식

- 직각 삼각위어 : $Q = 1.42 h^{5/2}$ (Strickland 공식)
- 전폭 완전월류위어 : $Q = 1.84\, B\, h^{3/2}$ (Francis 공식)
- 잠수위어 : $Q = Q_1 \times (1 - (h_2/h_1)^n)^{0.385}$ (Villemonte 공식)

상류와 하류에서의 우·오수 첨두유량

I. 개요

1. 일반적으로 관거의 설계는 계획시간최대오수량을 근거로 설계하며, 이때의 계획시간최대오수량은 계획1일최대오수량의 시간평균량에 첨두부하율 1.3~1.8을 적용한다.

2. 그러나 이 첨두부하율을 상류와 하류지역에 적용하면 상류지역에는 과소설계, 하류지역에는 과대설계가 될 수 있다.

3. 따라서, 상류와 하류의 관거설계에는 Babbit 계수를 사용하여 계획시간최대오수량을 구한다. 오수의 경우 초기관 M = 5, 간선은 인구 100만인 이상인 경우 M = 1.25를 적용할 수 있다.

II. Babbit 공식

$$M = 5/P^{1/5}$$

여기서,　　　　　 P : 1,000명 단위 인구수

인구가 적은 초기관거 : $M = 5/0^{1/5} = 5$

인구100만명의 간선관거 : $M = 5/10^{3/5} = 5/3.98 = 1.25$

⇒ 즉, Babbitt 계수 M을 일평균오수량에 곱해서 계획시간최대오수량을 산출한다.

III. Babbit 공식의 이용

1. 계획시간최대오수량의 산정방법으로 Babbitt 공식을 이용하는 방법이 있는데, 이 방법은 지하수량을 고려하지 않고, 소구경관거에서 간선관거에 이르기까지 배수인구에 따라 시간최대오수량을 구하는 방법이다.

2. 즉, 배수인구에 따른 1일평균오수량의 평균1시간당량에 Babbit 계수 M을 곱해서 각 관거에 따른 계획시간최대오수량을 산출한다.

합리식에 의한 계획우수량 산정

Ⅰ. 합리식

- 우수관거의 합리적인 설계는 우선 그 지역의 특성과 배수구역에 알맞은 우수유출량을 산정한 다음 적정한 유속으로 적당한 단면을 가진 우수관거를 설계해야 한다. 이 때 많이 적용되는 방법이 합리식에 의한 방법이다.
- 우수유출량 산정은 합리식에 의하는 것을 원칙으로 하되, 필요에 의해서 다양한 우수유출산정방법(ILLUDAS, SWMM, 수정합리식, RRL방법, STORM, MOUSE 등)이 사용 가능하다.

$$Q = \frac{1}{360} C I A$$

여기서，　Q　：계획우수유출량(m^3/s)

　　　　　C　：유출계수

　　　　　I　：80% 확률 강우강도(mm/hr)

　　　　　A　：배수면적(ha)

Ⅱ. 합리식에 의한 우수유출량 산정법

① 강우강도(I) 계산 → ② 유출계수(C) 산정 → ③ 배수면적(A) 산정 → 우수유출량(Q) 계산

1. 강우강도(I) 계산

계획확률년수 결정 → 유달시간(강우지속시간) 산정 → 강우강도 계산

1) 해당지역의 강우강도식 산정

⇒ 강우강도와 강우의 지속시간의 관계를 나타낸 식 (강우량 차이와 확률년에 따라 달라짐)

- 강우강도는 단위시간에 내리는 강우량(mm/hr)으로 지역과 연수에 맞도록 강우강도식을 만들어 사용하며 우수관거, 빗물펌프장 등 빗물과 관련한 설계시 기본적으로 적용되는 것이다.
- 어느 지점의 강우량은 강우와 그 지속시간에 관계하여 앞으로의 강우량을 추정하기 위한 확률적인 개념으로 접근하기 때문에 지역마다, 확률년수마다 다양한 강우강도식이 있으며 적합한 식을 선정하여 적용하여야 한다.

- 일반적으로 해당지역에 대한 기존의 강우강도식이 없는 경우는 가까운 지역의 강우강도식을 사용하고, 강우자료가 있을 경우 그 강우기록으로부터 강우강도식(Talbot형, Sherman형, Hisano·Ishiguro형, Cleveland형)에서 유도하여 사용한다.
- 그러나 국지성·집중식 호우의 경우 강우강도식이 있다 하더라도 유도한 강우강도식과 일반강우강도식을 비교·검토하여 더 나은 것을 채용하도록 한다.

<강우강도식의 형태>

$$\text{Talbot 형} \quad : I = \frac{a}{t+b}$$

$$\text{Japanese 형} \quad : I = \frac{a}{\sqrt{t \pm b}}$$

$$\text{Cleveland 형} \quad : I = \frac{a}{t^m + b}$$

$$\text{Sherman 형} \quad : I = \frac{a}{t^m}$$

여기서, I : 강우강도, mm/hr

t : 강우지속시간, min

a, b, m : 상수

2) 계획확률년수 결정

⇒ 계획확률년수는 강우량 산정시 확률적으로 몇 년 내의 최대값을 적용하느냐의 결정이다.
- 확률년수는 원칙적으로 10~30년을 원칙으로 하며, 지역의 중요도 또는 방재상 필요가 있는 경우 이보다 크게 정할 수 있다.
- 이것은 주로 배수구역의 크기 및 지역의 중요도를 고려하여 결정되며 일반적으로 간선 20~30년, 지선 10년의 확률년수를 채택한다.

3) 유달시간 산정

⇒ 강우강도(I)값 계산시 강우지속시간(t)을 강우강도식에 대입하여 산정한다.
- 유달시간은 유입시간과 유하시간의 합이며, 강우강도식을 사용할 때 강우지속시간으로 유달시간을 이용한다.

2. 유출계수(C) 결정

⇒ 유출계수는 강우 중에서 하수도로 유입되는 비율이다.
- 유출계수는 토지이용도별 기초유출계수로부터 총괄유출계수를 구하는 것을 기본으로 한다.
- 유출계수 $= \dfrac{\text{하수관거에 유입하는 우수유출량}}{\text{전체 강우량}} = \dfrac{\Sigma C_i A_i}{\Sigma A_i}$

<토지이용도별 기초유출계수의 표준값>

표면형태	유출계수	표면형태	유출계수
수면	1.00	경사가 급한 산지	0.40~0.60
지붕	0.85~0.95	경사가 완만한 산지	0.20~0.45
도로	0.80~0.90	공지	0.10~0.30
기타 불투수면	0.75~0.85	잔디, 수목이 많은 공원	0.05~0.25

<토지이용도별 총괄유출계수의 범위>

토지이용		유출계수	토지이용		유출계수
상업지역	도심지역	0.70~0.95	주거지역	연립주택단지	0.60~0.75
	근린지역	0.50~0.70		아파트	0.50~0.70
산업지역	밀집지역	0.60~0.90		독립주택단지	0.40~0.60
	산재지역	0.50~0.80		단독주택단지	0.30~0.50
				교외지역	0.25~0.40

3. 배수면적(A) 산정

⇒ 배수면적은 강우가 유입되는 지역을 말함.

- 배수면적은 지형도를 기초로 도로, 철도 및 기존하천의 배치 등을 답사에 의하여 충분히 조사하고 장래의 개발계획도 고려하여 정확히 구한다.

- 실제의 경우 지체현상이 생기지 않는다는 가정 하에 계획우수량을 산정하기 때문에 합리식의 경우 배수구역이 0.4㎢ 이상에서는 주의하여 적용하고 5㎢ 이상에서는 사용을 삼가야 한다.

유달시간 (유입시간과 유하시간)

Ⅰ. 개요

- 유달시간이란 어떤 지점의 강우가 하류의 계획대상이 되는 어떤 지점까지 도달하는데 필요한 시간이며, 유입시간과 유하시간의 합으로 계산한다.

> (1) 유입시간 (time of inlet)
> - 강우가 배수구역의 최원격지점에서 하수관거에 유입할 때까지의 시간
> - 간선오수관거 5분, 지선오수관거 7~10분 (하수도 시설기준)
> ⇒ 최소단위구역의 지표면 특성을 고려하여 구한다(Kerby식)
>
> (2) 유하시간 (time of flow)
> - 하수관거에 유입된 우수가 관 길이(L)를 흘러가는데 소요되는 시간
> ⇒ 최상류관거의 끝으로부터 하류지점의 어떤 지점까지의 거리를 계획유량에
>   대응한 유속으로 나누어 구하는 것을 원칙으로 한다.

- 유달시간은 좁은 지역, 급한 지세, 비투수성 지표에 가까울수록 짧아지고, 건조한 지역, 불규칙 지역, 숲지역, 저수지 등에서 저류될수록 길어지며, 대체로 5~10분 정도이다.
- 유달시간이 짧을수록 우수유출은 크며, 강우강도식을 사용할 때 유달시간을 강우지속시간(t)으로 이용하여 강우강도(I)를 산정한다.

※ Kerby식

> (1) 유입시간을 산출하는 산정식으로 비교적 많이 사용되며, 지체계수(n)는 유출계수(C)와 반비례 관계가 있음.
>
> $$t_1 = 1.44 \left(\frac{L \cdot n}{\sqrt{S}} \right)^{0.467}$$
>
> 여기서,　t_1 : 유입시간
>
> 　　　　　 L : 지표면거리
>
> 　　　　　 S : 지표면의 평균경사
>
> 　　　　　 n : 조도계수와 유사한 지체계수
>
> (2) Kerby식에 의한 지체계수 n값은 0.02~0.80정도 (매끄러운 불투수표면 0.02, 초지 또는 잔디 0.40, 침엽수·깊은 표토층을 가진 활엽수림지대 0.80 적용)

Ⅱ. 유달시간과 강우지속시간과의 관계

1. 배수면적이 좁아 유달시간이 강우지속시간보다 짧은 경우

 - 전 배수면적에서의 우수가 동시에 하수관지점에 모일 때가 있다. 이때는 최대우수유출량이 발생하는 경우이다.

2. 배수면적이 넓어 유달시간이 강우지속시간보다 긴 경우

 - 전 배수면적의 우수가 동시에 하수관 시점에 모이는 일이 없으므로 최원격지점의 우수가 최후로 그 점을 통과할 때는 이보다 하류에서 유입한 우수는 이미 그 점을 통과한 후이다. 이러한 현상을 지체현상(retardation)이라 하며, 배수구역이 넓어 유달시간이 길어져 발생한다.

Ⅲ. 지체현상을 고려한 우수량 산정

 - 광대한 배수구역의 최대우수배출량을 산정할 경우 지체현상을 고려한 것이 최대유출량이 될 때가 있고, 또 지체현상을 고려하지 않는 편이 최대유출량을 표시할 때가 있으므로 이 양자를 비교해서 큰 유량을 채택하는 것이 좋다.
 - 실제의 경우는 지체현상이 생기지 않는다는 가정 하에 우수량을 산정하며 합리식의 경우 배수구역이 0.4㎢ 이상일 때는 주의해서 적용하고 5㎢ 이상에서는 사용을 삼가야 한다.

첨두부하율

Ⅰ. 상수도의 첨두부하율

1. 1일최대급수량을 결정하기 위한 요소 (=1일최대급수량/1일평균급수량)
- 해당 지자체의 3년 이상의 1일공급량을 분석하여 산출하고, 국가 또는 광역계획은 대표적인 도시의 인구규모별 표본조사 등을 분석한 자료를 이용할 수 있다. 기록년수가 적은 경우 2~3년 동안의 첨두부하 중 가장 큰 값으로 결정하나 기록연수가 많은 경우 확률개념으로 결정 또는 도시특성이 비슷한 다른 도시의 자료를 이용하여 결정한다. 동일 도시의 경우에도 정수장, 배수지, 배수본관 등 수도시설에 따라 각각 맞는 첨두부하율을 결정한다.

2. '07년 수자원공사 연구자료에 의하면 첨두부하율은 인구수에 따라 1.51~1.19사이의 값을 보임 (예 : 급수인구 0~1만의 경우 1.51, 50~100만 1.23, 100만 이상 1.19 등)

   ※ 상수도 원단위 Factor

(1) 첨두부하율 = 1일최대급수량/1일평균급수량
(2) 시간계수(K) = 시간최대급수량/1일최대급수량의 시간평균
ㅤㅤ- 통상 K = 1.3(대도시), 1.5, 2.0(소도시) 혹은 1.5~2.5 정도

Ⅱ. 하수도의 첨두부하율

1. 계획시간최대오수량을 결정하기 위한 요소 (=계획시간최대오수량/계획1일최대균오수량)
- 통상 계획1일최대오수량의 1.3~1.8배, 소규모나 관광지 등에서는 2배 이상에 달하는 수도 있다. 일반적으로 관거의 설계는 계획시간최대오수량을 근거로 설계하며, 이때의 계획시간최대오수량은 계획1일최대오수량의 시간평균량에 첨두부하율 1.3~1.8을 적용한다.

2. 그러나 상류와 하류에 이 첨두부하율을 적용하면 상류는 과소설계, 하류는 과대설계가 될 수 있다. 따라서 상류와 하류의 관거설계에는 Babbit 계수를 사용하여 계획시간최대오수량을 구한다. 오수의 경우 초기관 M=5, 인구 100만명 이상인 간선관거의 경우 M=1.25를 적용한다. (소규모 공공하수처리시설은 첨두부하율을 2.0~2.5로 크게 잡는다.)

   ※ 하수도 원단위 Factor

(1) 일평균 factor = 일평균하수량/일최대하수량
(2) 시간최대 factor = 시간최대하수량/일최대하수량의 시간평균
ㅤㅤ- 통상 시간최대 factor = 1.3(대도시), 1.5, 1.8(소도시)
(3) 소규모하수도 (계획인구 1만명 이하의 하수도)
ㅤㅤ- 시간최대 factor : 2.0~2.5, 일평균 factor : 0.5~0.7

(4) 하수량 변동부하율의 예 (강진군)

항 목	일평균	일최대	시간최대
생활오수량	0.74	1.0	1.8
공장폐수량	1.0	1.0	2.0
축산폐수량	0.8	1.0	1.5
지하수량	1.0	1.0	1.0

상수 원단위가 높은 이유

I. 상수 ℓ pcd

- '00년 380, '05년 351, '07년 340, '08년 337, '09년 332L/인·일
  (국내 물사용량은 최고 535ℓpcd에서 점차 낮아지는 감소하고 있지만 독일, 일본, 미국 등 선진국에 비해 상당히 높은 편이다.)

〈2009년 상수도 통계자료〉

구분	유수율	1인당급수량	상수도보급률	생산원가	수도요금	현실화율
전국	82.6%	332 L/인·일	93.5%	762원/㎥	610원/㎥	80.1%
울산	85.4%	294 L/인·일	96.5%	1,000원/㎥ (물이용부담금 200원/㎥)		100%

II. 상수 원단위가 높은 이유

1. 유수율이 낮다. → 평균 82.6%(2009년)
2. 수도요금이 선진국에 비해 저렴하여 물을 많이 사용 → 수도요금의 현실화가 필요
3. 물 재이용율(하폐수처리수, 중수도, 빗물)이 낮다. → 중수도 생산요금이 수도요금에 비해 비싸다.
4. 국민의 절수에 대한 인식 미흡
5. 취수원의 오염물질 증가에 의한 상수원수 사용량 증가, 정수처리비용 증가

하수의 원단위 산정 (폐수 제외)

Ⅰ. 통계자료

<2009년 하수도 통계자료>

구분	1인당하수발생량	하수도보급율	처리원가	하수도요금	현실화율
전국	450 L/인·일	89.4%	715.6원/㎥	274원/㎥	38.3%

- 오수발생량 원단위 450L/인·일

항목	발생량(g/인·일)	평균농도(mg/L)
BOD	40~80	150
COD	〃	〃
T-N	10~20	25
T-P	1~2	2

Ⅱ. 오염부하량 산정 예 (부산시)

1. 2002년 기준

1) 발생오염부하량(g/인·d)

구분	BOD	COD	SS	T-N	T-P
분뇨	20	10	30	9	1.4
가정잡배수	30	20	23	3	0.3
영업오수	가정잡배수의 약 70%				

2) 배출오염부하량

구분	BOD	COD	SS	T-N	T-P
정화조 정화율	50%	50%	50%	25%	0%
분뇨수거율	약 3.3%				

2. 계획목표년도 기준

항목	연도	분뇨 (g/인·일)	가정잡배수 배출량 (g/인·일)	영업오수 영업용수율 (%)	영업오수 배출량 (g/인·일)	발생량 (g/인·일)	수거식 보급률(%)	수거식 제거량 (g/인·일)	정화조 보급률(%)	정화조 제거율 (%)	정화조 제거량 (g/인·일)	배출오염 부하량 (g/인·일)	관거내 침전제거율 (%)	제거량 (g/인·일)	유달 부하량 (g/인·일)
BOD	2010	20.0	33.39	69.8	23.3	76.7	1.9	0.4	49.2	50	4.9	71.4	6.0	4.3	67.1
	2020	20.0	37.39	73.4	27.4	84.8	-	-	-	50	-	84.8	2.0	1.7	83.1
COD	2010	10.0	23.20	69.8	16.2	49.4	1.9	0.2	49.2	50	2.5	46.7	6.0	2.8	43.9
	2020	10.0	27.20	73.4	20.0	57.2	-	-	-	50	-	57.2	2.0	1.1	56.0
SS	2010	30.0	26.39	69.8	18.4	74.8	1.9	0.6	49.2	50	7.4	66.9	6.0	4.0	62.8
	2020	30.0	30.39	73.4	22.3	82.7	-	-	-	50	-	82.7	2.0	1.7	81.0
T-N	2010	9.0	3.80	69.8	2.7	15.5	1.9	0.2	49.2	25	1.1	14.2	6.0	0.9	13.3
	2020	9.0	4.80	73.4	3.5	17.3	-	-	-	25	-	17.3	2.0	0.3	17.0
T-P	2010	1.4	0.38	69.8	0.3	2.0	1.9	0.0	49.2	-	-	2.0	6.0	0.1	1.9
	2020	1.4	0.48	73.4	0.4	2.2	-	-	-	-	-	2.2	2.0	0.0	2.2

계획 하·폐수량 산정

I. 개요

1. 공공하수처리시설의 계획하·폐수량의 용량산정 순서는 맨 먼저 계획목표년도 및 하수처리구역을 설정하는 것이다.
2. 폐수량의 포함여부는 하수처리구역내 공장이 있을 경우에는 전용공업용수와 같이 별도의 구분을 하지 않는 한 생활오수의 영업오수량에 포함하도록 한다.
3. 산업단지 등과 같이 대규모 공장지역일 경우에는 별도의 산업단지 공공폐수처리시설을 설치하기 때문에 공공하수처리시설의 하수량 용량 산정에서 제외한다.
4. 공공하수처리시설의 계획하수량이란 하수처리구역의 하수배제방식에 따라 달라지는데,
 - 분류식의 경우, 생활오수량(가정오수량 및 영업오수량), 연계처리수량(분뇨·폐수·축산폐수·매립장·음식물침출수·음식물 처리시설), 공장폐수량, 지하수량 등으로 구분하여 산정한다.
 - 합류식의 경우, 우천시 계획오수량(3Q 이상)을 기준으로 한다.

II. 산정방법

1. 계획하수량

$$계획하수량 = 1일최대오수량 + 지하수량 + 기타 하·폐수량$$

여기서,

┌── 1일최대오수량 = 계획하수처리인구×1일평균급수량원단위×f×하수화율(유수율×오수전환율)

├── 지하수량 = 일최대오수량의 5~15%

└── 기타 = 관광오수 + 연계처리수

⇒ 유수율, 오수화율, 급수량원단위, 오수량원단위, factor값은 해당 지자체 기본계획 참조

2. 계획폐수량 ⇨ 입주확정이 안됐을 경우

$$계획폐수량 = 생활오수 + 공장폐수 + 지하수량$$

여기서,

┌── 생활오수 = 부지면적 × 종업원수 원단위 × 하수화율(유수율×오수전환율)

└── 공장폐수 = 부지면적 × 공업용수 원단위 × 폐수화율

⇒ 종업원수원단위, 공업용수원단위, 폐수화율은 산업입지원단위 산정연구 또는 유사산업단지 조사자료 참조

공업용수 원단위 산정법

Ⅰ. 개요

- 공업용수 : 전용공업용수(침전수)와 생활용수 급수구역의 개별입지업체에 공급하는 공업
  용수(정수)로 구분하여 추정

- 전용공업용수(침전수)는 해당 지자체 공업용수 사용량을 조사한 자료를 업종별로 분석하
  여 사용하거나, 공업용수 산정에 관한 연구자료 등을 참조하여 업종별 원단위를 적용하고,

- 공업용수(정수)는 과거 사용량이 지자체의 생활용수(정수)의 총요금부과량에 포함되어 있
  으므로 별도의 구분 없이 생활용수 단위급수량에 포함하여 개별 지자체별로 추정되도록
  하거나, 개별입지업체를 대상으로 과거 요금부과량을 조사하여 업종별로 추정되도록 한다.

- 기타용수(관광용수, 군부대용수, 항만용수, 공항용수 등) 산정 : 개별 도시 추정시 해당 도시
  의 특성이 고려되어 추정되어야 하며, 표준원단위를 적용시에는 생활용수 원단위에 포함되
  어 있는지의 여부와 공업용수, 개발계획과의 중복여부 등이 검토된 후에 산정되어야 한다.

Ⅱ. 산정방법

1. 전용공업용수(침전수)

- 기존공단용수 : 생활용수에 포함되지 않은 공업용수

$$= 과거의 \ 실적량 \div (분양률 \times 입주율)$$

- 계획공단용수 : 추진상황이 확실한 계획공단용수 (⇨ 사업고시 및 국가추진공단 기준)

$$= 업종별 \ 면적 \times 부지면적당 \ 원단위$$

2. 공업용수(정수)

- 생활용수에 포함된 공업용수

- 주로 공장부지 면적당 용수사용량 원단위를 사용

  ⇒ 최근 공업용수는 재사용 경향을 보이므로 원단위가 감소하는 추세이다.

- 전용공업용수와 같이 별도구분이 없는 한 영업오수량에 포함되어 있으므로 별도산정에
  서 제외

- 산업단지 또는 농공단지 등 과거 10년 이상의 용수공급실적을 분석하고 폐수배출시설조
  사표 (최근 5년 이상)에 의한 실제 방류되는 폐수량을 기초로 부지면적당 공장폐수량
  원단위를 산정

인구당량

I. 정의

- 하수도에서 산업폐수가 유입하는 경우, 폐수의 BOD가 사람 1인당 배출하는 BOD(BOD 원단위)의 몇 사람 분에 해당하는 지를 나타낸 것이다.

$$\text{인구당량} = \frac{\text{오염부하 총량}}{\text{원단위}} \frac{(g/\text{일})}{(g/\text{인·일})}$$

II. 적용

1. 생활하수와 산업폐수를 합병 처리하는 하수처리장에서 하수처리 방법과 시설규모를 결정하기 위해서 유입수의 공통된 오염부하량을 산정하는 데 사용된다.

2. 기존의 하수종말처리장에 산업폐수가 유입될 경우, 하수처리장에서 인구에 대한 적정 처리능력을 고려하여 직접 유입시킬 것인지 아니면 1차 및 2차 처리한 후 유입시킬 것인지를 결정하기 위하여 사용한다.

3. 합병처리시 산업폐수는 중금속 및 유독물질이 많은 경우 하수처리에 영향을 주므로 생분해가 가능한 유기물이 대부분인 경우에 가능하며, 일반적으로 BOD부하량 대비 10%이고 유량대비 0.5%이하인 경우에 합병 처리토록 한다.

III. 계산 예

Ex)

- BOD원단위 50gBOD/인·일인 도시에서 산업폐수의 BOD부하량이 2,000kgBOD/일을 합병처리할 경우, 인구당량과 하수처리장 용량은?

Sol)

- $\text{인구당량(인)} = \dfrac{\text{폐수의 BOD 부하량(kg/일)}}{\text{BOD원단위(g/인.일)}} = \dfrac{2,000\,\text{kgBOD/일}}{50\text{gBOD/인·일}} = 40,000\text{인}$

∴ 산업폐수가 부하량 대비 10%이하로 유입시킬 경우, 하수처리장의 처리용량(BOD부하량)은 40,000인/10% × 50gBOD/인.일 = 20,000kgBOD/일 이상되어야 한다.

하수관거 계획시 고려사항 (하수도시설기준)

I. 설계하수량

1. 분류식

- 오수관거는 계획시간최대오수량을 기준, 우수관거는 계획우수량 기준으로 계획

2. 합류식

1) 합류식에서 하수의 차집관거는 우천시 계획오수량을 기준으로 계획한다.
2) 합류관거는 계획시간최대오수량 + 차집우수량을 기준으로 계획한다.
3) 차집관거의 용량증대

　　우천시 계획오수량 = 청천시 계획시간최대오수량 + 차집우수량(통상 2mm/hr)

- 가장 보편적인 방법이나 비용이 고가인 점과 처리장에서의 용량 증설 및 효율저하를 유발시키는 단점이 있다.

3. 복합식

- 분류식과 합류식이 공존하는 경우에는 원칙적으로 양 지역의 관거는 분리하여 계획한다. 부득이 합류시킬 경우에는 분류식지역의 오수관거는 합류식지역의 우수토실보다도 하류의 차집관거에 접속하여 합류관거에 접속하는 것은 피한다.

II. 관거설계

1. 관거는 원칙적으로 암거로 하며, 수밀한 구조로 하여야 한다.
2. 관거배치는 지형, 지질, 도로폭 및 지하매설물 등을 고려하여야 한다.
3. 관거단면, 형상 및 경사는 관거 내에 침전물이 퇴적하지 않도록 적당한 유속을 확보할 수 있도록 한다.
4. 관거의 역사이펀은 가능한 한 피하도록 한다.
5. 오수관거와 우수관거가 교차하여 역사이펀을 피할 수 없는 경우에는 오수관거를 역사이펀으로 하는 것이 바람직하다.

하수관거 시스템 배치계획

Ⅰ. 개요

- 도시계획도, 지형도 및 지적도 등을 분석하여 처리구역의 지역적인 특성에 따라 배수구역 및 처리구역을 결정하며 하수관망을 형성한다.
- 하수관거는 지표의 경사를 고려하여 계획하며 하수관거의 기능 및 수용하는 면적 등에 따라 지선관거와 간선관거로 구분한다. 하수관거시스템은 처리장이나 펌프장이나 주요 간선관거(차집관거)와 연결된다.
- 처리구역내 하수관거의 정확한 매설위치에 영향을 미칠 수 있는 상황들로는 교통환경, 도로가 만나는 형태 등이 있으며, 이러한 사항들은 도시정비계획 등에 의해서 가변적이다.
- 하수관거시스템이나 시스템 구성요소들은 전체적인 처리구역내 하수를 효율적으로 처리할 수 있는 계획에 적합하게 설계한다.

Ⅱ. 배치계획

1. 매설위치

- 일반적으로 우수는 인도와 차도사이에 보차도 경계석 주위에 고이게 한 후 집수받이로 집수시킨다. 현장여건에 따라 우수를 도로 위에 있는 우수맨홀에 집수시키는 것이 필요할 때도 있다.

2. 관거배열

- 우수 및 오수관로는 맨홀과 맨홀사이에 일직선으로 위치하는 것을 원칙으로 하되, 도로선형에 따라 곡선관로가 필요할 경우에 곡선배열도 허용한다.

3. 지하매설물과 교차

- 다른 지하매설물관의 교차는 일반적으로 금지되지만, 불가피한 경우 45° 이상의 각도로 설치해야 한다. 주로 서시에서 시설물 보수에 교차(접합)가 사용되는데 많은 비용이 발생하며, 주위환경에 유의하여 설치해야 한다.

국내 하수관거 사업의 문제점 및 사업방향

I. 하수관거의 문제점

구분		문제점
오수	환경적	· 불명수로 인한 유입수량 증가/처리효율 저하 · 수질설계값의 약 60%의 저농도 하수가 유입 · 관내 침적물의 형성으로 심한 악취 발생
	구조 · 수리적	· 하수관거 부족, 경사불량, 관경부족, 최소유속 미달 등으로 관거내 침전물 형성 · 하수관 재질 및 접합방법 문제 (대부분 흄관과 칼라접합) · 관 구조 변경 (통신케이블, 가스관, 상수관 등으로 기인)
우수	갈수시	· 관저의 침적이 가장 큰 문제로 통수능력 저하, 그 외 가스발생, 관로부식 · 갈수기 최저유속 확보가 어려운 실정
	홍수시	· 하수관거 용량 이상의 우수 유입시 도시침수 · 낮은 저지대의 배제능력 부족 등

※ 특히 우수관리기능이 많이 부족함

- 관거 분류화를 목표로 한 오수관거 설치에 집중하여 우수관거 정비 부족
- 공공하수도의 빗물 차집 및 배제기능 미흡 : 강우확률년수 상향조정 필요
- 도심의 빗물 불투성 증가 및 침투시설 · 저류시설 부족

II. 하수관거 사업방향(개선방향)

⇒ 하수관거 개보수 우선순위 선정을 기준으로 하수관거 정비방안을 마련할 것.

하수관거정비시 사업방향 (하수도관거정비 우선순위 선정기준 및 정비방안)

Ⅰ. 기본사항

- 불량하수관거의 정비를 위해 CCTV조사 및 수리계산을 통한 관거 실태파악 후 기존관거의 문제점 파악 및 관거정비계획의 우선순위를 결정한다.
- 지역의 특성을 고려하고 지방재정계획과 연계한 단계적 사업수행이 바람직하다.
- 관거정비 우선순위 결정시 관거내부의 결함(구조적·기능적 결함)을 토대로 개보수의 긴급성에 따라 A등급, B등급, C등급 등 3개의 등급으로 구분하여 적용함이 합리적이다.
- 최소유속미달관거, 통수능부족관거, 역경사관거, 내부이상관거 등으로 구분하여 관거별 사용특성과 상·하류 관거현황, 경제성, 시공성을 총체적으로 고려하여 선정한다.
- 정비대상에서 제외되는 유예관거는 유지관리대상관거로 선정한다.

Ⅱ. 정비대상관거 선정기준

1. 분류식 하수관거 정비

- 통수능 부족관거 : 우수·오수관거 모두 전체개량이 원칙
- 최소유속미달관거 : 오수관거는 유속 0.6m/s 미만 관거 전체교체, 우수관거는 최소유속 미달이더라도 사업범위에서 제외(지나치게 많은 관거가 포함되므로)
- 역경사관거 : 오수관거는 원칙적으로 모두 정비, 우수관거는 정비가 시급한 A등급에 한정(연결관이 돌출된 경우나 연성관인 경우는 B등급까지 정비)
- 내부이상관거 : 맨홀간 불량비 0.2를 기준으로 전체보수와 부분보수로 구분

2. 합류식 하수관거 정비

- 합류식 하수관거 정비는 분류식 하수관거의 우수관거에 준하여 공사범위를 결정한다.

3. 정비대상관거 선정기준

관거상태	선정기준	정비방안	세부내용
통수능 부족관거	· 계획시간최대오수량(오수관거), 계획우수량(우수관거, 합류관거)에 대하여 통수능이 부족한 관거	비굴착 굴착교체	· 조도계수 개선 (반전삽입, 스트립 라이닝[제관공법] 등) · 관경확대, 경사조정, 유로변경 및 병용관거 부설

<계속>

관거상태	선정기준	정비방안	세부내용

최소유속
미달관거
	· 오수관거 및 차집관거, 합류관거
	  최소유속 0.6m/s 미만 관거대상
	┌ V 0.45m/s 미만 → 정비
	└ V 0.45m/s 이상 → 유지관리
		비굴착
		굴착교체
		유지관리
			· 조도계수 개선(반전삽입, 스트립라
			  이닝 등)
			· 관경축소(lining)
			· 경사조정, 전체교체

	· 우수관거
	  최소유속 0.8m/s 미만이라도 토사퇴적 우
	  려시 유지관리대상 관거로 판정
		유지관리	⇒ 우수관거의 경우 최소유속이
			  미달되더라도 대상관거가 너무
			  많기 때문에 특별한 경우를 제
			  외하면 정비대상에서 제외한다.

역경사 관거	· 시공상 허용오차인 ±3cm 초과한 역경사관거 ┌ 통수능확보, 최소유속 부족 → 정비 └ 통수능확보, 최소유속 확보 → 유지관리	굴착교체 유지관리	· 굴착에 의한 경사조정
내부이상 관거	· 맨홀간 불량비 0.2 기준 ┌ 불량비 0.2 이상 → 전체보수 └ 불량비 0.2 이하 → 부분보수	전체보수 부분보수	· 불량비 $= \dfrac{\text{맨홀간 불량 개소수}}{\text{맨홀간 연장}}$

※ 역경사관거

- 현장조사결과 나타난 역경사관거의 경우 축소된 단면 A'만으로도 충분한 통수능이
  확보될 수 있다하더라도 역경사구간의 관거저부에 침전물이 퇴적되어 악취발생의
  주된원인이 되고 있다.
- 따라서, 역경사관거에 대해서는 관거 정비시 역경사구간에 대한 개선을 포함하여
  관내 침전 발생을 억제하여야 한다.

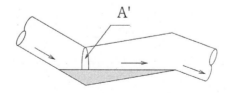

Ⅲ. 하수관거 정비방법

1. 통수능 부족관거   : 조도계수 개선, 관경확대, 경사조정, 유로변경 및 병용관거 부설

2. 최소유속미달관거 : 조도계수 개선, 관경축소, 경사조정

3. 역경사   관거   : 굴착에 의한 경사조정

4. 내부이상 관거   : 불량비 0.2 이상은 전체보수, 불량비 0.2 미만은 부분보수

5. 준설 등을 통한 관내 퇴적물 제거

Ⅳ. 유지관리대상관거 선정 및 시설개선방안

1. 유지관리 대상관거 선정

 - 유입량 부족 초기관거

 - 역경사역차단 관거

 - 경사조정 불가관거 (경사조정에 따른 개량이 하류관거까지 미치는 관거)

2. 유지관리 및 시설개선 방안

 1) 관거 자가 세정법

  - 하류맨홀을 막아서 물을 일시적으로 내려 보내는 방법

  - 우수관의 연결을 기점부 맨홀쪽으로 연결하는 방법

 2) 중점유지관리 대상관거 관리

  - 처리구역을 분할하여 중점관리구역으로 지정하여 순회점검

  - 관거 내부조사 결과에 따라 주기적으로 준설 시행

  - Punch valve를 이용하여 관거세정 편의성 도모 (맨홀 출입 불필요)

하수관거 개보수 판정기준

Ⅰ. 관거정비 우선순위 결정을 위한 판단

- 관거내부의 결함(구조적 결함과 기능적 결함)을 토대로 개보수의 긴급성에 따라 A, B, C 3등급으로 구분하여 적용함이 합리적이다.

　　┌─ A등급 : 긴급한 개보수를 필요로 하는 관거

　　├─ B등급 : 2~5년 기간 내 관거 개보수를 필요로 하는 관거

　　└─ C등급 : 당장 개보수의 필요는 없지만 곧 그 필요가 있을 것으로 판단되는 관거

Ⅱ. 개보수 규모결정을 위한 판단

- 통수능 부족관거, 최소유속 미달관거, 역경사관거, 내부이상 관거 등으로 구분하여 각각의 개·보수 규모를 달리함이 바람직하며, 다음과 같이 구분한다.

1. 굴착공법과 비굴착공법
2. 전체보수와 부분보수

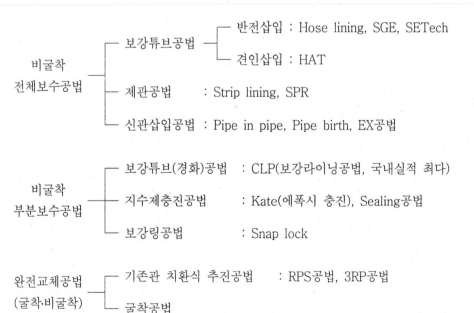

```
                      ┌─ 보강튜브공법 ──┬─ 반전삽입 : Hose lining, SGE, SETech
         비굴착        │                 └─ 견인삽입 : HAT
      전체보수공법 ────┼─ 제관공법      : Strip lining, SPR
                      └─ 신관삽입공법  : Pipe in pipe, Pipe birth, EX공법


                      ┌─ 보강튜브(경화)공법   : CLP(보강라이닝공법, 국내실적 최다)
         비굴착        │
      부분보수공법 ────┼─ 지수제충진공법       : Kate(에폭시 충진), Sealing공법
                      └─ 보강링공법           : Snap lock


       완전교체공법   ┌─ 기존관 치환식 추진공법   : RPS공법, 3RP공법
       (굴착·비굴착) ─┴─ 굴착공법
```

하수관거 개·보수계획 수립/시행 절차

Ⅰ. 개요

- 하수관거 개·보수계획은 관거의 중요도(긴급성, 사용성, 사회경제성), 계획의 시공성, 환경성 및 기존관거 결함 등을 고려하여 수립한다.
- 특히, 하수관거의 개·보수는 정비기간이 길며 막대한 비용이 들기 때문에 지역특성을 고려한 사업우선순위 결정이 이루어져야 하며, 지방재정계획과 연계한 단계적 사업수행이 바람직하다.

※ 하수관거정비의 목적 및 절차

(1) 하수관거정비(개·보수)의 목적

    ├─ 하수관거의 기능회복
    ├─ 하수관거의 구조적 안정성 확보
    └─ 하수의 누수방지를 통한 지하수 오염가능성 배제

(2) 개·보수계획 절차 (하수관거정비사업 시행절차)

- 우선 관거정비사업의 기본방침을 확정한다.

  ① 기초자료 조사

  ② 조사우선순위 결정

- 광역조사우선순위 결정 후 세부적인 조사우선소구역 설정
- 합류식은 배수영역별 불명수량을 통해 판단, 분류식은 오접 및 관거수밀성 조사

  ③ 기존관거 정밀조사

  ④ 개·보수 우선순위 결정

- 긴급성에 따라 3개 등급(A, B, C)으로 세분화

  ⑤ 사업규모 결정

- 개·보수 공사범위 결정, 개·보수공법 선정

  ⑥ 사업시행 및 효과분석(성과보증)

Ⅱ. 하수관거 개·보수계획

1. 기초자료 조사 (= 긴급성, 사용성, 사회경제성 평가)

구분	평가항목
긴급성	· 도로함몰, 관거 중요도, 악취 민원
사용성	· 통수능 : 유출계수, 지형적 조건, 하수발생량, 통수능 부족 · 노후성 : 관거년한, 개·보수 이력, 관종, 지반함몰 정도 · 기능성 : 불명수 유입 정도, 누수 정도, 지반함몰 정도
사회경제성	· 사유재산가치, 주민공익, 도시 재개발

2. 조사우선순위의 결정

1) 광역)조사우선 순위 선정

 - 처리장 유입수량 평가, 건기시 우수관 유량조사, 우기시 오수관 유량조사, 기초자료조사, 기존관거 보수현황 자료를 반영 후 광역적 조사우선지역을 선정한다.

2) 조사우선 소구역 설정

 - 광역적 조사우선지역 선정한 후, 조사여건의 적절성(조사기간, 비용 등)을 판단하여 불명수조사방법(개략조사 또는 중점조사)을 선택하고 세부적 조사우선지역을 선정한다.
 ⇒ 분류식은 오접 및 관거수밀성을 반드시 조사한다.

3. 기존관거 정밀조사

관거내부조사	· 시각적인 조사방법 : 변형조사, 손상조사, 토사 등 퇴적량 조사
오접조사, I/I조사, 관거수밀성 조사	· 오접조사 : 연기시험, 음향시험, 염료시험 · 침입수/유입수량 조사 : 육안 또는 CCTV 이용 (※ 불명수량 조사 참조) · 관거 수밀성 조사 : 침입시험, 부분수밀시험, 공기압시험
부식·노후도 조사	· 육안 또는 CCTV조사 · 균열조사, 중성화깊이시험, 철근부식조사, 압축강도시험, 관재질 조사, 조도계수 조사 등
부설환경상태조사	· 지하수위조사, 토사분석조사, 관저고 조사 등 · 공동조사 (레이더탐사, 적외선탐사, 초음파탐사, 파이버스코프탐사)

4. 개·보수 우선순위 결정

- 관거정밀조사 자료를 근거로 개·보수 판단기준의 점수에 따라 기존관거 개·보수 정비대상 구간순위를 결정한다.

- 개·보수 우선순위는 다음 3등급으로 구분하여 적용함이 합리적이다.

  ┌─ A등급 : 긴급한 개보수를 필요로 하는 관거
  ├─ B등급 : 2~5년 기간 내 관거 개보수를 필요로 하는 관거
  └─ C등급 : 당장 개보수의 필요는 없지만 곧 그 필요가 있을 것으로 판단되는 관거

⇒ 관거정비의 우선순위는 단순히 관거 이상개소수만을 고려할 경우 관거정비의 시급성, 관거의 중요도 등이 간과되어 사업효과측면에서 불합리한 결과를 도출할 우려가 있으므로 관거내부조사를 통한 관거의 결함점수를 우선순위조정계수로 보정하여 점수화한 결과를 근거로 결정한다. 우선순위조정계수는 단순한 관거내부의 결함정도 이외에 지역적 사업의 시급성, 관거의 중요도, 관거불량에 의한 불명수유입량의 과소 등을 고려하여 관거 개·보수 우선순위를 조정하기 위한 계수이다. (환경부 연구보고서 참고)

5. 사업규모 결정

개·보수 공사범위 결정	· 분류식 하수관거 정비는 크게 오수관거와 우수관거로 구분하여 구조적·기능적으로 불량한 관과 관거내부 이상으로 침입수/유입수 및 누수가 발생하고 있는 관을 대상으로 하며, 구조적·기능적 불량으로 인한 통수능 부족관거, 최소유속 미달관거, 역경사관거 등으로 구분하여 개보수 공사범위를 결정한다. · 합류식 하수관거 정비는 분류식 하수관거의 우수관거에 준하여 공사범위를 결정한다.
개·보수 공법의 선정	· 보수공사로 회복 가능시 보수공법 선정 보수공사로 회복 불가시 굴착교체 또는 비굴착교체 · 보수공법에는 전체보수와 부분보수가 있으며, 경제성 검토후 공법을 선정한다.

  ┌─ 개수(교체)는 손상된 부분을 초기수준으로 성능 개선하는 것
  └─ 보수는 손상된 부분을 복구·보강하는 것

6. 사업시행 및 효과분석(성과보증)

1) 재정계획 수립
- 단계별 사업비 투자계획, 재원확보방안 마련.

2) 성과보증 방법
- I/I(침입수·유입수)분석에 의한 성과보증 또는 QA/QC(품질관리)에 의한 성과보증

분류식의 장단점 및 개선방안

Ⅰ. 개요
- 우리나라의 경우 기존하수도는 오수처리의 목적 이외에 저(습)지대의 침수를 방지할 목적으로 대부분 합류식으로 계획되어 있으나 실제 완전합류식으로 우·오수가 적정한 유속으로 배출되기보다는 우수배제를 위해 노면경사를 따라 부설되어 청천시에 오수량 유하에 충분한 유속을 확보하지 못하는 형태이다.
- 현재 하수도계획시 배제방식은 우수에 의한 침수방지는 물론 공공수역의 수질오염방지를 위해서는 원칙적으로 분류식으로 하는 것이 바람직하나 지역적 특성을 고려할 필요가 있다.

Ⅱ. 분류식의 장단점 (합류식과 비교)
1. 장점
- 우·오수를 별개의 관거에서 배제하므로 오수배제계획이 합리적이다.
  → 오수만 처리장으로 유입되므로 처리장 처리효율 증대 (하수의 수질변동이 적다).
- "오수분류식"으로 건설하는 경우 가격이 저렴
- 처리장 내로 토사유입이 적다(=오수관내 침적물이 적게 발생한다.)
- 악취문제가 적고, 가정분뇨와 음식물쓰레기 직투입 도입시 유리하다.
- 하천횡단시 유리 (오수만 펌프장과 역사이펀 등 시설 필요, 우수는 하천에 그대로 방류)
- 관거내 보수가 쉽고, 유지관리가 편리하다.

2. 단점
- 우천시, 청천시 월류가 없으나, 강우초기 노면의 오염물질이 그대로 배출 (SSOs 문제)
- → 강우초기 노면의 오염물질이 포함된 세정수(SSOs)가 직접 하천으로 유입(비점오염원 대책 필요)
- 우·오수 2계통을 동일 도로에 매설하는 것이 매우 곤란
- 관거 오접에 대한 철저한 감시가 필요
- 우수관거 시설이 상부에 노출시 쓰레기 등의 투기가 우려된다.

Ⅲ. 분류식하수도의 개선방안
1. 오수분류식
- 지방 중소도시 및 농어촌 대상

- 현재 하수구로 사용중인 도로측구(U형 측구 등)를 우수거로 전용할 수 있음.
  단, 우수배제계통에 오수관을 잘못 연결시키는 소위 "오접"을 적극 방지하며, 정기적 청
  소를 해야 함(유지관리 강화)

2. 자연배수시스템(NDS)

- 자연배수시스템(NDS, Natural Drainage System) 적극 활용
- 신도시나 신규단지 조성시 분류식하수도로 정비하면서, 지금까지 해 온 별도의 우수관
  거 매설방법 대신에 빗물을 가운데가 낮게 설계된 화단 등의 자연배수로를 이용하여 될
  수 있는 대로 자연지표면(나무, 풀, 습지 등)과 많이 접촉한 후 배수시켜 방류수역의 수
  질보전 및 수생생태계 보전에 기여

※ 하수배제방식에 따른 주요 문제점

```
┌─ 합류식 하수관거　: 초기우수에 대한 대책 필요
└─ 분류식 하수관거　: 비점오염원에 대한 대책 필요
```

- 현재 합류식하수관거 지역에 비점오염원 처리를 위한 소형 장치형 시설 설치는 문제점
  이 있다. 또한 장치형시설은 미국, 호수에서 들어온 시설물로 국내의 적용시 준설기간
  이 짧아 유지관리비가 과다하게 들 우려가 있으므로 충분한 검토가 필요하다.

서울시 등 도심지에서 분류식화 공사시 문제점 및 해결방안

Ⅰ. 개요

- 서울시 하수관거 총연장은 1만km 정도(9,658km)이고 합류식 87.8%, 분류식 12.2%임. (전국 평균은 분류식 55~60%, 합류식 40~45%로 분류식이 약간 많음)
- 하수의 배제방식에는 분류식과 합류식이 있으며 지역의 특성, 방류수역의 여건 등을 고려하여 배제방식을 정한다. 이는 각각의 배제방식에는 장단점이 있으므로 지역여건에 가장 합리적인 배제방식을 선택해야 한다.
- 현재는 하수배제뿐만 아니라 수질오염방지에 대해 강화되는 추세로 분류식을 원칙으로 하나 실제로 완전분류식은 지역특성상, 현장에서의 설치상 문제점 등으로 어려우며 부분 분류식화 후 점차적으로 완전 분류식화를 추진하는 방향이 적정하다고 판단됨.

Ⅱ. 대도시(서울시) 하수관거의 문제점

1. 설계상 문제	· 서울시 등 대부분의 대도시는 구청 자체로 설계가 시행되어 균일한 품질확보가 곤란
2. 시공상 문제	· 기존 구조물의 간섭, 사유지로 인한 언쟁, · 유관기관과의 협의, 교통량, 오접발생 등
3. 차집관거 문제	· 대부분 차집관거가 하천변 제외지에 부설되어 홍수시 하천수 유입 및 유지관리 불편
4. 합류식 하수관거 월류수	· 국내의 유수지 204개소 중 50%가 서울에 위치하며, CSOs처리에 대한 인식이 부족 · 기존의 유수지와 펌프장은 단지 홍수방지용으로만 설계·운영되어 현실적으로 오염부하 저감설비로 보기 어렵고, 또한 서울시는 유수지 추가 확보에 어려움이 있다.
5. 기타	· 하수관 설치에 따른 국가정책 미흡 (선진국인 경우 하수처리장 건설비의 1~3배 정도를 하수관거 정비사업에 투자하나, 국내의 경우 30~40%에 불과함)

Ⅲ. 서울시 하수도를 분류식으로 바꿀 경우 문제점

1. 관거비용이 엄청나게 들 것임
   → 기존구조물의 간섭, 사유지로 인한 언쟁, 유관기관과의 협의
2. 하수관거 도면이 완전하지 않으므로 오접이 일어날 확률이 매우 높음.
   → 하수도대장 및 도면 전산화 필요
3. 비점오염원에 대한 고려와 방류수계의 수질보전 문제

Ⅳ. 개선방안

⇒ 특히, 현재 전국적으로 추진하고 있는 하수관거정비사업 시행시 구조적인 문제가 없는 합류식 하수관거의 무리한 분리식화보다는 초기우수처리시설에 많은 투자를 하는 것이 바람직 할 수 있다.

- 하수처리시설 건설공사와 처리구역내 관거정비공사를 병행 실시
- 복구 및 준설 등 긴급처리를 전담하는 하수도건설사업소를 신설 운영
- 하수관거 관리상태의 지속적인 관리(GIS 도입)
- 분류식 지역내의 오수정화시설 및 분뇨정화조 철거를 유도
- 발생원에서 하수를 처리할 수 있는 시스템 구축
- 불량관거의 갱생 등 유지·보수 실시
- 수밀시험 실시 및 수밀성 자재 사용
- 차집관로 노선은 가능한 제내지로 설계
- 하수도공사 관리기법의 현대화 추진 (하수도대장 및 도면 전산화, 비굴착공법 적용)
- CSOs처리방안으로 장치형, 저류형, 침투형 시설 설치
  (장치형은 미국, 호주 등에서 적용하는 방법으로 국내 적용시 유지관리비가 고가가 됨으로 설치시 주의)

합류식 하수관거 설계시 고려사항

Ⅰ. 합류식하수도의 문제점
- CSOs 발생에 의한 방류수역 오염, 하수처리장 내로 토사 유입 및 악취발생
- 관거 시설비·유지관리비가 크며, 관거내 보수·유지관리 불편
- 하천횡단시 불리, 디스포저 도입시 어려움이 많다.
- 우천시 우수토실에서 하수가 월류되어 하천의 용존산소 고갈과 수질악화 등 방류수역에 악영향
- 우수와 함께 차집되는 하수는 <u>차집관거, 중계펌프장, 하수처리장의 시설비</u> 및 처리비용을 증가시키며, 수처리 효율을 감소시킴.

Ⅱ. 합류식·분류식 하수관거설계시 고려사항
- 오수 및 우수배제 및 방류수역의 수질보전에 초점을 맞춘다.

Ⅲ. 합류식하수도의 개선책 (하수도시설기준)
- 차집관거의 정비로 청천시 오수를 하수처리장으로 전부 차집하여 처리후 방류토록 하며
- 초기우수저류시설을 설치하여 강우초기 노면세정 등으로 인한 오탁부하량이 매우 큰 초기우수는 일시저류 후 방류하며
- 우천시를 대비한 차집유량의 처리를 포함한 하수처리공정을 개선하도록 한다.

1. 기본사항
1) 계획하수량 설계
   - 분류식 : 오수관거는 계획시간최대오수량, 우수관거는 계획우수량을 기준으로 한다.
   - 합류식에서 하수의 차집관거는 우천시 계획오수량을 기준으로 계획한다.
   - 분류식과 합류식이 공존하는 경우에는 원칙적으로 양 지역의 관거는 분리하여 계획한다. 부득이 합류시킬 경우에는 분류식지역의 오수관거는 합류식지역의 우수토실보다도 하류의 차집관거에 접속하여 합류관거에 접속하는 것은 피한다.

2) 관거 설계
   - 관거는 원칙적으로 암거로 하며, 수밀한 구조로 하여야 한다.
   - 관거배치는 지형, 지질, 도로폭 및 지하매설물 등을 고려하여야 한다.

- 관거단면, 형상 및 경사는 관거내에 침전물이 퇴적하지 않도록 적당한 유속을 확보할
  수 있도록 한다. (허용유속 0.6~3.0m/s, 경제적 유속 1.0~1.8m/s)
- 관거의 역사이펀은 가능한 한 피하도록 한다.

3) 기타
- 오수토실에서의 방류부하량(CSOs) 설계
- 배제방식 설정 : 자연유하식(관거 또는 개거방식), 압력식(관거 방식)
- 관종, 유속, 관접합, 관의 기초 등
- 차집관거의 설계 : 하천수의 유입방지를 위해 가능한 한 제내지에 설치
- 토구 설계 : 4대강사업이 마무리되면 하천수위상승이 예상되므로 토구높이 조정 필요

4) 오수배제계획
- 설계유량 : 분류식인 경우 계획시간최대오수량 기준
            분류식, 합류식이 공존할 경우 분리하여 별도로 계획한다.
- 관거배치 : 자연유하를 원칙으로 하며, 필요시 압송식 고려한다. 암거 등은 수밀구조로
            한다.
- 평균유속 : 0.6~3.0m/s
- 관거는 역사이펀을 가능한 배제하고, 하천변 설치는 원칙적으로 금지한다.

5) 우수배제계획
- 설계유량 : 우수관거는 계획우수량을 기준으로 설계
            합류식인 경우 계획시간최대오수량+ 계획우수량
- 관거배치 : 자연유하를 원칙으로 하며, 수두손실이 최소화하도록 한다.
- 평균유속 : 0.8~3.0m/s
- 기존 배수로 이용을 고려하며, 우수저류지는 가능한 한 소규모시설로 계획한다.

6) 합류관거계획
- 설계유량 : 합류관거는 계획시간최대오수량+ 계획우수량을 기준으로 설계한다.
            차집관거는 우천시 계획오수량을 기준으로 설계(원칙적으로 3Q이상으로 한다.)
            우천시 계획오수량 = 계획시간최대오수량(Q) + 초기우수량(2Q 이상)

합류식 하수관거 설계과정(절차)

I. 설계절차

- 총하수량(Q) 산정 → 관경·동수구배·관종·관기초 결정 → 관저고, 종점토피 결정 → 설계유속 만족여부 확인

II. 내용

1. 총계획하수량 산정

- 총계획하수량(Q) = 계획우수량 + 계획오수량 (지하수량 포함)

1) 계획우수량 : 합리식($Q = \dfrac{1}{360} C \cdot I \cdot A$)으로 결정

- C(유출계수) : 급경사 산지 0.40~0.60, 완경사 산지 0.20~0.45
- I(강우강도) : 강우강도식 적용. 확률년수는 간선하수관거 20~30년, 지선 하수관거 10년을 채택, 도로횡단 배수관은 10년 확률년수로 한다. 유달시간(=유입시간+ 유하시간)을 강우지속시간으로 이용하여 강우강도식에 대입하여 강우강도를 결정
- A(배수구역) : 지도상 또는 현장답사 후 정확히 산정

2) 계획오수량 : 상수사용량을 근거로 결정

= 계획1일최대오수량 + 지하수량 + 기타 하폐수량

- 계획일최대오수량=계획하수처리인구×일최대급수량원단위×하수화율(유수율×오수전환율)
- 지하수량 = 일최대오수량의 10~20% 정도
- 기타 하폐수량 = 관광오수 + 연계처리수(축산폐수, 침출수, 분뇨 등)
 ⇒ 유수율, 오수화율, 급수량원단위, 오수량원단위, factor값은 해당 지자체 기본계획 참조

2. 관경, 구배, 관종, 관기초 결정

- 유량(Q)과 여유율(20% 정도)을 고려하여 관경(D)과 구배(I)를 결정한다.
- 합류관 최소관경 250㎜, 합류식 한계유속 0.6~3.0m/s(최적 1.0~1.8m/s)를 만족하여야 한다.

- 필요한 유속(약 1.2m/s)을 가정하고 만닝공식에 대입하여 동수경사(I) 계산
- 선정 관경에서의 최대유량($Q_{max} = V \cdot A$) 계산

3. 관저고, 종점토피 결정

┌─ 기점관저고 = 지반고-(최소토피+ 관경+ 관두께)

├─ 종점관저고 = 기점관저고-(총연장×구배+ 맨홀step) : 관길이와 기울기 1/100~1/300 적용

└─ 종점토피 = 종점지반고 - (종점관저고+ 관경+ 관두께)

4. 유속 만족여부 확인

- 계획하수량에 대한 유속의 만족여부 확인
- 계획하수량/최대하수량 계산 (계획하수량≥최대하수량이면 만족)
- 수리특성곡선으로부터 유속을 구하고 설계유속(1.2m/s)과 비교 검토하여 만족여부를 확인 후 최종 설계유속으로 결정

I/I 정의, 문제점 및 시설개선방안

Ⅰ. I/I의 정의 및 발생원인

1. 정의

- 관거, 맨홀, 배수설비 등의 불량부위를 통해서 지하수, 강우, 하천수, 계곡수, 농업용수 등이 유입되는 침입수(Infiltration)와 유입수(Inflow)를 합쳐 일컫는 용어

1) 침입수(Infiltration)
 - 지하수 등이 관 파손 부위를 통해서 하수관거로 침입하는 것

2) 유입수(Inflow)
 - 우수 등이 맨홀부를 통해서 하수관거로 유입하는 것
 - 직접유입수 + 지연유입수(강우유발침입수)

2. 발생원인

1) 침입수(Infiltration)
 - 관 파손, 관 이음부 접합불량, 연결관 접합불량 등의 원인

2) 유입수(Inflow)
 - 맨홀부의 시공불량(맨홀이 노면보다 낮은 경우) 및 맨홀뚜껑의 불량
 - 우수·오수관거의 오접 등

Ⅱ. I/I의 문제점

1. 하수관거	· 하수유량 증가에 따른 통수능력 부족 및 침수피해 발생
	· 분류식 오수관거의 월류수(SSOs)의 발생원인
2. 하수처리장	· 유입수질 저하로 인한 하수처리효율 감소
	· 유입하수량 증가에 따른 하수처리장 유지관리비 증가
	· 과도한 유입부하에 의한 운전비용 및 시설증대
3. 주변환경	· 방류수역 수질오염
	· 누수로 인한 지하수오염 및 토양오염
	· 관거주변 토사유실에 의한 도로함몰, 부등침하

Ⅲ. I/I 저감을 위한 시설개선방안

1. 계획시

1) 지하수위, 토질, 강우등 기상조건 및 현황을 충분히 조사하여 관거노선 선정시 등의 시설계획에 반영한다.

2) 분류식에서는 우·오수관로를 동시 시공하여 오접 예방

2. 설계시

1) 관거시설 개선방안

① 안전한 기초설계에 통한 관거 부등침하 방지

② 장대관 사용 및 고무링 소켓접합 실시

③ 하천부지에 매설되는 관거의 관 보호공 및 수밀대책 수립

④ 오접방지대책 수립

⑤ 내식성, 내구성 및 수밀성이 확보되는 관종의 선정

⑥ 내진설계를 통한 관 연결부위 탈리 예방

2) 맨홀시설 개선방안

구분	기존맨홀	신설맨홀
맨홀본체에 대한 방식	면처리 후 세라믹방식	PE 라이닝
관 연결부위 누수	무수축 몰탈 충진	지수단관
맨홀뚜껑	inflow protector 설치	이중고무링의 맨홀뚜껑

3) 배수설비 개선방안

① 오수본관은 가지달린 관 혹은 지관 사용

② 연결관은 이형관 생산 가능한 관종 사용

③ 오수받이 본체는 내충격용 고강도 제품 사용

④ 오수받이 접합은 소켓접합용 제품 사용

⑤ 오수받이 뚜껑은 이중뚜껑구조 제품 사용

4) 기타

① GIS/NGIS 연계 유지관리모니터링 시스템 구축

② 웹서버 구축 : 인터넷 상에 실시간 자료공개

3. 시공시

1) 현장감독자는 시공자의 시공을 철저히 확인한다.

2) 검사는 시공의 각 단계에서 수밀시험, CCTV 등으로 철저히 검사

3) 시공도를 정확히 작성하여 보관한다.

I/I 측정방법

I. 침입수 측정방법 (= 중점조사에 의한 불명수량 산정방법)

1. 물사용량평가법

= 측정하수량(실측자료) – 하수발생량(상수사용량×오수전환율(0.8~0.9))

– 상수사용량, 오수전환율이 부정확하다.

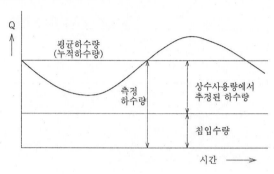

2. 야간생활하수평가법

= 일최소하수량 – 야간오·폐수량(야간발생하수량+ 공장폐수량)

– 국내 하수발생특성과 차이가 있다.

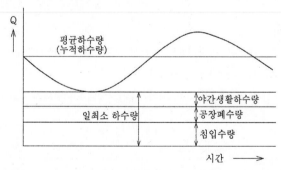

3. 일최대·최소유량평가법

= 일최소하수량(실측자료) – 공장폐수량

– 야간생활하수를 고려하지 않고 있어 실제보다 과대 산정됨.

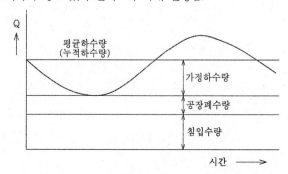

4. 일최대유량평가법

= 일최소하수량의 최대값 – 일최소하수량의 최소값

- 1년 이상의 장기간 측정이 필요하며, 야간인구 오수배출량을 고려하지 않고 있어 실제보다 과대 산정됨.

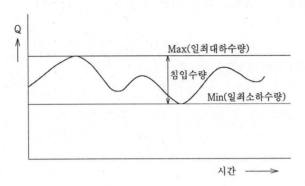

5. BOD부하량평가법

= 처리장 총유입유량 – (생활하수량 + 공장폐수량)

- 생활하수 평균농도를 200mg/L로 가정하고 있다.

  ⇒ 4~5가지 방법 중 최대값, 최소값 제외 → 나머지 방법의 평균값으로 침입수량 산정

Ⅱ. 유입수 측정방법

- 강우전 건기시 동일 요일(2~3일) 유량자료와 우천시 동일 요일(2~3일)의 유량자료를 중첩한 후 그 차 감량(우천시 유량 – 건기시 유량)으로 산정한다.

- 산정된 유입수량은 직접유입수와 지연유입수(강우유발침입수)가 합해진 값이다.

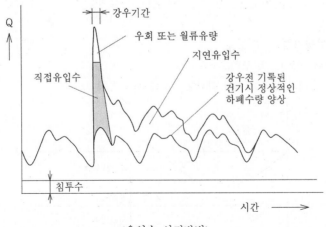

<유입수 산정방법>

불명수량 조사방법

- 개략조사와 중점조사로 구분할 수 있으며, 세부사업기간, 조사지점수, 비용 및 기타 수행
  여건 등을 고려하여 조사방법을 결정한다.

I. 개략조사

- 단지 CCTV조사 및 기타 관거정밀조사를 위한 조사우선순위의 선정을 위한 것인 만큼
  조사단계에서 실측시 발생되는 오차를 감안한 측정지점별 상대평가의 의미로 활용한다.

1단계	- 하수발생량이 최소인 시간대의 관거내 유하하수량을 불명수로 간주, 처리구역별 최하류 관거에서의 실측을 통하여 처리인구 또는 관거 매설연장으로 나누어 측정지점별 가상 불명수량을 산정한다. (= 인구당량당 하수발생량 산정)
2단계	- 동일시간대 상수공급량을 분석하고 상수공급량이 가장 적은 시간대를 조사하여 이 시간대를 1단계 측정시간대에 반영하여 각 처리구역 인구당량당 상수공급량을 1단계 불명수량에서 차감한다.
3단계	- 1, 2단계 과정을 거쳐 소유역별 불명수량의 대소(상대적 평가)를 가려 차등적인 우선순위를 부여한다.

II. 중점조사

- 지역특성 및 관거현황 등을 고려하여 다음 조사지점 선정기준에 의거하여 후보조사지점
  을 선정하고 불명수 조사 및 분석에 가장 적합한 지점을 최종 선정하여 장기간(통상 계
  절별 30일, 총 60일 정도)에 걸쳐 조사분석을 수행한다.
1. 하수처리시설 및 중계펌프장 유입부
2. 처리구역 내의 최하류 토구지점
3. 주요 간선 합류점
4. 24시간 유량의 연속측정 및 시료채수가 용이한 지점
5. 측정장치의 설치가능성 및 관리용이 확보지점

III. 중점조사에 의한 불명수량 산정방법

```
┌─ 물사용량평가법
├─ 야간생활하수평가법
├─ 일최대-최소유량평가법
└─ 일최대유량평가법
```

오접의 원인 및 대책

Ⅰ. 기본적인 오접상태

- 오수관이 빗물받이로 연결, 노면배수가 오수받이로 유입
- 오수연결관이 빗물받이로 연결 또는 우수연결관이 오수본관으로 연결

※ 대부분의 오접

```
┌─ 오수 → 빗물받이 → 우수본관
└─ 우수 → 오수받이 및 맨홀 뚜껑으로 유입
```

Ⅱ. 현장조사결과 오접 (김갑수님 보고서)

- 우천시 우수가 오수받이 및 오수맨홀뚜껑으로 유입
- 기반시설공사시 본관·연결관이 동시 포설되었으나 차후 업자가 기설 빗물받이와 우수연결관에 오수를 유입시키는 공사를 한 경우
- 기반시설공사시 본관만 포설하고 우수연결관은 추후 업자가 개별적으로 연결이 용이한 오수연결관에 연결

Ⅲ. 오접방지대책

1. 시공전 (제도상)

- 시공실명제 도입 … 시공내역서 문서화, 사후책임
- 시공감리제 도입 … 사후 연대책임 부여
- 도면 보관   … 향후 발생될 오해의 소지 대비르프
- 주민 홍보   … 주민에게 오접의 중요성 홍보

2. 시공시

- 관거의 형상 구분 … 오수, 우수관거 형상을 달리함
- 관 도색 및 표식 … 형태 및 색깔 구분 (오수관 : 흑갈색, 우수관 : 회색)
- 우수관거 매설심도 증대
- 우수·오수관 동시 시공

- 향후 개별건축주의 부실시공을 방지하기 위해 오수연결관을 설치
- 필요한 경우 오수전용 간이접속구를 설치
- 준공전 CCTV검사를 철저히 시행, 관리감독 철저

3. 시공후

- 재시공 또는 폐쇄
- 오수관거와 우수관거의 용도를 서로 변경 … 유하용량의 충분한 여유가 있는 경우

오접의 확인방법

Ⅰ. 기본적인 확인

- 오접확인은 오접 및 I/I 경로조사방법으로 확인한다.
- 여기에는 연기시험, 염료시험, 음향조사 등이 있다.

Ⅱ. 실제현장에서의 오접확인

- 관거유지관리시스템이 구축되어 있다면 실시간 유량자료로써 오접을 확인할 수 있지만,
- 관거유지관리시스템이 구축되어 있지 않은 경우 간선 및 지선 혹은 차집관거 및 간선이 만나는 지점에 유량계를 설치한 후, 수도전 대장에서 나온 물사용량에 하수화율을 곱한 이론적인 하수발생량을 구하고, 관로상태를 전체적으로 CCTV로 조사할 수 없으므로 물사용량과 유량계측정값의 차이가 많이 나는 지점을 중심으로 CCTV로 확인한다.

하수관거 설계빈도(확률년수) 상향조정

Ⅰ. 현황

- 확률년수는 10~30년을 원칙으로 하되, 지역의 중요도 또는 방재상 필요한 경우는 이보다 크게 정할 수 있다.(환경부 '11)
- 상습수해지구 719개소('05) 내수침수 73%(저지대, 하수관거문제 등), 외수침수 27%
- 서울시, 대전 서구, 광주 서구 등에서 확률년수를 간선 30년, 지선 10년 적용

Ⅱ. 적용시 고려사항

- 기후변화에 따른 국지성 호우에 대처
- 우수유출제어에 의한 대책수립 선행
- 하수관거 설계빈도 상향시 과다설계

Ⅲ. LCC에 의한 적정 확률년수 산정

- 시설의 설치(=시설비) 및 운영의 소요비용(=운영관리비)에 따르는 경제적 효과와 침수피해에 대응하는 방재적 편익을 편익-비용분석(BCA)을 통하여 경제성 평가지표[B/C, 순현가(NPV), 내부수익률(IRR) 등]로 환산하여 대상지역의 적정 확률년수 산정이 가능하다.
- 특히 확률년수 10~20년에 대해 최근의 국지성 호우에 대처가 어렵고 침수피해를 입는 지역이 증가하고 있으므로 신규개발지역은 합리적인 규모 내에서 확률년수를 상향 조정하고, 기존시설물에 대한 상향조정이 어려운 지역에 대해서는 하천계획을 고려하여 하수도시설 뿐만 아니라 우수유출저감시설을 포함한 도시시설과 일체로 된 우수배제계획을 검토할 필요가 있다.

도심 배수구역의 강우빈도 상향에 따른 대책

I. 개요
- 최근 이상강우로 기존 우수관거의 통수능이 문제시 되고 있다.
- 따라서 환경부에서는 기존 관거설계에 적용하는 5~10년 강우빈도를 10~30년으로 상향 조정하였다.
  - ⇒ 서울시 20년 빈도(= 75mm/hr 강우), 50년 빈도(= 102mm/hr 강우)

II. 강우빈도 상향에 따른 대책
- 강우빈도 상향에 따른 대책은 결국 첨두유량을 줄이는 것이다.
1. 관거개량
 - 관거 내부라이닝을 통한 조도계수 향상, 맨홀내 인버터 설치, 관거퇴적물 청소
2. 펌프장·관거 용량증대
 - 도심의 기존 빗물펌프장 용량 증대, 압송관거 관경증대, 하수관거 용량증대(비용이 막대하므로 적용 곤란)
3. 우수유출저감시설 활용
 - 옥외 수경시설, 옥상녹화, 투수성 포장, 유수지(우수체수지) 설치
4. 분산형 빗물관리
 - 빗물저장조 등 빗물이용시설 설치

폭우시 관거 내 와류방지 대안

⇒ 우천시 급속한 유량증대로 인한 관거 내 와류방지 대안

Ⅰ. 맨홀 내 U자형 인버트 설치

- 오수관거는 관경의 1/2에 인버터 설치하나, 우수관거는 관경높이까지 인버트 설치로 수두손실을 최소화 한다.

Ⅱ. 2개의 관거가 합류하는 경우

- 중심교각은 60° 이하가 되도록 2단계 곡절한다.
- 곡선을 갖고 합류하는 경우 곡률반경은 내경의 5배 이상으로 한다.

Ⅲ. 기타 와류방지 대안

- 맨홀 벤칭계수(굽음[benching]에 대한 보정계수)를 고려하여 조도계수를 향상시켜야 한다.
- 동수경사선을 최저지반고보다 최소 50㎝ 높게 해야 한다.

홍수예보

Ⅰ. 개요

1. 계획홍수량은 하천제방의 높이를 설계하는 기준이 되며 하천제방은 계획홍수량 수위보다 0.6~1.2m 정도 높게 설계된다.

2. 계획홍수위 : 하천 및 콘크리트댐 100年 빈도, 필댐은 200年 빈도

Ⅱ. 홍수예보 업무흐름

1. 유역내 설치된 강우량, 수위관측소에서 매시간 무선으로 전송된 자료를 전산기에 자동입력

2. 강우에 따른 유출량 계산, 댐 저수량을 고려하여 주요지점의 하천수위와 홍수규모 판단

3. 수위가 경계수위 및 위험수위 이상으로 상승예상시 홍수주의보 및 홍수경보 발표

4. 홍수대비에 필요한 수방(水防)활동 및 대피를 위하여 방송, 신문 등 통신매체 및 관계기관의 장에게 통지

Ⅲ. 발령 및 해제기준

1. 홍수주의보
 - 경계홍수위(계획홍수량의 50%가 흐를 때의 수위)를 초과할 것이 예상되는 경우

2. 홍수경보
 - 위험홍수위(계획홍수량의 70%가 흐를 때의 수위)를 초과할 것이 예상되는 경우

3. 해제
 - 경계홍수위 이하로 내려갈 것이 예상되는 경우

　주) 홍수위(FWL, Flood Water Level) : 홍수조절을 행하는 경우 및 홍수에 도달하지 않는 유수조절을 행하는 경우에 이보다 상승시켜서는 안 되는 수위이다. 다만 댐 계획상 설계빈도를 상회하는 홍수가 유입될 경우에는 그러하지 않을 수 있다.

Ⅳ. 하천 수위·수량의 종류

1. 하천수위의 종류 : 갈수위, 저수위, 평수위, 풍수위, 고수위, 홍수위 등
2. 하천수량의 종류 : 갈수량, 저수량, 평수량, 풍수량, 고수량, 홍수량 등

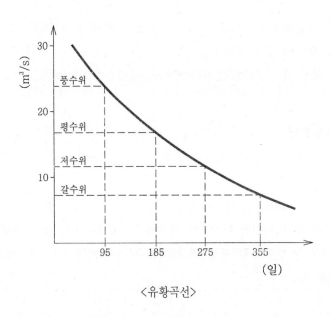

〈유황곡선〉

수위명	표시	의 미
갈수위	(Q 355)	10일간 유지할 만한 정도의 수위 (연간 10번째 낮은 수위) = 연간의 355일은 이보다 저하하지 않는 정도의 수위
저수위	LWL (Q 275)	90일간 유지할 만한 정도의 수위 (전체 일수의 75% 정도) = 연간의 276일은 이보다 저하하지 않는 연간 90번째 낮은 수위
평수위	DWL (Q 185)	180일간 유지할 만한 정도의 수위 (전체 일수의 50% 정도) = 연간의 185일은 이보다 저하하지 않는 정도의 수위
풍수위	(Q 95)	270일간 유지할 만한 정도의 수위 (전체 일수의 25% 정도) = 연간의 95일은 이보다 저하하지 않는 정도의 수위
고수위	HWL	연간 1~2회 일어나는 홍수시의 수위
홍수위	FWL	3~4년에 1회 발생시 홍수시의 수위

도시침수의 원인 및 대책

Ⅰ. 도시침수의 주요원인

- 최근 발생빈도가 높은 국지성 호우(강우패턴의 변화), 집중적인 강우시 첨두유출량 증가
- 도시의 인구집중으로 인한 주거공간의 고밀도화, 특히 반지하 주택의 증가
- 도시 불투수지역의 증가 : 유출계수 증가, 유달시간 단축으로 우수가 단시간에 유입
- 지형이 좁고 경사가 급한 도심이 많음.
- 최근까지 하수처리중심의 하수관거정책으로 우수배제 및 빗물차집, 우수침투 및 우수저류시설이 부족

Ⅱ. 내수침수와 외수침수 예방

구분	침수원인	대책
내수침수 (73%)	지형적인 저지대 문제	- 저지대 지역민 이주
	펌프장 배수능력 부족 빗물침투 및 저류능력 부족	- 배수펌프장의 신증설, 펌프장의 확률강우빈도 강화, 도시에 빗물저류시설 확대추진(대형 지하하수터널 등), 빗물침투시설 설치
	하천수위 상승으로 인한 배수불량	- 댐방수로 등에 의한 유량 감소로 하천수위 저하
	하류지역 노면배수	- 우수유출 저감시설(저류형·침투형) 설치, 분산형 빗물관리
	하수관거 용량부족	- 관거 용량증대, 관거 계획확률년수 상향 조정
외수침수 (27%)	홍수위보다 낮은 제방고로 하천범람(74%)	- 하상준설 및 하천정비사업, 제방축조 및 증고, 댐방수로 등에 의한 유량 감소, 수중보 설치
	미정비하천에서의 범람	- 하천정비

주) 노면배수 : 관거 없이 측구쪽으로 노면에 바로 배수하는 것

도시침수대비 하수도의 향후방향 (2011년 환경부 세미나)

Ⅰ. 개요
- 하수도시설은 하수도시설(하수관거시설)이란 하수와 분뇨의 처리로 생활환경의 개선, 공중위생, 침수방지, 공공수역의 수질보전 및 건전한 물순환 등을 구축하기 위한 도시기반시설로서 관거, 맨홀, 우수토실, 토구, 물받이(오수, 우수 및 첩수받이), 침투시설, 저류시설, 펌프장 등을 포함한 시설의 총칭이며, 우수와 오수의 배제 및 처리를 목표로 한다.
- 도시침수는 크게 내수침수와 외수침수로 구분되며, 내수침수가 도시전체의 약 73%를 차지

Ⅱ. 국지적 집중호우를 대비한 하수도시스템
1. 내수침수 및 외수침수 예방
- 내수침수를 예방하기 위해서는 하수도시설정비 강화 : 펌프장 신증설, 하수저류시설, 우수침투시설, 하수관거 용량증대 등
- 외수침수를 예방하기 위해서는 하천정비 강화 : 하천제방고를 높이거나 미정비하천을 정비
- 침수피해지역을 하수도정비 중점관리지역으로 지정하여 관리
- 하수도 침수대응 시뮬레이션(이중배수체계 등)을 전국적으로 보급

2. 목표설계량 상향으로 배수능력 강화
- 2011년 이전 하수관거는 지선 5년 이상, 간선 10년 이상, 빗물펌프장은 하수도시설기준에 규정 없음(일반적으로 20~30년을 채용하여 왔음)
- 2011년 하수도시설기준 : 하수관거 확률년수는 10~30년, 빗물펌프장의 확률년수는 30~50년을 원칙으로 하며, 지역의 특성 또는 방재상 필요성에 따라 이보다 크게 또는 작게 정할 수 있다.

3. 저류시설과 침투시설의 적극적인 보급과 활용
- 강화되는 하수도시설의 설계강우량을 충족시키기 위해서는 하수관거의 통수능 개선, 저류시설 설치, 침투시설 설치 등의 방법이 있다.
- 도시내 대형하수저류시설 설치 (초기우수처리 역할도 포함)
- 저류시설 설치가 곤란한 대도시 지하에 하수저류터널 설치

- 개발사업 등의 수립단계에서부터 빗물유출저감방안을 제시할 것
- 빗물이용시설 설치 확대 : 실내체육관, 종합운동장 → 공공청사까지 확대

4. 우수관 설계의 여유율(안전율) 확보필요, 빗물받이 설치간격 조정

- 시설기준에서는 해설에서 오수관거의 여유율만 제시하고 있으나, 우수관 설계의 경우에도 이런 여유율(안전율)을 확보하는 방안을 검토할 필요가 있음.
- 현행 10~20m 간격의 빗물받이 설치간격을 좁힐 필요가 있음.

5. 평상시 하수도시설 유지관리 강화

- 차집관거 본격 정비시기가 도래했으므로 전국 차집관거 실태조사 및 개량사업 실시
- 정기적인 하수관거 퇴적물의 준설작업을 반드시 실시 (장마철 이전 포함)
- 빗물받이나 관거 등의 기능을 확보하기 위한 정기적인 청소
- 우수유출저감시설 등과 같은 발생원 관리를 통해 유출량 최소화
- 분산형 빗물관리시스템 도입 : 투수성 포장, 옥외조경, 빗물저금통 등

6. 설계빈도 이상의 강우가 발생하였을 경우의 재난대책 강화

(침수대비율 확보, 침수지역 원인분석 보고서 발간 등)

- 하수도정비기본계획에는 목표강우량에 대한 지역적 달성율, 즉 침수대비율(또는 침수대책 정비율)을 산정 제시할 필요가 있음.
- 도시침수가 발생하였을 경우 침수원인 분석 및 대책의 수립은 기본적인 사항이며, 그 원인과 대책을 상세히 수록한 보고서가 반드시 발간되어야 함.

이상기후에 대한 도시침수대책 및 그 중 가장 효과적인 방안

Ⅰ. 개요
- 기상이변에 따른 지역적 강우패턴의 변화(지역적·계절적 강우편차가 심함)는 한 지역에서 기존의 우수배제시스템으로는 침수문제를 해결할 수 없는 등 여러 가지 문제점이 발생할 수 있다.

Ⅱ. 도시침수에 대한 대책
1. 우수유출량 산정(합리식)시 계획목표년도 상향조정 및 유출계수 증가 등 고려
2. 우수유출량 억제 방안 : 저류형·침투형 빗물저감시설, 빗물이용시설, 자연형우수배제시스템(NDS)
3. 초기우수처리시설과 연계하여 대책 수립

Ⅲ. 효과적인 도시침수 대응방안
1. 지역특성별 적용이 상이하게 다르므로 지역에 적합한 방법을 적용

    ┌─ 도시지역 : 침투형, 장치형, 빗물펌프장 설치
    └─ 농촌지역 : 저류형(유수지 – 댐식, 지하식, 굴착식, 현지저류), 빗물이용시설

2. 계획목표년도 상향조정에 따른 관거 정비
3. 유출계수 저감방안 : 침투형 포장 및 자연형 우수배제시스템(NDS) 강구

  ⇒ 서울시 이상기후에 대한 대책보고서 등 참고

게릴라성 폭우에 대비한 공공하수도 우수관리기능 강화계획

(환경부, 2010)

Ⅰ. 배경

1. 범지구적 기후변화가 우리나라에도 뚜렷해짐

 - 국내의 경우 지구평균기온 상승(0.76℃)의 2배인 1.5℃ 상승

2. 기후변화에 따른 강우패턴의 변화

 - 연평균강우량은 지속적으로 증가하고, 또한 집중호우 빈도 증가)

3. 도시환경의 변화와 내수침수 피해증가 ⇒ 내수침수피해 전체의 66%

 - 도시 불투수면 증가 및 단기간 집중유출 증대, 청천시 건천화와 우천시 홍수피해 유발

Ⅱ. 문제점

1. 하수처리 중심의 하수관거 확충으로 우수배제능력 확보 미흡

 1) 주로 관거분류화를 목표로 한 오수관거 설치에 집중하여 우수관거 정비 부족

 - 오수관거 설치에 집중하여 우수관거정비에 투자가 적었음.

2. 공공하수도의 빗물차집 및 배제기능 미흡

 1) 하수관거 강우확률년수 5~10년(50~70㎜/hr)을 기준으로 설치

 ⇒ 서울시 20년 빈도 75㎜/hr, 50년 빈도 102㎜/hr

 2) 빗물펌프장 설계기준은 강우확률년수 20년 이상(최근 광화문 단기간 강수량 259.5㎜)

 은 100년 빈도 초과에 턱없이 부족

 3) 빗물받이 문제

 - 이토실이 없어 흙이 아래에 쌓이고 나뭇가지 등으로 폐쇄되어 연결관로를 막음

 - 빗물받이 설치간격(20m당 1개소) 규정은 저지대에서는 통수능력의 한계

 - 지선관로 관경 450㎜ 이하로 침수발생 증가 → 600㎜ 이상으로 교체필요

3. 도심의 빗물 불투성 면적 증가 및 침투·저류시설 설치 부족

 1) 도로상 빗물받이 설치기준은 도로연장 20m당 1개소이나 저지대에서는 통수능력 한계

 - 집중호우시 낙엽, 퇴적물 등에 의한 막힘, 오접합, 청소미비 등 유지관리 부실

 2) 서울시의 경우 설치 당시와 다른 도시 불투수율 변화 (10% → 50% 정도로 확대)

Ⅲ. 게릴라성 폭우대책

1. 제도 정비

1) 침수방지를 위한 제도 도입
- 침수피해지역을 특별구역 지정관리　→ 하수도정비 특별대책지역으로 지정
- 빗물이용시설 설치의무 확대 : 종합운동장, 실내체육관　→ 국가지자체 청사
- 개발사업 등의 수립단계에서부터 빗물유출저감방안을 제시할 것

2) 국내 실정에 맞는 침수시뮬레이션 프로그램 마련
- 이중배수체계(dual drainage)

2. 우수배제 및 저류능력 확대

1) 하수관거 및 빗물펌프장 우수배제능력 강화
- 확률강우빈도 강화 (하수관거 10~30년, 빗물펌프장 30~50년)
- 관거 및 빗물펌프장 신·증설
- 시설능력 확대 : 상습침수구역 우선교체, 신규시설에는 강화된 확률강우빈도 적용

2) 도심내 우수저류시설 확대 추진
- 초기우수처리시설 설치시 우수저류기능을 추가한 하수저류시설 설치 추진
- 저류시설 설치가 곤란한 대도시 지하에는 대형 하수터널 추진

3. 공공하수도 유지관리 강화

1) 하수관거, 빗물받이 등 공공하수처리시설의 유지관리기준 강화
- 하수관거 내의 퇴적물 관리기준 마련
- 도로상 빗물받이의 집수능력 강화

2) 공공하수도 정보화 관리체계 구축

3) 내수침수 백서발간으로 게릴라성 폭우대비에 참고

이중배수체계 모델을 통한 하수도 침수대응방안

I. 이중배수체계(dual dranage)란?

- 침수대응 하수도시뮬레이션의 가이드라인으로서, 강우시 지표면으로 유출된 빗물의 흐름과 하수관거 내의 유입흐름을 동시에 분석하는 기법
- 지표면 및 메이저시스템에서의 홍수량의 흐름과 맨홀을 통한 하수관거의 마이너시스템에서의 유입흐름을 동시에 분석
- 이 가이드라인에는 도시의 지표면 고도정보, 강우정보, 하수도시설정보, 유역현황 등의 입력인자에 따른 다양한 침투상황 예측과 관거개량, 펌프장 신·증설, 저류시설 설치 등 시나리오별 비용·효과분석을 통한 최종대응 선택방법이 마련된다.

II. 침수대응 하수도 시뮬레이션 수행절차

기초자료 수집·분석	→	하수도 시뮬레이션 모델 구축	→	내수침수발생 평가	→	내수침수 대응방안 검토
· 과업수행 기초자료조사 · 침수발생 이력조사 · 강우자료 조사 · 하수도 시뮬레이션 입력자료 확보		· 표면유출모델 구축 · 관거유출모델 구축 · 이중배수체계모델 구축 · 하수도시뮬레이션 모델검증		· 강우분석 · 내수침수발생 평가		· 내수침수 대응방안 시나리오 파악 · 시나리오별 내수침수 저감방안 검토

주) 이중배수체계 모델검증 : 기존의 침수발생 강우사상과 침수이력자료(침수흔적도)를 이용하여 이중배수체계 모델을 검증한다.

저수지(취수원) 이상홍수 대책

Ⅰ. 비구조적 대책
- 저수지 제한수위 운용 : 상시 만수위보다 아래에 수위를 유지하여 홍수조절용량 확보
- 예비방류 : 홍수 예상시 미리 방류
- 비상방류시설 이용
- 비상대처계획에 따른 저수지의 유지관리

Ⅱ. 구조적 대책
- 상류에 저수지 건설
- 저수지 높이 증고
- 보조 여·방수로 또는 비상 여·방수로 설치
- 기존 빙수로 확장
- 여·방수로 수문, 사이펀 여·방수로, 고무보 등 설치

물순환 불균형 원인 및 회복방안

I. 국내 수자원은 부족한가?

1. 수자원장기종합계획(2005년) 평가 : 2011년부터 용수부족 예상
2. 미국의 국제인구행동단체(PAI) 평가 : 물스트레스국으로 분류(1인당 가용량 1,000~1,700㎥)
3. 유럽환경청 물사용지수(수자원개발지수, WEI) 평가 : 공급과 수요관리가 집중적으로 필요한 국가군으로 분류 (우리나라의 WEI는 31%)
4. 영국 수문학센터(CEH)의 물빈곤지수(WPI) : 147개국 중 43위 수준이지만 1인당 수자원량과 물사용량이 매우 많은 국가군으로 분류 (우리나라의 WPI는 62.4점)

II. 수자원 부족 이유 (= 물순환 불균형의 원인)

- 강우 양극화 및 이상기후현상 (강우의 2/3가 7~9월 집중되고, 게릴라성 폭우가 자주 발생)
- 도시 불투수면적 증가 (서울시의 경우 2010년 49% 정도로 매년 증가)
- 하천 : 대다수 짧고 경사가 큰 강수가 일시에 바다로 유출 (평균 하상계수 200~300)
- 대다수 얕은 대수층이며, 무분별한 지하수 양수에 의한 지하수 고갈
- 지역적으로 상당한 강수량 차이 (예 : 강원 태백시의 겨울 가뭄)
- 세계 3위 인구밀도 및 1인당 물사용량 세계 최고수준
- 하수처리수 방류위치가 하류에 위치하여 하천건천화 유발
  ⇒ 물순환 불균형의 결과 : 도시홍수, 열섬효과, 하천건천화, 생물서식지 감소, 각종 용수부족, 비점오염 유출부하량 증가(수질오염)

III. 물순환계의 회복방안 (= 친환경적인 물순환 극복방안)

1. 자연적 회복방안

- 빗물관리 : 직접적 이용(저류후 잡용수로 이용)과 간접 이용(지하침투로 지하수함양, 홍수방지)
- 녹지공간 확충 : 빗물침투로 지하수함양, 비점오염발생량 감소, 침수피해 저감, 도시의 쾌적화, 생태환경 다양화 기대

2. 인공적 회복방안

- 수돗물의 절수 및 누수방지
- 중수도 활용 (개별·지역 또는 광역적 이용)
- 하수처리수 재이용
- 대체수자원 개발(강변여과수, 해수담수화 등)
- 하수관거 불명수 유입방지, 초기우수 저류 및 합류식 관거의 월류수 저감
- 식수전용 또는 홍수조절용 소규모댐, 저수지 축조

WEI와 WPI

Ⅰ. WEI

- 물사용지수 또는 수자원개발지수, Water Exploitation Index
- 가용담수자원량 대비 담수사용량 (=지역내 이용가능한 수자원 대비 현재의 수자원 사용량)
- 우리나라의 WEI는 31%, 보통 20% 이상이면 물부족을 나타냄

```
┌── 10% 미만 건전한 물순환
├── 20~40% : 수요와 공급의 집중관리가 필요
└── 40% 이상 심각한 물부족
```

Ⅱ. WPI

1. 정의

- 물빈곤지수, Water Poverty Index
- 영국의 "생태환경 및 수문학센터"에서 개발한 지수로서, 국가의 복지수준과 물이용가능성의 관련성을 나타낼 수 있는 통합적인 수치를 만들어내고 물 부족이 인구에 얼마나 영향을 끼치는가를 평가하기 위해 개발한 지표

2. 산정방식

- 1인당 수자원량(Resources), 수자원 접근율(Access), 사회경제제요소(Capacity), 물이용량(Use) 및 환경(Environment) 등을 종합적으로 고려하여 산정한다.

3. 우리나라의 WPI 특징

- 우리나라의 WPI는 62.4점(100점 만점). 우리나라는 147개국 중 43위 수준이지만 1인당 수자원량과 물사용량 2개 부문은 하위권(110~120위)으로 물사용량이 매우 높은 국가군으로 분류됨. 다만 사회경제제요소, 수자원 접근률(물공급시설), 환경 등이 우수해 높은 점수를 받았음.
- 사회경제제요소 17.7(20위), 수자원 접근율 19.3(27위), 환경 10.9(53위), 물 이용량 8.4(103위), 1인당 수자원량 6.1(117위)

<주요 국가별 WPI 지수>

캐나다	영국	프랑스	미국	일본	독일	한국	이탈리아
77.7	71.5	68.0	65.0	64.8	64.5	62.4	60.9

4. WPI 향상대책
 - 물 절약
 - 수자원 개발
 - 수질 향상

※ 국내 연평균 강우량

- 우리나라 연평균강수량은 약 1,245㎜(1974~2003년 평균)로서 세계평균값
  의 1.4배 정도이나 인구 1인당 강수량은 세계평균값의 13% 수준에 불과하
  므로 물수요관리 등 효율적인 물이용에 관심이 필요하다.

구분	2010년	2009년	2008년
서울	2,100㎜	1,564㎜	1,356㎜

ESI와 EPI

Ⅰ. 개요

- 세계경제포럼(WEF)은 2001년부터 다보스에서 환경지속성지수(ESI)와 환경성과지수(EPI)를 발표

Ⅱ. ESI (Environmental Substantiality Index)

- 환경상태, 환경부하, 환경위해성, 사회·제도역량, 지구환경 기여 등 5개 구성요소별로 20개의 지표, 68개의 변수를 이용하여 각 국가의 현재의 환경·사회·경제 조건을 바탕으로 지속가능한 성장을 할 수 있는 역량을 계량화한 지수로 환경상태 및 환경부하 등 환경상태 현황에 대한 평가가 주를 이룸
- 즉 국가별로 환경파괴를 유발하지 않는 한도 내에서 경제성장을 이룰 수 있는 능력을 측정하는 지표

Ⅲ. EPI (Environmental Performance Index)

- 각국의 환경개선정도(Performance)를 계량화한 지수로 OECD국가를 대상으로 대기, 수질, 토양보전·폐기물, 기후변화 등 4개의 환경분야 12개 평가항목으로 구성되어 각 정부의 환경개선 노력을 평가하는 지표임

Ⅳ. 2005년 기준 평가결과

- ESI 평가 결과 146개국 중 122위, EPI 평가결과는 133개국 중 42위
- ESI지수에서 알 수 있듯이 우리나라의 환경관리여건은 좁은 국토, 인구과밀, 급격한 산업화 등으로 인해 열악한 상태이다.
- 다만, EPI지수 중 대기·수질·토양·폐기물 등 대부분에서 상위권을 차지한 것은 열악한 환경조건에도 불구하고 그간 우리의 환경개선 노력이 긍정적으로 평가받은 결과임

국내 물부족(갈수기) 대책, 절수대책

Ⅰ. 국내 수자원관리의 문제점

- 하상계수(평균 200~300)가 높다.　　　　(봄철에 물부족, 여름철에 물과다)
- 강우의 계절적 편차가 심하다.　　　　　(강우의 3/2가 7~9월(여름철)에 집중)
- 수도요금 비현실화로 1인당 물사용량 과다　(생산비용의 약 80% 정도에 공급)
- 수원의 대부분을 하천표류수를 이용　　　(수질오염이 심할수록 처리비용이 증가)
- 대체수자원의 개발 어려움
- 광역상수도, 지방상수도의 이원화 및 관리주체가 분산됨.

Ⅱ. 기후변화가 물관리에 미치는 영향

- 수자원 공급측면에서 지표수와 지하수에 영향 → 수온변화, 수질오염, 부영양화 초래
- 온도상승에 따른 갈수기 증가, 부영양화 초래, 수질오염 가중, 멸종위기종 발생
- 도심용수, 농업용수, 전력생산분야 등에서 제한된 수자원을 활용하기 위한 경쟁 치열
- 대기중 CO_2 가 증가할수록 물속의 pH가 낮아져 대양의 산성화 초래 → 해수담수화 처리
  비용 증가

Ⅲ. 물부족(갈수기) 대책

1. 물부족 대책

> 물부족 대책 = 수요를 줄이는 대책(=절수대책) + 공급을 늘리는 대책

1) 수자원 통합관리시스템 구축, 물수요관리 목표제의 시행
2) 권역별 급수체계 구축, 급수체계 조정 (광역상수도/지방상수도의 일원화, 민간위탁 추진)
   ⇒ 수도요금의 단일화로 공공서비스의 질 향상
3) 수도요금의 현실화 (생산비용 산정시 자원비용과 환경비용을 환산하여 현실화)
   ⇒ 유지관리비용으로 노후관거 개선 및 정수장 시설개선
4) 절수운동 : 국민의식 고취

5) 대체수자원 개발 : 정부추진정책으로서의 개발이 아닌 지속가능한 수원으로서 인식 필요
   ⇒ 빗물이용시설, 하수처리수 재이용(중수도), 해수담수화, 강변여과·하상여과, 인공저류조
      설치

2. 물수요 감소대책   ⇨ 물수요를 줄이는 대책

1) 유수율 제고   : 누수방지대책 수립, 관망최적관리시스템 구축
2) 수도요금체계 확립 : 상하수도요금체계를 절수유도형으로 전환
3) 절수기기 개발   : 절수기기의 개발보급, 절수기술의 연구개발
4) 절수교육 및 홍보 : 절수에 대한 국민의식 고취
5) 기타 : 물수요관리 목표제 시행, 수자원장기종합계획의 실천

3. 물공급 확대대책   ⇨ 물공급을 늘리는 방법 = 대체수자원 개발·활용

1) 중수도 보급 확대
2) 하폐수처리수 재이용 확대
3) 빗물이용시실 설치 의무화 확대 : 저류조, 침투형시설, 자연형 우수배제시스템 등
4) 지하수용출수 이용, 산업체 물재이용 확대
5) 해수담수화 : 지하수 아래에서 취수, 전력비는 풍력이나 태양력 이용
6) 기타 수원 확보 : 저류용 댐, 농업용저수지 재개발, 인공강우, 지하댐, 강변여과·하상여과,
                    인공저류조(인공호소) 등

태백권 가뭄 원인 및 대책

I. 원인 및 대책

1. 원인

- 기상이변에 따른 이상기후(강수량 부족)
- 불투수면 증가에 따른 유출계수 증가
- 관거정비 미흡(유수율 45%) … 강원도 전체평균 76%
- 석회암 지대가 많음, 특히 광동댐 … 불투수 재질(점토층, PE sheet 등)을 깔아준다.

2. 대책

- 상수도관망 최적관리시스템 구축
- 통합수자원 관리(통합상수도 개발, 광역상수도 모색)
- 대체수자원 개발(동강유역 취수용량 확보), 하수처리수 재이용, 침투식 하수도 도입 등
- 중소규모댐 건설(광동댐 저수용량 확보를 위한 친환경적 보조댐 건설)
- 댐 내 퇴적토 준설 후 보강 (불투수 재질[점토층, PE sheet] 사용)
- 분산식 빗물관리, 발생원 중심의 하수처리체계 (소형화, 분산화)
- 절수기기 보급, 절수 홍보, 절수기술의 개발연구

※ 통합수자원관리

(1) 개요
- 기존 국토교통부 수량관리, 환경부 수질관리, 농림부 농업용수관리 시스템을 일원화
- 통합물관리계획목표는 홍수방재 그리고 수량확보, 수질정화, 생태복원

(2) 성격
- 하천과 댐 저수지군을 연계한 수량 수질 생태환경을 동시고려한 유역단위의 통합수자원관리
- 수자원의 합리적관리를 통해 인력 및 예산절감 자료의 일관성 확보가 가능하다.
- 유역 내 하천수, 지하수, 대체수자원의 통합 연계 관리·운영
- GIS기반 통합유역관리시스템 : 비점/점 오염원을 DB화하고 GIS와 연계하여 강우시 수계별 수질오염을 예측하는 시스템으로 지속적으로 모니터링을 하게 되면 유량·수질·생태계 문제가 있을 경우, 사업 前·中·後 영향을 조사할 수 있다.

3. 주요내용　⇨ 상수도관망 최적관리시스템 구축 주요내용

- 급수구역 블록시스템 구축
- 블록고립에 따른 수압조절시스템 구축
- 유수율 제고를 위한 관망 정비
- 상수도관망 유지관리시스템 구축

※ 상수도관망 최적관리시스템 구축을 위한 주요공사(예)

── 배수·급수 관로 신설	── 송·배·급수관 교체 및 갱생
── 유량계 신설·교체	── 관로의 순환 및 관경 확대
── 공기밸브, 제수밸브 신설	── 기존 밸브실 개량, 계량기 및 보호통 교체
── 퇴수 및 가압시설 실설	── 불용관 및 다발관 정비
── 비상연결관 정비	── 통합유지관리시스템 구축
── 수질·수압계, 유량조정조, 수압조정조 신설	

Ⅱ. 태백권 갈수문제의 추진방향

- 현재 태백권 상수도관망 최적관리시스템이 추진되고 있으며, 지역의 열악한 환경 때문에 일괄추진방식으로 진행되고 있다. 이 사업의 추진방향은 다음 단계로 진행된다.

> 조사 → 계획 → 설계 → 시행 → 유지관리

1. 조사 : 현장조사 및 측정, 관망 성능평가, 누수탐사단계
2. 계획 : 관망도 작성·보완, 현황분석, 블록시스템 구축계획 수립, 관망정비계획, 유지관리 시스템 구축단계
3. 설계 : 블록시스템 구축, 관망정비, 유지관리시스템 구축에 대한 기본 및 실시설계 단계
4. 시행 : 배수구역분리 및 배수지 급수체계정비, 구역고립 및 블록시스템 구축, 관망체계정 비 및 기능별 송배급수관로 분리, 부적정 계량기 교체 및 정비, 유지관리시스템 구축 등 시행단계
5. 유지관리 : 정비된 관망감시, 관망관리 및 운영모의시스템 관리하는 유지관리단계

도시하천의 건천화 대책

I. 건천화 원인

1. 도시화에 따른 불투수면적의 증가(도로포장, 시멘트 포장건물 등)로 인한 유출계수 증가
   - 빗물의 침투, 지하수 함양, 하천으로의 유출 및 증발산에 영향을 미침
     ⇒ 청천시 건천화, 우천시 홍수피해 유발
2. 각종 용수이용량의 증가와 우·하수 배수시설의 발달
   - 급격한 표면유출 증가와 자연적인 저류량의 감소, 지하수위 저하로 인한 기저유량의 감소
3. 상류수원 사용 후 하류에서 방류
4. 기상상태의 변화 : 폭우 및 건기가 길어짐

II. 건천화 대책 (= 하천용수 증대방안 = 수자원 확보방안)

1. 지표면의 유출계수를 최소화하여 강우를 지하에 침투시킨다.
2. 강우를 되도록 현지에서 지중 침투시키도록 개선된 합류식, 분류식을 적용한다.
3. 초기우수처리설비(저류식, 침투식 등)를 적용한 후 우수토실에서 하천방류량을 최대화한다.
4. 대규모 공공하수처리시설의 하수처리수를 하천유지용수로 활용하는 방안 강구
5. I/I의 저감 및 하수의 누수방지, 하수처리수의 재이용 등을 고려하여 차집관거의 연장이 최소화될 수 있도록 관거체계를 개선하여 발생원 중심의 하수처리체계(소형화, 분산화)를 구축한다.
6. 분산형 빗물관리로 빗물을 최대한 활용한다.

합류식하수도의 우천시 방류부하량 저감목표와 산정기준

⇒ 우천시 방류부하량 = 발생원 부하 + 월류수(CSOs) + 하수처리장 방류수

Ⅰ. 저감목적

- 합류식하수도에서 공공수역의 수질보전을 위해 우천시에 배출되는 방류부하량을 저감한다.

Ⅱ. 저감목표

- 대상처리구역 혹은 배수구역에서 배출되는 연간오염방류부하량이 인근 수계에 악영향을
  미치지 않을 수준 이하로 삭감하거나 혹은 분류식하수도로 전환하였을 경우에 배출되는
  연간오염방류부하량과 같은 정도로 하거나 그 이하로 하여야 한다.

Ⅲ. 저감목표 산정기준

1. 오염부하 수질항목을 평가지표로 선정하고 방류부하량 삭삼률을 산정한다.
   - 방류수역의 수생태 환경 및 오염총량규제 관점을 고려하여 BOD 이외의 추가적인 수질
     항목도 아래와 동일한 방식으로 평가할 수 있다.
   1) 연간 BOD방류부하량에 대한 연간방류부하량 삭감량의 비율
   - 연간 BOD부하량 삭감률(%) $= (1 - \dfrac{\text{연간 BOD방류부하량}}{\text{연간 BOD발생부하량}}) \times 100$
   2) 연간 우천시 발생부하량에 대한 우천시 방류부하량 삭감량의 비율
   - 우천시 BOD부하량 삭감률(%) $= (1 - \dfrac{\text{우천시 BOD방류부하량}}{\text{우천시 BOD발생부하량}}) \times 100$

2. 합류식하수도의 우천시 방류부하량 산정은 분류식하수도의 우수에 의한 오염부하량과
   비교하여 산정할 수 있다. 우수에 의한 오염부하량은 다양한 방류지점의 우천시 유량
   및 수질의 모니터링 자료를 충분히 확보한 다음 모델링을 통해 산정하여야 하며, 이때
   사용되는 수질특성은 원칙적으로 유량가중평균농도(EMC)를 구해 산정한다. 수량 및 수
   질자료는 각 지역별로 독자적인 자료를 쓰거나 방류특성이 유사한 다른 지역의 수질자
   료를 참고로 하여 계산한다.

Ⅳ. 총부하량 및 방류부하량 산정

1. 우천시 대상구역의 총방류량 및 방류부하량의 산정은 월류수량 + 우천시 하수처리수량을 모두 파악하는 것을 기반으로 하며, 하수처리시설에서 발생하는 우천시 하수처리수량 측정은 처리장 관리체계상 충분히 계산 가능하다.

2. 따라서 우수토실(토구) 및 펌프장에서 파악하는 월류량 및 월류부하량을 산정하면 되며, 산정절차는 다음과 같다.
   - 조사대상과 조사지점수 결정 : 우수토실에 연결된 배수구역 및 방류수역으로 처리분구당 1지점 이상
   - 우수토실의 선정 : 월류부하량이 큰 우수토실을 우선적으로 선정
   - 방류수역의 선정 : 주요영향수역을 우선적으로 조사대상수역으로 선정
   - 채수위치의 선정 : 자연배수구역에서는 우수토실, 펌프배수구는 펌프장내의 차집시설의 맨홀 등이 바람직
   - 조사종별과 조사횟수 : 청천시 조사는 2회 이상, 우천시 조사는 3회 이상을 원칙
   - 채수간격 : 강우초기는 5~10분 정도로 좁게 유지, 강우지속시간이 길어질수록 채수간격을 길게 조절한다.
   - 측정항목 : 수량, 수질, 부하량 등 방류수역의 영향을 파악할 수 있는 항목을 선정한다.
   - 월류량 및 월류부하량 산정 : 총월류오염부하는 유량가중평균농도에 의하여 산정하거나 유량 및 수질측정시점의 오염부하량을 시간적분하여 산정한다.

우천시 방류부하량(CSOs) 저감대책

Ⅰ. 합류식하수도 방류부하량을 저감하는 대책

1. 저감대책은 실효적 효과, 경제성, 유지관리성 등을 종합적으로 결정한다. 대상 합류식하수도의 유역특성을 감안한 단기, 중·장기 단계별 저감목표에 부합하는 다양한 대책을 시행하고 그에 따른 효과검증 및 생애주기평가(LCA)를 수행하여 종합적인 대책을 수립한다.

2. 저감대책은 크게 발생원 관리방식, 관거시스템에서 대응하는 월류수(CSOs) 대응방식과 우천시 하수를 처리하는 하수처리장 대응방식으로 구분할 수 있다.

   1) 적용대상 관점으로 세분하면 ① 발생원, ② 관거 및 부속시설(펌프장, 저류시설, 침투시설 등), ③ 하수처리시설의 시설 등으로 구분할 수 있으며,

   2) 적용기술적인 측면에서는 크게 유지관리기법, 관거시스템개선, 저류시설, 처리기술로 구분할 수 있다.

   3) 그러나 이러한 기술적 저감대책이 실효성을 얻으려면 대상지역 특성이나 상황에 따라 단독 혹은 다양한 조합의 형태로 적용해야 하며 그에 따르는 효과검증 및 생애주기평가(LCA)를 수행하여 종합적으로 대책을 수립해야 한다.

Ⅱ. 우천시 방류부하량(CSO)의 단계별 저감계획

- 합류식하수도의 우천시 방류부하량의 단계별 저감계획은 다음 순으로 종합적으로 비교·검토해야 한다.

1. 모니터링을 통한 방류부하 발생량의 조사 및 산정
2. 모델링을 통한 합류식하수도 유역의 물질수지 완성
3. 단계별 방류부하량 저감목표의 설정
4. 저감목표 달성을 위한 다양한 저감대책 시행시나리오 작성
5. 시뮬레이션을 통한 저감대책 시나리오의 검토
6. 저감대책의 시행
7. 모니터링을 통한 저감대책 시행효과 분석 및 관리계획

Ⅲ. 합류식하수도의 우천시 방류부하량 저감대책

- 수단적 관점은 다음과 같다.

   ⇒ 비점오염 관리대책은 최적관리기술(BMP)측면에서의 접근이 필요하다.

1. 비구조적 대책 (= 발생원 관리)

   1) 발생원 억제　　　 : 노면 청소, 빗물받이 청소, 관거 청소

   2) 오염원 유출예방　 : 가정쓰레기 투기관리, 유지류 유출관리, 공장폐수 유입관리

3) 토지관리   : 토지이용 제한, 고랭지 밭 관리, 수변구역 경작금지(시비법 개선,
농약사용 억제, 친환경농법 도입)

4) 공공 홍보   : 광고·공청회 등을 활용, 물 절약 홍보

2. 구조적 대책 (= 월류수 및 처리장 우천시 하수처리수 대응방식)

1) 월류수 대응방식

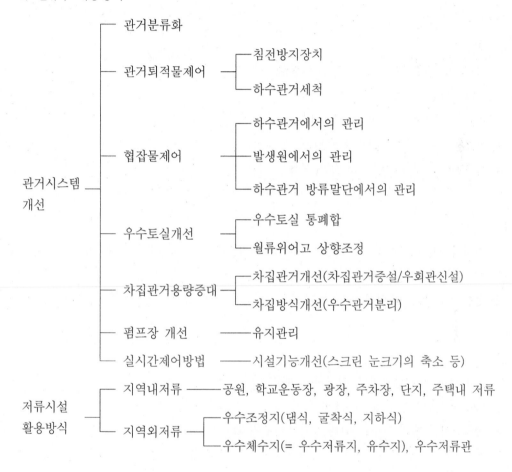

2) 하수처리장 대응방식

처리기술 ─┬─ 추가처리방식 (=초기우수처리시설의 설치)

          ⇒ 화학적 응집침전여과, ballasted sedimentation, 스크린, 스월조정조 등

        └─ 처리장 우천시 하수처리방식

          ⇒ 현장저류 후 처리, 처리장내에서의 유량 재순환, 고효율 프로세서,
1차처리 또는 2차처리만의 사용, 완벽한 2차처리방법 등

SSOs(sanitary sewer overflows)

Ⅰ. 정의
- 분류식하수도 월류수, 즉 하수시스템으로부터 생하수의 유출을 의미한다.

Ⅱ. 원인
1. 침투수와 침입수 : 오접에 의한 우수유입
2. 용량부족의 시스템
3. 관거 불량 : 이음부 어긋남 등
4. 펌프용량 부족 및 펌프상태 불량
5. 하수관거의 부적절한 시공 및 노후화

Ⅲ. 문제점
1. 인체접촉시 바이러스, 원생동물 등에 의해 위장염뿐만 아니라 콜레라, 이질까지 유발할 수 있다.
2. 하천 수질 및 수생태계 파괴

Ⅳ. SSOs 대책
- 관거 정비, 오접방지대책, 펌프시설 개선
1. 하수도시스템 청소 및 유지관리
2. 불량관거 개량과 보수로 I/I를 줄인다.(=관거정비)
3. 하수도, 펌프장, 하수처리장 용량이나 여유율을 확장 증대
4. 과도한 유량을 저장처리하기 위한 시설의 건설
5. 하수도시스템의 계획단계와 시설계획이나 기존의 하수도 미정비구역으로의 하수도 확장 시 SSOs 고려
6. 일부의 SSOs는 피할 수 없다.
   (폭우, 관의 막힘, 지진이나 홍수 등의 자연재해, 반달리즘(문화, 종교, 예술 등에 의한 무지))

초기우수 처리방법

I. 초기우수의 개념

1. 초기우수 정의
- 강우초기 지표면 오염원이 우수관거로 유출
- 초기우수 5~10㎜, 강우 시작부터 30분까지 (EPA)
- 최소 5㎜/hr의 강우강도 적용 (환경부, 2006.4)
- 오염물(TSS)농도 증가 후 건기하수농도 회복까지 (Thomas, Saul, 1986)

2. 초기우수 특성
- 건기하수에 비해 많게는 10배 이상 오염도 포함
- 대상지역 지표면, 청결 정도, 강우강도, 선행 건기일수에 따라 다름

II. 초기우수의 처리목적
- 하천으로 유입되는 비교적 고농도의 월류수량은 하천오염부하량을 증가시킴으로 적절한 처리가 필요
1. 합류식하수도 : 우수토실의 방류오염부하량(CSOs) 최소화
2. 분류식하수도 : 우·오수관거로부터 유출되는 오염부하량(SSOs) 최소화

III. 초기우수의 처리방법

처리방법		내용
1. 발생원 관리	발생원의 억제 (BMPs-최적관리기술)	· 토지이용을 억제하여 유출계수를 감소 (토지이용 제한) · 관내 퇴적물의 제거로 오염부하량 감소 (노면청소, 관거청소)
2. 관거 및 부속시설 관리	기존시설의 개선	· 차집관거의 용량 증대 : 청천시 계획시간최대오수량 + 차집우수량(통상 2mm/hr) · 우수토실의 개선 : 우수토실 + 초기우수처리 · 차집방법의 개선 : 차집관거를 이용한 초기우수저장
	우수유출량 저감	· 관내저류시설 설치 · 우수침투시설 설치
3. 하수처리장 대응방식	초기우수처리 - 우수처리시설 설치 - 하수처리장 연계처리	· 우수체수지 설치, 빗물이용시설, 완충저류시설 설치 · 장치형 또는 식생형 초기우수처리시설 설치 · 초기우수를 1차침전지를 거쳐 처리하는 방법 · 유입펌프장 이후 별도라인으로 구성하는 방법

처리장내 초기우수 처리시설

Ⅰ. 유입수질

<도시지역 CSOs(합류식하수관거 월류수)와 우수관거 유출수 농도조사 결과>

항목	CSOs (mg/L)		우수관거 유출수 평균농도(mg/L)	하수평균농도 (mg/L)
	평균	강우초기 월류농도		
COD	121	1,014	16~68	100
SS	240	1,936	23~127	60
T-N	17	51	3.3~9.6	16
T-P	2.2	16.2	0.1~0.5	1.4

주) 한국환경정책평가원, 2002

⇒ 서남물재생센터의 경우 초기우수농도를 BOD 150㎎/L, SS 250㎎/L로 반영

Ⅱ. 처리장내 초기우수처리공정을 적용하는 방법

1. 초기우수를 1차침전지를 거쳐 처리하는 방법

1) 슬러지 부상으로 초기우수 처리안전성 낮음

 - 우리나라는 외국에 비해 유효수심(H) 낮게 설치하므로 슬러지층 상승에 의한 washout 발생우려가 높다. (H(m) 시설기준 : 2.5~4.0m, 미국기준 4.0~5.0m)

2) 2차 처리효율저하 : 포기조로 유출되는 수질이 악화될 우려가 높다.

2. 유입펌프장 이후 별도라인으로 구성하는 방법

 - 저류조의 유무에 따라 2가지 방법으로 나뉘는데 저류조를 설치하는 방법이 수처리에는 안정적이나 건설비 등이 많이 발생된다.

1) 1차처리수 2Q처리 방식

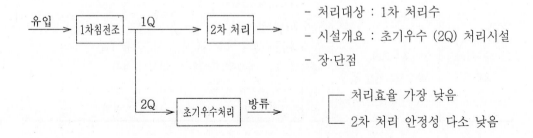

 - 처리대상 : 1차 처리수
 - 시설개요 : 초기우수 (2Q) 처리시설
 - 장·단점
   - 처리효율 가장 낮음
   - 2차 처리 안정성 다소 낮음

2) 유입수 중 2Q 별도처리(저류조 無) 방식

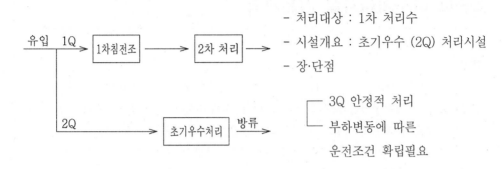

- 처리대상 : 1차 처리수
- 시설개요 : 초기우수 (2Q) 처리시설
- 장·단점

┌ 3Q 안정적 처리
└ 부하변동에 따른
　 운전조건 확립필요

3) 유입수 중 2Q 별도처리(저류조 有) 방식

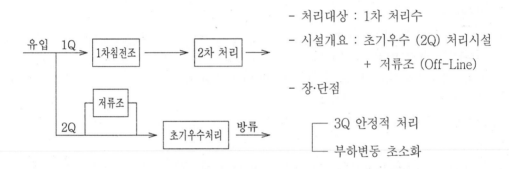

- 처리대상 : 1차 처리수
- 시설개요 : 초기우수 (2Q) 처리시설
　　　　　　 + 저류조 (Off-Line)
- 장·단점

┌ 3Q 안정적 처리
└ 부하변동 초소화

Ⅲ. 처리 방법별 초기우수 처리효율

처리방법	생물학적 처리	고속응집시스템	고속모래여과	기계식여과
BOD 제거율(%)	85	75	50	30
SS 제거율(%)	85	80	70	30
비 고	저류후 처리	응집제 투입	응집제 투입	응집제 투입

주) 공공하수처리시설의 CSOs 처리대책 및 최적운영 방안수립 (2007. 6, 한강유역환경청)

※ 유수지를 이용한 초기우수대책시설을 할 경우 문제점

┌ 유수지를 통해서 방류되는 하수가 전체 하수의 10%정도 밖에 안 된다는 것
└ 유수지는 홍수통제상 유수지 용량을 줄여서 시설을 할 수 없다는 것

소규모 하수처리시설 기본계획

Ⅰ. 개요

1. 소규모하수도는 소도시 및 농어촌 하수도로서, 계획인구 1만명 이하의 하수도를 칭한다.
2. 소규모하수도 계획구역은 도시지역과는 다른 지역적·사회적 조건을 가지고 있기 때문에 소규모하수도의 특성에 적합한 관거·처리장·펌프장 시설계획이 필요하다.
3. 따라서 기본계획 수립시 농어촌, 도시인근 마을, 관광지 등의 특성에 맞는 하수도시설을 계획(설계)하는 것이 바람직하다.

Ⅱ. 소규모 공공하수처리시설의 고유특성

1. 계획구역, 처리구역이 작다.
2. 수량 및 수질 변동이 심하다.
3. 처리비 및 유지관리비가 크다.
4. 슬러지발생량이 적고 슬러지의 녹농지 이용이 용이하다.
5. 기술자 확보가 곤란하고 서비스가 제한된다.
6. 지자체의 재정규모가 작고 재정확보가 어렵다.

Ⅲ. 소규모 공공하수처리시설 기본계획 수립시 고려사항

1. 계획구역
   1) 대상마을 및 인접 기존마을을 대상으로 지형조건에 따라 설정
   2) 대상마을 선정기준
   - 오염방지가 시급하고, 오염방지효과가 큰 지역(축산마을, 관광지)
   - 오염배출부하량이 크고, 수질개선 파급효과가 큰 지역
   - 처리시설이 없는 지역 중 20호 이상, 50㎥/d 이상

2. 계획인구
   1) 계획지역 내 주민등록인구 및 실거주 인구 조사
   2) 과거 10년간 인구가 증가추세인 경우 10년 후 계획인구 추정 제시

3. 계획하수량 및 계획수질
   1) 계획하수량은 1인1일최대하수량 × 계획인구 + 지하수량 + 기타오수량으로 산정
   - 시간최대 factor : 2~2.5, 일평균 factor : 0.5~0.7
   2) 계획수질은 생활하수와 가축폐수로 구분

4. 관거시설
 1) 분류식 및 자연유하 원칙 ⇒ 불완전분류식(오수분류식), 자연배수시스템(NDS) 활용
 2) 공유지(도로 등)에 배치 원칙
 3) 매설심도가 5m 이상인 경우 진공식·압력식 하수도 도입 강구
 4) 최소관경 : 우수관거 200㎜, 오수관거 150㎜, 소규모관거 75㎜

5. 처리공법
 1) 공동처리방식과 개별처리방식이 있다.

  ┌─ 개별처리방식 : 10호 미만시 토양트렌치, 오수처리시설(구 합병정화조) 설치
  └─ 공동처리방식

        ┌─ 저부하활성슬러지법 – 1차침전지 생략 가능
        └─ 고부하활성슬러지법 및 생물막법 : 1차침전지 설치 및 유량조정조 설치 검토

 2) 저유량·저농도에 대비한 처리공법 적용
 3) 같은 시·군 내에서는 동일·유사 처리공법 설정
 4) 처리공법은 검증된 공법을 선정할 것

6. 슬러지처리
 1) 탈수시설은 설치하지 않고, 인근 공공하수처리시설로 이송 혹은 수거 처리
 2) 농촌지역 슬러지는 퇴비화 추진 : 읍·면단위 농어촌지역 생활하수슬러지는 퇴비화시 농업과학기술원장의 사용허가를 받아야한다.

7. 운영 및 유지관리
 1) 반드시 인근 공공하수처리시설에서 통합관리한다.
 2) 시설의 운영은 통합관리 처리시설에서 원격감시제어(TM·TC 혹은 web방식의 인터넷 네트워크망) 혹은 수질검사 등을 연계 운영한다.
 3) 민간전문업체 위탁관리방안 적극 검토 (위·수탁관리는 최소 3년 이상)

Ⅳ. 결론

1. 최근에는 건설부지 확보가 어렵고, 방류수역의 수질환경보전을 위한 발생원 처리개념으로 소규모 하수처리장이 많이 건설되고 있다.
2. 기본계획시 소규모시설의 고유특성, 지역특성, 지자체 재정규모를 고려하여 유지관리가 편리하고 경제적인 시설이 되도록 유도해야 한다.

소규모 하수처리시설에 적용가능한 공법

Ⅰ. 공법선정시 고려사항

- 안정된 처리를 위하여 저부하형 처리방식 선정
- 유지관리를 위하여 계열수를 최소화
- 가능한 유량조정조 설치
- 순회관리, 원격감시시스템, 무인운전시스템 등을 고려
- 처리수질(유입, 방류), 경제성, 유지관리, 슬러지발생량 등 고려

Ⅱ. 적용공법

- 토양정화법
- 연속회분식 활성슬러지법
- 접촉산화법
- 장기포기법
- 산화구법
- 호기성여상법

Ⅲ. 현황 문제점

- 소규모(500톤 이하) 하수처리장의 경우 BOD, T-P의 방류수수질기준 초과가 많으므로 이에 대한 대책 강구
- 고장 및 유지보수시 기술자 확보 곤란, 제조업체의 신속한 서비스를 받기 어렵다.
- 유입하수의 수량 및 수질변동이 크다.
- 건설비 및 유지관리비가 비싸다. 슬러지처리에 어려움이 있다.
- 현행 적용공법이 70여개 이상으로 너무 많아 운영자의 적정 관리가 어렵다.
- 지방자치단체의 재정규모가 작고 재원확보가 어렵다.

소규모 하수처리시설(마을하수도)의 문제점/대책

Ⅰ. 문제점

1. 운영관리

1) 발생량 및 처리규모가 작아 하수도법에 규정된 절차의 이행이 곤란
2) 운영관리 인력의 현장 상주도 곤란 → 유지관리 어려움
3) 비전문부서의 담당요원 전문지식 결여
4) 지역특성에 따른 최적처리시스템 도출 어려움 (지역별 특성이 다름)
5) 처리비용의 비경제성, 빈약한 제정, 기술수준의 미흡
6) 각 지자체별 소규모하수도 사업기본계획 및 마스터플랜의 미비

2. 관거시설

1) 하수관거 보급률 낮음(관거시설 부족)
2) 오접합에 따른 불명수 유입
3) 하수관거 내 퇴적물 저농도 하수의 유입

3. 수처리시설

1) 수량·수질 변동이 심함
2) 슬러지 처리문제
3) 처리시설 용량 부족 : 수처리시설의 용량의 부적정, 슬러지처리시설의 부족
4) 처리공법 부적정 : 현장여건을 무시한 획일적 공법·공정 도입
　　(장기포기법, 접촉산화법, 산화구법, 회전원판법, SBR, 토양트렌치법 등)
5) 시설운영관리 부족
　- 시설의 적정 성능유지 및 관리미흡
　- 영양소(T-N, T-P) 제거효율 저조
　- 기계고장 장기간 방치(스크린, 송풍기, Airlift pump, 소독설비, 전기·계장)
　- 농촌마을 내 2차 환경오염 유발(기계소음, 악취)
　- 유입농도 변동에 관계없는 일률적인 운전행태
6) 처리공법 문제
　- 고농도 유기물 또는 영양물질 제거 곤란 : BOD, T-N, T-P 등 방류수수질기준 초과
　　많음, 국내 기존공법 모두 1~2항목은 방류수 기준 초과
　- 적용공법(100여개)로 너무 많음

- 영세한 마을하수도 업체들의 도산후 공법에 대한 A/S 불가능
- 토양침윤트렌치공법 주변지역의 토양오염,
- 공법 난립으로 인한 유지관리의 문제
- 동일 지자체내에 공법의 원리나 운전방법이 상이한 시설들이 설치·운영
  (일본의 경우 동일원리의 공법 채택)
- 무인운전과 순회점검 시스템에서 유지관리에 상당한 어려움

Ⅱ. 대책

1. 운영관리

- 통합운영관리시스템 구축, 무인자동운전 및 원격감시시설을 활용
- 환경공영제(전문기관 위탁) 채택
- 공무원 순환보직 자제, 인센티브 제공, 재정지원
- 현행 방류수 수질기준에 대한 차등적용방안 모색
- 마을하수도시설에 대한 지역주민의 자발적인 관리감시 의식고취
- 농촌지역 상하수도요금의 현실화

※ 환경공영제

(1) 경기도는 팔당호 수질개선을 위해 팔당특별대책지역내 무분별하게 산재된 음식점, 숙박시설, 다가구 공동주택 등의 오수처리시설 등에 대하여 정부에서 비용을 보조(50%)하여 고효율의 설비로 변경하고 정부인정 전문관리업체에 위탁(주 1회 정도)하여 처리하고 있다.
(2) 주요내용

  ┌─ 기존 오수처리시설 기술진단 및 시설개선
  ├─ 오수처리시설 등을 위탁관리업체가 관리토록 지원
  └─ 소규모 축산농가에서 발생한 축산폐수는 무상수거하여 재활용시설에서 처리

2. 수처리시설

- 고도처리공법 기술의 적용
- 공법선정시 전문가그룹의 적극적 활용과 철저한 기술적 검증을 통한 처리공법을 선정
- 슬러지의 공동처리

3. 관거시설

- 유입수질 상황에 따른 하수관거시스템 개선
- 오수분류식 또는 자연배수시스템(NDS)으로 관거 정비

하수연계처리

Ⅰ. 연계처리시 일반검토사항

1. 경제성
 - 연계처리를 위한 관로설치공사비와 자체처리시설을 설치할 경우 시설비용을 비교
 - 연계처리로 인한 하수처리시설의 용량증가에 따른 증설비용과 자체처리시의 경우 비교

2. 환경성
 - 연계처리시 부하량 증가분에 따른 방류수질과 자체처리시의 방류수질 비교
 - 연계처리시 유입수질 증가에 따른 탄소공급원 대체효과 검토
 - 자체처리시 악취발생에 따른 주민과의 민원 마찰 검토

3. 기술성
 - 연계처리시 하수처리장 내 전처리 공정추가에 따른 검토
 - 연계처리시 고부하시도 방류수수질기준 이하로 처리가 가능한 지 검토
 - 연계처리시 유입수질 증가에 따른 탄소공급원 대체효과 검토

Ⅱ. 각종 폐수의 연계처리방법

구분	연계처리방법
1. 공장폐수	· 단독공동처리에 의해 "나"지역 기준이하로 전처리 후 하수연계 · 하수처리장 적정 C/N비 유지를 위해 배출허용기준을 별도로 완화적용할수 있음.
2. 축산폐수	· 하수처리장 용량대비 1%, 유기물 부하량 대비 5% 이하로 전처리 후 하수연계 · 유기물 부하량이 10% 이상시 처리장 용량 증설
3. 분뇨	· 기존에 소화조가 설치되어 있는 경우 분뇨를 소화조에 직투입 · 소화조 상징수를 포기조 유입시 C/N비가 악화될 수 있으므로 C/N비 확보대책 마련
4. 침출수	· 우천시 침출수 전처리수는 연계하지 않고 저류조 등에 저장하여야 한다. · 하수처리장 유입량 대비 2% 정도만 연계처리, 그 이상시 처리장 용량증설 검토
5. 음식물쓰레기	· 전처리 후 소화조로 균등하게 이송시켜 소화시킨 후 여액을 처리하는 방식 · 대구 신천하수처리장은 여액처리를 위해 2005년 병합처리시설 용량증대

Ⅲ. 하수 연계처리의 장단점

장점	단점
· 건설비, 유지관리비 절감 · 유지관리가 용이 · 질소인 등 영양염 상호보완	· 독성물질 유입으로 미생물 불활성화 · 중금속이 함유되어 퇴비화가 어렵다. · 고부하시 처리수질 악화우려가 있다.

Ⅳ. 법적 규제수질

1. 공장폐수, 매립장 침출수의 연계처리수질은「수질 및 수생태계 보전에 관한 법률」시행 규칙 별표 9에 근거하여 "나"지역의 배출허용기준이 적용된다.

   ※ 배출허용기준

구분	BOD	SS	COD	T-N	T-P	비고
청정지역	30 (40)	30 (40)	40 (50)	30	4	Ⅰa 등급 정도의 수질
가 지역	60 (80)	60 (80)	70 (90)	60	8	Ⅰb~Ⅱ등급 정도의 수질
나 지역	80(120)	80(120)	90(130)	60	8	Ⅲ~Ⅴ등급 정도의 수질
특례지역	30 (30)	30 (30)	40 (40)	60	8	공동처리구역, 농공단지 등

   ( )의 수치는 2,000CMD 미만인 경우 적용한다.

   주) "나"지역 : "수질 및 수생태계 환경기준" 보통(Ⅲ)~나쁨(Ⅴ) 등급 정도의 수질을 보전하여야 한다고 인정되는 수역의 수질에 영향을 미치는 지역으로 환경부장관이 정하여 고시하는 지역

2. 축산·분뇨·침출수 연계처리시 처리장 설계시 유입량 대비 T-N·T-P를 10% 이내로 전처리 후 연계처리

Ⅴ. 결론

1. 하수처리장과 거리가 먼 공단의 경우 자체처리, 산재공장은 하수연계가 바람직하다.
2. 자체처리의 경우 처리비용 절감을 위해 무단방류 또는 처리시설을 가동하지 않는 사례가 있고, 연계처리의 경우에도 시계열로 수량·수질의 변화가 크므로 수질 TMS제도가 정착되어야 한다.

공장폐수의 하수연계처리

- 공장밀집지역이 하수처리장과 가까운 경우, 멀더라도 관거가 양호한 경우로서 유기성폐수가 주종을 이루고 있으면 혼합처리가 바람직하다.

⇒ 공장폐수 연계처리를 위한 배출허용기준은 "수질 및 수생태계 보전에 관한 법률" 시행규칙 별표 9에 근거하여 "나"지역의 배출허용기준이 적용된다.

처리용량	BOD · SS	COD	T-N	T-P
2,000㎥/일 이상	80	90	60	8
2,000㎥/일 미만	120	130	60	8

Ⅰ. 생분해성의 유무

┌ 폐수성분의 생분해유기물이 충분한 경우 : 폐수 → 하수연계
└ 폐수성분의 생분해물질이 불충분한 경우 : 폐수 → 공동처리·전처리·단독처리 → 하수연계

Ⅱ. 배출업소의 규모

┌ 소규모 폐수배출업소는 유사업종별 공동처리하여 하수연계
├ 소규모 폐수배출업소로서 특정유해물질 함유폐수는 통상 전처리 후 하수연계
└ 대규모 폐수배출업소는 통상 단독처리하여 하수연계

Ⅲ. 제해시설의 설치

- 공공하수처리실설로 연계처리할 경우 단독·공동처리에 의해 전처리해야 한다.

제해(除害)시설

Ⅰ. 개요
1. 공장폐수 등을 하수처리장에서 하수와 연계처리할 경우 하수처리시설에 유입시키기 전에 활성슬러지 미생물의 생장에 영향을 주는 충격부하물질을 사전 배제해야 한다.
2. 재해시설 계획시 철저한 사전조사 후, 처리방법을 강구한다.

Ⅱ. 종류별 제해시설 (9가지)
- 공장폐수 등을 하수와 연계처리할 경우 단독·공동처리에 의해 전처리해야 할 항목

항 목	예상 문제점	대 책
1. 고온폐수 (수온 45℃ 이상)	· 악취 발생, 관거침식	· 냉각탑에서 냉각
2. 산알칼리폐수 (pH 5이하, pH 9이상)	· 구조물 침식	· 중화설비 설치
3. 유지류 (30mg/L 이상)	· 관거 벽에 부착하여 관거폐쇄	· 부상분리, 유수분리장치
4. 대형부유물	· 관거 폐쇄	· 스크린설비에서 수거
5. 침전성 물질	〃	· 침전지에서 수거
6. 고농도 BOD폐수 (통상 300mg/L 이상)	· 미생물 불활성화 또는 사멸	· BOD 농도 경감
7. 독성물질 및 중금속류 (특정유해물질1) 포함)	〃	· 독성물질 사전처리(이온교환법, 응집침전법, 활성탄처리법 등) · 중금속류 사전처리(수산화물(응집)침전법, 환원침전법, 황화물침전법, 이온교환수지법 등)
9. 사람·가축 및 기타에 피해를 줄 수 있는 폐수		
10. 기타 하수도시설을 파손 또는 폐쇄하여 처리작업을 방해할 우려가 있는 폐수,		

※ 특정유해물질

- Pb, Cr, As, CN, Cd, Hg(납크비시카수), 유기인, 페놀류, TCE, PCE 등 25종
  - 순도가 높고 단일성분의 폐수 : 주로 이온교환법
  - 복합성분폐수 : 주로 응집침전, 기타 활성탄처리 등

분뇨·축산폐수 등 연계처리시 전처리 수질기준 및 장단점

I. 개요

1. '95년 이전까지는 공공하수처리시설의 방류수 수질기준에는 영양염류 물질인 종질소 및 총인은 포함되지 않았으나, 하천 및 호소에 부영양화 문제가 대두하게 됨에 따라 '96년부터 동 처리시설의 방류수 수질기준에 종질소 및 총인에 대한 기준이 제정되어 분뇨·축산폐수, 쓰레기 매립시설의 침출수 등에 대한 연계처리 개념의 재정립이 필요하게 되었다.

2. 분뇨·축산폐수, 쓰레기 매립시설의 침출수, 음식물쓰레기 탈리액, 공장폐수 등의 유입량은 적으나 종질소 및 총인농도가 생활하수(T-N 약 45mg/L, T-P 6mg/L)보다 매우 높아(T-N 약 2,000~4,000mg/L, T-P 50~500mg/L) 이를 연계 처리할 경우 하수처리의 효율성이 떨어지므로 연계 전처리 수에 대한 수질기준 설정이 필요하다.

3. 한편 이와 반대로 실재 구미하수처리시설의 경우 '99년도에 고도처리시설 설치사업추친을 위한 설계용역과정에서 실제유입수질(BOD)을 분석한 결과 약 78mg/L를 유지하고 있어 고도처리를 위한 적정 C/N비 유지곤란 등의 문제가 대두됨에 따라 이를 개선하기 위하여 전체 유입량의 2/3를 차지하고 있는 산업폐수에 대한 배출허용 기준을 별도로 완화 지정·고시(기존 "나 지역" 기준)하는 등의 대책을 통하여 유입수질을 적정하게 확보하는 것으로 설계한 바 있다.

II. 연계처리시 전처리 수질기준

1. 분뇨 및 축산폐수, 침출수

1) 분뇨 및 축산폐수에는 고농도 질소 및 인이 함유되어 있으므로 공공하수처리시설에 연계 처리하는 경우, 처리시설의 정상운전에 지장을 주지 않도록 연계 전처리수(축산폐수, 분뇨, 침출수)의 총질소의 오염부하량이 하수를 포함한 전체 유입오염부하량의 10% 이내까지 전처리한 후 연계 처리 하여야 한다.

2) 공공하수처리시설에 일시적인 충격부하를 주지 않도록 일정한 유량을 지속적으로 균등 투입할 수 있는 조정조 또는 펌프 등의 설비가 필요하다.

3) 우천시 분뇨, 축산폐수, 침출수 등의 전처리수는 하수관거에 연결 유입을 원칙적으로 금지 (대책 : 저류조 등을 설치하여 대비하여야 한다.)

⇒ 분뇨 및 축산폐수의 전처리수를 하수 차집관거에 연결하여 유입하는 경우에는 우천시 분뇨 등이 우수토실을 통하여 미 처리된 상태로 하천으로 유출되어 수질오염을 가중시킬 수 있다.

2. 분뇨, 음폐수 등

1) 현재 국내에서는 전처리(협잡물, 토사류 제거) 후 저류조 및 유량조정조에서 안정화시킨 후 기존하수처리장의 하수와 혼합처리하는 방식과 전처리후 소화시킨 다음 상징수는 하수처리장으로 이송시켜 하수와 혼합처리하는 방식 2가지 있다.

2) 기존에 소화조가 설치되어 있는 하수처리시설에 분뇨 또는 음폐수 등을 연계 처리할 경우에는 분뇨 또는 음폐수 등을 소화조에 직투입하여 처리하여도 소화조 운영에 지장을 초래하지 않을 경우에는 이를 적극 설계에 반영 하여야 한다.

⇒ 소화조에 분뇨 또는 음폐수 등을 직투입할 경우 유기물은 제거되나 영양염류는 거의 처리되지 않으므로 소화조 상징액을 하수처리장에 유입시 유입수의 C/N비가 더욱 악화될 것이므로 이에 대한 대책을 강구해야 한다.

3. 축산폐수

1) 하수처리장의 용량에 대해 축산폐수 처리량이 1% 이내일 것

2) 하수처리장으로 유입되는 축산폐수의 유입유기물 부하량이 하수처리장 부하량의 5% 이내일 것(유입 유기물 부하량이 5% 이상 증가하면, 하수처리장의 처리효율에 지장을 초래하고, 10% 이상이면 하수처리장의 증설 또는 확장이 요구된다)

4. 쓰레기 매립시설의 침출수

1) 침출수를 하수종말처리시설에 유입처리하는 경우 생물학적 처리에 악영향을 미치는 유해물질이 함유되어 있을 수 있으므로 매립장에서 "나 지역" 배출허용기준까지 전처리하여야 한다.

2) 다만, 침출수를 포함한 연계 전처리수(축산폐수 분뇨 등 포함)의 총질소 특히 암모니아성질소의 유입오염 부하량이 하수를 포함한 전체 오염부하량의 10% 이내로써 처리시설의 정상운전에 지장을 주지 않을 것으로 판단되는 경우에는 별도의 유입수질을 적용할 수 있으며, 이 경우에는 우천시 침출수 전처리수를 하수차집 관거로 유입시키지 않아야 하며 이에 대비한 저류조 설치한다.

⇒ 침출수는 차량이용 소화조 투입시 BOD는 20,000mg/L 이하로, 관로유입시 1,500mg/L이하로 전처리 한다. ('09년 서울시 하수도정비기본계획)

5. 공장폐수를 유입시키는 경우 전처리 수질 기준

1) 합류식 차집관거에 배수설비를 연결하는 폐수배출업제의 설계유입 수질은 "나 지역" 배출허용기준을 적용하여야 한다.

2) 분류식 지역에서는 "나 지역" 배출허용기준 또는 "수질 및 수생태계 보전에 관한 법률"의 규정에 의한 별도 배출허용기준을 적용하여야 한다.

Ⅲ. 하수연계처리의 장단점

- 연계처리시 예상되는 장점과 문제점은 도시하수에 대한 각종 폐수의 부하율, 폐수로 인한 영향(농도, C/N비, 중금속 등) 여부의 정도 등 여러 가지 요인에 따라 각각 달라진다.

1. 장점

1) 경제적 측면(처리 규모의 경제성)
- 각 폐수 배출원인 폐수처리시설의 <u>투자비 및 유지관리가 절감된다.</u>
- 신설투자비 및 유지관리가 적게 든다.
- 소요 부지 축소

2) 기술적 측면(폐수 혼합으로 인한 향상된 처리도)
- <u>유지관리가 용이하고 방류수역의 수질관리가 효율적이다</u>
- <u>질소, 인 등의 영양소를 상호보완</u>

3) 법적, 제도적 측면
- 사업장별 처리시설 관리가 필요 없다.

2. 문제점

1) 합병처리시 시설이 확장되는 경우, 하수처리장 용량이 따라서 증가되어야 하나, 처리 용량이 능동적으로 대처하지 못한다.

2) 폐수가 하수관거나 처리장에 손상을 일으키거나

3) 처리장의 유지관리가 어려 울 수 있다.
- 독성물질 유입으로 미생물 불활성화
- 고부하시 처리수질 저하
- 중금속 함유로 퇴비화가 어렵고, 처리효율도 저하

분뇨 및 음폐수 등의 하수처리장 소화조 연계처리시 검토사항

1. 분뇨 및 음폐수의 처리용량
- 하수처리계통 및 슬러지처리계통을 고려한 여유용량 만큼으로 한정하는 것이 원칙이다.
- 유입지점은 혐기성소화조에서 소화과정을 거친 후 소화상징수를 수처리시설로 반송한다.
- 차량수송의 경우 일정시간 간격으로 나누어 주입하도록 한다.

2. 전처리방법
- 협잡물 및 모래성분은 사전 제거한다.
  - → 협잡물 종합분쇄기를 많이 사용함
- 드럼스크린이나 분쇄기, 침사제거설비 등의 설치를 검토한다.

3. 운전방법
- 혐기성소화시 슬러지와 분뇨를 혼합처리하지 말고 여러 개의 소화조 중에서 하나를 선택하여 분뇨 및 음폐수만 분리시켜 처리하도록 한다.
- 유입되는 분뇨 및 음폐수의 특성을 파악하여 적절한 부하량을 선정하여 체류시간을 조정하고 가스생산량과 소화슬러지량 등도 고려한다.

4. 상징수 처리
- 상징수는 전처리시설에서 총인, 총질소 농도를 낮추어 침사지나 1차침전지로 반송하는 것이 처리효율면에서 유리하다.
- 하수처리용량이 충분하여 포기조로 반송하는 경우 포기량, 거품 제거 등을 고려한다.

5. 현장추세
- 최근에는 하수도보급률의 증가, 하수처리시설의 확충, 분류식 하수도지역의 확장 등으로 분뇨 및 개인하수처리시설 슬러지 발생량이 급격히 줄어들면서 분노처리시설은 과도기적인 시설로 간주되어지고 있다. 즉 분뇨의 하수처리장 공동처리가 필요하다. (분뇨처리시설 시설비 절감, 분뇨처리 악취민원 해결)

※ 분뇨의 단독처리방법

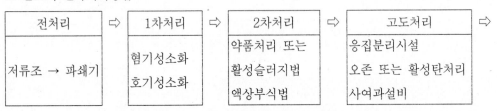

전처리	⇨	1차처리	⇨	2차처리	⇨	고도처리	⇨
저류조 → 파쇄기		혐기성소화 호기성소화		약품처리 또는 활성슬러지법 액상부식법		응집분리시설 오존 또는 활성탄처리 사여과설비	

밀폐공간 질식사고 예방수칙

Ⅰ. 밀폐공간 질식사고 원인
1. 밀폐공간 질식 사망사고가 자주 발생하는 장소는 상하수도 맨홀, 오폐수 처리장 등으로서, 이러한 사고는 점검, 보수, 시공 작업시 특히 많이 발생하며, 특히 여름철에 집중 발생
2. 밀폐공간 질식 사망사고는 적정공기 상태가 아닌 곳에서 주로 발생
    ⇒ "적정공기"란 산소(O_2)농도 범위가 18~23.5%, 탄산가스(CO_2)농도가 1.5% 미만, 황화수소 (H_2S)농도가 10ppm 미만 수준의 공기
3. 산소가 없는 공기를 흡입하게 되면 흡입하자마자 혼절하여 수분 이내에 사망함.
4. 또한, 탱크나 용기 등의 설비 내부에 질소, 아르곤, 이산화탄소 등 외부물질이 들어가면 산소가 외부로 빠져나가(치환되어) 산소가 거의 없는 공간이 조성됨.

Ⅱ. 밀폐공간 질식사고 예방수칙
1. 작업자에 대한 사전 안전보건교육 실시
- 밀폐공간에 출입하는 근로자에서 가스농도측정방법, 환기방법, 송기마스크 착용방법, 응급처치방법 등 교육 실시
- 작업절차서에 "밀폐공간 출입시 예방조치"를 포함시킬 것.
2. 밀폐공간 출입작업 발생시 안전보건수칙 준수
- 밀폐공간 작업시작 전(출입전) 및 작업중(휴식후 재출입 등)에 적정공기상태가 되도록 환기, 공기상태가 적정한지 산소농도측정기, 유해가스농도측정기 등으로 확인
- 밀폐작업 근로자 외 다른 사람의 밀폐작업장소 출입금지 및 질식위험 경고표지판 부착
- 밀폐공간에 출입해야 하는 경우 반드시 감독자에게 알리고 외부에 감시인을 1명 이상 배치한 후 다음 절차에 따라 출입한다.

절 차	내 용
공급가스 차단 등	· 출입공간내로 공급되는 가스 등이 있는 경우 공급배관 등을 차단
내부공간 환기	· 환기팬을 이용하여 출입장소의 내부공간에 대한 환기를 실시하여 적정한 공기상태 유지
구조용 로프 착용	· 응급상황시 신속한 구조를 위하여 구조용 로프 등을 착용 후 출입(구조용 삼각대 사용권장)
호흡용 보호구 착용	· 밀폐공간은 질식위험성이 상시 존재하므로 출입시 공기호흡기나 송기마스크 등을 착용
외부감시인 배치	· 외부감시인 배치 하에 밀폐장소 출입

상하수도공사의 안전사고

Ⅰ. 하수도공사 안전사고 발생현황

1. 인부사망 재해유형 : 붕괴(34%), 낙하(18%), 협착(12%), 추락(10%), 그 외 충돌, 전도, 감전, 익사 등

2. 주요작업공종 : 터파기작업, 가시설 설치, 모래부설, 관부설, 되메우기작업 등

Ⅱ. 건설현장 재해(인부사망)사례 및 안전대책

재해 종류	사 례	안전대책
굴착작업시 재해	· 과굴착/수직굴착/흙막이지보공 미설치에 의한 붕괴 · 흙막이지보공 설치 불량에 의한 붕괴 · 굴착법면 상단에 과하중 적치에 의한 붕괴 · 굴착법면, 배면 우수지하수 유입에 의한 붕괴	· 지반붕괴위험이 있는 경우 흙막이지보공 설치 등 위험방지 조치
관거 운반·부설시 재해	· 자재 적치 불량에 의한 협착, 자재 운반시 낙하 · 관거 부설작업시 협착충돌, 콘크리트 타설시 붕괴	
되메우기작업 및 유지관리	· 다짐장비에 의한 협착, 덤프트럭에 의한 협착 · 장비불량에 의한 재해	· 위험지역 출입통제 · 장비 사전 점검
질 식	· 상수도관 맨홀 출입시 질식 · 오수관로 확인중 질식 · 맨홀 하부슬러지 제거작업시 유해가스의 발생	· 작업전 산소농도 측정, 환기실시 · 개인보호구 지급/착용, 대피용 기구 비치 · 관리감독 철저, 특별안전보건교육 실시
감 전	· 굴뚝 도색작업 중 충전부에 접촉되어 감전 · 타일부착용 몰탈 배합중 몰탈믹서에 감전 · 작업등 설치 중 충전부에 접촉되어 감전	· 전기기계기추의 충전부 방호조치 · 누전차단기 정상가동 확인
익 사	· 하수암거공사 중 국지성 폭우로 휩쓸려 들어감 · 복개구조물 내부준공사진 촬영시 폭우로 휩쓸려감	· 위험시 작업중지 및 대피 등 비상 대응 · 하수암거 내 작업시 연락설비 설치 · 대피용 기구의 비치
폭 발	· 에폭시코팅 등에 의한 가연성 유해가스가 존재시 불꽃 작용에 의한 폭발 · 혐기성 메탄가스가 존재시 용접에 의한 폭발	

제 12장   용어정리

상수도

ALT비

· 알루미늄 투입율의 지표 : $ALT비 = \dfrac{알루미늄\ 투입량}{탁도}$

· ALT비 낮으면 슬러지 발생량 줄임. 농축·탈수성 증가됨. 농도높음

· 응집·침전조작에서 가장 낮은 ALT비 선정이 효율적인 정수처리 조작

· 정수장 슬러지 처리의 요점 : 응집제 주입량 적게

AOP (고도산화공정)

· 일반적인 산화제(산소, 오존, 염소)로 분해할 수 없는 화합물을 분해할 수 있도록 하는 OH 라디칼을 생성하여 유기물을 산화·분해하는 공정

· 분류 (오존에 기초를 둔 공 공정) : O_3/H_2O_2(PEROXONE), O_3/UV, $O_3/high\ pH$, 펜톤산화 등

· AOP는 소독공정에는 사용 안함 (매우 낮은 농도에서 긴 체류시간 필요)

· AOP는 낮은 COD를 가진 하수에 적용 (경제성), 하수내 탄산염, 중탄산염이 높은 경우 효율이 저하됨(고형물질, pH, 잔류 TOC의 영향)

CT값 증가방법

· 염소투입시설의 개선 : 디퓨저, 다공디퓨저 설치 (T_{10}/T값이 0.7로 향상)

· 도류벽 설치, 정수지 수위를 높게 유지

· 소독제농도 증가, 소독방법의 개선, 전염소 투입

· 온도 증가, pH를 7 이하로 유지, 소독 전단계의 효율증가

EBCT (공상체류시간)

· 공상체류시간(활성탄을 비운 상태에서의 수리학적 체류시간)을 말하며, 활성탄의 사용량에 직접 영향을 주는 설계인자이며, EBCT가 충분하면 활성탄은 평형흡착량까지 사용 가능

· EBCT = 여과지내 활성탄의 용적(V) / 처리수량(Q)
  EBCT는 5~30분이 적당하며 EBCT가 클수록 처리효율이 좋다.

· 활성탄의 접촉방식별 분류 : 고정상식(중력식, 가압식), 유동상식

$$
\begin{array}{ll}
\text{선속도 (LV)} & = \text{처리수량(Q) / 흡착지면적(A)} \\
\text{공간속도(SV)} & = \text{처리수량(Q) / 활성탄용량(V) = 1/EBCT} \\
\text{탄층고 (H)} & = \text{EBCT} \times \text{LV}
\end{array}
$$

Log제거율

· 수중미생물을 몇 % 제거할 수 있는지를 나타내는 비율

$$\%제거율 = 100 - (100/10\text{log제거율})$$

예) 1Log = 90%, 2Log = 99%, 3Log = 99.9%

· log제거율 향상방안

┌ 소독공정 전 : 탁도 관리, 탁질 유출 방지
└ 소독공정 내 : CT값 향상, 불활성화비>1 유지

NOM

· 천연유기물질(Natural Organic Matters)을 말하며, Humic Acid와 Fulvic Acid로 구분

┌ Humic Acid : SUVA 4~5, 소수성, 응집 용이, 분자량 큼, THMs와 연관
└ Fulvic Acid : SUVA 3이하, 친수성, 응집 어려움, 분자량 작음. HAAs와 연관

· 정수처리 중요성 : 소독부산물 유발물질

Particle counter(입자계수기)

· 혼화지와 플록형성지가 효율적으로 운영되는지의 여부를 처리수의 입자의 크기에 따라 판단할 수 있으며, 입자의 크기를 측정하는 기기 (입경 2~400㎛ 범위에서 측정가능)
· 막공정의 유입수질 파악에 많이 이용
· 센서부(적외선레이저, 다이오드, 빛 감지기), 장치부로 구성

SCD 및 SCM

· Stream Current Detector 또는 Stream Current Monitor
· 어떤 유체에 압력을 가하면 그 물체의 확산측에 있는 상대이온을 움직이게 하는 전원 또는 전류가 발생하며 이를 측정하는 기기로서, Jar test 대체 분석방법 중의 한 종류
· Jar test 대체 분석방법 : SCD 또는 SCM, 제타전위계, 입자계수기, CAS-T 등

SUVA

· DOC에 대한 UV흡광도의 비, 즉 $SUVA = \dfrac{UV_{254}}{DOC} \times 100$

· NOM 등 난분해성물질과 높은 상관관계를 갖고 있어 소독부산물질(DBPs)의 생성능을 파악하는 지표항목으로 이용

┌ SUVA 4~5 : 주로 소수성 NOM, 방향족, 휴믹산, 고분자량 물질
└ SUVA 3 이하 : 주로 친수성 NOM, 지방족, 펄빅산, 저분자량 물질

T_{10}

· 정수지의 T값은 정수지를 통과하는 물의 90%가 체류하는 시간 (= 10%가 유출된 시간)

· 영향인자 : 정수지 수위변화, 단락류, 사수지역, 밀도류 등 유무, 정수지의 도류벽 설치유무

· 측정방법 : 추적자실험, 이론적 방법

THMs 생성원리

· THMs는 수중의 전구물질(THMFP)이 소독체로부터 가수분해된 유리염소와 반응하여 생성

· 반응경로

　　　┌─ 전구물질 → 할로겐화 → 가수분해 → THMs 생성
　　　└─ 전구물질 → 산화 → 할로겐화 → 가수분해 → THMs 생성

감쇄여과

· 초기에 개도를 조절하여 여과속도의 상한만 제한, 그 이후로는 수위가 일정하도록 유입량
  또는 유출량을 조절 (대부분의 정수장에서 사용되고 있음)

· 정압여과와 비슷

강변여과

· 하천표류수를 모래 등으로 침투하면서 오염물질 등이 여과된 하천수를 간접취수하는 것
  (낙동강 근처 도시)

· 종류 : 간접 인공함양법 (강변여과수), 직접 인공함양법 (인공함양수)

강화응집(Enhanced coagulation)

· 소독부산물의 전구물질인 NOM의 제거목적으로 pH 6±0.5로 조정하여 응집

· 조류 유입시 pH 조정이 어렵고 비용이 비싸다.

· NOM 제거 후 탁도 제거가 유리

결합잔류염소(클로라민)

· 수중에 암모니아가 존재하면 유리잔류염소가 수중의 암모니아와 결합하여 pH, 암모니아농
  도 및 온도에 따라 결합잔류염소를 형성

· 재염소 주입에 사용 : 맛·냄새 없음, 잔류효과 우수, 소독부산물 적게 생성, THMs 미생성

· 모노클로라민, 디클로라민, 트리클로라민이 있으며, 모노클로라민의 소독력이 가장 강력

경사판침전지
· 침전이론에 의하면, 침전지 효율향상을 위해 입자의 침강속도와 침전지 면적을 증가시킬 필요가 있으며, 침전지 면적을 증가시킬 목적으로 설치하는 시설물
· 문제점 : 침강문제보다는 경사판의 운영상 문제가 더 크다.

┌─ 침전지의 용량부족으로 침전효율 저하 발생
├─ 순간적인 부하 증대, 체류시간 부족
├─ 표면부하율 과다시에 침전지의 기능저하
└─ 단락류, 밀도류, 편류 발생, 스컴 발생, 벽체내 조류 성장에 의한 장애발생

· 대 책 : 정류벽 설치

┌─ 경사판 장치의 하단부에 유속감소를 위한 차단벽 설치
├─ 슬러지수집기를 체인플라이트형으로 변경
├─ 하단 슬러지수집기 설치공간의 평균유속을 작게 정류장치 설치
└─ 경사판의 벽체이격거리는 경사판간격의 50~100% 간격 유지 (5~10cm)

고도정수처리에서의 활성탄처리
· PAC, GAC, BAC(오존+입상활성탄)로 분류
· 암모니아성질소 제거를 위해서는 BAC 장치가 필요하며, 겨울철(저수온)에는 처리효율이 저하되므로 하부에 DO공급장치 필요 또는 오존처리와 병행한 오존·활성탄처리공정(BAC) 도입
· 역세척 설비 필요
· 부상여재와 BAC 병용형태 검토 → 조류 제거

고속응집침전지
· 동일조에서 약품혼화, 플록형성, 침전분리가 동시에 이루어지는 침전지로써,
  슬러리순환형, 슬러지블랑킷형, 복합형, 맥동형 등이 있다.
· 탁도범위 10~1,000NTU, 탁도와 수온의 변동이 적고 처리수량 변동이 적어야 한다.
· 밀도류, 단락류의 발생 가능성이 적다.
· 설치면적이 일반침전지보다 작아 부지면적 축소 가능

공칭공경(normal pore size)
· 정밀여과막(MF)의 공경을 직접 측정하는 것이 곤란하여 버블포인트법, 수은압입법, 지표균 등을 이용한 간접법으로 분리성능을 마이크로미터(μm) 단위로 나타낸 것을 말한다.
· 정밀여과막의 공칭공경 0.01μm 이상

균등계수

· 중량비 60%를 통과하는 최대직경을 유효경으로 나눈 값(D_{60}/D_{10})
· 균등계수 하에서 적정유효경을 선택 : 균등계수를 만족하더라도 유효경에 문제(성층현상)가 됨
· 균등계수 범위 : 급속여과 1.3~1.7 이하, 완속여과 2.0 이하

막공정의 분류기준

```
┌─ 공경크기 기준　: MF, UF, NF, RO
│    ⇒ 분리된 공칭크기 : MF(>50nm), UF, 투석(2~50nm), NF, RO, 전기투석(<2nm)
├─ 막모듈　기준　: 판형, 관형, 나선형, 중공사형
├─ 수납방식 기준　: 침지형, 가압형(외장형)
├─ 여과방식 기준　: 전량여과, Cross flow여과
├─ 막재질　기준　: 유기막(셀룰로오즈), 무기막(비셀룰로오즈)
├─ 구동력　기준　: 정압차(MF, UF, NF, RO), 농도차(투석), 전기력(전기투석)
└─ 균질성　기준　: 균질막, 비균질막
```

· 막분리 메커니즘 : 체거름, 용액/확산＋배제, 확산(투석), 이온교환(전기투석)

막공정의 운전방법

· 플럭스(Flux)와 막투과압력(TMP)의 관계에 따라 운전

```
┌─ 시간에 대해 플럭스 고정하고 TMP 증가하는 일정플럭스 방식
├─ 시간에 대해 TMP 고정하고, 플럭스 감소하는 일정TMP 방식
└─ 시간에 대해 플럭스와 TMP가 모두 변동하는 방식 (가장 효과적)
```

막모듈

· 막을 가압하기 쉽도록 압력용기에 적재하거나 조에 침적하여 막을 여과장치로 사용할 수 있는 형태
· 판형 모듈 - 내구성 좋다, 교체비용이 적다.
· 관형 모듈 - 원통형막으로 중공사형보다 내경이 크므로 유속을 크게 할 수 있으나, 처리수 질면에서는 불리
· 중공사형 모듈 - 충진밀도가 큼, 설치면적 적음, 농도분극 영향 큼, 막 교환 용이, 막 지지체 불필요
· 나선형 모듈 - 평막을 나선형 형태로 감아 충진밀도를 높인 방식
· 모노리스형(일체형) 모듈

막분리기술
· 막 양단의 압력차, 농도차, 온도차, 전위차 등의 추진력으로 분리, 농축, 정제하는 기술
· 반투과성 경계막을 이용하여 대상물질을 여과 및 확산에 의해 처리하는 기술

막여과방식에 의한 분류
· 전량여과방식과 Cross-flow방식으로 구분
· 수납방식에 따라 침적방식(침지형)과 케이싱수납방식(가압형, 외장형)으로 구분

```
┌─ Casing수납(가압형, 외장형)   : 펌프로 casing내에 압입하여 여과
└─ 침지형 (침적형)              : 조에 침적하여 수위차나 흡입펌프에 의해 여과
```

막의 막힘현상
· 유입수의 고형물이 공극의 크기(공칭공경)나 분획분자량보다 작은 경우 발생하며 농도분극화를 촉진
· 종 류 : 가역적 오염(Fouling), 비가역적 오염(열화)
· 원 리 : 공극 협소화 → 공극 막음 → 농도분극화 → 겔(gel) 형성
· 제어방법 : 유입수의 전처리, 막의 주기적인 (물리적)역세척, 막의 화학적 세척

```
┌─ 공칭공경      : 정밀여과막(MF)막의 분리성능을 간접법으로 ㎛ 단위로 나타낸 것
└─ 분획분자량    : 분리대상물질 중 막에 의해 90%이상 배제시킬 수 있는 분자크기
                  (UF막에 적용)
```

막의 오염지수
· 나노여과와 역삼투의 전처리시설의 필요성을 판단하기 위한 지표
· 평가방법 : SDI, MFI, MPFI
· SDI : $= \dfrac{100\left[1-(t_i/t_f)\right]}{T}$, 막힘 지표는 SDI 0~2를 기준

  SDI가 높은 경우 막의 수명과 성능저하, TMP 증가

```
· 전처리방법 ┬─ 전처리시설 설치(화학적 침전, 다층여과)
            ├─ 유입수를 염소, 오존 등으로 소독
            ├─ 유입수의 pH를 4~7.5로 조정
            └─ 철·망간 등의 산화방지를 위해 산소 배제
```

배출오존처리방법

┌─ 활성탄흡착분해법 : 배출오존농도가 낮을 경우 적합
├─ 가열분해법 : 350℃에서 1초 체류
└─ 촉매분해법 : 촉매(MnO_2)를 이용, 50℃에서 0.5~5초 체류

· 오존 재이용시스템 구축
· 오존의 국내 대기환경기준 : 1시간 평균 0.1ppm 이하, 8시간 평균 0.06ppm이하

분획분자량

· Molecular weight cutoff, MWCO
· 한외여과막(UF)의 공경을 직접 측정하는 것이 곤란하여 간접적으로 측정하고 분리성능을 분자량의 단위인 달톤(dalton)으로 나타내는 지표로서 분자량을 알고 있는 물질의 배제율이 90%가 되는 분자량을 말한다.
· 한외여과막의 분획분자량 : 10만 dalton 이상

불활성화비

· C·T(계산값)/C·T(요구값) > 1인 경우 미생물을 목표한 만큼 사멸시켰다는 의미
· 총불활성화비는 정수지가 배수지 역할을 겸한 경우 정수지가 총불활성화비가 되며, 배수지가 멀리 떨어진 경우 정수지, 송수관, 배수지의 불활성화비의 총합으로 한다.
· 정수처리기준 – 바이러스(4log) : 99.99%, 지아디아 포낭(3log) : 99.9%,
크립토스포리디움 난포낭(2Log) : 99%

생물활성탄 적용시 문제점

· 정상상태까지 4~6주 정도 운전이 필요 (Pilot plant 운전기간은 최소한 12개월 정도 소요)
· 일정시간 간격으로 역세척 필요
· 타 공정보다 전문적인 운전기술을 필요로 한다.
· 원수중 브롬이온이 상당량 존재시 Bromate를 생성하므로 GAC공정 도입은 바람직하지 않다. → 생물활성탄(BAC) 도입이 필요
· 여과수에만 적용, 원수수질의 용존유기물농도가 높은 경우만 적용
· 전염소처리를 없앤다.

세균부활현상(after growth)

· 염소처리에 의해 매우 감소된 수중의 세균이 시간이 경과함에 따라 재차 증식하는 현상
· 염소보다 살균력이 강한 오존, UV소독 후 후처리로 염소소독이 바람직

소독부산물(DBPs)

· 염소, 이산화염소, 오존 등과 같은 소독제가 주입되면 수중의 유·무기물질과 반응하여 천연
  유기물질(NOM)이 산화되면서 생성된 THMs, 알데히드, 케톤과 같은 생성물질
· 소독부산물의 종류 : 염소계통(THMs, HAAs, HANs), 오존(브롬산이온, 알데히드)
· 영향인자 : NOM이 많을수록, 염소투입량이 많을수록, 접촉시간 길수록, 알칼리도·pH가 높
           을수록, 온도가 높을수록 소독부산물 발생량 증가
· 제어방법 : NOM 제어, 대체소독제 개발, 소독부산물 제어, 상수원 관리(조류 제거)

속도경사(속도구배)

· 수류에서 입자의 속도차에 의해 발생하는 것으로 흐름방향에서 직각인 dy간의 속도차 dv
  로 표시
· 또한, 속도경사(G)는 교반을 위한 동력(P), 교반조 용적(V), 액체의 점성계수(μ)의 함수이다.

$$G = \frac{dv}{dy} = \sqrt{\frac{P}{\mu \cdot V}}$$

 - 혼화조(급속교반)의 G값 : 응집제를 투입하여 급속교반시킬 때 G가 클수록 속도가 큰 유
   선중의 입자가 속도가 작은 유선중의 입자와 서로 충돌·접속하게 되므로 속도경사가 클수
   록 응집효과가 우수하다. 그러나 실제의 응집효과는 교반강도(속도경사)와 접촉시간의 함
   수이므로 Gt값을 적용함이 타당하다. (기계식 혼화 300~700sec, 접촉시간 20~40초, 초
   급속 관내혼합 1,000~1,500/sec, 접촉시간 1초 이내)
 - 플록형성조(완속교반)의 G값 : 응집반응에 의한 미세플록을 완속교반시킬 때 G값이 클수
   록 플록이 대형으로 성장하는 것이 촉진되나 너무 크면 전단력의 증가로 오히려 플록을 파
   괴하는 결과를 초래할 수도 있다. (체류시간 15~30분인 경우, G는 25~75/sec 정도 요구)

여과보조제

· 미세한 콜로이드입자를 함유하는 원수를 여과할 때 여과재의 구멍이 막혀 여과저항이 커
  지고 능률이 저하되는 현상을 방지하기 위해 첨가하는 다공성물질
· 보통 규조토를 사용하며 투입량은 제거되는 고체의 2배 정도 투입
· 첨가방법 : 프리코트여과, 보디피드여과 (두 방법 모두 정밀여과의 일종)

┌─ 프리코트(precoat)여과　：규조토를 여재표면에 층모양으로 부착시켜 여과
└─ 보디피드(body-feed)여과　：규조토를 여과액에 섞어 여과

여과지 시동방수(filter to waste)
· 급속여과지에서 역세척후에 다시 여과를 개시하면 5분 정도 여과수의 수질이 악화되어 탁질이 누출되는 초기탁질누출(turbidity spike) 현상이 발생하므로 여과지 시동방수용 배관을 설치하여 여과수를 배출
· 불량한 여과수 발생원인

    ┌ 여과층이 숙성되지 않았을 때, 여과층을 교란
    └ 공기교반시설 등 우발적 작동, 여과층의 액상화

역세척시 고려사항
· 역세척속도가 0.9m/min 이상시 여재유출 우려
  (유효경 0.6~0.7mm일 경우 0.6m/min이 적정)
· 수온변화가 큰 지역은 수온이 높을 때의 역세척 속도를 기준
  (수온이 낮을수록 역세척 효과 양호)
· 동일한 팽창률이 되기 위한 역세척속도는 여재의 입경에 비례

역세척시기
· 유출수 한계수질에 도달할 때 (가장 타당), 여과지속시간 기준(대부분의 정수장에서 사용)
· 역세척시기 결정기준 : 여과지속시간, 손실수두, 유출수 탁도기준

염소소독 영향인자
· 온도, pH, 암모니아농도, 접촉시간, 산화가능물질, 유기물질, 염소형태, 초기혼합

염소소독 주입률 결정
· 유리잔류염소에 의한 방법 : 염소요구량
· 결합잔류염소에 의한 방법 : 염소소비량

염소주입설비
· 염소저장실 : 계획정수량과 평균주입률로부터 산출된 1일사용량의 10일분 저장
               소규모 : 실린더(50,100, 1,000kg)를 사용, 대규모 : 탱크를 사용
· 주입설비 : 주입방식 - 습식진공, 습식압력, 건식압력식 (습식진공식을 가장 많이 사용)
             주입제어방식 - 수동제어, 정량제어, 유량비례제어, 잔류염소량 비례제어

· 재해설비 : 가스누출경보설비, 중화반응탑, 중화제저장조, 배풍기

 (중화설비): 중화제(가성소다), 중화반응탑(충전탑식, 회전흡수탑, 경사판방식)

· 배관설비 : 염소주입관(PVC 또는 PVC라이닝강관), 배관·밸브류는 내부식성 재료 사용

· 조작실

오존주입설비

· 원료가스공급장치, 오존발생장치, 오존접촉지, 배출오존처리설비, 오존재이용시설

오존주입율 결정방법

· CT 일정제어방식

· 총유기탄소 대비 오존주입률 결정방법

· 오존요구량의 일정제어방식

· 오존주입률 선택

     ── 맛·냄새 제거 　: 0.5~2.0mg/L, 접촉시간 10~20분

     ── 망간 제거 　　: 0.5~1.0mg/L, 침전수에 오존 주입

     ── 1,4-다이옥산 제거 : 낙동강 수계 원수 조사결과, 1.9~6.0mg/L 주입시 38~62.7% 제거. 또한 AOP공정 중 Peroxon공정(O_3/H_2O_2) 운영시 20~30% 추가 제거된 예가 있다.

     ── THMFP 및 THM 저감 : 오존처리로 이미 생성된 THM 저감효과는 거의 없다. 오존처리로 THM 전구물질(부식질 등)이 증가하는 경우도 있지만, 생물활성탄으로 유기물을 분해한 다음 염소소독을 실시하면 THM 생성량은 적어진다.

오존처리시 문제점

· 용존잔류오존과 배오존의 처리

· 소독부산물의 생성 → 브롬산이온(bromate)

· 미생물 재증식(After growth) 우려

· 고가의 오존발생장치와 오존주입설비 필요

· 오존의 적정 주입량 결정

완속여과의 제거메커니즘

· 체거름작용(여층표면), 충돌·차단·침전, 응집·흡착, 생물학적 산화

용존공기부상법(DAF)

· 가압후 진공상태로 되어 기포가 발생하며, 이를 이용하여 침전하기 어려운 조류 등을 제거 하기 위해 사용

· 저탁도, 조류농도가 높을 때 적용

· 표면부하율 10~15m/hr, 체류시간 10~15분,

  수심 1~3.2m → 고탁도 유입에 대비하여 탁도저하를 위한 예비침전지 필요

유효경

· 체분석을 통하여 전체 중량비의 10%가 통과하였을 때의 최대입경(D10)

 - 급속여과 유효경 0.45~1.0mm, 균등계수 1.7 이하

 - 완속여과 유효경 0.3~0.45mm, 균등계수 2.0 이하

응집보조제

· 저수온 고탁도시 주응집제인 Alum의 단점을 보완하기 위해 투입되는 보조제로, 주로 활성 규산 사용

· 종류 : 유기고분자응집보조제(폴리아크릴산[합성], 알긴산나트륨[천연]), 활성규산 또는 규 산나트륨, clay(벤토나이트), fly ash, 분말활성탄 등

· Alum의 단점 : 플록이 가벼워 침전효율 저하

· 주입범위 : 1.5mg/L 정도, 활성화가 과대하면 응고하여 주입장치 막히게 됨.

응집제 첨가시 응집메커니즘

```
├── 이중층압축 (Double layer compression)
├── 반대이온 흡착 및 전하중화 (Adsorption and charge neutralization)
├── 입자간 가교작용 (Adsorption and interpaticle bridging)
├── 침전물의 체거름현상 (Enmeshment in a precipitate)
└── 이질응집 : 동일입자의 표면에서 반대전하를 띠는 현상
```

응집제

· 일반응집제 : 황산알루미늄(alum)

· 고분자응집제 : 무기계(PAC, PACS, PAHCS 등)

                유기계(천연·합성고분자) - 폴리아크릴산, 알긴산나트륨

· 가중응집제 : 점토, 모래, 유리

자외선소독(UV소독)

· 원리 : 주파장이 253.7nm의 자외선의 조사에 의해 박테리아, 바이러스의 핵산(DNA)에 흡
수되어 화학변화를 일으킴으로서 핵산의 기능이 상실하게 함으로써 소독효과를 발휘
· Pulsed UV lamp 사용
· 소독이 효과적이다. (바이러스의 불활성화 측면에서 염소보다 효과적)
· 탁도저하를 위한 전처리시설 필요 (고탁도시 소독효과가 적어지므로 탁도 저하 필요)

재염소주입설비

· 후염소처리 후 송배수단계에서의 잔류염소농도가 기준치 이하가 되어 세균의 부활현상(after
growth)이 발생되는 것을 방지하기위해 배수지나 가압장에서 염소를 재주입하는 시설
· 결합잔류염소 주입이 유리 : 잔류효과 우수, 맛냄새 없음, THMs 미생성
· Telemetering system 도입 필요

전단면

· 콜로이드입자의 고정층과 분산층의 경계면
· 제타전위 : 전단면에서의 전위로 보통 ± 10㎹가 적당

전염소처리

· 유입원수의 수질이 악화될 경우 및 시설물의 청결을 위해 응집침전 전에 염소를 주입(파과
점염소주입)
· 세균 제거, 철·망간 제거, 응집침전 효율향상, 암모니아성질소 및 유기물산화, 맛·냄새 제거
· 전염소처리시 소독부산물 다량 발생 → 대안 : 중간염소처리

전처리여과

· 조류 및 탁도 등 부유물질이 많을 때 이들을 제거하여 급속여과지의 부담을 경감
· 경제성(역세척시)에서 불리하여 마이크로스트레이너, 약품투입(오존, 염소 등) 등으로 대체

전하반전(전하역전)

· 응집과정 중 재안정화 단계에서 원래 음이온을 가졌던 콜로이드가 응집제의 양전하에 의
해 어느 정도 전하 반발을 준 이후에 계속 응집제가 증가하면 양전하로 코팅이 되어 양전
하에 의한 전하반발력이 발생하여 재안정화가 일어나 응집에 방해가 된다.
· 대책 : 계속하여 응집제 과량 주입하면 $Al(OH)_3$의 용해도적을 초과하므로 침전물이 생성
되면서 체거름작용(Enmeshment)에 의하여 콜로이드물질이 제거된다. 이 영역은
응집 및 플록화의 중간영역인 "sweep floc 영역"이라 하며, 플록을 재빨리 형성하
여 침전한다.

정류벽(Baffle)

· 외부로부터 영향 감소(밀도류, 편류, 단락류)
· 유수에너지의 국부적 불균형 시정
· 용량효율의 증대 등의 목적으로 설치되는 시설물

정속여과

· 여과수량을 일정하게 조절 (여과속도를 일정유지)
· 부압 발생 우려 (유출측 제어시)

　　┌─ 유입측 제어　 : 부압 발생 적으나, 여과지가 깊어짐
　　└─ 유출측 제어　 : 부압발생 우려 (종류 : 유량제어형, 수위제어형, 자연평형형)

정압여과

· 수위가 일정하도록 유입 또는 유출량을 조절 (여과압력을 일정유지)
· 유입·유출밸브 + 수위계의 조합
· 수질 양호하나 여과지 수가 적을 경우 여과수량의 관리가 어렵다,
· 탁질유출의 위험은 적다.

조정시설

· 약품침전지의 배출슬러지, 급속여과지의 역세척수 등 배출수 처리시설을 말하며, 배출수지
　와 배슬러지지로 구분된다.
· 배출수지는 배수의 시간적 변화 조정, 농축 이후의 일정처리로 연결된 시설,
　배슬러지지는 슬러지의 저류조 기능, 농축조 이후 시설에 대한 부담 경감

직접여과

· 급속여과법에서 약품침전지를 생략한 처리방법으로 비교적 저탁도이며 수질변동이 적은
　곳(10NTU 이하, 원수탁도가 단시간에 변화되지 않을 것)에 적용하는 방식
· 복류수, 강변여과수에 적용
· 가능한 한 고탁도시 급속여과시스템으로 전환될 수 있는 시설로 설치할 것

침전지 단락류

· 침전지의 유입부와 유출부의 부적절한 설계 등으로 인하여 침전지로 유입되는 유입수의
　일부가 유출측까지 짧은 거리의 유선으로 흘러 월류되므로 국부적으로 유속이 빠르게 되
　어 침전지의 침전효율을 저하
· 대책 : 수평유속을 0.4m/sec 이하로 설계, 정류벽 설치

침전지 밀도류

· 침전지 내에서 농도차와 온도차 등으로 층을 이루어 이동하면서 국부적으로 유속이 빨라져 다량의 고형물이 침전지를 월류하여 침전효율을 저하시키는 현상

· 대책 ┬ 또는 도류벽 설치 ⋯ ○
　　　 └ 침전지 복개 　　⋯ △ 또는 × (유지관리가 어렵다.)

침전지 용량결정시 설계인자

· 표면부하율, 평균유속, 유효수심, 슬러지 퇴적심도, 상단의 여유고, 고형물부하율 등
 - 약품침전지의 경우 : 표면부하율 15~30㎜/min, 평균유속 0.4m/min,
　　　　　　　　　　　 유효수심 3~5.5m, 슬러지퇴적심도 30㎝ 이상,
　　　　　　　　　　　 고수위에서의 상단 여유고 30㎝ 이상
 - 고형물부하율은 하수처리장 2차침전지 설계시 고려 (40~125kg/㎡d)

탁도

· 물의 흐린 정도를 정량적으로 나타낸 지표로서 빛의 통과에 대한 저항도
· 유발물질 : 호수(미세한 분산질), 하천(굵은 분산질)
· 정수처리 중요성 : 소독공정에서 병원성미생물 제거
· 종류 : 육안법(JTU), 기기분석법(NTU, FTU)

파괴점 염소주입

· 수중에 암모니아성질소가 포함되어 클로라민을 생성하는 경우 생성된 클로라민을 모두 파괴하고 유리잔류염소로 소독하는 방법으로, 파괴점을 넘어서 유리잔류염소가 존재하도록 염소를 주입하는 방법
· 1g 암모니아 제거시 7.6g의 염소 필요 (실제 10g 정도)

폭기목적

· 침식성 유리탄산 제거, 취기물질(H2S) 제거, 휘발성 유기염소화합물 제거, 용해성 철 제거, 조류의 제거
· 종류 : 분수식, 공기취입식, 폭포식, 접촉식, 충전탑식

표면부하율

· 입자 100%를 제거될 수 있는 침강속도 ($VO = Q/A$)
· 표면부하율이 작을수록 침전효율 증가

플록형성속도(Camp&Stein)

· 응집반응속도(플록형성속도)는 입자접촉횟수의 함수
· 입자의 접촉횟수는 입자의 농도, 교반동력, 입경이 클수록 증가

$$N \,=\, n_1 \cdot n_2 \cdot \frac{1}{6} \cdot \sqrt{\frac{P}{\mu}} \cdot (d_1 + d_2)^3$$

해수담수화법

· 분류

```
          ┌─ 상변화   ┌─ 증발법 … 다단플래쉬법, 다중효용법, 증기압축법, 막증발법(MD)
          │  방식     └─ 결정법 … 냉동법, 가스수화물법
    ──────┤
          │  상불변   ┌─ 막  법 … 역삼투법, 전기투석법, 정삼투법(FO)
          └─ 방식     └─ 용매추출법, 이온교환수지법 등
```

· 다단플래쉬법 : 해수를 저비등점에서 증발시켜 수증기를 획득하고 수증기를 응축시켜 담수화
· 역삼투법(RO) : 용매는 투과시키고 용질은 통과시키지 못하는 반투막의 성질을 이용

활성탄 재생방법

```
   ┌─ 가열재생법   : 건조 → 탄화 → 활성화
   ├─ 약품처리법   : 가성소다로 수세 후 묽은 산으로 중화
   ├─ 산화분해법   : 전극을 가하여 전기분해될 때 발생하는 산소로 유기물을 산화분해
   └─ 미생물분해법 : 유기물을 생물학적으로 산화시켜 활성탄의 표면으로부터 제거하여 재생
```

· 활성탄의 재생 및 교체시기는 파과점을 고려하여 결정
  (처리목표치 → 피흡착물질의 농도가 급격히 상승)

활성탄 등온흡착식

· 활성탄흡착법에서 활성탄의 흡착률은 피흡착제의 형태와 농도, 활성탄의 농도, 접촉시간, 온도 등에 따라 결정되며, 일정온도(등온) 하에서 피흡착제의 농도에 따른 흡착제의 소비량을 나타낸 식
· CT함수로서 T가 일정할 경우 C에 의해 결정되며 그 결과를 수식화한 것
· 종류

```
┌── Freundlich 등온식   : 실험식, 기울기 1/n=0.1~0.5인 경우 저농도에서 효율적
│                                   기울기 1/n>2인 경우 저농도에서 비효율적
├── Langmuir 등온식    : 이론식
└── BET 등온식         : 다분자 흡착모델을 고려, 활성탄 비표면적 산출
```

활성탄

· 다공성 탄소질로 비표면적이 매우 크고, 흡착성이 강하여 내부 세공표면적에 용존유기물질
  을 흡착·농축시켜 제거하기 위한 흡착제
· 처리목적 : 맛·냄새/색도/탁도 제거, 소독부산물과 전구물질 제거, 유기화합물질 제거, 농약
            등의 미량유해물질 제거
· 종류

```
┌── 분말활성탄(PAC)   : 0.05mm 이하, 기존시설 사용가능, 단기적
├── 입상활성탄(GAC)   : 0.3~3mm, 별도 여과시설 필요, 장기적
└── 생물활성탄(BAC)   : 오존 + 입상활성탄 (전염소처리하면 안됨)
```

활성탄흡착제의 조건

· 흡착능, 비표면적, 강도, 경도, 가격, 기체흐름에 대한 저항성

하수도

A/S비(기액비)
· 슬러지 단위중량당 공급하는 공기의 중량비 (☞ 부상분리법에서 가장 중요한 설계인자)
· 고려사항 : 하수처리시 잉여슬러지의 A/S비 2~4%,
　　　　　　　SVI 200 이상시 A/S비 증가, 너무 높은 A/S비는 전단력에 의한 플록파괴

BOD슬러지부하(F/M비)
· 포기조내 유기영양물과 활성슬러지 미생물량의 비
· (표준활성슬러지법 0.2~0.4, A2/O 0.15~0.25 kgBOD/kgMLSS·day)

BOD용적부하
· 단위포기조 용적당 1일 BOD유입량
· (표준활성슬러지법 0.4~0.6 kgBOD/㎥·day)

SRT
· 반응조, 침전지 등의 시스템 내에 존재하는 활성슬러지가 시스템 안에서 체류하는 시간
· 중요성 : SRT가 길수록 MLSS농도 증가, 고도처리 가능, 슬러지발생량 감소, 질소 인 동
　　　　　시 제거시 상반된 SRT 조정 필요

Struvite (MAP ; Magnesium Ammonium Phosphate)
· 폐수중 고농도의 암모니아성질소를 마그네슘과 인산을 첨가하여 화학적 침전물을 형성하
　여 암모니아를 제거하는 공법
· 화학적 처리에 의한 인 제거, 특히 소화슬러지의 인 제거에 많이 이용

TU(Toxicity Unit)
· 폐수를 처리한 뒤 방류한 물에서 24hr동안 물벼룩(Daphnia magna)이 50% 이상 유영저
　해가 없는 것을 기준으로 하여 원폐수인 경우 TU 1, 2배 희석한 경우 TU 2로 표현하
　며, TU 0.6이란 30% 유영저해를 표현한다.

고도처리장에서 저유량·저부하대책
· 설계시 고려사항 : (C/N비)/알칼리도/유량변동률 검토, 외부탄소원 주입여부 및 알칼리도
　　　　　　　　　보충계획 수립, 유량변동률이 클 경우 유량조정조 설치 검토
· 저유량·저부하 대책 : 하수병합처리, 계열화설계, 시운전시 최적운영방안 모색

고형물플럭스 분석
· 침전이나 농축시설의 필요면적을 구하기 위한 분석(칼럼 침전실험으로 얻어진 자료를 기초)
  - 농축조의 고형물부하(플럭스)는 $25{\sim}75kg/m^2{\cdot}d$가 표준
  - 용량은 계획슬러지량의 18시간분량 이하, 유효수심은 4m 정도로 한다.
· 침전지 소요면적 계산방법
  - 단일회분식 침전실험결과에 의한 방법
  - 고형물플럭스 분석에 의한 방법
· "고형물플럭스"란 침전지내에서 어떤 면을 기준으로 할 때 침전되는 슬러지내의 고형물입
    자가 침전지 바닥으로 이동되는 이동량을 말함 (= 단위시간당 단위면적당 고형물량)
$$고형물플럭스 = 중력질량플럭스 + 하류질량플럭스$$
· 소요면적 결정
 ① 총고형물플럭스 곡선의 극소점을 y축으로 수평하게 연결함 점이 한계고형물플럭스이며,
    이 지점에서의 소요면적이 농축조(또는 침전지)의 고형물부하에 의한 소요면적이 된다.
 ② 수면적부하에 의한 소요단면적 계산
 ③ ①과 ② 중 큰 값에 안전율을 곱하여 소요면적을 최종결정한다.

비질산화율(SNR)
· 질산화반응의 측정방법 : 단위활성슬러지량 당 아질산성질소+ 질산성질소의 증가속도 또는
                        암모니아성질소의 감소속도

산소섭취율(OUR) 및 비산소호흡율(SOUR)

  ┌─ 산소섭취율(OUR) : 포기장치에 의해 공급된 산소를 미생물이 이용하는 정도
  └─ 비산소호흡률(SOUR) : OUR과 MLVSS을 함께 표시한 것, 즉 OUR/MLVSS

· 최대비산소호흡률 = 최대산소호흡률/반응조의 MLVSS
 → 미생물 활성도 판단, 유입수내 독성물질 유무 판단, 폐수의 생물학적 처리도 평가
 → 최대 비호흡치가 기준치 60% 이하이면 독성물질 유입으로 판단
 → 연속호흡률측정기로 최대비호흡률 측정 : on-line 측정 가능, 측정 간단·신속
 → 낮은 기질부하량 : 호흡률은 기질부하량에 비례
   높은 기질부하량 : 최대호흡률 (호흡률이 기질부하량에 관계없이 일정)

선택조
· 사상균을 억제하고 비사상균인 플록형성미생물의 성장률을 높여 활성슬러지의 침강성 개
   선을 위해 반송슬러지 라인에 설치 (혐기성선택조가 가장 효과적)

소류속도

· 침사지 또는 침전지 바닥에 침전된 입자가 바닥으로부터 씻겨나가는 유속

  침전된 입자가 다시 떠오르게 하는 임계속도를 소류속도라 함

· 대책 : 침전된 입자 위를 흐르는 수평유속을 소류속도보다 느리게 해 준다.

  　(적정 소류속도 0.2~0.3m/s)

슬러지 탈수방법

· 탈수효율 　: 가압식(Filter) > 여과포(Belt) > 원심식 > 진공식
· 에너지소모 : 원심식 > 진공식, 가압식(Filter) > 여과포(Belt)
· 약품소요량 : 가압식 > 진공식 > 여과포 > 원심식

슬러지 탈수시험법

```
┌─ Buchner Funnel Test(BFT)      : 비저항계수를 측정
├─ Filter Leaf Test(FLT)         : 진공여과기의 운전자료를 제공
└─ Capillary Suction Time(CST)   : 응집제 주입량 결정을 위한 모세관흡입시간 측정
                                   약품첨가 슬러지의 CST는 10초 미만
                                   (값이 작을수록 탈수가 잘됨)
```

슬러지개량

· 슬러지 탈수성을 증가시킬 목적으로 전처리로 물리·화학적 방법으로 슬러지내 입자의 안정
  성을 파괴하여 인위적으로 응결성을 증대시키는 것
· 소화공정에서의 높은 알칼리도를 감소
· 종류 : 세척, 열처리, 약품처리, 오존처리, 냉동, 초음파, 방사선처리, 기계적 처리 등

슬러지 반송 이유

· 외부반송 = 표준활성슬러지법의 반송 : F/M비 및 MLSS농도 유지, 잉여슬러지량 감소, 숙
  　　　　　　　　　　　　　성된 슬러지 반입
· 내부반송 = 고도처리에서의 내부적인 반송 : 탈질효율 증대, 인의 방출속도 증가, 높은
  　　　　　　　　　　　　　MLSS농도 유지

슬러지반송비 결정방법
· 침전성실험, 슬러지층 두께조절, 물질수지에 의한 방법, 슬러지의 특성을 고려하는 방법
· 활성슬러지 건조무게 적용

슬러지벌킹
· 포기조 내 유기물농도가 20mg/L 이하시 발생

· 원인 ┬── 사상균 원인 (낮은 pH, DO, F/M비, 긴 SRT)
　　　 ├── 슬러지 벌킹 (수온 저하)
　　　 ├── 설계상 오류 (단락류 발생)
　　　 └── Nocardia foam (긴 SRT, 축산폐수 유입시)

· 대책 : 반응조 형상을 Plug-flow방식으로 변경, 선택조 설치, 약품 주입, 발생원인의 수정

슬러지부상
· 원인 ┬── 낮은 F/M비, 긴 SRT, 침전지 혐기성상태, 강력한 포기
　　　 └── 슬러지계면의 상승(Xr > SDI 인 경우)

· 질소가스에 의한 부상은 단시간에 발생되며, 혐기성가스에 의한 부상은 장시간에 걸쳐 발생

예비포기조
· 하수관거의 유하시간이 길어 용존산소가 감소되어 발생될 수 있는 혐기화 방지
· 효과 : 냄새 제거, 혐기화 방지, 부유물 침전방지, 유지 제거
· 과산화수소 투입, 폭기식 침사지 체류시간 증대 등 동일효과

잉여슬러지발생량 산정방법
· 유입고형물량과 세포생산량으로부터 산정
· 슬러지 전환율로부터 산정
· 수율을 이용한 세포생산량으로부터 산정
· 수율을 이용한 개략적 산정방법

자체발열 호기성소화(ATAD)

· 호기성소화의 단점인 공기소요량 과다로 동력비 과다, 체류시간(HRT)이 긴 점을 보완하여 자체발열을 이용하여 소화조의 온도를 높여 체류시간을 5~10일 정도로 단축

· 원리 : 미생물이 먹이를 이용하여 세포합성시 발생되는 열량과 내호흡에 의하여 세포감량 시 발생되는 열량을 합하여 자체발열량으로 소화

· 문제점 : 국내 경우 슬러지내 VS함량이 낮아 승온이 어려움, 분뇨이용시 25℃까지 온도 상승 가능, BNR공법시 반송슬러지 중 호기성소화를 하면 질산화미생물을 확보 하여 동절기 온도저하에 따른 처리효율 저하방지, 호기성소화시 기계탈수성능 저 하, 소화과정에서 질소가 제대로 제거되지 못함

전탈질 및 후탈질

· 탈질조(무산소조)가 호기조 전단에 위치하면 전탈질(MLE), 후단에 위치하면 후탈질(질산화 내생탈질법)

```
┌─ 전탈질 : 내부반송 ○, 외부탄소원 주입 ×, C/N비 4이상 필요, 슬러지발생량 적다.
└─ 후탈질 : 내부반송 ×, 외부탄소원 주입 ○, 알칼리도 소비에 따른 pH 저하(NaOH 첨가)
            1차침전지 생략가능
```

포기조의 이상발포

· 원인 : 합성세제의 유입, 발포성세균인 방선균의 과다증식, 수온과 기온의 영향

호기성소화

· 질산화만 이루어지고 질소제거(탈질) 안됨

· 원리 : 1단계(생분해 물질의 직접산화) → 2단계(1단계 생성된 미생물세포의 연속적 산화 및 잉여슬러지 자산화)

기 타

하천과 하수도

· 하수도(하수도법)

 – 하수와 분뇨를 유출처리하기 위해 설치되는 하수관거, 공공하수처리시설, 분뇨처리시설, 배수설비, 개인하수처리시설, 그 밖의 공작물·시설물의 총체

· 하 천(하천법)

 – 지표면에 내린 빗물 등이 모여서 흐르는 물길로서 공공의 이해에 밀접한 관계가 있어 국가하천 및 지방하천으로 지정된 것(하천구역과 하천시설을 포함한다.)

개수로와 관수로

· 개수로

  ┌─ 중력에 의한 흐름(자유수면을 가짐)
  └─ 유량계산은 Manning공식 적용

· 관수로

  ┌─ 압력에 의한 흐름(관 내부의 상부에 여유가 없음), 주로 원형관이 대부분
  └─ 유량계산은 Hazen-Williams공식 적용

수중고형물의 열분해성과 여과성에 따른 분류

· 여과성에 의한 구분 : SS + DS, GF/C 여과 후 105~110℃에서 2시간 건조

  ┌─ SS(Suspended Solid, 부유성 고형물), DS(Dissolved Solid, 용존성 고형물)
  └─ SS는 응집·침전, 막여과로, DS는 오존·활성탄처리로 제거

· 열분해성에 의한 구분 : FS + VS, 600 ± 25℃에서 3시간 강열

  ┌─ FS(Fixed Solid, 강열잔류 고형물), VS(Volatile Solid, 휘발성 고형물)
  └─ FS는 물리·화학적 처리로, VS는 생물학적 처리로 제거

⇒ 강열감량이란 수중고형물을 열분해에 의해 완전연소가능량을 뜻한다.

수압의 SI단위

· 수압의 SI단위는 Pa로 한다.

　- 압력단위로서 Pa는 단위면적당 힘(N/m^2)을 의미

$$100 \text{ kPa} = 1.0332 \text{ kg/cm}^2 = 1atm = 10.332 \text{mmH}_2\text{O} = 760 \text{mmHg}$$
$$1 \text{ Pa} = 1.0332 \times 10^{-5} \text{ kg/cm}^2$$
$$1 \text{ kg/cm}^2 = 98,000 \text{ Pa} = 98 \text{kPa}$$

· kg/cm²에서 Pa로 바뀐 이유

　- 과거에는 지구의 중력에 기초한 kgf 등의 중력계 단위(공학단위)를 공학에서 주로 사용하였으나

　- 지구의 중력범위를 벗어나는 경우가 많이 필요하게 되었고 근자에는 자연과학분야에서부터 SI단위가 사용이 되었고 국제적인 상호교역단위계의 통일이 필요하여 절대계 단위(SI단위)가 국제단위계가 되었다.

　- SI 단위(the International System of Units)

　　　기본단위 … m, kg, sec, A, K, mole, cd 등 7개 항목
　　　유도단위 … N, Pa, J, cal 등
　　　　　　　　　$N = kg \cdot m/s^2$
　　　　　　　　　$Pa = N/m^2$
　　　　　　　　　$J = N \cdot m$

관로의 최소동수압과 최대정수압

· 급수관을 분기하는 지점에서 배수관내의 최소동수압은 150kPa
· 급수관을 분기하는 지점에서 배수관내의 최대정수압은 700kPa
· 직결급수의 최소동수압은 2층건물 150kPa, 3층 200kPa, 4층 250kPa, 5층 300kPa
· 소방용수 이용에 대해서도 소화전을 사용하고 있는 경우에는 배관내에 정압이 확보되어야 하는 것이 필요하지만 화재시에도 100kPa 정도의 최소동수압을 유지할 수 있다면 이상적이다.
· 수도꼭지의 필요압력

　- 세면기 등의 일반수도꼭지는 30kPa, 플러시밸브 등은 70kPa을 최소압으로 하나 일반적으로 100kPa 정도가 적당하다. 수압이 높은 경우 계통별, 세대별로 감압밸브를 설치하여 수격작용, 소음, 기구손상 등을 방지한다.

수처리 패러다임의 전환

· 담수분야의 역삼투압방식(RO) 필터 가격은 10년 전에 비해 1/4으로 하락했고, 전기 소모량도 5년 전에 비해 1/2으로 떨어졌다. 이러한 가격 경쟁력 확보는 시장 확산으로 이어져 2015年에는 RO막을 활용한 담수방식이 전체 시장의 60% 이상을 차지할 것으로 예상되고 있다.

· 화학처리제 관련 시장은 '07년에는 막의 3배 규모인 180억 달러 규모였으나 연평균 3.7%의 낮은 성장으로 2016년에는 250억 달러 수준으로 막여과시스템 시장보다 작아질 것으로 예상된다.

· 물 공급량을 늘리는 방법으로 현재 주목받고 있는 담수화와 더불어 제3의 물산업인 하수 처리수 재이용 시장이 빠르게 성장하고 있다.

기후변화에 따른 물관리 정책방향('11년)

- 현재 100년 빈도의 홍수예방시스템을 4대강사업을 통해 최소 200年 빈도로 강화
- 4대강 사업으로 준설과 보 이외 하·폐수처리장, 하수관거, 총인처리시설 등을 건설
- 물산업 연평균 5% 성장 예상 : 물산업이나 환경산업은 집중적인 투자예상
- 수생태계 복원사업 : 대하천, 습지, 유수지 등 조성
- 병입 수돗물 해외수출

MDG (Millenium Development Goals ; 새천년개발목표)

· 2000.9월 뉴욕 UN본부에서 채택된 "유엔새천년선언'(UN Millenium Declaration)"에 기반을 두어 작성된 범세계적 목표로서 빈곤을 타파하기 위한 8가지 의제이다.

→ 유엔회원국이 2015년까지 이 목표를 달성할 것을 다짐하고 선언함.

- 극심한 빈곤 및 기아의 근절
- 초등교육 의무화 달성
- 성 평등 촉진과 여성의 역량강화
- 아동사망률 감소
- 모성건강 증진
- AIDS, 말라리아, 기타 질병 퇴치
- 환경지속가능성 보장
- 발전을 위한 범세계적 파트너십 개발

공사비

- 공사비 = 순공사비 + 간접공사비
- 순공사비(혹은 직접공사비) = 재료비 + 노무비
- 간접비(or 경비) = 기업이윤, 관리비, 기타보험료, 안전환경관리비 등

하수도통계('08)

· 하수도 보급률 88.6%

· 공공하수처리시설

- 76년 청계천STP(15万ton/d), 79년 중랑STP(21万ton/d)을 시작으로

```
┌─ 500ton/d 이상 403개소(2,443万), 500ton/d 미만 1,991개소(14万)
├─ 10万ton/d이상 48개소(1,915万ton/d), 万ton/d이상 118개소
└─ 고도처리공법(A₂O, SBR등)은 69%로 245개소, 전통적 공법(활성Sl, 장기포기등)은
```

A_2O, SBR등)은 69%로 245개소, 전통적 공법(활성Sl, 장기포기등)은
31%인 112개소 ⇒ 급수용량 1万ton이상 정수장 131개소(전체 23%)

· 하수슬러지 발생량

- STP 500ton/d 이상 연간 280만 중 해양배출(61.6%), 소각(16.3%), 재활용(18.9%), 육
상매립 (3.7%)순으로 처리

· 하수관거 설치연장

- 관거연장 10만km로 기본계획상의 계획연장 14만km의 74%이며, 합류식관거 5만(48%)

· 분뇨처리시설

- 지자체에서 운영하고 있는 시설은 총 196개소(4万), 오수처리시설은 40万개소, 정화조
270万개소이다.

하수처리장 설계시 고려사항

```
┌─ 처리장 소형화·분산화 : 대규모에 비해 비점관리가 용이, 건천화 방지

├─ 유해화학물질 처리 : 난분해성 유기물을 평가 및 관리할 수 있는 TOC 측정방법도입

├─ 무인자동화 : 고장이 적은 계측기 및 자동제어장치 사용

├─ 통합운영 : 관거 및 재이용시설 포함        ├─ 초기우수처리
├─ 지하화 및 상부공원화                    ├─ 에너지 자급
├─ 유역관리 시스템                         ├─ 처리수 재이용 및 악취저감
├─ 생태독성                                ├─ 동절기 및 부하변동시 처리의 안전성
└─ 슬러지는 김포매립지 복토활용 추진        └─ 슬러지 감량화
```

하·폐수의 일반적인 수질

· 도시 하수처리장

 - 유입수질 : 탄산과 탄산염 등 용존, BOD·SS 150, TN 20, TP 5mg/L 정도

 - 초기우수의 유입수질 : 서남STP의 경우 BOD 150mg/L, SS 250mg/L으로 반영

 - 하수 수처리공정별 농도변화(mg/L)

구분	유입수	1침 유출수	2침 유출수
BOD	150	105	8
SS	150	75	8
TN	23	20	7
TP	5	1	1

 - 하수 슬러지처리공정별 고형물비(%)

구분	고형물비(%)	함수율(%)
생슬러지	5 (유기물 65%)	
잉여슬러지	2	
농 축	10	90
소 화	15	85
탈 수	25 ~ 35	75 이하
건 조	80	20

 - 반류수 : 유입유량대비 1~3%, 유입부하량(BOD·TN·TP)대비 20~30%(최대40~70%), BOD·SS 2000, TN 400, TP 90mg/L 정도

· 분뇨 : BOD 25000, TKN 4000, TP 650mg/L 정도

· 부패식 정화조 정화율(%) : BOD·COD·SS 50%, TN 25%, TP 0%

· 축산폐수 : 소독약과 같은 독성물질, 악취·색도 유발물질함유, BOD·TS 5000~50000, TN 5000, TP 500mg/L 정도

· 매립장 침출수 : 수질은 매립기간 및 강우량 변동에 따라 변화폭이 크지만 통상 COD 1,000~5,000 mg/L 정도로서 각종 난분해성 물질 TN TP 중금속 악취·색도 유발물질을 함유하며, 특히 TN은 매립기간과 경과와 함께 상승하는 경향을 보임.

　　　　　　기본계획('09년 서울시 하수도정비)상 차량이용 소화조 투입시 BOD는 20,000mg/L 이하로, 관로유입시 1,500 mg/L이하로 전처리해야 한다.

· 염색폐수 : 중금속 소독약 유기용제 등의 독성물질, 염료 유기염소화합물 등의 난분해성물질 함유

· 금속·도금·섬유·전자·화학 공장폐수 : 중금속과 난분해성물질 함유

빗물펌프장 펌프형식 선정

· 비교회전도에 의해 축사류 선정 : 전양정이 항시 4m 이하일 때는 축류펌프가 경제적이지만, 규정양정의 130% 이상으로 되면 소음 및 진동을 발생하여 축동력이 급속하게 증가하므로 빗물펌프는 일반적으로 입축사류펌프를 적용한다.

· 입축형의 특징 (횡축형과 비교)

장 점	단 점
· 횡축펌프에 비해 설치면적이 적다.	· 부식 우려가 있고 유지관리가 복잡하다.
· 임펠러가 수중에 있고 캐비테이션 염려가 적다.	· 분해 조립이 불편하다.(전체를 들어내야 함)
· 기동시 만수조작이 불필요하여 진공펌프 등 부속기기가 필요 없다.	· 원동기가 특수형으로 되어 고가
· 빗물펌프장에서 사용실적이 많다.	· 설치작업시 고도의 기술을 요한다.

상하수도 요금('09)

· 정수장
 - 생산원가 762원/톤, 수도요금 610원/톤 (현실화율 80.1%)
 - 전력소모량 톤당 0.25kWh (톤당 25원 정도)
· 하수처리장
 - 처리원가 715.6원, 하수도요금 274원 (현실화율 38.3%)
 - 전력소모량 톤당 0.3kWh (톤당 30원 정도)

정수장 유지관리비('08)

· 서울시 정수장 정수생산원가 : 117원/톤
· 서울시 평균 유지관리비(인건비 + 전력비 + 약품비) : 45원/톤

```
┌─ 원수비   : 24원    ┌─ 수선비   : 6원
├─ 전력비   : 18원    ├─ 기 타    : 41원
├─ 약품비   : 7원     │
├─ 인건비   : 20원    └─ 계      : 117원
```

· 약품비

```
┌─ PACl(17%), PACS(17%)   : 320,000원/m³
├─ 양이온폴리머           :   3,000원/kg
├─ 액체염소               :     400원/kg
└─ 가성소다               :     200원/kg
```

생산량 1㎥당 전력량 및 전기요금(산업용 대략 65원/kWh)

- 역삼투(RO)공정 : 3~7 kWh, 200 ~ 500원
- 해수담수화(RO)공정 : 3~7 kWh, 정수처리비 2,000~5,000원
- 정삼투(FO)공정 : 0.5~1 kWh, 30 ~ 60원
- 일반정수처리 : 0.2~0.5 kWh, 15 ~ 30원
- 일반하수처리 : 0.29 kWh, 제거 BOD당 2.35kWh/kg
- 하수처리수 재이용수 : 1.2 kWh 이상, 100원 이상
- 빗물 사용시 : 0.00012 kWh,

면접기출 토목용어

· 캔틸레버(Cantilever)보
  - 외팔보, 즉 한쪽 끝이 고정되어 있고 다른 끝은 받쳐지지 않은 상태로 되어 있는 보
  - 외관은 경쾌하나 같은 길이의 보통 보에 비해 4배의 휨모멘트를 받아 변형되기 쉬우므로 강
    도설계에 주의를 요하는데, 주로 건물의 처마 끝, 현관의 차양, 발코니 등에 많이 사용된다.
  - 철근콘크리트의 외팔보에서는 보의 상단에 반드시 철근을 배치한다.

· Simple beam
  - 단순보, 2개의 받침점으로 받쳐지는 보
  - 한 쪽이 pin지점, 다른 쪽이 롤러지점으로 되어 있는 보로서, 정정보의 일종인데, 힘의
    균형조건만으로 반동변형력이 정해진다.

· 부정정구조물
  - statically indeterminate structure
  - 외력에 의해서 본래의 형태가 변형 또는 움직이는 구조물
    연속보(continuous beam), 3힌지(hinge), 라멘구조, 격자구조 등은 부정정구조물
  - 부정정구조물은 부재나 구조물이 응력범위 안에 있다면 사용성(처짐이나 변위 등)은 좋다.
  - 즉, 부정정구조물은 하중 때문에 생긴 외적인 힘과 내적인 힘의 성격을 힘의 평형방정식
    만으로는 완전히 계산되지 않는 (안정된) 구조물을 의미한다.

· 정정구조물
  - 구조물에 외력이 작용할 경우 힘의 균형조건만으로 반력이나 변형력이 정해지는 것

· 라멘구조
  - 2개의 기둥과 이것들을 잇는 아래 위의 보로서 만들어지는 사변형 구조로서, 압출력(콘
    크리트)과 인장력(철근)의 2가지 힘에 동시에 강한 통구조

· 샌드파일의 원리
 - 지반개량법법의 하나로서 흙속에 만들어 놓은 모래기둥 사이로 물을 빨아들여 지반의 액
  상화 등을 방지

내용연수와 사용연수

┌ 내용연수(내구연한) : 고정자산의 이용가능 연수, 경제적으로 사용될 수 있는 연한
└ 사용연수 : 실제 사용한 연수

지장물 조사

· 통신케이블 매설구간에 대한 시공시 위치를 사전 파악하기 위해 줄파기(터파기 하부지반
 조사시 지장물 등이 있을 경우를 대비해 횡단[가로]로 파는 것)를 시행하여 재확인하는
 것을 말함.
· 상수도관(3m 미만 협소지역) 공사 시행전 줄파기 시행 및 이설계획 수립

수조구조물 신축이음

· 통상 30m 간격으로 1차 목적 온도신축, 2차 목적 구조물 부등침하, 그러나 신축제 및 지
 수판의 시공불량으로 오히려 누수발생량이 증가할 수 있다.

주요 key word

· 비용이 많이 드는 구조물이나 설비 등을 설치하는 방안들이 관습 및 관리방법의 개선을
 통한 방법보다 효과적이라고 말 수 없다.
· 이런 월류수에 대한 대책은 복잡하고 많은 시간과 비용을 요구하는 것들이지만 자연환경
 보호와 친환경적 처리설비의 확대 측면에서, 비용보다 효과를 우선하는 쪽으로 과감한 전
 환이 필요하다고 하겠다.
· 소독장치 분야에 국내의 많은 제조사가 진출해 있어 경쟁적이고 무분별한 기술도입이 이
 루어지고 있으며 이로인한 부품조달의 문제점, 향후 유지보수 등에 관한 문제점에 대한 충
 분한 검토가 이루어져야 한다.
· 수량과 수질의 우선순위 : 수질은 수량의 종속관계이다. ⇒ 크립토에 의한 수질 lisk보다
 단수에 의한 lisk가 크다.
· 하천기능 : 홍수방재 기능, 수질정화, Biotop, 경관기능
· 오염된 하천수질을 개선하기 위해서는 근본적으로 오염원의 유입을 차단하는 것이 가장
 효과적이다.

- 준설의 효과 : 홍수방재, 수량확보 측면에 효과적이나 수질·생태문제와도 직결돼 있다.
- As 처리 : 일반적으로 수산화물 공침법 혹은 흡착처리(활성알루미나 또는 이산화망간)
- 녹조 및 적조시 황토, 황산동(독성, 효과우수) 주입
- 홍수시에는 퇴적물이 유출되면서 발생하는 퇴적물에 의한 오염증가보다는 물이 빠지면서 퇴적물이 호안들에 그대로 남아 악취발생, 미관저하를 초래할 수 있다.
- 갈수기 때는 낙동강 인근 지방하천에 물이 흐르지 않는다. 4대강 살리기도 중요하지만 유역관리를 통해 지방하천을 살리는 문제도 시급하다
- 환경 규제가 강화되고, 국민 생활 개선에 필요한 투자 재원이 부족한 국가를 중심으로 민영화가 전개될 수 있다.
- 연간 농업용수량 150万ton, 하수처리장 방류수량 50万ton
- 해수의 삼투압 : 약 24atm이며 보통 50atm의 조작압력으로 담수 생산(1 atm = 0.1 ㎫)
- 해수성분 : Cl^-(약 2%), Na^+(약 1%), SO_4^{2-}, Mg^{2+}, Ca^{2+}, K^+, HCO_3^-(holy seven) 등을 함유하고 있다. 이중 담수화에 문제가 되는 것은 염소이온(Cl^-)이며, 담수화에 요구되는 수질은 음료수·공업용수·농업용수 등 용도별로 다르다.
- 1961년부터 수도법시행
- 광역상수도사업의 일환으로 74년 팔당댐 준공, 75년 상수원보호수역 설정, 79년부터 용수공급 개시
- 우리나라 상수도보급율은 2000년대 들어 서울시 등 대도시의 경우 공급이 수요를 충족
- 정부 공식발표 1인1일급수량 : 94년 409ℓ, 04년 362ℓ
- 우리나라 '05년 유수율 79%(서울88%), 일본 97년 88%
- 계획취수량(= 계획도수량) : 일최대급수량의 10%정도 가산
- 연간누수손실량 7억㎥
- 배수관 연간파손횟수 : (미국의 경우) 평균 6~7km당 1회
- 내압은 최대정수두와 수격압에 대해 고려
- 강우강도식 : $I_{10} = \dfrac{925.16}{\sqrt{t} + 2.4580} - 13.5\,(77.2mm/hr)$, $I_{30} = \dfrac{1,259.4}{\sqrt{t} + 3.0380} - 22.5\,(94.2mm/hr)$
- 진공식 시스템 국내최초도입 : 한강수계 구릉지대(언덕을 이루는 지역) 소규모로 도입
- 우수토실 개량(차집유량 제어장치)으로 초기강우는 차집하고 청정우수는 방류한다.
- 배수설비 개선계획 : 배수설비 전문 시공업체를 육성, 전문 시공업체 위탁, 배수설비 표준화
- 생물학적 전처리 : NH_4^+, 조류, 맛·냄새 제거에 효과적, 기타 탁도·색도·ABS제거
- TCE(=트리클로로에틸렌, 테트라클로로에틸렌, 1.1,1-트리클로로에탄 등) 처리 : 수원변경이 곤란한 경우 폭기(또는 탈기처리) 또는 입상활성탄 처리

· 중간오존은 Mn제거에 용이

· NO_3-N제거(천층수) : NF, R/O, 이온교환

· BAC의 미생물층 : 탄층고 2.5~3.0m 중 90% 이상이 30㎝ 이내 존재

· 철·망간(심층수) : 철은 tray aerator, 망간은 산화제 + 망간사(그린샌드)

· NOM의 크기 : 800~3万 dalton이며, 친수성 1500~3000, 소수성 3000~5000 dalton

· 오존은 할로겐화 물질(염화물, 불화물), 암모니아류, 염류 등을 산화하지 못한다.

· COD_{MN}은 할로겐화 물질, 아민류, 유기산, 알코올 등을 산화하지 못한다.

· STP 500t/d이상 400여개소, 万ton이상 120여개소, WTP 万ton이상 130여개소

· 고도처리시시 운전인자 : SRT HRT F/M MLSS R C/N, C/P, 수온, pH, DO, 알카리도

· TMS는 가격이 어느정도 현실화 되었고, 최근에는 TC까지도 가능하다.

· 하수처리장 기기별 전력사용비율 : 송풍기 40%, 유입펌프 21%

· 염소접촉조 : 접촉시간 15~30분, 장폭비 1:10이상의 수로 및 bypass 설치

· PLC(Program Logic Controller) 제어 : 기존 Control panel 내의 타이머 카운터 등의 기능을 반도체 소자로 대체시켜 피드백 제어

· 침전지기능 : 침전, 슬러지처리, 수질변동의 완충작용(= 1차침전지는 유량조정조 역할)

· 원형침전지 직경이 매우 큰 경우 짧은 스크레이퍼 추가설치

· VOC 제거 : 활성탄, Scrubber, VOC를 흡입하여 연소

· 혐기성 소화조는 VFA농도 300~2000㎎/L(BOD 10,000㎎/L이상, HRT 25~30일) 알카리도 2000~5000㎎/L를 유지하여야 소화가스 발생저하를 방지할 수 있다.

· 호기성 소화조는 BOD 1,000㎎/L이하, HRT 6~12시간으로 운전

· '03년 7월부터 슬러지 원칙적으로 매립이 안되고 꼭 매립하고자 하면 고형화나 고화 등의 공정을 거쳐야 한다는 규정이 발표되었다. 따라서 '04년도부터 해양투기가 70%차지

· 하수슬러지 해양투기는 국제협약의 문제만이 아니다. 해저질에 중금속이 축적되면서 이로 인해 해양생물에도 축적되고 있다고 말할 수 있다.

· 소화란 커다란 분자를 작게 분해하는 일로서, 우리나라 혐기성 소화시 528㎥/ton의 60%가 메탄가스 미국 위스콘신주의 처리장 평균값의 1/4에 지나지 않는다.

· 슬러지의 결합된 수분형태 : 수분 중 함유도가 가장 높은 것은 슬러지는 모관결합수(70% 이상), 표면부착수, 내부수(10%) 이며, 탈수 및 건조가 가장 잘 안되는 것은 내부수이다.

· 슬러지 활용 : 소각해서 건축자재, 발효(혐기성소화는 저온소화)시켜 농녹지, 건조시켜 화력발전 원료이용

· CNG(Compressed Natural Gas) : 압축천연가스, 메탄을 주성분으로 하는 화석연료

· 소규모 하수도 슬러지 이송방식 : 관로이송 혹은 차량운반(이동탈수차)

▶ 저자

- 정제원

  토목공학석사
  상하수도 기술사
  수질관리 기술사
  현) eng 근무

- 박수이

  환경공학박사
  상하수도 기술사
  수질관리 기술사
  현) 연구원 근무

상하수도기술사

초판 인쇄 2014년 10월 25일
2 판 발행 2015년 12월 23일

지은이 정제원·박수이
펴낸이 김재광

펴낸곳 솔과학

출판등록 1997년 2월 22일(제 10-140호)
주소 서울시 마포구 독막길 295, 302호(염리동 삼부골든타워 302호)
전화 (02) 714 - 8655
팩스 (02) 711 - 4656

값 65,000원

ISBN 978-89-92988-09-4 93530